福建气候

(第 2 版)

The Climate of FUJIAN

鹿世瑾　王　岩　主编

内容简介

本书是迄今比较系统、全面、完整,具有理论深度和翔实统计基础的描述福建气候的专著。该书以当代气候学的观点,系统地研究、总结了福建气候的客观规律,揭示了福建气候的平均态、极端态、分布态、变化态的基本特征,总结了气候对相关行业和领域影响的基本规律。本书围绕福建经济建设实际,气候变化史实,及21世纪福建可能面临的重大气候问题,作了前瞻性的分析,提出了合理开发利用气候资源,防御和减轻气象灾害,应对气候变化的对策。全书共八章和附录,包括:气候特征与气候成因、气候要素与气候资源、气象灾害、地方气候、应用气候、气候区划、气候变化、应对气候变化和防灾减灾。附录给出了气象灾害大事记和主要气象要素统计表。

本书可作为气象、地理、海洋、农林、水利、环境等大专院校师生及科研人员参考用书;对国民经济各部门的领导和有关工作人员也有重要参考价值。

图书在版编目(CIP)数据

福建气候/鹿世瑾,王岩主编. —北京:气象出版社,2012.9(2016.12重印)
ISBN 978-7-5029-5557-1

Ⅰ.①福… Ⅱ.①鹿…②王… Ⅲ.①气候-研究-福建省
Ⅳ.①P468.257

中国版本图书馆 CIP 数据核字(2012)第 204624 号

出版发行:气象出版社
地　　址:北京市海淀区中关村南大街46号　　邮政编码:100081
总编室:010-68407112　　发行部:010-68409198
网　　址:http://www.qxcbs.com　　E-mail:qxcbs@cma.gov.cn
责任编辑:林雨晨　张斌　　终　审:黄润恒
封面设计:燕　彤　　责任技编:吴庭芳
印　　刷:北京中新伟业印刷有限公司
开　　本:787 mm×1092 mm　1/16　　印　张:33.5
字　　数:858千字　　插　页:4
版　　次:2012年9月第2版　　印　次:2016年12第3次印刷
定　　价:120.00元

本书如存在文字不清、漏印以及缺页、倒页、脱页等,请与本社发行部联系调换

序

1999年《福建气候》出版以来,为福建省农业、林业、水文、海洋等各相关行业提供了重要参考。十余年过去了,该书第2版再度与大家见面了,这是福建气候工作者辛勤工作的心血结晶,也是福建气候事业发展的重要成果之一,可喜可贺。

气候环境不仅是人类赖以生存的自然环境,而且是经济社会可持续发展的重要自然资源。近十几年来,气候问题特别是气候变化问题已成为一个全球性话题,各国各界都开始关注气候变化对人类的影响。海峡西岸经济区建设的不断发展,也对防灾减灾、应对气候变化和开发利用气候资源等,提出了更高的要求和更多的需求。加上气象探测的数据日益丰富和完善,对气候及其成因和影响认识的不断深入,很有必要对福建气候的特点和变化规律重新归纳总结,结合新的气候研究成果,针对海峡西岸经济区的发展,提供更多气候及其变化资讯和决策依据。

《福建气候》第2版在继承初版的基础上,汇集了最新的气候业务科研成果,其中不乏对福建省"十二五"发展有指导意义的内容,是一本与时俱进,内容丰富,数据翔实的专业著作。该书不仅对气象学科和相关专业的科技工作者有重要参考价值,对于从事经济建设者,也是一本有益的参考读物。

希望福建省气象工作者,进一步落实科学发展观,围绕海西建设,继续认真做好防灾减灾和应对气候变化的各项工作,努力把握天气气候的特征和规律,丰富气象服务的产品、改进气象服务的手段,提高气象服务能力,为海峡西岸经济区的经济社会发展和保障人民安康福祉做出新的更大的贡献!

前 言

《福建气候》自1999年出版以来,深受读者的关注和肯定。福建一线的天气气候工作者更是把它作为案头工具书,新员上岗多视此书为初识福建天气气候的捷径,中、高级专业技术职称晋升、考核又是一本重要参考书,所以备受欢迎;农业、林业、水文、海洋、环境、地理等相关学科和部门的朋友们也充分肯定,认为很有参考价值。鉴于初版印量有限,近几年向我们索书者不少,并建议再版。

初版面世已13年了,现在的气象信息化资料更全面、更新颖;福建的气候研究又涌现一批新成果;极端天气气候事件又爆出许多新事实。更重要的是科学发展观,"海西"经济发展战略,向福建气象事业、气象工作者提出了更多的新要求。《福建气候》再版十分必要。

本版仍保持原书的编写思路、框架结构和基本内容。充实与加强的部分主要侧重于如下几方面:一是在气候要素与气候资源一章,增加了"福建太阳能资源评估"和"福建风能资源评估",为开发利用福建气候资源提供最新的科研成果;二是在气象灾害一章,新增了最近十多年的重大气象灾害与极端气候事件实例,累计年代跨度增至60年,并增加了"气候性地质灾害"一节。三是在地方气候一章,增加了"边界层气候特征"一节,这既是大气环境分析应用的需要,也是对福建复杂地形、地势三度空间气候问题认识的需要,除此还增加了对局地环流的介绍。四是在应用气候一章,充实了工程气象服务的新成果,如核电与气候等;五是在气候区划一章,增加了有关精致农业方面的区划,以及台风和暴雨洪涝的风险区划;六是气候变化和应对气候变化与防灾减灾两章中,做了较大的调整,介绍了全球、中国、华东的气候变化以及近年揭示的福建气候变化事实,强化了气象灾害变化的分析,增加了"福建极端天气气候的变化"一节,同时,较系统地提出了应对气候变化与防灾减灾的对策。全书涉及的福建气候的平均状态和分布状态均按照1981—2010年平均,极端状态按照1951—2010年有正式气象观测记录重新进行统计分析。本书的配图,改为电脑彩色绘制。附录也充实了若干统计项目,提供了九地市和平潭综合实验区平均气候状态的统计信息,以利于查考。

《福建气候》第2版是福建气候工作者长期实践、研究、总结的提炼与汇集,是集体智慧和辛勤奉献的结果。本书采集了最近十多年来,福建关于气候资源与灾害分析的最新业务和科研成果,如高建芸负责的《福建沿海风能资源详查报告》和《台风灾害风险区划》、张容焱负责的《福建省太阳能资源的评估》、邹燕负责的《暴雨灾害风险区划》、林昕负责的《福建近50年气候变化》、王岩负责的《福建极端天气气候事件研究》等业务和科研成果。

贯彻科学发展观,服务于科学发展,落实《海峡西岸经济区发展规划》,充分揭示福建气候的特点、规律,趋利避害,科学开发利用气候资源,做好防灾减灾,积极应对气候变化,为加快转变经济发展方式提供气候背景、气候应用服务,是本书编写的宗旨、期望;同时也愿本书能为福建气象部门提高预测预报能力、防灾减灾能力、应对气候变化能力和气象资源开发应用能力有所助益。

本书的编写分工(参照1999年版调为本版章节的分工):第一章 鹿世瑾;第二章王岩(第一、七、九、十二节),李梅(第二、三、四、五、六、八节),张容焱(第十节),高建芸(第十一节);第三章 鹿世瑾;第四章 宋德众(第一、二、九节),王岩(第三、四、八节),鹿世瑾(第五、六、七节);第五章 蔡学湛(第一节),吴滨(第二、四节),宋德众(第三节),刘文光(第五节),高建芸(第六、八节),张容焱(第七、十二节),鹿世瑾(第九、十节),王岩(第十一节);第六章 王岩、梁金树(第一、二节),邹燕(第三节),高建芸(第四节);第七章 鹿世瑾(第一、四节),许金镜(第二节),林昕(第三、六节),王岩(第五节);第八章 鹿世瑾(第一、二、三、四节),王岩(第五节);附录王岩。李梅、宋德众和蔡学湛同志因工作调动或已退休,不再参与本版的编写。全书的补充、删减和更新由鹿世瑾、王岩统筹与执笔。协助本书编务工作的还有池艳珍、林昕、林秀芳、文明章、杨丽慧、林炳青。本书气候要素的统计和分布图的制作由Q3X2012平台(地面气象观测信息化数据统计与分析平台)提供技术支持。

受编者水平局限,本书片面、不妥之处,敬请指正。

编 者

2012年5月

目 录

前 言
第一章　气候特征与气候成因 ……………………………………………………（ 1 ）
　第一节　气候特征 ………………………………………………………………（ 2 ）
　　一、气候类型与气候特点 ………………………………………………………（ 2 ）
　　二、自然天气季节 ………………………………………………………………（ 3 ）
　　三、四季气候特征 ………………………………………………………………（ 4 ）
　第二节　地理环境 ………………………………………………………………（ 5 ）
　　一、地理位置 ……………………………………………………………………（ 5 ）
　　二、地形地貌 ……………………………………………………………………（ 5 ）
　　三、土壤植被 ……………………………………………………………………（ 9 ）
　　四、水系洋流 ……………………………………………………………………（ 11 ）
　第三节　太阳辐射 ………………………………………………………………（ 13 ）
　　一、太阳高度角 …………………………………………………………………（ 13 ）
　　二、可照时数 ……………………………………………………………………（ 14 ）
　　三、太阳总辐射 …………………………………………………………………（ 15 ）
　　四、辐射平衡 ……………………………………………………………………（ 15 ）
　第四节　大气环流与天气系统 …………………………………………………（ 16 ）
　　一、四季环流形势 ………………………………………………………………（ 16 ）
　　二、影响福建的主要高空天气系统 ……………………………………………（ 19 ）
　　三、影响福建的主要地面天气系统 ……………………………………………（ 21 ）
　　四、西太平洋副热带高压对福建气候的影响 …………………………………（ 23 ）
　　五、热带大气季节内振（MJO）和东亚季风涌 ………………………………（ 25 ）
　第五节　人为因素的影响 ………………………………………………………（ 27 ）
　　一、三种影响途径 ………………………………………………………………（ 27 ）
　　二、温室气体的气候效应 ………………………………………………………（ 27 ）
　　三、福建森林植被变化对气候的影响 …………………………………………（ 28 ）
　第六节　影响福建气候的其他因子 ……………………………………………（ 32 ）
　　一、ENSO对福建气候的影响 …………………………………………………（ 32 ）
　　二、黑潮暖流的影响 ……………………………………………………………（ 36 ）
　　三、青藏高原积雪的影响 ………………………………………………………（ 38 ）
　　四、太阳黑子的影响 ……………………………………………………………（ 41 ）

第二章　气候要素与气候资源 （45）

第一节　气候资源的性质和特点 （45）
一、气候资源的定义 （45）
二、气候资源的特点 （45）
三、气候资源的分类 （47）

第二节　太阳辐射 （47）
一、太阳总辐射的时空分布 （47）
二、地形对太阳辐射的影响 （50）
三、不同下垫面的太阳辐射状况 （50）

第三节　日照时数 （51）
一、年日照时数的空间分布 （51）
二、日照时数的季节分布 （52）
三、高山站的日照特征 （52）

第四节　气温 （52）
一、平均气温的时空分布 （52）
二、极端气温的时空分布 （56）
三、高温日数和低温日数的时空分布 （57）
四、稳定通过各界限温度的积温 （58）

第五节　地温 （60）
一、地面平均温度的时空分布 （60）
二、地面极端温度的时空分布 （60）
三、地温的垂直变化 （60）

第六节　降水 （62）
一、降水量的时空分布 （62）
二、降水日数的时空分布 （65）
三、降水强度的时空分布 （67）
四、降水变异系数 （67）

第七节　蒸发 （68）
一、年平均蒸发量的空间分布 （68）
二、蒸发量的季节分布 （69）

第八节　相对湿度 （69）
一、年平均相对湿度空间分布 （69）
二、相对湿度的季节变化 （70）
三、最小相对湿度 （70）

第九节　风 （71）
一、风向的变化特征 （71）

二、风速的时空分布 …………………………………………………（74）
　　三、最大风速和极大风速 ……………………………………………（77）
　　四、大风日数的时空分布 ……………………………………………（78）
　　五、风能的计算和分布 ………………………………………………（80）
　第十节　福建太阳能资源评估 …………………………………………（83）
　　一、观测和数据处理 …………………………………………………（83）
　　二、计算方法 …………………………………………………………（84）
　　三、福建太阳能资源评估 ……………………………………………（89）
　第十一节　福建风能资源评估 …………………………………………（91）
　　一、风能参数计算 ……………………………………………………（92）
　　二、风能资源数值模拟 ………………………………………………（98）
　　三、风能资源详查综合评估 …………………………………………（102）
　　四、风电场建设的风机布排和选型建议 ……………………………（106）
　第十二节　气候资源评估与开发 ………………………………………（108）
　　一、气候资源的地位和作用 …………………………………………（108）
　　二、合理开发利用气候资源 …………………………………………（110）

第三章　气象灾害 …………………………………………………………（113）
　第一节　福建气象灾害的特点 …………………………………………（113）
　　一、灾害种类多 ………………………………………………………（113）
　　二、时空范围广 ………………………………………………………（114）
　　三、活动频率高 ………………………………………………………（114）
　　四、持续时间长 ………………………………………………………（114）
　　五、群发比率大 ………………………………………………………（114）
　　六、灾情危害重 ………………………………………………………（114）
　第二节　台　风 …………………………………………………………（115）
　　一、台风的特征和分类 ………………………………………………（115）
　　二、西北太平洋台风概况 ……………………………………………（116）
　　三、中国台风的概况 …………………………………………………（120）
　　四、福建台风的统计特征 ……………………………………………（121）
　　五、福建台风的天气特征 ……………………………………………（125）
　　六、福建台风的风暴潮 ………………………………………………（135）
　　七、福建台风的巨浪 …………………………………………………（138）
　第三节　暴　雨 …………………………………………………………（138）
　　一、暴雨形成的宏观物理条件 ………………………………………（139）
　　二、暴雨的基本特点 …………………………………………………（139）
　　三、暴雨的空间分布 …………………………………………………（139）

四、暴雨的季节分布 …………………………………………………… (141)
五、暴雨强度与持续性强降水 …………………………………………… (142)
六、前汛期暴雨的环流形势 ……………………………………………… (144)
七、前汛期特大暴雨实例 ………………………………………………… (146)

第四节 气候干旱 ……………………………………………………… (155)
一、气候干旱标准与指数 ………………………………………………… (155)
二、气候干旱的季节分布 ………………………………………………… (156)
三、气候干旱的空间分布 ………………………………………………… (157)
四、气候干旱与气温的耦合类型 ………………………………………… (158)
五、干旱的成因 …………………………………………………………… (158)
六、典型干旱实例 ………………………………………………………… (173)

第五节 寒 潮 …………………………………………………………… (174)
一、寒潮的标准 …………………………………………………………… (175)
二、寒潮的次数与初终期 ………………………………………………… (175)
三、寒潮的路径与天气 …………………………………………………… (176)
四、寒潮的环流形势 ……………………………………………………… (177)
五、积雪和雨凇、雾凇 …………………………………………………… (177)
六、强寒潮实例 …………………………………………………………… (178)

第六节 三 寒 …………………………………………………………… (179)
一、倒春寒 ………………………………………………………………… (180)
二、五月寒 ………………………………………………………………… (182)
三、寒露风 ………………………………………………………………… (184)

第七节 冰 雹 …………………………………………………………… (191)
一、冰雹的成因 …………………………………………………………… (191)
二、冰雹的时空分布 ……………………………………………………… (192)
三、冰雹历时与要素变化 ………………………………………………… (193)
四、降雹的环流类型 ……………………………………………………… (194)
五、强雹过程实例 ………………………………………………………… (195)

第八节 雷 暴 …………………………………………………………… (195)
一、雷暴的类型 …………………………………………………………… (196)
二、雷暴的空间分布 ……………………………………………………… (196)
三、雷暴的季节分布 ……………………………………………………… (196)
四、雷电灾害 ……………………………………………………………… (198)

第九节 大 风 …………………………………………………………… (199)
一、大风的特点 …………………………………………………………… (199)
二、大风的类型与天气系统 ……………………………………………… (199)

三、大风的时空分布 …………………………………………………… (200)
　　四、三种最大风速的统计关系 ………………………………………… (201)
第十节　龙卷风 …………………………………………………………………… (202)
　　一、龙卷风的特点 ……………………………………………………… (202)
　　二、龙卷风的形成条件 ………………………………………………… (203)
　　三、福建龙卷风的统计特征 …………………………………………… (204)
　　四、福建龙卷风的诱发系统 …………………………………………… (209)
第十一节　海雾 …………………………………………………………………… (210)
　　一、海雾的类型与成因 ………………………………………………… (210)
　　二、海雾的季节变化 …………………………………………………… (210)
　　三、海雾的日变化 ……………………………………………………… (211)
　　四、有利海雾形成的天气形势 ………………………………………… (211)
第十二节　酸雨 …………………………………………………………………… (211)
　　一、酸雨的成因 ………………………………………………………… (212)
　　二、酸雨观测事实 ……………………………………………………… (212)
　　三、酸雨与天气系统的关系 …………………………………………… (215)
　　四、酸雨的危害 ………………………………………………………… (216)
第十三节　气候性地质灾害 ……………………………………………………… (217)
　　一、地质灾害的成因 …………………………………………………… (217)
　　二、地质灾害的时空分布 ……………………………………………… (217)
　　三、地质灾害的诱发因素 ……………………………………………… (220)
　　四、严重地质灾害实例 ………………………………………………… (222)

第四章　地方气候 …………………………………………………………………… (226)

第一节　山区立体气候特征 ……………………………………………………… (226)
　　一、地形对气温的影响 ………………………………………………… (226)
　　二、地形对降水的影响 ………………………………………………… (230)
　　三、地形对日照的影响 ………………………………………………… (233)
第二节　海岸带气候特征 ………………………………………………………… (235)
　　一、过渡性气候特征 …………………………………………………… (235)
　　二、风向风速的日变化特征 …………………………………………… (239)
第三节　边界层气候特征 ………………………………………………………… (243)
　　一、边界层温度场特征 ………………………………………………… (243)
　　二、边界层风场特征 …………………………………………………… (246)
　　三、边界层大气混合层特征 …………………………………………… (248)
　　四、边界层大气稳定度特征 …………………………………………… (250)

第四节　城市气候效应 (252)
一、热岛效应 (253)
二、内涝效应 (254)
三、干燥效应和霾效应 (254)
四、静风效应和"狭管效应" (255)
五、城市气象灾害的特点 (255)
六、城市气候效应的原因 (255)

第五节　海陆风与山谷风 (256)
一、海陆风、山谷风的成因 (256)
二、海陆风和山谷风的特点 (257)
三、夏季海陆风的形势背景与气象要素分布 (258)
四、海陆风、山谷风的利弊影响 (258)

第六节　焚风与隘口风 (259)
一、焚风的定义与成因 (259)
二、焚风的环流条件与实例 (259)
三、隘口大风 (260)

第七节　林间小气候 (260)
一、林间内外气温对比 (260)
二、林间内外水分对比 (261)
三、林间内外风速和地温对比 (262)

第八节　大棚小气候 (262)
一、不同棚型环境垂直层温度 (263)
二、大棚套袋微域环境温度 (264)
三、浅根层微域环境地温 (265)

第九节　主要城市气候概况 (267)
一、福州市气候概况 (267)
二、厦门市气候概况 (268)
三、南平市气候概况 (268)
四、泉州市气候概况 (269)
五、三明市气候概况 (269)
六、莆田市气候概况 (269)
七、漳州市气候概况 (270)
八、龙岩市气候概况 (270)
九、宁德市气候概况 (270)
十、平潭气候概况 (271)

第五章 应用气候 (272)

第一节 农业与气候 (272)
- 一、农业气候资源的分布 (272)
- 二、主要农经作物与气候环境 (276)
- 三、区域种植制度与气候环境 (280)
- 四、科学利用农业气候资源 (281)

第二节 林业与气候 (282)
- 一、福建省森林资源概况 (282)
- 二、林木生长与气候环境 (284)
- 三、营林与气候 (285)
- 四、林业气象灾害 (287)

第三节 渔业与气候 (289)
- 一、近海海洋捕捞与气候 (289)
- 二、浅海滩涂养殖与气候 (290)

第四节 水果与气候 (293)
- 一、福建果树分布概况 (293)
- 二、主要水果生长和气候环境 (294)

第五节 建筑与气候 (301)
- 一、城市规划与气候 (301)
- 二、风(雪)压与建筑结构设计 (307)
- 三、建筑与采暖通风 (309)

第六节 交通与气候 (311)
- 一、气候与陆地交通 (312)
- 二、气候与近海交通 (315)
- 三、气候与航空 (316)

第七节 电力与气候 (317)
- 一、风电与气候 (318)
- 二、水电与气候 (319)
- 三、火力与气候 (320)
- 四、核电与气候 (320)
- 五、电力输送与气候 (322)
- 六、采暖通风与气候 (324)
- 七、利用气候条件发展电力事业 (326)

第八节 盐业与气候 (326)
- 一、盐产区气候概况 (326)
- 二、盐业生产与气候条件的关系 (327)

三、主要气象要素对盐业生产的影响 ……………………………………… (328)
四、适应气象条件进行盐业生产 …………………………………………… (329)

第九节 人体健康与气候 ……………………………………………………… (330)
一、气候是有关健康与疾病的环境因素之一 …………………………… (330)
二、气象病与季节病 ………………………………………………………… (331)
三、福建疾病与气象因素相关性的三个实例 …………………………… (332)
四、舒适指数与居室小气候 ………………………………………………… (335)

第十节 服装与气候 …………………………………………………………… (336)
一、衣着功能观的变化 ……………………………………………………… (337)
二、服装设计和加工中的气候问题 ………………………………………… (337)
三、服装营销中的气候问题 ………………………………………………… (338)
四、服装气候学的研发课题 ………………………………………………… (338)

第十一节 旅游与气候 ………………………………………………………… (338)
一、气象景观 ………………………………………………………………… (339)
二、福建不同类型旅游区的基本气候特征 ……………………………… (340)
三、代表性景点的特色与旅游气候须知 ………………………………… (341)

第十二节 火险与气候 ………………………………………………………… (343)
一、森林火险 ………………………………………………………………… (343)
二、城镇火险 ………………………………………………………………… (346)

第六章 气候区划 ……………………………………………………………… (347)

第一节 农业气候区划 ………………………………………………………… (347)
一、农业气候区划的原理和指标 …………………………………………… (347)
二、农业气候区划 …………………………………………………………… (350)
三、综合农业分区 …………………………………………………………… (355)
四、综合农业区生产建议 …………………………………………………… (357)

第二节 专业农业气候区划 …………………………………………………… (359)
一、水稻气候区划 …………………………………………………………… (359)
二、茶树气候区划 …………………………………………………………… (361)
三、甘蔗气候区划 …………………………………………………………… (363)
四、烟叶气候区划 …………………………………………………………… (364)
五、水果气候区划 …………………………………………………………… (366)
六、花卉气候区划 …………………………………………………………… (369)
七、其他热带作物气候区划 ………………………………………………… (370)

第三节 暴雨洪涝灾害风险区划 ……………………………………………… (371)
一、致灾因子危险性区划 …………………………………………………… (371)
二、孕灾环境敏感性区划 …………………………………………………… (373)

四、防灾抗灾能力区划 …………………………………………………………………… (375)
　　五、暴雨洪涝灾害风险评估及区划 ………………………………………………………… (376)
　　六、暴雨洪涝防御措施 ……………………………………………………………………… (377)
  第四节　台风灾害风险区划 ……………………………………………………………………… (378)
　　一、致灾因子危险性区划 …………………………………………………………………… (378)
　　二、孕灾环境敏感性区划 …………………………………………………………………… (383)
　　三、承灾体脆弱性区划 ……………………………………………………………………… (386)
　　四、防灾抗灾能力区划 ……………………………………………………………………… (388)
　　五、台风灾害风险评估及区划 ……………………………………………………………… (390)
　　六、台风灾害风险管理 ……………………………………………………………………… (391)
　　七、台风灾害防御措施 ……………………………………………………………………… (397)

第七章　气候变化 …………………………………………………………………………………… (400)
  第一节　气候变化研究与评估 …………………………………………………………………… (400)
　　一、气候变化及其应对的研究 ……………………………………………………………… (400)
　　二、全球气候变化的事实与评估 …………………………………………………………… (405)
　　三、中国气候变化的事实 …………………………………………………………………… (408)
　　四、华东区域气候变化的事实 ……………………………………………………………… (410)
  第二节　福建历史时期的气候变化 ……………………………………………………………… (412)
　　一、冷暖变化特征 …………………………………………………………………………… (412)
　　二、旱涝变化特征 …………………………………………………………………………… (414)
  第三节　福建近50年气候要素的变化 …………………………………………………………… (418)
　　一、气温变化的事实 ………………………………………………………………………… (418)
　　二、降水变化的事实 ………………………………………………………………………… (420)
　　三、日照变化的事实 ………………………………………………………………………… (421)
　　四、风变化的事实 …………………………………………………………………………… (422)
　　五、雾霾日数变化的事实 …………………………………………………………………… (424)
  第四节　福建气象灾害的变化 …………………………………………………………………… (424)
　　一、台风灾害的变化 ………………………………………………………………………… (425)
　　二、暴雨洪涝的变化 ………………………………………………………………………… (426)
　　三、气候干旱的变化 ………………………………………………………………………… (430)
　　四、低温冻害的变化 ………………………………………………………………………… (432)
　　五、高温热浪的变化 ………………………………………………………………………… (435)
  第五节　福建极端天气气候的变化 ……………………………………………………………… (435)
　　一、雨季极端暴雨洪涝的变化特征和极端化指标 ………………………………………… (436)
　　二、冬季极端低温冻害的变化特征和极端化指标 ………………………………………… (439)
　　三、闽江流域雨季降水差异和"强弱"分化的特征分析 …………………………………… (442)

四、福建省冬季气温异常变化若干特征分析 …………………………………………（447）

　第六节　福建未来气候变化趋势 ……………………………………………………（451）

第八章　应对气候变化与防灾减灾 ……………………………………………………（453）

　第一节　科学认识福建气候的优劣势 ………………………………………………（453）

　　一、福建气候的优势 …………………………………………………………………（453）

　　二、福建气候的劣势 …………………………………………………………………（455）

　第二节　科学认识气候变化的影响 …………………………………………………（457）

　　一、气候变化影响的特点和利弊所在 ………………………………………………（457）

　　二、福建气候资源与气象灾害变化的可能状态 ……………………………………（457）

　　三、气候变暖对农业发展的利弊影响 ………………………………………………（458）

　　四、海平面上升的可能影响 …………………………………………………………（459）

　　五、水资源相对短缺的影响 …………………………………………………………（459）

　第三节　科学应对以减缓气候变化的不利影响 ……………………………………（460）

　　一、重视规划性防灾，提高应对气候变化的前瞻性 ………………………………（460）

　　二、大力抓好工程性防灾，提高工程防灾减灾水平 ………………………………（461）

　　三、保护森林资源，提高减缓旱涝灾害能力 ………………………………………（462）

　　四、建立气象灾害防御体系，提高全民防灾意识 …………………………………（464）

　第四节　科学开发利用气候资源 ……………………………………………………（465）

　　一、顺应气候变化发展高产优质高效农业 …………………………………………（465）

　　二、开源节流提高水资源利用率 ……………………………………………………（467）

　　三、开发滩涂海洋资源发展水产养殖业 ……………………………………………（469）

　　四、利用资源发展绿色能源产业 ……………………………………………………（469）

　　五、开发旅游资源推进旅游业发展 …………………………………………………（470）

　第五节　应对气候变化的对策与任务 ………………………………………………（471）

　　一、福建省应对气候变化的主要目标 ………………………………………………（471）

　　二、福建省应对气候变化的主要任务 ………………………………………………（471）

附录1：1949—2010年福建主要气象灾害大事记 ……………………………………（475）

附录2：福建省10县市主要气象要素统计表 …………………………………………（489）

附录3：历年登陆和影响福建台风资料（新标准） ……………………………………（504）

附录4：全省气象台站一览表（2010年） ………………………………………………（510）

附录5：福建主要气候要素分布图检索表 ……………………………………………（513）

附录6：蒲福风力等级表 ………………………………………………………………（515）

参考文献 …………………………………………………………………………………（516）

后　记

第一章　气候特征与气候成因

气候是地球与大气之间长期的能量交换与质量交换过程所形成的一种自然环境因子，是人类赖以生存的自然条件，是经济社会可持续发展的重要基础资源。

气候是大气热量、水分及空气运动综合状态的统计特征，既包括平均状况，也包括极端状况、概率分布状况和空间分布状况。主要反映一个地区的冷暖、干湿等基本特征和气象灾害发生的强度和频率的时空分布。

现代的气候概念，已成为大气科学和其他自然科学、社会科学相联系的重要领域。1992年5月9日世界各国在纽约签订了《联合国气候变化框架公约》，从气候形成机制的角度提出更全面、更客观、更富内涵的"气候系统"。20世纪末期以来，气候变暖和应对气候变化成为国际社会普遍关注的热点问题。

气候系统是指大气圈、水圈、冰雪圈、岩石圈和生物圈的整体及其相互作用（图1.1）。进入大气圈的太阳辐射是大气运动最根本的能源，大气环流决定了地球气候的最基本特征，是造成气候要素不同时空分布的直接原因；水圈主要指海洋，它是热容最大的成员，是整个气候系统的热量储藏库与调节器，海洋与大气通过动量、热量及辐射的传输而相互作用，是气候系统物理状况的主要决定因素；岩石圈即陆面状况，包括不同地形地貌和物理性质的下垫面

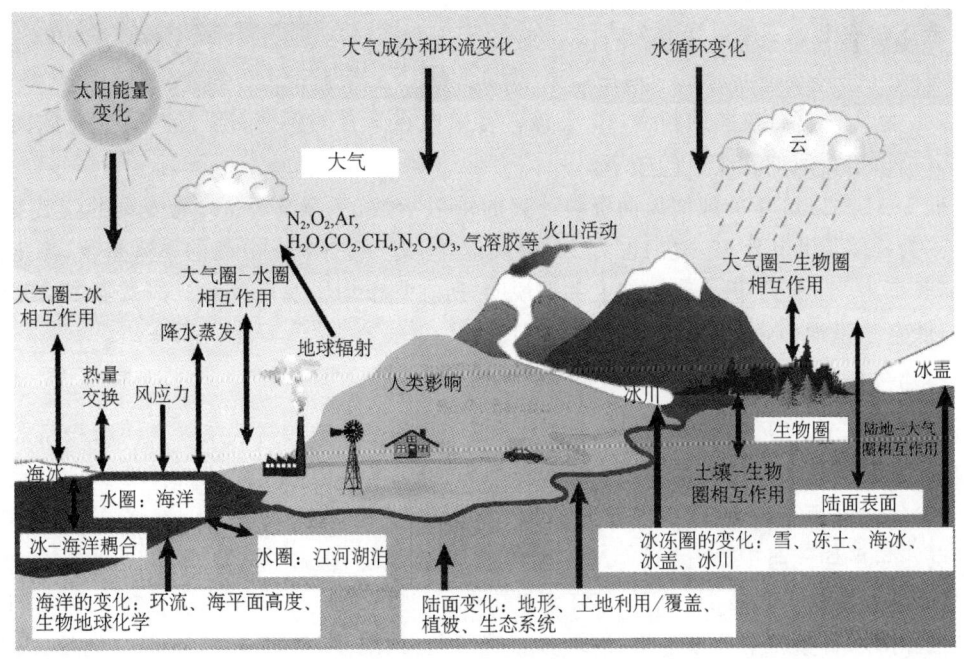

图1.1　气候系统组成部分及相互影响示意图

引起的热力作用和动力作用,以及火山活动的影响,是产生气候地理差异的重要原因;生物圈中当以人类活动的影响最为显著,人类活动大量排放温室气体,大规模的砍伐森林、过度放牧与不合理的垦荒和围海造地破坏植被和生态平衡,从而改变地表物理状况,是气候变化最为关心的对象。冰雪覆盖面会改变地表反照率,影响地气与海气之间的热量交换,正负反馈,冰雪覆盖面既受气候变化的影响,又影响气候的变化。

对地球气候基本特征有重要影响的因子主要有 4 个:(1)太阳辐射;(2)下垫面状况产生的热力、动力差异;(3)大气环流,它是造成气候要素不同时空分布的直接原因;(4)人类活动的影响,最突出的是温室气体辐射强迫作用,以及人类大规模改造自然活动所引起的地面环境变化对气候的影响。

现在,气候学家公认,只有以全局的观点研究整个气候系统,才能正确认识气候的形成及其变化。同样,科学认识气候系统,才能正确认识福建气候的基本气候特征和变化趋势。

第一节 气候特征

一、气候类型与气候特点

(一)气候类型

据气候成因和特点的不同,对区域气候分类的结果称气候类型。

福建位于欧亚大陆东南边缘,面临太平洋,恰处温带—热带的过渡地带,冷暖干湿与盛行风向因季节而异。由于地处著名的东亚季风区的突出部位,所以,福建气候属典型的亚热带季风气候。

希克曾提出如下季风指数公式

$$I=(P_1-P_7)+(P_7{'}-P_1{'})$$

式中,P_1 是 1 月盛行风向的频率,P_7 是该盛行风向在 7 月的频率;$P_7{'}$ 是 7 月盛行风向的频率,$P_1{'}$ 是该盛行风向在 1 月的频率。

据 1971—2008 年的地面风向资料计算的季风指数,平潭县为 58,惠安县的崇武为 60,东山县为 62,福州市为 30,厦门市为 27,邵武市为 12。低空 500 m 处的季风指数,福州市为 34,邵武市为 25,厦门市为 51。如上数据说明,所在县市均属季风气候。但其强度沿海强于内陆,低空强于地面,这是地形摩擦作用的反映。

(二)气候特点

福建处于东、西风带交替影响的过渡区和温带、热带各类天气系统频繁活动和经常影响的地区,福建的气候总体上属亚热带海洋性季风气候,其突出的气候特点有两点。

(1)气候资源丰富:表现为气候温和,雨水充沛,兼有立体气候明显,海陆差异显著的基本特点。年平均气温 15.0~21.7℃,冬无严寒,夏有酷暑,但 20 世纪 90 年代以来冬季明显偏暖,冰雪和寒害天气减少。平均年降水量 1132~2059 mm,平均年降水日数 104~201 天;降水量和降水日数时空分布不均,地理分布特征是:内陆多,沿海少,东南沿岸地带、大陆突出部以及一些岛屿为全省少雨地区,也是风大、蒸发强、气候干旱多发的地区;时间分布特征是:春季雨水集中,夏季次之,秋冬雨水最少,3—9 月降水量占全年降水量的 81.8%。福建有两个多雨的时期,5—6月为前汛期,通称雨季或梅雨季;7—9月为后汛期,又称台风季,汛期常有洪涝灾害发生;10月至翌年2月的秋冬季为少雨期,降水量仅占年降水量的18.2%,是缺水易旱的季节。平均年日照时数1492~2175 h,内陆少,东南沿海多。

(2)气象灾害多发:具有气象灾害种类多、强度强、频次高、危害大、影响广的特点。暴雨洪涝、热带气旋(本书无特别说明,均用台风通称热带气旋)和干旱是福建省最主要的气象灾害,雨季暴雨主要危害内陆地区,台风主要危害沿海地区,是防灾减灾的主要对象。就四季而论,春季多有强对流天气,易受暴雨、飑线大风、雷电冰雹和倒春寒袭击;雨季闽江流域常发生暴雨洪涝灾害;夏季有台风、暴雨、高温和干旱;秋季有寒露风、秋旱和沿海大风;冬季主要是寒潮或低温雨雪冰冻灾害和沿海大风灾害。登陆福建的台风平均每年2个,影响福建的台风平均每年3个。闽江流域发生特大洪水的几率约3~4年一遇。气候干旱每年都会发生,主要出现于闽东南沿海地区,春旱2.5~3.3年一遇,夏旱1~2年一遇,秋冬旱2~3年一遇。

二、自然天气季节

(一)自然天气季节的定义

自然天气季节是根据天气气候特点划定的季节。它是大气环流和盛行天气过程在某一时期具有相对稳定性的反映,一旦跨越这一时期,环流形势将出现重大调整,天气与气候相应发生明显变化,季节随之更替。

划分福建自然天气季节着眼点,着重考虑东亚地区中、低纬对流层环流形势的季节调整和地面优势天气过程及其气象要素的变化,尤以500 hPa西太平洋副热带高压位置的南北进退最具有标志意义。

(二)西太平洋副热带高压的南北季节进退

据鹿世瑾的统计,500 hPa,120°E处的西太平洋副热带高压(以下简称副高)每年有4次季节性南北跳跃:

(1)第一次季节性北跳是脊线由20°N跳至25°N,多年平均日期是6月28日,从此福建梅雨季结束,夏季开始。

(2)第二次季节性北跳,脊线由25°N跳到30°N附近,平均日期是7月20日,此后福建进入台风活跃期。而两次北跳之间,福建在副高笼罩下,是气候上常见的夏季少雨期。

(3)第一次回跳是副高脊线由30°N或其以北重回25°N附近,平均日期是9月10日,标志福建台风盛期已至尾声,冬季风即将开始,福建沿海又将进入东北季风的稳定期。

(4)第二次回跳是脊线由25°N附近再退至20°~22°N,平均日期是10月7日,至此福建登陆台风的季节基本结束,气候进入秋季,闽北寒露风开始出现。在脊线两次回跳之间,副高又处福建上空,秋暑多见,被民众喻为"秋老虎"时期。

(三)福建的自然天气季节

从环流形势、天气过程和要素特征的转折划定福建的自然天气季节:3—6月为春季(其中,把3—4月称为早春季,把相应的降水称为早春雨;把5—6月为雨季,把相应的降水称梅雨);7—9月为夏季(因台风活动频繁,又称台风季);10—11月为秋季;12—2月为冬季。

根据《中华人民共和国气候图集》的四季起止期标准(冬季:候平均气温<10℃;春季和

秋季:10℃≤候平均气温<22℃;夏季:候平均气温≥22℃):福建大部地区(除鹫峰山等高海拔地区外),春季2月6—11日开始;夏季4月26日—5月21日开始;秋季10月1日—11月1日开始;冬季12月1—21日开始。按此标准,莆田以南大部地区基本无冬。

依此气温标准,5—6月似乎已是夏季,但从大气环流形势和降水特点来看,福建把5—6月称为洪汛明显的春季更为贴切。

三、四季气候特征

(一)春季

春季的气候特点是多雨寡照,冷暖无常,强对流天气活跃,暴雨洪涝比较频繁。根据降水的性质和强度的不同,福建有早春雨(3—4月)和梅雨(5—6月)之分。

早春雨的降水属变性冷空气与新南下冷空气所形成的锋区降水,雨势相对小,比较稳定均匀,3—4月的降水量占全年降水量的21.9%,暴雨和洪水开始发生,这一时期天气冷热多变,有的年份还会出现春寒、倒春寒天气以及冰雹等强对流天气。另外,早春季的少雨造成的气候干旱现象,在南部地区概率较大,少数年份还相当严重,甚至可蔓延全省。

梅雨是北方冷空气与来自低纬的暖湿气流交汇于南岭—武夷山一带形成的极锋性降水。它是西南季风、东南季风爆发挺进华南的产物。由于南北两种气团的水、热性质迥然有异,所以,这一时期的锋区很强,且位置又常徘徊于华南北部,构成气候上的多雨时期,雨势较强,暴雨频繁,5—6月的雨季是全年降水集中的季节,其降水量占全年降水量的30.6%。是福建暴雨洪涝及地质灾害多发季节,闽江、汀江等水系的严重洪水主要集中在这一时期,闽南各水系往往也会出现超警戒水位的汛情。但少数年份,由于西太平洋副热带高压势力强大并提早北进,福建6月就会出现初夏旱;另有一些年份,西太平洋台风活动季节提早,甚至5月已有台风影响。

(二)夏季

夏季是福建省气候最炎热、台风活动最频繁的季节。常见的天气类型有4种:(1)副高控制下的炎热少雨天气;(2)台风影响下的狂风暴雨天气;(3)辐合区控制下的局部或区域性雷阵雨天气;(4)北方冷空气南下时的短暂锋面过境天气。上述4种类型天气又各有季内的相对多见期。夏季3个月的降水量占全年降水量的29.3%,但降水多少主要受台风制约,台风多,降水就多,台风少,降水也少,降水变率较大,再加高温和蒸发强的影响,水资源的供需常有矛盾。夏季的灾害天气主要有台风、洪涝和干旱,均以沿海地区频率为高,成灾为重。另外,热浪也是这一季节常见的现象,它常与气候干旱匹配而同步出现。

(三)秋季

秋季是福建省风和日丽,秋高气爽,气候宜人的季节。秋季也是降水量骤然减少、波动较大,容易出现秋旱,沿海大风频繁的季节。2个月的降水量仅占全年降水量的6.2%。入秋以后,冷空气开始活跃,气温日趋下降,且昼夜温差加大。

秋季常见的不利气候是季节异常提早的寒露风与初霜冻,主要危及农业。个别年份会出现夏秋冬连旱和晚台风的侵袭以及连绵秋雨带来的"烂冬"现象。此外,台湾海峡这一时期东北大风日数最多、风速最大、持续时间最长。

(四)冬季

冬季是福建省气温最低、降水量很少的季节。3个月的降水量占全年降水量的12.1%,常出现秋冬旱和低温雨雪冰冻灾害。如果夏季已经少雨,秋冬季再持续久晴少雨,导致的气候干旱会给工农业生产和水力发电带来严重的影响。

冬季常见的灾害天气主要是寒潮与强冷空气造成的低温雨雪冻害。闽北曾有大雪封山的实例,闽南也有热带、亚热带经济作物大量冻死的史实。尽管1991年以来,冬季气温偏高明显,但暖冬背景下,个别年份的低温冻害造成的影响更加突出。

第二节 地理环境

一、地理位置

福建省位于欧亚大陆东南边缘,地处亚热带南沿,东临太平洋,气候上兼受大陆与大洋的剧烈影响,其宏观地理位置使福建成为东亚四大"大气活动中心"影响最敏感的地区。由于海陆热力差异是季风形成的最根本的原因,所以,福建成为东亚和中国季风气候最显著的地区之一。

福建陆地位于 $115°50'\sim120°43'E$,北纬 $23°32'\sim28°19'N$;北连浙江,西邻江西,南接广东,东隔台湾海峡与台湾相望,南北最大间距550 km,东西最大间距540 km;陆地面积12.14万 km^2,其中,山地9.10万 km^2,丘陵1.82万 km^2,平原1.22万 km^2;海域面积13.6万 km^2,其中200 m等深线以内近海渔场面积为12.5万 km^2,沿岸海域生物资源种类多,数量大,具有经济价值的各类生物资源400多种。

福建素有"八山一水一分田"之称。山地坡度大,在沿海各省区中首屈一指。海岸线全长3752 km,占全国海岸线总长的18.3%,居全国第二位。全省共有面积500 m^2 以上的岛屿1546个,总面积1324.13 km^2,岸线长2811.75 km。闽江、九龙江、汀江、晋江、交溪为全省五大河流。

2010年底全省常住人口为3693万人,平均人口密度298人/km^2,人口密度沿海地区大于内陆地区,福州~厦门沿海地市是人口密度最大的地区。2010年国民生产总值14357.12亿元,其中,第一产业1363.67亿元,第二产业7365.46亿元,第三产业5627.99亿元,人均地区生产总值39432元。

二、地形地貌

(一)地形特点

福建的大地构造属新华夏系巨型构造的第二隆起带,居南岭纬向构造体系的东端。境内山峦起伏,河谷与盆地穿插其间(图1.2),其特点如下。

1. 地势西北高,东南低,横剖面近似马鞍形

地形骨架由闽西、闽中两大山带构成,主要山体是东北—西南走向。

蜿蜒于闽赣边界的闽西大山带由武夷山脉、杉岭山脉组成,它北接浙江仙霞岭,南连广东九连山,长逾530 km,平均海拔逾1000 m,是闽赣两省水系的分水岭。该山带北高南低,

北段有不少 1500 m 以上的山峰,主峰黄岗山位于武夷山市境内,海拔 2158 m,是中国大陆东南沿海诸省的最高峰。

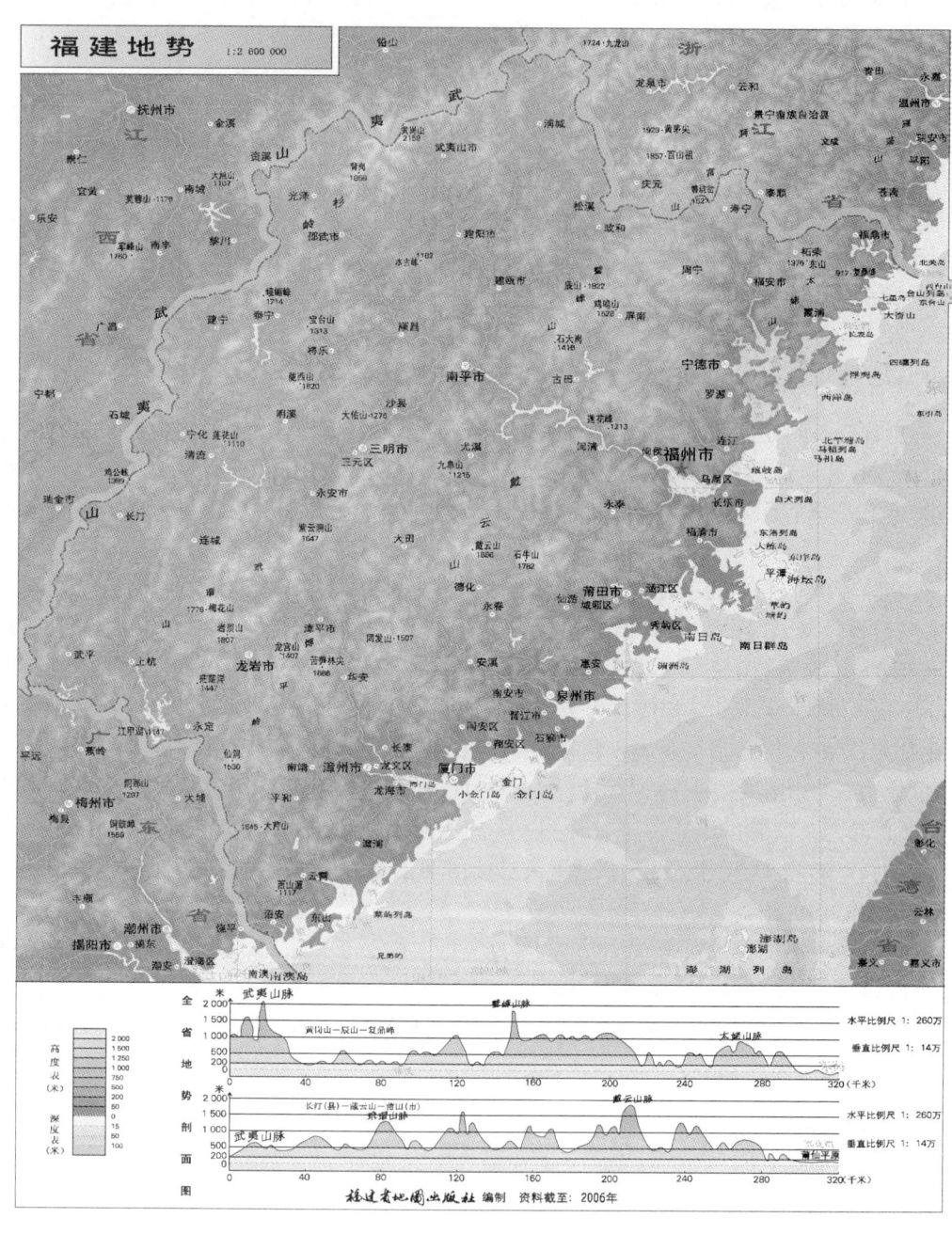

图 1.2　福建省地形图

斜贯福建中部的是闽中大山带,它被闽江、九龙江分隔为断续相连的三部分:闽江干流以北为鹫峰山脉,分布于政和县至古田县之间;闽江与九龙江之间是戴云山脉,耸立于德化县、大田县一带;九龙江以南称博平岭,由漳平市、南靖县延伸至广东省境内。闽中大山以中段的戴云山最高、最宽,位于德化境内的戴云山主峰海拔 1856 m。

福建两大山系的架构与布局,对气候有重要影响:第一可阻滞与削减南下冷空气的强度;第二可对暖湿气流的运行产生动力抬升作用,从而影响降水的强度;第三海拔高度的影响,形成相应的温、雨立体分布。

2. 山丘多、平原少,俗称"八山一水一分田"

以闽西、闽中两大山带的主要山脉为脊干,分别向各个方向延伸出许多山脉,形成纵横交错的峰岭,山地外侧与沿海地带分布着不同层次的丘陵;海拔 800 m 以上的中山和 500～800 m 的低山,占全省面积的 75%,主要分布在闽西、闽中和闽东北地区;海拔 250～500 m 的高丘陵和 50～250 m 的中低丘陵,占 15%,主要分布于山地外侧和沿海一带;全省平原面积占 10%,主要分布于江河的下游地带,如福州平原、莆仙平原、泉州平原和漳厦平原,另有一些串珠状的孤小平原散布于山地丘陵之间和河流两岸。

3. 海岸曲折,港湾众多,滩涂丰富,海域辽阔

福建海岸线长达 3752 km,占全国海岸线总长的 18.3%(仅次于广东省),海岸曲折率为 1:7,居全国之首。曲折的海岸形成了众多的天然港湾,全省总计 125 个,其中有,沙埕港、福宁湾、三沙湾、三都澳、罗源湾、福州马尾港、福清湾、兴化湾、湄洲湾、泉州湾、深沪湾、后渚湾、厦门港、旧镇湾、东山湾、诏安湾等,而厦门港、马尾港、秀屿港、肖厝港、东山港、沙埕港和三都澳是 5～10 万吨级泊位的深水良港。

沿海岛屿众多,面积 500 m² 以上的岛屿共有 1546 个,其数量仅次于浙江省,居全国第二。大而著名的有海坛(平潭)、厦门、东山、金门、南日和马祖。主要半岛有东冲、龙高、笏石、东周、崇武、围头、古雷、宫口半岛等。

福建沿海属亚热带大陆浅海,居沿岸南下冷流与台湾暖流交汇之区。年内各月海水温度为 12～26℃,盐度为 26‰～33‰。水质肥沃,营养丰富,是中国主要渔场之一,包括闽东、闽中、闽南三大渔场,有经济价值较高的鱼类 1000 余种。

(二)地形地势对气候的影响

1. 屏障阻挡作用

闽西、闽中两大山带对气流的阻挡作用是明显的。冬半年冷空气南侵至此,常被削弱;暖流北上也会受到阻滞。锋面移动到此往往减速,有时还会静止,"武夷山静止锋"就是冷暖空气势力相当,再加这一特定地形、地势而形成的地方性天气系统。它多见于春季,带来阴雨连绵天气,也是福建常见的一种暴雨天气形势。闽南之所以"三冬无霜,四时常花",除纬度因素之外,两大山系对冷空气势力的削减也是重要原因之一。

夏季正面登陆福建的台风,往往先越过台湾的中央山脉,由于其屏障作用,强度与风力已受削弱,穿过海峡再登陆福建又有鹫峰山脉、戴云山脉和博平岭山脉的阻挡,所以强风很少刮及内陆,强降水也主要落在闽中山系东侧的沿海地带,南平、三明、龙岩三地市台风风雨强度一般不大。

2. 机械动力作用

地形对大气活动的动力作用,主要包括气流的分支、爬坡和摩擦影响。地形所致气流分支现象最著名的实例,莫过于西藏高原造成的西风分支现象,形成南支急流与北支急流。在福建也有地形因素形成的气流分支现象:冬半年冷空气南下,在武夷山以西的湘赣两省移速较快,在台湾海峡移速更快,而在武夷山中段,受地形顶托,移速减慢,于是出现冷锋弯曲变形,并产生相应的地域天气,这也是地形所致气流分支效应的反映。

动力爬坡是指迎面而来的气流,遇山脉而强迫爬升,加强垂直上升运动,其结果是迎风坡的降水明显加大。武夷山北段有年雨量 1900 mm 以上的高值中心,其原因就是地形动力作用助长上升气流,加大凝结,强化降水的结果。福建沿海地区自北而南有三个多雨中心,则是台风上岸气流在鹫峰山脉、戴云山脉、博平岭山脉东侧产生动力抬升的结果。

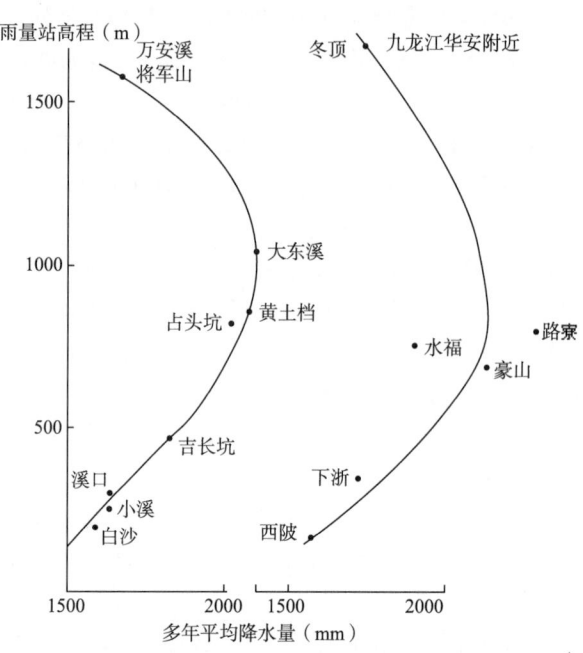

图 1.3 龙岩万安溪和华安附近降水量随高度的变化

关于山体不同海拔高度和不同坡向产生的降水差异,是很明显的。据林之光对武夷山的黄岗山 1958—1960 年梯度观测资料的分析结论,不论年雨量或月雨量,均随海拔高度的增加而增加,年雨量的垂直梯度平均为 81~89 mm/100 m,而且上部大于下部;就季节而言4月的垂直梯度最大,7月次之,1月较小,10月最小。武夷山南段的情况,省水文总站曾做过分析,龙岩县万安溪雨量随高程的变化如图 1.3 所示,从海拔 100 m 的白沙至海拔 1000 m 的大东溪,年雨量由 1600 mm 增至 2000 mm,每升高 100 m 大约增加 50 mm 的降水,但 1000 m 以上高度的年雨量却随高度的增加而减少,至 1500 m 的将军山,雨量减至 1600 mm,其雨量廓线呈抛物线形态,华安附近的情况也相似,但最大降水的高度要低一些。

另外,据 1983—1985 年武夷山南、北坡 4 个梯度点的观测资料可以看出(表 1.1),在相近的海拔高度,东南坡年降水量大于西北坡的年降水量,但垂直梯度并不单纯为正值。

表 1.1 武夷山南、北坡平均年降水量对比

	测点	高洲	姚家	禹溪	揭家
西北坡	海拔高度(m)	290	470	770	980
	降水量(mm)	1755	1944	2130	2121
东南坡	测点	黄坑	老虎场	三港	场头
	海拔高度(m)	300	500	750	940
	降水量(mm)	2174	2721	2422	2885
南北坡雨量差(mm)		419	777	292	764

如上事实与环流的季节特征、大气层水汽的垂直分布以及高湿层的季节位置有关。据高空水汽平均输送量，武夷山上空水汽充沛的季节在春季和初夏，高值层大致位于850～700 hPa，其值为 3～5g/(cm·s·hPa)。东南坡之所以较西北坡多雨，就是暖湿气流爬坡加强了动力抬升作用的结果。

地形动力摩擦作用在气象要素上的反映是山区的风速较平地为小，风向也很不规则，寒潮大风与台风大风比较少见。当然，地形摩擦对天气系统的移速也有减慢的效应。

3. 热力差异作用

大气温度随高度上升而降低，一般气温垂直递减率是(0.5～0.6)℃/100 m。福建山区气温差异大，具有"立体气候"特征，地势高度就是一个主要原因；当然，坡向不同也会给气温分布带来明显差异。除此，热力差异还会产生地形逆温现象。

地形热力差异还会产生局地环流现象，如山谷风。任何一个高地直接从太阳辐射获得的热量与同高度的自由大气所获得热量是不同的，白天山地获得的太阳辐射多，因而比同高度的自由大气要暖，于是空气产生上升运动，而周围的大气相对较凉，产生下沉运动，这样就形成了由谷地吹向山坡的"谷风"；夜间相反，山地冷却快，出现空气下沉运动，周围大气产生上升运动，结果形成顺山而下的"山风"。这种由于下垫面热力不均所造成的以 24 小时为周期的山谷风现象，在福建山区还是比较多见的。在沿海还有海陆风现象，它是海陆热力属性差异造成的局地环流现象。

除此，地形热力差异还会对水分平衡产生影响，造成蒸发量的地域差异。

4. 哑口溢流作用

武夷山脉有许多与山体正交或斜交的隧道、哑口，如浦城的枫山溢、崇安的分水关、光泽的铁牛关、邵武的黄土溢、宁化的五里亭、长汀的古城口、武平的背寨等。这些特殊的地形缺口，冬半年会造成较强的冷空气溢流现象，风口的小气候特征是风大、天冷。

台湾海峡东北—西南走向，被福建的武夷山系与台湾中央山系（主峰玉山高达 3997 m）所挟持，这是一个更大的宏观隘口与通道。台湾海峡的盛行风向与海峡走向相当一致，冬半年盛行东北风，夏半年盛行西南风，而且风速很大，是中国风能密度高值区，就是这一特殊大地形造成的结果，人们形象地称这里的风像"弄堂风"，这就是狭管效应。

三、土壤植被

(一)土壤类型

福建有 12 种土类，红壤占全省土地面积的 63.3%，砖红土壤性红壤占 5.3%，黄壤占 7.2%，水稻土占 8.8%，其他为紫色土、石质土、黑色石灰土、滨海盐土以及潮土、冲积土、风沙土、山地草甸土，总计 15.4%。其地理分布，山区以红壤、黄壤、紫色土为主，砖红壤性红壤主要分布于东南滨海的低丘台地，水稻土、冲积土多分布于盆地、河谷和海滨平原，风沙土和滨海盐土多见于海滨和岛屿。

红壤类土壤一般呈酸性，质地以黏壤为多，为块状和碎块状结构；黄壤类一般为中酸性，质地多为中壤至重壤或轻黏土；紫色土大多质地疏松也带酸性。由于各类土壤的物理属性不同，不但对农林布局，种植结构有一定影响，对福建各地的蒸发，径流和水旱频率、强度的地域分布，以至地质灾害也有重要影响。

(二)植被分布

福建的植被主要是森林,是中国森林覆盖率最高的省份,2009年全省林地面积768万hm², 全省森林覆盖率达63.1%。全省植被大致可分为南亚热带季雨林地带和中亚热带阔叶林地带,前者位于戴云山脉以东的丘陵、平原和沿海岛屿,后者位于戴云山东麓以西的广大地区,包括武夷山、戴云山两大山带及其间的盆地,即福建的西部、中部地区。福建的树种以壳斗科、樟科、茶科和木兰科的常绿树种为主,包括常绿阔叶林、马尾松次生林、人工栽培的杉木林、灌木丛林以及草场、人工经济林、果树林和各类竹林。

(三)森林对气候的影响

森林对地表辐射平衡、水分平衡、热量平衡以及局地小气候的形成具有重要影响。

1. 森林对太阳辐射的影响

森林对太阳辐射有两个作用面,一个在林冠,主要是叶面对太阳辐射的吸收、反射和透射;另一个在林冠以下的地面,主要是林株大小和数量对太阳辐射的影响。就林种而言,阔叶林中透入的太阳辐射比针叶林要大。另外,在森林中各个高度上的辐射强度也是不同的,一般是越接近地面,太阳辐射减弱越厉害。就日变化而言,白天林冠层的辐射平衡量(收入的总辐射能与支出的总辐射能之差额)大于林冠下的辐射平衡量,而夜间则相反。

2. 森林中的温度变化

如前所述,森林中由于辐射受到林冠的吸收和阻挡,所以白天林地土壤表面的温度比开阔地带要低,夏季比开阔地带要凉,结果气温的日变化与年变化都比开阔地带要小。

3. 森林中的湿度变化

森林中由于土壤和林木本身蒸发作用的增加,以及湍流交换的减弱,所以湿度总是比田野要高,尤以夏季的白天更为明显,森林中湿度的日变化不大,一般都在10%以内。季节相比冬季小些,夏季大些,而开阔地的湿度日变化要明显的大于林地。

4. 森林对降水的影响

雨水在森林中降落时,一部分被树冠阻留而蒸发,一部分透过树冠而到达地面,通常中纬度地区的森林平均阻拦的降水约占25%,而热带地区由于气温高,其阻留、蒸发量相应为大。因为森林内50%~80%的降水可渗透地下,而径流不到10%,所以林区空气湿润,夜晨还可从雾、露、霜、雨等凝结物中获得可观的水平降水,这就是人们常说的"森林夜雨",其量约占年降水量的10%。福建雨季暴雨中心的三明、南平两地市也是全省森林覆盖率最高的地市,对减少水土流失,减轻暴雨洪涝的强度发挥了重要作用。

5. 森林中风的变化

气流经过森林,风速大减,但林冠之上气流会变得密集,风速相应增大。另外林冠并不平坦,所以还会产生涡流现象,此类局地环流有时也会助长雨势。

6. 森林影响气候的综合效应

综上所述,可以看出森林的存在可使当地的气候变得比较温和湿润;树冠对降水的截留与缓冲可减少对土壤的冲刷;枯枝落叶形成的腐烂层和林木活跃的根系能增加渗透,减少30%~60%的径流。据计算,森林遭破坏地区土壤流失量比良好森林环境的地区要多6~8倍,人们常说"山上种了树,好比修水库,雨多它能吞,天旱它能吐"。观测说明每亩林地比无林地能多蓄水 20 m³,这样 5 万亩[①]的林地就相当于一座 100 万 m³ 的水库,可见森林对防洪抗旱的巨大效益。

森林不但能调节气候、涵养水源、改良土壤、防风固沙、减少水土流失,还能通过光合作用吸收二氧化碳、减轻温室效应,抑制气候恶化,净化大气,具有保护地球环境的功能。人们称此为"碳汇工程",被视为控制全球气候变暖的一项有效措施。福建是林业大省,森林对福建气候的形成与优化,对缓解自然灾害、维护生态平衡具有十分重要的意义。

四、水系洋流

(一)河流特点

福建河流众多,水系发达,集水面积在 50 km² 以上的河流有 597 条,集水面积达 11.28 万 km²,干流长度总计 3134 km,包括支流在内河网总长度 13569 km,河网密度为 0.11 km/km²,属全国少见。

受地形与气候的制约和影响,福建的河流有以下 4 个特点:

1. 福建的河流都是外流河,多发源于省内,并在本省独流入海

数百条大小河流中发源于外省者,仅闽东北的交溪(赛江,下同)源于浙江;进入外省的仅闽西的汀江,经广东而入海。其他河流均发源于境内并在本省入海。福建河流主干多与山脉走向垂直,支流又多与山脉走向平行,因而水系结构带有明显的格状和扇状特征。福建的洪汛主要取决于省内降水,基本无外域的径流干预,这是福建河流的一大特点。

2. 水量丰富,含沙量少

全省河川平均年径流总量为 1168 亿 m³,占全国的 4.3%,年径流模数为 30~40 s·L·km²,含沙量平均为 0.13~0.42 L/m³,与全国相比,属少沙河流。

3. 河床比降大,源短流急,遇强降水,洪水易暴涨、暴落

福建的河床普遍呈河谷盆地和河曲型峡谷相间的形态,比降为万分之 5~40,峡谷险滩多,水流湍急,这是山洪多见、洪峰迅猛、地质灾害频发的一个重要原因。

4. 径流量的年际变幅不大,但季节差异十分明显

由于福建年降水总量一般变化并不太大,所以年径流总量也相对稳定,但各自然季节的雨量分布差异较大,因而径流常显示出明显的季节性丰枯现象。梅雨季和台风季是气候上的丰水时期,而秋冬季是盛行的少雨枯水期。丰水期的最大月平均流量与枯水期的最小月平均流量相差达 5~12 倍。

(二)五大河流

福建流域面积在 5000 km² 以上的河流有 5 条(表 1.2)。

1. 闽江——福建省最大的河流,发源于武夷山脉的杉岭南麓,流域总面积 60992 km²,占全省总面积的 50.48%。干流全长 541 km,流经 35 个县市。上游有建溪、富屯溪、沙溪三大支流,分别发源于武夷山市的铜钹山,光泽县的岱坪村和建宁县均口镇严峰山,三支流于南平市汇合。南平以下为下游,有尤溪、古田溪、大樟溪等主要支流汇入,而后流经福州,于马尾注入东海。

---

① 1 亩=1/15 hm²,下同。

闽江的平均年径流量为 586 亿 m³,比黄河的平均年径流量还多 10%。历史上闽江最大年径流量发生在 1937 年,为 942 亿 m³,新中国成立后最大年径流量是 1975 年的 913 亿 m³。闽江最小年径流量为 319 亿 m³,出现于 1971 年,最大值与最小值之比为 2.95∶1,年径流变异系数为 0.28。

由于闽江上游遍布闽西北,正是福建暴雨中心区,再加河道比降大(万分之 5),所以水患比较突出。洪水频率高,季节集中(前汛期),来势凶猛是闽江洪涝的突出特点,致洪暴雨主要为锋面暴雨,一般上游三大支流 3 天内降水 150~200 mm 或两大支流 3 天内降水 200~300 mm 就会出现大洪水,对沿江下游特别是省会福州一带威胁最大。闽江上游建溪、富屯溪、沙溪年径流量分别为 156 亿 m³、142 亿 m³、110 亿 m³,其比值为 1.44∶1.29∶1.00。

表 1.2 福建省一级河流表

河名	闽江	九龙江	汀江(石下坝以上)	晋江	交溪	鳌江	霍童溪
集水面积(km²)	60992	14741	9022	5629	5549	2655	2244
河长(km)	541	285	285	182	162	137	126
占全省面积(%)	50.48	11.66	7.47	4.66	4.59	2.20	1.86
径流量(亿 m³)	586	144	86	53	73	30	27

河名	木兰溪	诏安东溪	漳江	秋芦溪	鹿溪	龙江
集水面积(km²)	1732	1127	961	709	615	538
河长(km)	105	89	58	60	58	62
占全省面积(%)	1.43	0.93	0.8	0.59	0.51	0.45
径流量(亿 m³)	16	12	10			4

2. 九龙江——闽南最大的水系,发源于博平岭山脉东麓和戴云山脉的南端,流域面积为 14741 km²,占全省土地面积的 12.14%,干流长度为 285 km。河道比降为万分之 20。九龙江在龙海市的长洲以上分北溪和西溪,汇合后流经石码、海澄于浮宫纳入南溪支流,经厦门注入台湾海峡。

九龙江平均年径流量为 144.4 亿 m³,最大年径流量为 235 亿 m³(1975 年),年最小径流量为 103 亿 m³(1967 年、1971 年),最大值与最小值之比为 2.28∶1,年变异系数为 0.27。

九龙江的严重洪涝是台风造成的,属台风型暴雨洪涝,威胁最大的地区是漳厦平原。

3. 汀江——闽西的主要河流,发源于宁化的上坪村,在省内流域面积为 9022 km²,干流长 285 km,河道比降为万分之 15,沿途有旧县河、黄云河、永定河汇入,于永定县的峰市出省进入广东的韩江。汀江的平均年径流量为 85.9 亿 m³,极大值 158 亿 m³ 出现在 1975 年,极小值 44.4 亿 m³ 出现在 1963 年,极大值与极小值之比为 3.56∶1,年径流变异系数为 0.34。汀江的主汛期与闽江相似,在梅雨季节,致洪暴雨以锋面暴雨为主。

4. 晋江——发源于戴云山脉东麓永春县一都坑头,流域面积 5629 km²,干流长 182 km,河道比降为万分之 19。晋江的上游为东溪和西溪,汇合于南安市英兜村双溪口,经石砻、泉州入泉州湾而后进入台湾海峡。晋江平均年径流量为 53.3 亿 m³,最大年径流量为 94.6 亿 m³(1961 年),最小年径流量为 33.0 亿 m³(1967 年),最大值与最小值之比为 2.87∶1,年径流变异系数为 0.30。晋江严重的洪涝与九龙江相似,主要是台风暴雨造成的。

5. 交溪——闽东北最大的河流,发源于浙江省的洞宫山脉,在闽集水面积为 5549 km²,干流长 162 km。河道比降为万分之 37。交溪上游分东溪、西溪,于福安市的湖塘板汇合,南流经白马港进三都澳入东海。平均年径流量为73.0亿 m³,最大年径流量为99.6亿 m³(1962年),最小年径流量为38.5亿 m³(1971年),最大值与最小值之比为2.59∶1,年变异系数为0.28。交溪大洪水的致洪系统,以台风暴雨为主,锋面暴雨为次。

(三)冷暖洋流

台湾海峡、福建沿海有两股洋流,一股是自南北上的黑潮,又称台湾暖流,一股是自北南下的大陆沿岸冷流。

黑潮是北太平洋中部(10°～40°N)顺时针旋转的大洋环流的一部分,它是北赤道流西行受阻,于菲律宾东部北上的一股洋流,因水体呈黑蓝色而得名黑潮。通常人们把由12°～14°N向北到巴士海峡的一段海流称为黑潮源地,又称吕宋海流;称流经台湾两侧的黑潮(主流在东侧)为台湾暖流,该暖流于台湾东北海域汇合再向东北流去,并进入日本南部海域。

黑潮来源于信风流,温度高,盐度大,是世界大洋中最著名的暖海流之一,与大西洋的墨西哥暖流并称世界"姊妹流",黑潮流经之区多有丰富的渔场。由于黑潮宽厚,流量又大,所以对海洋与大气交换及能量输送具有重要意义,并在气候上有明显反映,台北与泉州纬度相近(25°N),冬春的平均气温,台北偏高2.7℃,就是台湾暖流主脉在台湾东侧,而次脉在台湾海峡造成的差异;而福州、泉州冬春的平均气温又远高于湘、赣同纬度且海拔相差不大的地区,穿越台湾海峡的台湾暖流也是贡献因素之一。台湾暖流的存在不仅带来温暖的气候、丰盛的渔场,而且对降水也有影响。鹿世瑾曾研究发现黑潮轴北界偏北者,福州年雨量往往偏少;黑潮轴北界偏南者,福州年雨量往往偏多(见本章第六节)。

(四)沿岸流

沿岸流,它是由于风力作用或河流入海而形成的一股沿着局部海岸流动的海流。

福建的沿岸流是由内陆径流入海而引起的密度流、东北季风形成的近岸漂流以及由北向南的冷海流三者的叠加。

第三节 太阳辐射

太阳是个高温灼热的气体球,它表面的温度约6000℃,中心的温度约2000万℃。地球上的一切自然现象,都直接或间接地受到来自太阳的光和热的支配。

地球在太阳系中恰好的位置,使地球得到合适的太阳辐射,形成适应生物生存的气候环境。太阳辐射是地球气候系统获得能量并驱动气候系统运转的最主要能源,到达地表面的太阳辐射能的时空分布及其变化决定了地球气候的最基本特征。到达地球大气层顶的太阳总辐射强度变化很小,基本上可视为稳定不变,故称为太阳常数,这也决定了同一地理位置气候基本的稳定。但是太阳并不宁静,它常发生激烈的变化,太阳黑子就是太阳活动的重要标志。

福建之所以有暖热的气候是因为地处亚热带,太阳辐射能比较富足。

一、太阳高度角

某一地区接受太阳辐射的多少,首先取决于太阳高度角的大小。太阳高度角是正午时刻太阳光线与地平面相交的角度,它与纬度、赤纬和时角有关。

太阳高度角的计算式为

$$\sin h = \sin\varphi \sin\delta + \cos\varphi \cos\delta \cos\omega$$

式中,h 为太阳高度角,δ 为太阳赤纬,φ 为地理纬度,ω 为时角。正午时刻 $\omega=0$,上式可简化为

$$h = \arcsin(\sin\varphi \sin\delta + \cos\varphi \cos\delta)$$

表1.3是福建所处纬度每月15日正午的太阳高度角,从中看出各月每向北推进一个纬度,太阳高度角降低1°。就月份而言,太阳高度角6月份最大,12月份最小。

表1.3 各月15日正午太阳高度(°)

北纬(°N)	1月	2月	3月	4月	5月	6月	7月	8月	9月	10月	11月	12月
29	40	48	59	71	80	84	83	75	64	53	43	38
28	41	49	60	72	81	85	84	76	65	54	44	39
27	42	50	61	73	82	86	85	77	66	55	45	40
26	43	51	62	74	83	87	86	78	67	56	46	41
25	44	52	63	75	84	88	87	79	68	57	47	42
24	45	53	64	76	85	89	88	80	69	58	48	43
23	46	54	65	77	86	90	89	81	70	59	49	44
22	47	55	66	78	87	89	90	82	71	60	50	45
21	48	56	67	79	88	88	89	83	72	61	51	46
20	49	57	68	80	89	87	88	84	73	62	52	47

二、可照时数

可照时数又称天文日照,是指日出—日落之间被太阳照射的时间。日出、日落太阳高度角为0,即

$$0 = \sin\varphi \sin\delta + \cos\varphi \cos\delta \cos\omega$$
$$\cos\omega = -\tan\varphi \tan\delta$$
$$\omega = \arccos(-\tan\varphi \tan\delta)$$

昼长时数为 2ω,换算为月可照时数,见表1.4。

表1.4 各月15日可照时数(h)

北纬(°N)	1月	2月	3月	4月	5月	6月	7月	8月	9月	10月	11月	12月	年
29	10.44	11.12	11.91	12.80	13.54	13.94	13.79	13.17	12.33	11.47	10.68	10.26	4424.3
28	10.51	11.16	11.92	12.77	13.48	13.86	13.72	13.12	12.32	11.49	10.74	10.34	4424.1
27	10.57	11.20	11.93	12.74	13.42	13.79	13.65	13.08	12.31	11.52	10.79	10.41	4423.3
26	10.64	11.23	11.93	12.72	13.36	13.71	13.58	13.04	12.30	11.54	10.85	10.48	4422.6
25	10.70	11.27	11.94	12.69	13.30	13.64	13.51	12.99	12.29	11.56	10.90	10.55	4421.8
24	10.76	11.31	11.94	12.66	13.25	13.57	13.45	12.95	12.28	11.59	10.96	10.62	4421.1
23	10.82	11.34	11.95	12.63	13.19	13.50	13.38	12.91	12.27	11.61	11.01	10.69	4420.4
22	10.89	11.38	11.96	12.60	13.14	13.43	13.32	12.87	12.26	11.63	11.06	10.76	4419.7
21	10.95	11.41	11.96	12.58	13.08	13.36	13.26	12.83	12.25	11.65	11.11	10.82	4419.0
20	11.00	11.45	11.97	12.55	13.03	13.29	13.19	12.79	12.24	11.67	11.16	10.89	4418.4

从表1.4可以看出,上述10个纬度带的年日照时数差异很小,7个纬度带为4420～4424 h;月份相比,7月最大,为414～426 h,平均每天近14 h;12月最小,为319～332 h,平均每天10.5 h。南北相比,以春分和秋分为界,冬半年南部多于北部,夏半年北部多于南部。

三、太阳总辐射

地面所接收的太阳总辐射,包括直接辐射和散射辐射两部分,前者是太阳辐射通过大气层而直达地面的部分,后者是被大气中的空气分子和大气中悬浮的微粒散射至地面的部分。太阳总辐射是地球表面热量的主要提供者,也是大气层温度场、气压场分布及其变化并随之产生相应的天气气候现象的主要制约因子。

影响太阳总辐射的因素是天文辐射量、大气透明度及云量、云状。由于观测太阳辐射的气象台站稀少,所以通常是以经验公式来计算各地的太阳总辐射。计算式为

$$Q = S_0(a + bS/S_1)$$

式中,Q为太阳总辐射,S_0为天文辐射,S为太阳实照时数,S_1为太阳可照时数,a、b是与云量、云状、大气透明度有关的经验系数(表1.5)。

福建省气候中心2008—2009年在福建省太阳能资源评估中,根据实测,推算了福建省平均年太阳总辐射量3800～5400 MJ/m^2,自东南沿海向内陆递减,高值区在闽南地区,南平地区北部辐射量也相对较大,闽东北和三明地区西部是低值区。分布能大体上解释出福建年平均气温的空间走势。

福建太阳总辐射年变化呈单峰型,最大值出现于7月,最小值多在2月,有的在12月。

表1.5 福州各季太阳辐射经验系数

月	3—4	5—6	7—9	10—2
a	0.112	0.114	0.136	0.115
b	0.611	0.634	0.534	0.608

四、辐射平衡

辐射平衡是表示地表面对太阳辐射收支状况的描写量,它是总辐射和反射辐射及有效辐射的差额。辐射平衡方程可以表示为

$$R = Q(1 - \alpha) - E$$

式中,R为辐射平衡量,Q为太阳总辐射,α为地表反照率,E为有效辐射(地面的长波辐射与大气逆辐射之差)。

从辐射平衡方程可知,地面辐射平衡因地区、季节、昼夜、地面特征、大气温湿状况与云状的不同而不同。

在低纬度Q很大,R为正值,不断有热量积累,并向高纬度输送。

在高纬度Q很小,R为负值,不断有热量亏损,需接受来自低纬度的热量补充。

湿度与云量对辐射平衡值的影响很大,所以就是同一纬度,由于距海远近、地形高低和湿度、云量状况的不同,辐射平衡会有很大差别。

由于地表反射率的差异,对辐射平衡值也会有很大影响,这正是形成不同地区、不同地

形、不同植被产生的小气候的重要因素。

第四节 大气环流与天气系统

大气环流是指全球规模的大气运动状况,是具有一定稳定性的各种气流运行的综合现象。其主要表现形式为:全球规模的东西风带、三圈环流(即 0°～30°N 的哈得来环流圈;30°～60°N 的费雷尔环流圈;高纬和极区的直接环流圈)常定分布的平均槽脊、行星尺度的高空急流以及西风带中的大型扰动。大气环流既是地—气系统进行热量、水分、角动量交换和能量转换的重要机制,又是这些物理量输送、平衡和转换的重要结果。大气环流决定了全球大气运行的基本形势,是全球气候特征和大范围形势的主导因素,也是各种尺度天气系统与各类天气过程发生、发展及其变化的环流背景。它支配着不同时间、地点的热量、水分与质量的输送,起着能量的调剂和再分配的作用。

大气环流异常是气候异常的直接原因。特别是重大季风系统成员的态势和海温、雪盖、深层地温状态以及太阳活动等物理因素相互作用,对其后相当长时间的气候过程具有显著的滞后影响效应。福建四季环流形势以及盛行天气系统的活动主要受欧亚大气环流的制约。

大气环流通过大气中各种尺度的天气系统来体现,包括水平尺度>1000 km,生命史一周以上的行星尺度系统;水平尺度 100～1000 km,生命史 3～5 天的大尺度天气系统;水平尺度 10～100 km,生命史<1 天的中尺度天气系统以及水平尺度<10 km,生命史<1 h 的小尺度系统。其垂直尺度涵盖高空到地面。

本节所使用的北半球平均环流图,根据 1981—2010 年美国 NCAR/NCEP 的再分析数据,制作而成,水平分辨率为 2.5°×2.5°。

一、四季环流形势

(一)冬季

图 1.4 是北半球 1 月 500 hPa 平均高度场,其主要特点是深厚的极涡中心位于格陵兰附近,强度为 500 dagpm。西风带中、高纬有三个平均超长波槽,即北美大槽、欧洲东部大槽和东亚大槽,其间是三个平稳的高脊,总的来看是三波流型,这一时期,副高很弱,位置最为偏南,平均图上还看不出闭合的 588 dagpm 环流中心,仅有 586 dagpm 闭合线。图 1.5 是 1 月海平面平均气压场,蒙古高压盘踞在亚洲大陆,中心强度 1034 hPa,冷高压楔沿西藏高原东侧伸向华南,太平洋北部为阿留申低压所控制,中心气压 998 hPa,两大活动中心之间形成强大的气压梯度,使中国大部地区盛行偏北气流,是全年最冷的时期。

福建整个冬季均处于东亚大槽槽底稍偏西的位置,高空吹西北偏西风,与春、夏、秋三季相比气候干冷,随高空不断东移的西风波,平均三五天就有一次冷空气南下,当经向环流明显加强时,会爆发寒潮天气过程,尤以乌拉尔高压崩溃东移和两槽一脊流型所致寒潮比较多见。从图 1.5 可见,冬季台湾海峡等压线相当密集,走向呈东北—西南向,福建沿海盛行东北风,不但风日多,风速也强。就具体天气过程而言,冷空气路径不同,天气特色有异:西路寒潮降温严重,而风力较弱;东路寒潮相反,风力很强,但气温并不太低。有些冷空气过程,在低纬暖湿气流配合下,还会给福建带来较明显的降水,北部有时还会下雪。

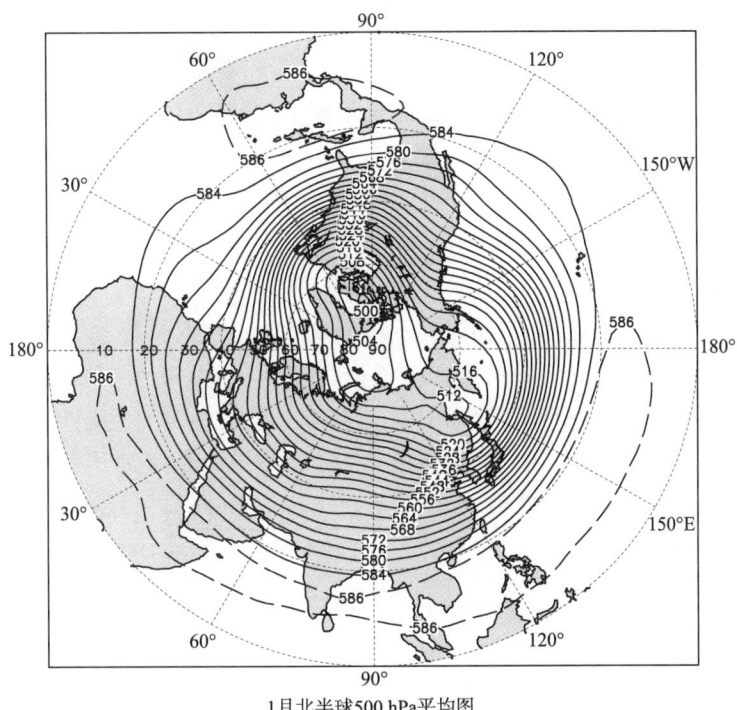

图 1.4　1 月北半球 500 hPa 平均图(单位:dagpm)

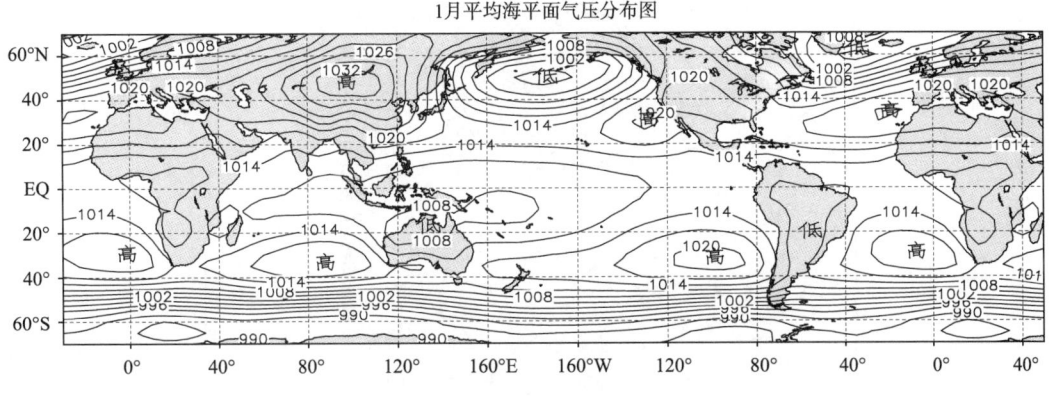

图 1.5　1 月平均海平面气压分布图(单位:hPa)

(二)春季

春季是由冬转夏的过渡季节,在福建通常把 3—4 月称为春雨期或早春季,5—6 月称为梅雨期或雨季。前者的基本环流形态与冬季相似,但极涡已明显减弱,西风带上的槽脊尺度也比冬季减小,移速相应加快。此时,东亚大槽已经变得比较平浅,而南支波动和低纬暖湿气流已相当活跃。从 4 月的海平面平均气压分布来看,蒙古高压和阿留申低压虽仍然存在,但强度已比隆冬大为减弱,印度闭合低压环流已经形成,台湾海峡气压梯度明显减小,大风频率与强度相应减小,福建降水较冬季明显增大。福建的早春季既有春寒、倒春寒天气,也常见强对流天气过程,是冷、热多变的季节,有的年份还会出现严重的春旱现象,少数年份还有早至的洪水。早春季的气候既和中高纬西风带形势有关,又与南海高压、西太平洋高压的强度和位置以及南支波动的活动情况有密切关系。

5—6月环流的特点是副高进一步增强,脊线已至18°～20°N,500 hPa,588线北界位于23°N附近,西风带的冷空气与低纬暖流交汇于华南上空,"极锋"雨带控制福建,至于雨势强弱取决于西风带与副高强度及其位置的配置,一般,中亚阻塞高压和乌拉尔阻塞高压容易导致连续性暴雨。有些年份,副高过强,其中心或中心边缘已控制福建,就会出现晴热无雨天气,一些季节提早的年份,6月已有台风影响福建。

(三)夏季

图1.6是7月的北半球500 hPa平均高度场形势,特点是极涡大为减弱,强度仅为544 dagpm,西风带显著北移,中高纬是四波流型,亚洲中部、太平洋中部、北美东岸和西欧有四个平均超长波槽,但比冬季平浅,亚洲的南支急流已经消失,环球的副热带高压相当强盛,并有三个闭合中心,以西非、大西洋高压更强,西太平洋副热带高压相对为弱,脊线位于25°N,西脊点伸至120°E,广东、福建、台湾处于脊线外延处,除台风影响外,主要盛行炎热少雨天气。

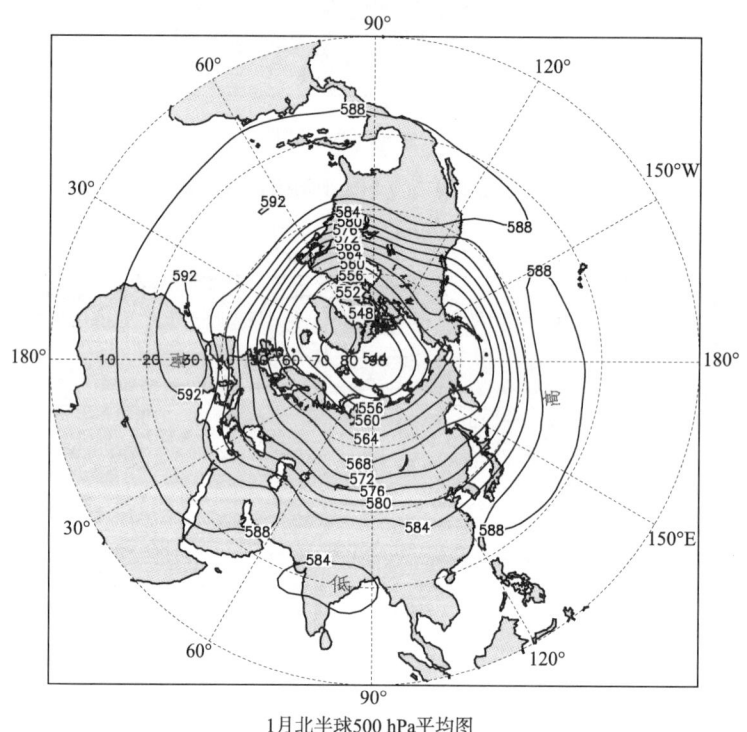

图1.6 7月北半球500 hPa平均图(单位:dagpm)

图1.7是7月海平面平均气压分布,亚洲为庞大的低压控制,中心位于印度西北部,强度1000 hPa,另一盛夏的大气活动中心是太平洋高压,中心位于东太平洋37°N,150°W,强度1024 hPa。8月的流场,副高更为北抬,脊线伸至30°N、120°E附近,热带辐合带相应北移,西太平洋台风相当活跃,在高空偏东引导气流作用下,登陆与影响福建的台风进入盛期。9月北半球的行星风带开始南压,副热带高压长轴退到25°N附近,台风路径相应南回,北方冷空气渐趋活跃,冬季风从此建立,福建沿海迈入东北大风季节。

7月平均海平面气压分布图

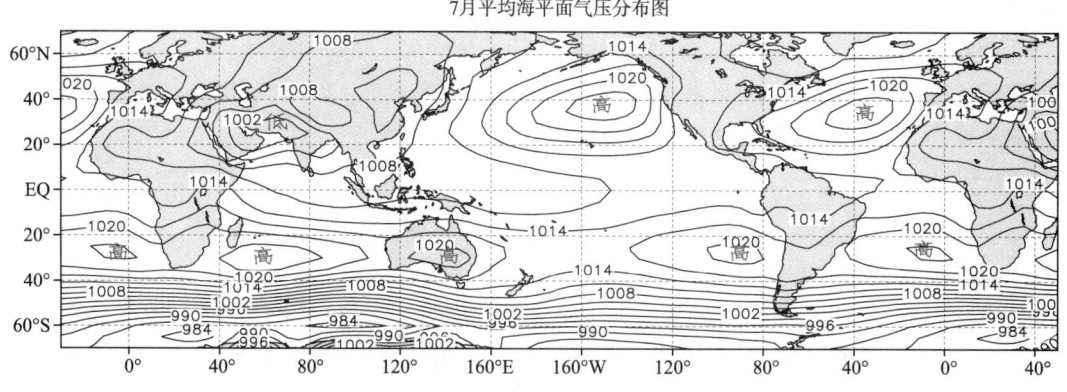

图1.7　7月平均海平面气压分布图(单位:hPa)

福建夏季常见四类流型:第一类是受副热带高压控制,盛行晴热少雨天气;第二类是受台风环流影响,出现狂风暴雨天气;第三类为辐合区形势,常出现局部或区域性雷雨天气;第四类为低槽冷锋活动,出现短历时过程性的降水、降温天气。这四种类型的天气,常有相对多见的时期:第一类多见于初夏,即副高第一次季节性北跳(25°N)至第二次季节性北跳(30°N)之间;第二类多见于盛夏,即第二次北跳至第一次回跳(25°N)之间;第三类活动期无明显的季节优势,主要由流场的短期变化与系统的相互配置所决定;第四类多见于副高明显的衰减过程之后。

(四)秋季

从10月开始,东亚大气环流已初具冬令特征,极涡强度为520 dagpm 其主要表现是高空西风带明显南压,夏季的四波流型至此已转为三波流型(图略)。亚洲的最大变化是东亚大槽相应加深,南支急流建立,西太平洋副高进一步南回,脊线已退至22°N,西脊点伸至135°E附近,福建的台风季基本结束,而冷空气开始活跃。该月的地面气压场,冬季的两大活动中心蒙古高压(1025 hPa)、阿留申低压(1007.5 hPa)已经形成,而夏季的活动中心印度低压大为减弱(1010 hPa),地面冷高压楔已伸向华南沿海,台湾海峡的东北大风不论机遇或风力都明显增多、增强,而降水较夏季显著减少,低温活动增加,少数年份闽北已能见霜。11月的环流形势与10月没有本质的差别,仅是冬季的大气活动中心更为增强,副热带高压进一步减弱,其天气是冷空气更为频繁,气温继续下降,降水又有减少。

二、影响福建的主要高空天气系统

天气变化是各种不同时空尺度天气系统相互作用,交替影响的结果。下面以高空、地面分类列举对福建密切相关的主要天气系统。

(一)东亚大槽、中高纬西风槽

东亚大槽是冬半年,位于亚洲大陆东岸,由泰米尔半岛南伸至日本上空的准静止低槽,平均位置在140°E附近(图1.4)。东亚大槽是海陆分布及青藏高原大地形对大气运动产生热力和动力影响的综合结果。但年际间、月际间强度不同,稍东、稍西也有差异。东亚大槽是冬季影响亚洲及西北太平洋地区的主要天气系统,在槽后偏北气流引导下,西伯利亚的冷空气不断向南爆发。东亚大槽偏强、偏西者,福建往往是冷冬年;偏弱、偏东者,为暖冬年,这是槽后西北气流强度与槽底所及南限位置不同决定的。

中高纬西风槽,形如正弦波的波谷,波长一般为 5000～7000 km,振幅 10～20 纬距,平均移动速度 10 经度/天。西风槽东移,会带来冷空气及降温过程,有时还会带来降水,甚至寒潮和暴雨。西风槽对福建的影响以冬半年最明显。

(二)南支西风槽

当西风越过青藏高原时,由于高原的阻挡作用,被分为南、北两支西风。南支槽是指产生于低纬南支急流和南支西风气流中的短波天气系统,即活动于 20°～30°N、70°～120°E 区域的短波小槽,波长一般为 2000～3000 km,平均移动速度 10～15 经度/天。季节多见于春季,其天气特征是盛行阴雨。福建一些早春多雨年和春寒、倒春寒年多与此类系统比较活跃有关。当来自副高北缘的低纬暖湿气流充分时,还会产生较强的降水,最突出的年例是 1983 年和 1998 年。南支槽秋冬相对少见,而夏季基本没有这类系统。

(三)西南低涡

它是源于我国西南地区的低空冷性气旋式涡旋(图 1.8),半径一般 200～300 km,属中尺度天气系统。西南低涡一年四季都会出现,以春季和初夏为多,盛夏为少,它主要活动于 25°～35°N,沿长江流域或稍南、稍北东移,带来的天气主要是降水,尤以低涡的东部和南部雨势为强。它是福建春季,特别是梅雨季节的主要暴雨天气系统之一,低涡影响时,沿海还会出现较强的西南大风。

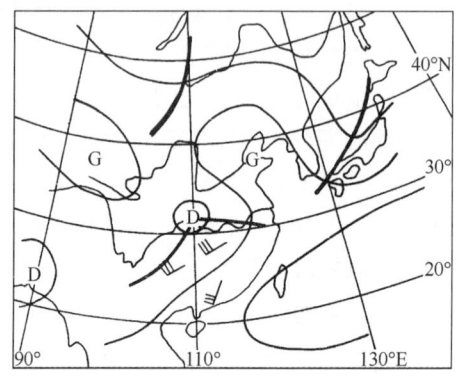

图 1.8　700 hPa 西南低涡

(四)低空急流

在 850 hPa 等压面上 30°N 以南,105°～120°E 范围内,常有风速≥12 m/s,长度大于 500 km 的强西南风带,称低空急流。它是四川盆地低压发生、发展或西风槽东移与加强西伸中的副热带高压之间形成的强梯度带,出现季节也以 3—6 月为多。低空急流的风速有明显的超地转风特征,即实际风速大于地转风(一般超过 20%,甚至一倍以上)。低空急流的左侧主要是上升气流,而右侧为下沉气流。低空急流的气流多来自热带海洋上空,是动量、热量和水汽的集中带,是输送大气能量和水汽的通道,容易产生暴雨、冰雹等激烈天气,落区主要在急流轴的左侧。低空急流是福建前汛期暴雨天气常见的形势之一,约 80% 的急流会引发暴雨。

(五)切变线

切变线是 700 hPa 和 850 hPa 等压面上出现的气旋性风向不连续线,分冷式切变和暖式切变两类,属西风带的短波系统。切变线常有地面静止锋与之配合,天气特点是降水持续时间长,雨区比较稳定。对福建有影响的切变线多见于春季,稳定于 25°～29°N,105°～120°E 地区的切变,是连阴雨常见的环流形势,武夷山静止锋就以此类低空形势为背景,常有连续性的大暴雨天气出现。切变线的轴向不同(东北—西南向、东—西向、西北—东南向),福建的雨带分布与轴向有异。如西北—东南向的暖式切变,其强降水多落在闽南、粤东,且范围较小。

(六)西太平洋副热带高压

西太平洋副热带高压是太平洋上空半永久性的高空环流系统,一般以 500 hPa 图上西太平洋地区 588 dagpm 等高线所包围的范围为代表,它是影响我国天气的最重要环流系统之一。大范围雨带的月季分布与副高的强度、位置摆布有密切关系。详见本节"四、西太平洋副热带高压对福建气候的影响"。

(七)台风

台风是高空、地面兼有的天气系统,天气表现在地面。具体参第三章第二节。

(八)东风波

它是副高南侧深厚东风带里的一种天气尺度波状扰动(图 1.9),是自东向西移动的倒 V 形低槽,波长一般为 2000～4000 km。东风波的高度在对流层中下部,强者可伸展到对流层上部,波轴随高度向东倾斜,其活动季节主要在夏季,尤以 8 月为多,强者可发展成台风。东风波槽前有低层辐散,产生下沉运动,槽后有低层辐合,产生上升运动,坏天气主要出现于波槽区和槽后。东风波移速一般为 20～25 km/h。东风波影响福建时会带来雷雨天气,有的风雨还很强烈,如 1971 年 7 月 31 日一次来自西太平洋的东风波给福建带来强对流天气,海面还出现了龙卷风和 9～12 级狂风。

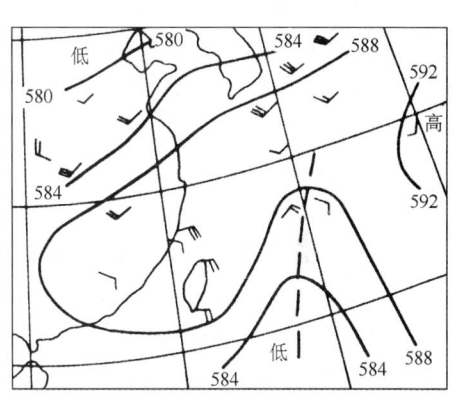

图 1.9 500 hPa 东风波形势

(九)热带辐合带(ITCZ)

它是热带对流层低层风场上的辐合带,又称赤道辐合带。热带辐合带是东—西向的长云带,由断续的对流云团组成,南北宽度一般为 200～300 km,其位置有明显的季节变化,5 月、6 月平均位于 10°N 左右,7—9 月可达 15°～20°N,有的甚至可达 25°N 以北,10 月又南落到 10°N 左右。热带辐合带内有较强的上升运动,是台风形成的温床,台风的发生、发展与它有密切的关系,统计事实表明,约 70%～80% 的台风来自热带辐合带。由于带内积云、积雨云活跃,对流旺盛,所以常见不稳定性雷雨天气,福建不少凉夏年就与热带辐合带的影响有关。

(十)热带云团

从卫星云图上常发现在热带地区有直径为 100～1000 km(平均约 4 个纬距)的中尺度对流云体组成的云团,而天气图上并无明显的天气系统与之配合,它也会产生强烈的降水,有时还伴有大风。对云团的风场研究表明,其涡度散度的垂直分布与台风有许多相似之处,由于云团内水汽含量很大,一旦高空气流适宜就会北上登陆、影响福建,带来可观的降水,季节多见于春夏。

三、影响福建的主要地面天气系统

(一)锋面

1. 冷锋

冷锋与高空低槽相配合,是冬半年福建最常见的地面天气系统。其相伴的天气是降温、降水和沿海大风。冷锋路径不同,福建天气有异:冷空气从西北南下,冷锋呈东北—西南向,经向成分大,天气特点是降温明显;若冷空气从河套经两湖盆地南下,锋面为近东—西向,南下缓慢,降温不重,天多阴沉。当高空经向环流明显发展或阻塞高压崩溃时,会引导冷空气大举南侵,强寒潮冷锋横扫福建,造成强降温、降雪,并伴西北大风,此类过程多见于隆冬。春季的急行冷锋还会引发飑线、冰雹等强对流天气出现。

2. 静止锋

它与低空切变相配合,尤以春季多见。静止锋是冷、暖空气势力相对均衡、界面少动的表现,如武夷山静止锋(图1.10)。静止锋的坡度一般在1/200以下,其典型天气是阴雨范围较广而且维持比较持久,有的雨势还相当强烈,但降温不重,极端气温并不太低。

3. 武夷山锢囚锋

锢囚锋是两个锋面相遇而合并形成的锋面,包括两个冷锋相遇、山脉阻挡、冷锋和暖锋相遇三种形式。

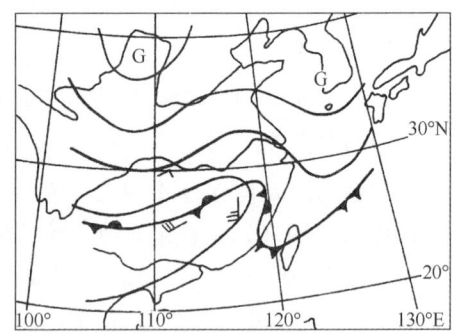

图 1.10 武夷山静止锋

武夷山锢囚锋属于山脉阻挡形成的。它是从海上向内陆推进的冷空气与从内陆向东推进的冷空气在福建中部汇合、错动产生的地形锢囚锋,3—5月偶见,降水也比较明显,有的还会出现冰雹、飑线等强对流天气。

(二)台风

详见第三章第二节。

(三)台湾地形槽

包括冬半年东北季风受台湾中央山脉阻挡,在台湾西南部背风区形成的地形槽;以及夏季台风外围的东南气流影响福建时,在台湾海峡北部背风区形成的地形槽。前者,地形槽内既无大风,也无降水,后者,相伴的天气是闽北沿海先起风,且风力很强,而相对靠近台风中心的闽南沿海风力却不大,其差异是不同的环境气压梯度场造成的。

(四)台湾东部海面气旋

这里所指的气旋是产生或发展于20°~30°N、120°~130°E海区的锋面气旋,高频区在台湾北部的东北侧海面(图1.11),它隶属东海气旋,多见于冬春季节,尤以2月、3月相对为多,夏秋两季很少出现。该气旋一旦形成,台湾海峡的大风随即减弱消失,这是地面气压梯度变化所致。由于气旋后部吹西北风,福建及其沿海的降水也随之消散。

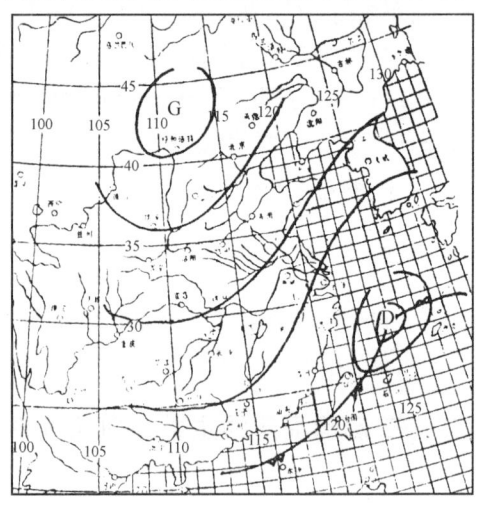

图 1.11 东海气旋形势

(五)江淮气旋

它是形成于115°E以东,28°~35°N江淮中下游地区的气旋,平均每年可见12~14次,多发生在3—6月,特别是早春。福建受其影响,当处在暖区时,沿海常见西南大风,当江淮气旋入海,带动冷锋南压过境时,福建常有明显降温过程,甚至出现寒潮,也会带来降水。

四、西太平洋副热带高压对福建气候的影响

西太平洋副热带高压是东亚季风系统主要成员之一,是太平洋上空半永久性的高空环流系统,一般以500 hPa图上西太平洋地区588 dagpm等高线所包围的范围为代表,它是影响中国天气的最重要环流系统之一,特别对地处中国东南沿海的福建具有举足轻重的意义。对福建最为关键的是西太平洋副高的西环,如本章第一节所述,福建自然天气季节的更替及其各季节的特色天气多与该高压的季节变化有密切关系。西太平洋副热带高压的南北进退,不但是福建自然天气季节更替的标志,而且它的年际发展变化对福建的气候也具有重要影响。

副高不但有季节变化,更多见的是几天至十几天的周期变化,其位置和强度对福建的天气,特别是晴雨、降水强度、台风路径等都有近似决定性作用,因而成为福建春夏、尤其是汛期天气分析、预报的关键着眼点之一。

1. 西太平洋副高的表征量与月际变化

表1.6是西太平洋副高的几个特征量,包括面积指数、强度指数、脊线位置、西脊点位置和588 hPa线北界位置。从中看出:强度上,副高夏强冬弱;位置上,副高8月最为偏北,1月最为偏南;西伸经度春秋偏西,冬夏相对偏东。

表1.6 西太平洋副高的5个特征量的多年平均值(1951—1995)

月份	1	2	3	4	5	6	7	8	9	10	11	12
北界(°N)	14.87	14.42	15.91	17.78	19.89	25.11	28.67	31.11	29.20	24.24	21.78	17.96
脊线(°N)	12.62	12.27	13.09	14.24	15.80	20.02	24.33	26.7	24.76	20.38	17.80	14.87
西脊线(°E)	137.2	138.0	126.0	114.8	115.2	118.2	121.6	123.0	114.8	110.0	119.9	121.02
面积指数	7.18	6.56	9.18	10.73	15.20	20.56	20.6	20.44	20.27	17.27	14.02	11.33
强度指数	11.29	9.91	14.36	17.16	24.44	41.36	38.0	35.82	37.11	30.71	26.09	19.22

2. 西太平洋副高强弱变化的阶段性

副热带高压是行星尺度的天气系统,副高强度的变化与位置的南北振动与地气系统净辐射通量的变化有关。赤道低压带加深时,副高加强;反之则减弱。而且有近半年的时相差,其关系可能是通过哈得来环流完成的。副高强度与赤道太平洋海温3.5年的耦合振荡十分明显,而且海温提早5个月。副热带高压的长期时序变化有趋势上的相对稳定性,1951—1998年对应福建早春季、梅雨季、台风季、秋季和冬季5个自然季节西太平洋副热带高压面积指数的距平累积曲线(分别以ΔG_1、ΔG_2、ΔG_3、ΔG_4、ΔG_5标之),其共性特点是1951年到20世纪70年代中期,西太平洋副高压在各季节盛行偏弱,距平累计曲线虽然也有小的抖动,但基本趋势为降势;70年代中期至1998年的20多年间,保持升势,各季面积指数多为正距平。这显示了行星尺度的大型系统在时序变化上的稳定性及其气候波动上的背景意义。

3. 各季西太平洋副高面积指数的相关性

以1951—1998年的副高资料,统计各季副高面积指数距平的相关性(表1.7)。从该表中看出:各季均为正相关,在所计算的10个交叉相关系数中,≥0.7者有3个;0.5~0.6者

3个;0.42者1个;0.26～0.31者3个。持续性最强的季节为:早春—雨季、早春—台风季、雨季—台风季、秋季—冬季、台风季—秋季。总的来看年内相邻季节相关系数为大,平均为0.69;间隔3～4个季节的相关系数为小,平均为0.32。

表1.7 各季西太平洋副高面积指数距平相关方程

回归方程	相关系数	回归方程	相关系数
$\Delta G_2=0.195+0.568\Delta G_1$	0.760	$\Delta G_4=-0.536+0.336\Delta G_3$	0.593
$\Delta G_3=0.747+0.793\Delta G_1$	0.696	$\Delta G_5=0.398+0.253\Delta G_1$	0.274
$\Delta G_3=0.465+1.171\Delta G_2$	0.767	$\Delta G_5=0.253+0.318\Delta G_2$	0.262
$\Delta G_4=-0.283+0.271\Delta G_1$	0.419	$\Delta G_5=0.241+0.253\Delta G_3$	0.309
$\Delta G_4=-0.377+0.448\Delta G_2$	0.518	$\Delta G_5=0.801+0.912\Delta G_4$	0.659

图1.12是近58年西太平洋副高5个特征量的变化。由图可见,20世纪70年代中期以后的面积指数(a),强度指数(b)呈增强的趋势。西脊点向西推进(e),而脊线纬度(c)与588线北界基本稳定。总的来说,近2000年前的30年,副高呈增强的趋势。

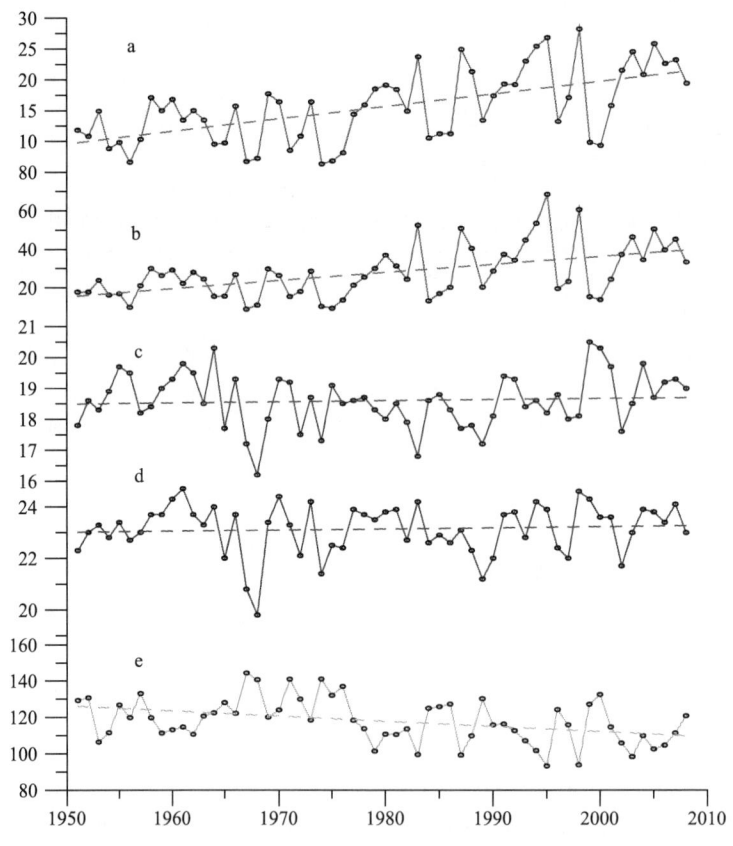

图1.12 1951—2008年年平均西太平洋副热带高压特征量变化
(a 面积指数,b 强度指数,c 脊线位置,d 北界,e 西伸脊点)
(根据国家气候中心资料绘制)

4. 西太平洋副高强度对福建气候的影响

这里仅以春雨量的变异和冬季冷暖的发展为例,作一说明。

(1) 2—4 月降水量与副高面积指数的关系

2—4 月西太平洋副高面积指数偏强者,福州、建阳、龙岩、漳州四站 2—4 月平均降水量偏多;反之则偏少。相关系数为 0.441。

$$\Delta R_{2-4}\% = 2.398 + 0.756\Delta G_{2-4} \qquad r = 0.441, n = 48a$$

图 1.13 是 1951—1998 年两个变量的距平累积曲线,其时程变化的大波动趋势是一致的:即 20 世纪 70 年代中期之前均为下降趋势;其后为上升的趋势。

该事实的天气学意义是相当清楚的,2—4 月副高强,有利暖湿气流的输送。福建上空的锋区明显于常年,春雨比较活跃;而副高偏弱,则是相反的状态,春雨偏弱,雨量偏少。

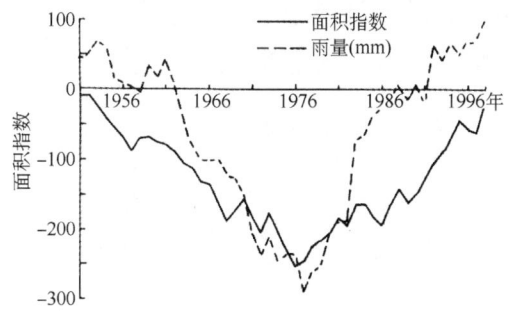

图 1.13　2—4 月副高面积指数距平
与福建 2—4 月降水量距平累积曲线

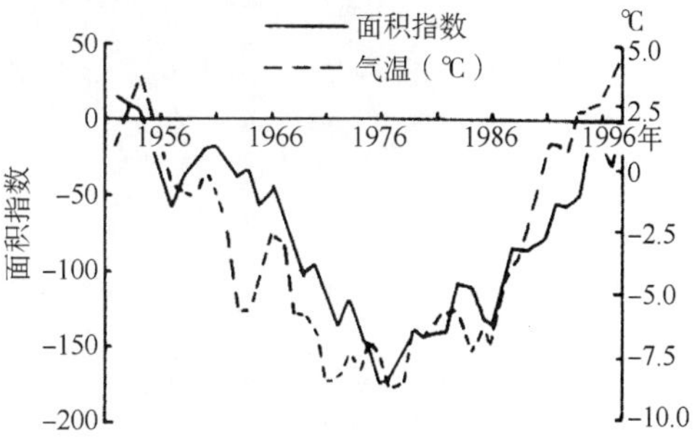

图 1.14　冬季副高面积指数距平
与福建冬冷强度距平累积曲线

(2) 福建冬冷强度与同期副高面积指数的关系

以福州、建阳、龙岩、漳州四站冬季最冷月的平均气温之距平,反映福建冬季强度,它与 12—2 月西太平洋副高面积指数距平呈明显的正相关;副高偏强年,福建往往为暖冬;偏弱年,多对应冷冬,相关系数为 0.440。

$$\Delta T = 0.098 + 0.032\Delta G_{12-2} \qquad r = 0.440, n = 47a$$

图 1.14 是两个变量的距平累积曲线,其波动的大趋势也是以 20 世纪 70 年代中期为转折,其前主降,其后主升。冬季副高强,北方冷空气影响华南的势力就弱,因而气温偏高。近 20 余年福建所以盛行暖冬,副高的强度起着决定性的作用。就整个东亚来说,20 余年间也是暖冬居主导地位,同期大气活动中心西伯利亚冷高压与 70 年代中期之前相比处于弱势。这种冷性系统(冷高)居弱,暖性系统(副高)居强的态势,必然主导冬季的偏暖状态。

五、热带大气季节内振(MJO)和东亚季风涌

热带大气季节内振荡(MJO),是指沿着赤道围绕全球的大气环流存在 30~60 天振荡,振荡在亚澳季风区最明显。东亚夏季风区内低频振荡在夏季主要是以 30~60 天周期的振荡为主;东亚夏季风的季节内振荡在东亚沿海呈波列的形式,并表现为随时间向北传播的季风涌。

研究表明,MJO 的活动主要通过引起大尺度环流异常、对流层中低层涡度及水汽输送的异常,进而对我国东部春季降水产生明显的影响。当 MJO 传播至中东印度洋时,我国长江中下游地区的春季降水为正异常,当其进一步东传至中南半岛—印尼群岛一带时,我国华南地区的春季降水为正异常,而在其他活动阶段不利于我国东部的春季降水。

来自赤道印度洋的 MJO,引起南海地区西风的加强,南海西风的加强,触发中国南部大陆出现季风涌,季风涌与来自北方的冷空气交绥,造成静止锋(梅雨锋)上的致洪暴雨。1998 年、

2005年及2006年中国南部(包括福建)流域性致洪暴雨和东亚季风涌以及MJO活动有关。图1.15为1998年30~60天带通滤波的东亚季风指数(I_M)沿120°E的时间－纬度剖面。

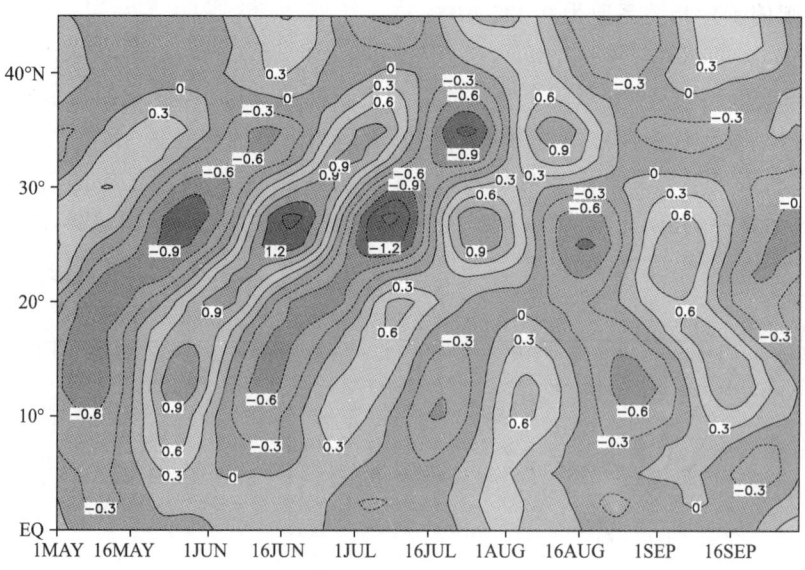

图1.15 东亚季风指数(I_M)时间－纬度剖面图

研究又表明,东亚强季风涌年,准30~60天振荡的影响显著,容易造成长江中下游多雨;东亚弱季风涌年,准30~60天振荡减弱,10~20天低频振荡为主要的振荡周期,容易造成长江中下游的气候干旱。

研究还表明,在MJO活动活跃期与非活跃期西北太平洋生成台风数的比例为2:1。

研究再显示,2009年11月强的MJO过程是我国东部大范围雨雪天气的一个重要的影响因子。

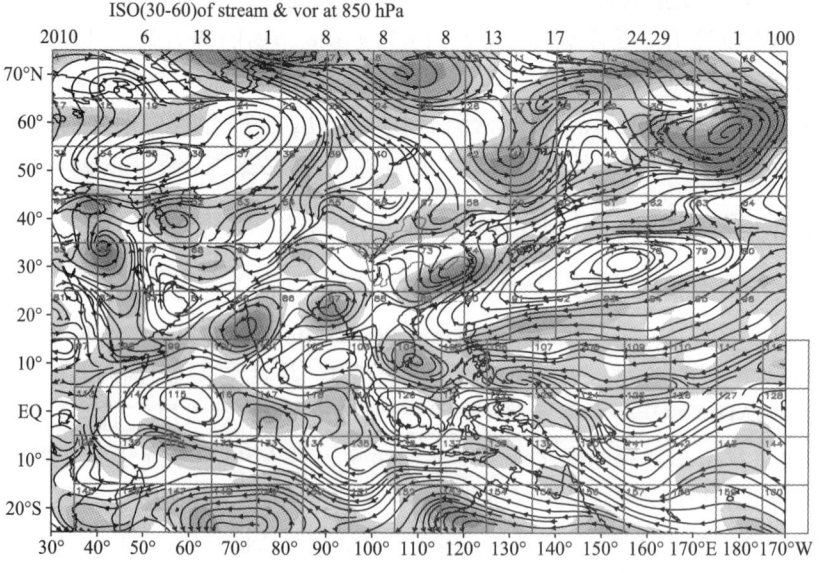

图1.16 2010年6月18日低频图

MJO 以及中高纬度的低频气旋和反气旋的位置和强度是福建持续性暴雨的关键因子,福建上空被低频气旋控制时,会造成持续性暴雨(2010 年 6 月中下旬福建出现持续性暴雨过程,福建上空持续被低频气压控制,图 1.16 是其中的代表)。研究表明,福建前汛期(雨季)降水具有明显的低频变化特征,有 51 天左右的显著周期。雨季降水量与降水 10~20 天的准双周振荡(BWO)和 30~60 天的季节内振荡(ISO)呈正相关关系,以 BWO(ISO)为主的年份,持续性暴雨的持续短(长)。

第五节　人为因素的影响

一、三种影响途径

人类活动对气候的影响来自三个方面,最突出的是,人类在生产过程中排放的温室气体改变大气成分而增强温室效应。由于大气中此类气体含量越来越多,造成全球气候变暖,海平面抬升和臭氧(O_3)层破坏,并对工农业生产、人类健康和社会发展造成影响;其次,人为改变下垫面状况,特别是森林植被的破坏、城镇化带来的土壤硬化而影响水热平衡,造成气候干旱化,水土流失,土地沙漠化和旱涝灾害加剧,并进一步放大温室气体的增温效应;三是人为的热释放而影响局部环流与气候,如城市化进程伴随的气溶胶含量变化产生的气候效应。IPCC 认为,人为因素是影响气候变化的主要原因。

二、温室气体的气候效应

人们把大气中那些能吸收和重新放出红外辐射的自然和人为的气态成分叫温室气体。如二氧化碳(CO_2)、甲烷(CH_4)、一氧化二氮(N_2O)、氟氯碳化合物(CFC-11,CFC-12)等。温室气体的作用是阻挡地面的长波辐射,犹如花房,起到增温的效应。图 1.17 和图 1.18 是温室效应的机制与各温室气体对辐射强度的贡献。

图 1.17　温室效应示意图

二氧化碳是最重要的人为温室气体,自工业革命以来(1840 年),全球大气中由于燃烧煤和石油而排放的 CO_2 温室气体正迅速增加,全球大气 CO_2 浓度已从工业化前的约 280 ppm(1 ppm=10^{-6},下同),增加到了 2005 年的 379 ppm,这一数值已经远远超出了根据冰芯记录得到的 65 万年以来浓度的自然变化范围(180~330 ppm)。尽管大气二氧化碳浓度的增长速率存在年际变率,但近 10 年(1995—2005 年,平均每年 1.9 ppm)的增长速率,比有连续直接大气观测以来(1960—2005 年,平均每年 1.4 ppm)的增长速率更高。

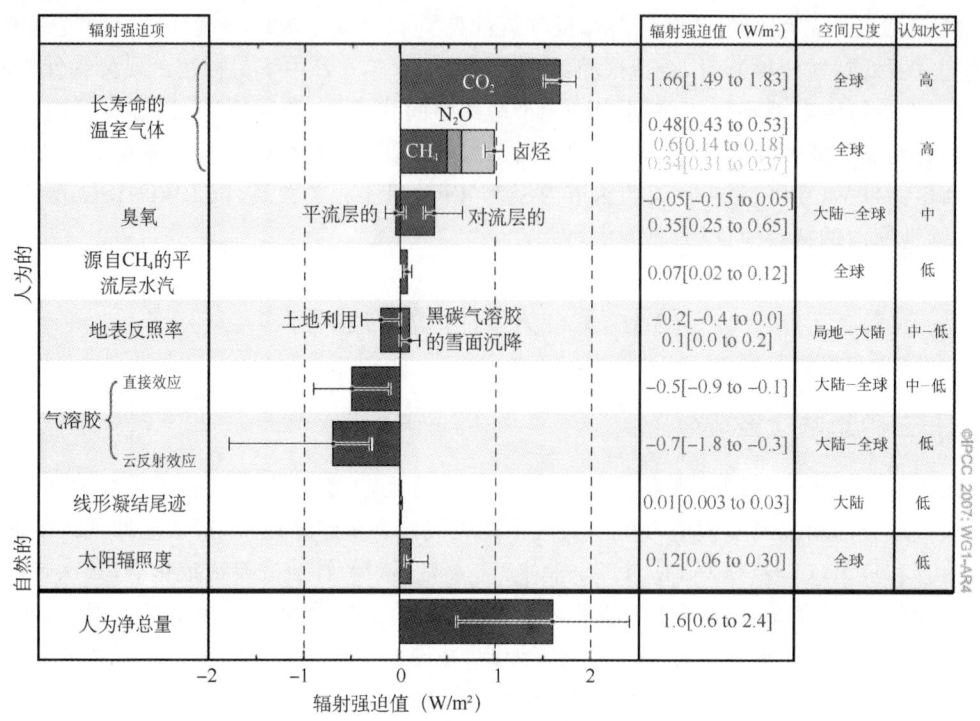

图 1.18 温室气体对辐射强度的贡献

工业化时期以来大气二氧化碳浓度的增加,主要源于化石燃料的使用,土地利用变化是另一个显著的贡献,但相对要小。化石燃料燃烧所导致的二氧化碳年排放量从 20 世纪 90 年代的平均每年 6.4[6.0~6.8]10 亿吨碳(23.5[22.0~25.0]10 亿吨二氧化碳),增加到 2000 至 2005 年间的每年 7.2[6.9~7.5]10 亿吨碳(26.4[25.3~27.5]10 亿吨二氧化碳)(2004 年和 2005 年的数据为临时估算值)。与土地利用变化相关的二氧化碳排放量,在 20 世纪 90 年代估算值为每年 1.6[0.5~2.7]10 亿吨碳(5.9[1.8~9.9]10 亿吨二氧化碳),尽管这些估算值具有很大的不确定性。

中国青海省瓦里关山大气本底台的观测结果:1992 年 CO_2 的年均值为 356.4 ppm,2004 年春季达到 383 ppm,增长态势越来越快。

CO_2 引起的增温效应是全球尺度的问题,作为局部空间的福建,近 20 年间与中国同步的气候现象之一是冬季明显变暖。不过权衡福建人为因素所产生的气候影响,森林植被的变化更显重要,应该说,福建森林覆盖率高对减缓气候变化起到了积极作用。至于城镇化进程,相对较慢和规模较小,对气候变化的影响尚不明显。

三、福建森林植被变化对气候的影响

(一)福建森林资源变化情况

福建是中国南方四大林区之一,属全国重点林区,2009 年全省森林面积 768 万 hm^2,森林覆盖率达 63.1%,居全国首位。

福建气候与着地条件有利于林木生长,平均年生长率可达 5%~8%,而全国的平均生长率是 2.7%,福建几乎高出 1~2 倍。1990 年前的 30 多年间,福建的森林生长量虽然也在增加,但消耗量增长速度更快。据省林业勘察设计院提供的统计数字,全省森林资源总蓄积量1978年4.30亿 m^3,1983年降为3.96亿 m^3,1985年再降为3.70亿 m^3,到1987年仅3.58亿 m^3,下降速度相当惊人。由于森林面积的下降,水土流失不断扩大。据有关统计全省流失面积1958年为4500 km^2,1979年发展到7500 km^2,1990年已达13475 km^2,占全省总面积的11%,是1958年的3倍。水土流失引起江河淤塞,航道缩短,全省内河航运水系由29条减为14条,通航里程由5141 km,缩短为3630 km。

1989年5月福建省提出7年(1989—1995年)绿化全省规划以来,八闽大地大兴植树造林,林业资源开始出现转机。1989年全省有林地面积7500万亩,蓄积量3.78亿 m^3,森林覆盖率上升至43.2%,1995年有林地面积已发展到1.046亿亩,覆盖率达57.3%,为全国最高。目前,福建森林存在的问题主要是资源结构不合理:从林种来看,生态林、防护林比重太小,缺乏多样性;从树种来看,针叶林多,阔叶林少;从林龄来看,中幼林多,近成、过熟林少,明显增加的是刚绿化的幼林,而成熟林与过熟林的蓄积量仍呈减少趋势,森林生态的良性循环正在恢复。在经营理念上,尚有重"木材生产",轻"国土保安"的倾向。另外,乱砍盗伐尚未杜绝,工程建设所致的水土流失仍然严重。

(二)植被影响气候的机制

森林减少对气候有多种影响:第一,毁林将增加地面的反照率;第二,由于森林滥伐使地表粗糙度减小,风速将增大;第三,更重要的是森林砍伐后地表层的物理性质发生变化,这样,大气底层与土壤活动层的辐射、热量、水分平衡关系会随之改变。森林滥伐、植被退化必然引发水土流失,旱涝加剧与土地沙漠化。

水土流失是指土壤或土体在外营力如水力、风力、冻蚀或重力作用下发生的冲刷、剥蚀、吹失现象。它使原地的土壤变薄,土壤物质减少,土地日渐贫瘠,地表径流增强,地面贮存水分功能退化,其过程与森林过伐,植被减退有直接联系。福建多暴雨,地形坡度大,一旦植被遭破坏,流失现象更为严重。近十多年福建地质灾害趋多、趋重就是其例。下面我们看看小雨与暴雨的冲击动能差异:

直径为1 mm的小雨滴落地时的速度约为3.8 m/s,而直径为4.5 mm的大暴雨滴落地时的速度约为9 m/s,两者的动能比为: $0.5 m_1 v_1^2 : 0.5 m_2 v_2^2 = r_1^3 v_1^2 : r_2^3 v_2^2 = 1 : 511$。也就是说,暴雨的冲刷动能是小雨的511倍。

同样的雨滴不同的地势坡度相比,其土壤冲刷量,10°的坡地是5°坡地的5.6倍,15°坡地是10°坡地的2.6倍,25°坡地是20°坡地的1.15倍。群众讲:"山上没有树,水土保不住",福建不乏其例。

(三)福建植被变化的正效应

20世纪60年代以来,福建既有森林过伐受大自然报复的教训,也有植被优化收益的例子。

东山、平潭坚持植树造林,气候景观明显好转。东山、平潭两个海岛县历来风沙、干旱危害严重。自20世纪60年代初开始植树造林以来,东山县在沙地上建起了一条长30 km,宽60~100 m的基干林带和166条总长184 km的护田林带,6万多亩荒山造了林,森林覆盖率由解放初的0.6%提高37.0%,既固定了岛上沙丘,又改变了林带小气候。据福建省林科所测定,东山防护林使风力减弱41.3%~61.0%,冬季温度提高1.15℃,蒸发量减少22%,相对湿度提高10%~15%,此举使全县扩大耕地6000多亩,改良农田47 km²。从1979年起,粮食亩产超过1000斤①,经济作物也大幅度增产。平潭县龙王头海滩防护林内外相比:风速减弱62.4%,夏天气温降低3~5℃,冬天提高2~4℃,相对湿度提高15%。由上可见,沿海地区经植树造林,抑制了风沙,减轻了干旱,优化了气候,效益是相当显著的。就一座水库而言,也有重视生态植被而提高效益的实例,如同安县的汀溪水库,由于重视护林造林,20年来水库的基流量、供水量和复蓄指数都提高了2倍,灌溉面积也扩大2倍。

(四)福建植被变化的负效应

1. 森林过伐,助长水土流失

由于森林面积的下降,加上福建山高坡陡土层浅,且台风、暴雨灾害频繁,更容易造成水土流失。据有关统计全省流失面积1958年为4500 km²,1979年发展到7500 km²,1982年急增至11600 km²,1990年已达13475 km²占全省总面积的11.1%,是1958年的3倍。2006年末,水土流失面积为98.34万hm²,比上一年下降了0.4%。福建正以落实《水土保持法》为契机,大力抓好重点县、库区水源地、生态清洁型、易灾区、坡耕地等水土流失综合治理,力争"十二五"期间新增水土流失综合治理750万亩。

早期,长汀县的河田镇因滥伐森林,造成水土流失的耕地由1964年的62万亩发展到1980年的320万亩,地面平均每年下蚀2 cm,与县城仅相距22 km,年平均气温却偏高3.1℃,蒸发明显偏大。进入20世纪80年代以后,省、地、县对当地采取有力措施,植树造林,加强治理,景观开始明显好转,但1996年8月8日的10号热带风暴使当地出现了历史罕见的特大暴雨(399 mm),10多年的治理成效毁于一旦,从中也可看出水土保护的艰巨性。

水土流失还会助长江河淤塞,航道缩短,加上水电站建设的影响,全省内河可通航运水系由20世纪50年代初的29条减少到14条,通航里程由5141 km,缩短为3630 km。

2. 森林过伐强化干旱助长洪涝

1954年、1965年、1971年福建均属较重的干旱年份,就缺雨程度而评定的气候干旱指数是相近的,但农田受旱面积1971年比1954年、1965年多一倍(表1.8)。这与1971年森林资源的下降有一定的关系。

不同森林资源背景下,闽江的汛情也明显有异。从表1.9可以看出,森林过伐会助长洪峰和汛情。

表1.8 不同森林资源背景下相近雨情的致旱面积对比

年份		1954	1965	1971
气候干旱指数	内陆	1.92	2.38	3.52
	沿海	7.36	7.64	7.38
全省干旱面积(亩)		392	449	772
受旱面积比例(%)		1.0	1.1	2.0

---

① 1斤=0.5 kg,下同。

表1.9 不同森林资源背景下相近雨强引起闽江竹岐的洪水位对比

1961—1965				1981—1985			
年份	洪水期	洪水位(m)	雨强指数	年份	洪水期	洪水位(m)	雨强指数
1965	5月16日	11.73	4.0	1982	5月8日	10.34	3.2
1962	6月15日	12.95	4.2	1983	6月1日	11.63	4.0
1961	6月13日	12.34	4.7	1983	5月15日	11.79	4.3
1962	5月28日	13.92	7.3	1982	6月16日	14.01	6.8
1961	6月2日	14.25	8.1	1984	6月2日	15.23	7.2

再举一个浦城单点的实例。浦城县是闽北的粮仓,1957年以前森林茂密,全县林木蓄积量高达1072万 m³。其后砍多营少,至1978年林木蓄积量锐减至486万 m³,生态严重失衡。1975年5月15—18日降雨293 mm,全县有12万亩农田被淹,拦河坝、桥梁几乎全垮;1967年和1978年该县夏秋雨量分别为187.3 mm和197.2 mm,降水虽相近,但农田受旱情况1978年远重于1967年。1978年夏遇大旱,结果不少乡镇出现山塘干涸,井泉枯竭,山溪断流,土地干裂,营盘乡的船山村,毁林后断了水源而被迫搬迁,石陂乡龙根村有一眼号称永不干枯的龙井,往年可供千人用水也干了底,这一年夏秋浦城城关的居民也常常夜间排队打井水。以上两例,虽有气候上的变异离常性,但成灾的景观是很难以气象要素的取值来说明的,植被的变化,森林的赤字加重了灾害。当地祖辈流传的谚语"春有雨、夏有泉",其前提是山上郁郁葱葱,到了20世纪70年代秃山荒岭多了,林少了,泉也就容易干枯断流了。森林剧减以后,气候景观已出现明显变化,水旱灾害开始频繁而又加重,农业生产受到严重影响。

3. 森林过伐,助长闽江洪涝的拟合试验

(1) 不同森林资源耗减背景下,雨量强度与洪水位的呼应关系

为探讨福建森林资源不同耗减时期,闽北暴雨对闽江下游洪水位(竹岐站)的统计关系,我们以1951—1985年35年共82次洪水样本作线性回归拟合,得到7个年段的回归方程(表1.10),从中可以看出:

表1.10 7个阶段的回归方程

选样年段	样本数	回归方程	相关系数
1951—1955	11	$Y_1=10.588+0.461x_1$	0.756
1956—1960	12	$Y_2=9.720+0.510x_2$	0.699
1961—1965	11	$Y_3=10.531+0.433x_3$	0.730
1966—1970	12	$Y_4=9.824+0.519x_4$	0.853
1971—1975	11	$Y_5=9.106+0.670x_5$	0.690
1976—1980	11	$Y_6=9.918+0.0.537x_6$	0.827
1981—1985	13	$Y_7=8.966+0.708x_7$	0.837

式中,Y为竹岐站水位;x为南平、三明两地区22站平均雨量强度指数。

1) 7个方程的回归系数b(即单位雨强指数,所引起的水位增长量)是后15年比前20年大,这与福建森林蓄积量的耗减情况比较吻合,说明过伐对洪水起增幅的作用。若仅就1951—1965年的3个方程来看,以第二个的0.51为大,这很可能与有关部门所调查的

1958年前后的第一次资源超量砍伐有关。

2) 7个方程常数项 a，以后20年和1956—1960年为小，也与森林资源的实际衰减相一致。实际上，常数项相当于闽江上游3天均无中雨以上降水时(即 $x=0$)，竹岐的临界水位。森林资源损坏少的时期，林区植被具有较高的涵养水源能力，底墒相对较足，所以水位要高一些；相反，森林严重破坏后，涵养水源的能力就差，水位必然会低一些。

3) 森林严重过伐时期，a 小，b 大；森林砍伐为轻时期，a 大，b 小，这里有底墒与泄流的补偿关系：就大范围的强暴雨而言，大量耗损后的森林起助长洪水的作用；对一般不太强的降水来说，边径流，边渗透，流量随之减小，所以到了下游水位反而会低一些。

(2) 两个典型年段的对比分析

下面以森林资源严重过伐的1981—1985年(Y_7)，与林业部门反映的基本无过伐现象的1961—1965年(Y_3)作一对比，看看不同的平均雨量强度下，竹岐站的拟合水位情况。

从表1.11中可以看出，对较强的暴雨(雨强指数6.0以上)，过伐时期的水位比无过伐时期的水位要高，当平均雨强指数小于6.0时，则相反。

表1.11　1981—1985年和1961—1965年不同平均雨强下竹岐站的拟合水位

雨强指数	4.0	5.0	6.0	7.0	8.0
Y_3(1961—1965)	12.263	12.696	13.129	13.562	13.995
Y_7(1981—1985)	11.798	12.506	13.214	13.922	14.630

第六节　影响福建气候的其他因子

长期天气过程的基本特点：一是时空尺度大；二是非绝热性。气候系统的"五大圈"相互作用，不少还带有明显的滞后效应，它们遥相关于气候状况及其灾害的频度，故可作为前兆因子，展现预测意义。

一、ENSO对福建气候的影响

ENSO是"厄尔尼诺"与"南方涛动"的合称。厄尔尼诺系赤道东太平洋出现的大范围海温异常增暖现象；南方涛动是指东南太平洋高压与印度洋低槽，气压反向变化的"跷跷板"现象。厄尔尼诺与南方涛动往往匹配出现，称海气耦合，活动周期为2~7年，而3~4年者居多。在大气环流遥相关物理机制的研究中，除注意准定常行星波的传播外，作为外源强迫的异常表现，ENSO的作用是研究的焦点。

(一)厄尔尼诺

厄尔尼诺是西班牙语，本意"圣婴"。现在用来指发生在厄瓜多尔南部和秘鲁北部沿海海面温度异常升高的现象。观测发现"圣婴"现象出现时，整个赤道中、东太平洋海区的海面温度均异常升高，形成暖水事件。海洋、气象学家规定当赤道中部、东部太平洋地区海水增温≥0.5℃，并持续6个月以上，就称为一次厄尔尼诺事件。相反，当赤道中、东太平洋海面温度出现≤-0.5℃，≥6个月的现象，称反厄尔尼诺事件，又称"拉尼娜"。

表1.12是近115年的暖水、冷水事件年例。开始于1982年夏季，结束于1983年底的

厄尔尼诺事件,本为历史上最强的一次暖水事件,现在已被1997年5月至1998年6月的厄尔尼诺所突破,成为新的历史上空前的极强暖水事件,实测数据显示1997年11月太平洋上的暖水区较常年扩大300%,12月东太平洋暖水中心区的海温比常年偏高5℃以上,创了历史之最。另一重要事实是90年代厄尔尼诺相当频繁。

表1.12 1884－2010年间的厄尔尼诺和拉尼娜事件

厄尔尼诺 (El Nino)	1884、1888、1891、1896、1899、1902、1904—1905、1911、1913、1913—1914、1918、1923、1925、1930、1935、1940—1941、1944—1945、1948、1950、1953、1957、1963、1965、1968—1969、1972、1976、1982—1983、1986—1987、1991、1993、1994、1997—1998、2002—2003、2006—2007、2009—2010
拉尼娜 (La Nina)	1886、1889、1892、1894、1898、1903、1906—1907、1909、1912、1916、1921、1924、1933、1937、1942、1946、1949、1954、1962、1964、1967、1970、1973、1975、1978、1981、1984—1985、1988—1989、1995—1996、1998—2002、2007—2008、2010—2011

(二)南方涛动

南方涛动是由Walker和Bliss(1932年)命名的,是著名的"三大涛动"之一。"涛动"意指气压的振荡,冠以"南方"是指发生于南半球的振荡。

南方涛动通常用东太平洋的塔希堤岛(Tahiti,法属)与印度洋的达尔文港(Darwin,澳属)之间的标准海平面气压差来表示,称南方涛动指数(SOI)。SOI负值表示东太平洋气压低于印度洋;SOI为正值表示东太平洋气压高于印度洋。王绍武、周琴芳曾分别在《气象》1989年5期和1990年9期刊登了近百余年南方涛动指数的月、季、年序列资料,并广为研究者所引用。

(三)ENSO

赤道东太平洋海表水温异常事件(厄尔尼诺)与南方涛动(SOI)有很好的相关关系:前者SST出现正(负)距平时,后者的SOI往往是负(正)值,相关系数为$-0.57\sim-0.75$,信度达99.9%。这是大尺度海气相互作用的反映,即所谓海气耦合。

当ENSO处于发展时期时,赤道暖池向东扩展,赤道太平洋最强对流区随ENSO的发展自西向东移动;在ENSO后期处于减弱过程时,赤道暖池开始西退,相应赤道强对流区也随之西移。也就是说强暖水事件和ENSO负位相时期,东南信风较弱,赤道中太平洋往往有强降水中心,哈得来环流加强,而沃克环流减弱;反之,是沿赤道的沃克环流较强,而经向的哈得来环流较弱,东南信风较强。

有关ENSO循环的研究工作发现,赤道中西太平洋是该过程发展变化的关键海域,而且发生赤道中西太平洋地区的信风异常也起着重要作用。ENSO事件不仅影响热带大气环流的异常,而且对全球大气环流及其气候异常都有重要影响。

(四)ENSO对中国气候的主要影响

据李崇银的研究,西太平洋台风包括登陆中国数均是厄尔尼诺年偏少,反厄尔尼诺年偏多(表1.13);赵振国等曾以20世纪50年代以来的资料,概括了厄尔尼诺事件对中国气候的影响:一是夏季风减弱,夏季雨带偏南;二是长江中下游地区入梅偏晚,雨季推迟;三是厄尔尼诺年的秋季,中国东部降水呈现北少南多分布;四是冬暖夏凉;五是台风生成数登陆中国数均少。应当指出上述相关事实只是主导趋势,也有相反的情况,如多数的相关统计认为厄尔尼诺年,中国东北地区是冷夏,但1997年的厄尔尼诺年,东北、华北地区却出现了数十年罕见的盛夏高温。

表1.13 西太平洋台风活动与ENSO

台风	多年平均	厄尔尼诺年平均	拉尼娜年平均
西太平洋(含南海)台风总数	24.3	21.4	26.2
进入南海的西太平洋台风总数	6.9	4.9	8.7
在南海生成的台风总数	3.4	2.0	4.1
登陆中国大陆的台风总数	6.2	5.2	7.4

(五)ENSO与福建气候的关系

1. ENSO与福建气候干旱

表1.14为厄尔尼诺年,以其发生的季节排序,统计与福建气候干旱的对应关系。

厄尔尼诺现象当年,福建年内有气候干旱的概率为80%,大旱—特旱为50%;春旱的概率为40%,夏旱为70%,秋冬旱未见,厄尔尼诺发生于夏季者2年,仅1年出现了春旱;厄尔尼诺发生于秋冬季者3年,当年第二年有夏旱,其他季节无旱。

厄尔尼诺现象的次年,福建年内有气候干旱的概率为80%,大旱—特旱为70%;春旱的概率为4/10,夏旱为4/10,秋冬旱为6/10;厄尔尼诺发生于春季的5年,次春旱仅占1/5,夏旱占2/5,秋冬旱占4/5;厄尔尼诺发生于夏季的2年,次年均有春旱,1年有秋冬旱;厄尔尼诺发生于秋冬季的3年,次年春旱占1/3,夏旱占2/3,秋冬旱占2/3。

上述数据说明厄尔尼诺出现后,福建的气候干旱机遇较气候概率为大,且以大旱—特旱偏多更为明显。

表1.14 厄尔尼诺与福建气候干旱的关系(1951—1991年)

发生季节	春季					夏季		秋季		
年例	1957	1963	1965	1969	1991	1972	1976	1953	1982	1986
当年旱指数	☆夏	★春 ○夏	○春 ●夏	○夏	☆春 ☆夏	●春	无	☆夏	无	☆夏
次年旱指数	☆秋冬	○春 ○夏 ☆秋冬	☆夏 ○冬	无	无	○春 ○秋冬	★春	○春 ★夏 ☆秋冬	●夏 ☆秋冬	无

注:★——特旱,☆——大旱,●——中旱,○——小旱。下同。

表1.15是南方涛动与福建气候干旱的关系,我们把SOI季指数≤−1.0者定义为强南方涛动,1951—1990年间共出现16年,当年、次年福建的气候干旱频率与强度如下:

年内有季节气候干旱的概率69%,其中特旱、大旱、中旱的合计概率超过气候概率,频率以夏季为大,春季次之。

次年有季节气候干旱的概率为88%,其中特旱与大旱的概率比气候概率大10%以上,遇旱的季节以秋冬最大,夏旱稍次,春旱最小。

表 1.15 强南方涛动与福建气候干旱的关系（1951—1990 年）

强涛动年	季涛动指数	当年气候干旱指数	次年气候干旱指数
1951	春−1.0,秋−1.2	无	○秋冬
1953	春−1.2	☆夏	○春,★夏,☆秋冬
1958	冬−1.0	★秋冬	无
1959	冬−1.1	无	☆春,○夏
1963	秋−1.1	★春,★夏	○春,○夏,☆秋冬
1965	夏−1.7,秋1.5	★春,★夏	☆夏,○秋冬
1966	春−1.0	☆夏,○秋冬	●夏,●秋冬
1972	夏−1.6,秋−1.0	●春	○春,○夏
1973	冬−1.1	○春,○秋冬	●夏
1976	夏−1.0	无	★春
1977	春−1.2,夏−1.7,秋−1.3	★春	☆夏
1978	冬−1.5	●夏	☆秋冬
1980	春−1.0	●夏	○秋冬
1982	夏−2.4,秋−2.4	无	●夏,☆秋冬
1983	冬−3.1,春−1.5	●夏,☆秋冬	无
1987	冬−1.3,春−2.2,夏−2.1	无	●夏,●秋冬

2. ENSO 与福建的台风

ENSO 年的当年与次年,福建均以台风偏少居优势,尤以近 50 年更明显(表 1.16)。

表 1.16 厄尔尼诺年与福建台风指数的关系

年	1884	1888	1891	1896	1899	1902	1904	1905	1911	1913	1914	1918	1923
当年	3.7	2.0	3.0	0.3	1.0	2.0	3.7	3.7	6.3	2.3	7.0	2.3	5.0
次年	1.7	1.7	3.0	0.7	3.0	5.7	3.7	4.7	3.7	7.0	1.3	3.0	2.7
年	1925	1930	1935	1940	1941	1944	1945	1948	1951	1953	1957	1963	1965
当年	2.7	3.0	2.7	4.0	0.7	2.3	2.3	3.7	1.7	3.0	2.3	3.3	2.7
次年	4.3	3.0	3.0	0.7	3.7	2.3	4.3	3.0	4.0	1.3	4.3	2.7	4.7
年	1968	1969	1972	1976	1982	1983	1986	1987	1991	1993	1994	1997	1998
当年	1.7	3.0	2.0	2.0	2.7	1.3	1.3	2.0	2.0	0.3	4.3	1.7	2.3
次年	3.0	2.7	3.3	3.3	1.3	3.7	1.7	1.7	3.0	1.3	4.3	2.3	2.3

在 1884—1998 年间共 39 个厄尔尼诺年中:当年福建台风综合指数>3.0 的概率为 10/39＝25.6%,≤3.0 的概率为 29/39＝74.4%;其次年福建台风综合指数>3.0 的概率为 13/39＝33.3%,≤3.0 的概率为 26/39＝66.7%。

而 1951—1998 年的统计结论更为集中:当年,>3.0 的概率仅 2/18＝11.1%,≤3.0 的概率为 16/18＝88.9%;次年,>3.0 的概率为 5/17＝29.4%;≤3.0 的概率为 12/17＝70.6%。

如上统计事实的物理机制在于:

(1)厄尔尼诺年,沃克环流出现异常,主要积云对流活动区东移至 180°E 附近,而西太平洋台风常规的源地区域有异常的下沉运动,这不利于台风的形成与发展。

(2)台风主要形成于热带辐合带,而厄尔尼诺年,西太平洋副热带高压位置偏南,热带辐合带相应偏南,地转偏向力因素不利台风形成与发展。

(3)厄尔尼诺年西太平洋区域海温为负距平,热力条件也不利台风的形成。

(4)厄尔尼诺年热带西太平洋大气层结稳定度大,这对热带系统的扰动发展是不利的。

基于以上因素,厄尔尼诺年往往是西太平洋台风偏少年。源地台风少,登陆中国者也少。福建台风活动少,既与源地台风数有关,更与副热带高压的位置与强度有关,厄尔尼诺年西太平洋副高偏南,引导气流不利台风登陆、影响福建,所以福建综合指数多为偏小状态。

二、黑潮暖流的影响

(一)黑潮的定义

在北太平洋中部(10°～40°N)海域表层,有一个顺时针旋转的大洋环流,著名的黑潮就是其中的一部分。它是该大洋环流的西部边界流,是北赤道流西行受阻于菲律宾东侧转变而来,经中国台湾与那国岛之间进入东海,而后于日本九州西南方转向东北,因这一段水体呈黑蓝色,故名黑潮。

通常人们把12°～14°N向北到巴士海峡的一段称为黑潮源地,又称吕宋海流。而称流经台湾两侧的黑潮(主流在东侧)为台湾暖流,该暖流的两个分支于台湾东北海域汇合,再流向东北,称东海暖流。东海暖流又有分支,支流入黄海和日本海,主流进入日本南部海域,即所谓日本南部黑潮。习惯上人们把台湾暖流、东海暖流与日本南部黑潮合称黑潮。

黑潮源于信风流,海温高、盐度大,是世界大洋中最著名的暖流之一,与大西洋的墨西哥暖流并称世界"姊妹流"。黑潮的宽度约161 km,在台湾与琉球群岛之间的厚度一般有700 m,它在东海的流量约相当于世界各河流总流量的20倍。黑潮是太平洋海域内最大的海洋失热区(表1.17),其流经海域海气作用相当活跃,对中国东部汛期降水、西太平洋副高的位置与强度,以至台风的频数与路径产生一定影响,是中国气候变化的一个相关关键区。

表1.17 黑潮海域海洋加热场的年变化(W/m²)

月	1	2	3	4	5	6	7	8	9	10	11	12
平均	311	273	233	162	130	102	121	152	193	246	271	291
均方差	30	29	26	26	17	16	19	19	26	26	25	28

(二)黑潮冬季热输送与夏季副高位置的关系

海洋热输送对全球能量平衡以及气候变化具有重要作用(图1.19)。而这种热输送尤其在几支强而窄的洋流中更为明显,如黑潮在太平洋经向热输送中就占重要地位,尤以冬季最为突出。

日本在黑潮流经东海的中央地段,于琉球群岛的冲永良部岛西北方 $27°30'N,128°15'E \sim 29°36'N,125°05'E$ 取了一个黑潮横切断面,进行了系统观测,取得了1956年以来的系列资料,其断面上的热输送为

$$Q_T = \iint c_p \rho T_w U \mathrm{d}y \mathrm{d}z$$

转换为通过断面的黑潮体积热输送为

$$Q_T = c_p \rho T_w V$$

式中,c_p 为海水比定压热容;ρ 为海水密度;T_w 为断面平均水温;U 为垂直于断面的流速分量;V 为黑潮通过断面的体积输送。

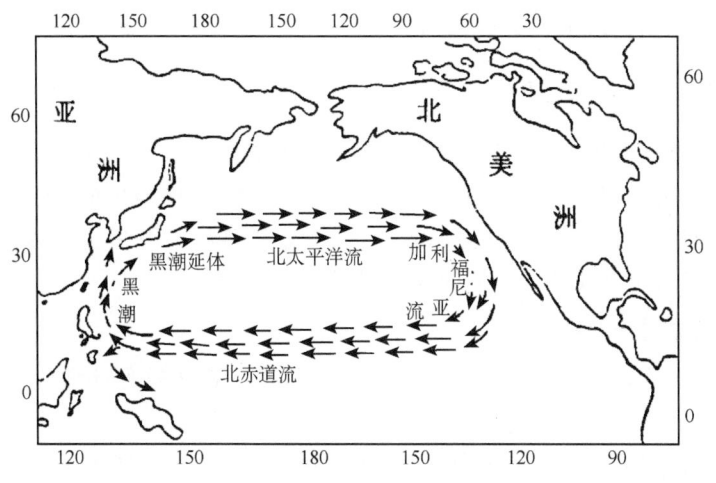

图1.19 北太平洋副热带表层环流模式

冬季是黑潮向大气释放热量最多的季节,也是黑潮海域海气相互作用最强烈的时期。以1955—1956年度——1989—1990年度共35个年度冬季为样本,发现冬季的热输送与其后5—10月西太平洋副热带高压的强度指数和西脊点位置有明显的关系。

$$y_1 = 31.653 + 11.045 \Delta Q \quad r_1 = 0.380, n_1 = 35, \alpha = 0.05$$
$$y_2 = 119.249 - 0.966 \Delta Q \quad r_2 = -0.373, n_2 = 35, \alpha = 0.05$$

式中,y_1为5—10月西太平洋副高平均强度指数(多年均值为31.9);y_2为5—10月西太平洋副高平均西脊点经度(多年平均值为119.0°E);ΔQ为断面冬季黑潮热输送距平;r为相关系数;n为样本数;α为显著性水平。

从回归方程可以看出:冬季黑潮热输送强者(正距平),其后5—10月副高平均偏强;弱者(负距平),其后副高平均偏弱。对副高西脊点而言,冬季黑潮热输送强者,副高偏西;弱者,副高偏东。

(三)黑潮轴位振动与福州年雨量的关系

鹿世瑾曾以1924—1972年日本大王琦(34°16′N,136°54′E)和御前琦(34°36′N,138°14′E)逐年对黑潮轴北界(200 m深、14℃等温线的纬度位置)的观测资料分析与福州年雨量的关系(图1.20),结论是:

黑潮轴北界较常年平均位置(32.6°N)偏南时,福州年雨量较常年(1403.7 mm)偏多;反之,黑潮轴北界较常年偏北时,福州年雨量偏少。总体概率为32/48=66.7%。

对上述两组序列资料,同时做$L=10$的平滑处理,其解析关系如下

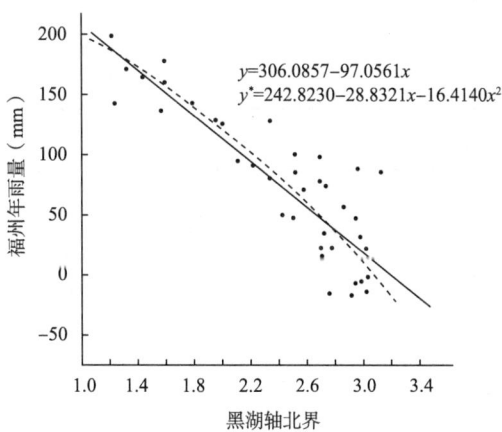

图1.20 福州年雨量与黑潮轴北界相关图

$$y = 306.0857 - 97.0561x \quad r = -0.8638, s = 33.5113 \text{ mm}$$
$$y* = 242.8230 - 28.8321x - 16.4140x^2 \quad s* = 32.1515 \text{ mm}$$

式中,x为黑潮轴北界,以实测值$-30°$代之;y为福州年雨量,以实测值-1300 mm代之;$y*$

为抛物线方程之福州年雨量;s 为回归标准差。

三、青藏高原积雪的影响

青藏高原是世界上最大的高原,仅在中国的面积就有 200 万 km^2。青藏高原对大气环流的影响,既有动力作用,也有热力作用。高原的热力效应,使当地的温度较东西两侧同高度的自由大气的温度高 4~6K,以至 10K,形成明显的热源。但是这个热源的强度并不恒定,高原雪盖就是决定高原热力作用的重要因子。

(一)青藏高原雪盖的特点

青藏高原的雪盖属季节性雪盖,季节变率与年际变率都比较大,因而对短期气候过程的影响相当显著。

青藏高原的积雪量多雪年可达 250 cm,少雪年不足 50 cm。月际变化:前冬积雪不多,1月剧增,2月达极大值,3月起迅速减少,至 6 月消失。

高原积雪的空间分布:深厚的积雪高值中心位于喜马拉雅山东部的康格多山、帕米尔高原、大雪山、巴彦喀拉山一带;低值中心位于柴达木盆地和雅鲁藏布江和狮泉河流域。显然,海拔高度是积雪量的重要决定因素。

(二)高原雪盖异常的滞后效应

高原积雪强度可用积雪日数,积雪深度与积雪范围三个指标来综合反映,不过目前尚无比较规范的资料,不同作者的数据还有些出入,甚至矛盾。

这里引用的是国家气候中心赵振国等给出的 1961—1992 年青藏高原冬季雪日距平资料。

1. 冬季青藏高原积雪与盛夏(7—8月)副高位置的关系

这里引用赵振国的一个统计结论(表 1.18)。

表 1.18 青藏高原冬季多雪年和少雪年夏季西太平洋副高脊线位置

年份	1965	1967	1972	1974	1977	1979	1981	1982	1983	1984	1985	1986	1988	1989	1990	1992	脊线≤26N 概率 0.69
多雪年	−66	−68	−73	−75	−78	−80	−82	−83	−81	−82	−86	−87	−89	−90	−91	−93	
雪日距平	5	7	16	17	21	0	20	6	5	10	0	14	1	17			
副高脊线	29	25	29	31	26	23	24	22	27	30	23	23	26	25	25		
年份	1961	1962	1963	1964	1966	1968	1969	1970	1971	1973	1975	1976	1978	1980	1987	1991	脊线≥26N 概率 0.75
少雪年	−62	−63	−64	−65	−67	−69	−70	−71	−72	−74	−76	−77	−79	−87	−88	−92	
雪日距平	−5	−33	−2	−16	−1	−12	0	−9	−23	−4	0	−4	−1	−5	−1	0	
副高脊线	29	27	29	24	27	26	28	29	26	22	28	24	26	27	23	28	

冬季青藏高原多雪年,盛夏西太平洋副热带高压脊线位置≤26°N,概率 0.69;

冬季青藏高原少雪年,盛夏西太平洋副热带高压脊线位置≥26°N,概率 0.75。

我们认为该滞后相关事实的物理基础在于,冬季高原多雪年,由于雪面反射率大,因而吸收的有效辐射较少雪年减少,使青藏高原的热力作用较常年偏弱,而且热力发展的进程推后,来自高原的暖平流加压也弱于常年,因而副高在盛夏的位置较常年偏南;冬季高原少雪年的作用则相反。

盛夏副高的位置摆动,不但关系中国雨带的摆动,也会对台风的活动,特别是路径趋势产生影响。副高的特征对福建天气、气候的影响尤为显著。

2. 冬季青藏高原积雪对福建春夏气候的影响

(1)冬季雪日距平与福建倒春寒的关系

福建的倒春寒是指3月中旬至4月上旬日平均气温≤12℃的降温过程,引用张淑惠对倒春寒普查和年型的评定结果。统计中规定:≥60%的测站出现倒春寒者,称"重年";≥30%的测站出现,为"中等年";≥10%的测站出现,为"轻年";<10%者为无倒春寒年。

表 1.19 青藏高原冬雪距平与福建倒春寒的关系(1961—1992)

倒春寒年型	重	中	轻	无	合计
冬季雪日距平≥6	0	2	6	4	12
冬季雪日距平≤5	5	7	4	4	20
合计	5	9	10	8	32

从表 1.19 可以看出:

青藏高原冬季雪日距平≥6 天者,福建的倒春寒以"轻"、"无"占优势(83.3%),"重度"与"中度"仅占 16.7%。

青藏高原冬日距平≤5 天者,福建的倒春寒以"重度"和"中度"居相对优势(占 60%),而"轻"、"无"年占 40%。

1961—1992 年重度与中度倒春寒共 14 年,其中 12 年处在青藏高原冬雪距平≤5 天年之后,概率占 85.7%。

福建倒春寒的季节,紧随冬季之后,它之所以与青藏高原雪况是近似反向的关系,可从波动的位相来理解:高原多雪、温低时,福建的早春适处"槽前的暖位相"所以严重和比较严重的倒春寒偏少;而高原少冬雪时,情况相反,倒春寒易见严重和比较严重年。

(2)冬季青藏高原雪日与福建春雨的关系

从表 1.20 中可以看出:

青藏高原冬季雪日距平偏多者(距平为 21~5 天),福州、建阳、龙岩、漳州四市县 2—4 月的平均春雨量普遍偏多,概率为 10/14=71.4%;

青藏高原冬季雪日距平偏少者(指+2~-33 天),上述四站 2—4 月是平均春雨量普遍偏少,概率为 14/18=77.8%。

(3)冬季青藏高原雪日距平与福建台风的关系

从表 1.20 还可以看出:

青藏高原冬季雪日距平≥7 天者有 10 年,福建台风综合指数≥3.0 者(偏多)占 7 年,概率为 70%。

青藏高原冬季雪日距平介于+6~-33 天者有 22 年,福建台风综合指数≤2.7 者(偏少)占 14 年,概率为 63.6%。

上述相关概率均高于气候概率,差值为 10.5%~23.1%。该相关事实的背景是,青藏高原冬雪多的年份,其后的夏季西太平洋副高往往偏强,且位置一般偏南,副高的如此态势与摆动,有利台风登陆或影响福建。

表 1.20 青藏高原冬季雪日距平与福建春雨、台风的关系

年份	1977-1978	1982-1983	1974-1975	1992-1993	1972-1973	1988-1989	1985-1986	1979-1980	1965-1966	1989-1990	1983-1984	1986-1987	1967-1968	1984-1985
冬季雪日距平	21	20	17	17	16	14	10	9	7	7	6	6	5	5
倒春寒站数	15	10	6	17	4	8	31	19	5	0	8	17	15	47
春雨距平百分率%	26.5	115.7	12.4	-22.1	23.2	-21.7	15.0	42.7	-4.6	20.4	8.9	5.4	-19.1	23.5
福建台风指数	3.0	1.3	3.7	0.3	3.0	3.0	1.3	4.3	4.7	6.0	2.3	2.0	1.7	3.0

年份	1981-1982	1990-1991	1969-1970	1975-1976	1991-1992	1966-1967	1978-1979	1987-1988	1963-1964	1973-1974	1976-1977	1961-1962	1980-1981	1970-1971	1968-1969	1964-1965	1971-1972	1962-1963
冬季雪日距平	2	1	0	0	0	-1	-1	-1	-2	-4	-4	-5	-5	-9	-12	-16	-23	-33
倒春寒站数	26	46	60	49	28	0	24	25	22	19	3	40	0	2	13	24	10	16
春雨距平百分率%	-3.0	-29.7	-23.6	-4.1	87.7	0.7	12.0	27.0	-37.2	-32.5	-52.4	-29.7	22.1	-59.2	-6.5	-16.6	-26.4	-52.0
福建台风指数	2.7	2.0	2.7	2.0	3.0	4.3	1.7	1.7	2.7	2.3	3.3	3.7	2.3	4.0	3.0	2.7	2.0	3.3

四、太阳黑子的影响

(一)关于太阳活动

太阳并不宁静,太阳表面有剧烈的扰动,天文学将太阳黑子视为太阳活动的重要标志。太阳活动强烈时,太阳黑子多,日珥、日冕增强,相应太阳辐射能增强。由于太阳黑子是太阳表面的气体涡旋,它的温度比光球表面约低1500℃,所以呈现黑暗色。太阳黑子数极大与极小期相比,太阳辐射能的增减可达3%~5%,这是一个可观的能量变化。黑子活动盛衰产生的辐射能变化,正是人们研究它对地球天气、气候影响的出发点与依据。

许多科学家认为太阳黑子数多时地球偏暖,少时偏冷。在太阳黑子的变化周期中以11年周期最为显著,此外,两个相邻的11年周期的太阳磁性不同,所以有的科学家还提出22年磁周期。另外,科学家还注意到太阳活动有80年及更长的周期现象,并将它们应用于百年尺度的气候变化研究中。

1852年沃尔夫(R. Wolf)按黑子遮蔽太阳面积大小的相对标准,提出计算黑子数的近似公式,称太阳黑子相对数,又称沃尔夫数(W)

$$W = K(10g + f)$$

式中,g 为太阳可见光球上的黑子群数;f 为黑子个体数;K 是由观测条件和使用仪器而定的订正系数,一般取0.6。

现在世界公布的标准太阳黑子相对数观测报告,均以瑞士苏黎世天文台的报告为准。该台的观测记录开始于1749年,至今已有260余年。

天文规定,以黑子相对数的最低点作为新周期开始的标志。1755年为第一太阳活动周的开始,2008年进入第24太阳活动周。在已过去的23个太阳活动周中,最短的周期为9年,最长的周期为14年,平均为10.96年;太阳黑子由低值年到高值年(上升支)平均为4.3年,由高值年到低值年(下降支)平均为6.6年。可见,黑子处在发展期是比较快速的,而回落衰减期是比较缓慢的,图1.21是近260年年平均黑子数的变化曲线,升、降速率差异相当明显。

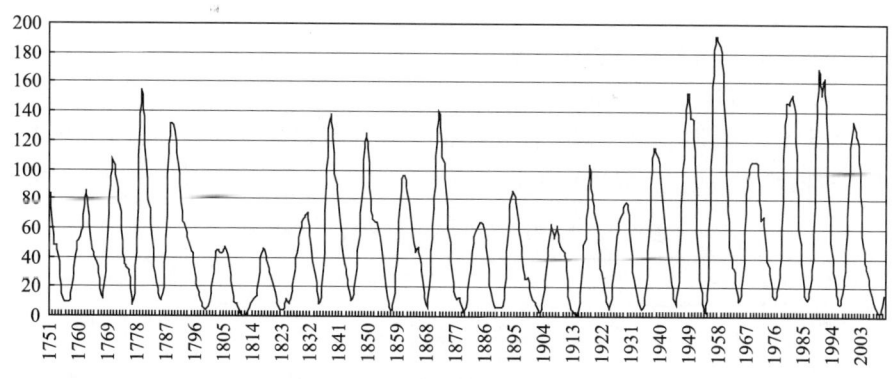

图1.21 太阳黑子年平均相对数

(二)太阳黑子数与福建气候的相关性

日地关系是一个古老的气候研究课题。在太阳活动11年周期中,太阳辐射通量密度出现的变化,会通过某种放大的机制过程而影响地球系统,造成不同的气候反映。

1. 黑子盛衰与福建的台风的关系

对比第 13～24 太阳活动周,在太阳黑子低潮附近 3 年和高潮附近 3 年,福建的台风综合指数有显著差异(表 1.21)。

表 1.21 太阳活动高、低潮附近福建的台风

太阳活动周	低潮附近	福建台风指数			高潮附近	福建台风指数		
		平均	≥3.0	≤2.7		平均	≥3.0	≤2.7
13	1888—1890	2.0	0	3	1892—1894	3.7	3	0
14	1900—1902	2.3	1	2	1904—1906	4.0	3	0
15	1912—1914	4.3	1	2	1916—1918	2.4	1	2
16	1922—1924	3.2	1	2	1927—1929	3.3	2	1
17	1932—1934	2.1	0	3	1936—1938	2.1	1	2
18	1943—1945	2.3	0	3	1946—1948	4.1	3	0
19	1953—1955	1.9	1	2	1956—1958	3.9	2	1
20	1963—1965	2.9	1	2	1967—1969	3.0	2	1
21	1975—1977	3.0	2	1	1978—1980	3.0	2	1
22	1985—1987	2.1	1	2	1988—1990	3.6	2	1
23	1995—1997	2.1	1	2	1999—2001	3.6	3	0
24	2007—2009	3.4	2	1				
Σ		31.6	11	25		36.7	24	9
平均		2.63	0.92	2.08		3.34	2.18	0.82
标准差		0.73	0.67	0.67		0.65	0.75	0.75

(1)高潮附近 3 年的平均台风综合指数为 3.34,低潮附近 3 年平均为 2.63,较前者少 27.0%。

(2)高潮附近 3 年,台风综合指数、≥3.0 者(即多台年),平均有 2.18 年;低潮附近为 0.92 年,仅为前者的 42%。

(3)高潮附近 3 年,台风综合指数≤2.7 者(即少台年)平均为 0.82 年;低潮附近是 2.08 年,为前者的 2.5 倍。

(4)对三组平均值作差异显著性检验,证明均有显著差异。

2. 黑子盛衰与闽江、九龙江洪涝的关系

表 1.22 给出了太阳黑子低值年、高值年前后各 3 年福建闽江(竹岐)、九龙江(中山桥)年最高洪水位的对比,从中可看出这样几点事实。

表 1.22 太阳活动周不同位相福建的洪水位

太阳黑子低值年		1933	1944	1954	1964	1976	1986	1996	平均
−3	闽江		13.00	13.86	15.33	13.44	13.89	11.93	13.58
	九龙江				14.06	12.45	12.01	10.75	12.32
−2	闽江	13.81	15.31	15.42	12.24	15.25	14.66		14.49
	九龙江				12.14	12.59	14.03	11.94	12.68
−1	闽江		12.87	13.76	14.17	14.57	11.68	14.97	13.67
	九龙江			11.65	14.30	12.02	14.70	12.73	13.08

续表

太阳黑子低值年		1933	1944	1954	1964	1976	1986	1996	平均
当年	闽江		14.16	13.87	13.94	13.83	12.33	11.54	13.28
	九龙江			12.09	12.22	13.18	14.10	12.39	12.80
+1	闽江	15.04	11.76	13.35	12.05	15.03	10.90		13.02
	九龙江			12.27	12.89	10.86	9.34		11.34
+2	闽江	14.34	12.07	13.31	13.44	13.66	14.32		13.52
	九龙江			10.51	11.61	11.02	11.99		11.28
+3	闽江	13.23	14.00	12.23	12.91	12.94	13.18		13.08
	九龙江			10.55	11.42	11.53	11.39		11.22
太阳黑子高值年		1937	1947	1957	1968	1979	1989		平均
−3	闽江	15.04	14.16	13.87	12.05	13.83	12.33		13.55
	九龙江			10.29	12.89	13.18	14.10		12.62
−2	闽江	14.34	11.76	13.35	13.44	15.03	10.90		13.14
	九龙江			12.27	11.61	10.86	9.34		11.02
−1	闽江	13.23	12.07	13.31	12.91	13.66	14.32		13.25
	九龙江			10.51	11.42	11.02	11.99		11.24
当年	闽江	14.62	14.00	12.23	15.92	12.94	13.18		13.82
	九龙江			10.55	12.17	11.53	11.39		11.41
+1	闽江	12.28	15.16	12.76	14.54	13.67	12.25		13.44
	九龙江			11.68	12.18	12.34	12.25		12.11
+2	闽江	14.40	14.36	12.75	13.06	13.79	12.16		13.42
	九龙江			12.76	12.79	14.16	13.42		13.28
+3	闽江	13.36	14.50	14.22	12.01	15.66	16.51		14.38
	九龙江			14.29	11.51	10.52	12.12		12.11

(1)太阳黑子低值年前后的洪水

九龙江:黑子低值年至前3年,中山桥的平均最高洪水位介于12.32～13.08 m,均属偏高;而低值年的后3年,为11.22～11.34 m,均属偏低,前后相差1 m有余。

闽江:黑子低值年的前3年,竹岐的平均最高洪水位为13.58～14.49 m,多属偏高;而低值年至后3年为13.02～13.52 m,均属偏低,前后相差半米有余。另有一点值得注意,黑子低值年之前的第2年,竹岐出现超危险水位(≥14.5 m)的可能甚大,机遇为67%,比气候概率几乎高2倍。

(2)太阳黑子高值年前后的洪水

九龙江:黑子高值年至前2年,中山桥的平均最高洪水位为11.02～11.41 m,均属偏低;而高值年的后3年为12.11～13.28 m,属正常一偏高,前后相差1 m左右。

闽江:黑子高值年的前3年,竹岐的平均最高洪水位为13.14～13.55 m,均属偏低;而黑子高值年至后3年为13.42～14.38 m,偏高、偏低各占一半。

(3)黑子峰、谷年的对比

仅就太阳黑子的峰年与谷年相比,谷年,九龙江中山桥的平均水位为12.80 m(偏高),闽江竹岐的平均水位为13.28 m(偏低);而峰年相反,中山桥偏低(11.41 m),竹岐偏高

(13.82 m),闽南、闽北两大水系反映有别。

3. 黑子盛衰与福建气候干旱的关系

福建自1939年起,有系列的干旱指数资料,表1.23是与18～22年太阳活动周对应的福建年干旱指数评定,从中看出:太阳黑子低值前后(±1年),最大年干旱指数为0.77～1.29;而太阳黑子高值年前后(±1年),最大年干旱指数为0.54～0.68。就是说太阳活动低潮年前后易见重旱,而太阳活动高潮年前后不易出现重旱年。

表1.23 太阳活动高低潮附近福建年干旱指数的差异

年份	太阳黑子低值年					太阳黑子高值年				
	1944	1954	1964	1976	1986	1947	1957	1968	1979	1989
前一年	1.11	0.53	1.04	0.05	0.11	0.67	0.64	0.54	0.61	0.60
当年	0.28	1.14	0.65	0.26	0.82	0.25	0.65	0.30	0.49	0.36
后一年	0.09	1.29	0.58	0.77	0.27	0.68	0.32	0.43	0.55	0.35
最大值	1.11	1.29	1.04	0.77	0.82	0.68	0.65	0.54	0.61	0.60

第二章　气候要素与气候资源

第一节　气候资源的性质和特点

一、气候资源的定义

气候资源是自然资源之一,是人们凭借一定的手段、方式所能开发利用的那部分气候条件,是人们生产物质财富过程中作为原材料或能源利用的那些气候要素或现象的总体,是可被人们利用、形成财富或产生使用价值,并影响劳动生产率的自然物质和能量的一部分。既包括可以被人们利用的单一气象要素所代表的光能资源、热量资源、水分资源、风能资源等,也包括多要素所组成的诸如农业气候资源等气候环境资源。

气候资源是自然资源总集的一部分,既是人们生活和生产活动的自然环境,也是人类社会和经济发展的物质基础。如光资源不仅指太阳能资源,也包括植物光合作用的光照条件。所谓气候能源或气象能源是指由气象要素产生的如太阳能、风能等,实际上地球上所有的能源都可以追溯到太阳能,即广义的太阳能,但这里指的太阳能是直接的太阳辐射产生的能量。

因此,气候资源既包含了气候条件的自然属性,也包括了社会属性,即与人类开发利用气候条件的能力联系起来。现代气候学把原来的气象能源概念扩展到气候资源,不仅是气候学本身发展的表现,更是社会进步的表现,这对气候学者和有关生产者都提出新的要求。

随着社会经济的发展和科学进步,人们对气候乃至气候资源的敏感性和依赖性日益增强,对气候资源的认识逐步深入,对气候资源的利用水平不断提高。气候资源的保护和开发利用正成为制订社会经济发展规划必须考虑的因素。福建光热水资源丰富,充分利用农业气候资源,可以优化农业产业结构,扩大种植面积,稳定产量;福建水资源丰富,水系发达,落差大,全省水力资源理论蕴藏量达1181万 kW,可开发水电装机容量达1161.9万 kW,居全国第12位,居华东地区首位,2008年福建水力发电达1058万 kW,约占当年能源消耗的15.8%;福建沿海是中国风能资源丰富的地区之一,21世纪以来,风电发展迅速,对于弥补福建矿产能源贫乏仍有积极意义。总之,合理利用气候资源,对于节能减排,促进福建社会经济的可持续发展具有重要的意义。

二、气候资源的特点

(一)气候资源与自然资源的共性

气候资源属可再生的自然资源,有以下三个特点:
(1)可用性。是指气候资源可被人们利用,如风能,这是自然资源的共性。

(2)综合性。是指同一气候资源可有多种用途,如水资源,可用于发电;也可用于灌溉,成为当地农业资源优劣的重要标准;为人类生活和生产提供水源。随着世界人口城市化趋势和经济规模的扩大,对水资源的要求也日益高涨,这也是气候变化造成气候资源变化的影响日趋严重的社会原因。

(3)关联性。气候资源不是孤立存在的,表现在3个方面,一是气候资源与其他自然资源关系密切,水资源的优劣不仅与降水量多少有关,还和森林资源优劣,以及水利设施有关,当然,关键还是取决于大气降水量;二是所有气候资源的相互制约性,在同一气候环境下的各种形态的气候资源是相互联系和制约的,如持续多雨产生丰富的水资源,但太阳能资源就相对减少;三是气候资源与人类需求及开发利用能力是相联系的,如水资源优劣和生态环境即植被环境有关,旅游气候资源的开发和交通便利与否有关等。

(二)气候资源的特殊性

(1)再生性。气候资源的总量相对说来是无限的,是以年为单位循环变化的资源。万物生长靠太阳,据估计,在过去漫长的11亿年中,太阳只消耗它本身能量的2%,所以,人们常用"取之不尽,用之不竭"来形容太阳能的持久性,所以气候资源相对说来是无限的,丰富的。但是,对人类来说,在一定区域和一定生产力水平下,气候资源的丰歉还取决于对气候资源依赖的程度,如人口密度及其相应的生产规模等,受开发利用气候资源能力的制约,必须讲究气候资源的合理开发利用,从这一角度说,气候资源的利用还是有限的,目前福建气候资源在农业综合开发上应用最多,水分资源在水力发电上效益显著。进入21世纪,在应对气候变暖,减少二氧化碳等温室气体排放的背景下,风能发电得到重视。随着科技进步,气候资源的开发利用必将不断深入发展,发挥更大的经济效益。

(2)本地性和实时性。除水资源外,大部分气候资源只能在气候资源产生地利用,显然,不能把南方的热量资源输送到北方使用;实时性指的是不能把今天的热量留着明天用。这些特点和矿产资源有明显的不同。

(3)无污染性。气候能源不用燃烧,不会给环境带来直接的污染,这是气候能源的最大优势之一,石油、煤炭等矿产资源燃烧释放出大量的二氧化碳、二氧化硫、灰尘,造成温室效应以引起全世界的关心;原子能资源如铀、钍等放射性矿产资源,蕴藏量巨大,其污染隐患也巨大,在苏联和日本的核电站发生的严重的核泄漏事件向人们敲响了警钟。因此,在人们愈来愈关心生存环境问题的时候,提高气候能源的利用率,具有广泛的潜力。

(4)利弊相对性。这是有别其他自然资源的特性之一,如煤矿资源的优劣,只和煤的多少和品质有关,数量越多越好。但对气候资源来说,气候资源的优劣是有条件的。首先,取决于气象要素量的程度和时空分布,比如,风速太小不能发电,风速太大也不行,可谓是物极必反。其次,某个地区气候资源的优劣既取决于气候资源本身的气候环境,也取决于人们对气候环境的应用水平;第三,同样的气候环境在甲地(甲行业)可能是气候资源,在乙地(乙行业)可能就不是气候资源,比如,台风带来的降水对受灾区来说是灾害,对非灾区来说可能就是资源,所以,才有灾害性气象也是气候资源之说。第四,气候资源评价标准的变化性,如目前全年风速≥3 m/s的总时数3000 h,太阳辐射全年120 kJ/cm^{2}以上就有较好的利用价值,然而,随着科学技术的发展,这一标准也将可能随之变化。

(5)不稳定性和季节性。这也是不同于其他自然资源的主要特性之一,也是气候资源的特性,主要表现在两方面,一是气候的季节变化,如不同季节的风能、太阳能、水资源的自然差异;二是气候的年际变化,即气候长期变化,气候的自然波动直接影响气候资源的优劣和多少,使气候资源变化不稳定,如水资源取决于降水量的多少,在福州年降水量最多年份达2075 mm,最少年为776 mm(1951—2010年资料),风能、太阳能也是如此。虽然,太阳辐射常数是相对稳定的,但到达地面的总辐射受云雾等影响,特别是直接辐射和日照时数关系密切,特别在冬春季,在福建1972年以来,日照趋于偏少。

三、气候资源的分类

1. 从性质形态上可分为

热量资源:以气温要素为代表,衡量热量资源的指标有积温、极端气温、气温日较差、霜冻期长短等。对农业来说,影响作物的生长发育、产量高低、品种优劣,也是人们生活环境的重要指标,以至气温预报成为人们最关心的电视栏目。

水分资源:以降水要素为代表,还包括蒸发、相对湿度等要素,通常是指逐年可以更新的淡水量,包括地表水、土壤水、地下水,但来源是大气的降水。衡量水分资源优劣的标准从气候角度来说有降水总量、降水的季节和区域分布等。水资源对人类社会影响很大,从古代的人类择江而住、临水而居也说明这一点。现代的天津的引滦入津、湖北的长江三峡工程、河南的红旗渠、福建闽江水口电站等都是人们开发利用水资源的宏伟工程,人们可以通过水利工程,实现水资源的季节和空间的合理再分配,以提高水资源的利用率。

光能资源:以辐射和日照要素为代表的太阳辐射产生的资源。植物的光合作用与日照长短和辐射强弱关系密切,太阳能的利用也是如此。

风力资源:以风要素为代表,由大气运动产生的资源。古代,人们就利用风能,漂洋过海,才有郑成功七下西洋。地球上近地层的风能总储存量达 1.3×10^{12} kW/a,而中国风能总储存量达 1.6×10^{9} kW/a,在世界排名第三。有效利用风能的风速是 $3 \sim 20$ m/s。

2. 从应用领域上可分为

农业气候资源,包括热量资源、水分资源、光能资源,决定了农业种植结构和品质。

浅海和近海综合开发气候资源,包括热量资源、光能资源。

旅游气候资源,是气候资源综合条件的表现,既包括物候的季节变化带来的自然景观,如峨眉山的佛光,吉林的雨凇,黄山的云海等气象景观,也包括旅游景点的气候环境。

第二节 太阳辐射

一、太阳总辐射的时空分布

(一)年总辐射量

直接辐射与散射辐射之和称总辐射。福建平均年总辐射量 $3800 \sim 5400$ MJ/m² (图 2.1),其中,平均直接辐射量 $1800 \sim 3000$ MJ/m²(图 2.2)。空间分布特征为自东南沿海向内陆递减:莆田至诏安的沿海平原和岛屿是全省的最高值区域,年总辐射量 $4780 \sim 5400$ MJ/m²;武夷山和鹫峰山之间的闽江上游河谷盆地是全省的次大值区,年总辐射量 $4640 \sim 4990$ MJ/m²;位于武夷山、鹫峰山、戴云山、玳瑁山和博平岭海拔较高的区域年总辐射量最少,为全省低值区,年总辐射量 $3800 \sim 4080$ MJ/m²;其余区域年总辐射量 $4080 \sim$

4780 MJ/m²。与全国相比,福建属太阳总辐射偏少省份,这与福建云雨多有关。福建地形复杂,太阳辐射受地形影响大,因此,山地辐射差异较大。

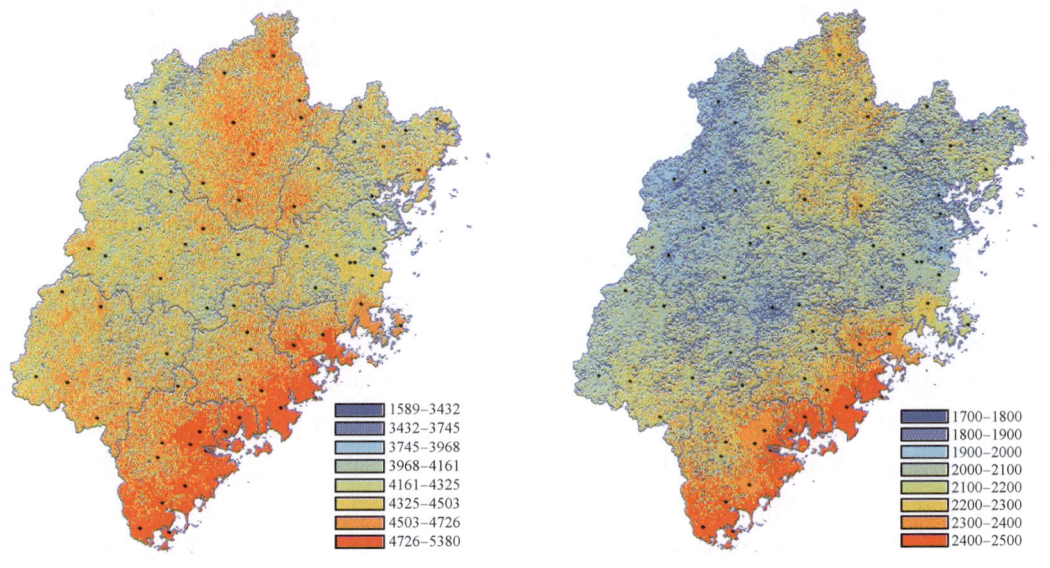

图 2.1　福建年平均总辐射分布图(MJ/m²)　　　　图 2.2　福建年平均直接辐射分布图(MJ/m²)

(二)辐射的季节分布

从总辐射量的季节变化上看,辐射量从小到大分别为冬季、早春季、秋季、雨季、夏季(表2.1),以福州站为例,累年各月平均总辐射量表明:辐射量最高的季节是夏季,辐射量为1554.3 MJ/m²,约占年太阳总辐射的35%,其次是雨季,辐射量为860 MJ/m²,占年太阳总辐射的19.3%,其余三个季节辐射量相差不大,为648.4~728.3 MJ/m²,占年辐射总量的14.6%~16.3%。

表 2.1　福建省各季平均太阳总辐射空间差异(MJ/m²)

季节	早春季 (3—4月)	雨季 (5—6月)	夏季 (7—9月)	秋季 (10—11月)	冬季 (12—2月)
年平均最大值	751	960	1757	982	721
年平均最小值	248	370	634	163	115
差值	503	590	1123	819	606

各个季节的空间分布也略有不同。早春季总辐射量自东南沿海地区向内陆递减,日辐射总量为6~15 MJ/m²。雨季日辐射总量为9~18 MJ/m²,泉州、漳州和南平三地市局部是高值区,低值区分布在福州、宁德、龙岩、南平西部和戴云山区域。夏季日辐射总量为12~22 MJ/m²,高值区主要在福州以南沿海地区和南平地区,低值区的分布类似雨季。秋季日辐射总量为6~18 MJ/m²,其空间分布呈南北高中间低,高值区分散在厦门、漳州地区,南平地区,而宁德、福州、三明为低值区。冬季日辐射总量为0~12 MJ/m²,由南向北递减,高值区位于莆田以南沿海,低值区分散在南平、宁德地区。

太阳高度角是决定辐射季节差异的主要因素,冬季太阳高度角最小,总辐射量最小;夏季太阳高度角最大,所以,总辐射量最大。

夏季总辐射量最大年和最小年相差最大的原因是:有的年份频繁受热带辐合带影响,云雨较多,具有凉夏特征;有的年份受强大的副热带高压控制,加上太阳高度角最大,会出现旷日持久的晴热少雨的天气。可见,福建太阳辐射季节变化还体现了地方性气候特征。

辐射总量的空间差异表明,海拔的影响在早春、雨季和夏季很明显,这是因为海拔较高,受山地影响云雾较多,因此低海拔的沿海平原地区和内陆的河谷盆地总辐射量要比海拔较高的地方大,而在秋季和冬季空间分布主要受太阳高度角支配。

(三)辐射的月分布

福建省各月平均日辐射总量,以 2 月最小,7 月最大。比较各月之间的差异发现,4—9 月出现明显的 2 个高值中心,第一高值区在中部以南沿海地区,第二高值区位于鹫峰山脉和武夷山脉之间的闽江上游河谷盆地区域,各月的最大和最小辐射值列于表 2.2,其中全省辐射空间分布 2 月和 3 月差异较小,10 月差异大。

表 2.2 福建省各月平均太阳总辐射空间差异(MJ/m²)

月份	1 月	2 月	3 月	4 月	5 月	6 月
最大值	401	321	347	403	457	503
最小值	49	65	106	139	172	198
差值	352	256	241	264	285	305
月份	7 月	8 月	9 月	10 月	11 月	12 月
最大值	667	607	535	527	459	458
最小值	263	213	157	91	56	51
差值	404	394	378	436	403	407

以福州站为例(表 2.3),累年各月平均总辐射量,7 月和 8 月为最高的月份,都在 500 MJ/m² 以上,其中,又以 7 月最高;最少月份则在 12 月、1 月和 2 月,月总辐射量在 300 MJ/m² 以下。

表 2.3 福州累年各月平均总辐射量(MJ/m²)

月	1	2	3	4	5	6	7	8	9	10	11	12
总辐射量	245	231	295	369	409	451	597	537	421	363	285	252

(四)辐射的日变化

选择 18 个加密辐射站和 2 个长期辐射观测站分析辐射日变化特征,按季节统计各时次平均辐射总量,研究不同季节太阳总辐射日变化特征。

太阳总辐射日变化呈单峰型,早晚最小,午时最大,峰值出现在 12—13 时;在早春季—夏季期间,6 时太阳升起,19 时太阳落山,而秋季和冬季太阳升起或落山都要比早春—夏季迟或早 1 小时;前汛期和夏季太阳总辐射量随时间增加快,上午 9—10 时就可达 150 万 J/m²,其余季节随时间增加较缓慢;夏季午时辐射总量最大,除九仙山外,都在 200 万 J/m² 以上,冬季最小;午后,随太阳西下辐射总量减少,其中秋—冬季节减小速度较早春—夏季快。

二、地形对太阳辐射的影响

(一)太阳总辐射的垂直分布

晴天状况下,太阳直接辐射随高度而递增,而散射辐射是递减,由于在太阳总辐射的比重中前者为大,所以山区高海拔地带一般比平原低地可获得更多的太阳辐射能资源。

云量对太阳总辐射有明显影响,表现在两个方面,第一是使直接辐射减小;第二是使散射辐射增加。但前者的作用更明显,所以山区的总辐射是随总云量的增加而减小的。

宁德地区西北部的鹫峰山区和三明地区的建宁、泰宁等地是福建比较常定的太阳总辐射低值区,就与这一带的总云量多有关,年平均总云量,屏南、泰宁7.6成,为全省最高值;周宁、建宁7.5成,属次高;寿宁7.4成,为第三多。在4月的太阳总辐射量图中,武平一带是全省的最低值,同期该站的平均总云量为8.4成,为全省次多。

(二)坡向、坡度对太阳总辐射的影响

坡地全年接受的太阳总辐射量,在赤道附近的低纬度地区是东坡和西坡受热最多,南坡和北坡最少。到北回归线以北的地区受热最多的是南坡,且辐射总量随坡度的增加而增加;相反,在偏北的坡地上,辐射总量随坡度的增大而减小。

福建群山起伏,辐射随地形变化差异大,归纳起来山区光资源基本属两种类型:第一,深谷遮蔽,云雾掩荫,多散射光;第二,南坡与山顶开阔向阳,日照强度大,多直射光。就季节而论,冬半年山顶多光照,山麓少光照;夏半年山顶少光照,山麓多光照。如上海拔与坡向的影响造就了山区光能资源多样化的特点,从而为发展多种经营提供了有利的条件。

三、不同下垫面的太阳辐射状况

(一)林区的太阳辐射

森林对太阳辐射有两个作用面,一个是林冠,一个是林冠以下的地面。森林接受的太阳总辐射与森林的郁闭度有关,更具体地讲是与林木品种、林龄、密度有关,一般而言,阔叶林中透入的太阳辐射比针叶林要大。有关观测研究指出,森林中的太阳总辐射量只有空旷地区的40%左右。

(二)农田中的太阳辐射

太阳光进入农田植被,一部分被作物茎叶反射,一部分被茎叶吸收,另一部分穿过茎叶间隙而透射到地面。农田中的辐射,不论直射光强、散射光强和总光强都是由作物顶部向下递减。观测显示,从日出至正午,作物吸收辐射能最大的层次,逐步由上而下移,其吸收太阳辐射最多的层次,也就是作物光合作用最强的层次。

(三)水体中的太阳辐射

水面对太阳辐射有反射作用,其值除与太阳高度有关外,还与水面静稳状况,水体浑浊度以及云量、云状有关;水面对太阳辐射还有散射与吸收作用,水分子对太阳辐射光谱中的短波部分所起的散射作用较长波部分大,而吸收作用是随波长的增加而加大;水面对太阳辐射有透射作用,海水对辐射光的透射能力是很强的,10 m深处还有25%的短波辐射可以透过,但太阳总辐射量在海洋中随深度的减小要比照度的减小快得多。

(四)城市中的太阳辐射

影响城市太阳辐射的因素,一个是城市下垫面状况,包括建筑物的密度、高度,街道排列、绿地、水体比例,以及地面平坦度;再一个是城市上空大气品质,即污染物状况。一般而言,城市上空的烟尘杂质对太阳辐射的短波部分有较大影响,太阳直接辐射可减少10%~20%。虽然城市的总辐射会少于郊区,但城区的逆辐射大,另外建筑物的反射辐射很强,这都是形成热岛现象的原因之一。

第三节 日照时数

一、年日照时数的空间分布

福建省各县市平均年日照时数 1491.8 h(邵武市)~2174.6 h(东山县),全省平均的年日照时数 1483.0 h(1997年)~2356.9 h(1963年),最少的年日照时数 1070.7 h(邵武市,1997年),最多的年日照时数 2983.5 h(东山县,1963)。

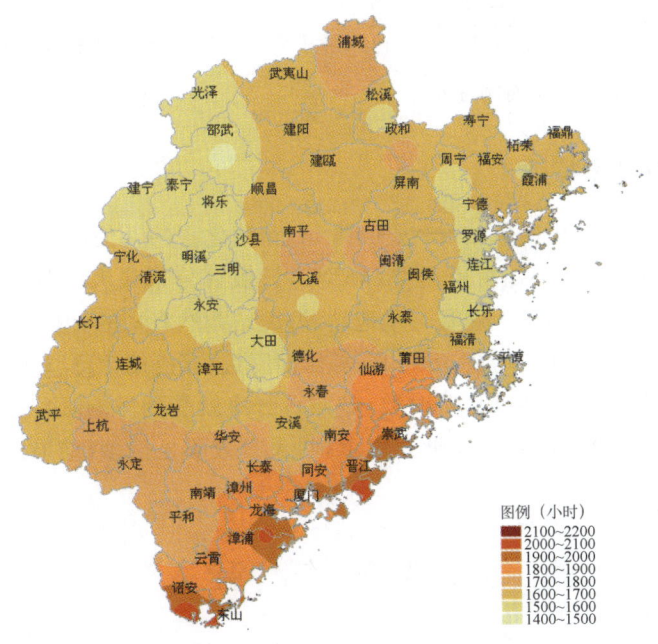

图 2.3 福建年平均日照时数分布图

福建平均年日照时数空间分布(图2.3)特点是:莆田、泉州、厦门、漳州地区及龙岩地区东南部为 1800 h 以上,其他地区多在 1800 h 以下,其中,南平、三明两地市大部和福州市局部在 1600 h 以下。日照百分率是实际日照时间和由天文与地理纬度决定的理论日照时间的比值,闽南地区 40%~45%,其他地区 40%左右。

各地日照差异,如同各地辐射差异一样,都和地形的直接影响密切相关。山脉的高低决定了气象观测日照的实际高度角,决定了日照百分率。同纬度,内陆山区日照普遍少于平原地区,主要受山区地形影响。另外,20世纪80年代以来,日照呈减少趋势,具体见第七章的相关分析。

二、日照时数的季节分布

图 2.4 和图 2.5 可以看出,各月日照时数分布:夏季最多,秋季次之,冬季再次,春季最少。日照的季节差异起因于太阳高度角的天文季节变化,又受当地云雨状况的影响。福建春季日照最少,是因为这一季节正是春雨、梅雨时期。6—7 月福建日照有明显的突变,如日照百分率由 38% 急增到 60%,这完全是由于 6 月下旬中期前后梅雨一结束,马上进入副高控制的初夏晴热期所致。多日照、强日照正适合早稻后期生长的需要,这就是农谚中所说的"日晒黄金早。"

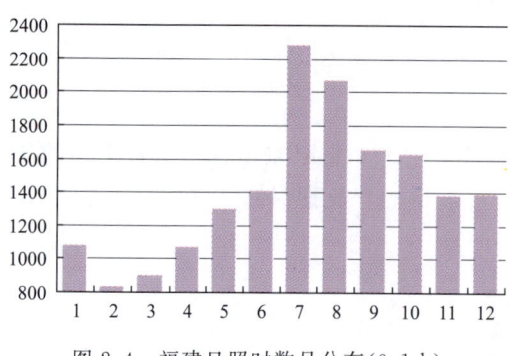

图 2.4　福建日照时数月分布(0.1 h)

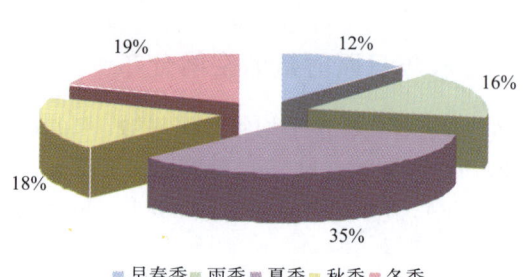

图 2.5　福建日照时数季节分布百分率

三、高山站的日照特征

福建武夷山市的七仙山气象站(海拔 1414 m)和德化县的九仙山气象站(海拔 1650 m)日照百分率的季节变化,其突出特点是"双峰型",日照百分率最大的月份出现在 12 月(主峰),次大的月份是 7 月(次峰)。这是与平地站、海岛站截然有别的,但年内寡照的时期仍不失一般规律。这两个站的高度均在 850 hPa 等压面附近,盛夏的 7 月、8 月对流云比较活跃,雷暴日数也较平地站为多。所以日照时数、日照百分率就受到影响,而 12 月前后平地站多为低云覆盖之时,这两个高山站处在低云之上,晴天日数明显偏多,结果成为日照百分率年内最高的时期。

第四节　气　温

一、平均气温的时空分布

(一)平均气温的空间分布

福建省各市县的年平均气温 15.0℃(周宁)～21.7℃(云霄、诏安、漳州),全省平均的年平均气温 18.7℃(1984 年)～20.4℃(1998 年)。最低的年平均气温 14.1℃(寿宁县,1984 年),最高的年平均气温 22.6℃(漳州市,2007 年和 2009 年)。

年平均气温分布随着纬度差异而自北向南递增(图 2.6,图 2.7)。纬度 25°N 以南漳州市和厦门、泉州市局部年平均气温 21℃ 以上,属高值区。宁德市的周宁、寿宁、柘荣、屏南等海拔 800 m 以上的高山区,是低值区,年平均气温 17℃ 以下。西部武夷山的七仙山气象站,中部戴云山的九仙山气象站,由于地势高峻(海拔分别为1414 m、1650 m,下同),年平均气温低至12℃,高山区等温线的走向沿着山体呈闭合或半闭合的块状分布。东部沿海地区受海洋的调节,常年平均气温19℃左右,在同纬度情况下,岸上的气温比岛屿更高,大致高出0.5℃左右。沿海等温线几乎与纬度垂直。

20世纪90年代以来,福建年平均气温呈明显上升趋势,具体变化在第七章中分析。

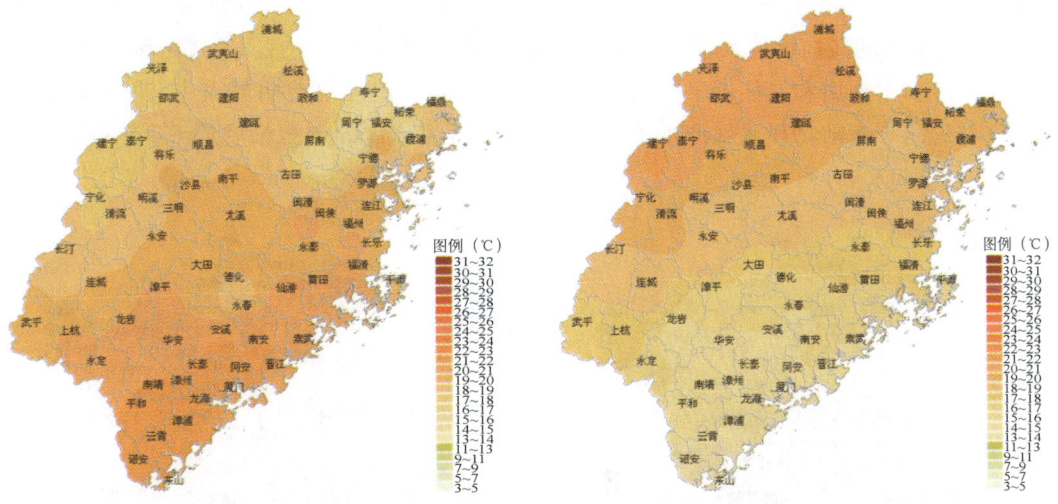

图2.6 福建年平均气温分布图(单位:℃)　　　图2.7 福建气温年较差分布图(单位:℃)

(二)平均气温的月变化

总的来说,全省大部地区1—7月升温,8—12月降温,1月最低,7月最高;在近沿海岸或岛屿地区,气温的年变化落后1个月,即2—8月升温,9月—翌年1月降温,2月最低,8月最高。各月的升(降)温幅度不尽相同,由于季节变化,造成升(降)温相对突出的季节在春秋季,正是由冬至夏或由夏转冬的过渡时期,月际升温和降温最突出的是4月和11月,全省平均分别升温4.6℃,降温4.7℃。由于海陆属性差异,升(降)温相对突出的区域是内陆地区,南平和三明等内陆地区的升降温比沿海地区明显,除宁德和福州两地市外,大部地区降温比升温略明显。升温最激烈的是1994年,4月比3月平均气温上升8.6℃,其中,南平、三明两地市升温9.0~9.8℃。降温最显著的是1983年,11月比10月平均气温下降7.9℃,南平、三明两地市降温9.0~9.8℃。平均气温月际变化最小的是1—2月和7—8月(更小且更稳定)。1—2月平均变化幅度1.7℃,但个别年份变化激烈,如2009年2月比1月全省平均气温偏高7.2℃,南平和三明两地市大部偏高8.1℃~10.7℃;7—8月变化幅度≤2.3℃,平均变化幅度0.6℃,以8月降温为主。以福州为例:4月升温4.5℃,11月降温4.2℃,1—2月温差0.4℃,7—8月温差0.5℃。

■1月(图2.8):福建冬季冷空气活动最为频繁,主要为多变性的极地大陆气团控制,是气温最低,南北温差最大的月份。1月各县市的平均气温5.4℃(寿宁)~14.1℃(云霄),全省平均的1月份平均气温6.3℃(1963年)~11.9℃(2006年)。最低的1月平均气温1.9℃(寿宁县,1984年),最高的1月平均气温15.4℃(漳州,2001年)。其空间分布特点是:1月的平均气温除沿海岸和岛屿外是全年最低,等温线的走向趋势与年平均气温相似,25°N以南地区在12℃以上,武夷、鹫峰、戴云等山区6℃以下,七仙山低至9℃。1月是南北温差最大的一个月,例如月平均气温浦城比诏安低7.3℃。

■4月(图2.9):春季冷空气南侵控制福建的势力逐渐减弱,主要受冷暖气流交绥、交替影响,气温日渐回升,南北和沿海与内陆温差缩小。4月各县市的平均气温14.6℃(寿宁)~20.9℃(平和),全省4月份平均气温15.9℃(1996年)~21.9℃(1998年)。最低的4月平均气温11.4℃(寿宁县,1996年),最高的4月平均气温23.7℃(漳平,1964年)。其空间分布特点是:等温线的经向度增大,25°N以南地区,平均气温在20℃左右,鹫峰山区平均气温升到14℃以上,七仙山和九仙山平均气温升到12℃以上。南北温差明显缩小,浦城仅比诏安低2.9℃。由于海陆物理属性产生了增温的差异,沿海地区的增温幅度约6℃左右,而内陆地区达10~11℃。

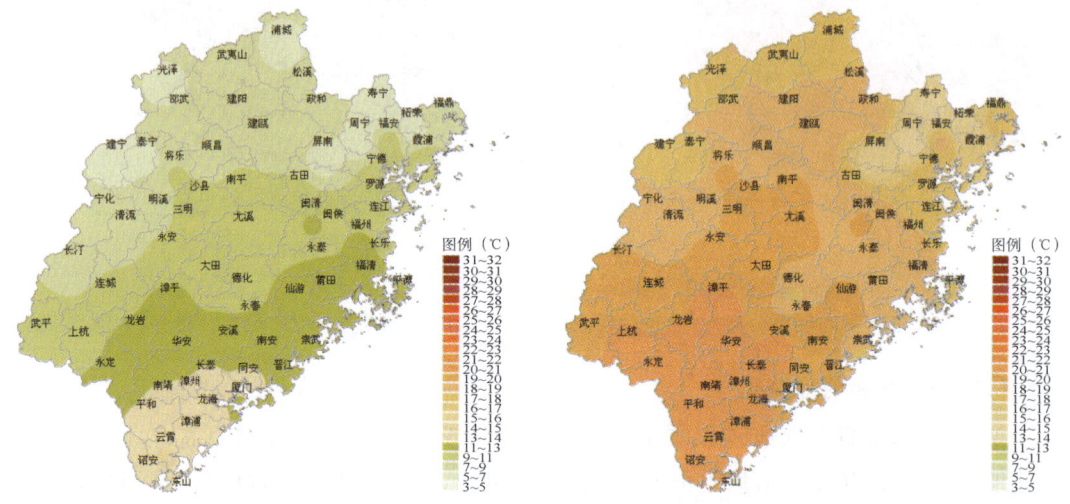

图2.8 福建1月份平均气温分布图　　　　图2.9 福建4月份平均气温分布图

■7月(图2.10):福建夏季主要受副热带高压和热带系统所控制,除沿海岸和岛屿外,是全年气温最高,南北温差最小的月份。7月各县市的平均气温24.3(周宁)~29.2℃(福州,宁德),全省平均的7月份平均气温26.7℃(1997年)~30.1℃(2003年)。最低的7月平均气温22.6℃(寿宁县,1997年),最高的7月平均气温31.9℃(闽清,2003年)。其空间分布的特点是:高温区主要出现于鹫峰、戴云山两大山系之间的河谷地带。西部山地和近海岸及岛屿地区在27℃上下,海拔800 m左右的山地约24℃,九仙山低于20℃。7月的平均气温基本无南北的区别,月平均气温诏安仅比浦城高0.6℃。

■10月(图2.11):福建秋季是夏季风向冬季风过渡的季节,西风带环流开始影响福建,气温逐渐下降,南北温差逐渐加大。10月各县市的平均气温16.2℃(周宁)~24.2℃(诏安),全省10月份平均气温19.1℃(1979年)~23.5℃(2006年)。最低的10月平均气温14.1℃(寿宁县,1992年),最高的10月平均气温25.8℃(漳州市,2006年)。其空间分布的特点是:南北温差趋于加大,月平均气温浦城比诏安偏低4.9℃;东西向的温差表明海洋延缓了大气的降温,沿海地区的降温幅度约5℃左右,而内陆地区降温8℃左右。

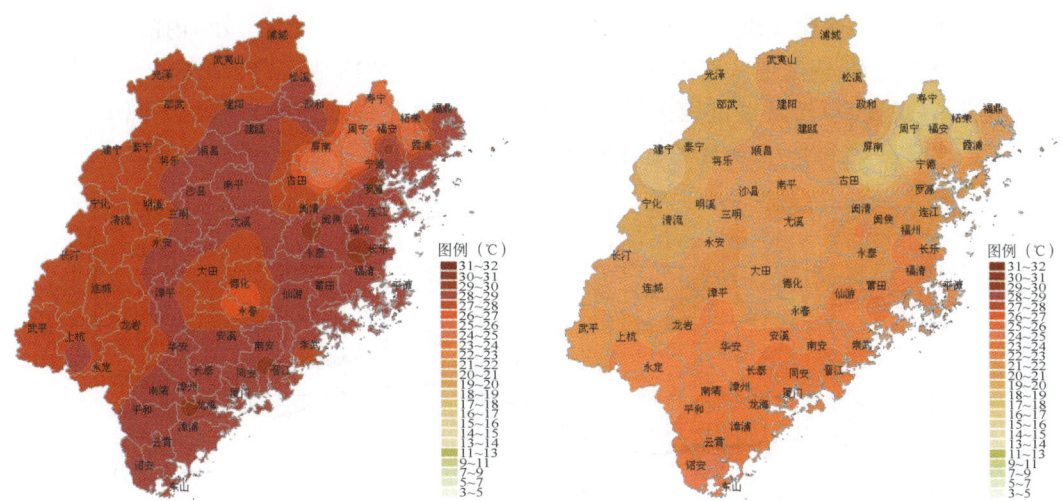

图 2.10 福建 7 月份平均气温分布图　　图 2.11 福建 10 月份平均气温分布图

福建逐候和逐月平均气温变化见图 2.12。

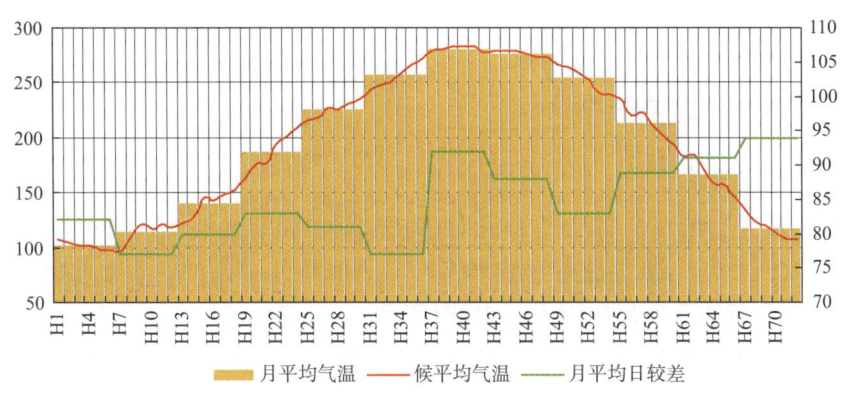

图 2.12 福建逐候和逐月平均气温变化图(单位:0.1℃)

(三)气温的年较差和日较差

气温年较差是最热月平均气温与最冷月平均气温温差,其值的大小直接反映了气温年振动的幅度。全省年较差大致在 15.0～21.0℃。年较差等温线趋势是西北向东南递减,建宁 21.7℃居全省之冠,东山 14.5℃为全省最小值。同纬度情况下,内陆大于沿海,年较差高值区主要集中在三明、南平地区。

气温日较差是日最高气温与日最低气温之差,其值大小反映了一天之中气温振动的平均水平,全省各月平均气温日较差都在 5℃以上。气温日较差的年际变化与地形、天气有关。多年平均状况的特点是:

5—6 月雨季期间,冷空气势力趋弱,天气多云雨,日较差较小;内陆河谷地带通风闭塞,日较差普遍大于受海洋调节的沿海突出部及岛屿,高值区集中在南平、三明、龙岩地区。

(四)平均气温的日变化

气温日变化主要受太阳辐射影响,因此,各市县、各月份的气温日变化特征比较一致。从时间上看,一般凌晨 6～7 时日出前后气温最低,午后 14～15 时气温最高,当然,冷空气影响会一时改变这一变化规律。从区域上看,一般沿海地区气温日变化较小,内陆气温日变化较大。从季节上看,内陆地区夏季气温日变化较大,所以,内陆地区白天最高气温比沿海地区明显偏高,但夜晚,气温也可能比沿海地区偏低,这也是海陆差异造成的。图2.13是福州、崇武、永安三地1、4、7、10月气温日变化示意图。

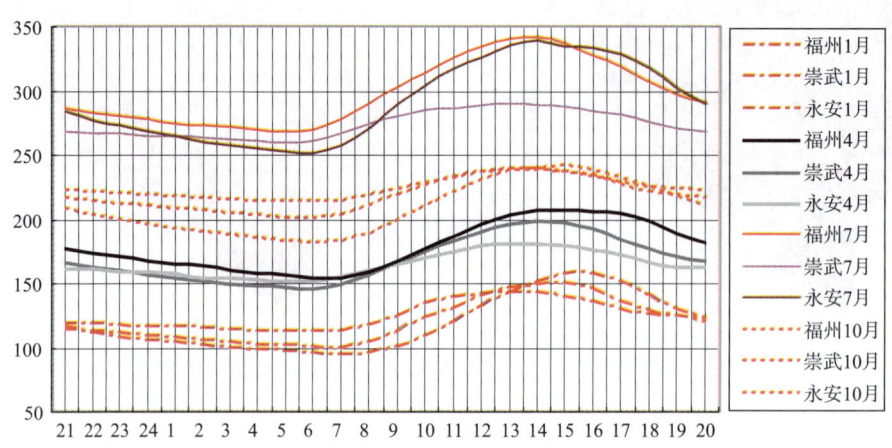

图2.13 福州、崇武、永安三地1、4、7、10月气温日变化示意图(单位:0.1℃)

二、极端气温的时空分布

(一)极端最高气温

福建省各县市年极端最高气温36.2℃(周宁)～43.2℃(福安),其中,极端最高气温38℃以上的市县占89%,极端最高气温40℃以上的市县占48%的。除七仙山、九仙山等部分高山市县外,全省所有市县均35℃以上(图2.14)。高温极值区主要出现于两大山系之间的河谷地带,成片的区域是南平地区的中南部和三明地区的东部。赛溪谷地的福安因其特定的地形环境,1967年7月17日出现过43.2℃的极端最高气温,居全省之冠。

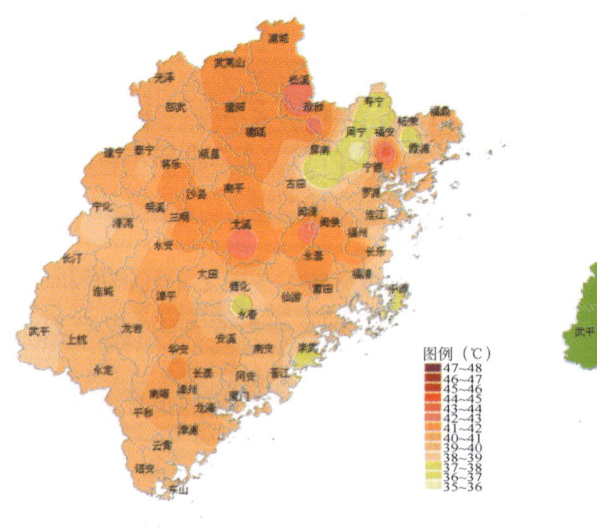

图2.14 福建极端最高气温(℃)

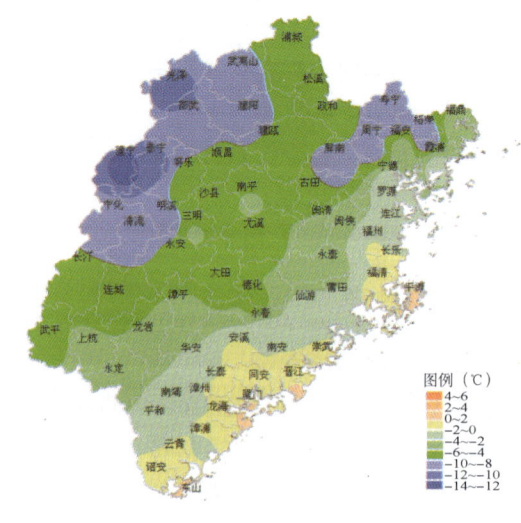

图2.15 福建极端最低气温(℃)

各市县年极端最高气温主要出现在7—8月,占88%。其中,7月占56.9%,8月占31.1%,6月占6.2%,9月占5.3%,5月和10月各占0.2%。

(二)极端最低气温

福建省各市县年极端最低气温−12.8℃(建宁,)~3.8℃(龙海),其中,极端最低气温0℃及以下的县市占92%,极端最低气温−5℃及以下的市县占58%的,−10℃以下的只有建宁、光泽和泰宁3个县,建宁1991年12月29日极端最低气温为−12.8℃。高海拔的鹫峰山区的周宁等县极端最低气温反而不及建宁等3县,这还是和强冷空气入侵福建的走向有关。

福建极端最低气温分布特征是:自东南向西北递减,26°N以北沿海地区明显低于中南部沿海,差值2℃或略高些。泉州以南的沿海或岛屿都在0℃以上(图2.15)。

各市县年极端最低气温主要出现在1月份,占53.5%;其次是12月份,占25.8%;第3是2月份,占18.7%,3月占1.5%,11月占0.4%。

三、高温日数和低温日数的时空分布

(一)年高温日数

定义日极端最高气温≥35.0℃为高温天气或高温日。福建省各市县平均年高温日数0.0天(平潭)~48.1天(沙县),全省平均高温日数最多为44.7天(2003年),最少为3.6天(1997年)。最多高温日数为77天(1963年,沙县)。其分布特征是:高温日数多的区域主要在福建中部腹地的河谷地带(图2.16),南平、三明两地市大部,其他地市局部30天以上。东部沿海地区一般2~10天,高山区和沿海及海岛区平均只有1天。1981—2010年平潭只有1天(2002年7月4日35.6℃),成为高温天气最少的县城,30年平均不到0.1天,所以在累年平均时就显示为0.0。要说明的是:气候平均值为0.0并不是该要素(或现象)绝对没有出现,只是很少,接近于没有而已。

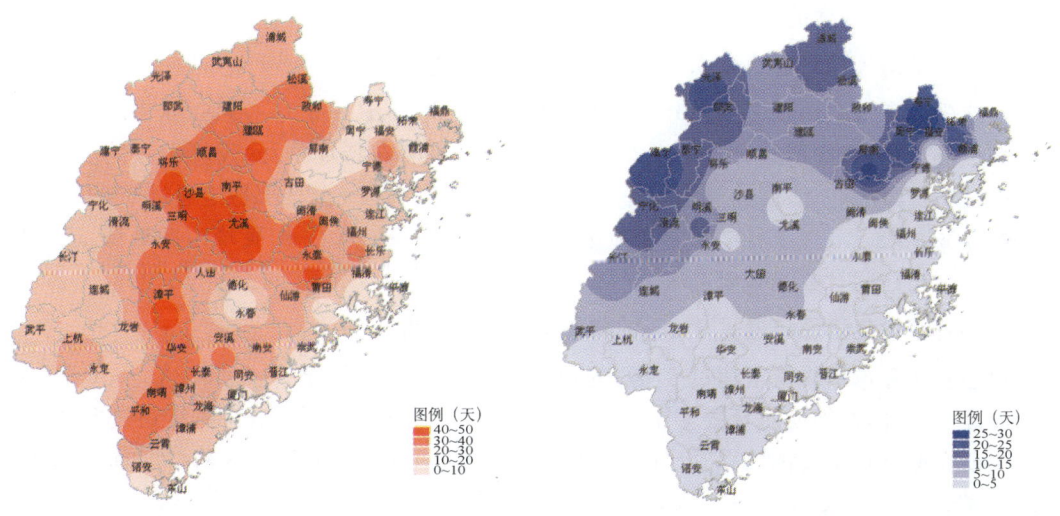

图2.16 福建平均年高温日数分布图　　图2.17 福建平均年低温日数分布图

各市县最多连续高温日数为1天(平潭、周宁、崇武)~40天(南平、建阳),除高山和沿海部分县市外,包括厦门等大部市县10天以上,其中,闽江流域大部市县30天以上。2003年和2007年出现最炎热的夏季,分别有21个和18个市县连续高温日数创记录。

全省高温天气最早出现在2009年2月25日(35.3℃,尤溪),最迟出现在1996年11月1日(龙岩、漳州和三明三地市10个县,极端最高气温36.5℃)。高温天气主要出现在6—9月,其中,7月最多,占61%;8月居次,占28%;6月和9月最少,各占5.5%。

全省有32个市县出现过极端最高气温≥40.0℃的高温天气,年≥40.0℃的高温天气,闽江游域的闽清、将乐、尤溪、沙县、南平、建瓯10天以上,以闽清的14天为最多。最长连续≥40.0℃的高温天气以闽江游域为最多达5～7天,主要集中在2003年。

(二)年低温日数

定义日极端最低气温≤0℃为低温天气或低温日。鉴于冬季跨年度,根据日极端最低气温≤0℃出现早晚日期,平均年低温日数以当年10月1日～次年4月30日为统计时段。福建省各县市平均年低温日数0.0～29.8天(寿宁),全省平均低温日数最多为21.7天(1962—1963年冬季),最少为1.1天(1998年)。最多低温日数为64天(1962—1963年冬季,屏南)。其分布特征是:南平、三明和宁德三地市部分县市低温日数10天以上,福州以南沿海地市大部平均不到1天,厦门等中南部沿海市县无低温日数(图2.17)。

各市县最多连续低温日数为1～28天(屏南,1962—1963年冬季),南平、三明两地市和宁德等地市部分市县10天以上。

全省低温天气最早出现在1978年10月29日(光泽),最晚出现在1969年4月5日(屏南、周宁、寿宁)。各地低温天气主要出现在冬季(12—2月),最多连续低温日数出现时段,1月占50.3%为最多,12月占37.3%为次多,2月占9.6%列第三。

四、稳定通过各界限温度的积温

根据全省各地日平均气温稳定通过(5天滑动平均值≥临界值)0℃、5℃、10℃、15℃的初终间日数与积温,对比2000年前的统计,初终间日和积温均有所增多,这是气候变暖的反映,从中可以发现这样的规律。

(一)日平均气温稳定通过0.0℃的初终间日和积温

福建省各县市平均稳定通过0.0℃的积温5473.6℃·d(周宁)～7948.8℃·d(云霄),除高海拔县市外,初终期间日数均在364天及以上。其分布特征是:除鹫峰山区的屏南、周宁、寿宁及长汀以北至浦城的西北部外,其他市县全年日平均气温全部稳定通过0.0℃,其积温普遍在6500℃·d以上,26°N以南地区基本达7000～7700℃·d,鹫峰山区最低,还不足5500℃·d,初终间日数360天左右。

(二)日平均气温稳定通过5.0℃的初终间日数和积温

福建省各县市平均稳定通过5.0℃的积温5038.1℃·d(周宁)～7948.8℃·d(云霄),除高海拔县市外,初终期间日数均在300天及以上。其分布特征是:全年稳定通过5.0℃的地区主要在厦、漳、泉及莆仙平原地区,其积温7000℃·d以上,大部地区初终间日数320～365天,鹫峰山区县仅280～300天,积温不足5400℃·d。

(三)日平均气温稳定通过10.0℃的初终间日数和积温

通常日平均气温≥10℃是一般喜温作物播种与开始生长的界限温度,亦称为温暖期,福建地处亚热带地区,≥10℃积温及天数的多少及其分布是衡量全省热量资源的重要指标。

福建省各市县平均稳定通过10.0℃的积温4478.5℃·d(周宁)~7823.1℃·d(云霄),除高海拔市县外,初终期间日数250~355天。其分布特征是:其初终间天数和积温自西北向东南递增,鹫峰山区最少,约230~240天,其积温4500℃·d左右,福建西北部的三明、南平二地市及龙岩的北部,约250~300天,积温5500~6500℃·d,闽南包括莆仙平原超过300天,积温6500℃·d以上,是福建热量资源最丰富的区域(图2.18和图2.19)。

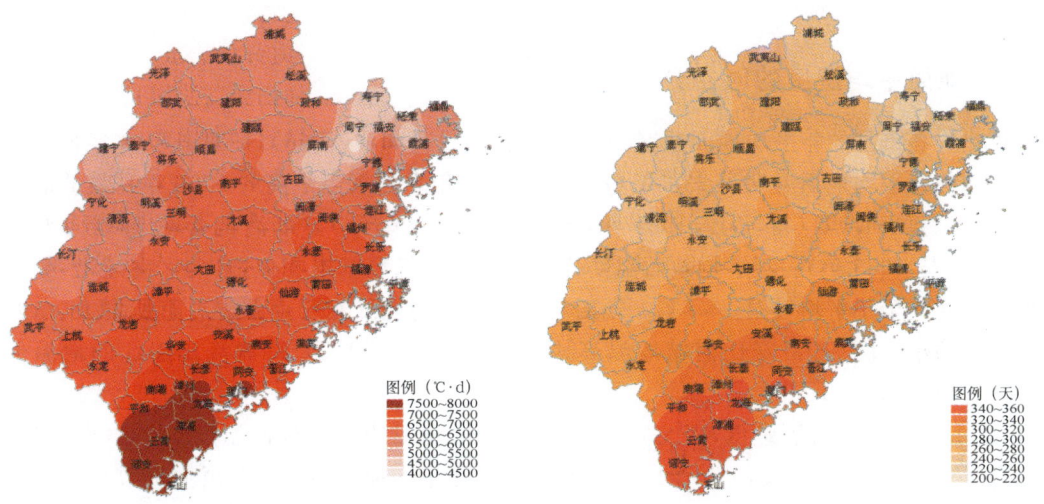

图2.18 福建日平均气温≥10℃积温分布图　　图2.19 福建日平均气温≥10℃初终间日数分布图

表2.4 日平均气温稳定通过0℃、5℃、10℃、15℃的初终间日数和积温

	县市	福州	周宁	浦城	三明	龙岩	长汀	莆田	安溪	漳州	诏安
0℃	初日	1.1	1.6	1.1	1.1	1.1	1.1	1.1	1.1	1.1	1.1
	终日	12.31	12.31	12.31	12.31	12.31	12.31	12.31	12.31	12.31	12.31
	初终日数	365	360	365	365	365	365	365	365	365	365
	积温0.1℃·d	73904	54736	64588	71547	74128	67685	75796	77619	79286	79378
5℃	初日	1.2	3.2	2.6	1.13	1.3	67685	75796	77619	79286	79378
	终日	12.31	12.14	12.21	12.30	12.31	12.25	12.31	12.31	12.31	12.31
	初终日数	364	288	319	352	363	330	365	365	365	365
	积温0.1℃·d	73827	50381	61643	70379	73796	64962	75794	77619	79286	79378
10℃	初日	2.27	3.31	3.16	3.5	2.18	3.13	2.11	1.28	1.23	1.14
	终日	12.23	11.15	11.26	12.0	12.19	11.29	12.28	12.28	12.30	12.31
	初终日数	300	230	256	280	305	262	321	335	342	352
	积温0.1℃·d	66659	44785	55588	62582	66955	57896	70603	73850	76350	77635
15℃	初日	4.4	5.2	4.11	4.2	3.28	4.6	3.31	3.26	3.24	3.16
	终日	11.27	10.15	10.31	11.11	11.22	11.7	12.6	12.2	12.11	12.12
	初终日数	238	167	204	224	240	216	251	252	263	272
	积温0.1℃·d	57951	35681	48233	54238	57199	51137	60623	61713	64662	65904

(四)日平均气温稳定通过15.0℃的初终间日数和积温

≥15.0℃的日数和积温趋势与上面一致。福建省各县市平均稳定通过15.0℃的积温3568.1(周宁)~6590.4℃·d(诏安),除高海拔市县外,初终期间日数167天(周宁)~272天(诏安)。其

分布特征是:闽南地区初终期间日数 250 天以上,其积温 6000℃·d 以上,鹫峰山区 190 天以下,其积温约 4000℃·d 以下,其他大部地方 190~250 天,其积温 4000~6000℃·d。表 2.4 是部分代表站日平均气温分别稳定通过 0.0℃、5.0℃、10.0℃、15.0℃的初终期及积温。

第五节　地　温

一、地面平均温度的时空分布

福建省各市县的年平均地面温度 16.8℃(周宁)~25.0℃(诏安),1981—2010 年最高的全省平均的年平均地面温度为 23.3℃(2003 年,而非年平均气温最高的 1998 年),最低的年平均地面温度 16.0℃(寿宁县,1984 年,与年平均气温一致)。最高的年平均地面温度 27.8℃(同安,1963 年)。年平均地面温度分布特征与年气温基本相似,自北而南递增,年平均地温普遍高于年平均气温 1~4℃。地温与气温分布的差异在于南北温差有所增大,东西温差明显缩小。例如:诏安比浦城地温高 4.7℃(气温高值 4.0℃);清流比连江的地温低 0.5℃(气温低 1.3℃)。

1 月是全年地面温度最低,南北差异最大的月份,各县市平均地面温度 6.9℃(寿宁)~16.2℃(诏安),浦城比诏安偏低 8.4℃。4 月各市县年平均地面温度上升至 16.3℃(周宁)~23.4℃(诏安)。7 月是全年地面温度最高,南北温差最小的月份,各地平均地面温度 26.9℃(周宁)~35.0℃(霞浦),除鹫峰山区县和德化县外,均在 30℃以上,浦城仅比诏安偏低 0.6℃。10 月大部地方地温回落至 18.2℃(周宁)~28.1℃(诏安)。

二、地面极端温度的时空分布

全省各地极端最高地面温度的高低与它们所处的地理环境、气流背向、土壤性质有关。各市县年极端最高地面温度 62.3℃(周宁,1986 年 8 月 20 日)~75.9℃(明溪,1992 年 7 月 30 日),高达 70℃以上的有 28 个市县,主要分布在南平中部、三明大部和龙岩东部、漳州西部及福州、闽侯、柘荣、霞浦等地,其他大部地方为 65~70℃。大多数县市极端最高地面温度出现在 7—8 月,其中,7 月占 51.5%;8 月占 37.9%;闽南地区为主包括三明有 7 个市县出现在 5 月、6 月、9 月。

各市县年极端最低地面温度-19.6℃(周宁,1983 年 12 月 31 日)~0.4℃(东山,1999 年 12 月 24 日,是唯一 0℃以上的市县),中西部、西北部、闽东山地在-10℃以下。30 个市县出现在 1 月,34 个出现在 12 月,2 个市县出现在 2 月。

三、地温的垂直变化

以闽侯、永安地温资料作为福建沿海、内陆地区的代表站,通过地表至地下 320 cm 间的地温分布分析,从中可以看出地温垂直变化的几点事实:

■年平均地温随深度的变化不大。闽侯地面~320 cm,其中温差最大 0.7℃,发生在地面~10 cm 处,明显降温是地面~5 cm 间,温差已达 0.6℃;永安情况类似,地面~320 cm,温差 0.8℃,5 cm 处已是该区土壤最低温度层,5~20 cm 等温,再往下至 320 cm,温差≤0.3℃。

■地温冬季低,夏季高,随着深度的往下,有季节滞后性。闽侯 0～10 cm 处是 1 月最低,15～80 cm,2 月最低,160 cm 处 3 月最低,320 cm 处 4、5 月最低;永安略有差别,它是 0～40 cm,1 月最低,80、160、320 cm 分别是 2、3、4 月最低,地温出现的最高季节,沿海内地一致,闽侯、永安同样都是 0～20 cm,7 月最高,40～80 cm,8 月最高,160 cm,9 月最高,320 cm,10 月最高。(图 2.20 和图 2.21)

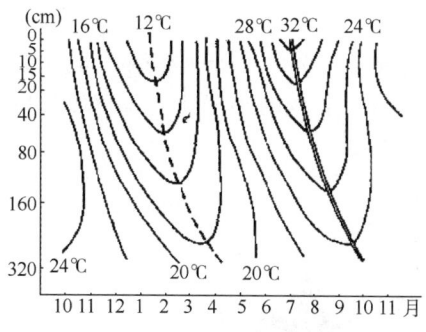
图 2.20 闽侯地温剖面

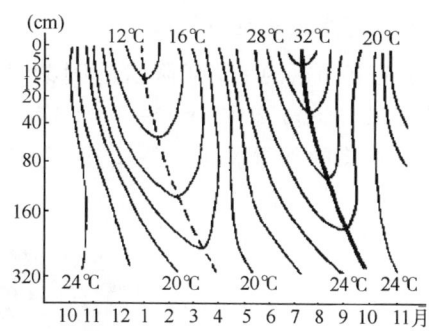
图 2.21 永安地温剖面

表 2.5 各季地面与 160 cm 处地温差(℃)

季		1	2	3	4
特征		上冷	下暖	下暖	上冷
		下暖	上冷	上冷	下暖
温差(℃)	闽侯	7.4	2.4	8.8	1.5
	永安	6.3	2.7	8.8	0.8

表 2.6 各层地温年较差(℃)

层次(cm)	0	5	10	15	20	40	80	160	320
闽侯	21.4	19.6	18.5	17.9	17.5	14.9	12.8	9.2	3.8
永安	21.8	19.8	19.1	18.8	17.8	15.8	13.5	9.7	5.3

■各季地温梯度特点:冬夏大,春秋小。表 2.5 是地面与 160 cm 处各季节地温差值。结果揭示了各地区不同季节,地温有着不同热输送与热传导的方向、强度,而沿海内陆性质是一致的。

■地温年较差是最热月平均地温与最冷月平均地温之差。表 2.6 是闽侯、永安各层的地温年较差,其特点:浅层大,深层小。这和井水冬暖夏凉原理一样。

第六节 降 水

一、降水量的时空分布

(一)年降水量的空间分布

福建省各市县的平均年降水量 1132.4 mm(崇武)~2059.0 mm(柘荣),全省平均的年降水量 1092.2 mm(2003 年)~2050.3 mm(2006 年)。最少的年降水量 628.9 mm(崇武,1967 年),最多的年降水量 3079.2 mm(云霄,2006 年)。

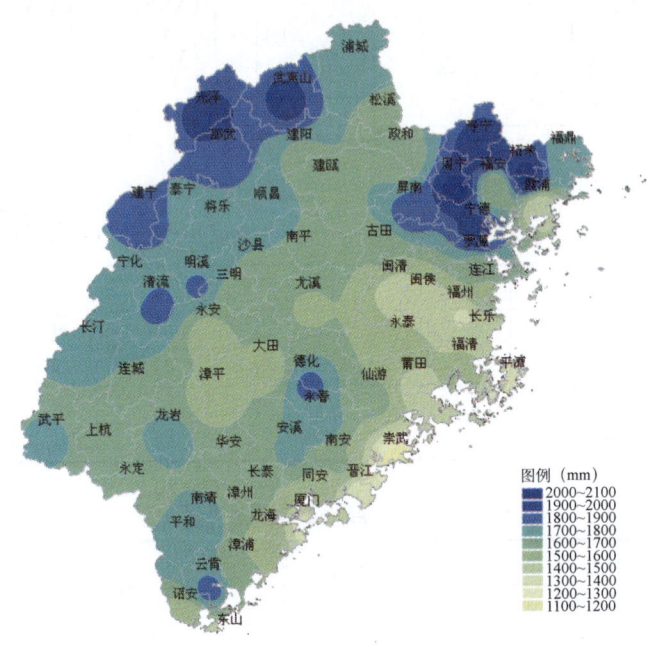

图 2.22 福建平均年降水量分布图

降水量分布受天气系统和地形、地势影响。分布特征是由西北向东南递减(图 2.22)。沿海是少雨地区。武夷山、鹫峰山区是主要的多雨地区,平均年降水量 1900 mm 以上;次多雨中心在戴云山脉的德化、博平岭山脉的南靖、平和、云霄,年降水量 1700 mm 以上,这些地方的多雨是地形对气流的动力抬升作用所致。就全省各市县而言,平均年降水量均在 1000 mm 以上,超过了季风气候温润区的标准。

(二)降水量的季节分布

受季风交替影响和台风活动的影响,福建降水量时空分布不均。从季节分布上看,春雨、梅雨、夏雨和秋冬雨 4 个阶段的降水特征明显。全年降水主要集中在春、夏两季,春季的降水又分为春雨(3—4 月)和梅雨(5—6 月),春雨主要是北方南下变性的冷空气与尾随其后的新鲜冷空气相互交绥而形成的,而梅雨却是南下冷气团与来自低纬的暖湿气流交汇于南岭—武夷山一带所形成的极锋性降水,3—6 月的降水量 600~1100 mm,占全年降水量的 52.5%,梅雨的降水量多于春雨。夏季的降水主要来自热带天气系统的影响所致。

图 2.23 是各季降水量占全年降水量的百分比。

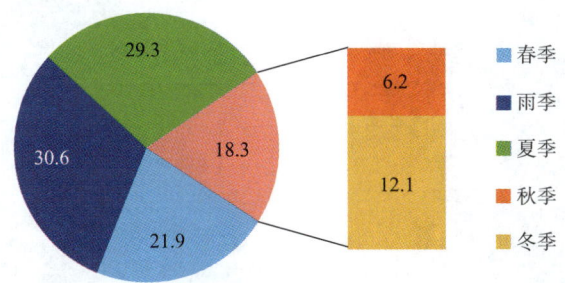

图 2.23　福建各季降水量占年降水量的比例图(单位:%)

■春雨(3—4月),是强对流天气活跃,春雨绵绵,降水相对比较稳定、均匀的季节。2月底至3月初出现春雨,3月下旬至4月中旬春雨达到峰值,之后阴雨天稍有减少,一般年景4月中旬末春雨结束。

全省各市县平均春雨量 228.7 mm(东山)～489.1 mm(光泽),约占全年降水量的17%～27%,平均21.9%。全省平均春雨量 118.8 mm(1971年)～614.2 mm(1983年)。最少的春雨量 17.5 mm(东山,1977年),最多的春雨量 1056.8 mm(浦城,1951年)。

■梅雨(5—6月),是一年中暴雨集中,量多强度强的雨季,也是暴雨洪涝频繁的季节。

全省各市县平均梅雨量 345.3 mm(崇武)～690.2 mm(武夷山),约占全年降水量的26%～37%,平均30.6%。全省平均梅雨量 284.5 mm(1980年)～796.2 mm(1962年)。最少的年份梅雨量 88.0 mm(东山,2004年),最多的年份梅雨量 1504.8 mm(建宁,2005年)。

■夏雨(7—9月),降水主要来自热带天气系统的影响所致,是降水量时空分布最悬殊的季节,降水量沿海市县普遍多于内陆市县。

全省各市县平均夏雨量 310.5 mm(建阳)～841.0 mm(柘荣),占全年降水量的20%～38%,平均29.3%。全省平均夏雨量 268.1 mm(2003年)～743.4 mm(1990年)。最少的夏季降水量 23.0 mm(平潭,2003年),最多的夏季雨季降水量 1476.9 mm(宁德,1990年)。

■秋雨(10—11月),是全年秋高气爽,最干燥少雨季节,也是降水变化无常的季节,容易出现秋冬季旱。秋冬季降水量少而又平缓,但个别年份受台风影响降水偏多,甚至出现大暴雨。

全省各市县平均秋雨量 53.3 mm(诏安)～159.1 mm(宁德),平均占全年降水量6.2%。全省平均秋雨量 20.1 mm(1983年)～223.9 mm(1974年)。最少的秋雨量 0.0 mm(厦门、东山、龙岩等7市县,主要出现在1994年),最多的秋雨量 523.3 mm(崇武,1999年)。

■冬雨(12—2月)。各地冬雨量 123.8 mm(东山)～254.5 mm(光泽),平均占全年降水量12.1%。全省平均冬雨量 44.5 mm(1962年)～470.1 mm(1997年)。最少的冬雨量 14.3 mm(漳州,2008年),最多的冬雨量 637.4 mm(将乐,1997年)。

(三)各季降水量的地理分布

春季(3—6月),是福建降水最多的季节。图 2.24 是春季降水量的分布图,其分布趋势与平均年降水量分布基本相似。西北多、东南少,降水量≥1000 mm 的区域在长汀、三明、建瓯、浦城一线以北地区,以武夷山的 1153.0 mm 为最多。东南部沿海一带的雨量 600 mm 左右。

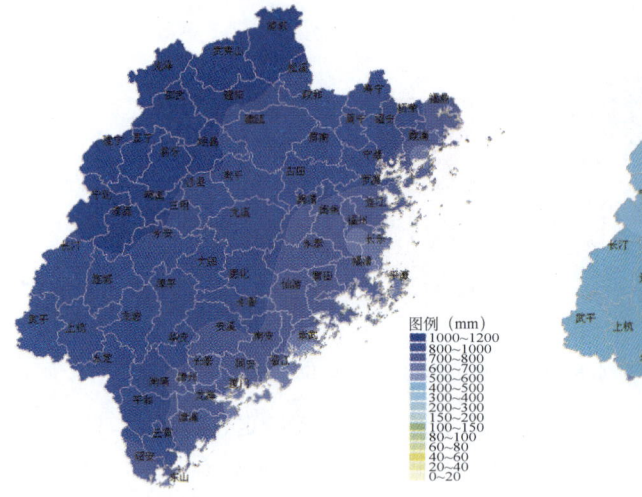

图2.24 福建春季降水量分布图

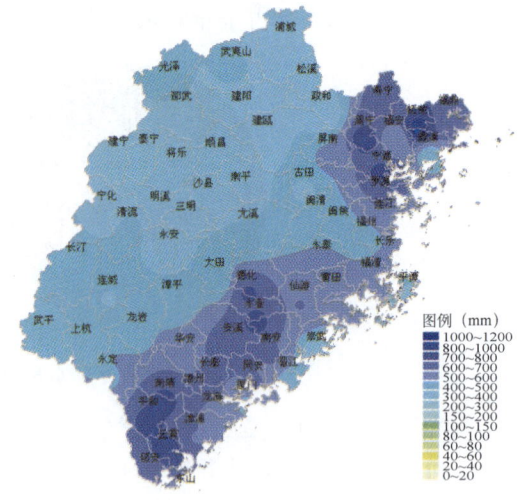

图2.25 福建夏季降水量分布图

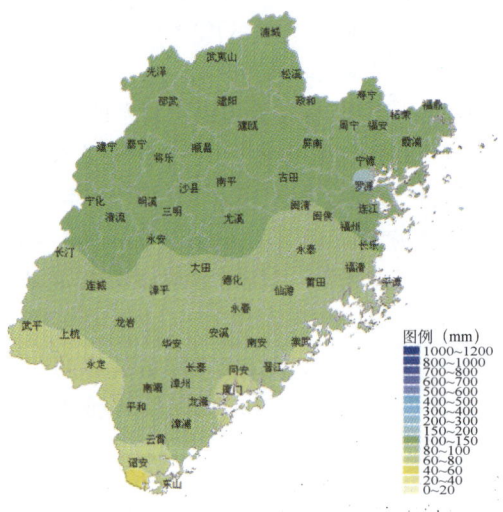

图2.26 福建秋季降水量分布图

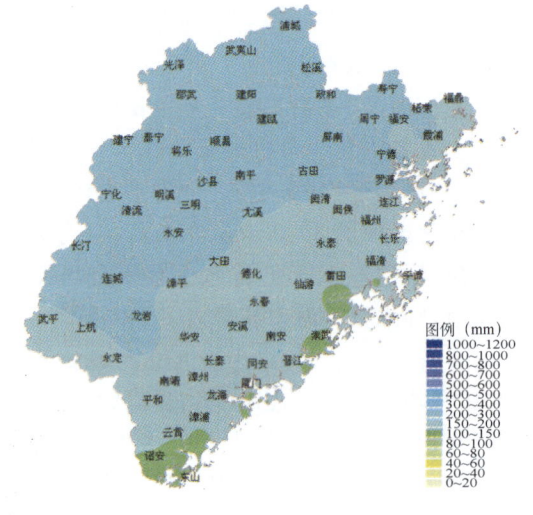

图2.27 福建冬季降水量分布图

夏季(7—9月),是福建降水第二多的季节。图2.25是夏季降水量的分布图,其分布趋势与春季大相径庭,是西北少,东南多。主要的多雨区集中在宁德、泉州、漳州三地区,中心在鹫峰山区的柘荣841.0 mm,周宁750.7 mm,戴云山脉的永春719.7 mm,博平岭山脉东南侧的南靖、平和、云霄均达710~740 mm。而闽西北大部地区雨量仅在350 mm左右,相差近一倍。雨量高值区之所以集中在东部、中部山脉的东侧,这主要是因为夏季致雨的热带系统——台风环流的东南与西南气流交汇处正处于山脉的迎风坡,地形的动力抬升助长台风带来的降水。

秋季(10—11月),是福建秋高气爽,降水最少的季节。多雨区分布在三明的西部以及宁德的中北部,雨量120~160 mm。其他大部地区在100 mm左右。闽西南、东南沿海一带雨量偏少,在100 mm以下(图2.26)。

冬季(12—2月),是福建风高物燥的季节。冬季降水量分布趋势与春季类似,自西北向东南减少。三明、南平和宁德三地市大部和龙岩市局部降水量200~260 mm。东南沿海一带降水量在 160 mm 以下(图 2.27)。

(四)降水量的月分布

福建降水量的月际变化较为剧烈,干湿季分明。图 2.28 是降水年变化曲线,武夷山、平和、福州分别作为福建北部、南部、东部代表站。从资料普查和图形得出这样的结论:年降水量变化存在两种类型:(1)单峰型,它的特点是:1—6 月降水量逐月增多,高峰期落在 6 月份;7 月降水量突降,降幅达到全年之最,这是雨季结束的标志,随后降水量继续逐月下降。福建南平地区和三明地区的西北部属于这种以锋面降水为主的形式。(2)双峰型,一位为锋面降水造成的高峰,另一个为台风降水造成的高峰。1—6 月降水量也是逐月增多。高峰期落在 5、6 月份,以 6 月居多;7 月出现低谷,全省处副热带高压控制,台风盛期尚未到来,降水量相对较少;8 月降水量增多出现次峰,这是台风降水所致。福建中南部,东部沿海地区大都具有这种特征。

9 月起降水量也逐月减少,11 或 12 月达到全年最少,其降水量月际分布为双峰形。

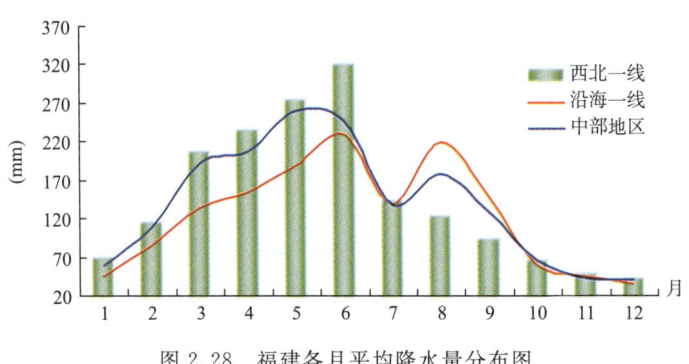

图 2.28 福建各月平均降水量分布图

二、降水日数的时空分布

(一)降水日数的空间分布

气象上规定日降水量≥0.1 mm 为雨日或降水日。各市县年降水日数 104 天(崇武)~201 天(周宁),其分布趋势与年雨量相吻合,地域特征亦是内陆多,沿海少(图 2.29)。特别鹫峰山区的周宁、寿宁、屏南和柘荣多达 180 天以上,成为福建的多雨中心。中南部沿海地区 130 天以下,为少雨地区。其他市县多为 130~180 天。年极端最多降水日数 295 天,出现在建宁(1962 年)和泰宁(1975 年)。年极端最少降水日数 76 天,出现在崇武(2003 年)。

(二)降水日数的季节分布

全省平均年降水日数 153 天,春季的 3—6 月最多,占全省的 45%;夏季次多占 25%;秋季最少占 9%,冬季次少占 21%。降水日数的年变化与降水量相似之处在于 7 月的雨日也同样出现突降,降幅均达到各月之最,平潭甚至全年最少雨日数出现在 7 月,体现了雨季结束,全省晴热少雨的气候特征。不同之处是,春雨的降水日数和梅雨的降水日数之比接近 34.7∶34.3,但梅雨的降水量比春雨明显偏多,其比值为 21.9∶30.6,这说明雨季降水以强降水为主,春雨以中小雨为主。

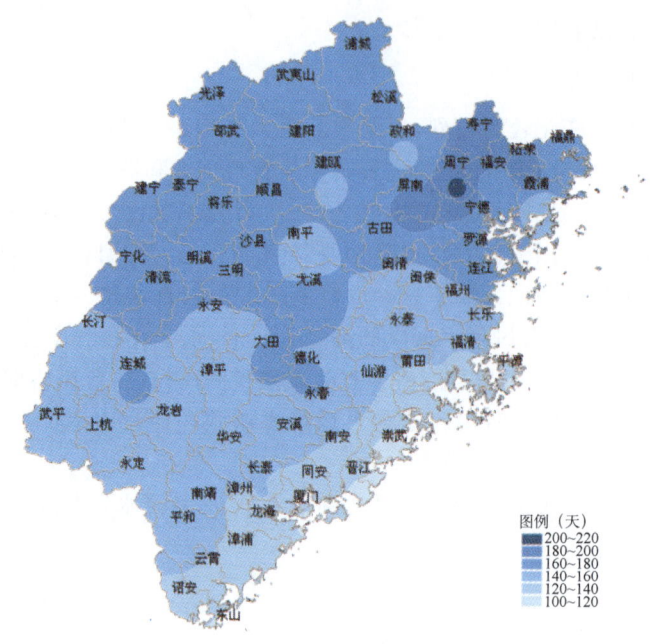

图 2.29　福建平均年降水日数分布图

(三)最长连续无降水日数

全省各市县年最长连续无降水日数(注意和气候干旱中"无有效降水日数"的区别)为32天(周宁)～88天(云霄),东山的76天居第二位(图2.30)。全省地域分布特点是:北部日数短,南部日数长,趋势基本上是自北而南随纬度递增。高值区主要集中在福州以南的沿海地区,均达到60天以上。年内最长连续无降水普遍出现在当年9月下旬～翌年1月上旬。

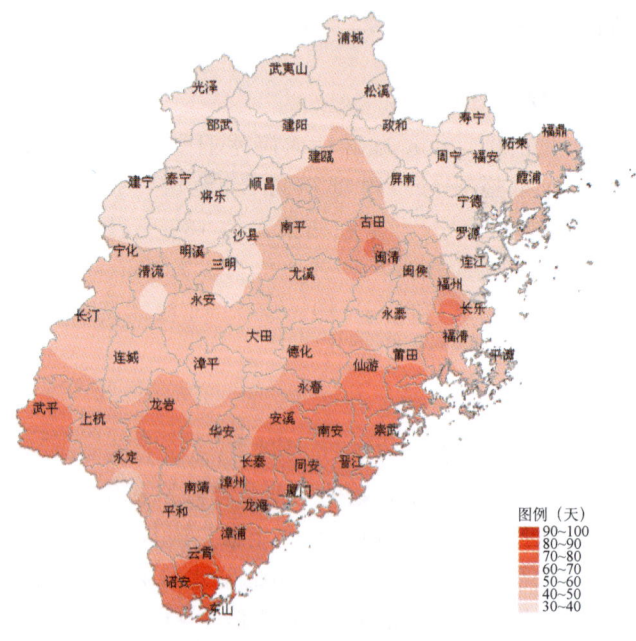

图 2.30　福建最长连续无降水日数分布图

三、降水强度的时空分布

(一)空间分布

平均降水强度的计算公式为:平均降水强度=降水量/降水日数

全省年平均降水强度大部地区介于 8.4 mm(闽侯)~11.5 mm(云霄)。平均降水强度≥10 mm 的主要区域主要集中在莆田以南沿海地市大部,而非雨季暴雨中心的三明和南平地市(尽管部分县市也较大),以及宁德市局部,占 41%的县市。福州市大部县市是降水强度最小的地区,8~9 mm。

(二)季节分布

各月降水强度变化和降水量变化比较一致:降水强度最强的季节是雨季,其次是台风季,相应的各月均在 10 mm 以上。6 月是最强的月份,其次是 8 月,分别对应雨季集中期和台风集中期的影响,内陆县市主要受雨季锋面系统影响,降水强度月际变化呈单峰型,沿海县市分别受雨季锋面系统和台风系统影响,降水强度月际变化呈双锋型,甚至台风系统影响占主导作用,降水强度更加突出。秋季和冬季降水量强度弱,相应各月的平均降水强度 5~8 mm。然而就各月变化趋势而言,南部与北部,沿海与内陆不尽相同。比如,北部的浦城强降水期落在 4—6 月,峰值是 6 月的 20.1 mm,为突出的单峰型。南部的南靖强降水期落在 6—9 月,峰值是 8 月的 17.3 mm,为以夏季为主的双峰型。沿海的福州强降水期落在 6 月和 8—9 月,峰值是 8 月 13.3 mm,呈均衡的双峰型;内陆的清流强降水期落在 5—6 月,峰值是 6 月 16.3 mm,呈突出的单峰型。峰值出现的月份不同,标志着福建西北部主要受雨季强降水影响,而东部和中南部地区主要是台风降水。全省不少地方平均降水强度的年变化具有双峰型特征,7 月强度下降,8 月再度上升,出现次峰(图 2.31)。

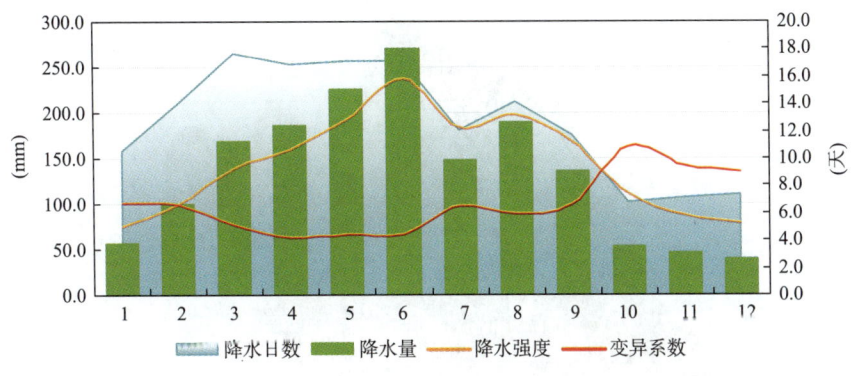

图 2.31 降水日数等要素的年变化图

四、降水变异系数

降水变异系数的计算式为

$$C_R = S_R / R_v$$

式中,S_R 为降水量均方差,R_v 为平均降水量

降水变异系数是降水均方差与降水均值的比值。其均方差的意义是描述历年(月)降水量的离散程度,它与降水均值的比值产生的结果可以作为衡量降水稳定性的一种尺度。一

一般而言,降水变异系数大,表示降水容易偏离常态,降水多少波动大;变异系数小,说明降水比较稳定。

(一)空间分布

各县市年平均降水变异系数普遍较小,为0.132(连城)～0.268(东山)。降水变异系数分布总趋势是:沿海大于内陆,闽江口以南沿海地区又大于以北地区。变异系数减幅梯度最大的区域在南部沿海与内陆交界处。≥0.20以上的市县主要集中在莆田以南沿海地区,这说明台风季节的降水更具有不确定性。内陆和北部市县降水变异系数较小,说明雨季锋面降水相对比较稳定。

(二)季节分布

从季节分配而言,春季降水变异系数最小,≤0.51,尤其4月为最小的月份,这说明春季冷暖气流造成的降水量比其他季节更具有稳定性。秋冬季变异系数最大,10月为最大的月份,降水变异系数为1.10,这说明,秋冬季不仅降水量少,而且变化相对较大,更具有不稳定性。夏季7月的变异系数较6月和8月变异系数突出,这和台风的影响相对集中在8月有关。

各月的降水变异系数均明显大于年降水变异系数。说明年降水量的稳定性要大于月降水量的稳定性。

第七节 蒸 发

一、年平均蒸发量的空间分布

全省年平均蒸发量 1094.5 mm(屏南)～2136.7 mm(崇武)。其地域分布恰好与降水量

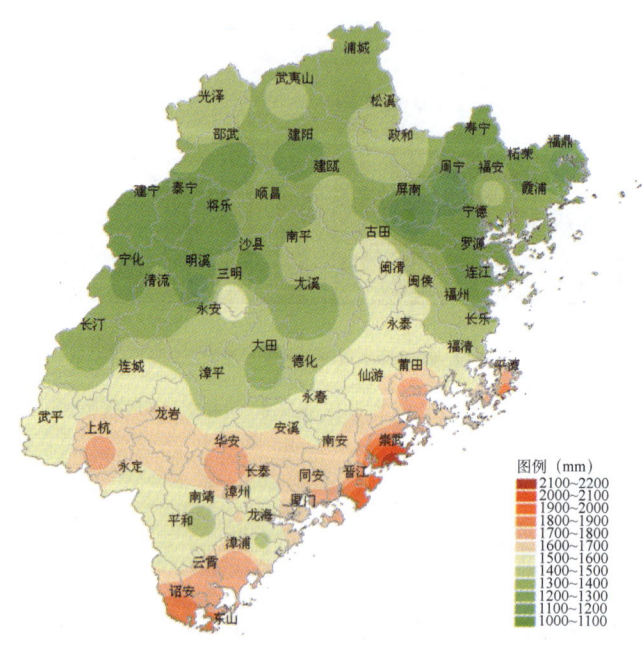

图 2.32 福建平均年蒸发量分布图

相反,多雨的区域是蒸发量最少的地方,少雨的区域是蒸发量最多的地方(图2.32)。鹫峰山脉、戴云山脉海拔高,雨量大,空气潮湿,是全省蒸发量最小的地方。南平、三明、宁德和福州四地市大部和其他地市局部平均年蒸发量1100～1500 mm。闽江口以南沿海地区,风速大,雨量小,气温较高,是蒸发量最大的地方,平均年蒸发量1700 mm以上。

从历年平均值状态而言,福建内陆地区和沿海的个别地方年平均蒸发量均小于年降水量,尤其在高山区域和闽西北地区,降水量普遍大于蒸发量300～900 mm,然而在闽江口以南的沿海地区蒸发量多于降水量100～1000 mm,其中,平潭、崇武、晋江、东山等市县500～1000 mm,崇武年平均蒸发量比降水量多1030.8 mm(同期年降水量1104.5 mm),蒸发量近似降水量的2倍。

蒸发的原理简单,但形成的气象要素组合复杂,蒸发量的大小不仅与气温、日照有关,也与下垫面状况、空气湿度及风速关系密切,东山、崇武和平潭等沿海岛屿和突出部是风速较大的地区,也是蒸发最强的地区。从蒸发量分布图可以看出,全省范围蒸发量高低值闭合的区域十分明显,地形等因素造成的小气候环境,致使个别地方蒸发量在直线距离分布的差异较显著。

二、蒸发量的季节分布

各月平均蒸发量变化和各月平均气温很相似(二者相关系数为0.966)。7月、8月是太阳辐射最强烈,气温最高的月份,也是蒸发量最旺盛时期,69.7%的县市7月份的蒸发量值在200 mm以上,其中最多的是连城县达240 mm。1—2月是气温最低的月份,也是蒸发相对最弱的时期,建阳1月蒸发量仅39.8 mm。

就月份而论,沿海地区除了春季(3—6月)蒸发量小于降水量外,其他各月蒸发量都高于降水量(图2.33)。

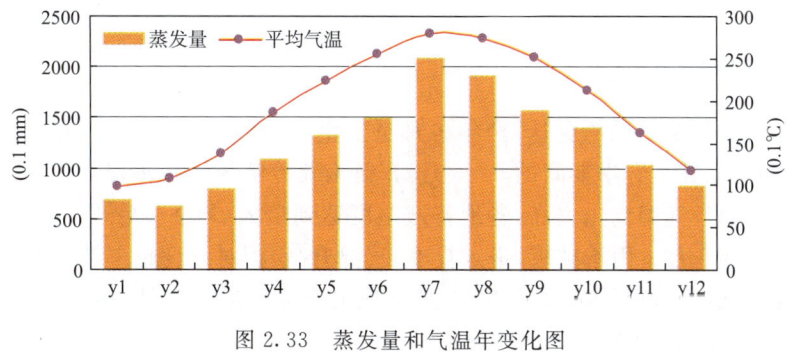

图2.33 蒸发量和气温年变化图

第八节 相对湿度

一、年平均相对湿度空间分布

相对湿度是空气中的实际水汽压与同温度下的饱和水汽压之比,其值的大小直接反映出空气潮湿的程度。

福建气候湿润,年平均相对湿度74%(南安、莆田)～84%(泰宁、建宁),最大的年平均相对湿度87%(泰宁、周宁),最小的年平均相对湿度65%(福清、南安)。其分布特征如图2.34所示,全省各地值的大小差异不很显著,相对而言,湿度较大区域主要出现在26°N以北内陆地区和东部沿海突出部和岛屿,这些地方都达到80%以上,这是因为山区相对海拔高,山地植被调节空气含水量大,沿海受海风吹拂,海水使空气中的湿度增大。湿度相对较低区域主要在闽西龙岩地区、福州、莆田、泉州三地市的内陆地区,以及北部个别地方如松溪、政和、宁德、福安,为77%~79%。

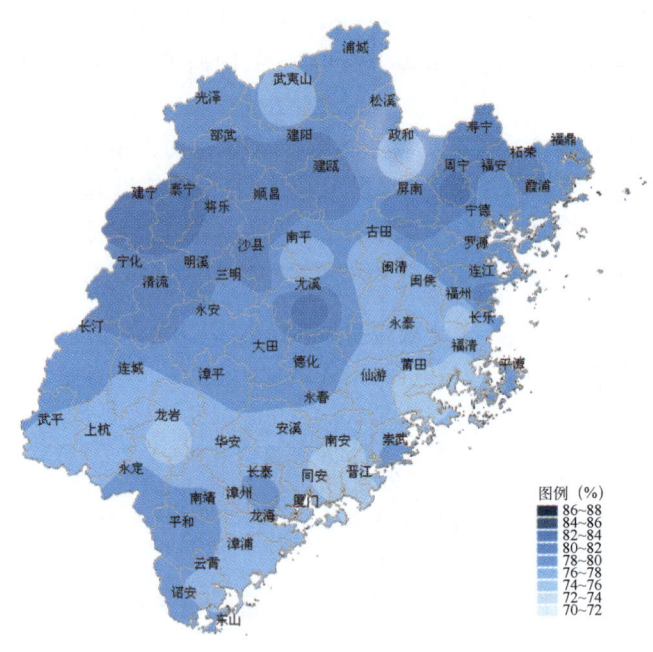

图2.34 福建年平均相对湿度分布图

二、相对湿度的季节变化

相对湿度随着冬夏季风的更迭,全年各月也发生变化。就季节而论:春季最大,夏季居中,秋冬季最小。尤其是春季期间的5—6月,正是南北冷暖气流在福建界内对峙交锋,空气中水汽非常充足而且气温尚未太高,各地普遍湿度达到最大,均在80%以上,并且全年相对湿度的峰值出现在6月。雨季结束,进入夏季,气温升高,相对湿度越来越往下降,10月各地多数台站出现最低值,莆田等部分县市11月出现最低值。进入1月,相对相对湿度有明显的上升,2月份的相对湿度甚至高于夏季。

三、最小相对湿度

全省各县市最小相对湿度3%~15%,各地最小相对湿度差别十分明显,不如相对湿度那么平缓。这主要是因为低值区的秋冬季期间,全省受东北风控制,干燥少雨,但沿海、岛屿地区受海洋大气的滋润,其最小相对湿度的极值远高于内陆地区,均能达到10%以上。东山最小相对湿度值出现在1977年3月26日为20%。

第九节 风

风作为一种气候资源,既给人类带来利益,同时大风又是一种气象灾害。福建受地理、地形影响,风速风向的分布和变化具有独特的地理和季节特点。福建沿海地区水力资源贫乏,但风能资源丰富,沿海地区和部分高山区一年四季风力都很强劲,风能蕴藏量大,是全国风能资源最丰富的地区之一。所以,了解风速和风向的时空分布、季节和昼夜变化对科学利用风能,对城乡规划、建设沿海防护林、防灾减灾具有积极的意义。

一、风向的变化特征

福建属亚热带季风气候区,盛行风向的主导趋势是:9月至翌年5月多偏北风,6—8月多为东南风或西南风。沿海地区受季风和台湾海峡走向影响,年最多风向为NE—ENE,频率为25%～40%;内陆因局部山地走向和河谷走向影响,年主导风向因地而异,一般为E—SE,主导风向不明显,频率一般为10%～20%。又由于地形复杂,海陆差异大,各地因山地海拔高低、朝向、距海岸远近的不同,风向风速有明显差异,风向日变化明显,沿海地区的海陆影响与山区河谷盆地的地形影响,是造成明显海陆风和山谷风的主要因素。

(一)风向的季节变化

1. 冬季

冬季控制福建的天气系统主要是冷高压脊,盛行偏北风。

特点是盛行风向稳定,沿海岛屿尤其显著,但1500 m以上的高山区盛行风向不集中,如九仙山气象站西南风略占优势,七仙山气象站东南风略占优势。从表2.7可以看出:

表2.7 冬季(1月)各主要代表站风向频率(%)(1981—2010)

风向	N	NNE	NE	ENE	E	ESE	SE	SSE	S	SSW	SW	WSW	W	WNW	NW	NNW	C
平潭县	9	40	30	7	1	1	0	0	0	0	1	0	1	1	1	4	2
九仙山	5	6	5	5	4	3	6	4	5	5	10	14	8	7	5	4	4
崇武站	13	24	46	6	2	0	1	1	0	1	0	1	0	1	0	2	2
东山县	3	16	52	16	4	0	1	0	1	0	0	0	1	2	2	2

注:N,E,S,W分别代表北、东、南、西四个方位,C为静风。下同。

南北差异:同为海岛,平潭N—NNE—NE为主占79%;而东山NNE—NE ENE为主占84%。

山海差异:内陆静风频率明显大于沿海,高山区次之,沿海最小。随着远离海岸线和海拔高度的下降,静风频率很快增加,如同安距厦门约30多km,厦门静风频率为7%,而同安为22%;又如九仙山(海拔1650 m)距德化县气象站(海拔521 m)约35 km,德化气象站静风频率39%,九仙山气象站仅为4%。

2. 春季

春季是冬季风向夏季风过渡的季节,风向的特点是:盛行风向不如冬季稳定,沿海岛屿仍以偏北风为主,内陆地区偏西南风增多,内陆高山区的偏西南风频率多于冬季(表2.8)。

表 2.8 春季(4月)各主要代表站风向频率(%)

风向	N	NNE	NE	ENE	E	ESE	SE	SSE	S	SSW	SW	WSW	W	WNW	NW	NNW	C
平潭县	7	19	25	8	4	1	1	1	1	5	9	4	2	2	2	4	5
九仙山	3	3	2	5	5	3	5	4	5	9	16	20	10	5	4	2	2
崇武站	8	18	32	6	3	1	2	1	5	5	8	2	2	1	1	1	4
东山县	2	10	35	14	4	1	1	2	5	6	5	3	1	1	1	1	5

3. 夏季

夏季整个环流形势与冬季相反,受副热带高压控制,盛行风向从春季的偏北风或偏西南风,转向以偏南风为主,东南风频率是全年最多的季节(表 2.9)。

表 2.9 夏季(7月)各主要代表站风向频率(%)

风向	N	NNE	NE	ENE	E	ESE	SE	SSE	S	SSW	SW	WSW	W	WNW	NW	NNW	C
平潭县	3	6	8	3	2	1	1	1	5	22	32	9	2	1	1	1	2
九仙山	1	2	2	7	6	4	9	7	9	9	16	14	6	3	2	1	2
崇武站	3	4	6	2	2	1	3	3	13	23	28	5	2	0	1	1	2
东山县	1	3	6	5	4	2	5	7	12	18	14	11	2	1	2	1	6

4. 秋季

秋季是夏季风与冬季风的交替季节,风向逐渐由偏南风转为偏东北风为主,但九仙山转为偏东风为主。沿海岛屿地区静风减少,但内陆地区静风增多。沿海地带的偏北风频率北部比南部明显(表 2.10)。

表 2.10 秋季(10月)各主要代表站风向频率(%)

风向	N	NNE	NE	ENE	E	ESE	SE	SSE	S	SSW	SW	WSW	W	WNW	NW	WNW	C
平潭县	5	38	38	10	2	1	0	0	0	0	1	0	0	0	1	1	2
九仙山	5	10	9	26	17	3	3	2	1	1	3	3	3	3	4	3	3
崇武站	15	29	39	7	2	0	1	0	1	0	1	0	0	0	1	2	1
东山县	3	23	41	17	6	1	1	1	1	0	1	0	0	0	1	2	1

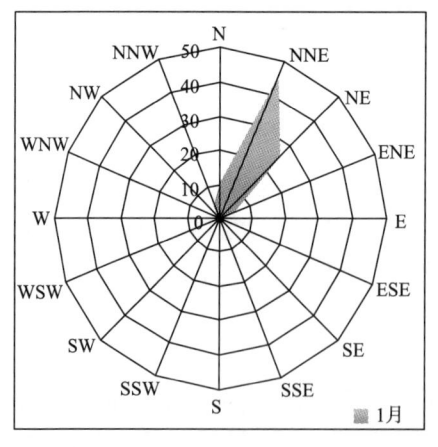
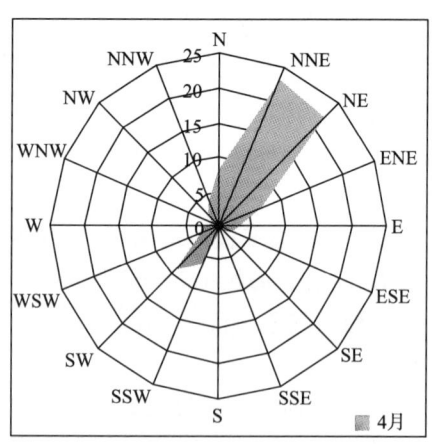

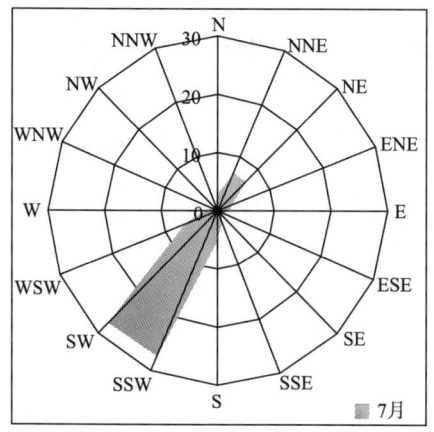
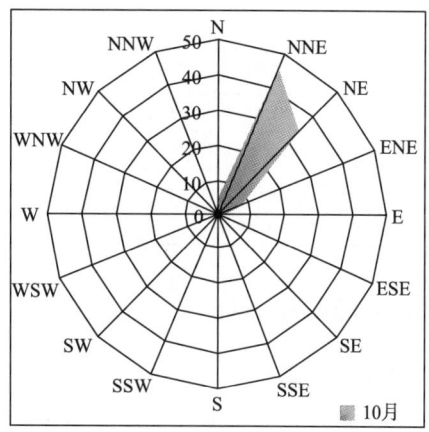
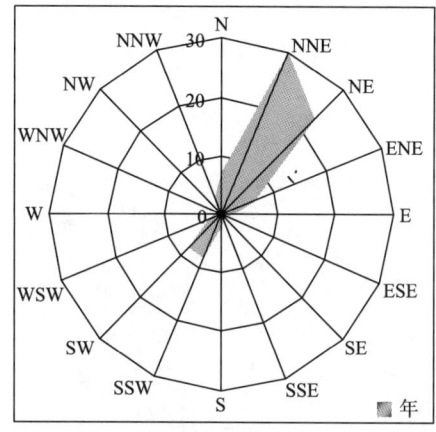

图 2.35 平潭县各季、年风向频率(1961—2010)(％)

(二)年各风向频率分布

除高山区外,大部地区以偏北风为主。沿海地区较为明显,不同风向频率差异较大(图 2.35)(表 2.11,表 2.12)。

表 2.11 各主要代表站累年平均各风向频率(1981—2010)(％)

风向	N	NNE	NE	ENE	E	ESE	SE	SSE	S	SSW	SW	WSW	W	WNW	NW	NNW	C
平潭县	7	26	26	7	3	1	1	1	2	6	9	3	1	1	1	3	3
九仙山	4	5	4	10	9	4	6	4	4	6	11	12	6	5	4	3	3
崇武站	10	19	31	6	2	1	2	1	5	6	8	2	1	0	1	1	3
东山县	3	13	33	13	5	1	2	3	5	6	5	3	1	1	2	2	4

表 2.12 代表站各月盛行风向及频率(1981—2010)(％)

地名	1月	2月	3月	4月	5月	6月	7月	8月	9月	10月	11月	12月	年
平潭县	NNE,C	NNE,C	NE,C	NE,C	NE,C	SW,C	SW,C	SW,C	NE,C	NE,C	NNE,C	NNE,C	NE,C
	40,2	35,3	29,4	25,5	23,4	25,3	32,2	18,3	31,3	38,2	40,2	41,2	25,3
九仙山	WSW,C	WSW,C	WSW,C	WSW,C	WSW,C	WSW,C	SW,C	E,C	ENE,C	ENE,C	ENE,C	ENE,C	WSW,C
	14,4	18,3	20,2	20,2	16,3	20,2	16,2	12,3	20,3	26,3	20,3	11,3	12,3

续表

地名	1月	2月	3月	4月	5月	6月	7月	8月	9月	10月	11月	12月	年
崇武站	NE, C	NE, C	NE, C	NE, C	NE, C	SW, C	SW, C	SW, C	NE, C	NE, C	NE, C	NE, C	NE, C
	46.2	44.3	39.4	32.4	29.4	22.2	28.2	18.3	28.2	39.1	40.2	44.2	31.3
东山县	NE, C	NE, C	NE, C	NE, C	NE, C	SSW, C	SSW, C	SSW, C	NE, C	NE, C	NE, C	NE, C	NE, C
	52.2	49.3	44.5	35.5	31.5	18.3	18.6	14.6	26.3	41.1	41.2	46.2	33.4

二、风速的时空分布

(一)年平均风速

全省各市县年平均风速0.7 m/s(沙县)~5.6 m/s(东山),以海岛和高山区最大,内陆较小(图2.36)。年平均风速与距海岸线的远近和海拔高低有密切关系。沿海地区和海岛、高山区的年平均风速普遍比内陆和平原地区大,平均风速相差比较悬殊。

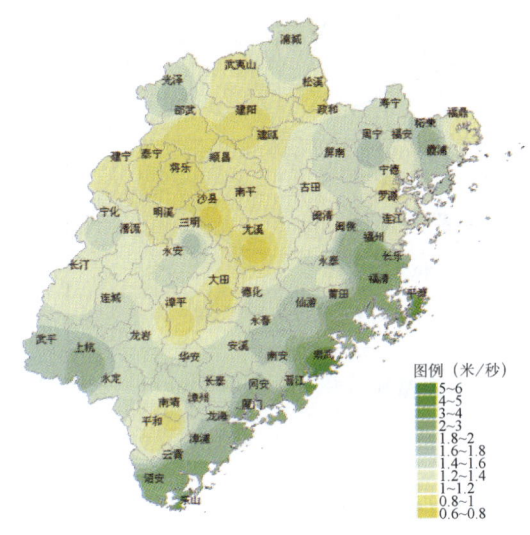

图 2.36 福建年平均风速分布图

风受下垫面影响很显著,平均风速随着远离海岸线迅速减小,随后变化不大,内陆地区年平均风速及其变化都很小,平均风速3 m/s以下。沿海地区因台湾海峡狭管效应,加上海面对空气阻力小,平均风速多数在6 m/s以上,是全国平均风速最大的地区。此外,一些高山突出部,如九仙山、七仙山的平均风速也较大,甚至大于沿海岛屿地区。

各主要代表站累年各月平均风速见表2.13。

表 2.13 各主要代表站累年各月平均风速(1981—2010)(单位:0.1 m/s)

地名	1月	2月	3月	4月	5月	6月	7月	8月	9月	10月	11月	12月	年
平潭县	48	48	42	39	37	43	44	40	44	53	54	50	45
九仙山	63	70	79	74	67	81	76	66	67	68	67	62	70
崇武站	62	61	53	46	43	50	47	44	53	66	65	62	54
东山县	71	71	62	53	47	43	35	36	49	69	70	70	56

(二)风速的季节变化

风速的季节变化有两个特点：

(1)沿海变化大,高山区次之,内陆变化小。

(2)沿海秋冬季风速大,夏季小;内陆则相反,夏季风速大,秋冬季小。沿海及海岛地区,秋冬季受冷高压影响,风速最大;夏季受副热带高压控制,平均风速最小,但仍然大于内陆风速,风速季节差异可达 2~4 m/s。内陆平均风速季节差异不大,均小于 1.0 m/s,受地形影响,夏季山谷风明显,所以,风速相对较大。这一特点从崇武和永安的对比中(图 2.37)可以看出。

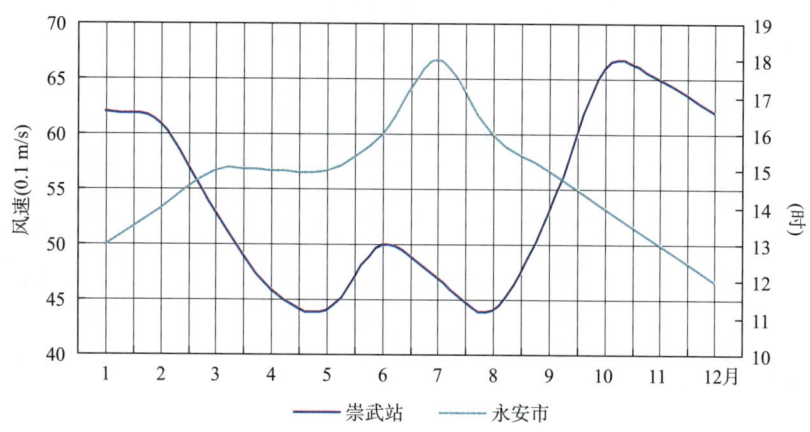

图 2.37 永安和崇武风速季节变化

(三)风速的日变化

福建由于位处沿海丘陵地带,所以,山区谷地的山谷风和临海地区的海陆风比较明显。风的日变化在沿海地区是由于海陆热力性质的差异造成的,引起以天为周期的日变化,白天风从海洋向陆地吹;晚上,风从陆地吹向海洋,称之为海陆风。在福建沿海,上午由陆风开始转为海风,风速逐渐加大,午后 14 时左右最大,傍晚又逐渐转为陆风,清晨陆风最强。但由于陆风没有盛行风(多为海风)强,所以,海陆风多表现在风速的日变化,常造成沿海地区白天海风大,夜间减小,而不是风向的绝对变化。如崇武 7 月份,白天,风由海洋吹向陆地,西南偏南或南风占主导地位;夜间,风速减小,但西南风仍占主导地位。

在山区或河谷盆地,由于局域热力环流,白天,风从盆地沿山坡向山上吹;晚上,风顺着山坡吹向盆地,称之为山谷风。山谷风的强度,除和大气状况有关外,和各地山谷坡度、植被有密切的关系。地形高差越大,山坡越陡,地面植被越矮小,山谷风就越大。气温日较差越大,山谷风出现的频率和强度也越大。所以,夏季不少山区风速和风向日变化远比冬季明显。如根据福建青州造纸厂址的实地考察,夜间以静风为主,频率达 60%,其次风向为 W—NW。白天静风频率为 10%~30%,午后静风频率最小,白天以偏南风或西风为主。

从图 2.37—图 2.40 可以看出规律:

(1)风速一般日出后开始迅速增大,至午后 14—15 时最大,然后开始变小,日落后迅速减小,夜间减小较慢,至凌晨风速最小。但内陆地区有的从近中午才开始增大,这和内陆地区受盆地地形影响有关。

(2)沿海风速日变化较小,内陆风速日变化较大,和沿海气温日较差小,内陆气温日较差大是一致的,这是海陆差异,包括山区地形的影响的结果,是山谷风比海风明显的反映。

(3)夏秋季风速日变化较大,冬春季风速日变化较小,这是季节差异造成的。具体来说:沿海夏季风速日变化最大;内陆是夏秋季日变化也都较大,这和秋季气温日较差大是一致的。

(4)另据观测统计,海上风速最大值出现在清晨06时,最小值出现在下午14时。和陆地的日变化相反。这主要与海陆冷热源出现的时间有关。

据1995年7—8月福建惠安崇武沿海的观测资料分析,海陆风日变化趋势特点见表2.14。

表2.14 福建惠安沿海海陆风日变化特点

海陆风性质	开始时间	结束时间	持续时间	最大风速	盛行风向
陆风	19—05时	06—09时	2 h	2.20 m/s	WNW、NW、NNW
海风	07—10时	18—04时	9 h	4.59 m/s	SE、ESE、SW、SSW、S、SSE

图2.38 崇武风速日变化

图2.39 永安风速日变化

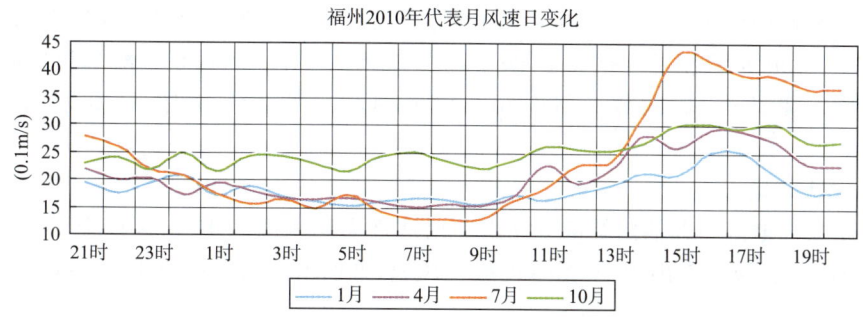

图 2.40 福州风速日变化

三、最大风速和极大风速

最大风速指的是最大的 10 分钟平均风速。最大风速主要由冷空气活动、台风或强对流天气造成致，多出现在春夏季；其次出现在秋冬季。台风和强对流天气造成的最大风速大于冷空气南下造成的大风。

福建最大风速一般为 10~50 m/s，悬殊较大，且沿海大于内陆，其中，南部沿海大于北部沿海，出现季节沿海以台风季为主，内陆以强对流天气频发季的春季为主（表 2.15）。

（一）最大风速的年月变化特点

平潭、崇武、东山等沿海及岛屿地区的最大风速一般由台风影响所为，所以多出现在台风季的 7—9 月份，最大风速约 30~50 m/s。而内陆地区最大风速一般由强对流天气造成，所以多出现在春季的 3—6 月，最大风速一般为 10~30 m/s，明显比沿海岛屿地区小。

表 2.15 最大风速（单位：0.1 m/s）

地 名	1月	2月	3月	4月	5月	6月	7月	8月	9月	10月	11月	12月	年
平潭县	180	160	180	160	153	177	265	250	290	225	190	180	290
平潭县	NNE	NNE	ENE	NNE	SSW	SSE	NE	S	N	NNE	NNE	NNE	N
平潭县	2N	1978/15	1972/31	1972/1	1983/30	2001/24	1971/26	1985/24	1971/22	1973/8	1974/7	1973/25	19710922
九仙山	270	320	310	340	320	300	320	340	295	410	370	270	410
九仙山	SW	SW	SW	SW	SSE	SW	SSE	SE	SE	S	-999	S	S
九仙山	1975/24	1994/11	1996/15	1985/10	1980/24	1994/10	1986/12	2005/14	2010/21	1976/22	1976/2T	1994/8	19761022
崇武站	190	204	205	200	210	210	297	300	250	240	216	220	300
崇武站	NNE	NE	N	NNE	SSW	SSW	NNE	SW	NE	NE	NNE	NNE	SW
崇武站	1985/28	1977/14	1971/14	1987/12	1980/24	1990/30	1982/29	1980/28	1980/18	1978/10	1977/15	1984/2	19800828
东山县	220	233	240	267	280	330	345	265	480	333	290	240	480
东山县	NE	NE	NE	NE	S	ENE	NNE	E	NNW	ENE	ENE	NE	NNW
东山县	1980/18	2001/25	1993/29	1996/20	1980/24	1990/29	1973/3	2005/13	1980/19	1991/1	1974/9	1987/30	19800919

（二）最大风速和极大风速的地理分布特点

1. 最大风速

沿海及岛屿地区一年四季均有大风级别以上的最大风速，所以，在沿海地区加强沿海防护林建设，对改善局地小气候，减轻大风带来的灾害具有重要的意义。内陆地区的最大风速只有在雨季和台风季才达到大风标准。内陆部分高山突出部如七仙山和九仙山的年最大风速可达 30~40 m/s,且年月变化较小,最小也在 20 m/s 以上,远远超过沿海和盆地或平原。这两个高山气象站的风,大致是 850 hPa 附近的风。1980 年 9 月 19 日东山县最大风速48.0 m/s。

2. 年极大风速

沿海及岛屿地区和九仙山等部分高山突出地极大风速可达 40 m/s 以上。1959 年 8 月 23 日受台风影响,厦门市出现 60 m/s 的极大风速;九仙山极大风速为 41 m/s,偏南风,出现在 1976 年 10 月 22 日。

极大风速多由冷空气活动、台风或强对流天气造成,尤其对沿海地区危害极大。如 1959 年 8 月 23 日厦门市出现的 60 m/s 的极大风速;1984 年 4 月 5 日厦门市出现 45.6 m/s 的极大风速造成 195 吨的吊车出轨,损失近百万;2006 年 8 月 10 日 17:25 超强台风"桑美"在闽浙交界处沿海登陆,登陆时中心气压 920 hPa,近中心最大风速 60 m/s,风力 17 级,登陆点所在地福鼎合掌岩测站(海拔高度 700 m 左右)10 日 17:14 极大风速达 75.8 m/s,超过 17 级。该超强台风成为 1951 年以来登陆中国大陆的最强的台风,比 2005 年"卡特里娜"飓风登陆美国时最大风力还强。给福建省造成严重的人员伤亡和重大经济损失。

四、大风日数的时空分布

大风日数是指风力≥8 级即最大风速≥17.2 m/s 的日数。大风灾害是福建主要的气象灾害之一,登陆福建的台风危害也主要是大风和暴雨所致。福建是华东地区大风日数频繁的地区,尤其沿海地区大风日数特别多。但由于地形复杂,各地大风日数相差悬殊,总的来说,具有沿海多,内陆少;高山多,河谷盆地少两大特点。

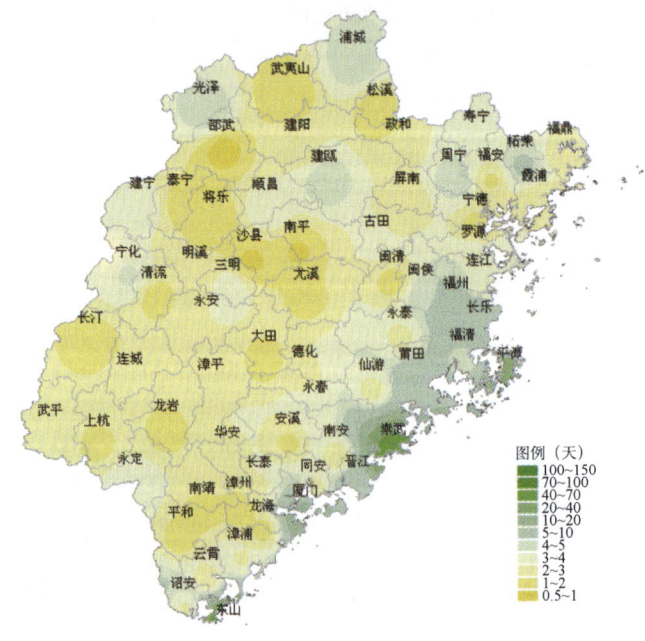

图 2.41 福建平均年大风日数分布图

(一)年大风日数的地理分布

大风日数分布,具有沿海多,内陆少的特点。

全省大部市县(占86％)年平均大风日数5天以下。但以沿海市县为主的部分市县大风日数5天～98.2天(东山)。大风日数南部沿海及岛屿地区多于北部沿海及岛屿地区(图2.41)。

风速及大风日数受地形影响显著。尽管平潭气象站观测到的大风日数少于东山气象站(表2.16),但不意味着平潭海边的大风日数也明显少于东山。如2010年平潭东北部(流水)近海的平均风速8.4 m/s,大风日数144天,而同年县气象站平均风速只有3.6 m/s,大风日数只有13天。

同样,内陆风速小,大风日数少,但一些山谷的"隘"、"关"、"口"处风速会较大,大风日数也较多,比如,柘荣县年大风日数5.3天,是比较多的内陆地区。就是在城市,遇上强对流天气,也会出现较大的大风。如2005年5月1日,三明市就出现31 m/s的极大风速。

大风日数如同平均风速自沿海向内陆减少,其递减率是非线性的,即从海岸线向内陆20～30 km范围内,大风现象锐减,而后,大风减少不明显。在内陆,大风日数随海拔高度增高而增多,但关系不是绝对的,还要看地形地势,如德化(海拔521 m)大风日数比九仙山(海拔1650 m)大风日数少180天,也比永春(海拔38.3 m)少。

造成大风的主要原因是台风和强对流天气。登陆或影响福建的台风受地形影响,很快减弱,其大风对内陆地区影响较小。内陆地区的大风一般由强对流天气造成。但内陆一些高山突出部如九仙山、七仙山等位处自由大气高度,大风日数异常多,九仙山年大风日数多达186天,即每年中就有半年的大风日数,1969年大风日数多达268天,九仙山是全省大风日数最多的有人居住的地方。

表2.16 沿海和高山代表站平均大风日数(单位:天)

地名	1月	2月	3月	4月	5月	6月	7月	8月	9月	10月	11月	12月	年
九仙山	9.4	12.3	16.9	15.2	12.7	17.0	14.7	11.8	10.8	10.7	11.0	9.1	151.4
崇武	7.0	6.4	4.7	3.0	1.5	1.5	2.2	2.5	3.8	7.4	7.5	7.2	54.7
平潭	2.1	2.2	1.2	1.1	0.9	1.9	2.2	2.1	3.0	4.7	4.2	2.4	28.0
东山	12.9	12.6	11.3	7.5	4.3	2.6	2.0	2.7	5.1	11.5	12.9	12.3	97.6

(二)年大风日数的季节变化

从绝对数量讲,一年四季的大风日数沿海均多于内陆,且沿海季节变化比较一致。

1. 秋冬季大风多

沿海地区大风季节变化最明显,入秋后,受北方冷空气南侵影响,南北温差大,气压梯度也大,加上沿海地区又无山地影响,易出现持续的东北大风,其天气形势清晰,逐步增强,大风变化较小。因此,在福建民间有"春暴头","冬暴尾"之说。内陆地区受地形地势影响,大风日数少,和春夏差异不大。

2. 春夏大风日数少,但受台风影响,易出现特大大风

沿海及岛屿地区春夏季大风日数明显少于秋冬季,内陆地区春季大风日数多于秋冬季。

3. 高山突出部春季大风日数多

高山突出部如九仙山等地的大风日数年月变化不大,春季的大风日数相对多些。这主要是这些高山突出部,直接受春季频繁的冷锋、气旋、高空槽影响,加上地面增温,对流比较旺盛所致。部分内陆地区如浦城也是春季大风日数较多。

五、风能的计算和分布

(一)风能的计算

对某地风能计算是根据当地风速观测资料进行计算的,根据牛顿定理,风功率密度计算公式为

$$W = mv^2/2 = \rho F v^3/2 \text{(W)}$$

式中,W 为风功率密度,ρ 为空气密度,v 为风速,F 为气流垂直通过的截面积。

对风轮来说:F 是风轮旋转一圈所扫过的面积,即

$$F = \pi D^2/4$$

式中,D 为风轮的直径(m)。

但实际上,风通过风轮其动能并没有全部被利用,设风能利用系数 K(大型风能发电机 $K \approx 0.4$,小型风能发电机 $K \approx 0.3$)。这样,风力发电机实际的风功率密度为

$$W = K \rho \pi D^2 v^3/8 \text{(W)}$$

在标准大气(气温为15℃,气压为1013.25 hPa)下,空气密度 $\rho = 1.2255 \text{ kg/m}^3$,代入上式得

$$W = 4.81 \times 10^{-4} K D^2 v^3 \text{(W)}$$

ρ 对当地来说通常作为一个常数,与海拔高度的关系是:$\rho = 1.225 \exp(-0.0001h)$,$h$ 是海拔高度(m)。而 v 是随时间季节变化的,反映了当地的风况,一般要有 5~10 年的观测资料。

实际上,风能计算有两种途径:一是用实际观测资料直接计算,准确性较好,但计算量大,一般用于风观测年代较长的地方;二是应用风速概率分布间接计算,其计算简便,但误差较大,一般用于无风观测的地区。

由上式可以看出,风能与风速的立方成正比,因此,在风能计算中,较小的误差都可能引起很大的偏差,所以,在风能计算时准确测定风速是非常关键的。

为了估计一地的风能潜力,需要计算风能密度,风能密度是垂直于气流的单位面积上的风的功率。由于风力发电机有启动风速(一般为 3.0 m/s)和大风下的极限风速(有损坏风力发电机的危险,又称切断风速(一般为 25.0 m/s),所以,其间的风速被称为有效风速。按有效风速计算的风能密度,称为有效风能密度。

(二)有效风速的分布

1. 全省各级风速的分布

福建沿海港湾外的岛屿和延伸入海的半岛尖端迎风处 3 m/s 以上的风速级别占各级别总和的 85%~90%,出现 20 m/s 以上概率低于 1%,3~20 m/s 的有效风速利用率可达到 85% 以上。这些地区各级风速分布很分散,最多级别出现频率≤13%。港湾内的岛屿各级风速分布较集中,3 m/s 以上的风速出现频率明显减少,如厦门只有 23%。

全省各地最大功率的风速级别与风频最大级别有一定的差异,东澳差 2 个级别,崇武差 6 个级别。出现频率最大的风速级别变化趋势为:初秋开始上升,仲秋猛升,秋末冬初达到高峰,以后逐渐下降。

2. 有效风速总时数

福建沿海港湾外的岛屿和延伸入海的半岛尖端处全年有效风速可达 7000~8000 h,有效率达 80%~90%,平均每天可发电 19~22 h,如东澳秋冬季每天可发电近 23 h。港湾内全年有效风速减少到 3000~7000 h,平均每天可发电 8~9 h,有效率只有 30%~80%。启动风速越大,其有效风速总时数越少。

3. 有效风速季节变化

福建沿海海岸线及岛屿的有效风速最多出现在秋冬季,在风能最丰富的地方,在距海岸线较远的地方(10 km 以上),秋冬季除了在较强的环流作用下,一般风速都较小。夏季白天局部对流旺盛,风速较大,有效风速时数甚至比秋冬季多,如福鼎夏季(7—9 月)为 462 h,秋季(10—11 月)为 308 h,冬季(12—2 月)为 251 h。

(三)有效风能密度的分布和年、日变化

1. 有效风能密度和能量的空间分布

有效风能密度与风速关系密切,福建有效风能利用区主要在沿海海岸线及岛屿及半岛上的尖端迎风处和高山突出部,其风能密度最大,如台山岛、福瑶岛、北霜、东引、马祖、平潭、南日等岛屿以及崇武、黄歧、龙高、江阴、石城等半岛的风能密度都在 200 W/m² 以上,其中平潭东澳为 751 W/m²,台山为 562 W/m²,七仙山和九仙山也分别为 173 W/m² 和 470 W/m²。沿海各县市城镇,由于地表摩擦作用,风速迅速减小,风能密度迅速降低到 100 W/m² 以下。凡风能密度大的地方,风能也大,沿海海岸线及岛屿及半岛上的尖端处全年风能可达 2000~3000 kW·h/m²。

内陆地区风能较贫乏,即使在风能密度最大的季节,也明显小于沿海风能丰富地区的淡季。风能的季节变化和分布与风能密度一样,也是秋冬大,春夏小,沿海多,内陆少。

2. 有效风能密度的季节变化

风能密度年最大发生在秋冬季,这是因为中国冬季在蒙古高压的控制下,每当冷空气南下,往往造成沿海较大的风速,且大风比较稳定。春夏季为弱风季节,风能密度较小,5—7 月出现最小值,虽然春夏季福建常出现强对流天气,并易受台风影响,造成短时较强的风能密度。如在东澳 11 月风能密度为 1277 W/m²,6 月份仅为 277 W/m²。风能密度的年变化受地理地形影响较大,夏季地方性对流旺盛,极大风速比冬季大,但风能密度反比冬季大,如福州、福鼎等地和部分内陆市县。

3. 有效风能密度的日变化

有效风能密度的日变化在福建有三种情形:

(1)在陆地平地上,一般情况下,风能密度白天大于夜晚,清晨密度最小,随着日出后,地表升温,对流加强,风能密度也随之增大,中午前后风能密度最大;

(2)在高山上,夜间大于白天,清晨 04—05 时最大,中午前后最小;

(3)在沿海岛屿或半岛尖端处,风能日变化既与内陆平地不同,又有别于高山顶,其最大值出现在傍晚至午夜前或中午前,岛屿上的小山顶即使不高,作用也十分明显,山顶越尖,作用越明显。

(四)福建风能的区划

福建风能资源在不同地区差异特别悬殊,既有全国最丰富的风能区,又有全国风能最贫乏区。从影响福建的大气候环流背景来说是一致的,造成如此差异的原因就是福建傍山临海,丘陵起伏,特殊地理地形所造成的。

根据福建年风能含量分为4个区,在一个区内又根据风能旺季分为若干副区,并针对不同区适用的风力发电机,提出建议(表2.17)。

表 2.17 各风能区的特征

分区	特性	地域	年风能蕴藏量 (kW·h/m²)	机型建议
Ⅰ	风能丰富区	岛屿和大面积的半岛尖端处、高山	1000~3000	大型风力发电机
Ⅱ	风能较丰富区	大面积的半岛前沿和海岸线、高山	600~1000	中型风力发电机
Ⅲ	风能可利用区	距离海岸线 10 km 以内的陆地	100~600	小型风力发电机
Ⅳ	风能无利用区	距离海岸线 10 km 以上的陆地	<100	无

1. 风能丰富区(Ⅰ区)

包括沿海港湾外的岛屿和大面积的半岛尖端处,以及内陆一些高山地区,年风能达 1000~3000kW·h/m²。在强风季节每天可发电 20 h 以上,在弱风季节每天可发电 15~20 h。本区一些岛屿目前还是最缺电的地区,一些地方由海底电缆供电,电价特高,每度电高达 2 元左右,一些渔民有钱买家电,无力付高昂的电费,电费高,成为困扰当地渔民的问题之一,引起政府的关心。因此,在最需要电,且风能资源最丰富的岛屿上开发风能资源是有现实意义的,且适用大型风力发电机。

Ⅰ区又分为两个副区。一个副区(Ⅰ1区)主要在沿海和岛屿,风能最丰富的季节是秋冬;另一个副区(Ⅰ2区)主要在内陆的高山顶,风能最丰富的季节在春季。

2. 风能较丰富区(Ⅱ区)

本区主要含沿海各大面积半岛前沿部分和大陆海岸线(不含港湾内的沿海岸),以及一些高山顶(七仙山、筹岭)等,年风能达 600~1000kW·h/m²。在强风季节每天可发电约 16 h,在弱风季节每天可发电约 10 h。本区适用中型风力发电机。

Ⅱ区也分为两个副区。一个是沿海副区(Ⅱ1区),风能旺季是秋冬季;另一个是高山副区(Ⅱ2区),风能最丰富的季节在春季。

3. 风能可利用区(Ⅲ区)

本区包括距海岸线 10 km 以内的陆地,年风能达 100~600kW·h/m²。在强风季节每天可发电 10 h,本区适用小型风力发电机。

4. 风能无利用区(Ⅳ区)

本区包括距海岸线 10 km 以上的陆地,年风能在 100kW·h/m² 以下,本区除一些风口外,无实际的风能开发价值。

(五)风能资源的应用

风能资源在人类日常生活和生产中的应用历史比较悠久,当时主要应用的帆船流传至今,在福建沿海还比较普及。在《物原》上记载有"燧人以夸济水,伏羲乘浮,轩辕做舟……夏禹作舵加以蓬碇帆樯",这说明三千多年前人们就应用风能进行水上运输,人们正是利用风能,进行远洋运输,开辟了海上丝绸之路,把古老东方的文化传播到波斯湾、欧洲等地。东汉时期宋应星《天公开物》记载"扬郡以风帆数扇,矣风转车,风息则止",对风车作了较完善的描述。明代则有"用风帆六幅,车水灌田",直接描述了利用风车车水灌溉的农业生产情景。风不仅用于农业生产、航运,还用于军事。三国时期著名的赤壁之战就是成功应用风的战例,以至"万事皆备,只欠东风"成为脍炙人口的成语。今天,利用风能航海、车水进行农业灌溉已经成为历史,但是,随着科学技术的发展和社会的进步,具有不占耕地,建设周期短,规模灵活的风力发电不断得到发展,但风能利用不仅仅限于风力发电,建筑上的通风、农业生产的作物花粉传播、温室大棚的良好通风;有关工程建设的大气环境评价、城市规范中工业区和生活区的布局、机场建设、大型桥梁建设、室外大型广告牌的安全设立、航海等方面,都要充分考虑风的趋利避害问题。总之,积极而科学地利用风是利用气候资源的重要组成部分,有着广泛的前景。

2004年国家发改委组织开展了全国风能资源普查项目。福建省气象局对福建省风能资源进行了评价,并于2005年底通过福建省发改委和中国气象局组织的验收。该项目利用全省近30年(1971—2000年)的气象资料以及沿海20多个气象哨的气象资料,对福建省风能资源做了基础性普查工作,较为宏观地摸清了福建风能资源的分布情况。初步的结论是:福建省风能资源总储量4131万kW,其中风能资源技术开发量为606.5万kW,技术可开发面积3060.1 km^2。该次普查还采用GIS技术对全省的风资源进行了区划,同时推荐了12个技术开发量在10万kW左右或以上的风电场场址。但本次普查较为宏观,福建省海岸带曲折,岛屿众多,省内地理条件差异很大,一般气象站的观测数据无法代表地理环境差异较大的其他地方的风况,特别是风能储备资源比较丰富的沿海地区,气象观测资料较少,且气象台站的位置大多坐落于靠近内陆的县城内,风的代表性还不够,同时所使用的资料仅基于10 m高的测风仪,可能无法满足风资源评估的需求。

为此,2008年国家发改委又组织开展了全国风能资源详查和评价工作。福建省气候中心承担了福建沿海风能资源详查和评估任务,在沿海地区建成了18座专业测风塔,开展了数据库建设、数值模拟和风能资源评估。具体的福建沿海风能资源综合评估主要结论见本章第十一节。

第十节 福建太阳能资源评估

在中国可再生能源规模化发展项目(CRESP)管理办公室的大力支持下,福建作为CRESP项目一期的4个试点省(区)之一,获得了世界银行赠款,开展福建省太阳能资源评估项目。该项目是CRESP项目办支持在福建省开展的资源评价类项目之一,是由CRSESP项目办指导,在福建省发展和改革委员会能源处领导下组织实施的。本项目的目的是通过对太阳辐射时空变化规律的研究,摸清福建省太阳能资源的储量和多时空尺度分布状况,为福建太阳能资源规模性的开发和利用提供科学依据。

2007年6月福建省气候中心与CRESP项目办签订了"福建省太阳能资源评估"咨询合同。2008年4月1日新建18个太阳辐射观测站开始正式观测,2010年1月15日福建省太阳能资源评估报告通过省发展和改革委员会组织的项目审查。

一、观测和数据处理

项目所使用的数据资料包括气象站常规观测资料、福建省18个太阳辐射加密站观测资料、地理地形数据 DEM、卫星遥感资料等。

福建境内具有长期太阳辐射观测的气象台站有 2 个，分别为福州和建瓯国家气候观象台，作为长年代辐射站代表全省，显得过于稀疏。为弥补不足，选择了周边 8 个省份具有长年代辐射观测，且目前仍继续运行的 19 个常规辐射站作为补充，其中宜昌、武汉、长沙、桂林、赣州、南京、合肥、杭州、南昌、福州、广州、汕头和南宁 13 个站有完整的太阳直接辐射资料。

福建省 18 个辐射观测站于 2008 年 5 月 1 日起全部正式开始观测。观测要素为总辐射量，数据 24 小时自动采集，每小时记录一次。至 2009 年 4 月 30 日收集了一个完整年的每月逐日逐时总辐射观测记录，记录的获取率较高，各个测站均在 99% 以上。

本节使用的资料年限为 1961—2007 年。

二、计算方法

(一) 天文辐射 Q_0 的计算方法

1. 水平面天文辐射模型

根据太阳视轨道方程，水平面天文辐射辐照度 I 可表示为

$$I = \left(\frac{1}{\rho}\right)^2 I_0 (\sin\varphi\sin\delta + \cos\varphi\cos\delta\cos\omega) \tag{2.1}$$

式中，φ 为测点地理纬度，单位：弧度(rad)；δ 为太阳赤纬，在天赤道以北为正，以南为负，单位：弧度(rad)；ω 为太阳时角，从真太阳时正午算起，向西为正，向东为负，单位：弧度(rad)。根据 WMO 的标准，一般取 $I_0 = 0.082$ MJ·m^{-2}·min^{-1}。

令太阳高度角 $h_0 = 0$，利用相关公式可以得到水平面上日出、日落时的太阳时角

$$\omega_0 = \arccos(-\tan\varphi\tan\delta) \tag{2.2}$$

式中，$-\omega_0$ 对应日出时的太阳时角；ω_0 对应日落时的太阳时角。

根据式(2.1)，可以计算任一地点、任一时刻水平面天文辐照度 I，但必须满足 $h_0 \geq 0$ 的条件，即在 $-\omega_0 < \omega < \omega_0$ (日出、日落)时段内，该式才有意义。

将式(2.1)从日出到日落时间 $(-\omega_0 - \omega_0)$ 进行积分，可获得水平面上日天文辐射量 Q_0 的表达式，即

$$Q_0 = \frac{T}{2\pi}\left(\frac{1}{\rho}\right)^2 I_0 \int_{-\omega_0}^{\omega_0} (\sin\varphi\sin\delta + \cos\varphi\cos\delta\cos\omega) d\omega \tag{2.3}$$

式中，T 为一天的时间长度(1440 min)。求日总量时，φ、δ 可看作为常量，则

$$Q_0 = \frac{T}{\pi}\left(\frac{1}{\rho}\right)^2 I_0 (\omega_0 \sin\varphi\sin\delta + \cos\varphi\cos\delta\sin\omega_0) \tag{2.4}$$

对每个台站逐日计算其日天文辐射量，之后累加即可获得其全年逐月天文辐射总量。

2. 坡面天文辐射理论公式

在不考虑大气影响的情况下，坡面接收的天文辐照度可表示为

$$I_{\alpha\beta} = \left(\frac{1}{\rho}\right)^2 I_0 (u\sin\delta + v\cos\delta\cos\omega + w\cos\delta\sin\omega) \tag{2.5}$$

式中，$I_{\alpha\beta}$ 为坡面接收的天文辐照度；u、v、w 分别为地理、地形因子，体现了地理、地形特征(即：纬度、坡向、坡度)的综合作用，对其进行积分可得坡面在任意可照时段内获得的天文辐射量 Q_{0s}。

$$Q_{0s} = \frac{T}{2\pi}\left(\frac{1}{\rho}\right)^2 I_0 \int_{\omega_{sr}}^{\omega_{ss}} (u\sin\delta + v\cos\delta\cos\omega + w\cos\delta\sin\omega)\,d\omega \tag{2.6}$$

式中，ω_{sr} 和 ω_{ss} 为坡面可照时段的起始和终止太阳时角；T 为一天的时间长度（1440 min）。

对式（2.6）进行积分的结果为

$$Q_{0s} = \frac{T}{2\pi}\left(\frac{1}{\rho}\right)^2 I_0 \begin{bmatrix} u\sin\delta(\omega_{ss}-\omega_{sr}) + v\cos\delta(\sin\omega_{ss}-\sin\omega_{sr}) \\ -w\cos\delta(\cos\omega_{ss}-\cos\omega_{sr}) \end{bmatrix} \tag{2.7}$$

3. 实际地形下天文辐射模型

将坡面天文辐射按一天的可照时间进行积分即可获得天文辐射日总量，但由于地形之间会造成日照的相互遮挡，而实际地形的起伏又是不规则的，因此，实际地形中某一点（坡面）在一天的可照时间内的天文辐射日总量无法用数学公式表达，只能采用分段积分的方法获得，即采用分布式天文辐射计算模型，其计算实际复杂地形中任一点 P（计算点）一天所接收到的天文辐射量的步骤如下：

（1）提取地形参数

利用 1∶25 万分辨率的 DEM 数据作为地形的综合反映，借助地理信息系统平台获得每个格网的坡度、坡向、纬度和高程信息。

（2）确定计算点每天的可照时段数及各可照时段的起始、终止太阳时角

①确定复杂地形中计算格网点（计算点）可照时间的取值域。由于复杂地形中日出、日落时角至多与平地相同，以水平面日出、日落时角作为复杂地形中计算格网点（计算点）可照时间的取值域。水平面日出、日落时角计算公式为

$$\omega_0 = \arccos(-\tan\varphi\tan\delta) \tag{2.8}$$

式中，$-\omega_0$ 为日出时的太阳时角（弧度）；ω_0 为日落时的太阳时角；φ 为格网点纬度；δ 为太阳赤纬。

②根据太阳视轨道方程，确定与各时角对应的太阳高度角 $[h_0, h_1, h_2, \cdots, h_i, \cdots, h_n]$ 和太阳方位角 $[\Phi_0, \Phi_1, \Phi_2, \cdots, \Phi_i, \cdots, \Phi_n]$，与此同时，借助 DEM 提供的各网点高程，计算时角为 T_i 时，在方位 Φ_i 上的格网点对计算点造成的地形遮蔽状况函数 S_i，记 $S_i=1$，表示计算点可照，$S_i=0$，表示计算点遮蔽，得到遮蔽状况函数数组 $[S_0, S_1, \cdots, S_i, \cdots, S_n]$。

③依次比较遮蔽状况函数数组 $[S_0, S_1, \cdots, S_i, \cdots, S_n]$ 中相邻两个数组元素的取值状况，确定计算点的可照时段数 m 及可照时段的起始和终止太阳时角，得到可照时段数组 $[\omega_{sr1}, \omega_{ss1}; \omega_{sr2}, \omega_{ss2}; \cdots; \omega_{srl}, \omega_{ssl}; \cdots; \omega_{srm}, \omega_{ssm}]$，其中 ω_{srl}，ω_{ssl} 分别为某一可照起始和终止太阳时角。

④计算点日天文辐射量的计算。根据相关公式，逐时段求算计算点在每个可照时段所获得的天文辐射量，累加得到复杂地形中计算格网点日天文辐射量 $Q_{0\alpha\beta}$ 的计算式

$$Q_{0\alpha\beta} = \frac{T}{2\pi}\left(\frac{1}{\rho}\right)^2 I_0 \left\{ \begin{array}{l} u\sin\delta\left[\sum_{l=1}^{m}(\omega_{ssl}-\omega_{srl})\right] + v\cos\delta\left[\sum_{l=1}^{m}(\sin\omega_{ssl}-\sin\omega_{srl})\right] \\ -w\cos\delta\left[\sum_{l=1}^{m}(\cos\omega_{ssl}-\cos\omega_{srl})\right] \end{array} \right\} \tag{2.9}$$

对每一格网点计算其日天文辐射量，之后累加，获得逐月和全年天文辐射总量。

(二) 总辐射计算模型的建立

1. 水平面太阳总辐射模型

理论上，水平面太阳总辐射为水平面直接辐射和水平面散射辐射之和

$$Q = Q_b + Q_d \tag{2.10}$$

式中,Q 为水平面太阳总辐射;Q_b 为水平面太阳直接辐射;Q_d 为水平面太阳散射辐射。

大量研究表明,水平面太阳总辐射 Q 与日照百分率 S 之间存在密切的关系,一般采用线性估算模式

$$Q = Q_0 k_t = Q_0 (a_G + b_G \cdot S) \tag{2.11}$$

式中,k_t 为晴空指数;a_G、b_G 为经验系数。

2. 实际地形下太阳总辐射分布式模型

实际复杂地形中地表接收的太阳总辐射由三部分组成

$$Q_{\alpha\beta} = Q_{b\alpha\beta} + Q_{d\alpha\beta} + Q_{r\alpha\beta} \tag{2.12}$$

式中,$Q_{\alpha\beta}$ 为复杂地形下太阳总辐射;$Q_{b\alpha\beta}$ 为复杂地形下太阳直接辐射;$Q_{d\alpha\beta}$ 为复杂地形下太阳散射辐射;$Q_{r\alpha\beta}$ 为地形反射辐射。

由于目前获取的辐射资料为孤立站点式分布,每个站影响辐射的各种因素差异很大,因此必须建立各自的辐射模型,然后利用空间技术,插值到一定精度的网格点上,构成整个区域的辐射空间分布图,这就是分布式模型的概念。

据模型(2.12)式可知,建立复杂地形下太阳辐射各分量的分布式模型,复杂地形下直接辐射、散射辐射和地形反射辐射三者之和即可得到复杂地形下太阳总辐射。

(三)直接辐射计算模型的建立

1. 水平面太阳直接辐射模型

设直接分量 f_b 代表水平面直接辐射占总辐射的比重,散射分量 f_d 代表水平面散射辐射占总辐射的比重。研究表明直接分量 f_b 与日照百分率 S 之间存在良好的关系,月直接分量 f_b 与日照百分率 S 均呈明显的非线性相关关系。本项目考虑结合 13 个辐射站的直接辐射及其日照百分率观测资料,建立水平面太阳直接辐射模型

$$Q_b = Q \cdot f_b = Q(1-a)\left(1 - \exp\left[\frac{-bS^c}{1-S}\right]\right) \tag{2.13}$$

式中,Q 为水平面太阳总辐射量;f_b 为直接分量;a、b、c 为经验系数;S 为日照百分率。

2. 实际地形下太阳直接辐射分布式模型

实际地形下的太阳直接辐射主要受天空和地面两大因素影响,大气状况(如云量的多少、大气的洁净度等)影响太阳辐射的透射率,而山地地形条件引起的遮蔽、反射作用也会减少地表接收到的太阳直接辐射量。可以仿照坡地太阳直接辐射的计算方法,给出起伏地形下太阳直接辐射 $Q_{b\alpha\beta}$ 的计算式为

$$\frac{Q_{0\alpha\beta}}{Q_0} = \frac{Q_{b\alpha\beta}}{Q_b} \tag{2.14}$$

式中,$Q_{0\alpha\beta}$ 为起伏地形下天文辐射,指无大气存在时(即不考虑大气影响时)地面能够接收到的太阳辐射量;Q_0 为水平面天文辐射,指无大气存在,且不考虑地形影响情况下地面能够接收到的太阳辐射量。Q_b 为水平面太阳直接辐射,指不考虑地形影响情况下地面能够接收到的太阳直接辐射量。

整理(2.14)式,可得

$$Q_{b\alpha\beta} = \frac{Q_{0\alpha\beta}}{Q_0} Q_b = R_b Q_b \tag{2.15}$$

式中,R_b 为起伏地形下天文辐射与水平面天文辐射之比,又称为转换因子,表示局地地形对太阳直接辐射的影响。

(四)散射辐射计算模型的建立

1. 水平面太阳散射辐射模型

与水平面太阳直接辐射类似,采用成分分解模型,引入散射分量因子 f_d,建立水平面太阳散射辐射模型

$$Q_d = Q f_d \tag{2.16}$$

水平面太阳总辐射由直接辐射和散射辐射组成,结合式(2.13)和(2.16),得到

$$Q = Q_b + Q_d = Q(f_b + f_d) \tag{2.17}$$

即 $f_b + f_d = 1$。结合(2.13)式,得到

$$f_d = a + (1-a)\exp\left(\frac{-bS^c}{1-S}\right) \tag{2.18}$$

因此,水平面太阳散射辐射模型为

$$Q_d = Q\left(a + (1-a)\exp\left(\frac{-bS^c}{1-S}\right)\right) \tag{2.19}$$

2. 实际地形下太阳散射辐射分布式模型

太阳辐射在通过大气时受到散射,其中散射向地面的那一部分能量以及云层等向地面反射的一部分太阳辐射,统称为天空漫射辐射,习惯上称为散射辐射。现有的坡地散射辐射计算模式有两类,即各向同性模式和各向异性模式。

局地地形对太阳散射辐射的影响主要表现在地形对天穹各方向散射辐射的遮蔽作用,在散射辐射各向异性的前提下,复杂地形中太阳散射辐射的计算模型为

$$Q_{d a \beta} = Q_d [(Q_b/Q_0)R_b + V(1-Q_b/Q_0)] = Q_d [f_b \cdot k_t \cdot R_b + V(1-f_b \cdot k_t)] \tag{2.20}$$

式中,$Q_{da\beta}$ 为复杂地形下太阳散射辐射;Q_d 为水平面太阳散射辐射,指不考虑地形影响情况下地面能够接收到的太阳散射辐射量;V 为地形开阔度;k_t 为晴空指数;f_b 为直接分量;R_b 为转换因子。

3. 地形开阔度模型

最大可见天穹受山地遮蔽影响,是决定太阳辐射情况的因素之一,通常用地形开阔度来表示。山地遮蔽分自身遮蔽和地形间的相互遮蔽两类,在以往的研究中,山地开阔度 V 一般只针对单一无限长的倾斜面的自身遮蔽的计算,公式为

$$V = \frac{1+\cos\alpha}{2} \tag{2.21}$$

式中,α 为山地中任一坡面的坡度。

复杂地形中,山地的开阔度取决于周围地形的相互遮蔽,考虑单一方位的山地开阔度 V_i,设起伏地形下任一点 P 的任一方位上的最大球冠为 $S_{球冠}$,则

$$S_{球冠} = 2\pi R_i^2 (1-\sin\alpha) \tag{2.22}$$

$$S_{半球} = 2\pi R_i^2 \tag{2.23}$$

式中,R_i 为 P 点到遮蔽点的直线距离。因此得到

$$V_i = \frac{S_{球冠}}{S_{半球}} = 1 - \sin\alpha \tag{2.24}$$

以 DEM 为基础数据计算的福建省地形开阔度详见图 2.42。

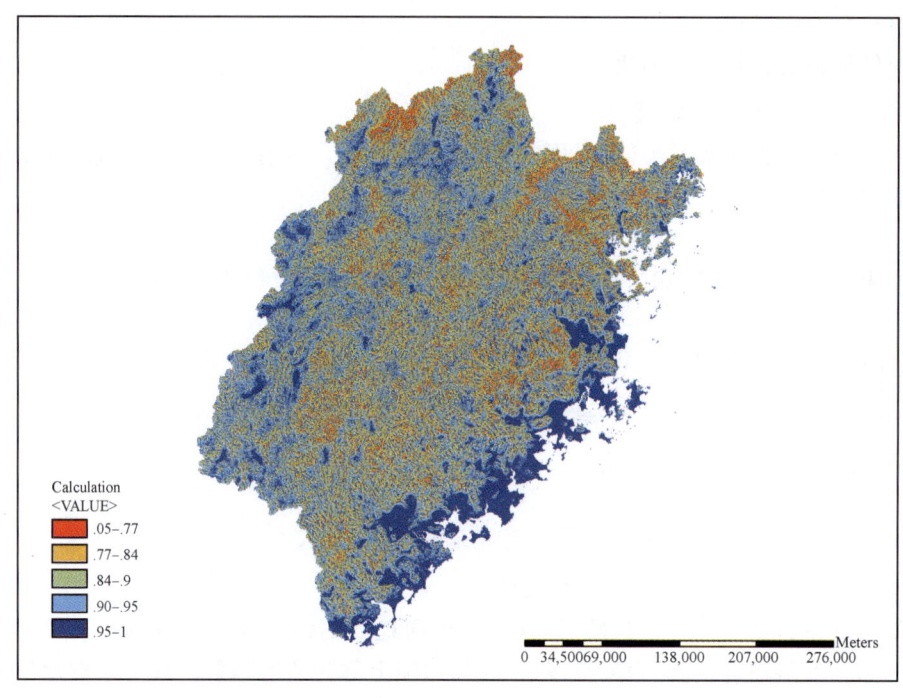

图 2.42　福建地形开阔度(分辨率为 100 m×100 m)

(五)反射辐射计算模型的建立

起伏地形下某点所接收到的由周围地形投射过来的太阳反射辐射,本文将其定义为周围地形反射辐射。它与下垫面的性质(土壤成分、覆盖物类型、地形特点、水陆差异以及下垫面颜色)有关。下垫面的性质可以通过地表反照率反映。地表反照率是指地表对入射的太阳辐射的反射通量与入射的太阳辐射通量的比值,决定了多少辐射能被下垫面所吸收。

1. 实际地形下太阳地形反射辐射分布式模型

山地接收的周围地形投射过来的太阳反射辐射量取决于周围山地的反射能力和地形的开阔度,其计算式为：

$$\begin{cases} Q_{r\alpha\beta} = \alpha_s(Q_b + Q_d)(1-V) = Q\alpha_s(1-V) & V \leqslant 1 \\ Q_{r\alpha\beta} = 0 & V > 1 \end{cases} \quad (2.25)$$

式中,$Q_{r\alpha\beta}$ 为地形反射辐射;α_s 为地表反照率,是由下垫面性质所决定的。

2. 地表反照率模型

较之传统的气候学统计手段以及根据实测资料结合植被特征和土壤类型推算方法,遥感反演反照率具有更能体现空间面域分布特征的优势,随着卫星遥感技术的发展,利用遥感资料求取区域地表反照率的方法日益受到重视,分析发现利用卫星资料和观测数据进行区域地表反照率计算的基本思路为：首先建立分光谱行星反照率与总的行星反照率的关系,然后通过总的行星反照率求取相应的地表反照率。

根据观测试验,可以得出宽带反射率(地表反照率)与 NOAA/AVHRR 的窄带反射率(谱反射率)之间的线性回归关系,Valiente 提出的地表反照率计算公式为：

$$\alpha_s = a r_1 + b r_2 + c \tag{2.26}$$

式中,r_1、r_2 分别是 NOAA/AVHRR 第一通道和第二通道的窄带反射率(谱反射率);a、b、c 为经验系数。

采用 1981—2000 年逐月 NOAA/AHRR 资料,计算得到福建省年平均地表反照率的空间分布(图 2.43)。

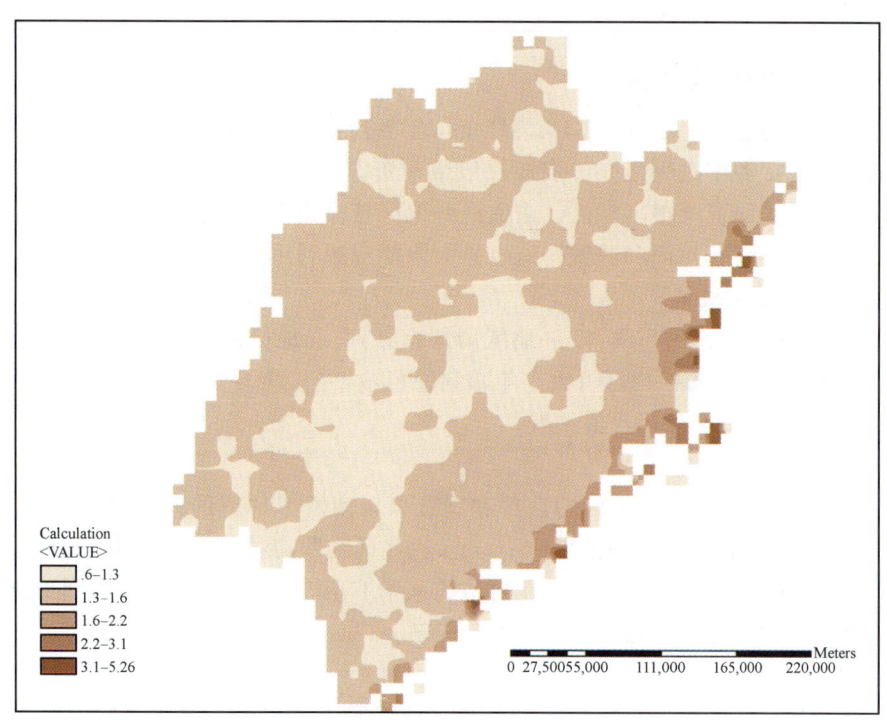

图 2.43 福建年平均地表反照率(分辨率为 8 km×8 km)

三、福建太阳能资源评估

(一)太阳能资源区划指标

根据《中华人民共和国气象行业标准——太阳能资源的评估方法》以及国家新近修改的评估标准,以太阳总辐射的年总量为指标,进行太阳能资源丰富程度评估(表 2.18)。再根据 1 kW·h=3.6 MJ,将 kW·h 单位转换成 MJ 单位,形成表 2.19 的评价指标,用于制作福建太阳能资源区划指标。

表 2.18 太阳能资源丰富程度等级

指标	资源丰富程度评价
≥1740kW·h/(m²·a)	最丰富
1400~1740kW·h/(m²·a)	很丰富
1160~1400kW·h/(m²·a)	较丰富
<1160kW·h/(m²·a)	一般带

表 2.19　太阳能资源的丰富程度等级

指标	资源丰富程度评价
≥6264 MJ/m²	最丰富
5054~6264 MJ/m²	很丰富
4176~5054 MJ/m²	较丰富
<4176 MJ/m²	一般带

(二)太阳能资源区划结果

福建省年平均总辐射 3800~5400 MJ/m²,年平均直接辐射量 1800~3000 MJ/m²。

福建太阳能资源丰富程度介于资源一般带~资源很丰富之间,其中漳州南部沿海地区以及泉州局部地区属资源很丰富区。东南沿海地区是福建省太阳能资源利用价值较高的地区。此外,闽北的建瓯、建阳和浦城等地也是太阳能资源利用价值相对较高的地区。

1. 太阳能资源一般区

位于宁德、三明地区的市县,南平地区局部市县,龙岩地区的东北部县市和福州地区的内陆市县属于太阳能资源一般区,太阳年辐射总量 3800~4176 MJ/m²,这些区域除海拔较低的盆地外,太阳能资源利用价值一般。

2. 太阳能资源较丰富区

位于南平地区大部,龙岩地区的西部和闽江口以南沿海地市的大部属于太阳能资源较丰富区,太阳年辐射总量 4176~5054 MJ/m²,这些区域除海拔较高的地方,如戴云山、玳瑁山、博平岭外,太阳能资源有一定的利用价值。从季节角度来说,夏季太阳能利用价值较高,区域内大部分地方平均日总量可达 18 MJ/m² 以上。

3. 太阳能资源很丰富区

东山、诏安、泉州沿海以及厦门、同安、龙海局部属于太阳能资源很丰富区,太阳年辐射总量 5054~5400 MJ/m²,平均日总量可达 20 MJ/m² 以上,该区域是福建省太阳能资源最丰富的地方,可利用价值高。

(三)太阳能资源利用途径

太阳能是一种储量巨大的清洁可再生能源,就目前来看太阳能利用途径可分为 3 种。

1. 光热转换,把太阳光转换成热能加以利用

太阳光热转换技术的产品很多,如热水器、开水器、干燥器、采暖和制冷,温室与太阳房,太阳灶和高温炉,海水淡化装置、水泵、热力发电装置及太阳能医疗器具等。

早期最广泛的太阳能应用是将水加热,太阳暖房在许多寒冷地区已使用多年。在建筑业中,传统意义上的太阳能建筑指经设计能直接利用太阳能进行采暖或制冷的建筑。比较成熟的是通过太阳能的光热利用,在冬季对室内空气进行加热的太阳能采暖建筑。

在诸多太阳能光热转换过程中,太阳能制冷最具吸引力。一般的太阳能热利用项目,如采暖、热水等,在需求上其实与太阳能的提供并不完全一致:当天气越冷、人们越需要温暖的时候,太阳能量的提供往往不足。从这个角度来看,太阳能空调的应用是最合理的:当太阳辐射越强,天气越热的时候,我们需要空调的负荷也越大。在炎炎夏日里,空调的耗电量几乎是整个电力系统耗电量的三分之一,这是太阳能空调应用最有利的客观因素。利用太阳能制冷与一般电力制冷原理相同,只是所用能源不同。目前太阳能制冷的方法有多种,如压缩式制冷、蒸汽喷射式制冷、吸收式制冷等。

2. 光电转换,把太阳光转换成电能加以利用

太阳能用于发电的途径有二:一是热发电,就是先用聚热器把太阳能变成热能,再通过汽轮机将热能转变为电能;二是光发电,就是利用太阳能电池的光电效应,将太阳能直接转变为电能,目前常用的有单晶硅、多晶硅、非晶硅光伏发电等,一般用于航天飞机、空间站或边远地区。太阳能建筑的光电利用,主要是用来实现太阳能照明,如LED照明。

太阳能灯是光电转换技术的一种应用产品,具有节能、环保、安全、无需布线、安装简便、自动控制、可根据需要随时变换插放位置等优点。太阳能灯具的主要类型有太阳能庭院灯、太阳能路灯、太阳能草坪灯、太阳能景观灯、太阳能信号灯。

3. 光化转换,先将太阳能转换成化学能,再转换为电能等其他能量

植物靠叶绿素把光能转化成化学能,实现自身的生长与繁衍,若能揭示光化转换的奥秘,便可实现人造叶绿素发电。目前,太阳能光化转换正在积极探索研究中。

(四)福建省太阳能资源开发利用前景

中国《可再生能源法》的颁布和实施,为太阳能利用产业的发展提供了政策保障;京都议定书的签定,环保政策的出台和对国际的承诺,给太阳能利用产业带来机遇;原油价格的上涨,中国能源战略的调整,使得政府加大对可再生能源发展的支持力度等等,所有这些都为太阳能利用产业的发展带来极大的机会。

福建省年平均总辐射在 3800~5400 MJ/m^2,虽然年辐射量不如西北地区,大部分区域属于资源一般区,但是月平均总辐射量分布表明,5—9月份辐射总量相对较高,大部分区域日平均太阳辐射总量可达 18 MJ/m^2 以上,正好与福建能源需求高峰季节对应。

从年总辐射量来看,莆田至漳州一带沿海地区太阳辐射总量明显高于其他地区,其中晋江和东山两地有高值点,此外,闽北的建瓯、建阳和浦城三地也是太阳辐射相对较高的区域。因此,东南沿海地区是福建省太阳能资源利用价值最高的地区,符合该经济发达区的用电需求。

现在太阳能热水器的技术已经比较成熟,即使是在阴雨天也照常可以通过光照加热,除非是连续6~7天的阴雨,才需要启动电加热装置。因此在福建,雨季有丰富的水能资源,秋冬季又有最为丰富的风能资源,风能、水能、太阳能三者互补为福建提供了无尽的能源宝藏。

如今,不需要铺设电缆,不消耗电力,也无需电源开关,每当夜幕降临时,路灯就会自动照亮的太阳能路灯在八闽乡间越来越多,尽管山区太阳能资源较贫乏,在高新技术产业的支撑下,仍可以充分利用太阳光能,如永安、建宁等山区都装上了这种节能的路灯。太阳能路灯白天接受太阳照射一天,就能为道路提供照明五六夜晚,即使在雨天,只要有光线就能充电。仅永安市洪田村2006年就装上了75盏太阳能路灯,每年可节约用电11万kW·h,年节省电费6万多元。此外,太阳能制冷技术的应用也有很大的开发市场。

第十一节 福建风能资源评估

根据国家发展改革委下达的"全国风能资源详查和评价"要求,福建省气象局负责福建沿海风能资源详查和评价工作。在沿海布设了18座风能资源观测塔,截至2011年5月完成了数值模拟和风能资源综合评估等工作。本节内容摘自《福建省风能资源综合评估报告》。

一、风能参数计算

(一)空气密度

空气密度直接影响风能的大小,在同等风速条件下,空气密度越大风能越大。空气密度计算公式为

$$\rho = \frac{1.276}{1+0.00366\,t} \cdot \frac{p-0.378e}{1000} \tag{2.27}$$

式中,ρ 为空气密度(kg/m^3),p 为气压(hPa),t 为气温(℃),e 为水汽压(hPa)。

(二)平均风功率密度

平均风功率密度的计算公式为

$$\overline{D}_{WP} = \frac{1}{2n}\sum_{i=1}^{n}\rho \cdot v_i^3 \tag{2.28}$$

式中,$\overline{D}_{WP}$ 为设定时段的平均风功率密度(W/m^2);n 为设定时段内的记录数;v_i 为第 i 记录风速(m/s)值,ρ 为空气密度,由式(2.27)给出。

根据《GB/T 18710—2002 风功率密度等级划分标准》,以 50 m 高度的平均风功率密度值为标准(表 2.20)。

表 2.20 风功率密度等级划分标准

高度	10 m		30 m		50 m		
风功率密度等级	风功率密度(W/m^2)	年平均风速参考值(m/s)	风功率密度(W/m^2)	年平均风速参考值(m/s)	风功率密度(W/m^2)	年平均风速参考值(m/s)	应用于并网风力发电
1	<100	4.4	<160	5.1	<200	5.6	
2	100~150	5.1	160~240	5.9	200~300	6.4	
3	150~200	5.6	240~320	6.5	300~400	7.0	较好
4	200~250	6.0	320~400	7.0	400~500	7.5	好
5	250~300	6.4	400~480	7.4	500~600	8.0	很好
6	300~400	7.0	480~640	8.2	600~800	8.8	很好
7	400~1000	9.4	640~1600	11.0	800~2000	11.9	很好

注1:不同高度的年平均风速参考值是按风切变指数为 1/7 推算的;

注2:与风功率密度上限值对应的年平均风速参考值,按海平面标准大气压并符合瑞利风速频率分布推算。

(三)风向和风能密度分布

以 16 方位各风向频率描述风的方向分布特征。风向频率指设定时段各方位风出现的次数占全方位风向出现总次数的百分比。

风能密度计算公式为

$$D_{WE} = \frac{1}{2}\sum_{i=1}^{n}\rho \cdot v_i^3\, t_i \tag{2.29}$$

式中,D_{WE} 为风能密度($W \cdot h/m^2$),n 为风速区间数目,ρ 为空气密度(kg/m^3),v_i^3 为第 i 风速区间的风速(m/s)值的立方,t_i 为某扇区或全方位第 i 个风速区间的风速发生的时间(h)。

第二章 气候要素与气候资源

(四)风速垂直切变

近地层风速的垂直分布主要取决于地表粗糙度和低层大气的层结状态。在中性大气层结下,对数和幂指数方程都可以较好地描述风速的垂直廓线,实测数据检验结果表明,在福建省幂指数公式比对数公式可以更精确地拟合风速的垂直廓线,我国新修订的《建筑结构设计规范》也推荐使用幂指数公式,其表达式为

$$V_2 = V_1 \left(\frac{z_2}{z_1}\right)^\alpha \tag{2.30}$$

式中,V_2 为高度 z_2 处的风速(m/s);V_1 为高度 z_1 处的风速(m/s),z_1 一般取 10 m 高度;α 为风切变指数,其值的大小表明了风速垂直切变的强度。

根据各详查区测风站观测年度各高度的日平均风速实测值,采用幂指数方法。计算结果表明 18 个测风塔的风切变指数 α 都为 0.07～0.2,大部分塔风随高度的变化符合幂指数规律。

(五)湍流强度

湍流强度表示瞬时风速偏离平均风速的程度,是评价气流稳定程度的指标。湍流强度与地理位置、地形、地表粗糙度和天气系统类型等因素有关,其计算公式为

$$I = \frac{\sigma_v}{V} \tag{2.31}$$

式中,V 为 10 分钟平均风速(m/s),σ_v 为 10 分钟内瞬时风速相对平均风速的标准差。观测计算表明,下垫面比较复杂的地形,风速小,湍流强度强;风速大且地形相对简单的区域,湍流强度小。

湍流强度的空间分布:北部的 13001～13004 号塔、龙海马头山(13014)以及东山岩雅(13017)年平均湍流强度各层均为 0.2～0.3,仙游钟山(13011)各层为 0.3～0.34,这几个塔大多位于下垫面比较复杂的地形环境下,仙游钟山位于相对内陆的山区。其余风塔地形环境相对平坦,其湍流强度为 0.1～0.2。

湍流强度的年季变化:春季或夏季湍流强度最大,秋季小,这与春、夏季各月风速较小,秋、冬季风速大有关。闽江口以北详查区及厦门漳浦以南的详查区春季的 4 月或 5 月湍流强度最大,11 月最小,中部沿海地区则以夏季 7 月湍流强度最大,同样也是 11 月份最小。

湍流强度的日变化:午后至傍晚湍流强度最小,凌晨最大(其中 13001 号塔受地形影响且海拔高度较高,凌晨湍流强度小),这是由于下垫面增温造成的,凌晨地面温度很低,风速小,湍流强度大,随着地面的升温,风速开始增大,至午后风速达最大,湍流强度达最小。

湍流强度,与相应的全风速段湍流强度比较可以看出,在 15 m/s 的大风状态下,湍流强度均减小,在 0.1 左右,尤其是南北两个详查区,减小得更明显,有的减小近一半。

(六)风频曲线及威布尔分布参数

风频曲线拟合采用威布尔分布,其二参数概率密度函数用下式表示

$$f(x) = \frac{K}{A}\left(\frac{x}{A}\right)^{K-1}\exp\left[-\left(\frac{x}{A}\right)^K\right] \tag{2.32}$$

式中,$f(x)$ 为概率密度函数,A 为尺度参数,K 为形状参数。

(七)风能主要参数观测和计算结果

表 2.21 和表 2.22 为各详查区应用于并网型风力发电的风电场等级评估结果。

表 2.21 各详查区观测年度风能参数表

站名	项目	测风高度(m)	3～25 m/s时数百分率(%)	平均风速(m/s)	平均风功率密度(W/m²)	有效风能时数(h)	有效风功率密度(W/m²)	最大风速(m/s)	极大风速(m/s)	风资源等级
闽江口以北沿海详查区	福鼎佳阳 13001	10	75	5.4	206.9	6522	271.1	37.4	45.7	2
		30	78	6.0	274.2	6829	333.5	38.9	47.7	
		50	78	6.0	273.7	6831	333.1	38.5	44.9	
		70	80	6.1	279.6	6964	333.4	38.0	44.6	
	福鼎嵛山岛 13002	10	76	5.7	280.4	6648	367.6	23.2	28.8	5
		30	82	7.4	525.4	7205	637.1	23.5	27.9	
		50	83	7.4	530.1	7266	634.9	23.7	28.0	
		70	84	7.6	534.6	7373	631.3	28.3	34.2	
		100	84	7.4	497.2	7361	587.7	28.2	34.4	
	霞浦间峡1 13003	10	67	4.9	169.2	5825	252.2	20.0	26.3	2
		30	71	5.4	222.9	6251	310.5	20.8	26.9	
		50	74	5.7	249.4	6455	336.7	21.6	26.4	
		70	75	5.9	263.9	6606	348.4	21.5	27.2	
	霞浦间峡2 13004	10	47	3.4	65.4	4151	133.9	15.6	21.6	1
		30	58	4.2	124.6	5109	210.4	18.2	23.6	
		50	65	4.7	157.3	5620	237.9	19.3	24.9	
		70	68	5.0	190.3	5895	276.2	22.0	27.0	
	霞浦间峡3 13005	10	82	6.3	312.6	7074	380.9	24.3	29.5	3
		30	82	6.3	315.9	7212	382.3	25.1	30.1	
		50	84	6.6	353.8	7312	422.6	25.8	32.9	
		70	85	7.0	392.4	7321	463.2	26.9	32.4	
福州中南部沿海详查区	长乐江田 13006	10	72	4.7	137.1	6280	188.7	20.6	26.1	2
		30	82	5.7	221.9	7208	268.4	24.3	30.3	
		50	85	6.1	267.8	7468	313.0	26.1	31.6	
		70	85	6.1	272.9	7478	314.9	26.5	33.1	
	福清东瀚 13007	10	90	8.4	659.6	7874	729.8	30.2	39.9	6
		30	92	9.0	762.1	8035	821.0	31.8	39.2	
		50	92	9.2	798.2	8083	855.8	32.9	38.7	
		70	93	9.4	817.9	8185	866.6	33.7	38.6	
	平潭流水 13008	10	88	8.4	696.1	7672	792.4	27.0	35.6	7
		30	91	9.5	932.5	7979	975.7	29.8	37.2	
		50	92	9.9	965.8	8079	1040.3	31.5	37.2	
		70	93	10.1	1025	8116	1098	31.8	37.7	

续表

站名	项目	测风高度(m)	3~25 m/s时数百分率(%)	平均风速(m/s)	平均风功率密度(W/m²)	有效风能时数(h)	有效风功率密度(W/m²)	最大风速(m/s)	极大风速(m/s)	风资源等级
莆田沿海详查区域	莆田后温 13009	10	80	5.7	198.0	7019	245.6	21.0	28.0	4
		30	87	6.8	336.4	7595	386.9	24.6	32.2	
		50	89	7.5	437.3	7766	492.3	27.3	33.2	
		70	91	8.3	595.4	7954	649.6	30.2	36.5	
	莆田南日 13010	10	74	4.8	140.9	6438	188.8	18.9	27.9	6
		30	87	8.0	636.2	7599	726.5	28.5	32.8	
		50	90	8.5	706.5	7819	777.3	29.8	34.2	
		70	91	8.9	793.6	7877	864.1	29.8	33.9	
		100	92	9.6	946.7	7992	1004.7	31.3	35.9	
	仙游钟山 13011	10	49	3.1	34.1	4330	64.4	18.8	26.5	1
		30	58	3.5	49.3	5103	81.3	19.4	26.5	
		50	60	3.7	57.3	5291	91.7	20.8	30.8	
		70	65	3.9	69.9	5704	104.6	22.0	29.4	
泉州沿海详查区域	惠安走马埭 13012	10	78	5.8	256.4	6772	321.8	31.8	40.1	4
		30	84	7.0	436.4	7296	512.2	33.8	41.1	
		50	85	7.2	478	7403	546.2	34.6	42.0	
		70	86	7.4	494.8	7505	556.5	36.7	42.6	
	晋江福全 13013	10	79	6.5	369.1	6783	461.5	34.8	41.6	5
		30	84	7.2	480.3	7229	562.5	36.9	41.6	
		50	89	7.8	536.1	7690	589.5	37.3	42.1	
		70	90	8.1	614.5	7858	660.5	40.5	46.1	
厦门漳浦沿海详查区域	龙海马头山 13014	10	63	4.3	120.6	5432	189.9	28.5	38.7	2
		30	71	5.2	194.7	6185	267.6	31.6	40.1	
		50	74	5.4	212.6	6375	285.6	32.0	39.5	
		70	77	5.8	263.8	6633	337.9	34.5	41.5	
	漳浦赤湖 13015	10	78	5.8	254.6	6781	320.9	29.6	36.6	5
		30	85	7.1	457.4	7447	513.8	32.4	38.6	
		50	85	7.4	521.3	7465	573.2	34.8	41.2	
		70	86	7.6	535.8	7541	585.6	35.0	41.6	
		100	88	7.9	591.3	7727	626.4	36.9	41.3	
	漳浦霞美 13016	10	66	4.6	145	5759	214.9	28.9	39.6	2
		30	78	5.4	208.2	6751	258.6	35.1	46.9	
		50	81	5.8	235.7	7038	278.2	40.9	48.2	
		70	83	6.2	275.5	7215	318.7	41.2	48.9	

续表

站名	项目	测风高度(m)	3～25 m/s时数百分率(%)	平均风速(m/s)	平均风功率密度(W/m²)	有效风能时数(h)	有效风功率密度(W/m²)	最大风速(m/s)	极大风速(m/s)	风资源等级
东山诏安沿海详查区域	东山岩雅 13017	10	72	4.9	146.5	6264	202.7	26.8	34.8	2
		30	77	5.3	180.1	6748	232.1	27.6	35	
		50	81	6.1	254.0	7065	312.1	28.1	33.8	
		70	87	7.1	382.5	7642	437.4	27.8	34.7	
	诏安梅岭 13018	10	76	5.4	202.1	6577	265.3	26.4	33.3	3
		30	82	5.8	234.8	7155	284.2	26.4	31.5	
		50	84	6.5	327.2	7302	388.9	28.4	35.4	
		70	86	6.8	379.6	7476	440.9	30.0	37.1	

表 2.22 各详查区测风塔观测年度各风速等级小时数(h)

站名	测风高度(m)	3～25 (m/s)	4～25 (m/s)	5～25 (m/s)	6～25 (m/s)	7～25 (m/s)	8～25 (m/s)	9～25 (m/s)	10～25 (m/s)	11～25 (m/s)	12～25 (m/s)	13～25 (m/s)	14～25 (m/s)	≥15 (m/s)
闽江口以北沿海详查区 13001	10	6522	5316	4131	3103	2294	1665	1205	819	521	320	226	143	99
	30	6829	5831	4718	3763	2924	2220	1588	1148	748	488	326	204	144
	50	6831	5854	4797	3872	2943	2211	1574	1119	739	503	338	205	151
	70	6964	6010	5005	4044	3118	2286	1639	1159	762	497	343	216	158
闽江口以北沿海详查区 13002	10	6648	5444	4373	3277	2434	1918	1479	1193	928	708	512	374	236
	30	7205	6436	5715	4959	4265	3553	2908	2380	1896	1417	1047	763	527
	50	7266	6498	5786	4995	4295	3591	2923	2373	1900	1438	1044	772	527
	70	7373	6701	6009	5239	4527	3713	3058	2425	1950	1458	1059	736	513
	100	7361	6659	5975	5198	4484	3709	2948	2321	1767	1266	883	626	409
闽江口以北沿海详查区 13003	10	5825	4768	3894	2907	2168	1558	952	623	373	227	114	61	24
	30	6251	5270	4501	3515	2691	2036	1351	910	586	376	222	126	62
	50	6455	5551	4797	3872	3019	2272	1544	1068	677	432	254	158	77
	70	6606	5733	4998	4117	3255	2411	1668	1149	727	447	261	161	88
闽江口以北沿海详查区 13004	10	4151	2969	2116	1340	854	498	219	96	33	20	6	1	0
	30	5109	3850	3009	2198	1615	1101	720	468	238	122	55	27	17
	50	5620	4368	3407	2565	1896	1382	894	611	370	202	98	47	28
	70	5895	4898	3947	2873	2143	1569	1082	756	491	321	175	98	50
闽江口以北沿海详查区 13005	10	7074	6072	5172	4094	3238	2485	1813	1365	958	669	420	286	177
	30	7212	6283	5328	4234	3287	2436	1786	1331	955	693	444	312	195
	50	7312	6514	5649	4693	3764	2881	2029	1490	1076	762	501	346	224
	70	7321	6672	5869	4942	4093	3125	2304	1659	1216	872	573	398	261
福州中南部沿海详查区 13006	10	6280	4455	3267	2382	1783	1208	791	472	219	109	63	29	18
	30	7208	5904	4582	3288	2491	1891	1309	937	585	359	192	108	68
	50	7468	6417	5230	3910	2962	2243	1593	1130	763	488	277	167	99
	70	7478	6497	5359	3967	2967	2184	1572	1080	748	482	289	170	104

续表

站名	测风高度(m)	3～25 (m/s)	4～25 (m/s)	5～25 (m/s)	6～25 (m/s)	7～25 (m/s)	8～25 (m/s)	9～25 (m/s)	10～25 (m/s)	11～25 (m/s)	12～25 (m/s)	13～25 (m/s)	14～25 (m/s)	≥15 (m/s)
福州中南部沿海详查区13007	10	7874	7254	6537	5729	4991	4301	3634	3113	2559	2036	1499	1029	619
	30	8035	7482	6958	6325	5696	5015	4245	3601	2911	2266	1720	1237	801
	50	8083	7563	7094	6529	5948	5253	4469	3797	3086	2429	1830	1293	830
	70	8185	7694	7194	6588	5995	5291	4599	3906	3209	2570	1909	1332	840
福州中南部沿海详查区13008	10	7672	7048	6347	5584	4989	4373	3829	3372	2789	2285	1731	1158	682
	30	7979	7537	7095	6551	5964	5291	4582	3964	3309	2727	2160	1696	1124
	50	8079	7665	7279	6816	6338	5743	5022	4369	3650	2990	2360	1822	1188
	70	8116	7735	7358	6949	6481	5877	5244	4599	3886	3208	2513	1975	1330
莆田沿海详查区13009	10	7019	6024	5115	3989	2953	1975	1138	656	321	153	65	30	13
	30	7595	6789	5947	5066	4191	3253	2317	1602	985	633	332	190	100
	50	7766	7023	6306	5498	4737	3945	2988	2232	1504	990	632	380	223
	70	7954	7393	6774	6014	5335	4545	3790	2953	2226	1639	1060	757	481
莆田沿海详查区13010	10	6438	5215	3980	2563	1696	1094	626	350	204	121	65	25	5
	30	7599	6877	6242	5517	4766	4024	3312	2788	2209	1766	1230	869	543
	50	7819	7167	6611	5964	5327	4653	3770	3059	2385	1860	1333	926	613
	70	7877	7329	6827	6231	5663	5013	4209	3461	2684	2089	1564	1093	768
	100	7992	7578	7109	6623	6138	5578	4875	4204	3389	2635	1947	1410	931
莆田沿海详查区13011	10	4330	2330	1139	491	246	107	41	21	7	3	0	0	0
	30	5103	3215	1794	846	439	225	93	41	22	12	2	1	0
	50	5291	3463	2070	1016	555	302	154	66	32	20	10	5	1
	70	5704	3909	2519	1332	729	400	225	114	54	29	15	10	3
泉州沿海详查区13012	10	6772	5597	4650	3743	2954	2226	1628	1171	746	434	225	143	86
	30	7296	6358	5471	4609	3948	3279	2624	2063	1559	1170	775	476	290
	50	7403	6522	5645	4742	4034	3371	2662	2138	1670	1292	891	573	356
	70	7505	6747	5915	5018	4337	3644	2900	2301	1742	1362	965	615	389
泉州沿海详查区13013	10	6783	5819	4970	4150	3428	2867	2304	1774	1250	910	578	358	222
	30	7229	6431	5685	4828	4171	3459	2799	2254	1649	1217	847	576	364
	50	7690	6933	6239	5464	4718	3934	3153	2517	1853	1344	944	652	399
	70	7858	7315	6552	5765	5022	4180	3427	2747	2170	1576	1153	821	560
厦门漳浦沿海详查区13014	10	5432	4350	3255	2107	1432	901	503	280	155	98	60	46	34
	30	6185	5110	4185	3126	2263	1557	1017	643	374	237	149	100	65
	50	6375	5345	4426	3380	2484	1747	1131	740	430	275	173	118	71
	70	6633	5727	4832	3816	2937	2072	1433	989	624	392	254	177	116
厦门漳浦沿海详查区13015	10	6781	5580	4589	3605	2804	2109	1521	1076	689	421	232	155	95
	30	7447	6605	5665	4727	3959	3255	2557	1983	1512	1144	811	537	324
	50	7465	6781	5952	5104	4362	3628	2941	2316	1705	1303	910	632	387
	70	7541	6874	6090	5208	4500	3768	3046	2433	1818	1345	927	632	404
	100	7727	7111	6394	5509	4808	4066	3303	2657	2057	1521	1042	730	461

续表

站名	测风高度(m)	3~25 (m/s)	4~25 (m/s)	5~25 (m/s)	6~25 (m/s)	7~25 (m/s)	8~25 (m/s)	9~25 (m/s)	10~25 (m/s)	11~25 (m/s)	12~25 (m/s)	13~25 (m/s)	14~25 (m/s)	≥15 (m/s)
厦门漳浦沿海详查区 13016	10	5759	4273	3181	2276	1712	1212	797	554	314	172	77	44	29
	30	6751	5561	4336	3117	2302	1706	1120	773	518	324	179	84	49
	50	7038	6089	5024	3772	2766	1947	1243	829	518	334	192	108	64
	70	7215	6416	5499	4317	3289	2262	1502	995	644	407	240	159	95
东山诏安详查区 13017	10	6264	4994	3916	2846	2022	1320	783	431	219	86	30	17	13
	30	6748	5585	4548	3372	2469	1686	1040	616	325	151	62	29	16
	50	7065	6139	5278	4240	3321	2486	1642	1072	665	389	187	82	31
	70	7642	6901	6037	5189	4280	3432	2560	1837	1225	812	540	327	196
东山诏安详查区 13018	10	6577	5227	4237	3181	2359	1699	1110	723	446	254	148	105	74
	30	7155	5902	4876	3794	2815	2056	1343	852	519	296	175	113	86
	50	7302	6235	5392	4386	3574	2794	2011	1455	959	662	411	256	164
	70	7476	6512	5673	4687	3837	3011	2300	1720	1206	833	556	363	232

二、风能资源数值模拟

风能资源详查区的数值模拟评估分别采用短期模拟和长期模拟两种方法进行。通过风能资源气候学数值模拟方法得到30年平均的风能资源分布，结合GIS空间分析，得到风能资源技术开发量。总体上看，无论短期模拟还是长期模拟结果都具有一定的参考价值，可为福建沿海风电场的开发利用提供科学的参考依据。

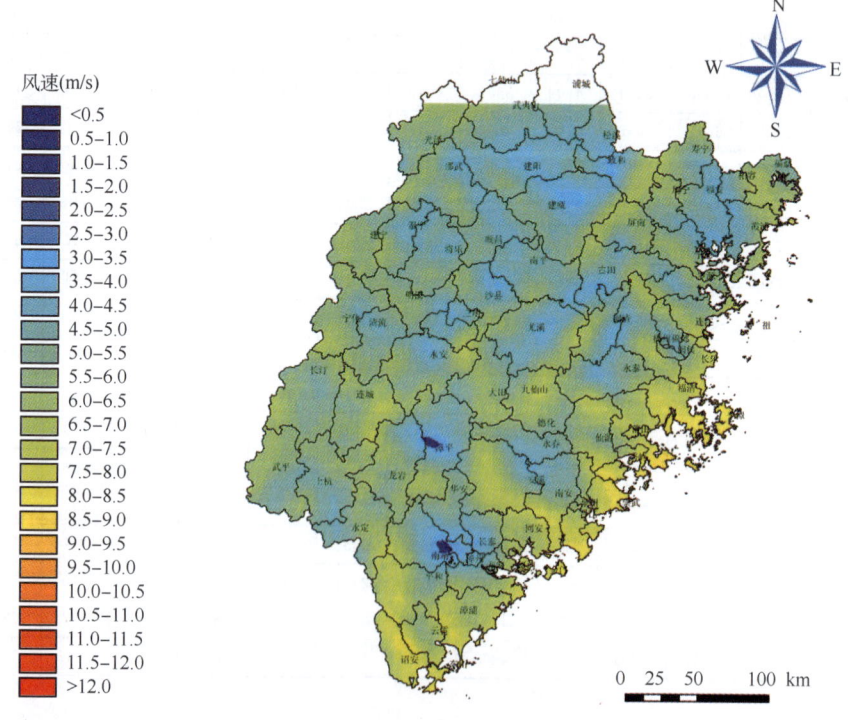

图 2.44　福建 70 m 高度年平均风速分布图

(一)风能资源短期数值模拟

1.70 m高平均风速分布特征

图2.44是福建沿海70 m高年平均风速模拟分布图。由图可见,从南到北年平均风速6~9 m/s,其中中部沿海(闽江口至厦门)受海峡入风口狭管效应影响,风速为全省最大,达8~9 m/s,风速大值区集中在福清—莆田一带沿海,岛屿和半岛突出部年平均风速可以达到10 m/s;南部沿海(厦门以南沿海)处于海峡出风口,狭管效应减弱,风速小于中部沿海,但由于地势平坦,风速大于北部沿海;北部沿海(闽江口以北)风速最小,为6~8 m/s,仅在半岛突出部或岛屿风速较大。此次短期数值模拟的年平均风速分布规律符合福建沿海风的空间分布特征。

2.70 m高平均风功率密度分布特征

70 m高年平均风功率密度的空间分布特征和年平均风速基本一致(图2.45),遵循中部沿海最大,南部沿海次之,北部沿海最小的分布特征。从北至南具体的分布为:连江以北沿海风功率密度介于300~400 W/m²;连江至闽江口沿海风功率密度可达400~500 W/m²;闽江口至崇武沿海,多数区域介于500~600 W/m²,岛屿和半岛突出部(平潭岛、南日岛和崇武半岛)风功率密度可达800 W/m²以上,是全省风功率密度最大区域;厦门以南沿海400~500 W/m²,其中漳浦沿海最小,往南又有所增加。

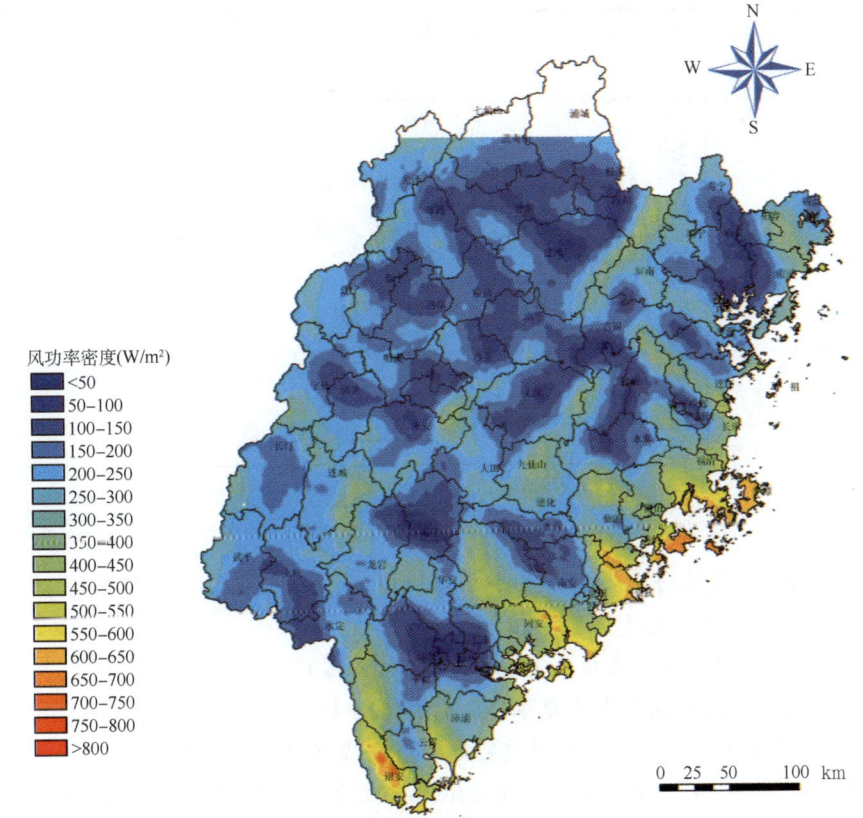

图2.45 福建70 m高度年平均风功率密度分布图

(二)风能资源长期数值模拟

1. 各高度年平均风速、风功率密度分布规律

福建省沿海地区地形地貌复杂,山地、平原、岛屿一应俱全。北部沿海以山地为主,山地直逼海岸线,海拔高度较高;中南部沿海为狭窄的平原,海拔一般较低,地形相对平坦,地面粗糙度相对北部沿海为小;海岸岛屿、半岛众多,半岛地区和大部分海岛充分暴露于海面,下垫面粗糙度小,地形一般较平坦。综观图2.46,沿海地区年平均风速随高度的增加而增大,8 m/s以上的区域随高度扩大,并向内陆延伸,其中在闽江口以北沿海局部地形复杂的山地,50 m高度风速最大,50 m以上高度风速变化不大,甚至略呈减小趋势。

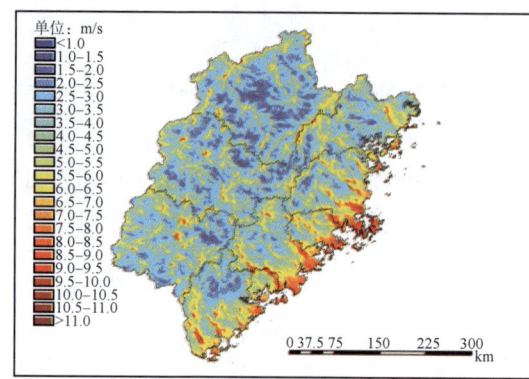
50 m

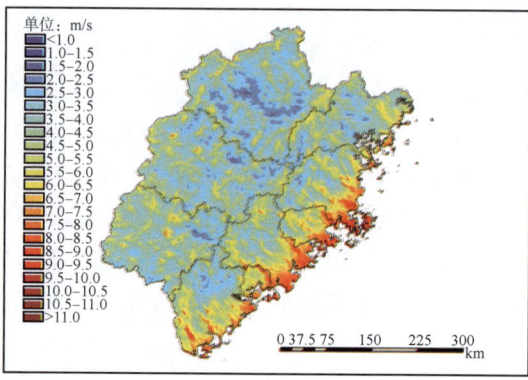
70 m

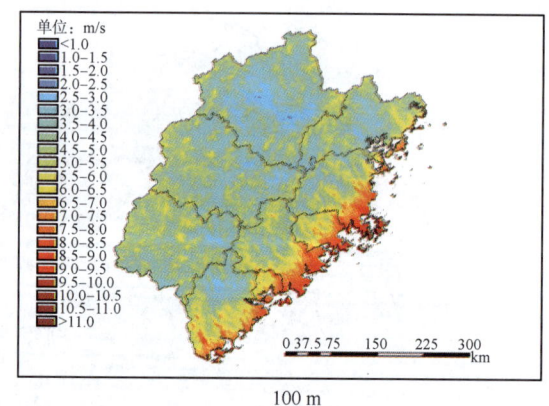
100 m

图 2.46 福建省各高度长期数值模拟年平均风速

年平均风功率密度的分布(图2.47)类似于风速,除北部局部山地受地形影响,风功率密度随高度减小外,其余区域都是随高度增加。

2. 各高度各季平均风速、风功率密度分布规律(图略)

春季(3—5月)平均风速稍大于夏季,70 m高季平均风速,中部沿海8~9 m/s,南部沿海6~7 m/s,北部沿海5~6 m/s,大风主要是冷空气或强对流天气造成的。

夏季(6—8月)平均风速最小,70 m高8 m/s左右的风速集中在长乐至莆田沿海及北部的半岛和岛屿,大风主要是由台风引起的。

秋季(9—11月)是福建省大风季节,大风生成的原因主要是冷空气或冷空气与台风共同作用的结果。北部地区风随高度减小,其余地区增加,地形影响较明显。中部沿海70 m高平均风速可以超过 11 m/s,南部沿海约为 9 m/s,北部沿海的岛屿和半岛突出部约为 8 m/s。

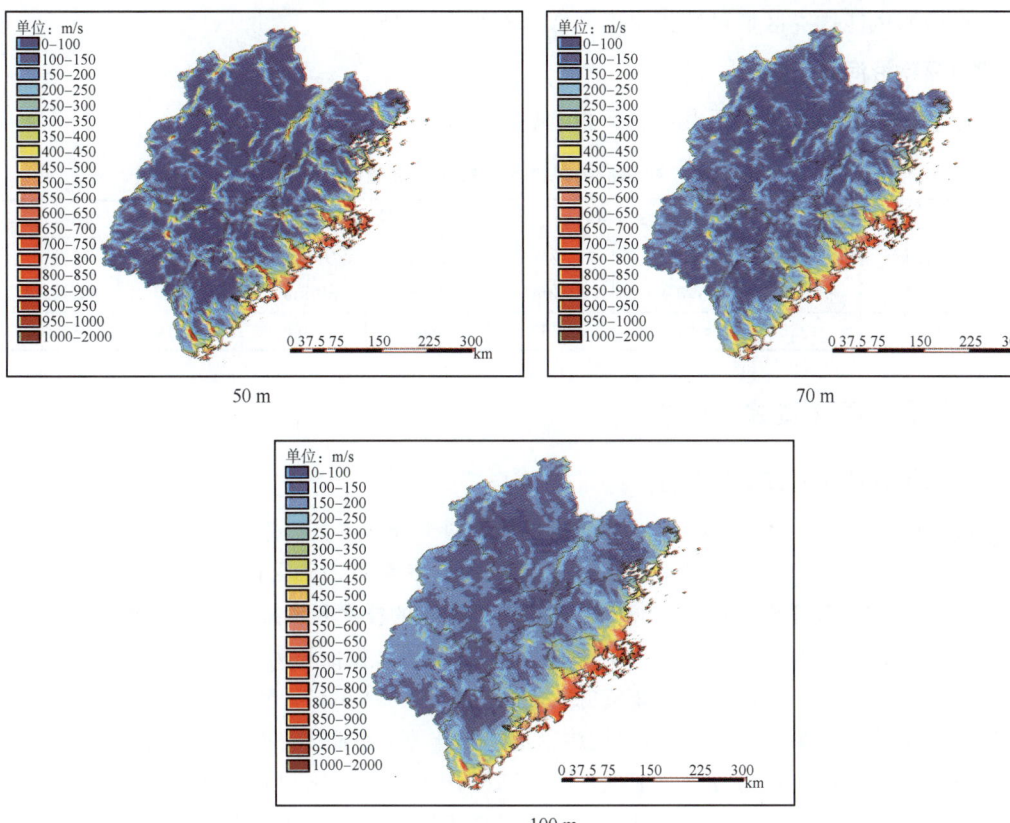

图 2.47　福建省各高度长期数值模拟年平均风功率密度

冬季(12—2月)由于冷空气南下影响,沿海平均风速较大,盛行偏北风,风速随高度增加非常迅速,70 m 高平均风速超过 11 m/s,且自北向南随高度都是呈增加的态势,局地地形影响大为减弱,明显不同于年的分布。

季节平均风功率密度类似于平均风速的变化,不再复述。

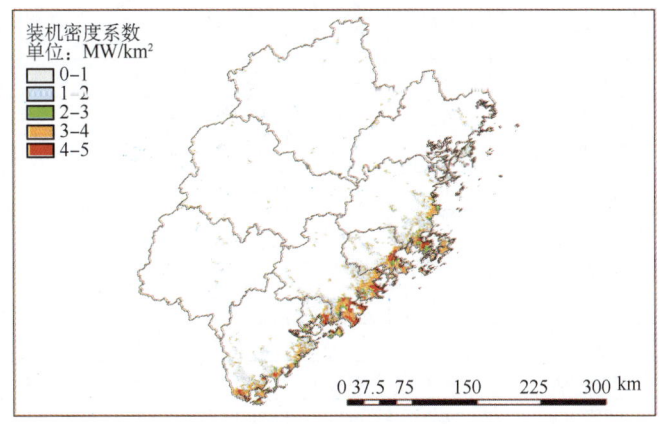

图 2.48　福建沿海风能详查区域可装机密度系数分布图

(三)风能资源的GIS空间分析

福建沿海风能详查区域可装机密度系数分布见图2.48。

(四)福建沿海风能潜力

福建沿海风能潜在技术开发量和面积见表2.23。

表2.23　福建沿海风能潜在技术开发量和面积

要素	≥400 W/m²		≥300 W/m²		≥250 W/m²		≥200 W/m²	
	开发量（MW）	开发面积（km²）	开发量（MW）	开发面积（km²）	开发量（MW）	开发面积（km²）	开发量（MW）	开发面积（km²）
70 m	6560	1825	9550	2664	10910	3058	13410	3780

三、风能资源详查综合评估

(一)福建省风能资源总体特征

本次风能资源详查的结果表明,福建沿海风能资源十分丰富。福建沿海70 m高度平均风功率密度≥200 W/m²的技术开发量为13410 MW,可开发面积3780 km²;≥250 W/m²的技术开发量为10910 MW,可开发面积3058 km²;≥300 W/m²的技术开发量为9550 MW,可开发面积为2664 km²;≥400 W/m²的技术开发量为6560 MW,可开发面积1825 km²。

此次长年代风能资源估算和风能资源长期数值模拟的结果皆一致表明:

福建沿海风能资源空间分布特点是:中部沿海最丰富,南部沿海次之,北部沿海再次,具有由沿海向内陆迅速递减的特点。根据《GB/T 18710—2002　风功率密度等级划分标准》,中部沿海(包括福州中南部沿海详查区、莆田沿海详查区和泉州沿海详查区)为4级(好)—7级(很好),其中平潭岛和龙高半岛部分地区可达最高级7级;南部沿海(包括厦门漳浦沿海详查区和东山诏安沿海详查区)和北部沿海(闽江口以北沿海详查区)为2级—5级(很好),但南部可开发面积大于北部(表2.24和图2.49,图2.50)。

表2.24　各详查区测风塔长年代70 m高度平均风能参数估算结果

站名	项目	平均风速(m/s)	平均风功率密度(W/m²)	风切变指数	50年一遇最大风速(m/s)	平均湍流强度	15 m/s湍流强度	风能资源等级
闽江口以北沿海详查区	福鼎佳阳	6.2	292.5	0.096	50.3	0.21	0.11	2
	福鼎嵛山岛	7.7	559.4	0.130	51.4	0.2	0.09	5
	霞浦闾峡1	6.0	276.1	0.098	45.8	0.22	0.10	2
	霞浦闾峡2	5.1	199.1	0.203	44.1	0.27	0.09	1
	霞浦闾峡3	7.1	410.6	0.112	49.5	0.18	0.09	3
福州中南部沿海详查区	长乐江田	6.2	285.5	0.144	45.4	0.18	0.09	2
	福清东瀚	9.5	855.8	0.066	46.3	0.14	0.09	7
	平潭流水	10.3	1072.5	0.096	48.1	0.12	0.08	7
莆田沿海详查区域	莆田后温	8.4	623.0	0.166	46.4	0.16	0.11	4
	莆田南日	9.0	830.3	0.125	48.7	0.14	0.09	6
	仙游钟山	4.0	73.1	0.124	31.4	0.33	0.15	1

续表

站名	项目	平均风速(m/s)	平均风功率密度(W/m²)	风切变指数	50年一遇最大风速(m/s)	平均湍流强度	15 m/s 湍流强度	风能资源等级
泉州沿海详查区域	惠安走马埭	7.6	537.4	0.126	43.6	0.15	0.10	5
	晋江福全	8.3	667.4	0.124	45.3	0.14	0.11	5
厦门漳浦沿海详查区域	龙海马头山	6.0	286.5	0.142	42.3	0.21	0.12	2
	漳浦赤湖	7.8	580.9	0.137	51.5	0.11	0.06	2
	漳浦霞美	6.4	298.7	0.132	51.3	0.16	0.10	2
东山诏安沿海详查区域	东山岩雅	7.3	414.7	0.126	53.1	0.25	0.13	2
	诏安梅岭	7.0	411.5	0.125	51.5	0.15	0.09	3

福建沿海风能资源时间分布特点是：平均风功率密度与平均风速遵循同样的变化规律，季节变化特点是秋季最大，冬季次之，夏季最小；日变化特点是凌晨最小，然后逐渐增大，午后至傍晚达最大，尔后再逐渐减小。风能方向频率非常集中，主导风向为 NE 或 NNE，NNE—ENE 三个风向的频率之和达 60%～70%，夏季的主导风向为 SW 或 SSW，S—SW 三个风向的频率之和为 25% 左右。

其他风能资源参数的特征：福建沿海风速随高度的变化基本符合幂指数规律，风切变指数为 0.07～0.2，平坦空旷的地区小于下垫面复杂的地区；平均湍流强度为 0.1～0.3，风速 15 m/s 的湍流强度各详查区均在 0.1 左右，但台风影响期间湍流强度会明显增大；风频曲线均满足威布尔分布，尺度参数 A 为 4.43～11.43 m/s，形状参数 K 为 1.75～2.33；70 m 高度 50 年一遇最大风速 40～53 m/s，呈现中部沿海小，南部和北部沿海大的分布特点。

(二)各详查区风能资源特征

1. 闽江口以北沿海详查区

风能资源等级 2—5 级，其中 5 级出现在近海岛屿上。70 m 高平均风速为 6.0～7.7 m/s，平均风功率密度为 276～560 W/m²。该区域设置了一条垂直于海岸线的测风剖面，用于研究风随离海距离的变化情况。研究表明，在福建北部沿海丘陵台地，离海稍远的山脊上(如霞浦间峡 3)的风况要好于海边平地(如霞浦间峡 1)，但二者皆有开发价值，而位于半山腰上的测风塔风况最差(如霞浦间峡 2)，风能资源等级仅为 1 级，该研究表明微观选址的重要性。区域内风切变指数为 0.09～0.203，70 m 高度 50 年一遇 10 min 平均最大风速 45～52 m/s。该详查区域台风灾害风险较大，尤其是下垫面较为复杂的机位，要加强风机的防台抗风设计。

2. 福州中南部沿海详查区

风能资源等级 2—7 级。70 m 高平均风速为 6.2～10.3 m/s，平均风功率密度为 285～1073 W/m²。本详查区是福建省风资源最好的地区，平潭岛和福清龙高半岛风能资源等级都达到了最高的 7 级。该区域风切变指数为 0.09～0.144，70 m 高度 50 年一遇 10 min 平均最大风速 45～48 m/s。该详查区域台风灾害风险相对小于南部和北部沿海，但对于下垫面较为复杂的机位，仍需加强风机的防台抗风设计。

3. 莆田沿海详查区

沿海风能资源等级 4—6 级，70 m 高平均风速为 8.4～9.0 m/s，平均风功率密度为 623～830 W/m²；内陆高山为 1—2 级。南日岛是该区最具开发潜力的岛屿，全岛地势平坦，

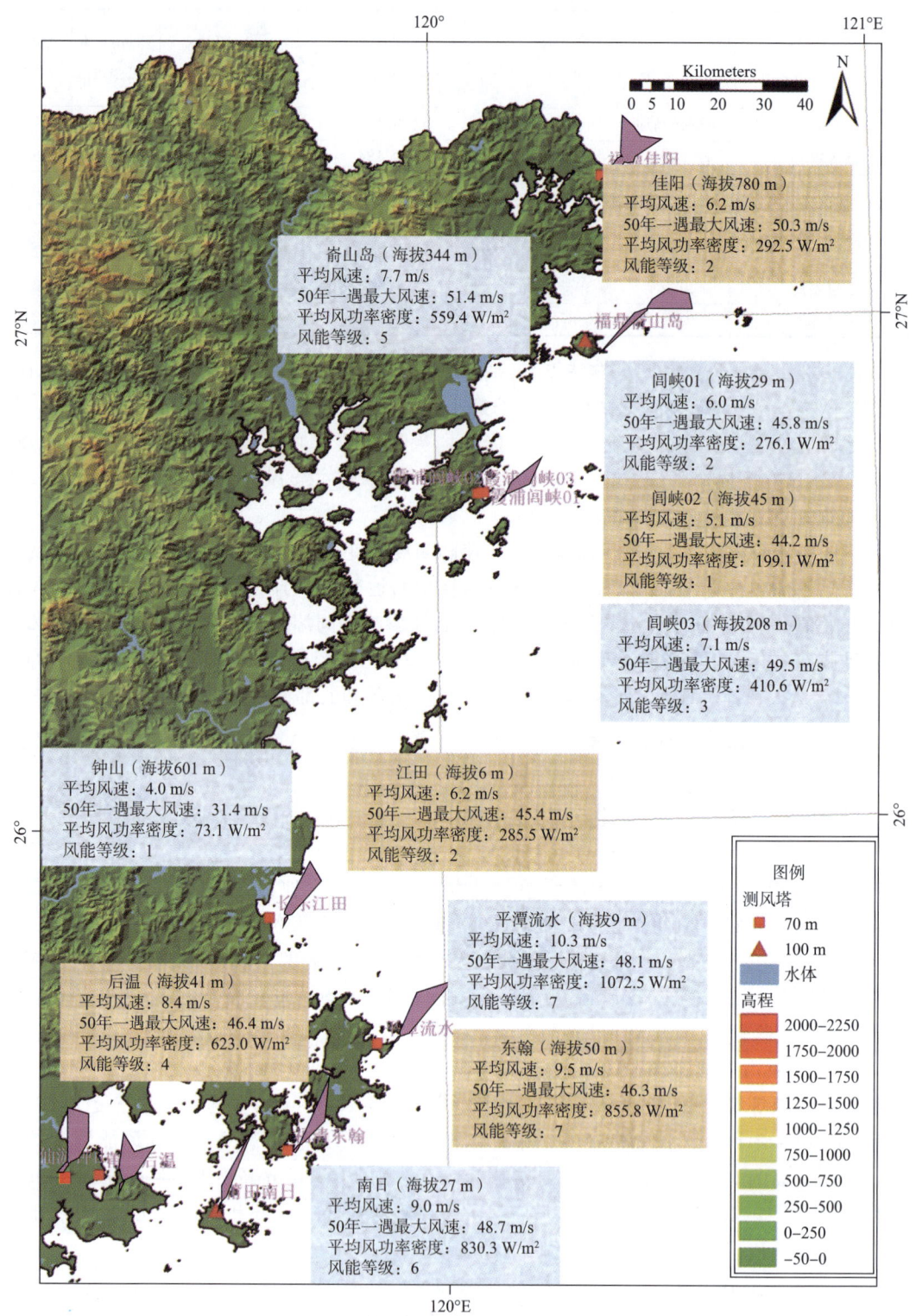

图 2.49 福建省中北部测风塔长年代 70 m 高度风能参数分布图

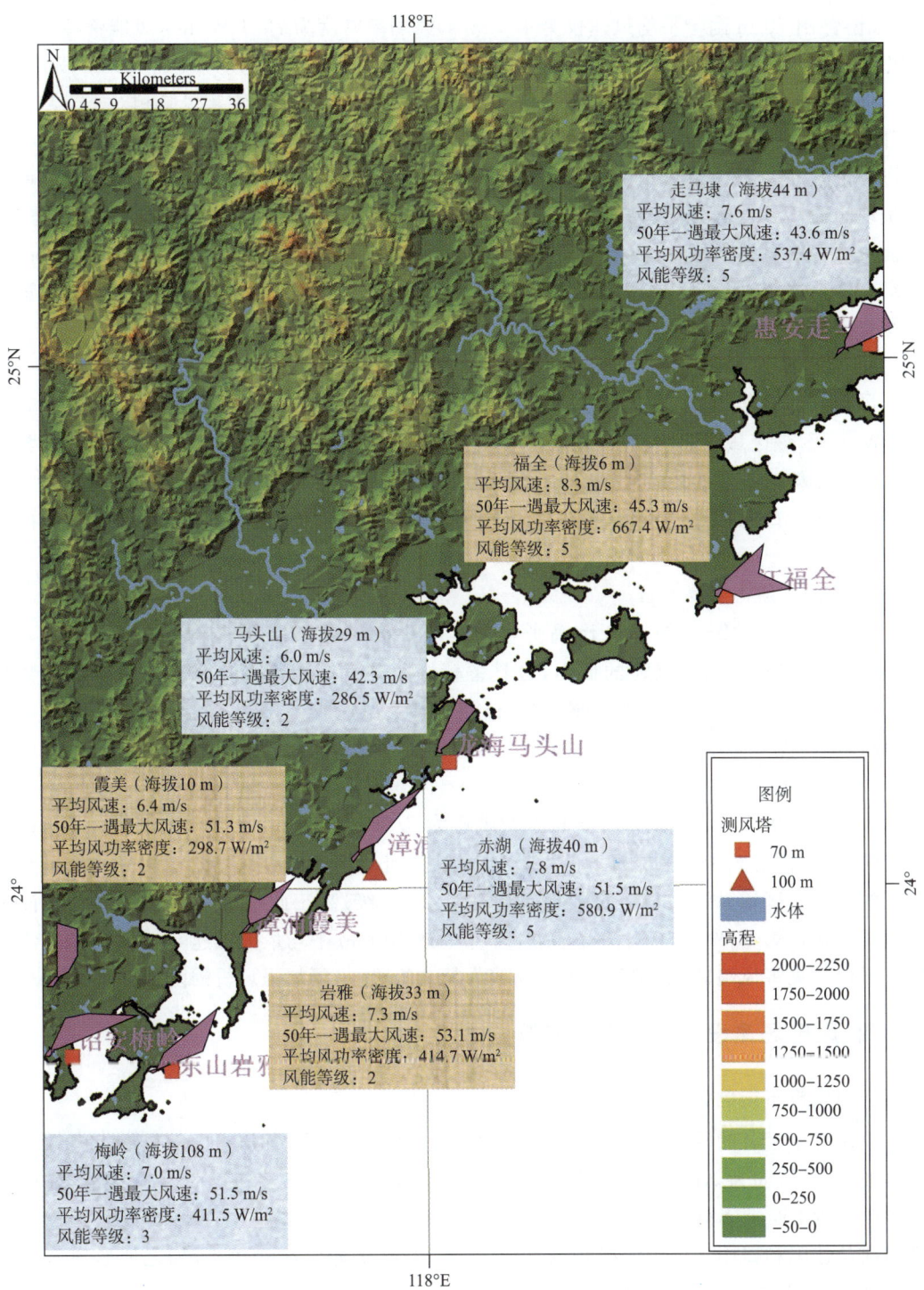

图 2.50 福建省南部测风塔长年代 70 m 高度风能参数分布图

风能资源等级达6级。为研究内陆高山的风况,在仙游县钟山设置了一座测风塔,分析表明,仙游钟山70 m高年平均风速仅为4.0 m/s,风功率密度为73.1 W/m²,风能资源等级为1级,而比钟山风况好一些的仙游草山可达2级。区域内风切变指数为0.12~0.17,70 m高度50年一遇10 min平均最大风速31~49 m/s。该详查区域台风灾害风险相对小于南部和北部沿海,但对于下垫面较为复杂的机位,仍需加强风机的防台抗风设计。该区设置的三个测风塔形成了一条由近海岛屿—沿海平原—内陆高山垂直海岸的观测剖面,风能资源等级也呈现出由高到低的变化趋势。观测结果表明:位于近海的岛屿南日岛风能资源十分丰富,风能资源等级可达6级;距离南日岛30 km位于沿海平原上的莆田后温风能资源也很好,但等级已降至4级,距离后温51 km位于内陆高山的仙游钟山风能资源等级已降至1级,该观测结果反映了福建沿海地区风能资源随离海距离增大迅速减小的规律。

4. 泉州沿海详查区

风能资源等级5级。70 m高平均风速为7.6~8.3 m/s,平均风功率密度为537~668 W/m²。该区域也是福建沿海风能资源非常丰富的区域之一。区域内风切变指数为0.125左右,70 m高度50年一遇10 min平均最大风速43~46 m/s。该详查区域台风灾害风险相对小于南部和北部沿海,但对于下垫面较为复杂的机位,仍需加强风机的防台抗风设计。

5. 厦门漳浦沿海详查区

风能资源等级2~5级。70 m高平均风速为6.0~7.8 m/s,平均风功率密度为286~581 W/m²。该区域有些临海的低山,也具备较好的开发利用价值。区域内风切变指数为0.132~0.142,70 m高度50年一遇10 min平均最大风速42~55 m/s。该详查区域台风灾害风险较大,尤其是下垫面较为复杂的机位,要加强风机的防台抗风设计。

6. 东山诏安沿海详查区

风能资源等级2~4级。70 m高平均风速为7.0~7.8 m/s,平均风功率密度为411~500 W/m²。由于东山岛风能资源开发较早,此次选址避开了岛上风能资源最好的已经开发利用的风电场区域,因此,实际的风能资源等级(2~4级)高于此次观测值(2—3级)。该区域风切变指数为0.09~0.13,70 m高度50年一遇10 min平均最大风速51~53 m/s。该详查区域台风灾害风险较大,尤其是下垫面较为复杂的机位,要加强风机的防台抗风设计。

四、风电场建设的风机布排和选型建议

(一)风机布排建议

福建位于显著的季风区内,受台湾海峡"狭管效应"的影响,各详查区的风能方向频率非常集中,主导风向为NE或NNE,NNE—ENE三个风向的频率之和达60%~70%,夏季的主导风向为SW或SSW,S—SW三个风向的频率之和为25%左右。闽江口以北详查区北部的福鼎佳阳和嵛山岛由于海拔较高且受"狭管效应"的影响相对较小,加之地形环境的影响,风向略有差异,其主导风向分别为N和ENE。

由于福建沿海地区风向稳定,因此对风机的布排较为有利,最佳的布排方式为垂直于主导风向,即东南—西北向,且需注意主要风向上不能有障碍物。此外,由于风速具有由沿海向内陆迅速递减的特点,所以沿海平地上,要注意风机布排层次的数量。

(二)风机选型建议

福建沿海地区除闽江口以北详查区地形较为复杂,平均湍流强度为 0.2~0.3 外,其余详查区地形相对平坦,湍流强度皆为 0.1~0.2;风速 15 m/s 的湍流强度各详查区均在 0.1 左右,但台风影响期间,湍流强度会剧烈增大。

各详查区 50 年一遇 70 m 高 10 min 平均最大风速分布特点是:南部沿海最高、北部沿海次之,中部沿海最低。其中,一号详查区 45~52 m/s,海岛(崳山岛)高达 51.4 m/s;二~四号详查区 43~49 m/s,其中,南日岛高达 48.7 m/s;五~六号详查区 42~53 m/s,除区域内北部的龙海马头山为 42.3 m/s 外,以南的地区均超过 50 m/s,最大为东山岩雅,风速超过 53 m/s,是风速最大的区域。福建沿海夏季主要灾害是台风,由于台风风场的湍流强度及其变幅较大,是造成风机毁坏的极为不利的因素之一,因此,结合 IEC 风机分类标准,建议中部沿海平原风机的选型为 IEC61400－1 ⅠB 类及以上风电机组;中部沿海的丘陵山地或下垫面复杂的地区以及可能受台风直接袭击的北部和南部沿海,建议选择ⅠA 类加强抗风型风电机组。

(三)轮毂高度选择建议

福建沿海大部分地区风随高度的变化符合幂指数规律,除下垫面比较复杂的闽江以北沿海地区风切变指数略高,个别地方略大于 0.2 外,其他地区基本上为 0.1~0.2,结合考虑 70 m 高度 50 年一遇最大风速值和Ⅰ类风机的抗风标准,福建沿海轮毂高度选择 65~80 m 较为合适。不同风电场可根据当地风能资源大小和下垫面的情况,进行选择,原则是既要充分利用风能资源,又要确保风机的安全。比如在风速较小,风资源相对较差的地方,轮毂高度可高一些;在地形复杂,风速较大的地方,轮毂高度可适当降低一些。

(四)微观选址的重要性和与安全和效益有关的建议

根据本次详查成果,从风能资源角度考虑,福建省风能资源最丰富的地区为福州中南部沿海、莆田沿海和泉州沿海,这三个详查区是风能开发的首选地区,该区域受台湾地形屏障保护,台风灾害风险相对较小,具有广阔的开发前景;闽江口以北沿海、厦门漳浦沿海和东山诏安沿海三个详查区风能资源相当,这三个地区的海岛或海拔相对高的近海丘陵,其风能资源也较丰富,该区域皆有可能受台风的直接袭击,有较大的台风灾害风险,应注意局地的微观选址,以避免台风造成的损失。

显然,宏观选址和微观选址都是风电场建设的基础性工作,福建省沿海风能资源十分丰富,但由于下垫面差异较大,同一风电场不同风机的发电量和风机的安全系数均会出现较大的差异,因此,微观选址显得尤其重要。

1. 微地形对风能资源的影响

福建沿海地区地形复杂,海滩、平地、台地、山地等各种地形均涵盖,风速受地形的影响非常大。闽江口以北沿海及厦门以南沿海地区,虽然风资源不如中部沿海;有些海拔高一些的台地、山地等风资源会相对好些,甚至好于低海拔的海边,也非常适合风电的开发。

沿海地区主导风向非常明显,对风机的布排非常有利,但风电场的微观选址方面首先要注意主导风向上要无障碍物,其次是下垫面的复杂程度。由于下垫面的差异,造成湍流及乱流增大从而影响风机的出力,如离防风林太近,下垫面较粗糙等均对微观选址有影响。

2. 微地形对风机的影响

在复杂地形下，风遇障碍物如山体等会出现有辐合、辐散、爬坡、绕流等，因此即使在同一个风电场址内，不同的微地形环境对风机的影响也是不同的。在台风影响期间，复杂的下垫面引起的较大的湍流强度和风攻角也会对风机造成损坏。

3. 加强台风的风险评估

对福建沿海风电厂影响最大的气象灾害是台风，中部沿海地区由于受台湾岛的遮挡，台风的影响小于南北两地，台风带来的极大风速及其高湍流强度和大入流角都将对风机造成不利影响，有时甚至是毁灭性的，因此，沿海风电场要重视厂址区域台风的风险评估，同时在运行期间要开展有针对性的气象预报服务，确保风电场的安全运行。

4. 风功率预报的必要性

风电具有间歇性、随机性及波动性，风电出力的不稳定性给电网调度、调试及安全运行会带来一系列的问题，开展风功率预报对风电厂日常的正常运营具有重要意义。国外早在几十年前就已开展这方面的研究工作，中国气象局也已开展了相关研究与试验，在风电井喷式发展的阶段，开展风功率预报是解决风电并网难题的重要手段。

5. 重视海上风电的发展

福建沿海地区虽然是风资源最丰富的地区，但沿海经济发达，地少人多，陆地上可用于大规模开发风电的面积很少，但近海风能资源相当丰富，且适合大规模的开发，因此，福建风能资源开发利用的前景在海上。

第十二节 气候资源评估与开发

一、气候资源的地位和作用

（一）福建气候资源的利弊因素

由于气候资源的开发利用水平是由其自然属性和社会经济需求属性两方面决定的，所以，在评价福建气候资源的特点时，必须重视气候资源的利弊因素，这对于科学认识和合理开发利用气候资源具有重要的意义。

(1)丰富的光热水资源和频繁的气象灾害是福建气候环境利弊并存的主要特点。从气候资源的自然属性——气候环境分析，福建位处亚热带，季风气候明显，总体上热量资源和水资源充沛，有利于发展多样性的农业，有利于发展水电和灌溉农业。水资源人均占有率高于全国平均水平，但只相当于世界人均的四分之一，且随着人口的膨胀和工农业用水的增加，水资源有相对减少的趋势。此外，福建由于特殊的地理地形影响，在仅12.4万km^2的区域内，气候环境的多态性，即立体气候明显，部分县市十里不同天，也是全国少有的，这就造就了福建多样性的气候形态。此外，山区和沿海气象灾害频繁，成为气候资源开发利用的限制因子和国民经济发展的制约因素。

(2)对气候条件的依赖性和抗灾能力的薄弱性是福建利用气候资源又一特点。福建社会经济结构具有农业总产值占工农业总产值的比率迅速下降，工业基础不很雄厚，农村人口还占全省总人口的80%，农业生产对气候条件的依赖性很大的特点。改革开放以来，福建经济建设进入一个快速发展的阶段，作为全国综合改革试验区，中央赋予福建特殊政策和灵活措施,福建省充分发挥人文、经济、自然环境的优势,趋利避害,大念"山海经",进入 20 世纪 90 年代,又把发展海洋大省作为战略目标。这对福建气候资源的开发利用提出了特殊的要求,开拓了气候资源在山区和沿海综合开发等方面的广阔前景,提出了如何开发利用气候资源促进社会经济的发展,这是一个内容广泛的课题。过去,福建在农业气候区划、海岸带气候调查等方面做了大量的研究,其成果已发挥了重要作用。但随着经济的发展,科学技术的进步,就更有必要加强对气候资源开发利用做更加深入的研究,以进一步提高开发利用的水平。

(3)福建资源相对贫乏,一是矿产资源少,能源不足,但缺电的沿海岛屿,风能资源较丰富,开发应用大有前景;二是耕地少,主要是旱地,人均耕地 0.6 亩,仅高于台湾,居全国倒数第二,在有限的耕地上,充分利用各地气候资源,综合经营,开发各种适应不同气候条件的粮食作物和经济作物,如种植反季节蔬菜,对山区农民脱贫致富有积极作用;三是福建省海岸线长达 3752 km,利用沿海滩涂气候资源,发展海水养殖业和开发滨海旅游业也有积极意义,但沿海易受台风袭击,在具体生产安排和建设上,更要合理利用气候资源;四是利用高山风景区夏季宜人的气候环境和山清水秀的自然风光,开发避暑胜地和旅游区等等,对促进山区经济发展都有现实意义。

(二)知识经济的崛起为气候资源的开发带来契机

进入 21 世纪,世界经济从 200 多年来占统治地位的工业经济向知识经济转变。所谓"知识经济",在 1996 年联合国经济合作与发展组织发表的《以知识为基础的经济》报告中指出,知识经济也称智能经济,是建立在知识和信息的占有、生产、分配和应用之上的新型经济,相对农业经济、工业经济而言,是更高层次基础上的社会经济形态。在这种形态下,知识的积累、创新和应用成为促进经济增长的主要动力源。知识经济的到来,必将促进人们对气候资源的认识和利用。在原始社会人们不会有意识地认识气候资源;进入农牧业时代后,人类开始有气候资源意识;在现代社会,经济的迅速发展导致人类社会生产、生活与包括气候资源在内的自然环境的矛盾加剧,气候资源的影响越来越大,在继续重视对农业影响外,还应关注对工业、交通运输、水力发电的影响。随着经济和科学技术的发展,世界各国尤其是发达国家对气候问题日益关注,由工业生产造成的二氧化碳大量排放,引起气候变暖不仅是个气候问题,其带来气候资源的变化将直接影响经济活动。随着人们对气候资源变化及其影响认识的深化,人们在经济建设中就更加重视和利用气候资源。从人类对气候资源认识上的深化和利用能力的不断提高,可以看出现代的气候资源已经把气候环境条件和社会经济活动作为一个系统来认识。比如认识到气候资源必须与农业生产联系在一起,近 50 年来,就是利用气候资源,实现了扩大双季稻播种面积,增加粮食产量;气候资源作为事物从辩证法上讲也有两重性,在给人类带来利益的正面的同时,其反面与气候灾害联系在一起;气候资源不仅需要开发利用,本身也存在气候资源保护的问题,即考虑生态平衡和保护问题,如水土保持可以减少气候灾害,提高水分资源的利用率。气候资源不是固定的,孤立的气候现象,而是不断发展的,与社会经济密切联系的,并相互作用而产生的结果。这就要求人们要从系统上认识和研究气候资源。

国家对科学技术的重视,给气象科技的应用带来前所未有的好时机。福建省 20 世纪 80 年代的农业气候资源调查区划研究和应用,90 年代的中尺度灾害性天气预警系统建设都大大提高了气象科技在经济领域中的地位和作用。研究表明,随着经济的发展,气象灾害的危害越来越大,科学地应用气候资源的效益也越来越大。因此,随着科学技术的发展,知识在经济领域的作用日益突出,表现在气象领域,就是经济建设将越来越多地应用气象科技,气候资源以其独特的特点,其地位和作用也必然日益突出。

福建实施的海西发展战略,应对气候变化,节能减排,在科学发展和环境保护的大背景下,需要进一步开发利用气候资源。知识经济时代的到来,特别是科学技术进步,为气候资源开放利用提供了技术支撑。展望未来,气候资源的地位必将越来越高,作用越来越大

二、合理开发利用气候资源

福建气候资源对经济建设的影响,有显著的特色。表现在独特的气候资源和独特的经济机构相互作用而产生的独特的影响。

(一)农业气候资源的合理开发

进一步开发利用气候资源,为农业生产服务,对光热等农业气候资源丰富,雨热同步,立体气候显著的福建具有特别重要的意义。1998年福建省委关于进一步加快山区发展的决定中,从"没有山区的繁荣,就没有海峡西岸的全面繁荣;没有山区的小康,就没有全省的小康;没有山区的现代化,就没有全省的现代化"的高度,提出"内地山区迅速崛起,山海协作联动发展"的战略,福建以山为主,山区以农业为主,促进山区农业的发展,科学地开发利用气候资源还有很大的潜力。

1. 深化气候区划成果应用,促进山区经济结构的调整和优化

福建国土面积(投影面积)较小,但由于福建多丘陵山地,不应老强调"田少"(一分田),而要面对现实,探讨如何把"山多"(八山)转化为农业生产的优势,实际上福建还有相当多的山地未能得到有效的开发利用。因此,深化农业气候区划成果的推广应用,更好地利用各地山区立体气候的资源优势,趋利避害,对促进内地山区迅速崛起具有重要的意义。各地气象部门,在做好灾害性天气预报服务的同时,还要吸取过去为农业服务的好传统和经验,在新的形势下,把气候区划成果的应用作为一项重要的任务来抓。在具体实施上,可以对当地欲开发的山地,进行小气候考察,以补充和细化原来的区划,更好地指导发挥各地山区气候资源优势,大力推进农业综合开发,因地制宜地发展有地方特色的、高效益的经济作物。如扩大种植龙眼、荔枝、香蕉、芒果等亚热带经济作物和橡胶等热带经济作物,提高农业产值,为农村奔小康创造条件。

2. 依据气候资源,趋利避害,科学种田

过去福建有些山区,盲目种植双季稻,投入较大,但产量低而不稳。摸清气候资源空间分布后,心里有底,如闽北顺昌县根据山区热量资源调查,确定双季稻种植上限为海拔500～600 m,并调整生产布局,1981年与1979年比,12个高海拔的山区乡粮食大幅度增产;南靖县高港村海拔800多米,根据气候资源,改种双季稻为单季稻,结果亩产由700 kg提高到1100 kg。根据当地气候资源,扩大或减少有关作物的种植,同时减轻了低温、干旱等气象灾害的危害,取得良好的经济效益。

3. 利用山区立体气候的资源,发展反季节种植业

福建位处亚热带,濒临东海,丘陵起伏,立体气候明显,夏季利用高山区的气候可以种植反季节蔬菜,屏南县(拔海高度为800 m)比福州市(拔海高度为10 m左右)夏季6—9月月平均气温低4～5℃,可以利用这一气候资源,在山区大力发展反季节蔬菜,既可供应福州等

城市在蔬菜淡季对蔬菜的需求,又可以为山区脱贫致富开创一条路子。寿宁县充分利用山区立体气候的资源,大力发展茶叶和花菇,誉为"半县花菇半县茶",菇茶两项成了当地的支柱产业。开展反季节种植业不仅在闽东鹫峰山区有意义,而且在连江等临海县和内陆市县的山区也有意义。在连江县1988年以来,种植反季节蔬菜,取得良好的经济效益。此外,在海岛可以利用风能发电;利用海岸带的气候资源进行水产业综合开发等。

4. 为可持续发展服务

农业生产和气候关系最为密切,对气候变化最为敏感。进一步揭示气候资源与环境的相互影响的关系,将提高人们对植树造林,水土保持,和建设防灾减灾绿色屏障重要性的认识。

(二)充分利用气候资源为发展海洋经济服务

福建位处东南沿海,海域面积13.6万 km^2,比陆地面积还大,是福建重要的国土资源;海岸线长达3752 km,居全国第二位,海洋资源极为丰富。对即将进入21世纪,把建设海洋经济大省作为战略目标的福建来说,随着蓝色产业的进一步开发,海洋经济必将成为福建经济的重要支柱。正如中共福建省委1998年10月31日提出的"关于进一步加快发展海洋经济的决定"所提出的,充分利用海的优势,加快发展海洋经济,对于缓解福建人多地少,粮食短缺问题;拓展农业新的生存和发展空间,保持持续稳定地增长,实现产业升级;加快沿海地区发展,促进山区经济迅速崛起,建设海峡西岸繁荣带;加强闽台交流,促进两岸"三通"和祖国和平统一,具有十分重要的意义。在此背景下,在更高层次,更广范围内进一步加强气候资源的开发利用,也具有重要的意义。

充分利用海洋气候资源表现在两个方面:

一是掌握和利用沿海气候资源特点,指导沿海滩涂、浅海、外海的多层次开发,发展名优特海产品的近海养殖;为渔港等基础设施建设、港口海运、滨海旅游、临海工业和海洋工业等提供服务。福建沿海四季海水温度温和,海水养殖条件优于其他地区,改革开放以来,福建水产养殖和加工业迅速发展,鳗鱼、螃蟹、对虾、贝类、紫菜、海带养殖业发展迅速。加上,临近台湾,香港,市场销售便利,能充分发挥国际市场的创汇效益。

二是掌握海洋气候资源,趋利避害,减轻台风等气象灾害。为此,必须进一步健全海洋气象在内的海洋预报和海洋灾害预警防御系统。利用"福建省中尺度灾害性天气系统"建设成果和"海洋气象预报预警服务系统"的建设成果,在海洋气象综合监测网建设的基础上,加强对海洋气象灾害的追踪监视、诊断分析、预警预报、评估和服务业务系统,建立对突发海洋事件和重大海洋事件的紧急响应气象服务体系,全面提高海洋气象灾害综合预警服务能力,为防灾减灾和海洋资源利用提供更加有力的气象保障服务,为发展海洋经济保驾护航。

(三)气候资源和灾害与工业生产的关系

据福建省企业调查队的统计,制约福建企业发展的主要硬件环境前三名是:公路运输(占48.6%),电力供应(占43.1%),铁路运输(占37.4%)。企业对硬件方面的主要要求一是扩大水电容量,降低水电成本;二是加强边远地区的公路建设。在扩大水电容量方面,进一步开发利用气候水资源极其重要。在交通方面,主要是防止不利气候影响对运输的影响,福建铁路和公路受地理环境影响,特别容易受台风、暴雨洪涝、低温冰雪的危害。1998年6月,100年一遇的特大暴雨,使福建境内铁路中断达12天之久。尽管气候资源和工业生产虽没有直接关系,但间接关系十分密切。

此外,福建沿海地区"三资"企业发达,台风等气象灾害也能对其产生直接的危害。因此,了解气候资源与工业生产直接和间接的关系,有利于减轻灾害,提高生产效益。

(四)气候资源与发展第三产业的关系

气候资源在沿海岛屿地区,可用于风力发电;在山区可作为水电资源。福建依山傍海,四季气候宜人,旅游气候资源丰富。春秋季是武夷山等山区风和日丽,山清水秀的旅游旺季;夏季,沿海海滩成为旅游好去处,高山区也是夏季避暑胜地。因此,可以利用福建山海兼备的优势,大力发展旅游业,既可创汇,又可促进福建走向世界。

第三章　气象灾害

气象灾害是指大气圈发生的天气现象和气候现象凡对社会经济系统、自然生态系统造成破坏,包括人员伤亡、财产损失、环境破坏者,都称为气象灾害。气象灾害的轻重大小,不仅和致灾因子(主要指灾害性天气气候)的危险性密切有关,也和孕灾环境的敏感性、承载体的易损性,防灾抗灾的适应性密切相关。

气象灾害是自然灾害中的原生灾害,一般包括天气灾害、气候灾害和气象次生、衍生灾害。气象灾害是自然灾害中最为频繁而又严重的灾害。中国科学院马宗晋院士和高庆华研究员等曾以1949—1991年的资料,统计给出中国气象、海洋、洪水、地质、地震、农作物病虫害、森林灾害等七类自然灾害所造成的直接经济损失与死亡人口排序,从全国来看,气象灾害所致经济损失最大,占57%,就死亡人口而言,地震灾害居首,占54%,气象灾害居次为40%,综合评定气象灾害属第一位。

福建所处地理位置和地形地貌,决定了福建气候特征,也决定了福建气象灾害种类多、时空范围广、活动频率高等特点。大气环流异常,季风年际不稳定,特别是季风进退和强度的异常,是造成异常严重的气象灾害的原因。

第一节　福建气象灾害的特点

福建省是气象灾害多发省份之一。气象灾害是气候资源开发利用的限制因子和国民经济发展的制约因素。从来源看,既有温带地区常见的气象灾害,又有热带地区常见的气象灾害;既有陆地滋生的灾害,也有来自海洋的灾害。总的来说,福建气象灾害有六个特点。

一、灾害种类多

从灾害种类上看,有台风、暴雨洪涝、干旱、寒潮(低温雨雪冻害)、倒春寒、五月寒、寒露风、大风、冰雹、雷电、飑线、龙卷风、高温、海雾、酸雨等十多种。对福建来说,灾害重而又常见的是前面10种。

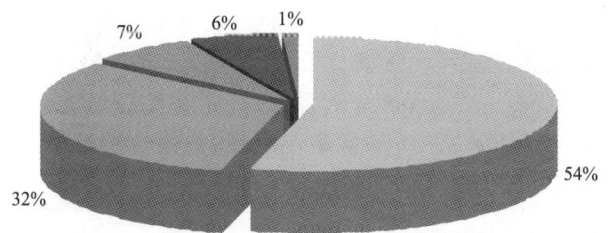

图3.1　2001—2010年福建省主要气象灾害损失比例

在气象灾害中,台风是最主要的气象灾害,造成的直接经济损失占 54%;暴雨洪涝(不含台风所致)次之,造成的直接经济损失占 32%;干旱和低温冻害名列三、四名,造成的直接经济损失接近 6%~7%。主要类别的气象灾害造成的直接经济损失的比例如图 3.1。

二、时空范围广

福建各市县的灾害都有十余种。不过各有其重点。

从季节分布看,福建一年四季都可能发生气象灾害。春季有雷电、冰雹、暴雨、倒春寒和大风等灾害;雨季闽江流域常发生暴雨洪涝灾害;夏季则有台风、暴雨、高温和干旱等灾害;秋季有寒露风、沿海大风和秋旱灾害;冬季有寒潮及低温雨雪冰冻和沿海大风灾害。

从区域分布看,沿海地区的台风和干旱重于内陆地区;内陆地区的雨季暴雨洪涝重于沿海地区;隆冬的大雪主要见于闽北,但强寒潮对闽南的经济作物的危害有时也很大;就很少见的龙卷风而言,发生的地区多在中部与南部沿海。

三、活动频率高

每年登陆中国的台风中约 70% 会对福建产生影响。据 135 年资料统计福建平均每年登陆台风 2 个,影响台风 3 个。福建也是全国暴雨多发区之一,暴雨的频率仅次于台湾、广东、海南。福建气候干旱的机遇也是较高的,春旱、夏旱、秋冬旱时有发生。受台湾海峡地形"狭管效应"的影响,福建沿海大风频率之高,风速之大在全国也是出名的,如台山、东山、平潭 11 月 8 级大风日数分别多达 19 天、15 天和 12 天。

21 世纪以来,极端天气气候事件频繁发生。从气候学上看,极端天气气候当属小概率事件。然而最近十几年,不同类型的极端天气气候事件的确频繁出现。

四、持续时间长

暴雨最早出现于 1 月,最迟到 12 月还有暴雨,平均汛期长达 5 个月(5—9 月)。登陆、影响福建台风的平均活动期跨距在半年左右,1990 年 5 月 19 日—9 月 8 日有 5 个台风登陆,3 个台风影响,出现了所谓的"百日七大灾"。福建的气候干旱与其他灾害相比,更是以持久出名,如 1963 年的春旱,起始于 1962 年 10 月,解除于 1963 年 5 月 31 日,长达 270 天,1971 年和 2003 年还出现了四季连旱的情况。再如春季的低温,1970、1976 年的春寒、倒春寒,福建大部地区长达 20~30 天。夏季的热浪天气也有久拖不消的例子,如福州市 2003 年极端最高气温 38℃以上的酷热天气多达 21 天,其中,最长连续 7 天。1998 年、2010 年雨季高峰期持续 14 天。

五、群发比率大

气象灾害总有适宜的大范围环境流场背景和特定的天气系统,而不同的地形、地理条件又往往会引发多种灾害同时出现。台风登陆,沿海一带往往狂风、暴雨、巨浪、风暴潮群发;春季强对流天气来临时,大风、冰雹、雷暴常相伴出现;梅雨期的暴雨与五月寒,在闽北山区时有耦合;夏季的气候干旱与热浪又多半同步。

六、灾情危害重

福建的严重气象灾害往往会触发一些次生灾害相继出现,造成连锁反应,从而加重灾情。如强烈的暴雨常引起滑坡、塌方、泥石流等坡地灾害;山洪和地质灾害又会造成交通中断,造成间接的经济损失。气候干旱、高温乃至焚风又会引发和加重农业病虫害和森林火险灾害;洪灾之后还会滋生疫病的发作与流行。

在福建自然灾害中,不论造成的人员伤亡,还是造成的直接经济损失,气象灾害均居第一位。据不完全统计,1950—1990年全省因洪涝灾害总计死亡9633人。1981—2010年气象灾害累计直接经济损失1880亿元,其中,2001—2010年为1160亿元。总的来说,气象灾害造成的直接经济损失呈上升趋势,但气象灾害造成的直接经济损失占国民生产总值的比例总体上呈下降趋势(参见图7.28)。

第二节 台 风

一、台风的特征和分类

台风,气象术语称之为热带气旋,是形成于热带洋面急速旋转的低压大气涡旋,由上百千米至几百千米旋转的湿热空气团所构成。一个典型成熟的台风一般由三个部分组成:中心为台风眼,向外为旋涡风雨区,再外为外围大风区。台风眼的平均直径40～45 km,外围大风区通常可伸及眼区以外300～400 km,其垂直高度一般10 km(图3.2)。在台风内,接近中心大气压最低,紧贴台风风眼周围风力最强。发育很好的台风具有广布的厚云覆盖层,并伴有急风暴雨带。

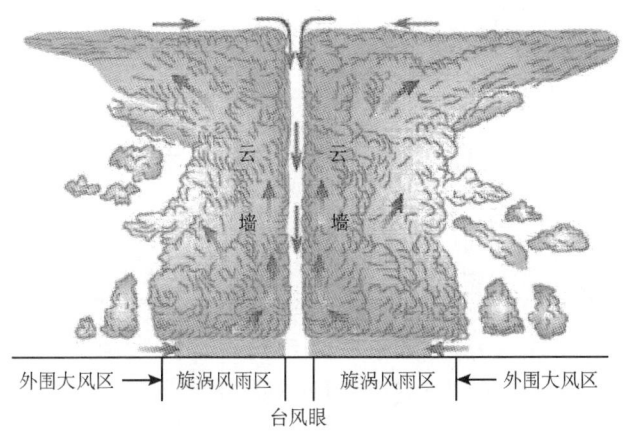

图3.2 台风结构剖面图

台风的发生需要四个条件:洋面海温≥26.5℃;对流层垂直风速切变很小;离赤道5°以外;大气低层有低压扰动。

台风在不同海域有不同的名称,本书所称的台风是指发生在西北太平洋(包括南海)上,风速达到一定等级的(从热带低压到超强台风)低压大气涡旋的统称。按世界气象组织2006年发布的标准,台风的强度按其中心最大风速可分为6档(表3.1)。

根据世界气象组织的规定,2006年我国颁布了《热带气旋等级》国家标准(GB/T 19201—2006),按风力强度将热带气旋分为:热带风暴、强热带风暴、台风、强台风、超强台风5个级别。根据民间习惯,气象部门在公众气象服务传媒和新闻媒体报道时,一般把风力超过8级的台风通称为台风。

表3.1 热带气旋强度分类标准

名称	风速(m/s)	风力(级)
热带低压	10.8～17.1	6～7
热带风暴	17.2～24.4	8～9
强热带风暴	24.5～32.6	10～11
台风	32.7～41.4	12～13
强台风	41.5～50.9	14～15
超强台风	≥51	≥16

二、西北太平洋台风概况

(一)西太平洋台风发生数

1951—2005年,平均每年发生27.4个,占全球的1/3,最多年为40个(1967),最少年为14个(1998)。年际标准差4.9,极差26,变异系数0.18。西太平洋台风中心最低气压870 hPa(1979－10－12),最大风速110 m/s(1958－9－24)。

(二)西北太平洋不同台风数的年频率

1951～2005年,西北太平洋台风平均年发生数14～40个。其中,23～26个为高频段,占38.2%;29～32个为次高频段,占25.4%。总的分布形态为偏峰态(图3.3)。

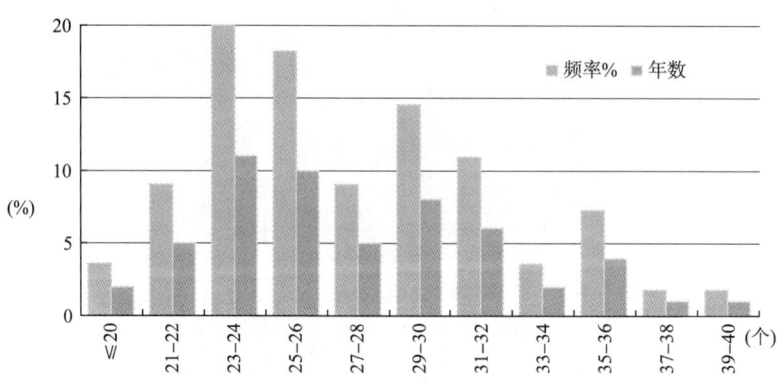

图3.3 西北太平洋不同台风数的年频率(1951—2005)

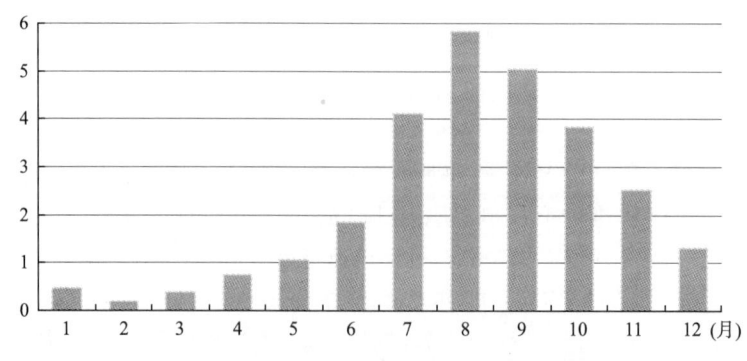

图3.4 西北太平洋台风个数月际分布图

(三)西北太平洋台风月际分布

月频数分布:8月为峰,9月次之,7月再次,10月第四;12—5月很少,2月为全年台风最罕见期(图3.4)。

(四)西北太平洋台风活动的盛衰期

王继志分析1884—1979年总计96年的西北太平洋台风资料,根据逐日台风频数的发展变化,把全年的台风活动概括为8个时期:

Ⅰ:1月初—3月13日;台风活动宁静期;
Ⅱ:3月14日—/6月22日;台风低频活动期;
Ⅲ:6月23日—7月2日;台风活动第一跃升期;
Ⅳ:7月3日—7月20日;台风活动第二跃升期;
Ⅴ:7月21日—10月10日;台风活动稳定高频期;
Ⅵ:10月11日—11月5日;台风活动高频衰减期;
Ⅶ:11月6日—11月25日;台风活动第二次小高峰期;
Ⅷ:11月26日—底/12月底;台风活动衰减期。

从上面几个阶段的划分,可以看出它与本书第一章第一节所提福建自然季节的副高特征,即副高脊线的四次季节性南、北跳跃相当吻合。台风活动第一跃升期、第二跃升期、稳定高频期与高频衰减期的客观实在性是可以理解的,它正是西太平洋副高及其南侧热带辐合带南北位移和强度变化及其洋面热力特征的反映。

近60年来,西北太平洋生成的台风数量总体上呈减少趋势。20世纪60年代是西北太平洋台风最活跃的时期,但20世纪90年代中期以来,尤其是最近十几年,是西北太平洋生成的台风数最少的时期。

(五)西北太平洋台风路径、强度、移速和登陆地段

1. 西北太平洋台风的四种基本路径(图3.5)

(1)西行路径

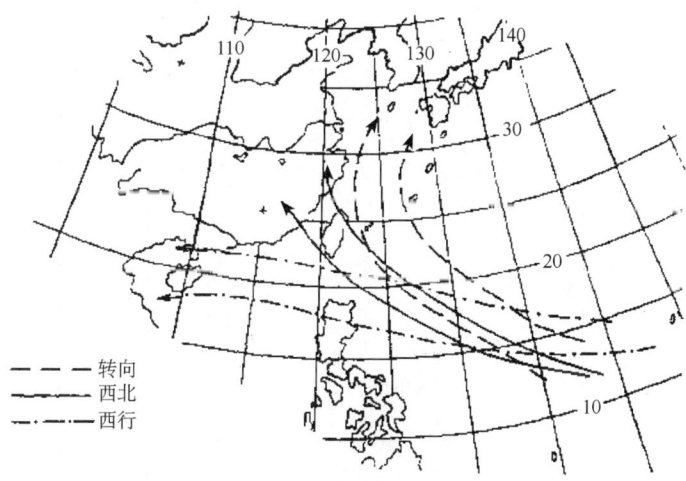

图3.5 西北太平洋台风路径

台风从菲律宾以东洋面向偏西方向移动,经巴士海峡或吕宋岛入南海于中国的粤西、海南岛或越南登陆。这类台风对海南、广东两省影响最大,季节多见于春、秋季。

此类路径的高空环流形势是副热带高压强盛,且呈东西坝状分布,脊线稳定于 25°N 以南,副高南侧的深厚东风引导台风西进。

(2)西北路径

台风从菲律宾以东洋面向西北方向移动,经巴士海峡或登陆台湾后穿海峡入粤东或福建。也有的台风起点纬度较高,西北行穿琉球群岛于浙江、上海、江苏一带沿海登陆。此类台风对台湾、粤东、福建影响最大,多见于 7 月下半月至 9 月上半月,特别是盛夏。

这类路径的常见环流形势是中国东部沿海多为长波脊控制,西太平洋副高稳定于长波脊的南侧,轴线是西北-东南向,台风在深厚的东南气流引导下向西北方向移动。

(3)转向路径

台风形成于菲律宾以东洋面后,向西北方移动,在海上于西太平洋副高西缘或西风槽前转向东北,向朝鲜半岛或日本方向移去。中国气象工作者把转向台风分为东转向(140°E 以东)、中转向(125°~140°E)和西转向(120°~125°E)三类。其中西转向类,特别是近海转向者对华东及华北沿海会有一定影响。此类台风以夏、秋季节相对多见。关于转向点的纬度,盛夏最北,春季最南(表 3.2)。

表 3.2　西北太平洋台风转向点纬度(°N)

月份	1	2	3	4	5	6	7	8	9	10	11	12
平均纬度			13	16	18	21	28	30	25	21.5	18.5	17

(4)曲折路径

当高空引导气流较弱,或环流形势变化很快,再或海上有两个以上台风而相互影响时,台风常出现停滞、打转、多摆现象,出现所谓奇异曲折路径。此类路径虽相对少见,但比较难以预测,所以更易成灾。华东、华南沿海都有一些影响实例。

7203 号台风和 9012 号台风两个实例作为这类路径的示意,前者在海上两次打转,最后登陆华北;后者先在海上摆动前进,登陆台湾北部后,在新竹县出现第一次停滞打转,为时

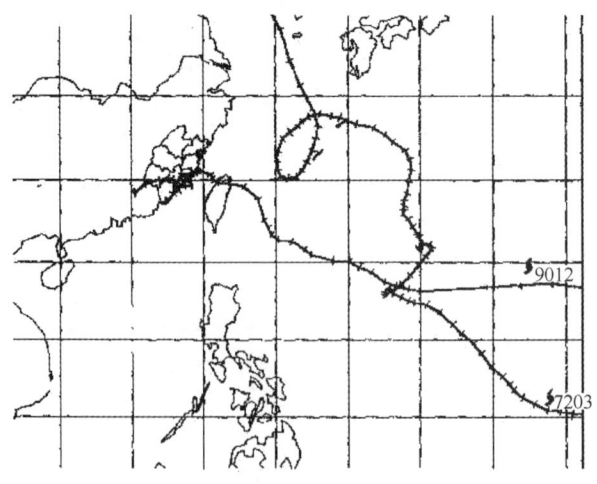

图 3.6　西北太平洋曲折台风路径

10 个小时,之后过海峡又在福建福清沿海登陆,并在福建中部沿海出现两次打转,造成三次登陆,两次下海的怪异现象,最后消失于湘南、粤北地区(图 3.6)。引用这两个登陆中国的曲折台风实例只是为了说明问题,其实,曲折类不登陆者还是占多数的。

2. 南海台风的三类路径(图 3.7)

(1) 正抛物线类(含东北类)

台风形成于南海东部,先向西北方向移动,至 20°N 附近转向东北,或登陆粤东,或穿越台湾海峡,或登陆台湾。此类台风对福建影响很大。

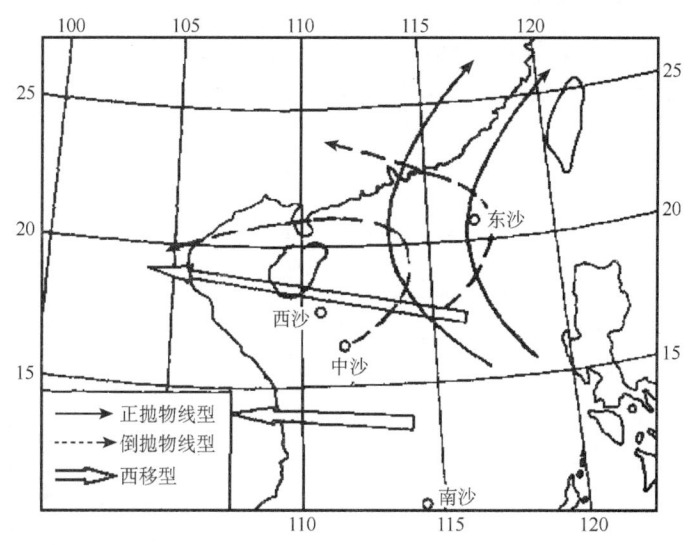

图 3.7　南海台风路径

(2) 倒抛物线类(含西北类)

此类南海台风多生成于南海中部,先向东北偏北方向移动,至 20°N 附近转向西北或西北偏西,也有的一形成就向西北方向移动。此类台风对粤西和海南岛影响严重。

(3) 西移类

台风形成后,基本保持偏西路径,对海南省与越南影响为重,对福建无影响。

3. 台风强度与移速

台风强度一般用最大风速和台风中心最低气压表示,气压越低、风速越大,表示台风强度越强。从最大风速看,洋面上台风中心最大风力,有 63% 可达 12 级;22% 超过 60 m/s(17 级);4.3% 超过 80 m/s。历史极大风速曾达 110 m/s,是 1958 年的 27 号台风,时间是 9 月 24 日。从最低气压看,中心最低气压在 980 hPa 以下者占 57.1%;950 hPa 以下者占 27.1%。最低者曾达 870 hPa,是 1979 年的 19 号台风,时间是 10 月 12 日。

台风移速主要受高空引导气流制约,另外也与本身的强度有关,是外力与内力的合成。台风位于较低纬度时,移速较快,通常平均西向移速为 13~16 km/h,进入 25°~30°N 即副热带高压脊所处纬度附近时,移速减慢,一般为 8~11 km/h;到日本时,往往可达 64~85 km/h。由于环境流场与台风本身的差异,有些台风移速相差甚大。

三、中国台风的概况

(一)登陆中国台风数

据1951—2005年的资料,中国平均每年有9.11个台风登陆,其月际分布如图3.8。夏季7—9月是登陆盛期(和登陆和影响福建的台风盛期一致),占全年的77.2%,其中,8月为峰,两侧基本呈对称分布。

(二)登陆台风的省际分布

沿海各省市均有登陆台风的可能,高频的省份依序为广东、海南、台湾、福建、浙江(图3.9,表3.3),五省合计占登陆我国台风的96.3%。

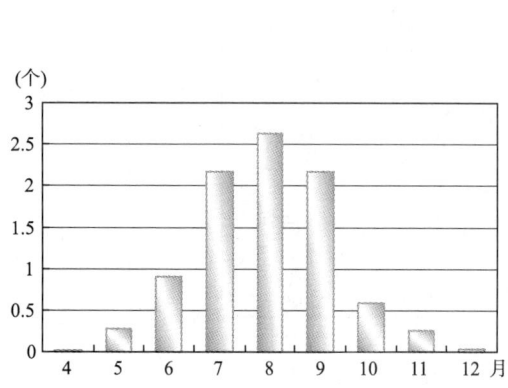

图3.8 登陆中国的台风的月际分布(1951—2005)

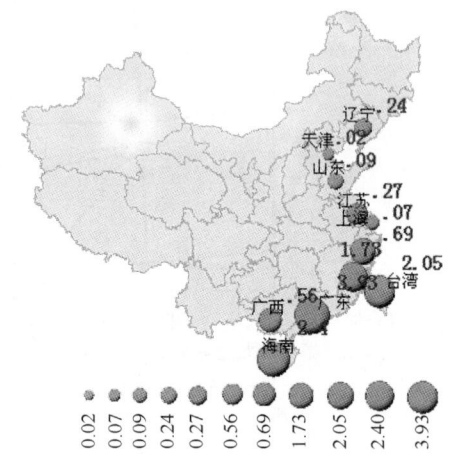

图3.9 中国登陆台风的省(区、市)分布(1951—2005)

(三)近60年我国的初、终台与超强台风

我国每年第一次登陆台风(初台)的平均期是6月28日,最后一次登陆台风(终台)的平均期是10月7日。登陆初台最早者是4月18日(2008年),登陆终台最晚者是12月4日(2004年)。

近60年登陆中国的超强台风(中心气压≤930 hPa,最大风速≥55 m/s者)有7次,均造成了严重的灾害(表3.4)。

表3.3 我国登陆台风的省(区、市)分布(1951—2005)

地区	广西	广东(香港)	海南	台湾	福建	浙江	上海	江苏	山东	天津	辽宁	合计
平均	0.04	3.44	2.22	2.00	0.55	0.56	0.02	0.16	0.06	0.00	0.06	9.11
	0.56	3.93	2.40	2.05	1.73	0.69	0.07	0.27	0.09	0.02	0.24	12.05

注:下行为首次和多次登陆次数,上行为第一次登陆次数。

表3.4 登陆中国的超强台风

台风编号	5612	5904	6007	6208	7314	8015	0608
登陆期(日/月)	1/8	29/8	31/7	6/8	14/9	18/9	10/8
登陆点	象山	台东 惠安	宜兰 连江	花莲 连江	琼海	恒春 漳浦	苍南 福鼎

四、福建台风的统计特征

(一)登陆和影响福建台风的统计标准

登陆台风:凡台风中心正面登陆福建,或登陆广东、浙江后,其环流中心又进入福建且保持热带风暴以上强度者(此类降水往往很强)均称登陆台风。

影响台风:凡台风中心进入距福建海岸线3个纬距范围以内者,均称影响台风。该影响区的外围弧线北起杭州湾,东经台湾东岸,南至珠江口。该定义的依据是进入该区的台风,对福建会有明显的风雨影响,沿海风力一般可达8级以上,省内会出现大—暴雨。

根据此标准,1884—2010年,累计有628个台风登陆或影响福建,平均每年4.9个。其中,登陆台风248个,平均每年1.95个;影响台风380个,平均每年2.99个。

按附录3的新标准,平均每年6.7个台风登陆或影响福建,其中,登陆的有1.5个,影响的有5.2个。

(二)福建台风的源地与强度

1. 台风源地。登陆、影响福建的台风,93%其源地在160°E以西,5°~21°N的西太平洋海域,更为集中的纬度在9°~17°N,源地的平均经度大致在135°E附近,其"几何中心"在15.3°N,136.5°E,当然,高频源地随季节是有变化的,盛夏偏北,春秋季节相对南落(图3.10,图3.11)。

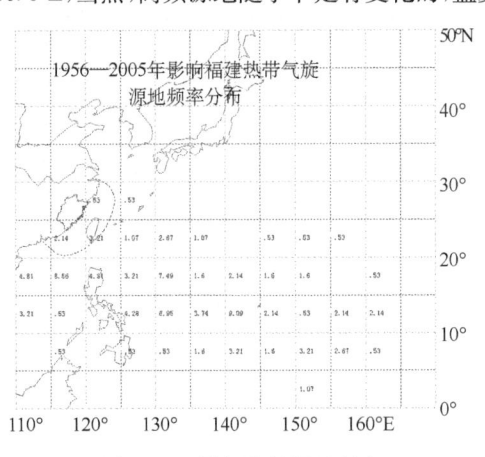

图3.10 影闽台风源地频率

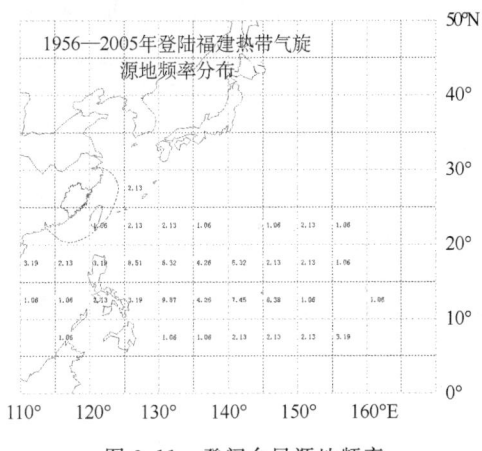

图3.11 登闽台风源地频率

2. 台风强度。登陆影响福建的台风,在海上的加强过程多出现在11°~21°N的如下三个经区,即:南海115°~119°E海面;菲律宾以东125°~133°E海面和马里亚纳群岛西南138°~145°E海面。

据统计,登陆福建的台风,有80%生命史中的极大风速可达12级;中心最低气压在970 hPa以下者占70%。极大风速超过70 m/s者占17%,中心最低气压在920 hPa以下者占23%。风速极值为100 m/s共见2例,出现于1958年9月1日8时和1959年8月29日8—14时;中心气压极值为875 hPa,出现于1973年10月6日8时。这3次台风后来分别登陆福建省福鼎(1958年9月4日),惠安(1959年8月30日),和厦门(1973年10月10日)。

台风登陆福建时的强度:均比海上极盛时期明显下降,其中的重要原因之一是台湾中央山脉对台风环流起了削减填塞作用。据1949年以来的资料,登陆福建的台风中,有40%最大风速达到12级,依据国家气象站的观测,极大的风速为60 m/s(17级),1959年8月23日出现在厦门。最大风速(10分钟平均)为48 m/s,1980年9月19日出现在东山县。极端最低气压为960 hPa,1983年7月25日出现在漳浦。

在登陆或影响福建的台风其生命史中,在海上曾经达到超强台风的标准,有研究以台风生命史最强的强度作为标准,进行台风分类,得到登陆或影响福建的台风中有13%为超强台风。但台风登陆或影响福建时,其强度往往会减弱,实际上登陆福建的超强台风甚少。2006年台风"桑美"登陆闽浙边界的福鼎市沙埕港时,合掌岩(海拔高度700 m)观测到极大风速75.8 m/s后设备被风破坏,估计该台风达到了超强台风的标准。

(三)福建台风的时间分布

登陆或影响福建的台风主要集中在夏季(7—9月),故夏季又称台风季。表3.5是1884—2010年福建登陆、影响台风的旬、月频数分布,从中可看出这样几点气候事实:

1. 月际分布

1884—2010年,登陆、影响福建台风最多的月份均在8月,分别占32.3%和28.7%;其次是7月,各占28.6%和25.8%;再次是9月,分别占24.6%和21.3%。7—9月合计,登陆台风占85.5%,影响台风占75.8%。

2. 旬际分布

登陆台风主要集中于7月中旬至9月中旬,占75.4%,最多旬是8月下旬为12.5%。影响台风也以7月中旬至9月中旬比较集中,占65.5%,最多旬为7月下旬,占12.1%。

表3.5 福建台风频数分布(1884—2010年)(单位:个)

月 旬	4 上	中	下	5 上	中	下	6 上	中	下	7 上	中	下	8 上	中	下
登陆	0	0	0	1	3	2	2	2	10	15	28	28	29	20	31
		0			6			14			71			80	
影响	1	0	2	2	1	7	9	11	14	18	34	46	35	38	36
		3			10			34			98			109	

月 旬	9 上	中	下	10 上	中	下	11 上	中	下	12 上	中	下	年 合计	平均
登陆	27	24	10	12	3	1	0	0	0	0	0	0	248	1.95
		61			16			0			0				
影响	29	31	21	16	7	6	7	6	2	0	0	1	380	2.99
		81			29			15			1				

3. 最早和最晚台风

最早登陆的台风为1961年5月13日的3号台风,最晚登陆的台风为2010年10月23日登陆漳浦县六鳌镇的13号台风"鲇鱼"。

最早影响的台风出现于4月中上旬,为1999年登陆惠来的9902号台风;最晚的影响台风为出现在12月上旬,为7427号登陆广东台山的强台风。

(四)福建台风的路径

1. 登陆或影响福建台风的路径划分

把登陆福建台风的路径形式分A、B、C、D四种,影响福建台风的路径形式为a、b、c、d四种。具体标准见表3.6。

表 3.6　台风路径分类标准

登闽台风		影闽台风	
A	直接登闽($A_N A_S$)	a	直入海峡($a_N. a_S$)
B	穿台登闽	b	登陆台湾
C	登粤入闽	c	登粤西进
D	登浙入闽	d	入浙沿海

2. 福建登陆台风的地段分布

福建登陆台风的地段分北部(福州以北);中部(福州—厦门);南部(厦门以南)三类。

在1949—2010年总计117次登陆台风中,北部有30次,中部有61次,南部有26次。年平均次数:中部0.98次,北部0.48次,南部0.42次(表3.7)。

表 3.7　登陆福建台风的地段分布(日期、地点)

年	北部(福州以北)	中部(福州—厦门)	南部(厦门以南)
1949		9—30 惠安	
1950			
1951			5—13 宝安*
1952		9—1 福清	9—12 东山
1953		7—4 莆田;8—21 莆田	
1954			
1955			8—24 漳浦
1956	7—27 连江	9—3 长乐;9—18 厦门;9—23 惠安	
1957			9—15 诏安
1958	9—4 福鼎	7—16 同安;7—24 厦门;8—30 惠安	
1959	7—16 福鼎;9—4 连江	8—23 厦门;8—30 惠安	9—11 粤东*
1960	8—1 连江		6—9 香港*;8—9 漳浦
1961		8—8 晋江;8—26 厦门;9—12 晋江	5—19 香港*
1962	7—23 福鼎;8—6 连江;9—6 连江		
1963	7—17 连江;9—12 连江		7—1 澄海*
1964			
1965		7—26 泉州;8—20 福清	
1966	8—17 连江;9—3 罗源;9—7 霞浦		
1967	7—12 连江	7—31 福清	8—30 漳浦
1968			
1969	8—8 连江	9—27 晋江	
1970		9—8 莆田	
1971	9—23 连江	7—26 晋江;9—19 惠安	
1972		7—15 莆田	
1973		7—3 厦门;10—10 厦门	7—17 惠来*
1974		8—11 惠安	
1975		8—4 晋江	9—23 东山;10—6 台山*
1976		8—10 莆田	
1977		6—16 崇武;7—25 福清;8—1 崇武	

续表

年	北部(福州以北)	中部(福州—厦门)	南部(厦门以南)
1978		8—13 兴化湾	
1979			
1980		8—28 福清	5—24 惠来*;9—19 漳浦
1981		7—20 长乐	
1982		7—30 莆田	8—15 漳浦
1983			7—25 漳浦
1984	8—8 罗源		
1985		8—23 长乐	6—24 陆丰*
1986			
1987		9—10 晋江	
1988			
1989	8—20 霞浦;9—13 霞浦		
1990	6—24 福鼎;9—4 霞浦	8—20 福清;9—8 晋江	6—29 漳浦
1991			
1992		8—31 长乐;9—5 晋江	
1993			
1994		7—11 晋江;9—1 福清	8—4 龙海
1995			7—31 澄海*
1996		7—27 晋江;8—1 福清	8—7 漳浦
1997		8—29 福清	
1998		8—5 福清	
1999		10—9 厦门	
2000		8—23 晋江	
2001	7—31 连江	6—23 福清;9—29 福清	
2002	9—7 苍南△		
2003		8—4 晋江	
2004		8—25 福清	
2005	7—19 连江	9—1 莆田 10—2 晋江	
2006	7—14 霞浦;8—10 苍南△	7—25 晋江	5—18 饶平*
2007	9—19 苍南△;10—7 福鼎	8—19 崇武	
2008	7—18 霞浦	7—28 福清	
2009	8—9 霞浦	6—21 晋江	
2010		8—31 惠安;9—10 晋江	9—2 漳浦;9—20 漳浦;10—23 漳浦
总数	30	61	26
平均	0.48	0.98	0.42

注：* 是指登陆粤东，而后穿入福建的台风；△是指登陆浙南或闽浙交界处，而后穿入福建的台风。

(五)福建台风登陆地段的统计规律

1. 地段台风年机遇

最近 62 年间，北部有登陆台风者 20 年占 32.2%；中部有登陆台风者 41 年，占 66.1%；南部有登陆台风者 21 年占 33.9%。

2. 年内地段相对集中性

从表3.8可以看出,多数年份登陆福建台风常有地段集中性,即这一年的台风往往会趋向于同一地段登陆。这一现象与当年台风活动期盛行引导气流的相对稳定性有关。这里主要是指西太平洋副热带高压的年际相对稳定性。

3. 各地段登陆台风的季节

初台的季节南早北迟。南部是5月中旬;中部是6月中旬;北部是6月下旬。

终台的季节北早南迟。北部、中部是10月上旬;南部是10月下旬。

北部登陆台风的高频旬是7月中旬、9月上旬和8月上旬;中部是8月下旬、9月上旬和7月下旬;南部旬频率相对以9月中旬最高,5月中旬和8月上旬相对居于优势。

表3.8 福建各地段登陆台风的旬频数分布(1949—2010)

月	5			6			7		
旬	上	中	下	上	中	下	上	中	下
北部	0	0	0	0	0	1	0	7	3
%	0.0	0.0	0.0	0.0	0.0	3.3	0.0	23.3	10.0
中部	0	0	0	0	1	2	2	4	9
%	0.0	0.0	0.0	0.0	1.6	3.3	3.3	6.6	14.8
南部	0	3	1	1	0	2	1	2	1
%	0.0	11.5	3.8	3.8	0.0	7.7	3.8	7.7	3.8

月	8			9			10			总和
旬	上	中	下	上	中	下	上	中	下	
北部	6	2	0	7	3	1	1	0	0	30
%	20.0	6.7	0.0	23.3	10.0	3.3	3.3	0.0	0.0	100.0
中部	7	5	12	9	3	4	3	0	0	61
%	11.5	8.2	19.7	14.8	4.9	6.6	4.9	0.0	0.0	100.0
南部	3	1	2	1	5	1	1	0	1	26
%	11.5	3.8	7.7	3.8	19.2	3.8	3.8	0.0	3.8	100.0

五、福建台风的天气特征

(一)台风大风

1. 大风极值

据1961—1990年的资料,福建沿海地区10分钟平均最大风速的极值有93.7%是台风造成的。以东山最大,为48 m/s,台山、三沙次之,为38.7 m/s,崇武、平潭、厦门、福鼎为28~30 m/s。就瞬间极大风速(阵风)而言,普遍可达12级以上,厦门曾有60 m/s的记录,马祖是51 m/s,三沙为50 m/s,福州是40.7 m/s。福建内陆地区受地形影响,台风登陆影响时风力一般不大,少数可达8级左右。

2. 风力与季节

福建台风大风的季节早者在晚春,迟者终于初秋。但就风力强度而言,以出现于8月中旬—9月中旬的风力为大,这与此一时期台风往往较强,且北方还时有冷空气南下,从而加大气压梯度有关。

3. 大风历时

受台湾海峡地形影响,台风影响时,福建省一般是起风在前,下雨在后。当台风移至台湾省东侧时,福建省沿海往往已开始起风,特别是北方又有冷空气活动时,起风更早,这种情况以晚春和初秋相对多见。一次台风过程,福建省沿海地区的大风历时,短者1~2天,长者可达5~6天。这与台风移速、环境流场配置、北方冷空气活动情况有很大关系。

4. 风向变化

台风登陆、影响福建所引起的强风,风向有旋转变化,具体取决于当地与台风中心相对位置的变化。就西北路径的登陆台风而言,登陆前受其影响沿海地区总是先刮东北大风,一旦登陆迅即转为西南或东南大风。由于台风位置的变化各类路径会有不同的风向转换顺序,各种风向都有出现的可能,但总是以东北大风与西南大风占主导地位。

有一种情况需要提及,当强台风于华东沿海转向时,闽东地区往往会刮干热的西北风,这就是人们常说的"焚风效应"。强者可造成作物枯萎,也易引发森林火险。

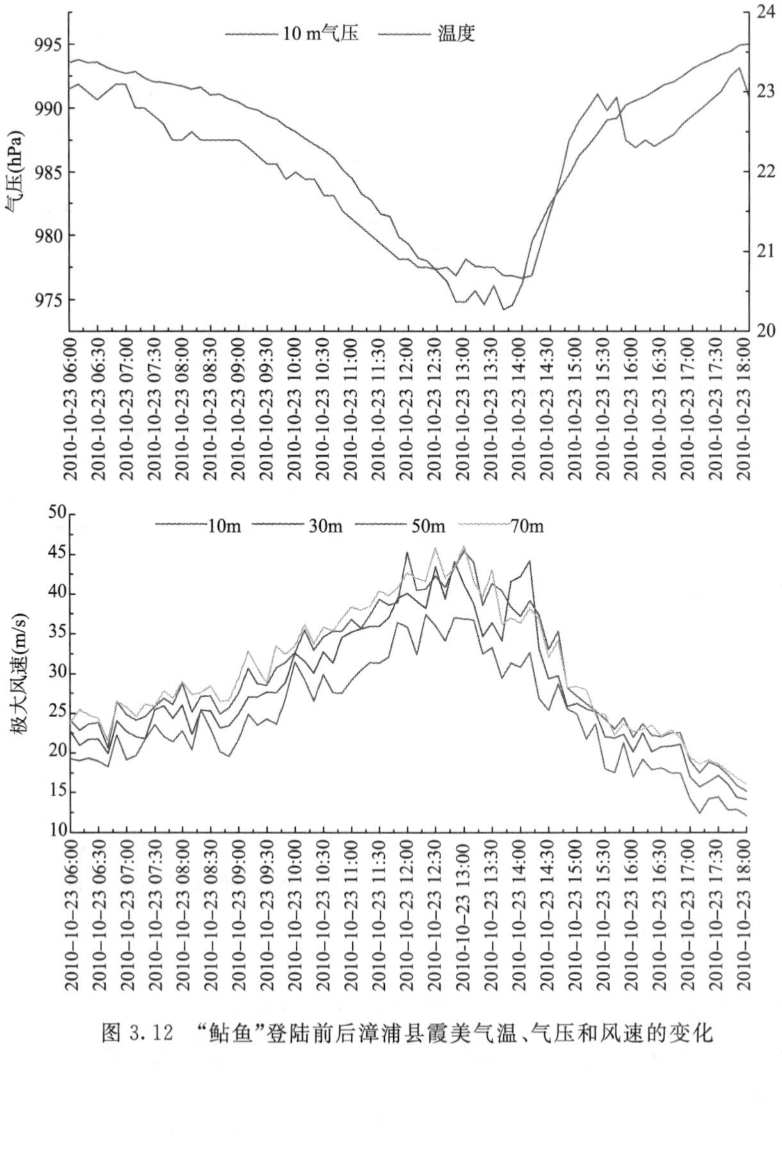

图 3.12 "鲇鱼"登陆前后漳浦县霞美气温、气压和风速的变化

[彩]图3.12和图3.13是2010年"鲇鱼"台风登陆前后风速、风向和气温、气压的变化。气温和气压变化呈漏斗型,10月23日6时气压为993.5 hPa,13时40分(台风登陆)降至974.2 hPa为谷底。气温变化也持同样的特征。台风登陆前后,风速呈现先升后降的变化。从图3.12可以看出,10 m、30 m、50 m、70 m四个层次的风速12~14时最大,在40 m/s以上,且高层大于低层。台风登陆前后风向随高度和时间的变化也有较好的规律。霞美风向出现了西北风转为西南风(逆时针转向);而赤湖出现了东北风转为东南风(顺时针转向);并且这种风向的变化最早开始于低层,而后才出现在中高层,登陆后,测风塔观测到的风向表现为较为一致的东南风,风向的变化特点,这是由于"鲇鱼"正好在霞美和赤湖之间登陆。

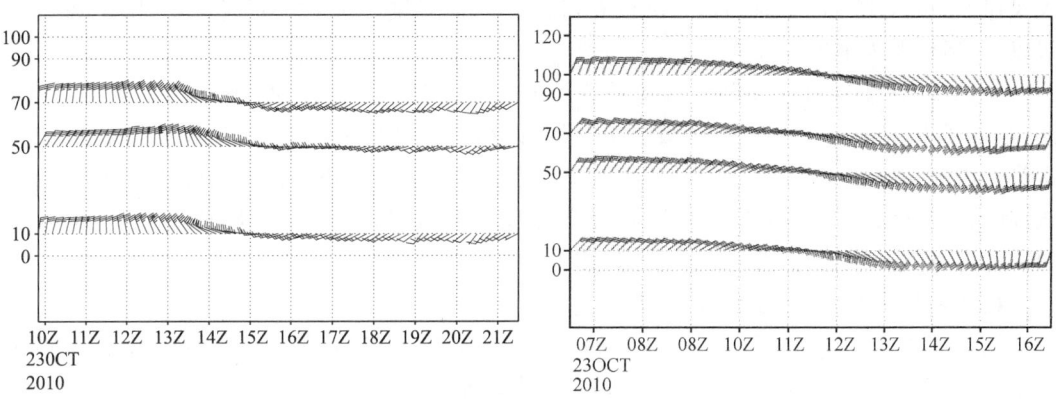

图3.13 "鲇鱼"登陆前后漳浦霞美(左)和赤湖(右)极大风速风向的变化

5. 台风风压强度

台风之所以具有极大的破坏力是因为风压很强,而且风向是旋转风向,偏北大风吹过之后,马上转偏南大风。物体受此对头摇晃作用的力更易折损、倒塌。

关于台风的风压强度可用如下经验公式估算

$$P=KV^2$$

式中,P 为压强(kg/m²),V 为风速(m/s),K 为经验系数(取 0.124)。风速与压强的一般对应关系见表3.9。

表3.9 风速与压强

V(m/s)	10	20	30	40	50	60	70	80	90	100
P(kg/m²)	12.4	49.6	111.6	198.4	310.0	446.4	607.6	793.6	1004.4	1240.0

通常台风登陆,沿海地区10级大风的半径可达200~300 km,涵盖之区的风压强度是74.4 kg/m²,12级的大风区可达数县,风压是132.6 kg/m²。数小时以至数十小时在这样的力作用下,对建筑物与通讯设施的破坏是相当严重的,有的变成一片废墟。

6. 强风实例

■登陆厦门的5903号台风

该台风8月19日于16.0°N、129.7°E洋面生成,在海上最强时(22日20时),中心气压965 hPa,最大风速50 m/s,23日凌晨3时登陆厦门,最低气压977 hPa,厦门10分钟平均风速38 m/s,极大风速60 m/s。

该台风过程,8级大风涵盖区北起宁德,经永春,西至漳平、永定;12级大风区的外沿在南安、漳州、漳浦一线;12级以上者有同安、厦门、龙海3市县。台风登陆前后,给厦门造成严重破坏;直径80~100 cm的大榕树被连根拔起,电杆折断、拔掉无数,房屋建筑严重毁坏,轮渡码头被覆折,集美海堤的巨石被风浪卷起,船只被卷扬上岸,漳厦一带林木果树毁坏无数。由于登陆时适逢农历七月十五大潮,风助浪势,潮顶江水,海浪之高,风声、浪声之巨,数里外可闻。这次罕见的台风强风所致摧毁性灾害,造成728人丧生,3800艘渔船被毁。

该台风造成人员严重的人员伤亡,也和当时缺乏雷达、卫星监测,未能有效防御有关。

■ 登陆漳浦的8015号台风

该台风9月13日于18.0°N、131.9°E洋面生成,18日02时最强,中心气压915 hPa,最大风速60 m/s,18日09时擦边台湾恒春,19日04时登陆漳浦,中心气压960 hPa,风力12级以上,后经龙岩地区入江西。

台风影响期间,闽江口以北沿海平均风力9级,阵风10~11级;闽江口—崇武之间沿海,平均风力10~11级,阵风12级以上;崇武以南沿海平均风力9级,阵风11~12级。东山最大风速48 m/s,云霄40 m/s,这次台风漳州、泉州、莆田三市的内陆地区平均风力也有7级,阵风8~9级。这次台风风大浪高,仅漳州地区海堤决口就达921处,总计4.77万 m,毁船497艘,倒房9682间,毁坏77562间,林木果树严重受损。

■ 登陆长乐的8510号台风

该台风8月16日于15°N、141°E洋面生成,23日14时最强,气压955 hPa,风速50 m/s,23日21时登陆长乐,当时中心气压970 hPa,极大风速45 m/s。

台风登陆前后长乐、平潭、福清、福州、莆田风力均超过12级,福清阵风仅次于长乐,为42 m/s,平潭为39 m/s。这次台风不仅风大,23—25日全省还普降大—暴雨,福州所辖沿海市县损失严重。

■ 登陆闽浙边界的台风"桑美"

台风"桑美"是1949年以来,登陆和影响中国大陆和福建省强度最强的台风。该台风2006年8月9日18时临近浙闽边界处沿海时发展为超强台风,于10日17时25分登陆闽浙边界处。登陆时中心气压920 hPa,最大风速60 m/s(17级),福鼎合掌岩(海拔700 m)观测到75.8 m/s的极大风速。该台风登陆后在闽滞留12小时,具有大风范围不大,但中心强度超强的特点,尤以风灾为重。相关路径图、卫星云图和雷达回波图见图3.14和图3.15。

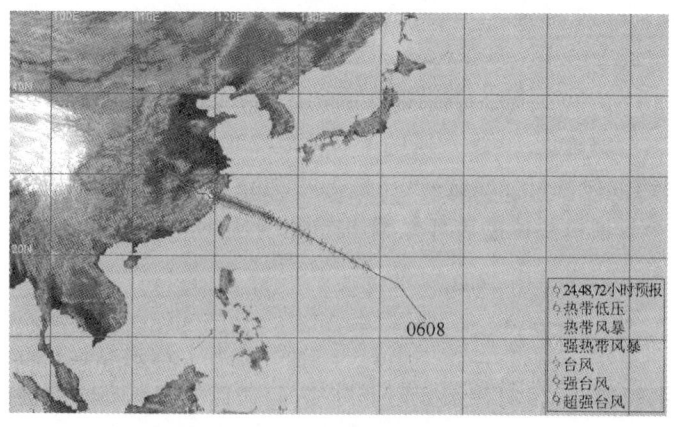

图3.14　台风"桑美"陆径图

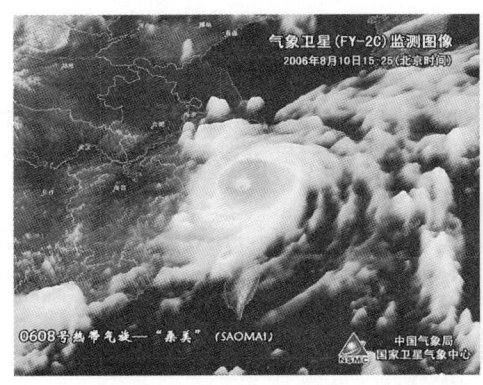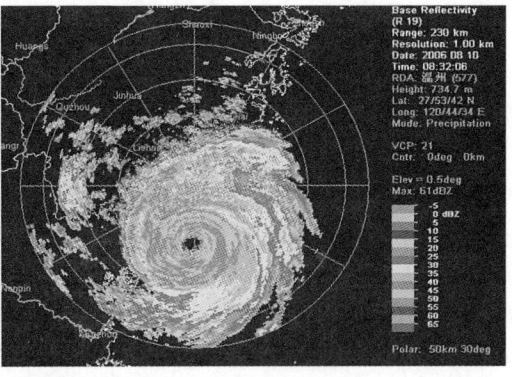

图 3.15　台风"桑美"卫星云图(左)和雷达回波图(右)

据省防汛办灾情统计:全省 14 个县(市)、164 个乡镇受灾,受灾人口 145.52 万人,死亡 233 人、失踪 144 人,其中海难死亡 196 人(无法确认身份 95 人)、失踪 140 人,倒塌房屋 4.57 万间,紧急转移人员 62 万人,大量船只损毁沉没,其中,福鼎市沙埕港海域 952 艘(条)渔船沉没、1594 艘(条)渔船损坏,农作物受灾 68.8 km^2、成灾 44.23 km^2,停产工矿企业 234 个,直接经济总损失 63.57 亿元。

该台风登陆点——沙埕港——是闽东的避风良港。而台风"桑美"恰恰在避风港造成严重的人员伤亡,这是台风强度超强,超过抗御能力,同时,人员相对集中共同影响的结果。事实告诉我们,不宜把避台船只和人员高度集中在超强台风的登陆点;对不可抗拒的超强台风,不能简单地严防死守,宁可损失财产,也要优先撤离人员。

(二)台风暴雨

1. 台风降水性质与台风暴雨条件

(1)台风降水的性质

台风降水包括外围对流性阵雨,涡旋区的螺旋云带强降水以及台风眼壁云墙之极强降水三部分组成。它们大都来自发展旺盛的积云,是台风环流内,强中尺度对流云团产生的激烈天气,性质为阵性雨。

(2)台风暴雨的决定因素

台风登陆一般都会出现暴雨,而暴雨的大小、历时的长短与低空水汽和正涡度的输入有关,对流层上部强辐散机制的维持也相当重要。另外冷空气的作用与斜压能量的转化,台风环流中活跃的中尺度系统以及有利的地形因素都会加大降水强度。概括而言,台风暴雨就是环流雨与地形雨的叠加。

这里台风态势最为关键,包括台风强度、台风路径和移动速度。台风环流强,四周低层高温、高湿,空气向中心的辐合抬升作用就强,水汽冷却、凝结的量就大,因而雨势也大。路径不同,暴雨强度与落区有异。登陆前后的移速,决定了降水的历时,停滞少动者,往往会有更大的过程降水量;台风登陆后南侧若有低空西南风急流存在,往往会加大降水,同样北方冷空气的注入,由于下插至暖湿空气的底部而产生动力抬升作用,也会强化降水过程。大量事实说明地形对台风暴雨是相当重要的,其机制是通过助长气流的垂直速度,而加大降水强度。这里地形坡度、走向与风的来向是地形雨的关键因素。

2. 福建台风暴雨活动的一般规律

(1) 台风暴雨概念模型

据骆荣宗的研究,福建台风暴雨可归为三种环流模型,一类为台风倒槽暴雨;一类为台风本体暴雨;一类为台风后部暴雨。三种模型前两种约各占45%,第三种占10%。

(2) 台风暴雨的空间分布

台风登陆福建,各地都有可能出现暴雨。比较而言,内陆机遇小,强度弱,而沿海地区机会多、强度大。[彩]图3.16是1981—2010年7—9月平均暴雨日数。夏季受台风影响,暴雨主要集中在沿海地区,宁德、福州、莆田、泉州、厦门、漳州6个沿海地区的各县(市)平均暴雨1~4天,柘荣、宁德和诏安、云霄是福建夏季的暴雨中心。内陆地区的南平、三明、龙岩3地市所属各县(市)受台风影响小,暴雨日数较少,均在0.5~2天。就台风最大日降水来看,超过200 mm者也相当普遍。某些市县是大暴雨的高值中心,也和地形因素有关。

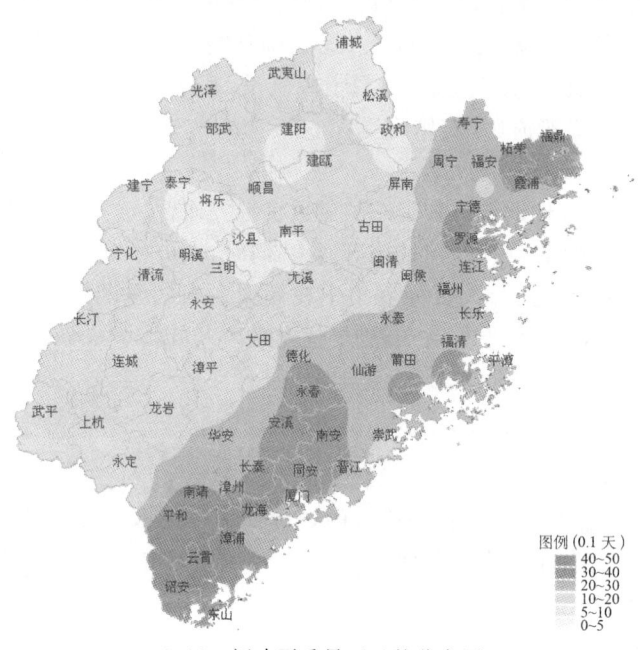

3.16 福建夏季暴雨日数分布图

(3) 台风暴雨强度的季节差异

福建台风暴雨的起止季节,早的出现于5月,迟的可拖至11月,但高频时期在7—9月。由于不同季节台风的强度和水汽条件不同,环境流场也有差异,所以暴雨的强度还是有差异的,据近60年的资料,福建一些特别强的台风降水过程相对多见于6月底至7月初,8月底—9月初和9月下半月。前者和后者与常有冷空气配合有关,而中间这一高频时段与气候上时处台风强度鼎盛时期有关。

从台风所致大暴雨(≥100 mm)日数的空间分布来看,从晚春开始高频区有自南向北移动的趋势

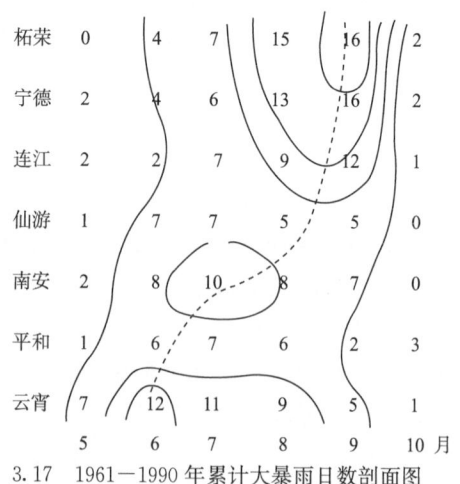

3.17 1961—1990年累计大暴雨日数剖面图

(图 3.17):5 月、6 月高频区在漳州地区南部,7 月主要在泉州地区西部,8 月自北而南有 4 个相近的高频区,但以闽东北的数值相对为大,9 月闽东北最为突出,闽江下游居次,10 月随台风季节的基本结束,大于 100 mm 的台风暴雨均极少出现。

(4)台风路径与暴雨

台风路径是台风暴雨强度与暴雨落区最关键的决定因素。一般规律台风最大降水大多落在路径的右方,因为这里处于上岸流的方位。少数台风强暴雨也可落在路径的左方,这多与台风后部有低空急流存在,并将热带云团卷入台风环流有关。

据近 60 年的资料,一般情况下,正面登陆连江—厦门之间的台风,福建省降水量最大。在登陆点附近及其右上方的一些地区,过程降水量往往可达 150~250 mm,局部可超过 300 mm;登陆粤东的台风,降水居次,过程降水量一般可达 100~200 mm,局部超过 250 mm,此类台风是九龙江、晋江特大洪水最常见的危险路径,特别是晚春与初秋季节,一些登陆珠江口—饶平的粤东台风,若转向后纵穿福建省,雨势往往更大,范围更广;登陆厦门—诏安的台风,也会有较强的降水,但总量一般小于前者;登陆罗源—福鼎的台风,福建省暴雨范围一般不大,强暴雨区多局限于闽东北及浙南,但历史上也有例外,如 1952 年 7 月 18 日台风登陆温州后,闽北下了大暴雨,闽江 21 日出现了特大洪水。1934 年 7 月 22 日也有一次类似的台风过程,闽江也出现了特大洪水。

(5)地形对台风暴雨的影响

台风环流受山脉阻挡而被迫抬升,通过加强湿空气的上升运动可加大雨势。此时山坡强迫抬升而形成的上升速度 ω_s 为

$$\omega_s = V_s \cdot \nabla Z$$

式中,V_s 是地面风速矢量,∇Z 是地形坡度。该式说明上升速度的大小和风速的大小、山脉坡度以及风向与山脉的交角成正比。此类地形机制,使福建出现三个地形所致台风暴雨中心,即:鹫峰山脉东侧的柘荣和宁德、戴云山东南侧的南安、安溪以及博平岭东南侧的云霄,尤以闽东北的台风暴雨更为多见。

(6)台风暴雨极值

■年台风暴雨次数的极值

近 60 年间,福建台风大暴雨最多的年份是 1990 年,其次是 1961 年。这两年登陆、影响台风多是关键因素,如 1990 年福建有 5 次登陆台风,3 次影响台风,宁德超过 100 mm 的大暴雨日数共出现了 6 天,周宁、南安、诏安各 5 天,柘荣、霞浦、罗源、安溪、同安各 4 天。1961 年福建省有 4 次登陆台风,9 次影响台风,德化、诏安各有 5 天出现大暴雨,安溪、南安、云霄各 4 天出现大暴雨。

■台风暴雨最大日降水量极值

表 3.10 是福建省气象台站 1951—1990 年的台风暴雨极值,这里仅录日降水量超过 200 mm 者,从中看出沿海各县(市)台风最大日降水量几乎都在 200 mm 以上,内陆仅龙岩与崇安的七仙山曾出现过此种强度的台风大暴雨。就季节而言,7 月、9 月多见,8 月和晚春相对为少。2005 年 7 月 19 日登陆连江的 5 号台风("海棠"),柘荣县日降水量 472.5 mm,创近 60 年来福建气象台站所测一日最大降水量的极值。

表 3.10　台风最大日降水量极值（1951—1990）

站名	柘荣	龙岩	东山	南靖	长乐	福清	宁德	罗源	霞浦	云霄	寿宁
降水量	381.7	322.0	310.5	306.5	297.7	260.5	252.9	294.4	269.1	260.3	258.0
日期	9—27	7—28	6—30	9—22	8—20	8—20	8—21	9—23	9—27	7—27	6—10
年份	1969	1965	1990	1981	1990	1990	1990	1971	1969	1965	1960
站名	永太	福鼎	福安	莆田	仙游	德化	晋江	漳州	龙海	平和	九仙山
降水量	248.2	234.6	231.7	235.0	231.2	208.8	239.8	215.9	209.6	231.8	227.8
日期	8—9	9—27	9—27	7—18	7—1	5—20	7—3	7—1	7—1	9—22	9—12
年份	1960	1969	1969	1963	1963	1961	1973	1963	1963	1981	1963

（三）台风特大暴雨实例

■ 1956 年 26 号台风

该台风 9 月 13 日于 17.5°N、131.3°E 洋面生成。16 日最强，中心气压 970 hPa，最大风速 50 m/s，眼区直径 80 km。16 日 13～14 时登陆台湾省宜兰—花莲，最低气压 980 hPa，风力 12 级。9 月 18 日 14～15 时登陆厦门，气压 991 hPa，厦门最大风速 34 m/s，极大风速超过 40 m/s，沿海风力 10 级，北部 12 级。以后经闽北入浙江，20 日于长江口入海（图 3.18）。

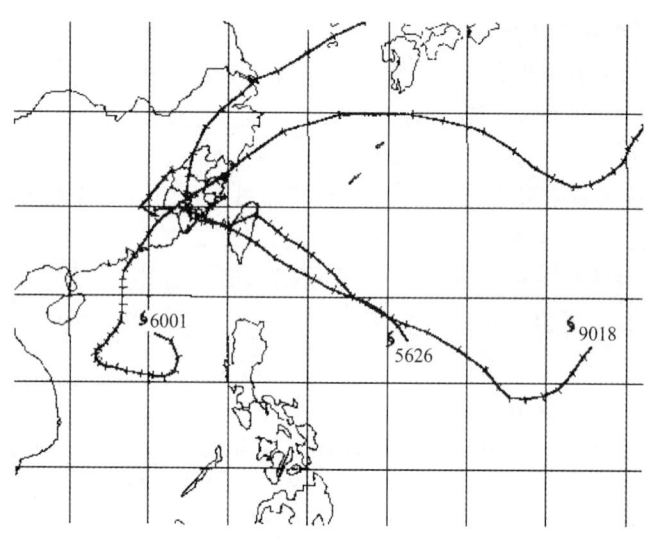

图 3.18　福建省 3 次特大暴雨的台风路径

台风登陆前后，全省出现 6 天降水，尤以 9 月 17—19 日降水量为大，泉州地区过程降水量多在 300 mm 以上，局部超过 500 mm。南安县的凤巢水文站最大日降水量 593 mm（9 月 18 日），过程降水量 875 mm，创福建台风降水之极值，过程降水量超过 500 mm 的还有同安的汀溪（575 mm），莆田的濑溪（524 mm），南安的尾厝（500 mm）。特大暴雨使晋江流域出现了特大洪水，石砻水文站 9 月 19 日的最高洪峰水位高达 15.19 m，超出危险水位 1.19 m，至今仍为该江洪水的极值，这次水患给泉州地区造成了严重损失。

■ 1960 年 1 号台风

6001 号台风 6 月 2 日于 17.8°N、115.4°E 的南海生成，5—7 日势力最强，中心气压 970 hPa，最大风速 45 m/s，9 日 3 时登陆香港，最低气压 970 hPa，风力 12 级，之后转向东北,穿越福建省于闽东北入海(图3.18)。

受6001号台风影响,全省大部地区风力7~10级,有14个县(市)达10~12级,沿海超过12级。由于时处雨季,适有北方冷空气配合,8—10日全省有62个县(市)普降大暴雨,过程降水量多在200~300 mm,尤以九龙江上游为大,漳平的梅营过程降水量为591 mm(表3.11),最大日降水量为428 mm,南靖的高坑总降水量为511 mm,西溪流域的面平均降水量高达378 mm,北溪面平均降水量193 mm,漳州中山桥6月10日洪峰水位14.29 m,超危险水位2.29 m。与此同时晋江与闽江也出现了大洪水。

表3.11 6001号台风过程降水量(≥200 mm者)

站名	诏安	船场	云霄	南靖	和溪	秀峰	梅营	高坑	诗坑	安溪	德化
降水量	275	377	302	311	392	385	591	511	434	211	258
站名	南安	仙游	山头	仙荣	社硎	珠洋	凤巢	古田	永太	谷口	霍口
降水量	216	227	294	377	294	397	278	204	251	228	256
站名	周宁	寿宁	洋中板	永定	上杭	罗胜	双洋	大田	尤溪	西洋	
降水量	306	333	351	215	201	355	217	276	251	204	

■1990年18号台风

该台风9月3日于17.2°N、142.8°E洋面生成。7日最强,中心气压960 hPa,最大风速40 m/s,同日21时登陆台湾省新港,最低气压970 hPa,风力12级。8日16时登陆晋江,当时中心气压985 hPa,福建省沿海最大风力8~9级,阵风10~12级,马祖极大风速44 m/s,福州39 m/s,18号台风西行消失于粤北干南(图3.18)。

18号台风登陆前后,全省有49个县(市)下暴雨,过程降水量超过100 mm者有50个县(市),沿海各地(市)普遍超过200 mm,其中有15个县(市)超过300 mm。最强降水出现于闽东北,柘荣气象站总雨量569 mm,最大日降水量234 mm,另一强降水中心出现在漳州地区的南靖一带,过程降水量401 mm。

■1990年——一个百年罕见的台风多见、暴雨多发年例

前面列举了三个台风特大暴雨个例,若以年为单位而比较,在120多年的历史中,1990年是台风既多,暴雨又频的年例,可以称得上是一个"团体冠军年"。该年福建有5次登陆台风,3次影响台风,台风早、多、密、强、怪成为当年最令人注目的气候特点。就降水而言,暴雨最严重者有6次(表3.12)。

6次台风的累计降水量分布如图3.19(a)所示,沿海地区普遍为800~1200 mm,有三个强暴雨中心,分别位于柘荣、宁德和安溪、南安一带。内陆降水总量为400~600 mm,图3.19(b)是6次台风总降水量与常年降水量之比,累计30多天的降水量,沿海地区有18个县市超过平均年降水量(1981—2010年平均)的7成以上,其中,东山、厦门、崇武和安溪超过8成。内陆地区多为2~4成,而南平地区一般不足2成。

表3.12 1990年6个台风风雨实况

台风编号	9005	9006	9009	9012	9017	9018
登陆日期	6—24	6—29	7—30	8—20	9—4	9—8
登陆地点	福鼎	漳浦	海丰	福清	霞浦	晋江

续表

台风编号	9005	9006	9009	9012	9017	9018
登陆最低气压(hPa)	980	975	973	975	1000	985
登陆最大风速(m/s)	25	35	28	24	23	25
登陆极大风速(m/s)	32	40	32	32	28	29
出现地点	平潭	东山	东山	台山	台山	福州
最大日降水量(mm)	171.8	310.5	210.4	297.7	140.1	234.3
出现地点	晋江	东山	武平	长乐	台山	柘荣
最大过程雨量(mm)	267.6	444.9	600.8	522.7	224.3	568.9
出现地点	崇武	东山	永春	九仙山	台山	柘荣
日降水量 ≥100 mm 县	7	24	42	56	7	49
日降水量 ≥200 mm 县	4	6	22	24	4	21
日降水量 ≥500 mm 县	0	1	2	5	0	1
过程降水量 ≥100 mm 县	4	21	42	61	7	50
过程降水量 ≥300 mm 县	0	3	22	11	0	15
过程降水量 ≥500 mm 县	0	0	4	2	0	1

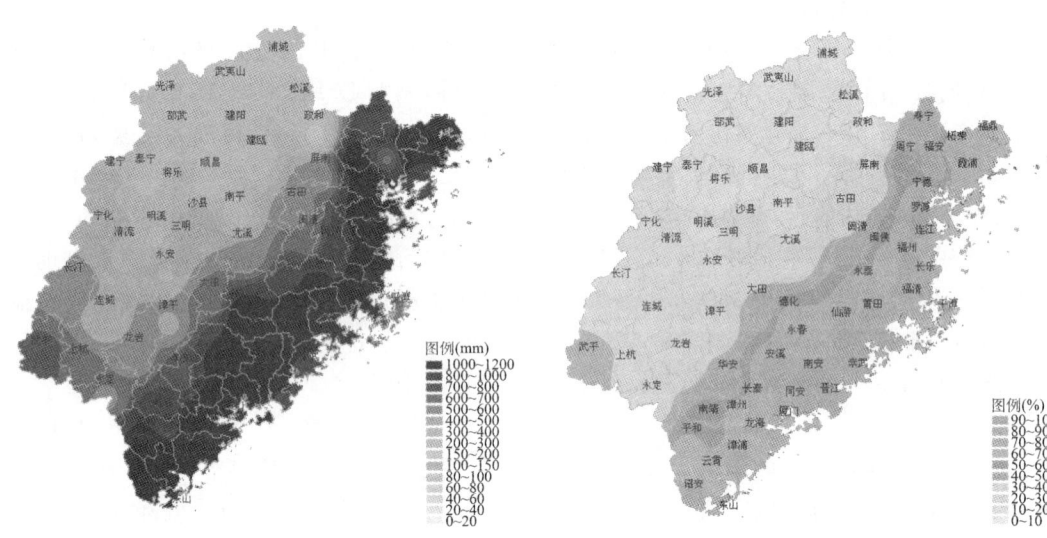

图 3.19(a) 1990 年 6 次台风过程总降水量　　图 3.19(b) 6 次台风总降水量占常年的比例

1990 年 6 个台风降水合成图,虽然是当年的情况,但是却充分而又明显的反映了福建台风降水的地域分布特征,说明了台风带来的降水,沿海明显比内陆显著,也说明了沿海地区对台风降水的重要性,可以说台风既是灾害,也是资源。

■2005 年 19 号台风"龙王"

台风"龙王"9 月 25 日于马里亚纳群岛附近生成,26 日加强为热带风暴,27 日为强热带风暴,继之为台风,10 月 1 日鼎盛为超强台风,近中心最大风速为 55 m/s,气压为 935 hPa。龙王台风一直保持偏西路径,10 月 2 日 5 时 30 分于台湾花莲登陆,中心附近最大风速 50 m/s,气压 940 hPa,当日 23 时再次登陆厦门,中心最大风速 30 m/s,气压 980 hPa,之后经漳州进入龙岩减弱为热带低压,而后消散于江西省。

图 3.20 和图 3.21 是台风"龙王"的路径图、临近登陆时的 500 hPa 形势图。台风"龙王"路径稳、势力强、移速快,登陆时又有北方冷空气配合致暴雨区集中在福州地区。10月2—4日,全省有 39 个县市出现暴雨,罗源、福州等 13 个县市出现大暴雨(图3.22),福州等 3 县市 1 小时降水量超 100 mm,其中,长乐市 152 mm 超历史极值。福州、闽侯两县市一日最大降水量迄今仍为历史纪录,其中,福州 195.6 mm,闽侯 180.2 mm。福州地区 4 县市过程降水量超过 200 mm,且过程降水均为持续性降水。

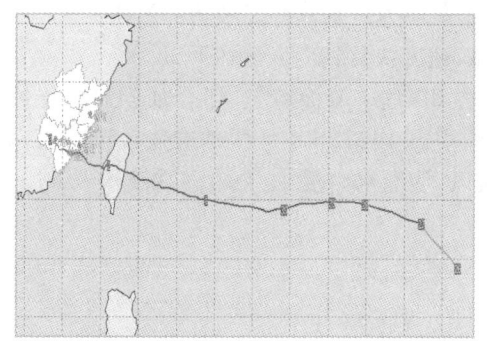

图 3.20 龙王台风路径图

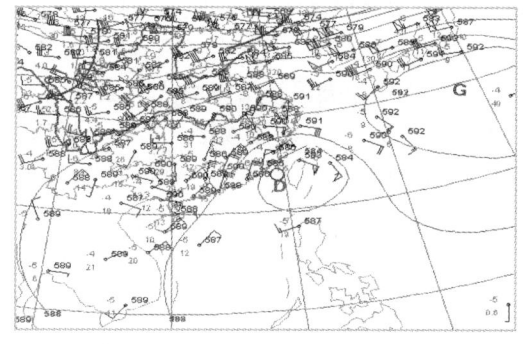

图 3.21 2005 年 10 月 1 日 20 时 500 hPa 高度

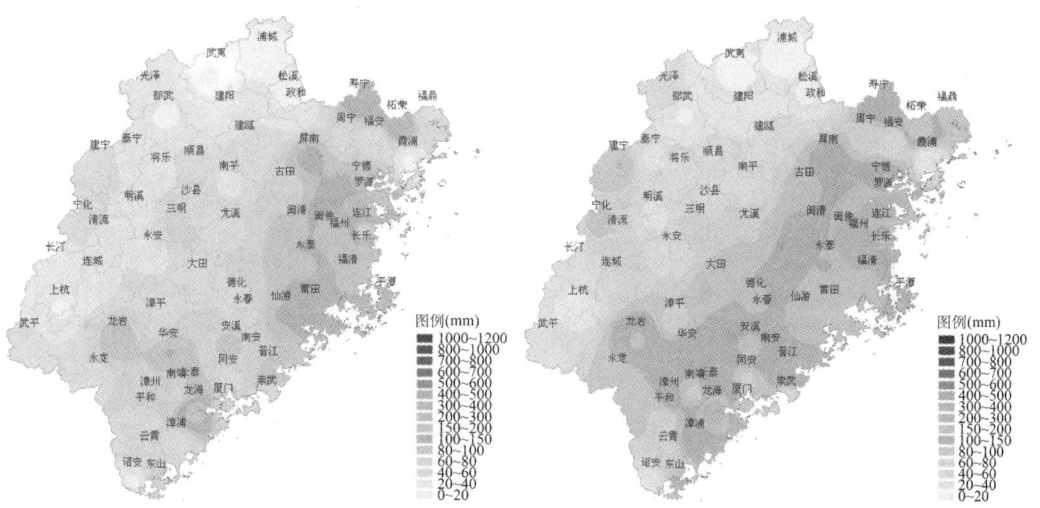

图 3.22 2005 年 10 月 2—4 日日降水极值(左)和过程雨量(右)

受台风"龙王"带来的暴雨影响,全省 66 个县 583 个乡镇受灾,人口计 403 万,14 个县城进水,死亡失踪 159 人,全省直接经济损失 74.78 亿元,福州市出现 1949 以来最严重的城市内涝,死亡 132 人,直接经济损失 58.7 亿元。

六、福建台风的风暴潮

(一)成因与特点

风暴潮是由强烈的大气扰动,通过强风和气压急变而引起的海水潮位异常升降现象。

风暴潮的确切分布和振幅大小取决于海底结构、海岸地形及其大气扰动,尤其是台风的大小、强度、移向和移速,当然与阴阳历时象也有一定关系。台风接近海岸的角度是决定风暴潮强度的重要因素。对于垂直于海岸方向缓慢移动的风暴、台风,其最大的风暴潮普遍出现在登陆点的右边。风应力气压梯度力是驱动风暴潮的两个主要力。国外有关研究指出,风应力的作用大致是气压梯度力的二倍,也就是说风对风暴潮起更重要的作用。

风应力引起风暴潮增水的近似估计式为

$$\xi = K\tau_0 L/\rho g h$$

式中,ξ 为风暴潮增水值,τ_0 为海面上的风应力,L 为海域水平深度,h 为海水尺度,ρ 为海水密度,g 为重力加速度,K 为经验系数。该式反映了风应力对水体势能做功的效能。

福建的风暴潮主要属台风型,其特点是来势猛、速度快、强度大、破坏严重。

风暴潮不但会毁坏沿海堤防工程,淹没港口、盐田,危害滩涂养殖,还会加剧海岸侵蚀,并造成耕地退化、土地盐碱化。紧邻漳州地区的汕头市1922年8月2日遭强台风袭击,急剧的降压(登陆时气压968 hPa)和12级以上的大风,使潮水内浸15 km,潮高平均3.65 m,造成7万人丧生。

(二)福建风暴潮的统计特征

1. 较强风暴潮的年机遇

福建有11个验潮站,厦门站建于1950年、福州白岩潭(马尾)建站于1953年,其他多在20世纪50年代后期。在1950—1990年的观测记录中,涉及全省沿海增水0.5 m以上的较大风暴潮共见1956年、1959年、1960年、1961年、1962年、1966年、1969年、1971年、1976年、1977年、1990等11年,其中1962年、1990年各有2次强风暴潮过程,总计13次,年机遇为28%左右。

2. 较强风暴潮的常见季节

福建5—11月都有发生风暴潮的可能,但从增水0.5 m以上的实例来看,13次较强的风暴潮过程均在8—9月,其中8月上旬4次,中旬1次,下旬1次;9月上旬4次,中旬1次,下旬2次。高频自然段是8月1—10日4次,占30.8%;8月20日—9月12日7次,占53.8%;9月23—27日2次,占15.4%。上述三段多与所在农历月的天文大潮相耦合,正因为有此叠加所以增水才大。

表3.13 福建沿海各站不同台风增水的频数分布

站名	资料年限	台风增水(m)					Σ	Σ/n	极值	台风号
		0.5~0.99	1.0~1.49	1.5~1.99	2.0~2.49	≥2.5				
福鼎沙埕	1956—1990	46	12	1	1	0	60	1.71	2.11	6208
霞浦三沙	1965—1990	26	4	0	0	0	30	1.15	1.21	6911
福州白岩潭(马尾)	1956—1990	105	39	17	2	1	164	4.69	2.52	6012
长乐梅花	1957—1990	24	10	6	0	0	40	1.18	1.99	6911
平潭	1967—1990	28	9	0	0	0	37	1.54	1.43	8209
崇武	1956—1990	52	13	0	0	0	65	1.86	1.37	6911
厦门	1956—1990	60	16	1	0	0	77	2.20	1.79	8304
东山	1959—1990	62	12	1	0	0	75	2.34	1.52	6911

3. 风暴潮的多发岸段

表 3.13 是 8 个主要验潮站不同台风增水过程的频数分布,从中可看出这样三点事实:

(1) 风暴潮的高频岸段在闽江口,福州的白岩潭(即马尾)0.5 m 以上增水过程,年均 4.69 次比其他岸段高 1~2 倍;

(2) ≥1.5 m 的增水过程也高度集中于闽江口附近,福州白岩潭出现 20 次,长乐梅花出现 6 次,其他站多为 0~1 次;

(3) 福建省沿海风暴潮增水极值是福州白岩潭的 2.52 m,出现于 1960 年 8 月 9 日,是登陆漳浦台风所致。

(三) 台风路径、强度与风暴潮强度的关系

台风风暴潮强度不但与台风中心气压、大风半径有关,还与台风登陆时间和天文潮的组合有关,当然地形、岸滩形态对增水值也有重要影响。

(1) 登陆福建的台风一般都会引起风暴潮,通常以穿越台湾而后再登陆福建者为强,经巴士海峡,北上登陆福建者居次,经台湾北部海面而登陆福建者再次。这是因为台风系反时针向环流,路径与登陆点不同,强风的落区及其被吹卷的上岸流就不同。

(2) 登陆时台风中心气压越低,风速越大,风暴潮越强,而且风暴潮维持的时间与台风中心的滞留时间和强台风的维持时间有关,在 1949—1990 年我国沿海所见的 12 次最强风暴潮实例中福建占 2 例,即 1969 年 9 月 27 日登陆晋江 6911 号台风($P=965$ hPa、$V=35$ m/s) 和 1990 年 9 月 8 日同样登陆晋江的 9018 号台风($P=975$ hPa、$V=35$ m/s),福建省沿海最大增水前者为 2.38 m,后者为 2.41 m。

如前所述,连江—长乐的闽江口附近岸段,特别是重要港口福州马尾,是福建沿海风暴潮最多发,而又最强劲的地区。登陆福建省南部沿海,特别是晋江一带的强台风,最易引发强风暴潮现象,对此值得注意。

(3) 适宜的台风路径与可观的台风强度,如果登陆时间与天文大潮再适巧相遇,其风暴潮的强度往往更大。1969 年 9 月 27 日(农历八月十九日)的 6911 号台风所致风暴潮就属此例,全省沿海增水 0.98~2.38 m,普遍超过当地警戒水位 0.37~1.56 m,晋江以北沿海出现罕见大潮,罗源沿海海岸被毁成锯齿形,近海不少田野村庄被海水浸淹数天,当地群众反映这是继清咸丰三年(1843 年)以来最严重的一次海潮。另外资料显示,在一次风暴潮过程中其状态曲线上常显示两个峰点,台风登陆台湾或刚下海是一个峰点,登陆福建省时又出现一个峰点,其值以后者为高。就各地最大增水时间来看有自北而南的滞后现象(图 3.23)。

(四) 近 60 年福建 3 次重大台风风暴潮灾害实例

■ 1959 年 8 月 23 日厦门风暴潮

5903 号台风在厦门登陆,12 级大风席卷闽南沿海各县,厦门瞬时极大风速达 60 m/s,风助浪势,潮顶江水,且恰逢农历七月十九日天文大潮,厦门地区酿成了十分严重的台风暴

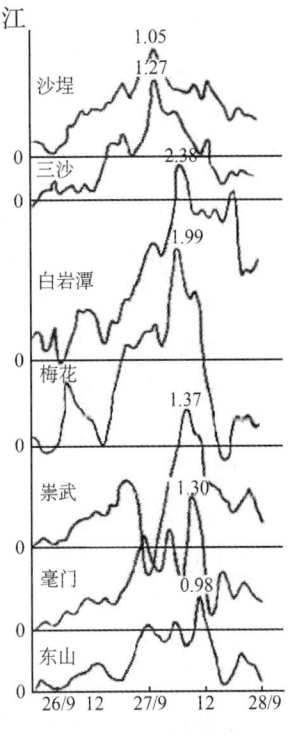

图 3.23 6911 号强台风增水曲线

潮灾害,台风登陆时海水暴涨,最高潮位竟高达7.39 m(厦门基面上),创厦门1950年以来历史的最高记录,超出厦门警戒水位0.5 m。高潮时台风增水高达1.40 m,从而导致厦门市区低洼地带进水1.0 m以上,市区中山路都漫上海水。台风造成人、财、物损失惨重。

■ 1966年9月3—7日霞浦、宁德风暴潮

6614号和6615号台风分别在罗源和霞浦县登陆。由于此两次台风强度强,侵袭范围广,来势凶猛,强增水又恰遇七月大潮,因而在闽东沿海(主要是霞浦和宁德沿岸)发生了强台风风暴潮灾害,霞浦、三沙增水1.30 m。三都的千吨钢铁码头被打翻,并被刮上海岸,海堤崩溃5400 m,海水倒灌40 km,不少陆地沦为泽国,一片汪洋。

■ 1969年9月27日全省沿海县市风暴潮

6911号台风在福建省晋江县登陆,强风和降压引起全省沿岸台风增水0.98~2.38 m,且遇农历八月大潮,全省沿海普遍出现特大海潮,其潮位超过当地警戒水位0.27~1.56 m,大部分堤坝缺口崩溃,大片田野、村庄被海水淹没,造成严重损失。

七、福建台风的巨浪

福建沿海地处台湾中央山脉和福建省武夷山脉挟持的"狭管地带",风急浪大在全国是著名的,表3.14是6个波浪站观测到的沿岸台风波浪极值(H_{max})。

表3.14 福建沿岸台风波浪极值

测站	福鼎台山	连江北茭	平潭	惠安崇武	龙海流会	晋江围头
H_{max}(m)	12.0	15.0	16.0	6.9	8.2	7.0
T(s)	11.0	11.7	9.7	6.0	7.7	10.0
波向	NNE	SSE/SE	ESE	SE/SSE	ESE	ESE/SE
时间	1972-08-17	1966-09-03 1971-09-23	1976-08-10	1983-07-25	1969-07-28	1973-10-10
台风号	7218	6620,7135	7613	8304	6907	7315
登陆地点	浙江平阳	罗源连江	莆田	漳浦	广东惠来	厦门

从表3.14中看出这样几点事实:

(1)福建沿岸台风波浪极值,中部最大(平潭、北茭15~16 m);北部次之(台山12 m);南部较小(崇武、流会、围头6.9~8.2 m)。

(2)波向除北部的台山为东北偏北外,中、南部均为偏东南。

(3)6个极值出现的季节为7月25日—10月10日。

(4)创6站波浪极值的台风均为西太平洋强台风。

(5)造成六个测站波浪极值的台风,其登陆点四个在测站之南,一个在测站之北,另一个就在测站所属县。

(6)6个波浪极值期与台风登陆期同步。

第三节 暴 雨

气象部门统一规定:日降水量≥50 mm为暴雨;≥100 mm为大暴雨;≥200 mm为特大暴雨。所谓日降水量,如无特别说明,均指气象部门统一规定的20时—20时累积降水量。

福建是中国暴雨高频区之一,由于暴雨多、强度大、活动季节长,所以,常导致严重的洪涝灾害。福建的暴雨主要集中于春夏两季。其形成,一类属冷暖空气交绥的锋面暴雨;一类属热带天气系统所致暴雨;局地热对流虽也可形成暴雨,但范围很小,机遇也少。

台风造成的暴雨在第二节已作介绍,本节重点分析锋面暴雨,特别是前汛期(又称雨季)的锋面暴雨。

在福建,通称5—6月为雨季。由于降水集中期起止时间和大气环流季节变化的差异,个别年份雨季起止并不局限于5—6月,为此,我们以4月21日—7月10日作为统计的边界,把至少3个县市出现暴雨的首日,作为雨季开始日,最后3个县出现暴雨的末日作为雨季结束日。另以大暴雨(无大暴雨时用暴雨)范围最广的一日作为雨季高峰日。1961—2010年平均结果是:雨季4月30日开始,7月1日结束。雨季平均高峰日出现在6月12日。若以同日5个县市出现暴雨为标准,则雨季5月5日开始,6月28日结束。

一、暴雨形成的宏观物理条件

充足的水汽供应,强烈的上升运动,不稳定的大气层结与有利的地形条件是暴雨形成的必备条件。台风暴雨、锋面暴雨概莫能外。

以凝结函数法估算的单位时间、单位地表面所得降水量,即降水率或称降水强度(I),可以下式表示

$$I = -\frac{1}{g}\int_0^{p_0} F\omega \mathrm{d}p$$

从上式可知,降水强度的大小,取决于凝结函数F(即$\mathrm{d}q_s/\mathrm{d}p$)与上升速度$\omega$。暴雨季节,$F$值的量级为$10^1$ g·kg^{-1}·hPa^{-1},而ω的量级是$10^0 \sim 10^2$ cm/s,所以对暴雨的形成,上升速度更显重要。

暴雨的形成需有适宜的环境流场:低空辐合,高空辐散可提供深厚的上升运动;中低层有强劲的暖湿平流,会使气层保持位势不稳定;水汽通过边界层向暴雨区大量辐聚和有利的地形动力抬升效应与之配合,会使暴雨不但强度大,而且历时长。福建晚春的梅雨季节和台风影响期间,最容易具备上述条件,所以是暴雨频率最高的时期。

二、暴雨的基本特点

从气候角度来看,福建暴雨有这样几个特点:
(1)福建有两个性质有异的暴雨多发季节,构成两个地域有别的洪汛时期。
(2)福建暴雨频数和暴雨强度次于台湾、海南、广东,而与广西接近,名列全国前茅。
(3)前汛期连续暴雨过程相对多见,后汛期的暴雨过程相对短促。
(4)地形所致各地的暴雨频数差异较大,不同季节有不同的暴雨中心活动区。
(5)暴雨成因既有锋面系统,又有热带系统,低纬环流起着重要作用。

三、暴雨的空间分布

(一)暴雨日数

全省各县市年平均暴雨日数3.9天(漳平)～8.6天(云霄),大部地区4～7天(图3.24)。福建暴雨多发区(≥6.0天者)有四处,分别位于南平地区北部的光泽县,武夷山

市;宁德地区的宁德、周宁;漳州地区的云霄、诏安、南靖、平和以及泉州地区的南安等地。其中,云霄县(8.6天)、南靖县和宁德市(7.3天)、平和县(7.2天)是暴雨最多的市县。

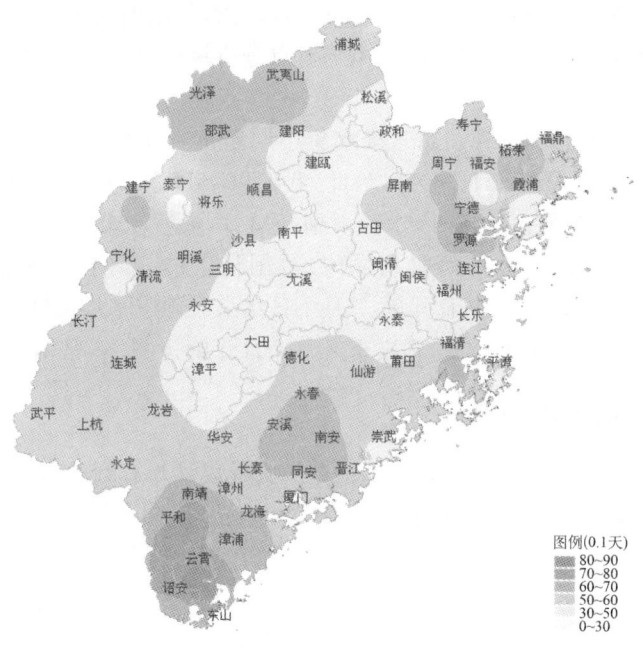

图3.24 福建年暴雨日数分布图

近60年来,福建暴雨多发年例,主要落在南平和三明等内陆地区。年最多暴雨日数:以光泽县1998年的19天为最多,宁德(2006年)、建宁(2010年)和安溪(1990)的17天为次多;浦城(1951年)、武夷山(1998年)和泰宁(2010年)的16天居第三。

闽西北的暴雨中心主要是雨季锋面暴雨所致,东部沿海的三个中心与台风有密切联系。而闽西、闽中两大山带对4个暴雨中心形成,提供了有利的地形动力条件。

(二)大暴雨日数

全省各县市年平均大暴雨日数0.3天(沙县)~2.0天(云霄)。最多年大暴雨日数6天(平潭2002年、宁德1990年),浦城、武夷山、德化、诏安等12个县市5天。

大暴雨日数主要分布于闽中大山带的东侧。有3个高频中心,依次为云霄、诏安;柘荣;宁德。内陆地区的大暴雨日数多在0.5天以下。

(三)最长连续暴雨日数

各县市最长连续暴雨日数3~9天(武夷山、光泽)。持续5天及以上的连续性暴雨,主要出现在南平和三明两地市,反映出锋面降水造成的持续性暴雨比台风的持续性暴雨时间更长。从时间看,内陆市县主要出现在6月的雨季高峰期,沿海市县主要出现在台风季。

另外,各市县最长连续大暴雨日数为1~4天,以武夷山、光泽、浦城的4天为最多,其时空分布和暴雨日数类似。

(四)暴雨的垂直分布

在一定的临界高度以下,暴雨随高度的增加而加强。以武夷山为例,据1959—1960年的设点观测资料≥50 mm的暴雨日数,山顶比山麓多1.0~1.5倍;≥100 mm的暴雨日数,山顶比山麓多2.0～3.0倍;一日最大降水量也比山麓多1.0～1.5倍。另外,坡向与坡度对暴雨的影响是明显的,迎风坡与陡坡雨势为强,这是普遍规律。

四、暴雨的季节分布

(一)暴雨的初终日

福建的暴雨一年四季都可出现。初日最早可见于1月,如1987年1月2日崇武,1989年1月7日三明地区西部已开始出现区域性暴雨,1964年1月13日南平地区北部和福清、闽侯等地也下了暴雨;1969年1月31日莆田、泉州、漳州三地区出现了更大范围的暴雨。暴雨的终日最迟者可拖至12月下旬,如1977年漳浦(12月29日)、1971年清流(12月26日)、1972年永定(12月21日)、南靖(12月21日)都还有暴雨出现。比较而言,闽北暴雨开始的季节和结束的季节相对早于闽南。

(二)暴雨降水量的季节分布

据统计,各季平均暴雨降水量占全年平均暴雨降水量的比例,首推5—6月的雨季,占年总暴雨降水量的41.3%;其次是7—9月的台风季节,占40.3%;再次是3—4月的春雨时期,占12.1%;10—2月的秋冬季节最小,仅占6.4%。这说明,暴雨降水量主要集中在雨季和台风季,其中,内陆地区主要集中在雨季,沿海地区受台风影响,夏季暴雨也比较多。

(三)暴雨日数的月际分布

各月暴雨日数分布如图3.25所示。从中可以看出,福建的暴雨主要集中在3—9月,各市县都出现过暴雨。与各月降水量分布相对应,暴雨日数的月际变化内陆是单峰型,峰点在6月,这是雨季高峰期的反映;沿海地区多呈双峰型,一个峰点在6月,属于雨季锋面降水所为,一个在8月,为台风暴雨。

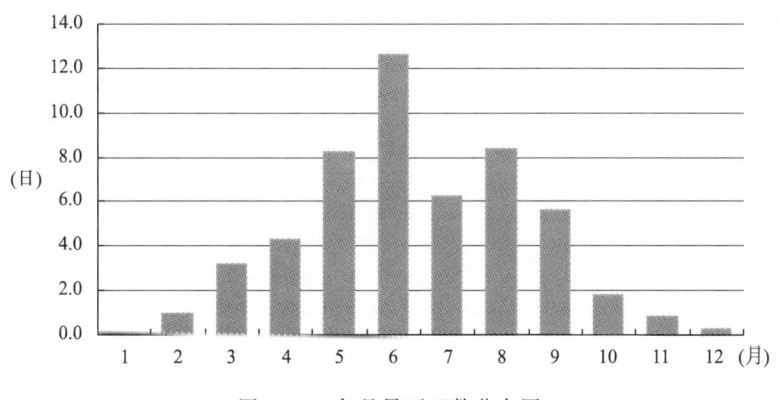

图3.25 各月暴雨日数分布图

(四)前汛期大范围暴雨的统计特征

以1961—2010年的资料统计,4月下旬—7月上旬(定义为前汛期范围)大范围暴雨过程(标准:同一天至少≥15个站出现暴雨),总计137日次,各旬出现日次数如表3.15所示,平均每年2.7日次,20世纪90年代以来,大范围暴雨呈增多趋势,年出现5日次以上者共6年,均出现在1998年及以后。最多的年份有9日次,分别为2005年和2006年;次多年份为2010年出现7日次。从月际分布上看,大范围暴雨主要出现在6月份,占63.5%,雨季高峰期和闽江水系年最高洪水位常在这一时期,原因就在这里;其次是 5 月份占 29.9%。1992 年等一些年份雨季结束迟,7 月份也出现大范围暴雨,但个别年份是受台风影响造成的。

表 3.15　福建前汛期大范围暴雨的月旬分布(1961—2010 年)

月	4	5			6			7
旬	下	上	中	下	上	中	下	上
出现次数	0	12	15	14	20	44	23	9

五、暴雨强度与持续性强降水

(一)短历时最大降水量

1. 福建 24 小时最大降水量

表 3.16 是从水文系统出版的《中国最大 24 小时暴雨量记录》(1978)挑出的福建 20 次最大降水实例,我们在挑选时作了这样的规定:倘若一次降水过程,有两处以上出现特大降水,仅取最大者。从中可以得到三点重要事实:

月际分布:最大降水主要集中在 6—9 月,以 9 月最多,其次是 6 月和 8 月。

空间分布:最大降水落区主要在沿海地区。这 20 次特大暴雨的落区,18 次在沿海,2 次在内陆,尤以闽东北鹫峰山脉和闽中戴云山脉的东侧,地处台风环流的迎风面最为多见。

成因系统:最大降水主要由台风造成的。20 次特大暴雨中,有 16 次为台风所致(其中 14 次正面登陆福建,2 次登陆粤东);2 次为切变线影响;2 次是热带低压与东风波造成的。

表 3.16　福建最大 24 小时暴雨量

序号	一日最大降水量(mm)	出现日期	出现地点
1	737	1974 年 6 月 21 日	福清高山
2	593	1956 年 9 月 18 日	南安凤巢
3	555	1963 年 7 月 1 日	惠安黄田
4	537	1958 年 8 月 30 日	莆田坑尾
5	523	1956 年 9 月 3 日	柘荣城关
6	507	1966 年 9 月 3 日	闽侯扳头
7	496	1965 年 7 月 27 日	漳浦梁山
8	491	1964 年 6 月 14 日	连城罗胜
9	470	1973 年 7 月 3 日	惠安黄田
10	448	1958 年 9 月 4 日	霞浦杨家溪
11	442	1971 年 6 月 8 日	晋江安海
12	438	1965 年 8 月 19 日	福鼎南溪
13	428	1960 年 6 月 9 日	漳平梅营
14	420	1960 年 8 月 1 日	霞浦杨家溪
15	410	1962 年 9 月 5 日	福鼎潘溪
16	410	1971 年 9 月 23 日	福鼎德功辛
17	398	1969 年 9 月 27 日	柘荣城关
18	394	1959 年 8 月 30 日	福鼎潘溪
19	387	1973 年 10 月 11 日	福鼎
20	380	1960 年 9 月 24 日	福鼎城关

根据福建省水文局董爱红的统计,至2010年,福建前10位的24小时降水实例,新增了3例,分别为福鼎沙埕691.5 mm(1990年9月4日),云霄火田557.0 mm(2008年6月13日),莆田濑溪556.9 mm(1999年10月9日),但特大暴雨的时空分布与成因背景基本无异。这说明了福建特大暴雨的落区规律和形成背景是稳定的。

2.1小时最大降水量

表3.17是时间尺度更短的特强降水——1小时最大降水量。资料仍取自《中国最大一小时雨量记录》(1978),福建≥100 mm的实例共14个,就季节而言4月1次,5月2次,6月1次,7月4次,8月1次,9月5次。也是以夏季为主,但春季的机遇较前加大。

就落区来看,除永定的朱罗坑一例外,均在闽中山带以东地区,但并无紧紧依附于高耸地势之东的趋势;其系统成因与一日特大暴雨的区别是台风所致仅2例(占14.3%),即东山的110.0 mm(1980.5.25),郑店的102.0 mm(1961.9.13),其他12均例属非台风系统下强烈雷雨所致,这说明了中小尺度天气系统在短历时强降水中的突出地位。

表3.17 1小时最大暴雨量(单位:mm)

地点	降水量(mm)	出现日期	地点	降水量(mm)	出现日期
福鼎	115.6	1960年9月24日	同安,顶丘田	105.0	1975年7月3日
东山	119.0	1980年5月25日	漳州,郑店	102.0	1961年9月13日
永春,蓬壶	114.8	1977年7月21日	漳浦,漳清	101.3	1969年4月12日
闽侯,溪南	108.7	1979年8月19日	德化,永坑	100.2	1979年5月10日
永泰,古洋	106.8	1977年7月21日	闽清,塔店	102.0	1980年7月3日
永定,朱罗坑	104.7	1977年9月30日	安溪	101.0	1961年9月8日
宁德,三都	102.1	1954年6月19日	闽侯,青光坪	105.3	1974年9月17日

2010年6月13—27日福建出现持续性暴雨过程,1小时降水量以福清渔溪100.3 mm为最大;3小时降水量以泰宁县新桥194.5 mm最大;6小时降水量以泰宁县上青234.5 mm最大。

(二)各市县一日最大降水量

一日最大降水量是降水强度的重要指标。全省各市县气象台站一日最大降水量141.9 mm(古田)～472.5 mm(柘荣)(图3.26)。其中,53%的县市(以内陆市县为主)出现在雨季,其他市县出现在台风季(以沿海市县为主)。

一日最大降水量超过200 mm的有49市县,占74.2%,一日最大降水量超过300 mm的有17市县,占25.8%。

(三)各市县最多连续降水量

最多连续降水量也是降水强度的重要指标,反映了阶段性总体降水强度,该指标和洪涝的轻重关系最为密切。

各市县最大连续降水量372.4(福州)～1087.6 mm(武夷山),内陆多于沿海,雨季多于台风季,即南平、三明等雨季最多连续降水量多于沿海台风季,其最大值普遍在600 mm以上,是福建雨季的暴雨中心。福州地区是最多连续降水量相对最小的区域,多在400 mm以内。

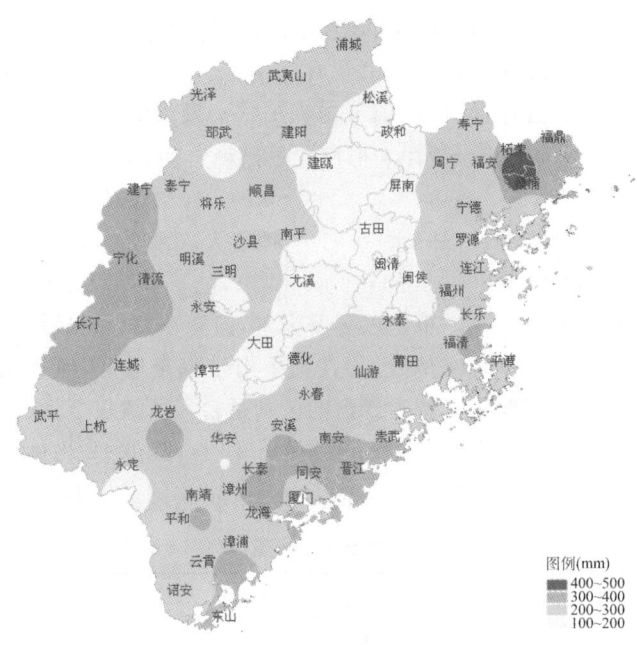

图 3.26　一日最大降水量分布图

全省最大连续降水量为 1087.6 mm,次大为 1043.2 mm,是有记录以来唯一的两个最大连续降水量超过 1000 mm 者,均出现在 1998 年 6 月 8—28 日,分别为武夷山市和光泽县,分别占平均年降水量的 56.4% 和 53.8%,反映在洪涝上,当年建溪和富屯溪发生了严重洪涝。

从最大连续降水量出现的年份来看,1998 年、1968 年、1975 年、2010 年是最大的年份,相应也是闽江流域严重洪涝的年份,其间的关系是紧密呼应的。

六、前汛期暴雨的环流形势

(一)区域性暴雨的大尺度环流背景

前汛期的暴雨是中纬度天气系统与低纬度天气系统相互作用的结果,其有利的大尺度 500 hPa 环流形势是高空三大成员,即西风带阻塞高压,西太平洋副热带高压和能反映印度西南季风的孟加拉湾低槽的有机配合和稳定维持。阻塞高压可制约北方冷空气活动的频率、路径与强度;副高与孟加拉湾低槽的作用是提供低纬暖湿气流。由于高低纬诸系统的相互配合,使两种秉性不同的冷、暖气团,不断地交绥于华南上空,形成稳定的锋区。此时,梅雨锋面云带中,常有水平尺度为 200~500 km 的一些由对流胞组成的中尺度对流系统滋生,这就是产生暴雨的流场条件。

这里所说的西风带阻塞高压是指 500 hPa 等压面上形成于 50°~70°N 之间的闭合高压。据长波理论,它的生命周期一般可达一周左右。欧亚地区常见的有欧洲高压(位于 0°~40°E),乌拉尔高压(40°~70°E)和中亚高压(80°~110°E)。有阻塞高压,形势就相对稳定少变,此时,中纬度地区多为短波流型,冷空气活动比较频繁,南下路径往往分成两支:一支从贝加尔湖一带南下;一支越过西藏高原东移,而后相互汇合于华南北部。三类阻高相比,以中亚阻高和乌拉尔高压引起福建出现区域性大暴雨的概率更大(图 3.27)。

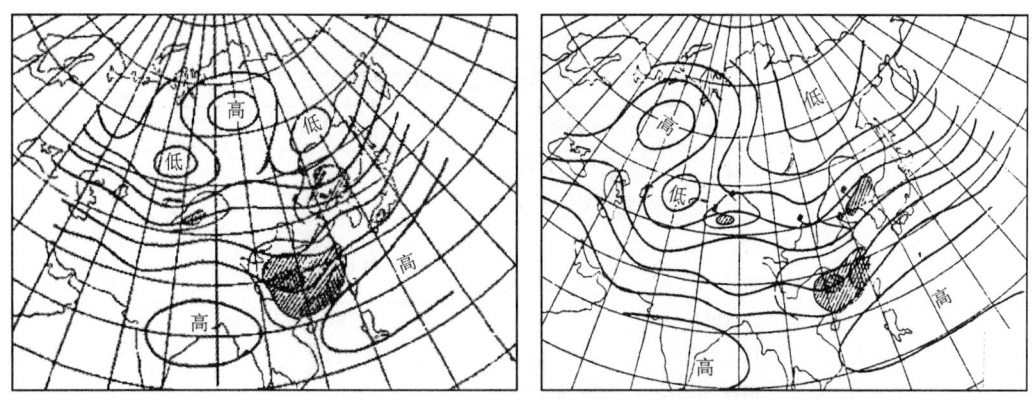

图 3.27 中亚和乌拉尔阻塞高压示意图

前汛期,福建有利产生连续暴雨的副高形态是高压呈带状,东西摆布,脊线位于 18°～20°N 附近,西脊点伸至 115°E 以西,588 dagpm 等值线的北界顶至华南中部。这是使梅雨锋区稳定于华南北部的低纬保障条件,它向该锋区不断输送来自太平洋和南海的暖湿气流,使暴雨带的落区稳定在副高脊线以北 5～7 个纬距的范围内。活动于印缅之间的孟加拉湾低槽起着另一支水汽通道的作用,它源源提供来自印度洋上空的暖湿气流,具有增强华南锋区湿热位势不稳定能量的作用,从而助长降水的强度。

(二)福建前汛期暴雨的概念模型

在前述有利的环流形势下,具体暴雨过程由下面一些天气尺度和中尺度系统扮演,它们是低空的冷式(暖式)切变、低涡、低空急流、低槽和地面的冷锋与静止锋。

图 3.28 是东亚中低纬地区(15°～35°N,100°～125°E)常见的暴雨流型三度空间基本结构:500 hPa 由西风槽、南支槽、中空急流、副热带高压组成;低空 850 hPa 的主要系统是低值系统,包括切变线、低涡、低空急流和切变线北侧的冷高压与南侧的副热带高压;地面图上最多见的是静止锋、冷锋,有时还有气旋。

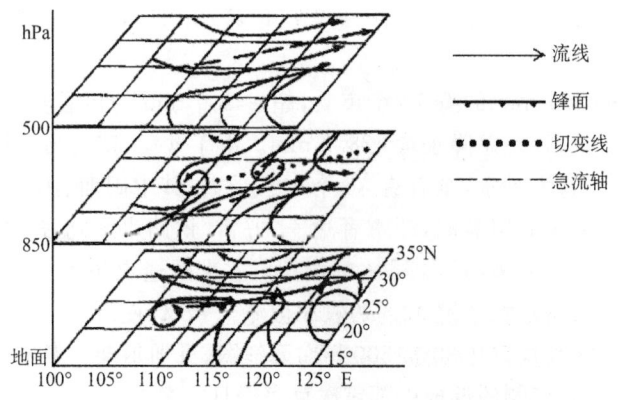

图 3.28 福建雨季区域性暴雨概念模型

(三)福建前汛期大范围暴雨的低空天气系统

林毅统计 1961—1995 年福建前汛期总计 62 次大范围暴雨出现前二天至当天的 850 hPa 形势图和地面天气图,结论是:850 hPa 切变线、低涡和西南风急流与地面静止锋是雨季(5—

6月)产生大范围暴雨的主要天气系统。

表 3.18　福建前汛期大范围暴雨的天气系统

等压面	天气系统	前 48 小时	前 24 小时	当天
850 hPa	切变线	35	55	54
	低涡	21	39	39
	西南风急流	25	47	51
	槽线	8	5	4
地面	静止锋(冷锋)	50	55	56
	高压后部	10	15	27
	倒槽	10	8	4
	暴雨总个例	62	62	62

表 3.18 中的天气系统在暴雨期间往往是两者，甚至三者同时存在，如 850 hPa 图面上切变线与西南风急流的匹配率就甚高。从该表还可看出，大范围暴雨前 48 小时，出现急流者仅 25 次，占 40.3%，且多属偏北类(115°E 经线上，急流轴位于 27°N 以北)；暴雨前 24 小时急流次数增至 47 次，占 75.8%，其位置偏北类减少，而居中(轴线位于 24°～27°N)和偏南类(轴线在 24°N 以南)增多；暴雨当天，急流次数为 51 次占 82.3%，基本都是偏南和居中类。福建的暴雨区就落在急流的左前方。

七、前汛期特大暴雨实例

下面列举几个曾引起福建严重洪涝，不同环流形势的特大暴雨实例。

(一)中亚阻塞高压——切变—静止锋型

■1962 年 6 月 25—30 日特大暴雨

1962 年 6 月 25—30 日南平、三明、龙岩、宁德四地区出现连续暴雨。25 日暴雨首先从三明、龙岩两地区开始；26 日仍在三明；27 日强降水落在南平地区；28 日雨势最大，四地区同现暴雨；29 日强降水活动于福州、三明、龙岩三地区；30 日再现于三明、龙岩两地区，随后结束。

过程降水量超过 200 mm 的有 14 个市县，超过 300 mm 的市县有 6 个([彩]图 3.29)。最大降水中心在清流县，过程总降水量 428.9 mm。由于沙溪、富屯溪和汀江上游雨势大，所以闽江、汀江均出现了特大洪水，全省有 36 个市县受灾，其中闽西、闽西北 17 县灾情最重。南平、三明两地区 98 万亩农田被淹，严重者达 41 万亩，铁路水毁路段 54 处，造成运输一度中段，强降水倒毁房屋 2054 座，死亡 46 人。由于洪水期适逢农历六月初二、初三大潮，潮水顶托使闽江下游闽侯县沿江各乡镇 90% 的农田被淹 5～8 昼夜。

图 3.30 是 1962 年 6 月 26—30 日 500 hPa 天气图，贝加尔湖—泰米尔半岛为高压脊，西侧的低槽位于乌拉尔山，东侧的低槽由鄂霍次克海经日本海伸向长江中下游，西太平洋副热带高压脊线位于 18°N，南海有一闭合 588 线中心，印缅低槽明显，华南上空暖湿气流活跃，它与河套南下的冷空气不断交汇于华南北部。同期低空 850 hPa 等压面上，福建上空有一条稳定的低涡切变，使准东西向的强暴雨带徘徊于沙溪、富屯溪一带。

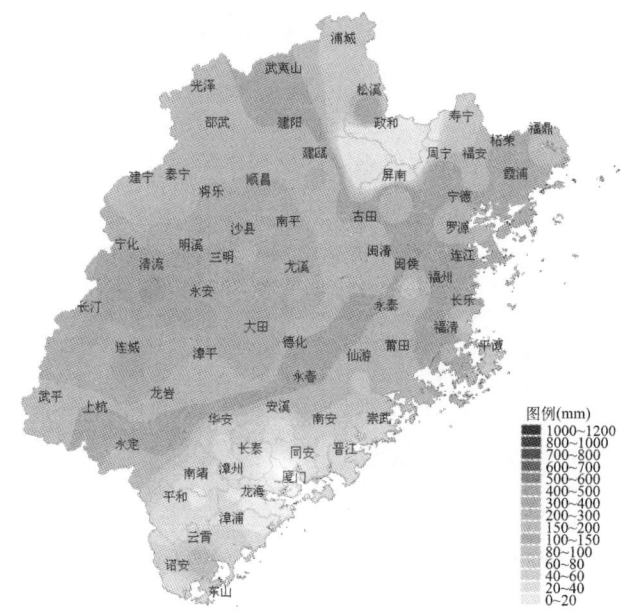

图 3.29 1962 年 6 月 25—30 日雨量

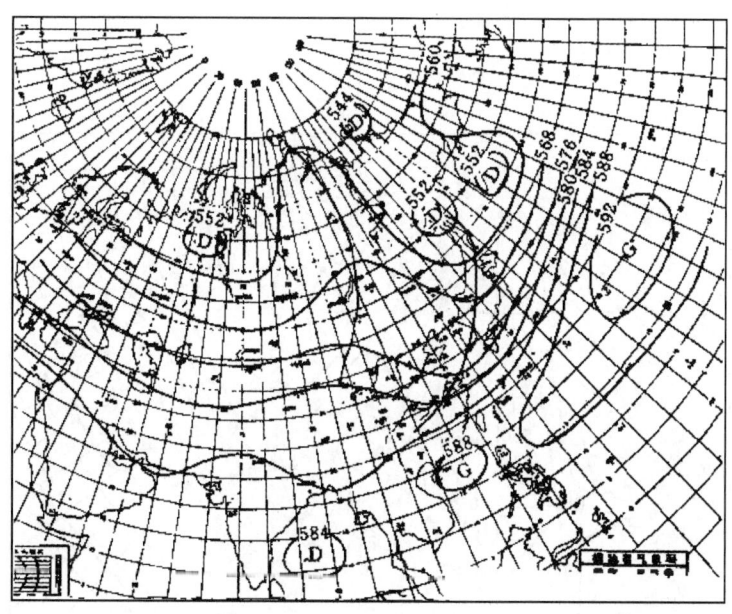

图 3.30 1962 年 6 月 26—30 日 500 hPa 天气图(单位:dagpm)

■1992 年 7 月 4—8 日特大暴雨

1992 年福建雨季结束期迟,7 月 4—8 日出现了全省最后一场前汛期特大暴雨,66 个县(市)中有 62 个县(市)下了 116 日·次的暴雨,其中 19 个县(市)下了 21 个日·次的大暴雨。这次区域性连续暴雨过程特点是范围广,历时长,强度大,降水多(图 3.31)。

此次暴雨造成闽江流域发生 1934 年以来最大的洪水,竹岐水文站超警戒水位历时 108 小时,超危险水位 45 小时,7 月 7 日洪峰流量为 30300 m³/s,洪峰水位 16.51 m,超危险水位 2.01 m,6 天泄洪总量为 78.83 亿 m³。全省 6 个地市 54 个市县受灾,26 座县城被淹,

345万亩农田被淹,655万人受灾,死亡185人。福州火车站始发列车停开5天,福厦公路也曾一度中断。全省直接经济损失26.77亿元。

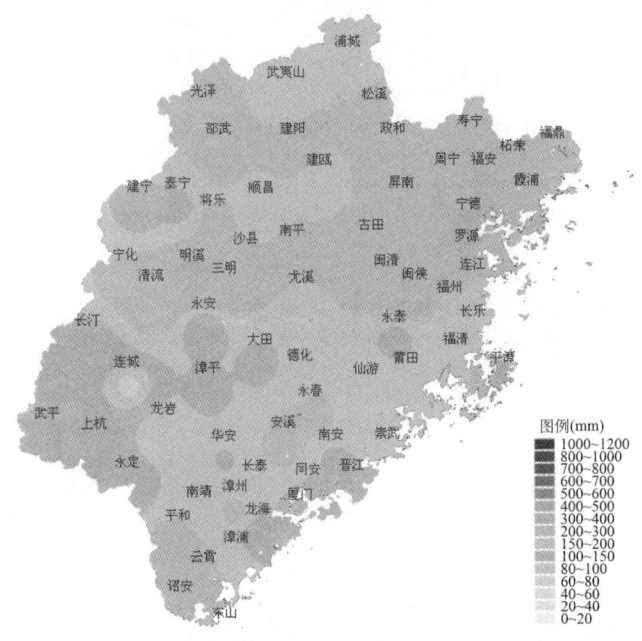

图3.31　1992年7月4—8日雨量

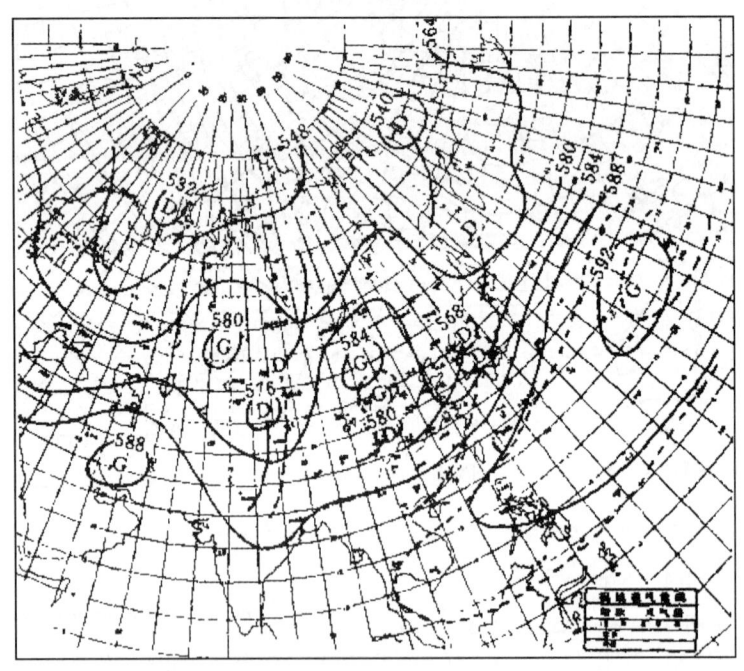

图3.32　7月4日20时500 hPa形势图(单位:dagpm)

图3.32是1992年7月4日20时的500 hPa环流形势,中亚有一阻塞高压,强度584 dagpm,中心位于贝加尔湖稍南,由鄂霍次克海经日本海至长江中下游有一条稳定的横

槽,"阻高"后面的低槽位于新西伯利亚至新疆一带。低纬的特点是西太平洋副热带高压西伸至 120°E 以西,脊线在 16°～18°N,588 线挺至南海北部,另外,印缅低槽相当明显。6 日 20 时 500 hPa 仍维持如上成员配置,但已开始东移,东亚低槽由原来的横向转为东北—西南向,并压至华南,相应副高随之南压,脊线已位 15°N 以南(图中虚线),这是该暴雨过程后期,福建强降水由闽西北移向闽东南的环流形势,与 500 hPa 相对应,中低空在长江以南至福建中部有一条稳定的东西向切变线,850 hPa 的具体位置:3 日 20 时在长江中下游,4 日 20 时在浙江中部、江西北部,5 日 20 时在闽北,6 日 20 时在福建中部(图 3.33),7 日 20 时在福建沿海,8 日 20 时北抬至江西北部。切变线五天的准静止,缓动期间,其南侧始终有一支很强的西南风急流,最强处风速为 16～20 m/s。与切变线相对应,地面冷锋 2 日位于江淮一带,4 日移至浙、赣、闽边境,5—8 日缓动准静止于福建,其间不断有一些中小尺度的扰动形成和发展,区域性降水连续出现。

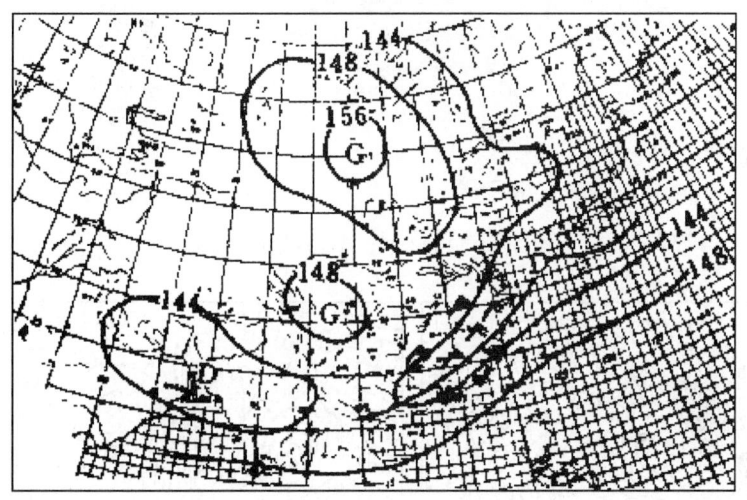

图 3.33　7 月 6 日 20 时 850 hPa 形势图(单位:dagpm)

(二)欧洲高压——切变—静止锋型

■1968 年 6 月 10—19 日特大暴雨

1968 年 6 月 10—19 日,福建出现全省性连续大暴雨,66 个市县中除漳平外均出现了暴雨,总计 145 个站次(暴雨范围之广超过了 1998 年和 2010 年雨季高峰期的暴雨范围),其中有 22 个县市还下了 24 个站次超过 100 mm 的大暴雨。该过程的最强降水期在 13 日和 17—18 日,尤以后者降水量为大,两天内共有 52 个站次下暴雨,日降水量超过 100 mm 者有 14 站次。

图 3.34 是此次过程的降水量分布图,主强雨带由三明地区伸向宁德地区,累计降水量普遍超过 300 mm,高值中心在宁化(409 mm)—明溪(483 mm)—沙县(402 mm)—屏南(454 mm)一线;次强雨带位于中南部沿海,由诏安(375 mm)、云霄(375 mm)经同安(316 mm)伸向平潭(514 mm)。这次强降水引发了闽江流域的特大洪水,福州竹岐水文站超警戒水位长达 159 小时,19 日洪峰水位 15.92 m,超危险水位 1.42 m,洪峰流量 29400 m³/s。此次洪水全省 115 万亩农田被淹,绝收 13 万亩,漂木 44779 m³,铁路塌方 172 处,水毁公路 197 条总计 255 km,工矿企业损失 300 万元,早稻减产 0.5 亿 kg 以上,全省死亡 107 人,灾情以

南平、三明、福州三地区为重。

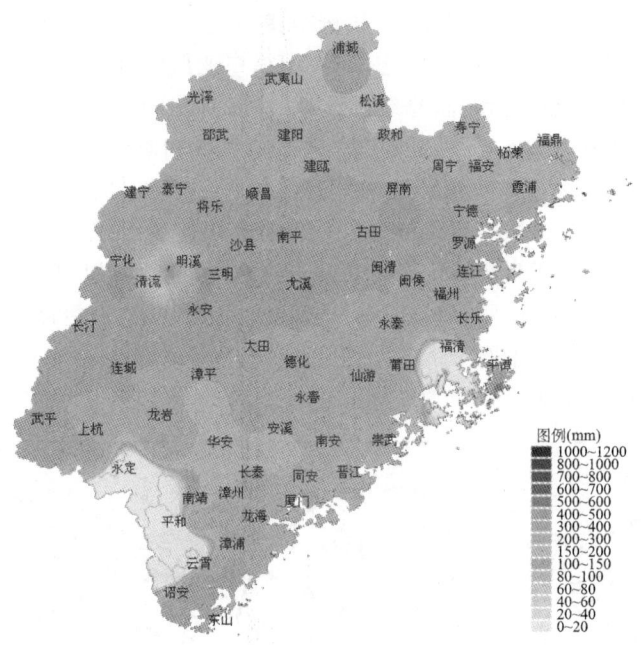

图 3.34　1968 年 6 月 10—19 日雨量

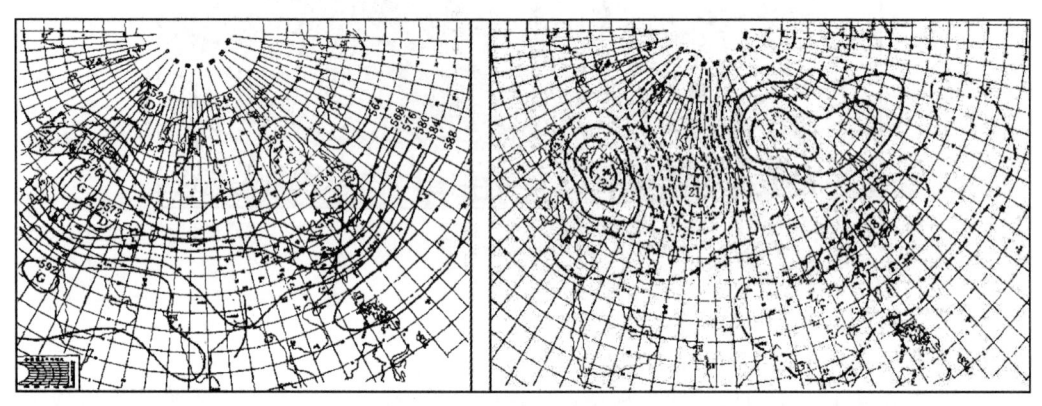

图 3.35　1968 年 6 月 16—20 日 500hPa 平均图(左)和距平图(右)(单位:dagpm)

图 3.35(左)是 6 月 16—20 日的 500 hPa 平均图。欧洲中部有 576 dagpm 的闭合高压中心(该阻高始建于 6 月 12 日),乌拉尔山地区为低槽,贝加尔湖与鄂霍茨克海之间也有一个闭合高压中心(568 dagpm),日本海上空有一深厚的低压,其横槽由堪察加经日本海伸向中国东部沿海,西太平洋副热带高压是东西带状分布,脊线位于 15°N,印缅低槽相当明显,孟加拉湾一带不断有暖湿气流向华南输送。图 3.35(右)是该候的距平图,正负距平中心的摆布与强度显示了形势的稳定性,华南沿海有距平零线通过,北负南正,说明该处锋区的密集强度与活跃性。该降水的低空流型为切变型,地面为静止锋影响。

(三)乌拉尔高压——切变—静止锋型

■1982 年 6 月 13—19 日闽北特大暴雨

图 3.36 是 6 月 13—19 日过程降水量,雨带呈东西向,强降水高度集中于宁化—沙县—

罗源连线以北地区,范围在150～660 mm,该线以南多在30～70 mm,有的不足20 mm,梯度很大,晴洪分明。7天的降水过程出现三次高潮:13日有16县下暴雨,15日23县下暴雨,18日12县下暴雨。此次连续暴雨落区于闽江上游的建溪与富屯溪,19日闽江下游竹岐水位高达15.72 m,创历史第四特大洪水,暴雨区受淹农田164万亩,绝收45万亩,34个受灾县死亡94人,闽北78.4%的公路一度中断,铁路塌方188处,停运数天。

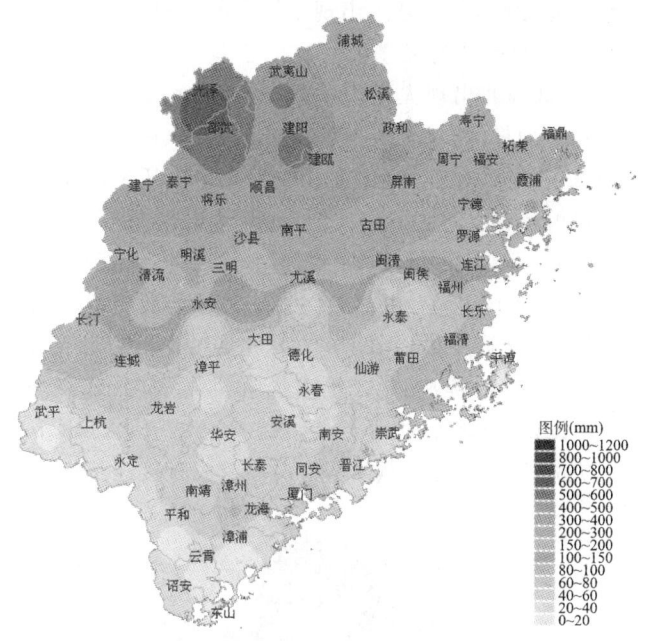

图3.36　1982年6月13—19日雨量

此次暴雨属乌拉尔高压—切变—静止锋形势,图3.37(左)是6月16—20日的500 hPa候平均图,乌高中心584 dagpm,位于53°N、65°E,西侧的低槽位于30°E,由斯堪的那维亚半岛伸向地中海,东侧的低槽由泰米尔半岛经贝加尔湖伸向巴尔喀什湖,南段呈超极地形式,远东从堪察加经日本至长江中下游为一横向低槽。从西风带形势可以看出冷空气在西藏高原南北有分支现象,而后汇合于长江以南至华南北部。

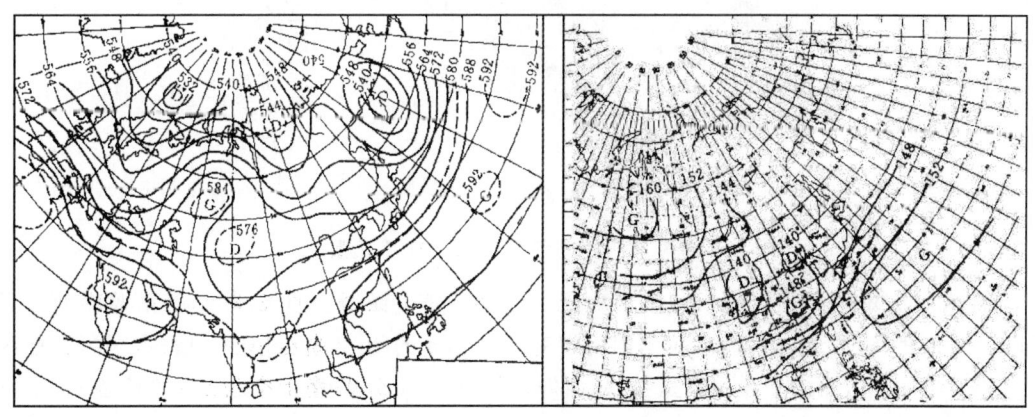

图3.37　1982年6月16—20日500hPa平均图(左)和6月18日850hPa形势图(右)(单位:dagpm)

从低纬系统来看,西太平洋副热带高压呈东西带状,脊线位于 18°N,西脊点在 103°E,588 线北界顶至 26°N,正因为副高强而偏北,所以福建强雨带也相应偏北,26.3°N 以南降水量截然减小。低纬的另一重要系统是孟加拉湾低槽相当明显,它与副高一起为这次强降水提供了暖湿气流的输送。图 3.37(右)是 6 月 18 日低空 850 hPa 的形势,赣北、闽北、浙南为切变线活动区,而且南侧始终有较强的西南风急流,与切变相对应的地面静止锋徘徊于闽北,由于小尺度的强对流胞活跃,所见之地出现了极强的短时、瞬时降水。

■ 1998 年 6 月 12—24 日闽北特大暴雨

1998 年 6 月 12—24 日闽北出现大暴雨过程,过程降水量大于 500 mm 的有 8 个市县,以武夷山市的 1041.8 mm 为最大,光泽县 972.9 mm 次之(图 3.38)。由于持续性降水,闽北各地水库爆满,江河水位骤升,建溪、富屯溪相继发生多次超过危险水位的洪水,闽江干流竹歧水文站 6 月 23 日洪峰流量 33800 m³/s,创 1934 年以来的最大的洪峰。建瓯、邵武、光泽等市县城关被淹。武夷山机场因灾被迫关闭 14 小时;鹰厦铁路福建段 39 处塌方,鹰厦线和来福线各中断运行 10 天和 12 天,有 10 列客货车、1 万余人滞留;316 国道、205 国道、101 省道以及南平市内各县之间交通中断;国家级干线光缆冲断 10 处,南平市所有市县邮电通讯一度中断;闽侯白沙防洪堤漫堤决口,2 万多人被洪水围困;建瓯城关低洼处受淹超过 10 m,4 万多群众被洪水围困 40 多小时。全省有 16 个县城进水,143.7 万人被洪水围困,紧急转移 195.3 万人,因灾死亡 126 人。全省洪涝灾害造成直接经济损失 82.76 亿元。

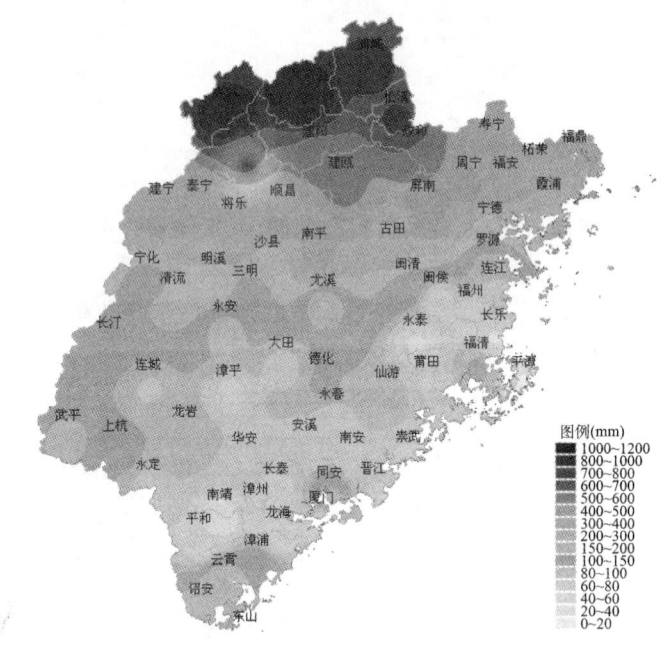

图 3.38 1998 年 6 月 12—23 日雨量

此次特大暴雨过程也属于乌拉尔高压—切变—静止锋型。图 3.39 是暴雨鼎盛期 6 月 21 日 08 时的 500 hPa 形势,乌拉尔山南端有 592 hPa 的闭合高压中心,内蒙古至河套地区冷空气不断南下,西太平洋副高呈带状,西脊点伸到 107°E,华南上空为西南气流控制,水汽输送充沛。850 hPa 切变线稳定于江南,静止锋位于闽北(图 3.40),22 日南平地区十余县市下特大暴雨。

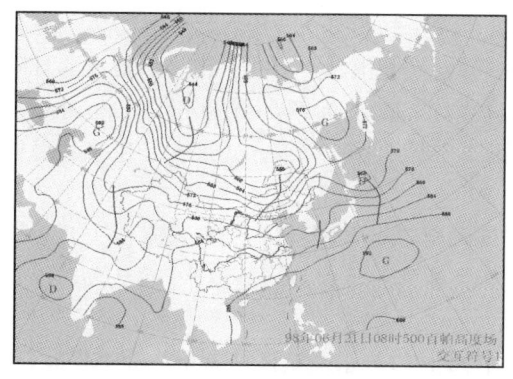 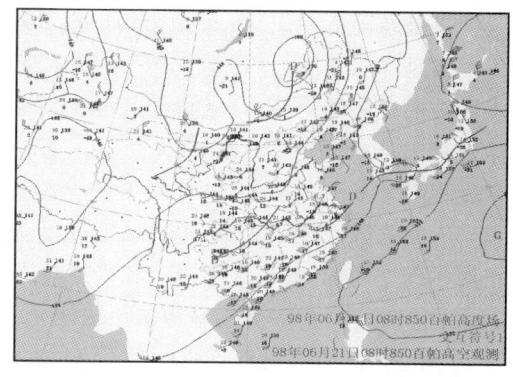

图 3.39　6 月 21 日 08 时 500hPa 高度场　　　　图 3.40　6 月 21 日 08 时 850hPa 高度场

■2010 年 6 月 13—27 日特大暴雨

2010 年 6 月 13—27 日受低层切变线影响,福建省出现 2010 年雨季以来持续时间最长、范围最广、雨量最多、强度最大、灾害最重的持续性暴雨～大暴雨过程。统计 6 月 12—27 日降水量(不含区域气象站,下同),全省所有县(市)均≥100 mm,其中 48 个县(市)≥250 mm,11 个县(市)≥500 mm(均在南平和三明两地市),以武夷山市的 776.5 mm 为最大。

此次暴雨过程有以下 5 个特点:

一是持续时间长。暴雨过程持续 14 天,期间 10 天出现大暴雨,强降水持续时间之长为历史少见;其中,泰宁、浦城连续出现暴雨～大暴雨均达 5 天(均为历史首见)。

二是过程降水量多。全省各县(市)过程降水量均≥100 mm,有 11 个县(市)≥500 mm,且主要集中在西北部地区(图 3.41)。南平、顺昌、泰宁、福清、将乐和漳平等县(市)的过程降水量为 1961 年以来历史同期最高。

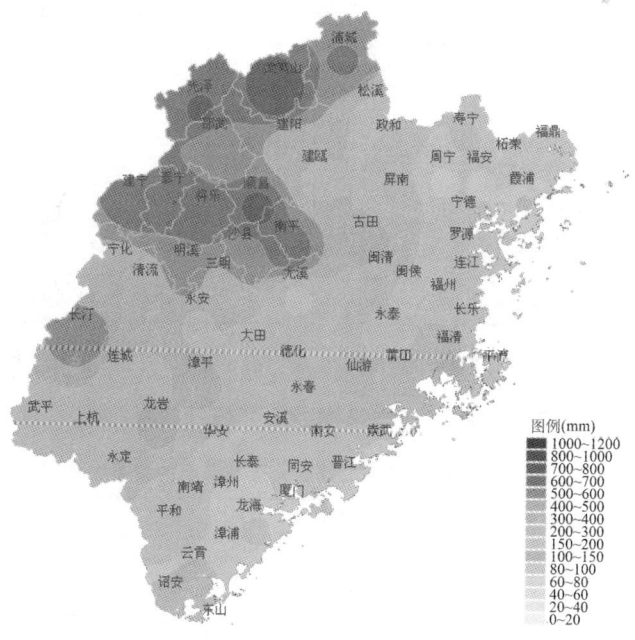

图 3.41　2010 年 6 月 13—27 日雨量

三是暴雨范围广。9个地市均出现暴雨,累计144个暴雨日次,38个大暴雨日次。

四是降水强度大。6月13—27日,闽西北的顺昌、武夷山、延平三县(市、区)最大的日降水量破历史记录,全省区域站中,1小时降水量以福清市渔溪100.3 mm为最大,3小时降水量以泰宁县新桥194.5 mm最大,6小时降水量以泰宁县上青234.5 mm最大。建宁县樱桃岭过程降水量857 mm。

五是强降水区域集中,本次暴雨过程强降水落区相对集中,大暴雨和特大暴雨主要集中在南平和三明两地市,武夷山市和光泽县连续2天大暴雨~特大暴雨。南平、沙县大暴雨日数超过本站6月份大暴雨日数的历史纪录。

本次暴雨过程,闽江流域出现了特大洪水,6月18日竹歧水文站洪峰流量为29400 m³/s,上游的南平和三明两市山洪暴发、江河猛涨,地质灾害频发,大量民房倒塌,基础设施损毁,村镇农田受淹,损失十分严重。截至6月22日17时防汛办初步统计,全省有南平、三明、龙岩、漳州、泉州、宁德、福州、莆田等8个设区市、60个县(市、区)、664个乡镇295.89万人受灾,紧急转移60.1万人,因灾死亡78人、失踪94人,直接经济总损失144.6亿元,是雨季历史上迄今为止损失最严重的一年。

此次暴雨也为乌高—切变—静止锋型。6月13—27日的500 hPa平均图(图3.42)显示,咸海上空为明显的高压,泰米尔半岛有稳定的低涡,下游另有一个低槽由我国东北伸向江南东部,槽后不断有冷空气注入。副高西脊点伸至中南半岛,588线北界位于华南沿海,华南的西南暖湿气流明显,从而为稳定的强降水提供环流场条件。图3.43显示,850 hPa切变稳定于江南—华南北部,南侧低空急流稳定,地面静止锋控制闽北,导致出现持续14天的强降水过程,高强暴雨中心落在闽西北。

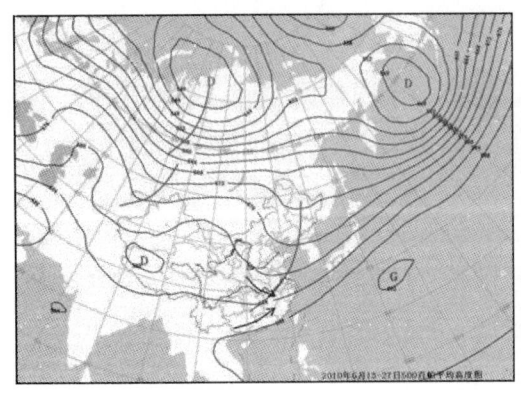

图3.42　6月13—27日500hPa平均图　　图3.43　6月21—22日850hPa切变和急流图

近50年福建省前汛期最强的大范围暴雨的主要统计指标见表3.19。

表3.19　近50年福建省前汛期最强的大范围暴雨的主要统计指标一览表

过程	暴雨 (日次)	大暴雨 (日次)	特大暴雨 (市县数)	过程降水量超 500 mm(市县数)	一日最大 降水量(mm)	最大连续降 水量(mm)
1962年6月25—30日	118	22	0	0	164.3	428.9(清流)
1968年6月10—19日	290	48	2	1	211.9	514.1(平潭)
1982年6月13—19日	67	21	0	4	175.1	657.6(光泽)
1992年7月4—8日	116	21	0	0	192.8	447.9(平潭)

续表

过程	暴雨（日次）	大暴雨（日次）	特大暴雨（市县数）	过程降水量超500 mm(市县数)	一日最大降水量(mm)	最大连续降水量(mm)
1998年6月12—24日	95	30	2	8	255.4	1041.8（武夷山）
2002年6月11—18日	95	34	3	5	265.9	568.0（建宁）
2005年6月17—23日	123	23	2	5	347.9	808.3（建宁）
2010年6月13—27日	135	35	3	12	266.6	793.1（武夷山）

第四节　气候干旱

气候干旱指降水量持续偏少，蒸发量和降水量收支失衡，可能导致作物生长缺水、乃至不能满足人类生活和经济发展对水资源需求的气候现象。气候干旱一般需要一个积累的过程。

福建虽然降水量多，但有年际间的不均性，季节间的差异性和季内降水分布的波动性，所以容易产生气候干旱。

福建的气候干旱根据传统农业生产布局，以季节划分有春旱、夏旱、秋冬旱。其影响和危害性以夏旱为大，春旱次之，秋冬旱相对为小，这和农业需求低有关。

福建气候干旱的特点是出现频率高，活动季节长，成灾范围广，并且地域多发区和高频多发季。

一、气候干旱标准与指数

干旱与前期降水情况（包括总量、时程），土壤底墒、灌溉条件以及农时季节、作物品种、抗旱能力等许多因素有关。尽管成因复杂，但自然降水是作物需水的主要来源，所以用降水量的多少与时程分布来定义和分析气候干旱是适宜的，也是惯用的。

（一）气候干旱标准

福建省气象部门根据福建的自然季节和农业生产需要，曾以日降水量＜2 mm的连旱日数和解除雨量两个条件拟定了福建的气候干旱标准（表3.20），并统计了逐年各地区出现不同旱级的县数，该普查统计性工作延续至今。

表3.20　福建气候干旱的统计标准

起止日期	解除标准	小旱	旱	大旱	特旱
春（2月11日至梅雨始）	＜2mm连旱日数（天）	16～30	31～45	46～60	≥61
	解除雨量（6天总量）	插秧前≥50mm，插秧后≥30mm			
夏（梅雨止至10月10日）	＜2mm连旱日数	16～25	26～35	36～45	≥46
	解除雨量（3天总量）	≥20mm		≥30mm	
秋冬（10月11日至2月10日）	＜2mm连旱日数	31～50	51～70	71～90	≥91
	解除雨量（6天总量）	≥10mm		≥15mm	

（二）气候干旱指数

为了对年、季气候干旱有一个量化的概念，鹿世瑾曾通过对气候干旱严重性的权重处理

提出了平均气候干旱强度指数的概念,并形成了完整的统计序列。

关于权重系数是这样给定的:各季的特旱权重为3,大旱为2,中旱为1,小旱和无旱为0;年气候干旱指数是对季气候干旱指数加权处理的综合:规定夏旱指数的权重为3;春旱指数的权重为2;秋冬旱的权重指数为1。这一处理的基本出发点是区分不同等级的气候干旱的危害性和不同季节干旱所带来的农业效应。从1939—1990年福建气候干旱指数的统计结果看,有这样几点事实:

(1)夏旱指数最大,春旱指数最小

根据平均干旱指数:夏旱最大为0.55;秋冬旱次之为0.41;春旱最小为0.34。三者比较,相当于16∶12∶10。这里需作一点说明,按对农业生产的影响,春旱要大于秋冬旱,而平均气候干旱指数却小于冬旱,这是因为严重的春旱的机遇比秋冬旱要少一些,因而平均气候干旱指数变得略低。

(2)夏旱最常见,春旱变化无常

根据气候干旱变异系数公式

$$C = S/k_a$$

式中,C为变异系数,S为方差,k_a为均值。福建各季气候干旱指数的变异系数,春季最大为1.516;夏季最小为0.782;秋冬季居中为1.0217,说明夏季遇旱频率比较稳定,春旱振动最大,秋冬旱居中。

(3)秋冬重旱概率最大

根据重旱的发生概率(这里以气候干旱指数比均值大一个方差定义为重旱),1939—1990年间福建春季重旱的概率为13.5%,夏季为15.4%,秋冬季为17.3%。

二、气候干旱的季节分布

(一)气候干旱季节分布

据气候干旱指数统计结果,在春季、夏季、秋冬季三种类型的气候干旱中,只要出现其一且达到平均指数的强度该年即算遇旱,1939—1990年间,福建共有39年出现过不同季节、不同程度的气候干旱。春旱2.5~3.3年一遇,夏旱1~2年一遇,秋冬旱2~3年一遇。年频率为75%,平均4年三遇。其中特旱9年占17.3%,重旱11年占21.20%,合计20年,频率为38.5%。约5年二遇。

(二)气候干旱的活动季节

在福建,气候干旱一年四季都出现过,活动季节之长是气候干旱的突出特点之一。与台风、洪涝、低温、冰雹各有比较集中的季节相比,气候干旱则明显不同。另外,气候干旱过程历时持久,属慢性气象灾害,与台风、洪涝、低温、冰雹表现出得短过程和突发性又有明显的不同。福建最长的气候干旱过程是1962年10月下旬至1963年5月下旬的秋冬旱连春旱,持续7个月;福建最长的连旱季节是五季连旱,如1954年的春小旱,接夏特旱,再接秋冬大旱,又连1955年的春特旱和夏特旱,跨度一年半;1964年春至1965年夏,也是五季连旱,不过强度轻于前者。

三、气候干旱的空间分布

(一)空间的广泛性与高频多发区

"水灾一条线,旱灾一大片"这是中国旱涝灾害普遍的地域规律,福建几乎没有哪个地区没有气候干旱问题,只是出现的概率、发生的季节、及其强度有所差异。闽江口以南沿海各县市是福建气候干旱的高频多发区;鹫峰山脉的高山县为少发区;中南部沿海地区的内陆县和龙岩地区南部也比较易见气候干旱,其他地区频率相对为小、强度相对为轻。

福建水利规划队曾对福建重点旱片作过实地调查,在全省总计61个旱片中,闽西北山区占21片,但比较零星分散,主要分布于河流源头和小流域的河谷地带,总面积占全省重点旱片面积的17%;另外40个旱片集中在东南沿海,主要分布沿海缺水的丘陵地带,累计面积占全省重点旱片面积的83%。这一调查结果与来自降水量、雨程的气候干旱分析结论是吻合的。

(二)强度的地域差异性

1982年鹿世瑾以二级加权处理的办法,作了地域相对气候干旱强度的比较(图3.44),得出的结论是中、南部沿海(含福州、莆田、泉州、厦门、漳州五地市)与内陆地区(含南平、三明、龙岩及宁德四地市)气候干旱指数的比值:春旱是4:1,即沿海较内陆重3倍;夏旱是1.7:1,即沿海较内陆重70%,秋冬旱是2.5:1,沿海重1.5倍。就年气候干旱指数来看,平均比值为2.4:1,即沿海的旱情一般比内陆地区重1.4倍。年序列相比,94.9%的年份是沿海重于内陆,仅5.1%的年份是内陆重于沿海。

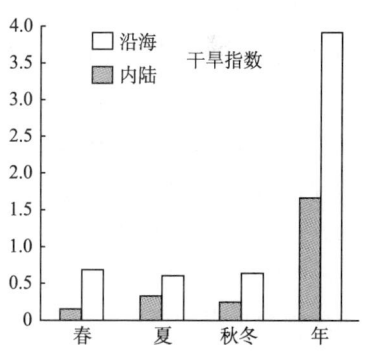

图3.44 福建干旱强度地域比值图

(三)干旱高频区、严重区的成因

闽东南沿海是福建干旱的高频区、严重区,其因主要有三个。

1. 降水量少、变率大

福州、莆田、泉州、厦门、漳州五地区的年降水量1100～1720 mm,所含29个市县的平均降水量为1455 mm,而南平、三明、龙岩、宁德四地区的年降水量多为1540～2040 mm,所含38个市县的平均降水量为1710 mm,前者比后者偏少14.9%。从雨程分布的不均性与降水相对变率来看,也是沿海地区为大,以泉州地区为例,1月降水相对变率为70%～75%,4月为30%～50%,7月为50%～80%,10月为70%～90%,由于降水离差大,所以,气候干旱的机遇明显偏大。

2. 气温高、热期长

年平均气温闽东南沿海五地市多为19.5～21.3℃,而内陆与宁德四地区为17～19℃,相差近2℃;再从日平均气温高于25℃,日最高气温高于30℃的热期来看,也是东南沿海较内陆明显为长;另外,从日照来看,闽东南沿海地区日照百分率多为43%～48%,而闽北、闽西北为38%～43%。气温高、热期长,晴天多也是闽东南气候干旱机遇为大的一个原因。

3. 植被差、蒸发强

干旱的形成和强度不仅与气候干旱有关,也与地形、地理因素、土质情况、植被条件有密切关系。闽北、闽西北有茂密的林区,蒸腾作用弱,土壤含水底墒相对为大,所以干旱的机遇较少,程度也轻;闽东南沿海地区植被条件差,沙质土壤多,水分涵蓄量少,"一场大雨哗啦啦,三天无雨干巴巴",所以,干旱的机遇远较闽北、闽西北为大、为重。

福建年降水量与年蒸发量的比值分布:闽江口以南的滨海地区不足 0.75,惠安的崇武最小仅 0.5,即降水量为蒸发量的一半,东山是 0.58,晋江 0.62,平潭 0.64,厦门 0.73,福州、莆田、泉州、漳州四地市的大部地区为 0.80～1.00,戴云山脉与武夷山脉所夹持的闽中地带为 1.00～1.25;武夷山区多为 1.25～1.50;鹫峰山区的周宁、屏南、寿宁等地最大,为 1.60～1.80,这里正是福建干旱机遇最少,强度最轻的地区。

四、气候干旱与气温的耦合类型

人们习惯以干旱出现的季节而命名干旱类型,分春旱、夏旱、秋冬旱三类。这种分法与生产、经济活动配合密切,实用性强。进一步认识干旱的成因,区分干旱的影响程度,我们以干旱期的气象要素结构,作细类的补充,而划分类型,这对深化干旱的认识是很有意义的。要素主要考虑两个:一个是降水,一个是气温。以温雨匹配情况而划分类型,有冷旱(凉旱)和热旱(暖旱)两类,实际上这是对前述干旱指标评定结果进行气温距常性的二级划分。

(一)各季节冷旱、热旱的频率分布

统计 1939—1990 年春季、夏季、秋冬季所出现的特旱与大旱年例,看看同期的气温距平情况,发现出现于晚春-盛夏(5—8 月)的特旱与大旱,86% 为热(暖)旱类型,14% 为凉旱型,也就是说这一时期所遇见的严重气候干旱,绝大多数是少雨与高温相匹配;后夏至隆冬(9—1 月)出现的特旱与大旱是 62% 为冷旱类,38% 为暖旱型,即这一时期的严重气候干旱,以少雨与低温的匹配占优势地位;晚冬至早春(2—4 月)的特旱与大旱,暖旱型占 73%,冷旱型占 27%。概而言之,福建春夏的严重气候干旱多为暖旱、热旱型;而秋冬季的严重气候干旱多为冷旱、凉旱类型。这一优势组合的原因,在后面分析气候干旱的环流背景时将会得到解释。

(二)异常少雨月气温匹配情况

以浦城等 25 个代表站各月的平均降水量反映福建的面雨量,挑选各月面雨量极少的年份,看看同月的气温距平状态,得出的结论与上述分析相当一致:晚春至盛夏(5—8 月)出现的异常少雨月,总是以高温与少雨相匹配;秋季与初冬(10—12 月)出现的异常少雨月,基本是低温与少雨相组合,属冷旱型;后冬与后夏(1—2 月,9 月)具有过渡期的特点,这三个月所出现的异常少雨同期的气温情况基本是偏高、偏低参半,既有冷旱也有暖旱;早春(3—4 月),也属过渡性质,所见异常少雨月,其同期的气温分布,偏高者占三分之二,偏低者占三分之一。

显然,同样的少雨现象,以热旱影响更为严重,冷旱相对为轻,因为前者天气更为干燥,蒸发量更大。

五、干旱的成因

干旱不仅是降水时空分布不均,长时间缺雨而形成的气候现象,更是灾害现象。但干旱的灾害程度并不完全取决气候干旱,它还与地形、地理因素、土壤植被条件有关。当然,直接原因是气候干旱、不利产生降水的大尺度环流形势的稳定维持,而人为因素诸如人口的过快增长,土地的过度垦殖和森林滥伐也会加重干旱的强度与影响。

(一)干旱的人为因素

1. 人口增长,人均水资源占有量下降

2010年和1952年相比,福建省人口增长了1.8倍。随着人口的增长,农业、工业、城市生活用水大为增加。据福建省水利规划院提供的对比资料:1980年全省实际总用水量为125亿 m^3,1993年增长至159.58亿 m^3,增加了34.58亿 m^3(27.7%)。其中工业用水增15.38亿 m^3,农业用水增11.46亿 m^3,城乡生活用水增7.74亿 m^3。

同期,福建自然降水总量保持平稳的波动状态,并无趋势性的递增、递减现象。显然,大致平稳的自然降水与急剧发展的人口形成明显的反差,使水资源人均占有量快速减少,这一变化趋势说明福建应十分注意发展中的缺水问题。另据省水文总站的普查估计,福建境内地表水资源总量为1168.7亿吨,以这个收入折算,1950年人均占有量是9655吨,到1995年已降至3693吨,与全国人均水资源占有量(2316吨)相比虽属偏高,但与自身早期相比,下降的速度是惊人的。用水日渐短缺的趋势,提醒人们节约用水的重要性与紧迫性。

关于闽东南沿海干旱灾害频率高,灾情重,除了自然降水少、森林覆盖率低等致灾因素外,人口密度大和经济发达需水量大等孕灾环境,也加重了干旱的脆弱性,这是导致旱情重的重要原因。福建9个地市人口密度见表3.21,中、南部沿海是内陆地区的3~5倍,因而倍觉水资源短缺,受干旱的威胁必然更大。福建水系自西向东流,源头是福建降水量多的地区,也是森林覆盖率高的地区,对于沿海地区,"流来"的水资源能弥补本地降水的不足,有效减轻干旱的影响。从这个角度说,基于福建降水资源分布有合理的一面,保护上游地区的绿水青山,不但利于当地,而且对于下游地区科学利用水资源,抗旱减灾也具有重要意义。

表3.21 福建各地(市)人口密度(人/ km^2)

地市	福州	厦门	莆田	泉州	漳州	宁德	南平	三明	龙岩
1994年	486	823	744	564	344	237	111	111	145
2010年	581	208	673	720	373	210	101	109	135

2. 水土流失催化旱情发展

据福建省水土保持办公室的普查统计,1958年全省水土流失面积为4500 km^2,涉及22个县;1963年发展到7970 km^2;1984年为13560 km^2,占全省土地总面积的11.18%,其中轻度流失占47.3%,中度占20.1%,重度占32.6%,总共涉及35个市县;至1994年已达14160 km^2,与1958年相比,扩大2倍有余。

人为不合理的开发利用土地资源,毁林垦荒所致植被状态破坏和盲目的基建、开矿、采石、修路是加快水土流失的主要原因。严重的水土流失加速了河道、水库的淤塞,不但危及河槽容水行洪和水库拦洪蓄水能力,同时又降低了流域天然蓄水和土壤保水能力,从而减少了对水源的补给量,结果导致易旱面积不断扩大,干旱频率不断提高,旱灾损失不断加重。

(二)气候干旱的环流成因

持续性气候干旱的直接原因是大气环流异常。研究发现:福建气候干旱期的环流背景,既有稳定的西风长波距平流型,更与西太平洋副热带高压、南海高压的位置、强度有密切关系,特别是夏季的气候干旱。

1. 春旱的环流形势

(1)福建春旱、春涝对比年例

以福建25个代表站2—4月的平均降水量和春旱指数两个条件挑选对比年例,表3.22给出了4个少雨春旱年和5个多雨春涝年。前者平均降水量250 mm以下,春旱指数均大于1.0;后者平均降水量550 mm以上,无春旱现象,且闽江初洪均出现于早春,明显早于常年。

表 3.22 福建春旱、春涝年例

类型	少雨春旱				多雨春涝				
年例	1971	1977	1963	1955	1983	1951	1980	1959	1973
2—4月降水量(mm)	170.9	227.9	233.5	249.4	871.7	691.9	645.4	579.1	570.4
春旱指数	1.09	1.70	2.21	1.58	0.00	0.16	0.09	0.00	0.37

(2)春旱、春涝年500 hPa距平场形势

对比4个早春少雨年与5个早春多雨年2—4月500 hPa平均环流差值图(图3.45)可看出,中高纬地区(40°~80°N)平均槽、脊位置截然有异。在40°~80°N纬带上环球有4个高变差中心,分别位于格陵兰(70°~75°N,30°~60°W),强度为+80 gpm;欧洲西北部(65°N,30°E),强度-60 gpm;阿留申群岛(50°N,175°W),强度为+50 gpm,北美洲东岸的纽芬兰(50°N,50°W),强度为-80 gpm。4个高值中心的存在反映春旱、春涝均以稳定而又近似呈反位相的长波流型为背景。低纬的特点是4个春旱年副热带高压明显偏弱,在图上看不到≥5880 gpm的副高标帜线,而5个春涝年其合成平均图上有两环≥5880 gpm的副高存在,主体位于西太平洋,范围占15个网格点(10°~20°N,115°~165°E)。就10°~20°N环球的总体平均高度来看,春旱年比春涝年

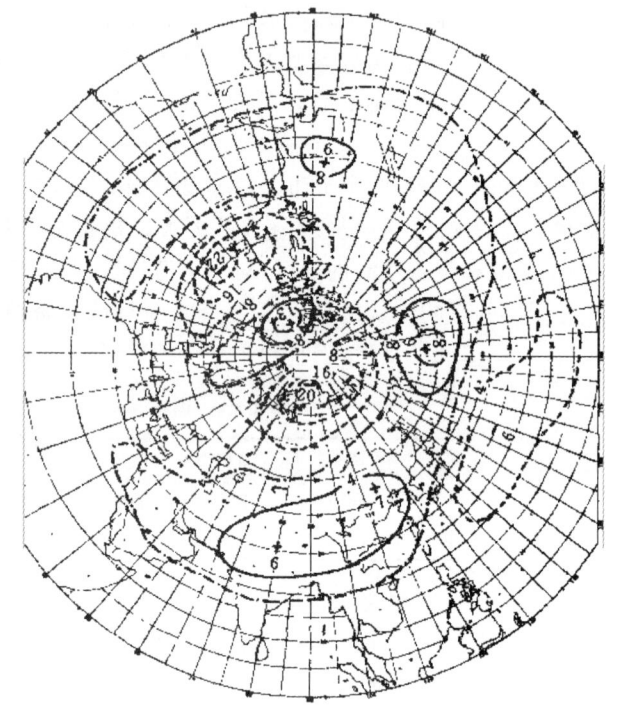

图 3.45 少雨年(1963)与多雨年(1983)
500hPa平均环流差值图

偏低4.3 gpm,尤以西太平洋偏低为甚。这是易于理解的,因为西太平洋副高的强弱可反映低纬暖湿气流向华南输送的强弱,它是福建早春降水量分布的重要影响因子。从降水量季节分布来看,对福建春旱、春涝更具直接影响的是东南沿海500 hPa距平场的形态:与春旱年相对应的是东北—西南向的距平零线穿越福建,西侧为正距平,东侧为负距平,说明春旱年这里的锋区很弱因而不利降水;春涝年同样有东北—西南向的距平零线斜穿福建,但距平场分布相反,西侧为负,东侧为正,说明福建适处锋区密集之处,强锋区的稳定维持为早春的多雨提供了有利条件。

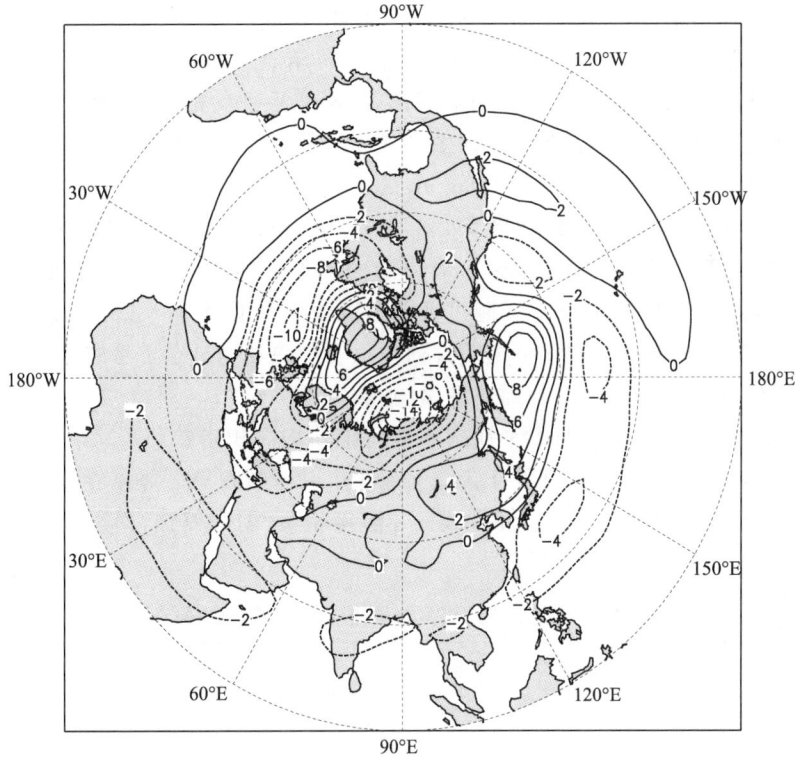

图 3.46　1963 年 2—4 月 500 hPa 距平图(单位:dagpm)

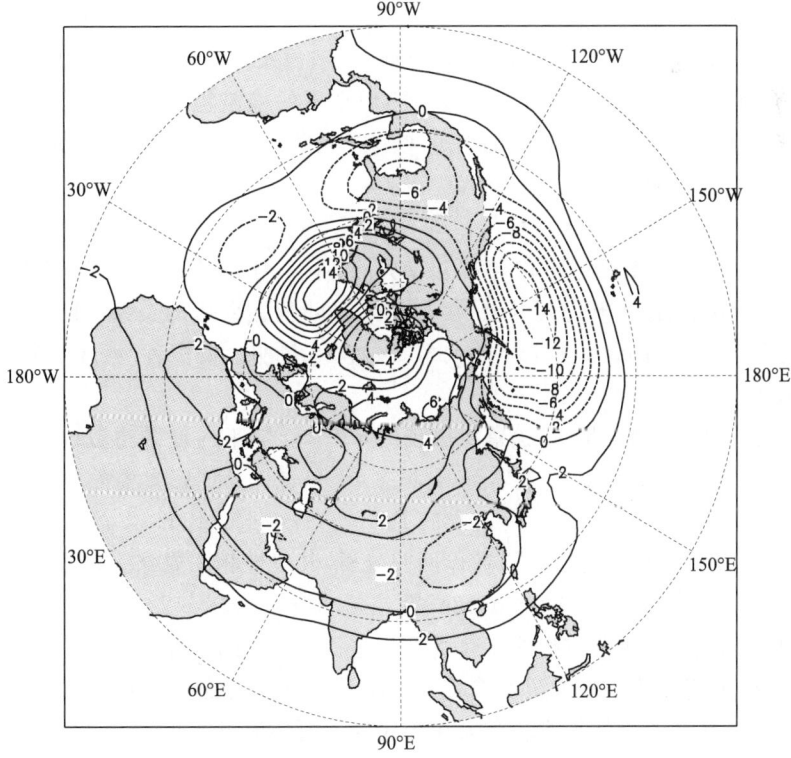

图 3.47　1983 年 2—4 月 500 hPa 距平图(单位:dagpm)

上面是 4 个春旱年与 5 个春涝年平均流场的对比,这里再以其中春旱最为严重的 1963 年和春涝最为严重的 1983 年作典型个例对比:图 3.46 和图 3.47 分别是 1963 年和 1983 年 2—4 月的 500 hPa 距平图。从比较中可以看出,距平几乎呈反相分布,副高特征与东南沿海距平零线走势也不失前述之综合特点。图 3.45 是 1963 年与 1983 年的差值图,在 40°～80°N 的中高纬地区有 2 个 +13～+18 dagpm 的正变高中心和 2 个 −20～−22 dagpm 的负变高中心,在 20°～40°N 的中低纬地区有 2 个 +6～+9 dagpm 的中心和一个 −6 dagpm 的中心,这些强变高中心显示了制约福建早春旱涝的环流敏感区。出现于中国东部的正变高(+7)至泰米尔半岛的负变高(−20),越过极地到格陵兰的正变高(+13)和北美洲纽芬兰东侧的负变高(−22),其波列性的正负相间排列揭示了制约福建早春旱涝的遥相关组合类型。

(3)西太平洋副高位置、强度与福建春旱的关系

表 3.23 是 2 月、3 月、4 月西太平洋副热带高压平均面积指数(10°N 以北,110°～180°E 区域≥588 dagpm 的网格点数)和西脊点位于 120°E 以西的频率。显见春旱年副高偏弱,面积指数多为负距平,西脊点多在 120°E 以东;春涝年相反,副高偏强,面积指数多为正距平,而西脊点比较偏西,多在 120°E 以西。

表 3.23　西太平洋副高与福建 2—4 月旱涝的关系

类型	少雨春旱				多雨春涝					1951—1990
年例	1971	1977	1963	1955	1983	1951	1980	1959	1973	平均
副高面积指数	0	12	4	5	19	6	13	10	19	8.0
西脊点 120°E 频率	0	0.67	0.33	0.67	1.0	0.33	1.0	1.0	1.0	0.54

2. 夏旱的环流形势

福建夏季的降水主要靠台风,其次是热带辐合区,再次是锋面过程以及局部性热雷雨。

夏季致旱的主要天气系统是西太平洋副热带高压的稳定控制,另外出现于福建上空的高空辐散流场,包括稳定西风槽后部的西北气流或大陆高压前沿的西北气流也是晴旱少雨的一种环流形势,不过此类过程远较副高为少。

(1)台风是夏季旱涝的主导因素

表 3.24 是 1960 年以来至 1992 年福建 7 月、8 月、9 月各月 25 站平均降水量明显偏少(−40% 以上)和明显偏多(+40% 以上)年与当月登陆福建台风的关系:凡降水量明显偏少者,当月福建无台风登陆,概率为 15/18=83.3%;降水量明显偏多者,当月大多有台风登陆,概率为 12/18=67%。

表 3.25 是 1939—1991 年间,福建所出现的 23 个夏旱年的夏旱指数(k)与当年福建台风综合指数(T_m)的关系:台风少,干旱重;台风多,干旱轻。其回归方程为

$$k=1.3044-0.1095T_m \quad r=-0.4662$$

若仅就中等以上干旱年与台风指数作回归分析,其线性相关更强一些,其方程为

$$k=1.5078-0.1268T_m \quad r=-0.5772$$

统计检验表明,以上两个方程的显著水平均达 $\alpha=0.05$ 的水准。

通过以上两个侧面的分析说明夏季有无气候干旱与台风活动情况甚为密切。福建气候干旱的环流背景,基本上也就是不利台风在福建登陆的环流形势。

表 3.24 福建夏季多雨、少雨与登陆台风的关系(1960—1992)

类别	7月				8月					9月			
	年	降水量(mm)	距平百分率(%)	台风	日期	年	降水量(mm)	距平百分率(%)	台风	日期	年	降水量(mm)	距平百分率(%)	台风	日期

类别	年	降水量(mm)	距平百分率(%)	台风	日期	年	降水量(mm)	距平百分率(%)	台风	日期	年	降水量(mm)	距平百分率(%)	台风	日期
少雨年	1964	71.3	−52	0		1987	61.0	−64	0		1974	47.4	−67	0	
	1983	71.6	−52	1	7.25	1986	71.1	−59	0		1965	49.5	−66	0	
	1978	74.2	−50	0		1963	96.5	−44	0		1978	51.8	−64	0	
	1988	78.2	−47	0					0		1968	55.0	−62	0	
	1991	79.1	−47	0					0		1967	65.1	−55	0	
	1971	80.9	−45	1	7.26				0		1986	72.4	−50	0	
	1969	81.3	−45	0					0		1980	79.4	−45	1	9.19
									0		1982	85.0	−41		
多雨年	1963	288.7	95	2	7.1 7.17	1990	359.3	109	1	8.20	1988	321.4	122		
	1973	276.9	87	2	7.3 7.17	1960	329.2	92	2	8.18.9	1961	313.0	116	1	9.12
	1992	242.3	63	0		1972	295.3	72	0		1990	304.1	110	2	9.4 9.8
	1972	237.6	60	1	7.15	1980	252.1	47	1	8.28	1985	61	0		
	1965	228.6	54	1	7.26	1975	248.3	45	1	8.4	1970	40	1		9.8
	1981	216.5	46	1	7.20										
	1976	214.2	45	0											
	1987	210.3	42												
1961—1990平均		148.2					171.8					145.1			

下面仅以表 3.25 中所列前九个严重夏旱年(1954,1986,1955,1957,1991,1956,1978,1953,1966)为例,分月介绍不同气候干旱时期常见的环流形势。

表 3.25 福建夏旱指数与台风综合指数的关系

年份	1954	1986	1955	1957	1991	1956	1978	1953	1966	1971	1988	1974
夏旱指数 k	1.70	1.63	1.51	1.25	1.24	1.24	1.16	1.06	0.99	0.96	0.93	0.91
台风指数 T_m	1.3	1.3	1.3	2.3	2.0	5.0	3.0	3.0	4.7	4.0	1.7	2.3

年份	1980	1967	1965	1983	1969	1943	1964	1960	1963	1989	1961
夏旱指数 k	0.91	0.84	0.81	0.78	0.76	0.69	0.67	0.60	0.60	0.57	0.55
台风指数 T_m	4.3	4.3	2.7	1.3	3.0	2.3	2.7	4.0	3.3	3.0	7.0

(2)6 月气候干旱的环流形势——热旱型和凉旱型

福建有的年份,初夏的 6 月已有明显的旱情,温雨配置是热旱居多,凉旱居少,对应的是两类不同的环流类型。

1)副高控制——热旱型

1953 年、1956 年福建 6 月份的平均面雨量,分别比常年偏少 28% 和 38%,月平均气温比常年偏高 1.1℃和 1.5℃,其间的少雨属热旱型。

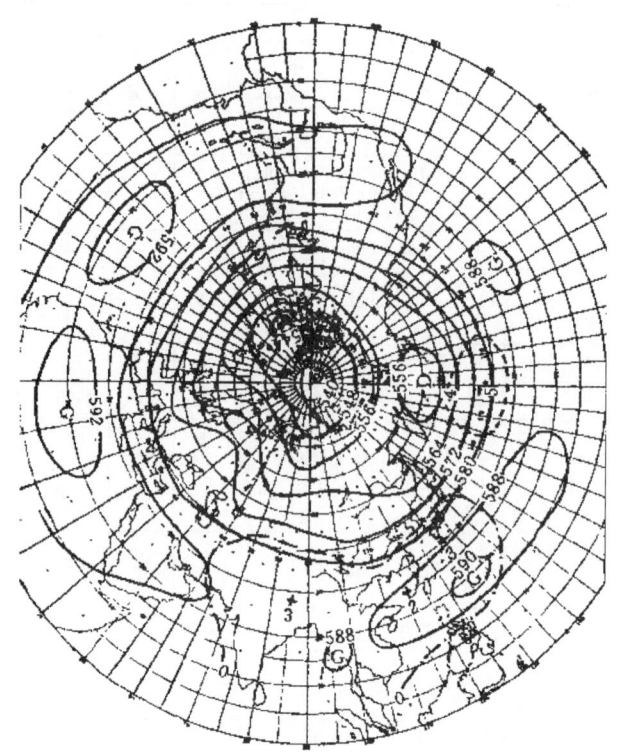

图 3.48　热旱型(1953、1956 年 6 月)500 hPa 合成平均图(单位:dagpm)

图 3.48 是这两年 6 年北半球的 500 hPa 平均图,极区有深厚的低压涡旋,强度 536 dagpm,40°~70°N,环球排列 5 对不同强度的槽脊系统。对福建晴热少雨的直接影响系统是西太平洋副热带高压,脊线位于 20°N,西脊点伸至 105°E,588 dagpm 线北界推至闽北上空。东亚横槽由白令海经日本北部伸向长江中下游,槽底偏北,位于 30°N。在同期的距平图上与槽脊系统相对应,中高纬的正负距平中心呈波列状分布,35°N 以南的亚洲地区和西太平洋均为正距平区,这是西风带较常年偏北,西太平洋副高较常年偏西的反映,从距平图上还可以看出,副高之所以偏西与阿留申低压的位置较常年偏南有关。

2)横槽控制——凉旱型

1957 年福建 6 月份出现的旱段属凉旱型。该月全省平均降水量较常年偏少 20%,月平均气温偏低 0.4℃。

图 3.49 是该月的 500 hPa 平均图,中高纬为 3 波流型,经向度大,极涡较热旱型(图 3.48)南落,3 个深槽分别位于北美洲中部、格陵兰与斯堪的那维亚半岛之间和白令海经日本北部伸向长江下游,该槽深厚,槽底偏南,位于 25°N,中国大部地区均处于槽后西北气流控制下,从图中还可看出,副高较热旱型(图 3.48)偏南、偏东,脊线位于 18°N,西脊点仅达 125°E。显然,该月的少雨主要是槽后西北气流的作用,而西太平洋副高没有什么影响。该月的 500 hPa 距平图(虚线),3 波流型也为距平中心的强度和排列所反映,中国东部地区,包括华南均为负距平,整个太平洋地区 25°N 以北为强负距平区,25°N 以南为正距平区,反映西风带较常年偏南,相应副高的位置也较常年偏南。

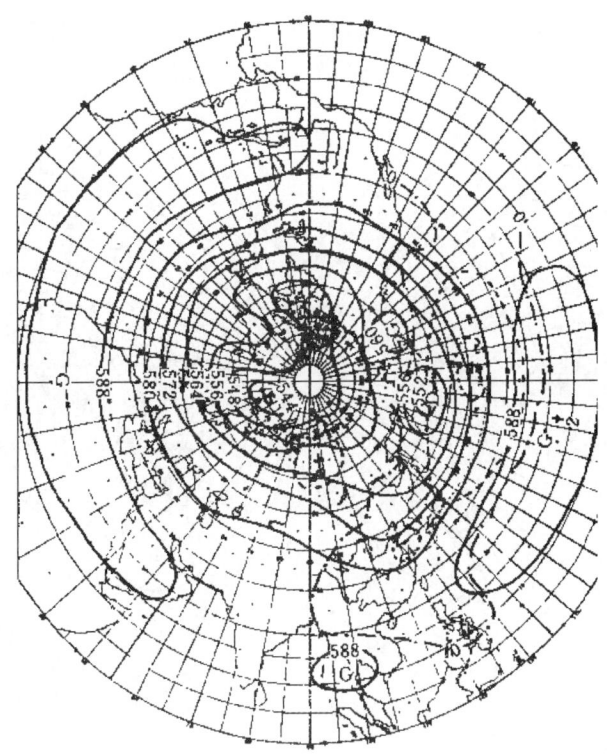

图 3.49　凉旱型(1957 年 6 月)500 hPa 平均图(单位:dagpm)

(3)7 月气候干旱的环流形势——副高控制型

福建出现于 7 月份内的严重气候干旱都是热旱型。稳定的副高控制是致旱的基本原因。

图 3.50 是 1957 年、1978 年、1991 年 7 月 500 hPa 合成平均图,中高纬地区有四个低槽,分别位于 50°～60°E、120°～130°E、150°～160°W、60°～70°W,其间为平缓的高脊,西太平洋副热带高压呈带状分布,脊线位于 25°N,西脊点伸至 115°E,588 线北界位于 32°N,南界在 20°N 附近,福建适处副高控制下。在 3 年的合成距平图上(虚线),中高纬有四个负距平区与低槽相对应,而西太平洋副高控制区为正距平,显示了副高的强度与稳定。这 3 年的 7 月西太平洋虽有台风活动,但路径受副高南侧引导气流的制约,并未在福建登陆,仅有 1～2 次侧翼影响,全省盛行晴热少雨天气,与常年同期相比,福建的平均面雨量分别偏少 76％、50％和 47％;月平均气温偏高 0.5～0.8℃。

(4)8 月气候干旱的环流形势——副高偏东型

西太平洋副热带高压冬弱夏强,南北位置有显著的季节性变化,8 月最北,脊线平均位于 28°N,西脊点伸至 121°E。福建 8 月台风频率最高与此高压的季节位置有关。

对一些 8 月少雨气候干旱的年份来说,重要的环流成因之一是副高的位置异常,进而左右台风的活动路径,使登陆福建的概率明显减小。

图 3.51 是 1954 年、1956 年、1991 年 8 月 500 hPa 合成平均图。这 3 年福建 8 月的降水比常年偏少 20％～40％,气温偏高 0.2～0.4℃,均出现了较重的晴热少雨时段。由图 3.51 可见,中高纬为 3 波流型,低槽分别位于白令海、北美洲东岸和泰米尔—巴尔喀什湖一带,西

太平洋副热带高压偏东,位于日本东南侧,脊线在 28°N,西脊点仅伸至 130°E。距平场西太平洋为弱负区,距平在-0~-2 dagpm,中国为弱正区,多在-1~-2 dagpm。

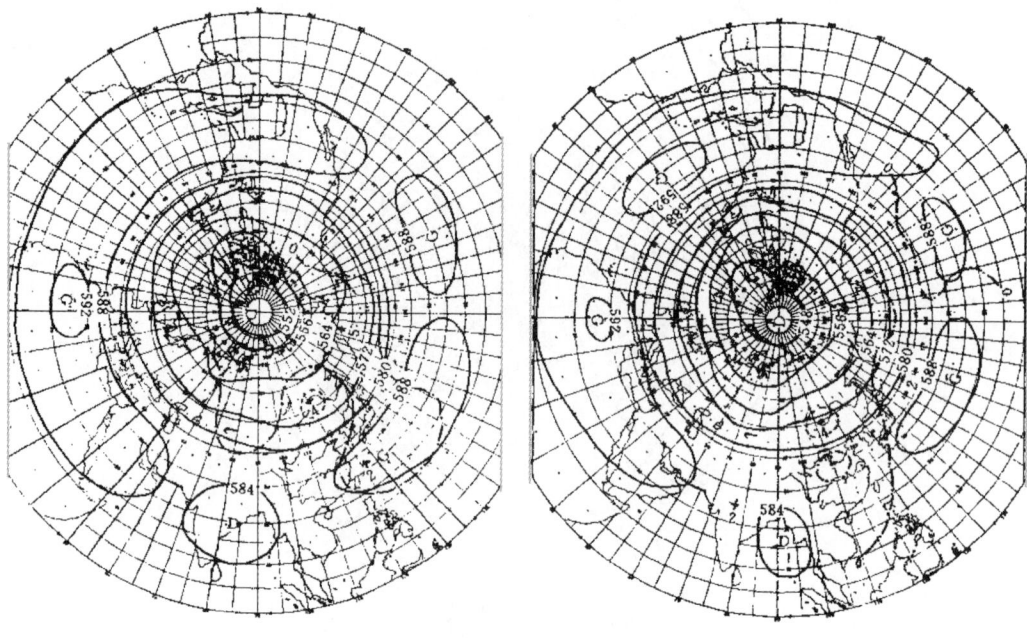

图 3.50　副高控制-7 月 500 hPa 平均图　　　图 3.51　副高控制-8 月 500 hPa 平均图
（单位:dagpm）　　　　　　　　　　　　　　（单位:dagpm）

这三年的 8 月西太平洋虽各有 6~7 个台风,但均少见西北路径,其中 1954 年、1991 年多数在 125°E 以东转向,少数西行入南海;1956 年多数西行入南海,少数于 125°E 以东转向。福建均无正面台风登陆,而构成侧翼影响的,1954 年有 2 个,1956 年、1991 年各 1 个,但降水都不大。

(5)9 月气候干旱的环流形势

1)槽后脊前——凉旱型

1954 年、1966 年、1986 年这 3 年的 9 月,福建降水比常年偏少 40%~60%,气温偏低,所出现的旱情属凉旱型。图 3.52 是同期的 500 hPa 合成平均图,环流形势为 4 波型,极涡位于斯堪的那维亚半岛北部,强度 527 dagpm,低槽由中心伸向地中海,对福建天气构成直接影响的是东亚大槽,它由东西伯利亚经朝鲜半岛伸向华东沿海,槽底达 30°N。西太平洋副热带高压呈块状分布,位置偏东,脊线在 28°N,西脊点仅伸至 140°E;除此,华西还有一个较弱的副高单体。从距平场来看与东亚槽相对应华东沿海有-3 dagpm 的距平中心,西风槽与副高的如此配置使东南沿海适处槽后脊前辐散流场控制下,福建维持少雨天气,受冷空气影响气温比常年同期偏低。这三年当中 1954 年既无登陆和影响台风;1986 年 8 月 19 日有一次影响台风;1966 年 9 月上旬有 2 个台风登陆闽东北,除宁德地区出现较强降水外,福建其他地区雨势不大,使该月全省的平均面雨量仍较常年偏少 36%。

2)副高控制——热旱型

1955 年、1978 年 9 月份的少雨属热旱型。全省降水量比常年偏少 65%,月平均气温 1955 年偏高 1.9℃,1978 年偏高 0.7℃。

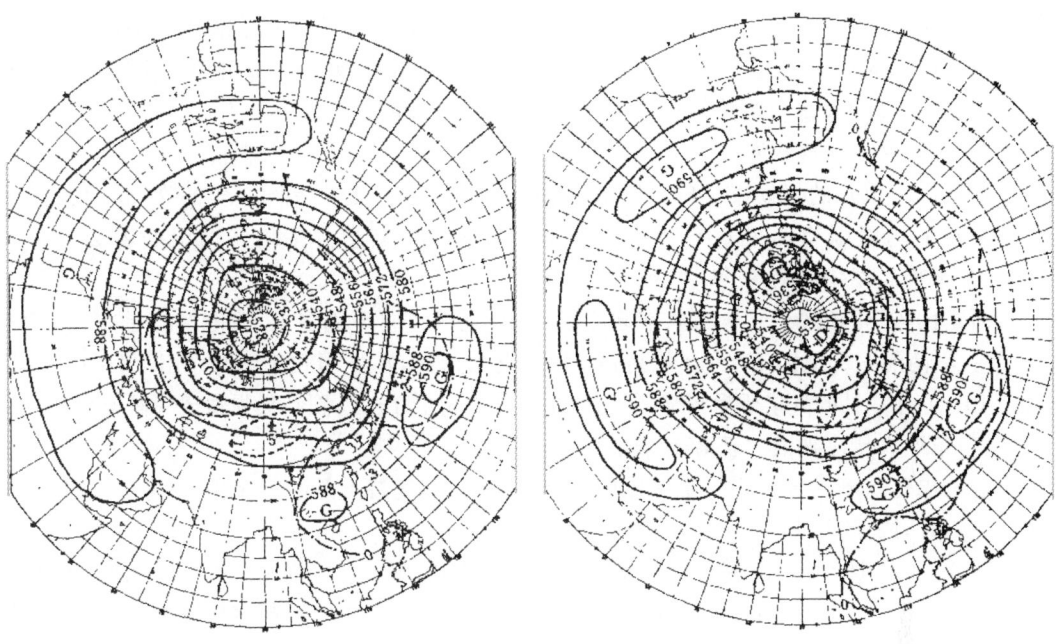

图 3.52 副高控制热旱型—9 月 500 hPa 平均图(单位:dagpm)

图 3.53 槽前脊后凉旱型—9 月 500 hPa 平均图(单位:dagpm)

图 3.53 是这两年 9 月份的 500 hPa 合成平均图,北半球也呈 4 波型。与图 3.52 最大的差异是西太平洋副热带高压强大而偏西,带状高压的西脊点伸及 105°E,脊线位于 26°N,588 线北界顶至 32°N,福建适处副高体笼罩下,且 590 dagpm 的中心就在省境上空,与凉旱型相比的另一差异是东亚槽比较平缓,槽底仅及 34°N,冷空气难以波及福建。从 500 hPa 距平图来看,中国 45°N 以南及西太平洋的副热带地区均为正距平,显示西风带较常年偏北,副热带高压较常年偏强。相应,台风也偏弱、偏少,1955 年福建既无台风登陆和也无台风影响;1978 年仅有一次台风影响。

表 3.26 福建 9 月降水量特多、特少年(±60%以上)与副高的关系

类型	多雨					少雨				
年例	1988	1961	1990	1985	平均	1974	1965	1978	1968	平均
9 月平均降水量(mm)	321.4	313.0	304.1	233.1	292.9	47.4	49.5	51.8	55.0	50.9
距平白分率(%)	122	116	110	61	102	−67	−66	−64	−62	−65
副高面积指数	26	17	26	19	22.0	12	15	19	11	14.3
副高强度指数	39	39	64	44	46.5	15	26	31	11	20.8
副高脊线指数	23	29	27	27	26.5	24	25	25	25	24.8
588 线边界(°N)	27	34	32	32	31.3	28	27	30	27	28.0
副高西脊点位置(°E)	110	118	131	118	119.3	103	99	115	105	105.5

这里再以 1961 年以来,9 月降水量的 4 个特多年与 4 个特少年,对比副高的特点与差异:从表 3.26 可以看出,降水量的特多与特少的关键因素取决于副热带高压的位置:4 个少雨气候干旱年,其副高的脊线平均在 24.8°N,588 dagpm 等值线的北界在 28.0°N,西脊点伸至 105.5°E,此时副高正好位居福建上空,盛行晴热少雨天气;4 个多雨年副高脊线在

26.5°N,588 线北界顶至 31.3°N,西脊点位于 119.3°E,由于副高较前者偏北,福建的天气主要由副高南侧的热带辐合区控制,此时西太平洋上的台风在偏东气流引导下多取西北—西北偏西路径,登陆粤东与福建的机会很多,因而构成多雨的 9 月。

3. 秋冬旱的环流形势

福建 10—1 月的气候干旱以冷旱居多,暖旱较少。在 1961—1992 年的 32 年间这四个月中全省平均面雨量偏少 60% 以上的月份共有 30 个,其中月平均气温偏低者 21 个,占 70%,月平均气温偏高者 9 个,占 30%。

福建秋冬季的气候干旱,西风带起主导作用,且以经向环流多见,关键系统是东亚大槽。当江南、华南的东部地区 500 hPa 维持稳定的西北气流时,在强辐散流场的作用下,往往少雨,这是 10—1 月常见的气候干旱形势。不过,也有些年份的 10 月,副高甚强造成气候干旱。

(1) 东亚大槽之西北气流控制华东沿海——福建冷旱型

这是福建秋冬的气候干旱最多见的环流形势,其天气特点是晴冷少雨,不论旱期出现在 10 月、11 月,或是 12 月、1 月,其形势是相似的。

图 3.54 是 1979 年 10 月的北半球 500 hPa 平均图,呈 5 波经向型,极涡中心位于东半球 (75°N,140°E),强度 521 dagpm,东亚大槽最强,槽线由极涡中心经鄂霍茨克海、日本海伸向华东沿海,长江口有 −4 dagpm 的距平中心,北美洲东部的低槽也相当深厚,另 3 个平均槽位于大西洋、乌拉尔山和中太平洋,西太平洋副热带高压偏东,强度为 590 dagpm,中南半岛也有一个弱小的副高单体,福建处在东亚大槽后部西北气流控制下,全省平均降水量仅 0.4 mm,较常年偏少 99%,全省平均气温 18.8℃,比常年偏低 1.9℃。

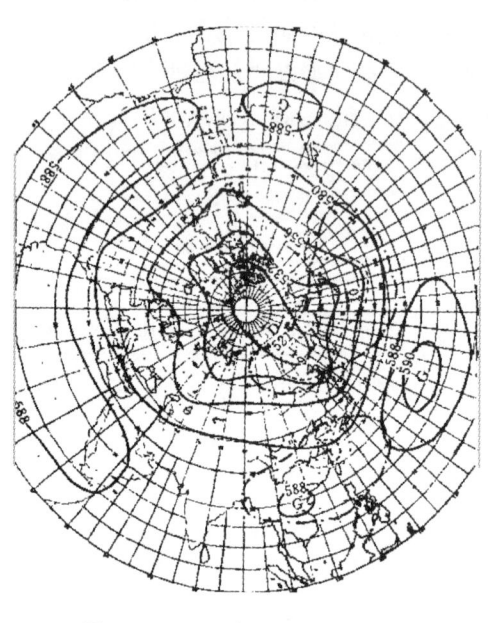 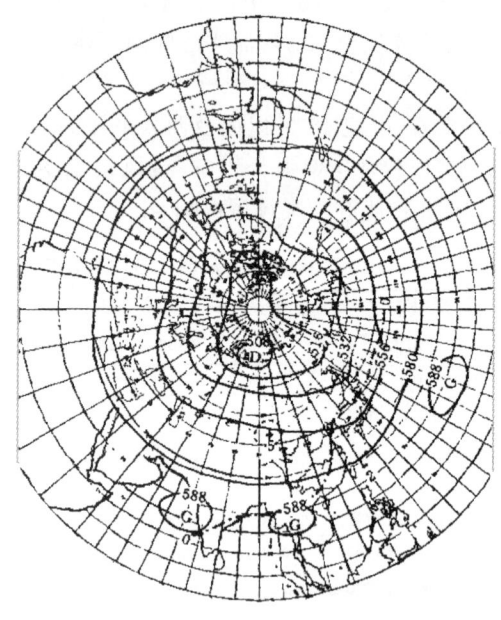

图 3.54　1979 年 9 月 500 hPa 平均图　　　　图 3.55　1964 年 11 月 500 hPa 平均图
　　　（单位:dagpm）　　　　　　　　　　　　　（单位:dagpm）

图 3.55 是 1964 年 11 月的北半球 500 hPa 平均图,属 4 波型:极涡位于泰米尔半岛,强度 508 dagpm,东亚大槽和北美洲东部的低槽很强,位置与 1979 年 10 月的位置一致,另 2 个低槽分别位于东太平洋和新地岛至黑海。该月副热带高压很弱,三个孤立的单体分别位于印度洋、中南半岛和中太平洋。中国东部沿海也处在东亚大槽后部的西北气流控制下,格点 40°N,110°E 与 40°N,130°E 的高度差为 14 dagpm;35°N,105°E 与 35°N,125°E 的高差为 8 dagpm;30°N,110°E 与 30°N,130°E 的高差为 2 dagpm;25°N,105°E 与 25°N,125°E 的高差为 0 dagpm,这四个纬线上的梯度反映了西北气流的强度。该月高度距平零线在湘赣穿过,西北侧为正距平,东南侧为负距平,福建处在负距平区之中。全省月平均降水量为 1.1 mm,比常年偏少 98%,月平均气温 14.9℃,比常年偏低 1.0℃,属冷型类型。

图 3.56 是 1962 年 12 月的北半球 500 hPa 图,该月为 3 波经向型:极涡位于新地岛,强度 500 dagpm,两个对称性的深槽与前两图相似,一个由中西伯利亚经日本海伸向台湾;一个位于北美洲的东部;另一个低槽由新地岛经中欧伸向地中海,中国东部的西北气流所及纬度更南,40°N~20°N,110°~130°E 区域各纬线上的东西梯度分别为 13 dagpm(40°N)、8 dagpm(35°N)、4 dagpm(30°N)、1 dagpm(25°N)、2 dagpm(20°N)。北半球的副高也很弱,3 个单体分别位于中太平洋、大西洋和中南半岛,东南沿海有距平零线穿过,北正南负。该月全省平均降水量 7.1 mm,比常年偏少 80%,月平均气温 10.7℃,比常年偏低 0.4℃,也属冷旱型。

图 3.57 是 1963 年 1 月的北半球 500 hPa 图,属更强的 3 波经向型,槽的平均位置几乎与相邻的 1962 年 12 月重合,说明形势相当稳定,不同之处在于东亚大槽与北美大槽更为南伸,并各有一个切断低压中心分别南落于 45°N,140°E 和 65°N,85°W。日本南部高度距平达 −18 dagpm,为同期历史所罕见,中国东部地区均在强负距平区控制下。能反映西北气流强度的纬向高度梯度列于表 3.27,显见,西北气流已贯穿至南海。

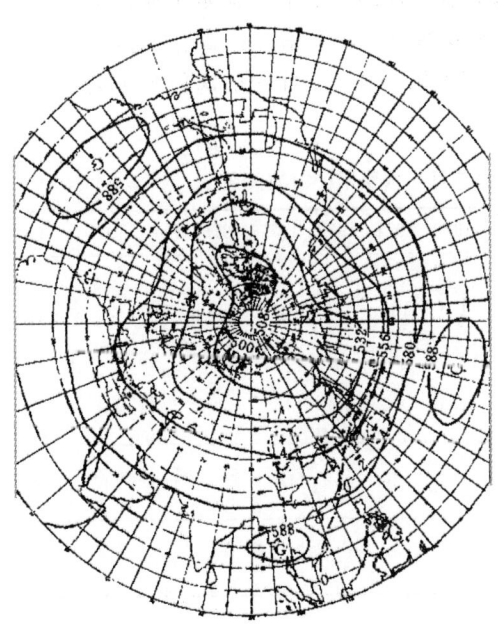

图 3.56　1962 年 12 月 500 hPa 平均图（单位:dagpm）

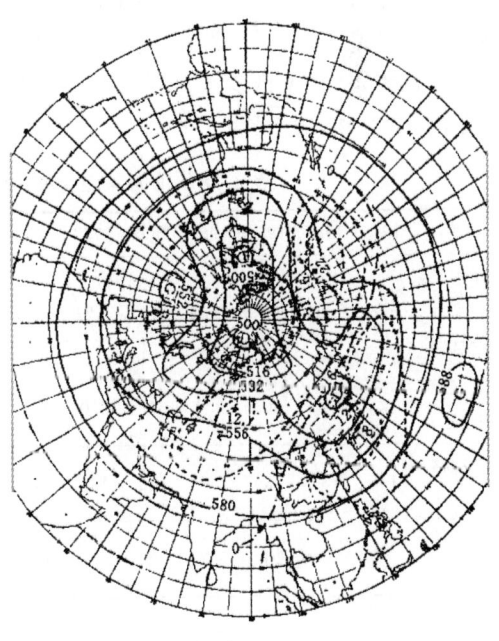

图 3.57　1963 年 1 月 500 hPa 平均图（单位:dagpm）

该月副高很弱,仅在中太平洋有孤立的一环。由于东亚大槽的稳定控制,该月福建平均月降水量仅 3.9 mm,较常年偏少 93%,月平均气温 6.1℃,较常年偏低 3.4℃,是自 1934 年有气象记录以来福建最冷的 1 月。

表 3.27　1963 年 1 月 500 hPa 高度(dagpm)

纬度(°N)	经度(°E)				ΔH
	105	110	125	130	
40		545		520	25
35	560		536		24
30		564		549	15
25	575		566		9
20		582		578	4

经向环流东亚深槽控制华东沿海型不论在冬秋季的那个月份,都是福建致旱的最主要环流形势,前述四例概括其共性特点是:

■ 极涡均位于东半球,这是东亚常有强冷空气南下的基础。
■ 各月北半球最深、最强的低槽均属准对称分布的东亚大槽与北美大槽。
■ 东亚大槽位置恒定,槽线由鄂霍茨克海经日本海伸向华东沿海,槽线在 35°～55°N 纬区的平均经度在 137°～138°E,它是福建致旱的最佳位置。
■ 西太平洋副热带高压偏东,西脊点仅伸至 140°～150°E,脊线 10—11 月位于 18°～20°N,12—1 月位于 13°～15°N,另外中南半岛(90°～110°E 范围)上空也有一环弱小的副高单体,它对华南高空的辐散流场起了增强的作用。

秋冬季特别是隆冬季节,对福建天气气候最具制约性的系统成员就是东亚大槽,其地位胜过副热带高压。统计发现福建秋冬季降水量的多寡与东亚大槽的位置有很强的相关性:槽位偏西者,往往温低少雨;槽位偏东者,多为温高多雨。10—2 月均呈这种对应关系,但以隆冬的 12 月和 1 月最为明显。

表 3.28　12 月东亚大槽平均位置与月降水距平(%)的关系

年例	1973	1987	1964	1980	1962	1979	1990	1994	1970	1971	1972	1977	1975	1961	1974	1966
降水量距平百分率(%)	−97	−91	−89	−82	−80	−71	−69	352	198	164	140	109	103	85	73	71
气温距平(℃)	−2.1	−0.6	−0.3	0.0	−0.4	2.0	1.1	3.1	1.3	0.2	0.2	2.5	−2.7	1.3	1.5	1.3
平均槽位置(°E)	140	134	134	131	138	139	143	162	143	136	142	143	145	138	147	140
平均槽强度	77	89	102	110	99	146	138	100	74	90	113	110	108	127	82	86

表 3.28 和表 3.29 分别为 12 月、1 月 500 hPa 东亚大槽月平均位置与当月福建 25 个代表站之平均降水量距平、气温距平的关系:表中各年例为 1961 年以来降水量距平大于 60% 的多雨年和小于 −60% 的少雨年,其具体关系如下:

■12月东亚大槽平均位置≤139°E者,福建少雨,概率为5/7=71%;≥140°E者,福建多雨,概率为7/9=78%。

■1月东亚大槽平均位置≤143°E者,福建少雨,概率5/7=71%;≥144°E者,福建多雨,概率5/6=83%。

表3.29 1月东亚大槽平均位置与月降水距平(%)的关系

年例	1963	1976	1986	1982	1962	1965	1987	1964	1969	1989	1983	1990	1975
降水量距平百分率(%)	−93	−88	−88	−83	−71	−66	−64	218	192	139	134	96	72
气温距平(℃)	−3.3	−0.6	−0.6	0.9	−2.2	1.0	1.6	1.1	1.2	0.6	−0.1	1.3	1.0
平均槽位置(°E)	137	145	139	139	142	140	148	151	141	149	152	144	147
平均槽强度	91	71	61	81	85	89	70	94	59	106	85	69	89

这一对应关系的天气学意义是易于理解的,槽位偏东、偏西制约了冷空气的路径:冷空气南下路径偏西者,福建多为晴冷型天气,而平均槽位偏西说明该月是西路冷空气主导,因而月降水量明显偏少;平均槽位偏东,受其引导,冷空气多取东路南下,其过程天气的特色是阴湿,降水概率大,辐射轻、降温不重,因而全月表现为多雨,气温偏高。从气候干旱与多雨来看,东亚大槽的强度并不起多大作用,关键在位置。

(2)初秋副高控制——暖旱型

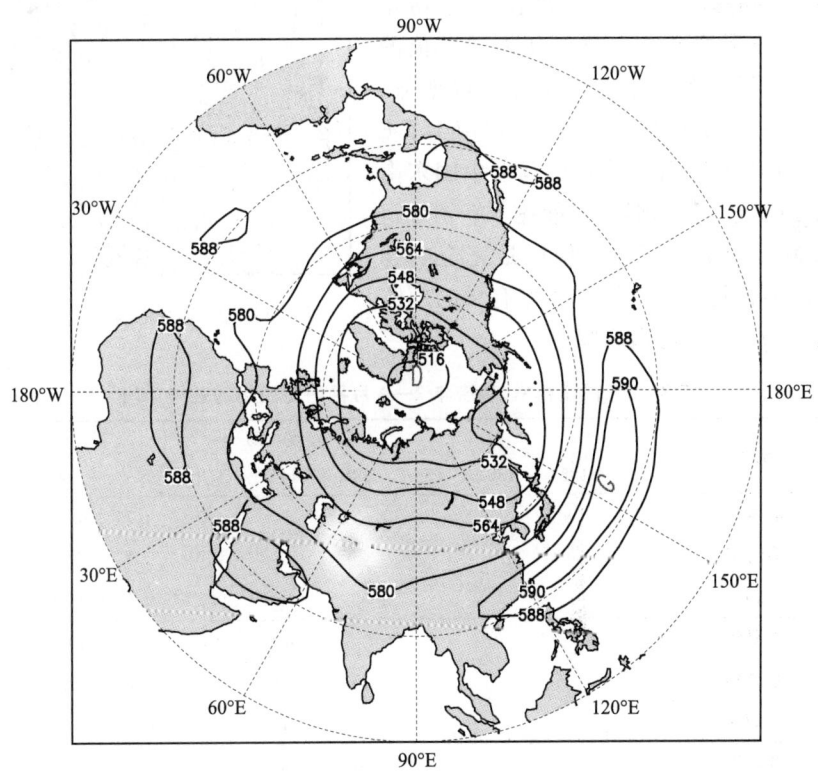

图3.58 1983年10月500 hPa平均图(单位:dagpm)

120°E 经线上副高脊线两次北跳和两次回南的平均日期,分别为 6 月 27 日(20°→25°N),7 月 20 日(25°→30°N)和 9 月 10 日(30°N→25°N),10 月 7 日(25°→20°N),但有的年份副高很强,南撤季节推后,时至初秋的 10 月尚稳定控制福建,造成高温少雨的"秋老虎型"天气。此类气候干旱的形势与夏季常见的气候干旱类型相似,主导系统是副高。

图 3.58 是 1983 年 10 月的北半球 500 hPa 平均图,中高纬环流比较平直,西太平洋副高呈宽厚的带状形态,势力强大,位置偏北、偏西,脊线位于 23°N,西脊点伸至 100°E,588 线北界稳定在 30°N,较常年偏北 6 个纬距,整个华南以至江南大部均在强大的副高控制下。从距平图上可以看出 +4 dagpm 的距平中心就在闽、台附近。该月福建既无明显的锋面系统降水,又无台风影响,全省平均降水量较常年偏少 72%,月平均气温偏高 2.2℃,极端最高气温也显著地高于常年,成为历史上最热的 10 月。

(三)非大气因子对福建气候干旱的影响

研究发现非大气因子对福建气候干旱的影响也是比较显著的,包括:

1. 西太平洋海温场分布对福建春旱的影响

这里以 1961 年以来的西太平洋海温场格点资料,对比 1971 年、1977 年、1963 年福建三个春旱年与 1983 年,1980 年,1973 年三个春涝年 2—4 月平均海温场的差异,表 3.30 是春旱、春涝年海温值,图 3.59 是春旱年与春涝年海温差值的空间分布,一个醒目的事实是春旱年海温偏低,春涝年偏高,在 37 个网格点中,45°N 以南 155°E 以西海温差均为负值,且最大负值靠近中国东南沿海,海温场的这一分布形态与前述 500 hPa 距平场性质,西太平洋副高强度特征是完全吻合的,说明福建早春的旱涝不但有截然有异的环流场背景,而且有不同的海温场配置。

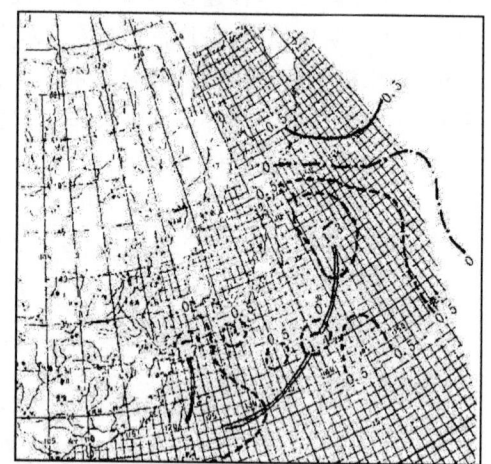

图 3.59 2—4 月海温差值图(单位:℃)

表 3.30 福建春旱、春涝年 2—4 月平均海温场的差异(℃)

纬度 (°N)	项目	经度(°E)									
		120	125	130	135	140	145	150	155	160	165
45	春旱年							1.9	2.7	3.8	4.8
	春涝年							1.7	1.8	2.9	4.0
	ΔT							0.2	0.9	0.9	0.8
40	春旱年						6.4	9.3	10.0	10.2	10.5
	春涝年						7.6	10.3	9.3	10.1	10.1
	ΔT						−1.2	−1.0	0.7	0.1	0.4
35	春旱年					14.2	16.6	16.1	15.8	15.4	15.3
	春涝年					14.9	17.5	17.4	16.5	15.7	15.5
	ΔT					−0.7	−0.9	−1.3	−0.7	−0.3	−0.2

续表

纬度(°N)	项目	经度(°E)									
		120	125	130	135	140	145	150	155	160	165
30	春旱年		12.8	20.7	19.3	19.0	18.5	18.6	18.6	18.8	18.8
	春涝年		14.5	21.1	20.1	19.9	19.5	19.2	19.1	18.7	18.8
	ΔT		−1.7	−0.4	−0.8	−0.9	−1.0	−0.6	−0.5	0.1	0.0
25	春旱年		22.4	21.8	22.1	22.0	22.9	22.7			
	春涝年		23.5	22.7	22.2	23.4	23.3	23.5			
	ΔT		−1.1	−0.9	−0.1	−1.4	−0.4	−0.8			
20	春旱年	24.8	24.7	24.6	25.3	25.3	25.8	25.7			
	春涝年	26.0	25.8	26.0	26.1	25.9	26.2	24.4			
	ΔT	−1.2	−1.1	−1.4	−0.8	−0.6	−0.4	−0.7			

2. 厄尔尼诺、南方涛动和太阳活动高低潮,对福建气候干旱的影响见第一章。

六、典型干旱实例

据福建省统计局的统计 1950—1995 年间,全省受旱面积在 300 万亩以上的年份有 1954 年、1957 年、1962 年、1963 年、1966 年、1967 年、1968 年、1971 年、1972 年、1977 年、1978 年、1980 年、1983 年、1984 年、1986 年、1988 年、1989 年、1990 年、1991 年、1993 年、1994 年、1995 年共 22 年,其中超过 500 万亩者,有 1963 年、1967 年、1983 年、1986 年、1991 年 5 年,最重年曾达 867 万亩(1991 年)。

(一)1986 年严重的夏秋旱

本年雨季降雨偏少,7 月至 11 月上旬降水量又比常年少,从 6 月下旬开始无雨,至 7 月底干旱已遍及全省,8 月 20 日全省受旱农田 493 万亩。8 月下旬受台风影响,受旱面积一度缩小到 190 万亩,至 9 月干旱又迅速发展,10 月 10 日,全省受旱农田达 578 万亩(各地区最高受旱面积 692 万亩),其中绝收 89 万亩,福州、泉州、莆田三地区为百日大旱,福州、宁德、泉州、漳州等 4 个地区受旱面积都达百万亩。干旱持续到 11 月中旬才解除。由于旱期过长,晚稻有 20 万亩插不下秧,插下秧晒死的有 22.6 万亩,秋粮减少 5 亿 kg,农业经济损失 4 亿元,工业缺电损失 3 亿元。

(二)1991 年严重的夏旱

1991 年春夏,受强大的副热带高压控制,福建大部地区出现高温天气,有 36 个县(市)的极端最高气温突破同期历史纪录,福州市极端最高地表温度 67.5℃,为同期有历史资料记载以来百年最高值。5—6 月,全省平均降水量均为 1961—2010 年的第三少雨年。7 月继续受副热带高压控制,晴热少雨,27 个市县极端最高气温 38℃以上。其中,有 12 个县超过 39℃,以三明市 40.4℃为最高,40 个市县的高温持续 10~27 天。同时,降水量继续偏少。福州、泉州、宁德、莆田、厦门五地(市)以及南平、三明、龙岩部分地区降水量均比常年同期减少 5 成以上,霞浦、连江等县滴雨未下。8 月,全省大部分地区极端最高气温 35~40.3℃,降水仍然偏少。5—8 月的全省平均降水量均为 1961—2010 年的最少年。

由于持续少雨,水库蓄水量锐减。全省 65 座大中型水库蓄水量 15.46 亿 m³,占正常库容的 38%。莆田东圳、仙游古洋等 9 座大中型水库达到或接近死水位,60 座小(一)型水库和 653 座小(二)型水库干涸。

夏旱高峰61个县受旱面积867万亩,其中耕地面积614万亩(占全省耕地面积的三分之一)。幼林面积253万亩。南平、宁德、泉州、福州四地市受旱面积均达百万亩以上,有25个县受旱面积均大于20万亩。严重的干旱,除农作物受旱损失外,其他行业损失也很严重。如林业因高温干旱,幼林死亡250多万亩,容器苗死亡1.5亿株。全省每天工业缺电300万kW·h以上,三个月损失工业产值近20亿元。

(三) 2003年的四季连旱

2003年,干旱异常严重,夏季出现罕见的持续高温少雨天气,秋冬季降水也明显偏少,四季连旱为历史罕见。全省65个县(市)发生夏旱,其中38个县(市)达到特旱标准。入秋后又有20个县(市)发生秋旱。该年气候干旱的突出特点有5个:

■ 最高气温突破记录

全省有28个县(市、区)极端最高气温超过40℃,创历史之最,另有1/3的县(市、区)极端最高气温38~40℃,有40%的县市极端最高气温创纪录;全省有42个县连续10天、16个县连续15天极端最高气温超过38℃。福州市持续16天超过38℃,最高气温41.7℃,突破自1885年以来的极端最高温度历史纪录。

■ 降水量突破历史同期最低值

3—10月降水量是1961—2010年最少的一年。7月份全省平均降水量仅有16 mm,为历史同期最少,仅为多年均值的11%,偏少9成。1—7月,全省降水量也是历史同期最小值,比常年偏少3成,偏少3成以上的县(市、区)占2/3。

■ 蒸发量突破建站最高值

7月份日平均蒸发量为历史同期最高。据各设区市代表站统计,7月份全省日平均蒸发量达5.1 mm,也创纪录。

■ 干旱时间范围突破记录

全省有57个县(市、区)连续受旱超过31天,占74%,其中5个县(市、区)超过50天,有22个县(市、区)达26~30天,占26%。

■ 旱灾损失为历史最大

全省作物受旱面积达1060 km²,其中大田作物619 km²,山地作物379 km²,幼林62 km²。受灾面积896.2 km²,成灾面积411.8 km²,绝收面积91.2 km²。预计粮食减产52.4万吨,经济作物损失17.65亿元。全省有187万人发生饮水困难,蕉城、屏南、柘荣、罗源、政和等县城区一度发生供水紧张。由于持续干旱,水电少发电7.27亿kW·h,损失2.54亿元。限电时间近3个月。因电力不足、供水紧张,使工业用户开工不足,影响产值达100亿元。全年干旱损失32亿元。

第五节 寒 潮

寒潮是冬半年极地或寒带冷空气在特定的环流形势下,强烈爆发大举南侵的现象,所经之地降温、大风、雨雪和冻害相继出现,它是冬季最主要的气象灾害,主要影响作物安全越冬和生长,带来的低温雨雪冰冻还会造成道路结冰使交通中断,通讯和输电电杆倒伏,使通讯和供电中断、水管破裂使供水中断。

福建的寒潮(低温雨雪冰冻灾害)有5个特点:(1)它无"三北"地区那种冰封雪飘的景

象,因为这里毕竟地处亚热带;(2)起始季节迟于北方,终止季节早于北方,平均寒潮次数少于北方;(3)极端最低气温虽远不能与北方相比,但过程降温的幅度并不亚于北方;(4)福建寒潮过程的长度,一般比北方要短,气温回升较快;(5)受武夷山脉阻挡与摩擦的影响,除沿海和局部山脉隘口外,所致大风也比北方要小。

一、福建寒潮的标准

(一)降温标准

据降温的急剧性、距平性和结霜的可能,满足下面3个条件,定义为寒潮:
(1)48小时降温,内陆≥8℃,沿海≥7℃;或过程降温,内陆≥9℃,沿海≥8℃。
(2)最低日平均气温较常年同期偏低5℃以上。
(3)日极端最低气温内陆≤5℃,沿海≤6℃。

(二)范围定义

(1)全省性寒潮:超过三分之二的市县达到寒潮标准。
(2)区域性寒潮:超过三分之一的市县达到寒潮标准。
(3)局部性寒潮:达到寒潮标准的市县不足三分之一。

二、寒潮的次数与初终期

(一)平均次数

据中央气象台的统计,华南区1951—1980年总计出现63次寒潮,平均每年2.1次。

福建20世纪80年代以来,寒潮次数有减少的趋势,而1961—1980年的统计数字是累计37次,平均每年1.9次;按地区而分,福建北部年均2次左右,中部地区1~2次,南部地区0.5次左右。出现大范围降雪的寒潮过程大约5年一遇。以福州单站资料进行统计,1903—1990年间总计91次,平均每年1.05次。

(二)最多年次数

仅以福州的资料为例,20世纪以来最多寒潮年次数为5次出现于1932—1933年度的冬天和1966—1967年度的冬天;另有7个年度各出现3次寒潮过程,它们是1950—1951、1953—1954、1954—1955、1955—1956、1975—1976、1977—1978和1985—1986年度的冬天。

(三)活动季节与初、终期

袭击福建的寒潮开始于10月下旬,终于翌年4月中旬。从表3.31可以看出,福建寒潮的高频月份是11—12月,占年均次数的46%;1—3月也占46%;最早出现季节是1978年10月26—30日的寒潮;最迟寒潮终止过程是1963年4月4—9日的寒潮。

就福州单站70余年的资料来看,1979年寒潮最早,出现于11月19日前后,结束最迟者是1914年4月5日前后的寒潮。

表3.31 福建各月寒潮次数(1961—1980)

月份	9	10	11	12	1	2	3	4	5	合计
合计次数	0	1	8	9	6	6	5	2	0	37

三、寒潮的路径与天气

(一)寒潮源地

影响福建的寒潮其初始源地,可追溯到北冰洋。包括新地岛以西的寒冷洋面;新地岛以东的寒冷洋面以及冰岛以南洋面三处(图 3.60)。来自上述源地的冷空气(分别占 49%,18%,33%),经西伯利亚中部至蒙古高原,势力往往还会发展并达鼎盛时期。近 50 年间,影响福建的寒潮中,曾有数例蒙古高压一度达到 1082~1084 hPa 的强度。

(二)寒潮路径

1. 前期路径

冷空气移入中国以前,可分如下四条路径(图 3.60):

(1)西路:冷空气于 50°N 以南,自西东移,入中国新疆。

(2)西北路:冷空气自新地岛以西洋面经白令海、西伯利亚西部进入中国新疆。

(3)北路:冷空气自新地岛以东洋面,经泰米尔半岛、西伯利亚中部与蒙古进入中国。

(4)东路:冷空气自西伯利亚东部及鄂霍茨克海,向西南方向插下,进入中国东北地区。

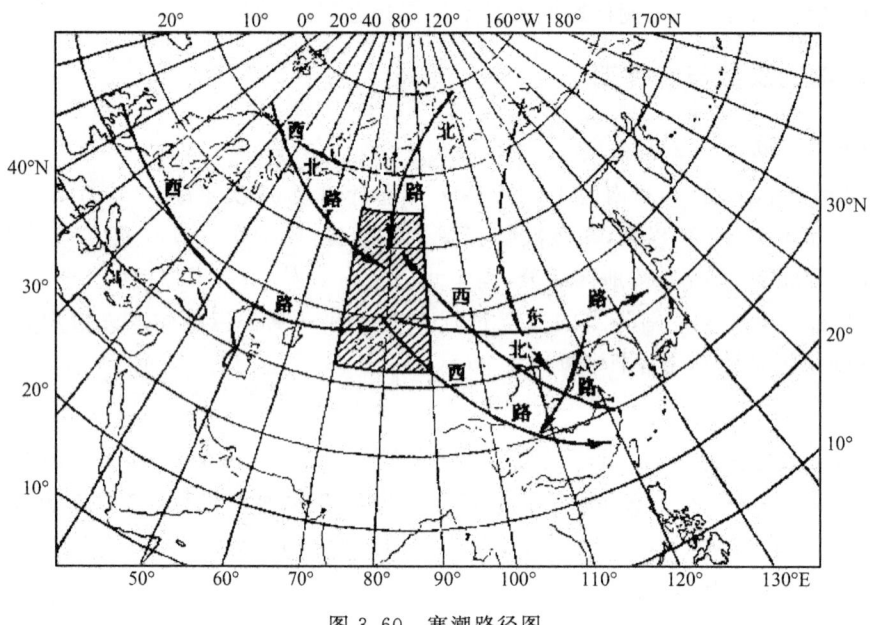

图 3.60 寒潮路径图

2. 后期路径

通常进入中国后的寒潮路径以河套地区为界,又分西路、中路与东路。

(1)西路:冷空气经新疆于青藏高原东侧南下,其影响范围可遍及长江以南广大地区,福建有较强降温。

(2)中路:冷空气经蒙古进入中国河套地区而后南下,经湘赣而影响福建。

(3)东路:冷空气主力经东北、华北,从沿海南下而影响福建。

(三)寒潮天气

1. 持续期

寒潮过程持续期是指日平均气温由最高点降到最低点的历时,当然作为低温影响的始末仍要相应滞后一些。

据福建1961—1980年的37次寒潮过程,持续期为2～5天者占68%,最长可达10天是1964年11月4—14日的寒潮(表3.32)。

表3.32 福建寒潮持续期频数分布

持续期(天)	2	3	4	5	6	7	8	9	10	合计
合计次数	6	8	5	6	3	2	4	2	1	37

2. 温、风、雨

影响福建的寒潮,其天气表现不外三类即:阴寒型;晴寒型;先阴寒后晴寒型。

天气特色是受寒潮路径制约的:西路寒潮以降温强而著称,天气多晴好或短暂的降雪,辐射冷却厉害,极端气温很低,台湾海峡风力不大,此类寒潮曾创下福建最低气温-12.8℃的记录(1991-12-29,建宁);东路寒潮的天气特色是降温相对较轻,天气多阴雨或降雪,沿海东北大风很强;中路寒潮的主导天气介乎西路、东路之间。如上天气表现与高空的流场特征,地面冷高路径,福建及其沿海的等压线走向有关。

四、寒潮的环流形势

寒潮爆发是经向环流发展与影响的结果,不外两大类别:一是阻塞高压崩溃引导冷空气的大举南侵;二是移动发展性的经向环流中,深槽的过境过程。

归纳触发寒潮的天气形势大致可分五种,即:小槽发展型;低槽东移型;横槽转竖型;经向环流型与低槽旋转型。

五、积雪和雨凇、雾凇

福建所处的地理位置造就了福建冬暖少霜雪的气候特点,但是个别年份,强寒潮长驱直入,北部地区往往大雪封山,中部地区出现雨夹雪,南部则出现严重霜冻。

积雪、雨凇和雾凇多发生于鹫峰山区、南平北部和三明西部,高海拔山区的日数相对多些。雨凇出现的机会比雾凇多,范围也比雾凇大(图3.61)。

积雪多出现在冬季(12—2月),最早积雪出现在11月23日(柘荣,1979年),最晚积雪出现在4月2日(柘荣,1974年);最多年积雪日数为23天(寿宁,1983—1984年冬季);最深积雪超过1 m(周宁,1978年2月16日)。雨凇,此处则多出现在1—2月,最早出现于11

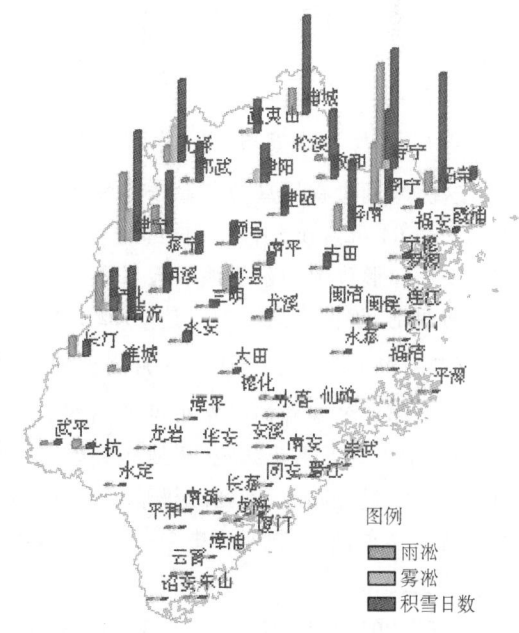

图3.61 雨凇、雾凇和积雪日数分布图

月下旬末,最晚出现在3月中旬。一般年均日数不超过5天,最多年份达15天(寿宁)。**雾凇**,多出现在1—2月,最早出现在12月中旬初,最晚出现在4月上旬初,最多年份17天(建阳)。

积雪及雨凇、雾凇是低温凝冻的主要形式,对交通运输、输电线路影响很大。2008年冬季的低温雨雪冰冻严重,建宁县雨凇日数11天,平历史记录。全省经济损失53.6亿元。

1980年代后,受气候变暖影响,积雪、雨凇和雾凇日数明显减少。

六、强寒潮实例

(一)1975年12月4—14日的强寒潮

全省各地日平均气温下降16～20℃,日平均气温距平-8.2～-9.2℃,极端最低气温寿宁、周宁为-8.2～-9.2℃,另有13个县低于-5℃。这是一次伴有雨雪的特强寒潮过程,52个市县下雪,降雪区的南界压到福清—仙游—安溪—华安—永定一线,雪线以南有些县下了米雪或冰粒。13—14日降雪最大,闽北山区积雪0.6～1 m,4～5天后才融化。雪后放晴,闽北又数天有霜冻和结冰。此次寒潮过境时,不少地区还刮起大风,福州的西北大风达16.6 m/s,市郊鼓山银装素裹2～3天。此次寒潮闽北山区公路停运数天;不少高压线路、通讯线路挂冰凌倒杆;漳州地区热带、亚热带经济作物冻害严重。

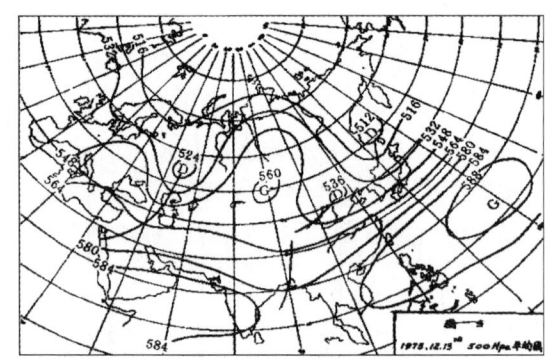

图3.62　12月13日08时500 hPa图(单位:dagpm)　　图3.63　12月13日08时地面天气图

这次寒潮过程属乌拉尔高压崩溃东移型,12月6—9日500 hPa在乌拉尔山南部维持一个560～564 dagpm的高压,前部有一横槽,10日起高压东移,图3.62和图3.63是13日08时500 hPa形势图和东亚地面天气图,此时高压脊已移到新疆北部,前部的低槽由东北、华北伸向西南,蒙古冷高压中心达1082 hPa,高压脊伸至华南,历时数天。

(二)1986年2月26日—3月1日的强寒潮

这是福建冬末春初一次少见的强寒潮。过程降温内陆为8～10℃,沿海地区5～8℃,全省有51个市县下雪或冰粒,雪线压到晋江—华安—永定一线,雪后不少地区连续6～8天结霜。该寒潮过程闽北、闽西北极端最低气温曾达-2～-6℃,中南部沿海地区多为1～3℃,季节已至早春,如此同期历史罕见的低温,使农业遭受严重冻害,尤以闽南热带、亚热带水果损失惨重。

(三)1991年12月26—31日的强寒潮

此次寒潮全省各地降温多为12～20℃,闽西北的建宁极端最低气温达-12.8℃,福州也出现了－1.7℃的极端最低气温记录。寒潮影响期间闽北、闽西普降大雪,全省农作物受冻175万亩,闽北闽东等地交通中断,公路干线中断1~2天,乡村公路中断2~4天,公路结冰路滑引起交通事故造成人员伤亡。一些市县因水管破裂和水表冻坏而停水。电讯和供电曾一度中断。直接经济损失总计7亿元。

(四)2008年1—2月的低温雨雪冰冻灾害

1月下旬—2月上旬,受冷空气不断南下和西南暖湿气流的共同影响,福建省出现了大范围持续阴冷天气,西部、北部遭受罕见的低温冻害,这次低温雨雪冰冻过程的特点是:日平均气温偏低、气温日较差小、持续时间较长和造成灾害损失重。

部分县(市)最低气温持续在0~3℃(高海拔山区－3~0℃);南部沿海地区最低气温8~11℃;其余大部分县(市)最低气温3~7℃。1月下旬中后期至2月初,西部、北部的部分县(市)先后出现冰雪、持续性的冻雨和道路结冰,其中建宁县从1月26日—2月2日持续8天出现冻雨现象;2月4日福建省西部、北部地区再次出现较大范围的雨雪天气过程,共有17个县(市)出现雪或雨夹雪天气。

这次灾害给电力输送、交通运输、农业生产、林业、人民生活等各方面造成较严重的影响和经济损失。全省高速公路因受冰冻雨雪影响,共封闭16次,影响6个进出省通道。省内205、316、303、306等国道、省道共封闭22次。南平市的浦城、光泽、武夷山、邵武、松溪,三明市的建宁、宁化、泰宁、将乐、明溪,龙岩市的长汀、武平、上杭、连城等山区县(市)电网因电力线路覆冰及高山毛竹树木覆冰倾压,相继出现输电线路跳闸,据不完全统计,220千伏线路跳闸2条;110千伏线路跳闸9条;35千伏变电站停运12座,线路跳闸35条,倒杆339基;10千伏线路跳闸521条,线路受损3012.2 km,倒杆16424基;0.4千伏线路受损2629.3 km,倒杆18105基,受灾行政村1829个,乡镇212个、停电用户611729户。据不完全统计,全省受灾人口103万人,直接经济损失53.6亿元。

(五)2010年3月6—10日的强寒潮

受北方强冷空气影响,全省各地气温明显下降,除沿海地区的部分县(市)外,其余大部分县(市)日最低气温降温幅度达8~11℃,闽西地区的部分县(市)超过12℃。西部、北部地区达到寒潮天气标准。周宁县10日极端最低气温(－5℃)打破该站1961年以来3月上旬极端最低气温极值。9日西北部地区的部分市县出现雪或米雪天气。本次冷空气过程福建省共有26个市县出现了3~5天日平均气温≤12℃的不利春播的低温阴雨时段。受此次寒潮天气影响,建瓯市16604人受灾,农作物受灾面积14718 hm²,农作物绝收面积5847 hm²,直接经济损失17265万元。泉州市农作物受灾面积206755亩,成灾155295亩,绝收54980亩,减产27096.28吨,经济损失22783万元。

第六节 三 寒

倒春寒、五月寒、寒露风福建通称"三寒",它是危害粮食生产的灾害性天气。倒春寒容易导致早稻严重烂秧,一损失良种,二打乱品种布局,三造成农事季节被动,如果经济作物开花期遇上倒春寒,还容易导致落花率提高,甚至绝收;五月寒是早稻孕穗扬花期的寒害,其后果是空壳率增加,从而降低产量;寒露风是晚季农业生产高而不稳的突出气候因素,早而重的年份,常造成晚稻不扬花、不授粉,严重者甚至绝收。从福建"三寒"的常见性与危害性来看,第一是寒露风,第二是倒春寒,第三是五月寒。随着气候变暖和农业种植技术的改进,"三寒"影响有所减轻。

三寒天气对渔业和水产养殖也有一定影响。以闽中渔场为例,春汛的开始期和旺发期主要取决于海水温度稳定通过 12~13℃,与春季回暖季节的迟早有一定关系,因此有无倒春寒和倒春寒何时结束相当关键。从养殖业来看,紫菜放苗的有利条件是水温稳定降至 23℃以下;海带放苗是气温稳定降至 20℃以下,水温在 22℃以下,这正与水稻"23"型和"20"型寒露风指标大体吻合。再如中国对虾,放苗期宜掌握在水温≥14℃的晴暖天气,而收获期要求气温>18℃,这又与倒春寒、五月寒的气温指标相靠近。

一、倒春寒

(一)定义标准

倒春寒是开春后农业的第一害。"倒"是指时间概念,一般进入春季后,气温逐渐回升。但个别年份,受冷空气影响,会有气温不升反降现象。"寒"是指强度概念,持续降温和相对低温达到一定程度后,对正在播种、育秧的水稻造成寒害。倒春寒是早稻播种、育秧期的灾害气候问题。特别是秧苗长到两叶包心,进入"断乳期"前后,抗寒力大为减弱,遇低温易枯叶死苗,导致烂秧;进入大田的秧苗会坐苗不长甚至死亡。

由于倒春寒和农事关系密切,闽北、闽南农时季节不一,所以,倒春寒的时空标准也有地域差别,福建气象部门具体这样界定倒春寒标准:

北部地区(包括南平、三明、宁德、福州、莆田地区及龙岩西北部,泉州地区西北部):3 月下旬,日平均气温≤12℃,维持期≥5 天;或 4 月上旬,日平均气温≤12℃,维持期≥4,称倒春寒。

南部地区(指福建北部以外的其他地区):3 月中、下旬日平均气温≤12℃,维持期≥4 天;或 4 月上旬,日平均气温≤12℃,维持期≥3 天,称倒春寒。

倒春寒的强度按下列标准定义:

■重度倒春寒年,是指 60%以上的测站(≥40 个市县)出现倒春寒。

■中度倒春寒年,是指 30%~60%的测站(20~39 个市县)出现倒春寒。

■轻度倒春寒年,是指 10%~30%的测站(7~19 个市县)出现了倒春寒。

■无倒春寒年,是指站数不足 10%(≤6 市县)出现倒春寒。

(二)频率与强度

1. 倒春寒的频率

全省各市县倒春寒出现的概率 3%~90%,南北差异较大,基本特点是北多南少;北重南轻。周宁等高海拔地区出现概率 80%以上,基本属当地正常的气候现象。但由于高山区以单季稻为主,所以,影响不大。闽北大部地区(包括宁德、南平、三明大部和龙岩局部)倒春寒出现的概率为 30%~63%;闽南倒春寒出现的概率小于 30%。就全省而言,重度倒春寒平均约 4 年出现一次。据张淑惠对 1961—1998 年利用全省 65 个市县气象台站的气象资料统计,把倒春寒年类分为重、中、轻、无四类,得到闽北出现概率分别为 29%、26%、13%、32%、;闽南分别为 7%、13%、13%、67%。

2. 倒春寒的强度

从年代际变化上看(表 3.33),每年出现倒春寒的市县为 0~63 个,最多的是 1970 年和

1985年,分别为63个和62个市县,说明这两年倒春寒是最强的。但1981和2002年无一个市县出现倒春寒。总的来说,78%的年份有倒春寒,平均每年21个市县出现倒春寒,属于中度倒春寒,说明了倒春寒确实是福建重要的灾害性气象。近50年来,随着气候变暖,倒春寒呈减弱趋势,尤其21世纪的10年,就有8年属于无倒春寒或轻度倒春寒。

表3.33 1961—2010年福建倒春寒年类与频率

	重度	中度	轻度	无
出现年次数(年)	13	14	12	11
出现频率(%)	26.0	28.0	24.0	22.0
年份	1970、1985、1976、1974、1963、1979、1991、1978、1993、1996、1994、1962、1971	1986、1975、1988、1992、1982、1983、2004、1980、1999、1964、1965、2005、1961、1969	1968、1995、2007、1998、1987、1997、1972、1984、2006、1989、1973、2008	2003、1966、2010、2009、1967、1977、1990、2000、2001、1981、2002

(三) 倒春寒的天气类型

以气温、降水、日照三要素的出现情况,福建的倒春寒不外三型。

(1) 阴冷型。特点是天气多阴霾,平均气温低,日变幅小,相对湿度大,基本无日照。此类占总数2/3以上,一般维持期也较长,导致烂秧现象也最为严重。

(2) 晴冷型。特点是天气干冷,平均气温低,极端气温低,气温日较差大,日照较多。这类过程的维持期一般不长,对秧苗的威胁主要是晨间的低温,特别是有霜冻时影响更大。此类过程居少数。

(3) 混合型。多见为先阴冷,后放晴,机遇与危害也不如第一种。

(四) 倒春寒的环流形势

倒春寒的环流背景多属南支波动活跃型,中纬度常有阻塞高压系统存在,如稳定的乌拉尔阻塞高压或中亚阻塞高压,同时副热带高压较弱,脊线位于15°N附近,西脊点在120°E以西,华南上空短波槽活跃,锋面稳定地维持于南岭一带,冷空气活动频繁,阴寒持久。

福建倒春寒过程结束,主要有两种环流形势:第一种是中纬度的阻塞高压崩溃其下游的平直环流被一次经向环流过程所取代,随冷空气的南压,阴寒过程结束;第二种是低纬副高加强北顶,使阴寒天气过程退出福建,此类副高的加强有的表现为南海高压的增强,有的表现为西太平洋副高的增强。

(五) 三次倒春寒重灾年例

1. 1970年的倒春寒

这是近60年福建最严重的倒春寒,是春寒、倒春寒连续出现的年份。从2月26日至3月26日整整一个月,只有2天见太阳。受7次频繁的冷空气影响(2—28、3—5、3—11、3—14、3—17、3—22、3—26),出现了近60年最低平均气温(偏低3.8℃)、最少日照、最多倒春寒市县、最多日平均气温≤12℃的累计日数的历史纪录。

图3.64(左)和图3.64(右)分别是1970年3月500 hPa平均图和距平图:由图可见,乌拉尔山一带有很强的高压脊,脊线呈东北—西南向,伸向泰米尔半岛,月正距平中心达16 dagpm;斯堪的那维亚半岛为低槽区,负距平中心为−12 dagpm;东起堪察加,西至印度西北部,在此线以南为负距平区,日本海、渤海一带的距平值在−8 dagpm以上,华南均为负

距平区所控制。稳定而异常的形势,导演了福建罕见的早春低温与倒春寒灾害。

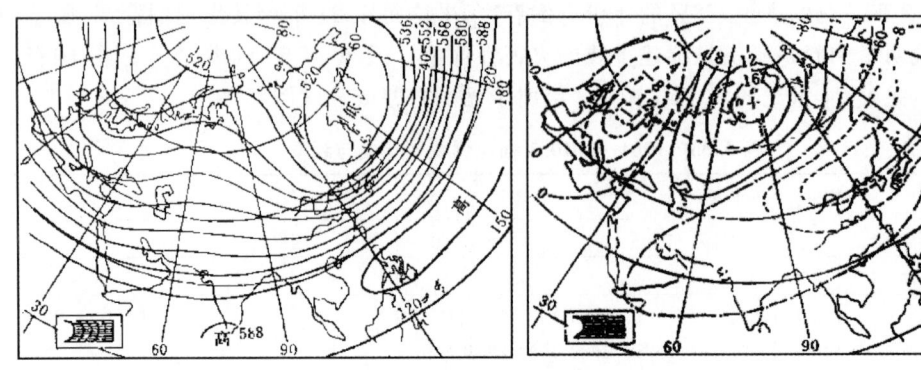

图 3.64　1970 年 3 月 500hPa 平均图(左)与距平图(右)

该年倒春寒的低温阴雨天气给各地的早稻造成严重烂种烂秧现象,使播种插秧季节推迟 1～2 个节气。根据省农业局生产组和省农科站调查,全省早稻烂种烂秧损失种子 1442 万 kg,其中,漳州地区就达 476 万 kg,导致早季普遍缺秧。灾情是相当严重的一年,需从外地调运 1000 多万 kg 种子加以补充。另外,低温阴雨天气对小麦扬花也有一定的影响。

2. 1985 年的倒春寒

这是历史上最严重的倒春寒之一。3 月 11—24 日,冷空气连续入侵福建,北部的建阳、三明、福州、宁德 4 地市的日平均气温几乎都降到了 12℃以下,其他地区也出现 5～7 天日平均气温低于 12℃的倒春寒天气,闽南的漳州、泉州和龙岩 3 地市也达到倒春寒标准。3 月 8—12 日,鹫峰山区和建阳地区的大部以及三明、龙岩 2 地市局部达到寒潮标准,过程总降温幅度 9～16℃,最大 48 小时降温幅度 6～15℃(其中寿宁为 14.6℃)。最低气温北部和内陆地区 0～6℃,南部和沿海地区 6～8℃。3 月 27 日起,又一股冷空气影响福建,除漳州、龙岩等地区局部外,大部分地区出现连续 3～5 天日平均气温≤12℃的倒春寒天气。3 月份的平均气温从北到南为 9～15℃,较常年偏低 2～3℃,尤其 3 月中旬偏低 3～6℃。日平均气温稳定通过 12℃的日期比常年推迟了 10～20 天。

倒春寒使全省早稻烂种烂秧损失种子 230 万 kg,春播期比常年推迟 10～15 天。但许多地区根据农业部门和气象部门的建议,将播种时间人为地推迟半个月左右,遇到后期的较好天气,大大减少了烂秧,保证了双季早稻的播种面积,如浦城县早稻烂种烂秧量仅为播种量的 8%,闽南地区受春寒影响虽比较严重,但部分市县如漳浦、云霄和南靖等县由于采取了预防措施,早稻烂种烂秧不仅比上年少,有的地方甚至是历史上最少的一年。

3. 1991 年的倒春寒

这是 20 世纪 90 年代以来最重的倒春寒。3 月 26 日起北部地区达寒潮标准,福州等 5 地市连续 6～12 天≤12℃,除漳州市外,各地出现"倒春寒",早稻烂种烂秧损失种子 120 万 kg。

二、五月寒

(一)定义标准

福建早稻的孕穗扬花期在"小满"、"芒种"节气,此时最怕低温,农民的语言称"五月寒",五月是指农历。据农业气象的观测试验数据,我们定义对应这两个节气,即 5 月下旬至 6 月中旬,凡出现日平均气温≤20℃,维持期≥3天的降温过程,称"五月寒"。五月寒过程降温越重,维持期越长,危害越重。

(二)频率和强度

1. 五月寒的频率

闽北(包括宁德、南平、三明大部和龙岩局部)五月寒出现的概率为7%~40%,中度及以上五月寒平均约5年出现一次,相对倒春寒而言,频率低,强度弱;闽东地区包括福州一带机遇大致相近,有的年份其维持期还较长,降温也较强,这与锋面弯曲,闽东北处在锋后的冷区有关;闽南五月寒出现的概率很小,不足7%,厦门和漳州等南部县市几乎无五月寒。

2. 五月寒的强度

从年代际变化上看,出现五月寒县市最多的是1975年和1990年,分别为51个和41个市县,说明这两年五月寒是最强的,也说明出现全省性五月寒很少见,有些年份基本无五月寒,如1971和1991年无一个市县出现五月寒。和倒春寒相比,我们可以发现一个很巧合的现象,两个最强的倒春寒和五月寒都相距16年,两个最弱的倒春寒和五月寒都相隔21~22年,两个强弱年间隔1~4年。总的来说,40%的年份有轻度及以上的五月寒(表3.34),平均每年10个县市出现五月寒(多为高海拔山区),属于轻度五月寒。但中度及以上的五月寒出现几率只有18%,平均约5年出现一次。

表3.34 1961—2010年福建五月寒年类与频率

年类	重度	中度	轻度	无
出现年次数(年)	2	7	11	30
出现频率(%)	4	14	22	60

(三)天气类型

五月寒隶属前汛期的低温现象,它多与连续性的较强降水过程相伴出现,以"冷式切变"过程比较多见,晴冷型的五月寒过程也有,但年例很少,影响也轻。

(四)两次重灾年例

1. 1975年五月寒

受较强冷空气影响,5月下旬气温显著偏低,出现罕见的低温阴雨天气,与常年同期比较,龙岩、龙溪两专区5月下旬平均气温偏低2~3℃,其余地区偏低3~4℃,是1961年以来同期的最低值。

受低温冷害影响,省内5个地区(莆田、三明、龙岩、宁德、建阳)早稻减产约3.75亿斤左右。莆田专区早稻发生退花、白壳、无粒和黑粒等现象,全区6月10日前抽穗扬花的26万多亩早稻(占双季早稻面积的20%,其中闽清3万亩,永泰2万亩,长乐5万亩,福清3万亩,莆田8万亩,仙游5万亩),由于遇到低温,不结实率很高,一般要比常年减产1成以上,受灾严重的减产2~3成。闽清县早插早熟品种结实率受到影响,据坂东公社田间调查,"龙福二号"品种5月27日抽穗,不实率达67.5%,"梅花一号"6月1号抽穗,不实率达25.3%,"705"品种不实率达25.5%。东桥公社南坑大队800亩早稻中有400多亩早熟品种减产1成左右。

2. 1981年五月寒

本年5月初和5月底6月初,出现两次强降温过程,五月寒从出现范围看位列第6,从出现累计天数看位列第2,其平均持续时间(累计天数/县市数)则位列第1。所以,该年五月寒是比较强的。出现的低温过程次数之多、持续时间之长、范围之广、损失之重都是历史上罕见的。福鼎、柘荣、周宁、霞浦、罗源、连江、长乐、崇武、晋江、东山、福州等14个站出现了建站以来同期的月极端最低气温。由于后两次低温过程出现在小满和芒种两个节气内,正处在双季早稻的孕穗期内,因此造成的危害较重。

据福建省农业厅统计,前两次低温过程中,全省90多万亩早稻遭受寒害,其中受害严重的有20多万亩,早稻叶片严重发黄,分蘖停止,有的甚至死苗,需要重插。建宁县10万亩早稻受寒害,占种植面积的83%,死苗严重,里心公社90%的早稻遭受寒害,其中需要重插的2000亩。后两次低温过程全省早稻受害面积达230多万亩,其中绝收约30~50万亩。三明地区早稻受影响面积36万亩,其中13万亩受害严重,大部分绝收。宁德地区早稻因寒害而绝收或基本绝收的达9万亩,估计稻谷减产1亿多斤。其中,古田县受害面积16.5万亩,占总面积的91%,比上年减产6.6成,结实率小于30%的4.5万亩,基本绝收的有7万亩,该县平湖公社99%的双季早稻受灾,预计比上年减产9成左右。该年5月下旬初和5月底至6月初两次强低温过程危及早稻孕穗扬花,全省早稻损失15亿kg,成灾主要在闽北、闽中。

福州的五月寒现象在福建有一定的代表性,据1903—1998年的资料,福州站维持期≥4天的强五月寒年例有1903年、1910年、1912年、1918年、1937年、1955年、1960年、1962年、1973年、1975年、1979年、1981年、1988年、1990年14年,活动概率为:14/96=14.6%。

三、寒露风

(一)定义标准

寒露风是入秋以后,北方冷空气南侵造成的临界降温现象,对正处扬花期的晚稻危害很大,会造成空壳率的提高,进而造成减产甚至绝收。据农业气象试验提供的数据和多年来农业实情与气象观测记录的相互印证,以日平均气温≤20℃,维持期≥3天的初始降温现象称寒露风,标志日期以第一天为准。由于水稻品种生理属性的不同,除"20型"的寒露风外,对农业服务时还有23℃的统计标准。

(二)寒露风开始日期

1. 开始日期

全省各市县寒露风平均开始日期为9月17日(周宁)~11月13日(东山)。分布特征是由北至南开始出现寒露风,特点是高山区早,平地迟;北部早,南部迟;内陆早,沿海迟(图3.65)。除鹫峰山区的周宁、寿宁、屏南、柘荣以及建宁等部分市县9月中下旬就出现寒露风外,其他市县大部10月份出现寒露风;南部沿海县市出现晚,11月上旬~中旬前期出现。等时线基本呈东北—西南走向,这与环流系统——高空低槽、地面冷锋的常规走向是大体一致的。

寒露风过程的平均长度全省均为4~5天,过程平均气温17.9~18.9℃。

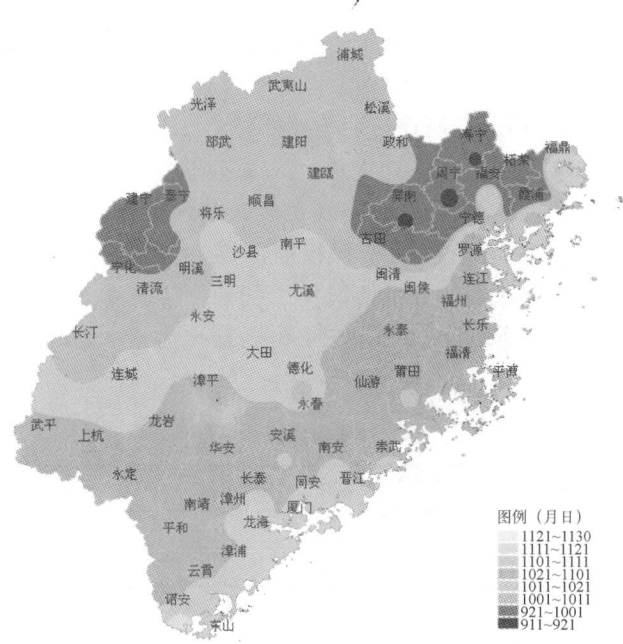

图 3.65 福建寒露风平均开始日期

2. 离差特征

鉴于大气环流的年际差异,初秋北方冷空气活动的迟早、强度与路径各年有异,所以,寒露风有迟有早,有强有弱,其出现早是强度偏强的主要指标。近 50 年,就全省情况来看,1966 年、1970 年、1997 年是最早的年份;2008 年、2009 年、2001 年是最晚的年份。各地寒露风来临期振动较大。根据鹿世瑾的研究,可从如下三个统计特征量看出:

(1) 极差:极差(R)即最早与最晚之差,可以此度量寒露风的最大波动范围。据 1951—1998 年的统计结果,福建各地寒露风的极差为 28～50 天,其空间分布:武夷山区和沿海地带相应为小,一般为 30～40 天,而东北—西南向的闽中地带为大,为 40～50 天。

(2) 标准差:标准差(S)值的分布可看出福建各地寒露风的平均振动情况,其值全省为 7.3～11.4 天,空间分布也是东北—西南向的中间地带为大(图略)。

(3) 变异系数:变异系数定义为

$$C=S^*/t^*$$

它是样本标准差与多年均值的比值,用以反映寒露风相对波动的大小。这里 S^* 是去掉 1951—1998 年间两个最早年和两个最晚年后求得的标准差;t^* 是去掉上述 4 个样本后所得的均值,而且是原点化处理后的平均量,计算结果全省 C 值为 0.45～0.80。

从 R、S、C 三个统计表征量的计算结果,可以看出福建寒露风的离散度是很大的,反映了这一季节气候现象的不稳定性。显见,寒露风迟早变化是福建晚稻产量的重要因素之一。

3. 安全齐穗期

福建晚稻抽穗扬花保证 80% 的年份不受低温危害的安全齐穗期分布,从 24 个代表站来看,宁德地区西部的寿宁、屏南等海拔 700 m 以上的高寒山区 9 月 10 日必须齐穗;南平地区、三明地区和龙岩地区西北部 9 月下旬中后期应当齐穗;宁德地区东部、福州地区西北部、龙岩地区东部应掌握在 10 月上旬后期齐穗,其余地区应掌握在 10 月中旬末下旬初齐穗。

与当地寒露风的平均日期相比,一般提早6~8天。如上统计事实与"寒露不勾头,割来喂老牛"(闽北),"霜降抽不齐,牵牛犁"(闽南)的农谚基本符合。所以顺应气候规律,合理利用气候资源,因地制宜的安排播种期,控制扬花期是晚稻安全过关的关键所在。

4. 寒露风的分批性

寒露风来临,全省自北而南是一次出现,还是多次陆续出现取决于当年的冷空气强度。鹫峰山脉的寿宁、屏南等地,海拔甚高,寒露风很早,作特区考虑。除此,我们对其他22个代表站1951—1988年寒露风来临期的分批情况作了统计。从表3.35看出:福建寒露风的来临,最少为2次冷空气降温过程,共见6年占15.8%;最多为6次,仅见2年,而2/3的年份是3~4次降温过程。

表3.35 福建寒露风的分批性

分批性	一批	二批	三批	四批	五批	六批	七批	合计
年数	0	6	13	12	5	2	0	38
%	0	15.8	34.2	31.6	13.2	5.3	0	100

(三)天气类型

对适处扬花期的晚稻,寒露风来临时天气状况不同,扬花受阻的情况也就不同。一般说来,其危害是阴冷重于晴冷。

从福建的地域代表性和寒露风活动季节的差异选取寿宁(闽东北)、建阳(闽北)、龙岩(闽西)、漳州(闽南)四个代表站,分别普查寒露风影响期间各站逐日的日照、降水量和相对湿度,基本可归纳为两种组合类型,即:

晴冷型(干型):每天日照为6~11 h;无雨或基本无雨;相对湿度多在70%以下,超过80%者很少。

阴冷型(湿型):天气主阴雨;基本无日照,或不足4 h,相对湿度多在80%以上。

统计发现两型的比例因地而异:寿宁,晴冷型共15年(占46.9%);阴冷型为17年(占53.1%),这17年中有13年(76.5%)有中雨以上降水。建阳,晴冷型为24/38=63.2%;阴冷型为14/38=36.8%,其中,中雨降水占9/14=64.3%。龙岩,晴冷型为27/38=71.1%;阴冷型为11/38=28.9%,其中,中雨降水为4/11=36.4%。漳州,晴冷型的机遇为29/38=76.3%;阴冷型为9/38=23.7%,而中雨降水仅1/9=11.1%。如上述事实进一步说明了为什么寒露风成灾闽北往往多于闽南,而又重于闽南。

(四)垂直差异

气温随海拔高度上升而降低这是一般规律,但下降的幅度因季节和地形、地理因素而异。福建山峦起伏,具有立体气候特色,探索不同季节、不同地区温度的垂直差异,对掌握各地双季稻爬山的最大临界高度,而因地制宜地搭配品种,安排茬口具有重要意义。我们对比了崇安七仙山气象站与崇安气象站(高差1211 m),德化九仙山气象站与德化气象站(高差959 m)以及高差也较悬殊的寿宁与福安,德化与永春的资料,发现初秋季节正是一年当中温度递减率最大的时期,平均而言,崇安、寿宁一带每上升100 m降温0.5~0.6℃,德化更大,降温0.6~0.7℃。此时正值福建晚稻抽穗扬花期,所以山区的安全齐穗期相应要比当地平原地区提早。以浦城为例,按气象站的资料(该站海拔283 m)保险系数为80%的晚稻安全齐穗期是9月21日,用温度垂直递减率为0.55℃/100 m这一水准来推算,800 m的山区,安全齐穗期大致应在9月4日前后,提早17天,这样每升高100 m,大致提早3天左右。

气温垂直递减率在农业种植上意义重要。如:福州与上海纬差5°即550 km,常年10月逐日的平均温差4.3℃,平均每北上100 km递减0.78℃,而这一季节的垂直递减率是每升高100 m递减0.60℃,两者的比值为1:769,这就是说垂直递减是南北水平递减的769倍,几乎高出3个数量级。为什么江浙一带的平原地区晚稻扬花常能顺利过关,而闽北山区风险还大于前者,问题就在这里。因此,顺应地理天时,科学地掌握和安排安全齐穗期至关重要。

(五)气候分区

1. 以交叉相关系数作气候分区

要素场的气候分区有不少统计学方法,这里以交叉相关系数和气候均值作为分区判据。

从站际间的相关系数与各站的寒露风平均日期来看,福建寒露风划分为4个气候区比较合适,特区包括寿宁、屏南两站,相关系数达0.90,平均期为9月15日;一区含浦城、建阳、邵武、太宁、宁化、明溪、长汀、德化8站,每站与其他7站的平均相关系数为0.57~0.67($\alpha=0.001$),8个站的寒露风的平均期为9月29日—10月5日;二区含福鼎、宁德、南平、闽清、永安、龙岩、上杭7站,站际交叉相关系数的均值为0.32~0.51,多数达到了0.05的显著性,而寒露风的平均期为10月7—17日;三区是福州、莆田、永春、晋江、漳州、南靖、云霄7站,交叉相关系数的均值多为0.55~0.73,而各站的寒露风平均期为10月20—31日。从表3.36中,我们看出的另一事实是不同区的相关系数一般甚小,甚至为负值,这也证实了这一分区方案的客观性。

表3.36 寒露风站区平均相关系数

		开始月.日	特区	一区	二区	三区
特区	寿宁	9.15	0.9	0.39	0.11	−0.06
	屏南	9.15	0.9	0.35	0.12	0.00
一区	建阳	10.5	0.41	0.58	0.27	−0.07
	邵武	10.3	0.32	0.67	0.34	−0.04
	泰宁	9.30	0.34	0.58	0.29	0.17
	宁化	10.2	0.32	0.59	0.39	0.02
	明溪	10.3	0.30	0.64	0.35	−0.06
	长汀	10.5	0.26	0.57	0.44	0.14
	德化	9.30	0.44	0.58	0.17	−0.12
	浦城	9.29	0.60	0.38	0.17	0.09
二区	福鼎	10.11	0.09	0.34	0.32	−0.03
	宁德	10.14	−0.28	0.09	0.25	0.13
	南平	10.10	0.28	0.34	0.43	−0.06
	闽清	10.15	0.31	0.35	0.50	0.22
	永安	10.7	0.24	0.57	0.40	0.00
	龙岩	10.17	0.21	0.33	0.51	0.23
	上杭	10.17	−0.04	0.09	0.43	0.36

续表

		开始月.日	特区	一区	二区	三区
三区	福州	10.20	0.03	0.02	0.32	0.33
	莆田	10.30	−0.13	0.05	0.12	0.63
	永春	10.22	0.12	−0.13	0.06	0.55
	晋江	10.29	−0.09	0.01	0.08	0.72
	漳州	10.28	0.09	0.12	0.11	0.73
	南靖	10.28	−0.00	0.00	0.16	0.69
	云霄	10.31	−0.22	−0.11	0.01	0.64

2. 经验正交函数展开（EOF）

EOF是经验正交函数(empirical orthogonal function)的缩写,该分析方法优点是适于不规则分布站点的分解,同时具有计算收敛速度较快的特点,容易将大量的统计信息浓缩集中,这样仅以权重大的少数几项就能较好地逼近原来的气象要素场。其优越性在于它不仅可考察一个场的空间特征,还可考察它的时间变化。

(1)EOF展开的输出信息

以福建24个代表站1960—1988年共29年的寒露风普查序列为EOF分析的样本,具体计算是采用寒露风距平场资料。

表3.37给出了福建寒露风距平场EOF展开前10项对应的特征值及其百分比。这里百分比是某特征向量对应的特征值与总体特征值之比。实际上反映了该特征向量的权重,相当于该特征向量对寒露风总方差的贡献。表中前10项的精度已达93.8%,而前5项的权重是79.8%,可见收敛速度是较快的。所以仅用前5个典型场已能大体揭示出福建寒露风的时空分布特征。

表3.37 福建寒露风场展开前10个特征向量的特征值与百分比

特征向量序号	1	2	3	4	5	6	7	8	9	10
特征值	17670	12360	6333	4846	4056	2268	1981	1606	1183	910
百分比(%)	31.2	21.8	11.2	8.5	7.2	4.0	3.5	2.8	2.1	1.6
累计百分比(%)	31.2	53.0	64.2	72.7	79.8	83.8	87.3	90.1	92.2	93.8

(2)前5个特征向量场的基本特征

1)第一特征向量场——全正型,权重31.2%。

图3.66(左)是福建寒露风距平场的第一分布形态,全省均为正值,最大值在福建的中心部位。这一典型场反映了寒露风有偏晚(偏早)的一致性。其背景是当年冷空气有明显的季节提早或推迟现象。比较多见的环流形势:一是副热带高压的第二次季节性回跳(脊线由25°N回落到20°N)异常,不是提早就是推迟;二是东亚大槽活动的季节与强度也有较明显的偏离常态现象。

图3.67(左)是该展开场的时间系数。从图中可以看出,高值系数(正距平)如1964年、1975年、1983年正是福建寒露风的明显偏晚年,而低值系数(负距平)如1966年、1972年、1979年、1986年,均为寒露风的明显偏早年。

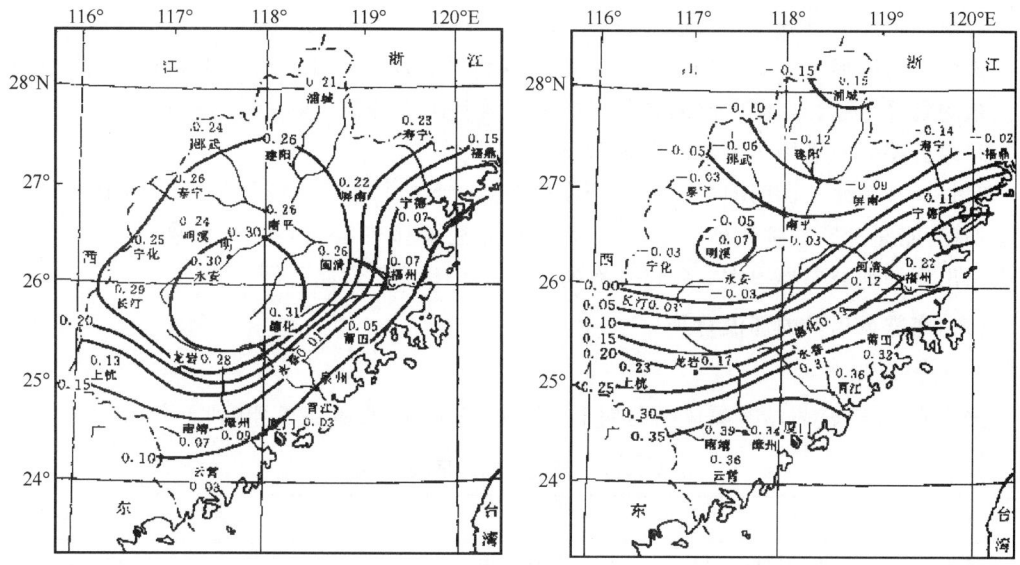

图 3.66 福建寒露风第一特征向量场(左)和第二特征向量场(右)

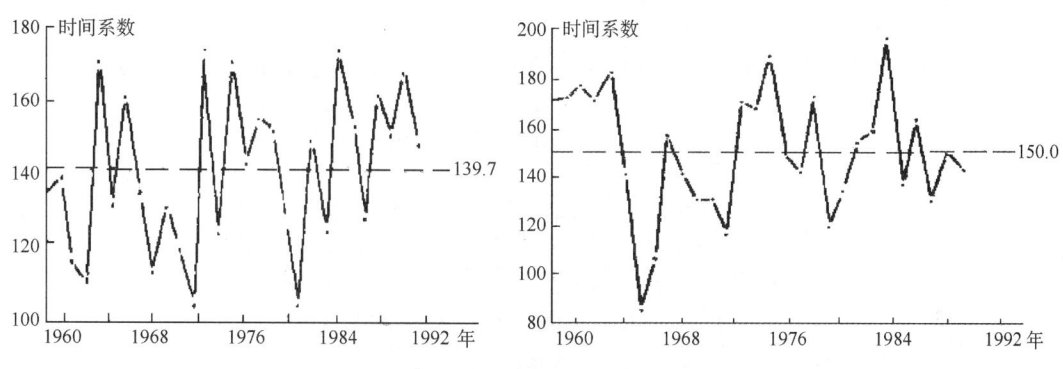

图 3.67 寒露风场展开第一时间系数(左)和第二时间系数(右)

2)第二特征向量场——北负南正型,权重 21.8%。

图 3.66(右)是寒露风距平场的第二分布形态,正值中心在闽南(+0.39),负值中心在闽北的浦城(-0.15)。这一典型场反映了福建寒露风的南晚(早)、北早(晚)形态。其对应的形势是冷空气的活动季节与强度有"断档"现象:一种是季节一度提早,使闽北寒露风达标,之后,冷空气势力相对平缓,结果闽南的寒露风久拖而未出现;另一种是能致日平均气温≤20℃的冷空气降温,对闽北属季节偏晚,而对闽南已为提早。

该场对应的第二时间系数[图 3.67(右)]之高低值也能相当接近地反映出福建寒露风距平序列的空间分布。

3)第三特征向量场——鞍形Ⅰ,权重 11.2%。

该典型场的形态为鞍形(图略),正值在福州以南沿海地区和宁德地区西部、南平地区北部,负值在闽东和闽西南。在该展开场的时间系数序列中 1970 年、1972 年、1975 年是正距平最大的年份,而 1964 年、1974 年、1980 年是负距平最大的年份,仅从这 6 年的情况来看,与典型场相配合,也基本能反映出当年各自寒露风距平场的一些重要特点。

4) 第四特征向量场——鞍形Ⅱ,权重 8.5%。

该场型与鞍形Ⅰ类似,但轴向不同,正轴由闽西北伸向福建中部沿海,负轴由闽西南伸向闽东的鹫峰山脉。相应的时间系数也能大体反映距平场的年际变化(图略)。

5) 第五特征向量场——横向多带型,权重 7.2%。

它是一种东北—西南向的多带状分布(图略),反映了福建寒露风迟早空间上的多层次状态,其背景是冷空气次数虽频繁,但强度有间歇性。多带型与其时间系数相配合,对一些寒露风出现期地域差异很大的年份也有所反映,如1977年就属此例。

(六)寒露风迟早的环流背景

1. 对比选择年例

据全省 24 个代表站寒露风活动期平均距平,选偏早、偏晚各 6 年,列于表 3.38。

表 3.38 福建寒露风早、晚年例

类型	早年						晚年					
年份	1979	1966	1959	1967	1991	1957	1983	1964	1975	1974	1985	1982
全省平均距平(天)	−8.6	−8.4	−7.3	−7.1	−6.3	−5.9	9.4	8.6	8.3	5.1	4.5	4.1

2. 9 月 500 hPa 平均环流的差异

从 6 个偏早年的 500 hPa 合成图与 6 个偏晚年 500 hPa 合成图,其差异相当明显。

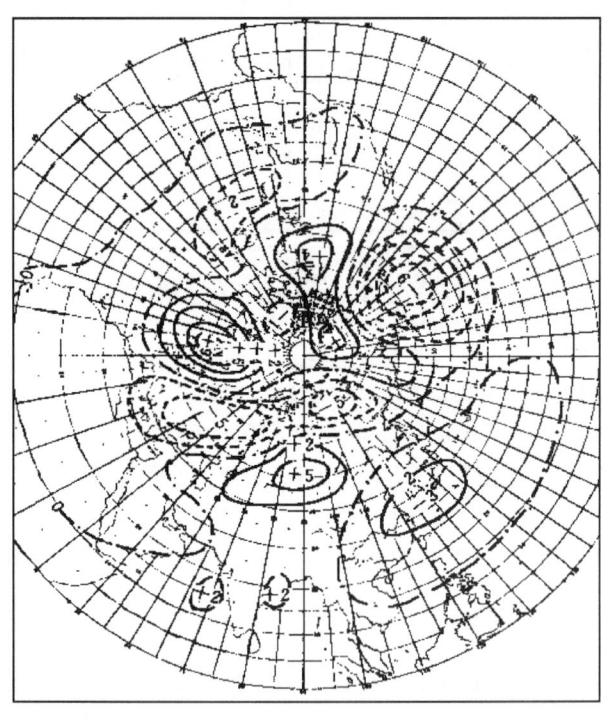

图 3.68 寒露风早晚年 9 月 500 hPa 平均环流差值图

6 个偏早年的平均形势:北半球为四波型,西太平洋副高呈块状又偏东,西脊点在 22°N,140°E,在此之西,无≥588 dagpm 的格点;东亚大槽深厚而又偏西,槽线位于 120°E 附近,槽底达 30°N;印度低压中心在 15°N,95°E,≤584 dagpm 者仅有 1 个格点。日常分析经验说明如上三个系统的特点正是冷空气活跃,路径偏南分量较大的形势;6 个偏晚年的 500 hPa 平均形势,与前者截然有异:北半球为三波型,西太平洋副高呈带状分布,西脊点达 27°N,110°E,588 dagpm 线面积占 24 个格点,其中 140°E 以西者为 8 个格点;图中东亚大槽平浅而又偏东;印度低压中心位于 20°N,85°E,584 线范围较大占 8 个格点。这类环境流场的天气过程特色是冷空气势力较弱,路径偏东,不易南压。

图 3.68 是两者的差值图(早－晚),图中正负高值区正是对福建寒露风活动迟早有决定意义的高度敏感区,这不仅为我们提供了分析预报的重要着眼点,也指出了制约寒露风迟早的关键成员所在。

3. 9 月副高位置对寒露风迟早的影响

从表 3.39 可以看出,寒露风不同迟早年 9 月西太平洋副高西伸脊点明显有异:对应偏早年,平均西脊点在 134.7°E,而偏晚年平均在 107.3°E,相差 27.4°。

从福建的地理位置来看,西脊点落在 120°E 以东还是以西,甚为关键。

表 3.39　寒露风迟早年 9 月副高 588 dagpm 线西脊点位置

年份	1979	1966	1959	1967	1971	1957	1983	1964	1975	1974	1985	1982
西脊点位置(°E)	100	145	133	160	135	135	100	104	114	103	118	105
平均	\multicolumn{6}{c} 134.7°E							107.3°E

(七)福建寒露风严重成灾年例

1966 年是寒露风开始最早的年份,也是成灾最为严重的一年。全省成灾 204 万亩,损失 1.47 亿 kg,其中南平地区占 140 万亩,1.2 亿 kg;1986 年 9 月中旬末至月底的强降温,使 230 万亩晚稻扬花受害,产量比 1985 年减少 4.4 亿 kg,成为 20 世纪 80 年代单产最低的一年,这两年低温成灾主要在北部;1979 年全省 170 万亩成灾,重灾占 86 万亩,以南部为主,漳州、龙岩两地市损失 0.69 亿 kg;1976 年受灾面积 145 万亩,全省有 46 个县(市)减产,一成以上者占 17 个,也以北部为重,估计该年总的损失约 1 亿 kg 左右。除此,1958、1959、1971、1972、1980、1984、1988 等年,损失也在 0.5 亿 kg 上下。从历史成灾年例来看,福建晚稻的低温寒害南北均有可能,但以北部为多,为重。福建农谚中流传的"禾怕寒露风"、"寒露风,仓库空"正是广大群众对这一气候灾害危害性的形象描述。

第七节　冰　雹

冰雹是从对流云中降落的一种固态降水物,由透明和不透明冰层相间组成圆球形或圆锥形的冰块,直径一般为 5～50 mm,大的有时可达 10 cm 以上,又称雹或雹块。

冰雹发生在春季和春夏之交,对农业作物生长危害很大,尤其烟叶特别怕冰雹。严重时还会损坏瓦房、树木,砸伤行人和牲畜。

与全国相比,福建属少雹区,这与大气零度层较高有关,如春季平均在 3500～4000 m。由于正温区很厚,容易使已形成的冰雹,还没有落至地面就已经融化,所以观测上的固体降水很少。

一、冰雹的成因

冰雹是由积雨云中强烈的对流作用而引起的恶劣天气,属中、小尺度天气现象。冰雹来临时常有大风、雷暴与之相伴出现。

冰雹形成通常必须具备3个条件：

(1)大气低层要有充沛的水汽。

(2)要有深厚的上干、下湿对流性不稳定层结和适宜高度的大气0℃层，-20℃层。

(3)要有助长上升气流的冲击力,包括自下而上急剧增大的垂直风切变；另外,地形、地势也会对冰雹的频率和强度有一定影响。

二、冰雹的时空分布

(一)空间分布

福建冰雹空间分布的一般规律是山区多于平原,内陆多于沿海,高海拔地带是福建冰雹的高频区。1961—2010年累计冰雹日数超过10天的有21个市县,以周宁县33天次为最多,屏南县26天,寿宁县25天次之。南部沿海市县多为0～3天,是冰雹少见的地区([彩]图3.69)。福建冰雹相对活跃之区在闽西大山与闽中大山夹持的地带,轴向呈东北—西南向,位于寿宁—周宁—屏南—古田—永安—龙岩—上杭一线；另外,德化—永春—安溪以及闽清—福州—闽侯也是冰雹相对多发区。

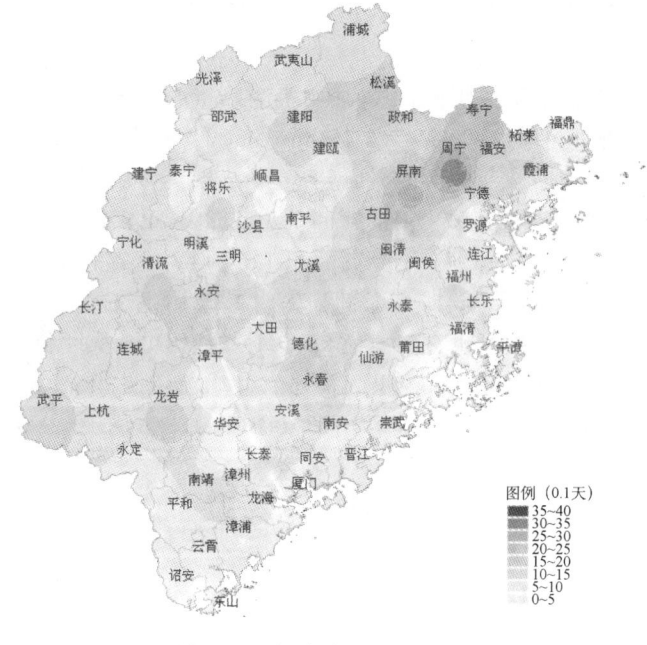

图3.69 福建冰雹日数分布图

(二)季节分布

福建省66个市县气象台站1961—2010年观测到的累计冰雹日数总计547天,平均每年11县日次。最早冰雹有7个市县出现在1月份,以沙县1962年1月3日出现的冰雹为最早。最晚冰雹有4个市县出现在12月,以三明市和漳州市12月19日出现冰雹为最迟。据调查,冰雹不局限于市县气象台站的观测,还有更晚出现的冰雹,如1958年12月28日建阳县出现冰雹。

但总的来说,福建冰雹主要出现在春夏季。月际分布呈双峰型,主峰在早春,次峰在盛夏(表3.40)。2—5月占71.8%,7—8月占19.0%,合计占全年的90.8%。季节高度集中是福建冰雹的一大特点,尤以3月、4月最为多见,各占年冰雹日数的26.5%和28.3%。这与此一时期来自低纬的暖湿气流已经比较活跃,而北方的冷空气仍相当频繁,且势力也较强盛,容易满足冰雹形成的物理条件和流场要求有关。这一时期也是福建冰雹灾害危害最大的时期,该时期正是作物生长关键时期,尤其是烟叶生长的关键期,冰雹对其危害很大。为加强气象服务的针对性,2005年以来,福建省气象部门和烟草部门密切合作,在烟叶主产地,也是冰雹相对频发的县市,开展了人工消雹影响天气作业。

表3.40 福建各月累计冰雹日次数(1961—2010)

月份	1	2	3	4	5	6	7	8	9	10	11	12	合计
冰雹日次数	7	41	145	155	52	18	54	50	17	1	8	4	547
比例(%)	1.3	7.5	26.5	28.3	9.5	3.3	9.9	9.1	3.1	0.2	1.5	0.7	100

三、冰雹历时与要素变化

(一)雹日连续期

福建雹日连续期一般不超过2天。省内连续3天或以上见雹者仅30次,最长连续雹日为7天,年例是1972年4月15—21日和1979年3月27日—4月2日,其间省内每天都曾出现冰雹。就同一县而言,最长连续降雹天数为4天,出现于长汀,时间是1972年4月18—21日,县内不同地区曾出现冰雹。

(二)冰雹历时

福建降雹的持续时间,短的只有二、三分钟,长的可达十多分钟以至半小时。在九仙山气象站的降雹实例中:历时5分钟以内者占29%,6~10分钟者占43%,11~20分钟者占5%。但也有特长的降雹记录,如1976年4月16日下午建阳的黄地村,连续降雹1小时,积雹0.4 mm。

表3.41是福州站1953—1998年13次降雹的时刻与历时统计。从中看出,福州的冰雹3月占38.5%,4月占46.2%,合计为84.7%;7月、9月各1次合计占15.3%,季节高度集中于早春。冰雹出现的时刻:12—17时占75%;20—22时占25%。降雹历时:1~5分钟占50%;6~10分钟占8.3%;11~15分钟占16.7%;16~20分钟占16.7%;最长一次为32分钟占8.3%。

表3.41 福州冰雹历时(1953—1998)

年	1953	1955	1966	1970	1970	1973	1976	1978	1981	1986	1986	1994	1995
月.日	3.13	4.9	4.26	4.11	7.4	3.30	4.17	3.9	3.14	3.15	9.11	4.20	4.15
时分		14:25—32	12:14—30	22:16—20	15:35—37	15:08—19	21:10—14	20:52—53	16::16—20	13::03—35	17:32—35	16:39—46	15:24—27
分钟		7	16	4	2	11	14	1	4	32	3	7	3

(三)降雹前后的要素变化

高温、高湿、气压迅速下降和风速迅速增大是冰雹过程的基本要素特征,而且伴有雷暴和大风,云状系积云雨。图 3.70 是福州 1994 年 4 月 20 日 16:39—16:46 冰雹过程前后的气压和最大风速逐时变化曲线。从中看出,从上午 8～9 时起开始,气压由 1000 hPa 逐渐下降,至 16 时气压最低,为 995.4 hPa,连降 4.8 hPa。风速增大也十分明显,16:27—16:33 出现大风,极大风速达 20.2 m/s,风向 WNW。气温在雹前保持升势,12—15 时稳定在 31.6～32.8℃,与早晨 8 时相比升幅为 7.2℃;绝对湿度也持升势,至雹前 15 时达 27.0 hPa。从云系变化来看 12 时之前,天空一直为 Ac tra(透光高积云),12 时起 Cu hum(淡积云),Cu cong(浓积云)开始出现,15 时 Cb calv(秃积雨云)已发展形成,16—18 时天空全为 Cb cap(鬃积雨云)笼罩,之后消散,至 20 时已全为 Sc(层积云)所代替。该次冰雹过程天气现象的记载是 16:25 飑线入境,16:39—16:46 降雹,雹体最大直径为 4.3 cm,雷暴持续 2 小时 20 分(16:05—18:25)。

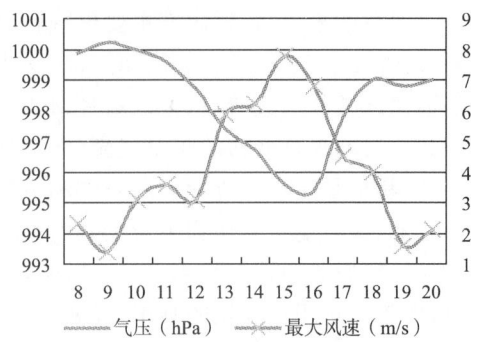

图 3.70 福州 1994 年 4 月 20 日冰雹过程气象要素变化

四、降雹的环流类型

冰雹与中、小尺度天气系统紧密联系,又受大的环流形势背景所制约。雹区的移动主要取决于所处天气系统的部位和气流方向,与山脉、河流走向相一致也是常见的特点。福建降雹的环流类型主要有 3 种。

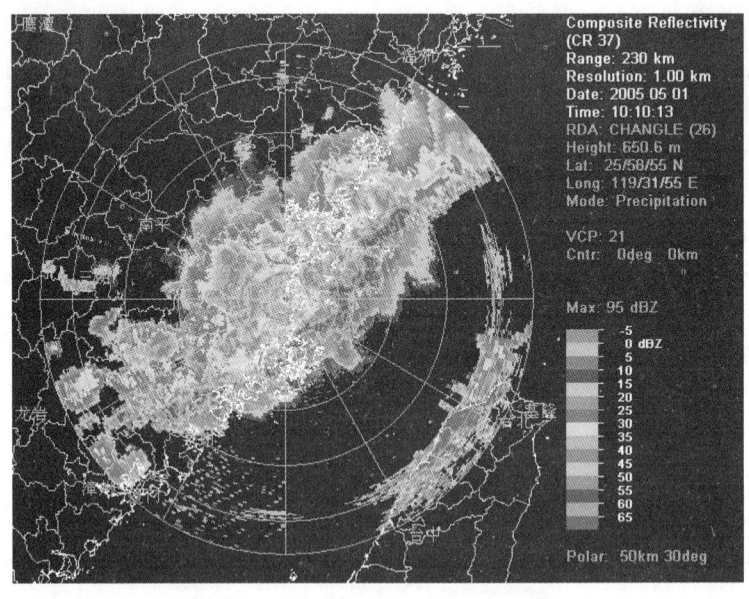

图 3.71 2005 年 5 月 1 日飑线回波图

(1)锋面过境。特别是高空有前倾槽与之配合的急行冷锋,相对易于成雹。如 1976 年 4 月 17 日福州的严重冰雹。

(2)生成于暖气团之内。如春季南支西风槽前部的副热带急流内就能产生强烈的对流天气,有时可见冰雹。1994年4月20日福州的冰雹就属此类,是一次飑线过程。又如,2005年5月1日午后12:36,雷达监测到建阳、浦城等地有强度为58～63 dBZ的对流块体以50 km/h的速度往东偏南移动,13:19在测站西部的三明地区出现块状回波,15:02测站西北部与测站西部回波合并,形成一东北—西南向45～65 dBZ的强回波区长350 km,宽15 km的飑线回波带(图3.71)。该飑线造成三明、福州部分市县出现大风和冰雹天气。

(3) 局地热力作用所形成的冰雹。此类相对为少,强度也弱。像1986年9月11日福州的冰雹。

五、强雹过程实例

1976年"4.17"福州的冰雹是福建有气象记录以来造成损失最重的一次冰雹。17日12时,闽北的邵武市首先出现冰雹,而后沿闽江向东南移动,19—20时至尤溪县,21:10—21:24雹区过福州,18日1时移到海岛平潭县,在省内历时13～14 h。这次冰雹过程的环流形势属乌拉尔高压型,前部的主槽位于贝加尔湖与巴尔喀什湖之间,河套以西至长江中游一带有阶梯槽不断南移;华南低空(850 hPa)有16 m/s的急流,17日上午地面冷锋移入福建,冰雹随锋面南压,至夜间离境入海。

此次冰雹所经之地毁坏建筑面积1036万 m^2,瓦片损失近3亿块。灾情尤以福州为重,福建省气象台实测最大冰雹直径为6.0 cm,雹体平均重量7.9g,最重者29.5g,市区降雹中心地带更大,有的街道积雹10 cm,群众反映最大者如碗口。冰雹过境时,实测极大风速为30.3 m/s(NW),雹过又降暴雨。全市受损建筑面积812万 m^2 折合5404万元,另有其他物资损失约1000万元。作物受灾5万亩,触电死亡4人,受伤近百人,市内树木、通讯线路严重受毁,有些街区公共汽车中断数日,垃圾杂物近十日才清毕。

2010年3月5日傍晚前后,受西南暖湿气流影响,南平、三明两市自西向东12个县市出现了较大范围的冰雹、雷雨大风等强对流天气。冰雹直径最大约50 mm,出现在邵武和明溪,雷雨大风以三明市的22 m/s(9级)最大。此次强对流天气过程,其特征是发生时间偏早和影响范围较大,南平、三明两市进行了大范围的人工消雹作业,在一定程度上削弱了降雹强度。但尽管如此,仍然对福建省西北部地区造成了严重影响。南平、三明两市灾害程度为近年来最为严重,其中政和县因土木结构房屋受龙卷风袭击倒塌造成2人死亡,受伤12人。邵武市遭遇了有气象记录以来最为严重的雹灾,是受灾最重的地区,许多农户家中屋顶被冰雹砸破开了一个个天窗,屋内尽是被冰雹打下的破碎瓦砾。另外有着千年历史的邵武市和平古镇有2000多户民房屋顶被砸穿,古镇中几乎所有的明清古民居片瓦不全。据福建省民政厅不完全统计:南平、三明两地12个县市28.81万人受灾,紧急转移安置9.27万人,农作物受灾面积13.48 km^2,损坏房屋12.85万间,直接经济损失4.72亿元。

第八节 雷 暴

雷暴(雷电)是来自积雨云中的放电现象,景象是电闪雷鸣。

雷暴成灾的形式是通过放电与电击,可造成人身伤亡、建筑物损坏,电力输送与通讯线路最怕雷击,交通安全特别是航空以及航天发射更关心雷暴的活动,除此,雷暴还是森林火灾的导因之一。重要工程设施与建筑设计,总把雷暴作为重要参数之一。

一、雷暴的类型

(1)热力雷暴。属气团内部热力发展所致强烈对流而形成的雷暴,以夏季最为多见。

(2)锋面雷暴。它是冷暖空气相互作用的结果,发生于锋面附近,以春季的频率为高。

就雷暴天气系统而言,暖性高压控制下,有时也会出现雷暴,称高压雷暴;西南低涡的东南侧,也常有雷暴出现,这两类都有气团内部雷暴的性质。

判断雷暴的可能性,首先看环流形势和天气系统的动向,再就是看当地大气层结的稳定性。预报实践中还常以沙瓦特指数(SI),作中低空大气稳定性的判据,来预报雷暴出现的可能性。就探测手段而言,主要依靠气象雷达进行监测。

二、雷暴的空间分布

福建雷暴日数分布特点是内陆多,沿海少:南平、三明、龙岩三地区为65～75天,高值中心位于长汀、上杭、宁化,年平均81天;沿海六地市为40～65天。沿海岛屿最少:平潭24天,崇武27天,东山35天。从[彩]图3.72可以看出,等值线呈东北—西南向,由沿海向内陆递增。

上述分布与海陆热力性质的差异有关,也与锋面系统影响的频率与历时有关。沿海、特别是岛屿,热力对流作用弱,所以雷暴日数尚不及内陆的一半。

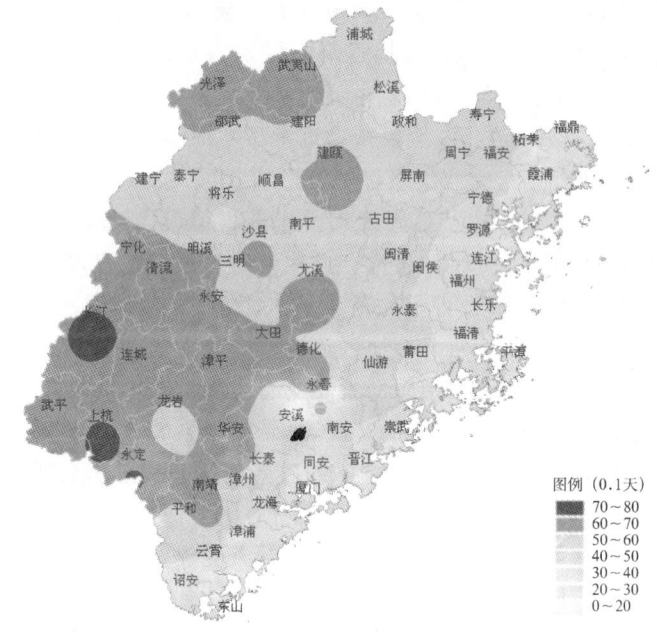

图3.72 福建平均年雷暴日数(单位0.1天)

三、雷暴的季节分布

(一)初雷、终雷日期

据1981—2010年的统计,平均初雷期2月26日,平均终雷期10月15日。最早初雷出现在1987年1月2日(平潭、崇武、晋江、莆田),最晚初雷出现在2008年3月11日(龙岩、上杭、武平、永定)。最早终雷出现在1967年9月12日(厦门、龙岩、闽清等12市县),最晚终雷出现在1977年12月31日(长乐、闽侯)。

就极值年份来看,除漳州地区的部分县1月末见雷暴外,其他各县市均有1月出现雷暴的年例;12月全省各县全部有出现雷暴的年例。

(二)雷暴月变化

春夏(3—9月)是福建雷暴的多发季节,占全年的95%。除个别海岛与沿海突出部外,大部地区雷暴高峰期在8月(表3.42)。

表3.42 福建各月平均雷暴日数(1981—2010)(单位:0.1天)

月份	1	2	3	4	5	6	7	8	9	10	11	12	年
雷暴日数	2	11	46	59	57	84	98	108	53	8	4	2	532
比例(%)	0.3	2.1	8.7	11.1	10.8	15.8	18.4	20.2	9.9	1.5	0.8	0.3	100

福建沿海岛屿与内陆的雷暴月分布是两种不同的类型:以平潭与长汀为例([彩]图3.73),平潭雷暴多发生在春季,高峰期为3—4月,春季的雷暴天数多于夏季;长汀雷暴多发生在夏季,高峰期为7—8月,夏季的雷暴天数多于春季。这一差异说明,海洋属性决定了海岛地区的热力性雷暴不占主导地位。

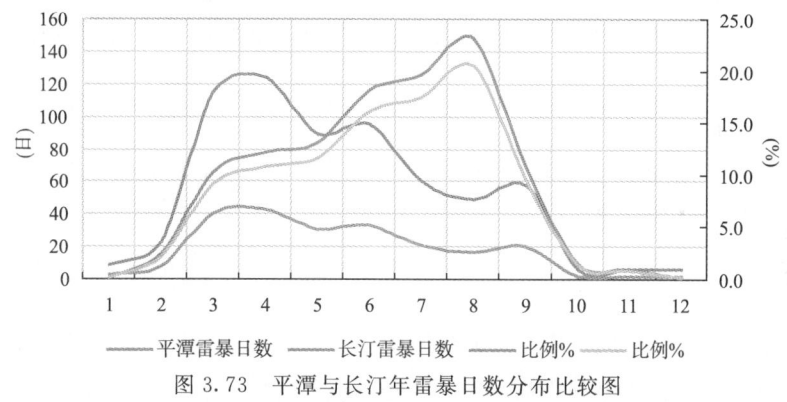

图3.73 平潭与长汀年雷暴日数分布比较图

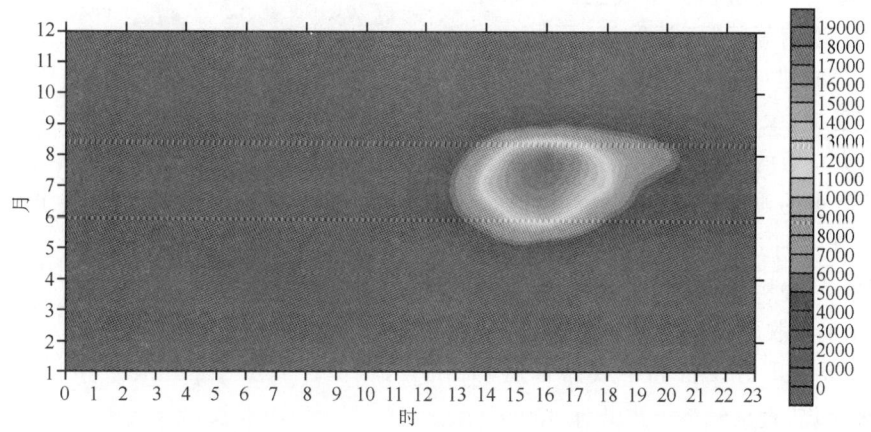

图3.74 2011年福建雷电月—时段分布图

(三)雷暴日变化

根据 2011 年雷电观测数据统计,雷暴主要集中在午后 14—18 时,00—11 时雷电活动较弱;从 12—15 时,雷电次数呈快速增加状态,平均每小时增加 15000 次以上,雷电活动于 16 时达到峰值,从 16—23 时,雷电次数逐渐减少,平均每小时减少 7000 次以上,如[彩]图 3.74 为 2011 年福建省雷电月-时段分布图。

各季的雷电时分布则有明显不同。第一季度虽然是全年雷电次数最少的季度,但雷电主要发生在午夜凌晨;第四季度雷电次数明显减少,仅多于第一季度,主要发生时间 03—08 时和 13—22 时。

四、雷电灾害

(一)季节分布

全省一年四季均有雷电灾害发生,主要集中在汛期和台风雷雨季节,雷灾起数和雷击伤亡人数均占全年总数的 90% 以上,因雷击造成重大人员伤亡和重大直接经济损失几乎全都发生在这一期间。人员死亡最多的是 2002 年 7 月份(21 人);直接经济损失最严重的是 2000 年 7 月份(430 万元)。一年中最早发生雷击人员死亡的时间是 2004 年 1 月 3 日,龙海市九湖镇大梅溪村一村民在田中挖水仙花时遭雷击身亡;最迟发生雷击人员死亡的时间是 2002 年 11 月 24 日 17 时,龙岩市上杭县珊瑚乡妇女梁某在邻居家中打电话时,被雷电感应,当场死亡。

(二)受灾情况

2000—2005 年,全省因雷电所造成灾害为 2200 多例,累计人员伤亡在 210 人以上。死亡人数最多的是 2002 年的 32 人。

雷击造成的人员伤亡事故主要发生在农村地区,占雷击伤亡总数的 90% 以上(表 3.43)。

雷击造成的经济损失事故主要发生在城市地区,雷电灾害事故造成的直接经济损失最大的年份是 2004 年(1300 多万元)。

雷击造成的经济损失事故主要分布在电力、石化、通信等行业(图 3.75)。

雷击造成建(构)筑物受损、办公电子电器设备受损、家用电子电器设备受损均占全年雷灾总数的一半以上。

灾情严重的典型案例:

2000 年 7 月 2 日 20 时 05 分,南平市建阳化工总厂樟脑车间脱氧工段升华室遭雷击,造成整个脱氧工段升华室着火,过火面积 1000 m²,厂房设备和半成品樟脑片 30 余吨被焚烧,直接经济损失共计 300 万元。

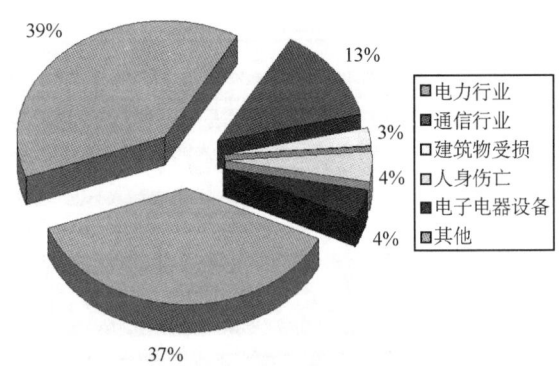

图 3.75 2011 年福建雷灾行业分类图

2000 年 7 月 25 日下午,南安市出现强雷暴天气,洪濑镇洋尾村 1 名妇女、溪美办事处镇山居委会 1 名男孩、美林办事处南厅居委会 1 名妇女共 3 人遭雷击身亡。

2003年7月2日17时20分左右,连城县埠头水电厂1台输送电网的变压器遭受雷击,造成电站不能发电15天,电站及电力公司每天损失6万元,变压器维修费用15万元,累计直接经济损失105万元。在电力极度紧缺的情况下,间接损失更大。

2005年5月23日下午,龙海市九湖镇林下村大洋社7人在田中挖水仙时遭雷击,其中1名29岁男性和1名47岁女性两人当场身亡,1名42岁女性送往医院抢救无效死亡。

表3.43 福建省年雷灾和人员伤亡统计表

年份	雷灾发生数	死亡人数(人)	受伤人数(人)
2000	500	31	16
2001	398	19	14
2002	553	32	15
2003	376	13	7
2004	869	16	18
2005	566	21	8
2006	797	21	25
2007	1164	34	33
2008	408	19	5
2009	281	19	9
2010	277	17	7

第九节 大 风

大风,如无特别说明,大风一般指风速≥17.2 m/s的八级及其以上的风。

作为一种灾害,大风主要危及两个方面:一是渔业生产和海上交通运输、能源开发;二是城乡建筑和电力、通讯线路及陆路、航空交通安全。

一、大风的特点

(1)沿海与海面的机遇多,风力强,而山区除山巅与溢口部位外一般大风少见。

(2)大风的盛行风向比较集中,最多风向是东北大风,其次是西南大风,西北大风也有,但频率明显为少。

(3)福建的大风有很强的季节性。就频数而言,冬季明显多于夏季;就风力强度而言,夏季大于冬季,特强大风主要出现于夏秋季节。

(4)相似的地形条件下,大风频数的垂直分布,一般是高海拔处比低海拔处多且大。

二、大风的类型与天气系统

福建的大风多数起因于温带系统,少数归于热带系统。并与特定的地理位置有密切关系,成因大致可分4类:

(1)冷空气南下引起的东北或偏北大风

常见的天气过程形势有低槽冷锋、扩散、高压入海、气旋、冷高压与台风结合5种。

(2)台风大风

其风向取决于路径与登陆点,且有旋转变换的特点,主导风向往往是先东北,后转偏南,有的地区短时为偏东风(见本章第二节)。

(3)暖流北上造成的西南大风

常见的天气过程形势有气旋、低槽冷锋过境前、华西倒槽、北低南高或东高西低的气压场配置4种。

(4)中小尺度强对流系统引起的局地性大风

此类风向多变,也不太规则,相对以西北大风为多。

三、大风的时空分布

(一)季节分布和变化

关于大风的情况,第二章已做了分析。鉴于风况变化较大,这里再做补充分析。

总的来说,四类大风的季节分布仍以冬季风和夏季风的大格局为基调。第一类冷空气大风主要出现于冬季风盛行的冬半年,位于台湾海峡的平潭、崇武、东山3个气象站1961—1990年与1981—2010年对比,平均的10—3月的累计大风日数,分别从原来的50天(占全年69%)、70天(占全年76%)、86天(占全年74%),减少为17天(占全年60%)、40天(占全年74%)、74天(占全年75%)(表3.44)。这个事实说明两个问题:一是尽管大风日数或风速减小,但风况的季节变化和空间分布的基本规律没有改变,大风日数的季节比例基本没变。二是减少幅度以平潭最大,东山最小,说明大风日数减少和探测环境的改变有很大的关系。

华南的夏季风大致起始于4月,止于9月。这期间福建的大风频率虽远不及冬半年,但突出的大风灾害主要集中在这一时期,系统背景是台风与强对流中小尺度系统。据1961—1990年的资料统计,全省68个测站的年最大风速,有63个测站(占92.6%)是出现在4—9月,尤以7—9月的频率为高,这说明,大风虽少,但风力特强,所以灾害也重。关于严重的台风风灾实例在本章第二节已作介绍,强对流系统所致风灾也不乏其例,如1984年4月5日飑线过厦门,最大风力达45.6 m/s,东渡港195吨的吊车脱轨,吊臂拉杆毁坏,损失近百万元。

表3.44 福建沿海大风日数(单位:天)

县市		1	2	3	4	5	6	7	8	9	10	11	12
平潭	平均日数	2.1	2.2	1.2	1.1	0.9	1.9	2.2	2.1	3.0	4.7	4.2	2.4
	最长持续	13	14	10	8	7	6	8	5	10	18	12	19
	最多日数	20	24	16	18	10	12	12	16	16	27	24	27
崇武	平均日数	7.0	6.4	4.7	3.0	1.5	1.5	2.2	2.5	3.8	7.4	7.5	7.2
	最长持续	11	14	13	6	5	5	6	6	6	17	17	12
	最多日数	24	21	19	12	12	9	7	12	13	23	22	22
东山	平均日数	12.9	12.6	11.3	7.5	4.3	2.6	2.0	2.7	5.1	11.5	12.9	12.9
	最长持续	12	14	13	7	8	6	7	6	10	17	23	13
	最多日数	21	24	20	16	16	12	8	13	17	23	27	24

(二)空间分布

风力大小与下垫面状况密切有关,摩擦作用可使风力明显减弱。图2.39是福建年大风日数分布,它有两个突出特点:

1. 沿海多,内陆少

全省各县市年平均大风日数0.6(邵武)～98.2(东山),除东山、崇武、平潭和厦门20天以上,邵武、沙县、南平不足1天外。沿海湾外岛屿年大风日数多,由海岸线伸向内陆,和风速衰减一样,大风日数剧减,所以,沿海风日等值线相当密集、梯度很大。

2. 高山多,平原谷地少,垂直递减率大

德化九仙山气象站(海拔1650 m)年平均大风日数152天,最多大风日数186天,大大超过了沿海的东山县。而其山脚下的德化气象站(海拔521 m)年平均大风日数仅3天。年最多大风日数9天,垂直递减十分明显。

3. 大风日数在减少

和1961—1990年的统计比较,和风速减小同理,大风日数也明显减少。九仙山减少34天(18%),东山减少19天(16%),崇武减少37天(40%),平潭减少45天(62%)。对比分析九仙山1961—2010年的平均风速和大风日数,平均风速没有明显的一致性的减少,而大风日数却是明显的一致性的减少。至于平潭和崇武大风日数的减少和其风速减小一样显著,这和气象探测环境的改变是有关系的。比如,2010年平潭东北部(流水)近海的平均风速8.4 m/s,大风日数144天,而同年县气象站平均风速只有3.6 m/s,大风日数只有13天。

风况的变化和地形地貌关系密切,尽管风速随着远离海岸线向陆地延伸,会迅速衰减。但大风天气作为一种灾害性天气,在内陆地区也时有发生。比如,2005年5月1日受强对流天气影响,三明市区出现31 m/s的大风,造成一定的危害。因此,我们不仅要关注大风对沿海地区的影响,也要关注对内陆城市的影响,在有关重大工程建设和城乡规划中,加强相关评估。

四、三种最大风速的统计关系

气象台站测定最大风速有3种表征量:第一种是瞬时极大风速,目前仅国家基准站有此观测项目,福州、厦门站有25年以上的记录;第二种是自记10分钟平均最大风速,记录开始于1968年以后;第三种是定时2分钟平均最大风速,早在20世纪50年代起就有此种观测。

经济建设、社会服务,特别是工程设计迫切需要了解各地的瞬时极大风速,为弥补此一资料短缺的局限,可依三类最大风速的同步统计关系进行推算,提供参考。这里引用黄友淦、池幼群的分析工作。

(一)瞬时极大与自记最大的关系

1. 平均差与极差

以福州、厦门代表沿海,资料样本25～33年;以建瓯、永安、上杭代表内陆,资料样本5年。

从表3.45看出,福州、厦门瞬时极大风速是自记10分钟平均最大风速的1.62～1.65倍,极大为2.0～2.4倍,极小是1.24～1.26倍;建瓯、永安、上杭瞬时极大风速是自记10分钟平均最大风速的1.62～2.01倍,极大为1.85～2.35倍,极小是1.36～1.74倍。

表 3.45　瞬时极大风速与 10 分钟平均最大风速的比值

站名	福州	厦门	建瓯	永安	上杭
平均	1.65	1.62	1.62	2.01	1.76
最大	2.0	2.4	1.85	2.35	1.88
最小	1.26	1.24	1.36	1.74	1.69

2. 统计方程

沿海：$y=3.3057+1.3354x$　　$(n=92, r=0.8353, a=0.001)$

内陆：$y=-0.5479+1.6902x$　　$(n=108, r=0.8846, a=0.001)$

式中，x 为自记 10 分钟平均最大风速，y 为瞬时极大风速。

（二）瞬时极大风速与定时最大风速的关系

从表 3.46 看出，福州、厦门瞬时极大风速是定时 2 分钟平均最大风速的 2.00~2.01 倍，极大为 3.04~3.42 倍，极小是 1.14~1.25 倍；建瓯、永安、上杭瞬时极大风速是定时 2 分钟平均最大风速的 2.14~2.65 倍，极大为 2.53~3.34 倍，极小是 1.63~2.35 倍。

表 3.46　瞬时极大风速与定时 2 分钟平均最大风速的比值

站名	福州	厦门	建瓯	永安	上杭
平均	2.00	2.11	2.65	2.60	2.14
最大	3.42	3.04	3.34	3.19	2.53
最小	1.25	1.14	2.35	1.88	1.63

（三）登陆台风的平均风速与瞬时极大风速的关系

2001 年，在福建省气候中心承担的惠安核电厂址台风设计基准评价工作中，鹿世瑾以福州、厦门的实测风资料，对登陆福建台风的瞬时极大风速与 10 分钟平均最大风速的关系作了统计分析，结果表明：阵风系数（阵风风速/平均风速），福州为 1.79，厦门为 1.86。

阵风系数反映了瞬间风速和平均风速的关系。阵风系数既与下垫面的状态有关，也和风的强度有关，这要靠大量观测事实，通过统计来揭示。

第十节　龙卷风

龙卷风是一种强烈的、小范围的空气涡旋，属小尺度天气系统，是破坏力极大的局地性灾害天气。

一、龙卷风的特点

（一）时空尺度

龙卷风的着地水平范围，小者直径仅几米、几十米，最大者可达千米以上，上部直径一般有数千米，最大可达万米。

龙卷风生消全过程不过几分钟至数十分钟，最长者可维持 2~3 小时。

（二）直观外形

龙卷风是从积雨云底部猛烈盘旋下垂的漏斗状云体，形似象鼻，有的可触及地面，有的仅悬挂于空中。出现于陆地上的称陆龙卷,见于水域上空的称水龙卷。通常水龙卷的强度比陆龙卷要弱。

龙卷漏斗云的轴,初始期一般垂直于地面,至发展的后期,当上、下层风速相差较大时,会变为倾斜状或弯曲状。

(三)气压与风速

气压低,风速强是龙卷风的一大特点。龙卷风的水平气压梯度很大,近中心部位急速旋转的涡度值量级可达 $10^{-1} \sim 10^{-2} \text{s}^{-1}$。龙卷云中局地涡度变化值比气旋生成时大百万倍,所以龙卷可在数分钟之内形成。龙卷风的中心气压强者可达 700 hPa,甚至 500 hPa 以下。龙卷风中心附近的最大风速普遍可超过 12 级,一般为 50~100 m/s,有时可达 300 m/s,因此,能吸起地面的物体,抛向天空。台湾省实测的最大风速值为 67 m/s,1998 年 7 月上旬美国实测之龙卷风速为 483 km/h,折合风速 134 m/s。

(四)移向与移速

龙卷风来去匆匆,其移向移速是由其母云决定的,移速一般 40~50 km/h,最快可达 90~100 km/h,路径多呈直线,生命全程一般只有数千米,个别可达数十千米,美国曾测到的最长路径为 160 km。

二、龙卷风的形成条件

(一)形成条件

龙卷风的形成要具备 4 个条件:第一,要有很强的风速切变,观测发现龙卷风发生时的最大风速切变层其厚度多为 0.5~2.5 km;第二,大气层结不稳定,具有很强的超绝热温度梯度;第三,在支持强烈上升运动(通常可达 20 m/s)的小尺度积雨云中,具有极丰富的水汽含量;第四,有适宜的环流场配置,构成对流层的底层有强烈的暖湿辐合。

龙卷风的形成及其强度与地形环境因素有很大关系,美国是多龙卷的国家,地区主要在中部、东部平原,中国龙卷相对较少、较弱。福建多山、多丘陵,龙卷明显少于长江下游的苏、沪地区。

(二)强度分级

龙卷风强度分级判据包括 4 个方面:一是最大风速;二是路径长度;三是路线宽度;四是破坏力。现国际通用的是富士达-皮尔逊分级表(表 3.47)。

表 3.47 龙卷风强度分类表

F 等级	伴生的破坏	路径长度 L_{px}(km)	路径宽度 W_{px}(m)
F0	$V_F <$ 33 m/s,轻度破坏。 对烟囱和电视天线有一些破坏,树的细枝被刮断,浅根树被刮倒。	<1.6	<16
F1	$V_F =$ 33~49 m/s(32.6 m/s 是飓风起始风速),中等破坏。 掀掉屋顶表层,刮坏窗户,轻型车拖活动住房(或野外工作室)被推倒或推翻;一些树被折断或连根拔起;行驶的汽车被推离道路。	1.6~5.0	10~50

续表

F 等级	伴生的破坏	路径长度 L_{px} (km)	路径宽度 W_{px} (m)
F2	$V_F=50\sim69$ m/s,相当大的破坏。 掀掉框架结构房屋的屋顶,留下坚固的直立墙壁,农村不牢固的建筑物被毁坏;车拖活动住房(或野外工作室)被毁坏;大树被折断或连根拔起;火车车厢被吹翻;产生轻型飞射物;小汽车被吹离公路。	5.1～16.0	51～160
F3	$V_F=70\sim92$ m/s,严重破坏。 框架结构房屋的屋顶和一些墙被掀掉;一些农村建筑物被完全毁坏;火车被吹翻,钢结构的飞机库和仓库型的建筑物被扯破;小汽车被吹离地面;森林中大部分树被连根拔起、折断或被夷平。	16.1～50.9	161～509
F4	$V_F=93\sim116$ m/s,摧毁性破坏。 整个框架结构的房屋毁坏,留下一堆碎片;钢结构被严重破坏;树木被吹起后产生小的撕裂,碎片飞扬;汽车和火车被抛出一些距离或滚动相当的距离;产生大的飞射物。	51～160	510～1600
F5	$V_F=117\sim140$ m/s,难以置信的破坏。 整个框架结构的房屋从地基上被抛起;钢筋混凝土结构被严重破坏;产生大小相当于汽车的飞射物;会发生难以置信的现象。	161～507	1601～5070
F6～F12	$V_F=140$ m/s 到声速(330 m/s),不可思议的破坏。 万一发生最大风速超过 F6 的龙卷风,破坏的程度和形式是不可思议的。许多飞射物,如冰柜、水加热器、贮罐和汽车,会对建筑物产生严重的次生破坏。		

引自《核导则》。V_F 为风速。

三、福建龙卷风的统计特征

由于龙卷风空间尺度远小于气象台站的平均间距,发生的总量很少,而且受监测手段的局限,尽管福建气象台站未实测到龙卷风,但民间则有相关反映和记载。据福建省气候中心的调查,全省 1959—2005 年有 104 次龙卷风记录,发生时间、地点等详情见附录 2 中的附表 2.19。

(一)年频数分布

调查结果表明:1959—2005 年,福建省有龙卷风 104 次(表 3.48),平均每年 2.21 次。在 47 年中,5～7 次的有 7 年,分别为 1983 年、1989 年、1990 年、1992 年、1993 年、1997 年和 2001 年;3～4 次的有 10 年;1～2 次的有 19 年;无龙卷风记载的有 11 年。其 5 年滑动平均线(图 3.76)表明,随着时间的推移,龙卷风记录呈逐渐增加的趋势。上述多龙卷风的年份与当年春季天气形势较有利于强对流天气发展有关。也与监测手段和当今的信息掌控条件的日臻完善有关。

表 3.48 福建 1959—2005 年各级龙卷风出现次数

年份	F2	F1	F0	合计	年份	F2	F1	F0	合计
1959	1			1	1983	2	4	1	7
1960				0	1984		3	1	4
1961				0	1985			1	1
1962			1	1	1986		2		2
1963		2		2	1987		1	1	2
1964				0	1988		2	1	3
1965				0	1989		4	2	6
1966	1			1	1990	1	3		4
1967		2		2	1991		1	1	2
1968				0	1992	3	1	1	5
1969				0	1993	1	3	2	6
1970		1	1	2	1994		2	1	3
1971		1		1	1995		3	1	4
1972				0	1996		1	2	3
1973	1	1	1	3	1997	3	4		7
1974			1	1	1998			1	1
1975		1		1	1999				0
1976	2	1		3	2000		4		4
1977		1		1	2001		4	2	6
1978			2	2	2002		1		1
1979				0	2003				0
1980		1	2	3	2004		2		2
1981	2	1	1	4	2005		2		2
1982				0					
合计	7	12	9	28	47年	17	59	28	104

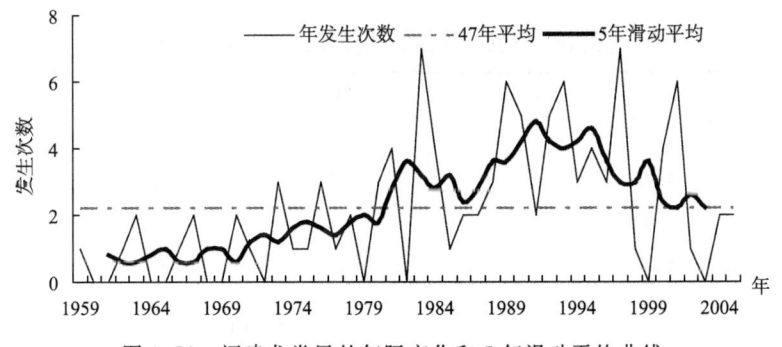

图 3.76 福建龙卷风的年际变化和 5 年滑动平均曲线

(二)地域分布

在 1959—2005 年已知的 104 次龙卷风中,空间分布具有内陆山区少,沿海平原地区多的特点(图 3.77)。

其中,福州市 16 次、莆田 5 次、泉州 21 次,厦门 10 次,漳州 9 次,龙岩 11 次,三明 9 次,南平 11 次，宁德 12 次。三明市、南平市和龙岩市平均分别只有 0.391 次/km²、0.418 次/km² 和 0.575 次/km²，而沿海平原地区相比之下要多得多，福州、莆田、泉州、厦门平均均在 1 次/km² 以上，泉州、厦门则分别达 1.9 次/km² 和 6.1 次/km²（表 3.49）。

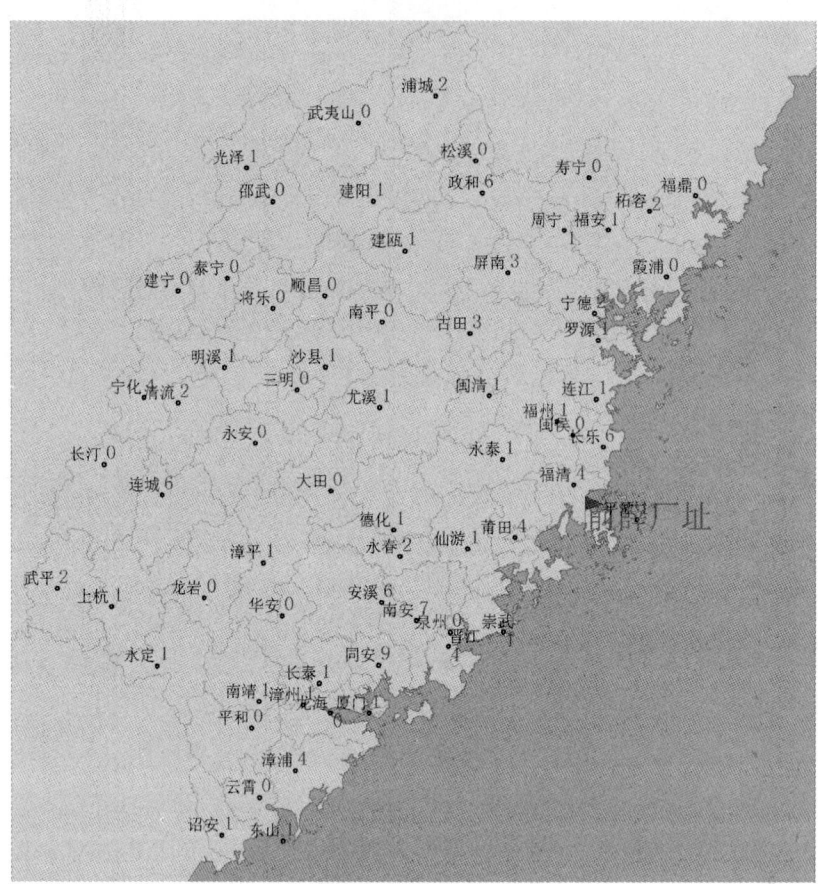

图 3.77　各地龙卷风出现次数

表 3.49　1959—2005 年福建省各市龙卷风频数

行政区	F2	F1	F0	总计	次/km²
南平		7	4	11	0.418
宁德	1	7	4	12	0.972
三明	2	5	2	9	0.391
福州	6	9	1	16	1.370
龙岩	1	5	5	11	0.575
莆田		5		5	1.322
泉州	6	10	5	21	1.933
厦门	1	7	2	10	6.128
漳州		4	5	9	0.717
合计	17	59	28	104	0.857

龙卷风空间分布的另一个主要特点是,中部沿海特别是江溪的下游是龙卷风发生最多的地区,强度大的龙卷风如 F2 级大多分布在此区域。

福建沿海平原是一个狭窄的相对地势较平坦的地区,宽度一般只有几千米到十几千米,背后就是鹫峰山和戴云山脉,当偏南暖湿气流吹来时被强迫抬升容易出现强对流天气。

中部沿海地区龙卷风较多的另一个重要原因是除了春季强对流天气较多外,台风季节台风诱发的强对流天气也较多,是锋面系统和热带系统共同影响的结果。

(三)月季分布

1. 季节分布

龙卷风发生的以春季(3—6 月)为最多,共出现龙卷风 67 次,占总数的 64.4%;夏季(7—9 月)共出现 30 次,为龙卷风发生总数的 28.8%;秋、冬两季的 5 个月共发生 7 次,仅为龙卷风发生总数的 6.8%。季节分布如图 3.78 所示。

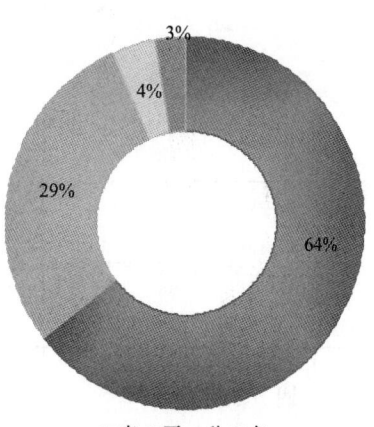

图 3.78 龙卷风发生次数季节分布

2. 月分布

就月分布而言,除了冬季的 12 月和 1 月份没有发现龙卷风外,其余各月都有龙卷风出现。尤以 4 月份为最多,达 35 次,7 月份次之,5 月份排第三位(图 3.79)。龙卷风发生除了要有适当的天气形势外,高温、高湿是其孕育的另一个必要条件。4 月、5 月份龙卷风多发与这一时期冷空气活跃导致温湿条件、动力条件适宜,致使对流天气多发有关,而 7 月份的龙卷风多为台风所伴生的天气现象。

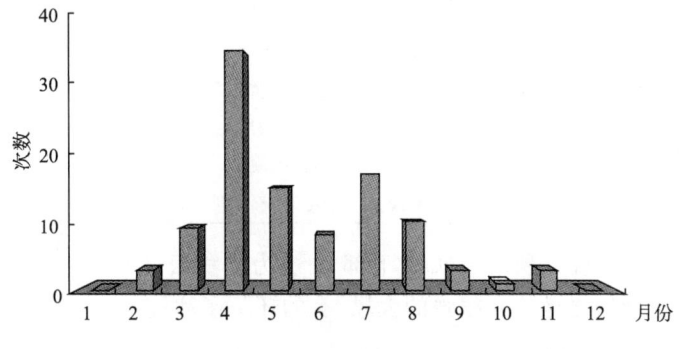

图 3.79 全省区域龙卷风月际分布图

3. 日分布

在福建全省发生的 104 次龙卷风中,有 72 次有确切的时间记录。由图 3.80 可以看出,从白天到夜间,几乎每个时次都有发生的可能,但以午后到傍晚这段时间里最多,其中 13—17 时发生 40 次,占有时间记录龙卷风总数的 55%,其他时间为 32 次,占 44%(表 3.50)。午后到傍晚下垫面受辐射增温,加热低层大气,导致大气层结处于不稳定状态,易出现强对流天气,龙卷风多发是理所当然的。

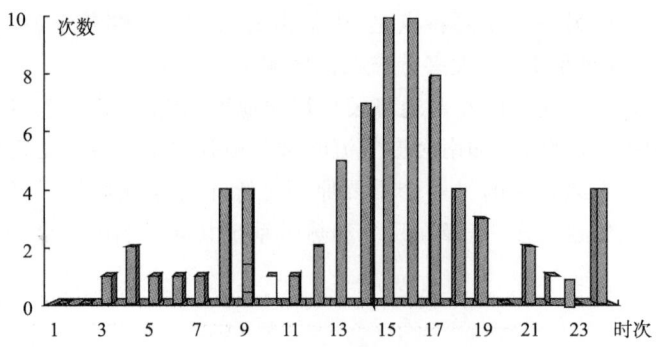

图 3.80　龙卷风出现时间分布图

表 3.50　全省区域龙卷风发生次数的日变化

时次	01	02	03	04	05	06	07	08	09	10	11	12
次数	0	0	1	2	1	1	1	4	4	1	1	2
时次	13	14	15	16	17	18	19	20	21	22	23	24
次数	5	7	10	10	8	4	3	0	2	1	0	4

（四）要素特征

低压、高温、高湿、强对流云是龙卷出现的共性表现，有时还有冰雹相伴。

表 3.51 给出了 12 次龙卷发生时的气温、云状、天气现象情况：从中看出有 7 次最高气温为 30.0～35.9℃，4 次为 27.8～29.4℃，另一次为 23.7℃。

表 3.51　12 次龙卷风气象要素特征表

年份	1959	1962	1963	1970	1973	1973	1975	1977	1978	1978	1980	1994
月日	9.11	5.4	5.16	7.3	4.1	7.3	10.6	7.25	5.1	8.14	6.29	4.20
地点	罗源	安溪	晋江	德化	尤溪	惠安	莆田	漳浦	连城	漳州	同安	长乐
最高气温	28.6	35.9	31.0	33.4	29.4	23.7	27.8	34.8	30.0	31.1	29.0	30.5
云状	Cu cong	Cb	Cb	Cb	Cb	Sc op	Cb	Cb	Cb	Cb	Cu cong	Cu cong
诱发系统	台风	冷锋	冷锋	台风	飑线	台风	台风	台风	冷锋	台风	冷锋	飑线

12 次龙卷有 8 次出现于积雨云（Cb）下部；3 次为浓积云（Cu cong）下部；1 次为蔽光层积云（Sc op）。龙卷所经之地均有很强的大风，有的还下了冰雹。

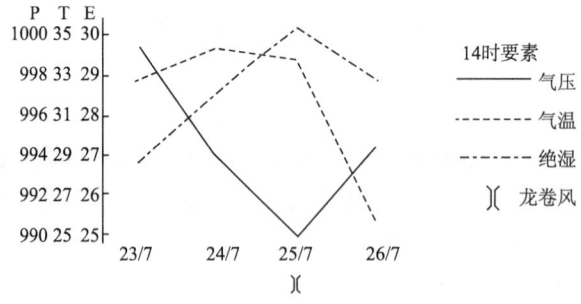

图 3.81　漳浦 1977 年 7 月 25 日龙卷风前后气象要素日变化

为揭示龙卷发生前后要素的演变情况,这里给出1977、1994年两个龙卷风出现时漳浦、长乐气象站14时压、温、湿变化曲线(图3.81和图3.82)。显见龙卷均出现在低压、高温、高湿点。

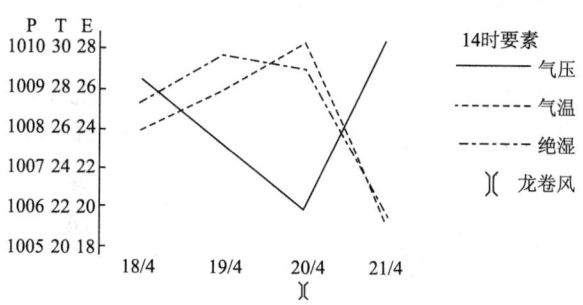

图 3.82　长乐1994年4月20日龙卷风前后气象要素日变化

从更短的时间尺度来看,据漳浦7月23—26日的6小时变压连续演变,发现在龙卷发生的当日(7月25日)早晨已能看出不同于前的变化,气压已开始明显下降(图略)。

四、福建龙卷风的诱发系统

福建出现强对流天气的形势一般为:对流层低层有很强的暖湿辐合。根据福建104次龙卷风出现的时间和地点,普查历史天气图和气表-1等有关资料,发现福建龙卷风出现的天气背景有5种,分别为低槽冷锋、切变静止锋、台风、气团内部和飑线。

表 3.52　各天气类型出现龙卷风次数

月份	2	3	4	5	6	7	8	9	10	11	合计
低槽冷锋	3	9	19	8	1	3	4			3	50
切变静止锋			11	4	3	1		1			20
台风					1	8	3	1	1		14
气团内部			1	2	1	5	3	1			13
飑线			4	2	1						7
合计	3	9	35	16	7	17	10	3	1	3	104

(一)低槽冷锋

冷锋锋面过境时,其前部暖空气强迫抬升而产生强对流天气。由表3.52可以看出,在全省104次龙卷风中,天气背景属冷锋的有50次,占龙卷风总次数的48.1%。其中春季37次,为冷锋次数的74%,以4月份的19次为最多。

(二)切变静止锋

在全省104次龙卷风中,天气背景属静止锋的有20次,占龙卷风总次数的19.2%。其中春季18次,为静止锋次数的90%,以4月份的11次为最多。

(三)台风

在全省104次龙卷风中,天气背景属台风的有14次,占龙卷风总次数的13.5%。其中夏季12次,为台风次数的85.7%,以7月份的8次为最多。

(四)气团内部

在全省 104 次龙卷风中,天气背景属暖气团内部的有 13 次,占龙卷风总次数的 12.5%。出现在春、夏季者有 12 次,为气团内部次数的 92.3%,以 7 月份的 5 次为最多。

(五)飑线

飑线属中尺度天气系统,是由多个对流单体组成的强对流天气系统,一般出现于冷锋的前部。在全省 104 次龙卷风中,天气背景属飑线的有 7 次,占龙卷风总次数的 6.7%,均发生于春季。

第十一节 海 雾

海雾是直接受海洋影响,发生在海上或沿海地区上空,使大气能见度小于 1000 m 的天气现象。海雾主要是暖湿空气流经较冷的海面,冷却并凝结而成的雾。

海雾对海上船舶安全航行影响很大,船舶碰撞、触礁造成的海难许多和海雾有关。

福建是海洋大省,大力发展海洋产业是福建的方向。作为一种海上灾害天气,海雾特别是浓雾,对航运、渔业捕捞、水产养殖、石油等海上资源勘探、开发,乃至军事活动都有重要影响。

一、海雾的类型与成因

(一)类型

雾可分辐射雾、平流雾、辐射—平流雾与蒸汽雾四种。海雾主要属平流雾,其次为平流辐射雾。

(二)成因

1. 海雾形成的基本条件

■水汽丰富。据统计温度露点差≤1℃占出现雾日的 88%,当时的相对湿度为 90%~100%。

■近地层空气层结稳定。有低空逆温更为有利,且逆温层顶的高度多在 925 hPa 以下。

■有暖气流流进冷海面。通常风速在 2~4 m/s 比较有利,大于 6 m/s,小于 1 m/s 不利。

2. 福建海雾的成因

福建海雾是在下述环境条件并满足上面三个因素下形成的:台湾海峡有两种洋流,一种是浙闽沿岸的冷流,一种是黑潮分支的台湾暖流,从而使台湾海峡表层水温形成东暖西冷、北低南高的分布趋势。在适宜的天气形势下当台湾海峡上空北上暖流活跃时,福建沿海就易出现海雾。此类海气配合条件以春季比较多见,因而成为海雾的高频季节。

二、海雾的季节变化

(一)年雾日分布

福建年平均海雾日数(表 3.53)中部、南部沿海为 20~40 天,北部(台山)81.2 天。崳山岛海拔 503 m 的山上，年雾日多达 264 天，当然，这有山体较高，致使低云混淆其中的成分。

(二) 季节变化

春季和冬季是雾日较多的季节，秋季雾日最少。以平潭、崇武、厦门、东山四季平均雾日分布：春季（3—6月）平均占 69.2%；夏季（7—8月）平均占 6.1%；秋季平均占 2.6%；冬季平均占 22.0%。年内海雾最多的月份是 4 月，最少的月份是 10 月。

由于暖流北上影响的季节是南早北迟，所以，福建的海雾高频期南部沿海要早于北部。

表 3.53　福建沿海代表站年月平均雾日数（1981—2010）（天）

月份	1	2	3	4	5	6	7	8	9	10	11	12	年
平潭	0.9	2.4	4.1	5.1	3.2	1.0	0.2	0.1	0.2	0.4	0.4	0.5	18.6
崇武	1.2	3.2	5.8	8.1	6.9	2.0	1.1	0.6	0.1	0.2	0.4	0.5	30.2
厦门	3.7	5.7	9.2	8.4	6.4	3.0	0.8	0.9	0.6	0.9	1.5	41.8	
东山	1.4	3.5	5.9	5.9	3.0	1.2	1.2	1.0	0.1	0.0	0.1	0.6	24.0

三、海雾的日变化

(一) 最长连续雾日

雾日的持续性取决于有利成雾的天气形势的稳定性。福建沿海最长连续雾日，南部沿海为 7 天左右，北部沿海 12 天左右，均在 4 月。

(二) 海雾生、消日变化

海雾的生、消可发生于一天的任何时刻，但以夜间-清晨形成的频率为高，且凌晨浓度为重，这又与日极低温的出现时刻有一定关系，而 12—16 时海雾形成的频率最低；海雾消散的时刻多在日出后的上午。

海雾从形成至消散的历时，半数以上小于 6 小时，超过 7 小时者占 33%～48%。但也有甚长的记录：台山历时 60 小时，东山 44 小时，平潭 24 小时。

四、有利海雾形成的天气形势

福建的海雾主要为平流型，高频季节在春季，主要的环流形势有 5 种：

(1) 气旋影响型。江淮气旋发展，福建沿海处于暖区部位，吹偏南风，有利于形成海雾。

(2) 切变、静止锋型。福建沿海处在低空切变和地面静止锋之前，吹西南风，湿度大，易见海雾，且历时较长。

(3) 冷锋前沿型。冷锋过境之前，有时也有短暂的海雾出现。

(4) 西南倒槽型。西南倒槽东伸，福建处于该槽的东南方，沿海吹偏南风，风速不大，也有利于海雾生成。

(5) 高压入海回流型。地面冷高压由大陆入东海，福建沿海处在高压底部，回流作用有时也会出现海雾。

第十二节　酸　雨

酸雨是大气降水中的化学现象，通常，人们把 pH 值<5.6 的降水称为酸雨。它是空中

各种酸性湿降物的总称,包括达到这个酸度临界的雨、雪、露、雾等。

酸雨的源头是人为活动通过燃烧化石燃料向大气中排放的硫氧化物、氮氧化物所致。它们与大气中的水汽结合,经化学变化形成含硫酸、硝酸等成分的降水而降落至地面。

一、酸雨的成因

酸雨的形成机制今天尚未完全掌握,但基本的化学过程已经认识。大气污染物 SO_2,氧化成硫酸盐是通过两种途径:一种是在气态状况下,由光化学反应生成的活性物质与 SO_2 反应而将其氧化;另一种是水溶液中的酸化过程。

酸雨形成的前提是大气污染。具体讲是进入降水中的酸性物质与碱性物质总量之比,只有"比值"大,降水 pH 值才偏低,有利酸雨形成;反之"比值"小,降水 pH 值偏高,不利于酸雨形成。也就是说能否形成酸雨取决于大气污染的性质和浓度,这是内因。气象因子、气象条件与酸雨的形成有密切关系,这是外因。它对降水 pH 值的影响,表现在两个方面:一是环境流场;二是降水性质。风场的结构和大气层结状态对污染物质的输送、扩散、稀释与汇聚都有重要影响。如低空微风辐合的流场,有利酸雨出现;反之,辐散的流场,不利出现酸雨。观测事实说明"水平通风量"与降水酸度有很强的相关性。降水性质也会影响酸雨的程度:连绵阴雨的雨滴,粒径小、密度大,有利对大气中污染物的冲刷,所以,此类性质的降水,酸雨频率高;相反,强度大的阵性降水,由于雨滴粒径大、密度小,其冲刷过程弱于连绵细雨,所以形成酸雨的机会相对为小。

另外,一个地区的酸雨程度并不简单地取决于当地的 SO_2 等大气污染物的程度,尤其位于盛行风向下游,还容易受上游污染的影响。因此,酸雨治理更需要从全局角度,统筹治理。

二、酸雨观测事实

(一)福建酸雨的类型与程度

福建的能源结构以煤为主,相应大气污染以煤烟型居主导地位,酸雨类型主要为硫酸型,硝酸型比重很小。

福建属中国酸雨频率高、酸性强的地区之一。中国环境监测总站魏复盛等(1989)在"我国酸雨分布现状及趋势"一文中指出,中国"降水年均 pH 值<5.6 的地区有四川—贵州—湖南—广西一大片,安徽东南—江西东北—沪杭一片以及闽浙沿海一线"。

福建主要污染项目是降尘和硫酸盐化速率,酸雨相当普遍。1995 年全省 SO_2 排放量达 16.7 万吨,其中工业排放的 SO_2 占 86%,约 14.3 万吨。全省城市酸雨频率平均达 33.5%;9 个设区市城市降水 pH 年均值为 4.50～5.96;其空间分布,闽东南与闽西北相比,不但酸雨频率高而且酸度重,尤以厦门为甚,酸雨频率高达 73.4%,降水 pH 值最低曾达 3.59,龙岩、三明、福州也属福建酸雨较重的地区。

(二)福州、厦门酸雨观测事实

降水化学的离子构成:阴离子有 SO_4^{2-}、NO_3^-、Cl^-、F^-;阳离子有 NH_4^+、Ca^{2+}、Mg^{2+}、Na^+、K^+。监测事实说明,福建降水中阴离子浓度最高者是 SO_4^{2-},阳离子浓度最高者是 NH_4^+,所以,NH_4^+ 和 SO_4^{2-} 成为福建酸雨的主要形式。

福建气象系统有福州、厦门、邵武三个台站,自 1992 年起有酸雨观测业务,这里以福、厦两站近20年资料分析所测酸雨的基本事实。

1. 降水酸度年月变化

从表3.54和图3.83中,可看出这样几点事实:

(1)pH的年均值:厦门为5.21,福州为4.97,均在酸雨临界之内。pH月均值<5.6的概率厦门为72.9%,福州为82.5%。这说明,厦门的酸雨概率比福州低,程度比福州轻。这和厦门直接临海,风速较大,地理环境比较开阔,而福州三面环山,位处小盆地,风速较小,空气不流畅有关。

(2)pH值月季变化:四季相比,pH值春冬小、夏秋大,这是福州、厦门共同的特点。月际相比,酸度最重者均在3月。

(3)从图3.84中可以看出,最近20年来,pH值的总体变化趋势,厦门在增大,福州在减小,意味着福州酸雨程度越来越明显,而厦门逐步在减轻。

表 3.54　pH 值四季分布(1992—2010)

季节	春(3—6月)	夏(7—9月)	秋(10—11月)	冬(12—2月)	年
福州	4.66	5.31	5.15	4.92	4.97
厦门	4.76	5.37	5.58	5.08	5.21

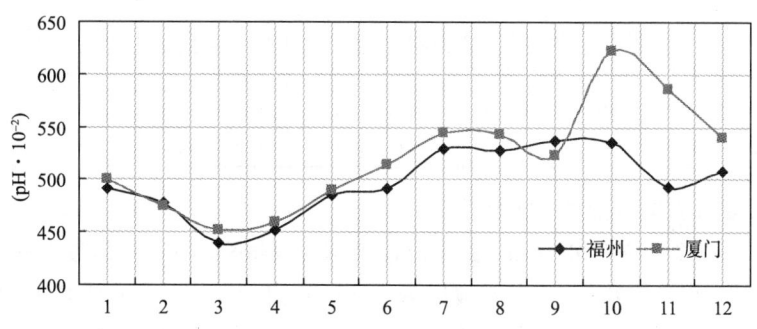

图 3.83　福州和厦门各月平均 pH 值变化图(1992—2010年)

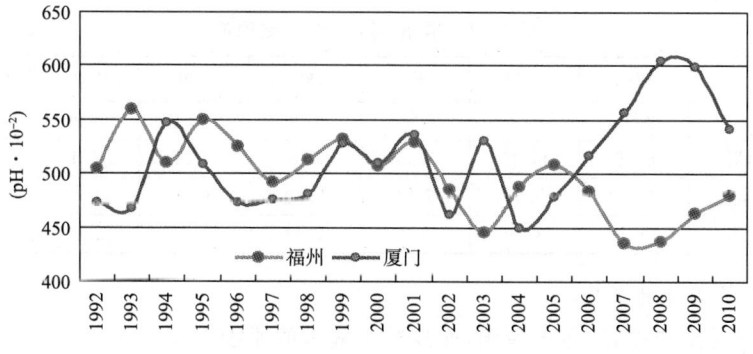

图 3.84　福州和厦门年平均 pH 值变化图(1992—2010年)

2. 酸雨频数、频率月变化

从表3.55和表3.56中可以看出:

(1)年次数与频率:福州平均每年有51.2次酸雨,频率为48.2%;厦门有58.8次酸雨,频率为62.0%。

(2)季、月分布:福州春、冬、秋三季酸雨的频率相近,为50%~55%,夏季明显为少仅32.2%。厦门春、冬两季频率最高,为73%~80%;夏季居中,为50.6%,秋季最少,为25.7%。月际相比都是3月酸雨最频繁:福州平均有9.4次,频率为66.5%;厦门平均有9.0次,频率为90.1%。

表3.55 酸雨(pH<5.6)频数、频率分布(1992—1998年)

季节		春季	夏季	秋季	冬季
福州	频数	28.0	7.9	3.8	11.5
	频率(%)	55.4	32.2	50.1	53.4
厦门	频数	32.5	12.1	1.7	12.5
	频率(%)	80.2	50.6	25.7	73.2

(3)月酸雨频数占年总数的比例:从表3.56看出,福州和厦门2—6月的酸雨均占年酸雨的11.9%~18.4%,,而7—1月为1.1%~8.0%;3月的比率最高,福州为18.4%,厦门为15.3%;10月的比率最低,福州为2.0%,厦门为1.1%。

表3.56 福州、厦门各月酸雨频数在年内的百分比(%)

月份		1	2	3	4	5	6	7	8	9	10	11	12	年
福州	频数	2.29	6.86	9.43	6.29	6.14	6.14	2.14	2.71	3.00	1.00	2.83	2.33	51.16
	频率	4.5	13.4	18.4	12.3	12.0	12.0	4.2	5.3	5.9	2.0	5.5	4.6	100
厦门	频数	2.83	8.00	9.00	7.00	8.50	8.00	3.50	4.71	3.86	0.67	1.00	1.71	58.78
	频率	4.8	13.6	15.3	11.9	14.5	13.6	6.0	8.0	6.6	1.1	1.7	2.9	100

(4)福州、厦门逐年酸雨的pH极值

表3.57是1992—1998年福州、厦门pH_{min}分布:福州平均为3.12,厦门平均为3.33;极小,福州为2.09(1992年6月15日),厦门为2.33(98年3月11日);极值月分布,福州3—6月占85.7%,11月占14.3%,厦门2—5月占100%。显然,最强酸雨均以春季占绝对优势。

表3.57 福州、厦门pH_{min}出现期

年份		1992	1993	1994	1995	1996	1997	1998	平均
福州	pH_{min}	2.09	3.96	3.05	3.56	3.07	2.96	3.17	3.12
	月日	6.15	11.13	4.14	4.2	3.23	4.1	3.7	
厦门	pH_{min}	3.42	3.52	2.90	3.80	3.38	3.99	2.33	3.33
	月日	3.11	3.19	3.7	5.18	4.4	2.16	3.11	

3. 酸雨季节差异的原因

福州、厦门乃至全省春、冬多酸雨,而夏秋少酸雨的原因在于:

(1)春季、冬季逆温频率高,强度大,厚度也深,导致污染必然严重。

(2)春、冬季节的混合层高度低于夏、秋季节。

(3)就污染系数来看也往往是春冬大于夏秋。

(4)春、冬季节的降水与夏、秋季节的降水其性质有较大差异,前者连绵阴雨多见,后者阵性降水居多。

三、酸雨与天气系统的关系

(一)酸雨的气象要素结构

以高频的春季为例,酸雨常与低空有逆温相匹配;降水多为连续性;云低、湿大、风小。低云中又以层状云为主;湿度基本都在85%以上,超过95%居多;风速在4 m/s以下;降水强度小者,pH值往往也小。

(二)酸雨多见的环流系统

1. 切变—静止锋降水

850 hPa有准东西向切变线位于浙南—赣北,或福建中北部,静止锋徘徊于福建,此类形势多见于春季,阴雨相对持久,是诱发酸雨的重要形势之一。

2. 低槽—冷锋降水

随高空低槽的东移,地面有冷锋影响福建,锋后的雨区也易见到酸雨。

3. 入海高压南侧回流降水

地面冷高压由东海入海,高压南部来自海洋的气流吹进福建,此地面形势的850 hPa背景是台北至福建中北部有暖式切变线。在福建酸雨形势中,此类占较大的比重,多见于3—5月。

4. 锋面偏南(或偏北)的降水

锋面位于福州以北时,处于暖区的降水,常观测到较强的含酸度,当锋面已移至闽南或广东时,其后的雨区未息,也会出现酸雨。

5. 台风等热带系统边缘影响降水

此类见于夏秋季节,但呈酸的频率不高,且属并不大强的雨势。

(三)酸雨多见的天气条件

马治国,林长城等在"福建省南部地区酸雨与地面气象条件的关系分析"(福建省重大科技计划项目,2002F004)研究中,根据厦门和漳州的酸雨观测,分析得到:

(1)酸雨和降水强度的关系:从多年的情况看:在小雨到暴雨的过程中,闽南地区随着降水强度的增大,酸雨出现率随着增大;降水的pH值则变化不大,其值都在4.5左右,都达到或者接近强酸标准。

(2)酸雨和风向的关系:闽南地区各个风向的酸雨出现率值都在50%以上;最大值出现在NW风向,为89.66%;最小的是E、SW风向为77%以下(表3.58)。降水pH值各个风向都达到或者接近强酸的水平,相对而言,酸性最强的是在NW风向,为4.34;酸性最小值是在S风向。这一事实和厦门位于东南沿海,可能与影响厦门市的污染源多位于其西面,造成酸雨的污染物顺西风带漂流至厦门有关。

(3)酸雨和风速的关系。从表3.58中还可以看出,在酸雨与风速的关系中,厦门酸雨出现率随着风速的增大而减小,当风速达到3 m/s以上时,酸雨的出现率降低到了78.49%;降水的pH值随着风速的增大而增大,降水的酸性变弱;风速低于2 m/s时,降水为强酸。漳州酸雨出现率的基本趋势也是随着风速的增大而减小;降水pH值随着风速的增大而增大。

表 3.58　厦门酸雨出现概率和风向、风速的关系

风向	酸雨出现率(%)	降水 pH 值	风速(m/s)	酸雨出现率(%)	降水 pH 值
C	94.17	4.36	0～1	93.33	4.36
N	79.17	4.45	1～2	90.00	4.43
NE	81.78	4.62	2～3	80.32	4.50
E	72.29	4.50	>3	78.49	4.60
SE	83.81	4.51			
S	78.61	4.63			
SW	76.92	4.57			
W	84.62	4.57			
NW	89.66	4.34			

四、酸雨的危害

(一)对农作物的危害

(1)酸雨会加大植物叶、茎中营养阳离子的析出,而引起植物养分的亏损,以致影响生长。

(2)受酸雨危害的叶片,叶绿素含量会明显减少。

(3)酸雨使植物生长减慢,植株较矮,光合叶面积减小,光合生产率降低,相应干物质累积量减少,最终而降低产量。

(二)对林木的危害

(1)酸雨对森林的威胁,表现在对光合系统的影响,危及树木的生长发育、降低生物产量,甚至造成森林死亡。

(2)以马尾松为例,酸雨会对针叶营养元素起淋失的作用,对针叶叶绿素起破坏作用。

(3)酸雨对森林土壤的影响表现为土壤酸化,盐基淋洗,肥力下降。

(三)对淡水养殖的危害

酸雨使输入水体的阴离子(SO_4^{2-})增多,而增加淡水湖泊、河流的酸度,从而对鱼类养殖产生影响,由于鱼类对酸度的改变特别敏感,所以水体 pH 值的突然降低往往可造成鱼类死亡。酸雨对鱼类危害的机制表现在:

(1)酸雨使淡水鱼类体盐浓度调节紊乱,特别在鱼类胚胎时期更严重。

(2)使鱼类酸碱平衡失调,pH 值的降低会削弱血红蛋白的携氧能力,致使鱼体组织缺氧。

(3)酸雨使鱼类体内气体交换受阻,严重时可窒息死亡。

(四)对建筑工程材料的腐蚀危害

酸雨对含碱性的建筑材料如钢筋混凝土会产生腐蚀作用,对某些文物古迹会产生侵蚀。

(五)防治酸雨的措施

用低硫燃料;改进设备,提高除硫效能;控制汽车尾气排放。

第十三节 气候性地质灾害

一、地质灾害的成因

地质灾害形成的环境条件,包括地形地貌、地层岩性、大气降水、人为活动四个方面。

气候性地质灾害的三个致因:一是持续的强降水;二是致灾的地质条件;三是有地质灾害的受灾对象。

福建由外动力地质作用造成地质灾害的因素主要是暴雨:包括雨季暴雨和台风暴雨。关键取决于降水量及强度和持续时间。

二、地质灾害的时空分布

(一)福建地质灾害的总体情况

1. 类型与频数

本节据福建省地质环境监测中心发布的1990—2006年1776次地质灾害实例,福建地质灾害分滑坡、崩塌和泥石流三类(本节下同)。其中,滑坡1428次(占80.41%),崩塌276次(占15.54%),泥石流72次(占4.05%)。地质灾害总体与规模的空间分布见图3.85。

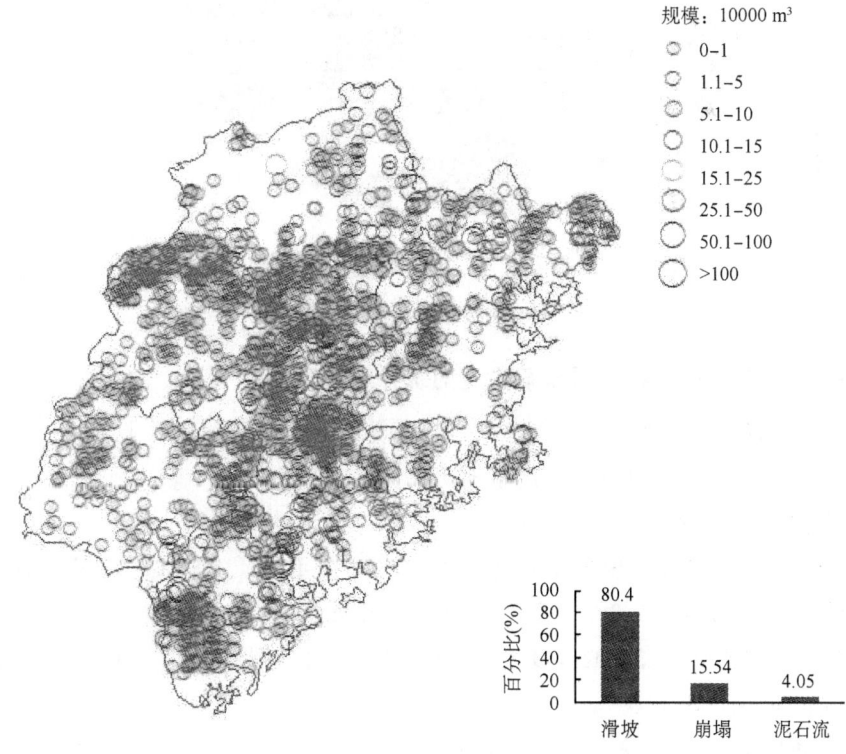

图3.85 福建地质灾害分布图

2. 季节分布

福建地质灾害月际分布呈双峰型,主要发生在雨季和夏季。雨季占58.95%,尤其6月最为多见占43.52%,夏季占29.12%,以8月的15.32%为相对多发期(图3.86)。

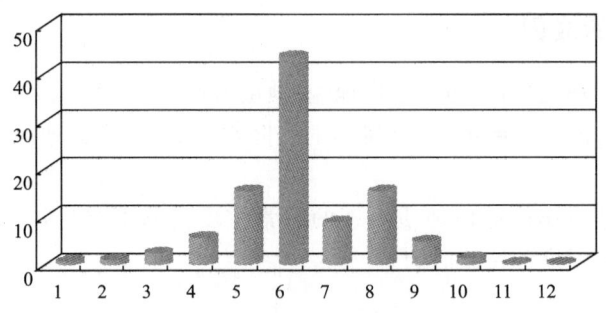

图3.86 福建地质灾害月分布

3. 地区分布

三明、南平两地市,地质灾害最为多发;漳州、泉州两地市相对多见(图3.87)。

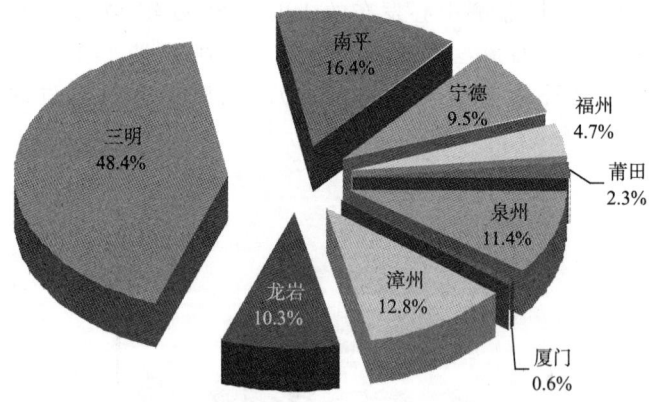

图3.87 福建地质灾害的地市分布

(二)福建重度地质灾害、严重地质灾害的统计特征

根据滑坡、崩塌、泥石流的土石方量定义地质灾害程度:土石方量1万~10万 m^3 为重度地质灾害;土石方量≥10万 m^3 为严重地质灾害。

1. 重度、严重地质灾害的类型与频数

1990—2006年福建共出现重度地质灾害283次,严重地质灾害92次,在福建总的地质灾害中,分别占15.9%和5.2%。重度与严重地质灾害,均以滑坡类型占绝对优势,概率90%~95%。严重地质灾害中的滑坡类,比重度地质灾害中的滑坡类高4.11%,即地质灾害越重,滑坡类占的比例越多。

2. 重度地质灾害、严重地质灾害的季节分布

在283次重度地质灾害,92次严重地质灾害中,均以梅雨季(5—6月)占的比重为大,台风季(7—9月)居次,早春季(3—4月)和秋冬季(10—12月)甚少,介于3%~5%。地质灾害

活跃期和降水活跃期是一致的,揭示了地质灾害和强降水的密切关系。尤其,严重地质灾害的季节比重,以夏季最大,梅雨季居次,突显了台风带来强降水的作用。

3. 重度地质灾害和严重地质灾害的区域分布

从表3.59可看出两点事实:一是重度地质灾害与严重地质灾害发生的频率,以南平、三明、漳州和泉州4地市为最高,其次是宁德和龙岩两地市;二是地质灾害的高频区,雨季在南平、三明,台风季主要活动于漳州、泉州地区。

表 3.59 福建各地四季重度地质灾害和严重地质灾害的频数

地区	春雨季(3—4月)		梅雨季(5—6月)		台风季(7—9月)		秋冬季(10—2月)		合计	
强度	重度	严重	重度	严重	重度	严重	重度	严重	重度	严重
南平	2	0	69	12	6	0	1	0	78	12
三明	1	1	36	12	6	5	0	1	43	19
龙岩	5	1	4	0	8	4	1	0	18	5
宁德	0	0	13	1	7	5	0	2	20	8
福州	0	0	8	1	5	0	1	0	14	1
莆田	0	0	0	0	2	0	2	1	4	1
泉州	4	0	12	8	16	8	0	0	32	16
厦门	0	0	0	0	0	0	0	0	0	0
漳州	5	1	25	11	39	18	5	6	74	30

4. 重度地质灾害和严重地质灾害的高频县

从表3.60中可以看出,1990—2006年福建重度地质灾害和严重地质灾害的高频县(指累计8次以上者),共16个,总计出现246次,占全省总数的65.6%。其中,重度地质灾害南平、三明两地区雨季占绝对优势;漳州、泉州、龙岩三地市台风季占相对优势。

表 3.60 福建重度地质灾害和严重地质灾害高频县的季节频率

沿海市县		德化	安溪	南安	平和	云霄	长泰	华安	龙海
次数		17	14	8	43	15	14	10	9
季节%	3—4月	23.5	0	0	11.6	0	0	10.0	0
	5—6月	53.0	50.0	25.0	23.3	40.0	42.9	50.0	33.3
	7—9月	23.5	50.0	75.0	60.5	60.0	42.9	40.0	55.6
	10—2月	0	0	0	4.6	0	14.2	0	11.1
内陆市县		建瓯	顺昌	南平	浦城	尤溪	沙县	建宁	漳平
次数		28	16	12	8	17	13	8	14
季节%	3—4月	0	0	16.7	0.0	5.9	0	0	28.6
	5—6月	100	100	66.7	75.0	64.7	92.3	100	14.3
	7—9月	0	0	8.3	25	23.5	7.7	0	57.1
	10—2月	0	0	8.3	0	5.9	0	0	0

(三)重度地质灾害和严重地质灾害对总体地质灾害的代表性分析

这里分析"子样"对"母体"的代表性。即以重度地质灾害、严重地质灾害、总体地质灾害的统计频数,作同步相关分析,建立回归方程,以期说明着眼于重度地质灾害和严重地质灾害的分析结论,对福建总的地质灾害是否有普通意义。

1. 频数的时相同步相关性

重度地质灾害、严重地质灾害合计频数(x_1)与总体地质灾害(y_1)的关系为
$$y_1=4.884+4.586x_1 \quad (r_1=0.988, t_1=20.228, \alpha_1=0.001)$$

重度地质灾害(y_2)与严重地质灾害(x_2)的关系为
$$y_2=-2.548+3.408x_2 \quad (r_2=0.901, t_2=6.568, \alpha_2=0.001)$$

2. 频数的地区相关性

各地区重度地质灾害、严重地质灾害合计频数(x_3)与各地区总体地质灾害(y_3)的关系为
$$y_3=78.674+2.848x_3 \quad (r_3=0.634, t_3=2.593, \alpha_3=0.05)$$

各地区重度地质灾害(y_4)与严重地质灾害(x_4)的关系为
$$y_4=8.015+2.29x_4 \quad (r_4=0.812, t_4=4.399, \alpha_4=0.01)$$

3. 相关性分析的结论

四个回归方程说明:283次重度地质灾害样本与92次严重地质灾害本所得分析结论,对福建1990—2006年总计1776次地质灾害实例是具有代表性的,其时空分布具有普遍意义。四个方程都有很高的显著性水平,尤以活动季节的相关性更为显著。

三、地质灾害的诱发因素

(一)福建地质灾害的天气类型与比重

福建地质灾害的诱发天气类型,主要是锋面暴雨以及登陆和影响台风造成的暴雨。前者的高频期在梅雨季节,多受切变滞留锋、低空急流、低槽冷锋、低涡、气旋、暖式切变等西风带系统的影响。后者多见于夏季,多受台风、热带辐合带、东风波、热带云团等热带系统的影响。

(二)福建地质灾害与降水的关系

福建66县面雨量(x_1)与全省重度地质灾害和严重地质灾害合计频数(y)的关系为
$$y=-36.582+0.480x_1 \quad (r_1=0.841, t_1=4.9056, \alpha_1=0.001)$$

福建66县平均暴雨日数(x_2)与全省重度地质灾害和严重地质灾害合计频数(y)的关系为
$$y=-15.598+92.492x_2 \quad (r_2=0.930, t_2=7.989, \alpha_2=0.001)$$

相关性显示,两个方程均达很高的显著性水平,说明福建的地质灾害,主要取决于降水,而暴雨更为关键(表3.61)。

表3.61 福建重度地质灾害、严重地质灾害的暴雨类型

规模次数	重度地质灾害	严重地质灾害	合计
地质灾害次数	283	92	375
锋面暴雨	211	55	266
台风暴雨	72	37	109

(三)锋面暴雨所致地质灾害

1. 福建锋面暴雨特点

锋面暴雨多出现在季风雨带挺进华南的驻留期,即5—6月华南的前汛期。"切变线"、"低空西南风急流"、武夷山静止锋(滞留锋)是锋面暴雨主要的标志性系统。

2. 锋面暴雨诱发地质灾害的高峰时段

福建雨季高峰大致在6月上中旬,是福建地质灾害的季节气候背景;(1)这时的降水过程往往有水汽条件、热力条件,动力条件的优势保证;(2)又有入梅后的前期降水基础,易于触发地质灾害,形成高频期。

3. 锋面暴雨诱发地质灾害的基础雨量与触发雨量

关于降水型地质灾害的滞后时间,普遍认为不超过10天,日本以≥150 mm为累积雨量临界,美国有≥180 mm的提法,巴西提出250~300 mm为临界。普查福建55次严重地质灾害实例,按季给出基础雨量与触发雨量(表3.62):

(1)就雨季(5—6月)和全年而言,诱发地质灾害,既要看当天的雨量(达暴雨),又要有前期的基础保证雨量达相当的强度。

(2)夏季非台风因素产生的降水,当日仅是大雨,前1~5天却无什么降水。这可能是当天的大雨具有短促性所致。

(3)早春与秋冬地质灾害样本太少,其统计数据欠代表性。

表3.62 福建锋面暴雨诱发严重地质灾害的平均雨量(mm)

季节	样本	降水	地质灾害当天	前1~2天	前3~5天	前6~9天
3—4月	3	平均累积雨量	21.1	25.9	61.4	8.2
5—6月	41	平均累积雨量	71.2	82.0	58.9	72.0
7—9月	9	平均累积雨量	33.2	8.6	15.3	46.1
10—2月	2	平均累积雨量	26.9	71.1	13.7	0.1
全年	55	平均累积雨量	60.7	66.6	50.3	61.6

(四)台风暴雨所致地质灾害

1990—2006年登陆福建的台风平均每年1.82个,影响福建的台风平均每年3.88个。

1. 台风降水的特点

福建台风降水的强度与台风强度,路径,移动速度以及环境流场的配置有关。台风暴雨有三个高值中心,分别位于鹫峰山脉东侧、戴云山脉东侧和博平岭东侧。相应,夏季的地质灾害高频区也多与此匹配。

2. 台风暴雨诱发地质灾害的基础雨量与触发雨量

(1)诱发概率。登陆台风诱发地质灾害的概率是影响台风的2.17倍。前者为52%,后者为24%。

(2)地质灾害密度。仅就严重地质灾害而言,1990—2006年的12个登陆台风共造成27个灾点,同期的9个影响台风累计致灾点10个。两者的比是2.03∶1。

(3)诱发雨量。登陆、影响台风诱发严重地质灾害的基础雨量与触发雨量(表3.63)。

表 3.63　不同台风诱发地质灾害的平均雨量对比（mm）

路类		台风数	地质灾害	地质灾害当天	前1~2天	前3~5天	前6~9天
登陆	穿台登闽(B)	6	18	78.84	92.88	20.47	16.70
	直接登闽(As)	4	6	119.17	68.33	43.73	63.80
	登粤入闽(C)	2	3	157.30	83.77	31.73	6.3
影响	入浙影闽(d)	2	3	3.67	1.00	40.77	93.83
	入粤影闽(c)	7	7	43.37	111.94	9.16	10.47

表 3.63 给出了福建 12 个登陆台风诱发的 27 次地质灾害和 9 个影响台风诱发的 10 次地质灾害的统计结果：地质灾害与当天的降水和前 2 天的累计雨量关系密切，而且台风入闽路径不同触发雨量强度有异，共同之处是要有暴雨——大暴雨的强度。

（五）福建地质灾害的连发性与群发性

1. 定义

■通常福建的较大降水过程一般可持续 3~5 天，据此定义相临地灾日：其间隔≤5 天者，视为一次过程，短过程又可组成连续的长过程。

■一次过程中，地灾日≥3 天称连发，这是指地质灾害出现的时间长度。

■一次地质灾害过程，总地质灾害点数≥5 个称群发，意指地质灾害的密度。

2. 统计事实

非台风所致≥1 万 m³ 的地质灾害过程，1990—2006 年总计 84 个（累计地质灾害点 266 处），其中连发 27 个，占 32.1%，单发 57 个占 67.9%；84 个过程中，属群发者 10 个，占 11.9%，属连发又群发者 9 个占 10.7%。月际分布：连发、群发的出现期均以 6 月占优势或绝对优势（表 3.64）。

台风所致≥1 万 m³ 的地质灾害过程，1990—2006 年总计 32 个（累计地质灾害点 109 处）。其中登陆台风诱发过程 16 个，地质灾害 72 处（占 66.1%），影响台风诱发过程也是 16 个，地质灾害点 37 处（占 33.9%）。16 个登陆台风中，4 个引起连发群发地质灾害（7 月 1 次，8 月 2 次，10 月 1 次）；2 个造成群发地质灾害（5 月 1 次，7 月 1 次）。16 个影响台风中：3 个造成连发地质灾害（6 月 1 次，8 月 2 次）；1 个造成连发群地质灾害，出现在 8 月。

表 3.64　连发、群发地质灾害过程的月分布

月份	3	4	5	6	7	8	9	合计
连发	0	4	6	10	4	3	0	27
群发	0	1	2	6	0	1	0	10
连群发	0	1	1	6	0	1	0	9

四、严重地质灾害实例

（一）1998 年 6 月下旬闽北雨季暴雨群发地质灾害

1. 暴雨概况

1998 年 6 月 12—23 日受低空切变线和地面滞留锋的影响，闽北闽东遭遇时间长，强度大，持续性的暴雨袭击，暴雨密集区在闽北闽东，尤以南平地区雨量为大，全省过程雨量大于

200 mm者36个市县,大于300 mm者28个市县,大于400 mm者19个市县,大于500 mm者11个市县,期间武夷山市1034 mm为最大,光泽县1002 mm居次。

由于持续性的强降水,闽江上游的建溪、富屯溪水位暴涨,21—23日南平的最高洪水位79.51 m,超危险水位6.51 m,建瓯108.2 m,超危险水位11.2 m,同期光泽、邵武、顺昌也均超危险水位5 m以上。上游的集中暴雨,致闽江干流出现1934年有水文记录以来的最大洪水,23日下游控制站竹歧洪峰水位达16.91 m,超危险水位2.41 m,此次暴雨洪涝,闽北不少地区一片汪洋,县城浸泡于洪水之中,全省因灾死亡126人,直接经济损失82.76亿元。

6月20—22日南平地区的武夷山市、建瓯市、顺昌县、建阳市、延平区、邵武市、政和县各出现一次规模≥10万 m^3 严重滑坡地灾,7县(市)的平均降水情况如表3.65。

表3.65 1998年6月20—日南平地区7县(市)严重地灾(≥10万 m^3)对应的降水

时段		R0	R(1—2)	R(3—5)	R(6—9)
平均雨量(mm)		110.0	133.1	125.7	102.4
频率分布	≥100 mm	5/7	6/7	6/7	3/7
	50～100 mm	1/7	1/7	0/7	3/7
	25～50 mm	1/7	0/7	1/7	0/7
	<25 mm	0/7	0/7	0/7	1/7

从表3.65中看出,福建西风带天气系统所致降水诱发的地质灾害,其基础降水具有较长的时间性,孕育过程要久一些,但地灾暴发当日的降水更为关键,此次群发个例的平均触发雨量为110.0 mm。

2. 地质灾害概况

与强降水过程相呼应,1998年6月13—23日全省共出现24次超过1万 m^3 的地质灾害。类型:23次滑坡,1次崩塌;落区:20次在闽北,4次在闽东;规模:70～120万 m^3 三次;10～45万 m^3 五次;5～10万 m^3 三次;1.2～4.8万 m^3 十三次。这是福建罕见的一次群发性地质灾害(表3.66)。

表3.66 1998年6月13—23日闽北地灾统计

日期	13	14	15	20	21	22	23
点数	1	1	2	1	3	14	2

3. 大气环流形势

本次强暴雨主要落在19—22日(地灾暴发于20—23日)。同期的500 hPa形势:欧亚中高纬为阻塞流型,乌拉尔山稍西有阻塞高压,下游鄂霍茨克上空为另一阻塞高压,其间的贝加尔湖附近为切断低压;庞大的西太平洋副高主体592 dagpm中心,位于28°N,140°～160°E,脊线伸向华南,武夷山一带上空有强锋区;中低空江南有准东西向的切变线,西南暖湿气流活跃,地面滞留锋稳定地控制江南、闽北(图3.38,图3.39,图3.40),致暴雨连绵,洪水空前,衍生地质灾害强烈而又频繁。

(二)2000年台风"碧利斯"引发的闽南闽西严重地质灾害

1. 台风"碧利斯"的降水概况

2000年10号台风"碧利斯"8月23日10时30分在福建晋江围头半岛登陆(38 m/s),西行后于龙岩地区减弱为热带风暴。受台风"碧利斯"的正面袭击,8月22日10时起,福建中部沿海出现10～11级局部12级大风,福州最大为34.4 m/s;强降水出现于登陆后,23—27日过程雨量大于100 mm者52个县市,大于200 mm者23市县,大于300 mm者6市县,福清最大,为412 mm,日降水超过100 mm者16市县,柘荣最大,为239 mm(23日)。

台风"碧利斯"影响福建的基本特点是雨强,风相对为弱。全省309.3万人受灾,25人死亡,13人失踪,直接经济损失24亿元,灾情为重的是泉州、龙岩、福州三地区,尤以地质灾害突显。

2. 地质灾害概况

台风"碧利斯"的强降水诱发的地质灾害暴发于23—27日,超过1万 m^3 者总计24处,其类型均为滑坡;落区:泉州地区15次(频度永春、南安、安溪最高),龙岩地区4次,漳州地区4次,福州地区1次;规模:大于100万 m^3 两处(华安23日220万 m^3,安溪24日162万 m^3);50万～100万 m^3 者无;10万～50万 m^3 七处;5万～10万 m^3 四处,1万～5万 m^3 十一处。这是福建有地灾资料以来,台风诱发地灾最为严重的一次(表3.67)。

表3.67　2000年8月23—27日台风"碧利斯"导致地质灾害

日期	23	24	25	26	27
点数	3	6	7	5	3

台风"碧利斯"所致严重地灾(≥10万 m^3 者)对应的降水如下:

台风"碧利斯"暴雨诱发泉州地区四市县安溪、永春、洛江、南安共出现6处严重地灾,类型均为滑坡,地灾出现时间为8月24—26日,滞后于台风登陆时间1～3天,对应的降水实况如表3.68。

表3.68　台风"碧利斯"影响泉州地区6处严重地灾的对应雨量

时段		$R0$	$R(1-2)$	$R(3-5)$	$R(6-9)$
平均雨量(mm)		37.8	120.9	53.0	37.0
频率分布	≥100 mm	0/6	5/6	1/6	0/6
	50～100 mm	1/6	1/6	3/6	2/6
	25～50 mm	3/6	0/6	0/6	1/6
	<25 mm	2/6	0/6	2/6	3/6

将表3.68与表3.65对比,台风暴雨诱发地灾与雨季的锋面暴雨诱发地灾的最主要不同点是台风地灾仅与当天和前1～2天雨量关系大;而锋面地灾往往需较长的雨量积累,它与前10天的雨量基础都有关系。梅雨期的锋面降水与热带系统台风的降水性质不同,强度与历时也有异,所以引发地质灾害的时机,落区的范围与强度以及群发、连发性也有区别,其异同点可供防灾减灾参考。

3. 台风"碧利斯"的环流形势

台风"碧利斯"从形成到加强为台风仅1天,发展之快与时处盛夏,热力条件好有关;路径稳定,移速较快与副高稳定,引导气流较强有关。台风"碧利斯"雨势强,历时较长(5 天)的原因:一是登陆之初,台风本体核心云团很强;二是南有低压涡旋,来自中南半岛的西南风暖湿气流支持了降水的后继;三是地形的动力作用,使戴云山东侧的一些市县雨强加大(图 3.88,图 3.89)。

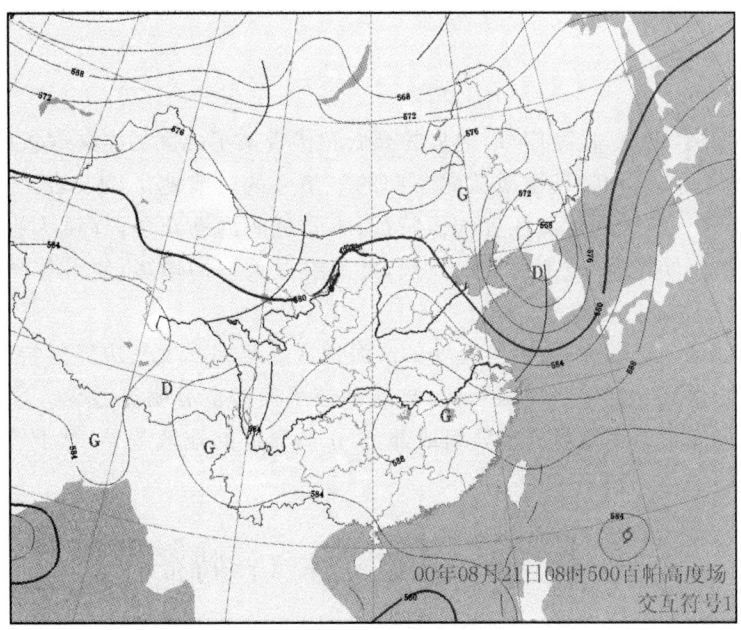

图 3.88　8 月 23 日 08 时 500 hPa 高度场

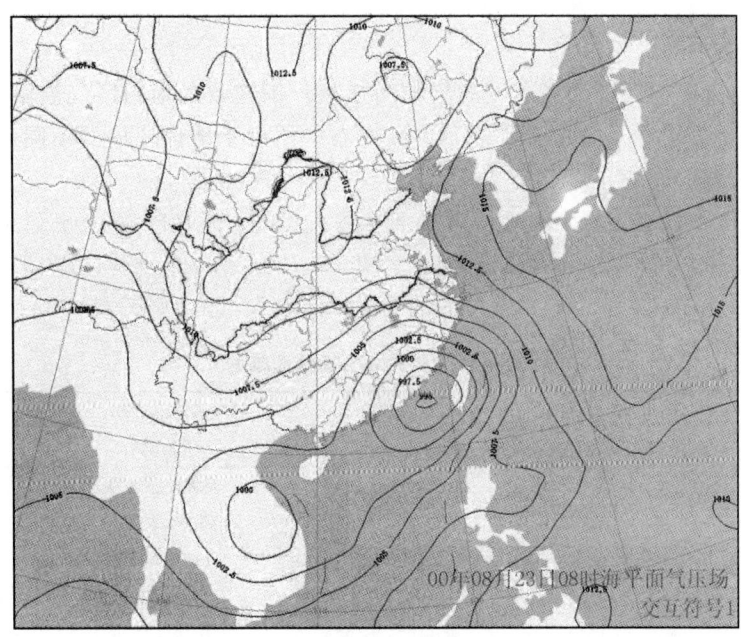

图 3.89　8 月 23 日 08 时地面图

第四章 地方气候

福建地形复杂,山地、丘陵广布,地势的高低起伏带来了山区的立体气候特征;福建海岸线长,海岸带是水、陆两种物理性质截然不同的下垫面的过渡地带,水、陆、气三种介质的共同作用,形成了这一地区的过渡性等气候特征;本省近海海岛众多,其独特的地理环境造就了其与众不同的气候特点;城市工业的发展,建筑群及人口的增多,使得气候的城市化效应日趋明显。

另外,武夷山区、戴云山区、台湾海峡的滨海地区一年四季大气边界层特征各具特色;山区与沿海热力变化又产生一些局地环流;林间地带小气候也有明显差异。这些不同界面不同尺度的气候特征是福建气候的重要组成部分,了解气候的地域差异,对于气候资源的开发利用具有重要的意义。

第一节 山区立体气候特征

一、地形对气温的影响

(一)气温直减率

一般来讲,山区气温随海拔高度的增加而递减。福建省各地山区气温随海拔高度而降低的速率即气温直减率一般在 0.6℃/100 m 左右。但由于地理环境的不同,各地区的气温直减率有明显的差异。

表 4.1 列出了福建省几个山地的气温直减率。资料大都取自 1000 m 以下的高度上,观测时间为 1~2 年。可以看出,其值变化为 0.40~0.70℃/100 m,平均为 0.52℃/100 m。武夷山区最小,为 0.40℃/100 m,福安境内的鹫峰山区最大,为 0.70℃/100 m。

表 4.1 主要山地气温直减率

地区	武夷山区 (黄岗山)	鹫峰山区 (福安)	戴云山北部 (尤溪)	戴云山南部 (同安)
站名	小浆—崇安	蛇头—沙坑	大坪洋—城关	圳上—上陵
海拔(m)	1052~205	820~250	1050~126	930~355
年平均气温(℃)	14.6~18.0	14.6~18.6	14.6~18.8	16.0~19.0
直减率(℃/100 m)	0.40	0.70	0.45	0.52
资料年代	1959	1978—1979	1978—1979	1980

表 4.1 表明,地理环境对气温直减率的大小有重大影响。福建省山地的气温直减率是由沿海向内陆减小的。如地处沿海鹫峰山区(福安)的气温直减率是地处内陆武夷山地区的

气温直减率的1.75倍。这是因为,沿海地区受海洋的影响,地面及山体下部的气温较高,从而加大了这一地区的气温直减率。相反,武夷山位于福建西北腹地,山区谷地气流不畅,夜间低层大气辐射降温强烈,气温低,山体上下部温差小,气温直减率也相应较小。

表4.2表明,气温直减率的大小随季节而变化。福建山区气温直减率均以夏季为大,冬季为小。其原因是,山体上部冬、夏季之间气温较差小,而山体下部气温较差大,导致夏季山体上下部温差大,冬季山体上下部温差小,故而夏季的气温直减率要比冬季的大。

表4.2 武夷山区1月、4月、7月、10月各月气温直减率(℃/100m)

月份	1	4	7	10
福建武夷山区	0.33	0.51	0.64	0.50
广西海洋山区	0.31	0.42	0.61	0.48

(二)坡向与气温直减率

林之光指出,由于高大山体能够阻止冷空气南下,山坡南麓的气温必然高于北麓,使得山体南坡的气温直减率比北坡大。表4.3是武夷山主峰黄岗山南、北坡的气温直减率对比。不难看出,无论是年平均气温或年平均最高、最低气温,其直减率都是南坡大于北坡,差值为(0.01~0.04)℃/100 m。四季之中,冬、春、秋三季与全年的情形相似,但夏季则相反,北坡的气温直减率反而高于南坡,这可能是由于夏季北坡为背风坡,山麓空气流通不畅,气温较高,而南坡山麓受偏南气流的调节,气温较低之故。

表4.3 武夷山南、北坡的气温直减率(℃/100 m)对比

项目	坡向	站名	1月	4月	7月	10月	年
平均气温直减率	北坡	黄岗山—永平	0.29	0.49	0.65	0.49	0.47
平均气温直减率	南坡	黄岗山—崇安	0.37	0.53	0.62	0.51	0.50
平均最高气温直减率	北坡	黄岗山—永平	0.39	0.58	0.78	0.68	0.57
平均最高气温直减率	南坡	黄岗山—崇安	0.49	0.63	0.74	0.72	0.61
平均最低气温直减率	北坡	黄岗山—永平	0.25	0.44	0.53	0.35	0.40
平均最低气温直减率	南坡	黄岗—崇安	0.32	0.47	0.48	0.37	0.41

戴云山南坡的年平均气温直减率为0.52℃/100 m,北坡为0.45℃/100 m,差值为0.07℃/100 m,是武夷山南、北坡年平均气温直减率的两倍左右。这是由于两坡所处地理环境和气候环境存在较大差异所致。南坡位于同安境内,属沿海,山麓气温终年较高,而北坡的尤溪地处内陆,山麓气温较低。可见,戴云山南、北两坡气温直减率的较大差异是由坡向、地理环境等多种因素共同决定的。

(三)海拔高度与气温直减率

气温直减率随海拔高度的变化是非线性的。即使在同一山体的同一坡向上,气温直减率也并非常数。一般说来,气温直减率是随海拔高度的增高而增大的,即山体上部的气温直减率大于山体下部。

武夷山主峰黄岗山南、北两坡平均气温直减率与海拔高度的关系列于表4.4。表中"桐木关—黄岗山"和"苦坑山—黄岗山"可分别代表山体北、南两坡的上部;"桐木关—葛仙庙"和"苦坑山—小浆"可分别代表山体北、南两坡的中部;"永平—葛仙庙"和"崇安—小浆"可分

别代表山体北、南两坡的下部。可以看出,无论北坡还是南坡,全年和各月的平均气温直减率基本上都是上部大于中部,中部大于下部。以年平均而言,山体上部在 0.6℃/100 m 以上,下部在 0.4℃/100 m 左右,上、下部相差约 0.2℃/100 m,这是一个不小的数字。四季之中,差值以冬季最大,夏季最小,以北坡为例,1 月份为 0.353℃/100 m,7 月份为 0.295℃/100 m。冬季上、下差异大的主要原因是由于冬季山体下部常出现逆温,使得山体下部的气温直减率变小所致。

表 4.4　黄岗山两坡气温直减率(℃/100 m)与海拔高度的关系

坡向	部位	站名	高差	1月	4月	7月	10月	年
北坡	下部	永平—葛仙庙	985	0.234	0.416	0.508	0.406	0.426
	中部	葛仙庙—桐木关	762	0.223	0.498	0.748	0.472	0.432
	上部	桐木关—黄岗山	318	0.597	0.628	0.754	0.754	0.628
南坡	上部	苦坑山—黄岗山	492	0.508	0.629	0.772	0.710	0.608
	中部	小浆—苦坑山	596	0.402	0.553	0.705	0.738	0.553
	下部	崇安—小浆	847	0.213	0.457	0.457	0.202	0.378

表 4.5 是福建境内鹫峰山等三个主要山体上、下部年平均气温直减率的差异情况,它们同样反映出了气温直减率上大、下小的规律,其差值为(0.30～0.38)℃/100 m,与武夷山上、下部的差值水平相当。

表 4.5　各山体气温直减率(℃/100 m)与海拔高度(m)的关系

山区	鹫峰山区(福安)		戴云山区(同安)		博平岭(上杭)	
部位	上部	下部	上部	下部	上部	下部
站名	蛇头—咸洋	咸洋—沙坑	圳上—龙潭仓	龙潭仓—上陵	关地—秀东	秀东—大池
海拔高度	820～700	700～2500	930～690	690～355	940～720	720～510
直减率	1.0	0.62	0.75	0.36	0.73	0.43

表 4.6　武夷山各坡向不同高度年稳定≥10℃积温(℃·d)及递减速率(℃·d/100 m)

坡向	东南坡				西北坡				北坡			
站名	黄坑	老虎场	三港	坳头	高洲	姚家	禹溪	揭家	大赛	山头	炉岙	凤阳山
海拔高度(m)	300	500	750	900	290	470	770	980	290	810	1050	1490
积温	5534.8	5285.0	4591.1	4384.6	5103.8	4829.7	1512.3	4435.8	5326.8	4652.5	4297.3	3442.0
递减率	158.4	97.2	157.1									

(四)海拔高度与≥10℃积温

日均温稳定≥10℃积温的多寡是衡量一地热量资源丰富与否的重要指标,研究其随海拔高度的变化规律对开发山区气候资源有重要意义。

表 4.6 是 1983—1984 年武夷山区各坡向积温随海拔高度的分布情况。显而易见,随着海拔高度的增加,各坡向的积温值都迅速减少。其中南坡积温递减速率为 158.4℃·d/100 m,北坡为 157.1℃·d/100 m,两坡数值基本相当,而西北坡要小得多,仅有 97.2℃·d/100 m。

(五)山区逆温与暖带

福建山区,特别是北部山区近地层逆温出现概率较大。从形成机制上来讲,山区逆温可分为辐射逆温和平流逆温。对于低层而言,以辐射逆温居多,但对于高层而言,则以辐射逆温居多。

陈仲根据武夷山主峰黄岗山 1959 年的梯度观测资料,对山体南、北两坡逆温出现的情况进行了分析,得出的主要结论如下:

1. 逆温分布情况

1959 年,武夷山南坡最低气温出现逆温的天数以最低两层最多,其中在 205～395 m 出现 79 天,在 395～707 m 出现 118 天。高层以 1209～1684 m 最多,共有 33 天。北坡由于资料不全,不能反映逆温的全貌,但也可以看出最低层 75～262 m 较多,共出现 115 天,高层的 1402～1882 m 也较多,共有 33 天(表 4.7)。

表 4.7　1959 年武夷山南、北两坡各层最低气温出现逆温日数

南坡	海拔高度(m)	205～395	395～707	707～1052	1052～1209	1209～1648	1648～2100
	日数(天)	79	118	35	15	33	11
北坡	海拔高度(m)	75～262	262～605	605～1060	1060～1402	1402～1822	1822～2100
	日数(天)	115			24	33	20

表 4.8　1959 年武夷山南、北两坡各月平均气温出现逆温日数(天)

坡向	海拔高度(m)	1月	2月	3月	4月	5月	6月	7月	8月	9月	10月	11月	12月	年
南坡	1648～2100	2	4	1	1	2	0	0	0	0	0	4	1	15
	1209～1648	4	8	3	3	1	0	0	0	0	0	2	11	32
	1052～1209	0	2	0	1	0	0	1	0	0	0	1	1	6
	707～1052	2	4	0	0	0	0	0	0	0	1	1	1	9
	395～707	7	2	7	5	2	0	7	5	3	17	6	2	64
	205～395	10	0	1	0	1	0	0	1	0	21	10	1	45
北坡	1822～2100	2	4	1	0	0	0	0	0	0	0	5		12
	1402～1822	8	14	5	2	2	0	0	0	0	0	8	15	54
	1060～1402	5	13	4	2	2	0	0	0	0	0	5	14	45
	605～1060	—	—	—	—	—	—	0	0	1	4	12		
	262～605	—	—	—	—	—	—				1	9	1	
	75～262	15	0	13	6	5	2	8	5	7	25	10	1	98

日平均气温出现逆温的情况与最低气温相似(表 4.8)。南坡逆温主要集中两个层次,第一层在 205～707 m,共出现 109 次,占全年逆温次数的 64%。第二层在 1209～1648 m,共出现 32 次,占全年逆温次数的 19%。北坡 75～262 m 共出现 98 次,1060～1822 m 共出现 99 次。南坡 1648 m 以上和北坡 1822 m 以上逆温出现的概率都相当小。

2. 逆温的强度与厚度

表 4.9 是 1959 年 10 月武夷山南、北两坡逆温的强度和厚度,其主要特点是:

(1)平均逆温最大强度出现在低层,南坡在 205～395 m,北坡在 75～262 m。

(2)逆温平均最大强度北坡大于南坡,北坡为 −0.86 ℃/100 m,南坡为 −0.32 ℃/100 m,北坡为南坡的 2.6 倍。最大强度北坡为 −1.66 ℃/100 m,南坡为 −0.84 ℃/100 m,北坡是南坡的近两倍。

(3)平均逆温厚度南坡大于北坡,南坡的平均厚度为 502 m,北坡为 187 m,南北坡平均

厚度之比为 2.7∶1。

表 4.9　1959 年 10 月武夷山南、北坡逆温最大强度(℃/100 m)和平均厚度(m)

项目	平均最大强度	最大强度	平均最暖高度	平均厚度
南坡	−0.32	−0.84	707 m	502 m
	205～395	22 日		
北坡	−8.6	−1.66	262 m	187 m
	75～262	22 日		

表 4.10　武夷山南、北坡最暖高度出现日数(天)

坡向	站名	海拔(m)	1959 年			1960 年			合计
			10 月	11 月	12 月	1 月	2 月	3 月	
南坡	苦坑山	1648			1	1			2
	长坑山	1209			0	3			3
	小浆	1052	7	2	1	2	5	1	18
	洋庄	707	19	8	3	9	9	7	55
	后溪仔	395	3	3	0	2	6	2	16
	合计		29	13	5	17	20	10	94
北坡	桐木关	1822				1			1
	七仙山	1402				2	3	2	7
	葛仙庙	1060	7	2	1	3			13
	娘娘庙	605	14	3	1	4	8	4	34
	杨村	262	6	4	2	3	6	2	23
	合计		27	9	4	13	17	8	78

由于逆温的存在,山区气温的最大值往往不出现在地面,而是出现在山体下部的某个高度上,这一高度称为最暖高度。最暖高度上下摆动的地带称为山区暖带。研究山区暖带的分布规律,对于合理安排山区作物布局有非常重要的意义。

表 4.10 是武夷山 1959 年 10 月—1960 年 3 月最低气温最暖高度的统计结果。陈仲根据这一结果,并参考日平均气温逆温次数随高度的分布情况,得出了武夷山南、北坡的暖带高度,南坡在 400～700 m,北坡在 260～600 m。根据国内其他地区观测的结果,不同山区、不同坡向,山区暖带所在高度差别是比较大的。

二、地形对降水的影响

(一)海拔高度与降水量

由于暖湿气流越山时被强迫抬升,产生凝结效应,因而在山区,降水量一般随海拔高度的增加而增加。

表 4.11 是武夷山主峰黄岗山 1959—1960 年的降水梯度观测资料,林之光分析的主要结果是:

(1)年、月降水量随海拔高度的增加而增加。年雨量的垂直梯度分别为 81.2 mm/100 m(南坡)和 88.5 mm/100 m(北坡),北坡、南坡量值基本相当。

(2)降水垂直梯度有季节性变化。在1月、4月、7月、10月4个代表月中,以春季的4月份最大,南、北坡的降水垂直梯度分别为7.8 mm/100 m 和 10.7 mm/100 m。7月份次之,南、北坡分别为6.8 mm/100 m 和 9.1 mm/100 m。10月份因为整个山区为秋高气爽的天气,降水量本身就小,因而垂直梯度最小,南、北坡的降水垂直梯度分别为1.1 mm/100 m 和 1.5 mm/100 m。

表4.11 武夷山南、北坡各季雨量(mm)、雨日(d)随高度分布

坡向	地名	1月		4月		7月		10月		年	
		降水量	雨日	降水量	雨日	降水量	雨日	降水量	雨日	降水量	雨日
北坡	永平	90.0	12.0	138.4	14.5	59.0	9.0	15.3	4.0	1585.5	160.0
	杨村	105.1	10.5	160.9	15.0	95.0	13.5	20.1	3.5	1641.5	173.5
	娘娘庙	111.3	11.5	185.4	17.0	96.2	14.0	21.0	4.0	1808.8	191.5
	葛仙庙	107.4	12.0	181.1	15.0	126.3	14.0	18.4	5.0	1851.2	191.0
	七仙山	104.0	11.0	219.0	17.0	163.9	18.5	15.0	6.0	2086.5	204.5
	桐木关	103.9	13.0	216.1	19.0	190.7	17.5	18.4	7.0	2275.8	214.5
山顶	黄岗山	152.2	15.5	354.5	20.8	243.3	19.5	38.1	9.5	3375.9	236.5
南坡	苦坑山	103.3	12.0	215.3	18.0	184.8	17.0	27.3	5.5	2533.2	207.5
	长坑山	92.1	12.0	176.9	17.0	154.1	17.0	13.0	4.5	2046.9	201.5
	小浆	87.8	11.5	196.1	18.5	135.9	14.5	16.7	3.5	2228.4	196.0
	洋庄	78.2	9.0	189.8	17.5	146.6	13.5	13.4	2.5	2015.9	175.5
	后溪仔	60.6	9.5	197.3	17.5	105.8	15.0	10.7	3.0	1769.2	182.0
	崇安	71.4	9.0	206.6	17.5	112.9	15.0	10.1	2.0	1834.2	172.0

(3)降水垂直梯度随海拔高度变化呈非均一性,且上部大,下部小(表4.12)。南、北两坡上部的年降水垂直梯度分别为109 mm/100 m 和 146.6 mm/100 m,而下部仅有46.6 mm/100 m 和 29.9 mm/100 m。各季降水垂直梯度随海拔高度变化也有相同的规律。由于春、夏季低层大气中水汽较为丰富,地形的抬升作用对降水的影响也最为明显,所以春、夏季山体上下部降水垂直梯度差别最大。

表4.12 武夷山山体上、下部降水垂直梯度分布(mm/100 m)

坡向	山脉部位	年降水量梯度
北坡	上部:黄岗山—葛仙庙	146.6
	下部:葛仙庙—永平	29.9
南坡	上部:黄岗山—小浆	109.3
	下部:小浆—武夷山	46.4

(二)坡向与降水量

迎风坡雨量多,背风坡雨量少,是坡向对降水量影响的一般规律,其主要原因是迎风坡的动力抬升作用,易于成云致雨。而背风坡为下沉气流,有气流越山后的"焚风"效应,不利于成云致雨。

福建山区冬季北坡为迎风坡,夏季南坡为迎风坡,所以,冬季北坡的雨量一般多于南坡,而夏季南坡的雨量一般多于北坡。武夷山各季雨量随坡向的变化清楚地说明了这一点

(表 4.11)。1月份,武夷山北坡 6 个测点的总雨量为 621.8 mm,南坡 6 个测点的总雨量为 493.4 mm,北坡比南坡多 128.4 mm。7月份,武夷山南坡各个测点的总雨量为 840.1 mm,北坡各个测点的总雨量为 730.9 mm,南坡比北坡多 109.2 mm。

福建地处华南,夏季和春末、秋初都有夏季风活动,即使是冬季,也不乏海洋暖气团的踪迹,所以,就全年来讲,福建山地南坡的降水量比北坡要大得多。表 4.13 是 1983—1985 年武夷山南、北两坡各测点的年平均雨量。可以看出,在各个高度上,南坡的雨量都大于北坡。在 500 m 和 1000 m 左右的两个高度上,年雨量南坡比北坡分别多 727 mm 和 764 mm。北坡 4 个测点的平均年雨量为 2000 mm,南坡 4 个测点的平均年雨量为 2550 mm,南坡比北坡多 550 mm。

表 4.13 武夷山南、北两坡各测点年平均雨量对比

	测点	高州	姚家	禹溪	揭家
西北坡	海拔(m)	290	470	770	980
	降水量(mm)	1755	1944	2130	2121
	测点	黄坑	老虎场	三港	场头
东南坡	海拔(m)	300	500	750	940
	降水量(mm)	2174	2721	2422	2885
南北坡降水量差(mm)		419	727	292	764

(三)海拔高度与降水强度

这里把年平均雨量与年平均降水日数之比值定义为降水强度。从武夷山降水强度的变化(表 4.14)中,可以看出以下 3 个特点:

(1)山体上部的降水强度一般比山体下部大,最大值为武夷山顶部的 14.3 mm/d。

(2)降水强度的最小值不在山体的最下部,北坡出现在 605 m 高度上,南坡出现在 395 m 的高度上。

(3)南坡的降水强度比北坡略大,南坡各个测点的平均降水强度为 11.4 mm/d,北坡各个测点的平均降水强度为 10.5 mm/d。

表 4.14 武夷山南、北两坡降水强度随高度的变化

坡向	北坡						山顶
站名	永平	杨村	娘娘庙	划分仙庙	七仙山	桐木关	黄岗山
海拔(m)	75	262	605	1060	1402	1822	2100
年降水量(mm)	1585.5	1641.5	1808.8	1851.2	2086.5	2275.8	3375.9
年雨日(d)	160.0	173.5	191.5	191.0	204.5	214.5	236.5
降水量强度(mm/d)	9.9	9.5	9.4	9.7	10.2	10.6	14.3
坡向	南坡						
站名	苦坑山	长坑山	小浆	洋庄	后溪仔	崇安	
海拔(m)	1648	1209	1052	707	395	205	
年降水量(mm)	2533.2	2046.9	2228.4	2015.9	1769.2	1834.2	
年雨日(d)	207.5	201.5	196.0	175.0	182.0	172.0	
降水量强度(mm/d)	12.2	10.2	11.4	11.5	9.7	10.7	

(四)最大降水高度

因水汽含量的垂直分布等方面的原因,山区降水量随高度的增加是有一定限度的。总是存在这样一个高度,在这个高度以下,降水量随高度的增加而增加,超过这一高度,降水量反而随高度的增加而减少。这一高度称为山区最大降水高度。

武夷山北段黄岗山是武夷山的第一高峰,有关单位曾分别于1958—1960年和1983—1986年进行过两次系统的梯度观测。第一次观测所得资料列于表4.11,各坡向年平均降水量随高度的变化如图4.1所示。

由表4.11和图4.1可以看出,武夷山的年降水量和各月降水量均随海拔高度的增加而增加,海拔最高的黄岗山(2100 m)的年降水量最大(3375.9 mm)。

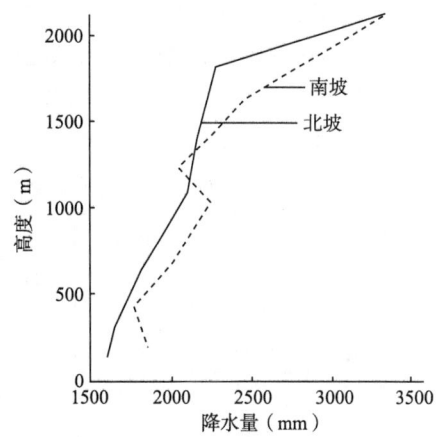

图4.1 武夷山年平均降水量高度变化
(1958年10月—1960年12月)

第二次观测的降水资料列于表4.13,各坡向年平均降水量随高度的变化如图4.2所示,北坡和东南坡的降水量均随海拔高度的增加而增加,西北坡降水量随高度的变化虽有波动,但上部降水量随高度的升高仍呈增加趋势。因此,可以认为,两次考察中,均未发现武夷山区主峰黄岗山的最大降水高度。

图4.3是武夷山南段东部龙岩县万安溪降水量随海拔高度的变化曲线,可以清楚地看出这地区的最大降水高度在海拔1000 m左右。

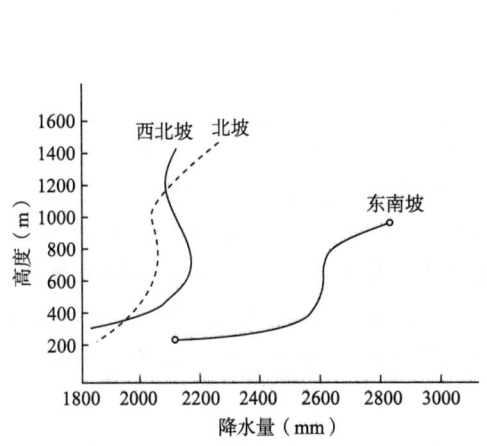

图4.2 武夷山各坡向年降水量高度变化

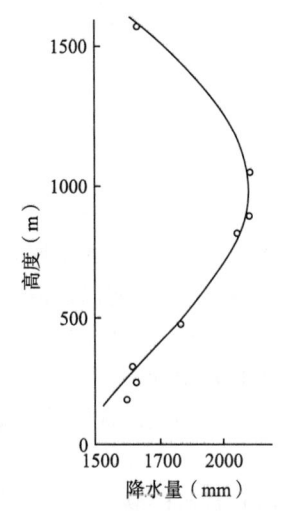

图4.3 龙岩万安溪降水量高度变化

三、地形对日照的影响

(一)海拔高度与日照时数

福建山地日照随海拔高度变化的总趋势是,日照随海拔高度的增加而减少,其原因是,山体上部云雾多,高度越高,云雾笼罩的机会就越多。表4.15是武夷山1983年4月—1986

年3月日照的系统梯度观测资料,从中可以看出如下特点:

(1)年日照时数的最大值出现在海拔最低处的山麓,东南坡、西北坡、北坡都是如此。

(2)800 m以下的高度上,日照随海拔高度的增加而迅速递减,800 m处,年日照时数最少。

(3)800~1000 m,年日照时数随海拔高度的增加而略有增加。1000 m以上,年日照时数又随海拔高度的增加而减少。

表4.15 武夷山不同坡向日照时数(h)分布(1983年4月—1986年3月)

坡向	地点	海拔(m)	1月	4月	7月	10月	4—10月	年
东南坡 (福建)	建阳	183	110.6	115.3	250.6	179.1	1251.0	1802.7
	黄坑	300	100.7	89.4	203.6	139.2	1038.7	1534.5
	老虎场	500	99.5	89.7	188.4	128.8	980.9	1491.6
	三港	750	80.4	75.3	133.6	88.5	671.6	1062.7
	坳头	940	82.4	81.4	145.6	95.0	742.6	1144.5
	平均		94.7	90.2	184.4	126.1	937.0	1407.2
西北坡 (江西)	五府山	210	98.7	105.5	208.2	115.2	1265.5	1609.9
	高州	290	102.4	103.3	189.4	114.4	995.8	1517.8
	姚家	470	102.9	99.5	179.9	102.2	937.0	1468.4
	禹溪	770	104.6	92.9	177.3	102.0	898.6	1415.5
	揭家	980	105.3	109.1	198.3	113.6	991.0	1547.7
	七仙山	1408	127.9	102.3	185.0	120.6	880.6	1507.8
	平均		107.0	102.1	189.7	113.3	994.8	1511.2
北坡 (浙江)	龙泉	198	113.4	119.0	224.2	139.8	1181.8	1753.9
	大赛	290	98.4	103.8	206.6	119.2	1012.7	1512.3
	坪兰头	525	88.8	102.7	218.7	119.2	1042.3	1532.0
	山头	810	101.8	96.5	189.4	112.9	1005.1	1506.8
	炉岙	1050	120.8	97.0	204.7	122.7	969.6	1547.1
	凤阳山	1490	117.7	98.4	171.8	132.0	928.2	1468.6
	平均		106.8	102.9	206.0	124.3	1023.3	1553.5

省内外的观测表明,地区不同,日照时数随海拔高度的增加而增加的速率也互有差别。如鹫峰山区的寿宁,比东南山麓的福安海拔高度高782 m,年日照时数比福安少677.4 h,平均海拔每升高100 m,日照减少86.7 h。广西的金秀比象州高681.8 m,年日照时数比象州少462.4 h,平均海拔每升高100 m,日照减少67.8 h。而广东粤西山区的信宜境内,前排海拔高750 m,不足1000 h,而信宜气象站海拔85 m,年日照达1939 h,平均海拔每升高100 m,日照减少143.9 h。

(二)坡向与日照时数

正如前文所提到的,由于福建地处东南沿海,夏季风影响时间较长,山体的南坡云雨较多。在不受地形遮蔽因素的影响下,山体南坡的日照应该少于北坡。

表4.15还表明,武夷山年日照时数以北坡最多,年均1553.5 h,东南坡最少,年均1407.2 h,后者比前者少146.3 h。

各季的情况有所不同。冬、春、夏三季与全年的情况相似,都是北坡多于南坡。而秋季各坡向则是基本相当,这是由于秋季空气湿度小,各坡向云雨都较少之故。

第二节　海岸带气候特征

所谓"海岸带",即是海洋与陆地的过渡地带,一般是指由海岸线向陆域延伸10 km,向水域延伸至水深15 m的一个狭长地带,包括陆域和水域两个部分。海岸带是水、陆、气三种物理性质截然不同的介质相互交绥的地区,有着许多与一般地区不同的气候特征。

福建省海岸线在华东五省(市)中最长,达到3752 km,位居全国第二。沿海是省内经济最发达、人口最集中且最具发展潜力的地区,研究和弄清这一地区的气候特征及气候成因,对于这一地区资源的合理开发和环境的保护管理,都有着极为重要的意义。

一、过渡性气候特征

(一)气温的过渡形式

1. 平均气温

福建海岸带年平均气温分布特征是水域低于陆域,即由水域向陆域递增。表4.16列出了福建海岸带北、中、南三个岸段年平均气温的递变情况。可以看出,所有岸段的年平均气温都是由水域向陆域递增的。以中部岸段为例,岸上的莆田为20.2℃,近岸处的前沁为19.9℃,水域的平潭为19.5℃,平潭比莆田低0.7℃。

表4.16　福建岸段水、陆域年平均气温(℃)对比

地区	北部			中部			南部		
站名	霞浦	三沙	西洋	莆田	前沁	海坛	紫泥	厦门	金门
下垫面	岸上	近岸	海岛	岸上	近岸	海岛	河口岛	陆连岛	海岛
年平均气温	18.5	18.0	17.6	20.2	19.9	19.5	21.0	20.5	20.0

福建岸段基本呈南北走向,因而温度对比采用的是同纬度上水域和陆域的气候资料,所以,水、陆域气温的差异消除了纬度的影响。福建海岸带水域秋、冬和初春季盛行东北季风,风速大,频率高,持续时间长,导致北方来的浙闽沿岸水势力较强,这是海岸带水域气温较低的重要原因。陆域则由于山脉的屏障作用,冷空气南下时受阻,速度缓慢且易变性,故而气温较高。

据分析,各岸段水、陆域间的气温差的大小是随着地形的不同和对比站点之间的远近而有所不同的,平均温差0.5~1.0℃,平均水平梯度为2.0℃/100 km左右。

表4.17是福建岸段南、北两地各月水、陆域的平均气温及气温差。北部岸段全年各月的平均气温都是水域低于陆域,这是由于北部水域全年都会受到冷的浙闽沿岸水势力的影响。而南部岸段,受浙闽沿岸冷水的影响较弱,秋、冬季水、陆域各月的平均气温则基本持平。

综观整个海岸带,水、陆域间气温的差异以春季的3—5月份为最大,秋季最小。如东山岛与诏安之间,3月份的温差达1.3℃,水平温度梯度为4.3℃/100 km,而11月份,水陆域间气温的差值为零。原因在于春季水域升温慢而陆域升温快,拉大了两者之间的差值,而秋季则是由于陆域降温快,水域降温慢,使得两者温度趋于一致。

表 4.17 福建岸段南、北两地各月水、陆域的平均气温及气温差(0.1℃)

部位	站名	下垫面	1	2	3	4	5	6	7	8	9	10	11	12	年
北部	台山	海岛	83	76	99	145	189	229	260	268	250	208	161	112	173
	三沙	岸边	89	86	113	155	200	233	267	270	254	210	170	116	180
	气温差		−6	−10	−14	−10	−11	−4	−7	−2	−4	−2	−9	−4	−7
南部	东山	海岛	131	129	151	193	233	258	273	273	267	235	197	157	208
	诏安	岸边	131	137	164	205	242	264	282	279	247	235	196	155	213
	气温差		0	−9	−13	−12	−9	−6	−9	−6	0	0	1	1	−5

2. 最高气温和最低气温

多年平均最高气温,陆域为 22～26℃,海域为 20～24℃,同纬度地区陆域比海域高 1～2℃。平均最低气温海域为 15～18℃,同纬度地区,陆域比海域低 1℃左右。福建各岸段多年极端最高气温水陆域间的过渡特点是一致的,都是由水域向陆域递增,同纬度地区,水域比陆域低 2～4℃。

(二)降水的过渡形式

就全国海岸带而言,水域比陆域降水少是一个普遍规律,它是由热力因素和动力因素共同决定的。水面对太阳辐射的反射率低,水的热容大,水域气温的年变化和日变化都比较小,且水面平滑,粗糙度小,水域气层比较稳定,不利于成云致雨。而陆域则由于陆面对太阳的反射率高,热容小,气温的昼夜变化比较大,且陆面粗糙度大,因而陆域气层相对水域来讲对流活动较强,有利于成云致雨。地形的抬升作用也是陆域多雨的一个重要原因。

表 4.18 各岸段水、陆域年降水量(mm)

地区	北部		中部		南部		
站名	霞浦	西洋	江阴	海坛	紫泥	厦门	金门
下垫面	岸上	海岛	湾内岛	海岛	河口岛	陆连岛	海岛
降水量	1357.9	1096.9	1289.5	1151.1	1405.2	1205.6	961.3

福建沿海依山面海,地形的抬升作用强烈,因而福建海岸带年降水量由水域向陆域递增速度非常快(表 4.18),水平降水梯度非常大,在岸线两侧几十千米的范围内,年降水量可相差几百毫米,这在其他地区是极为少见的。对比福建各岸段的情况,可以看出如下特点:

(1)各岸段水平降水梯度的大小与当地的地形地势关系十分密切。闽东地区的福鼎县境内,台山岛与太姥山相距 48 km,由于陆域地势由岸边拔地而起,其抬升作用大大增加了陆域的降水,使得这里的水平降水梯度特别的大,平均达 22.5 mm/km。地处闽南的九龙江河谷地区,地势由岸边向陆地平缓上升,在由金门岛到漳州市的 75 km 范围内,平均水平降水梯度仅为 7.4 mm/km,仅为闽东岸段的 1/3。

(2)水域的水平降水梯度小,陆域的水平降水梯度大。图 4.4 是金门岛至九龙江河谷地区各地年降水量变化曲线。在水域内,由金门岛至海岸线的 38 km 距离内,年降水量由 961 mm 增至 1170 mm,水平降水梯度为 5.5 mm/km。在陆域内,由海岸线至漳州的 38 km 范围内,年降水量由 1170 mm 增至 1521 mm,水平降水梯度为 9.2 mm/km,是水域的 1.7

倍。由图 4.4 还可以看出,由漳州市再向内陆延伸,降水量增加的速度就慢了下来,可见,海岸带的陆域部分是福建沿海地区水平降水梯度最大的地区。

(三)蒸发量的过渡形式(20 cm 蒸发器)

福建各岸段水、陆域间的过渡形式是一样的,都是水域的蒸发量大于陆域,年蒸发量由水域向陆域递减(表 4.19)。蒸发量的形成是由热力因素和动力因素共同作用的结果,水域蒸发量大的主要原因是由于水域风速大、日照多的缘故。

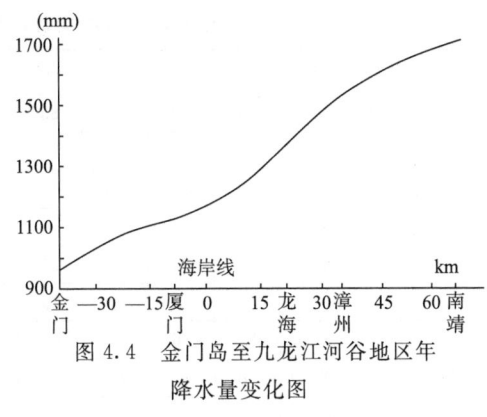

图 4.4 金门岛至九龙江河谷地区年降水量变化图

表 4.19 各岸段水、陆域年蒸发量及差值

岸段	北部		中部		南部	
站名	三都	宁德	平潭	莆田	东山	诏安
下垫面	海岛	岸上	海岛	岸上	海岛	岸上
年蒸发量(mm)	1453.7	1213.7	1855.1	1680.6	1965.3	1874.5
差值	240.0		174.5		90.8	

(四)风的过渡形式

1. 平均风速

整个福建海岸带年平均风速的过渡形式是相同的,即水域的风速大于陆域,年平均风速由水域向陆域递减(表 4.20)。福建岸段年平均风速的这种过渡形式是由两个因素决定的,一个是台湾海峡的"狭管效应",另一个是水面与陆面间粗糙度的差异,所以,与华南其他岸段相比,福建岸段的水平风速梯度最大。如东山岛和诏安之间,年平均风速差为 4.2 m/s,平均水平风速梯度为 1.4(m/s)/(10 km),而广东岸段,因无"狭管效应",水平风速梯度就要小得多了,一般只有 0.3～0.4(m/s)/(10 km)了。

表 4.20 各岸段水、陆域年平均风速(m/s)对比

岸段	北部		中部		南部	
站名	台山	福鼎	平潭	莆田	东山	同安
下垫面	海岛	岸上	海岛	岸上	海岛	岸上
年平均风速	9.2	1.4	6.1	2.5	6.8	2.0
差值	7.8		3.6		3.9	

从海岸带各岸段各月的平均风速分布(表 4.21)可以看出如下 3 个特点:

(1)全年各月的平均风速都是水域大于陆域;

(2)水、陆域间风速差以秋冬季最大,春夏季较小,如东山岛和诏安之间,11 月份平均风速差为 6.5 m/s,水平风速梯度为 2.2(m/s)/(10 km),而 8 月份平均风速差为 2.6 m/s,水平风速梯度仅为 0.9(m/s)/(10 km);

(3)风速的年较差水域远大于陆域,如东山岛为 5.1 m/s,诏安仅为 0.6 m/s,前者是后者的近 9 倍,可见,陆域的风速要比水域稳定得多。

表 4.21　各岸段各月水、陆域平均风速(0.1 m/s)对比

岸段	站名	下垫面	1	2	3	4	5	6	7	8	9	10	11	12	年
北部	西洋	海岛	84	83	74	63	62	68	73	63	75	91	97	87	35
	霞浦	岸上	21	19	19	17	16	15	22	23	24	24	24	22	9
	差值		63	64	55	46	46	43	51	40	51	67	73	65	
中部	平潭	海岛	67	67	59	50	50	52	55	49	60	75	78	70	29
	莆田	岸上	25	24	22	21	20	20	25	24	27	31	32	27	12
	差值		42	43	47	29	30	32	30	25	23	44	46	43	
南部	东山	海岛	87	86	78	64	60	52	45	44	65	93	95	88	51
	诏安	岸上	28	31	32	30	30	28	29	26	28	30	30	28	6
	差值		59	55	46	34	30	24	16	18	37	63	65	60	

图 4.5 是厦门湾至九龙江河谷地区平均风速的演变曲线。由于厦门湾南、北两面为山地所遮蔽,所以这一曲线可以看成到达陆地以后的递减情况。由图 4.5 可见,在 0～20 km 的范围内,风速递减得最快,平均水平风速梯度为 2.2(m/s)/(10 km)左右。但随着深入陆域距离的增加风速递减的速度大大放慢,并逐渐趋于稳定。

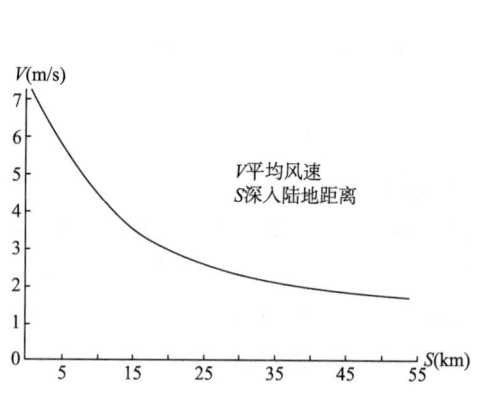

图 4.5　厦门湾—九龙江谷地平均风速演变　　图 4.6　台山岛—霞浦年平均风速变化

年平均风速的水平梯度因距离海岸线的远近而不同。图 4.6 是台山岛—霞浦之间年平均风速变化曲线,可以发现,年平均风速梯度由水域向陆域逐渐增大。台山岛与福瑶岛之间相距 22.5 km,年平均风速差为 0.7 m/s,水平风速梯度为 0.31(m/s)/(10 km)。福瑶岛与岸边的三沙相距 25 km,年平均风速差为 1.8 m/s,水平风速梯度为 0.71(m/s)/(10 km)。三沙与霞浦之间相距 22.5 km,年平均风速差为 3.5 m/s,水平风速梯度为 1.6(m/s)/(10 km)。霞浦是台山岛的 5 倍多。

由图 4.5 和图 4.6 可以看出,在水域无地形遮蔽和陆域地形比较单一的情况下,年平均风速由水域向陆域的过渡中,距岸线越近,水平风速梯度越大且陆域的梯度大于水域的梯度。距岸线越远,风速的水平梯度越小。

2. 大风

表 4.22 是福建海岸带各岸段水、陆域年大风日数的分布情况。可以看出,福建海岸带各岸段都是水域的大风日数多于陆域,年大风日数由水域向陆域递减。由于台湾海峡的"狭管效应",福建各岸段水域的大风日数特别多,一般都在 100 天以上,闽东沿海的台山岛多达

168天。但到了岸上,则迅速减少,一般岸上各地年大风日数多在10天以下。

各岸段年大风日数由水域向陆域递减的速率因地而异。北茭地处连江黄岐半岛的尖端处可代表水域的情况,其与岸上的连江相距38 km,年大风日数比连江多141.6天,平均每千米减少3.8天。东山岛比诏安的年大风日数多117.1天,平均每千米减少3.9天。

表4.22 各岸段各月水、陆域大风日数(天)对比

岸段	北部		中部		南部	
站名	台山	福鼎	平潭	莆田	东山	诏安
下垫面	海岛	岸上	海岛	岸上	海岛	岸上
年大风日数	165.9	4.5	73.6	3.2	117.2	12.0
差值	161.4		70.4		105.2	

二、风向风速的日变化特征

(一)风向的日变化

1. 大风速地区

大风速地区是指年平均风速较大的地区(≥5 m/s)。大风速一般只出现在海岸线附近的海滨、湾外海岛和半岛地区,东山、崇武、海潭就属这类地区。由于这些地区地形开阔平坦,地形对风向无重大影响。

表4.23 崇武1月份各有关风向频数(1976—1980年)

时次	02	04	06	08	10	12	14	16	18	20	22	24
N	27	38	35	18	11	5	2	2	7	19	22	
NNE	75	59	64	74	84	63	31	30	32	59	61	77
NE	31	42	33	40	41	58	72	48	64	70	56	41
ENE	3	3	8	9	7	14	29	49	39	12	9	2

(1)冬季:上午风向顺时针偏转,傍晚风向逆时针偏转。

表4.23是崇武1月份各有关风向频数的日演变情况。可以看出,夜间至清晨,N风和NNE风占优势,以后,风向开始转换,逐渐变为NE和ENE风占优势,风向发生了顺时针偏转;傍晚前后,风向又发生了逆时针偏转,逐渐由NE和ENE风占优势转为N风和NNE风占优势。东山和平潭两站也有完全相同的演变规律。

(2)夏季:上午风向逆时针偏转,傍晚风向顺时针偏转。

表4.24是崇武站7月份各时次有关风向累计频数的日演变情况。从夜间到清晨,风向以SW和WSW为主,上午,风向发生逆时针偏转,逐渐演变为S和SSW风向占主导地位。傍晚前后,风向又发生顺时针偏转,SW和WSW风向又取代S和SSW风向占了主导地位。平潭、东山站与崇武类似。对比冬季和夏季的情况,可以发现,冬、夏季风向偏转的方向恰恰相反,即冬季的上午风向顺时针偏转,而夏季的上午风向发生逆时针偏转;冬季的傍晚风向逆时针偏转,而夏季的傍晚风向则发生顺时针偏转。

表 4.24　崇武站 7 月份各时次有关风向累计频数

时次	02	04	06	08	10	12	14	16	18	20	22	24
S	5	3	1	5	13	25	35	25	17	10	9	6
SSW	30	21	29	37	75	69	67	78	66	51	34	26
SW	43	46	41	39	10	3	2	4	26	47	49	44
WSW	15	19	10	10	2	1	0	2	3	8	17	22

2. 小风速地区

小风速地区指年平均风速<5 m/s 的地区，一般是指湾内岛屿和岸上地区。因地面粗糙度大，年平均风速比湾外海岛和半岛地区要小得多，一般只有 2~3 m/s。代表站中霞浦和厦门就属这类地区。

小风速地区的日风向大致在偏东—偏西方向之间转换。

表 4.25 为霞浦站 1 月份各时次有关风向累计频数的演变情况。傍晚到清晨，风向以 WSW 和 W 为主，上午，随着海风取代陆风，风向变为以 E、ESE 和 SE 为主。傍晚前后，由于陆风加强海风减弱，SW、WSW 和 W 风向又取而代之占了统治地位。夏季的风向转换情况与冬季基本相同。

表 4.25　霞浦站 1 月(1976—1980 年)各风向频数

时次	02	04	06	08	10	12	14	16	18	20	22	24
E	6	5	7	10	18	14	23	25	15	9	4	6
ESE	1	3	5	4	20	43	41	34	10	11	5	4
SE	2	1	—	3	10	27	30	29	3	1	1	0
SW	7	5	9	6	18	9	4	0	4	8	7	2
WSW	30	20	23	33	21	7	3	2	6	29	21	24
W	39	41	39	34	4	1	1	3	2	22	38	50

3. 风向转换时间及其季节性差异

图 4.7 为崇武站有关风向频数变化曲线图。冬季，上午 10—11 时左右，NE 与 ENE 风向频数迅速增加，N 和 NNE 风向频数迅速减少，据此，冬季上午风向的转换时间应为 10—11 时左右；傍晚 19—21 时左右，N 和 NNE 风向频数逐渐增加，NE 与 ENE 风向频数迅速减少，因此，傍晚风向的转换时间应为 19—21 时左右。

夏季上午风向的转换时间为 07—09 时左右，傍晚风向的转换时间为 19—21 时左右。

对比冬季和夏季的情况，发现上午风向的转换时间冬季比夏季要晚 2~3 小时，傍晚的风向转换时间冬、夏季则大体相当。考察其他几个代表站的情况可知，上午风向的转换时间夏季比冬季早是普遍现象，傍晚的风向转换时间则缺乏规律性，一般地讲，冬季与夏季基本相当，或夏季稍迟一些。

4. 风向转换时期静风频数高

图 4.8 是霞浦站日静风频数的演变曲线图。图中清楚地反映出：不管冬季或是夏季，日静风频数都有两个峰值，分别出现在上午和傍晚前后的风向转换时段。与风向转换时段相对应，夏季上午静风高峰值出现较早而冬季较晚，夏季傍晚静风高峰值出现较晚而冬季较早。需要说明的是，风向转换时段静风频数高这一规律只适用于小风速地区，由于大风速地

区静风极少出现,所以反映不出这一规律。

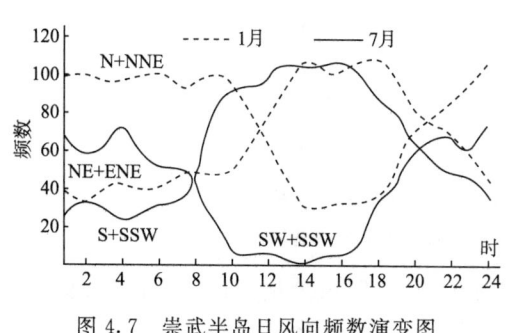

图 4.7 崇武半岛日风向频数演变图

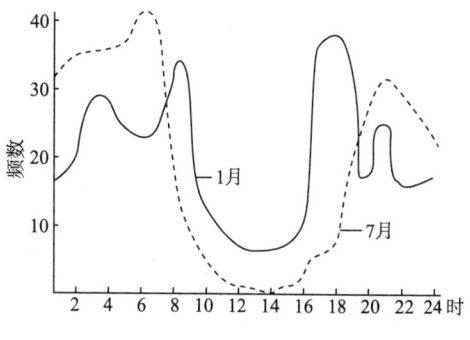

图 4.8 霞浦站日静风频数演变图

5. 风向日变化机制

(1)大风速地区。由图 4.7 可知,崇武冬季的风向基本上在 N—NNE 和 NE—ENE 之间转换,风的来向都是海洋,只是前者较靠近陆地而已。夏季的情况也是如此,风向在 SW—WSW 与 S—SSW 之间转换,风的来向也同样都是海洋,只是前者稍稍偏向大陆一侧罢了。以上是五年的统计结果,下面给出了一个风向转换的实例。表 4.26 是崇武站 1978 年 7 月 1—5 日逐时的风向演变情况。这几天的基本天气形势是,福建沿海地区受西太平洋副热带高压影响,天气晴朗,没有明显的天气系统活动。环境条件对反映风向的日变化是有利的。对比可以发现,表 4.26 所列结果与表 4.24 的统计结果相当一致。

表 4.26　崇武站 1978 年 7 月 1—5 日各时次风向

时次	02	04	06	08	10	12	14	16	18	20	22	24
1 日	SW	SW	SW	SSW	SSW	SSW	SSW	SSW	SSW	SW	SW	SW
2 日	SSW	SW	SW	SSW	SSW	SSW	SSW	SSW	SSW	SW	SW	SW
3 日	SW	SW	SW	SSW	SSW	SSW	SSW	SSW	SSW	SW	SW	SW
4 日	SW	SSW	SSW	SSW	SSW	SSW	SSW	SSW	SSW	SW	SW	SW
5 日	SW	SW	SSW	SSW	SSW	SSW	SSW	SSW	SSW	SW	SW	SW

统计结果和实例均表明:①一日之内,风向两次有规律的转变,这一点与海陆风一致;②风向转变的角度很小;③风向不与海岸线垂直,反而近于与海岸线平行。由此可见,福建沿海的地面风向变化具有海陆风的某些特征,但并不完全属于经典意义上的海陆风。这说明海、陆热力性质的不同并不是决定沿海地面风向的唯一因素。

除了特殊地形影响外,决定沿海地区地面风向变化的因素有三个:第一是系统风。第二是由于下垫面摩擦作用导致的风向的改变,这两者所合成的风(我们称之为摩擦风),决定了地面风的基本风向,如夏季西南风,冬季东北风等。第三是由海、陆的热力性质的不同所引起的风向的变化。实际的地面风就是摩擦风分量和海陆风分量的合成风了。

这样,福建沿海大风速地区地面风向的日变化可做如下粗略的解释:以崇武 7 月份为例,摩擦风的基本风向是西南风,上午,由于海、陆受热不均,出现了一个向岸的海风分量,摩擦风分量与海风分量合成后使实际的地面风发生逆时针偏转。傍晚,由于海风分量消失,陆风分量出现,合成风发生了顺时针偏转。1 月份,崇武地面的基本风向是东北风,上午,当海风分量出现时,合成风风向发生顺时针偏转,傍晚,当陆风分量取代海风分量以后,合成风又发生逆时针偏转(图 4.9)。

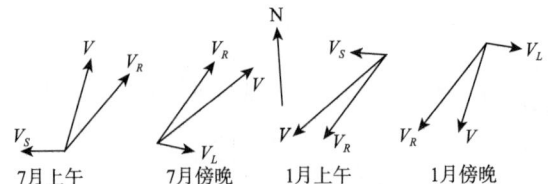

图 4.9　福建沿海大风速地区风向日变化示意图
V_R:摩擦风分量;V_S:海风分量;V_L:陆风分量;V:合成风

需要指出的是,在大风速地区,由于摩擦风远大于海、陆风分量,所以,不论冬、夏季节,风向日变化的角度都很小。

表 4.27　紫泥 1 月、7 月各时次有关风向累计频数(1986—1990 年)

月份	1 月						7 月					
时次	E	ESE	SE	W	WNW	NW	E	ESE	SE	W	WNW	NW
08	8	48	2	11	25	14	5	10	2	4	28	38
14	25	42	15	2	6	5	19	31	19	3	5	1
20	31	54	19	1	1	2	11	19	21	3	3	1
02	12	13	9	13	10	8	6	3	5	3	11	6

(2)小风速地区。小风速地区风向的日变化与大风速地区大为不同。由于这些地区地形较复杂、地面粗糙度大,摩擦风的风速大为减小,因而它在合成风中的地位大大下降,而海、陆风分量在合成风中的地位相对上升,因此,在这些地区,地面风向的日变化基本上表现为海陆风,日风向大体上在东、西向之间转换(表 4.27)。由于各地地理环境的不同,地形对风向的影响较大,各地实际的地面风向变化要复杂一些。

(二)风速的日变化

岛区风速的日变化也十分明显。午后日射强,下垫面温度高,边界层湍流发展,引起高层动量下传,因此,午后到傍晚地面风速大,夜间至清晨相对较小,这是风速日变化的一般规律,福建岛区亦是如此。表 4.28 是海潭岛各季风速日变化的情况,可以看出,各季一般都是 10—16 时风速较大,24—06 时风速较小。但由于各岛气象测站下垫面的状况互有差异,日内最大风速出现的时段也不尽相同,如东山岛测站位于充分暴露于海面的小山头上,受海洋的调节,日最大风速出现的时间一般推迟到傍晚前后。四季比较,夏季风速的日变化最大,冬季日变化最小,如海潭岛 7 月份各时次平均风速极差为 2.5 m/s,而 1 月份只有 1.2 m/s,前者是后者的两倍多。

表 4.28　平潭 1 月、4 月、7 月、10 月各时次平均风速(m/s)

时次	02	04	06	08	10	12	14	16	18	20	22	24
1 月	4.8	4.8	4.6	4.8	5.5	5.6	5.8	5.5	4.9	5.0	4.9	4.7
4 月	3.3	3.2	3.3	3.6	4.3	4.5	4.7	4.6	4.1	3.7	3.4	3.4
7 月	3.9	3.8	3.8	4.8	5.8	6.2	5.9	5.1	4.3	4.1	4.0
10 月	5.2	5.3	5.2	5.7	6.3	6.7	6.7	6.5	5.7	5.6	5.4	5.2

第三节 边界层气候特征

大气边界层(atmospheric boundary layer),又称行星边界层(planetary boundary layer)和摩擦层(friction layer),指靠近地球表面、受地面摩擦阻力影响的大气层区域,其厚度与多种因素有关,从几百米至 1.5~2.0 km,平均约为 1000 m。

气流过地面时,地面上各种粗糙元,如草、沙粒、庄稼、树木、房屋等会使大气流动受阻,这种摩擦阻力由于大气中的湍流而向上传递,并随高度的增加而逐渐减弱,达到某一高度后便可忽略。此高度称为大气边界层厚度,它随气象条件、地形、地面粗糙度而变化,大致为 300~1000 m。

边界层是人类日常生活活动最为频繁的大气空间。边界层大气稳定度、逆温层、混合层高度,以及风的变化对大气污染的扩散,高层建筑的影响都非常重要。

本节利用最近十几年福建境内大气边界层的实地探测资料,分沿海和内地,夏季和冬季,对边界层的气温变化和风的变化进行对比分析。根据各个站点距海的远近以及观测时间定义(4—9月为夏半年,10—3为冬半年,本节简称为夏季和冬季)选出4组探测数据分别代表内陆冬季和内陆夏季;沿海冬季和沿海夏季。内陆冬季取:上杭、永安、龙岩(高陂)、仙游(枫亭)。内陆夏季取:大田、明溪、永定、龙岩(高陂)。沿海冬季取:厦门(海沧)、石狮(东店)、长乐(松下)、连江(可门)。沿海夏季取:漳浦(古雷)、同安、晋江、石狮(鸿山)。

统计分析的结果表明,所用资料尽管观测非统一时间,但还是能够揭示边界层一般的气候特征。

一、边界层温度场特征

(一)各层气温日变化

总体特点是:午夜至清晨气温较低,午后至傍晚气温较高,这一特点和地面气温变化一样。但冬季内陆地区,随着高度增高,最高和最低气温出现时间分别推迟(提早)。最高气温,150 m 以下以及 1000~1500 m 多出现在14时最高左右,而 150~1000 m 多出现在 14—17时。最低气温,300 m 以下多出现在08时,300 m 以上则提前到05时。夏季内陆地区,各高度的最高气温和最低气温分别出现在14时和05时。冬季和夏季,沿海地区最低气温都是出现在05时,但最高气温,夏季 350 m 以下以及 800 m 以上14时最高,350~800 m 多出现在 14—17 时。

(二)气温随高度的递减变化

气温递减率是判断大气层结稳定程度的物理量之一,气温递减率越大,说明大气层结越不稳定,有利于对流和湍流的发展,有利于污染物的垂直输送和稀释;反之,甚至为负值(逆温),说明大气层结越稳定,不利于污染物的铅直输送和稀释。尽管存在逆温层,但气温总体上随高度降低。

从地域上看,气温随高度增加而降低幅度,冬季和夏季均是内陆大于沿海。但08时的递减率内陆小于沿海(表4.29)。

从季节上看,气温随高度增加而降低幅度,沿海和内陆均是夏季大于冬季。夏季,从地面~500 m各层平均气温,内陆要比沿海高,但500~1500 m各层平均气温,内陆则比沿海低,说明了内陆夏季气温随高度增加而降低比沿海快(表4.30)。

从时间上看,就整层而言(0~1500 m),气温随高度增加而降低幅度,沿海和内陆的冬夏季气温都呈正午前后至傍晚大(内陆冬季14时平均递减率1.3℃/100 m),夜里至清晨小(内陆冬季08时平均递减率0.31℃/100 m)的特点。而且,内陆地区的冬季,日出前后,容易出现逆温层,即气温随高度反而上升。

从强度上看,内陆冬夏季平均气温直减率分别为0.82℃/100 m和0.94℃/100 m;沿海冬夏季平均气温递减率分别为0.7℃/100 m和0.8℃/100 m。

综上分析:夏季内陆地区,尤其午后气温递减率最大,表明大气层结相对不稳定,容易发生强对流天气。

表4.29 边界层气温递减率的海陆和冬夏差异

地域和季节		08时递减率 (单位℃/100 m)	14时递减率 (单位℃/100 m)	平均递减率 (单位℃/100 m)
内陆	冬季	0.3	1.3	0.8
	夏季	0.7	1.3	0.9
沿海	冬季	0.6	0.8	0.7
	夏季	0.8	0.9	0.8

表4.30 边界层气温递减率的层次差异(℃/100 m)

高度	0~100 m	0~300 m	0~500 m	500~1500 m	1000~1500 m	0~1500 m
沿海冬季平均	0.85	0.84	0.74	0.34	0.32	0.48
沿海夏季平均	0.93	0.78	0.68	0.50	0.52	0.58
内陆夏季平均	1.05	0.77	0.73	0.65	0.59	0.67
内陆冬季平均	0.28	0.33	0.42	0.39	0.44	0.34

(三)逆温层特征

逆温是大气稳定的表现,多由地面辐射降温造成,也有低空平流影响所致。

逆温是大气污染形成的重要气象条件,特别是接地逆温和低层逆温,与其他条件相配合,常会使遭受污染地区的污染进一步加重。对城市来说,逆温不利污染物的扩散,容易造成污染的聚积。

从时间上看,逆温层多出现在日出前和日落后。随着辐射降温,逆温层逐渐抬升、变厚、变强,到达凌晨日出前后,逆温达到最强,随后,地面开始升温,逆温逐渐减弱。所以,如果受逆温影响,早晨的空气就不清新,气象部门制作晨练气象指数时,逆温是重要的指标。

从季节上看,逆温多出现在冬季。

从地域上看,逆温多出现在内陆。沿海冬夏季均比较少出现逆温现象。这和观测点多位于沿海,其风速较大有关。

从强度上看,内陆冬季平均的最大增温率为0.8℃/100 m,逆温层厚度可达400 m,最高可达800 m。

从层次上看,逆温多出现500 m以下,以接地逆温和中低层逆温为主。

(五)永安煤矸石电厂厂址逆温个例统计事实

福建气象部门2004年10月28日—2004年11月6日在永安煤矸石电厂厂址附近进行了地面和边界层污染气象观测。观测期间共出现各类逆温53次,占观测总次数的77.9%。其中接地逆温28次,占观测总次数的41.2%,占逆温总数的52.8%;低层逆温(底高≤500 m)21次,占逆温总数的39.6%;中高层逆温(底高>500 m)4次,占7.5%。说明考察期间的逆温以接地逆温及低层逆温为主。

1. 接地逆温

本次观测期间天气以晴为主,有利接地逆温发生。观测到的逆温很典型,表现为傍晚开始出现接地逆温,至午夜达最厚,凌晨底部抬升,至11时消失。

从时间上看,除最后一天外,每天都有,一般从17时或19时开始至午夜23时,考察期间17时出现4次,19—23时均出现8次,其余时次没有接地逆温。

从厚度上看,观测期间接地逆温的平均厚度为196 m,最大厚度为360 m,最小厚度30 m。其中厚度≤100 m的出现6次,100~200 m的出现8次,>200 m的有14次,可见接地逆温的厚度大多为200~400 m。就各时次平均厚度而言,傍晚刚生成的时候厚度最小,17时的平均厚度仅为47.5 m,此后厚度不断加厚,午夜23时厚度达最厚,为321 m,至凌晨05时厚度减少,同时接地逆温底部开始抬升。

从强度上看,接地逆温的平均强度为1.7℃/100 m,最大强度为3.9℃/100 m,最小强度为0.64℃/100 m,在28次接地逆温中,强度小于1.00℃/100 m的仅有1次,大于3.00℃/100 m也只有2次,其余的都在两者之间。就各时次而言,17时逆温刚生成时厚度还很薄,但强度较强,至19时强度达最强,此后强度逐渐减弱,到23时达最弱。

从天气上看,观测期间,接地逆温都出现在傍晚至凌晨,这是因为当时天气状况非常好,白天天气晴朗少云或无云,夜里气温下降迅速,近地层辐射降温非常剧烈,极易形成逆温,所以接地逆温的生成条件都是地面辐射造成的。

2. 低层逆温

观测期间的低层逆温也较多,出现时间为凌晨05时至11时,除一天外,05时及08时每天都有出现,11时也出现了5次,其他时次没有出现低层逆温。

低层逆温平均底高为154 m,其中最高底高470 m,最低底高为50 m,底高低于100 m的出现6次,100~200 m的出现10次,>200 m的出现5次。因此低层逆温的底高很低。

平均顶高为398 m,最高为680 m,最低为250 m,低于300 m的出现7次,高于300 m的出现14次。

逆温厚度均较薄,平均为242 m,最大为500 m,最小仅为20 m,厚度少于等于200 m的出现11次,其余10次厚度大于200 m。

逆温平均强度为1.38℃/100 m,最强的为3.4℃/100 m,最弱的也达到了0.56℃/100 m,强度小于等于1.0℃/100 m的仅出现9次,1.0~2.0℃/100 m的出现8次,其余4次均大于或等于2.0℃/100 m。

3. 中高层逆温

中高层逆温出现次数较少,集中出现在05时和08时。

中高层逆温的平均底高为600 m,其中最小底高为510 m,最大底高为700 m。平均顶高为700 m,其中最小顶高为570 m,最大顶高为840 m。

平均厚度为 103 m,其中最小厚度为 40 m,最大厚度为 260 m。

平均逆温强度为 1.45℃/100 m,最小强度为 0.58℃/100 m,最大强度为 2.4℃/100 m。

(六)不同稳定度条件下各高度平均气温

(1)对于不稳定类、中性稳定类、稳定类三种稳定类的各个高度的温度,内陆和沿海的冬季都要比夏季低,以及内陆冬季要比沿海冬季低;对于不稳定类,在 300 m 以下,内陆夏季各高度的温度要比沿海夏季同等高度的温度高,但在 300 m 以上正好相反。这说明了内陆夏季气温下降更快,大气层结更加不稳定;对于稳定类,在 700 m 以下,内陆夏季各高度的温度要比沿海夏季同等高度的温度高,但在 700 m 以上正好相反;对于稳定类,内陆夏季各高度层温度都比沿海同等高度温度低。

(2)对于稳定类,内陆冬季在地面到 150 m 范围内,出现了较强的逆温层,沿海冬季虽然在近地面 50 m 范围内也有逆温现象,但强度较弱。说明了冬季的大气层结,内陆比沿海稳定。

二、边界层风场特征

(一)平均风速随高度的变化

总的来说,风速随高度升高而变大,各季各高度沿海风速多大于内陆风速([彩]图 4.10)。

内陆冬夏的风速随高度变化基本一致地呈增大趋势。但沿海冬夏风速随高度变化相当悬殊,沿海地区夏季风速随高度变化不稳定,呈现增—减—增波动,且幅度不大。而冬季在 1000~1100 m 处有明显的突然增大,在 1200 m 又迅速减小。为何会出现如此情况,可能和观测期间的天气有关。

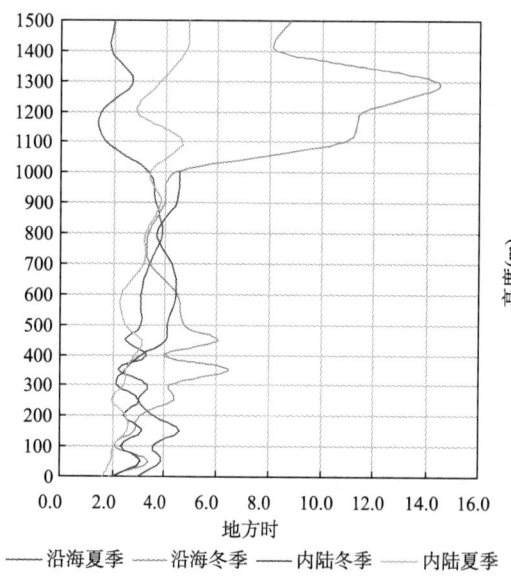

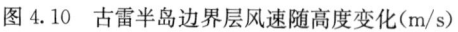

图 4.10 古雷半岛边界层风速随高度变化(m/s)

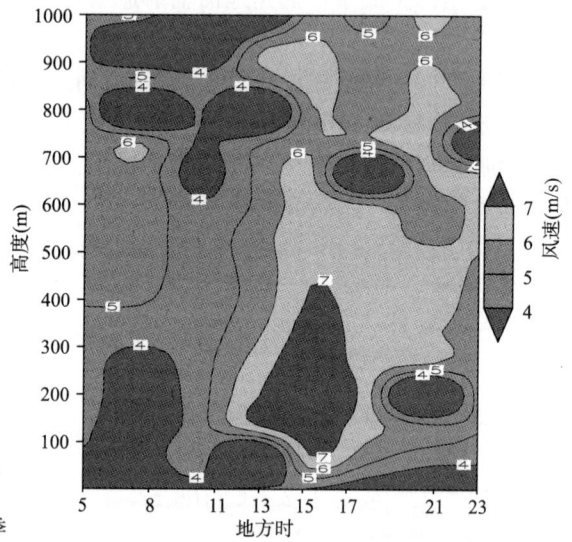

图 4.11 古雷半岛边界层风速垂直剖面图(m/s)

与内陆冬季风速变化相比,沿海冬季风速随高度变化更明显,更不稳定。从 250 m 以上风速达到了 4 m/s 以上,从 1000 m 以上甚至超过了 10 m/s。沿海夏季风速变化有一个显著特征,800 m以下风速随高度增大,800 m以上随高度减小,但风速变化幅度不大,明显小于沿海冬季的风速变化。

地面静风,内陆多于沿海,夏季多于冬季。以内陆夏季地面静风为最多,其静风频率,内陆夏季37.4%为最大,内陆冬季25.6%次之,沿海冬季19.6%居第三,沿海夏季5.3%为最小。

福建省气候中心于2008年8月16—9月5日在福建漳浦古雷半岛化工厂厂址附近进行了为期20天的边界层污染气象考察。其各时风速垂直剖面如[彩]图4.11所示。

(二)各高度各风向平均风速

内陆冬季在1000 m以下是以NNE、NE、ENE三个风向风速最大,平均风速分别达到了3.7 m/s、4.1 m/s、4.1 m/s,在1000 m以上是以N、NNE、NE三个风向风速最大,平均风速分别达到了5.8 m/s、5.2 m/s、4.7 m/s;内陆夏季600 m以下的各高度层各风向风速较均匀,在600 m以上SE、S、SSW三个风向风速较大,平均风速为6.2 m/s、5.6 m/s、5.8 m/s,并且高度越高,西南风风速不断加大。

沿海的冬季和夏季各高度层的风向都要比内陆稳定,在一定的高度范围内都有几个风向风速处于主导地位,沿海冬季偏北、偏东风向的风速最大,在700 m以下是NNE、PNE两个风速最大,平均风速分别达到了7.6 m/s、7.8 m/s,在700 m以上是NNE、PNE、ENE三个风向风速最大,平均风速分别为5.7 m/s、6.7 m/s、6.1 m/s;沿海夏季偏西方向的风速最大,在400 m以下SSW、SW两个风向风速最大,平均风速分别为5.5 m/s、5.5 m/s,400 m以上是以SW、WSW两个方向风速最大,平均风速分别为7.5 m/s、6.5 m/s。

(三)风向频率随时空的变化

风向频率的变化反映了盛行风向的变化。根据沿海和内陆的冬夏风向频率的变化,可以得到如下事实:

1. 地面盛行风向不如高层明显

这一特点在内陆夏季表现得最为突出,无一风向频率超过10%,这和内陆地形复杂有关,越往高处(在一定方位内,同风向气流中),风向受地形影响会逐渐减小,这是地面盛行风向不如高层明显的原因。即使在内陆冬季,地面盛行风向只有北风(N)占16%,而1500 m,N、NNW和NNE的风向频率均占10%以上,而N风向频率达25%。沿海地面盛行风向比内陆明显,但和高层比仍有差距。

2. 夏季盛行风向不如冬季明显

这一特点仍以内陆夏季表现得最为突出。内陆夏季各层无一风向频率超过20%,最大S风向频率只有19.6%,而内陆冬季最大NE风向频率(600 m处)可达37.9%。在沿海,夏季最大SW风向频率只有24.5%,而冬季最大NE风向频率达53.6%

3. 内陆盛行风向不如沿海明显

以连续4个方位风向频率和为指标,在沿海,冬季多层平均75.6%,夏季多层平均59.5%。冬季最多达91%(450 m),各层均达到50%。而在内陆,冬季多层平均58.8%,夏季多层平均40.7%。冬季最多71%(450 m),除沿海冬季1400 m以上外,各层均超过50%。这说明沿海冬季盛行风相当显著,而且风向相当稳定([彩]图4.12)。

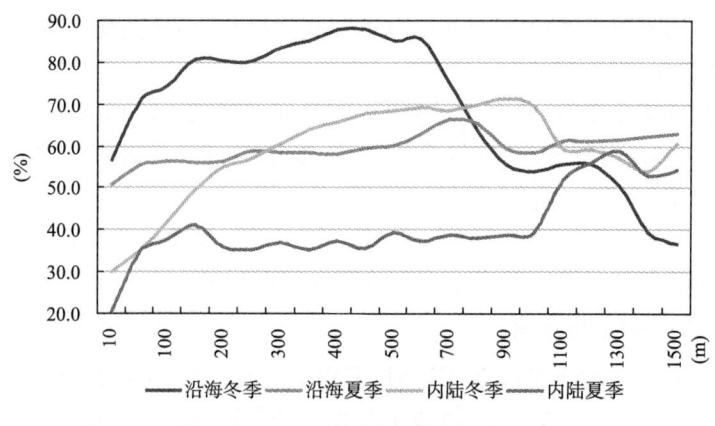

图 4.12 盛行风向频率随高度变化图

4. 盛行风向频率不一定随高度增长而一致性增大

最大盛行风向频率的高度,夏季高于冬季。内陆高于沿海。沿海最大盛行风向主要出现在 400~800 m。内陆最大盛行风向主要出现在 800~1300 m。

5. 盛行风向随高度会有所变化

这一变化内陆夏季最为显著。内陆冬季,地面盛行风向是 NNW—NE;到 900 m 出现最大风向频率时,略顺时针转为 N—ENE。而在内陆夏季,地面盛行风向是 N—ENE;到 1300 m 出现最大风向频率时,转为 E—SW,几乎转了 180°。这一显著变化还是和地形有关,也说明,随着高度的上升,盛行风向逐渐向大气环流的盛行风向接近。沿海冬季盛行风向,从地面到 1500 m 高空,风向均在 N—E 之间,变化较小。沿海夏季盛行风向,地面到高空风向为 SSE—SW,到最大风向频率 700 m 出转为 SW—W,变化也比较小。

三、边界层大气混合层特征

(一)混合层高度的季节变化

1. 年平均混合层高度,沿海比内陆高,沿海达到了 1396 m,而内陆只有 867 m。

2. 最高和最低混合层高度出现的季节不同。最高混合层,内陆出现在夏季,其高度为 951 m;沿海出现在秋季,其高度为 1547 m。最低混合层,内陆出现在冬季,最低为 797 m;沿海出现在春季,最低为 1223 m。

3. 从时间分布看,最高混合层皆出现在 14 时,沿海为 1755 m,内陆为 1385 m;最低混合层出现在午夜~凌晨,内陆出现较早在 02 时出现,其最低值为 644.13 m,沿海出现较晚在 08 时出现,其最低值为 1180 m。平均日变幅,沿海比内陆小,沿海日变幅为 575 m,内陆日变幅为 741 m;沿海秋季日变幅最大,为 900 m,春季日变幅最小,为 599 m;内陆夏季日变幅最大,为 778 m,冬季日变幅最小,为 449 m。

(二)各稳定度混合层高度的季节变化

(1)年平均混合层高度沿海是 D 类最高,为 1519.22 m,A—C 类(不稳定)次之,为 1169.5 m,E—F 类最低,为 841.96 m;内陆 A—C 类最高,为 1109.15 m,D 类(中性)次之为 880.68 m,E—F 类(稳定)最低,为 545.67 m。就各季来看,内陆都是 A—C 类最高,沿海都是 D 类最高。各类稳定度的混合层高度最大值内陆是出现在夏季,而沿海是出现在秋季

(表 4.31)。

(2)混合层高度的日变化特征为:内陆和沿海 A—C 类都出现在 08 时和 14 时,其中,14 时高度最高,并且内陆比沿海高,其高度分别为 1567 m 和 1423 m。内陆和沿海 D 类各时次均有出现,最高值和最低值都是出现在 14 时和 8 时,内陆最高值和最低值分别为 1219 m、672 m,沿海最高值和最低值分别为 1871 m、1250 m。内陆和沿海 E—F 类都是出现在 02 时、20 时和冬季的 08 时,其中内陆 02 时最高为 733 m,沿海 20 时最高为 1016 m(表 4.32)。

表 4.31 内陆各季各时次混合层高度(m)

季节	02 时	08 时	14 时	20 时	平均
冬季	645.06	559.80	1229.57	753.64	797.02
春季	624.83	619.61	1218.71	770.00	808.29
夏季	651.63	755.79	1536.53	860.83	951.19
秋季	655.00	692.91	1554.93	756.69	914.88
平均	644.13	657.03	1384.94	785.29	867.85

表 4.32 沿海各季各时次混合层高度(m)

季节	02 时	08 时	14 时	20 时	平均
冬季	1402.60	1196.09	1645.17	1438.80	1420.66
春季	1106.55	1027.26	1551.96	1204.71	1222.62
夏季	1166.65	1135.46	1913.84	1363.89	1394.96
秋季	1440.80	1359.33	1907.86	1481.74	1547.43
平均	1279.15	1179.53	1754.71	1372.29	1396.42

(三)各风速等级不同稳定度的混合层高度

(1)沿海和内陆各风速等级不同稳定度的混合层高度都有一个共同特征,那就是风速的变化对混合层高度影响较大,风速越大,混合层高度越高;静风时,混合层高度最低;随着风速增加,混合层高度也逐渐升高,当风速>4 m/s 时,混合层高度最高。

(2)从不同稳定度混合层高度的平均值来看,除了内陆 1.1~2.0 m/s 这个风速等级外,内陆和沿海在各个相同风速等级不同稳定度混合层高度的平均值,冬季都要比夏季大(表 4.33—表 4.36)。

表 4.33 内陆冬季各风速等级不同稳定度混合层高度(m)

风速	静风	0.1~1.0	1.1~2.0	2.1~3.0	3.1~4.0
A—C	649.8	1230.033	1013.025	1478.325	1662.25
D	155.2333	491.7667	817.1667	1225.075	1489.5
E—F	144.2667	492.975	921.375	1327.3	1641.6
平均	316.4333	738.2583	917.1889	1343.567	1597.783

表 4.34　内陆夏季各风速等级不同稳定度混合层高度(m)

风速	静风	0.1～1.0	1.1～2.0	2.1～3.0	3.1～4.0
A—C	331.00	669.68	1151.63	1186.30	1803.00
D	172.78	450.05	893.55	1202.50	1525.58
E—F	129.77	459.68	886.20	1200.67	1438.60
平均	211.18	526.47	977.13	1196.49	1589.06

表 4.35　沿海冬季各风速等级不同稳定度混合层高度(m)

风速	静风	0.1～1.0	1.1～2.0	2.1～3.0	3.1～4.0
A—C	967.70	773.50	819.33	1396.03	1657.80
D	183.27	508.97	935.03	1230.33	1532.40
E—F	136.83	541.40	976.30	1312.80	1686.15
平均	429.27	607.96	910.22	1313.05	1625.45

表 4.36　沿海夏季各风速等级不同稳定度混合层高度(m)

风速	静风	0.1～1.0	1.1～2.0	2.1～3.0	3.1～4.0
A—C	354.30	691.00	904.15	1190.57	1242.87
D	228.87	502.30	813.60	1095.83	1465.87
E—F	143.77	492.17	979.00	1266.90	1703.60
平均	242.31	561.82	898.92	1184.43	1470.78

四、边界层大气稳定度特征

1. 大气稳定度的季节变化特征

(1)从不同稳定度的年分布来看,内陆和沿海地区都是以中性(D类)为主,沿海地区比内陆频率大,分别为69.81％、57.05％;不稳定类(A—C类)和稳定类(E—F类)频率内陆都比沿海大,但沿海稳定类和不稳定类频率相当,而内陆不稳定类频率明显比稳定类频率大。

(2)从不同稳定度的季节分布来看,内陆秋季不稳定类最多,为23.49％,而沿海是夏季不稳定类最多,为18.34％;内陆和沿海不稳定类最少都是在冬季,分别为14.31％、10.23％。内陆和沿海中性层结最多都是在春季,分别为66.51％、75.55％;内陆中性层结最少的季节是秋季,为44.54％,沿海中性层结最少的季节是夏季,为62.45％。

2. 各季节大气稳定度日变化特征

(1)内陆和沿海稳定度的日变化都具有明显的特征,即:夜间和日出前大气层结为中性或稳定,日出后大气开始出现不稳定层结,14时不稳定类频率达到最多,此时除了沿海冬季外基本不出现稳定层结,尔后不稳定层结逐渐减少,日落后大气层结又趋于中性或稳定。

(2)内陆和沿海D类在各个时次中均有出现,且占主导地位,A—C类只出现在白天08时和14时,E—F类大多出现在日出、日落和夜间。

(3)从季节来看,内陆和沿海D类频率最大都是出现在春季08时,分别为81.73％和83.74％,内陆D类频率最小出现在秋季14时占36.63％,沿海D类频率最小出现在夏季02时占56.86％;内陆不稳定类(A—C)出现频率最多的是秋季14时占63.38％,沿海不稳定类(A—C)出现频率最多的是夏季14时占39.09%,内陆和沿海不稳定类(A—C)除了在02时和20时都不出现外,频率最少都是在冬季08时,分别占6.34%和7.27%;内陆稳定类(E—F)出现频率最多是在秋季20时占60.37%,沿海稳定类(E—F)出现频率最多是在秋季02时占38.9%(表4.37,表4.38)。

(4)A类仅出现在沿海的春夏季14时,而内陆一年四季都没出现过;A—B、B—C类仅出现在沿海春夏季08时,而内陆08时都没出现这两类不稳定层结;沿海和内陆一年四季08时皆出现B类和C类不稳定层结;除了沿海冬季外,沿海和内陆14时皆不出现E—F类稳定构成层结(表4.39,表4.40)。

表4.37 内陆各季节各稳定度频率(%)

季节	A	A—B	B	B—C	C	C—D	D	E	F
春季	0.15	1.30	6.07	2.07	4.53	0.47	66.51	9.50	9.41
夏季	0.20	1.76	9.47	3.51	5.58	0.59	52.70	11.55	14.65
秋季	0.00	3.44	10.56	4.53	3.97	0.99	44.54	11.01	20.96
冬季	0.00	2.20	5.68	2.00	4.12	0.31	57.18	12.87	15.65
全年	0.10	2.00	7.58	2.82	4.60	0.55	57.05	11.10	14.20

表4.38 沿海各季节各稳定度频率(%)

稳定度	A	A—B	B	B—C	C	C—D	D	E	F
春季	0.01	0.52	3.21	3.04	4.44	1.19	75.55	6.80	5.24
夏季	0.01	0.45	5.36	4.28	6.27	1.97	62.45	10.49	8.73
秋季	0.00	0.53	4.02	4.32	5.61	1.46	65.63	10.08	8.35
冬季	0.00	0.61	2.28	2.45	4.23	0.66	72.38	10.29	7.10
全年	0.00	0.52	3.66	3.42	5.05	1.30	69.81	9.14	7.10

表4.39 内陆各季节各时次各稳定度频率(%)

季节	观测时次	A	A—B	B	B—C	C	C—D	D	E	F
春季	02时	0.00	0.00	0.00	0.00	0.00	0.00	60.24	19.16	20.60
春季	08时	0.00	0.00	12.69	0.00	5.58	0.00	81.73	0.00	0.00
春季	14时	0.14	5.04	11.34	8.15	11.69	1.90	61.76	0.00	0.00
春季	20时	0.00	0.00	0.00	0.00	0.00	0.00	61.55	19.63	18.83
夏季	02时	0.00	0.00	0.00	0.00	0.00	0.00	44.58	21.18	34.24
夏季	08时	0.00	0.00	23.07	0.00	9.75	0.00	67.17	0.00	0.00
夏季	14时	0.12	6.21	13.91	14.13	11.15	2.36	52.11	0.00	0.00
夏季	20时	0.00	0.00	0.00	0.00	0.00	0.00	48.35	25.78	25.87
秋季	02时	0.00	0.00	0.00	0.00	0.00	0.00	36.73	18.23	45.04
秋季	08时	0.00	0.00	21.50	0.00	7.87	0.00	63.37	7.26	0.00
秋季	14时	0.00	12.60	20.52	17.75	8.48	4.03	36.63	0.00	0.00
秋季	20时	0.00	0.00	0.00	0.00	0.00	0.00	39.63	17.14	43.23

续表

季节	观测时次	A	A—B	B	B—C	C	C—D	D	E	F
冬季	02时	0.00	0.00	0.00	0.00	0.00	0.00	51.39	16.96	31.66
冬季	08时	0.00	0.00	4.79	0.00	1.55	0.00	77.30	16.32	0.03
冬季	14时	0.00	6.51	17.90	7.21	15.80	1.18	51.40	0.00	0.00
冬季	20时	0.00	0.00	0.00	0.00	0.00	0.00	49.65	17.00	33.36
全年	02时	0.00	0.00	0.00	0.00	0.00	0.00	48.23	18.88	32.88
全年	08时	0.00	0.00	15.51	0.00	6.19	0.00	72.40	5.90	0.01
全年	14时	0.07	7.59	15.92	11.81	11.78	2.37	50.47	0.00	0.00
全年	20时	0.00	0.00	0.00	0.00	0.00	0.00	49.79	19.89	30.32

表 4.40 沿海各季各时次各稳定度频率(%)

季节	观测时次	A	A—B	B	B—C	C	C—D	D	E	F
春季	02时	0.00	0.00	0.00	0.00	0.00	0.00	75.47	13.59	10.95
春季	08时	0.00	0.87	7.64	0.16	7.53	0.07	83.74	0.00	0.00
春季	14时	0.00	0.77	3.63	11.62	9.49	4.91	69.58	0.00	0.00
春季	20时	0.00	0.00	0.00	0.00	0.00	0.00	74.73	14.81	10.46
夏季	02时	0.00	0.00	0.00	0.00	0.00	0.00	56.86	21.45	21.69
夏季	08时	0.00	0.68	14.44	0.18	15.47	0.00	69.25	0.00	0.00
夏季	14时	0.00	0.80	4.22	16.30	9.38	8.39	60.92	0.00	0.00
夏季	20时	0.00	0.00	0.00	0.00	0.00	0.00	63.32	22.18	14.50
秋季	02时	0.00	0.00	0.00	0.00	0.00	0.00	61.11	22.27	16.63
秋季	08时	0.00	0.00	8.48	0.00	15.95	0.00	73.47	2.11	0.00
秋季	14时	0.00	2.01	6.22	16.35	7.28	5.80	62.34	0.00	0.00
秋季	20时	0.00	0.00	0.00	0.00	0.00	0.00	64.50	18.00	17.51
冬季	02时	0.00	0.00	0.00	0.00	0.05	0.00	70.61	16.31	13.04
冬季	08时	0.00	0.00	3.29	0.00	3.98	0.00	82.03	10.67	0.03
冬季	14时	0.00	2.28	4.98	9.23	12.51	2.35	68.59	0.03	0.03
冬季	20时	0.00	0.00	0.00	0.00	0.00	0.00	68.89	15.54	15.57
全年	02时	0.00	0.00	0.00	0.00	0.01	0.00	66.01	18.40	15.58
全年	08时	0.00	0.17	6.55	0.05	8.85	0.00	75.05	6.59	2.75
全年	14时	0.00	1.47	4.76	13.37	9.67	5.36	65.36	0.01	0.01
全年	20时	0.00	0.00	0.00	0.00	0.00	0.00	67.86	17.63	14.51

第四节 城市气候效应

近年来,随着城市建设的高速发展,城市气候效应变得越来越敏感。强降水和降雪造成城市交通堵塞的影响越来越显著,发生在舟曲的地质灾害对城市的破坏力远远超过乡村。热岛效应是城市气候效应的表现之一,是指城市中的气温明显高于外围郊区的现象。在近地面温度图上,郊区气温变化很小,而城区则是一个高温区,就像突出海面的岛屿,由于这种岛屿代表高温的城市区域,所以就被形象地称为城市热岛。城市热岛效应使城市年平均气温比郊区高出1℃,甚至更多。夏季,城市局部地区的气温有时甚至比郊区高出6℃以上。此外,城市密集高大的建筑物阻碍气流通行,使城市风速减小。由于城市热岛效应,城市与郊区形成了一个昼夜相反的热力环流。南京信息工程大学江志红等在"近十年南京城市热岛演变的遥感研究"中发现,基于MODIS1A2数据和基于MODIS L1B数据,南京夏季热岛面积在2005年后快速递增,呈"摊饼式"扩大趋势,2000—2008年总体趋势是增加的,分别以501213 km²/a、99193 km²/a的速度增长。为分析城市气候效应,鹿世瑾等利用1993年8月1—5日在福州"三坊七巷"实测资料,进行对比分析。"三坊七巷"位于距离福州气象台的山脚下(水平距离1000 m以内)。福建省气象科学研究所余永江等在"福建省福州城市热岛效应与气象条件的关系研究"中,对福州市区热岛特点也进行了分析。

一、热岛效应

(一)热岛效应的特点

1. 热岛效应的日变化

有研究者总结并提出了城市热岛效应的日变化特征。如在弱风和无云条件下,相对于周围的乡村,城市具有较小的冷却率(夜间)和加热率(白天);城乡温差在日落后3~5小时以后达到最大值,之后逐渐减弱,在日出后温差基本消失;热岛强度在午后达到最强;而强度最强的季节通常出现在冬季夜间。

福州市的热岛效应,余永江等分析了2008年1—7月福州城市热岛效应。结果表明:1—2月热岛效应,白天强于夜间,11:00左右热岛效应最强,强度约为1.0℃;随后振荡下降,18:00热岛效应最弱,强度约为0.4℃;再随后,热岛效应再开始增强,在07—08时又出现极值。3—7月热岛效应,夜间强于白天,00—08时是热岛效应最强的时间段,日出后热岛效应逐步减弱,中午前后热岛效应最小;14时以后热岛效应又开始增强。

2. 热岛效应和风速关系密切

风速在1 m/s左右时最有利于福州热岛的维持与发展,热岛强度也最大;随着风速的加大,热岛效应开始减弱,风速一旦超过7 m/s热岛很难再维持。此外,气旋控制下热岛效应弱,反气旋控制下热岛效应强。

3. 地理环境对福州热岛效应影响很大

福州市在三面环山的环抱下,处于盆谷平地,海风不易侵入,加上高层建筑的影响,使城区风速减小,有助于热岛效应的产生,这也是福州高温日数增多显著的原因(表4.41)。

表4.41 福州市中心和郊区1993年8月1—5日气象要素对比表

地点	平均气温(℃)	平均极端最高气温(℃)	相对湿度(%)	平均风速(m/s)
福州乌石山	29.9	35.4	73.4	3.1
福州后屿	30.5	35.0	71.2	2.4
三坊七巷	31.8	36.7	67.8	0.3
闽侯	29.8	35.1	75.5	1.6
长乐	29.9	34.1	76.5	3.0

(二)热岛效应的减缓

提高城市绿化率和水体面积是有效的措施。这样,不仅可以美化和净化城市环境,而且当温度升高时,水的蒸发吸收热量,可减缓环境温度的上升。另外,科学地规划城市建筑布局,疏通城市的"通风道",减小对风速削弱的影响,尽量使空气畅通,也可以减缓热岛效应。

缓解热岛效应是一项长期的、综合性的系统工程,需要各方面的努力和配合。城市规划应遵循人与自然的和谐,树立城市生态学理念,科学规划,合理布局,是减缓热岛效应和城市病的根本的应对措施。

二、内涝效应

所谓内涝,这里指由于较强降水,加上地面水的渗透能力差,排水管网能力相对不足,致使表面径流更多流向低洼处,形成局地积水的现象。再者,由于城市化,水泥地面增多,排水能力不足于应对强降水,容易造成内涝。而且,城市立体交通建设形成的路口、地下停车库、地下人行通道等人为的造成局地低洼处,也容易形成局地积水。尤其是交通要道的低洼处的局地的交通堵塞,引起整条线路的堵塞、瘫痪。这是城市脆弱性的表现,人们把这一现象归咎于城市内涝,实际上是城市应对天气气候脆弱性的表现。

城市内涝一般具有突发性、局地性和暂时性特点,即持续时间一般不长,一般在1小时或数小时,范围一般在数百平方米。主要影响交通。但严重的内涝会对地下设施和装备造成严重的影响。

城市内涝和强降水有关,但和城市规模、适应强降水能力有关。

福州尽管是福建省降水强度最小的地区,但城市内涝的影响却是全省最频繁和严重的城市,尤其五四路最容易受内涝影响。近50年来,明显内涝的有17次。其中,以2005年台风"龙王"造成的内涝最为严重,一些停车库、保险库也被淹,损失惨重。究其原因,和创纪录的强降水有关,龙王台风使福州10月2—3日连续两天下暴雨,其中3日下大暴雨,24小时降水量195.6 mm,是福州1951年以来最强的暴雨。但要说明的是,对全省来说,多数市县极端最大日降水量普遍超过200 mm。只有提高城市防内涝能力,才是减轻内涝危害的有效措施。

城市内涝是可以防御和减轻危害的。主要办法有两个。一是加强工程防御。城市内涝是城镇化进程中,应该引起高度关注的气象灾害。在城镇总体规划时,应该补充或加强相关的气候论证,针对可能出现的降水强度,结合区域布局,从工程措施上,加大城市排水管网建设,加强地铁、地下通道、地下停车场等地下设施的防内涝能力,才能提高防御能力,减轻内涝影响。二是建立临近的气象预警体系和应急预案,提前防御,规避或减轻内涝的危害。

三、干燥效应和霾效应

由于城市下垫面主要为水泥,渗透弱,径流强,蒸发快,不易保墒。所以,相对湿度总体上偏小,比如,"三坊七巷"的相对湿度就明显偏小,显得比较干燥。但由于福建总体上相对湿度比较大,所以,城市化干燥效应影响小。

城市霾日数的增多,与城市汽车尾气增多,人口密度高等因素有关。全省霾日数普遍增多,以福州为例,近60年来,霾日数显著增多(表4.42)。

表 4.42　福州市各年代平均年霾日数

年代	1961—1970	1971—1980	1981—1990	1991—2000	2001—2010
日数	1.8	1.7	14.6	17.5	53.4

四、静风效应和"狭管效应"

这里所谓的静风,不是真正的没有风,而是指城市楼房密集遮挡造成风向改变,风速减小,或局部风速增大(穿堂风)效应。从表4.41中也可以看出,"三坊七巷"就比周边比较开阔的气象站风速显著偏小。

城市建筑在减弱风速的同时,城市建筑物之间也容易产生"狭管效应",提高局部风速,此外,风速随高度变大,高层建筑受大风影响的频率也相对提高。同时,城市大风危害的受灾体密集,一定程度上大风对城市的广告牌、建筑、树木、危房、汽车及人的生命都有较大威胁。

五、城市气象灾害的特点

城市气象灾害有三个特点:

一是多样性。城市积涝、热岛效应、城市雾害、干旱缺水、大风、雷击、酸雨等。此外,城市的空气污染状况与气象条件也有直接关系。

二是连锁性。城市里交通、通讯、供水、供电、供气等工程之间联系十分紧密,一旦发生气象灾害,损害其中的某一个系统,很容易造成连锁反应,产生一系列次生灾害和衍生灾害,出现祸不单行的现象。次生灾害是由气象灾害引发的新的灾害,是气象灾害的连锁反应。比如:台风除了造成大风、洪涝灾害外,又是引起巨浪和风暴潮,对厦门、泉州等沿海城市影响很大。就是一场强降水引起局地的内涝,造成局地交通中断,其影响很大,必须引起高度重视。

三是严重性。城市由于人口和经济集中,发生同等剧烈程度的气象灾害,损失要比周边地区大。根据国内外数十年的资料统计,城市气象灾害造成的损失占城市综合致灾损失的70%左右。城市积涝、高温等灾害大于郊区。2005年台风"龙王"对福州的影响就是明鉴。特别要说明的是,我们不仅要注重防御诸如暴雨和台风等直接而激烈的气象灾害,而且,也要防御城市雾霾增多带来的空气污染。

六、城市气候效应的原因

城市化对气候的影响是多方面的,也是复杂的。主要有4个原因。

(1)下垫面特性的影响。城市的下垫面通常是由混凝土、沥青等构成的(三维)建筑物和(二维)道路组成,相对于由水、土和植被构成的自然表面,这些人造表面一般具有较小的反照率、较大的吸热性以及很小的蒸发和蒸腾,从而能够更有效地将入射太阳辐射转换为热量并储存。这些人工构筑物吸热快而热容小,在相同的太阳辐射条件下,它们比自然下垫面(绿地、水面等)升温快,因而其表面温度明显高于自然下垫面。比如,原"三坊七巷"的灰黑瓦片屋顶,能吸收更多的辐射,具有黑体效应,更容易升温。

(2)集中能耗的影响。由于人口密集化,工业和生活能耗高度集中化的影响。一方面,城市集中释放了大量的热量,加上通风不畅,二氧化碳排放,阻挡长波辐射,起到保温作用,增暖了低层大气,直接助长了温度的上升。比如空调的普及,降低的是室内的温度,助长的却是室外气温的上升。另一方面,由城市中车辆、空调以及工厂等排放出来的大量煤灰、粉尘以及 CO_2、N_2O、CH_4、CFC 等温室气体在城市上空形成一层屏障,它们吸收长波辐射,使温度升高,从而加重城市热岛效应,同时,城市热岛效应又对污染物的产生和分布具有重要影响。

(3)风速和蒸发减小的影响。风速和蒸发减小是城市化进展中不可避免的,但城市规划的不科学会扩大这一影响。房子密集,高楼林立,改变了下垫面粗糙度,使空气不容易流畅,导致风速明显减小,进而助长热岛效应。城市水泥面的扩大,排水系统的完善,使地表无水可以蒸发,造成能量的积累,少了蒸发,多了增温。

(4)受灾体集中,既影响气候,又备受气候影响。

第五节　海陆风与山谷风

一、海陆风、山谷风的成因

大气中的适应过程是温度场决定气压场,气压场决定风场。

海陆风与山谷风都是以一天为周期的局部热力环流。起因于相邻的海面与陆地、山坡与同高度的气层,昼夜温差大,于是形成相反的气压梯度,产生相反方向的空气流动。图4.13是海陆风与山谷风形成的示意图。

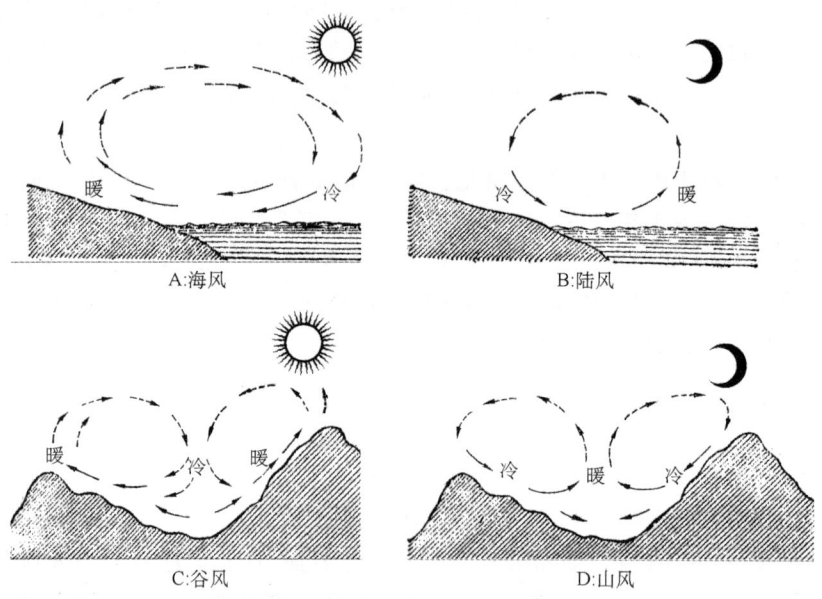

图4.13　海陆风和山谷风示意图

白天陆地气温高,海面气温低,气压相反,海面高、陆面低,于是吹海风(向岸风,风从海上吹向陆地),夜间相反,吹陆风(离岸风,风从陆地吹向海面)。山谷地带,由于坡地气温昼高夜低,于是白天风从谷地吹向山顶,称谷风;夜间相反,风从山坡吹向谷底,称山风。

二、海陆风和山谷风的特点

(一)生消与历时

海陆风与山谷风的日变化,基本与当地气温的日变化相应匹配。通常上午 08—10 时海风(谷风)开始出现,风速逐渐增大,14—15 时风速达到最大,尔后,风速逐步减小,日落以后海风消退,转而陆风(山风)开始。海风的历时长于陆风。与海陆风相比,山谷风的尺度要小,强度要弱。

据 1995 年 7—8 月福建省气候中心在惠安,利用气象观测塔和小球测风对海陆风进行观测:得到 6 次海陆风过程,累计有 20 个海陆风日,其基本统计事实如下。

1. 生消时刻

海风最早始于 05 时,最迟始于 10 时。高频时段:7 时占 44.4%,09—10 时占 38.9%;海风最早结束于 18 时,最迟是次日凌晨 4 时,高频时段:01—04 时占 50%,18—20 时占 33%。

陆风最早始于 19 时,最迟始于次日 05 时,高频时段 19—22 时占 40%,03—05 时占 45%;陆风结束时间:最早在 04 时,最迟在 09 时(表 4.43)。

另据福建省气象科学研究所 2006 年对宁德沿海的全年观测:初始海风的平均时刻是 08 时,结束时间是 20 时。

表 4.43 惠安海陆风生消时刻频数分布

时间		1	2	3	4	5	6	7	8	9	10	11	…	17	18	19	20	21	22	23	24	合计
陆风	开始	1			4	2	3									3		3	2	1	1	20
陆风	结束				2	1	8	1	4	4												20
海风	开始					1	1	8	1	3	4											18
海风	结束	2	3	1	3										3		3	1	1	1		18

2. 海陆风历时

在惠安 20 个海陆风日中,陆风持续时间最短 2 小时,最长 15 小时,平均 7.45 小时;海风最短 9 小时,最长 23 小时,平均 16.44 小时(表 4.44)。

表 4.44 惠安海陆风历时频数分布

历时	1	2	3	4	5	6	7	8	9	10	11	12	13	14	15	16	17	18	19	20	21	22	23	24	合计
陆风		3	2	3		3			1	1	1	1	2		3										20
海风									1	1	1	2		2		2		1	2	3	1	1	1		18

(二)最大风速及其出现时间

惠安海风最大风速,平均为 4.6 m/s,方差 0.73 m/s。最大风速出现于 14—15 时者占 61.1%,16—17 时占 27.8%;12—13 时占 11.1%。最大海风的风向为 SE—SSE 的占 50%,SW—SSW 的占 27.8%,S—SSE 的占 22.2%(表 4.45)。

惠安陆风最大风速为 2.2 m/s,方差 0.86 m/s。最大风速出现于 05—07 时占 65%,24—03 时占 30%,8 时占 5%。最大陆风的风向为 WNW、NW、NNW 的占 90%,为 NNE、NE 的占 10%。

表 4.45　惠安海陆风最大风速出现频数分布

历时	1	2	3	4	5	6	7	8	9	10	11	12	13	14	15	16	17	18	19	20	21	22	23	24	合计
陆风	1	2	1			4	6	3	1															2	20
海风												1		1	6	5	3	2							18

宁德沿海 2006 年的观测事实与惠安相似,也是海风大于陆风。以 30 m 高度为例,年平均海风为 3.7 m/s,陆风是 2.0 m/s。

(三)海陆风的发展高度与水平范围

由于海陆风是局地性热力环流,通常发展的高度不会超过 600 m,惠安的观测事实:100～300 m 者占 62%。相对比较,海风的发展高度高于陆风。

有关的观测事实说明海风通常仅深及内陆 20 km 左右;陆风只达海面 10 km 以内。

三、夏季海陆风的形势背景与气象要素分布

(一)海陆风的形势背景

普查 1995 年 7—8 月 6 次海陆风过程的环流形势背景,在累计 20 个海陆风日中,有 19 天为副高控制,频率为 95%,但并不是有副高控制就必有海陆风。观测试验期副高过程累计 32 天,其中 19 天有海陆风占 60%。

(二)有无海陆风的气象要素对比。

表 4.46 是有无海陆风崇武气象站的要素对比:有海陆风时,表现为气温高、日较差大、湿度小、风速小、云量少、降水概率小;无海陆风时相反。就大气稳定度来看:有海陆风的夜晨,"稳定类(E、F)"的频率高,为 64.3%～71.4%;无海陆风夜晨,稳定类的频率低,为 25.0%～42.9%。

表 4.46　1995 年 7—8 月有无海陆风崇武站气象要素对比

要素	7 月			8 月		
	有海陆风	无海陆风	较差	有海陆风	无海陆风	较差
日平均气温(℃)	27.5	26.6	0.9	27.1	26.9	0.2
气温日较差(℃)	5.2	3.8	1.4	5.3	4.4	0.9
相对湿度(%)	87	91	−4	86	87	−1
平均风速(m/s)	3.3	5.1	−1.8	3.0	4.8	−1.8
总云量(成)	5.4	7.9	−2.5	6.4	7.7	−1.3
低云量(成)	2.2	5.2	−3.0	3.6	5.6	−2.0
降水概率(%)	16.7	60.0	−43.3	21.4	58.8	−37.4

四、海陆风、山谷风的利弊影响

海陆风、山谷风总是出现在晴朗的天气条件下(阴沉的天气,有锋面系统的天气不会出现),能给人以神清气爽的感觉。但昼夜间反复的逆向气流和湍流过程,是不利于大气污染物质的稀释、疏散的,它会导致随风漂流的污染物反复出现,从而延长了污染过程的历时。因此沿海地带和山区盆地、谷地投建工业,能源设施项目时,应注意当地局地环流的特点与

规律,制定相应的工程标准,并确立相应的环保对策。

第六节 焚风与隘口风

一、焚风的定义与成因

(一)定义

焚风就是从山脉背风坡吹下来的干热风,又称火烧风,是气流越山后绝热下沉引起的气温上升和相对湿度下降的现象。图 4.14 为焚风成因示意图。

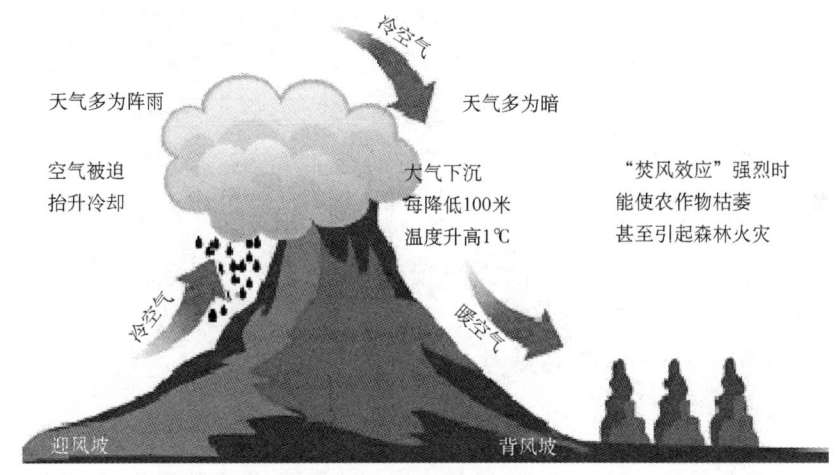

图 4.14 焚风成因示意图

(二)成因

当强烈的气流与山脉垂直而受阻时,被迫抬升,以湿绝热状态冷却(递减率为 0.60 ℃/100 m),于是,空气中的水汽不断在山脉迎风面凝结、降落,直至山顶雨止云消时,变成了干燥的空气。而后翻越山岭,以干绝热状态,顺坡下行,不断被压缩、增温(干绝热增幅为 1.0 ℃/100 m),及至地面就成了又干、又热的焚风。

二、焚风的环流条件与实例

(一)近海转向台风是福建夏季焚风的诱发系统

福建闽北有武夷山脉、闽东北有鹫峰山脉,拔海高度 1500~2000 m。当近海台风在东海南部转向时,闽东北上空吹强劲的西北风,气流翻越鹫峰山脉,于东南坡下滑时,容易出现绝热增温,及至闽东沿海地区时,形成又热、又燥的干热风。严重的干热风会造成作物枯萎,甚至诱发森林火灾。人也会感到心燥、头痛,很不舒服。

(二)三次焚风实例

■1978 年 6 号台风诱发的焚风

1978 年 6 号台风 7 月 22 日形成于 18°N,140°E 附近洋面,西北行,31 日于长江口以东

(30°N,124°E)折向东北,8月2日登陆日本南部。该台风7月30日—8月1日在长江口以东近乎停滞,诱发福建闽东地区出现很强的焚风现象:福州14时的气温由28日的28.7℃升至8月1日的38.7℃,该日极端最高气温达39.8℃;14时的相对湿度由28日的76%降至8月1日的37%;同日同时刻的福州刮起8 m/s的WNW风,这是典型的焚风天气过程。同期,闽侯的最高气温连升7.1℃,8月1日达38.0℃,相对湿度由28日的68%,降至8月1日的47%。

■ 1981年4号台风诱发的焚风

1981年4号台风6月17日形成于14°N,131°E附近洋面,20日登陆台湾花莲,21日北上转向,22日进入日本东海。该台风在转向点期间,福州出现了明显的焚风天气:极端最高气温达37.2℃,较6月20日升高6.3℃,相对湿度由70%降至46%,当天吹NW—WNW风,达6~9 m/s,这是一次晚春台风所致的焚风现象。

■ 1989年9号台风诱发的焚风

1989年9号台风7月16日形成于30°N,135°E附近洋面,西北行于21日登陆浙江象山。7月20日闽北地区出现焚风天气:福鼎的极端最高气温由18日的33.3℃升至20日的40.6℃,相对湿度由64%降至35%,风况为静风(图4.15)。

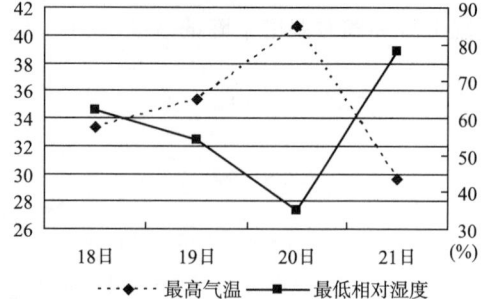

图4.15 1989年7月18—21日福鼎气温和相对湿度的日变化

三、隘口大风

按流体动力学的伯努利定律,气流、水流由宽阔的界面,进入狭窄的"管道"时,流速必然加快。台湾海峡的风很大,就是这个道理,通称狭管效应。

武夷山系与浙、赣接壤处,有不少哑口、隘道,如浦城的枫山隘、武夷山的分水关、光泽的铁牛关、邵武的黄土隘、宁化的五里亭、长汀的古城口、武平的背寨。这些特殊的地形缺口,冬半年常有冷空气的强烈溢流现象,形成别具特色的风大、天冷的风口小气候现象。

第七节 林间小气候

森林对改善气候环境作用显著。除了减轻雨水对土壤的冲刷,增加土壤蓄水量,减少径流,减少水土流失,减缓旱涝灾害的作用外,对减小风速,减小气温日较差,减少日照,营造湿润温和的小气候环境,也起到显著的作用。

一、林间内外气温对比

1980年1月—1984年1月福建省气象局区划办在长乐市江田乡的漳流进行滨海风砂地柑橘园防护林观测试验,通过林内、林外气象要素的对比,得出的基本结论是:防护林提高了林内的平均气温和平均最高气温,而平均最低气温相反,是林内低于林外;对降水的效应是林内增加6.1%;蒸发减少19.1%;平均风速削减82%;各层地温提高近1℃。

表4.47是林内外气温的对比,从中可以看出:年平均气温林内偏高0.2℃,季节相比,隆

冬和早春差异不大,晚春－初秋林内偏高 0.3℃;月平均最高气温的年均值,林内比林外高 1.1℃,月际相比,6—9 月为 1.2℃,冬季为 0.8~0.9℃;月平均最低气温相比,夏季林内低 0.7℃,其他季节低 0.5℃。上述气温差异可从林内、林外的辐射效应和风速的差异得到解释。

观测试验说明:林间小气候既有冬暖夏凉的保温作用,而且气温越高,林间内外温差越大,调节效果越明显。

表 4.47 1980—1983 年柑橘园防护林内外气温对比(℃)

	月份	1	2	3	4	5	6	7	8	9	10	11	12	年
平均气温	林内	10.2	10.2	12.9	17.9	22.1	25.4	28.7	28.3	26.1	21.8	17.6	12.9	19.5
	林外	10.2	10.2	12.9	17.7	21.8	25.1	28.4	28.0	25.8	21.5	17.4	12.8	19.3
	差值	0.0	0.0	0.0	0.2	0.3	0.3	0.3	0.3	0.3	0.3	0.2	0.1	0.2
平均高温	林内	14.5	14.7	17.8	22.8	26.4	29.4	33.4	32.6	30.1	25.9	21.6	17.3	23.9
	林外	13.7	13.8	16.9	21.7	25.3	28.2	32.2	31.4	28.9	24.8	20.6	16.4	22.8
	差值	0.8	0.9	.9	1.1	1.1	1.2	1.2	1.2	1.2	1.1	1.0	0.9	1.1
平均低温	林内	6.9	6.9	9.3	14.3	18.6	21.8	24.5	24.5	22.5	18.1	14.1	9.4	15.9
	林外	7.4	7.4	9.8	14.8	19.1	22.3	25.2	25.2	23.1	18.6	14.6	9.9	16.5
	差值	−0.5	−0.5	−0.5	−0.5	−0.5	−0.5	−0.7	−0.7	−0.6	−0.5	−0.5	−0.5	−0.6

二、林间内外水分对比

表 4.48 是防护林内外降水量和蒸发量的对比,各月降水均为林内偏大,年差值是 86.3 mm,比林外多降 6.1%。从各季的增幅来看,秋、冬为 8.2%~11.1%,而春、夏季节为 2.5%~7.9%。蒸发量均为林外大于林内,年差值是 283.1 mm,林内少蒸发 19.1%,月际分布 4—9 月为 12%~18%,10—3 月为 23%~34%,因而林内土壤湿度明显高于林外。

林内降水相对增多和蒸发减少均为冬季最明显。这和树冠遮挡和截留小雨滴有关。雨季多大雨,越是大雨,林间内外降水量相对差值趋小;秋冬多小雨,越是毛毛雨,越容易被截留,相对差值趋大。林内蒸发相对弱,主要与风速和气温有关。

观测试验说明:林间小气候具有削弱强降水强度,增加降水量,减少蒸发,保湿保墒和防治水土流失的作用。

表 4.48 1980—1983 年柑橘园防护林内外降水、蒸发对比

月份	降水量(mm)			蒸发量(mm)		
	林内	林外	差值率(%)	林内	林外	差值率(%)
1	19.0	17.1	11.1	53.4	72.3	−36.1
2	70.3	65.0	8.2	40.5	55.5	−27.0
3	131.1	123.5	6.2	62.4	81.4	−23.3
4	175.1	167.7	4.4	94.3	112.6	−16.3
5	201.5	188.1	7.1	119.0	144.7	−17.8
6	290.5	274.9	5.6	118.0	142.6	−17.3
7	244.8	232.6	5.2	190.7	219.4	−13.1

续表

月份	降水量(mm)			蒸发量(mm)		
	林内	林外	差值率(%)	林内	林外	差值率(%)
8	58.4	57.0	2.5	174.9	199.3	−12.2
9	134.0	124.1	7.9	118.6	144.3	−17.8
10	61.6	56.7	8.6	103.9	135.2	−23.2
11	88.1	83.7	5.3	56.5	84.9	−33.5
12	27.0	24.7	9.3	64.3	87.4	−26.4
年	1501.4	1415.1	6.1	1196.5	1479.6	−19.1

表 4.49 1980—1983 年柑橘园防护林内外风速与地温对比(m/s)

	月份		1	2	3	4	5	6	7	8	9	10	11	12	年
风速	平均风速	林内	0.6	0.5	0.4	0.4	0.7	1.1	1.2	0.8	0.4	0.4	0.4	0.3	0.6
		林外	3.6	3.4	2.8	3.0	2.7	3.8	3.5	3.0	3.7	3.6	3.8	3.5	3.4
		差值(%)	−83	−85	−86	−87	−74	−71	−66	−73	−89	−89	−89	−91	−82
	最大风速	林内	4	3	3	3	5	4	4	4	4	2	3	3	3.5
		林外	10	9	8	9	11	10	11	7	11	12	10	12	10.0
		差值(%)	−60	−67	−63	−67	−55	−60	−64	−43	−64	−83	−70	−7	−65
地温	林内较林外偏高	0 cm	0.5	0.6	0.6	0.7	0.7	0.7	0.8	0.9	0.8	0.7	0.6	0.6	0.68
		5 cm	0.9	0.8	0.9	0.8	0.7	0.8	1.2	1.0	0.9	0.8	0.8	0.8	0.84
		10 cm	0.8	0.7	0.8	0.9	0.7	0.9	0.9	0.9	0.9	0.9	0.5	0.7	0.80
		15 cm	0.7	0.6	0.8	1.0	0.8	1.0	1.1	0.9	0.7	0.8	0.5	0.7	0.78
		20 cm	0.8	0.8	1.0	1.1	0.8	1.1	0.8	1.2	1.1	0.9	0.8	0.8	0.92
		40 cm	0.6	0.5	0.5	0.5	0.4	0.2	0.2	0.0	0.0	0.4	0.3	0.2	0.3

三、林间内外风速和地温对比

表 4.49 是防护林内外风和地温的对比：林内各月平均风速明显小于林外，年均值林内是 0.6 m/s，林外为 3.4 m/s，年平均最大风速林内为 3.5 m/s，林外为 10.0 m/s，削弱约 65%。再就 >8 m/s 的风日来看，林外年均值是 73 天，林内一天也未见，所以防护林对风的削弱效应是十分明显的。关于地温的情况：0～40 cm 各深度的地温都是林内高于林外，其差值以 5 cm、10 cm、15 cm、20 cm 层为大，年平均为 0.8～0.9℃，40 cm 层最小为 0.3℃。就季节来看，一般较浅层是夏季为大，而 40 mm 层是隆冬为大。

第八节 大棚小气候

大棚技术是广泛应用于食用菌栽陪、反季节蔬菜和水果种植、花卉等农业种植中，是适应气候变化，充分利用气候资源的有效技术手段。大棚技术之所以有效，就在于利用了当地气候，并营造了有别于大环境气候的适应植物生长的小气候环境。

南平市农业气象试验站 2007—2008 年以来，在《闽北红提(葡萄)设施栽培小气候对品质的影响及调控技术研究》中，建立棚内人工气象观测站，开展微域环境小气候观测，获得了共计6个月、186天、87种处理要素观测,取得浅层地温、气温和相对湿度数据11715个。从2007年7月1日至8月25日连续56天,每天3次(10时、13时、15时)小气候观测,共获第一手原始气象数据2520个;2008年5月14日建立棚内人工气象观测站,开展5种材料畦面覆盖处理、4个根层深度(5 cm、10 cm、15 cm、20 cm)地温、3个冠层高度(0 cm、50 cm、162 cm)温度观测和5种颜色套袋、3个重复处理,从2008年5月16日至7月20日连续66天,每天3次(08时、14时、17时)微域环境小气候观测,共获第一手原始气象数据4485个;2008年6月17日建立棚内人工气象观测站,开展5种材料畦面覆盖、4个根层深度(5 cm、10 cm、15 cm、20 cm)地温、3个冠层高度(0 cm、50 cm、162 cm)温度观测和4种颜色套袋、3个重复处理,从2008年6月18日至8月20日连续64天,每天3次(08时、14时、17时)微域气象要素观测,共获第一手原始气象数据4710个。

一、不同棚型环境垂直层温度

(一)巨型连栋避雨大棚环境垂直层温度

闽北巨型连栋避雨大棚是红提(葡萄)栽培的棚型结构之一,以建瓯市小松镇湖头村为例。本试验设计0 cm畦面、离畦面50 cm和红提(葡萄)架冠层(离畦面162 cm)三层进行畦面温度和空气温度观测,结果见表4.50。

表4.50 2008年闽北(建瓯湖头)巨型连栋避雨大棚垂直层温度比较(℃)

旬次	5/中	5/下	6/上	6/中	6/下	7/上	7/中	平均
0 cm地面温度	24.8	25.1	24.8	26.4	27.8	29.6	31.5	27.0
50 cm气温	26.4	26.1	25.6	27.2	28.9	31.3	32.1	28.1
冠层气温	27.5	27.7	27.2	28.4	29.8	32.2	33.4	29.3

由表4.50可知:建瓯湖头巨型连栋避雨大棚2008年5月中旬—7月中旬冠层旬平均气温为27.2~33.4℃,比离畦面50 cm处气温高0.6~1.6℃,比0 cm畦面地温高1.9~2.7℃。即闽北(建瓯湖头)巨型连栋避雨大棚内温度随垂直高度的增加而升高。特别是6月中旬—7月中旬冠层旬平均气温28.4~33.4℃,是葡萄果实成熟的最适宜温度区(28~32℃),十分有利于红提(葡萄)浆果的糖分积累和有机酸的分解。

(二)简易单拱避雨大棚环境垂直层温度

闽北简易单拱避雨大棚是红提(葡萄)栽培的棚型结构之一,以建阳市麻沙镇水南村为例。本试验设计0 cm畦面、离畦面50 cm和红提(葡萄)架冠层(离畦面160 cm)三层进行畦面温度和空气温度观测,结果见表4.51。

表4.51 2008年闽北(建阳麻沙)简易单拱避雨大棚垂直层温度比较(℃)

旬次	6/中	6/下	7/上	7/中	7/下	8/上	8/中
0 cm地面温度	—	—	27.4	27.1	27.4	27.6	27.5
50 cm气温	27.8	28.1	30.0	28.5	28.3	28.3	29.1
冠层气温	28.5	28.9	30.9	29.5	28.9	29.1	30.1

注:6月17日—7月2日0 cm畦面温度缺测。

由表 4.51 可知:闽北(建阳麻沙)简易单拱避雨大棚 2008 年 6 月中旬—8 月中旬冠层旬平均气温为 28.5～30.9℃,比离畦面 50 cm 处气温高 0.6～1.0℃,比 0 cm 畦面温度高 1.5～3.5℃,即闽北(建阳麻沙)简易单拱避雨大棚微域环境内温度也是随垂直高度的增加而升高。特别是 7 月中旬—8 月中旬冠层旬平均气温 28.9～30.1℃(葡萄成熟最适宜温度 28～32℃),更有利于红提(葡萄)浆果的糖分积累和有机酸的分解。

总之,2008 年避雨大棚微域环境温度均随垂直高度的增加而升高,但是二者变化幅度不同。同时两种棚型冠层温度均有利于红提(葡萄)浆果的糖分积累和有机酸的分解,相比较简易单拱避雨大棚效果更好。

(三)简易单拱避雨大棚内、外温(湿)度

为了解闽北简易单拱避雨大棚内冠层(160 cm)气温与棚外百叶箱空气温度差异,2008 年 6 月 17 日在建阳市麻沙镇水南村红提(葡萄)园设立百叶箱气象观测点,开展连续 65 天空气温度、相对湿度自记观测,并进行分析比较,结果见表 4.52。

表 4.52 2008 年闽北(建阳麻沙)简易单拱避雨大棚内、外温度及相对湿度表

旬次	6/中	6/下	7/上	7/中	7/下	8/上	8/中
冠层气温(℃)	28.5	28.9	30.9	29.5	28.9	29.1	30.1
棚外气温(℃)	23.4	23.1	25.9	22.6	21.2	22.2	22.6
差值(℃)	5.1	5.8	5.0	6.9	7.7	6.9	7.5
相对湿度(%)	76	68	84	79	77	55	40

从表 4.52 可知:闽北(建阳麻沙)简易单拱避雨大棚内冠层旬平均气温比棚外气温高 5.1～7.7℃;另旬平均相对湿度界于 40%～84%。

二、大棚套袋微域环境温度

果树套袋是目前生产高档果品的重要技术之一。20 世纪初,日本率先在梨、葡萄上进行套袋。我国大规模水果套袋是 20 世纪 80 年代末至 90 年代初,山东率先应用于苹果,随后在梨、葡萄、桃和石榴等水果及全国各地广泛应用。近年来,在南方丘陵山区避雨大棚红提(葡萄)栽培也有应用,但是不同套袋内外温度的变化规律仍未进行研究。

不同颜色、材质的套袋吸收和反射光线的效果不同,从而使不同颜色套袋内温度变化肯定不同。在试验中,分别设计不套袋,白色红提专用套袋,自制内黑外褐、黄色、粉红色、红色、蓝色牛皮纸材料套袋处理进行颜色套袋对比观测试验,分析不同处理红提(葡萄)穗微域环境极端最高、最低温度差异,结果见表 4.53、表 4.54、表 4.55。

表 4.53 2007 年闽北(建瓯丰乐)不同套袋处理、不同时段内外温度比较表(℃)

套袋处理	10 时	13 时	15 时	平均
白色袋内温度	37.7(32.4)	39.4(34.4)	40.0(35.2)	39.1(34.0)
内黑外褐袋内温度	39.5(33.0)	40.8(34.9)	41.6(35.9)	40.7(34.6)
不套袋(比照 CK)	40.9(—)	42.4(—)	42.8(—)	42.0(—)

注 1:因于 2007 年 7 月 16 日至 8 月 25 日袋外气温缺测,故各平均值分 2 个时段计算。其中,括号内数据为 2007 年 7 月 16 日至 8 月 25 日平均值。

注 2:CK 为干凉度指数,$CK = T_0^* \cdot L \cdot n$,式中 T_0^* 为气温的日较差,L 为日照时数,n 为某时段的天数。

表 4.53 表明:不同套袋处理内外温度差异不同,袋内温度均低于不套袋温度 1.2~3.2℃,以白色袋降温效果最明显,约低 3.0℃;其次是内黑外褐袋,约低 1.2~1.6℃。即表明套袋有利于改善果实袋内的穗微域环境小气候,且白色袋降温幅度大于内黑外褐袋。

表 4.54 2008 年闽北(建瓯湖头)不同颜色套袋处理温度和日较差表(℃)

套袋处理	红色袋	粉红色袋	黄色袋	白色袋(比照 CK)
最高温度	36.3	36.7	37.0	36.6
最低温度	22.7	23.1	23.6	23.2
日较差	13.6	13.6	13.4	13.4

表 4.54 表明:袋内微域环境平均最高温度黄色袋最高、红色袋最低,两者差 0.7℃;袋内平均最低温度黄色袋最高、红色袋最低,两者差 0.9℃;袋内平均日较差差别不明显,仅 0.2℃,即黄色袋、白色袋为 13.4℃,红色袋、粉红色袋为 13.6℃。

表 4.55 2008 年闽北(建阳麻沙)不同颜色套袋处理温度和日较差表(℃)

套袋处理	蓝色袋	黄色袋	白色袋(比照 CK)
最高温度	36.6	36.6	36.5
最低温度	27.9	27.7	27.6
日较差	8.7	8.9	8.9

表 4.55 表明:不同颜色套袋微域环境平均最高、最低温度和日较差值差异不明显,这可能与纸袋材料纸质薄,风吹破损有关。

三、浅根层微域环境地温

畦面覆盖红提(葡萄)根圈土壤表面,可以防止土壤水分蒸发,减小土壤温度变化,有利于微生物活动,可免除中耕除草,土壤不板结。但是,闽北避雨大棚内不同覆盖材料对根层微域环境地温的研究仍是空白。两年来,不同材料覆盖与不覆盖(比照 CK)根层微域环境浅层地温比较,结果见表 4.56、表 4.57,以及图 4.15。

表 4.56 2007 年闽北(建瓯丰乐)不同覆盖、不同深度、不同时次地温比较表(℃)

覆盖处理		5 cm	10 cm	15 cm	20 cm
黑色地膜	10 时差值	0.6	0.6	0.7	0.7
	13 时差值	0.5	0.5	0.6	0.7
	15 时差值	0.7	0.4	0.7	0.6
	平均差值	0.6	0.5	0.7	0.7
白色地膜	10 时差值	1.0	0.9	0.9	0.9
	13 时差值	1.2	0.9	0.9	0.9
	15 时差值	1.5	1.1	1.1	0.9
	平均差值	1.2	1.0	1.0	0.9
双层遮阳网	10 时差值	0.6	0.4	0.4	0.5
	13 时差值	0.7	0.3	0.3	0.4
	15 时差值	0.7	0.4	0.5	0.4
	平均差值	0.7	0.3	0.4	0.5

续表

覆盖处理		5 cm	10 cm	15 cm	20 cm
单层遮阳网	10时差值	0.3	0.3	0.4	0.4
	13时差值	0.0	0.1	0.3	0.3
	15时差值	0.1	0.0	0.3	0.2
	平均差值	0.2	0.1	0.3	0.3
不覆盖（比照CK）	10时地温	28.6	28.3	28.0	27.8
	13时地温	29.9	29.2	28.7	28.3
	15时地温	30.7	30.1	29.3	28.9
	平均地温	29.7	29.2	28.7	28.3

表 4.56 说明：不同材料覆盖均有提高浅层地温的效果，但不同覆盖材料增温效果明显不同。即白色地膜覆盖增温效果最明显（0.9～1.2℃）；其次是黑色地膜覆盖（0.4～0.7℃）；第三是双层遮阳网覆盖（0.3～0.7℃），并与黑色地膜覆盖效果接近；而单层遮阳网覆盖最差（0.0～0.3℃）。

此外，地膜覆盖对不同深度地温增温效果稳定；而遮阳网覆盖对不同深度地温增温效果不稳定，即单层遮阳网覆盖地温增温效果主要在15 cm、20 cm，而双层遮阳网覆盖地温增温效果随深度不同而不同，由高到低依次为5 cm、10 cm、15 cm、20 cm（图 4.16），由图 4.16可知：不同覆盖增温效果均明显，各浅层地温均比对照CK高。

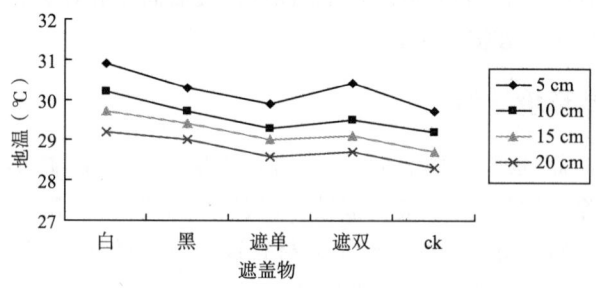

图 4.16 不同覆盖不同深度地温变化曲线图

表 4.57 2008 年闽北（建瓯湖头）不同覆盖、不同深度地温比较表（℃）

覆盖处理	5 cm	10 cm	15 cm	20 cm
黑色地膜	26.0	25.6	25.3	25.0
白色地膜	25.9	25.5	25.1	24.9
银灰色地膜	25.9	25.4	25.2	24.6
单层遮阳网	24.9	24.4	24.1	24.0
不覆盖（比照CK）	25.0	24.7	24.5	24.4

表 4.57 表明：不同地膜覆盖均有提高浅层地温 0.2～1.0℃，但不同覆盖材料、不同深度增温效果不同。而单层遮阳网覆盖浅层地温均比对照CK低 0.1～0.4℃。

表 4.58　2008 年闽北(建阳麻沙)不同覆盖、不同深度地温比较表(℃)

畦面覆盖处理		5 cm	10 cm	15 cm	20 cm
黑色地膜	观测值	27.4	27.2	26.9	26.7
	与对照差值	0.9	0.8	0.9	0.7
白色地膜	观测值	27.1	26.9	26.4	26.3
	与对照差值	0.6	0.5	0.4	0.3
双层遮阳网	观测值	26.1	26.1	26.0	25.9
	与对照差值	−0.4	−0.3	0.0	−0.1
单层遮阳网	观测值	26.4	26.3	26.3	26.2
	与对照差值	−0.1	−0.1	0.3	0.2
不覆盖(比照 CK)	观测值	26.5	26.4	26.0	26.0

表 4.58 也反映出:地膜覆盖与不覆盖 CK 比提高浅层地温 0.3～0.9℃;遮阳网覆盖与不覆盖 CK 比增(降)温效果不稳定。

从畦面覆盖浅层地温看,2 年不同覆盖浅层地温增(降)效果不同;分析其原因可能是由于观测仪器、观测农户、大棚棚型不同造成的。

因此,在生产中应根据实际情况,选取适当畦面覆盖材料与适当颜色套袋调控红提(葡萄)生长微域环境小气候,从而提高红提(葡萄)产量和品质。

本项目研究成果随气候区域、土壤类型和栽培条件的不同可能有一定的差异,但仍具有实际参考价值。

第九节　主要城市气候概况

一、福州市气候概况

福州市是福建省的省会,简称榕,是我国历史文化名城之一,历史悠久,文物古迹众多,尤其以马尾船政文化和三坊七巷老街最具特色。市郊鼓山风景区内的涌泉寺是福建最著名的寺庙。人文文化和优越的气候条件,使福州成为人居城市和适宜旅游观光的城市。

福州位于福建省中部沿海、闽江下游两岸,地处南亚热带的北部边缘,气候介于中亚热带与南亚热带之间,降水充沛,干湿分明,夏有酷暑,冬少严寒,夏季海洋性气候特点明显,冬季大陆性气候特点突出。年平均气温 19.1～21.2℃,1981—2010 年平均气温 20.2℃,在气候变暖的背景下,年平均气温呈上升趋势,如图 4.17。最冷月一般出现在 1 月份,平均气温 8.4～12.9℃,1981—2010 年平均 11.2℃。最热月一般出现在 7 月份,平均气温 27.4～31.4℃,1981—2010 年平均 29.2℃。年极端最低气温 −1.7～4.0℃,极端最低气温 −1.7℃,出现在 1991 年 12 月 29 日。年平均高温日数 32.5 天,年极端最高气温一般 36.3～41.7℃,极值为 41.7℃,出现在 2003 年 7 月 26 日。年稳定 ≥10℃ 积温 6665.9℃·d。

福州市年降水量 775.8～2074.6 mm,平均年降水量 1391.7 mm。3—9 月为多雨季节,总降水量为 1133.4 mm,占年降水总量的 81.4%;10—2 月份为相对的少雨期,5 个月降水总量为 258.3 mm,占年降水总量的 18.6%。由于降水分配不均,5 月、6 月份常受闽江洪水的威胁,夏、秋季易发生短期气候干旱。

福州市主要气象灾害是台风、高温热浪、气候干旱。2005年的台风"龙王"造成福州周边地区出现创纪录的大暴雨,城区出现严重的内涝,造成重大损失和严重影响,为城市发展进程中如何提高防御气象灾害能力,防御内涝等气象灾害的影响提供了典型教训。

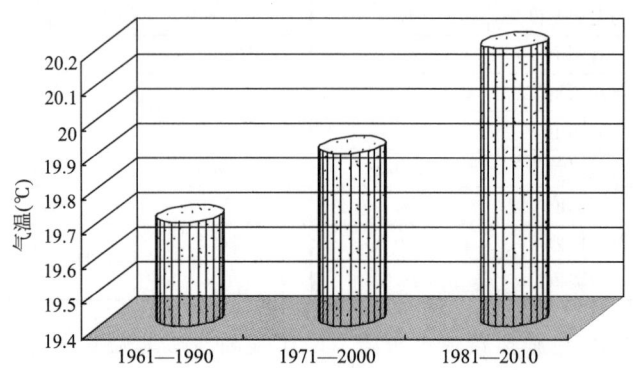

图 4.17　福州市三个 30 年平均气温比较的图

二、厦门市气候概况

厦门,又称"鹭岛",是福建第二大城市,位于福建南部沿海、九龙江入海处,地理位置靠近北回归线。厦门是一座美丽的海滨宜居城市和四季适宜的旅游之地,这里群山葱郁,碧海如烟,厦门冬无严寒,夏少酷暑,四季花香,一派南亚热带风光。

厦门市是我国的四个经济特区之一,近年来城市面貌有了很大的改观,特别是由于气候适宜,环境优美,到厦门旅游的人数逐年增加,随着城市的发展和交通条件的改善,将会吸引更多的游客到厦门观光旅游。

厦门年平均气温 20.7℃,最冷月 1 月份为 12.7℃,最热月 7 月份为 28.0℃,气温年较差 15.3℃。平均高温日数 5 天,极端最高气温一般为 36~37℃,极值为 39.2℃,极端最低气温一般在 5℃,极值为 1.5℃。年稳定≥10℃的积温 7142.2℃·d,年日照时数 1877.8 h。年平均降水量为 1332.6 mm,3—9 月份为多雨季节,7 个月的降水量为 1113.7 mm,占年降水总量的 83.6%,10—2 月份为相对的干季,5 个月的总降水量为 218.9 mm,仅占年降水总量的 16.4%。由于降水较少,淡水资源比较缺乏。台风是厦门市主要的气象灾害,1959 年、1984 年台风给厦门带来严重的灾害。

三、南平市气候概况

南平市位于福建省中部偏北,闽江上游三大溪汇合处,是闽北经济、交通和文化的中心。南平市气候条件优越,交通便利,山清水秀,全国著名的武夷山风景区就位于该市的北部,是一个观光旅游的好地方。

南平市属中亚热带,降水充沛,干、湿季分明,夏有酷暑,冬有严寒,自然景观四季常绿,大陆性气候特点较为突出。年平均气温 19.3℃,最冷月 1 月份平均气温 9.3℃,最热月 7 月份平均气温 28.7℃,气温年较差 19.4℃。极端最低气温一般为 -3℃ 左右,极值为 -5.8℃,极端最高气温一般 37~39℃,极值为 41.0℃。年稳定≥10℃积温 6161.7℃·d,年日照时数 1733.0 h。多年平均降水量为 1617.6 mm,3—9 月为多雨季节,总降水量为 1304.0 mm,占年降水总量的 86.6%;10—2 月份为相对的少雨期,5 个月降水总量为 313.5 mm,占年降水总量的 13.4%。

南平市是福建雨季暴雨中心,主要气候灾害是春季闽江的洪水和夏、秋季的气候干旱,1998 年、2006 年和 2010 年出现历史上严重的暴雨洪涝灾害。

四、泉州市气候概况

泉州市,别名鲤城,位于福建省东南沿海,晋江下游的北岸,是一座历史悠久的文化古城,经济发达的商贸重镇和著名侨乡。

泉州市属南亚热带气候,降水适中,夏少酷暑,冬无严寒,自然景观四季常绿,海洋性气候特点较为突出。年平均气温 20.8℃,最冷月 1,2 月份平均气温为 12.7℃,最热 7 月份平均气温为 28.5℃,气温年较差 16.5℃。极端最高气温一般为 35~37℃,极值为 38.9℃,极端最低气温一般在 2℃ 左右,极值为 0℃,常年最高气温≥35℃ 日数只有 5 天。年稳定≥10℃ 积温 7155.3℃·d,年日照时数 2131.5 h。多年平均降水量为 1202.0 mm,3—9 月份为多雨季节,7 个月的降水量为 1006.5 mm,占年降水总量的 83.8%,10—2 月份为相对的干季,5 个月的总降水量为 195.5 mm,仅占年降水总量的 16.2%。主要气候灾害是夏季的台风暴雨而导致的晋江的洪水和秋、冬及初春季的气候干旱。

泉州市有著名的清源山风景区和众多的名胜古迹,气候条件优越,四季均适宜于旅游,有发展旅游业的良好前景。

五、三明市气候概况

三明市位于福建省的中西部,闽江上游支流沙溪中游两岸,是福建省的一座新兴工业城市。三明市工业发达,旅游资源丰富,适合于从事投资办厂、商贸和旅游等活动。

三明市属于中亚热带气候,降水充沛,夏多酷暑,冬有严寒,自然景观四季常绿,大陆性气候特点较为突出。年平均气温 19.5℃,最冷月 1 月份平均气温为 10.0℃,最热 7 月份平均气温为 28.3℃,气温年较差 18.3℃。极端最高气温一般为 38~39℃,极值为 41.4℃,极端最低气温一般在 2~3℃ 左右,极值为 -5.8℃。年稳定≥10℃ 积温 6258.2℃·d,年日照时数 1572.1 h。年平均降水量为 1665.2 mm,3—9 月份为多雨季节,7 个月的降水量为 1340.2 mm,占年降水总量的 80.5%,10—2 月份为相对的干季,5 个月的总降水量为 325.0 mm,占年降水总量的 19.5%。

三明市是福建雨季暴雨中心,主要气候灾害是初春的低温和雨季暴雨而导致的沙溪的洪水以及秋、冬和初春季的气候干旱。1994 年、2002 年、2005 年和 2010 年出现严重的暴雨洪涝灾害。

六、莆田市气候概况

莆田市,别名荔城,位于福建省中部沿海,木兰溪下游。莆田市是一座古老而新兴的轻工业城市,气候条件优越,商贸发达,有湄洲岛妈祖庙、广化寺等名胜古迹,适宜于经商和观光旅游。

莆田市属于气候属南亚热带,降水适中,干、湿季分明,夏少酷暑,冬无严寒,自然景观四季常绿,海洋性气候特点较为突出。年平均气温 20.7℃,最冷月 1 月份平均气温为 12.2℃,

最热 7 月份平均气温为 28.7℃,气温年较差 16.5℃。极端最高气温一般为 35～37℃,极值为 39.4℃,极端最低气温一般在 1～2℃,极值为－2.3℃,年稳定≥10℃积温 7060.3℃·d,年日照时数 1852.7 h。年平均降水量为 1476.8 mm,3—9 月份为多雨季节,7 个月的降水量为 1248.8 mm,占年降水总量的 84.6％,10—2 月份为相对的干季,5 个月的总降水量为 228.0 mm,仅占年降水总量的 15.4％。主要气候灾害是夏季的台风暴雨而导致的洪水及秋、冬和初春季的气候干旱。

七、漳州市气候概况

漳州市位于福建省东南部,九龙江下游,别名芗城。漳州市气候条件优越,交通便利,风景秀丽,又是全国著名的水果之乡,是一个投资、经商和观光旅游的好地方。

漳州市位处南亚热带,降水充沛,干、湿季分明,夏少酷暑,冬无严寒,自然景观四季常绿,海洋性气候特点较为突出。年平均气温 21.7℃,最冷月 1 月份平均气温为 13.7℃,最热 7 月份平均气温为 29.1℃,气温年较差 15.4℃。极端最高气温一般为 37～38℃,极值为 40.3℃,极端最低气温一般为 2～4℃,极值为－2.1℃。年稳定≥10℃积温 7635.0℃·d,年日照时数 1830.5 h。年平均降水量 1606.6 mm,3—9 月份为多雨季节,7 个月的降水量为 1365.6 mm,占年降水总量的 85％,10—2 月份为相对的干季,5 个月的总降水量为 241.0 mm,仅占年降水总量的 15％。主要气候灾害是夏季的台风暴雨而导致的九龙江的洪水和秋、冬和初春季的气候干旱。个别年份,极端的寒潮过程会对亚热带经济作物带来严重的影响。

八、龙岩市气候概况

龙岩市位于福建省西部山区,九龙江上游谷地,是闽西政治、经济和文化的中心,是一座新兴的工业城市。龙岩市有土楼、龙崆洞等旅游景区。

气候属南亚热带,降水充沛,干、湿季分明,夏少酷暑,冬有严寒,自然景观四季常绿,大陆性气候特点较为突出。年平均气温 20.3℃,最冷月 1 月份平均气温 12.0℃,最热月 7 月份平均气温 27.4℃,气温年较差 15.4℃。极端最高气温一般为 36～37℃,极值为 39.0℃,极端最低气温一般在 0～－2℃左右,极值为－5.6℃。年稳定≥10℃积温 6695.5℃·d,年日照时数 1700.9 h。年平均降水量 1738.7 mm,3—9 月份为多雨季节,7 个月的降水量为 1448.5 mm,占年降水总量的 83.3％,10—2 月份为相对的干季,5 个月的总降水量为 290.2 mm,仅占年降水总量的 16.7％。主要气候灾害是初春的低温和雨季的暴雨洪涝。个别年份,受台风影响会出现局地性暴雨过程。

九、宁德市气候概况

宁德市位于闽东沿海,鹫峰山的东南麓,是闽东政治、经济和文化的中心,是一座新兴的市镇,太姥山位于该市北部,境内的三都湾和三都岛气候条件优越,环境优美,景色宜人,适合于观光旅游。境内东北部还建有福建首座核电站位。

宁德市属中亚热带,降水充沛,夏少酷暑,冬少严寒,自然景观四季常绿,海洋性气候特点较为突出。年平均气温 19.6℃,最冷月 1 月份平均气温为 10.3℃,最热月 7 月份平均气温 29.2℃,气温年较差 18.9℃。年平均高温日数 14.5 天,极端最高气温一般为 36～

38℃,极值为40.2℃,极端最低气温一般在1～-1℃左右,极值为-2.4℃。年≥10℃积温6318.2℃·d,年日照时数1586.9 h。年平均降水量为1996.8 mm,3—9月份为多雨季节,7个月的降水量为1585.6 mm,占年降水总量的79.4%,10—2月份为相对的干季,5个月的总降水量为411.2 mm,占年降水总量的20.6%。主要气候灾害是初春的低温和春夏季的台风和暴雨洪涝。2006年的"桑美"台风就在该市东北部的沙埕镇登陆。

十、平潭气候概况

平潭位于福州市东南部海域,是大陆距离台湾省最近的县,面积392.92 km²(相当于香港本岛4倍、新加坡总面积一半),由海坛岛等126个岛屿和近千个岩礁组成,主岛海坛岛为中国第五大岛。2009年平潭被定位为探索两岸交流合作先行先试的示范区和海峡西岸经济区科学发展的先行区,省政府决定成立平潭综合实验区。

平潭主要气候特点:一是温和湿润、冬无严寒,夏无酷暑;二是降水较少,干湿分明;三是风速较大,风向稳定;四是日照充足,蒸发强;五是台风及大风、气候干旱是主要的不利的灾害性天气。近年来由于城区建筑物的增多,外加沿海防护林的阻挡,市区风速明显减小。岛内风能和太阳能资源丰富,具有较大的开发利用价值。

平潭年平均气温为20.0℃,冬季极端最低气温为0.9℃,夏季极端最高气温为37.4℃,高温日数4天,明显少于周边和沿海其他县市。平均年降水量为1300 mm,是全省少雨区之一,降水集中期在春夏季节,春季(3—6月)降水占年降水量的53%,夏季(7—9月)占29%,平均年降水日数120天,其中,暴雨日数5天,大暴雨日数1.4天,最大的日降水量为297.0 mm。平潭风向稳定,风速较大,年平均风速4.5 m/s,平均年大风日数28天,年主导风向轴明显,为NE—SW方向;风向变化稳定,9月至翌年5月盛行偏北风,6—8月盛行偏南风。秋冬季风速最大,大风日数最多。城区和沿海风速差异大,海边风速显著大于城区。20世纪80年代以来,随着城镇建设的发展,增加了地面粗糙度,加上气象站周边楼房的直接遮挡,观测到的平均风速和大风日数呈显著的减少趋势。

台风是危害平潭的主要气象灾害。平均每年受3.8个台风影响,多集中在6—9月,以8月为最多。气候干旱也是平潭的主要气象灾害,由于降水少且季节分布不均,加上风速大、日照多,促使蒸发也强,容易出现气候干旱,随着淡水引进平潭,可以缓解本地降水的不足。平潭风速较大,大风是影响海上交通的重要因素,随着平潭大桥的开通,可以解决原先轮渡受大风的影响问题。

平潭滨海旅游资源丰富,原生态环境较好,天风海涛铸就了海岛绚丽多彩的旅游风光。海蚀地貌颇有特色,海蚀崖、海蚀洞、海蚀穴、海蚀平台、海蚀阶地等星岁棋布,形态各异。盛名的景点还有石牌洋、海坛天神、东海仙境等。漫步海滨沙滩,迎着习习润润的海风,踏着软软的略带弹性得沙滩,看那海天一色颇为惬意。

第五章 应用气候

第一节 农业与气候

农业气候是指与农业生产和农作物生长发育密切相有关的气候条件。包括光照、热量、水分等作物生长发育不可缺少的因子;也包括洪涝、低温冻害、气候干旱、冰雹等不利的天气气候。这些气候条件不仅影响农业生产的地理分布,也影响农作物产量的高低和品质的优劣。

农业生产的技术尽管进步很大,大棚技术的应用,农田灌溉的建设等等,明显提高了利用气候资源和抵御气象灾害的能力,但农业生产总体上,还是依赖气候条件。

一、农业气候资源的分布

(一)农业气候概况

福建属亚热带海洋性季风气候,冬季盛行来自大陆的偏北风;夏季盛行来自海洋的偏南风。冬短温和,雨水少,南北温差大;夏长普遍高温,温差小,降水离散度大;秋温高于春温;春季湿润多雨。

气候暖热,雨量充足,光、热、水资源丰富,优于同是亚热带我国西部地区。以武夷山,戴云山为屏障对冷空气的阻挡,以及海洋的影响,使福建省南亚热带的北界向北伸延一个纬距,即26°N附近,成为全国南亚热带纬度最高的一个地区。

随着山地海拔高度的增高,热量与日照减少,雨量与温度增加,气候由暖热湿润向相对温凉、更湿润、少日照变化,因而福建省构成多种农业气候类型,以及地域差异和农事活动时间性上的差异。

(二)农业热量资源

1. 热量资源丰富,生长季长,温度有效性较高

日平均气温稳定通过10℃的初、终期,持续日数和初终期间的活动积温是衡量某地作物生长期长短以及提供农业利用热量多寡的重要标志。稳定通过10℃的初日是早稻开始播种期,终日是喜温作物停止生长期。福建省≥10℃的初日大部地区始于2月下旬至3月中旬,以厦门、龙海、安溪以南沿海的为最早,在2月上旬,高海拔山区初日为最迟,武夷山,鹫峰山和戴云山可推迟到4月上旬。终日的分布趋势与初日相反,自北向南推迟。福清以南沿海推迟至次年元月中旬,个别地区甚至全年通过10℃,闽西北大部地区终于11月下旬至12月中旬,高冷山区才出现在11月中旬。可见,境内初、终日迟早可相差2个月。≥10℃的持续日数,全省大部地区在260天以上,同安、长泰、南靖以南地区可达340天,最长的可持续355天

左右。其积温除武夷山、鹫峰山、戴云山为3500～5000℃·d,全省大部为5500～7600℃·d,其中福清、永春、龙岩以南大于6500℃·d。无霜期全省为250～336天,多数地区接近超过300天,这与两广和台湾相近,这是其他省份难以比拟的,因而福建省具备优越的三熟制气候条件。

10～20℃活动积温和持续天数可用来衡量各地双季稻耐寒品种组合安全生长季的长短和品种搭配的重要依据。全省10～20℃活动积温为4500～6500℃·d,持续日数为200～300天。10～20℃80%保证率下积温、持续日数表征双季稻80%年份得到安全生产的保证,全省为4200～6300℃·d,持续日数180～260天,与平均活动积温相比,全省少200～320℃,持续日数也比平均缩短11～24天左右。由表5.1列出全省各地10～20℃积温与双季稻安全生长季概况。

从表5.1看出,全省双季稻安全生产热量资源,以福州以南的南安及漳、厦一带最为优越,其无霜期长达320～360天。闽东福鼎至连江一带热量资源与安全生产季居中,无霜期长达270～300天,闽北、闽西一带略差,安全生产明显偏短,无霜期有260～290天,武夷山、鹫峰山、戴云山等山地安全生产最短,无霜期250天以下。

表 5.1 全省各地 10～20℃积温与双季稻安全生长熟制

地段	初终间日数(d)	10～20℃积温(℃·d)	熟制
南安及漳厦平原	260～280	6000～6500	充分满足一年三熟和热作生长需要
福州、莆田及晋江平原	230～260	5500～6000	一年三熟,适宜种一中一迟水稻
福鼎至连江	215～225	5000～5500	一年三熟,包括两季中熟水稻
闽西、闽北等地	200～220	4500～3009	低海拔适宜一年三熟,但季节紧须防冷害

综上所述,热量资源最丰富地区分布在福州以南的沿海一带。年平均气温19.5～21.6℃,最冷月(1月)平均气温11～13℃,平均极端最低气温1～5℃,≥10℃积温6500～7000℃·d,持续天数299～355天,10～20℃积温5500～6500℃·d,持续天数230～280天。其中漳州市是福建省面积最大的热作区,年平均气温可达20.8～21.6℃,≥10℃积温在7300℃·d以上,持续天数340～355天,月平均气温≥26℃长达7～8个月。热量相对较少的分布在武夷山,鹫峰山,戴云山等山区,年平均气温在17℃以下,最冷月平均气温2～5℃,极端最低－8.0～－12.0℃以下,≥0℃积温<6500℃·d,≥10℃积温<5500℃·d,10～20℃积温<5000℃·d。

2. 山区热量垂直差异显著,立体层次分明,地域差异明显

福建省热量资源,不仅海拔低的平原热量充足,而且1000 m以上的山地热量条件也很好,林木葱郁,动、植物资源丰富。在一定季节内利于喜热作物生长,在另一季节内又适于喜凉作物生长。丘陵山区平原相对高差较大,在水平距离很小的范围内,热量差异大,因而在同一生产季内,因不同海拔高度适于不同作物生长,可相应引种多类型农林作物,建立不同高度层的作物类型,农耕类型和多种林木植被类型,为多种物种生存和大农业发展提供优越的气候生态条件。

山区气温递减率是山区热量变化的一个重要特征量。不同山系不同地形,不同坡向以及不同季节的气温递减率存在较大差异,它与自由大气递减率不同,以自由大气垂直递减率推算山地各高度气温是不适宜的,因而确定各山系气温递减率有实际使用意义。亚热带东

部丘陵山地年平均气温垂直递减率为 0.4~0.6℃/100 m,多数山系递减率南坡高于北坡,一般高 0.03~0.10℃/100 m,这主要是低山区南坡平均气温较北坡偏高,而在高山区南、北坡相近所形成。

由于冬季经常出现逆温,气温递减率较小,南坡大于北坡;春季气温开始回升,气温递减率也开始增大,南坡比北坡偏大;夏季气温递减率普遍达到最大值,南、北坡已相接近;秋季递减率又渐渐减小。

界限温度的初日基本上随海拔高度增高而推迟,终日随海拔高度增高而提早。如≥10℃初日,每增高 100 m,约推迟 1~3 天,个别山区推迟 4~5 天,终日约提早 2~4 天。一般≥20℃初日推迟和终日提早都比较大,初日推迟 3~5 天,终日提早 3~5 天。

界限温度的积温垂直递减率,也是南坡大于北坡,≥10℃积温递减率一般为 150~250℃·d/100 m,≥20℃积温递减率为 200~300℃·d/100 m。≥10℃持续日数递减率一般为 5~6 天/100 m,20℃持续日数随高度减少约为 7~8 天/100 m。

3. 热量资源评价与开发利用

福建省农业生产所需的热量资源十分丰富,即使山区也有相当的热量,不少地方把高海拔山区统称高寒山区,很不恰当。各季 11—4 月≥0℃的积温,全省海拔高度在 700 m 以下,26°N 以北地区为 2100~2900℃·d。高度在 900 m 处北部仍有 1500~1600℃·d,南部在 2300℃·d 左右。而目前福建省冬季农田多呈休闲状态,只有少数耕地种植紫云英,油菜等,冬季热量资源没有充分利用而白白浪费,南北各地可因地制宜种植各种作物,提高复种指数、增加经济收入。

夏季南北温差小,垂直温差大;冬季南北温差大,垂直温差小,形成亚热带山区内不同的热量资源类型区。气温量值的水平变化与垂直变化的比较,明显反映冬夏间差异特点。广阔地域水平温度差与垂直温度差,以及同一高度层内由于坡地、谷地、盆地等地形影响,形成多种类型热量小区,使福建成为全国以至在世界上植物种类十分丰富的一个区域,为发展多种类型农林业提供基本条件。

冬季南、北热量的较大差异,形成越冬植物呈带状分布并有严格界线,这就决定农作物,特别是多年生作物呈水平地域带状分布状况。夏季山区显著的垂直温差,使夏半年农业生产有显著的垂直分层特点,如水稻垂直分布由低山区双季中迟熟水稻配置向上到双季早中熟再到单季稻的变化,这种水平与垂直热量变化及其特点,给农业布局调整以重大的影响。

由于气候资源多类型特性,形成相当多小范围的传统优质产品或特有产品,这些产品在福建省还可以选择更多最适的生态环境加以发展,但是另一方面也有一些低质低产农作物应根据气候类型逐步改变和调整,传统产品亦应选择最优或较优的自然气候环境,使之投资少,产量高,经济效益好,此外,还可以按多类型气候情况,大量引进新型农作物,促进外贸生产发展,可以用不同层次不同时期气温特点作"反季"蔬菜栽培;还可以利用山区气温梯度延长鲜果供应期,如南亚热带荔枝成熟期很集中,鲜果供应期极短,如果利用高度季节差作不同高度栽培,就可能延长荔枝鲜果供应期,提高产值。

(三)农业水分资源

1. 降水量

降水量是近地面水资源的主要来源,直接影响农作物水分供求及灌溉,福建省受季风环流影响,降水丰沛,为全国降水量最多的六七个省份之一,年雨量自东南沿海至西北山地分布在 1000～2200 mm,约有 4/5 的地区年雨量达 1500 mm 以上。若以年雨量高于 1000 mm 的地区定义为季风气候湿润区,福建省全部达到这一标准。但年内分配不均,干湿季分明;年际变异大,多则洪涝,少则干旱,直接限制农业对降水的有效利用。

降水年内分配差异悬殊,约有 80% 的雨量集中在 3—9 月湿季中。3—4 月春雨与 5—6 月梅雨,4 个月雨量合计 550～1100 mm,占全年的 50%～60%,其中梅雨季降水常有持续性,并形成高峰期,7—9 月雨量为 350～750 mm,一般说来,台风影响降水强度大,雨区也广;无台风时沿海晴旱,内地常有热雷雨调剂旱情。10—2 月受冷空气控制为干季,这 5 个月的雨量仅占全年的 15%～20%。7—9 月在全省大部地区,虽为次高峰期,但常因降水时间集中,雨日少,雨时过程短,流失快,温高蒸发大,所以有效性小,晚季作物得不到足够的水量,尤其是东南沿海各地农地普遍水分供求不足。

对农业生产而言,一般要求有 80% 降水保证率才有实际意义,其意思是指 10 年中有 8 年可以达到或超过这个降水量平均值保证程度。全省大部地区 3—9 月 80% 保证率的降水量为 550～1000 mm,占同期 60%～73%,其中闽东南沿海只有 550～600 mm,为全省分布最少地区。其中 3—4 月 80% 保证率为 100～250 mm,占同期 44%～63%;5—6 月 270～500 mm,占同期 65%～76%;7—9 月为 145～450 mm,占同期 45%～75%。

2. 地表水资源

福建地表水、土壤水、地下水补给来源主要靠大气降水,降水量的多少和分布决定了地表水资源的状况和多年平均年径流深的分布规律。

福建属地表水资源丰富的地区。全省多年平均地表水资源量有 1168 亿 m^3,人均约 3800 m^3,高于全国人均 2700 m^3 的水平。

全省年平均径流深分布在 500～1400 mm,其高值区分布在各流域河源地带,全省有三个高值区:一是闽北高值区,位于光泽,武夷山为中心的建溪、富屯溪河源地带,年平均径流深大于 1100 mm;武夷山主峰高达 1962 mm,为全省最大值;二是闽东高值区,位于柘荣、周宁、宁德为中心的闽东诸河流域地带,年平均也大于 1100 mm;三是闽南高值区位于德化、连城、漳平的晋江、九龙江河源地带年平均大于 1000 mm。沿海诸岛年平均径流深一般只有 300～500 mm,因此全省径流深两起两伏的分布与降水量分布较为一致。

受降水量年际变异大的制约,福建地表水年际变幅很大。中等旱年($P=75\%$),全省年径流量约 923 亿 m^3,比常年少 245 亿 m^3,减少 21% 左右;特旱年($P=95\%$),全省年径流量仅有 689 亿 m^3 左右,较常年少 479 亿 m^3,即减少 41%。年内分配与降水量的分配接近,较为集中,汛期(4—9 月)径流量占全年的 75%～80%,而枯季(10—1 月)径流量只占全年的 20%～25%。

3. 地下水资源

按水文法计算,全省地下水资源年平均为 179 亿 m^3,最干旱年为 87 亿 m^3,如考虑洪流的地下水径流量,年平均径流量约 438～399 亿 m^3,即相当于地表水资源的 1/3。全省地下水分布很不均匀,闽西南山区碳酸盐类岩溶裂隙水的地下水资源最为丰富,其次是沿海平原松散岩类孔隙潜水。碎屑岩类变质岩类和闽东侵入岩、喷出岩类的地下水则最少。

4. 水资源评价与合理利用

福建处于我国丰水区,约有 80% 以上年降水量集中在湿季 3—9 月,这段时期农作物生产旺盛,需水量最多,以及所盛产的经济作物,竹林等亚热带森林生态系统等等,都与降水丰富,水热同季的特点分不开。

　　福建地形地貌复杂,因山区山势陡峭,地面径流大,而平原丘陵区地势平缓,径流小,即使降水量相同,能为作物利用的地面"有效降水"(即降水量—径流量)却是不同的。因此,地面有效降水可以认为是大气降水留存于地面的最大可利用降水,其中包括湖、溏、池、库等可供灌溉的水,是作物能够从土壤中加利用的自然降水量。全省年有效降水约为 500~1000 mm,比同期降水量平均减少 50%,直接可利用水(不包括灌溉)大大减少;地域分布总的特点是平原多于盆地,滨海多于山区。如漳泉平原大气降水虽为低值区,而有效降水却为高值区。丘陵山区水资源丰富,但其利用程度却不够充分,丘陵山区仍有不同程度的旱情,主要是蓄水灌溉问题,山地中、上层径流过大(径流系数可达 60%~70%),还造成冲刷或水土流失严重。

　　降水强度直接影响农业对降水的有效利用。小雨到中雨一般土壤可以充分吸收,大到暴雨常常造成水土流失,山洪暴发,积水成涝,洪水暴涨,冲毁田园和水利工程。夏季是最大降水强度出现最多季节,特别是沿海地区,由于受台风影响,常出现大—特大暴雨。山地丘陵坡较陡,花岗岩多,一旦植被破坏,大大减弱了土壤抗蚀能力,加剧水土流失,各河流水系上游森林的破坏,失去了涵养水源和保持水土的功能,泥沙量,输沙量不断增加,江河湖泊由于泥沙淤积,河床抬高,严重影响平原的水利灌溉;不少水库,因淤积而减少容量,缩短使用寿命。至于被冲蚀带走的表土,损失的土壤养分更难估算。因而对福建省水资源的认识,不能只强调丰沛的一面,应充分意识到其破坏性的一面。从而重视保护和发展各种防护林,尤其是阔叶林,充分发挥森林的保水功能,为农业生产创造良好的生态环境。

　　由于降水季节分配不均,河川径流季节分配也不均匀,洪、枯流量相差很大。汛期洪水暴涨,容易泛滥成灾,枯水季节水源又大量不足,因而进行季节性径流调节,即兴修水库拦蓄丰余的水量以供枯水季节使用,是农业生产,水电建设的突出要求。水库建设还可与发展淡水养殖相结合,以提高水资源农业利用的经济效益。以浦城县为例,向有"吃不完浦城的粮"声誉,由于森林严重破坏,不断发生旱情,虽然水利工程逐步升级,而受旱程度也仍然逐步升级,因此,只有把山区的水资源合理利用和管理好,才可使下游平川、沟谷盆地上的农田免受水旱的威胁。治山治水,必须实行天上水,地表水,地下水"三水"并治,才能使其最大限度地为农业利用。

二、主要农经作物与气候环境

　　福建农作物主要包括粮食作物、经济作物和其他作物三大类。多年生经济作物不占耕地,主要有果、茶及橡胶、剑麻等,大田农作物种植结构长期偏重粮食,近年经过多次调整有了较大的变化,农业结构逐步优化,第一产业畸重的现象继续得到改善,农业内部继续向林牧渔业倾斜,至 1996 年,农林牧渔四个行业的比例已调整为 43∶7.5∶23.2∶26.3。种植业内部经作比重提高,至 1996 年粮食与经济作物比例已调整为 80.8∶19.2。经济作物大力发展具有地方特色的龙眼、荔枝、香蕉、芦柑、茶叶以及菜、菌、花等优质高效品种。畜牧业水产业大力发展珍稀动物的养殖,山鸡、鸵鸟、蛇类、淡水鳗、甲鱼、海淡水网箱养鱼等养殖逐步形成规模。农业结构的调整带动了外向型农村经济继续向纵深发展,在出口商品中,优质水果、茶叶、食用菌、畜禽、蔬菜、花卉、竹木及优质水产品等 11 类农产品规模进一步扩大。

　　福建种植业经过多年的探索,实践和不断调整,主要作物及产品已逐渐形成各自的生产和商品基地,并向生产区域化、专业化方向过渡。粮食作物遍及全省各地,其商品生产基地,主要分布在三明市、南平地区等,经济作物对生态条件要求高,如蔗、麻及南亚热带水果等主要分布于闽东南沿海地区,柑橘现已推广几乎遍及全省。茶叶历来重点区在闽北和闽东地区,以及闽南安溪,现茶叶分布范围更广,但主要商品基地没有很大的改变。

福建粮食作物以稻类为主,其次为薯类、麦类、豆类和其他杂粮;经济作物主要有花生、油菜、芝麻、甘蔗、麻、烤烟、蔬菜等,也包括宿根性的茉莉花、莲子等等。

(一)水稻

福建水稻种植面积占总耕地面积80%以上,种植方式分一季和双季两种。双季稻主要集中在300~400 m以下的河谷盆地与沿海平原,一季稻主要集中在海拔300 m以上的广大丘陵山区。12~15℃积温稳定通过持续时间和水稻生产季接近,可用以表示一地水稻生长季的热量条件,一般水稻熟制的12~15℃积温指标:双季>5000℃·d,单、双混合4500~5000℃·d,单季<4500℃·d。受地形条件限制及降水,光照等因素影响,地处沿海平原,河谷盆地及丘陵山地的双季稻作区应有较大区别:福州以南沿海平原年日照时数2000~2200 h,≥10℃积温6500~7500℃·d,适宜小麦—稻—稻,春花生—晚稻—麦(油)、双季稻冬种与三年蔗轮作;海拔高度低于200 m偏居内地的河谷盆地,年日照时数1800~2000 h,≥10℃积温6000~6500℃·d适宜,油菜—稻—稻,大麦—稻—稻;海拔高于200 m丘陵山地适宜肥—稻—稻、烟—稻、马铃薯—稻、早稻—秋玉米。水稻生产受春秋季低温影响明显,伏旱和高温对双季晚稻栽插和早稻灌浆也有一定的影响。

(二)冬小麦

群众习惯利用冬闲田种植,冬小麦要求0℃以上积温1800~2100℃·d,生长期降水量要求450~600 mm,水热资源均能满足,但山区云雾多、春雨多、湿度大,小麦易患霉病或因土壤较湿而引起根系腐烂。

(三)油菜

油菜是秋冬复种的主要作物,喜温凉。一般在海拔400~500 m以下栽种,利于粮油肥合理轮作,秋播油菜要求平均气温≥10℃,最冷月平均气温下限为-5℃,0℃以上积温2100~2400℃·d,山区油菜结荚期常有阴雨危害。

(四)大豆

大豆是喜温作物,栽种较零星,要求积温1700~2900℃·d,在日平均气温<23℃或>29℃时开花较少;需水量较多,生产50 kg大豆,需耗水120~200 m³。如干旱缺水,不仅产量低,且品质差。

(五)甘蔗

甘蔗喜高温、高湿、强光。水热条件是影响甘蔗产量高低和含糖量限制因子。日平均气温20℃是其生长和糖合成的适宜温度下限。一般要求积温>5500℃·d。极端最低气温<0℃即可能发生冻害,严重影响产量和质量。在13℃时便可萌芽,最理想的温度为30℃左右。甘蔗进入伸长期,其生长量与月平均气温呈指数相关,月平均气温25~31℃伸长最快,福建7—9月平均气温均可达到。7—9月日照时数≥650 h,有利蔗茎生长,在福建沿海平原及南平、三明地区大部、龙岩地区北部均可达到。甘蔗生长期长,又是高秆作物,需水量较

大,福建省 7—9 月降水量可以满足生长的需要,但有的年份出现夏旱、产量不高。

(六)小番茄

小番茄在生长和生产中对气温相当敏感,低温冻害是造成减产甚至绝收的主要因素。王伟雄等利用现有农村区域自动站资料,结合现场农业气象观测对比,通过对小番茄的栽培试验,对小番茄低温适应性进行研究。

试验表明,在田间最低温度为 1.0℃时,虽然有霜冻发生,但小番茄仍是安全的,无须采取防护措施;在田间最低温度为 0.0℃时,喷洒防冻液、喷雾处理、塑料薄膜覆盖基本可以保证小番茄不受冻害,而没有采取防护措施的小番茄叶梢有部分(约 30%)冻伤,但没有造成严重影响;当田间最低温度为 −2.8℃时,喷洒防冻液、喷雾处理根本无法保证小番茄的安全,其果、茎、叶全部冻伤绝收,塑料薄膜覆盖在该温度区域内基本可保证小番茄的安全,只有小部分(20%)叶梢冻伤,但对产量基本没有太大的影响。

(七)红提(葡萄)

红提(葡萄)是从美国加州引进的鲜食葡萄品种。从 2002 年开始,闽北红提(葡萄)通过采用避雨栽培,面积不断增加,已占闽北葡萄品种现有栽培面积的 10% 以上。由于市场价格高,经济效益好,红提(葡萄)仍是今后一段时间闽北农村发展、农业增效、农民增收的又一绿色产业。

(八)锥栗

锥栗是我国特有的一种野生或栽培的果材两用树种,为壳斗科栗属植物,又名榛子。锥栗作为经济作物栽培,主要分布在闽、浙两省。闽北是福建锥栗主产区且栽培历史悠久,据南平市第一次锥栗资源调查:建瓯市栗类栽培历史,至少可追溯到 400 年前(1595 年就有记载)。南平市先后有三个县市被国家林业局命名为"中国名特优经济林锥栗之乡"。目前,锥栗已成为闽北农村继竹业经济之后的又一个新的骨干产业,也是闽北山区农民脱贫致富奔小康的好项目。

锥栗不同品种对温度要求有所差异,但一般要求年平均温度在 15~17℃,生长期 18~20℃。锥栗在不同物候期对温度的要求也不相同,开花期要求在 17℃以上的温度。如果此期温度在 15℃以下或 27℃以上均对受精不利,引起结果不良。在生长期中如夏季温度低,则果实推迟成熟,品质下降;若果实成熟期,温度不能满足果实发育要求,则果实推迟成熟,易出现未熟果。因此要求锥栗栽培区秋季温和、气温逐渐下降为宜。落叶后,树体即进入休眠。在休眠期则需要一定的低温,最适宜温度是 0℃左右。

锥栗对水分有较强的适应性,年降水量从数百毫米到 2000 mm 的地区,均有分布。但从锥栗结果及品质来看,锥栗以雨量略少、日照充足的山地栽培为最有利。如花期多雨,则授粉受精不良,果实膨大期多雨、日照不足,易引起落果或抑制果实膨大。因此,南平市 5—6 月的梅雨常对锥栗开花造成不利影响;果实发育期过于干旱,则会妨碍果实正常生长,易出现"空苞"。

根据建瓯县气象局曹李兴等的研究,锥栗生长适宜区气候特点是:日最低温度≤3.0℃初、终间日数持续天数相当,约 115~165 d;年平均温度 14.5~17.5℃,1 月平均最低温度 1.5~3.5℃、7 月平均最高温度 29.5~33.5℃、≥10.0℃活动积温 4000~5000℃·d。这一气候特点与建瓯锥栗资源调查情况,野生锥栗主要分布海拔 500 m 以上的丘陵山区基本吻合。

曹李兴等还认为,丘陵山区锥栗种植海拔高度的低线为 400~500 m,高线为 1000~1100 m。该区温度适宜、降雨量适中,能较好地满足锥栗生长期、休眠期对光、温、水的要求,在此区锥栗休眠期较长、能够有效促进锥栗内源激素的转化和雄性花芽分化。另外,该区土壤主要以红壤土为主,土层深厚,腐殖质一般在 23 cm,平均有机质含量为 4.18%,pH 值 4.99。发展锥栗可以获得较好的经济效益。

次适宜区:主要分布于两大溪流沿河谷一带,海拔高度 400~500 m 以下,位于建瓯市中部,范围最大,平均海拔较低,地势比较平坦。其气候特点是:日最低温度≤3.0℃初、终间日数持续天数较短,约 70~115 d;年平均温度 17.5~20℃,1 月平均最低温度约 3.5℃以上、7 月平均最高温度 33.5~36.5℃,≥10.0℃活动积温 5000~6000℃·d,即温度相对偏高、降雨量相对偏少,特别是夏秋季热而干,冬季日最低温度≤3.0℃初、终间日数持续天数短。低温冷却量相对不足,不利于锥栗充分休眠、内源激素转化和雄性花芽分化。从锥栗资源调查情况看,该区极少野生锥栗分布。

(九)茶

茶树喜温好湿,喜酸耐阴。"高山云雾出好茶",这是茶区民众长期从事茶树种植的经验总结,这是因为适宜的海拔高度,云遮雾笼,形成的适宜的气温、足够的水分和湿度、合理的光照,使得茶芽柔嫩,芬芳物质增多,醇而不苦涩。

最适宜茶树生长的温度是日平均温度为 15~25℃,日平均温度超过 25,虽然生长快,但茶叶易老化,品质下降。茶树生长良好的地方,年降雨量最好在 1500 mm 以上,而且雨量分布均匀,在茶树生长的季节,月降雨量要求在 100 mm 以上,相对湿度以 80%~90%为最好。

福建特殊的地理位置使福建省茶业生产的气候条件具有明显的综合优势,福建茶区多分布在中亚热带和中亚热带山地气候区内,福建山区气候温暖湿润,雾日、雨日多,直射光少,散射光多,蓝光、紫光有利于茶叶含氮物质的形成。气温不高,相对湿度大,日夜温差大,有利于茶叶芳香物质的合成与积累,同时省内各个茶区因其气候的多样性又各有其独特的气候优势。

根据陈惠的研究,影响福建省茶树生长的气象指标有气温、光照和水分。一是极端最低气温对茶树安全越冬的影响;二是≥10℃积温对产量形成的影响;三是光照条件。茶树生长区基本要求年平均气温 14.0~19.5℃,≥10℃积温>4500℃·d,据研究茶树生产的日平均气温 20~30℃为适宜。其中大叶种茶树,对热量要求较高,≥10℃的积温需达 6500℃·d 以上。茶树对低温较敏感,当气温低于 0℃时,大叶种开始受冻害,当气温低于-7~-8℃时,中、小叶种也开始出现冻害。

茶树对低温很敏感,当气温低于 0℃时,耐寒性差的大叶种茶树开始发生冻害;气温降低至-5℃左右,茶树受冻害严重,甚至引起植株死亡;当气温降至-7~-8℃,耐寒性较强的中、小叶种茶树也出现冻害征象,气温降至-10℃,冻害较严重。研究指出,茶树忍受的最低气温临界值是-15℃。2010 年 3 月上旬,受寒潮影响,福建茶树冻害严重,造成茶叶减产。

茶树对≥10℃积温也有要求。在水湿条件基本得到保证的前提下,茶树生长期内积温越高,则茶树芽梢的萌发生长就越迅速,茶叶采摘的批次也越多,产量也越高。形成茶叶产量的热量指标用≥10℃积温来表示。不同品种所需积温指标值差异很大,中、小叶种茶树要求≥10℃积温需达 4500℃·d 以上,大叶种茶树要求≥10℃积温需达 6000~6500℃·d 以上。≥10℃积温大都在 5100～7600℃·d,武夷、鹫峰、戴云等山地 800 m 以上的山区<4500℃·d,福州以南沿海在 6500～7600℃·d,其余各地在 5500～6500℃·d。可见,福建≥10℃的积温除北部山区外,其余各地均均能满足中、小叶种茶树生长的要求;根据对≥10℃积温的需求,大叶种茶树更适宜于福建中南部低海拔地区种植。

茶树对光照条件要求。茶树喜欢漫射光的生态环境,漫射光多的生长环境,符合茶树的生物学习性,漫射光中的蓝、紫光,对提高茶叶品质有促进作用。因此,可以用日照百分率≤45%作为优质茶形成的主要气象指标。

福建各地年日照时数、年日照百分率、太阳辐射年总量满足茶树生长的要求。福建除北部中山区年日照时数可<1700 h 外,其他各地均在 1700～2413 h。这里值得指出,福建各茶区的日照百分率大部分都在 45%以下。安徽农学院李倬教授提出以日照百分率≤45%为形成优质茶的光照指标。对照这一指标,说明福建茶区内的光照条件对优质茶较为有利。但是,与全国主要茶区相比,日照仍属中等水平(表 5.2)。

表 5.2 福建省与全国主要茶区的光照条件比较

茶区	江苏镇江	安徽祁门	浙江杭州	江西修水	湖南长沙	四川成都	广东广州	广西灵山	台湾台中	福建	
										南亚区	中亚区
日照时数(h)	2171	1982	2025	1708	1664	1267	1934	1647	2400	1840～2400	1700～1970
日照百分率(%)	49	45	46	39	38	29	44	37	50	42～54	38～45

茶树对水分的要求。降水量也是影响茶叶产量和质量的重要因素,茶树生产 1 kg 芽叶需水 400 kg,茶叶生长需要的最适宜土壤相对含水量为 25%～28%(不低于 20%)。因此,茶树要求年降水量 1000 mm 以上,最好是 1500 mm 左右,且在茶叶采收季节(3—10 月)月降水量要 100～150 mm。相对湿度又是一个影响茶叶品质的气象因素。茶树具有喜潮耐阴的习性,在采摘茶叶前 10～29 天,相对湿度达 70%～80%,有利于茶树的光合、呼吸作用,利于形成高产。

2002 年、2003 年、2004 年福建连续 3 年干旱及 2005 年的水分太多使福建茶叶产量和品质有所下降。2010 年春寒严重,使茶叶减产。

福建气候湿润,年平均相对湿度均在 76%以上,一般为 78%～83%,有利于茶树的光合、呼吸作用,利于高产优质。全省各地差异不很显著,最高值是建宁、泰宁的 84%;最低值是龙岩、南安的 76%。这是因为山区相对海拔高,山地植被调节空气含水量大,沿海受海风吹拂,海水使空气中的湿度也增大。

三、区域种植制度与气候环境

(一)安溪—诏安

九龙江下游是粮食高产区,双季稻安全生长季(10～20℃期间)积温 6000℃·d 以上,持续天数 270 天左右。春季回暖早,稳定通过 10℃的初日为 2 月上、中旬;秋寒迟,≥20℃终日一般为 10 月下旬至 11 月上旬。其光热资源生产潜力大,寒害轻而少,有利双季稻高产。从 10～20℃积温分析,早晚稻均可采用迟熟品种,若考虑与冬种衔接,早稻宜采用中熟品种,适当推迟播种期,一般安排在 3 月初至中旬,这段时间一般该地区无春寒危害,另外又使早稻的孕穗—抽穗期出现在雨季结束后光温条件优越的时段。晚稻可采用迟熟品种,6 月下旬播种,齐穗期安排在10月中旬以前以避秋寒,争取双季稻高产稳产就有把握。

泉州—诏安属半干燥气候,4—6月水分供求矛盾不太突出,可种植早稻。7—10月农田晚季安排旱作较为合理,可考虑与油料等作物搭配,例如早稻+晚甘薯+冬种或早稻+花生+冬种。

目前冬闲地较多,提高复种指数仍有潜力可挖,甘蔗、甘薯、烟草可以越冬,春季大小麦抽穗扬花阶段雨日相对少,日照多,冬作物种类仍相当多。冬种作物类型应合理搭配,注意年际间的轮换,适当提高稻—稻—薯、稻—稻—油、稻—稻—肥、稻—稻—麦的比例,此外稻与二年蔗以及稻+黄麻均可安排。

(二)福州—永春

生长季10～20℃积温为5250～5800℃·d,其天数为228～253天,仍属一年三熟地区。双早、双晚采用中熟品种较好,从养用结合角度出发,冬种以油、肥、麦三者为主进行,年际间轮作。平潭—惠安沿海一带为重旱区,晚季可以安排花生、大豆、甘薯等作物,特别是扩大秋花生种植面积,使之成为油料基地。本区域还可以适当扩大稻—麻,稻—蔗种植方式的面积,大力推广旱作间套种,力争多熟种植。

(三)漳平—上杭

生长季10～20℃积温5450～5700℃·d,一年三熟的热量超过福州—晋江,双早采用中熟品种。双晚采用中、迟熟品种,还有充裕的热量安排冬种,双早适当推迟播插期,一般在3月下旬播种较好,双晚要根据当地秋寒的迟早,使其齐穗期出现在10月上旬之前以免秋寒危害,冬种可由油菜、马铃薯、大麦、蚕豆等进行年际间轮作,达到耕地用养结合目的。本区域是烤烟主要产地,生产春烤烟的生态条件尤为适宜,4—6月,月平均气温为20～26℃,雨量适中,有一定的日照,有利于烟草生长,丘陵坡地清晨多雾,特别有利于形成优良的品质。

(四)浦城—将乐—武平

该地区降水资源丰富,年雨量多达1600～1800 mm,春季回暖迟,一般在3月上、中旬以后;秋寒早,≥20℃终日一般出现在10月上旬之前,生长季积温为4600～5000℃·d,天数一般为205～220天,由于季节紧、劳力紧张,以往只能是耕作粗放,广种薄收,休闲地多,复种指数低。本区域的气候条件不但适宜粮食作物的生长,还适宜于种植经济价值较高的作物。建议将粮食生产集中到光、热、水条件好,土层肥厚的洋面田上;可以选择稳产、高产中熟品种。光热条件差的山垄田,坡度大、水土流失严重的山排田可考虑退耕还林或退耕还牧,处于缓坡的耕地可种植薏米,茉莉花等经济作物,提高经济效益。顺昌以北热量差条件差地区,可考虑安排一定面积单季优质稻。本区域冬春季一般达有1800～2500℃·d积温可利用,可改变冬闲面积大的局面,扩大冬种油菜、绿肥的面积,南部还可以冬种马铃薯、大麦等。

四、科学利用农业气候资源

1. 大力发展多种经营,实行农林牧渔结合的体系

继续调整农业布局和结构,重视提高粮食单产,大力发展经济作物、畜牧业及渔业生产,充分利用河谷盆地,重点建设一批商品粮基地,提高商品率;合理利用草山草坡,采取小群为主的定期轮放割草、舍饲结合,发展畜牧业;农、林、牧业结合,有效分层次合理利用光、热、水及土地资源,提高经济效益。

2. 调整下层,开发中层,保护上层,增强抗御灾害能力,提高农业的经济、生态、社会效益

平原地区及海拔 300 m 以下的山地,改进作物配置,进行合理的轮作换茬,在单、双季稻区,扩种冬作物油菜、马铃薯、麦类等越冬作物,充分利用光、热资源;在水旱地宜大力推广间种、套种,增加大豆、绿肥、饲料作物,达到用地和养地相结合;调整作物播种时间,采用优良品种,避免春秋低温和伏旱,适当扩种热带、亚热带经济林果等。海拔 400~800 m,处于山区气候过渡层,生长季雨量充沛,云雾、雨日多,干旱和热害较平原与低层少,在冬季常有逆温层。最近利用山区夏季温凉气候优越,生产番茄、甜椒等"反季"蔬菜,产量高,品质优,病害轻,污染少,本层是最有生产潜力的层次,是山区农业发展需要开发的重点。

海拔 800 m 以上的山地,气候湿冷,地势起伏大,山多田少,土层瘠薄,主要以林牧业为主。本层属开放性的生态系统,当生态系统的结构遭受破坏,会出现水土流失严重、水旱灾害加剧的恶性循环,威胁中、下层及平原地区农业生产经济效益。因此,从宏观方面,垂直方向上、中、下三层的开发需要构成一个良性的农业生态循环。

3. 合理利用农业气候资源优势,重点建设名、优、特商品基地

福建农业气候资源丰富多样,具有引进和发展名、优、特生产的良好的自然环境,过去名、优、特产品生产未能得到足够重视,种植面积小而分散,耕作粗放,长时期是广种薄收,产量低、商品率低、开发福建农业气候优势应重点建立各种不同的名、优、特产品生产基地,并建立相应的产品加工业,增强市场的应变能力,扩大出口,提高经济效益,加速农业向商品化、社会化和创汇率高的方向发展。

4. 外引内联,加强科技投入,振兴农村经济

福建农业正逐步由传统农业向现代化农业过渡,势必要引进和投入大量的技术投资。实行外引内联,科技种田,一方面直接引进新技术,新种群,新设备;另一方面通过试验—示范—推广,把技术交给农民,实行技术协作,并实行产、供、销结合,建立高效益的农业生态模式,另外,加强经济情报研究,重视未来商品的预测,这是振兴农村经济的根本途径。

第二节 林业与气候

林业气候是应用气象学的一个分支,主要研究林业生产与气象条件的关系,包括气象条件和树木的生长发育、产量形成的影响;森林对天气气候环境的作用;农田防护林带的气象效应;森林气候资源分析及林业气象灾害等。本节重点介绍福建林业生产与气象条件的关系及森林气象灾害。

一、福建省森林资源概况

(一)概况

福建是我国南方重点林区,森林资源丰富,有北亚热带植物区,南亚热带植物区和热带植物区,林木种类繁多,达 1000 余种。全省现有林业用地面积 1.36 亿亩,占全省陆地面积的 73.5%,森林覆盖率达 63.1%,居中国大陆第一。森林蓄积量 4.84 亿 m^3,有林地面积 1.15 亿亩,其中竹林面积 1490 万亩,居全国首位。

福建省森林资源从地理分布看:内陆山区为常绿阔叶林和针叶乔木林区,本区内有许多成片的森林群落,有的已划为自然保护区。东南沿海为丘陵亚热带季风雨林区,主要栽种一些马尾松,相思树,桉树和灌丛等,而低丘陵平原地带主要种植果树。海滨地区除种植一些木麻黄外,还生长一些龙舌兰、仙人掌科植物,海滩上有著名的红树林,南部丘陵地区可以种植一些橡胶、油棕、槟榔等热带植物。

林业是福建省的一大优势,由于福建气候特点是温暖湿润,因此森林生长快,周期短,产量高,质量好,主要用材树种杉木、马尾松、桉树、国外松等,只要10年左右时间就可采伐利用,林木年平均生长率达7.99%,高出全国平均水平2倍多。只有我国北方林木生长周期的1/2至1/4。

(二)水平分布

福建的森林分为山地丘陵中亚热带常绿阔叶林带和沿海丘陵平原南亚热带季风常绿阔叶林带。

1. 山地丘陵中亚热带常绿阔叶林带

包括南平、三明两地市,龙岩、莆田和泉州的西北部及福州市和宁德地区的北部。气候总的特征温暖湿润,年平均气温18～20℃,山区年平均气温在12～16℃,≥10℃的年积温在5000～6500℃·d,鹫峰山区4500℃·d。极端最低气温0～-5℃,北部和西北部有积雪现象。年降水量一般在1600～1800 mm,由东南向西北逐渐增加,武夷山区年降水量超过2000 mm,为福建的多雨区。

本区的主要林木为常绿阔叶林;常绿针叶林,如马尾松、杉木林和黄山松等。马尾松分布最广,一般在海拔1000 m以下;其次是杉木,建阳、邵武、沙县等11个县(市)是杉木中心产区;竹林,毛竹分布范围广,海拔1000 m以上山地仍有生长良好的毛竹林;此外,还有许多灌木林。

2. 沿海丘陵平原南亚热带季风常绿阔叶林带

本区夏长冬暖,热量资源丰富,雨量多,但秋冬有一定的干旱季节及夏季受台风袭击等特点。年平均气温20～21℃,最冷月平均气温一般在10℃以上,≥10℃的年积温6500～7300℃·d,极端最低气温均在0℃以上,基本无霜,年降水量一般在1200～1800 mm(表5.3)。

主要森林植被为季风常绿阔叶林和亚热带常绿阔叶林。海拔500 m以下以榕树为标志,沿海滩地的海岸植被为红树林,目前沿海大面积种植以木麻黄为主的沿海防护林体系。

表5.3 两种不同林带所需的气候要素平均值

	年平均气温	≥10℃的年积温	极端最低气温	年降水量
中亚热带常绿阔叶林带	18～20℃	5000～6500℃·d	0～-5℃	1600～1800 mm
南亚热带季风常绿阔叶林带	20～21℃	6500～7300℃·d	≥0℃	1200～1800 mm

(三)垂直分布

福建的针叶林基本上属于暖性针叶林范围,而在海拔800～1000 m以上的山峰,则为温性针叶林分布,在临海的南亚热带地区,适生热性针叶林。如马尾松分布的上限一般在海拔1000 m以下,福建柏分布在400～900 m左右的低山丘陵地,毛竹在海拔1000 m以上的山地仍可生长良好。常绿阔叶林垂直分布从海拔100～1000 m。季风常绿阔叶林主要分布在南亚热带地区,海拔800 m以下,直到沿海的丘陵、台地。

如武夷山区是福建降水最丰沛的地区,这里湿度大,气候温和,年平均气温在17～18℃,

春夏多雨,冬少雨而多雾。山地气候明显,这里森林资源丰富,树种繁多。其树木的垂直分布非常明显。

以黄岗山为例,在海拔 350~450 m 的山麓,分布着白栎、映山红等喜光常绿或落叶灌木林;海拔 400 m 以上至 1000~1400 m,分布着本区的主要植被—常绿阔叶林;在海拔 1300~1700 m 山坡除分布有黄山松外,还有一些低矮的灌丛草甸;海拔 1900 m 至山顶,分布有中生低温和湿生低温的草甸植被。

二、林木生长与气候环境

(一)太阳辐射与林业生产

日照时数多少可直接反映出太阳总辐射量的多少,这对林木的生长发育,生物产量形成及木材质量的优劣都有很大的影响。生长在不同地区的树木,由于长期处于不同的日照条件下,形成了要求不同日照时间的习性。有些树种需要在日照时间较长的条件下才能正常开花结果,被称为长日照树木,而有些树种需要在日照时间较短的条件下才能正常开花结果,被称为短日照树木。短日照树木多数是南方树种。武夷山区是福建林木的重要产区,其年日照时数平均为 1600 h,武夷山中段偏少,只有 1500 h。从各月日照时数看,2 月最小,7 月最大。夏季(7—9 月)日照时数占全年的 36%~40%,春季(3—6 月)只占 27% 左右。日照时数垂直变化的总趋势是递减的,海拔 500~800 m 高度日照比海拔高度低的少 200~300 h,但 1000 m 以上又比中海拔高度略偏多,同时日照受地形影响很大。

根据福建省太阳能资源评估,武夷山区年总辐射量在 4500 MJ/m²,辐射量最大月值出现在 7—8 月,从地域分布看由南向北递减,东南坡高于西北坡。

光照强度直接影响树木的光合作用,树木的光合作用随光照强度的增大而增强,在晴天,上午光合作用不断增强,中午达最高点,下午逐渐减弱。但在炎热的夏季,中午光照强度过大,温度过高,叶片失水过多,会使气孔关闭,光合作用反而减弱。树木对光照强度也各有不同的要求,有些树种喜光,而有些树种耐阴。

(二)温度与林木的生长

气温是树木分布区域的重要因子,由于温度的不同,使得树木的水平分布及垂直分布都有所差异。树木的各种生命活动都必须在一定的温度范围内进行,即通常所说的三基点温度:生物学最低温度、最适温度和最高温度。树木在不同的生理过程中和不同的发育时期要求不同温度范围。如福建的暖性针叶林,其分布的地区年平均气温在 15~22℃,≥10℃ 的年积温 4500~7500℃·d;而常绿阔叶林年平均气温要求在 18~20℃,年积温 5000~6500℃·d,季风常绿阔叶林的年平均气温为 20~21℃。

杉木是福建重要的树种,分布很广,是我国的主要产区之一。杉木在全省大部地区均有分布,但闽北的南平和三明两地市的自然条件最适合杉木的生长,不仅生长迅速,且持续时间长。杉木要求的年平均气温为 14~20℃,其中 1 月平均气温 6~10℃。闽东南沿海丘陵地区,由于气温偏高,冬春旱季较长,杉木的生长就较差,为杉木边缘产区。杉木在春季气温高于 18℃ 时,开始进入树高和胸径的速生期,随着雨季的结束,气温升高,当平均气温达 26℃ 以上,生长减缓,如遇平均气温 28℃ 以上的高温,又会受抑制而停止生长,入秋以后,当平均气温再度出现 20~26℃ 的适宜条件时,杉木进入第二次生长高峰,而平均气温低于

12℃时胸径生长停止。由于山区气温随海拔高度的升高而降低,因此不同高度的杉木进入有利速生期的季节是不同的。

马尾松也是福建分布最广,面积最多的树种。马尾松是亚热带适生树种,其要求温暖湿润的气候环境,主要分布在年平均气温13～20℃的地区,当平均温度达16～20℃时生长最为迅速。福建的马尾松属中亚热带种源,其年生育期270～290天。马尾松不耐低温,冬季气温在－15～－13℃以下时,常可使马尾松幼树针叶和嫩梢冻枯萎。因此福建武夷山区及博平岭以北的山区是马尾松生长的最适宜区。

对于毛竹来说,平均气温15～25℃时最适宜其生长,而高海拔地区的毛竹逐渐适应冷凉气候,生长的适温比海拔低的地区相对低一些。其1月平均气温1～8℃,毛竹分布的北界为年平均温度14℃左右,1月平均温度1℃左右,极端最低气温－15℃左右。平均气温达到10℃的时间迟早直接影响出笋期,当稳定通过10℃以后7天左右雨后升温天气,竹笋开始出土,由南向北出土日期逐渐推迟。秋季如降水量充足,而冬季气温较高,一些冬笋也能在冬季破土成竹。由武夷山毛竹观测可知,当候平均气温高于12℃时开始出笋。

目前福建沿海地区防护林的重要林种木麻黄,其年平均气温要求>18℃,月平均气温降至16℃以下时,树高停止生长。

(三)降水与林木的生长

树木的生长不但需要一定的温度,还要求有一定的降水。如常绿阔叶林需要的降水量为1400～2100 mm,季风常绿阔叶林的降水量要求为1000～1300 mm,木麻黄最耐旱,在降水量700 mm左右的地区尚能生长。

水分条件对毛竹的分布和生长的影响很大,若水湿条件好,则对温度条件的要求就会低一些。如建阳年降水量达2000 mm以上,其毛竹的上限达海拔1400 m,此处的气候条件为:平均气温11.9℃,1月平均气温2.0℃(极端最低气温－0.9℃),7月平均气温20.4℃。全县在海拔500～1000 m左右毛竹分布最多。在毛竹的生长发育过程中特别是3—4月,5—6月毛竹出笋成竹季节,需水量最大,这时正逢福建的雨季,降水较多,尤其是西北部山区,降水量占全年的60%～70%,对出笋非常有利,雨后春笋生长非常迅速。10月至次年2月气温低,降水少,此时毛竹进入半休眠阶段,需水量不大,幼笋也不会受冻。

杉木对水分的要求较高,一般年降水量>1200 mm才能满足杉木速生的需要。福建的武夷山区降水非常丰富,且降水的季节分布与杉木生长所需的水分相匹配,加之冬季气温较高少冻害,因此对杉木的生长非常有利。马尾松能耐干旱,年降水量800 mm以上即可生长良好,年降水量在1000 mm以上更能促进其生长。

三、营林与气候

(一)气候与选种

每一树种都有一定的自然分布区域,自然分布广的树种,可使同一树种发生不同的气候生态型。福建林学院1956年开始收集马尾松的不同种源进行育苗试验,试验表明,不同产地的马尾松与产地自然气候条件密切相关。马尾松分布区很广阔,由于分布区内气候条件不同,不同产地马尾松在形态、生理、生态特征上产生了相应的变异,南方产地比北方产地生长速度快,树体较高,对早晚霜不敏感,对冬季冻害较敏感,秋季生长较长久。每年的抽梢次数也比北方多,同时针叶蒸腾强度、光合强度、叶绿素浓度随种源纬度降低而升高。

福建南平、大田、平和、同安的马尾松属中亚热带地理类型,这一类型一般一年抽梢一次,无绝对的高生长休止期,树高为两广种源的75%～80%,为北亚热带种源的120%,年生育期为270～290天。南亚热带种源的马尾松年生育期超过300天,一年抽梢2～3次,无明显的高生长休止期,林木生长快、生长量大,树高为北亚热带种源的148%,为中亚热带种源的127%。福建林学院林学系以各种生理生态型的马尾松在闽北进行栽培,结果南亚热带种源生长最好,12年生比当地马尾松树高大27%,胸径大46%。由此看出,南部种源在北部栽培,可以提高产量,这是由于气候条件所起的作用。因此种源选择对营林工作的重要意义是十分明显的,它不用很复杂的林木改良工作,就能在短期内大幅度提高森林的生长率。但在引种之前为了保证引种的树种能在新的地区顺利生长发育,必须了解该树种的生态特性和原产地的自然条件,因在两地气候相似的地区可能有不相似的地段,而不相似的地区也可能有相似的地段,只有了解了引种地区和原产地生态环境异同点,才能采用有效的措施保证引种的成功。

(二)气候与种子生产和育苗

树木种子是森林更新、造林的基础,而种子的产量与气象条件休戚相关。树木的种子也是经过花芽分化、开花、授粉、结实这几个过程,一般花芽分化期是在前一年的秋冬季,这个时期一般需要长日照及较高温度,3月底至4月底是开花授粉期,这时如遇低温阴雨,则会影响授粉,使花粉撒不出去,从而影响产量,而干旱也可使种子发育不良。种子成熟季节一般在10月下旬至11月中旬,这时日平均温度在17～18℃,若出现异常高温,则种子成熟就会推迟。

福建的树种一般在春节前后播下去,这时要求雨水不能太多,如果长时间的阴雨天气就会引起烂种或使生长出来的苗木木质较差,如1983年由于1982年10月至1983年4月长时间的阴雨天气,种子霉烂严重,品质下降,严重影响发芽率,正常年份发芽率为30%左右,而1983年降为20%。杉木良种基地烂种就达2000 kg。当气温达到13℃时,幼苗开始速生,而苗木生长最旺盛期是气温在15～30℃,6月幼苗刚出土不久,抵抗力弱,若遇到高温高湿,则会使苗木容易受病虫害的袭击,造成大片死亡。而10月、11月若气温过高,则很易抽发秋梢,使木质较差,而太冷则苗木会受冻也会枯死。

(三)气候与造林

气候与造林的首要原则是:适地适树,即被选择的造林树种其生态学特征必须与造林地的自然地理条件相适应。从气象条件看,树木生长发育有一定的适应幅度,超越此幅度则会产生不良后果,如杉木在平均温度14℃以下的地方不能生长,桉树在绝对低温达0℃或有霜的地方就遭冻害,木麻黄在12级台风袭击下仍傲然挺立,云杉在中等风速就被连根拔起。所以对任何树种的造林设计,必须综合考虑下列气象因子:年平均气温、极端最低气温、极端最高气温、降水量、蒸发量、湿度、日照、最大风速等。

福建属北、中亚热带湿润地区,造林树种以杉木为主,还有马尾松、柏木、檫树、毛竹、国外松等,林木生长量可达 $10.5 \text{ m}^3/(\text{hm}^2 \cdot \text{a})$。

(四)气候与造林季节

造林季节的选择是对树木物候期的合理利用,树木每年都有生长期和休眠期,造林季节一般是选在树木休眠期即将结束,生长期快要到来的时候。

福建省的造林时期一般在冬春季,即1—2月,最晚不能超过3月,其中闽南在2月上、中旬,闽北在2月中、下旬造林成活率较高。树木定植后,气温升高,雨水增多,苗木容易成活。如杉木大面积造林,其实生苗营造在树液流动前进行,这时气温要在0~5℃时,最迟也要在小于10℃以前。这就要求冬季气温不能太高,要有一定的低温及降水,1990年代以后福建省的冬季气温呈偏高的趋势,冬季气温偏暖会使苗木的萌动期提早,抽梢也提早,这样栽下去的苗木一旦遇到较强的降温极易受冻,而插条苗的营造,一般在春季,气温≥10℃以后开始营造。此外沿海防护林的主要品种木麻黄可以推迟到3—5月移植。

(五)气候与病虫害

研究森林病虫害与气象因子的关系对森林病虫害的预测具有重要意义。冬季气温偏高,对森林病虫害的防治及植树造林等均有影响,尤其是森林病虫害的防治影响为大,冬季气温偏高,无寒潮,则病虫就可以安全越冬繁殖,据统计松毛虫越冬幼虫月平均气温10℃开始活动,若平均气温5℃持续2天,则越冬幼虫死亡率可达40%~50%。而若平均气温高于5℃,则第二年森林病虫害必定是大爆发之年。如1995年冬季全省平均气温6.4~14.9℃,比常年偏高0.1~1.2℃,为明显的暖冬年,致使1995年森林病虫大爆发,病虫发生总面积达260多万亩,是新中国成立以来发生面积最大的一年,闽北树木因被虫吃光大片枯死。直接经济损失8.9亿元。而若6—8月出现高温干旱,则松毛虫危害加剧,易成灾。如1998年又是一个暖冬年,冬季平均气温达7.4~15.0℃,偏高0.7~1.7℃,还高于1995年,1998年的病虫害的发生面积达250多万亩,虽然面积差不多,但受灾程度为新中国成立以来最严重的,病虫提早半个月开始起食,等防疫部门开始起用生物农药进行防治时,虫子已经很大,失去了防疫效果,不得不起用化学农药进行防疫,而6月又遇闽北地区百年未遇的特大洪涝,使农药大部被雨水冲走,失去了最佳防治期,暴雨过后从6月底开始马上进入高温干旱期,虫子又开始起食,南平至武夷山沿线的一些山林被虫子吃得光光的,只剩下树干,就像刚刚发生过森林大火似的,景象很惨。同时一些病害又抬头,有些前几年已经防治得差不多了的病害,当年又开始危害,造成很大的损失。

四、林业气象灾害

林业气象危害有很多种,这些危害不是彼此孤立的,常常是一种危害性天气发生时,其他危害性天气也相伴。如台风造成大风灾害的同时也带来了暴雨洪涝;寒潮入侵时会同时伴随着大风降温天气,引起冻害及风害,这些都更加重了灾情。因此了解这些灾害,以便尽可能的及早采取防御措施是很必要的。

(一)干旱

干旱可发生于任何季节,常见的主要有春旱、夏旱、秋冬旱等,干旱对树木的生长影响较大,虽然对于成年树表面上有时看来无直接危害,但它已经限制了林木的速生和蓄积量的提高以及林副产品数量的增加和质量的提高。例如,高温和干旱对杉木生长有很大影响,会出现许多"小老头"林,经济效益极差。杉木在温和湿润条件下才能正常生长,当湿润度小,相对湿度低于80%的条件下根系就停止生长,在秋冬干燥的气候状况下,空气和土壤中的水分都不能满足杉木正常生长的需求,这时即使温度条件及日照条件非常好,正适宜杉木迅速生长时期,但由于水分不足而使杉木生长缓慢或停止生长。

干旱对植树造林影响也很大，尤其对新植林的危害尤其严重。福建的造林季节主要是在冬季的1—2月，这时若出现干旱，则苗木的发芽、生叶、抽枝等都会受影响，苗木的成活率就会降低而且影响造林进度。干旱会严重影响新植林的成活率，如1991年，福建自1月份起连续9个月大部地区雨量偏少，致使旱情接连不断地发生，出现了秋冬小旱和春夏连旱。由于干旱高温，全省新植林面积621万亩就被旱死250万亩，损失上千万元，容器苗也死亡1.5亿株。对于毛竹来说，7—9月出现的旱情严重影响幼笋孕育，从而使冬、春笋减少。同时干旱对森林防火十分不利，空气过于干燥，极易引起森林大火。

2009年2月中旬以来，福建森林火险等级急剧增高，加之农村春耕备耕和炼山造林逐渐开始，野外用火量增多，以致森林火灾呈高发态势。仅在2月12—13日两天内，国家林火卫星监测中心监测到的福建林区火点就有72个，共发生森林火灾43起，全省森林过火总面积达16000余亩，造成1个护林员和3个农民死亡。12日中午沙县高砂镇端溪村的森林火灾，形成11个火点，过火面积达5000余亩，殃及高砂镇2家企业以及高砂镇、青州镇的少量民宅，并一度造成福银高速公路大年岭隧道路段、205国道沙县后底至青州路段封闭和鹰厦铁路三明段暂时停运。

（二）低温寒害

低温寒害一般有三种类型，即平流型、辐射型、平流辐射混合型。这几种类型均可对林木造成危害，一次强寒潮往往会冻死大片的幼林，成年树也会冻伤甚至冻死。对于毛竹来说若春笋出土后遇到降温，这时容易造成冻害甚至幼笋、新竹死亡。中高山区冬季冰雪常造成毛竹的机械损害。

雨淞和雾淞引起的积冰是杉木主要的气象灾害。但在海拔400～500 m以下及1000 m以上的山区，杉木基本没有受到积冰危害。而海拔500～800 m则是杉木最易受冻区。

冬季低温阴雨对种子的发芽很不利，同时也会引起烂秧烂种，而春季开花时期的低温阴雨天气则会影响授粉，使花粉撒不出去，从而使种子产量减少。

（三）大风

大风是破坏性很强的灾害性天气，一般冬春季受南下冷空气的影响，产生西北寒潮大风；春季强对流性天气过程容易造成局地的雷雨大风；而夏季则容易遭受台风影响。大风可以使树木严重倒伏，甚至将树木连根拔起，尤其是新植的幼林，抗风性更弱，如1971年第15号台风登陆台湾后又登陆晋江，全省64个市县出现8级以上的大风，沿海的防护林木麻黄本来是最抗风的也大量被刮倒、刮断，其中仅莆田、泉州、漳州三地市的木麻黄就刮倒1.6万多亩，其他林木67万多株。1990年福建登陆和影响的台风异常多，沿海地区树木倒伏严重，56万亩防护林有24万亩受灾；福州市受9018号台风袭击，上万棵粗大的成林倒伏，是1980年以来城市绿化林倒伏最重的一年。

（四）暴雨洪涝

暴雨洪涝会引起泥石流，山体滑坡，从而冲毁山林及林场，同时使新植林、绿化林大量冲毁，如1992年"7·7"暴雨洪涝，仅三明市漂木就达2663 m³，冲毁苗木233亩，造成严重损失。又如1983年6月中旬，全省出现了一场大暴雨过程，海坛岛出现了历史上罕见的暴雨过程，过程总降水量达518.8 mm，造成了全县的特大洪涝灾害，其中损失苗木和幼林82.07亩，冲倒成林2.5万株。

第三节 渔业与气候

一、近海海洋捕捞与气候

福建沿海属亚热带大陆浅海,居沿岸南下冷流与台湾暖流交汇之区。年内各月海水温度为12~26℃,盐度为26‰~33‰。水质肥沃,营养丰富,是我国主要渔场之一,包括闽东、闽中、闽南三大渔场,有经济价值较高的鱼类一千余种。

(一)渔况

福建岛区水域渔业资源丰富,是中国主要的水产品产地之一。区内共有三个渔场,即闽东渔场、闽中渔场和闽南渔场。由于气候、海洋、水文及鱼类的生活习性不相同,不同渔场的主要汛期和鱼类品种也各不相同。闽东渔场以冬汛和春汛为主,冬汛一般始于11月下旬,结束于1月下旬左右,12月为旺汛期,主捕带鱼、大黄鱼和黄瓜鱼等。春汛期为3—6月,主捕大黄鱼、蓝圆鲹和回头带等。闽中渔场也以冬汛和春汛为主,冬汛始于12月中旬,结束于2月底,1月为旺汛期,主捕带鱼和黄瓜鱼等。春汛期自3月初至5月中旬止,主捕大黄鱼等。闽南渔场以夏汛为主,汛期为6—9月,7—8月为旺汛期,主捕蓝圆鲹、小沙丁鱼等中上层鱼类。

(二)冷空气活动与冬汛

闽东、闽中渔场的冬汛主要是由于鱼群的适温洄游所致,因而冷空气的活动是这两个渔场冬汛形成的直接原因。每年秋末冬初,北方冷空气频频南下,气温、水温下降,沿岸冷水势力向南扩张,黑潮势力减退,原在浙江水域的带鱼等鱼类为寻找适宜的生活环境而洄游南下,于11月中、下旬首批进入闽东渔场,该渔场的冬汛期开始,12月中旬大批进场,形成闽东渔场的旺汛期。随着冷空气活动的不断加强,气温、水温继续下降,迫使鱼群进一步南下,于12月到达闽中渔场,该渔场冬汛开始,并于1月形成旺汛。

冷空气的活动不仅决定了闽东、闽中渔场冬汛的形成,也决定着冬汛开始的迟早及渔况的好坏。由于历年冷空气活动的迟早、强弱及频数的不同,冬汛期的渔获量也大不相同。冷空气活动早,促使鱼群提前南下,渔场的冬汛期提前开始,反之,冬汛期将会推迟。冷空气在汛期内活动频繁,将促使鱼群频频南下,若冷空气之间有一段间歇期,将可增加作业次数,增加渔获量。反之,若冷空气活动少,或间歇期不明显,则作业次数少,渔获量会相应减少。

(二)冷暖空气活动与夏汛

闽南渔场系多种中、上层鱼类产卵、索饵和幼鱼育成的场所。冬季,由于东北季风盛行,浙闽沿岸水势力控制整个渔场,闽南渔场的地方性种群集中于渔场的南部海区越冬。春初,冷空气活动减弱,暖空气活动增强,台湾暖流和南海水也不断加强,气温水温回升,鱼群开始由南向北进行生殖性移动,4—6月为生殖旺季,产卵后的群体分散索饵。7—9月整个渔场都有幼鱼广泛分布。夏末秋初,随着冷空气的南下,鱼群又开始向南洄游,夏汛基本结束。

由鱼群的回游规律可知,春季冷空气势力强,活动频繁,暖空气势力弱,将不利于鱼群早进场进行生殖活动,反之,鱼群将提早进场,增加夏汛的鱼类资源。秋季冷空气活动早,将迫使鱼群过早适温洄游,夏汛提早结束,反之,冷空气来得迟,将使夏汛延长,渔获量将会增加。

(四)降水与渔况

降水与渔况的关系主要表现在降水形成的江河径流对渔场水系的影响。适量的降水所带来的浮游生物,可补充鱼类的饵料,吸引鱼群向浅海区索饵洄游,有利于捕捞作业。降水过多,江河径流强,沿岸水增多,海水的水质浑浊,盐度降低,迫使鱼群向外游动,不利于捕捞作业。夏季降水过少,江河径流量小,海水容易"发臭",鱼类饵料不足,鱼群难以形成,不利于鱼汛旺发。

(五)东北季风、台风与渔业生产

风对渔业生产的影响具有双重性。秋、冬季的东北大风是与降温联系在一起的,大风出现早,降温幅度大,有利于冬汛汛期提早出现,但大风直接危及作业船只的安全。冬汛期正值东北季风盛行季节,沿海各地每年都有近百个大风日(≥8级),冬汛期渔船作业天数一般不及汛期总天数的三分之一,大大降低了渔获量。

台风是渔业生产的一大灾害性天气。但台风活动也有有利的一面。据闽南渔场的调查,台风偏早的年份,渔场的夏汛会提早开始,并使旺汛期延长。反之,夏汛来得迟,旺汛期短,渔获量就会减少。台风会优化海水理化性质,从而有利于鱼群的集结。而台风少,海水的水文结构稳定,海水理化性质不好,则不利于鱼群的集结。

海洋渔业生产是在大海中进行的,与气候关系十分密切,气候对海况和渔况都有重大影响,充分认识两者之间的关系对发展海洋渔业生产有十分重要的意义。但到目前为止,对这一问题的认识还比较肤浅,应加强这方面的研究工作。同时,福建岛区危及渔业生产的灾害性天气频繁,气象部门应加强灾害性天气的预报和警报工作,以减少不应有的损失。

二、浅海滩涂养殖与气候

福建海岛地区浅海滩涂面积广阔,可用于养殖业的面积也很大,全省有浅海(0~10 m)水域619万亩。滩涂面积280多万亩,再加优越的气候资源,为鱼、虾、贝、藻类的养殖提供了有利的条件,福建浅海滩涂养殖的历史悠久,特别是改革开放以来,养殖业又有了长足发展,养殖技术水平有很大提高。1995年养殖面积更增达124.5万亩,2009年养殖面积更增达223.9万亩。浅海滩涂养殖与气候关系密切,气候条件的好坏直接关系到产量的高低甚至养殖的成败。因此,顺应气候规律,充分利用有利的气候条件,尽可能地减少或避免气候灾害,是浅海滩涂养殖中一个十分重要的问题。

(一)对虾

对虾属于高等甲壳动物,可供养殖的品种很多,福建海岛养殖的品种主要是长毛对虾和东方对虾,也有草虾等品种。

对虾养殖主要包括亲虾越冬、虾苗培育、出苗暂养、放苗养成和收获几个阶段。目前,虾苗培育主要是在室内进行的,受气候条件的影响较小,与气候条件关系密切的主要是虾的放养阶段。

据研究,日平均气温稳定≥15℃可以作为长毛对虾放养期的温度指标。这样,最南部的东山岛的适宜放养期为3月第六候,最北部的大嵛山为4月第五候,南、北相差20多天,中部的海潭岛为4月10日左右。放苗过早,将会因气温、水温过低引起虾苗死亡,降低成活率,放苗过迟将会因养殖期缩短而影响对虾的产量。

在生长期内,长毛对虾能适应的水温范围较大,为20～32℃,适宜水温为25～27℃,超过35℃或低于20℃,对虾生长缓慢。福建各岛水域在对虾养成期内(4—10月)水温在这一范围之外的机会很少。但若虾池位置选择不当,面积过小,水流不畅或换水不及时,池内的水温也有可能超出这一范围。

静风天气不利于对虾的正常生活,对虾会因海水中缺氧而浮头死亡。4～5级风最为有利,此时池中水面可以产生小的波浪,增加水中溶解氧的含量。

暴雨带来的淡水会冲淡池中海水,使海水盐度下降,严重时可导致对虾死亡。因此,应在虾池的边上开挖排水沟,避免大量淡水流入池中。

台风带来的大风会引起虾池中波浪拍岸,致使对虾因机械损伤而死亡。台风带来的风暴潮会冲毁堤坝,给对虾的养殖带来灭顶之灾,所以,在建造虾池时,要对虾池位置的选择,坝的走向及坝的高度和强度进行充分的论证,以免造成不必要的损失。

(二)紫菜

紫菜属藻类,是一种营养价值较高的食用海藻,福建几个主要岛屿都有养殖,品种以坛紫菜为主。

紫菜一生经历叶状体和丝状体两个明显不同的生育阶段。叶状体产生的孢子叫果孢子,丝状体产生的孢子叫壳孢子。果孢子萌发丝状体,壳孢子萌发叶状体(紫菜)。紫菜丝状体是在育苗室中人工培育的,这里所要讨论的主要是叶状体(紫菜)的养殖和收获两个阶段。

与紫菜养殖关系最密切的气象因子是温度。据研究,紫菜养殖的适应水温为10～30℃,适宜水温为13～24℃。但各个生育阶段对温度的要求有所不同。紫菜壳孢子放散附着期要求日平均气温在25℃以下,水温降至24℃以下。福建岛区气温稳定在25℃以下的平均时间北部为9月第六候,南部为10月第二候。因此,夏末秋初是泼苗的有利时机。而在收获一二水后,则日平均气温小于21℃最为有利。紫菜产量与11月平均气温呈明显的负相关关系。

对紫菜生长中期危害最大的是"小阳春"天气(日平均气温≥20℃,连续4天以上)。它会使紫菜霉烂脱落,造成严重减产。如海潭岛1982年11月上旬至12月上旬,日平均气温≥20℃天数达15天以上,当年的紫菜亩产只有50～100 kg,不及丰收的1981年亩产的1/3。

风对紫菜的生产也有影响,小风能促使海水流动,改善海水的理化性质,有利于紫菜的正常生长。大风引起的海浪会破坏养殖工具,造成减产。

紫菜收获期须有晴好天气,以便晾晒,如遇阴雨天,不易晒干,会发生霉变。紫菜泼苗后的半年时间里,可以连续收获10～15次,平均不到半个月就可收获一次,期间天气气候的差别很大,要随时注意天气的变化,力争做到丰产丰收。

(三)海带

海带属褐藻类,是寒带性海藻,我国36°N是海带自然生产的南界,1950年代养殖区开始南移,目前,福建的中、北部海岛周围都有养殖,且面积较大,仅平潭县的大练岛1992年就养殖2000多亩。

海带的养殖过程与紫菜有许多相似之处,但海带在整个养殖过程中,只有一次放苗,一次收获。

海带放苗时要求的温度比紫菜更低,气温为20℃以下,水温在22℃以下。福建岛区气温从北到南稳定≤20℃的时间大致在10月第四候至11月第一候,这段时间放苗比较有利。在海带生长的中后期,要求温度越低越好。

与紫菜一样,对海带的正常生长威胁最大的也是高温天气,放苗后如遇"小阳春",也会发生烂苗现象,所以,各地应根据当年的具体天气情况,选择适当的放苗时间。海带生产后期(4—5月),如果水温超过22℃,将会出现烂尾现象,影响产品的产量和质量。

小风对海带的生长发育有利,后期如遇台风,大风和海浪会破坏养殖工具,造成严重损失。

海带的收获期(4—5月)正值福建的雨季,收获时如遇下雨,会严重影响海带的质量,因此,各地应根据当地气象台站的天气预报,抢晴收割。

(四)牡蛎

牡蛎的种类繁多,福建的养殖品种主要是褶牡蛎。褶牡蛎的养殖周期一般为一年左右。4—5月为附苗期,立夏前后采苗并于当年8月移苗。移苗至收获为养成期,收获期一般在立冬至翌年的清明。

牡蛎对温度的适应范围较广,其适应水温为0~35℃,最适水温18~25℃,福建岛区水域的水温很少超出此范围,因此,温度的高低不是牡蛎养殖中的主要问题。

牡蛎产量的高低与排卵附着期的天气关系密切,雾、小风、小雨对附苗有利。4—5月为多雨多雾季节,上述条件一般容易得到满足。但如遇上台风,大风大浪会引起水质浑浊,不利于附苗。

牡蛎的养成期喜多云或阴雨天气,如夏、秋长时间干旱无雨,江河径流减少,将会使海水中饵料不足。

清明节前的一段时间为育肥阶段,喜低温天气,若遇上持续的南风天气,气温水温上升过高,对育肥不利。

(五)蛤仔

福建沿海的蛤资源十分丰富,由于其生长迅速,养殖周期短,适应能力强,养殖方法简便,并具有投资少,收益大的特点,是贝类养殖的主要品种。

蛤仔生活在泥沙质滩涂中,在福建10月为繁殖产卵盛期,几周后发育成变形幼虫附着于沙粒上,当壳体长至10 mm左右时潜入10~15 cm的泥沙中过穴居生活,经过半年至一年半的养成,即可达商品规格,采收季节为4—9月。

蛤仔对水温的适应能力很强,适温范围为0~36℃,这样的温度范围在岛区的滩涂地区很容易得到满足。据研究,蛤仔生活的最适水温为18~30℃,产卵放精时的水温为23~26℃,采苗场水温为14~18℃,由于南、北岛屿的气温水温有差异,各地应根据当地的天气气候情况安排生产。

台风、暴雨、高温是本地区蛤仔养殖常遇到的气象灾害。台风掀起的巨浪会冲坏蛤埕,冲走蛤仔,或蛤埕被泥沙覆盖使蛤仔窒息而死。因此,在台风到来之前,应将蛤仔提前收获或转移至安全地区。

暴雨引起的江河洪水带来大量泥沙沉积覆盖蛤埕,并使海水盐度降低,严重威胁蛤仔的生存,暴雨过后应立即疏通沟道,清除覆盖的泥沙,使蛤仔恢复正常生活。

滩涂地区虽然气温不高,但在夏季退潮后地面经太阳暴晒后午后的温度仍可达40℃以上，引起蛤仔死亡。因此，夏季应将蛤仔转移至低潮区或沙质含量较多的埕地度夏。

(六) 缢蛏

缢蛏的生育期主要分繁殖、采苗、播种和养成三个阶段。10—11月为繁殖采苗期，翌年2月为播种期，播种至收获为养成期。整个养殖期为一年或两年，收获季节一般在3—9月，其中二年蛏为3—4月，一年蛏为7—8月。

缢蛏对水温的适应范围为8~30℃，最适水温为18~25℃，与牡蛎和蛤仔相比，其适温范围较小，温度过高或过低都将影响缢蛏的正常生长。

缢蛏产卵繁殖期要求的水温为20℃，福建岛区大致为10月下旬至11月中旬。秋季有较强冷空气提早南下，气温骤降，将促使缢蛏提早繁殖。产卵放精后十数天即可进行采苗，采苗场的水温要求为20~15℃，福建岛区从北到南大致在11月下旬至12月下旬。各地下种的时间在立春前后，刚下种的缢蛏喜晴和小风天气。生长期内断续有雨天气较为有利。

台风不仅破坏埕地，而且会造成泥沙覆盖埕地或冲走蛏体，应在埕地外围修筑防浪堤来阻拦风浪和泥沙的袭击。

久旱不雨，海水盐度过高也会影响蛏的生活，可在埕地上游适时开放淡水注入埕地，埕面露空经太阳暴晒后温度大大升高，海水温度也随之升高，潮水上涨时水头温度过高，进入蛏穴后，蛏易被烫死，因此，应在埕地下游筑堤拦潮，待潮水涨至一定高度后再进入蛏地。

(七) 贻贝

贻贝种类较多，福建养殖的主要品种有翡翠贝和紫贻贝。翡翠贝为暖水性种类，主要养殖于南部地区，紫贻贝为寒温带种类，属引进品种，主要养殖于北中部地区。

贻贝对水温相对敏感。据研究，紫贻贝的适应水温是-2~28℃，最适水温为13~24℃，如水温太低，则由于脱水或水的结晶引起蛋白质凝聚，细胞结构遭破坏而死亡，温度过高会导致足丝脱落，并使机体破坏而死亡。

对于福建岛区来讲，水温不会低于适温下限，主要危害是夏季的高温天气，贻贝养殖的关键是度夏问题。高温季节，应将贻贝移至较深的海水中养殖。台风、暴雨等也都会对贻贝的生长带来一定的影响，应注意防范。

当前，浅海滩涂养殖基本处于半人工、半自然状态，对于大的天气气候灾害尚难抵御，只能因势利导，趋利避害。由于养殖的复杂性，气候与海水养殖的关系只有一些定性的研究，所形成的气候学指标甚少，且不一定十分确切，有待今后进一步探讨。

第四节 水果与气候

一、福建果树分布概况

福建省气候类型多种多样，适宜热带、亚热带果树的生长，也适宜温带果树生长，尤其是闽东南沿海地区是福建水果的重要产区。

福建果树共44科，71属，120种，2000多个品种，其中柑橘、龙眼、荔枝、香蕉、菠萝、枇杷、橄榄为福建7大名果，其次还有杨梅、李、柰、桃、葡萄、芒果等。

柑橘是福建最早栽培的果树之一，栽种面积大，全省几乎都有分布，品种繁多，品质优异。主要品种有芦柑、温州蜜柑、福橘、雪柑、印子柑,桶柑等。其中闽江中下游以福橘、雪柑为主;闽西北以温州蜜柑为主,搭配甜橙类;闽南一带以芦柑为主,搭配蕉柑和甜橙类。除此之外还有柚类,如著名的文旦柚、坪山柚、蜜柚等。

龙眼是福建的优势水果,其产量约占全国的 60%,居全国首位。龙眼果树大多集中在东南沿海的丘陵地区,其中以晋江、南安、莆田、仙游、同安及泉州最多,约占全省栽培面积的十分之九,其次为漳州地区,而宁德、龙岩地区较少。福建的龙眼有二三十多品种,其中最有名的有福眼、赤壳、乌龙岭、油潭本、普明庵、东壁等。

荔枝也是福建重要的水果之一。其产量居全国第二,仅次于广东。福建东起霞浦,南至诏安的沿海三十多个县(市)均有种植,以龙海、漳浦、漳州、莆田等县(市)最为集中,占全省产量的 2/3 以上。主要品种有:兰竹、乌叶、早红、陈紫、下番枝、元红等。

福建香蕉类型主要有香蕉、龙牙蕉和大蕉。其中大蕉是最耐寒的类型,其北界在宁德地区沿海及闽江中上游的沙溪、建溪河谷等地;龙牙蕉抗寒性稍次于大蕉,其分布北界为福州和龙岩地区东南部。香蕉是最不耐寒的种类,分布在漳州大部,厦门及泉州东南部,尤以九龙江中、下游的漳州盆地西部和北部为主。著名的品种有:天宝蕉、台湾蕉、美蕉、紫蕉等。

橄榄的主要产地在闽侯、闽清、莆田。橄榄也是福建的名果之一,著名的品种有:惠园、霞溪、檀香、长营等。

福建的枇杷也有相当的产量,主产区是莆田、云霄、连江、福清和福州市郊。主要品种有:大钟、解放钟、白梨、梅花霞等 30 多个。

二、主要水果生长和气候环境

(一) 柑橘

1. 柑橘生长期所需的气象条件

柑橘是喜温的植物,对高温的适应性强,对低温的反应很敏感。其最适宜的生长温度为 23~34℃,植株停止生长的最低温度为 12.8~13℃,最高温度为 37~39℃。柑橘生长所需要≥10℃的年积温的最低值为 4000~4500℃·d,在此范围内柑橘生长率很低,随着年积温的增加,生长率上升。

柑橘果树生长期间不但需要丰富的热量,而且喜欢湿润,一般以年降水量 1000~1500 mm,土壤含水量 60%~80%为宜。雨水过多,土壤积水太多,会导致烂根,引起落花或掉果。

柑橘的各个生长期对温度都有较高的要求:

温度对枝梢的生长影响很大,温度适宜时,四季都能抽发新梢。其中在春、夏、秋,甚至立冬前后都能抽发一次。

柑橘花期较长,多数在 3 月初至 4 月中、下旬开花。开花期间要求温度不要过高,温度越高越明显地促进现蕾期及开花期,因而会使花器的发育不健全和结实不良。试验表明温州蜜柑在 15℃时花器的发育最完全,结实率可达 100%。

柑橘结果后,果实的膨大程度受温度的影响也较大,如温度在 20~25℃的适宜条件下,果实膨大快,果重,反之果轻。同时果实的含糖量随着温度的升高而递增,含酸量则随温度的下降而递增。因此甜橙的产区大多在热带地区。果实生长过程中不但要有适宜的温度,还要有充足的水分,若水分不足,则引起果实小、果汁少、含糖量低。

福建闽北山区以前不种植柑橘,通过对气候条件的考察分析,现在开始大面积的种植柑橘,以温州蜜柑为主,闽北山区的柑橘生产有"三大关键期",即3月坐果期,3—4月生理落果期,柑橘越冬休眠期。这期间若遇上有利气候或危害的特殊气候,对当年柑橘生产效果出现明显差异。

以建阳为例,3月座果期的月平均温度要≥12.8℃,若低于此温度,则物候期就会推迟,使春梢与花两个生长中心重叠,互相争夺养分,这时如遇上高温,则会发生落花落果,产量下降。在4—5月生理落果期,月极高温度不得高于25~30℃,温度过高,蒸腾加速,萎黄落果。越冬休眠期,极低气温不能低于-5℃,要求轻霜冻或无霜冻。1980年代以来福建出现了暖冬的天气,闽北很少出现-5℃以下的低温霜冻天气,有利于柑橘的越冬。

2. 气象灾害

(1)冻害

柑橘怕寒,最低温度不能低于-10~-11℃,温州蜜柑是比较耐寒的品种,其安全北限是-9℃,而甜橙及柚的安全北限为-7℃。柑橘的冻害有两种条件造成,其一是降温强度,其二是低温持续时间。短时的临界低温一般对柑橘影响不大,但长时间的低温,即使温度不很低,冻害也较严重,此外,低温过后,温度骤然回升,或冰、雪、霜融化过快,也会加重冻害。1991年12月24日起,强冷空气入侵福建,降温激烈,过程降温12~21℃,极端最低气温-12.8~-4.7℃,南平、三明、宁德西部、龙岩大部低于-5℃,建宁达最低-12.8℃,福州等15个市县突破历史极值。北部地区的主要果树柑橘大面积受冻。南平地区28日普降大雪,雪后加霜连续7天,该地区主要果树柑橘冻伤率达50%~70%。建阳县果树受冻4.34万亩,严重减产,永安市柑橘受冻严重,以致1992年减产23%。

(2)干旱和洪涝

柑橘喜欢湿润,但雨水过多,土壤积水,会导致烂根,引起叶片和花、果掉落。柑橘花期至第二次生理落果以前,如遇阴雨连绵,会影响授粉,降低座果率。

而夏季果实肥大最旺盛时期,需水量很大,此时若出现夏旱,叶片将果实中的水分夺去蒸发,果实不但不增大反而要收缩,如果20多天不下雨,则引起严重缺水现象。秋冬连旱可导致果实小,果汁少,含糖量低,含酸量高,冬季的干旱还会使花芽量增加,次年花量中无叶花比例增加,花质下降。春旱易引起落花,落果。

(3)大风

每年夏季(7—9月)是福建省台风多发季节,台风带来的狂风暴雨不仅打落,打碎叶片、果实,折断枝梢,使柑橘严重减产,甚至将树连根拔起。此外,冬季的强风对果树也极为不利,较常出现的是落叶,使树势变弱,次午春季发芽不良。

(二)荔枝

1. 荔枝生长的温湿度条件

荔枝喜高温多湿,最适宜的年平均温度为21~25℃,1月平均气温13~17℃,≥10℃的年积温7500~8300℃·d,平均霜日少于5天,年降水量要在1500 mm以上。

荔枝冬季不耐低温及霜冻,冬季低温不能低于-1℃。0~4℃则树体停止生长,8~10℃才开始恢复生长,23~26℃生长速度最快。但冬季适当的低温则可诱导枝梢的顶芽处于休眠状态,花芽才能分化,冬季若气温维持在3~10℃一段时间,虽嫩叶有轻微冻伤,但很有利于花芽的分化,是丰年之兆。

荔枝不同品种花期相差较大,开花时间可从3月下旬至5月上旬,开花期日平均气温要求在18~24℃,极端气温要求在11.0~29.0℃,日照充足,无持久的阴雨。

荔枝果实发育正值6月中旬以后,由于受副热带高压的控制,高温干旱,最高气温若达38~41℃,这时,易发生日烧和裂果,影响品质和产量。

吕申华曾经分析了1985—1988年漳州市荔枝产量与气象条件的关系,详见表5.4。

表5.4　1985—1988年荔枝产量及花芽分化时的气温及降水

年份	产量	气温距平之和(11—2月)(℃)	降水距平之和(1—3月)(%)
1985	8500	1.8	234
1986	24500	-2.4	-9
1987	12500	2.1	58
1988	20500	3.8	-12

从表5.4中可以看出,1985年、1987年、1988年均为暖冬,只有1986年是冷冬,且1985年、1987年春雨多于常年,尤其是1985年为历史上第2个多雨年,1986年、1988年春雨均偏少,因花芽分化期要求有一定的低温少雨期,因此这四年中只有1986年花芽分化期气候条件最适宜。1988年虽然花芽分化期气温奇暖,但这一年3—4月气温特低,达到了有记录以来的极值,且这种低温还持续了一段时间,弥补了前期不利的温度条件,使荔枝重新积累营养进行花芽分化,推迟开花10~15天,其后的气象条件较好,因此1988年荔枝也获得了增产。1985年在前期花芽分化不利的基础上,到了4—5月的盛花期时,4月24—26日又出现高温低湿的有害天气,这三天最高气温均高于30℃,且相对湿度为31%~46%,造成大量的花朵枯萎掉落,景象凄惨。其后果实快成熟时,8504号台风于6月24日在广东海丰县登陆,给闽南地区造成了大风暴雨天气,漳州市出现10~12级大风,狂风暴雨使大量果实掉落,危害相当严重,故当年产量非常低。

1987年的盛花期时4月11日出现了百年一遇的严重"倒春寒"天气,2天之内日平均气温下降12.9℃,并维持了5天之久的低温阴雨天气,过后气温又急剧回升,这期间开花的生理过程受到低温的严重干扰和破坏,受精授粉率均很低,故1987年也是一个歉收年。

1986年除在盛花期受气温波动的轻微影响外,其他时段的气象条件都较适宜荔枝的生长,故当年获得了大丰收。

因此,气象条件对荔枝花芽分化期、盛花期、果熟期都有影响,但主要以盛花期影响最大,可以左右其产量,这期间危害最重的是持续性阴雨,急剧降温,偏北大风及高温低湿等。

2. 气象灾害

(1)冻害

荔枝冻害的临界温度为-2℃。霜冻是荔枝越冬的最大危险因素。如1955年1月福州温度降至-1.2℃,一连5天,荔枝大树全部冻死,幼树地上部分也被冻死。低温持续时间愈长则冻害越重。

(2)冬季异常暖且多雨

荔枝冬季需要一段适当的低温天气来进行花芽的分化,若冬季温度偏高,降水偏多,会招致冬梢大量抽发,消耗树体养分,不利于荔枝花芽的分化,也影响了来年的产量。

(3)开花期间的低温阴雨

荔枝开花期间要求有一定的温度、湿度条件。无持久的阴雨天气,白天的降水量要小于 0.1 mm。最怕2天以上的阴雨天气,一是容易烂花,二是花药不开裂,不能散出花粉,三是花粉在雌花柱头上粘不牢,达不到受精的目的。在福建荔枝开花期最易出现"五月寒"天气,由于受北方冷空气的侵袭,若1日内日平均气温降5℃,或2日内平均气温下降7℃以上者,对荔枝的开花座果均不利。

(4)高温与干旱

荔枝果实发育早期,如遇高温干旱,会使果皮发硬,缺乏弹性,甚至发生日灼、裂果。而温度的急升急降,可导致果实在生理上难以恢复的创伤。入秋后的干旱,甚至秋冬连旱易导致荔枝秋梢生长不利,造成次年减产。如1960年漳浦秋冬大旱,受旱的荔枝园没有灌水,秋梢不能抽出,次年荔枝大歉收。

(5)大风

荔枝开花期间忌≥4级的偏北风及过夜南风,这会影响授粉和落花。同时夏季台风和局地龙卷风和雷雨大风,均可造成落果。

(三)龙眼

1. 龙眼生长期的气象条件

龙眼喜温忌冻,它对温度的要求比较敏感,这也是限制其分布范围不广的主要因素。福建主要龙眼产区年平均气温在20～24℃,最冷月气温12～14℃,≥10℃的积温在7000℃·d以上。气温年较差17℃左右,年平均相对湿度约为77%。年降水量多在1700 mm以上。日照时数1900 h以上。

龙眼的耐寒性略次于荔枝,温度在0℃以下时常发生不同程度的冻害,其抗寒能力与树龄,树势强弱,不同品种等有关。其极限温度为-4℃。

龙眼产量有大小年之分,据江万俊等收集同安县1956—1983年龙眼产量的资料,研究表明,大小年现象没有明显的"隔年"规律。从生理原因看,花芽分化、抽穗开花及采果后的气象因素是决定龙眼大小年的关键时期。

龙眼虽然属于当年花芽分化,当年开花结果的果树类型,但其结果母枝主要来源于前一年的夏梢,早秋梢。分析仙游县龙眼生产与气象条件关系,可以看出,前一年9月份的温度、降雨量和日照时数与龙眼产量呈正相关,说明9月份相应时段的较高温度,较多降水和充足日照有利于采收后的树体的复壮,秋梢抽生数多,组织紧密,能够充实夏梢、早秋梢,为来年充当结果的母枝打下物质基础。若遇秋旱,即使日均温在25℃以下,秋梢也不易抽出。

龙眼花芽分化至花穗形成时间很长,这期间是营养生长向生殖生长的转换期,闽南地区一般在1月至4月中旬,这时过高或过低的温度和湿度,都会影响当年的产量。此间最适宜的气候条件是日平均气温8～14℃,这种低温时段持续越长,则花芽的形成越多,同时还伴有轻度冬春旱,若日平均温度在18℃以上,且湿度较大,则营养生长加强,易抽发春梢,即发生"冲梢"现象,已形成的花蕾会脱落或花芽分化中途退化,着果少,果实生长不均,产量也低。如1965年福建同安县龙眼歉收,1966年仍是歉收年,且是严重的歉收年,其中1966年龙眼花芽分化期平均气温高达16.2℃,其中3月上中旬的平均气温高达18.6℃,这样过高的气温使花芽分化得不到短时间低温的有利刺激,造成"冲梢"严重,开花期间又出现连续的阴雨低温天气,影响授粉受精,降低座果率,因此1966年龙眼继1965年之后又是歉收年,这是由于不良的气象条件造成的。

龙眼开花期一般在4—5月,花期约为30～45天,若此时气温高,则花期早,气温低,则开花期推迟。开花期间要求温暖晴朗天气,日平均气温20～26℃为宜,阴雨期间越长,雨量愈大,对授粉受精愈不利,若高温干燥,日平均气温28℃以上,最高气温33℃以上,也不利于授粉受精。

果实膨大成熟期间要有较高的气温和充沛的水分,这时月平均气温以25～28℃为宜,若遇高温干旱、大风、或营养失调、病虫害等,也会陆续落果。

2. 气象灾害

(1)冻害

龙眼冻害的主要气象因素是最低气温,一般气温0℃时幼苗受冻害,气温在-1.0～-3.0℃,则大树受冻害,-4.0℃以下时严重受冻害,低温持续时间越长,冻害越严重。如福州和漳州1955年1月平均气温分别为8.8℃和11.3℃,比常年偏低3～4℃,最高气温分别为-4.0℃和-2.0℃,并且连续数日重霜,龙眼严重冻害,福州地区受冻数80%以上,局部地区达100%,严重的连主干部位也被冻坏。福州、莆田等地,1963年1月气温低,干旱严重,加重了冻害,大树树干冻伤,严重者整株冻死。

(2)干旱和雨涝

龙眼开花期间,若梅雨提早到来,则花粉吸水爆裂,不能传到雌蕊上,导致烂花,落花,闽南一带有"四月初一雨,龙眼有花无果"之说。果实发育期正是雨季,雨水较多,积水多会影响根系发育,长期受淹会窒息死亡。7—8月龙眼处于果实迅速膨大期,若遇夏旱,则易造成果肉生长受阻,果粒小,产量低,倘若久旱遇暴雨,亦使果实骤然大量吸水以致裂果。

(3)风害

大风会折断枝条,磨损叶片,造成龙眼机械损伤,特别是造成生理性损伤。春夏之交,龙眼开花期遇大风,会影响授粉座果,夏秋季节的台风不但造成严重落果,有时甚至将树连根拔起。

(四)香蕉

香蕉喜高温多湿的气候环境,在中国主要分布于广东、广西、海南、福建、台湾和云南等省,是福建主要的经济作物之一。福建的香蕉主产区在漳州市,1980年代后,随着各地对水果生产的重视,香蕉种植面积迅速扩大,2011年全省种植面积44万亩。

低温是香蕉的主要灾害。其低温危害又分为两种,一种是冻害,指0℃以下低温对植物体所造成的伤害;另一种是冷害,指0℃以上低温对植物体所造成的伤害,在漳州地区,除个别特殊年份外,低温害主要是指冷害。根据受冻害情况的调查研究,香蕉品种中以天宝蕉对低温比较敏感,而福建漳州的香蕉品种主要是天宝蕉,即福建的香蕉生产受低温危害比较明显。低温灾害已经成为制约福建省香蕉产业乃至整个农业生产发展的主要自然灾害之一。

有研究表明,影响香蕉产量及生存的主导因子之一的日最低气温仅与日平均气温、日较差和有效积温呈显著相关,日最低气温越低,每5日滑动平均中,日最低气温<5.0℃的天数越多、日最低气温低于<5.0℃的有害积温($T_d<5℃有害\sum T$)越大、低温持续日数越长,减产率越高,香蕉产量受低温害影响越大。

另外,强寒潮袭击还会直接造成香蕉树冻死。

1. 香蕉生长期的气象条件

香蕉发育较适宜的条件是：年平均气温 24℃ 以上，最冷月平均气温 15℃ 以上，极端最低气温 -2℃ 以上，基本无雪，理想的年降水量为 1800～2500 mm，但分布要均匀，每月平均月降水量至少要 100 mm，年日照时数在 1700 h 左右，≥10℃ 的积温 6000℃·d 以上，夏季最热月平均气温不超过 35℃（表 5.5）。

成熟期生长期温度在 20℃ 以下，低温霜冻危害大，果实硬，品质差。

表 5.5 天宝地区各季成熟香蕉的气象条件及果实质量

	果期	月份	温度(℃)	降水(mm)	日照(h)	果实品质
夏熟蕉	开花期	3—4	16～20	90～140	120～140	果实成长快，发育均匀，肥大。
	成熟期	6—7	26～28	200～290	160～250	
秋熟蕉	开花期	7—9	27～28	200～180	200～250	果实肥大，色味好，产量高。
	成熟期	9—12	26～20	150～40	200～18	
冬熟蕉	开花期	10—11	23～19	40～60	180～200	果实发育慢、小。
	成熟期	1—3	13～15	45～90	100～150	
春熟蕉	开花期	12月下旬至2月	13～14	44～70	100～150	长期温度 20℃ 以下，低温危害大，果实硬，品质差。
	成熟期	4—5	20 左右	140～200	140	

香蕉茎分为假茎和地上茎，只有香蕉叶片抽出到一定数量后，才能开花结果。在适宜的气候条件下，叶片全年都能抽生，以夏季高温多雨抽生速度最快。以漳州天宝香蕉为例，在可见叶长到 18～20 片时就开花，在月平均气温 14～16℃ 时，每长一片叶需 33～35 天，在 18～23℃ 时，需 18～19 天，在 25～26℃ 时，需 9～10 天，在 30℃ 时需 7～8 天。

香蕉栽培分春植、夏植、秋植。春植是在春分前种植，植后 4—7 月温度急剧上升，日平均气温 22.0～28.5℃，雨日多光照好，生长迅速，可在 8 月下旬至 9 月抽蕾开花，11—12 月收果。

夏植蕉是在夏至前后栽植，定植后正处于高温多湿的环境中，成活率高、生长快，次年夏季抽蕾开花，产量高品质好。

秋植是在秋分前后栽植，当年还有 2～3 个月时间生长，次年开春后温度回升，生长迅速，7 月可抽蕾开花，8～10 月成熟，产量高，品质也很好。

香蕉从抽蕾到成熟需要的时间，也因气候条件不同有很大差异，在春、夏季抽蕾的，因温度高，果实发育快，80～90 天即可成熟。但在低温的秋末或冬季抽蕾的，则需 120～150 天才能成熟。福建闽南地区由于气象条件适宜，一年四季都可以有香蕉成熟。如天宝地区按收获期可分为夏熟蕉、秋熟蕉、冬熟蕉及春熟蕉。由表 5.5 可以看出，夏熟蕉及秋熟蕉果实肥大，品质较好。

2. 气象灾害

(1) 寒害

香蕉栽培区有两种主要的寒害类型：辐射霜冻型和平流低温型。

1) 辐射霜冻型，是由于强冷空气南侵后，大范围降温，锋面过后，地面上空受冷高压控制，夜间晴朗无风或微风，地表农作物大量辐射散热，近地层温度降到 0℃ 以下，出现霜冻。辐射型霜冻出现时间很短，但对香蕉的破坏性大，可以使叶片冻死，甚至一个晚上就可使全园的香蕉冻死。

2)平流低温型,是由于强冷空气维持时间长,兼有连绵细雨,没有日照,这样的天气,即使最低气温在3~7℃,也会引起烂心致死,若持续一周以上,则受害更重。

1991年12月26—31日的一次大寒潮中,由于出现严重霜冻,造成全省大量香蕉被冻死,损失十分严重。永泰县香蕉99%受冻,莆田全市受冻香蕉1.59万亩,损失356万kg。号称"水果之乡"的漳州芗城区,香蕉一级冻害15%,二级冻害70%,三级冻害15%。长泰县香蕉受冻2~3级的达70%。1993年春节前后,一次严重的霜冻,又造成全省大量的香蕉被冻死,据统计,单是漳州市盛产香蕉的天宝镇因香蕉被冻死造成的经济损失就达1亿多元。

(2)大风

台风或类似的大风是香蕉栽培中较严重的自然灾害,香蕉株高叶大,根系浅生,假茎脆弱,抗风能力不强,结果时果穗重,遇到台风或大风极易受害,倒伏,其中台风对香蕉的危害极大。1983年第4号台风在漳浦县登陆,致使漳州市香蕉倒伏177万株。

(3)干旱和洪涝

对香蕉生长威胁较大的是春旱和秋旱,长期干旱可影响香蕉的生长,若生长初期遇旱,会使营养器官发育不良,生长速度显著下降,生长后期遇旱,特别在花序分化前遇旱,会使营养器官过早衰退。如漳州市1962年10月中旬至1963年5月底未下透雨,山地蕉枯死,产量比前年下降60%以上。但根系生长需要良好的通气状态,如果积水,妨碍根系对氧气吸收,轻者植株叶片发黄,产量降低,重者根群窒死。

(五)枇杷

1. 枇杷生长的气候条件

枇杷树生长迅速,投入少,结果期早,产量高,栽后3年树冠高达1m以上,可以始果,10年后可进入旺产期。枇杷较耐寒,年平均气温在12~15℃以上的地方就能栽种,成年树在冬季-18℃时,枝梢尚无冻害。

枇杷枝梢抽生的季节与生长周期因各地的气候不同而有所不同。莆田有一些树一年可抽生4次,其中以春、夏、冬梢为主,秋梢为次。其春梢抽生期在2月上旬至3月中旬;夏梢抽生期在5月上中旬至6月下旬;秋梢抽生不固定,一般在7—10月间,许多老树往往不抽秋梢;冬梢抽生期在11月上旬。冬梢主要是结果枝。

枇杷的花芽分化属夏秋连续型,不同的枝梢有些早有些迟,枇杷花芽开始分化与落叶齐头并进,即从夏秋开始花芽分化,到春季开花。

枇杷开花有三个特点:(1)冬季低温时开放;(2)花期长,约有3~4个月,开花的顺序是从下部开始,自下逐渐向上,平均花期47~84天,当温度在11~14℃时开花最多,若在10℃以下,则花期延长;(3)花量多,座果少。由于花期长,前期开的花由于会遇到低温,易遭受冻害,结果率低,但果形与品质均好于后开花者。花虽多,但座果率最多只达17%,但实际上只要5%就够了,因此一般枇杷的产量较稳定。

枇杷授粉受精的最适宜温度是20~24℃。果实成熟一般在4月下旬至5月中旬,其间气温不能过高,即要求≤35℃。

2. 气象灾害

虽然枇杷较耐寒,但其幼苗则在-7℃时就会被冻死。枇杷不耐高温,气温在35℃以上时,对根、幼苗、果实的生长均不利。枇杷喜湿润气候,年雨量要在1000 mm以上,土壤或空气过干燥时,则不利于新梢发育,花芽分化和果实肥大,因此枇杷最忌秋冬旱。但水分过多,也会使果园积水而霉根。另一种灾害是风害,枇杷树冠大,叶宽,根系较浅,如遇大风易被吹倒,冬季低温时,风愈大,受冻愈重。

(六)菠萝

菠萝原产热带地区,喜温暖,怕低温霜冻,在年平均气温24~27℃,1月平均气温在17~24℃,冬季无严重霜冻的地区栽培较为适宜。因此福建菠萝的主要产地在漳州地区,其中诏安和云霄最多。

菠萝生长的气候习性为:喜高温怕严寒,不耐阴冷和平流低温,怕强的辐射霜冻;需要充足的光照;耐旱怕涝。其生长过程中最大的气象灾害是霜冻,其冻害也分平流低温和辐射霜冻两种,一般认为冬季最低气温在5℃以下开始受害,1℃以下严重受害。

第五节　建筑与气候

建筑物是人们生活与工作的场所,人们大约80%~90%的时间在建筑物中度过。从气候学来说,选址科学、设计合理,有利于光照充足、通风良好、温湿适应的室内小气候,不仅关系到节能减排和工作效率,更关系到人们的安全和健康。中国风水学中,不仅有相当部分实际上是关于气候和气象在建筑综合环境优化中,趋吉避凶、避祸纳福的价值取向,而且也是科学利用气候条件,趋利避害的综合应用。

比如,建筑物的"前高后低"、"坐北朝南"和"背山、面水、向阳"等方面,既涉及大环境的安全,是否有利于防御地质灾害和山洪灾害;也考虑到是否有利于营造适宜的小气候环境,进而有利于身心健康。因此,利用当地气候条件,充分考虑建筑物的采光、通风、排水、防潮等,趋利避害,创造一个优美、舒适和卫生的小气候环境,历来是建筑设计工作者的一项重要任务。在城市规划,工业布局,建筑设计和材料选择中都要考虑到气候因子对建筑的各方面影响。气象部门要针对建筑的专门要求对气象条件进行细致的计算,给出各种指标值,以作为设计的重要依据,这是气象工作者的一项重要工作。本节将对气候与城市规划,风(雪)压与建筑结构设计和气象与采暖通风空调等内容进行论述。

一、城市规划与气候

在城市建设规划中,既要做好总体规划、分区规划,还要做好功能区规划。在做工业、商贸、金融、科教文化和居民生活等功能区分区位置的合理配置时,要考虑各种各样的因素,其中风、气温、日照等尤为重要。

(一)地面风与城市规划

日益发展的工矿企业向大气排放着大量的烟尘、废气等污染物,同时企业机器的轰鸣声又干扰附近的居民生活,这些污染物和噪声的污染程度与当地的风向风速有着密切的关系。所以掌握好风的变化规律,规划好各功能区的布局,保障城市居民的健康和环境卫生是个重要的问题。认识和掌握地面风的变化规律,一般可根据1月、7月和年风向频率玫瑰图,按其相似形状进行分类,大致可分为季节变化型、主导风向型、无主导风向型和准静止风型等四大类型。

1. 季节变化型

盛行风向随着季节的变化而转变,1月、7月风向变化大于135°、小于等于180°者称为季节变化型。它是福建的主导类型。该型所属地区冬夏风向基本相反,福建省沿海和内陆部分地区均有分布。如平潭1月NNE风向频率为40%,加上与其相邻(N和NE)的盛行风向频率达79%;7月盛行风为SW,频率达32%,加上与其相邻(SSW和WSW)的盛行风向频率达63%。冬季比夏季强,冬季盛行风向更为集中,其盛行风向频率比夏季的盛行风向频率高16%。

在季节变化型地区内进行城市规划时,要将向大气排放有害气体的工厂企业布置在风向频率最小的方向,即在居住区盛行风向频率最小风向的下游方向,从而避开冬夏对吹的风向。

有的地方从全年风向频率玫瑰图上很难看出方向相反的两个盛行风向,而只有一个主导风向,其他风向频率均很小,这时应将1、7月的风频玫瑰图和年风频玫瑰图一并考虑,才能作出正确的规划。如福清市,全年盛行NE,NNE和N向风频率分别为18%、17%和11%,其他风向频率均在5%以下,看不出两个相反的盛行风向。而从1月和7月,冬季盛行风向为N—NNE—NE,频率之和为61%;夏季则盛行风向为SSW、S、SE和SSE向风,频率之和为47%。因此,该地区的城市规划仍采用上述的规划原则。

福建省的少数地方如光泽、同安、龙海等地虽然主导风向随季节有所变换,但其夹角小于112.5°,此种情况,可将居住区布置在夹角之内,而在其相对应方向上布置排放有害物质的工业企业。

2. 主导风向型

一年中基本吹一个方向的风,盛行风向的变化在90°之内,为主导风向型。该型零星分布在福建省东半部,如寿宁、长泰等地。长泰全年盛吹SE—SSE风向,其频率19%,加上ESE和S的频率达30%,静风频率29%,其他风向频率为2%~6%。在该型区进行城市规划时,要将向大气排放有害物质的工业企业布置在年主导风向的下风方向,居住区布置在常年主导风向的上风向。

3. 无主导风向型

全年风向不定,没有一个主导风向,各向风频率相差不大,一般在10%以下,称之为无主导风向型。福建省主要出现在闽江支流河谷地带的松溪、建阳、将乐和沙县。这些地区的静风频率高达40%~62%,全年各风向频率都在10%以下,最大为9%,最小为1%。如建阳年各风向频率中,N风向频率最大才7%(表5.6)。

表5.6 建阳年风向频率(%)(1981—2010年平均)

风向	N	NNE	NE	ENE	E	ESE	SE	SSE	S
频率(%)	5	3	2	1	2	2	3	3	3
风向	SSW	SW	WSW	W	WNW	NW	NNW	C	
频率(%)	2	2	1	2	3	8	9	49	

在该区城市规划或工业厂房布局时,要着重考虑风速,风速愈大,大气污染物质浓度愈低,污染浓度与风速成反比。为了将风向风速的影响同时考虑,常用污染系数(烟污系数、卫生防护系数等)来表示,即

$$污染系数 = 某方向频率/该向平均风速$$

也可用无因次污染风频公式来表示

$$污染风频 = 某方向风向频率/(该向平均风速/总平均风速)$$

在该型区城市规划时,应将向大气排放有害物质的工业企业布置在污染系数最小方位

或最大风速的下风向上,居住区在污染系数最大的方位上。考虑到福建省这几个地方的静风频率较高在40%以上,因此布置居住区时应适当考虑卫生防护距离(表5.7)。

表5.7 工业企业卫生防护距离

工业企业类型	年平均风速(m/s)	标准卫生防护距离(m)	备注
焦化厂	<2	1400	
	2~4	1000	
	>4	800	
钢冶炼厂	<2	2200	
	2~4	1800	
	>4	1400	
氮肥厂1.5万吨/年 (2.5万吨/年)	<2	1200(1600)	
	2~4	800(1000)	
	>4	600(800)	
黄磷厂	<2	1000	
	2~4	800	
	>4	600	
硫酸盐	<2	1000	
	2~4	800	
	>4	600	
聚氯乙稀树脂厂 中小型和大型	<2	100(1200)	括号内为大型
	2~4	800(1000)	
	>4	600(800)	
铅蓄电池大中型和小型	<2	800(600)	括号内为小型
	2~4	600(400)	
	>4	400(300)	
氯丁橡胶厂	<2	2000	
	2~4	1600	
	>4	1200	
硫酸厂	<2	600	
	2~4	600	
	>4	400	
普通过磷酸钙厂	<2	800	
	2~4	600	
	>4	500	
钙镁磷肥厂	<2	1000	
	2~4	800	
	>4	600	

4. 准静止风型

我们将全年静风频率在50%以上,年平均风速在1.0 m/s以下者称准静止风型。该型分布在闽江和九龙江上游河谷地带,测站周围高山环绕、地形闭塞,造成气流不畅,静风增加。如尤溪(表5.8)。

表 5.8 尤溪 1981—2010 年平均风向频率(%)

风向	N	NNE	NE	ENE	E	ESE	SE	SSE	S
频率(%)	1	1	3	6	6	3	2	1	2
风向	SSW	SW	WSW	W	WNW	NW	NNW	C	
频率(%)	1	1	1	2	3	2	1	62	

(二)气温与城市规划

城市规划时不仅要了解距地面 1.5 m 处的气温,而且要考虑到气温的垂直分布和水平分布情况。气温的垂直分布与烟流形态有着密切的关系。由于辐射冷却和平流冷却往往造成逆温,在逆温层内大气处于极端稳定状态,风的垂直切变小,不利于污染物的扩散。所以,在城市规划时,应考虑到烟囱高度要在逆温层之上。

现在的大中城市中,往往存在"热岛"效应,市区气温明显高于四周乡村,造成市区夏季热上加热,酷热难当,而且还可能产生"城市风",使郊区的污染物吹向市区。所以,在旧城改造、新城规划建设中,要考虑采取一些降低市区气温的措施。如要保留原有的水体,留足树木草坪等绿化面积,降低人口密度,减少人工热源等等。

(三)日照与城市规划

人们对生活生产学习环境不仅要求清洁优美、舒适安静,而且要求日照适宜、光线充足。在城市规划中要把日照条件作为重要参数来考虑。

1. 日照标准

为了合理地节约城市建设用地,保证居民区有合理的日照环境,特别是冬季要有较多的日照。在日照设计中要有一个指标作为设计的依据,这就是日照标准。中国勘察设计协会技术经济委员会于 1995 年编制的《民间建筑规划设计定额指标》(下简称《定额指标》)中规定了日照标准(表 5.9)。

表 5.9 住宅建筑日照标准

建筑气候区划	第Ⅲ气候区		第Ⅳ气候区	
	大城市	中小城市	大城市	中小城市
日照标准日	大寒日			冬至日
日照时数	≥2 h	≥3 h		≥1 h
有效日照时间带	08—16 时			09—15 时
计算起点	底层窗台面			

据福建省建委 1993 年 8 月 9 日颁布同年 12 月 1 日施行的《DBJ 13-10—93 福建省城市居住区技术经济指标及条文说明》中明确福建省建筑气候区属第Ⅲ和第Ⅳ气候区。福州、厦门、龙岩、漳州、泉州、莆田和其他地市的个别城市属第Ⅳ气候区;三明、南平和宁德地区的大部分属第Ⅲ气候区。《定额指标》规定福建省第Ⅲ建筑气候区的中小城市和第Ⅳ区的大城市中的新建区日照标准不低于大寒日日照 3 小时;第Ⅳ区的中小城市新建区日照标准不低于冬至日日照 1 h。旧城改造区可比新建区降低一个档次,但不得低于大寒日日照 1 h。考虑到福建省土地资源、气候、居民生活习惯等因素,《DBJ 13-10—93》规定福建省城市新建区住宅日照标准比《定额指标》降低一个档次。

在城市规划中,要在建筑物的朝向、建筑日照间距等方面进行科学细致的计算,以便各种建筑物的日照效果达到或超过日照标准。

2. 建筑朝向

建筑物朝向的选择,要考虑夏季应尽量减少太阳西晒和有良好的自然通风;同时冬季也能获得充足的太阳辐射。

从图 5.1 中可以看出福州地区各个朝向二分二至日的可照时数。夏至时朝南墙面可照时数最短仅为 3.6 h,其中西晒 1.8 h;朝南偏东 15°的可照时数为 5.5 h,其中西晒 0.7 h;朝南偏东 30°的可照时数为 7.3 h,其中西晒 0.5 h;朝南偏西 15°的可照时数为 5.5 h,其中西晒 4.8 h。冬至时朝南或朝南偏东(西)15°全天从日出至日落均能见到太阳,可照时间最长达 10.4 h;朝南偏东(西)30°的可照时数达 9.9 h。从上述看出朝南偏东 15°墙面夏季受太阳直射时间较短,特别是西晒时间不到 1 h,冬季又能享受到全天的太阳光直射,加上福州地区夏季午后到上半夜盛行东南风,所以建筑物朝南偏东 15°的朝向为最佳朝向,朝南偏西 15°到朝南偏东 30°的朝向为建筑物适宜朝向。

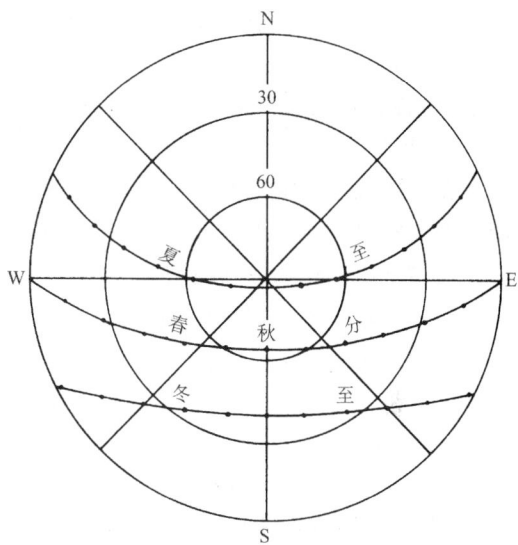

图 5.1 福州太阳视轨迹线图

3. 建筑日照间距

考虑建筑物朝向的同时,还要考虑建筑物之间要有一定的距离,以保证建筑物有符合日照标准的太阳光照射,这个距离就是建筑日照间距。

建筑日照间距除了决定于日照标准、建筑物朝向,还决定于当地的纬度、建筑物的高度和长度以及建筑用地的地形等因素。建筑日照间距计算公式为

$$D_0 = H_0 \coth h \cdot \cos\gamma \tag{5.1}$$
$$H_0 = H - H_1$$

式中,D_0 为两栋建筑物之间的距离;H_0 为建筑物的计算高度,H 为前栋建筑物的高度,H_1 为后栋建筑物底层窗台离地高度,若计算点为外墙脚处,则 $H_0 = H$;h 为太阳高度角;γ 为后栋建筑物墙面法线与太阳方位角的夹角,可由表 5.10 查得其数值。

表 5.10 朝向与太阳方位关系计算 γ 值(°)

朝向	γ 值	太阳方位关系
南	$\gamma = 0$	太阳方位线与墙面法线重合
	$\gamma = A$	太阳方位线在墙面法线左或右
东南 (西南)	$\gamma = A - a$	太阳方位角大于墙方位角
	$\gamma = a - A$	太阳方位角小于墙方位角
	$\gamma = A + a$	太阳方位角与墙方位角相反
	$\gamma = 0$	太阳方位线与墙面法线重合
东(西)	$\gamma = 90° - A$	太阳方位角小于墙方位角

表 5.10 中，a 为墙方位角；A 为太阳方位角。

建筑物朝南时，$a=0$，$\gamma=A$，式(5.1)改为

$$D_0 = H_0 \cdot \coth \cdot \cos A \tag{5.2}$$

建筑物朝东(西)时，$a=90°$，$\gamma=90°-A$，式(5.1)改为

$$D_0 = H_0 \cdot \coth \cdot \sin A \tag{5.3}$$

设 $I_0 = \coth \cdot \cos\gamma$，代入式(5.1)式得

$$D_0 = H_0 \cdot I_0 \quad \text{或} \quad I_0 = D_0/H_0 \tag{5.4}$$

式中，I_0 称为日照间距系数。

4. 棒影日照图

在总体规划时常用到棒影日照图(图 5.2)。用它可计算建筑物朝向、建筑物阴影范围和阳光射入室内的面积等。

根据下面公式就可以绘制棒影日照图。

$$\sin A = \cos\delta \cdot \sin\omega / \cos h \tag{5.5}$$

$$\sin h = \sin\varphi \cdot \sin\delta + \cos\varphi \cdot \cos\delta \cdot \cos\omega \tag{5.6}$$

$$\cos\omega_0 = -\tan\varphi \cdot \tan\delta \tag{5.7}$$

$$H = \coth \tag{5.8}$$

式中，A 为太阳方位角；φ 为地理纬度；δ 为太阳赤纬；ω 为时角；ω_0 为日出(没)时角；A 和 ω_0 均以正南为 0，以东为负，以西为正；H 为棒影长率，即棒影长度与棒长之比。

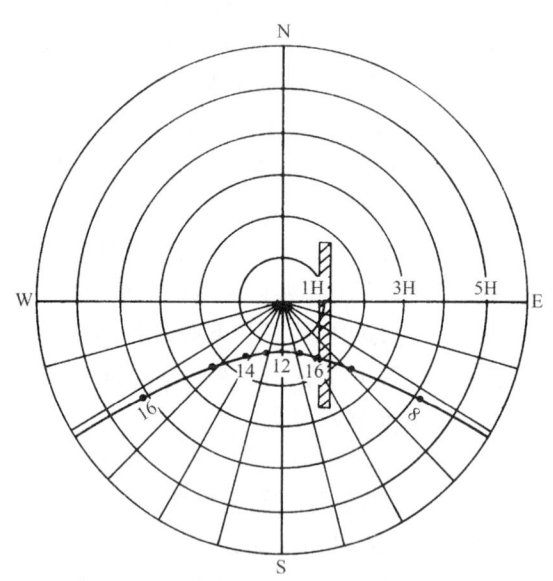

图 5.2 福州冬至棒影日照图

棒影日照图制作时，可取极坐标，辐角代表方位角 A，向径长度代表棒影长率 H，将冬至日时太阳的方位角 A 和棒影长率 H(表 5.11)点在图上连成光滑曲线即是棒影轨迹(图 5.2)。它实质是立棒的顶点在阳光下地面上的落影全天的移动轨迹。它意味着在指定的时刻(例如 08 时)在相应的地点(例如图上标 8 字处)竖立一根长度为 H 的棒，其影子正好投射到原点 0 处。

如何使用棒影日照图呢？例如，有两栋朝东前后排列的建筑，要求后栋墙面上每天不少于 2 小时日照，如何确定两栋建筑物的间距。通过原点 0 作一南北向直线，作为后栋建筑物。取一直尺代表前栋建筑，平行于后栋建筑向右移动，截冬至棒影线于 10 时，此时直尺与后栋建筑的距离为 $0.9H$，表示两栋建筑的间距至少相当于前栋建筑高度的 0.9 倍，方能保证后栋底层墙面不少于 2 小时的日照，时间是 10—12 时。

表 5.11 福州地区($26°05'$N)太阳位置参数表

季节	日出(日没)方位、时间	参数	时间[时(分)]						
			6(18)	7(17)	8(16)	9(15)	10(14)	11(13)	12(00)
夏至	0	高度角 h	10.08	22.84	35.9	44.25	62.69	76.14	87.37
	116.30	方位角 A	111.3	105.9	101.1	96.39	91.20	82.39	0
	5:11~18:49	阴影长率 H	5.625	2.374	1.379	0.862	0.516	0.247	0.046

续表

季节	日出(日没)方位、时间	参数	时间[时(分)]					
			6(18)	7(17)	8(16)	9(15)	10(14)	11(13)	12(00)
春分(秋分)	0	高度角 h		13.44	26.68	39.43	51.06	60.18	63.92
	90	方位角 A		83.28	75.75	66.27	52.71	31.36	0
	6:00—18:00	阴影长率 H		4.185	1.990	1.216	0.808	0.573	0.489
冬至	0	高度角 h		2.19	13.71	24.06	32.59	38.38	40.47
	63.70	方位角 A		62.47	54.87	45.27	32.99	17.63	0
	6:49—17:11	阴影长率 H		26.15	4.099	2.240	1.564	1.263	1.172
大暑(小满)	0	高度角 h	8.69	21.68	34.95	48.38	61.83	74.97	84.01
	112.50	方位角 A	108.2	102.5	97.15	91.21	84.05	69.60	0
	5:19—18:41	阴影长率 H	6.543	2.515	1.431	0.888	0.536	0.269	0.105
大寒(小雪)	0	高度角 h		3.80	15.64	26.37	35.32	41.48	43.72
	67.39	方位角 A		65.30	57.57	47.79	35.11	18.92	0
	6:42—17:08	阴影长率 H		15.06	3.572	2.017	1.411	1.131	1.046

二、风(雪)压与建筑结构设计

在建筑结构设计中,风压是基本的设计参数之一,它关系到建筑工程的安全、适用和经济,所以风压取值的准确与否是个至关重要的问题。

(一)基本风压公式

风压是垂直于风向的单位面积平面上所受到的压强。

根据《GBJ 9—98 建筑结构荷载规范》(以下简称荷载规范)的要求,"基本风压系以当地比较空旷平坦地面上离地 10 m 高统计所得的 50 年一遇 10 分钟平均最大风速 v_0(m/s)为标准,按 $W_0 = \frac{1}{2}\rho v_0^2$ 确定的风压"。所以基本风压公式为

$$W_0 = \frac{1}{2}\rho v_0^2 \tag{5.9}$$

式中,W_0 为基本风压,单位:kN/m^2;v_0 为基本风速,单位:m/s;ρ 为空气密度,单位:t/m^3。

当使用风杯式测风仪观测最大风速时,必须进行空气密度受温度、气压影响的修正,可按下式订正

$$\rho = 0.001276(p - 0.378e)/[100000 \times (1 + 0.00366t)] \tag{5.10}$$

式中,t 为空气温度,单位:℃;p 为气压,单位:Pa;e 为水汽压,单位:Pa。

也可按下式近似估计空气密度

$$\rho = 0.00125\exp(-0.0001z)$$

式中,z 为气象台站的海拔高度,单位:m。

(二)对风速观测数据资料的要求和处理

根据荷载规范的要求,气象台站的观测场地应具有代表性:周围地形要空旷平坦,能较好地反映较大范围的气象特点,避免局部地形和环境的影响。最大风速应全部采用自记式风速仪的记录资料,对以往非自记的定时观测资料,必要时,仍应通过适当修正后加以考虑。

年最大风速数据,一般应有 25 年以上的资料,至少不少于 10 年。不同高度测风仪观测

的风速要按下式换算为标准高度 10 m 的风速

$$v = v_z \cdot (10/z) \cdot \alpha \tag{5.11}$$

式中,z 为测风仪实际高度,单位:m;v_z 为测风仪观测的风速,单位:m/s;α 为空旷平坦地面粗糙指数,取 0.16。

(三)风速的概率计算

年最大风速 x 采用极值 I 型的概率分布,其分布函数为

$$F(x) = \exp\{-\exp[-\alpha(x-u)]\} \tag{5.12}$$

式中,u 为位置参数,即分布的众数;α 为尺度参数。

由于年最大风速序列为有限样本,其分布参数由下式计算

$$\alpha = c_1/s \tag{5.13}$$

$$u = xp - c_2/\alpha \tag{5.14}$$

式中,c_1 和 c_2 可由计算或查表得。

平均重现期 R 的最大风速 xR 按下式计算

$$xR = u - \ln[\ln(R/(R-1)]/\alpha \tag{5.15}$$

(四)台风风灾区的风压计算

福建省沿海地带的建筑风灾几乎都是由台风产生的大风造成的。据调查,在年最大风速序列中,台风大风约占 2/3 左右,若以近 30 年的最大风速序列由大到小排列,台风大风的几乎占前一半。各种成因的大风都有各自的变化规律,从统计学上讲,它们来自不同的"母体",有各自的统计规律。探讨台风造成的年最大风速的变化规律,求出符合实际的建筑风压值,无疑是一项有意义的工作。

我们将由台风影响造成的年最大风速序列称为台风型序列;将不分大风成因形成的年最大风速序列称为混合型序列。我们计算某县的重现期 50 年的最大风速台风型为 49.12 m/s,混合型为 45.05 m/s。台风型比混合型大 4.07 m/s,偏大 9%;相应的基本风压也大 0.18 kN/m²,偏大 15%。沿海地区进行重要的建筑设计时要适当考虑这种情况。

(五)基本风压的分布

全省基本风压从内陆的 0.30 kN/m² 到海边的 0.80 kN/m² 不等,福安和柘荣之间、闽清和闽侯之间、安溪和永春之间至漳州连线以西地区为 0.40 kN/m² 以下,高山地区风压较大,如九仙山为 0.80 kN/m²;安溪和永春之间至漳州连线以东地区基本风压为 0.40~0.80 kN/m²。沿海受台湾海峡狭管效应的影响,风速偏大。中部沿海突出部和海岛基本风压可达 0.80 kN/m² 以上;北部和南部沿海地区由于受到未经登陆台湾削弱的台风直接登陆影响,基本风压可达 0.80~0.90 kN/m²,突出部和海岛在 1.00 kN/m² 以上。

台风登陆福建后,由于受地面摩擦影响,风速锐减,风压也随着剧降。平原地区沿海向内陆 50 km,风压减少约 0.30 kN/m² 左右;丘陵地区沿海向内陆 50 km,风压减少约 0.40 kN/m² 左右。

(六)基本雪压

雪压(S)是指单位水平面积上的雪重,单位为 kN/m²。《GBJ 9—98 建筑结构荷载规范》中规定:"基本雪压系以当地一般空旷平坦地面上统计所得 50 年一遇最大积雪的自重确定"。当气象台站有雪压观测时,可直接用年最大雪压数据计算基本雪压;当只有积雪深度

观测时,可按下式计算

$$S = h\rho g \tag{5.16}$$

式中,h 为积雪深度,指从积雪表面到地面的垂直深度,单位 m;ρ 为积雪密度,单位:t/m^3;g 为重力加速度,9.8 m/s^2。

雪压的重现期计算方法,仍用极值 I 型模式见式(5.12)—式(5.15)。

计算基本雪压时,仍用年最大积雪深度序列,求出 50 年一遇最大积雪深度;积雪密度 ρ 使用《荷载规范》中提出的江西、浙江的地区平均雪密度 200 kg/m^3。

福建省罗源、永泰、德化、漳平、永定连线以西地区为积雪区。随着纬度、海拔高度的增加,积雪深度也随着增加。1967 年 2 月 2 日,鹫峰山脉的周宁积雪深达 34 cm。1975 年 12 月 14 日屏南积雪深达 32 cm。

福建省基本雪压分布:宁德地区西部、南平市、三明市西部和龙岩市北部以及戴云山脉基本雪压在 0.25 kN/m^2 以上。鹫峰山脉,武夷山脉和闽西的建宁、泰宁等地在 0.50 kN/m^2 以上,尤以屏南、周宁最大,在 0.60 kN/m^2 以上。

三、建筑与采暖通风

采暖通风是现代建筑上必须充分考虑的因素。科学设计采暖通风的建设标准,不仅关系到节能减排,降低建设成本和维持成本,同时,也关系到建筑物能否有效利用自然的气候环境,使室内空气有效流动,有效地排污纳新,防潮去湿,维护安全卫生的空气品质。

在建筑物通风工程中,一般要考虑室内污染物的来源和种类、室内空气品质的要求、改善室内空气质量的措施。

建筑通风一般有自然通风和机械通风。自然通风一般是热压和风压同时作用下的通风,这部分的考虑与气候环境关系尤其密切,也涉及室内功能区的合理布局。

福建省大部地区夏季长达 4 个月以上,气温高、湿度大,天气闷热;莆田以南地区虽无冬季出现,但闽西、闽北、闽东地区冬季仍长达 1~4 个月,气温低、湿度大,天气阴冷。夏天的酷热和冬天的寒冷,给人们的生产活动和生活带来了不适。根据经验,人体最适宜的气温是 22℃,劳动的适宜温度是 16℃,睡眠的适宜温度是 24℃。人们在房屋内需要保持这种温度,才能使人感到舒适。人们为了创造一个舒适、安全、卫生的生产生活环境,在设计中要充分利用自然通风条件,并且还要利用空气调节系统和通风系统对所处空间的气温、湿度、风速和清洁度进行调节,控制在一定的范围内。这种用人工的方法把室内气候调节到人体适合的温度、湿度、风速和清洁度,就是所谓的采暖、通风和空气调节。

正确选择和确定采暖通风和空气调节设计负荷,室外气象参数是很重要的基础资料。根据当地气候资料,按不同的设计对象来确定设计计算用的数值称为室外计算参数。该参数可分为夏季和冬季两种。

(一)室内全面通风量的计算原理

1. 消除余热所需的通风量

消除余热所需的通风量 G_T 的计算公式为

$$G_T = \frac{Q}{c(T_p - T_s)} \tag{5.17}$$

式中,G_T 为消除余热通风量(kg/s);Q 为室内余热量(kJ/s);c 为空气的比热容,一般取

1.01 kJ/(kg·℃);T_p 为排风温度(℃);T_s 为送风温度(℃)。

2. 消除余湿所需的通风量

计算消除余湿所需的通风量 G_U 的计算公式为

$$G_U = \frac{Q}{c(D_p - D_s)} \tag{5.18}$$

式中,G_U 为消除余湿通风量(kg/s);W 为余湿量(g/s);D_p 为排风含潮量($\frac{g}{kg(干空气)}$);D_s 为送风含湿量($\frac{g}{kg(干空气)}$)。

3. 稀释有害物所需的通风量

稀释有害物所需的通风量 G_Y 的计算公式为

$$G_Y = \frac{kx}{c(y_p - y_s)} \tag{5.19}$$

式中,G_Y 为稀释有害物所需通风量(m³/s);k 为安全系数,一般为 3~10;x 为有害物散发量(g/s);y_p 为室内空气中有害物的最高允许浓度(g/m³);y_s 为送风中有害物的浓度(g/m³)。

当通风室内同时需要消除余热、余湿和有害物时,坚持最大原则,即取 3 个通风量的最大值。

(二)夏季室外计算参数

福建省闽江等各大流域的谷地地区是福建高温区,高温日数多在 20 天以上,闽江流域大部谷地达 30~48 天。有 14 个市县平均年高温日数 35 天以上。夏季季节的降温防暑,创造适宜、卫生的室内小气候环境,显得很有必要。

1. 夏季通风计算气象参数

夏季通风室外计算温度是用来作为消除生产厂房内的余热、余湿及特殊高温工作地点降温的气象条件。规范规定,以历年最热月 14 时的平均气温及其对应的平均相对湿度作为夏季通风计算参数。

福建省一天最高温度和最小相对湿度一般出现在 14 时左右。所以,规范的规定符合福建省实际。据此统计,全省夏季通风室外计算温度均在 28℃ 以上,闽江、九龙江、晋江和霍童溪等流域在 32℃ 以上,尤以闽江流域在 33℃ 以上为全省最高。夏季室外计算相对湿度全省在 50%~80% 左右,温度越高,湿度越低。

2. 夏季空调计算气象参数

在空调工程设计中,采用冷源冷却,使空气温度降低 1℃ 所需成本比使空气温度升高 1℃ 要贵几十倍。所以,准确确定夏季空调室外计算温度是十分重要的。

夏季空调室外计算干球温度和湿球温度是采用平均每年不保证 50 小时的干球温度和湿球温度。这两者相配合确定室外空气状态点作为工业空调和高级民用建筑舒适性空调的室外计算气象参数。福建省夏季空调室外计算干球温度为 31.0~36.8℃,各江河流域的谷地地区较高,都在 35.0℃ 以上。

夏季空调室外计算日平均温度采用平均每年不保证 5 天的日平均温度。用于围护结构传热计算的数据。福建省夏季空调室外计算日平均温度为 26.0~31.0℃。各流域在 30.0℃ 以上。

(三) 冬季室外计算参数

日最低气温≤0.0℃的"冷日",除闽南沿海以外均出现过。鹫峰和戴云山脉及其以西广大内陆地区全年冷日都在10天以上,鹫峰山脉及闽西北15个市县在20天以上。我国集中采暖区划规定,累年日平均温度稳定≤5℃的日数<60天或平均温度稳定≤8℃的日数<75天的地区作为非集中采暖地区。福建省累年日平均气温稳定≤5℃的日数为0~15天,≤8℃的日数为0~41天,处于非集中采暖地区。

1. 冬季采暖和空调室外计算温度

我国规定冬季室外采暖计算温度采用平均每年不保证5天的日平均温度。一般工业厂房及辅助建筑物的室内温度要求维持在12℃以上,不保证5天是考虑到室内温度允许有一定的时间低于设计值,虽然室外温度低于计算温度但大部分时间室内仍可保持在12℃以上。

福建省冬季采暖室外计算温度在0~10℃,大部分地区在6℃以下,武夷和鹫峰山脉在2℃以下。

冬季空调室外计算温度采用平均每年不保证一天的日平均温度。福建省冬季空调室外计算温度比冬季采暖室外计算温度约低2℃左右。

2. 冬季通风室外计算温度

冬季通风室外计算温度,我国规定采用历年最冷月的月平均温度。福建省该温度为4.9~13.3℃。在工程设计时该温度不常应用。

3. 冬季采暖期平均温度

日平均温度稳定≤5℃的采暖期福建省在15天以下。采暖期在10天以下的平均温度在4.0℃以下,10天以上的为3.0℃以下。

第六节 交通与气候

气候对交通影响很大。不同类型的天气气候对不同的交通工具和运输体制有着不同的影响。但有一个共同的特点是,随着交通建设的发展和安全生产的要求日益重视,气候对交通的影响的重要性和敏感性日益显著。近十几年,福建交通网发展迅速。1991年通车里程4.17万km,汽车12.1万辆,2008年通车里程8.86万km,汽车133.98万辆。截至2010年底,全省通车里程9.1万km,全社会机动车拥有量724.7万辆,其中,高速公路2300 km;铁路运营里程2111 km;福州机场客运量突破534万人次。随着村村通工程的实施,高速公路、高速铁路的建设和开通,车流量显著扩大,天气气候对交通的影响日趋显著。

福建省影响交通的气候因素主要有暴雨洪涝、低温冰冻、高温热浪、雾或低能见度、台风、降雪等。不同的气候因素对于陆上、海上、航空交通的影响也是各有不同的,由中国气象局主持完成的"2009年全国高速公路气象服务效益评估报告"认为,降雨、雾霾、闪电或雷暴、最高温度、台风等天气对福建省高速公路运营的影响较大。

春季是福建阴湿多雨的季节,早春季阴雨连绵,雾日数较多,能见度较低,尤其沙土路面泥泞打滑,容易引起交通阻塞和撞车事故。雨季多暴雨,洪汛最为频繁,易出现山洪暴发,塌方滑坡,公路被淹,桥梁被毁,阻塞交通。而且,春季气候逐渐转暖,午后驾驶员精神容易疲劳,易打瞌睡而酿成交通事故。

夏季,晴热多台。台风带来的强风暴雨往往会造成严重的损失,风力8级以上,公路上易出现倒杆、倒树，阻塞交通，甚至翻车，而暴雨以上降水易冲毁公路桥涵，使交通中断。另外，由于夏季气温高，天气炎热，驾驶员体力消耗大，容易因疲劳驾驶而引发事故。

秋季，天高云淡，气候凉爽，由于天气原因引起的交通事故明显减少。但由于秋季是收获的季节，农村大忙，特别是郊区公路上拖拉机和挑担农民较多，农民常在公路上晒谷子，因此在县乡公路上行驶要特别注意拖拉机和行人的动态，通过晒谷路面时，要减慢车速，防止急刹车，车辆摔头。

在福建省地面交通中，公路交通占主要地位。公路运输受气象条件的影响很大，浓雾、暴雨、台风等恶劣天气都会对公路运输造成不同程度的影响。一年四季不同的气候特点对公路交通的影响也不同。

一、气候与陆地交通

(一)气候对公路交通的影响

1. 降水对公路交通的影响

福建公路易受水害危害，雨季的暴雨洪涝和台风带来的狂风暴雨是公路运输中最为突出的气象灾害。因为连日暴雨，可造成山洪暴发，山体滑坡，引发泥石流，毁坏公路、桥涵，致使交通中断，甚至引起人员伤亡。1988年5月19—24日，建阳地区连日暴雨，山洪暴发，致使崇安、建阳、浦城、松溪、政和等县公路阻断，水毁严重，省属建阳运输公司21—23日货车停256车日，客车停开478班，严重影响公路运输计划的完成。又比如，1989年雨季的两场暴雨洪涝造成了不同程度的损失。"5.16"暴雨致使邵武公路塌方，17—19日客运停开66班次，减少收入2万元，至于货运受影响的损失难以统计；建瓯县"6.19"暴雨造成公路180处塌方，大水冲松路基，一辆运木材的货车因此冲出路面落入溪中，造成2人遇难。近20年来，福建暴雨频数增多，暴雨诱发的次生地质灾害趋多趋重，对交通运输造成了严重影响。

2. 台风对公路交通的影响

台风带来的强风暴雨往往会造成交通运输的严重损失。风力8级以上，公路易出现倒杆、倒树，阻塞交通，甚至翻车；暴雨以上降水易冲毁公路桥涵，使交通中断。虽然近50年影响或登陆福建省的台风频数有所减少，但21世纪以来强台风和超强台风的比例却有明显增加，其对道路交通的影响十分严重。例如2005年台风"龙王"带来的局地山洪，冲毁一小段高速公路，结果造成长达数天的交通瘫痪，并造成持续数月的严重堵车。2010年受"鲇鱼"台风登陆影响，沈海及漳龙高速临时管制；全省1651个道路客运班次停运。

台风造成公路水害的典型年例当属1990年，该年登陆和影响福建的台风异常偏多(11个)，而且强度强，对公路交通造成了严重破坏。仅福建公路运输大动脉的福厦线(福建最好的公路之一)就有100多km的路面受损，经济损失433万元，福汾线也一度严重受阻，不仅沿海地市公路冲毁严重，内陆部分地区公路损失也比较严重，是近十几年公路水患最严重的一年。

下雨天，特别是蒙蒙细雨，会影响视线，也会导致撞车事故。另一潜在危险是骑自行车的人穿雨披，在大转弯时既不招手示意，又不回头观望，汽车司机看不见信号，在正常行驶中也会发生与自行车相撞事故。

3. 雾对公路交通的影响

雾也是引起公路交通障碍的主要原因之一。轻雾会使能见度降低，车速受限，行车时间延长;而雾,特别是浓雾,会严重影响视程,造成车辆判别不清方向,以致相撞。[彩]图5.3是福建不同地区雾日数的年变化曲线,由图中可以看出,福建北部山区雾日数较多,浦城平均年雾日46天,东部和西部较少,宁德平均年雾日10天,长汀平均年雾日17天。由于地域不同,雾日数的季节分布也不同,北部山区雾日数以秋冬季最多,其余地区以冬春季节最多。

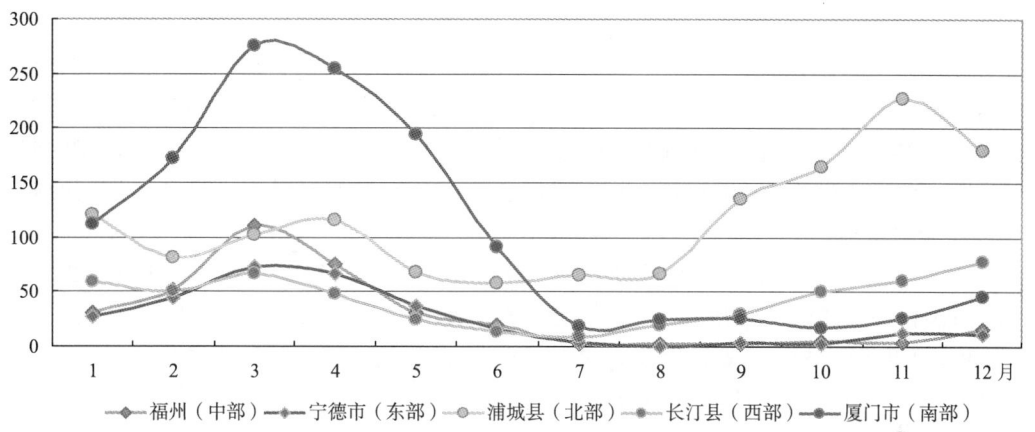

图5.3 不同地区雾日数的年变化曲线(单位:天)

福建省大部分地区雾日数呈明显的减少趋势,但厦门雾日则呈增多趋势。2010年2月23—27日泉州市出现浓雾天气,其中23日沿海早晨的能见度不足百米,沈海高速公路封闭。

4. 高低温及雨雪冻害灾害的影响

福建的冬季晴冷少雨,虽无北方常见的冰天雪地的景象,但每年也总有几次强冷空气或寒潮过程的侵袭。若出现大雪天气,会使交通中断。晴冷霜冻在闽北、闽西北等内陆山区也常有出现,由于冰凌及路面冻结使路面摩擦力大减,汽车不易刹车和调整方向,容易形成严重车祸。特别是在山区或有一定坡度的公路上,行车更为危险。

对于公路交通最适宜的日平均气温为5~28℃,气温过低或过高都会对公路交通产生不利影响。当日最低气温在3℃以下时,易结霜,0℃以下时,路面易结冰霜,车辆易打滑,制动刹车距离延长,应急刹车易出事故。此外,气温过低,会使气缸内混合气体不易点燃,汽车启动难;还会使金属构件和车胎破裂;若结冰易冻裂水箱。福建每年总要遭受几次强冷空气或寒潮过程的侵袭。日最低气温≤0℃的日数,北部(浦城为例)为25天左右,西北部(长汀)15天左右,其余地区不足2天。从年平均降雪日数来看,北部最多也不过9天左右,其余地区不足3天。虽然福建降雪天气不多见,但一旦出现大雪天气,交通就会被迫中断。例如,1983年末的大雪,迫使宁德和建阳内地区10多个县公路无法行车,上千辆客货车停驶,寿宁等地交通受阻长达6天之久。1989年13—14日福建北部普降雨雪,浦城等县市积雪10 cm以上,部分山区公路运输一度中断。又如,1993年1月13日起受强冷空气影响,闽东、闽北和闽西出现降雪,这场大雪时逢春节来临之前的春运大忙之时,闽东、闽北等山区公路因积雪、结冰,路滑,加上公路自身的弯多、坡陡、路窄,交通被迫中断1~3天,部分乘客途中被困,饱受饥寒之苦。2008年1月10日—2月2日春运高峰期间,全省高速公路因受冰冻雨雪影响,共封闭16次;省内205、316、303等国道、省道共封闭22次。

反之,当气温较高时,即日平均气温在30℃以上或日最高气温超过35℃,由于空气膨胀密度小,气缸内混合气体含油过多,不易点燃,汽车启动难。此外,由于气温高,车内闷热,司机易疲劳,是安全行驶的隐患。福建日最高气温超过 35℃ 的日数中部(福州)和北部(浦城)在 20 天以上,其余地区不足 10 天,可见,夏季做好驾驶员的防暑降温工作,是安全行驶的关键。

(二)气候与铁路交通

1. 暴雨洪涝

暴雨洪涝造成的水害是福建铁路运输中较为突出的气象灾害。暴雨以上降水或连续性大雨或暴雨,易冲坏铁路、破坏通讯设施,若出现塌方、泥石流、滑坡,会淹没铁路危及行车安全。福建每年皆有不同程度的铁路水害发生,主要发生在雨季和台风季。由于福建铁路的发展,内陆铁路的水害主要出现在雨季。沿海新建的动车线路受暴雨洪涝和台风的影响主要出现在台风季节。

1990 年代,铁路水害较为严重的就有 4 年,即 1990 年、1992 年、1994 年和 1997 年。1994 年,因雨季两场特大暴雨和夏季多个台风的影响,在铁路防洪期 3 月 1 日至 9 月 30 日期间,水害中断行车 84 次,累计中断时间 254 小时,总损失 9800 万元,为历史上铁路线路毁坏最为严重的年份。1990 年受雨季高峰暴雨、9 号、12 号和 18 号台风影响,铁路水害频繁发生,损失非常严重。全线共发生水害 384 处,坍塌土石量达 1.77 万 m^3,断道 24 处,累计中断行车时间 327 小时,直接经济损失 880 万元。1992 年也出现较为严重的水害,福建管区内共发生水害 743 处,创 1960 年代以来的最高记录,断道 38 处,390 多小时,外福线铁路中断 6 处,还发生 392 次旅客列车车厢脱轨,造成旅客伤亡,数节车厢废坏的重大自然灾害事故。

仅 1990 年代就有 4 年发生了较严重的铁路水害。1992 年福建管区内共发生水害 743 处,创 1960 年代以来的最高记录。

进入 21 世纪,由于 2002 年、2005 年、2006 年和 2010 年雨季出现较强的降水过程,水害危害也比较明显。2007 年受超强台风"圣帕"的影响,峰福线发生 8.18 货物列车脱轨的重大事故。2010 年雨季出现异常的持续性暴雨过程,全年共发生大小水害 2414 处 1257 次,影响行车水害 413 处/68 次,正(站)线累计中断行车 1284 小时 00 分,累计停运旅客列车 1900 列、折返 129 列、迂回运行 885 列,货车在南昌铁路局管辖区内滞留高达 393 万车辆小时。水害断道造成多趟旅客列车途中滞留,共滞留旅客 2920 人;造成路基边坡坍塌总量 70 余万方,水害损坏线路路基 170.1 km,桥梁附属设备 51 座处、隧道附属设备 45 座处、涵渠附属设备 54 座处,路堑溜坍掩埋线路和车站 189 处、钢轨悬空 35 处、山体滑坡 15 处;直接损失 12.9 亿元。

2. 雷暴

雷暴可能危及铁路通讯的信号。这是由于铁路通讯信号大多是通过路轨低频低电压传输的,电流电压冲击值若过低,易遭雷击,高了会造成浪费。而电气化铁路的电线遭雷击时,会使电力机车失去动力,自动沿路轨滑行造成事故。而且通讯线路中断,指挥失灵,将使铁路系统陷入瘫痪。因此,雷暴强度、频度、波形等参数直接决定着通讯信号电流电压值的确定,也关系到铁路沿线避雷装置的使用。表 5.12 为福建不同地区雷暴日数的年变化,由表中可知,全省雷暴日数主要集中在春夏两季,尤其是 5—8 月最多,秋冬季较少。从地理分布上来看,西部和北部较多,分别为 81 天和 69.3 天,南部较少,为 44.3 天。

3. 隆冬严寒和高温酷暑

气温高低会直接影响列车的启动速度,气温高,列车启动快,反之,气温低,列车启动慢。

隆冬严寒和高温酷暑也会对铁轨产生直接影响,当气温低于-5℃,或在30~35℃,需停止铁路维修作业;-15~-10℃和>35℃时,轨道、夹板和罗栓易折断,长轨变形使车辆出轨。强降温(24小时日平均气温下降6~8℃)或昼夜温差大时,也能造成轨件断裂;冻坏停放列车的取暖设备,使内燃机启动困难。连续数天气温较高,天气干燥、暴晒,铁轨会明显伸长,弯曲变形,接头处隆起或错开,影响列车平稳行驶。1991年末受强寒潮影响,福建北部低温结冰造成扳道困难,降低列车通行能力。2008年1月10日—2月2日春运高峰期间,福建省境内铁路连续遭受4次低温雨雪冰冻天气过程袭击,直接经济损失达1.5亿元。

表5.12 不同地区雷暴日数的年变化(天)(1981—2010年平均)

地区	月份												年
	1	2	3	4	5	6	7	8	9	10	11	12	
浦城	0.2	1.1	5.2	6.3	5.4	8.2	10.9	11.5	4.6	0.8	0.5	0.1	54.8
福州	0.1	0.8	4.4	5.6	5.1	7.4	7.9	9.1	4.7	0.7	0.5	0.2	46.2
厦门	0.1	0.7	3.0	4.2	4.3	6.1	5.8	6.2	4.3	0.5	0.3	0.2	35.6
宁德	0.2	1.0	4.3	5.0	4.7	6.6	7.8	9.4	4.0	0.5	0.5	0.1	43.8
长汀	0.1	1.6	6.6	7.8	8.4	11.6	12.6	14.8	6.9	1.0	0.6	0.1	72.1

二、气候与近海交通

福建岛区海域是我国南北来往船只的重要通道,船只来往频繁,虽然有许多有利的条件,但各个季节都会出现一些不利的天气,危及航行安全,这些不利的天气主要是雾、台风和大风。

1. 雾对航行的影响

福建沿海风力强,不利于辐射雾的形成,所以海面上的雾多为平流雾性海雾。福建各海岛的年平均雾日数为20~30天,多雾年份可达40~60天,一般出现于冬、春季节,多集中于3—5月。由于海雾范围广,持续时间长,往往日出之后较长时间才会消散,最长连续雾日数可达7天。雾的出现,使海面上能见度大大降低,模糊人的视觉,易使船只搁浅、触礁,或发生相撞事故。浓雾使船只压港,无法开航,延误航期。

福建省岛区海域是我国南北来往船只的重要通道,特别是厦门——金门航线、马尾——马祖航线已逐渐成为海峡两岸经贸文化交流、人员往来的"黄金驿道"。但海上航行受风和雾的影响较大。厦门雾日呈增多趋势,进而增多船只压港,延误航期的几率。例如2005年2月,浓雾使厦门能见度降低为100 m左右,厦金航线被迫暂停营运,大批旅客在和平码头滞留了2个多小时。

2. 台风对海上航行的影响

福建台风多集中出现在夏季,对海上交通安全的影响有两个方面:一个是大风,大风一般可持续1~3天,最长可持续7~8天,瞬时风速最大可达50~60 m/s,对躲避不及的船只是一个很大的威胁。另一个是风浪和涌浪,常会给港口设施造成重大损失。例如,1987年第12号台风于9月10日20时在福建晋江金井镇—围头一带登陆,台风带来的狂风暴雨致使全省船只沉没、流失、毁坏359艘,造成重大经济损失。

3. 大风对海上航行的影响

大风主要出现在冬季风盛行季节,加上台风大风,一些岛区的大风日数可达100天以上,几乎占全年总天数的1/3,10—11月平均每月有一半是大风天气。由于秋、冬季的大风是冷空气造成的,大风的持续时间较长,一般为3~5天,最长可达23天,瞬时风速也可达11级以上。持续的大风天气给吨位不大的船只的航行和进出港口造成重大影响,大大降低了海上运输的经济效益。

除此之外,春季强对流天气所带来的强阵风也是安全航行所不可忽视的。阵风虽然持续时间短,但来势猛,风速大,船只往往躲避不及而出事。1954年5月14日的强对流天气,大风袭击北部和中部岛区,致使62艘船只翻沉或摧毁,65人死亡,生命财产遭受惨重损失。2010年受台风"鲇鱼"登陆影响,厦金、泉金和两马航线停航,1710艘船舶暂停运营。

三、气候与航空

(一)飞机起飞着陆的气象条件

影响飞机起飞着陆的气象条件有视程障碍现象(雾、烟雾、雨、雪)、低云、侧风、阵风、风的垂直切变以及跑道积冰、积水、积雪等,其中以视程障碍现象和低云对起飞着陆的影响最大。

1. 视程障碍现象

视程是指能见度、跑道视距以及飞行视程(从驾驶座看到的前方视程)。造成视程障碍的现象是:雾、雨、霾和浮尘、烟等,其中雾是影响能见度的主要天气现象。以福州义序机场为例,由于地处东南沿海,海陆风明显,闽江、乌龙江环绕四周,空气湿润清新,能见度较好。年平均出现能见度小于4 km日数为75.5天,占全年总日数的20.7%,最多为114天,最少为48天。年平均出现能见度小于1 km日数为11.8天,仅占全年总日数的3.2%。其中由于轻雾影响能见度小于4 km的日数达57.7天,占全年能见度小于4 km日数的76.4%。雾影响能见度小于1 km的日数为10.8天,占全年能见度小于1 km日数的91.5%。可见,雾是影响机场能见度的主要因素。2010年2月23—27日泉州市出现浓雾天气,其中23日沿海早晨的能见度不足百米,晋江机场2个航班取消,56个航班延误,24日又有10个航班延误。

2. 云

云与飞行活动关系极为密切,是影响飞行活动和危及飞行安全的重要气象要素。若遮蔽机场的云过低,飞机出云后离地面太近,易造成飞机与地面障碍物相撞,发生飞行事故。因此,以视程障碍决定的机场能见度和低云状况为基础,规定了飞机起飞着陆的最低气象条件,通常要求:能见度1500~2000 m以上,云高150 m以上;在飞机设备优良、地形不很复杂的情况下,能见度1000 m以上,云高80 m以上。

3. 风

由于飞机的升力与其空中速度(空速)的平方成正比,而空速又是飞机地速与风速之和。因此,当飞机起飞时,逆风滑跑会在较短的时间内达到离陆速度而缩短滑跑距离;反之,顺风滑跑会延长滑跑距离。当飞机着陆时,逆风下降会减小对机体的冲击,并缩短滑跑距离;反之,顺风着陆会因机身产生跳跃而损伤机体,并延长滑跑距离。当风与跑道形成某一角度时,飞机因侧风作用会增加起飞着陆的困难,飞机有滑行出跑道或倾斜的危险。飞机所能承受的侧风的临界值约为9~12 m/s。因此,机场跑道应与盛行风向一致。

福建省的福州、长乐和晋江机场都位于沿海地区,产生大风的天气形势有以下3种类型：

(1)冬季寒潮或强冷空气从西路翻越武夷山脉时产生的偏北大风,年平均2~4次,每次维持一天左右,由于侧风角度大,对飞行有影响。

(2)台风活动引起的大风,其持续时间较其他天气系统长,一般维持2~3天。

(3)中小尺度等强对流天气引起的局地性大风,此类风向多变,西北大风相对多一些。

2010年台风"鲇鱼"登陆漳浦县。福州、厦门、晋江机场航班延误、取消,仅厦门空港取消150余个航班。

(二)飞机飞行的气象条件

影响飞机飞行的气象条件主要有云、湍流、雷雨、积冰、台风等。

1. 云对飞行的影响

云对飞行的影响主要有：云中、云外的气流升降会造成飞机颠簸；云中能见度差,影响飞行；云中的过冷却水滴会使飞机机体积冰；云中雷电可损坏机身和仪器等等。为了避免云对飞机的危害,保证安全,飞机飞行时应避开移动很快的高云附近的高空急流,不在温度过低的中云中长时间飞行,远离并不得进入积雨云内,以防止积冰和强烈的颠簸。

以长乐机场为例,表5.13为长乐市气象站1981—2010年各月平均总云量和平均低云量。由表可知,长乐机场总云量春季较多,其中,6月份最多为8.2成,秋冬季较少,其中,12月份最少6.5成；低云量2月份最多,为7成,7月份最少,仅为3.7成。就各季的分布状况来看,夏季,总云量和低云量均较少。春季总云量最多,冬季低云量最多。

表5.13　长乐累年各月平均总云量和平均低云量

	月份												年
	1	2	3	4	5	6	7	8	9	10	11	12	
总云量(%)	74	80	81	81	80	82	67	68	73	67	71	65	74
低云量(%)	66	70	69	63	60	56	37	47	56	53	59	57	58

2. 湍流对飞行的影响

根据形成湍流的原因,可将湍流分为：热力湍流、动力湍流和高空急流(引起晴空湍流)。风的切变造成的湍流以及在航迹上出现的尾涡湍流等。热力湍流是由于大气层结不稳定及地表面的热特性不同形成的,动力湍流则是因为地表附近的空气遇到建筑物或起伏的地形产生扰动形成的。造成飞机颠簸,甚至使机翼或尾翼变形、折断的湍流,往往是热力和动力这两种以上湍流共同作用的结果。因此对航线上的等压面的风和气温的预报是很重要的,与高空急流相伴的晴空湍流易出现的集中区域及山区的背风面,更应特别注意。

此外,雷雨、冰雹、积冰等恶劣天气,不仅使能见度降低、飞行困难,而且还会对机身及仪器造成较大的损伤,因此对航线上雷雨云的移动、发展的预报,以及锋面和台风的预报应给予高度重视。

第七节　电力与气候

目前人类可利用的自然能源大多为太阳能、风能、矿物能和水能,其中矿物能是在一定的地理条件下蕴藏的,其资源有限,就是开采出来也要通过运输才能到达使用的地方,成本相对高些。而太阳能、风能和水能等气候能源,到处都有,取之不尽,用之不竭。然而,同一种能源并不是到处一样,也不是一地所有种类的气候能源都丰富,如有的地方只适合建水电站,有的地方则适合建风机等。因此,气候对电力生产的影响可归结为了解气候能源的分布,选取开采的最佳手段。

气候对电力影响是多方面的,包括建设前的可行性论证、工程参数设计、运行管理等过程。水力发电和降水量的总量和年际分布关系密切;风力发电和风的关系密切。电力输送需要在野外架设线路,和极端气温、风速,以及暴雨关系密切。就是火电和核电,也和气象灾害关系密切,大气污染扩散条件、台风、龙卷风等极端天气不仅决定建设的可行性和工程参数设计,而且对运行管理也有影响。

在经济社会发展对电力需求增长和应对气候变化节能减排的背景下,福建省电力总体上呈上升趋势,但在各类能源增长趋势中,水电发展相对缓慢,并趋于饱和;火电发展较水电迅速,2001年火电装机容量超过了水电;核电和风电发展异军突起。风力发电2005—2008年装机容量增长了4倍多(图5.4),并且风能开发已经向近海开发、内陆高山开发拓展。

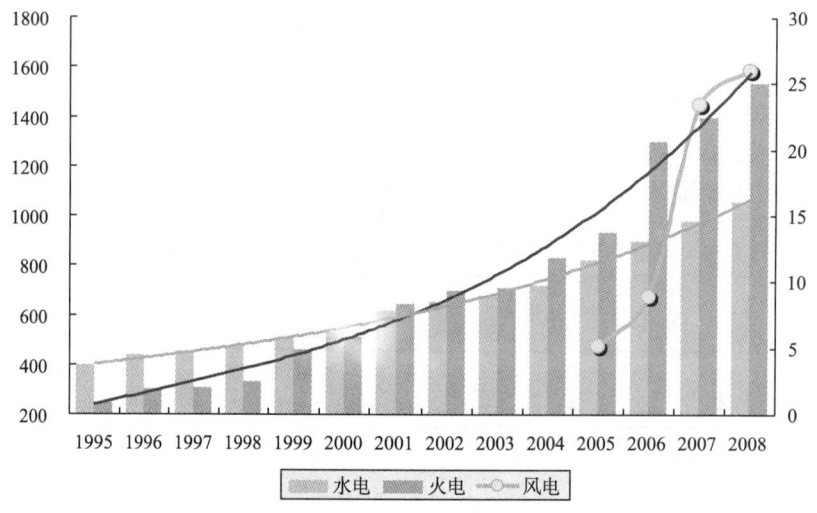

图5.4 1995—2008年福建省各类能源装机容量(单位:万kW)增长趋势

一、风电与气候

风力发电就是利用自然风通过发电机将其转变成电能的过程。风能实际上是太阳能的一种形式,太阳光对地球表面不均衡的加热,造成大气层中温度和气压的差别而产生了风,大的气压梯度和山口为风能的积聚创造了有利的自然条件。

衡量风能资源的大小,通常以有效风速时数和有效风能密度来表示。目前风机的工作范围是3~20 m/s,高于20 m/s就要关机,以免风机遭受损坏,而低于3 m/s风机则无法启动,因而这一风速被称为有效风速。台湾海峡是我国有效风速时数最多和有效风能密度最大的地区,受海峡影响,福建岛区风能储藏量也极为丰富,湾外岛屿全年有效风速时数均在6500 h以上,平均每天可利用18~22 h,湾内岛屿的有效风速时数也有3000~5000 h,平均每天可利用8~14 h。有效风速时数(有效风能密度)以秋季最多(大),在冬转夏季节里最少(小)。

为有效地开发风能资源,不仅要了解该地风的气候特征,还要考虑风机选址问题。因为即便在风能丰富的区域内,也必须选定风能较为集中的风口区,才能较大规模地开发风能,即使在风能不甚丰富的地区,处于山口的地方也可能有较多的风能可以开发。

二、水电与气候

利用流域中的水与地形落差所积蓄的水能发电,其效率可达90%以上,是最经济实惠的一种开发间接气候能源的方式。福建江河流域的水主要来自于降水,年降水量大部地区为1500~2000 mm,鹫峰山和武夷山区是相对多雨区,沿海岛屿则是最少区,但最少也不低于900 mm,自然水资源相当丰富,全省水资源总量为1168.7亿 m^3,人均水资源量为3640 m^3,高于全国平均水平(2316 m^3)。福建1990年以来,水力年均发电量超过90亿 kW·h。进入21世纪,福建水电增长速度有所减慢,水电占能源消费总量的比重有明显下降,但2010年水电发电量超过200亿 kW·h。

水电和气候关系密切,不仅降水量的多少和分布和发电量关系密切,而且,异常多的降水对水电站也是利弊相伴,应对不当甚至可能造成危害。水能的开发和利用需要修建堤坝聚能,堤坝的设计要考虑上游江河范围内的降水量,要使堤坝具有承受百年一遇甚至千年一遇的特大洪涝的性能。水库的蓄水与调度要掌握降水的年、季分布规律与具体降水过程的预测,特别是汛期的降水分布,以保证既安全运行,又高创经济效益。水库发电用水计划要注意气候预测,倘若来年雨季弱或晚,发电用水就要早作控制,而且还要为灌溉等多种用途预留水量;如果来年雨季来得早,雨水多,则可尽发电能力多发电。总之,水力发电量多寡直接受降水量多少的制约,从1995—2010年全省相对发电量(当年发电量和装机容量的比重)与全省平均降水量的变化趋势比较图5.5中,也可以直观地看到有很大的相似性(线性相关系数0.56)。

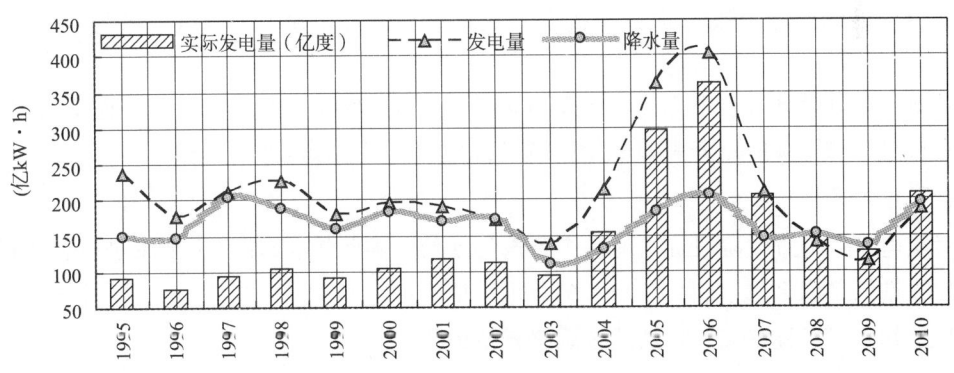

图5.5 省电网历年水力发电比例(实线)与南平年降水量(虚线)的关系

由于降水时空变化比较大,年有枯丰之分,季有来水不均,有时降水集中引发山洪暴发,威胁水利工程;有时几天甚至几月滴雨不落,发生气候干旱,都使水力发电处境十分被动。例如,1988年上半年水丰,水力发电基本上满足了工农业生产用电,下半年少水,出现夏秋旱,水电出力不足,增加火力发电,由于火电厂用煤供应紧张,如华能福州电厂无法正常发电,造成少发10亿 kW·h,加上高温期间降温用电和过热经济的增长,对用电需求增加,电力供需矛盾相当突出。又如,1990年,雨水时间分布较均匀,大部地区蓄水充足,缓和了往年秋冬压电限电现象,保障工农业的正常生产和居民生活用电,该年福州火电厂发电量剧减并一度停发,节省大量煤炭。2003年发电量明显减少,和当年的严重气候干旱有关。如能根据未来气候可能发生的变化,提早制定相应的防范措施,那么电力供求矛盾就会缓解。在少雨的年份,抓住时机,尽量蓄水,合理调度,同样也能为国家节约大量的资金。

三、火力与气候

火力发电是依靠燃烧煤炭等,将产生的热能转变成电能。福建内陆山区出产无烟煤,为充分利用当地自然资源,现在永安火电厂由原来只能燃烧从安徽、江西千里迢迢运来的烟煤,变为能燃烧本地无烟煤的电厂。福建"八五"期间又建成2座火力发电厂:福州火电厂和漳平火电厂,不仅改善了全省电源布局,还为枯水期水电出力不足,补充电能发挥了重要作用。

气候对火力发电的影响主要表现在露天煤矿的开采和运输方面。反过来,电厂冷却塔会对局地气候的产生影响,因为火力发电的发电效率为30%～40%,其余热量大部得通过冷却系统排泄。通常,发电厂附近降水有所增加,同时还会产生旋风,当电力设备的输出功率超过1万MW·h,旋风的发生率也会相应增多。

四、核电与气候

把原子核裂变释放的核能,转为电能的系统和设备称为核电厂,它是通过"核蒸汽供应系统",将核能转为热能再转为蒸汽,而后通过"汽轮发电机系统"送出电能。

用于核电厂的反应堆类型有五种,即压水堆、重水堆、沸水堆、高温气冷堆、铀冷快堆。核电的优势是:高效、洁清、安全、经济。

核电厂的兴建是一项系统工程,需众多专业与学科的评估和严密的论证,以确保工程安全。气象条件的保障与服务贯穿于核电厂从选址—设计—建造—调试—运行—退役的全过程,

核电厂勘划设计是核电厂建设的重点环节。其中,核电工程的气象条件论证与评估是核电建设可行性论证的重要组成部分,主要包括以下几个部分。

(一)厂址查勘

对核电厂厂址查勘阶段提出的几个预选厂址的气候条件、极端气象现象进行初步评定,排除颠覆性气象因素后,提出了2～3个备选厂址。

(二)初步可行性研究——选址专题分析论证

核电厂选址,重点是放在当地污染气象因素与极端气象事件的分析与评价上。核电厂安全导则的要求是"气象条件应有利于核电站排出物的稀释弥散,主导风向显著偏离附近集中居民区,即厂区应位于集中居民区主导风向的下风向,并应避开强台风,龙卷风地区。"

初步可行性研究的任务是对备选厂址作择优论证,内容包括厂址所在区域的气候特征;代表站、参证站各气象要素之统计特征与相关参数;极端气象现象的分析与详述(即当地的主要灾害天气调查)。具体工作内容与要求"核电厂气象规范"有明确规定。

另外,初步可行性研究还要做大气扩散试验工作,以掌握气载放射性物质在大气中迁移、扩散的基本规律。内容包括:

- 大气边界层特征的观测与分析;
- 湍流测量与扩散参数计算;
- 中小尺度风场与输送规律;
- 野外示踪试验;
- 大气扩散数值模拟。

自1990年代以来,福建省气候中心已参与了10次核电选址论证工作,3次属内陆厂址(南平、三明、龙岩地区),7次为沿海厂址。比较而言,沿海突出部的核电厂址虽有台风影响的因素,但从扩散气象学背景和大气弥散条件,以及冷却水的供应条件来看,远优于内陆厂址。

(三)可行性研究——设计基准气象现象与设计基准气象参数

1. 设计基准台风(台风)

设计基准台风就是给出核电厂址区域可能出现的最大台风,"它是一个假想的平稳的台风,是根据可以在特定海岸地区发生最大持续风速,所选择的气象参数值的组合。"

计算可能最大台风的样本,包括以核电厂址为中心,300~400 km范围内通过的所有台风。

设计基准台风的工作步骤:首先计算可能最大台风中心气压P_0,而后根据P_0结合相关参数确定可能最大台风风场。

设计基准台风的计算方法,采用概率论中的耿贝尔—Ⅰ型极值法,取千年一遇值,并辅以大气动力学和大气热力学为基础的确定论方法的推算值作参考。"核电厂气象规范"规定,设计基准以概率论的计算结果为准。

据福建省气候中心对福建中部、南部一个在建,两个拟建核电厂设计基准台风的分析评估报告:登陆福建台风中心最低气压百年一遇值为940~943 hPa,千年一遇值为920~927 hPa;登陆时最大十分钟平均风速,百年一遇值为50~56 m/s,千年一遇值为63~71 m/s。

2. 设计基准龙卷风

相关规范规定,设计基准龙卷风的评价区域是以核电厂址为中心的10万km^2的区域,要给出龙卷风的统计特征,时空分布规律。在龙卷风样本较多时,可将整个区域分成若干子区,分别统计不同强度龙卷风的频次,以偏保守的区作为设计基准龙卷风的样本来源。

龙卷风的设计基准要求给出如下三个特征参数:一是最大风速;二是总压力降;三是压降速率。

龙卷风最大风速是按龙卷风风险度评价模型的计算方法进行,包括:
- 龙卷风破坏面积与强度的关系;
- 龙卷风事件与强度的关系;
- 龙卷风的风速概率关系;
- 风速大于某个给定阈值的概率。

龙卷风的设计基准概率值,以年机遇10^{-7}为准。

设计基准龙卷风的压降速率和总压力降是龙卷风的平移速度,最大旋转速度,最大风速以及最大旋转风速半径、空气密度等参数通过公式推算。

福建省气候中心以近50年100余次龙卷风调查样本,计算得出的福建中部、南部沿海地区的设计基准龙卷风:最大风速为65~72 m/s,相当于皮尔森龙卷风等级F2的上限至F3

的下限,总压力降约为 30~39 hPa;压降速率为 8~11 hPa/s。

3. 设计基准降水——可能最大降水

可能最大降水(probable maximum precipitation,PMP)是指一年的某个时期,在特定的某设计流域,在一定的历时内,物理上可能发生近似上限的降水,其概率为万年一遇。

核电厂设计通常要求提供 10 分钟、1 小时、6 小时、24 小时 4 种不同历时的可能最大降水。出发点是考虑短促强降水,可能引发的洪涝及其对核电厂的威胁。

该工作首先要有 4 种历时尺度的长序列降水历史资料,据"规范"的要求以概率论方法和确定论方法,作可能最大降水推算与评价。

概率论方法通常采用耿贝尔—Ⅰ型极值法和皮尔逊—Ⅲ型法。确定论方法,据情采用如下 4 种具体方法:当设计流域有特大暴雨资料时,可用当地暴雨放大法;如临近地区有特大暴雨资料时,可用暴雨移置法;当流域面积大,设计历时长时,可用暴雨组合法;当设计流域及气候一致区有较多特大暴雨资料时,可用暴雨时面深概化法。

福建省气候中心曾承担闽南拟建的漳州核电厂可能最大降水评价任务,收集到的历史资料中,厂址区域最大 24 小时降水,极值为 711 mm,万年一遇可能最大 24 小时降水计算结果:概率论的皮尔森—Ⅲ型法为 1279 mm,耿贝尔—Ⅰ型法为 1200 mm;确定论的当地暴雨放大法为 1232 mm,暴雨移置法为 1172 mm。出于偏保守的考虑,推荐使用 1279 mm 的结论。

4. 采暖、通风与空气调节

采暖、通风与空调节工程是核电厂建设不可缺少的组成部分,它对改善劳动条件、提高生活质量、节能减排,保护环境,提高劳动生产率有重要意义。

按《GB 50019—2003 采暖通风与空气调节设计规范》,需对核电厂提出室外参数设计与核岛部分的室外参数设计。福建省气候中心近年曾为在建的福清核电厂和拟建的漳州核电厂承担过此项任务,提出了相应的参数设计值。

(四)初步设计阶段对气象专业的要求

对可行性研究阶段气象专业提供的成果,据需要作进一步的补充分析,同时解决"可研"阶段的遗留问题。根据确定的工程技术方案,编制工程气象参数文件。后者由核电设计单位完成。

(五)施工图设计至核电厂运行前,气象专业的后续工作

对初步设计阶段尚未确定的气象参数和厂址附近气象条件新发生的特殊变化,应补充相应的气象分析,提出相应的气象分析报告。

五、电力输送与气候

电厂所发的电,要通过架设大量的高压输电线路,组成完善的电力网才能送往各地。输电线路的工程设计除了考虑复杂的地形外,还要充分了解架设线路上的气候状况。因为,恶劣的天气,如雷暴、闪电、龙卷风、大风、暴雨、冰雹、低温凝冻、高温等,会威胁电力的安全输送。

(一)雷电对输电线路的危害

雷电对线路的危害有机械的、热力的和电磁的三种。雷电直接击中木质电杆,毁坏电杆,这是机械作用。雷电击中比较细的电线,强大的雷电流产生高温可将电线熔化,这是热力作用,还会引起火灾。电磁作用是指雷电直接击中电线,或雷电的电磁感应电线使之产生超过正常的电压,引起电线闪络,或击穿绝缘物。福建省雷暴较多,年雷暴日数超过 60 天的地方基本上分布于地形复杂的山区丘陵地带,并向沿海锐减至 40 天左右。雷暴多出现于 3—9 月,以夏季 7 月、8 月最多,冬季 1 月、12 月最少。雷电是造成线路事故的重要原因之一。据统计,每年因雷击造成的输电事故约占输电总事故的 20% 左右,这就要求输电工程设计时充分考虑防雷装置,而避雷装置的投资约占线路总投资的 10%,因此,详细了解沿线雷暴的气候特征,确定适当的气象参数,将节约相当数量的投资资金,并确保安全运行、安全输电。

(二)风对输电线路的危害

风会引起电线的振动和舞动,增加横担或杆塔的静力负荷,使线夹附近电线的金属疲劳以至断股,或并行的导线之间由于摇摆不同步而闪络,或杆塔静力负荷过大,导致电杆倾倒,或者导线和地线接触短路,损坏电器设备。特别是在电线积冰的情况下,电线还易发生扭转,其危害更大。电线的振动指微风条件下电线发生的颤动,在平坦开阔的地面,气流平稳均匀,若风与电线的交角大,电线易于发生微风振动;相反的,在树林或受建筑物屏蔽的地方,气流被扰动,就不易引起微风振动,如电线在林带下风方 5~10 m 内通过,很少振动。电线的舞动是由阵风激发的,风速 8~18 m/s 的阵风,最易引起电线作椭圆形舞动,若地面崎岖,风与电线的交角大,气层不稳定时舞动较强。

福建沿海地区和岛屿受台湾海峡狭管效应的影响,平均风速普遍比内陆大,一般在 2 m/s 以上,局部(如崇武、平潭和东山等)达 5~7 m/s,同时大风日数也多,海岛与突出部位可高达 120 天以上,特别是每年 10 月至翌年 2 月期间,月平均大风日数达 15 天以上。全年以夏季台风活动造成的风速为最大,最大风速沿海一般 30~40 m/s,内陆 10~25 m/s。1959 年 8 月 23 日,受 3 号台风登陆的影响,厦门最大风速 38 m/s,瞬时风速达 60 m/s,创下了历史记录。

大风除了造成电线舞动,还会加重恶劣天气对输电设施的机械损伤。福建台风影响频繁,年平均 5 个,最多年份 13 个,最少年份 1 个,每年因台风狂风暴雨造成损失均超过亿元。

(三)强对流天气对输电线路的危害

强对流天气多表现为春夏季雷阵雨、降雹、龙卷风、飑线过境等天气。由于具有突发性,过程时间短,范围小的特点,时常预防不及,造成很大损失。如 1982 年 3 月 5 日,急行冷锋南下,飑线经过柘荣而后向东南方向移动,飑线过境时,柘荣风力达 12 级以上,并有暴雨,局部还降雹,大如鸡蛋,电杆倒断 479 根,冲毁水坝 1 处,电灌站 1 座;又如,1973 年 4 月 1 日,漳州飑线过境,伴有降雹,局部龙卷,风力 10 级,80% 的电讯线路中断。

从上几个灾情例子可知,这几种天气现象时常相伴出现。福建年均降雹日数 7 天以下,各月均可降雹,以 3—4 月为最多,丘陵山区多于沿海平原。查千余年来的历史记录,龙卷风仅 25 例,均出现于春夏两季,以台风、飑线诱发的龙卷危害最大,沿海多于内陆,连江、莆田、晋江、漳州、诏安是相对多发区,罗源以北沿海地区未曾出现过。飑线大多出现于春季,当前期回暖非常显著时,若北方有较强的冷空气南下,在冷空气前缘附近就会出现飑线,有时也会发生于热带系统(东风波等)中。

(四)低温雨雪冰冻对输电线路的危害

低温凝冻使电线上常常覆盖着一层冻结物,其重量造成电线拉伸、变形,遇风振荡程度加大,电线扭曲,杆塔倾倒,线路闪络等,最终引起停电事故。

例如，1975年12月中旬，除南部沿海15个市县外，均有1～4天的降雪过程，最大积雪深度达32 cm(屏南)，雪后出现大范围霜和结冰。据不完全统计，大田至德化经戴云山脉的电杆断倒400多根，通讯中断约一星期，晋江电线积冰直径达10 cm以上，由于线路冰凌负荷过重，且晚间有8级大风，刮倒、折断大量树木并压倒线路电杆260多根，使11.5 km的杆线受到毁灭性的破坏。上杭石机头电站11万伏高压输电线折断2根，水泥电杆倒杆，供电中断。可见，福建雪虽不多见，但是一旦下雪，损失是相当大的。

又如，2008年1月下旬至2月上旬，受不断南下的冷空气和西南暖湿气流的影响，福建省出现大范围持续低温阴冷天气，西部、北部遭受罕见的低温雨雪冰冻灾害，建宁雨凇天气多达11天(平本县历史记录，且并列全省第三多)。南平市的浦城、光泽、武夷山、邵武、松溪；三明市的建宁、宁化、泰宁、将乐、明溪；龙岩市的长汀、武平、上杭、连城等县(市)电网因电力线路覆冰及高山毛竹树木覆冰倾压电力线路相继出现输电线路跳闸，据不完全统计，220千伏线路跳闸2条；110千伏线路跳闸9条；35千伏变电站停运12座，线路跳闸35条，倒杆339基；10千伏线路跳闸521条，线路受损3012.2 km，倒杆16424基；0.4千伏线路受损2629.3 km，倒杆18105基，受灾行政村1829个，乡镇212个、停电用户611729户。

雨凇，雾凇的形成与地形有很大的关系，风口和迎风陡坡最严重，架设线路最好选择山南坡，有林带的地方。凝冻天气往往空气湿度较大，导线、瓷瓶上的雨凇雾凇会越积越厚，引起"污闪"跳闸，为避免事故，应密切注意未来冷空气的活动，在可能发生凝冻天气前彻底清理瓷瓶上的脏物很有必要。

(五)暴雨对输电线路的危害

雨季和台风季，集中的暴雨时常引起山洪暴发，冲刷地表土壤，有时会发生山体滑坡，导致电杆倒塌，线路中断。例如1998年6月，闽北经历了一次百年一遇的特大暴雨天气过程，21日20时至22日08时光泽县12个小时降水量就达250 mm，实属历史罕见，23日闽江竹岐水位高达16.9 m，破1934年建站以来的极值。通讯、铁路、公路交通全部中断，直接经济损失达82.76亿元。

(六)高温对输电线路的危害

两杆塔间张拉的电线必因自重及荷重而有弧垂，最大弧垂出现在气温较高的时段，通过最高气温，可以求算杆塔间的最佳距离，杆塔的高度和电线的最大弧垂，保证对地的安全，防止风吹电线偏离平衡位置所造成的闪络、放电现象，减少额外的损耗。

7月是全年最热的月份，全省极端最高气温以1967年福安的43.2℃为最高，其次是闽清1945年的43.1℃，热区分布于河谷盆地带，如华安，建阳等。日最高气温≥35℃最多，时间最长的地区是南平，闽清，永安，漳平，年平均高温日数40天以上，而且每年大约有3次连续5天极高气温≥35℃。尽管该要素对电线的影响没有风和低温凝冻严重，但在这几个热区还是要特别考虑高温的作用，不能因高温将电线拉得过紧，因为电线拉力还受到最低气温的影响，通常设计中取零下5℃即可。

六、采暖通风与气候

1980年代以来，受社会经济发展影响，全省用电量呈现明显的上升趋势。为了将社会经济发展和气候变化的影响互相剥离，将全社会用电量分解成两部分：趋势电量(表现为时间正函数)和气象电量(实际用电量减去趋势电量)。趋势电量是由于社会发展而影响的用电量,气象电量则是由于气候条件波动而影响的用电量。为使气象电量相对独立,将气象电量与趋势电量做比值(定义为相对气象电量)进行分析(段海来等,2009)。结果表明,1971—2007年相对气象电量序列符合正态分布,通过建立概率密度函数,相对气象电量正值出现概率逐渐减少(表5.14)。

表 5.14　福建省相对气象用电量正值出现概率的动态变化

年份	正值出现概率(%)	年降温采暖度日(℃·d)
1971—2000	72.24	1085
1976—2005	61.03	1072
1981—2007	60.26	1054

　　国内外学者常用"度日"指标将温度与能源消费之间建立关系。度日可分为两种类型,即取暖度日和降温度日,分别是指日平均温度低于和高于某一基础温度的累积度数。这里取 18℃和 26℃分别作为福建省取暖度日和降温度日的基础温度(居住建筑节能设计标准,2006)。近 40 年,福建省降温度日呈显著的上升趋势。1970 年代初福建省降温度日偏低;1970年代中期至 21 世纪初,降温度日在平均值附近振荡,起伏不大;2000 年以来,受气候变暖影响,降温度日明显偏高(图 5.6a)。降温度日的变化趋势意味着福建省制冷能源需求存在增多的趋势。与之相反,近 40 年福建省取暖度日呈明显的下降趋势。1970—1980 年代福建省取暖度日偏高;1980 年代后取暖度日明显下降(图 5.6b)。取暖度日的变化趋势意味着福建省采暖能源需求存在减少的趋势。由于取暖度日的下降趋势明显大于降温度日的上升趋势,福建省年降温取暖度日呈明显的下降趋势(图 5.6c),这可能是气象电量正值概率减少的原因之一。

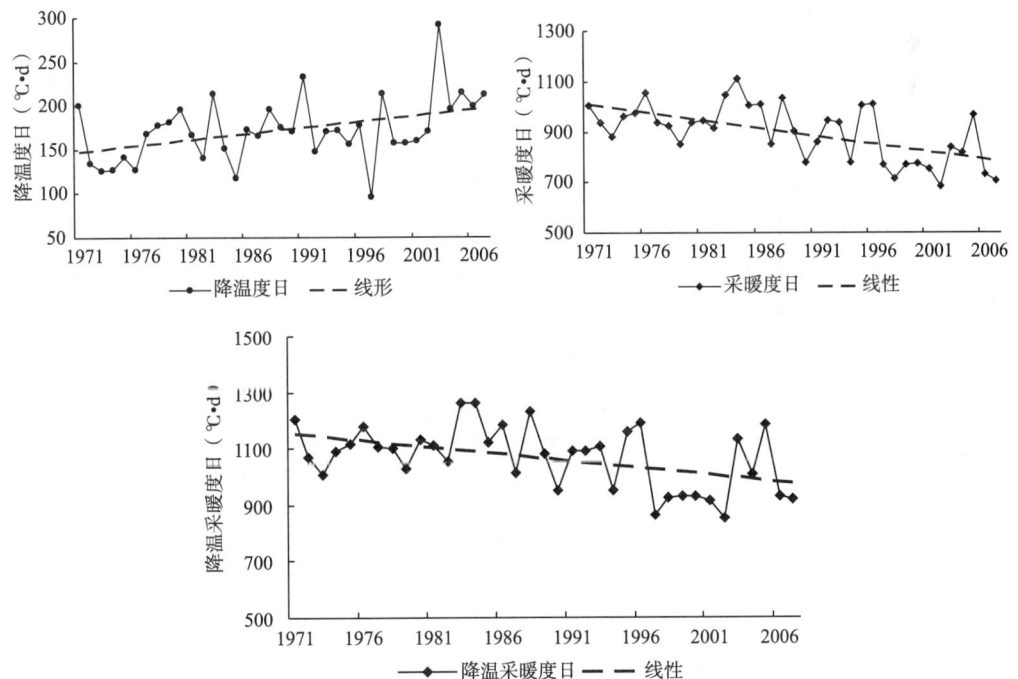

图 5.6　福建年降温度日(a)、采暖度日(b)、降温采暖度日(c)及趋势

七、利用气候条件发展电力事业

综上所述可知,福建的高风能区集中于沿海,而水能集中区位于内陆地区。据统计,至 1997 年,全省电力装机容量中水电仍占 60%,而且多为调节性能极差的径流电站(占水电装机的 41.1%),往往丰水年好过,枯水季难熬。再者开放城市多位于沿海地区,目前的电力生产形式难以跟上经济持续高速增长的势头,尽管福建电力工业经济效果动态指数居全国同行业的前列,然而北电南调这种不经济也不可靠的运行方式仍未能解决电力供求矛盾,因此建议在风能异常丰富的沿海地区应加紧开发利用,开创自给自足的局面,而内陆地区应着手改造调节性能差的电站,从长远利益出发,建造新型的大型水利枢纽,如水口电站,既能有效发挥气候能源的优势,又可在一定程度上避免气候灾害带来的巨大损失。

第八节 盐业与气候

盐业为化工部门提供原料,为人们提供生活必需的食盐。福建地处东南沿海,闽江口以南,属南亚热带季风气候区,终年气温较高,光热资源丰富,对海盐生产十分有利。福建已有福清、莆田、惠安、同安、东山等五个年产 10 万吨以上生产能力的县,有晋江、南安、漳浦等 3 个年产 5 万吨左右生产能力的县,以及罗源、平潭、厦门郊区等 10 个年生产能力 2 万吨以下的市县。由于盐业生产是在露天情况下进行的,与气候关系相当密切,天气气候的好坏直接决定着制盐周期的长短和盐产量的高低。

一、盐产区气候概况

(一)盐产区气候概况

表 5.15 是福建北部和中、南部地区与盐业生产有关的气象要素的分布概况,由表 5.15 可见,北部(以罗源为例),光热资源相对较少,自由水面蒸发量小,降水多,年净蒸发量为 −389.4 mm,相对湿度大,是盐业生产条件较差的地区,单位面积产量仅 0.58 吨/亩。相比之下,中部和南部各项条件都比较优越,尤其南部,以东山为例,年降雨日数比北部少 60 天左右,蒸发量多 733.5 mm,年净蒸发量达 826.2 mm。漳浦盐场单位面积产量可达 0.90 吨/亩。因此,中、南部地区是福建省发展盐业生产相对有利的地区,大型盐场都集中于此。

表 5.15 不同盐区气象要素对比

地区	年平均气温(℃)	自由水面蒸发量(mm)	平均降水量(mm)	年净蒸发量(mm)	年平均日照时数(h)	年平均相对湿度(%)	年平均降水日数(d)	产量(吨/亩)
北部(罗源)	19.0	1231.8	1621.2	−389.4	1691.0	80	172.6	0.58
中部(莆田)	20.2	1680.6	1323.2	357.4	1884.7	77	133.1	0.81
南部(东山)	20.8	1965.3	1139.1	826.2	2318.9	81	112.7	0.90*

注:* 是以漳浦盐场为例。

(二)盐产量的季节分布

盐业生产与天气气候条件密不可分。由于气象要素的年变化,一年四季盐业生产的气候条件存在着很大差异,因此制盐还随着季节的变化,划分为不同生产季节。由图5.7可知,第一和第二季度为福建盐业生产的淡季,产量分别占全年的10.6%和8.7%,而第三和第四季度是盐业生产旺季,产量分别占33.3%和47.4%,这一分布状况是与各季的天气气候状况相吻合的(表5.16)。以莆田为例,冬季降水少,相对湿度小,虽可进行生产,但由于日照弱,自由水面蒸发量小,生产周期长,产量一般较低;而每年四至六月为春季,降水多,持续时间长,日照少,蒸发机能低,相对湿度大,是一年中最不利于盐业生产的季节。盐场多在这一时期集中力量搞设施维修;夏季由于气温高,日照强,晴天日数多,自由水面蒸发量大,是盐业生产的黄金季节,产量较高;秋季气温尚高,秋高气爽,晴天多,日照充足,风速较大,净蒸发量为各季之首,也是盐业生产的有利时期。

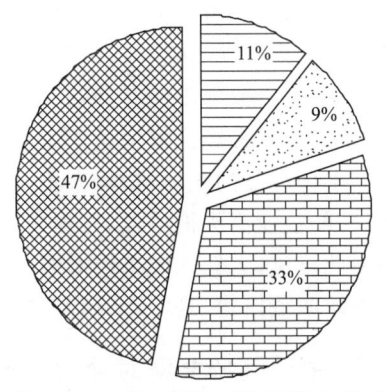

图5.7 福建盐产量的季节比重

二、盐业生产与气候条件的关系

表5.16列举了4个主要丰歉年的气候条件概况,由表5.16可见,对盐业生产有利的气候条件是:降水少,蒸发强,晴天多,风速适中(4~5级),相对湿度小。尤其是长期气候干旱,对制盐十分有利。表中两个丰产年(1977年和1991年)与两个欠产年相比,年蒸发量明显偏多,而年降水量和降水日数明显偏少,又都是历史上气候干旱较为严重的年份,尤其1991年,自1月份起连续9个月雨量偏少,出现了秋冬大旱和春夏连旱,由于蒸发旺盛,十分有利于盐业生产,当年年产量达120.2万吨,创历史最高记录。

反之,对盐业生产不利的气候条件是:连阴雨、低温、日照少,空气湿度大,蒸发量小。不管降水大小和持续时间长短,都能产生不利影响。如果降水量很大,则可造成严重损失,连续性降水会使生产陷于停顿。1997年产量只有31万吨,是几十年产量最低的一年,究其原因,是由于全年降水偏多,湿度大,蒸发偏少,年净蒸发量出现负值,为-129.5 mm,尤其是下半年,本是产盐旺季,却出现异常凉夏,降水较多,致使盐产量大幅滑坡。产量较低的1982年主要气象灾害是洪涝和台风,都对盐业生产造成极为不利的影响。

表5.16 4个主要丰歉年的气候条件对比

年景	年份	产量(万吨)	完成情况(%)	年蒸发量(mm)	年降水量(mm)	年降水日数(d)	年内主要灾害	气候影响评价	产量历史排位
歉年	1997	31.0	39	1648.4	1777.9	131.2	洪涝	不利	最低
	1982	60.1	75	1757.1	1211.6	12.8	洪涝	不利	次低
丰年	1991	120.2	150	1928.7	999.0	104.2	春夏连旱	有利	最高
	1977	114.5	143	2101.2	911.9	114.6	春旱	有利	次高

注:表中所用的气象资料是福清、莆田、惠安、同安、东山等5个气象站资料的平均值。

危害盐业的气象灾害主要是台风和洪涝,尤其台风给盐业以相当大的损害,偶一疏忽防范,就可能造成严重的损失。历史上因洪涝和台风造成损失的例子很多,这里举两个较为典型的例子。如1989年的"9.21"洪涝,由于没有及时采取预防措施,致使全省原盐淌化4万吨,卤水损失折原盐10多万吨,30万亩盐田被淹,近万亩蒸发池被冲毁,防洪堤被冲垮近万米,全省盐业直接经济损失达3500万元。又比如1983年8月下旬受10号台风袭击,各盐场受到不同程度的破坏,盐垛来不及转移而被冲走、"泡汤"。尤以闽中—闽东一带盐场受害最大,秀屿盐业码头被冲毁,共损失80万元以上。

由此可见,天气气候条件对海盐生产至关重要,密切注意天气变化,合理利用气候资源,积极采取防范措施,是增产、稳产的关键。

三、主要气象要素对盐业生产的影响

(一)蒸发和降水对盐业生产的影响

盐业生产的主要工作之一,是把淡薄的海水在自然条件下蒸发成饱和的卤水,使氯化钠结晶,所以说,晒盐工作就是一个蒸发工作。蒸发量是海盐生产过程中最重要的气象要素之一。

蒸发量直接影响到海盐生产的规模,日蒸发量越大,海水或卤水浓缩速度越快,就能够缩短制成卤水的时间,并能使之很快达到饱和,结晶成盐。降水则是海盐生产中危害最大的气象要素。降水会使卤水浓度降低,影响产量,造成损失。

福建连续性降水多见于春季,夏秋季以雷阵雨为主。遇小到中雨(5 mm以上),卤水浓度降低较大,精盐、细盐的溶盐率可达100%,损失较大;中雨(10 mm以上)以上降水,损失更严重;阵雨、雷阵雨由于来得急,抢收困难,也易受损失;台风及其相伴的暴雨易毁坏盐坨和遮盖物,使盐堆外露,造成严重溶盐,损失最大。

降水量对生产的影响不能硬性规定为多少毫米,而应根据当时的蒸发量去估算,因此,净蒸发量(蒸发量减降水量)是衡量气候条件对盐业生产影响的一个重要的指标。图5.8为莆田和东山1971—2000年平均各月净蒸发量变化图,图中表明,福建中南部地区净蒸发量最低值出现在6月,最高值出现在10月,南部净蒸发量高于中部,南部5—6月出现负值,中部2—6月皆出现负值。可见春季的气候条件对海盐生产不利,而夏秋季,中南部净蒸发量达40~180 mm,气候干燥,温度较高,又有一定风速,是制造海盐的最好季节。

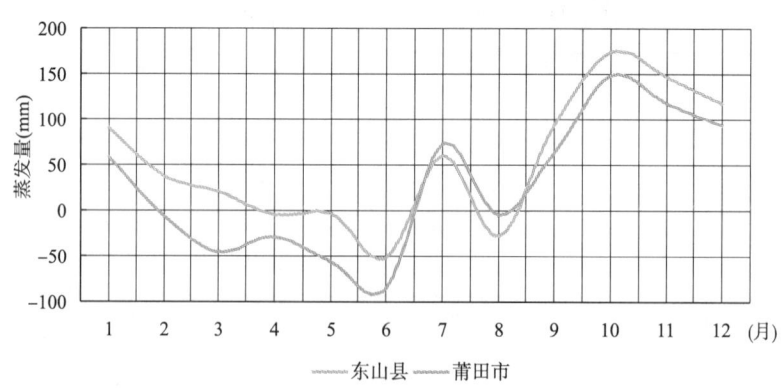

图5.8 莆田和东山净蒸发量的年变化曲线

(二)气温对盐业的影响

日平均气温过低(<5℃)或过高(>30℃)都不利于盐业生产。前者,由于气温低,蒸发慢,产量低。后者气温高,结晶太快,盐粒较松,含水分多。若气温与强风组合,蒸发过快,卤水中硫酸镁易析出,盐质差,不宜食用。

(三)风对盐业的影响

风速有助于蒸发加强,特别是从大陆来的干燥的气流,对于制盐是十分有利的。但风速过大,风力6~7级,卤水会溢出埕外,风力大于8级,还会破坏盐场设施。福建各主要盐场所在地,年平均风力大于8级的大风日数除东山较多,为46.3天外,其余市县只有1~12天。

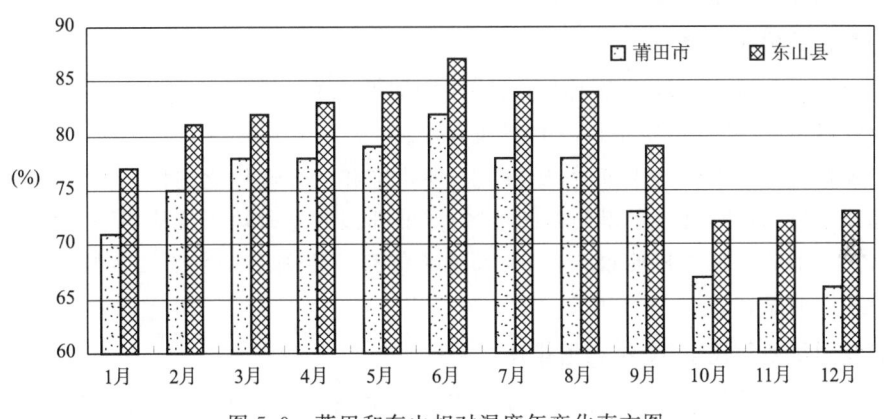

图5.9 莆田和东山相对湿度年变化直方图

(四)相对湿度对盐业的影响

相对湿度是空气中的实际水汽压与同温度下的饱和水汽压之比,它的大小直接反映出空气达到饱和的程度。因此,相对湿度对卤水的蒸发速度有非常大的影响,相对湿度达到77%以上时,蒸发即渐减少,而饱和卤水在相对湿度为85%时,不仅不利蒸发,反而吸收水汽。由图5.9可以看出,莆田和东山各月相对湿度一般为66%~88%,春季的相对湿度最大,夏季次之,秋季最小,与季节盐产量呈反相关关系。

四、适应气象条件进行盐业生产

盐业如何适应气象条件进行生产,即如何充分发挥有利的气候条件,避免或减少不利的气象条件,或把不利的个别要素转变为有利的条件,是提高盐产量的关键,以下是几条防御措施:

(1)当气候干旱,连晴日数长时,因蒸发旺盛,纳潮工作做得不够,有些盐区会发生原料(海水)不够的现象(缺水),此时,可深灌卤水,以提高产量。反之,当晴天日数少,盐田宜浅灌卤水,这样可以早析盐。

(2)台风来临前应抢运露天堆盐,加固遮盖物防水溶盐。

(3)久雨转晴,应提早做恢复生产的准备工作;久晴转雨,要做好保卤护盐的工作。大雨、雷阵雨来临前,应及时遮盖盐堆或抢收,充分利用气象信息,减少损失,实现高产、稳产。

第九节 人体健康与气候

一、气候是有关健康与疾病的环境因素之一

人们的冷、热、燥、爽、闷等感觉与气候环境有密切关系。人体对天气的变化虽可发挥调节机能,但调节机能不充分时,就会产生种种身心不调,有时还会转化成疾病,所以气候条件、大气品质不但会影响人体的健康,也会影响疾病的发生与发展。

气候对人体健康影响度的不同取决于气候的差异和人体自身适应能力。

(一)寿命的影响因素

世界卫生组织认为人的寿命15%取决于遗传因素,10%取决于社会因素,8%为医疗因素,7%为气候影响,60%取决于自己的生活方式。

从世界各国人口寿命排序来看,经济与文明水准和社会现代化进程是关键因素,但气候因素也起一定作用,如高温、干旱的低纬地区,像非洲往往寿命短于其他各洲。另外,我们还常看到有关深山老林长寿村的报导,均与环境条件有一定关系。空气品质好、水质好、无污染是一条共性的条件。

(二)我国城乡居民前10位死因排序

国家卫生部统计信息中心,曾公布过1997年我国城乡居民前10位死因顺序,这些疾病不少与气候问题有一定关系。

1. 城市居民死因排序

第一、恶性肿瘤:135.39/10万;

第二、脑血管疾病:134.88/10万;

第三、心脏病:89.99/10万;

第四、呼吸系统病:84.00/10万;

第五、损伤和中毒:36.84/10万;

第六、消化系统病:18.51/10万;

第七、内分泌、营养和代谢及免疫疾病:15.84/10万;

第八、泌尿、生殖系统病:8.88/10万;

第九、精神病:6.91/10万;

第十、神经病:5.77/10万。

前十位死因累计占死亡总数的91.76%。

2. 农村居民死因排序

第一、呼吸系统病:147.03/10万;

第二、脑血管病:112.03/10万;

第三、恶性肿瘤:107.66/10万;

第四、损伤和中毒:73.37/10万;

第五、心脏病:72.21/10万;

第六、消化系统病:27.62/10万;

第七、新生儿病:12.00/10万;
第八、泌尿、生殖系统病:8.85/10万
第九、肺结核:8.72/10万;
第十、传染病(肺结核除外):8.51/10万。
前十位死因累计占死亡总数的91.47%。

二、气象病与季节病

疾病的导因除某些遗传性病类外,不外三种:一种是生物性感染;一种是物理因素所致;还有一种是化学因素所致。当然,关键是取决于自身的抵抗能力,这是内因。

大气环境、气象条件作为一种外因,也会引发一些病疫,新兴的医疗气象学把它归为气象病和季节病。

(一)气象病

由气温、湿度、气压的变化而引起的疾病或病情变化称气象病,也叫天气病。它是人体生理对气象要素不适应的反应。

气象病的典型例子有:旧伤疼痛、风湿病、神经病、心肌梗塞、血栓、支气管哮喘、感冒、脑溢血、精神障碍、中暑、冻疮、高山病、皮肤癌等等。

(二)季节病

发病频率和病情程度带有明显季节性特征的疾病称季节病。

季节病基本可分三种类型:第一是季节性的气候变化本身为发病或病情恶化的原因(如脑溢血、心脏病);第二是由于季节性的气候变化,使身体出现反常,无法抵抗细菌活动而发生的疾病(如流感、痢疾等);第三是传染细菌的动物和昆虫有它特定的季节活动,因而相关的病(如疟疾、发疹、伤寒)就有它多发的季节。

感冒以11月至翌年3月多发,这与冬春季节寒潮、强冷空气的活动有关;据天津的统计,秋冬气管炎的发病率占全年的81.8%,峰期在10—12月,且70%是气温骤变引起;杨贤为曾研究1984—1993年北京脑中风发病率与气象条件的关系,指出隆冬与初春是发病的峰期,而7月最少,是谷期,另有研究指出北京夏季急性心肌梗塞的发病率仅是冬季的1/3,且冬季此病的发作率85%左右出现于冷空气来临、锋面过境前后,温、压变化大是高血压、心肌梗塞的不利因子;上海的对比资料显示,心脏病、冠心病、呼吸系统病的死亡率冬季多、夏季少;关节炎是常见病、多发病,在福建关节炎易反复发作于阴湿的早春季节,老病号关节酸痛预兆要变天,这也是全国各地的普遍经验,古医书《内经》云:"风、寒、湿三气杂至,合而为痹也",痹就是关节炎,是先人对风湿病的叫法;中暑总是出现于热浪异常的夏季,更易理解;除此,不少流行病、传染病都有它特别适应和需求的气候环境条件,所以总伴有明显的季节特征。

了解某些病疫与气象条件的关系及活动季节规律,就可采取因应预防措施,以减少、减轻疾病的发作。医疗气象的研究成果表现在医疗气象预报方面,已开始了积极的行动,通过前期的征兆可预报未来疾病的发展趋势。

三、福建疾病与气象因素相关性的三个实例

(一)冠心病与气候的关系

1. 寒冷诱发心绞痛的机理

气候因素并不是冠心病的患病因素,但气候因素对冠心病患者的病情确有明显影响,特别是寒冷季节锋面过境的骤然强降温,往往是心肌梗塞的诱发因素。

心绞痛患者在寒冷的季节容易发作,这是共性规律。其机理是寒冷的天气会刺激交感神经,使之兴奋而引起细小动脉收缩,造成心率加快,血压升高,血流阻力增加;同时,寒冷还会使血液中的纤维蛋白原浓度升高,引起血液黏度增加,容易形成血栓,使心脑血管患者出现中风。由于冠心病人的冠状动脉对寒冷的刺激特别敏感,所以容易发生痉挛性收缩,使心肌缺血缺氧,而发生梗死。

2. 无症状性心肌缺血日变化规律与气象条件的关系

冠心病发作既有高频季节,又有日变化规律,且与气象要素日变化有一定关系。这里引用福建省泉州市第一医院心内科郭志军等给出的无症状性心肌缺血昼夜发病率对比资料,分析与气象要素日变化之同步对比关系。

(1)无症状性心肌缺血监测资料

泉州第一医院1990年1月至1994年1月曾对93例(男58人,女35人,年龄39~74岁)冠心病患者作24小时动态心电图(DCG)监测,共得191次无症状心肌缺血资料。从表5.17看出:处于活动状态的发作率占90%,休息状态占10%;发作的累计时间、平均时间都是活动状态长,休息状态短。

表5.17 无症状心肌缺血发作与活动的关系

状态	发作次数(比例)	累计时间(分钟)	平均时间(分钟)
活动	172(90%)	893	6.76±4.98
休息	19(10%)	84	3.14±1.87

(2)无症性心肌缺血昼夜分布规律

从表5.18可以看出:上午的发作率最高,占57.07%;下午居次占33.51%;上半夜占5.76%;下半夜占3.66%。总的来看,白天占90.58%,夜间占9.43%。就发作的时间长度来看,白天与上半夜相近,为5分钟左右;下半夜不到4分钟。

表5.18 无症状性心肌缺血频数、频率月分布

时段	上午(06—12)	下午(12—18)	上半夜(18—24)	下半夜(00—06)
发作次数	109	64	11	7
发作频率(%)	57.07	33.51	5.76	3.66
累计时间(分钟)	585	306	60	24
平均时间(分钟)	5.37	4.78	5.46	3.43

(3)心肌缺血日变化与气象要素日变化的关系

统计泉州晋江气象站1990—1994年1月每天02时、08时、14时、20时的气温、气压、湿度观测资料,求5年各155个样本,每个时次3个要素的均值及6小时变量如表5.19。

表 5.19　晋江 1 月温、压、湿日变化(1990—1994)

时次	02	08	14	20	Δ_{02-20}	Δ_{08-02}	Δ_{14-08}	Δ_{20-14}
平均气压(hPa)	1016.0	1016.9	1014.3	1016.0	0.0	0.9	−2.6	1.7
平均气温(℃)	10.9	10.8	15.6	12.1	−1.2	−0.1	4.8	−3.5
平均相对湿度(％)	79.8	80.4	63.9	76.4	3.4	0.6	16.5	12.5

从表 5.19 的 6 小时变量数据可以看出：气象要素 08—14 时的变化最大，14—20 时次大，而 20—02 时与 02—08 时变化最小。气象要素的日变化，对心肌缺血发作的频率上午最大，下午次大，夜间明显为少是有影响的，气象要素变化大，患者生理调节不易适应，容易导致临床多发。

(二)龙岩地区乙脑流行与气候的关系

自 1955 年龙岩地区设立卫生防疫站以来，40 多年间，闽西地区共有 6 年出现乙型脑炎暴发流行，这 6 年是 1962 年、1967 年、1971 年、1978 年、1990 年、1991 年，其发病率分别为 2.88/10 万、24.26/10 万、33.01/10 万、6.26/10 万、4.45/10 万、3.38/10 万。除 1967 年、1971 年明显特高外，其他 4 年为 3/10 万～6/10 万。

1. 乙脑大流行的特点

(1)暴发流行季节高度集中于 6—7 月；
(2)患者为 10 岁以下儿童，占 93％～97％；
(3)地区所属七县均有发病，但高度集中于长汀、上杭两县，占全区 52％～61％(表 5.20)；
(4)传播媒介主要为三代喙库蚊，其次是骚扰阿蚊和中华按蚊。

表 5.20　1990 年、1991 年龙岩地区乙脑病例分布

年份	龙岩	漳平	永定	上杭	武平	长汀	连城	首例	末例	1～5 岁	6～9 岁	≥10 岁
1990	2	6	20	30	8	42	10	16/6	7/8	95	15	8
1991	3	10	9	20	12	27	10	3/6	1/8	70	18	3

2. 适于乙脑流行的气候条件——冬春气温高、雨日多

乙脑疫情的发生、流行和强度与传播媒介 6—8 月蚊虫的状况有密切关系，而蚊虫又以温高、雨多为滋生高发条件，仅以发病最多的长汀为例作一说明。

统计闽西地区 6 个乙脑暴发流行年的气温、雨日分布发现，入秋至来春气温偏高，雨日偏多是乙脑大流行的前兆气候条件，其机理是此类条件有利蚊虫滋生繁殖，表 5.21 是长汀 6 个年例，上年 10 月至当年 8 月的平均气温分布，图 5.10 是相应的距平累积曲线，盛行偏暖和多阴雨的特征相当明显，从而为乙脑是否会流行提供了有价值的前期气候预兆。

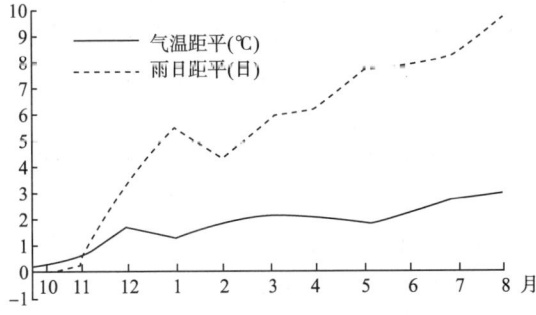

图 5.10　长汀乙脑流行年的气温、雨日距平累积曲线

表 5.21 长汀乙脑流行年的温、雨分布

项目	时段	月份										
		10	11	12	1	2	3	4	5	6	7	8
平均气温(℃)	1961—1962	20.8	16.4	11.3	5.9	10.5	12.5	17.9	22.4	24.5	27.7	27.5
	1966—1967	20.2	15.2	10.1	6.5	7.7	14.8	18.6	24.6	25.7	27.2	—
	1970—1971	20.1	14.3	10.7	5.9	10.8	13.2	19.8	21.8	26.0	27.8	27.0
	1977—1978	20.4	13.4	12.1	7.8	9.3	13.6	18.4	21.7	24.9	27.6	26.9
	1989—1990	20.1	14.3	9.0	9.3	10.7	14.9	17.6	21.4	25.5	27.5	26.6
	1990—1991	19.2	15.8	103	8.9	11.0	14.2	19.1	22.7	25.8	27.7	27.0
	6年平均	20.1	14.9	10.6	7.4	10.0	13.9	18.6	22.4	25.4	27.6	27.0
	距平	0.2	0.4	1.1	−0.4	0.5	0.3	−0.1	−0.2	0.4	0.5	0.2
	1961—1990 平均	19.9	14.5	9.4	7.8	9.4	13.6	18.7	22.6	25.0	27.1	26.8
降水日数(天)	1961—1962	1	10	12	3	5	19	18	27	26	8	17
	1966—1967	6	5	17	14	15	12	17	19	10	18	12
	1970—1971	11	6	12	7	12	10	17	21	20	10	11
	1977—1978	4	3	10	10	10	26	21	23	17	11	18
	1989—1990	5	8	7	17	20	17	23	15	16	9	15
	1990—1991	5	7	5	16	10	20	14	18	13	12	8
	6年平均	5.3	5.8	10.5	11.2	12.0	17.3	18.3	20.5	17.0	11.3	13.5
	距平	−2.3	−1.4	2.9	0.7	−2.3	−0.3	−0.9	0.3	−1.2	−1.5	−1.2
	1961—1990 平均	7.6	7.2	7.6	10.5	14.3	17.6	19.2	20.2	18.2	12.8	14.7

(三)手术与气候

漳州市医院中心血站姜美等,曾对 1993—1997 年临床用血量作过分析,指出"在排除突发性事件的情况下,每年 2 月是用血量的最低点;3 月、4 月、5 月是本地区手术最佳季节,手术增多,临床用血量明显增加;6 月、7 月、8 月是高温季节,手术减少,临床用血量随之下降;9 月以后又慢慢回升。"鉴于此,我们可以用供血量反映临床手术数。

姜美等定性地指出这一事实,说明手术频次与气候有很强的相关性。选个好的季节而动刀,这是患者与家属的共同愿望。这里我们以漳州同步的气象资料,分析用血量与气候要素的定量关系。

结论:漳州手术临床用血量与气温状况有很好的相关性:天冷和天热的季节都是用血量少的时期,而不冷不热的季节是手术多、用血量大的时期。从表 5.22 可以看出:

(1)月平均气温≤13.5℃,月平均最高≤18.6℃,月平均最低≤10.2℃,日用血量为 3.30~3.72L,这是 1、2 月的情况;

(2)月平均气温≥28.0℃,月平均最高≥32.8℃,月平均最低≥24.9℃,日用血量为 3.91~3.94L;这是 7、8 月的情况;

(3)月平均气温介于 14.7~27.1℃,月平均最高介于 20.4~31.6℃,月平均最低介于 12.2~24.2℃,日用血量为 4.36~4.93L,这是 3—6 月和 9—12 月的情况。

(4)图 5.11 是月平均气温与用血量的对应关系,其相关方程为

$$Q = -4740.068 + 903.462 T_p - 21.020 T_p^2$$

式中,Q 为每月日平均用血量(mL);T_p 为漳州月平均气温(℃)。

由于用血量(手术量)与气温有明显的关系,所以通过气温的短期气候预测可作医疗手术及其用血量的展望,这是一件非常有意义的工作。

必须说明,用血量(手术量)与气温的关系,只是数据统计上的关系,其内在原因在于病人选择手术时间造成的。一般非急性病人,会选择气候适宜的季节做手术,于是就可能反映在气温和手术量的关系上。随着住院条件的改善,这种关系将可能有所减弱。

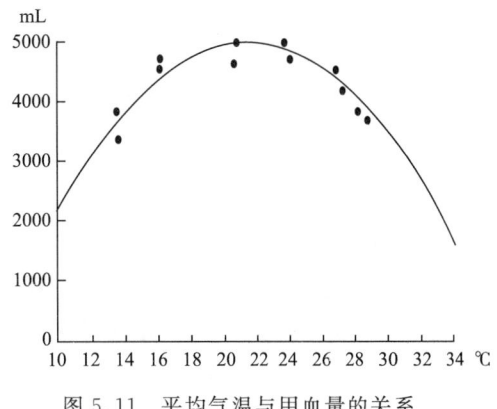

图 5.11 平均气温与用血量的关系

表 5.22 漳州 1993—1997 年各月用血量与同期气温分布

	月份	1	2	3	4	5	6	7	8	9	10	11	12
用血量(L)	1993	124	99	139	146	158	132	126	116	148	155	146	139
	1994	122	94	146	134	138	141	129	117	142	158	160	136
	1995	106	93	128	144	156	143	116	134	143	145	147	126
	1996	104	98	131	134	152	124	123	130	118	151	146	152
	1997	121	78	149	139	141	114	112	115	129	160	142	143
	月平均	115	92	139	140	149	131	121	122	136	153	148	139
	日平均	3.72	3.30	4.47	4.65	4.80	4.36	3.91	3.94	4.54	4.92	4.93	4.49
气温(℃)	1993—1997 T_p	13.4	13.5	15.9	20.3	24.2	27.1	28.6	28.0	26.7	23.8	20.4	15.7
	1993—1997 T_g	18.6	18.4	20.4	25.0	28.7	31.6	33.5	32.8	31.4	28.8	25.9	20.8
	1993—1997 T_d	9.9	10.2	12.8	17.0	21.0	24.2	25.2	24.9	23.4	20.0	16.5	12.2

注:T_p 为平均气温;T_g 为平均最高气温;T_d 为平均最低气温。

四、舒适指数与居室小气候

(一)舒适指数

1964 年 WMO 曾提出一个人体生理舒适度的定义:人对所处的辐射环境和热辐射感到刚好适应,而无需调节时的感觉状态就算舒适。

是否舒适与四个环境气象要素有关:一是温度;二是湿度;三是风速;四是辐射。经验与测定说明,冬季 15~20℃,夏季 19~24℃人们感到舒适,工作效率也高;湿度保持在 50%~70%比较舒服。福建阴冷的早春,其实气温不过 5~10℃,并不太低,但阴沉的天气,湿度很大,比北京冰天雪地的隆冬还难受。所以舒适与否要看关键气象要素的综合效应,而且因地因人而异,比较复杂。国内外虽然也提出过一些舒适指数的经验公式,但并不令人满意,这还需要不断地摸索总结,方能得出舒适与否的最佳气象要素组合与匹配方式。

国外有人曾提出一个北美洲中纬度地区,以夏季不同温度、湿度组合而成的温湿指数经验公式,又称不舒服指数(I_d):

$$I_d = 1.8t - 0.99(1 - 0.01f)(t - 1.44) + 32 \tag{5.20}$$

式中,I_d 为温湿指数;t 为气温(℃);f 为相对湿度(%)。

经试验,当温湿指数达到 70 时,有少数人(约 10%)感到不适;达到 75 时,有半数人身感不适；如果达到 80，则绝大多数人均感不适（表 5.23）。

表 5.23 温湿指数 I_d 表

I_d	20%	30%	40%	50%	60%	70%
70	26.4℃	25.2℃	24.4℃	23.7℃	23.2℃	22.4℃
75	31.3℃	29.8℃	28.6℃	27.5℃	26.4℃	25.7℃
80	36.3℃	34.3℃	32.7℃	31.3℃	30.1℃	29.1℃

我们以（5.20）式在沿海选福州和厦门，在内陆选南平和长汀作为代表站，计算 5—10 月的 I_d 值，公式中的 t、f 和表 5.24 中的风速 V，分别用其 1961—1990 年的平均值。结果列于表 5.24。

表 5.24 温湿指数 I_d 表

		5月	6月	7月	8月	9月	10月
福州	I_d	70.6	76.0	80.6	79.8	76.0	69.5
	V	2.3	2.4	3.11	2.9	2.8	2.8
厦门	I_d	71.8	76.9	80.3	80.0	77.1	71.3
	V	2.9	3.1	3.2	3.1	3.5	4.1
南平	I_d	71.8	76.3	80.5	79.3	75.4	68.3
	V	0.9	0.9	1.1	1.1	1.1	1.0
长汀	I_d	71.3	75.3	78.1	77.7	73.9	66.7
	V	1.1	1.1	1.3	1.2	1.3	1.4

表 5.24 中，V 为 1961—1990 年月平均风速。套用北美中纬度的公式，显然福建的 I_d 指数明显偏大，关键是我们面临海洋，相对湿度大；另外该公式未考虑风的因素，所以厦门的不舒适度还高于福州，这是与人们的感觉相反的。从南平与长汀两地来看，风速大小相近，各月的 I_d 值都是长汀小于南平，这与人体实感长汀的舒适度要好于南平是一致的。

尽管该经验公式有地域前提，若再考虑风的因素与福建的温湿特征，是可以得出一个相对适用的舒适度经验公式的。

（二）合理的居室小气候

人们的大部分生活时间是在居室中度过的，居室的小气候环境会影响人体的健康。现代住宅的卫生标准应考虑和满足如下 5 个条件：

(1) 室内日照：每天不小于 2 小时，这是维护人体健康和发育的最低要求。

(2) 室内采光：窗户的有效面积与居室地面面积之比，一般不小于 1∶15。

(3) 室内顶高：南方居室的顶高不低于 2.8 m，北方不低于 2.6 m。

(4) 室内温、湿、风：适宜的微观小气候是冬天室温不低于 12℃，夏天不高于 30℃；相对湿度不大于 65%；风速不超过 0.3 m/s。

(5) 空气清新度：居室内空气中所含的某些有害气体、新陈代谢物飘尘、细菌和微生物的含量不超标。

第十节 服装与气候

服装业界提出服装设计要考虑五大要素——即何人（Who）、何时（When）、何地

(Where)、为何(Why)、为谁(Whom)。五个 W 中,气候占了两项:何时,指的是什么自然季节,何地,指的是什么气候带,什么地区,是南方还是北方。其气候学意义是顺应自然,"因地制衣"。

一、衣着功能观的变化

(一)传统衣着功能观——蔽体御寒

服装与气候的关系既简单又复杂。服装所以有春、夏、秋、冬装之分是因为气候有四季:自古以来,北方服装颜色偏深,南方偏浅,这是顺从太阳辐射强度南北不同的选择;冬天,北方的衣服喜欢紧身,而南方相对宽松,这又是风寒强度不一所致。沿袭久远,服装总是顺应气候,蔽体御寒是传统的衣着功能观。

(二)现代衣着功能观——"三元结合"

随文明的发展,社会的进步和科学的提升,今天生活改观、观念已发生显著变化。现代的衣着功能观已发展到:追求时尚、有益健康、注重环保,强调"时尚、健康、环保"三元结合。当今人们已把服装定位于:艺术与技术、美学与科学的和谐统一。

二、服装设计和加工中的气候问题

服装设计是以面料为素材,以人体为对象,塑造出的美的作品。从面料的选定到总体造型,款式设计和局部结构,都有一些气候因素需要考虑。

(一)材质要适于人体小气候

关于面料和辅料的理化性能:排湿、阻热、透水、透气是制衣必须考虑的材质因素。它涉及微观人体衣着小气候环境的温、湿、风的分布与通量。对不同地区的穿着、材料的保温率、排汗导湿率,透气率应有相应的选择;衣着的色泽,参照"黑体定律",应考虑对太阳辐射的吸收与反射性能;如果是提供诸如西藏高原等地的服装,还应突出抗紫外线功能。

(二)设计与加工力求增加人体小气候环境的舒适感

服装设计与加工的首先要求是时尚、是美,实用性与舒适性也要兼顾,这样才会赢得市场。总体造型与局部结构、款式确定与色彩搭配,以至折叠与拼接的手法,都包含着小气候学因素的考虑,以营造最佳的温、湿、风人体气候环境,而达到穿着舒适的目的。

(三)顺应气候,"因地制衣"

举例来说,4月,入江南北已是春天,但东北、西北、华北雨量稀少,气候干燥,常刮干热风,空气相对湿度仅 45%~55%,大风天多,常有浮尘、扬沙,甚至沙尘暴;而江南、华南的四月正是连绵春雨季节,天气潮湿,少见大风,空气相对湿度在 80%左右,比前者高六成。据此,春装理应南北有别,要有突出适应当地气候的服装功能,设计上不宜南北一律。再就气温日较差来看,我国各地也有很大差别,突出者甚至会"早穿棉袄,午穿纱",所以,这也是套装设计和产销应考虑的因素。

再如,冬天人们喜欢轻柔的羽绒服,厚薄度如何掌握,最佳填充量如何控制,显然取决于当地气候,它与气温应有类似反比的关系,所以应北厚南薄。

三、服装营销中的气候问题

服装营销与气候息息相关,我国南北纵跨 5500 km,东西横跨 5200 km,气候各地有异,季节进退有迟有早。营销活动应当掌握宏观地域大气候。

包括:(1)各地的基本气候特点;(2)各地冷热程度;(3)各地曾出现的异常情况;(4)各地春、夏、秋、冬节令的进退迟早。

掌握地方气候特色,有利于因地制衣;掌握节令迟早,利于发货运筹。以我国各地入夏时间为例:华南的海南岛是 3 月 21 日;两广、台湾是 4 月中旬;福建是五月中旬;华中地区是 5 月 20 日前后;华东和西南地区多在 5 月下旬,西藏和云贵高原,山高温低,不少地区没有炎热的夏天;华北地区,省际间差异很大,跨距在 5 月中旬至 7 月中旬;东北、西北地区多在 6 月上旬至 6 月下旬。按此,夏令服装在各地的投放,应有时间差,并安排相应的提前量。

服装营销除了解我国的气候外,在有外销出口的情况下,还应掌握国外的气候情况。

四、服装气候学的研发课题

服装气候学的基础薄弱,尚待探索研究的问题很多,如:
(1)不同季节人体衣着小气候的热通量研究与设计参考;
(2)不同季节人体衣着小气候的水汽通量研究与设计参考;
(3)我国各地风寒指数的计算、区划与服装设计;
(4)我国各地人体舒适度指数的计算与服装配套设计;
(5)我国各地自然环境下的着装活动气象指数;
(6)我国各地紫外线强度指数的分析;
(7)各地冬季起止、低温天数、低温强度的统计分析与服装生产、销售;
(8)各地夏季起止、高温天气、高温强度的统计分析与服装生产、销售;
(9)服装气候区划。

第十一节　旅游与气候

福建山清水秀,人文荟萃,旅游资源丰富。著名的武夷山、太姥山、清源山、冠豸山、鼓浪屿、湄洲岛、泰宁金湖、永安桃源洞、将乐玉华洞、宁化天鹅洞等风景名胜;开元寺、涌泉寺、广化寺、南山寺、妈祖庙等寺庙,以及王审知、朱熹、郑成功、林则徐、陈嘉庚等名流英杰的故居遗迹等,都是独具特色的旅游胜地。

截至 2010 年,福建有风景名胜区 51 处,其中国家级风景名胜区 16 处、省级 35 处。全省拥有 1 个世界自然和文化双遗产(武夷山),1 个世界文化遗产(土楼),1 个世界自然遗产(泰宁丹霞),2 个世界地质公园(泰宁和太姥山、白水洋、冰臼),国家级旅游度假区 2 个。全省有自然保护区 93 个,其中国家级自然保护区 12 个;自然保护区面积 47.32 万 hm^2,占全省土地面积的 3.82%。

全省还有 2 个国家级森林公园,2 个国家级旅游度假区(武夷山和湄洲岛),4 个国家级历史文化名城(泉州、福州、漳州、长汀),19 处全国重点文物保护单位,167 处省级重点文物保护单位;以及种类繁多的民间戏曲和独特工艺品。

随着人们生活水平的提高,旅游日益成为文化消费的热点。来闽旅游的人数逐年增多。"十一五"期间,接待入境旅游者1471.8万人次,旅游外汇收入累计116.1亿美元,分别比"十五"时期增长69.5%和117.9%;接待国内旅游者44505.39万人次,实现旅游收入4473.54亿元,分别比"十五"时期增长109%和129.1%。

福建由于受亚热带海洋性季风气候影响,四季分明,雨量丰沛,光照充足,在地形作用下,立体气候显著,局部地区有"十里不同天"的小气候,气象景观的日变化也相当明显,"东边日出西边雨"并不少见,从而使风景区的气象景观更加丰富多彩。特别是武夷山的云海、太姥山的日出、湄州岛的海天一色、鸳鸯溪的鸳鸯流泉、九仙山的"宝光"等秀丽的大气、物候景观,与天气气候的关系非常密切。风云变幻,赐予碧水丹山和滨海沙滩得天独厚的旅游气候资源。但雨季山区突发的暴雨、山洪、滨海的台风等直接影响人们的外出旅游。

因此,了解气象景观形成的气象学原理和各旅游点的气候概况,选择适合自己爱好的旅游时间,不仅关系到能否欣赏到云海虹华等风云变幻的大自然景观,也关系到外出旅游的安全和便利。

一、气象景观

(一)大气光现象

大气光现象包括虹、晕、华(峨眉宝光)等发生在云中的光象,还包括朝晚霞,曙暮光、海市蜃景等大气现象。

1. 虹和霓

一般出现在雨后初晴的早晚时刻(特别是在夏季的雷雨过后),在太阳对面的天空,常常会出现内红外紫的彩色圆弧形光带,称为虹。与虹颜色排列相反的称为霓。

2. 晕

当日月光穿过卷层云时,在日月的周围常常可以看到一些内侧呈淡红色的光环或光弧、光柱、光点,这些现象通称为晕。

3. 华(峨眉宝光)

当太阳、月亮被大片的高积云或层云遮蔽时,常在它们的周围,出现一个或几个外侧呈淡红色的光环,这就是华。一般月华较常见,色彩较分明。

华的形成需要独特的地理环境和天气条件,人们常说的峨眉宝光,由于位于太阳相对的一侧,所以,气象上称为反日华。在福建德化县九仙山上,也可以看到宝光。宝光多出现在早晨或傍晚有逆温层时发生,云雾层较稳定时,人背阳光而立,在人的前方的云雾层中,可以看见以人为中心的彩色光环——反日华(宝光)。

(二)云雾

云雾都是由大气中大量的水滴或冰晶组成,云在高空,而雾在贴地面的大气层中。在微风吹拂下,漫漫飘荡的朵朵白云(气象学称为积云)可以使蔚蓝的天空变得美丽、蔚蓝;云海(气象学称为层云)可以使高山看日出显得更加壮观;云雾可以使美丽的山川"犹抱琵琶半遮面"显得更加娇媚。云雾多出现在天气变化激烈的季节,尤其是晴朗的清晨,在福建多数自然风景区云雾出现的频率比较高,为美丽的景区增添了不少魅力。

(三)海市蜃景

海市蜃景,又有"蓬莱仙境"的美称,其实是一种幻景,有时人们会看到平时空旷的空中,突然出现城郭楼台或湖泊,其持续时间与天气有关,大风一吹,景象就立即消失。海市蜃景主要发生在我国山东沿海和新疆沙漠地区(井冈山也曾出现过),多出现在平静无风的天气条件下,福建沿海由于风大,尚未有人看见海市蜃景的报道。海市蜃景产生的气象原理是,空气温度反常的垂直分布,引起空气密度异常,使大气层产生与通常不同的折射和反射,将远处真实的城郭等物体的影像折射和反射到另一个地方,从而产生海市蜃景。

二、福建不同类型旅游区的基本气候特征

(一)各类旅游区的主要风景区

福建旅游区可大致分为海滨旅游区;内陆山区风景区;武夷山、鹫峰山和戴云山等高山景区和自然保护区。

1. 主要海滨旅游区

海滨旅游区位于沿海地区,海拔多在 200 m 以下,以海滨风光为主。主要旅游区和旅游点从北到南有:福州鼓山、连江青芝寺、平潭石坛、长乐海滨度假村、莆田湄洲岛、泉州清源山、石狮黄金海岸线、厦门鼓浪屿—万石山海滨风景区、东山风动石等。

在海滨旅游区内集中了包括福州西禅寺和涌泉寺、莆田广化寺、泉州开元寺、漳州南山寺、厦门南普陀寺等名寺古刹,是重点寺院宗教旅游名胜区。

2. 内陆山区风景区

内陆山区风景区海拔多在 800 m 以下,以山水风光为主。主要风景区有武夷山风景区、南平茫荡山、永安桃源洞—石林、泰宁金湖、将乐玉华洞、宁化天鹅洞、沙县七仙洞、三明瑞云洞、连城冠豸山、龙岩梅花山和龙崆洞、南靖(永定、华安)土楼群、闽侯十八重溪、宁德霍童支提山等,以自然山水风光和喀斯特溶洞观赏为主,包含了世界自然和文化遗产地。

3. 高山风景区和自然保护区

高山风景区和自然保护区海拔多在 800 m 以上,也以山水风光为主。主要有武夷山自然保护区、太姥山风景区、戴云山自然保护区、鹫峰山区的屏南鸳鸯溪和白水洋、周宁九龙祭、政和洞宫山等。太姥山旅游区则集山水风光和滨海旅游于一体。

(二)各类旅游区的主要旅游气候特点

为比较各类景区的气候特点,我们用厦门代表海滨旅游区,武夷山代表内陆山区风景区,屏南代表高山风景区和自然保护区。

1. 海滨旅游区

海滨旅游区的气候特点是冬暖夏凉,气温年较差最小,极低气温一般在 0℃ 以上,雨日较少,但大风日数多,特别是在临海的海滨旅游区,随着远离海滨,风速迅速减小,大风日数迅速减少。最主要的不利天气气候是台风的影响。在该区旅游要注意的天气除台风影响外,还要尽量避免冷空气南下带来沿海大风的影响,尤其,需要轮渡的景区,以免交通中断带来影响。此外,最好避开阴雨和有雾的天气。

2. 内陆山区风景区

内陆山区风景区的气候特点是四季分明,物候资源丰富,气温年较差最大,雨日较沿海地区多,但雾日较少。在地形作用下,气候景观的季节变化和日变化也较明显,特别在春季和雨季,局地小气候比沿海地区显著。在本区旅游要注意的天气主要是要避开雨季高峰和

局地性暴雨山洪,此外,秋季气温日较差大,要注意保暖防凉。

3. 高山风景区和自然保护区

高山风景区和自然保护区的气候特点是冬冷夏凉,冬季极低气温最低,雨日最多,降水时间分布较均匀,雾日明显多于其他两类风景区,湿度也较大。

本区的气候与自然景观与其他两类景区差异较大,有独特的物候景观和气象景观,如武夷山自然保护区的高山草甸,屏南鸳鸯溪的鸳鸯,太姥山的雪景、九仙山的"宝光"等。在本区旅游要注意的天气也是要避开雨季高峰带来的不利影响。此外,夏季气温明显低于其他地区,秋季气温日较差大,要适时增减衣服,预防着凉。

三、代表性景点的特色与旅游气候须知

1. 武夷山

武夷山风景区1982年列为国家级重点风景区,有九曲、三十六峰,七十二景、一百零八洞之奇。登山观水流,临水绕山转,水光山色,瑰丽动人,素有"碧水丹山","奇秀甲于东南"的美誉。武夷山的独特气候,造就了九曲溪两岸苍松翠竹,奇花异草,春见山容,夏见山气,秋见山情,冬见山骨,气候景观十分丰富。

武夷山一年四季的气候都适合旅游。年平均气温18.2℃,极端最高气温41.2℃,平均高温日数24天;极端最低气温-8.1℃。春夏之交,以晴雨相间天气为主,此时,气候温和,雨水丰沛,杜鹃盛开,桃红李白。蓝天白云下,随九曲十八湾可尽览碧水丹山;朦胧细雨中,伴轻纱般的云雾,漫游桃花源,仿佛置身于仙境。到武夷山旅游要提防和避开雨季高峰期,一则山洪暴发,不能畅游九曲溪;二则山洪刚过,溪水混浊。夏秋是游武夷山的黄金季节,昼夜温差较大,但要避开罕见的大旱,否则九曲溪水少,不尽如人意。此外,夏秋季节,山区气温日变化远比沿海地区明显,要注意保暖。

2. 太姥山

海山仙都——太姥山位于福鼎市境内,三面临海,一面倚山,集高山、大海、苍天于一色,具有石奇、洞异、峰险、雾多"四绝"。随着峰回路转而变幻莫测的山峰,宛如大自然的鬼斧神工造就的盆景。

太姥山群峰海拔为500~1 000 m,由于特殊的地理环境,年雾日达100多天,春夏之交时节,气候温和,山花盛开,虽然雷阵雨天气较多,但易遇上雨后初晴,山雾弥漫,云海飘荡,群峰时隐时现,时浮时沉,时近时远,游人至此,如入仙境。秋天,多天高气爽,雾日较少,此时游太姥,近倚群峰,远观大海,则心旷神怡;晨起观日出,若遇上云海,更为壮观。冬季,气候寒冷,风大气温低,不是旅游佳期,但若遇上少有的大雪天,一座座石峰银装素裹,仙风傲骨,一片片竹林玉树琼枝,冷艳动人,云雾缭绕下,则另有一番情调,是其他季节所无法比美的。

到太姥山旅游,要注意的天气问题主要是:春夏时节注意带雨具,登山遇雷电时注意防雷;夏季,主要避开台风的影响;冬天,迎着大雪上山,可谓是无限风光在险峰,要注意的是防冻,登山时要结队成行,穿好防滑的登山鞋,务必注意安全。

3. 厦门鼓浪屿

鼓浪屿位于厦门市。厦门是福建第二大城市,也是沿海四个特区之一,更是一座闻名海内外的海滨旅游城市。受海洋影响,气候特点是:夏无酷暑,冬无严寒。素有海上明珠之称的鼓浪屿1988年被列为国家级重点风景区,其天然海滨浴场,盛夏季节,泳者云集。年最热

月平均气温 28.2℃,最冷月平均气温 12.4℃,平均高温日数只有 5.4 天,冬季极端最低气温 2℃以上,年大风日数 28.7 天,因此,一年四季都是旅游的好季节。

由于厦门本岛到鼓浪屿要乘轮渡,因此影响旅游的主要天气是大风和浓雾。对外地旅客要到鼓浪屿旅游,关键要避开台风的影响,出发前最好向气象部门了解一下旅游期间是否有台风、浓雾、大风的不利影响。

4. 泰宁金湖

金湖位于武夷山南端的泰宁县境内,国家 AAAA 级旅游区、福建省最大人工湖,也是世界地质公园。金湖以水为主体,水域面积 38 km^2,蓄水 7 亿 m^3,有"百里金湖"之称。金湖还以丹霞地貌为特征,是国内少有的丹霞地貌与浩瀚湖水相结合的风景区。金湖水深色碧,岛湖相连,湾汊相间,群峰竞秀,洞奇石美,青山绿水间随处可见丹崖悬瀑、古寺险寨、渔舟农舍和古木山花。

金湖年平均气温 17.4℃,极端最高气温 39.9℃,高温日数 18 天,极端最低气温 −10.6℃。一年四季皆适宜旅游。但春季到金湖旅游主要注意避开雨季暴雨洪涝集中期。若遇上严重气候干旱,对水上旅游项目会有影响,夏秋冬还是适合寨下大峡谷等其他旅游景点的观光。

5. 福建土楼

福建土楼分布在漳州和龙岩两地市,风格奇异的土楼民宅散布在闽西的永定、武平、上杭及闽东南的南靖、平和、华安、漳浦等地。福建土楼产生于 11 到 13 世纪(宋元时期),成熟于明末、清代和民国时期,是世界上独一无二的山区大型夯土民居建筑。

福建土楼以生土为主要建筑材料,掺上细沙、石灰、糯米饭、红糖、竹片、木条等,经过反复揉、舂、压建造而成。楼顶覆以火烧瓦盖,经久不损,并不同程度地使用石材。所以,又俗称"生土楼"。又因其大多数为福建客家人所建,故还称为"客家土楼"。

这些土楼以圆形高层建筑为主,规模宏大,结构精巧,服务于家族或村落的聚居需要,或自成主体,或成群落,与当地其他传统低矮民居组合构成或大或小的村落。土楼高可达四五层,供三代或四代人同楼聚居。

土楼以其独特的建筑风格和悠久的历史文化著称于世。其形状有圆形、方形、椭圆形、弧形等。福建土楼产生于宋元时期,经过明代早、中期的发展,明末、清代、民国时期逐渐成熟,并一直延续至今。福建土楼是世界上独一无二的山区大型夯土民居建筑,创造性的生土建筑艺术杰作。福建土楼依山就势,布局合理,吸收了中国传统建筑规划的"风水"理念,适应聚族而居的生活和防御的要求,巧妙地利用了山间狭小的平地和当地的生土、木材、鹅卵石等建筑材料,是一种自成体系,具有节约、坚固、防御性强特点,又极富美感的生土高层建筑类型。

2008 年"福建土楼"被正式列入《世界遗产名录》。"福建土楼"由永定、南靖、华安的"六群四楼"共 46 座土楼组成,包括永定县的初溪土楼群、洪坑土楼群、高北土楼群、衍香楼、振福楼,南靖县的田螺坑土楼群、河坑土楼群、和贵楼、怀远楼,华安县的大地土楼群。

一年四季皆适宜到土楼旅游。主要要注意山区天气的变化,注意防雨、防晒、防山洪和地质灾害对交通的影响。

6. 屏南鸳鸯溪和白水洋

鸳鸯溪和白水洋位于屏南县境内,1992 年被定为国家级重点风景区,以目前世界唯一的鸳鸯、猕猴自然保护区为特色,有被称为天然冲浪游泳池的"白水洋"和全国五大水帘洞之首的"百丈祭水帘洞"。由于每年秋分至次年清明,上千对美丽的鸳鸯飞来过冬,因此,要观赏鸳鸯戏水,就要选择这个时节。又由于风景区位处海拔 800 m 的鹫峰山区,夏季极端最高温度比平地低 4~5℃,未出现 35.0℃以上的高温。各季雨水丰沛,所以,也是观高山流水,避盛夏酷暑的好去处。同样,到白水洋旅游要避开雨季暴雨集中期,要注意局地强降水天气的影响。其实,转折性天气也会带来新的气象景观。

7. 平潭海坛

平潭县位于福建东南沿海,是我国最大的岛礁县。平潭海坛 1992 年被定为国家级重点风景区。由于受地质构造和海水侵蚀的影响,造就了雄伟壮观的海蚀地貌,半洋石帆被誉为"天下奇观"。海坛湾长达几十千米,污染小,也是夏季冲浪的好地方。平潭县海洋性气候明显;夏无酷热,冬无严寒,最热月(7月)平均气温 27.8℃,最冷月(2月)平均气温 10.4℃,但大风日数较多达 73.6 天。到平坛海坛旅游要注意的气候问题,一是避开台风等大风天气;二是避开雾天气,以便观赏海景。

8. 永安桃源洞——石林

桃源洞位于永安市北面的燕江畔,桃源洞似洞非洞,拼桐潭十里碧波,清澄如镜,被宋代李纲誉为"水石称为小武夷";鳞隐石林位于永安市西北部,规模仅次于云南石林,有"福建小桂林"的美称,永安桃源洞—石林 1992 年被定为国家级重点风景区。到桃源洞和石林,登山观水四季皆宜,但要看水,从气候角度讲,永安冬季较冷,夏季炎热,春季暴雨较多,雾日较多。因此,选择雨季结束后约一二星期至盛夏来临前的季节,和秋季来旅游观光较为理想,一是气温宜人,二是江水较多且清澈。如果,时逢雨水频繁的春季或雨季高峰,降水集中使溪水比较混浊。

9. 周宁九龙祭

周宁九龙祭 1987 年被评为省级风景区,位于鹫峰山区的周宁县城东南 13 km 处,海拔逾 800 m。由于鹫峰山区是福建雨水最多的山区,如周宁县平均年雨量达 2047.8 mm,为九龙祭提供了充足的水源。这里,最热月(7月)平均气温只有 24.1℃,高温日数很少,但雾日多达 95.6 天,气温日变化大,也是夏季避暑的好地方。又由于初夏,雨季刚结束,正是瀑布的丰水期,是观赏有"福建第一"、"华东第二"之称的九龙祭瀑布的好时机。

九龙祭瀑布流程长达 1000 m,由九个不同落差组成,穿过峡谷,总落差多达 300 m,形成奇绝的飞瀑深潭。瀑布形成的水雾,弥漫山谷,若逢斜阳映照,幻成横空彩虹,景色更为壮观。

第十二节　火险与气候

一、森林火险

森林可燃物在有利燃烧的条件下,接触人为火源或自然火源之后,就能燃烧、蔓延,造成不同程度的灾害,常使大片森林被毁,是林业"三害"中的首害。尽管从火源上看,中国有 90%左右的火源是人为的,10%左右的火源是自然的(如雷击火),人为火源远多于自然火源,但造成灾害的主要原因当归于自然原因。因为森林火灾灾害规模程度并不是由火源的

属性决定的,而是受区域气象条件,可燃物类型(森林植被类型),可燃物积累,火源情况,林火管理水平和林火控制能力等诸多因素影响。

(一)引发森林火灾的人为火源

据福建林业部门的统计,在引起森林火灾的人为火源中,生产性火源占72.2%,非生产性火源占27.8%。生产性火源以烧田埂草,烧灰积肥,开荒烧杂,造林炼山为主。非生产性火源以抽烟扔蒂、迷信烧纸、野外煮食等为主。其中烧田埂草是主要火源,引起的森林火灾的次数占年度森林火灾发生总次数的20.4%;其次是开荒烧杂和吸烟的火源,分别占10.7%和9.4%;再就是烧灰积肥和造林炼山火源,分别占7.5%和6.7%。据统计,烧荒和烧田埂草引发的森林火灾最高峰在1月、2月、3月、12月;造林炼山引发的森林火灾高峰在1月、2月、10月、12月,顶峰期在12月;烧灰积肥引发的森林火灾高峰在1月、2月、3月、12月,顶峰期在3月;开荒烧杂引发的森林火灾高峰在2月、3月、12月;烧稻草引发的森林火灾高峰在1月、12月,顶峰期在12月。

(二)森林火灾的区域分布

据统计,1951—1990年间,全省年均发生森林火灾1716起,其中1970年代年均发生1278起,1980年代年均发生957起。进入1990年代,随着生物防火林带工程的实施和扩大,以及火险天气中、短期预报的开展,森林防火能力不断提高,年均发生率进一步下降为396起。所谓生物防火林带,即营造山脊木荷树、竹柏树、格氏栲树、闽粤栲树、青冈栎树等防火林带,山脚田边果树防火林带。多年来,发生的森林火灾大多在"老火灾区"和交通不便的偏僻山区,例如闽西南和闽东地区,福建的少火灾区位于闽西北和闽东南沿海地区。

(三)森林火灾发生的时间

福建森林火灾多发生于当年10月至翌年4月,这段时间被定为全省森林火险期,火险期内森林火灾次数约占全年森林火灾总次数的80%左右,烧毁面积占全年面积的85%。森林火灾的日变化明显,晴天10—16时是发生火灾的危险时段,占晴天和阴天中发生森林火灾总次数的94%。

(四)引起森林火灾的气象因素

气温,相对湿度,风,降水量,降水日数,日照和能见度等气象要素综合地影响着林内的枯枝落叶,枯立木,风倒木,采伐残物及林缘的草类,灌木等的干湿程度,它们的干湿程度是易燃性的主要指标。

1. 空气湿度

在诸多气象条件中,空气湿度是火险天气中的关键因素,湿度的大小,不仅直接影响到可燃物的干湿程度,而且随着湿度的减小,可燃物的干燥速度不断加快。实验证明:空气湿度小于60%时,就有发生森林火灾的可能。但是,空气湿度并不是唯一的决定因素,在久旱无雨、植被非常干燥的情况下,即使空气湿度较大,也同样可能引起火灾。

2. 气温

空气温度对森林火灾的影响是多方面的。温度越高,可燃物中水分蒸发和变干的速度越快,火灾发生的可能性越大。另一方面,由于可燃物达到发火点总需要一定的热量,这种热量则依赖于燃烧物周围空气的初始温度,因此,温度还直接影响到火灾发生时的着燃性。另外,一旦发生火灾,高温还会促使火势更加猛烈。

3. 降水

降雨量的多少及无雨日数的长短对森林火灾起着重要作用。如降雨量减少,无雨日较长,森林可燃物的含水量将不断下降,森林火灾发生的可能性和严重性也随之增大。

4. 风

风力的大小、强弱与森林火灾的发生关系尤为密切。近地面的风,强烈地受地形起伏和局地温度变化的影响,它不仅能把植被吹干有助于燃烧,且在火灾发生后,还能使火源得到充分的氧气供给,加速燃烧。同时,风还可以使火花飞溅,扩大火灾的面积,使地面火变为树冠火,树冠火会使火烧强度和蔓延速度增加。

5. 能见度

能见度指大气透明度。这个要素对火灾没有直接的作用,但较低的能见度会妨碍瞭望,影响空中巡逻发现林火的位置和火头的移向,还会使空投扑火人员和物质的输送受到影响。

(五)福建森林火险期内气候特征

福建森林火灾具有如此明显的季节特征(表 5.25),是因为每年 10 月起,来自西伯利亚的干冷气团开始影响福建省,秋季来临,蒸发量大于降水量,风高物燥。12 月进入冬季,一直到 3 月开春,基本盛行偏北风,气温低,降水少,空气干燥。10 月至翌年 3 月,平均相对湿度为全年最小,大约 79%(浦城)~76%(东山),降水量沿海地区 180~250 mm,占全年雨量的 15%~20%,内陆地区 250~380 mm,占全年雨量的 20%,高山地带常有霜冻,林下植被枯萎,含水率低,山林枯叶增多,此时正遇田间用火高峰期,极易发生森林火灾。如果发生严重气候干旱,林火便异常增多,如 1986 年夏季,大部地区降水量为 120~200 mm,比常年偏少 2~7 成,蒸发量大多为 600~800 mm,为同期降水量的 2~6 倍,二者相差悬殊,全省发生了持续时间至少 3 个月的严重夏秋连旱,前期严重的旱情加上冬春雨水仍偏少,火险期内火灾发生次数比 1980 年代平均火灾次数增加了 2.01 倍。

常年 4 月份起,西南暖湿气流开始活跃。当暖湿气流与北方冷空气对峙于福建省上空时便形成了福建的"前汛期",气温回升,万物复苏,植被含水量增加;7—9 月,福建处于台风影响盛期,常有充沛的降水。4—9 月总降水量占全年的 80% 以上,尽管夏季蒸发量大于降水量,气温又高,但由于这期间植物正处于生长的旺盛阶段,植被体内和地表含水率都很高,不易发生火灾。

表 5.25 永安市森林火灾与气象的关系(1973—1994 年)

项目	第一季度	第二季度	第三季度	第四季度	全年
火灾次数	225	33	69	128	455
比例(%)	49.5	7.3	15.2	28	100
相对湿度(%)	82	82	77	79	80
降水量 R(mm)	126.8	237.9	114.8	73.2	1584.3
蒸发量 E(mm)	65.5	135.0	198.6	87.6	1460.4
$R-E$(mm)	61.3	102.9	−83.8	−14.4	123.9

据福建省林业厅森林防火办统计,在福建,风速的大小与森林火灾发生没有直接的关系,风速仅加速局部火灾的蔓延,但是在冬季,干冷的偏北风常使东北—西南走向的山脉南坡产生"焚风"效应,有增加植被干燥的作用,此外,如果前一天傍晚至当日凌晨寒冷,当日中

午气温又高,气温较差达到 6~12℃时,森林火灾次数和面积明显剧增;当月平均相对湿度大于 88%,月雨量≥300 mm 时,基本不发生森林火灾;而月雨量≤125 mm 时,森林火灾急剧上升。此外,降雨的当日及次日很少发生林火。总之,相对湿度较低,蒸发量较大,日照时数较长,日较差温度大的日子,多是发生林火的日子,相对湿度低,蒸发量最大,日照时数最多,风速最大的那一天,是森林被烧面积最大的一天。

福建森林火灾高峰在 12 月、1 月,这与气候条件相对应,然而,4 月也是一个林火高峰期,究其原因,主要是春耕农用火增加和清明扫墓烧香纸等民俗习惯使野外火源增多,火源管理不当造成的。

但是,在不同的年份里,由于天气条件的差异,多火时段也不同。例如:1988 年,上半年雨水偏多,火灾少,夏秋季节特别是秋季以后降水比常年偏少 3~8 成,当年 11—12 月共发生 297 起,占全年的 54.1%,不仅火灾起数和面积都超过前十个月,连全年 6 起较大火灾也集中于这两个月。又如,1991 年 1—9 月大部地区雨量偏少,出现异常的春夏连旱,本来属于雨季的 6 月该年却高温干旱,共发生 44 起火灾,比往年多火的 3、4 月还明显偏多。

从上可见,可燃物是发生森林火灾的物质基础,火源是主导因素,火险天气是发生森林火灾的重要条件,三者缺一不可。可燃物和火源可以进行人为控制,火险天气则可根据预测预报进行防范。福建省林业厅森林防火办根据森林火灾的着火危险度与当日气象因子的非线性相关分析,选择相对湿度,蒸发量,温度日较差,降水量与其有极显著的相关关系的气象因子,运用数学原理,建立了多因子火险预报方法,准确和基本准确的预报天数达 95%以上,成为我国南方湿润地区一个较好的森林火险天气等级预报方法。

二、城镇火险

城镇火灾与森林火灾不同,森林火灾的形成很大程度取决于自然条件,如植被的含水率,而城镇火灾的可燃物本身就始终处于干燥状态,一有火源就能燃烧。随着经济的发展和生活条件的不断改善,人们使用各种家电,各类易燃物(煤气等)的机会均迅速增多,用火用电不当或者高温天气,极易引发易燃物着火而发生火灾。例如:1988 年夏季,高温天气异常突出,福州极高气温达 39.9℃,创最高记录,当年 7 月 24 日南平火柴厂因车间气温高达 41℃,工人在生产中搬运火柴药梗时发火引起火灾,26 日,省粮食厅一辆货车因发动机温度过高引起货车燃烧。出现火焰后火势能否得到助长扩大形成灾害与气象条件有着十分密切的关系,大雨与高湿等,能抑制火势蔓延,而高温、低湿、大风等则能加速火焰的传播和火势蔓延。因此要想预防火灾的发生,控制火势的发展,扑灭火苗,还得弄清火灾与气象条件的种种关系。

第六章　气候区划

气候区划是揭示所要区划区域的气候相似性和差异性特征，认识气候状况和特点，以便充分利用气候资源，更好地为国民经济建设服务的一项重要工作。

本章所指的气候区划包括一般气候区划和农业等专业气候区划。气候区划有两个特点：一是多气象要素的组合；二是区划指标与气象要素对区划对象影响程度有关。因此，专业气候区划更能反映当地气候对农业等影响的程度或利弊关系，对生产建设和防灾减灾更有指导意义。

农业气候区划，揭示了农业气候的地域特征，阐明对农业生产有利和不利的气候条件以及生产潜力；提出合理利用气候资源、改造不合理现状的建议，为指导农村产业结构的改革、生产布局的调整，为粮食生产、名优特稀商品基地的建设，为安排农业生产等提供了农业气候方面的科学依据。福建省1979年开始有组织地进行农业气候区划，通过定点考察，大量的农业气候调查与研究，对农业气候给予较系统的区划。此外，结合当地经济实际，还进行水果、水产等专业气候区划，使福建气候区划与经济建设的结合日益密切，并在服务经济建设中发挥了重要的作用。主要成果有李文、陈遵甫等编写的《福建农业气候资源与区划》等。"十一五"以来，福建省气象科学研究所进一步开展了特色农业精细化区划，涉及水稻、烟叶、香蕉、龙眼等19类粮食作物和经济作物。

"十一五"期间，福建省气候中心开展了暴雨和台风等气象灾害风险区划。气象灾害风险区划既考虑了致灾因子，也结合了承灾体、孕灾环境、防灾减灾能力等方面，并利用GIS技术，比较精细地进行综合区划，这对于科学认识气象灾害风险，科学防御气象灾害具有指导意义。本书一并吸其精华，纳入本章。

第一节　农业气候区划

一、农业气候区划的原理和指标

（一）分区指标的选择

气候分区的指标繁多，目前普遍采用日平均气温≥10℃的积温为区划热量带的主导指标。这个指标在福建乃至华南地区实际应用效果较好，并得到公认。1966年和1979年中央气象局的中国气候区划，以日平均气温≥10℃稳定期的积温为主导指标，将华南划分为5个气候带，明确标出了热带和亚热带的分界线。1980年陈咸吉采用日平均气温≥10℃的天数为主导指标，作出的华南分带界线的定位结果，与前者基本相同。以上两个区划，从全国气候大势出发，划定的各热量带界线，比较符合本区实际情况。

然而，在华南气候分区中，南亚热带的南界究竟划到那里比较合理？各家所持观点不同,迄今分歧仍然很大。一种意见主张将两广南部划入热带范围,称为半热带、准热带或季风型热带;另一种意见认为两广南部,其热量虽然达到或接近热带要求的积温标准,但是越冬条件不能满足,不宜划归热带范畴,也不宜另独立划分出一个过渡带。

为了使福建区域性的区划,在气候带一级的划分上能够与全国的气候分带相互衔接,从宏观上确立福建气候在全国气候差异中所处的位置。因此,对福建的一级区划,选用中国气候区划的指标体系,并对辅助指标和本分区界线作了若干补充和调整。

(二)区划指标和气候带、区的划分

1. 气候带—第一级区划

第一级区划是以热量分布状况为主的气候带。采用日平均气温稳定通过10℃的天数和最冷月平均气温为参考指标,将福建划分为中亚热带和南亚热带两个气候带。另外,又以≥10℃的积温7500℃·d和≥10℃的天数320天为指标,将南亚热带细分为南南亚热带和北南亚热带,以进一步反映该热量条件的地域差异特征。各气候带相应的指标见表6.1。

表6.1 气候带气温划分指标

代号	名称	指标		参考指标
		≥10℃积温(℃·d)	≥10℃日数(天)	最冷月平均气温(℃)
Ⅰ	中亚热带	5500~6500	250~285	5~10
Ⅱ	南亚热带	6500~8000	285~360	10~15
	北南亚热带	6500~7500	285~320	10~12
	南南亚热带	7500~8000	320~360	12~15

2. 气候大区—第二级区划

第二级区划是以年干燥度为指标,参考年降水量的地域差异划分。在我国干湿气候型中,整个福建与华南地区一样属湿润气候,年干燥度多在1.0以下。虽然各地的湿润状况比较接近,但毕竟仍有差异,采用年干湿系数0.75为指标,将气候带分为湿润和亚湿润两个等级(表6.2)。从华南来看年干湿系数0.75等值线与年降水量1400 mm等值线十分吻合,而年雨量不足1400 mm已是双季稻需水量的下限,所以采用这个指标还是有农业意义的。

表6.2 气候带干燥度划分指标

气候大区	年干燥度	年降水量
A 湿润	0.50~0.75	1400~2000 mm
B 亚湿润	0.75~1.00	<1400 mm

3. 气候区

第三级气候区以1月平均最低气温为指标,参考最低气温≤0.0℃的日数和霜日数,同时考虑地形、植被的差异。

在福建气候分区中,低温是十分重要的判据,低温强度和持续时间,对福建特别是闽南地区亚热带经济作物的安全越冬,以及橡胶等热带经济作物的防寒避害均有影响。我们以表6.3为标准,在上述干湿分区的基础上以年内最冷期的情况作为第三级的区划,定名为"气候区"。

表 6.3　气候带低温等级区划指标

等级	1月平均最低气温(℃)	最低气温≤10℃日数(天)	极端最低气温(℃)	年平均霜日数(天)
a	≤6	≥8	≤-4.1	≥21
b	6.1~8	8~2	-4~2.1	20~11
c	8.1~10	2~0	-2~0	10~6
d	10.1~12	0	0~2	5~1
e	≥12.1	0	≥2.1	0

(三)区划的界限和名称

按照上述区划等级单位及其具体划分指标,福建区划为二个主要气候带,各气候带、区名称和符号见表 6.1 和表 6.4。

中亚热带和南亚热带的分界线,以≥10℃积温 6500℃·d 等值线为界,大致位于福州—龙岩一线,与年平均气温 20℃等值线基本吻合,它接近无冬区的北限,这条界线对喜温和喜热作物的生长发育有着十分重要的意义。以≥10℃积温 7500℃·d 等值线为界,分出北南亚热带和南南亚热带,主要在福州以南沿海地区,大致经福州—厦门—诏安一线,在此线以南以东,可以普遍种植菠萝、荔枝、龙眼等典型的热带水果。

表 6.4　各气候带、区名称和符号

气候带	湿润区	亚湿润区
Ⅰ 中亚热带	ⅠAa 闽北山地区 ⅠAb(1) 闽中丘陵区	
Ⅱ 南亚热带		ⅡBc(1) 闽东南沿海岸区

(四)各气候区气候概述及生产建议

1. 闽北山地区[ⅠAa]

本区位于福建省北部的武夷山区和鹫峰山区,多崇山峻岭,人口最少,主要以农业生产为主。由于地形复杂和海拔高度不同,形成了本区域多层次的气候类型。这里不仅有北亚热带和中亚热带之区别,而且在 1500 m 以上的山区,还有暖温带的气候类型。这种多层次气候类型,要比高纬度山区复杂得多,因此山区垂直气候的显著差异便是本区气候的基本特点。

本区是福建冬季最冷的地区,年平均气温在 15℃以下,1月份平均气温 5℃左右,极端最低气温多在 -8~-10℃,如建宁-12.8℃(出现在 1991 年 12 月 29 日)、寿宁-9.8℃(出现在 1983 年 12 月 31 日),以七仙山气象站(海拔 1500 m)的-14.8℃为最低。本区夏季比较凉爽,最热月平均气温多在 25℃以下,很少出现酷热天气。年平均降水量为 1600~2000 mm,相对湿度为 80%以上,水资源丰富,但热量、光照比闽中丘陵区差。本区气候温凉湿润,垂直气候带十分鲜明,有利于粮、林、茶、油、果的发展,在种植反季节蔬菜方面具有独特的优势。

2. 闽中丘陵区[ⅠAb(1)]

本区位于中亚热带东段,范围包括福建中部地区,农业和林业比较发达。由于本区地理位置较为偏北,冬季受大陆的影响较大,夏季受海洋的影响也很大,是华南大陆性气候与海洋性气候兼有并较明显的地方。全年气候温和,四季分明,年平均气温为 18℃,最冷月平均气温为 8~10℃,最热月为 28℃左右,以候平均气温＜10℃为冬季,＞22℃为夏季,10~22℃为春秋季节的四季划分标准,则本区冬季长 2~3 个月,夏季 4~5 个月,春、秋一般也有 2 个多月。

随着高度、坡向的不同,很大程度改变了气候要素的地带性分配规律。本区复杂的地形,造成了一些局地性的小气候。低洼地,冬季因冷空气的堆积,平均气温比开阔地低 1~2℃,夏季则相反,盆地、谷地较为炎热,成为华南大陆上夏季最热的地区之一,最高气温≥35℃的日数,多达 30~40 天,处于地形闭塞的河谷地带,炎热时间更长,如建瓯为 48.8 天,漳平 49.9 天,沙县 51.4 天。不同坡向气温的差别较大,据南平农业气象试验站在顺昌定点观测结果,向阳坡地垅月平均最低气温为 8℃,最高为 28℃,但在背阳地垅最低为 5℃,最高为 23℃。降水量也有类似情况,即地域分配不匀,在高大山体的东南坡,雨量较多,低矮的西北坡雨量较少。气候迥异在本区是比较明显的,故有"十里不同天"的说法,概括了本区气候的复杂多样性。

年降水量 1600~2000 mm,但季节分配不均,雨量多集中在 3—6 月份,约占年总量的 60％,7 月以后显著减少,夏秋旱比较严重。

本区山地丘陵具有气候温凉,多云雾,相对湿度大的特点,是华南地区比较适宜油茶、茶叶生长的地区。同时还是福建主要的农业生产基地,有利于粮、林、茶、油、果的全面发展。同时本区也是我国南方重要的林木产地。

3. 闽东南沿海岸区[ⅡBc(1)]

本区位于福建省东部沿岸狭长地带,是福建人口密集、交通便利、经济最发达的地区,其范围包括福清—诏安一线区域,地势低平,隔海峡与台湾中央山脉走向平行相对,气温高,但降水量相对较少,是华南东部唯一的半湿润气候区。

气温:年平均气温 20℃左右,1 月平均气温 12℃左右,喜温作物可以全年生长。

降水:由于处于台湾中央山脉雨影部位,加上地势平坦,形成地方性降水条件较差,降水量偏少,年雨量为 1000~1400 mm,是福建气候干旱频繁的地区,也是华南地区气候干旱较严重的地区。

台风对本区影响很大,此外,沿海地带大风日数多,年平均大风日数平潭 74 天,崇武 92 天,东山 117 天。由于风力强,气温高,本区的蒸发量也很大,几乎为降水量的一倍。

本区南部,光热资源丰富,是福建热带经济作物的主要产地。

二、农业气候区划

(一)基本分区概况

福建地处中亚热带和南亚热带的结合部,再加独特的地形,造成多样化的气候类型。全省可分成三个农业气候区:南亚热带农业气候区(Ⅰ区即热区)、中亚热带农业气候区(Ⅱ区即暖区)、中亚热带山地农业气候区(Ⅲ区即凉区)。

南亚热带农业气候区包括福州以南沿海地市共 25 个市县(包括金门)。气候特点是辐射强,日照时间长,是全省热量丰富的一个区。但降水量最少,容易发生气候干旱、且多台风危害。该区适合种植果树及其他经济经济作物,龙眼、荔枝、香蕉等果树生长良好,产量高;柑橘的种类丰富,品质优良。南部可以利用有利的地形小气候种植典型的热带作物,如橡胶、胡椒等。

热量条件可以充分满足三熟制的要求,并且早晚稻均可采用中、迟熟品种。中亚热带农业气候区包括三明市(建宁、泰宁除外)、南平市、龙岩市和宁德大部、福州市局部共36个市县。气候特点是水分资源丰富,立体气候显著,热量条件尚能满足亚热带多种植物的要求,但容易受低温的危害。适宜生长毛竹、油桐、杉木、油茶、棕榈等经济树木。

水稻生产若采用"双三熟"制的耕作制度,则早晚稻品种应以中熟为主。中亚热带山地农业气候区包括建宁、泰宁、屏南、周宁、寿宁、柘荣6个县。由于海拔高,气候特点是水资源最丰富,热量最少。农业气候的突出特点是越冬热量条件差,大部地区只适宜种植单季稻,冬种热量不够,如要冬种一般只可安排一季杂优中稻,熟制上以一年二熟为主。

中亚热带农业气候区和中亚热带山地农业气候区是福建重要的林区,也是省内主要河流的发源地,对全省生态环境影响极大,闽江的洪涝与其森林植被有密切的关系,因此,在开发山区农业资源时,要兼顾生态效益和经济效益,加强水土保护,保护农业资源的持续利用。

(二)热量区划

热量是决定各种植物生长、发育和产量形成的关键因子,也是区划三个农业气候区的主要依据。同时把对气候变化反应较为灵敏和深刻的生物分布作为主要参考对象,因为,在气候变迁的漫长时期中,短期的低温或高温虽不能引起土壤等景观的显著变化,但可能导致植物的兴衰和动物的存亡。

1. 确定三个农业气候区和"2条线"的气候指标

作为热量区划指标确定的基本原则是:宏观上能反映上述各区农业生产和植物景观的特点,具体做法上应突出反映多年生植物的要求,兼顾1年生的粮食作物;既考虑作物生长季的热量需求,又考虑作物安全越冬的热量条件。指标除具有鲜明的农业意义外,还应有代表性,不局限于个别粮食作物;而具有多因子组合的特征。

最冷月平均气温、≥0℃的积温、≥10℃的积温和极端最低气温4个因子是热量区划的主要指标。其物理意义在于:≥10℃的积温6500℃·d,最冷月平均气温10℃和累年极端最低气温0℃是亚热带季雨林和针叶林的分界指标(植物景观);≥10℃积温7150℃·d以上地区适合双季稻加上冬种;≥10℃积温5400℃·d以上的地区,早、晚稻均可采用中熟品种;早稻采用中或早熟品种,晚稻采用早熟品种;≥0℃积温则反映了全年的热量水平,≥0℃积温7150℃·d以上地区,可以种植双季稻而很少冷害,≥0℃积温还反映了冬种热量的多寡(表6.5)。

因此,采用≥10℃的积温、最冷月平均气温和累年极端最低气温作为指标既反映生长季,也反映越冬期间多种作物对热量的要求。

表6.5 三个区"2条线"的4个因子指标界限值

界别和意义	最冷月平均气温	≥0℃积温	≥10℃积温	累年极端最低气温
Ⅰ区和Ⅱ区的分界指标	10℃	7150℃·d	6500℃·d	0.0℃
Ⅱ区和Ⅲ区的分界指标	6℃	6450℃·d	5400℃·d	−6.5℃

2. 热量区的分区方法

1986年,福建省气象局区划办以全省68个县(市)为基本单元,资料年代统一为1961—1980年,应用"热量判别法"判定每个市县的热量区归属;利用"热量分区估计方程"和加权平均方法,确定了热量区分界线位置。其中,南亚热带与中亚热带的分界线是区划中最重要的一条分界线。把上述 4 个因子的特征值均高于相应指标界限值的市县称为南亚热带农业气候区(C 型单元),均低于相应指标的市县称为中亚热带农业气候区(A 型单元)。在确定某市县归属于南亚热带还是中亚热带农业气候区时,将其指标特征值与表 6.6 中的指标进行对照。

此外,农业区划时把 4 个因子中有一些特征值高于相应的指标,而另一些因子的特征值却低于相应的指标的台站称为 B 型单元,则用综合评判方法来确定属区。在划分南、中亚热带农气候区时,B 型单元中,龙岩、漳平、上杭、永定、闽清、永泰各台站所在地属中亚热带农业气候区。闽侯、长乐、仙游、华安各站所在地隶属南亚热带农业气候区。在划分中亚热带和中亚热带山地农业气候区时,B 型单元中,泰宁、建宁、柘荣、周宁各站所在地属中亚热带山地农业气候区,宁化、光泽、浦城各站所在地属中亚热带农业气候区。

综合评判方法克服了以主导指标单因子定归属的弊病。就福建南亚热带气候北界而言,综合评判的结果就北端来说与以往基本一致,即南亚热带北部应包括福州平原以及连江东部、黄歧半岛南部沿海海拔 5 m 以下的地方,长乐属南亚热带。因此界线的北端大致从黄歧半岛南部开始,沿海岸线起顺闽江北岸向西,经福州北岭麓伸入闽江谷地,经闽侯白沙到闽清水口然后折向闽江南岸向东,再折向南沿戴云山东坡蜿蜒南进。而南端与以往的划分差异较大,综合评判结果界线在博平岭东侧,不包括漳平、龙岩、永定 3 个县的大部分地方,更不应包括上杭县在内。

从漳平、龙岩、永定 3 县气象站 1961—1980 年实测资料分析,≥10℃ 积温等为主导指标划分,当然会将它们划到南亚热带农业气候区。但从本节前面所说的南亚热带植物景观来看,其中多是多年生的植物,极端最低气温是决定它们是否安全越冬和生存的关键条件。对龙眼等南亚热带有代表性的果树,仍有 4 年一遇甚至 2 年一遇的冻害,其他热作则经常要遇到极度的寒害。因此,只能选择有利的地形小气候环境种植,县内大部分地方不具备南亚热带的特点。由此可见,综合评判分区的结果较之以往其他方法更为客观。

表 6.6　福建热量区的区划指标

区名	最冷月平均气温(℃)	≥0℃积温(℃·d)	≥10℃积温(℃·d)	累年极端最低气温(℃)
Ⅰ区	≥10.1	≥7151	≥6501	≥0.1
Ⅱ区	10~6	7150~6451	6500~5401	0~6.5
Ⅲ区	≤6.1	≤6450	≤5400	≤6.4

3. "2 条线"的具体位置

福建多山地是形成一个市县范围内农业气候(尤其是热量)差异的主要影响因子,地形因子中往往又以海拔高度的影响最显著,各农业气候区的分界线通常用高度线表示。利用"热量分区估算方程",运用加权平均方法,在指标界限值明确的前提下,可以推算"2条线"在一定经、纬度范围内的相应分布高度,热量分区估算方程包括被推算地点的纬度、经度、海拔高度。"热量分区估算方程"推算本身有误差,各地在应用时可根据当地资料作小地形订正。

从推算结果看,福建南亚热带和中亚热带农业气候区分界线,其北部连江以东、黄歧半岛以南沿海,海拔高度为 5 m,福州平原一带,海拔高度为 50~80 m,折向戴云山东坡以后,从北到南海拔高度从 140 m 逐渐升到 300 m 左右,在博平岭东坡从 300 m 逐渐升到 430 m。

中亚热带山地农业气候区有两块,一块由闽北鹫峰山区和闽北武夷山区组成,另一块由闽中的戴云山和玳瑁山区组成。前者与中亚热带农业气候区的分界线在福鼎至古田水库段从北至南折向西,海拔高度从 470 m 升到 780 m,从古田水库向西绕石塔山(筹岭顶一带)折向东北至松溪一带,海拔高度从 780 m 降到 550 m。松溪到浦城再到宁化县北部海拔高度先从 550 m 降到 280 m,然后再升到 440 m。戴云—玳瑁山山地农业气候区与中亚热带农业气候区的分界线。在山脉西侧,大约从三明市南部起至龙岩西北部的黄连盂,海拔高度从 660 m 逐渐升到 990 m,而在山脉东侧,大约从闽清西南部到漳平的东南部,海拔高度从 760 m 逐渐升到 1000 m,东侧的界线较西侧略高。

4. 热量副区的划分

由于对象的变化,划分副区时指标亦有所变化。

(1)南亚热带的副区主要针对热作的较适宜和次适宜程度来划分,热量副区包括漳州市、泉州市、福州市和龙岩市大部,三明市和宁德地区东部,约占全省面积的 40%。

根据"闽东南热作综合气候区划"的分析,≥10℃积温达 7000℃·d 以上、最冷月平均气温 12℃ 以上的地区,热作种类虽可生长,但品种单调、长势稍差,寒害较重并且概率大,典型的热带作物不能生长。因此,以≥10℃积温达 7000℃·d 以上、最冷月平均气温 12℃ 为指标,将福建南亚热带农业气候划分为 I1 和 I2 两个亚区。划分副区的过程中,如果遇到 B 型单元,仍用综合评判方法,权重以评分方法得出,≥10℃积温和最冷月平均气温两个因子的权重分别为 0.444 和 0.556。I1 与 I2 亚区分界线北起泉州—安溪一线,沿戴云山、博平岭东坡南延,以"热量分区估算方程"推算,海拔高度从 200 m 升到 390 m。

(2)中亚热带的副区主要根据以水稻为主的种植制度所要求的热量和柑橘等植物越冬热量指标来划分,它包括南平市、三明市大部,福州市和龙岩市西北部,宁德地区西部,约占全省面积的 60%。指标及农业意义见表 6.7。

据前述的综合评判方法。划分结果是:II1 区包括上杭、永定、龙岩、漳平 4 个县以及戴云山东坡一条带,其与亚热带 II3 副区分界线海拔高度在戴云山东坡约为 350~400 m,在戴云山、博平岭之间海拔高度约为 300~380 m;II2 区包括闽东沿海 5 个县和闽江谷地的永泰、闽清、南平,以及沙溪谷地的沙县、三明、永安等县、市,其与中亚热带 II3 副区分界线海拔高度在闽东北从北到南由 80 m 升到 290 m,在闽江谷地从东向西为 290~150 m,在沙溪谷地,从北到南为 150~250 m。山地农业气候区不再划分副区。见图 6.1。

表 6.7 福建中亚热带副区指标及简明农业意义

副区号	指标		指标的农业意义
	≥0℃积温(℃·d)	累年极端最低气温(℃)	
II1	≥7151	≥-2.4	热量条件充分满足一年三熟制的需要,双季稻均可采用中偏迟熟品种。福橘、雪柑少冻害,温州蜜柑无冻害。
II2	7150~6800	≥2.4	热量条件充分满足一年三熟制的需要,双季稻可采用中熟品种。福橘、雪柑少冻害,温州蜜柑无冻害。
II3	<6800	<2.4	热量条件充分满足一年三熟制的需要,双季稻均可采用中偏早熟品种。温州蜜柑有轻、中等冻害。

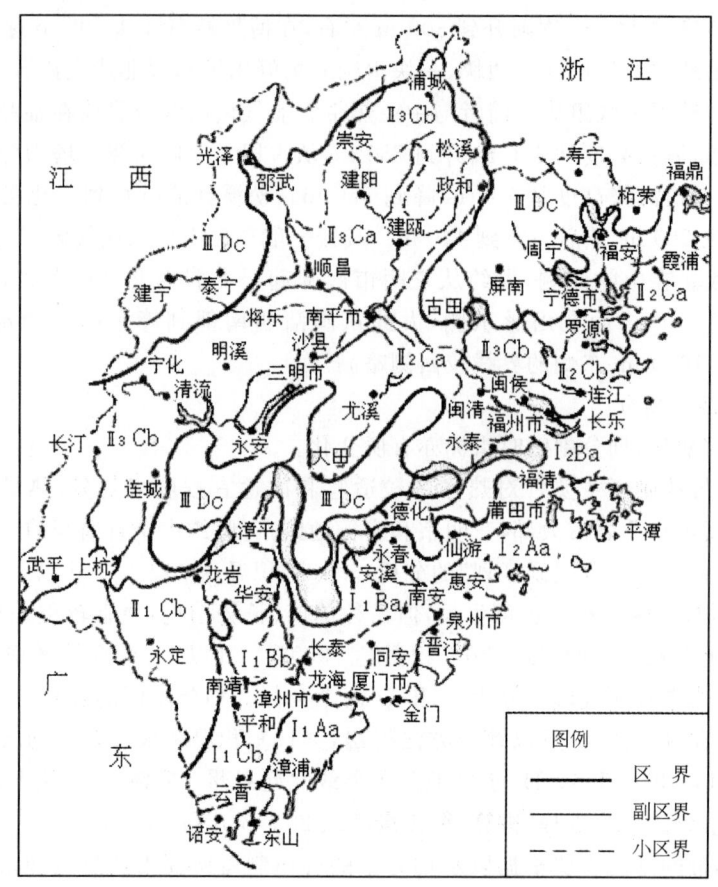

图 6.1 农业气候综合区划图

(三)水分区划

福建水分区划应用稻田干燥度 K 作为指标,其表达式为

$$K = W/R \tag{6.1}$$

式中,W 为水稻田需水量(双季稻为 4—10 月,晚稻为 7—10 月);R 为同期的降水水量。4—10 月的 K 值用于区划水分划区,其中 7—10 月的 K 值用于区划分水分副区。

1. 水分区的划分

(1)指标的计算

4—10 月是福建双季稻生长的主要时段,也是多数喜温作物的活跃生长时期。据建阳、同安等 7 个灌溉试验站资料分析,4—10 月稻田需水量 W_{4-10} 与同期 ≥10℃ 活动积温 $\sum T_{4-10}$ 的关系密切($r = 0.93*$)

$$W_{4-10} = -6488.61 + 1.475 \times \sum T_{4-10} \tag{6.2}$$

(6.2)式在 $\sum T_{4-10} \geq 4400$℃ 时使用。这样(6.1)式就转化成

$$K_{4-10} = (-6488.61 + 1.475 \times \sum T_{4-10})/R_{4-10} \tag{6.3}$$

以(6.3)式计算全省各站 4—10 月的稻田干燥度并选定划分干湿区的指标如表 6.8。

表 6.8　福建水分划分指标及简明农业意义

区号	区名	K_{4-10}值	指标的农业意义
A	半干燥区	≥1.21	水分供应严重不足,需依赖灌溉工程供水。无灌溉条件的耕地宜旱作,其他作物布局也受灌溉条件限制。
B	半湿润区	1.05~1.20	水分供不应求,除洋田和溪边部分田地外,多数农田仍需人工灌溉,但旱情较 A 区缓和。
C	湿润区	0.56~1.04	水分供应基本平衡,有利喜湿润植物的生长,农田早晚两季均可种植水稻。
D	潮湿区	≤0.55	水分供过于求,对喜湿润植物生长有利。

(2)水分区划的分区

对照 K_{4-10} 指标值,将全省划分为 4 个区,鹫峰、武夷、戴云三大山为 D 潮湿区;鹫峰山东部地区、博平岭及其东部部分地区、闽江三支流谷地、闽西南为 C 湿润区;闽江下游河谷、戴云山东坡(永泰—永春以东)部分地区以及漳平、安溪、南靖、平和、漳州等县(市)的一部分为 B 半湿润区。莆田至诏安一线以东沿海为 A 半干燥区。

2. 水分副区的划分

(1)水分副区划分标准

福建 7—10 月是晚稻的安全生长季。该时段降水极不稳定,加上辐射强、气温高、蒸发大,水分供求矛盾极为突出,常有干旱。因此,在以 K_{4-10} 划区基础上,以 K_{7-10} 划分副区,表达式为

$$K_{7-10}=(-399.6+1.468\times\sum T_{7-10})/R_{7-10} \tag{6.4}$$

式中,K、$\sum T$、R 的意义同前,只不过时段为 7—10 月。该式在 $\sum T_{7-10}$≥2725℃·d 时使用。划分副区的指标如表 6.9。

表 6.9　福建水分副区划分指标及简明农业意义

副区号	副区名	K_{7-10}值	指标的农业意义
a	夏秋半干燥区	≥1.21	夏秋季水分供应不足,无灌溉条件的耕地宜旱作,其他经济作物应及时灌溉。
b	夏秋半湿润区	1.05~1.20	夏秋季水分供不应求,但旱情较缓和。
c	夏秋湿润区	0.56~1.04	夏秋季水分供应基本平衡,有利喜湿润植物的生长。

(2)水分副区的划分

根据以上指标划分副区并结合上述水分区的划分,结果是:鹫峰、武夷、戴云山三大山区为 Dc 潮湿夏秋湿润区;莆田至诏安一线以东沿海无论 4—10 月还是 7—10 月均为半干燥,Ac 为半干燥区;在 B 半湿润区里分出两个副区,漳平—漳州以北为 Bc 半湿润夏秋半干燥区。南为 Bb 半湿润区;在 C 湿润区里分出两个副区,闽东北福安、霞浦等县以及闽江和其三大河流谷地为 Ca 半湿润夏秋半干燥区,其余地方为 Cb 湿润夏秋半湿润区。

三、综合农业分区

(一)福建农业资源区划概况

根据国务院和全国农业区划委员会的统一部署,在省委、省政府的重视和领导下,福建

省农业区划委员会组织省直有关厅(局)、高等院校、科研单位和各地、市的有关领导、专家、教授、科技工作者于1979年9月开展了以县级区划为重点的农业资源调查和农业区划工作。与此同时,报经福建省人民政府批准由省直各单位分别承担了《福建省简明农业区划》、《福建省综合自然区划》等35项综合区划、专业区划和专题调查、战略研究任务。经过5年的艰辛努力,于1985年底基本上完成了省、县两级农业区划的阶段性任务。

福建气象部门先后参加了农业气候区划、海岸带气候调查等工作。"八五"期间的农业资源区划工作迈出了新的步伐。先后组织开展了省地县农业区划发展总体规划、农业后备资源调查评价、坡地资源调查评价、农业资源综合分析等重大农业问题综合研究工作,各地县建立了农业区划成果应用试验小区,加强了持续农业研究,进一步扩大农业资源区划工作成果,为各级领导宏观决策、发展农业和农村经济以及农业科学研究作出了新贡献。农业区划主要贡献在于:

(1)第一次比较全面地摸清了福建省不同地区的土、水、气候、生物四大农业自然资源的数量、质量和分布情况,取得了较全面的系统资料;

(2)比较深刻地揭示了福建省地域分布规律,找出了发展农业生产优势、潜力和障碍因素;

(3)科学地论证了不同地区农业发展方向和途径,提出了合理开发利用和保护资源、因地制宜地调整产业结构和生产布局,促进农业生产的良性循环,打下了一定的科学基础;

(4)为各级领导分类指导农业生产、制订区域综合发展规划和区域开发计划,提供了科学的决策依据,促进了农业资源管理和持续利用。

(二)综合农业分区原则和两大气候带、6个一级综合农业区

综合农业分区主要是在土、水、气、生物四大自然资源和农村经济状况的基础上进行区划的。根据地域分异规律,农业生产的自然条件和社会经济条件以及技术条件基本相似,农业生产特点、发展方向、建设途径和措施等相对一致,以及保持县一级行政界线完整等原则。把全省分为地域分异最明显的两大气候带——闽东南的南亚热带和闽西北的中亚热带,在此基础上,进一步把全省划分为6个一级综合农业区(表6.10)和15个二级农业区。

表6.10 福建综合农业分区概况一览表

类别	农业生产意义	人口(万)	土地(%)	气温(℃)	降水量(mm)
闽西北山地丘陵盆谷	粮油果树区	582.3	36.7	17.0~19.5	1550~1900
闽东北中低山地	林粮茶区	111.6	5.64	15.0~18.0	1700~2000
闽东、闽中山地丘陵	渔粮油茶果牧区	544	12.44	18.5~19.5	1400~1700
闽西南低山丘陵盆谷	粮林烟果区	277.9	15.69	18.5~20.0	1500~1700
闽东南平原丘陵	经作粮茶果渔牧区	1095.6	12.38	19.5~21.0	1000~1700
闽南丘陵平原	经作果粮渔牧区	553.6	15.66	20.8~21.2	1000~1700

南亚热带区:包括厦门市、漳州市、莆田市、泉州市大部分(除德化县)以及福州市的长乐、福清、平潭,共24个县(市、区)。面积2.88万 km²,占全省总土地面积的23.78%。南亚热带地处热带边缘,不仅拥有得天独厚的光热等自然资源,而且背山靠海,侨区、特区兼具,交通方便,地理位置极为优越。劳力充裕,农业集约化程度较高,是全省鱼、果之乡和重要的综合性商品生产基地。

中亚热带区:包括三明市、南平市、宁德地区、龙岩地区全部,福州市的大部(除长乐、福清、平潭)以及泉州市的德化县,共44个县(市、区)。土地面积9.24万 km²,占全省总土地面积的76.22%。中亚热带地处省内诸大水系上游,山地广阔,自然条件优越,农业自然资源,尤其森林资源十分丰富。因此,因地制宜地搞好山地资源综合开发利用,念好"山海经",加强山海协作,对于加速全省经济发展具有重要的战略意义。

四、综合农业区生产建议

1. 闽西北山地丘陵盆谷粮林茶果区

位于武夷山、仙霞岭的东南面,与江西、浙江接壤,为全省地势最高、幅员最大的农业综合区。包括三明市、南平市全部和泉州市的德化县,共23个县(区)。土地面积4.46万 km²,占全省总土地面积的36.7%。地貌以丘陵山地为主,光热资源属全省中等或中下水平。水资源丰富,水系发达,全省最大河流闽江的上游三大支流和尤溪流经全区。境内有七个自然保护区,生物资源和土特产品十分丰富。人均占有土地、林地、耕地均居全省第一。森林覆盖率居全省第一,林业生产比较发达,是全省最大的林区和林业基地。粮食以种植水稻为主,产量约占全省的1/3,是全省主要的商品粮基地。

该区农业生产发展方面是:继续抓好商品粮基地和林业基地建设,大力开展木材综合利用,发展林产工业;在巩固提高现有果、茶园质量的同时,重视开发名优特稀品种;充分发挥山地资源优势,积极发展多种经营和综合利用,不断提高经济效益与生态效益。

该区划分为三个亚区,即低山丘陵盆地谷粮林区、武夷山山地林粮区、戴云山山地林粮区。

2. 闽东北中低山林茶粮区

以鹫峰山脉和太姥山为主体形成狭长的全省幅员最小的综合农业区,由古田、屏南、寿宁、周宁和柘荣5个县组成。土地面积0.68万 km²,占全省总土地面积的5.64%。地貌以中、低山为主,整体海拔高,是全省热量资源最差,而水资源最好的一个区。农业气候地域差异和垂直分布差异都比较大,是福建的林区之一,农作物种类少,粮食作物以单季稻为主,茶叶面积较大,是全省重点茶区之一。食用菌生产发展迅速,1995年香菇产量达1.09万吨,占全省总产量的20%;银耳产量6300吨,占全省总产量的80%,成为农业经济主要的支柱产业之一。由于交通不便,农业基础设施薄弱,经济发展较慢,农业生产水平和经济收入较低,是农村贫困面最大的区之一。

该区农业生产发展方面是:立足山地资源,大力发展林业,充分开发草地资源,促进畜牧业生产发展;搞好中低产田改造,不断提高耕地复种指数;加快乡镇企业发展,尤其是食品加工企业的发展步伐,提高农产品附加值,实现农业增产、农民增收的目的。

3. 闽东、闽中山地丘陵平原渔粮茶果牧区

位于太姥山、鹫峰山东南面,福建东部,东濒东海,北与浙江接壤—包括宁德地区的宁德、霞浦、福鼎、福安和福州、闽侯、罗源、连江、永泰、闽清共11个县(市),土地面积1.51万 km²,占全省总土地面积的12.44%。

从气候和植被分布看,该区具有中亚热带向南亚热带过渡的特征,热量、水分资源均居全省中等水平。海洋性气候非常明显。地貌以丘陵和低山为主,福州和闽东沿海有平原分布。海岸线长达1100 km,具有辽阔的浅海滩涂和海洋渔场。岛屿、港湾多,港湾周围多是

群山环抱,口小腹大,水深浪静,既是良好的军港、商港又是良好的渔场渔港。海洋捕捞和海淡水养殖资源十分丰富,有闽东、闽中两大渔场,是全省主要渔区之一。该区是全省茶叶和海水养殖业生产基地,经济林产品丰富,畜牧业比较发达,初步形成了为城市服务的副食品基地。

该区农业生产发展方向是:充分开发利用山海资源,加强农业基础设施建设,不断提高农业机械化水平,进一步发展城郊型农业和外向型农业,使之成为为城市服务的副食品生产基地和创汇农业基地。

4. 闽西南低山丘陵盆谷粮林烟果区

位于武夷山南段,包括整个龙岩地区,由龙岩、长汀、上杭、武平、永定、漳平、连城7个市县组成。土地面积1.90万 km^2,占全省总土地面积的15.69%。

该区为南亚热带向中亚热带气候过渡区,光热资源和地热资源在全省内陆3个综合农业区中均是最丰富的。水资源较丰富,地热资源居全省首位。山地地貌占主导地位,森林资源丰富,是全省仅次于闽西北的第二大林业生产基地。林产化工产品产量在全省占有重要地位。农业生产以种植业为主,畜牧、水产的比重较低。烟草是本区主要经济作物之一,烤烟产量居各区之首,产品质量好,在国内外久负盛名,花卉产业也有一定的优势。本区耕地条件差,中低产田面积约占耕地面积的80%,土地资源、水资源比较丰富,但利用率不高。

该区农业生产发展方向是:充分发挥光热资源好、山地面积大的有利条件,在抓好粮、林生产的同时,积极发展丘陵山地的多种经营,使之成为全面发展的综合农业区。

该区分为二个亚区,即:低山盆谷粮经作林区,中山盆谷粮林区。

5. 闽东南平原丘陵经作粮果茶渔牧区

位于福建东南部,处于晋江、木兰溪等流域下游,背山面海,与台湾省隔海相望。包括福州市的长乐、福清、平潭,莆田市的涵江、城厢区、莆田县、仙游县,泉州市鲤城、惠安、晋江、石狮、永春、安溪共13个市县(市、区),土地面积1.50万 km^2,占全省总土地面积的12.38%。地貌以丘陵山地为主,一般海拔高度为200~400 m左右。丘陵面积约占土地面积的27%;平原台地面积5330 km^2,占土地面积的35.47%。兴化平原、泉州平原是全省四大平原中的两个大平原。属于南亚热带向中亚热带过渡地带。耕地面积占土地总面积的比重在全省各农业区中是最大的,农业生产发达,稻作种类繁多,经济作物比重大,耕地利用率高。盛产龙眼、荔枝、枇杷等水果和乌龙茶(铁观音等),面积大、产量高、品质好,是全省创汇农业主要基地之一。乡镇企业发达,出口创汇农产品多。海岸线长1576 km,浅海面积20万 hm^2,各占全省海岸线和浅海面积的一半。福建著名的牛山、崇武两大渔场就分布在该区。该区水资源时空分布不均,易旱易涝,人口稠密、人均耕地少。

该区农业生产发展方向是:要发挥农业基础好、乡镇企业发达的优势,建立和完善生态农业与外向型农业相结合的多门类、多层次、高质量、高效益的综合性商品农业生产基地体系,改善生态环境,提高农业生产水平,促进农业经济全面发展。

该区分为三个二级区,即:平原丘陵经作粮牧区、沿海旱作渔业区、丘陵山地粮经济林牧区。

6. 闽南丘陵平原经作果粮渔牧区

位于福建南部,东临台湾海峡,南连广东。包括厦门市、漳州市全部,共13个县(区)。土地面积1.37万 km^2,占全省总土地面积15.66%。该区地势由西北向东南逐步向滨海倾斜,热量资源居全省之首,海洋性气候明显。由于北部、西北部有武夷山、戴云山博平岭两道山脉屏障,整个地形像巨大马蹄形,其间套有许多小马蹄形,形成相对避风寒小气候环境,是橡胶等热带作物的宜植地。土壤肥沃、耕地条件好,农业机械化水平较高。经济作物,南亚热带林果种植面积大、产量高、品质好。境内河网稠密;海岸线长达 673 km,滩涂面积 4.3 万 km^2,海域面积 8 万 km^2,海淡水渔业比较发达,水产技术力量强。厦门、漳州和泉州构成了福建的"金三角"地区,工农业发达,经济繁荣。随着改革开放的深入和该区经济地理优势的发挥,进一步加快了经济建设步伐和外向型经济的发展。

该区农业生产发展方面是:要充分发挥厦门经济特区的优势,加快农业现代化建设步伐,重点发展具有南亚热带特色的经济作物以及水产养殖业,建立面向全国乃至国外的农产品生产基地,成为福建省现代化农业的示范基地,不断提高农业气候资源开发利用的综合效率,进而提高农业生产的经济效益与生态效益。

该区分为 3 个二级区:即丘陵粮林经作区、沿海平原南亚热带经作粮渔牧区和沿海丘陵热带作物渔牧区。

第二节 专业农业气候区划

一、水稻气候区划

福建是农业省份,水稻是主要的粮食作物,以 1996 年为例,全省稻谷播种面积 2107 万亩,占总种植面积的 69%,其产量占粮食总产量的 78%。水稻生长与天气气候关系极其密切,福建频繁的旱涝、低温、台风等气象灾害,是影响产量丰歉的重要因素。特别是寒害往往和熟制、品种布局以及播种期安排联系在一起。如果生产布局和气候条件不协调,就不能充分利用气候资源;一旦气候异常,便易发生寒害,造成损失。在寒害中,以秋寒危害最大,而且,水稻抽穗期受冷湿空气的影响,常诱发穗颈瘟。因此,搞清气候资源与水稻熟制、品种布局和生育期安排的关系,减轻寒害,充分有效地利用各地的气候资源,是稻作气候上需解决的主要问题。

(一)水稻熟制与气候指标

福建由于立体气候明显,水稻熟制和当地小气候有密切的关系,有些地方,双季稻种植高度降到海拔 200 m;另一些地方的 800~900 m 高度上仍有双季稻。如果不根据当地气候特点,科学进行水稻熟制布局,就有可能发生寒害,产量也不高不稳。因此,有必要确定全省的水稻农业气候指标和熟制区,在可以种植双季稻的地区就要种植双季稻,以充分利用气候资源,增产增收;在不适合种植双季稻的地区,就要实事求是地种植单季稻,以减免寒害的危害,提高亩产。光热资源随纬度、高度的升高而降低。据统计 12~15℃ 积温(指的是稳定通过 12℃ 初日至 15℃ 终日之间的积温)的持续时间可用以表示一地水稻生长季的热量条件,根据水稻品种资料统计得出各水稻熟制区的 12~15℃ 积温指标分别是:双季稻区积温>5000℃·d;单、双季稻混作区积温 4500~5000℃·d;单季稻区积温>4500℃·d。据此可从"12~15℃ 积温"中划出三个水稻气候熟制区。这三个水稻气候区,分别称为暖区、温区和凉区,其种植海拔高度见表 6.11。

表 6.11　水稻熟制区种植海拔高度及气候

水稻气候区	暖区	温区	凉区
水稻熟制	双季稻	双、单季混作	单季
南部	<600 m	600～700 m	>700 m
中部	<400 m	400～600 m	>600 m
北部	<300 m	300～500 m	>500 m
稳定通过22℃	6.10～9.25	6.15～9.15	7月上旬—8月下旬
35℃连续高温	6月下旬—9月上旬	6月底—8月中旬	未出现

（二）水稻品种的气候适应性

水稻的熟制，不仅仅与气候有关，还与要种植的水稻品种有关。随着科学技术的发展，水稻品种的改良，大大提高了对气候条件适应能力，因此，对水稻品种的气候适应性进行区划，结合当地气候条件，采用合适的水稻品种，将气候区划和水稻品种组合起来，是提高气候资源的利用率的重要途径。

据实践，晚稻品种在温区就适宜于单晚种植，而在暖区就可以做双季种植，如生育期缩短过多，就会明显削弱品种的优势。中稻品种如汕优63，适应性较强，最适合凉区作单季晚稻种植，其次在暖区可作双季晚稻种植。威优35、威优64品种早熟，既可在暖区和温区作双季早稻，又可在温区作双季晚稻，还可以在凉区作单季稻种植。

（三）水稻抽穗的气温、日照指标

水稻抽穗期的气温、日照等天气条件，是影响水稻产量的关键。据试验，水稻结实率与水稻抽穗前后各15天的气温、日照相关显著，期间每天需日照为5～6小时，最适宜日平均气温在暖区为25℃，温区为24℃，凉区为23℃。所以最怕遇上"五月寒"和"寒露风"。

表6.12给出水稻熟制区划及其品种常年的生育期安排，但具体生产安排时，要综合考虑稻作区的水稻生长期的气候条件（参考气象部门的专门预报）和欲选用的水稻品种特性，科学推算具体播种期，不能盲目按老经验播种，这是充分利用气候资源，趋利避害，争取粮食丰收的关键。

表 6.12　水稻熟制区划及其品种生育期安排

水稻气候区	12～15℃积温	熟制	品种类型	播种期	抽穗期
暖区	>4500℃·d	双早	早稻中熟	3月中旬	6月中旬
		双晚	中稻中熟	6月中旬	9月中旬～下旬初
温区	4500～5000℃·d	双早	早稻中熟	3月中旬	6月中旬末
		双晚	早稻中熟	6月下旬	9月中旬初
		双早	中稻中熟	5月上中旬	8月下旬
		双晚	晚稻迟熟	5月上旬	9月中旬
凉区	<4500℃·d	单晚	中稻中熟	4月上中旬	8月中旬
			早稻中熟	4月下旬	8月上旬

（四）水稻光合生产潜力

太阳辐射是水稻生长光合作用的重要气象指标，与产量有密切的关系，也是评估生产潜力（天文产量）的气象指标。但水稻产量预测时一般不直接用辐射，而是使用云量资料等。

主要原因是太阳辐射量的观测站很少,福建只有福州、厦门两个站,不过利用地理位置可以理论计算一地的天文辐射。所以,在暖、温、凉三个水稻气候区,可以计算出各级光能利用率下的可能产量。

据统计,目前福建水稻光能利用率为0.6%~1.3%,随着科学种田的普及,特别是大田种植密度的提高和田间管理的加强,光能利用率逐年有所提高(图6.2),尤其在20世纪80年代以前提高较明显。光能利用率与水稻亩产有良好的关系(相关系数$r=0.99$),但总体上讲利用率还是很低,其原因一是气候灾害,二是没有因地制宜地确定水稻种植品种、熟制和播种期。因此,根据水稻种植区的气候光热资源,充分利用气候预测意见,调整水稻生长期,提高水稻亩产还是有潜力的。

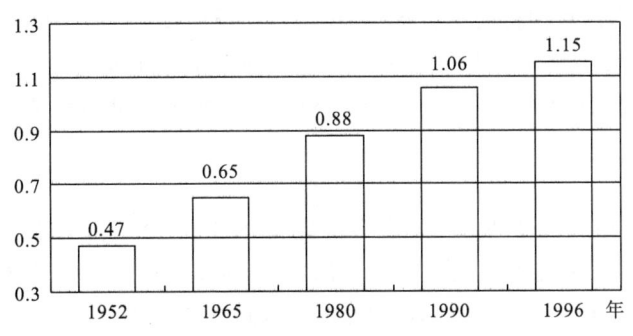

图6.2 主要年代光能利用率(单位:%)

二、茶树气候区划

福建独特的多样性气候条件,适合茶叶生长。1996年全省茶叶产量突破10万吨,外贸出口2万吨,是主要的出口农作物产品。2010年全省茶园面积约300万亩,茶叶产量突破27.11万吨,外贸出口1.6万吨,2010年春季受寒潮影响,福建较大面积茶园出现霜冻,导致春茶出现了一定幅度减产,影响了总产量的进一步提高。但茶叶进口商控制茶叶采购量,将中国茶叶作为其原料茶叶储存仓库。2009年以来乌龙茶原料价格大幅上涨,福建企业开发高档乌龙茶国际市场,出口茶叶质量和单价均出现大幅度提升,呈现量减价增态势。

(一)茶树气候区划的主要指标

茶树耐阴喜阳,喜潮忌涝,喜欢云雾和散射光,所以,高山云雾出好茶是有一定的科学道理。福建78%的产茶县市位处中亚热带和中亚热带山地气候区里,这里的气候条件适宜茶树生长。在茶树气候区划中重点考虑的气象指标有3个:一是极端最低气温对茶树安全越冬的影响;二是≥10℃的积温对产量形成的影响;三是光照和水分条件。

1. 极端最低气温的影响

福建耐寒性差的大叶种茶树(如:云南大叶种、福云8号等),安全越冬的极端最低气温下限应为-5℃,极端最低气温多年平均值为-3℃;耐寒性较强的中、小叶种茶树(如:福鼎大白茶等),安全越冬的极端最低气温下限是-10℃,极端最低气温多年平均值是-8℃。

茶树对低温很敏感,当气温低于0℃时,耐寒性差的大叶种茶树(云南大叶种、福云8号等)发生冻害;气温降低至-5℃左右,茶树受冻害严重,甚至引起植株死亡;当气温降至-7~-8℃,耐寒性较强的中、小叶种茶树(如福安坦洋群体种、福鼎大白茶)也出现冻害征象。

2. ≥10℃的积温的影响

在水湿条件基本得到保证的前提下,茶树生长期内积温越高,则茶树芽梢的萌发生长就越迅速,茶叶采摘的批次也越多,产量也越高。形成茶叶产量的热量指标用≥10℃积温来表达。

不同品种所需要的积温指标值差异很大,中、小叶种茶树要求积温较低,一般认为≥10℃的积温需达 4500℃·d 以上;大叶种茶树对热量要求较高,≥10℃的积温需 6500℃·d 以上。

中、小叶种茶树:最适宜种植的热量指标为≥10℃的积温大于 6000℃·d;适宜种植的热量指标为≥10℃的积温达 4500~6000℃·d;次适宜种植的热量指标为≥10℃的积温在 4000~4500℃·d;不适宜种植的热量指标为≥10℃的积温小于 4000℃·d。

大叶种茶树:最适宜种植的热量指标为≥10℃的积温大于 6500℃·d;适宜种植的热量指标为≥10℃的积温达 6000~6500℃·d;不适宜种植的热量指标为≥10℃的积温小于 6000℃·d。

3. 光照条件

茶树喜欢漫射光的生态环境,漫射光多的生长环境,符合茶树的生物学习性,漫射光中的蓝、紫光,有利于茶叶氨基酸、蛋白质、水浸出物、咖啡碱等的合成与积累,茶树芽叶持续嫩性好,叶质柔软,对提高茶叶(尤其是绿茶)品质有促进作用。因此,在茶树气候区划中,可以用日照百分率≤45%作为优质茶形成的主要气象指标。

4. 水分等其他因子

降水量也是影响茶叶产量和质量的重要因素,茶树生产 1 kg 芽叶需水 400 kg,茶树生长需要的最适宜土壤相对含水量为 25%~28%(不低于 20%)。因此,茶树要求年降水量 1300 mm 以上,最好是 1500 mm 以上,且在茶叶采收季节(3—10月)月降水量要 100~150 mm。以月雨量 100 mm 为指标来计算,全省有 20 个县(市)达标,另外 46 个县(市)85.7%以上的月份达标。

相对湿度又是一个影响茶叶品质的气象因素。茶树具有喜潮耐阴的习性,在采摘茶叶前 10~20 天,相对湿度达 70%~80%,有利于茶树的光合、呼吸作用,利于形成高产。

(二)宜茶气候区的划分及其评述

根据茶树气候区划的主要指标,福建省茶区大致可以分为南部(平原、丘陵)宜茶气候区,中、北部(丘陵、低山)宜茶气候区和北部(中山)次宜茶山地气候区(表6.13)。

表 6.13　宜茶气候区的区划指标

宜茶气候区的类型	年极端最低气温(℃)	年≥10℃的积温(℃·d)	年日照时数(h)
南部(平原、丘陵)宜茶气候区	3.8~5.5	6375~7613	1840~2413
北部(丘陵、低山)宜茶气候区	-2.4~-9.6	5100~6435	1700~1900
北部(中山)次宜茶山地气候区	-8.3~-12.8	<4400	1625~1829

1. 南部(平原、丘陵)宜茶气候区

本区位于福建省的南部,包括福州、长乐、闽侯、福清、莆田、仙游、永春、惠安、安溪、南安、泉州、晋江、同安、长泰、厦门、华安、漳州、龙海、南靖、平和、漳浦、云霄、诏安、漳平、龙岩、上杭、永定等 27 个市(县),此外,东山、平潭两县有少量茶树。

本区光热资源丰富,有霜期短,日照百分率大部地区达 45% 以上;年降水量达 1000～1800 mm,雨日数为 100～170 天,雨量分布不均匀;年平均相对湿度在 76%～80%,年雾日 7～45 天。该区茶树越冬较安全,但夏秋常用有高温干旱危害。

本区是福建省花茶、乌龙茶的主要产区,花茶收购量占全省的 78.4%,乌龙茶收购量占全省的 58.7%。龙海、南靖、云霄还是红碎茶产区。安溪"铁观音"、南安"石亭绿"、福州"茉莉花茶"盛名远扬国内外。占全省茶叶总产量的 29.0%。

2. 中、北部(丘陵低山)宜茶气候区

本区位于福建的中部,闽东北沿海丘陵,闽西和武夷山东南部的广大山地、丘陵地带。包括连江、宁德、霞浦、福安、福鼎、古田、闽清、永泰、德化、大田、尤溪、南平、建瓯、建阳、浦城、崇安、顺昌、邵武、光泽、将乐、沙县、三明、明溪、永安、清流、连城、宁化、长汀、武平、建宁、寿宁、周宁、柘荣、屏南等 34 个市(县),为全省最大的茶区。

本区属中亚热带山地气候,立体气候显著,光、热、水、资源受地形影响,垂直变化大。热量属中等水平,可以满足中、小叶树茶树生长发育的需要,闽东北沿海茶区还可种植一些抗寒性较低的大叶种茶树。水分资源属中上水平,年总降水量 1400～2100 mm,年降水日数 150～185 天;茶叶生长季(3—10 月)降水量达 1213～1798 mm。年平均相对湿度 77%～84%(平均为 80%),水湿条件对发展茶叶很有利。霜期为 48～114 天,年霜日为数平均为 23 天左右。

本区是福建茶叶的主产区,主要产绿茶,其收购量占全省的 96.8%,占全区各类茶总收购量的 77.8%。乌龙茶占全省收购量的 41.3%,占全区的 15.4%。本区红茶产量占全省红茶的 74.9%。闻名中外的福鼎"白琳工夫"、政和"政和工夫"和福安的"坦洋工夫"等三大工夫茶都产于本区。还有武夷岩茶、宁德"天山绿茶"、罗源的"七境堂绿茶"、建瓯"南雅水仙"、武夷山"八角亭龙须茶"、周宁的"官司茶"以及崇安桐木关的"正山小种红茶"等均驰名茶市。

3. 北部(中山)次宜茶山地气候区

本区包括寿宁、周宁、屏南、柘荣等县海拔 1000 m 左右的山区和建宁、泰宁、宁化、光泽、崇安等县西北部的山区,以及浦城县以北山区。本区对茶树生长来说,水分有余,热量不足,属次适宜或不适宜发展茶叶生产的气候区。从目前情况看,本区茶叶产量低,经济效益差,发展茶叶生产应持慎重的态度。

三、甘蔗气候区划

甘蔗是福建重要的经济作物,1996 年甘蔗生产开始止跌回稳,全省种植面积达 56.84 万亩(其中糖蔗占 82%),总产达 253.94 万吨。2010 年全省总产量达 61 万吨。

(一)甘蔗气候区划的主要指标

甘蔗喜温高光强和湿润。忌低温,怕台风。反映地区之间的甘蔗气候生产潜力的异同,可用"农业气候比值"这一综合表达式,作为分区的主导指标,其值愈大愈适宜种植甘蔗。"甘蔗农业气候比值"由下式定义

$$Q = Ck/Td$$

式中,Q 为甘蔗农业气候比值;Ck 为干凉度;Td 为 11—12 月日平均最低气温≤0℃的平均日数(未出现时,按 0.1 处理)。

按 $Q \geqslant 400000℃·h$ 为最适宜;$Q = 130000～400000℃·h$ 为较适宜;$Q = 130000～15000℃·h$ 为欠适宜;$Q < 15000℃·h$ 为不适宜,这是主导指标,把 10—2 月份最低气

温≤0℃累年平均出现日数作为限制性指标,将全省划为以下4个甘蔗气候区。

(二)甘蔗气候区划

1. 甘蔗气候最适宜区

包括厦门市、漳州市、泉州市(德化县除外)、莆田市的沿海平原及福州市部分市县。该区热量条件好,20℃积温5000℃·d以上,80%保证率的极端最低气温-2℃以上,有利甘蔗生长和宿根蔗安全越冬。主要生产期(日平均气温稳定通过20℃始日—终日)为160～200天。甘蔗生长盛期7—9月平均气温27～28℃,Q值除永春为410000℃·h外,大部为560000～660000℃·h。可充分满足蔗茎生长的需要,糖分累积的速度快、时间也长,含糖分可达13%～15%。入秋后,10—11月Q值为55000～117000℃·h。

2. 甘蔗气候较适宜区

该区从福鼎到诏安均有分布,还包括龙岩地区南部。甘蔗主要生长期为150～180天,7—9月平均气温27℃左右、Q值为560000～610000℃·h,尚能满足甘蔗生产的要求,累积糖分时间较短,一般糖分含量为12%～13%。冬季气温较低,常受轻霜冻害,不能安全越冬。

3. 甘蔗气候欠适宜区

包括三明地区大部、龙岩地区北部和古田等地。甘蔗主要生长期150～160天。7—9月平均气温26～27℃,Q值为550000～680000℃·h,能基本满足甘蔗茎生长的需要。但由于秋季降温早,其产量远不如上述两区,且一般糖分含量只有8%～12%。冬季气温低,冻害重。发展糖蔗生产的气候潜力差,不宜安排大面积甘蔗生产。

4. 甘蔗不适宜气候区

该区为中亚热带山地气候,包括武夷山区、鹫峰山区。光温条件差。冬季气温很低,冻害严重,不具备种植甘蔗的基本气候条件。

四、烟叶气候区划

烟叶是福建重要的经济作物。近年来,随着烟草种植技术的普及,生产整体水平逐年提高,烟叶品质进一步改善,截至2010年,全省烟叶种植面积97万亩,烤烟产量12.45万吨,成为农民增收和地方财政收入增加的最好项目之一。

烟草原产于中、南美洲热带高山,包括普通烟草(黄花)和红花烟草,是一种喜光喜温、需水较多的作物。黄廷炎等对南平市烟草生产各生育期光温水气象条件对烤烟生产的影响和影响南平市烤烟产量、品质的主要气象因子进行了分析。

(一)烟叶气候区划主要指标

在一定范围内,光照时间长,光合作用延长,可以增加有机物的合成。当光照减少过多时,烟株生长缓慢,植株纤弱,而且叶片减少,植株矮小,叶片黄绿,甚至发生畸形。同时,因干物质积累减慢,致使叶片大而薄,内在品质差,叶片内部组织疏松,香味差,油分少。在强烈日光照射下的烟叶,有较多的栅栏组织细胞,且较宽较长,同时,栅栏组织和海绵组织细胞壁均加厚,机械组织发达,主脉突出,叶肉变厚,常称为"粗筋暴叶"。因此,一般认为烤烟要求日光充足而不十分强烈,每天光照时间以8～10 h为宜,全年日照时数要大于2000 h。

烟草最适生长温度为28℃左右,而可生长的温度范围较广,地上部为8～38℃,地下部在7～43℃。烟草生长一般要求:无霜期120天以上;稳定通过10℃的年活动积温约需

3500 ℃·d左右,在≥10℃的活动积温少于2600 ℃·d的地区,难以完成正常的生长发育过程;一般7—8月日平均温度在20℃以下的地区很少有烟草生长。若长时间处在-2~-3℃,烟株就会死亡。在生育前期,日平均气温低于18℃,将抑制生长促进发育,容易导致早花,从而减产降质;在大田生长阶段的中、后期,日平均气温低于20℃,同化物质的转化和积累便受到抑制,影响烟叶正常成熟,气温越低,形成的烟叶质量越差。据研究,在20~28℃的范围内,烟叶质量有随着成熟期平均温度升高而变好的趋势。南平市各县(市)年平均温度为17.4~19.5℃,≥10℃的年活动积温5438.1~6164.9 ℃·d,无霜期日数为245~285.2天,成熟期温度21~28℃,即温度条件完全能满足烟草生长所需,且随季节变化规律与烤烟生长的温度特性配合一致,是本市生产优质烟叶的优势所在。

(二)烟叶气候区划

1. 春烟最适宜区

该区主要分布在福州以南低海拔的河谷与平原地区。该区热量条件好,生长期≥10℃积温超过2600℃·d,日平均气温≥20℃持续天数≥70天。

2. 春烟适宜区

该区遍布全省,范围超过最适宜区。该区热量条件比较适宜烟叶生长。生长期≥10℃积温也超过2600℃·d,但日平均气温≥20℃持续天数50~70天,少于最适宜区。

3. 春烟次适宜区

该区分布在海拔较高的地区。该区热量条件比较适宜烟叶生长。生长期≥10℃积温不超过2600℃·d,日平均气温≥20℃持续天数50~70天,制约了烟叶的产量和质量。

(三)影响烟叶的气象灾害

暴雨洪涝、冰雹、低温冻害、大风是直接危害烟叶生产的气象灾害。5级以上的风能使烟叶受损,风速越大危害越重,轻则使烟叶相互摩擦造成伤痕,重则叶片破裂、烟株倒伏,严重影响烤烟产量和质量。冰雹的危害则更大,在旺长期以前遭受冰雹袭击后,若能及时采取中耕、追肥、留二茬烟等措施,能一定程度上弥补部分损失。若在接近成熟期遭受雹灾,则会造成不可弥补的损失。

单位产量与气象因子的相关系数及位次见表6.14。上等烟比率与气象因子的相关系数及位次见表6.15。

表6.14 烟叶单位产量与气象因子的相关系数及位次

因子	延平		松溪		建阳		光泽	
	相关系数	位次	相关系数	位次	相关系数	位次	相关系数	位次
X_5	-0.28		0.27	4	-0.34		-0.06	
X_6	-0.66	1	0.21		-0.38	4	-0.41	
X_9	0.39	5	-0.04		0.09		0.42	5
X_{14}	0.17		0.33	3	0.36	5	0.48	4
X_{16}	-0.49	3	-0.52	1	-0.71	1	-0.66	2
X_{17}	-0.61	2	-0.26	5	-0.69	2	-0.67	1
X_{18}	0.46	4	0.44	2	0.57	3	0.63	3

注:X_5=现蕾期降水量;X_6=大田营养生长期降水日数;X_9=成熟期≥8.0℃有效积温;X_{14}=1月1日至7月20日最高气温;X_{16}=1月1日至7月20日降水量;X_{17}=1月1日至7月20日降水日数;X_{18}=1月1日至月20日日照时数。

表 6.15 上等烟比率与气象因子的相关系数及位次

因子	延平 相关系数	延平 位次	邵武 相关系数	邵武 位次	浦城 相关系数	浦城 位次
X_1	−0.56	5	−0.57	8	−0.61	5
X_2	−0.57	4	−0.59	5	−0.54	8
X_3	−0.42	8	−0.57	9	−0.47	10
X_4	−0.35	10	−0.53		−0.40	
X_7	0.67	2	0.58	6	0.62	3
X_8	−0.69	1	−0.67	2	−0.62	4
X_{12}	−0.14		0.58	7	−0.47	9
X_{13}	−0.50	7	−0.64	4	−0.61	6
X_{15}	−0.61	3	−0.76	1	−0.75	1
X_{16}	−0.39	9	−0.55	10	−0.68	2
X_{19}	0.55	6	0.66	3	0.59	7

注:X_1=1月1日至7月20日≥10.0℃活动积温;X_2=1月1日至7月20日≥12.0℃活动积温;X_3=1月1日至7月20日≥10.0℃有效积温;X_4=1月1日至7月20日≥12.0℃有效积温;X_7=活动积温达2600℃·d日数;X_8=大田期≥8.0℃有效积温;X_{12}=成熟期日平均温度20~26℃日数;X_{13}=1月1日至7月20日平均气温;X_{15}=1月1日至7月20日最低气温;X_{16}=1月1日至7月20日降水量;X_{19}=现蕾期平均相对湿度。

五、水果气候区划

闽南六大著名水果是:荔枝、龙眼、香蕉、菠萝、柑橘和枇杷。这六大名果是漳州市最重要的水果,其种植面积占该市果树面积80.9%,产量占该市水果总产量87.8%,而且还是出口的"拳头"产品,在国内外享有盛名。漳州市气象局张奕提根据气候对六大名果产量和品质的影响,作出六大名果的气候区划,对于指导各地合理利用农业气候资源,建设六大名果生产基地,具有参考意义。

(一)区划的指标和方法

1. 区划的指标

热量条件是决定六大名果在各地有没经济栽培价值(包括安全越冬和果实品质)的主要因素,因此,以热量作为区划的主要指标,降水作为辅助指标,此外还考虑风等因素。

(1)热量指标

在六大名果中,香蕉(主要品种是天宝蕉)和菠萝对温度要求最高,当气温降到0℃以下时菠萝及香蕉叶片、假茎都会严重受害;当气温降到−3℃以下时,荔枝、龙眼均会受冻,甜橙果实、枇杷幼果也遭受冻害;降到−5以下时冻害相当严重,但这种情况在闽南极少出现。因此,以最低气温≤0℃、−3℃、−5℃时出现频率作为寒害的指标,也是热量条件的主要指标。

又由于六大名果的品质优劣与温度关系最密切(表6.16),因此,用年平均气温、≥10℃积温和最冷月平均气温作为六大名果生长季温度条件的辅助指标。

表 6.16　六大名果的品质最佳的主要气候指标

品种	年平均气温(℃)	年≥10℃积温(℃·d)	最冷月平均气温(℃)
甜橙、芦柑、蕉柑	21 左右	7500 左右	12℃左右
温州蜜柑	19.5～16.5	6500～5500	5～10
香蕉、菠萝	25～28℃时成熟		
枇杷	15	≥4500	
荔枝、龙眼	20～23	6500～8000	10～15

(2) 水分指标

六大名果生长要求降水多,湿度大的气候条件,如月降水量香蕉要求 100～200 mm;菠萝要求 100 mm 左右;荔枝、龙眼、柑橘要求年降水量≥1000 mm,而且冬季干旱少雨。一般地,漳州市各地年雨量为 1000～2000 mm,相对湿度 80% 左右,均能满足六大名果生长的需要,但雨量过多或过少会危害开花、坐果和果实发育。因此,采取全年雨量,3—5 月和 9—11 月雨量作为水分区划的指标,将全市分为三个气候区,见表 6.17。

表 6.17　果树水分区划指标和三个气候区

气候区	全年雨量(mm)	9—11月雨量(mm)	3—5月雨量	说明
干燥气候区	≤1301	≤201	≤361	以上 3 个指标中,若有 2 个达标,就属于那个气候区
湿润气候区	1300～1600	200～250	360～450	
潮湿气候区	1601～2000	251～360	451～560	

(3) 光照指标

适宜的光照——月日照时数 160～200 h,不仅有利六大名果生长,而且有利于果实成熟,提高含糖量和水果固有的香、味、色。但由于光照资料不全,暂不作区划指标。

2. 区划的方法

首先用寒害区划指标中的极端最低气温≤0℃的频率把全区划分出微寒害、轻寒害、中寒害、重寒害、严重寒害五个气候区(表 6.18),其次,用水分指标把全区划分出干燥、湿润和潮湿三个气候区,最后把热量区划和水分区划重叠,得出六个气候区。其中在第Ⅲ区中又根据海拔高度划出低海拔和中海拔 2 个高度层。

表 6.18　果树寒害指标及农业生产意义

气候区	各级低温出现频率(%)			平均最低气温(℃)	农业生产意义
	≤0℃	≤-3℃	≤-5℃		
微寒害区	≤11			≥2.1	香蕉、菠萝微寒害,荔枝、龙眼、柑橘、枇杷无寒害。
轻寒害区	10～20			1.1～2.0	香蕉、菠萝寒害 10 年 1～2 遇,荔枝、龙眼、柑橘、枇杷无寒害。
中寒害区	21～50			0～1.0	香蕉、菠萝寒害 10 年 2 遇,荔枝、龙眼、柑橘、枇杷无寒害。
重寒害区	51～65			-1.0～-0.1	香蕉、菠萝寒害严重,不宜作经济栽培,荔枝、龙眼寒害 10 年 1 遇,柑橘、枇杷基本无寒害。
严重寒害区	66～100	20～80	5～25	-1～-4	香蕉、菠萝、荔枝、龙眼、夏橙不宜作经济栽培。甜橙有轻—中度寒害;温州蜜橘、金枣、枇杷基本无冻害。

(二)各区气候特点和生产建议

1. 东山——镇海沿海半岛、岛屿微寒害干燥气候区(Ⅰ)

本区包括龙海县的镇海半岛、漳浦县井尾、六鳌、古雷等半岛、云霄、诏安两县沿海地区和东山岛。气候冬暖夏凉、终年无霜,雨量少、变率大、常风大、大风日数多、日照多、蒸发大,秋旱和冬春连旱常见。

建议:本区冬暖夏凉的气候适宜六大名果生长,但气候干旱和风害较严重。若能营造防风林,选择避风的小环境加以灌溉,则六大名果生长良好。然而,从六大名果对农业气候生长环境的要求看来,本区比较适宜栽种菠萝。

2. 云霄诏安微寒害湿润区(Ⅱ)

本区靠近北回归线,包括东溪和漳江流域海拔200 m以下的河谷平原,冬季冷空气难进易出,夏季东南暖湿气流又能沿江而上,因此,气候优越,热量条件好,香蕉、菠萝冻害也很轻。从12月至次年2月低温少雨,有利荔枝、龙眼、香蕉、柑橘花芽分化和枇杷开花结果,4—9月雨量充沛,温度高、光照强有利枝梢生长和果实成熟。但是3—6月常出现阴雨寡照天气,不利果树开花授粉和坐果,7—9月台风大风常吹落果实,甚至折枝拔树,5—9月暴雨常使果园水土流失或冲毁果园,7—9月高温和日射强烈又易使果树发生日灼,秋季气候干旱不利柑橘成熟和果树抽发枝梢,另外,个别年份强寒潮袭击,使菠萝、香蕉发生冻害。

建议:本区气候条件优越,又是六大名果老产区,应大力发展。

3. 龙漳泰浦轻寒害湿润区(Ⅲ)

本区包括长泰中南部,南靖靖城公社、漳州、龙海、漳浦等县的海拔200 m以下平原、谷地,热量条件稍逊Ⅱ区。主要农业气象灾害与Ⅱ区一样,是六大名果最主要的产区,是著名的浦南柚子,漳州芦柑、天宝香蕉、九湖兰竹、漳浦乌叶的产地。

4. 南靖、平和中寒害潮湿区(Ⅳ)

本区包括南靖、平和九龙江西溪海拔200 m以下河谷平原盆地,冬季温度比Ⅲ区低,夏季又比较炎热,但降水水量较多。本区是龙溪地区六大名果主产区之一,其香蕉、菠萝、龙眼、荔枝的气候条件不如Ⅱ、Ⅲ区优越,但柑橘气候条件反而比Ⅱ、Ⅲ区好。

5. 北溪、西溪河谷盆地和漳江、东溪上游谷地重寒害潮湿区(Ⅴ)

本区热量条件不如上述四个区,香蕉、菠萝不宜作经济栽培,荔枝、龙眼只能在气候条件较好的地段进行栽培。本区适宜喜爱静风、潮湿的柑橘生长。建议大力发展柚子、甜橙、芦柑、夏橙和枇杷。

6. 中低海拔严重寒害潮湿区(Ⅵ)

本区包括华安县东北—西北部、长泰县东北—西北部、南靖县西北—西北部、平和县西北—东南部、龙海县西南部、漳州市西北部、漳浦县西北—东北部;云霄县和诏安县西部、北部低中海拔地区。在云霄、诏安两县海拔400 m以上地区,北部海拔300 m以上地区。

本区由于温度低,霜冻多,香蕉、菠萝、荔枝、龙眼不宜栽培,但雨水多,湿度大,日照较少,适宜栽种柑橘、枇杷。根据海拔高度,本区可分为2个高度层:

(1)低海拔山区:云霄、诏安两县为200~600 m,北部各县为300~500 m,适宜栽种甜橙、芦柑、枇杷并搭配温州蜜柑和金枣。

(2)中海拔山区:云霄、诏安两县为600 m以上地区,北部各县为500 m以上地区,可在山坡暖带种植芦柑、甜橙,但宜栽培耐寒的温州蜜柑和金枣。

7. 综合生产建议

(1)闽南各地香蕉和菠萝均存在着不同程度的寒害(冻害)及风害,故应选择空气流通、地势开阔、土层深厚、无明显霜冻,台风危害较轻并有水源的地段种植香蕉、菠萝。

(2)Ⅰ区至Ⅴ区,荔枝、龙眼基本无冻害(或很轻),但台风危害常见。故应在阳光充足、土层深厚、风害小的地段种植荔枝、龙眼。

(3)Ⅰ区至Ⅴ区,夏秋温度高,日射强烈,容易使柑橘树势衰弱,生长受阻,出现大、小年结果和罹患黄龙病,故应在地形掩蔽、静风、排灌便利的低洼地或北坡、东北坡种植柑橘、枇杷,但在Ⅲ区应选择冻害轻、风害小的优良小气候环境种植优质柑橘或枇杷。

(4)低温寒(冻)害、高温、气候干旱,台风大风是各地最主要的农业气象灾害,因此,除根据不同果树品种对气候条件的要求选择优良环境种植果树外,还要改善果园农业生态环境(要营造防护林,建设"三保园"),否则就不能达到合理利用气候资源、扬长避短,发挥优势的目的。

六、花卉气候区划

花卉种植业是既美丽又能致富的产业,随着人们生活水平的提高,花卉产业发展迅速,成为富有活力的朝阳产业之一。福建光热水资源丰富,水质良好,适合花卉种植,逐步形成以水仙、兰花、杜鹃、多肉植物、棕榈科植物和榕树盆景六大类花卉为主的花卉产业。到2015年全省花卉基地将达2.6万 hm^2。福建和台湾气候相似,如何利用气候资源,开展和应用花卉气候区划成果,推进闽台花卉产业的合作,进一步发展福建花卉产业颇有意义。

(一)花卉气候区划指标

花卉生长需要适宜的温度和足够的水分和光照。福建省气象科学研究所利用传统的方法,划分三类花卉生长期,并提出以气温为主的区划指标(表6.19)。

表6.19 福建花卉气候区划指标

花卉区名	最冷月平均气温	年≥10℃活动积温	平均的极端最低气温
南亚热带花卉生产区	≥10℃	≥6500℃·d	≥0℃
中亚热带花卉生产区	6~10℃	5400~6500℃·d	≥-6.5~0℃
中亚热带山地花卉生产区	≤6℃	≤5400℃·d	≤-6.5℃

(二)花卉气候区划结果

1. 南亚热带花卉生产区

该区分布在福州以南沿海地区,漳州市是福建最著名的花卉生产基地。该区热量资源丰富,年平均气温20℃以上,最热月平均气温27.3~28.7℃,最冷月平均气温11.2~14.8℃,极端最低气温一般在0℃以上,年≥10℃活动积温≥6500℃·d以上,年降水量1600 mm,年日照1700~2150 h。

2. 中亚热带花卉生产区

该区分布比较广,除南亚热带花卉生产区和高海拔山区外,均属本区。该区热量资源较丰富,年平均气温16.9~20.4℃,最热月平均气温23.4~28.7℃,最冷月平均气温6.8℃~11.6℃,极端最低气温一般在-6.2~0℃,年≥10℃活动积温5400~6500℃·d,年降水量1430~1850 mm,年日照1640~2050 h。

3. 中亚热带山地花卉生产区

该区主要分布在武夷山、鹫峰山、戴云山等海拔较高的山区。该区年平均气温17.1以下,最热月平均气温18.9℃~23.4℃,最冷月平均气温低于7.0℃,极端最低气温一般在-5.3℃以下,年≥10℃活动积温在5400℃·d以下,年降水量1760 mm以上,年日照1550~1770 h。

七、其他热带作物气候区划

(一)区划的主要指标

福建省也是我国热带作物的产区之一,主要产区在以漳州市为主的闽东南地区,由于热量条件较好,可以种植橡胶、剑麻、热带水果等热带经济作物。但生长季节较短,冷冬年可能发生不同程度的寒害,越冬气候条件是本区发展热带作物的限制因子。闽东南热带作物越冬气候条件是比较复杂的,虽然与越冬期间的日照时数、风速等气象因子有关,但主要还是与越冬期的降温强度和持续时间的关系最为密切,因此,使用极端最低气温作为划分越冬类型区还是有代表性的。

所以,本区划选用热量条件和越冬热量条件,即≥10℃积温和最冷月平均气温作为区划的主要指标。考虑到橡胶树在闽东南栽培面积较大,经济效益较高,已经掌握比较完整的生长、越冬、产胶等资料,所以区划时用橡胶树GT1品系30%生产性寒害指标、≤12℃负积温≥85℃出现的概率、≤12℃负积温多年平均值作为划分越冬类型区的指标(表6.20),其他热带经济作物及果树,则以其对气候条件的要求,归入相应的气候区进行评述。

本区划所涉及的热带作物对象较多,除了橡胶、剑麻为主外,还需要考虑热带果树、林木、南药及其他热带作物,不同于单项热带作物气候区划。其分区指标只能是既要适当突出重点,又要照顾到多数作物,采用多数作物可以接受的指标,对各种单项热带作物生态适宜区的划分指标,根据农、林、渔、牧部农垦总局热带作物区划办公室统一制订的标准对号入座。随着农业综合开发的深入,利用气候资源种植热带经济作物大有可为。

(二)热带作物区划

根据≥10℃积温7000℃·d和最冷月平均气温12℃两个指标,闽东南热带作物气候地区可分为南部区(Ⅰ区)和北部区(Ⅱ区),并又各分成两种类型。南部区(Ⅰ区)包括同安、金门、厦门、长泰、华安、漳州、龙海、南靖、平和、漳浦、云霄、诏安、东山等13个市(县);北部区(Ⅱ区)包括长乐、平潭、福清、莆田、仙游、永春、惠安、安溪、晋江、泉州等11个市(县)。

表6.20 热带经济作物越冬类型区的指标

区号	名称	≤12℃负积温多年平均值(℃)	≤12℃负积温≥85℃出现的概率(%)
I_1	冬暖气候区	≤50	≤5
I_2	冬温气候区	51~70	6~15
II_1	冬凉气候区	71~110	16~30
II_2	冬冷气候区	>110	>31

在4个越冬类型中,I_1包括云霄、诏安中部和东山县;I_2包括同安、金门、厦门、长泰、漳州、龙海、南靖、平和、漳浦等市(县);II_1包括平和、南靖西北部、华安、长泰中北部、安溪、南安以及晋江南部地区;II_2包括晋江北部、惠安、永春、仙游、莆田、福清、长乐、平潭等市(县)。

(三)橡胶、剑麻热带作物生长气候特点和气候区划

福建是全国5大橡胶产区之一,1996年统计橡胶园面积2.84万亩;剑麻等纤维植物面积1.59万亩;香料作物面积0.25万亩,面积和产量有所回升。主要热带经济作物最适宜生长的气候指标见表6.21。

橡胶树产胶量与气象条件相关分析表明:5—11月各月的橡胶树产胶量与月平均气温和月日照时数基本成正相关,即温度高,日照足,对产胶有利。但降水多不利产胶和排胶,5—10月的降水量,≥1.0 mm和≥10 mm的降水日数等三个因子与产胶量成负相关关系。

剑麻叶片增长数与气象条件相关分析表明:总的来说在一定范围内,麻叶增长与月平均气温和月日照时数成显著的正相关。但若把气温分成不同等级时,麻叶片增长数与气温、日照的关系更好,同时,与降水量和干燥度的相关性也有一定的关系。

表6.21 主要热带经济作物气候指标

项目	意义	橡胶	剑麻	咖啡	胡椒
年平均气温(℃)	最适生长	24~27	20~27	18~21	25~27
开始生长日平均气温(℃)		>15	>13		>18
极端最高气温(℃)	有害	>37		>37	≥39
极端最低气温(℃)	有害	<5	<5	<0	<10
月降水量(mm)	最适生长	>150		200~300	120~200
月平均相对湿度(%)	最适生长	>80		>90	80~85

具体来说,剑麻叶片增长数与气温的关系是:当月平均气温≤27℃,气温与增叶数都成正相关;日平均气温≤18℃,气温每升高1℃,麻叶只增长0.011片;当日平均气温18~24℃时,叶片增长略为加快,每升温1℃,可增0.458片;当日平均气温24~27℃时,每升温1℃,可增长1.18片;日平均气温超过27℃时,降水不足时,叶片生长速度反而有下降的趋势。剑麻叶片增长数与降水量的关系是:当日平均气温27℃以下时,基本成负相关;特别是日平均气温18~24℃和≤18℃时,月雨量与麻叶增长数的相关系数分别为-0.6681和-0.4215(分别通过0.05和0.10显著性检验)。说明日平均气温≤24℃,降水对麻叶增长有不利的影响;当日平均气温>27℃时,降水充足对麻叶增长有利。

第三节 暴雨洪涝灾害风险区划

一、致灾因子危险性区划

选取暴雨过程频次和强度作为福建省暴雨洪涝的致灾因子。具体方法是先统计福建省1961—2008年各气象台站1天、2天、3天、……、10天(含10天以上)的暴雨过程降水量(暴雨过程降水量是指过程降水量,以连续降水日数划分为一个过程,一旦出现无降水则认为该过程结束,并要求该过程中至少一天的降水量达到或超过50 mm,最后将整个过程降水量进行累加),将过程降水量作为一个序列,建立不同时间长度的10个降水过程序列;再分别计算不同序列的第98百分位数、第95百分位数、第90百分位数、第80百分位数、第60百分位数的降水量值,利用不同百分位数将暴雨强度分为5个等级,具体分级标准为:60%~

80%位数对应的降水量为1级,80%~90%位数为对应的降水量为2级,90%~95%位数对应的降水量为3级,95%~98%位数对应的降水量为4级,大于等于98位数对应的降水量为5级(表6.22);再计算各台站在不同暴雨等级中的暴雨过程频次,得到福建省各级暴雨强度频次分布图和所有等级暴雨强度频次分布图(图略)。

表6.22 不同等级暴雨强度雨量范围(1971—2000年)

天数	1级	2级	3级	4级	5级	暴雨值(mm/d)
1	64.8≤R<78	78≤R<92.9	92.9≤R<111.5	111.5≤R<134.5	R≥134.5	50
2	83.2≤R<104.9	104.9≤R<126.8	126.8≤R<156.8	156.8≤R<195.5	R≥195.5	50
3	100.5≤R<132.1	132.1≤R<155.7	155.7≤R<192.9	192.9≤R<236.2	R≥236.2	50
4	116.2≤R<151.0	151.0≤R<183.7	183.7≤R<224.6	224.6≤R<277.2	R≥277.2	50
5	139.4≤R<189.0	189.0≤R<241.1	241.1≤R<276.5	276.5≤R<352.2	R≥352.2	50
6	151.4≤R<196.9	196.9≤R<242.7	242.7≤R<298.4	298.4≤R<351.2	R≥351.2	50
7	166.3≤R<204.5	204.5≤R<249.0	249.0≤R<313.3	313.3≤R<351.7	R≥351.7	50
8	170.1≤R<216.7	216.7≤R<266.1	266.1≤R<310.6	310.6≤R<367.3	R≥367.3	50
9	196.2≤R<242.7	242.7≤R<298.9	298.9≤R<350.7	350.7≤R<404.0	R≥404.0	50
≥10	254.2≤R<321.8	321.8≤R<389.2	389.2≤R<451.9	451.9≤R<548.1	R≥548.1	50

福建省暴雨强度频次分布呈东、西高,中间低的特征(图6.3)。暴雨频次高值带大部分出现在中南部沿海,以闽东南沿海的诏安和云霄为中心。根据暴雨强度等级越高对洪涝形成所起的作用越大的原则,确定降水致灾因子权重,将暴雨强度5、4、3、2、1级权重分别取作5/15、4/15、3/15、2/15、1/15,利用加权综合评价法、反距离加权内插法和GIS中自然断点分级法,将致灾因子危险性指数按5个等级进行区划,得到福建省暴雨致灾因子危险性指数区划图(图6.4)。

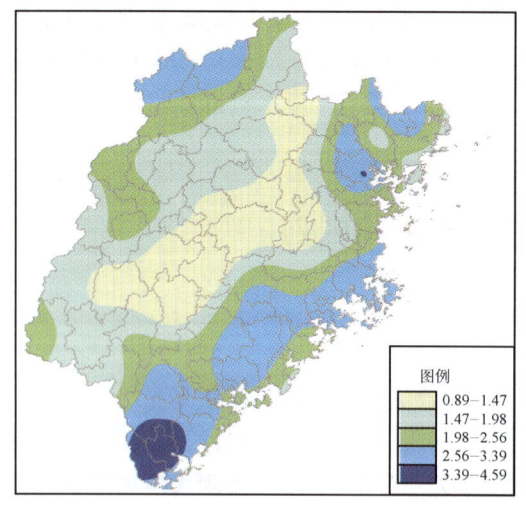

图6.3 暴雨强度频次分布图(次/10年)

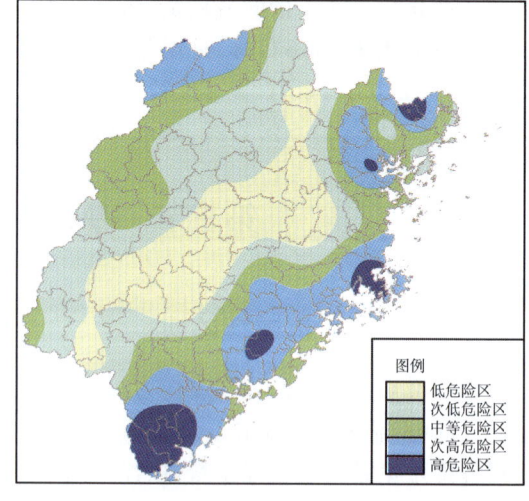

图6.4 暴雨洪涝灾害致灾因子危险性区划图

暴雨洪涝致灾因子危险性较强的地区分布在沿海地带和闽北武夷山南麓,以闽东南沿海的云霄为最高;闽中山区和内陆山区交界带危险性低,以闽清为最低。

二、孕灾环境敏感性区划

高程数据从福建省 1∶25 万 GIS 数据中提取,地形起伏变化则采用高程标准差表示;对 GIS 中某一格点,计算其与周围 8 个格点的高程标准差获得,在 1∶25 万 GIS 中采用 100 m×100 m 的网格计算地形高程标准差,高程越低、高程标准差越小,影响值越大,表示越有利于形成涝灾,地形高程及高程标准差的组合赋值见表 6.23。由此可以得到福建省地形影响指数分布图(图 6.5)。

表 6.23　地形高程及高程标准差的组合赋值

地形高程(m)	地形标准差(m)		
	一级(≤1)	二级(1—10)	三级(≥10)
一级(≤100)	0.9	0.8	0.7
二级(100—300)	0.8	0.7	0.6
三级(300—700)	0.7	0.6	0.5
四级(≥700)	0.6	0.5	0.4

综合地形影响度主要在中南部沿海较大,其值>0.8,洪水危险程度较高。闽中腹地综合地形影响度相对较小,大部分地区综合地形影响度的值在 0.5 以下,洪水发生时其危险程度相对较低。

水系因子采用河网密度指数表示,将一定半径范围内的河流总长度作为中心格点的河流密度,半径大小使用系统缺省值;在 1∶25 万 GIS 数据中采用 100 m×100 m 的网格计算河网密度,从而得到福建省河网密度,对其进行规范化处理即得图 6.6。

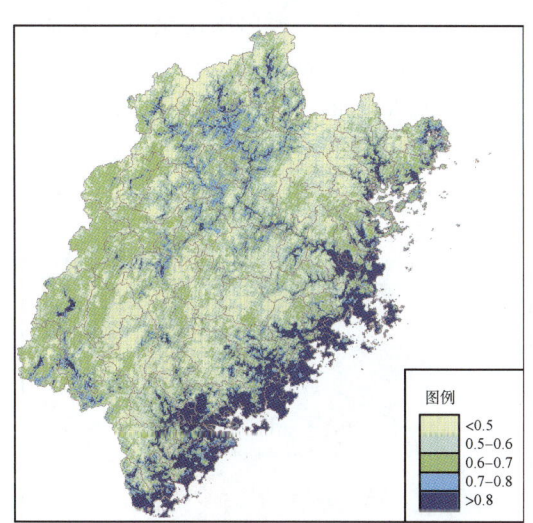

图 6.5　暴雨洪涝灾害地形影响指数分布图

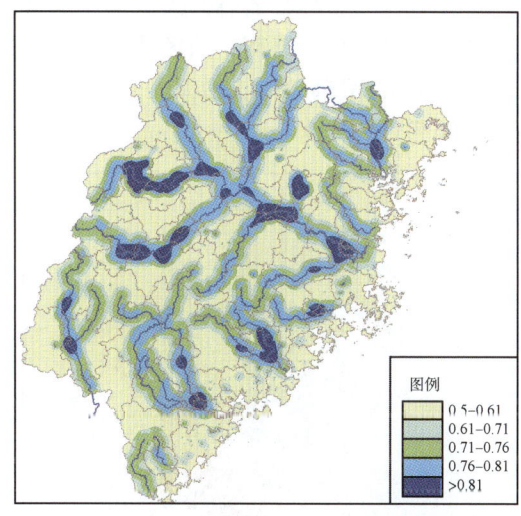

图 6.6　暴雨洪涝灾害水系影响指数分布图

福建省的河网主要集中在闽西、北地区,这一地区是闽江上游主要干、支流流经地,遭遇到洪水的可能性较大。而在闽西南的龙岩山区一带和闽东南,河网密度相对较小,遭遇到洪水的可能性相对也较小(图 6.5)。

考虑到孕灾环境中地形与水系对暴雨洪涝的影响程度相近,将这两个因子各赋权重值为 0.5,由此可以得到福建省暴雨洪涝灾害孕灾环境敏感性指数,采用自然断点法,将福建省暴雨洪涝灾害敏感性划分为 5 个等级。暴雨洪涝灾害最敏感的地区分布在闽江上游干流和主要支流流域和闽江、汀江等下游沿岸,而福建省中部山脉周围敏感性普遍较低(图 6.7)。

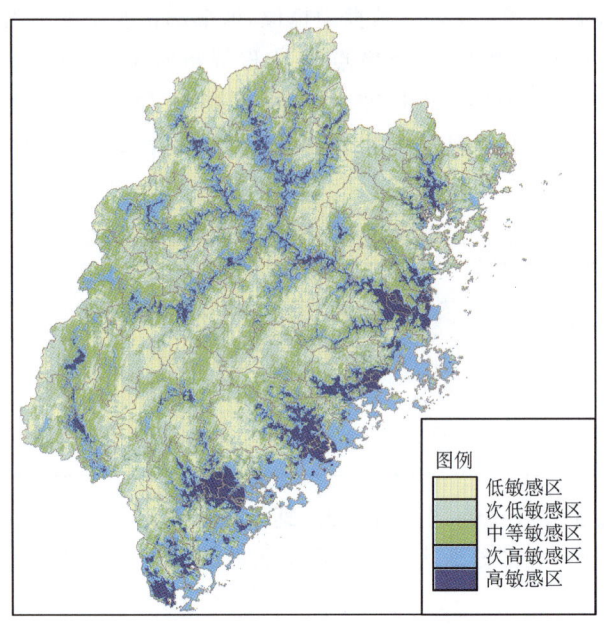

图 6.7　暴雨洪涝灾害孕灾环境敏感性区划图

三、承灾体易损性区划

以 2007 年为例,福建省的人口密度从沿海向内陆减小,泉州—厦门闽南金三角以及福州是人口高密度区。密度小的区域主要分布在闽北和闽西(图 6.8)。

福建省 GDP 值总体上沿海大于内陆,超过 500 万元/km^2 的多集中在福州—漳州北部的沿海地带(图 6.9)。

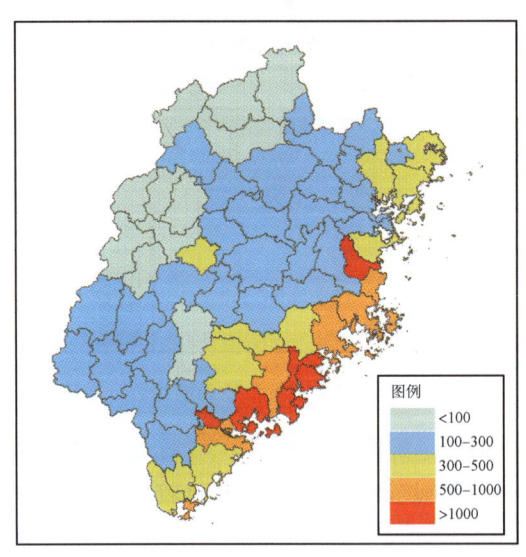

图 6.8　2007 年人口密度(单位:人/km^2)

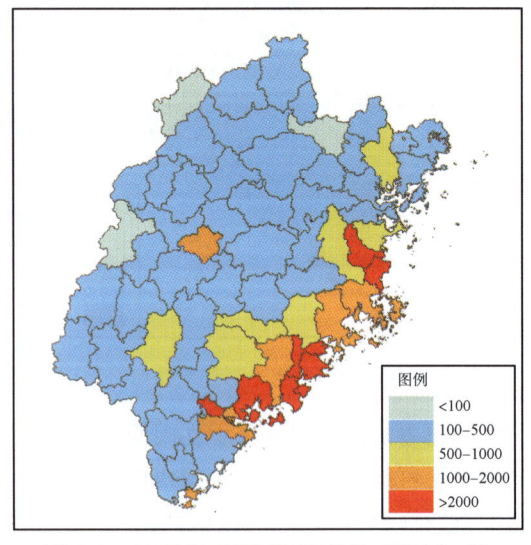

图 6.9　2007 年 GDP 密度(单位:万元/km^2)

福建省的耕地面积比重呈沿海多、内陆少的特征；耕地比重大于10%的基本都在沿海地带（图 6.10）。

由于每个承灾体在不同地区对暴雨洪涝灾害的相对重要程度不同，因此在计算综合承灾体的易损性时要考虑到它们的权重。根据专家的权重，再结合福建省实际情况，将地均GDP、地均人口和耕地面积三个评价指标的权重分别赋值为 0.4、0.4、0.2，根据加权综合法，求算福建省县级承灾体的易损性。利用 GIS 中自然断点分级法将综合承灾体易损性指数按 5 个等级分区划分，并基于 GIS 绘制综合承灾体易损性指数区划图（图 6.11）。

由图 6.11 可知，由于福州和闽南金三角地区经济较发达，其承载体易损性也最高；而广大内陆地区，由于地均和人均 GDP 较低，而且耕地面积比重小，其易损性低。

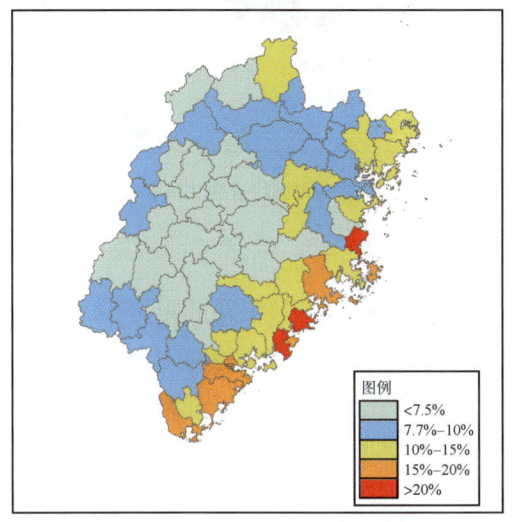
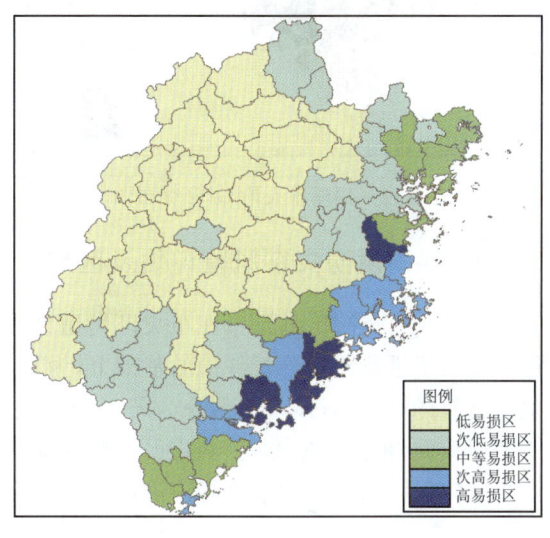

图 6.10　2007 年耕地面积比重分布　　　　图 6.11　暴雨洪涝灾害承灾体综合易损性区划图

四、防灾抗灾能力区划

防灾抗灾能力是受灾区对气象灾害的抵御和恢复程度，是为应对暴雨洪涝灾害所造成的损害而进行的工程和非工程措施。考虑到这些措施和工程的建设必须要有当地政府的经济支持，主要考虑了人均 GDP。

福建省人均 GDP 在地域上分布不均，其中大于 4 万元/km² 出现在厦门；低值区散布在北部山区、闽西山区和闽东南近海（图 6.12）。

根据收集到的数据情况，福建省的抗灾能力指数以人均 GDP 规范化值为参考依据。对福建省防灾抗灾能力指数规范化后，利用自然断点分级法，并基于 GIS 绘制福建省暴雨洪涝灾害防灾抗灾能力区划图（图 6.13）。

防灾抗灾指数值越小，防灾抗灾能力越低。由福建省防灾抗灾分布图可以看出，中部沿海和闽中腹地由于人均 GDP 较高，其防灾抗灾能力较高；闽西山区、闽北山区以及闽东部沿海由于人均 GDP 较低，其防灾抗灾能力较低。

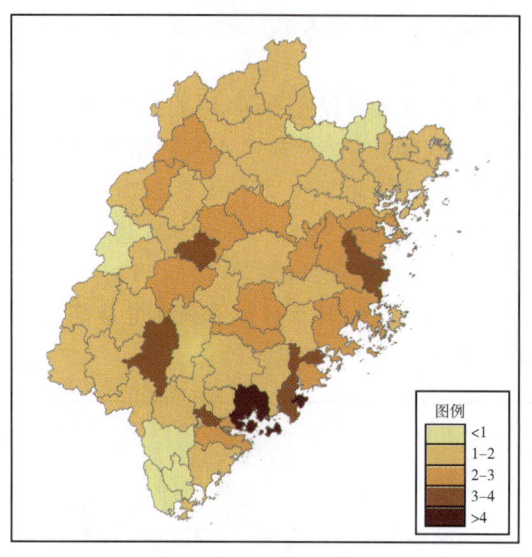 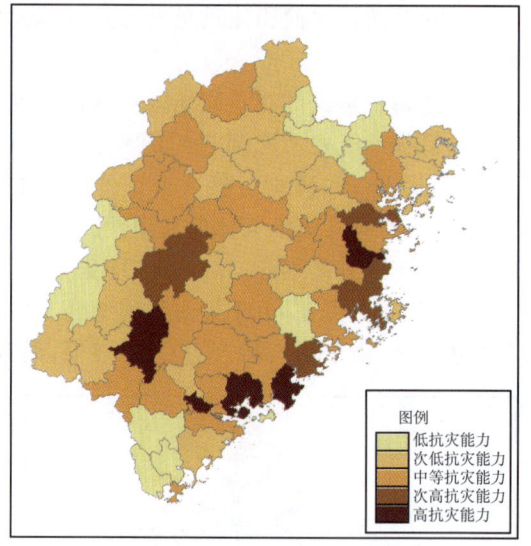

图 6.12　福建省人均 GDP 分布图　　　图 6.13　暴雨洪涝灾害综合防灾减灾能力区划图

五、暴雨洪涝灾害风险评估及区划

气象灾害风险区划是指在孕灾环境敏感性、致灾因子危险性、承灾体易损性、防灾减灾能力等因子进行定量分析评价的基础上,为了反映气象灾害风险分布的地区差异性,根据风险度指数的大小,对风险区划分为若干个等级。考虑到各评价因子对风险的构成起作用并不完全相同,根据专家意见,确定暴雨洪涝灾害风险所涉及的因子权重系数,然后根据暴雨洪涝灾害风险指数公式求算暴雨洪涝灾害风险指数,具体计算公式为

$$FDRI = (VE^{we})(VH^{wh})(VS^{ws})(10-VR)^{wr}$$

式中,FDRI 为暴雨洪涝灾害风险指数,用于表示风险程度,其值越大,则灾害风险程度越大,VE、VH、VS、VR 的值分别表示风险评价模型中的孕灾环境的敏感性、致灾因子的危险性、承灾体的易损性和防灾减灾能力各评价因子指数;we、wh、ws、wr 是各评价因子的权重(图 6.14)。

采用暴雨洪涝灾害风险评估模型计算各地暴雨洪涝灾害风险指数,利用 GIS 中自然断点分级法将暴雨洪涝风险指数按 5 个等级分区划分(高风险区、次高风险区、中等风险区、次低风险区、低风险区),并基于 GIS 绘制暴雨洪涝灾害风险区划图(图 6.15)。

福建省暴雨洪涝风险最高的地区主要分布在中南部沿海,闽西武夷山脉东麓一带暴雨洪涝的风险也较高。其中闽东南沿海和闽西武夷山脉东麓的高风险主要由于暴雨的频发和经济发展较落后造成抗灾能力低;中部沿海的高风险主要由于暴雨的频发以及经济发达而形成的易损性高。风险最低的地区主要在闽中腹地,这一带暴雨频次较少、河网稀疏且地形起伏大形成较低的敏感性,再加上人均 GDP 低等。

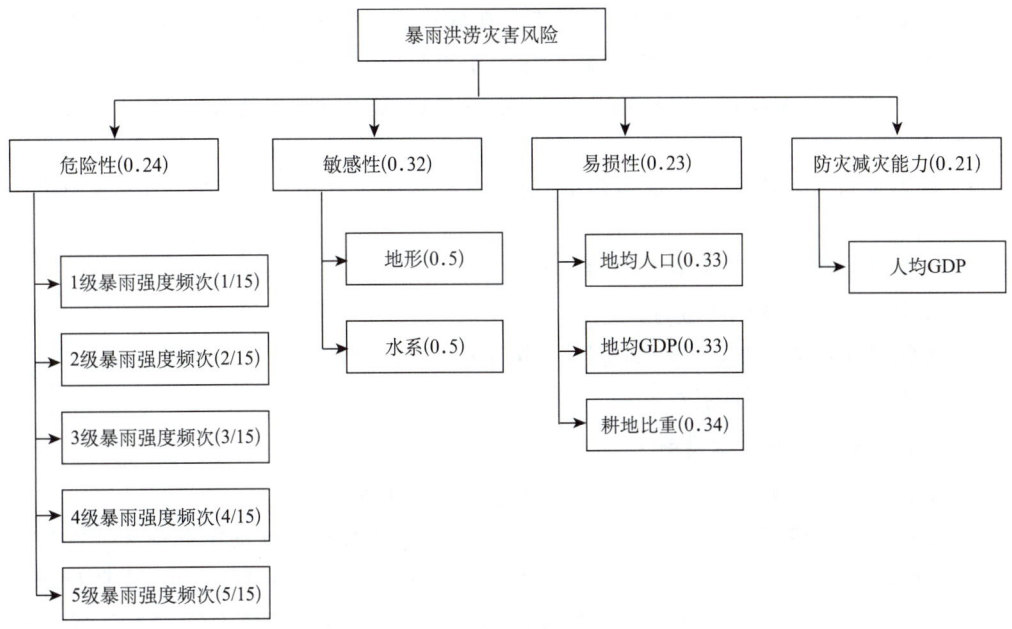

图 6.14　福建省暴雨洪涝风险区划权重

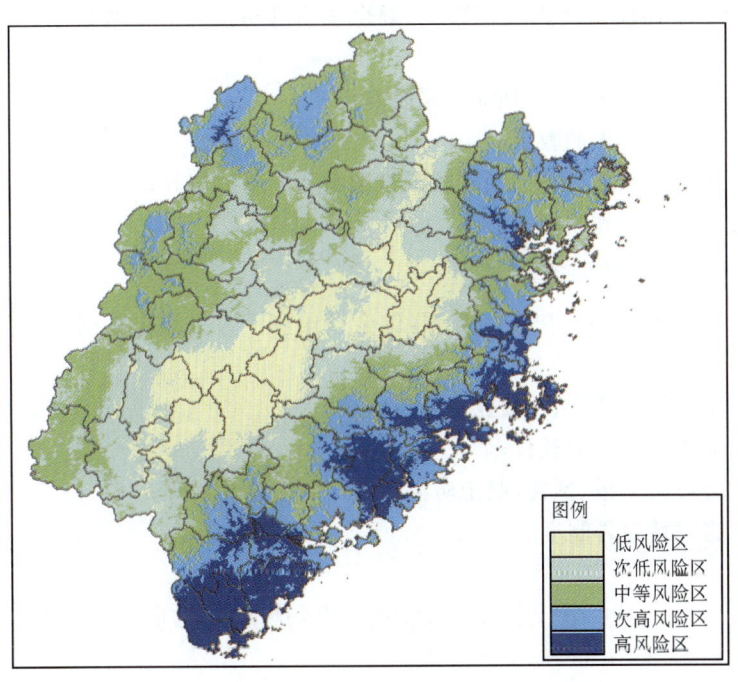

图 6.15　福建省暴雨洪涝灾害风险区划图

六、暴雨洪涝防御措施

(一)高风险区的防御措施

1. 汛期加强险情巡查,加强监测;重大暴雨过程发生前加强人员安全防范和安全转移;

2. 根据暴雨洪涝风险分布特点,有关部门在规划编制和项目立项中要统筹考虑暴雨灾害的风险性,避免和减少气象灾害、气候变化对重要设施和工程项目的影响,认真开展对城市规划、重大基础设施建设、重大工程建设、重点领域或区域发展建设规划的气候可行性论证;

3. 收集全省暴雨洪涝历史灾情数据,健全暴雨洪涝灾害历史数据库;加强暴雨洪涝灾害的规律的认识;

4. 加强暴雨洪涝灾害预、评估业务系统建设;

5. 加强公众水患意识的教育;

6. 加强洪涝灾害预报、预警,制定防洪涝预案和应急计划等;

7. 完善灾害灾情报告制度。

(二)次高风险区的防御措施

1. 重大暴雨过程发生前加强人员安全防范和安全转移;

2. 根据暴雨洪涝风险分布特点,有关部门在规划编制和项目立项中要统筹考虑暴雨灾害的风险性,避免和减少气象灾害、气候变化对重要设施和工程项目的影响,认真开展对城市规划、重大基础设施建设、重大工程建设、重点领域或区域发展建设规划的气候可行性论证;

3. 收集全省暴雨洪涝历史灾情数据,健全暴雨洪涝灾害历史数据库;加强暴雨洪涝灾害的规律的认识;

4. 加强暴雨洪涝灾害预、评估业务系统建设;

5. 加强公众水患意识的教育;

6. 加强洪涝灾害预报、预警,制定防洪涝预案和应急计划等;

7. 完善灾害灾情报告制度。

(三)中等风险区的防御措施

1. 收集全省暴雨洪涝历史灾情数据,健全暴雨洪涝灾害历史数据库;加强暴雨洪涝灾害的规律的认识;

2. 加强暴雨洪涝灾害预、评估业务系统建设;

3. 加强公众水患意识的教育;

4. 加强洪涝灾害预报、预警,制定防洪涝预案和应急计划等;

5. 完善灾害灾情报告制度。

第四节　台风灾害风险区划

一、致灾因子危险性区划

(一)致灾因子危险性指标及评估模型

选取1971—2009年263个台风个例,统计每个台风风、雨因子(表6.24)极值,经标准化处理后,形成致灾因子风险权重计算矩阵,采用相关系数客观赋权法求权重系数,其计算方法如下:

首先求出 m 个评价指标的相关系数矩阵 R

$$R = \begin{bmatrix} 1 & r_{12} & \cdots & r_{1m} \\ r_{21} & 1 & \cdots & r_{2m} \\ \vdots & \vdots & \vdots & \vdots \\ r_{m1} & r_{m2} & \cdots & 1 \end{bmatrix}$$

则第 i 个评价指标与其他 $m-1$ 个评价指标之间的多元相关系数为

$$\rho_i = r_i^T R_{m-1}^{-1} r_i \quad (i=1,2,\cdots,m)$$

式中, R_{m-1}^{-1} 是除去第 i 个指标后的 $m-1$ 个指标的相关矩阵的逆矩阵, r_i 为 R 中第 i 列向量去掉元素 1 以后的 $m-1$ 维列向量。然后将 ρ_i 的倒数进行规一化, 就可得到各评价指标的权数 w_i

$$w_i = \prod_{j \neq i} \rho_j / \sum_{l=1}^{m} \prod_{j \neq i} \rho_j$$

求出的各评估因子权重系数列于表 6.24。

表 6.24 致灾因子权重系数表

	要素名称	日最大风速	6～7级站日数	8～9级站日数	10～11级站日数	≥12级站日数	合计权重
风因子	权重系数	0.116	0.241	0.176	0.182	0.285	1
雨因子	要素名称	日最大降水	过程最大降水	暴雨站日数	大暴雨站日数	特大暴雨站日数	合计权重
	权重系数	0.158	0.154	0.201	0.189	0.298	1

将权重系数回代入 263 个台风个例中, 可以得到每个台风的风、雨致灾因子指数, 然后再根据下式得到相应的致灾因子综合指数

致灾因子综合指数 = 0.4×风因子指数 + 0.6×雨因子指数

(二)致灾因子风险评估

由以上分析可知, 影响福建的台风由于路径及登陆地点不同, 其致灾因子的空间分布特征也截然不同。计算不同路径致灾因子的综合指数, 利用 GIS 插值技术形成台风灾害致灾因子分布图, 并采用自然断点分级法将致灾因子危险性指数按 5 个等级分区划分(高危险区、次高危险区、中等危险区、次低危险区、低危险区), 绘制致灾因子危险性指数区划图。

由图 6.16 可见, TC 致灾因子危险性自沿海向内陆中心递减。整个沿海地区处于次级以上高危险区, 其中位于沿海地区两头, 即崇武以南沿海和宁德北部沿海属于高危险区, 霞浦至莆田沿海因受台湾地形屏障保护, 致灾因子危险性比沿海两头要小一个等级。低危险区集中在南平南部和三明北部。

(三)不同路径登陆福建 TC 致灾因子风险评估

直接登陆北路径(图 6.17a)风险等级分布从东北向西南减小, 高风险区集中在福清以北沿海, 内陆山区和闽南沿海风险低;

直接登陆南路径(图 6.17b)风险等级分布从南向北、自沿海向内陆减小, 高风险区主要分布在崇武至厦门沿海, 漳州南部仅东山局部风险大, 低风险区在北部;

登台入闽北路径(图 6.17c)风险等级高的区域位于霞浦以北沿海, 但范围明显小于直接登陆北路径, 另外在晋江、漳州局部和闽北北部山区存在一个次高中心, 龙岩、三明为低风险区;

登台入闽中路径(图 6.17 d)有 2 个大值中心,分别位于福州至崇武沿海和宁德北部的柘荣,此外在闽西还有一个大范围的次高中心,风险等级最低得地方是漳州、南平和三明的北部;

登台入闽南路径(图 6.17e)风险等级自中部向南北两侧、从沿海向内陆减小,最大中心位于连江至莆田沿海,闽西和闽北山区最小。

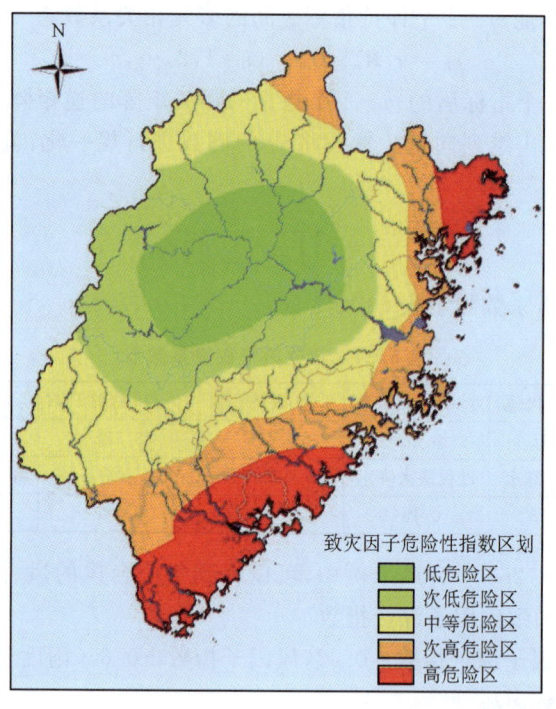

图 6.16　登陆影响福建 TC 致灾因子危险性指数区划图

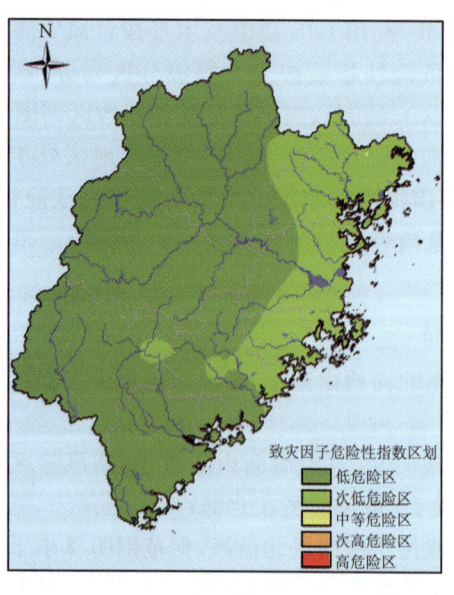

(a) 直接登陆北

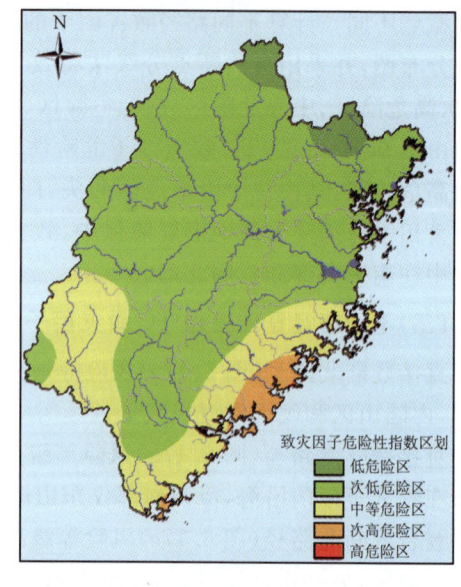

(b) 直接登陆南

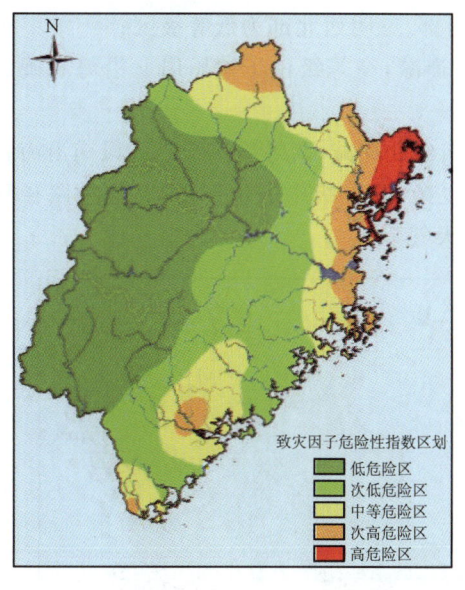
(c) 登台入闽北

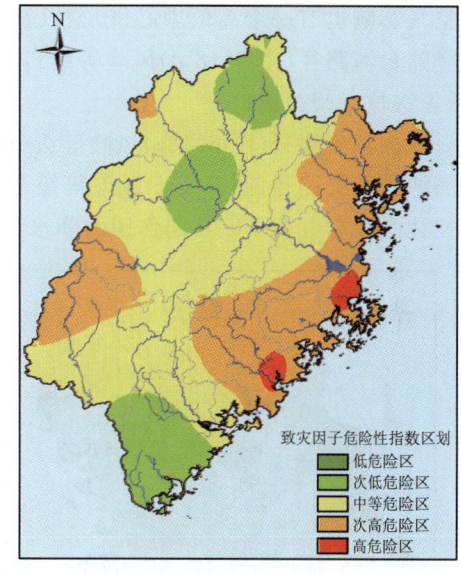
(d) 登台入闽中

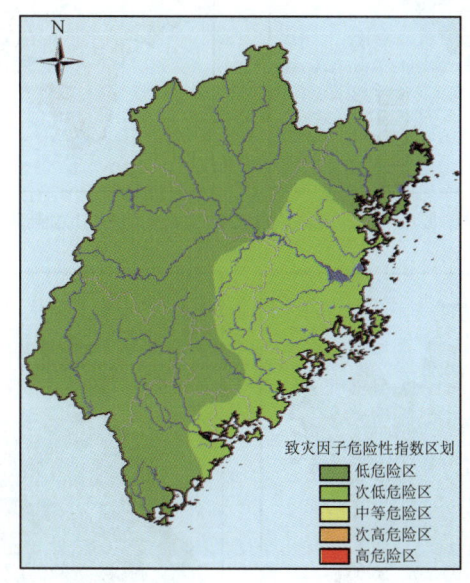
(e) 登台入闽南

图 6.17 不同路径登陆福建 TC 致灾因子危险性指数区划图

(四)不同路径影响福建 TC 致灾因子风险评估

登浙其以北路径(图 6.18a)高风险等级分布于宁德北部和南平北部山区,北部山区的高值成因是由 TC 登陆浙南后进入福建境内造成的,除龙岩东部的一个次高中心外,中部和南部区域都属于低等级区;

登陆珠江口及其以东路径(图 6.18b)风险等级自南向北递减,漳州、厦门属于高风险区,两大山系之间的丘陵地带以及福州以北的沿海地区属于低等级区;

登陆珠江口以西路径(图 6.18c)风险等级分布较复杂,除闽南沿海为高等级区域,北部

受冷空气影响也有一个高值中心,宁德以及龙岩西部、三明西北部为低等级区;

登陆台湾路径(图 6.18 d)风险等级自北向南递减,高等级位于莆田以北沿海和闽北山区,低等级位于闽西南;

海峡内消失路径(图 6.18e)风险等级分布自南向北递减,高等级位于崇武以南沿海;

海峡外消失路径(图 6.18f)风险等级分布较复杂,高等级中心位于内陆,这种路径致灾因子往往是冷空气与 TC 共同作用的降水和大风天气。

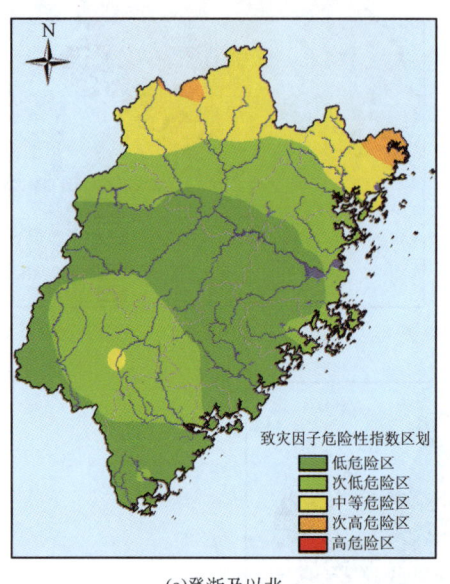
(a)登浙及以北

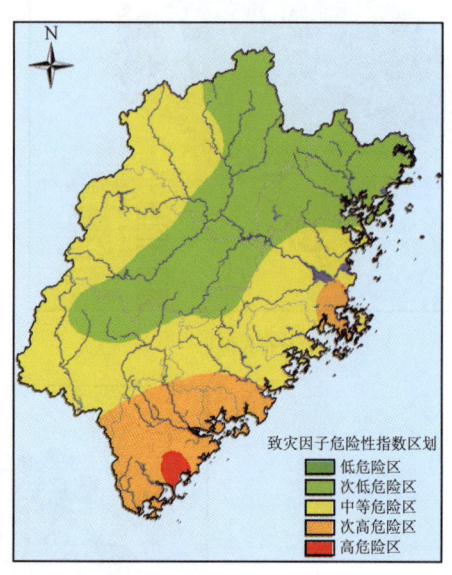
(b)登陆珠江口及以东

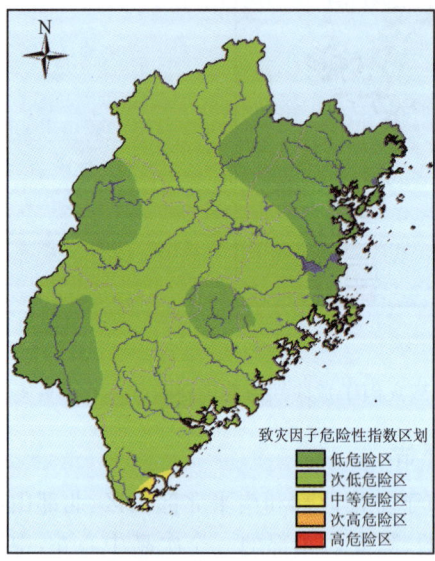
(c)登陆珠江口以西

(d)登陆台湾

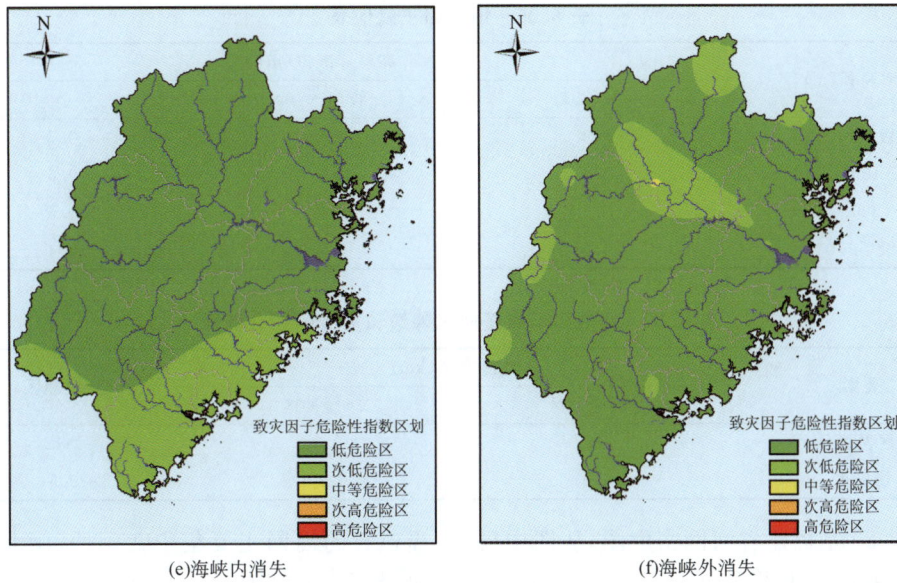

(e)海峡内消失　　　　　　　　　　　(f)海峡外消失

图 6.18　不同路径影响福建 TC 致灾因子危险性指数区划图

二、孕灾环境敏感性区划

从台风灾害形成的原因和数据的可得性,台风灾害孕灾环境主要考虑地形、水系、植被等因子对台风灾害形成的综合影响。

(一)地形敏感性评估

地势采用高程表示,从 1:25 万的 DEM 数据中提取;地形变化采用高程标准差表示,对 GIS 中某一格点,计算其与周围 8 个格点的高程标准差获得,网格分辨率为 100 m。表 6.25 可作为考虑地形影响大小的参考,它是根据专家打分给出的高程和高程标准差的不同组合赋值,高程越低、高程标准差越小,影响值越大,表示越有利于形成灾害。

综合地形影响度大的区域集中在沿海地区以及内陆河谷,其值>0.8,洪水危险程度较高,内陆其他区域地形影响度相对较小,大部分地区综合地形影响度的值在 0.5 以下,洪水发生时其危险程度也相对较低(图 6.19)。

(二)水系敏感性评估

水系敏感性指标主要通过河网密度和距离水体远近来评价。河网密度以半径范围内河流的总长度作为中心格点的河流密度,使用系统缺省半径大小在 1:25 万上数据计算河网密度网格。距离水体远近的影响则用 GIS 中的计算缓冲区功能实现,选择福建省的主要河流(闽江、九龙江、木兰溪、汀江、晋江、长溪)和主要水库进行缓冲区分析,并分为一级缓冲区、二级缓冲区和非缓冲区,各缓冲区的宽度和影响度见表 6.26。河网密度和缓冲区影响经规范化处理后,各取权重 0.5,采用加权综合评价法求得水系影响指数。

表 6.25　地形因子赋值表

地形高程(m)	高程标准差(m)		
	一级(≤1)	二级(1—10)	三级(≥10)
一级(≤100)	0.9	0.8	0.7
二级(100~300)	0.8	0.7	0.6
三级(300~700)	0.7	0.6	0.5
四级(≥700)	0.6	0.5	0.4

表 6.26　湖泊和水库缓冲区等级和宽度的划分标准

要素	缓冲区宽度(km)		非缓冲区
	一级缓冲区	二级缓冲区	
缓冲区宽度(km)	8	12	>12
影响度	0.9	0.8	0.5

图 6.20 是福建省河网密度图,从图中可见,福建省的河网主要集中在闽西、闽北地区,这一地区是闽江上游主要干、支流流经地,遭遇到洪水的可能性较大。而在闽西南的龙岩山区一带和闽东南,河网密度相对较小,遭遇到洪水的可能性相对也较小。

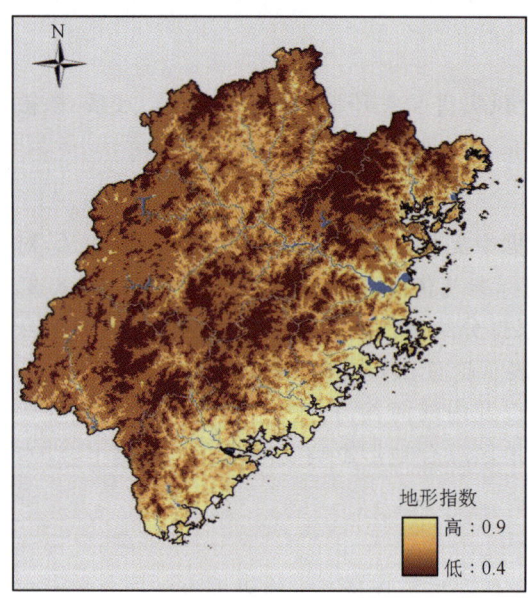

图 6.19　地形影响指数

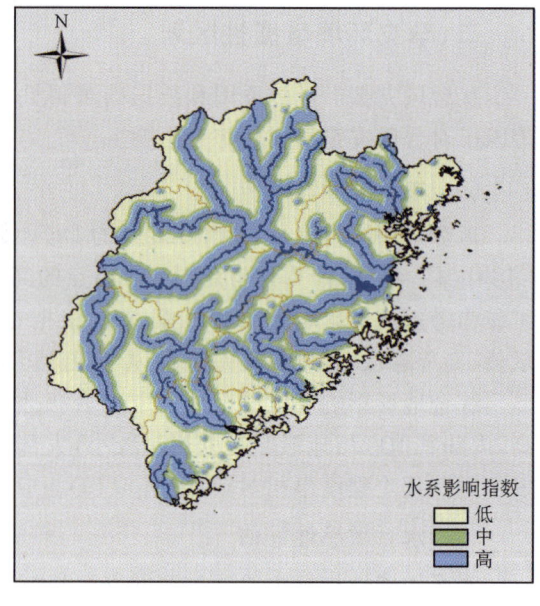

图 6.20　水系影响指数

(三)植被盖度敏感性评估

选取 2010 年 5 月 25 日福建省的 MODIS 数据提取 NDVI 指数(250 m×250 m 分辨率),将 NDVI 做标准化处理,计算方法如下

$$LC = \frac{NDVI - NDVI_{min}}{NDVI_{max} - NDVI_{min}}$$

式中,LC 表示植被盖度,$NDVI$ 表示栅格的植被指数,$NDVI_{max}$ 表示区域内的最大植被指数,$NDVI_{min}$ 表示区域内的最小植被指数。根据不同等级设置相应的台风影响度见表 6.27。

表 6.27　植被盖度的划分标准

等级	Ⅰ	Ⅱ	Ⅲ	Ⅳ	Ⅴ
植被盖度	0～0.2	0.2～0.4	0.4～0.6	0.6～0.8	0.8～1.0
影响度	1	0.9	0.8	0.7	0.6

从图 6.21 可见,福建省大部分地区的植被盖度都比较高,植被对台风灾害的敏感性均较低,除中南部沿海的少数区域及龙岩、南平和宁德部分地区敏感性指数≥0.7 外,其余大部分地区的敏感性指数均<0.7。

图 6.21　植被覆盖度影响指数

(四)孕灾环境的敏感性指数

将地形、水系、植被覆盖度等影响指数经规范化处理后,按照各自对暴雨洪涝和大风的敏感程度,取地形权重为 0.3,水系权重为 0.4,植被覆盖度权重为 0.3,采用加权综合评价法并归一化后得到各格点孕灾环境的敏感性指数如图 6.22。

(五)孕灾环境敏感性区划

利用 GIS 中自然断点分级法将孕灾环境敏感性指数按 5 个等级分区划分(高敏感区、次高敏感区、中敏感区、次低敏感区和低敏感区),并基于 GIS 绘制孕灾环境敏感性指数区划图(图 6.23)。由图可见,福建台风灾害最敏感的地区分布在闽江上游干流和主要支流流域以及闽江、汀江、九龙江和晋江等下游沿岸,而福建省中部山脉周围敏感性普遍较低。

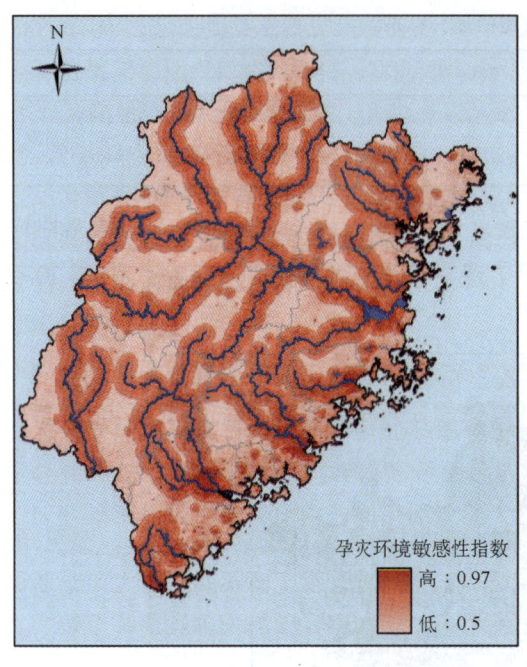 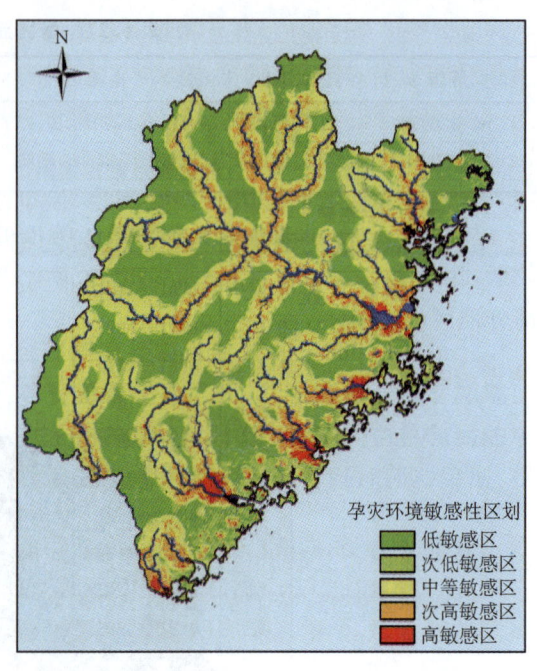

图 6.22　台风孕灾环境敏感性指数分布图　　图 6.23　台风孕灾环境敏感性指数区划图

三、承灾体脆弱性区划

(一)脆弱性评价指标

1. 物理暴露承灾体脆弱性区划的重要指标

物理暴露是指暴露在自然灾害下的人口、房屋、室内财产、农田、基础设施等的数量和价值。数据一般来源于统计年鉴如人口、GDP等，遥感影像解译数据和土地利用/覆被数据如农作物、基础设施建设，以及实地调查，价值估算等。

2. 脆弱性评价指标

物理暴露性的评估指标，视承灾体的具体类型和特征。点状承灾体如人口、牲畜数，一般用个数表示，在行政单元内进行单位面积计算，面状特征（如农业面积、耕地）一般用面积单位表示，线状承灾体（如公路、河流）一般用长度表示，如道路就用道路密度表示，计算方法为半径范围内道路的总长度作为中心格点的道路密度，半径大小使用系统缺省值。本次评估从福建省 2009 年统计年鉴中挑取人口、城市人口比重、GDP 和播种面积等数据，利用 GIS 提取各地的面积，构造了人口密度、城市人口比重、地均 GDP 和播种面积比重作为承灾体脆弱性指标，各指标的划分标准如表 6.28 所示。

表 6.28　承灾体脆弱性评价指标的划分标准

等级	高	较高	中	较低	低
人口密度（人/km²）	＞800	400～800	200～400	100～-200	＜100
城市人口比重（%）	＞80	60～80	40～60	20～40	＜20
地均 GDP（万元/km²）	＞300	300～200	200～100	100～50	＜50
播种面积比重（%）	＞30.9	30.9～21.8	21.8～15.8	15.8～11.5	＜11.5

福建省的人口密度(图 6.8)从沿海向内陆减小,泉州—厦门闽南金三角以及福州是人口高密度区。密度小的区域主要分布在闽北和闽西。福建省 GDP 值(图 6.9)总体上沿海大于内陆,超过 500 万元/km² 的多集中在福州—漳州北部的沿海地带。福建省的播种面积比重(图 6.10)呈沿海大,内陆小的特征;播种比重大于 10% 的基本都在沿海地带。

对于不同的土地利用类型,其承受台风灾害影响的能力不同,脆弱性程度也不一样。土地利用覆被的基本类型和脆弱性程度划分标准见表 6.29。由图 6.24 可见福建省土地脆弱性较高地区较为集中分布在经济比较发达的中南部沿海地区。

表 6.29 土地覆被类型脆弱性评价划分标准

土地覆被类型	森林	草地	水体	裸地	农田	基础设施
脆弱性程度	0.5	0.6	0.7	0.8	0.9	1

(二)承灾体脆弱性评估

台风引发的暴雨洪涝灾害对不同地区的承灾体的相对重要程度是不同,因此,在计算综合承灾体的易损性时要考虑到它们的权重,根据专家的权重打分,再结合福建省实际情况,将人口密度、城市人口比重、地均 GDP 和播种面积比重 4 个评价指标的权重分别赋值为 0.1,土地脆弱性指数权重取 0.60,采用加权综合评价法计算并归一化后得到台风承灾体易损性指数分布图(图 6.25)。

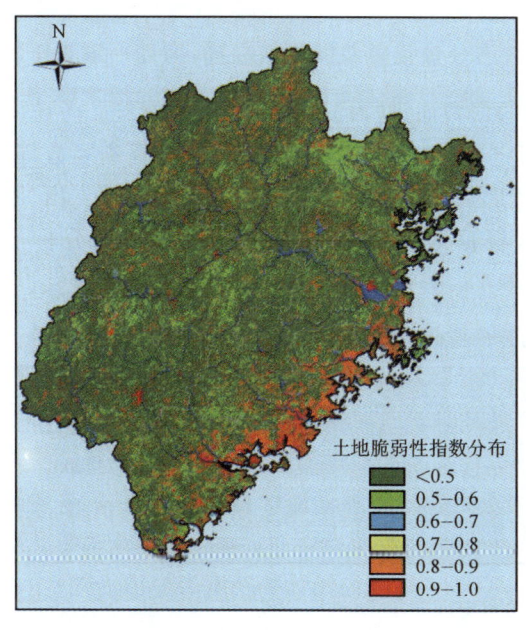

图 6.24 土地脆弱性指数

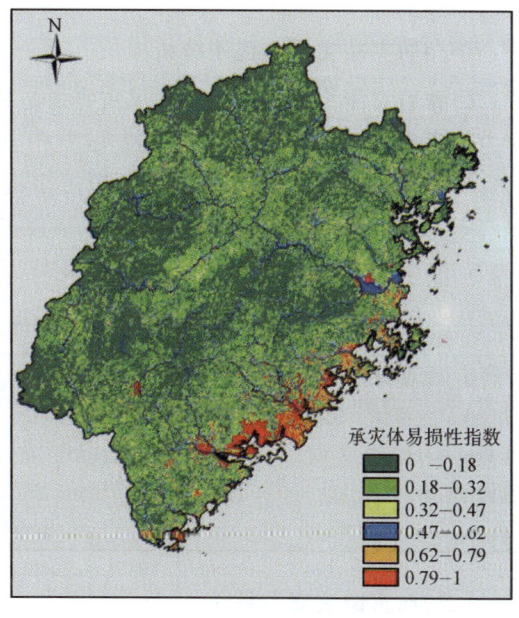

图 6.25 台风承灾体易损性指数

(三)综合承灾体脆弱性区划

利用 GIS 中自然断点分级法将综合承灾体易损性指数按 5 个等级划分为高脆弱性、次高脆弱性、中等脆弱性、次低脆弱性、低脆弱性,并基于 GIS 绘制综合承灾体易损性指数区划图 6.26,该图表明,由于福州和闽南金三角地区经济较发达,其承载体易损性也最高;而广大内陆地区,由于地均和人均 GDP 较低,而且播种面积比重小,其易损性低。

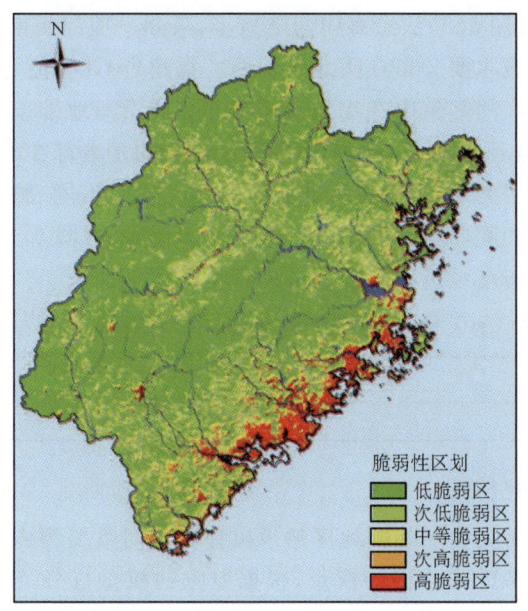

图 6.26　台风承灾体脆弱性区划

四、防灾抗灾能力区划

(一) 防灾减灾能力因子分析

防灾减灾能力描述为应对台风灾害所造成的损害而进行的工程和非工程措施。考虑因素主要根据数据的可得性,如地方财政支出、固定资产投资、医院床位数、社会福利院数等。另外可根据当地收集数据的情况,尽可能多地考虑到抗灾因素。我们选择地方财政支出、固定资产投资、医院床位数、农机动力等数据,根据防灾减灾能力评价指标的划分标准(表 6.30),绘制出各指数的分布图(图 6.27、图 6.28、图 6.29、图 6.30)。

表 6.30　防灾减灾能力评价指标的划分标准

等级	Ⅰ	Ⅱ	Ⅲ	Ⅳ	Ⅴ
地方财政支出(元/人)	>2500	2500~1500	1500~1000	1000~500	<500
固定资产投资(元/人)	>8000	8000~4000	4000~2000	2000~1000	<1000
医院床位数(个/万人)	>50	50~30	30~20	20~10	<10
农机总动力(10^3 kW)	>307	180~307	180~121	121~72	<72

(二) 防灾减灾能力评估

将地方财政支出、固定资产投资、医院床位数和农机动力数归一化后,医院床位数和地方财政支出均取权重 0.2,固定资产投资额和农机动力数均取权重 0.3,采用加权综合评价法计算得到综合防灾减灾能力指数图 6.31。由图 6.31 可见,福州—厦门沿海地区及内陆局部地区,防灾减灾能力指数较高,其余地区相对偏低。

(三) 防灾减灾能力区划

对防灾减灾能力指数规范化后,该指数值越小,防灾减灾能力越低。利用 GIS 中自然断点分级法根据防灾减灾能力指数按5个等级分区划分(高防灾减灾能力区、次高防灾减灾能力区、中等防灾减灾能力区、次低防灾减灾能力、低防灾减灾能力区),并基于GIS绘制台风灾害防灾减灾能力区划图(图6.32),由图可见福建沿海地区除宁德和漳州局部地区外,都属于中等以上防灾能力区,尤其福州—厦门沿海地区属于次高和高防灾能力区。

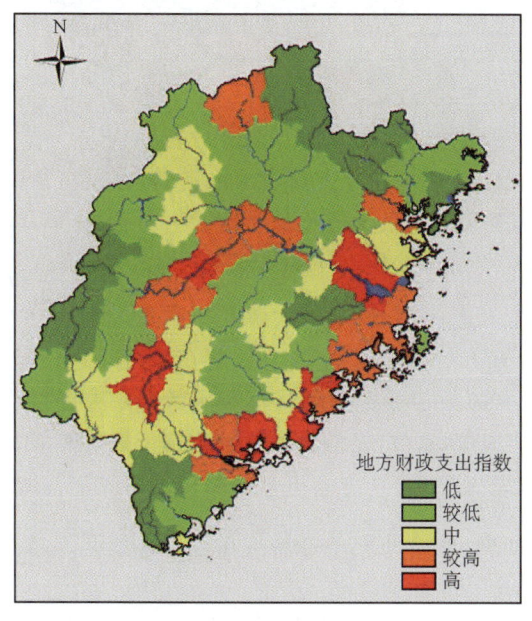

图6.27 地方财政支出指数图

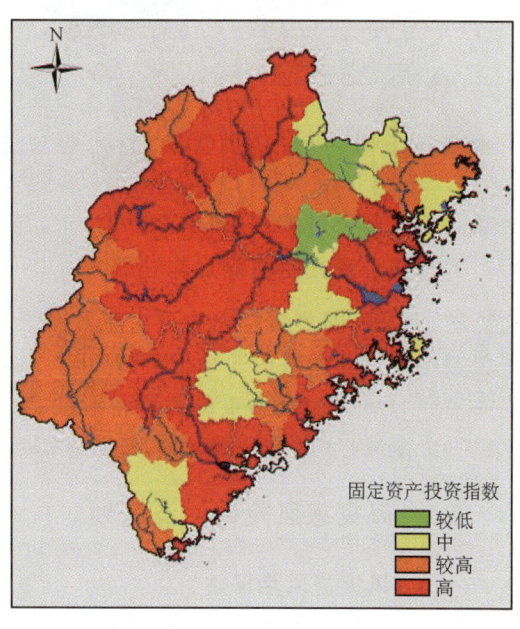

图6.28 固定资产投资指数图

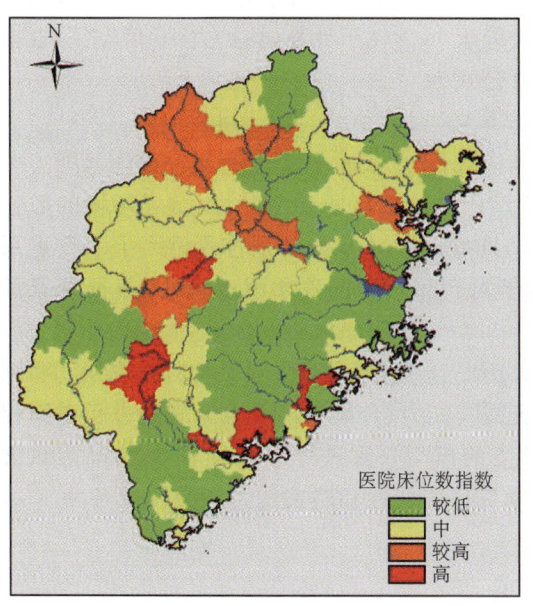

图6.29 医院床位数指数图

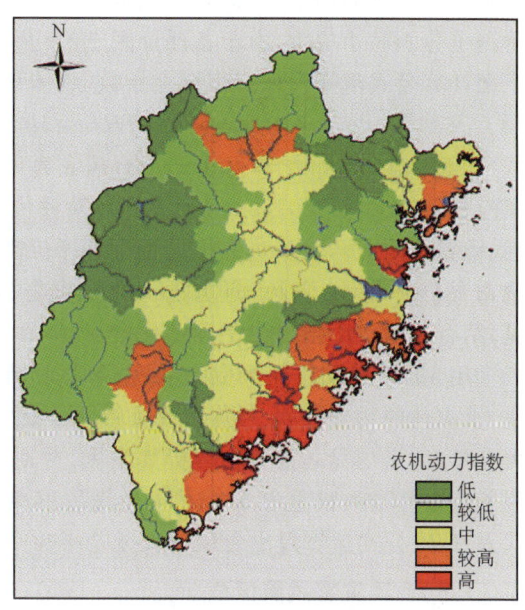

图6.30 农机动力指数图

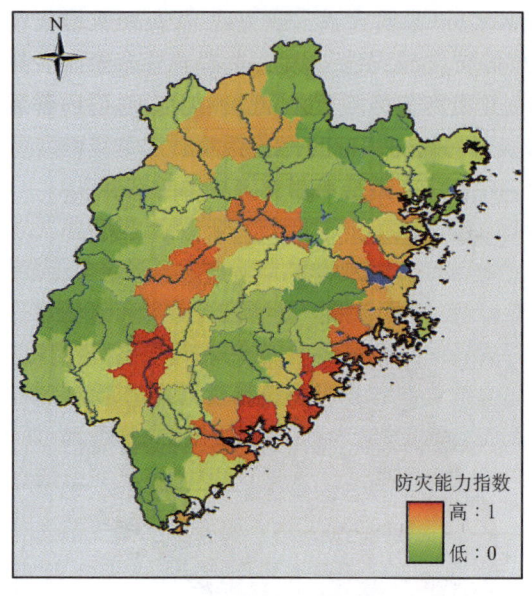
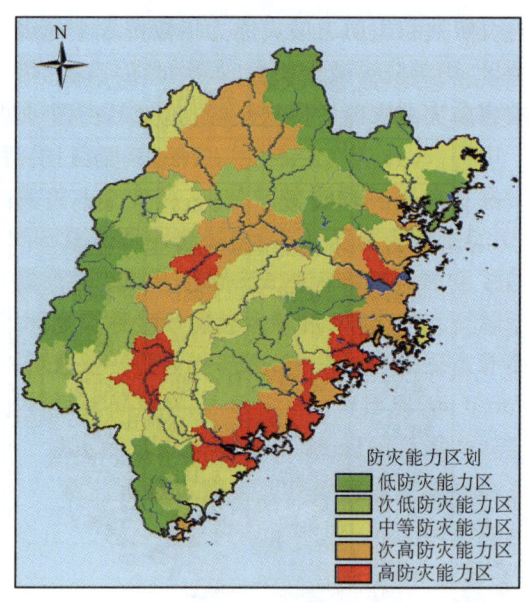

图 6.31 台风灾害综合防灾减灾能力指数分布图　　图 6.32 台风灾害防灾减灾能力区划图

五、台风灾害风险评估及区划

(一) 台风灾害风险评估

台风灾害风险是孕灾环境敏感性、致灾因子危险性、承灾体易损性和防灾减灾能力4个因子综合作用的结果,考虑到各风险评价因子对风险的构成起作用可能不同,对每个风险评价因子分别赋予权重,由于各评价因子值均小于等于1,为便于计算,均扩大10倍,之后根据下面计算公式求算台风灾害风险指数,具体计算公式为

$$TRI = H^\alpha \times S^\beta \times V^\delta \times R^\gamma$$

式中,TRI(typhoon risk index)为台风灾害风险指数,用于表示风险程度,其值越大,则灾害风险程度越大,H,S,V,R 分别表示风险评价模型中的致灾因子的危险性、孕灾环境的敏感性、承灾体的脆弱性和防灾抗灾能力各评价因子指数;$\alpha,\beta,\delta,\gamma$ 分别是各评价因子的权重系数,$\alpha+\beta+\delta+\gamma=1$,权重系数的大小依据各因子对台风灾害的影响程度大小,根据专家意见,结合当地实际情况讨论确定。

用 1984—2007 年台风灾情普查数据和重大历史台风灾害事例,与台风发生的强度和频率、承灾体的物理暴露、社会经济发展水平、防灾减灾能力、台风灾害风险区划图进行空间相关分析,如出现显著差异则分析其原因,并对建立的模型权重进行适当调整,最终确定致灾因子危险性指数权重为 0.4、孕灾环境敏感性、承灾体脆弱性和防灾能力指数权重各为 0.2,代入 TRI 公式运算得出台风灾害风险指数图。

(二) 台风灾害风险区划

采用台风风险评估模型计算各地台风灾害风险指数,利用 GIS 中自然断点分级法将台风风险指数按 5 个等级分区划分(高风险区、次高风险区、中等风险区、次低风险区、低风险区),并基于 GIS 绘制影响福建 TC 台风灾害风险区划图(图 6.33),该图表明:

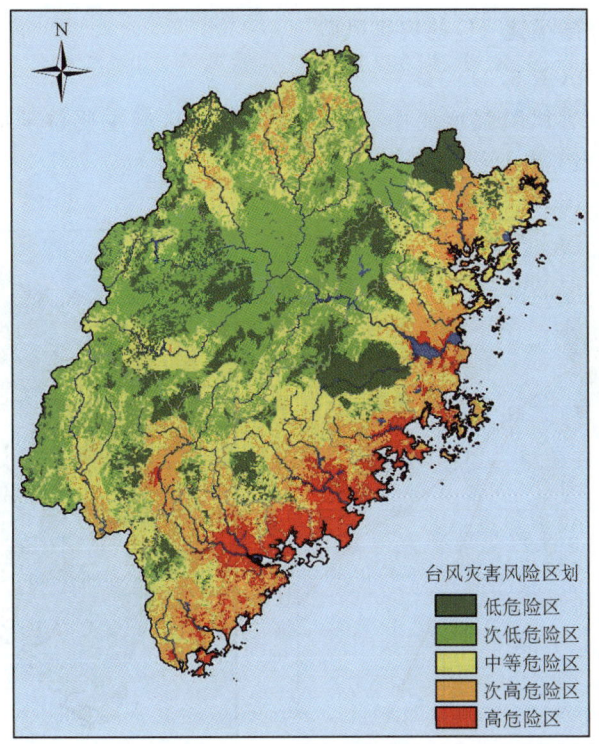

图 6.33　福建台风灾害风险区划图

台风灾害高风险区:位于福州—厦门沿海地区以及漳州局部。该区是福建经济发展较高的区域,有极高的灾害危险性和易损度。

次高风险区:位于闽东和漳州地区、福州—厦门沿海稍向内陆地区以及闽江、九龙江、汀江和晋江等流域,该区域有较高的灾害风险度,易损性程度较高,灾害规模较大,频率较高,该区人口较为稠密,经济较为发达,一旦灾害发生,人员和财产损失均较大。

中等风险区:位于沿海地区离海稍远的靠内陆部分的区域以及各流域的缓冲区域。该区域具有中等的灾害危险性和易损度。

次低风险区:位于南平、三明和龙岩丘陵地区。该区域遭受轻度台风灾害的影响,易损度较低。

低风险区:位于内陆海拔相对较高的区域。该区域台风灾害风险度指数极低,易损度也低。

六、台风灾害风险管理

影响福建的台风由于路径及登陆地点不同,其引起的灾害风险区域和强度皆有较大差异。因此计算不同 TC 路径的台风灾害风险指数,利用 GIS 中自然断点分级法将不同路径台风风险指数按 5 个等级分区划分(高风险区、次高风险区、中等风险区、次低风险区、低风险区),并基于 GIS 绘制影响福建 TC 不同路径台风灾害风险区划图。分析结果表明:不同 TC 路径引起的台风灾害风险的强度不同,登陆福建 TC 中直接登陆闽南和登台入闽北、闽中的其灾害风险强度偏强,影响福建 TC 以登陆粤东的危害最大。

(一)不同路径登陆福建 TC 的灾害风险

(1)直接登陆闽北(图 6.34)

该路径的台风灾害风险强度属中等强度。高风险区域主要位于福州—厦门的沿海县市,宁德沿海部分县市亦在高风险区内。

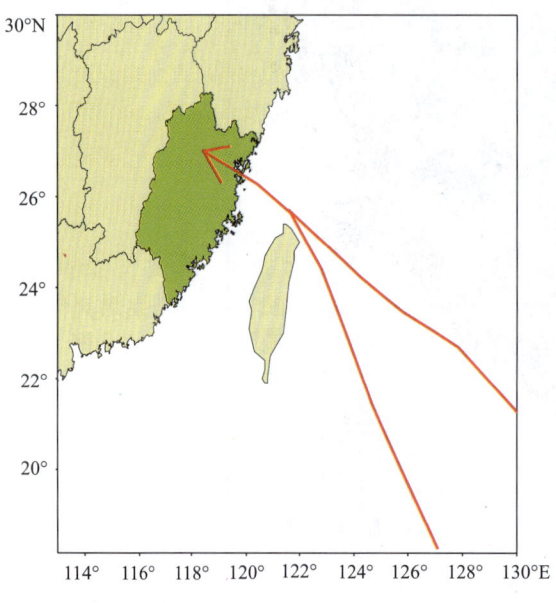
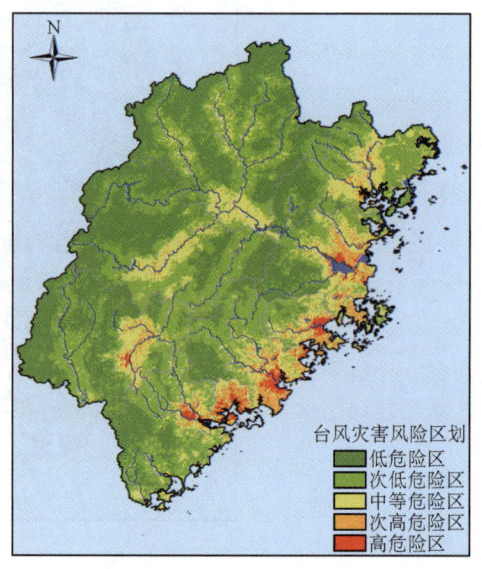

图 6.34 直接登陆闽北路径示意图(左)及其台风灾害风险区划图(右)

(2)直接登陆闽南(图 6.35)

该路径的台风灾害风险强度偏强。高风险区域主要位于莆田至厦门沿海县市。

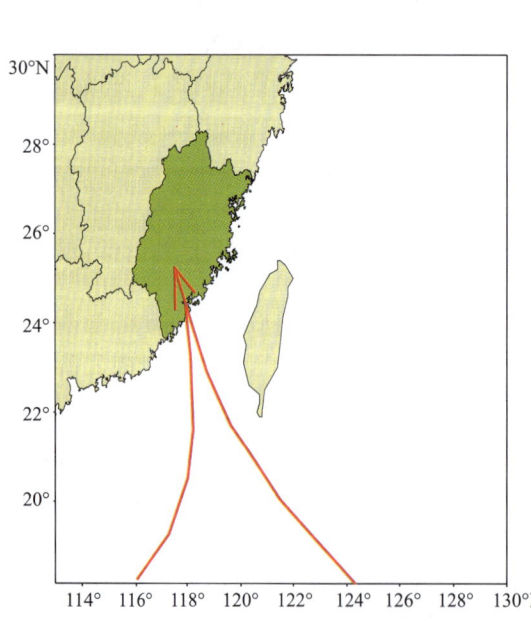
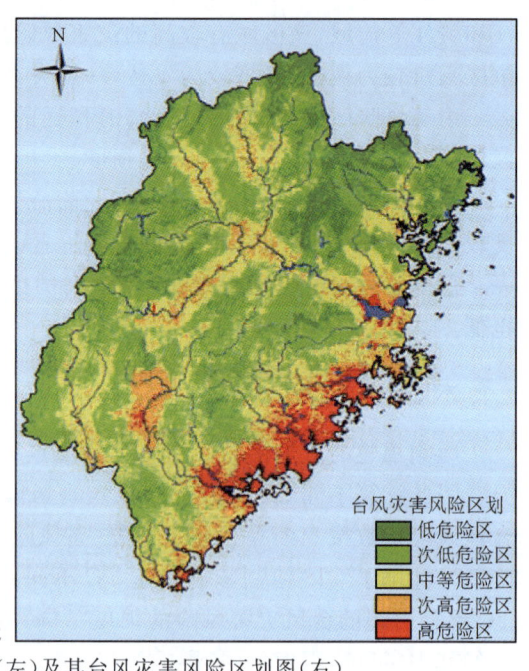

图 6.35 直接登陆闽南路径示意图(左)及其台风灾害风险区划图(右)

(3) 登台入闽北(图6.36)

该路径的台风灾害风险强度偏强。高风险区域主要位于厦门、泉州、莆田、福州和宁德沿海县市陆上的突出部以及沿河地带。

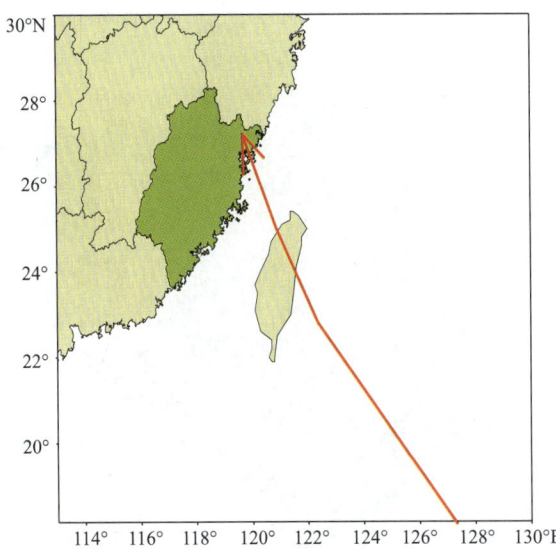
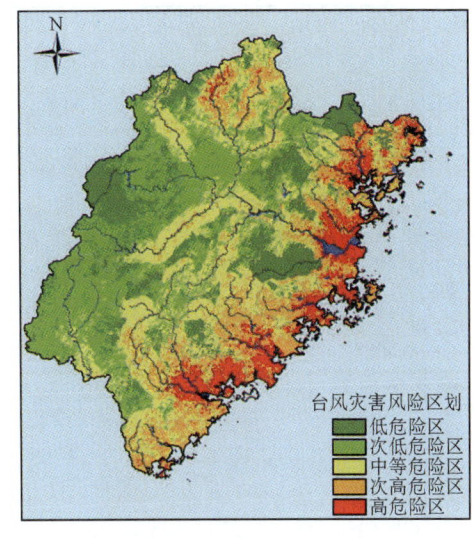

图6.36　登台入闽北路径示意图(左)及其台风灾害风险区划图(右)

(4) 登台入闽中(图6.37)

该路径的台风灾害风险强度偏强。高风险区域主要位于厦门—福州沿海县市陆上的突出部及沿河地带。

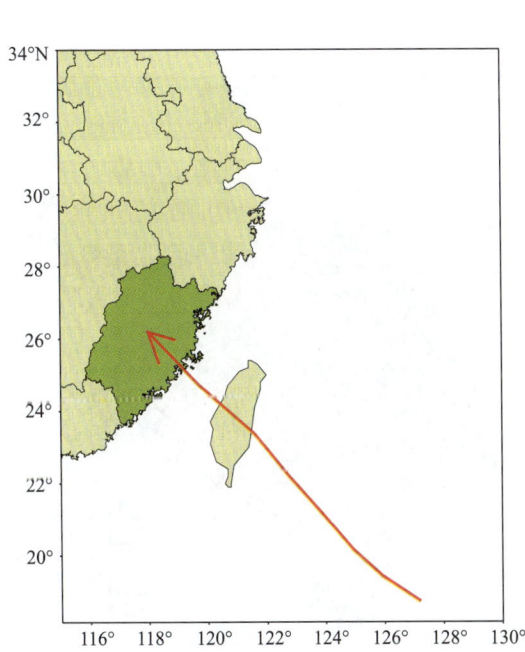
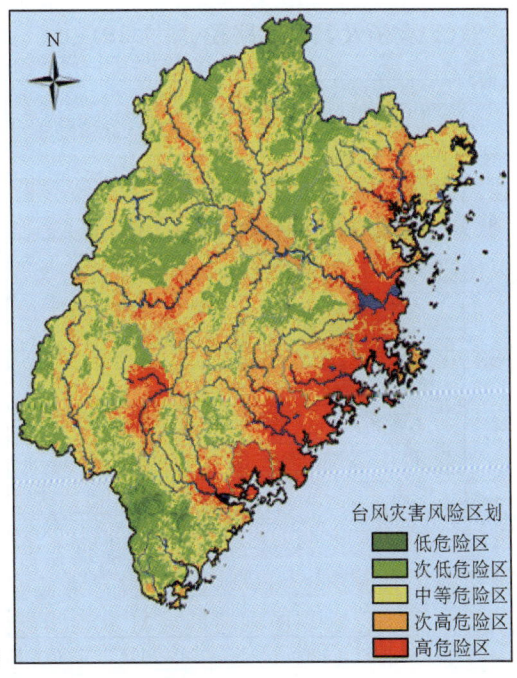

图6.37　登台入闽中路径示意图(左)及其台风灾害风险区划图(右)

(5)登台入闽南(图6.38)

该路径的台风灾害风险强度偏弱。高风险区域主要位于漳州九龙江入海口—福州闽江入海口之间的沿海区域,且以这些区域的突出部和沿河地区为甚。

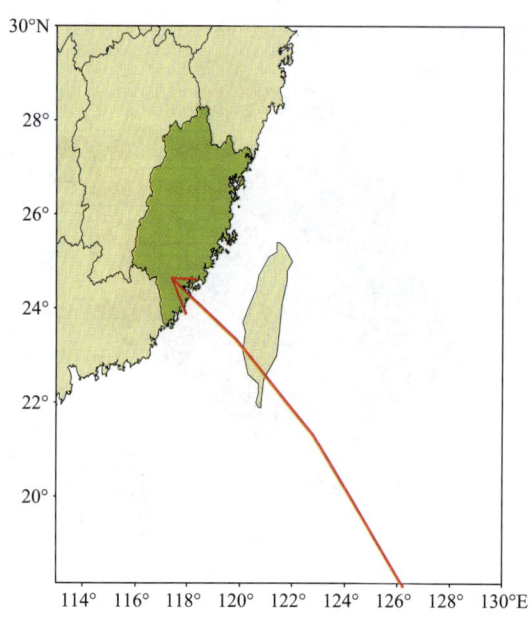 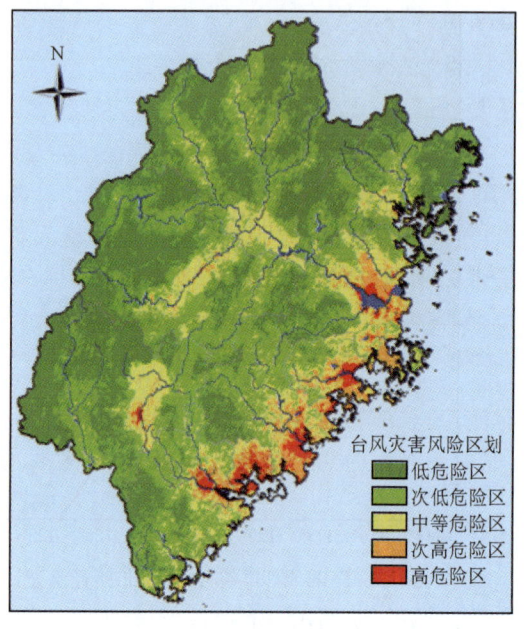

图6.38 登台入闽南路径示意图(左)及其台风灾害风险区划图(右)

(二)不同路径影响福建TC的灾害风险

(1)登浙及其以北路径(图6.39)

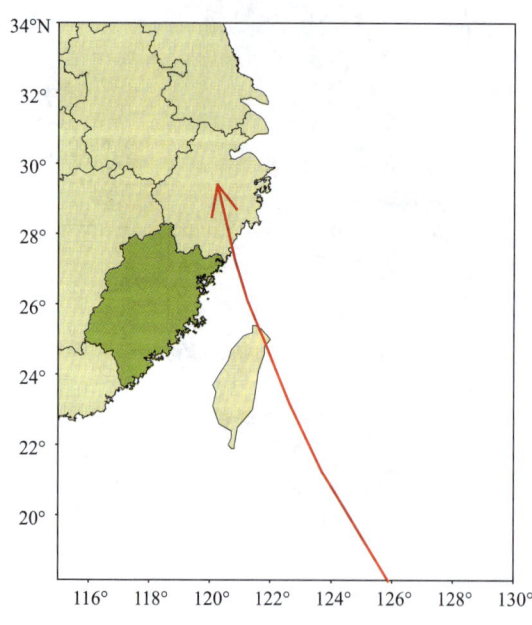 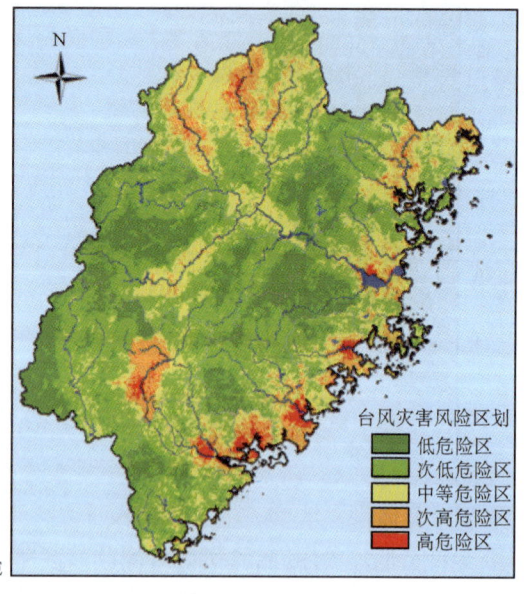

图6.39 登浙及以北路径示意图(左)及其台风灾害风险区划图(右)

该路径的台风灾害风险强度属中等强度。高风险区域主要位于闽江上游南平段、九龙江上游、宁德长溪的沿河区域,沿河市县的部分河流沿岸也属于高风险区。

(2) 登陆珠江口及其以东的广东沿海路径(图6.40)

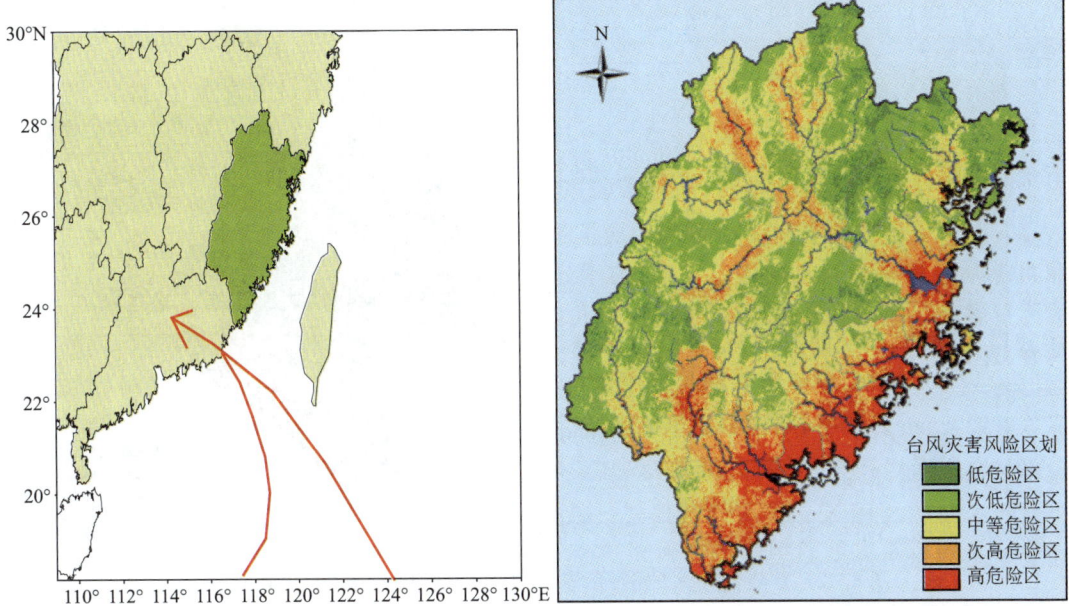

图6.40 登陆珠江口及其以东的广东沿海路径示意图(左)及其台风灾害风险区划图

该路径的台风灾害风险强度偏强。高风险区域主要包括闽江口以南的沿海市县和九龙江上游河谷区域。

(3) 登陆珠江口以西广东沿海、广西、海南路径(图6.41)

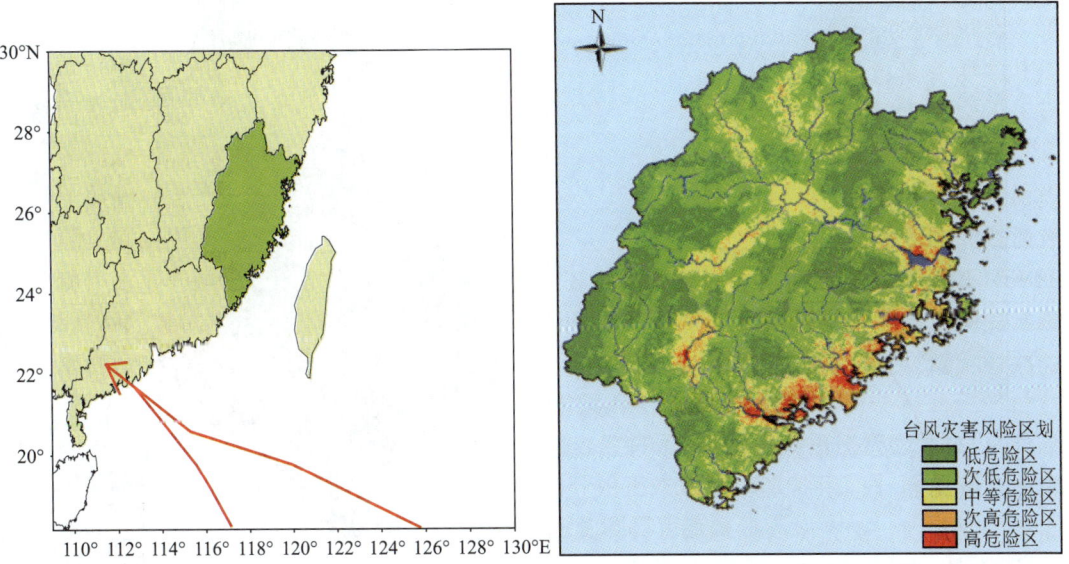

图6.41 登陆珠江口以西广东沿海、广西、海南路径示意图(左)及其台风灾害风险区划图(右)

该路径的台风灾害风险强度属中等强度。高风险区域主要包括莆田、泉州、厦门、漳州北部的沿海区域,以及闽江上游的部分沿河区域。

(4)登陆台湾消失路径(图6.42)

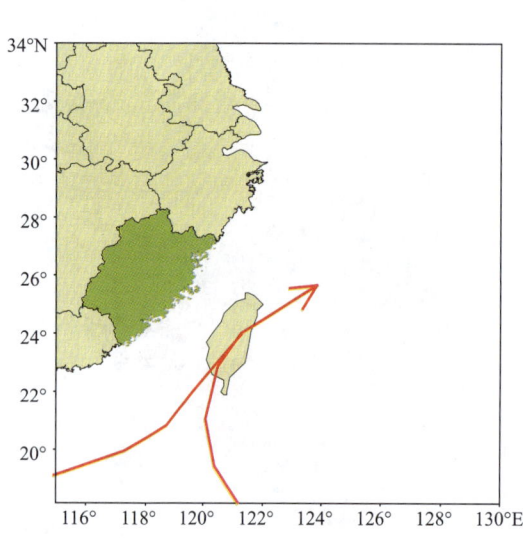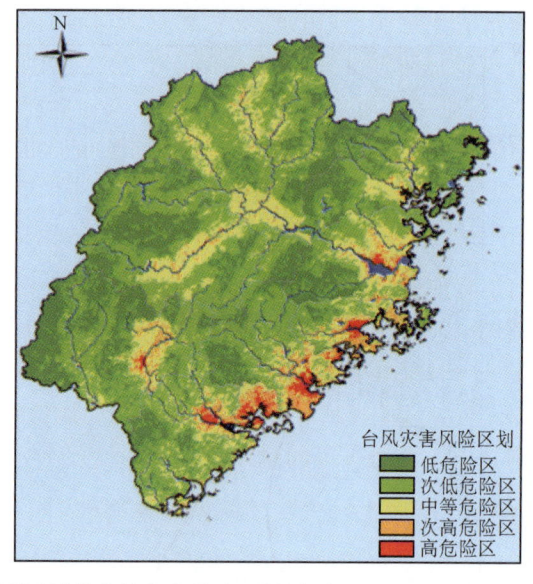

图6.42 登陆台湾消失路径示意图(左)及其台风灾害风险区划图(右)

该路径的台风灾害风险强度偏弱。高风险区域主要包括黄岐半岛到平海半岛间的沿海沿河区域,晋江入海口的周边的区域亦属于高风险区。

(5)海峡内消失路径(图6.43)

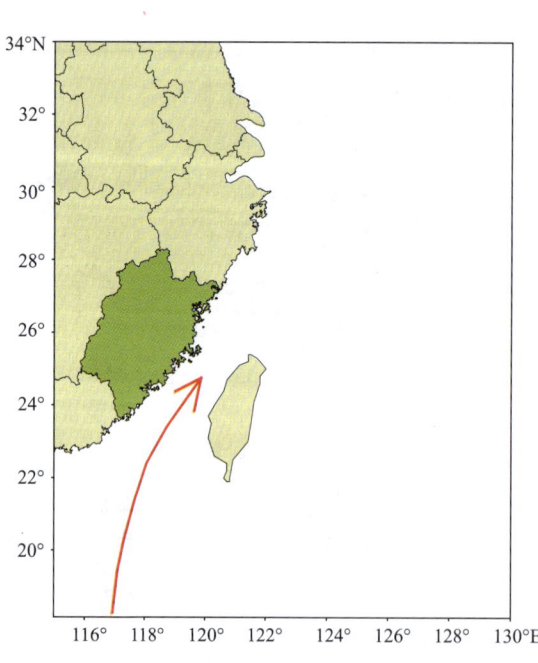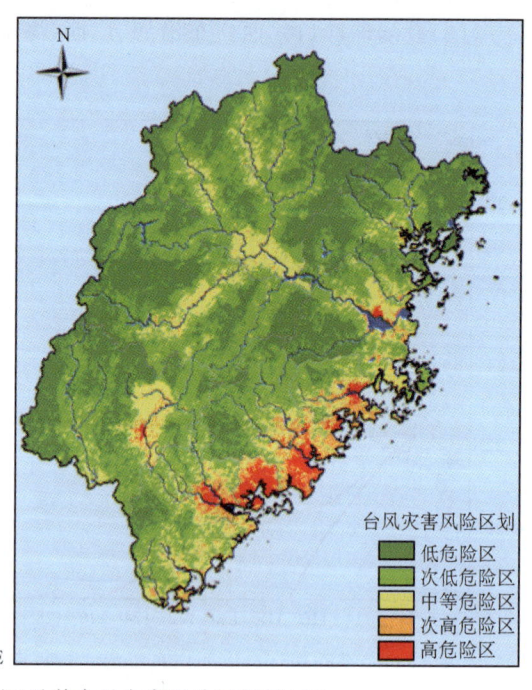

图6.43 海峡内消失路径示意图(左)及其台风灾害风险区划图(右)

该路径的台风灾害风险强度偏弱。高风险区域主要包括平海半岛到九龙江入海口之间的沿海沿河区域。

(6)海峡外消失路径(图6.44)

该路径的台风灾害风险强度属中等强度。高风险区域主要包括闽江上游的富屯溪、沙溪口、闽江下游的沿河,平海半岛到九龙江入海口之间的沿海沿河区域。

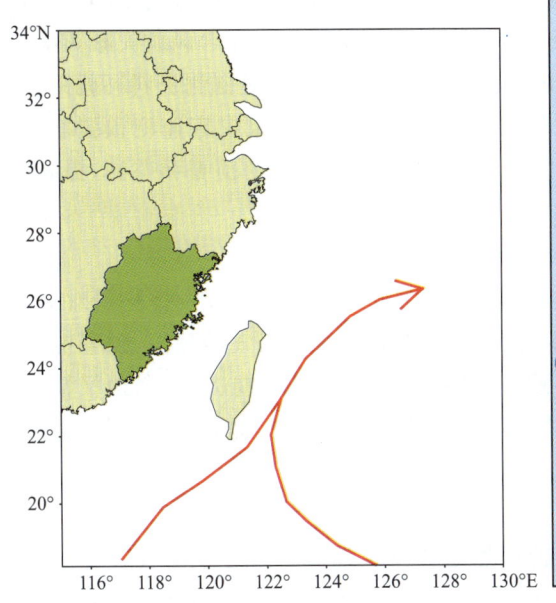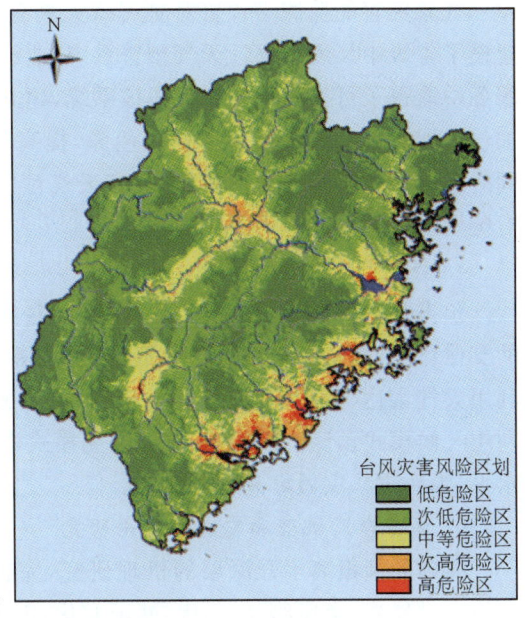

图6.44　海峡外消失路径示意图(左)及其台风灾害风险区划图(右)

七、台风灾害防御措施

(一)减灾工程建设

1. 挡风保水生物工程

应加强沿海红树林生态环境的保护,充分发挥红树林的减灾功效;保护木麻黄等防风林地,严禁砍伐破坏,依法治林,加强沿海防风林建设,充分发挥防风林的防台抗台效能。提高环境保护意识,充分发挥生态自我修复能力治理水土流失,减少和避免人为原因造成的水土流失,减轻河道淤积,以达到最大可能地减轻洪水压力。

2. 防潮、拦洪、防洪工程

发挥堤防和大、中、小型水库的蓄水功能,定时检修水利设施,以提高它们的防御能力。同时加强各个气象和水文站点的预报精度,及时做好排洪准备,减轻台风暴雨灾害。为防风暴潮袭击,应加固江海防洪堤,完善堤防和挡潮闸的修建。

(二)减灾非工程建设

1. 加强环境气象观测系统建设

目前省内气象站网的布局仍无法满足对台风中的小尺度天气系统监测,而这些系统往往造成突发性的极端天气事件,给气象防灾减灾服务工作带来极大的制约。为此,有必要在现有的气象观测台网的基础上加密增设自动气象站,为防灾减灾积累宝贵的资料,为提高预报的准确性提供帮助。

2. 加强台风活动监测

台风监测网除常规的高空、地面站网外,主要由气象卫星接收站,天气雷达站和自动气象站组成。要充分利用获取的探测资料,密切监视台风海上和登陆后的活动情况。

3. 提高预报、警报精度

气象灾害的监测与预警对防灾减灾具有非常重要的作用,福建省政府与气象部门联合建设了省级中尺度灾害性天气预警系统,业已发挥成效,特别是近年来在台风防灾减灾决策服务中取得了可喜的成绩。依托该系统,建立雷达、卫星、自动气象站等探测资料同化系统,加快发展灾害性天气精细化预报业务,提高气象预报的准确率和气象灾害监测预警能力。同时还应加大投资,建立小尺度灾害天气预警系统,以加强局地降水的预报和监测,提高应对突发事件的防范能力。

4. 提高预报能力(长、中、短期)

预报是减灾活动的先决条件,也是减轻灾害损失的主要措施。要充分发挥科研对业务的支撑作用,规范灾害性天气预报、预警业务流程,努力提高灾害性天气的预报、预警能力。利用天气雷达、卫星资料、自动站资料、数值预报产品,提高和改进短期、甚短期预报精度。利用气候模式预测产品、各种统计预测模式建立中期和长期预测系统,提高较长时效的预测水平,为防灾减灾做好充分的准备。

5. 加强台风机理和灾害的理论研究

准确的预报离不开深层的机理研究,完善可靠的决策设计离不开透彻的灾害学研究。应加强风暴潮,台风路径、强度、暴雨变化,灾害性天气落区预报、强度预报的研究,特别是台风发生停滞、打转、徘徊,或移动速度突然发生变化等疑难路径,或登陆后强度突然增加,或伴随龙卷、海啸、特大暴雨预报等业务科技攻关。

6. 灾害的预警发布与决策服务

台风灾害是一种急性的气象灾害,有关灾害信息发布要通畅无阻地快速传送到决策部门的手中,决策部门据此组织采取各种抗台防台措施。

决策服务的落实关键是步调一致,要加强政府减灾领导,统一指挥并完善法规,加强台风联防。应成立省、市、县、乡等各级减灾领导机构,负责指挥各辖区内的减灾工作,如对不同的时期,不同的强度应采取不同的对策与措施。

要加强宣传教育力度,提高全民防灾意识和防灾知识。鼓励公众把减灾看作是社会责任的一个基本组成部分支持减灾行动。

为了使气象灾害预警信息快速发送到公众手中,在制作气象灾害预警信息后,通过电视、电台、电话、手机短信、互联网等多种方式广为传播,让全社会知道。为了使市民可以便捷地获取预警信息,需要进一步增加新的预警信息发布手段和渠道,扩大气象灾害预警覆盖面。

7. 加强灾情影响评估研究

建立融合灾害信息采集管理系统、防汛综合数据库、预测与评价模型在内的防灾 GIS 应用系统。系统可以在灾害发生前,预先估计灾害可能影响的区域、程度等,做好防范准备;在灾害发生过程中,可以跟踪灾情,通过 GIS 平台,获得防灾减灾的细致规划;灾害结束后,结合采取实地调查、部门走访和卫星遥感监测等手段对灾情进行全面调查,确定灾害影响范围、影响程度,受灾面积、成灾面积、间接损失及生态环境和社会经济的影响等,以此对灾害发生时段、空间范围、异常程度等进行总体的、正确的综合评估,可为决策服务总结经验,吸取教训,有利于提高防灾减灾效益。

第七章　气候变化

　　气候变化是一个包含众多时间尺度的自然变化和人为变化相互叠加的极其复杂的动力时变系统,既有长期的气候趋势,也有较短的气候阶段。不仅是气候要素平均值的变化,也包括极端天气气候的变化,以及对应的空间分布和季节分布的变化。

　　当代气候学的主要任务之一是研究气候变化和预测各种时间尺度的未来变化。

　　本书所说的气候变化包括两部分:一是自然的波动;二是人为的影响(包括温室气体排放的效应与下垫面状态改变和人为热释放的影响)。国外有关研究认为当今人类活动对气候影响的程度与自然因子的影响已大致相当。

　　要说明的是,IPCC(政府间气候变化专门委员会)定义气候变化(climate change)是指任何气候随时间的变化,不论其起因是自然波动或人类活动。而 UNFCCC(联合国气候变化框架公约)把气候变化归因于引起大气成分变化的人类活动,把"气候变率"(climate variability)归因于自然的原因。

第一节　气候变化研究与评估

一、气候变化及其应对的研究

(一)气候变化是国际社会关注的热点

　　气候变化包括气候资源与气候灾害的变化,而研究气候的长期变化既可为短期的气候提供背景,以便科学地认识和评价当今的气候,又可为预测未来的发展提供依据,并确立相应的对策。不难看出气候问题所以成为 1980 年代以来的热点是科学进步、社会前进、经济发展的必然结果。

　　第一、"和平与发展"是当今世界的两大主题和人民的渴望,世界各国普遍着眼于社会的稳定和经济的发展,气候条件是实现两大主题的重要因素。

　　第二、人口膨胀、资源短缺、环境恶化是全球性普遍面临的三个矛盾,三者的解决都与气候有关,尤其是粮食、淡水资源、生态环境更是直接受气候条件的制约。

　　第三、近 30 年来,异常气候和灾害天气相当频繁。随人口的增长、经济指数的提高和城乡的发展,同样一场气象灾害造成的伤亡与财产损失较以前更加触目惊心。

　　基于以上三点,以气候变暖为主的气候变化问题必然受到世界各国的关注。相应,气候科学也就被推到了世界科学的前沿,并得到了前所未有的发展。

　　1988 年世界气象组织与联合国环境开发署共同倡议组建了"政府间气候变化专门委员会"(IPCC),至今成员国已发展到 160 多个。IPCC 下设三个工作组,其任务分别为气候变化科学评价;评估气候变化潜在影响;制定响应对策。IPCC 先后于 1990 年、1996 年、2001

和2007年发布了4次评估报告。

(二)中国气候变化的研究进展

中国历史时期气候变化研究的开拓者和奠基人是竺可桢先生,他于1972年发表了《中国近五千年气候变迁的初步研究》的著名论文,以丰富的史料,科学地将中国历史时期的气候划分为四个温暖期与四个寒冷期。该工作在气候变化领域具有世界性的意义和影响。其后不久,1976年张家诚等出版了《气候变迁及其原因》一书,这是中国第一本有关气候变化的专题成果与论述。1975年、1977年前中央气象局气象科学研究所曾组织全国气象界32个单位进行明、清时期气候史料整编会战,并出版了《中国近五百年旱涝分布图》,重建了500年旱涝等级序列,两项成果均受到世界气象组织的高度评价。

1980年代以来,中国气候变化的研究更趋活跃,在气候变化基本事实及其成因、动力气候学和气候预测理论、短期气候数值模式、气候变化强信号的作用以及人类活动对气候变化的冲击、气候变化的影响评估等方面都做了大量工作,涌现众多成果。这里仅就新近成果中所揭露的气候变化观测事实作一引介。

在1997年6月出版的丁一汇主编的《中国的气候变化与气候影响研究》一书中,叶瑾琳、王绍武等给出了近百年中国年平均气温距平序列,指出:1940年代是中国最暖的时期,其次是1920年代,1980年代至今是一个新的发展中的暖期,但尚未达到1940年代的水平。在江志红等的文章中进一步揭示了百年之内,中国气温变化的地域和季节特征:1940年代的增暖明显偏于中国南方地区,中心分别位于云南、贵州及东南沿海地区,而1970年代中后期至今的增暖则主要集中于中国北方地区,增温幅度随纬度降低而减少;不同增暖期气温距平的季节变化也有明显差异,如1940年代的气温上升存在于全年各个季节,比较而言,夏半年明显于冬半年,而近20年的气温变暖则主要集中于冬半年。夏季的气温,区域平均而言,还略低于常年。

翟盘茂还就最高、最低气温的变化情况作了分析:在1951—1990年的40年间,最低气温表现出全国一致的增温现象;最高气温在黄河以北,95°E以西以增温为主,而其他地区以降温为主;而气温日较差,全国各地显著变小,这一事实可推论增暖主要是由于夜间温度升高引起的。

关于近百年中国的降水变化,不像气温那么清晰。王绍武的分析结论:1920年代是最干旱的时期,其次是1960年代与1980年代,而19世纪末至20世纪初期,夏季降水偏多,进入1990年代以来江南降水增加,华北的干旱也有减弱的趋势。

中国政府于2002年启动了第一次国家气候变化的编写工作,并于2007年2月发布第一次《气候变化国家评估报告》,2011年发布第二次《气候变化国家评估报告》(以下简称《国家报告》)。《国家报告》描述了中国气候变化的基本事实、影响及原因;未来变化趋势与潜在影响;提出了适应气候变化的政策和措施。

(三)福建气候变化研究的概况

1. 研究领域

1960年代初和1970年代中期,福建气象部门就对气候变化和超长期预报做过一些工作,1980年代以来工作更为深入,并完成一批研究成果。2008年,福建省政府出台了《福建省应对气候变化实施方案》。2009年,福建省气候中心参与了华东区域气候变化评估工作,并初步完成了福建省气候变化评估报告。近50年,福建气候变化研究主要涉及四个方面:

(1)历史气候序列重建。包括明、清时期500年旱涝指数序列与树轮

(2)近代气候资源变化的分析。包括热量资源(平均气温、极端气温)、水资源(降水量、各级降水日数)、辐射资源(日照、云量)、风能资源(风速、大风日数)等方面。

(3)极端天气气候事件和重大气象灾害的研究。包括雨季暴雨洪涝、台风、气候干旱、低温冻害、高温热浪等。

(4)人为因素对气候的影响。主要研究了福建森林过量砍伐对水旱灾害的影响。

以下主要简介2000年以前所做的气候研究结果,关于福建气候变化、极端天气气候和气象灾害在以后的节中专门介绍。

2. 关于气温变化的研究结果

(1)平均气温的变化

蔡文华分析了福州1902年至今近百年的年平均气温变化特征,得到这样几点事实:20世纪最暖的年代是1940年代(20.2℃)和1990年代(至1998年为20.0℃),温度低的年代是1920年代(19.4℃)和1910年代(19.5℃);从各年代的方差来看,1910年代、1990年代、1930年代、1940年代年平均气温的变幅较大,其他年代变幅较小;以标准差对年平均气温分级,异常偏低年仅见2年(1917年、1918年),异常偏高年共见5年(1944年、1946年、1948年、1994年、1998年),1998年是福州近百年内气温最高的一年(21.1℃),1946年为次高年(21.0℃)。据WMO的报告1998年也是全球有记录以来最暖的一年。

福州1902—1998年间,4个最暖年(1998年21.1℃、1946年21.0℃、1948年20.5℃、1994年20.5℃)与4个冷年(1917年18.7℃、1918年18.7℃、1976年19.1℃、1984年19.1℃)的月距平累积曲线(图略),暖年各月的平均距平均为正值,曲线一直保持升势;冷年各月的平均距平均为负值,曲线一直保持降势,就离均值的强度而言,暖年大于冷年。

(2)季节气温的变化

福建的冷暖变化分解到季,远比年均值的反映要醒目得多。在气温振动的长河中,尤以1970年代后期至今的特点更为突出。概括起来是:冬天暖,春季冷,盛夏热。

表7.1是福建具有空间代表性的福州、建阳、漳州、龙岩4站,近40余年冬季最冷月的平均气温和同期福州、浦城两站冬季的极端最低气温变化情况,结果表明:1978—1998年的21年间,暖冬占16年,频率达76.2%,这一时期霜、雪也明显稀少,特别是1987—1998年,暖冬更为盛行。这一突出特征与全球的气温大趋势以及中国的特点是一致的。福建暖冬的环流背景是东亚经向环流不强,冬季风势力趋弱,东亚大槽偏东、偏弱以及西伯利亚冷高的强度远不如前的反映。当然,全球大气层温室气体CO_2等含量的急剧增长所产生的正的辐射强迫,当属福建明显变暖的重要因子。

表7.1 福建冬季最冷月平均气温与冬季极低温变化(℃)

年段		1955—1963	1964—1977	1978—1998
长度(年)		9	14	21
4站最冷月 T_a		8.9	9.8	10.6
浦城	T_{min}	−6.3	−5.4	−4.6
	$T \leqslant -0.6$	5/9=0.56	4/14=0.29	3/21=0.14
福州	T_{min}	0.2	0.9	1.9
	$T \leqslant -0.6$	4/9=0.44	6/14=0.43	2/21=0.10

近 20 余年间(1978—1998 年),福建夏季的特点是高温与热浪相当突出。以福州为例,1957—1977 年的平均年极端最高气温为 37.5℃,≥38℃ 的概率为 7/21=33.3%;1978—1998 年平均为 38.4℃,≥38℃ 的概率为 15/21=71.4% 是前者的 2.1 倍。

追溯更久,在 1880—1998 年间(实有 106 年),福州 ≥39℃ 者共见 13 年,其中 1880—1977 年有 6 年,机遇为 7.1%,而 1978—1998 年有 7 年,机遇为 33.3% 是前者的 4.7 倍。

近 20 余年还有热期来得早的特点,在福州 1880—1998 年的资料中,6 月份就有 ≥36.5℃ 的高温者,共 15 年,其中 1880—1977 年有 7 年,概率为 8.2%,而 1978—1998 年有 8 年,概率为 38.1%,是前者的 4.6 倍。

这里有个问题要分析,近 20 年福州盛夏高温突出是否是"热岛效应"的反映? 回答:决定因素不在于此。福州市气象观测站站位于市区制高点乌石山上,海拔 84 m,周围开阔,无高层建筑影响,基本无环境因素的影响,作为国家基准站,其观测的代表性、客观性是良好的。福州所以有高温、热浪频繁,其主要原因是夏季风的势力比以往要强,活动季节也在提早,最直接的背景是 1970 年代以来西太平洋副热带高压盛行偏强。

3. 关于降水变化的结果

温珍治在《近 42 年福建降水的时空变化特征》中,采用小波分析,福建省前汛期(5—6 月)降水大致有 3 个阶段的正负变化:1960—1970 年代为降水偏多期。1970 年代末出现一个明显转折,(降水)由偏多转为偏少,在 1980 年代中期降水偏少的程度最为显著。1990 年代初,小波系数再次发生明显变化,表明 1990 年代初开始前汛期降水再次转入一个多雨期。

黄文堂(1994)指出,降水量丰水期主要在 1950 年代,枯水期在 1960 年代,1980 年代以来春雨(2—4 月)显著增多,雨季(5—6 月)降水量显著减少。许金镜等(2004)认为,福建省日雨量大于 50 mm 的暴雨日数在 1961—2000 年间存在增加趋势。

关于春雨、梅雨、夏雨的对比。表 7.2 和表 7.3 是福州、漳州、建阳、龙岩 4 个代表站,近 40 多年来,不同年段春雨(2—4 月)、梅雨(5—6 月)、夏雨(7—9 月)的对比,正常情况福建是梅雨多于春雨量,而 1978—1992 年一反常态,春雨常常反超梅雨;夏季降水是 1950 年代和 1990 年代表现为多雨,1960 年代中期至 1980 年代则盛行少雨。

表 7.2 福州等 4 站不同年段春雨、梅雨量比较

年段	1950—1990	1962—1977	1978—1992	1993—1998
平均春雨量(mm)	426.0	339.2(-20%)	526.2(24%)	450.4(6%)
平均梅雨量(mm)	524.2	566.5(8%)	460.3(-12%)	537.7(3%)

表 7.3 福州等 4 站夏季降水分布

年段	1950—1963	1964—1977	1978—1989	1990—1997	1950—1990
年数	14	14	12	8	41
平均雨量(mm)	499.1	402.8	388.1	514.1	437.1
≥500 mm(%)	50.0	14.3	8.3	62.5	26.8

梁金树等(1997)曾对福州、厦门 1901—1995 年 5—6 月的雨量作过分析,20 世纪的梅雨情况历经 3 个气候阶段:1901—1931 年梅雨偏弱,平均雨量为 347.8 mm;1932—1977 年梅

雨偏强,平均雨量为 420.9 mm;1978—1995 年梅雨又转偏弱,平均雨量为 347.2 mm。这一分析与前述 4 个代表站的结论基本一致,进而增加了气候波动事实的可信度。从表 7.4 中的变异系数可以看出第一个少雨阶段,雨量起伏较大,而第二阶段的多雨与第三阶段的少雨,雨量相对稳定。雨量距平超过 ±1.5σ 者:第一阶段有 1910(—)、1913(—)、1918(+)、1925(+)、1930(—)五年;第二阶段有 1944(+)、1946(+)、1965(+)、1967(—)、1968(+)五年;第三阶段有 1980(—)、1985(—)两年。

表 7.4 福州、厦门雨季(5—6 月)总雨量变化

年段	1901—1931	1932—1977	1978—1995
平均雨量(mm)	347.8	420.9	347.2
标准差	113.1	79.0	59.2
变异系数	0.33	0.19	0.17

我们从年降水的长序列资料来看,并无有序的规律性变化,但从各自然季节来看,其特点还相当鲜明,它与季风变异有一定联系。

3. 关于日照变化的研究结果

(1)年、季日照时数的变化

王岩等(1997)曾对中国东南部地区包括苏、皖、沪、浙、赣、闽、粤 7 省(市)共 14 个代表站近 40 年日照变化情况的分析,并与西北地区(如新疆)、西南地区(如贵州、西藏)作了比较。一个十分突出的事实是 1954—1971 年的年日照时数偏多,概率为 16/17＝94.1%;1972—1990 年的年日照偏少,概率为 15/19＝78.9%(图 7.1)。分解到四季,均有前多后少的趋势,不过转折点的出现期有些差异:夏季、冬季与全年的表现基本一致;春季的转折点大致在 1975 年前后;秋季的转折点是 1981 年。同时,日照分布具有明显的区域特征和季节特点。春季日照偏少最明显,且以南部和沿海为甚,伴随的低温阴雨天气影响最大;夏季日照区域差异较大,北部偏少为主伴有凉夏,南部甚至有偏多之势伴有炎夏;秋季日照 1980 年代以来才明显偏少,尤其是南部和沿海地区;冬季日照偏少为主,尤其 1970 年代后期以来偏少明显,区域差异较小,伴随的是暖冬。

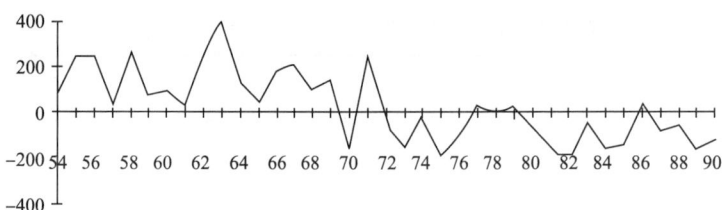

图 7.1 上海、福州等 14 个台站历年年日照时数距平(h)

涉及日照减少的变化,另有两件工作:鹿世瑾(1994)在分析台湾海峡气候变化时,在平潭、东山 1954—1997 年的资料分析中也是相同的反映(表 7.5);郑胜祥(1998)以漳平站的资料也完全是这一结论,该站年日照时数平均为 1794 h,前多后少的转折开始于 1972 年。

表 7.5 平潭、东山年日照时数的变化(h)

年代	1954—1960	1961—1970	1971—1980	1981—1990	1991—1997
平潭	1959.8	1957.9	1764.7	1622.3	1547.7
东山	2434.6	2465.4	2345.0	2146.3	2185.3

(2)日照与总云量、太阳辐射的关系

日照资料的反映,实际上也是云量、辐射变化的表现。表 7.6 是福建各季节日照与总云量的相关系数(显著性水平均超过 $\alpha=0.01$),以冬春季节相关性更为显著,秋季次之,夏季相对为低。据此可以看出云量与辐射也保持相似的变化状态。至于成因还有待从大气环流与人类活动之影响作深入的探讨与分析。

表 7.6 福州等 4 站年季日照时数和总云量的相关系数

台站	年	3—5 月	6—8 月	9—11 月	12—2 月
4 站平均	−0.8530	−0.9595	−0.6935	−0.9262	−0.9478
福州	−0.7681	−0.9104	−0.5138	−0.8649	−0.9348
浦城	−0.7576	−0.8697	−0.6442	−0.8275	−0.9361
上杭	−0.7637	−0.9029	−0.6450	−0.8980	−0.7901
漳州	−0.8080	−0.9422	−0.6784	−0.8563	−0.9262

二、全球气候变化的事实与评估

IPCC 2007 年发布了第四次气候变化评估报告。该报告强调了有关气候变化预估不确定性问题的研究成果,更加突出了气候系统的变化,描述了气候系统多圈层的观测事实,并阐述了气候系统各圈层的多种过程及其变化的主要原因;评估了气候变化已产生的和未来可能的影响,提出了适应气候变化的对策建议;评估了温室气体排放的历史演变和未来趋势、温室气体排放减缓的潜力与成本及政策措施。

(一)全球气候变化的基本事实

2007 年政府间气候变化专门委员会第一工作组报告(《IPCC,2007a:科学基础》)评估结论指出:在近 100 年(1906—2005 年)间,全球地面平均气温上升了 0.74℃±0.18℃,高纬增暖明显于中低纬,陆地明显于海洋。1961—2003 年全球平均海平面上升 1.8 mm/a。这是气温升高引起海洋热力膨胀,冰川、极冰融化所致。北半球 3—4 月积雪从 1922—2004 年减少 8%。近 50 年的线性增温速率为 0.13℃/10a;在 SRES 温室气体排放情景下,预计到 21 世纪末全球地面平均气温将上升 1.1~6.4℃,海平面相应升高 0.18~0.59 m([彩]图 7.2);与此同时,高温、热浪、强降水等极端天气事件的发生频率和强度很可能增加,生态系统和人类社会将受到严重威胁。

关于未来的气候变化 IPCC 评估报告对不同的情景进行评估,显示了继续增温的趋势,只有温室气体浓度保持在 2000 年水平的情景下,增温幅度最小(图 7.3)。

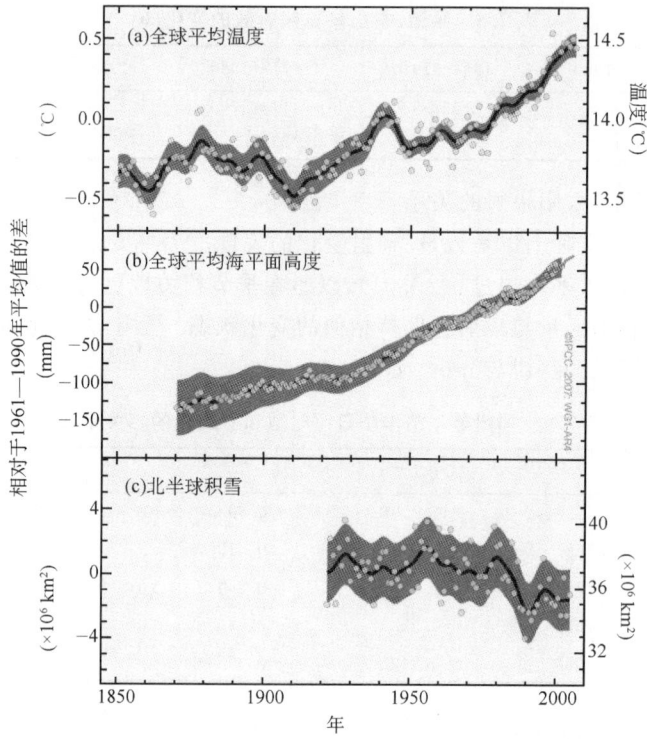

图 7.2 温度、海平面高度和北半球积雪面积的变化图

(a)全球平均地表温度、(b)从验潮站(蓝色)和卫星(红色)资料得到的全球平均海平面上升、(c)3—4月北半球积雪面积变化的观测结果。所有变化相对于 1961—1990 年的相应均值。平滑曲线表示 10 年均值,圆圈表示年值。阴影区为不确定性区间。)

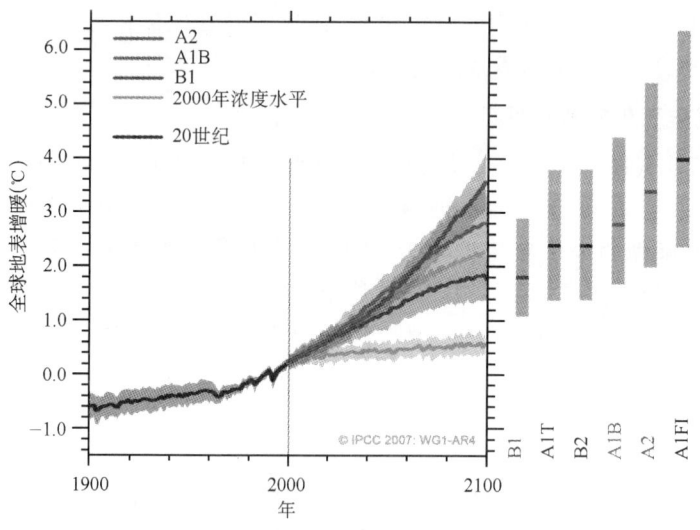

图 7.3 气温变化趋势图

各实线分别表示 A2、A1B 和 B1 情景下的多模式全球平均地表增暖(相对于 1980 至 1999 年平均),并作为 20 世纪模拟结果的延续,阴影区表示各模式年值的正负一个标准差范围。橘红色线表示将控制在 2000 年浓度水平上的模拟试验结果,右侧的灰色条表示最佳估算值(各条中间的实线)和 6 个 SRES 标志情景可能性范围的评估结果。对灰色条中最佳估算值及其可能性范围的评估结果,包括图左边的海—气耦合模式结果,以及一系列单个模式和观测约束和结果。

(二)关于气候变化的影响

第二工作组报告(《IPCC,2007b:影响、适应和脆弱性》)主要评估了气候变化已产生的和未来可能的影响,提出了适应气候变化的对策建议。全球气候变暖已经对许多自然系统和生物系统产生了可辨别的影响,但由于适应和非气候因子的作用,还有许多影响仍难以辨别。气候变化将对未来自然生态和经济社会发展产生长期的影响,如果不采取切实可行的重大行动,数以亿计的人口将面临饥饿、缺水、洪水及疾病等的威胁。但报告最后也指出,社会经济系统的脆弱性不仅取决于气候变化,还取决于社会经济发展的路径。促进可持续发展,采取兼顾适应和减缓的政策措施,可以降低气候变化的风险。

(三)气候变化的原因和应对

第三工作组报告(《IPCC,2007c:减缓》)主要评估了温室气体排放的历史演变和未来趋势、温室气体排放减缓的潜力与成本及政策措施。主要结论指出:二氧化碳是最重要的人为温室气体,进一步肯定了人类活动是近50年全球气候变暖的主要原因,工业化时期以来大气二氧化碳浓度的增加,主要源于化石燃料的使用,土地利用变化是另一个显著的贡献,但相对要小。

如图7.4,全球大气二氧化碳浓度已从工业化前的约280 ppm,增加到了2005年的379 ppm。2005年大气二氧化碳浓度值已经远远超出了根据冰芯记录得到的65万年以来浓度的自然变化范围(180~330 ppm)。2004年全球温室气体排放相比1970年增长了70%,相比1990年增长了24%。如果不采取进一步的措施,到2030年全球温室气体排放还将增长

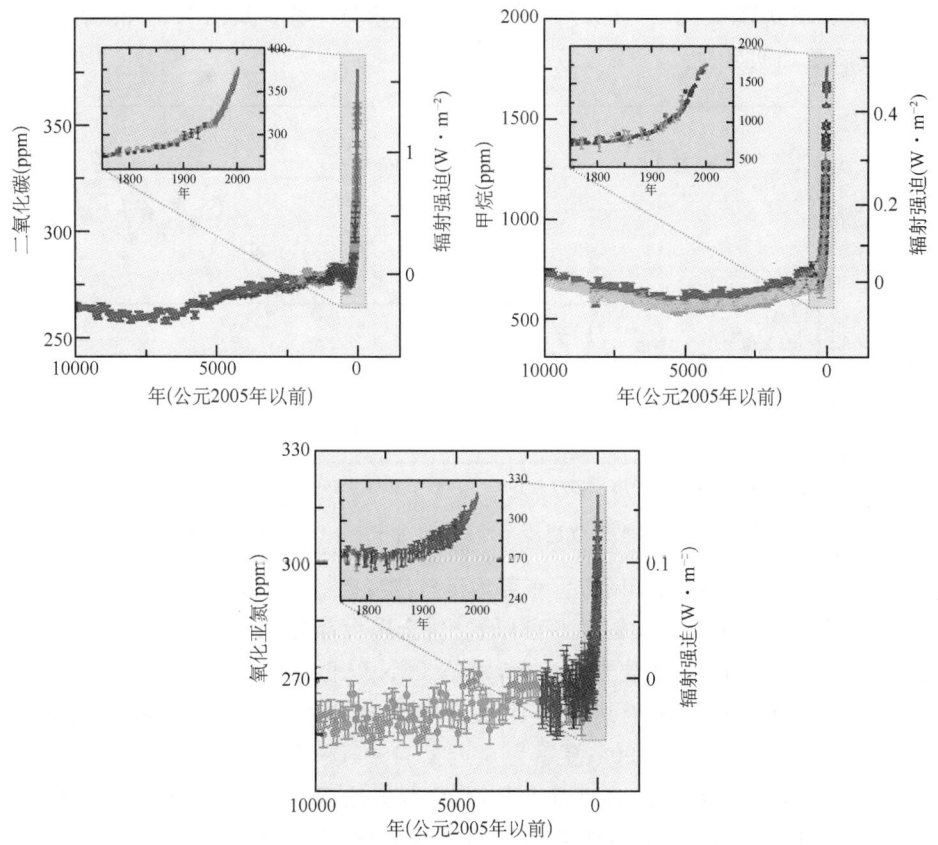

图 7.4 全球温室气体含量变化(取自 IPCC 报告)

40%~110%。为了减缓气候变化,必须将大气中温室气体的浓度稳定在一定水平,因而需要大幅度减少温室气体排放。

对于全球减排的前景,报告作出了比较乐观的估计。报告认为,现有各种技术手段和许多在 2030 年以前具有市场可行性的低碳和减排技术,可以实现较低成本的有效减排。通过国际合作的一致行动以及合理的政策措施,可持续发展与减排之间并不矛盾,还可以相互促进,有助于最终实现"公约"将温室气体浓度稳定在较低水平的长期目标。

IPCC 评估报告还指出:观测到的 20 世纪中叶以来大部分的全球平均温度的升高,很可能是由于观测到人为温室气体浓度增加所导致的。

一般认为,IPCC 评估报告是国际科学界对气候变化问题最权威、最全面的认识,代表了目前全球气候变化研究的科学认识水平,也是制定国际政策的重要依据。

三、中国气候变化的事实

2011 年中国发布了《第二次气候变化国家评估报告》(以下简称《国家报告》),主要观点如下。

(一)平均气温上升,冬季增温最明显,北方增温大于南方

《国家报告》指出:1880 年以来中国的变暖速率为(0.5~0.8)℃/100a。1920 年代和 1940 年代的变暖机制可能与 1985 年之后不同。1951—2009 年中国平均气温上升了 1.38℃,变暖速率达到 0.23℃/10a,与全球气候变暖趋势一致。从图 7.5 可以看出,1985 年以后气候变暖更加明显。

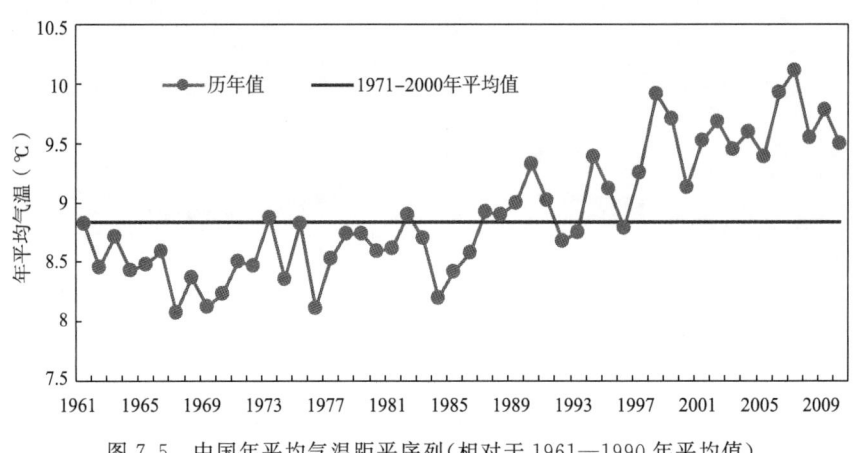

图 7.5　中国年平均气温距平序列(相对于 1961—1990 年平均值)

从区域上看,北方增温大于南方。东部地区气候变暖一致性较好,东北北部及内蒙古东部变率最大,华南变率最小。从图 7.6 可以看出,全国大部分地区均呈增温趋势,但北方大于南方。增温最显著的区域主要在北方,特别是 34°N 以北地区。

从季节上看,冬季增温大于其他季节,夏季增温最小。1880—2008 年增温率,冬季为 1.50℃/100a,春季为 0.93℃/100a,夏季为 0.44℃/100a,秋季为 0.89℃/100a。

21 世纪中国地面平均气温将继续上升,其中北方增温大于南方,冬春季增暖大于夏秋季。与 2000 年比较,2020 年中国地面年平均气温将增加 1.3~2.1℃,2030 年增加 1.5~2.8℃,2050 年增加 2.3~3.3℃,到 2100 年,增加 3.9~6.0℃。

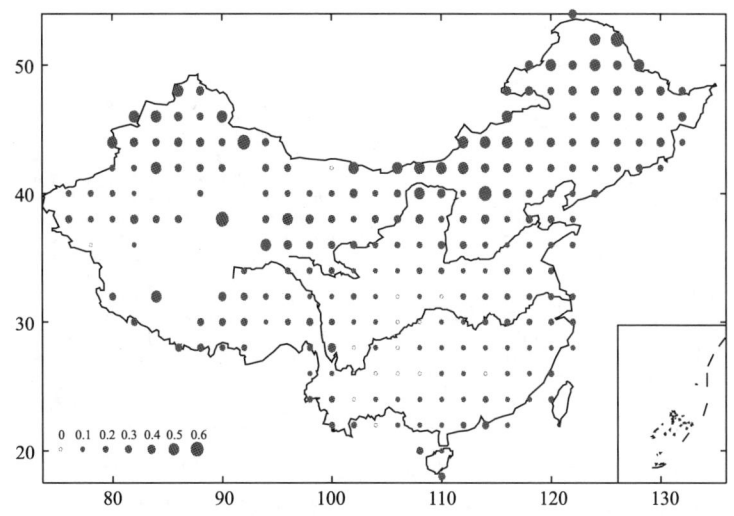

图 7.6 1951—2005 年中国年平均气温变化趋势(℃/10a)

(二)降水无明显的趋势性变化,但西部地区降水呈增多现象

《国家报告》指出:中国的降水量无明显长的趋势性变化。中国夏季降水量则与亚非地区夏季降水量减少一致,反映了 20 世纪后半叶亚非季风区夏季风的减弱,东亚夏季阻塞高压、副热带高压与南亚高压均有增强的趋势。

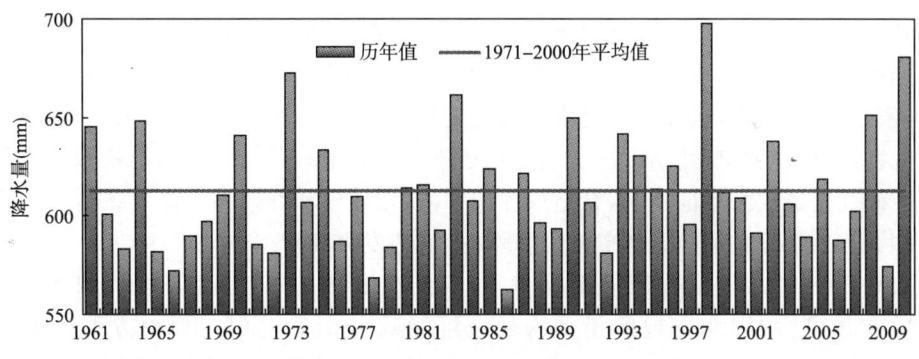

图 7.7 中国年平均降水量距平序列

从地域上看,西部地区降水量自 1920 年以来呈增加趋势,西部地区的气候由暖干向暖湿转型。从图 7.8 可以看出,西部地区降水量有明显的增多,尽管相对值较大,但绝对增加的降水量并不大,一般只有几十毫米,还不足于改变西北部地区气候干旱的基本状况。

另有研究表明,中国东部平均降水强度偏强的趋势较为显著,长江及其以南地区年降水量和极端降水平均强度都趋于增加,极端降水量和极端降水事件强度均有所加强。

(三)极端天气气候事件的频率和强度存在变化趋势,并有区域差异

《国家报告》指出:中国的高温、低温、强降水、干旱、台风等存在有区域差异的变化趋势。强降水在长江中下游、东南和西部地区有所增加和增强,小雨频率明显减少。登陆台风频数下降,带来的降水明显减少。全国干旱面积呈增多趋势,其中华北和东北地区较明显。雾日数略减,霾日明显增多。

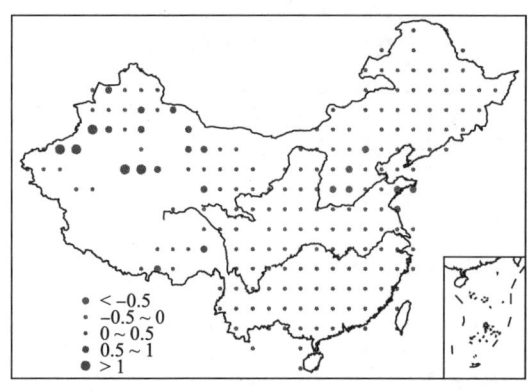
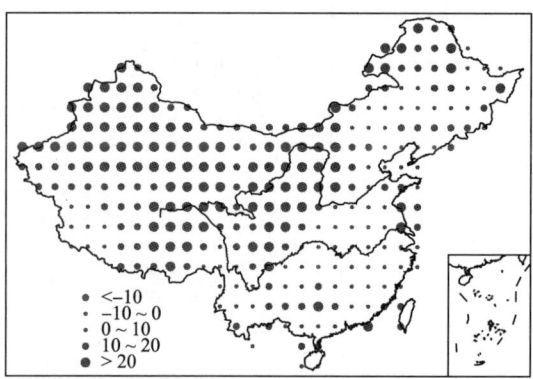

图7.8 (a)1951—2002年降水量变率(%/a)(王绍武等,2003)
(b)区域模式模拟的CO_2浓度加倍情况下的中国降水量的变化(%)(Gao等,2001)

(四)气候变暖的主要原因

《国家报告》指出:中国气候变化是全球与区域尺度、自然因子和人为因子共同作用的结果。1750年工业革命以来,化石燃料消费导致地球大气中以CO_2为主的温室气体和大气气溶胶浓度迅速增加,通过辐射强迫,很可能是造成气候变暖的主要原因。

(五)气候变暖的主要影响

《国家报告》指出:受气候变化影响,1950年代以来,冰川面积减少了10%以上,1990年代退缩加速;青藏高原冻土面积减小;1977—2009年,中国海平面平均每年上升2.6 mm。

《国家报告》还指出,气候变化对农业的影响利弊共存,以弊为主,极端天气气候增多,对农业的危害加重。气候变化引起的物候变化还影响生态系统,影响动物、植物和微生物的多样性。气候变暖造成海平面上升,会造成赤潮加剧、珊瑚礁和红树林生态系统退化。高温热浪等极端天气气候直接影响人体健康,还增加疾病的发生和传播。

在未来50~100年全球继续变暖条件下,气候变化对中国自然生态系统和社会经济部门的影响将加剧:中国北方地区年平均径流可能减少2%~10%,而南方地区平均增加24%;各地森林生产力将增加1%~10%,但林火灾害、森林病虫害传播范围会扩大、程度加重,部分林业工程区可能逐步转化为非宜林地;青藏铁路沿线多年冻土会进一步退化,影响路基稳定性,威胁铁路运营安全;气候变化可能导致风景地的变迁,对旅游业不利;气候变暖还将增加未来中国夏季制冷的电力消费需求。

四、华东区域气候变化的事实

华东区域包括上海、山东、江苏、安徽、江西、浙江和福建六省一市。华东北部基本上是以平原为主,南部多以山地丘陵为主。

华东地处季风气候区,四季分明,暖湿同季;以淮河为分界线,淮河以北为温带季风气候,以南为亚热带季风气候,南北差异较大。

(一)华东区域近50年气温变化趋势

华东近57年年平均气温增温速率约为0.14℃/10a,高于全球平均升温速率

(0.07℃/10a),但略低于全国平均升温速率(0.22℃/10a)。增温主要从 1980 年代开始,近 30 年增温速率为 5.49℃/100a,并且有加快趋势。从区域看,1980—2007 年华东年平均气温升温率北部高于南部,大城市高于中小城市,尤其是长三角地区 16 个大中城市群均表现为热中心。

图 7.9 揭示了近 57 年华东区域年平均气温距平及 1951—2007 年、1980—2007 年的线性趋势线。从中可以看到,华东区域的大幅度升温主要从 1980 年代开始,平均增温率达 0.55℃/10a。从偏暖年份看,1980 年代以前的 30 年中只有 6 年偏暖;而之后的 28 年中,有 13 个偏暖年份,而且气温偏高的幅度也越来越大。

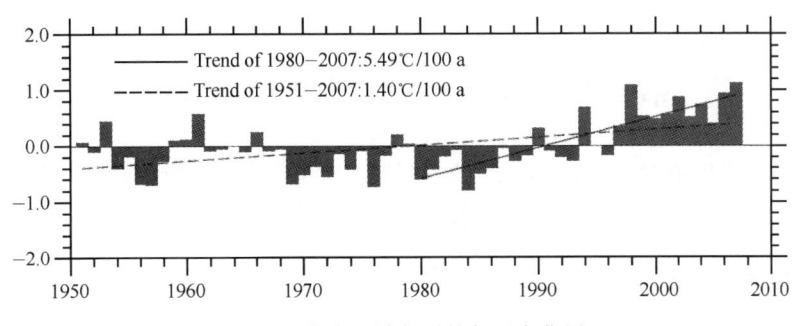

图 7.9　华东区域年平均气温变化图

华东六省一市 1951—2007 年增温速率(图 7.10)最高的是上海(0.21℃/10a),最低的是福建(0.42℃/10a)。

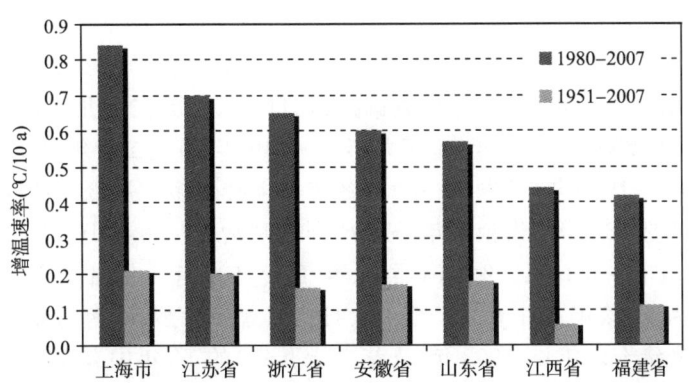

图 7.10　华东各省市 1951—2007 年和 1980—2007 年的增温速率

(二)华东区域近 50 年降水量变化趋势

1951—2006 年,华东区域年降水量基本没有明显的变化趋势,就年降水量的总体空间变化特征而言,1951—2006 年,华东区域呈南增北减的变化趋势;1980—2006 年,表现为华东区域南、北部增加,中部减少的变化趋势。

近 56 年,华东区域平均年降水量距平及 1951—2006 年、1980—2006 年年降水量变化趋势如图 7.11 所示。1951—2006 年降水量变化减少最多的是山东(-3.4 mm/10a),福建是增多最大的省份(1.9 mm/10a),基本上反映华东区域南增北减的变化趋势。区域范围来说,年降水量的变化不大。相对而言,年降水日数的最大值明显减少,说明区域内的降水强度有所增强。

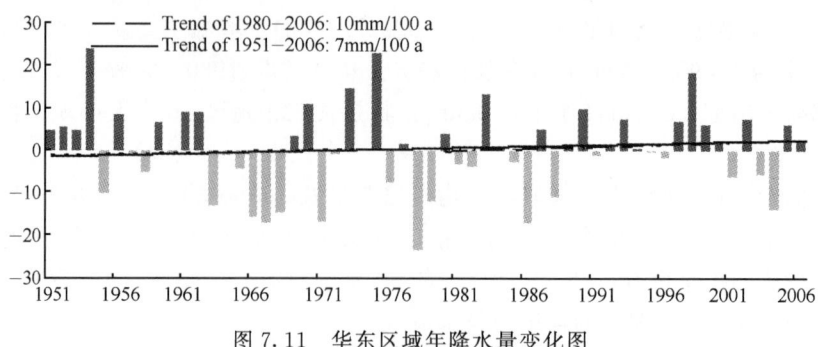

图 7.11　华东区域年降水量变化图

第二节　福建历史时期的气候变化

为了揭示福建历史时期（近 500 年）的气候变化，本节着重分析冷暖、旱涝的年际变化过程；其依据主要是明清以来福建的省志、县志等文史记载。

一、冷暖变化特征

在中国的历史文献中，对冷暖现象有着不少详细的记载；如陨霜、降雪、结冰、作物冻害等。对于这些记载，气象部门和有关单位合作，从历史文献及地方志（省志、县志）中整理了近 500 年来的气候史料，为分析福建省历史时期气候变化提供了依据。

（一）冷冬

图 7.12 是每 50 年福建冬季寒冷年数的累计曲线。由图可见，1501 年（明弘治十四年）—1600 年（万历二十八年）间冷冬年数偏少；1611 年（万历三十九年）—1720 年（清康熙五十九年）间冷冬年数偏多；1731 年（雍正九年）—1840 年（道光二十年）冷冬年数又转偏少；1851 年（咸丰元年）—1930 年（民国 19 年）冷冬年数再转偏多。从冷冬的相对集中期看，冷冬频率较高的年代是 1631 年（崇祯四年）—1646 年（顺治三年），在 16 年中有 8 年福建出现冷冬；1654 年（顺治十一年）—1662 年（康熙元年）的 9 年中有 6 年出现冷冬，尤其是以 1656 年（顺治十三年）为重，该年一月十二日至十六日全省普降大雪，闽南的漳浦雪深高达二尺；再者是 1890 年（光绪十六年）—1903 年（光绪二十九年）的 14 年中有 10 年冬季寒冷。其中 1892 年（光绪十八年）11 月 20 日至 12 月初连降数场大雪，海岛平潭也平地积雪三尺。

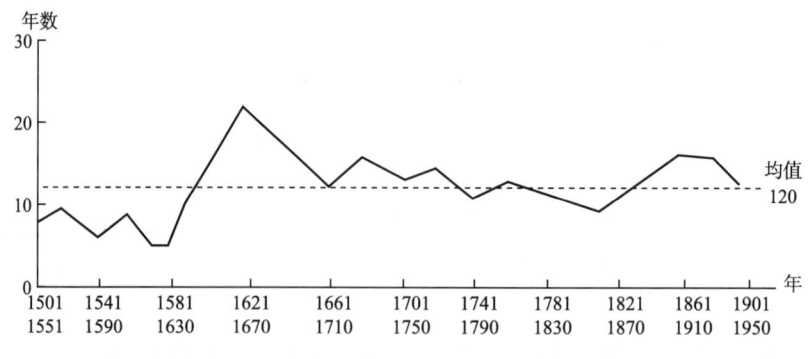

图 7.12　福建冷冬年数的 50 年滑动累计数图

(二)三寒

表 7.7 是福建历史上出现"三寒"的分布情况。由表可见,春寒分布比较均匀,每 50 年中大致出现 2~3 年;五月寒以 1651 年(顺治八年)—1700 年(康熙三十九年)较为频繁;而秋寒主要出现在 1501 年(明弘治十四年)—1550 年(嘉靖二十九年)和 1751 年(乾隆十六年)—1800 年(嘉庆五年)。另一方面,从三寒出现的空间分布看,21 个春寒年中,闽中北地区占 16 年,闽南仅 5 年;18 个秋寒中,闽中北地区占 16 年,闽南仅 2 年;而五月寒则均出现在闽中北地区。可见,福建中北部,尤其是北部地区是"三寒"的频发区和重发区。

表 7.7　1501—1930 年福建"三寒"分布表

年段	1501—1550	1551—1600	1601—1650	1651—1700	1701—1750	1751—1800	1801—1850	1851—1900	1901—1930	合计
春寒年数	3	2	2	2	4	2	1	3	2	21
五月寒年数	0	2	2	4	1	0	2	2	0	13
秋寒年数	3	1	0	2	1	6	2	1	2	18
合计	6	5	4	8	6	8	5	6	4	52

(三)波动趋势

图 7.13 是福建近 500 年来气温波动趋势曲线图。由图可见,16 世纪以来福建气候总特点是:寒冷期占主导地位,暖期只是短暂出现,温暖程度越来越低。其中 17、19 两个世纪的最冷年比全国要落后一段时期,而回暖时期大致相同。

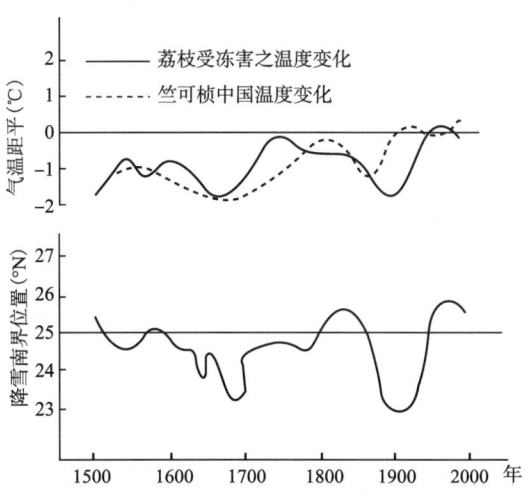

图 7.13　福建近 500 年来气温波动趋势曲线图

综上不同侧面所分析的结果,我们可以得出这样初步结论:即福建近 500 百年来 (1501—1930 年)经历了 3 次偏暖期和 2 次偏冷期的冷暖变化过程。3 次偏暖期分别出现在 16 世纪(约 1501—1600 年)、18 世纪(约 1761—1840 年)和 20 世纪(约 1910—1930 年);2 次偏冷期分别出现在 17 世纪(约 1601—1760 年)和 19 世纪(约 1841—1909 年)。可见,福建冷暖变化似乎有 200 年左右的振动周期。

二、旱涝变化特征

旱涝是福建主要的气象灾害,历来受各界人士的关注;这里以近500年来的旱涝等级史料,分析福建旱涝变化特征。

(一)旱涝指标

1. 干旱指标

表7.8a和表7.8b分别给出史志记载期地区的干旱强度指标和史志记载期间全省的干旱强度指标(注意和利用降水观测数据统计出来的气候干旱指标的不同)。

2. 洪涝指标

表7.9a和表7.9b分别是史志记载期地区的洪涝指标和史志记载期全省的洪涝指标。

表7.8a 史志记载期地区的干旱强度指标

干旱强度	重旱县数	轻旱县数
特 旱	≥3	≥4
大 旱	2	3
中 旱	1	1~2
小或无旱	0	0

表7.8b 史志记载期全省的干旱强度指标

干旱强度	特旱地区数	大旱地区数	中旱地区数
特 旱	≥3	≥4	≥8
大 旱	2	3	5~7
中 旱	1	2	3~4
小或无旱	0	1	≤2

表7.9a 史志记载期地区的洪涝指标

洪涝强度	重涝县数	轻涝县数
特 涝	≥3	≥5
大 涝	2	3~4
中 涝	1	1~2
小或无涝	0	0

表7.9b 史志记载期全省的洪涝指标

干旱强度	特涝地区数	大涝地区数	中涝地区数
特 涝	≥3	≥4	≥8
大 涝	2	3	6~7
中 涝	1	2	4~5
小或无涝	0	1	≤3

为了便于记数,把特旱、大旱、中旱、小或无旱和特涝、大涝、中涝、小或无涝分别记为 -3、-2、-1、0 和 3、2、1、0。值此,根据旱涝标准及记数规定,整理并标定了1470—1930年共461年福建各年的旱涝等级。

(二)旱涝演变特征

1. 旱涝基本概况

在 1470—1930 年的 461 年间,全省≥中等以上旱涝年平均约 2 年一遇,最为频繁时期为 18 世纪和 20 世纪,频率分别为 63.0% 和 58.1%,平均约 3 年二遇。若从特旱、特涝总数看 15 世纪和 17 世纪最多,频率分别高达 20.0% 和 9.0%,15 世纪平均 5 年即可遇上一次特旱或特涝,而 17 世纪平均 10 年左右即可遇上一次特旱或特涝。

表 7.10 历史时期旱涝年数基本概况表

世纪	15	16	17	18	19	20	合计
特 旱	4	5	4	0	4	0	17
≥大旱	4	11	12	12	8	2	49
≥中旱	7	24	22	26	16	7	102
特 涝	2	1	5	5	2	0	15
≥大涝	4	6	13	13	13	2	51
≥中涝	7	26	32	37	33	11	146
≥中等旱涝	14	50	54	63	49	18	248

同样地,在 461 年旱涝演变过程中,全省共出现 17 年特旱和 15 年特涝,频率分别占 3.7% 和 3.3%;大旱 32 年,大涝 36 年,频率分别占 6.9% 和 7.9%;而中旱为 53 年,中涝多达 95 年,频率分别占 11.5% 和 20.6%;余下 213 年为小旱、小涝或无旱、无涝年,频率占 46.2%。也就是说,在 25 年中福建平均可出现特旱、特涝各一年;大旱、大涝各二年;中旱三年,中涝五年;小旱、小涝或无旱、无涝年十一年(表 7.10)。

2. 阶段振动

图 7.14 是每 10 年旱涝强度等级之和值和等级距平累加值变化曲线。图 7.14 中,凡曲线处于下降的时段,则表示以偏旱为主;也就是说,在这一时期内旱的概率相对于涝要来得多,或是强度来得重,或两者兼有;反之,凡曲线处于上升的时段,则表示以偏涝为主;也就是说,在这一时期内涝的概率相对于旱要来得多,或是强度来得重,或两者兼有。

表 7.11 阶段特征数和具体年代表

阶段	偏旱	偏涝	偏旱	偏涝	偏旱	偏涝	偏旱
起止年代	1470—1550	1560—1660	1670—1700	1710—1810	1820—1830	1840—1900	1910—1930
年代数	9	11	4	11	2	7	2
年代距平<0 次数	7	2	4	3	2	1	2
年代距平>0 次数	2	9	0	8	0	6	0
阶段距平和	−2.23	1.37	−4.90	2.10	−6.90	3.10	−3.89

由此出发,纵观 461 年历史时期的旱涝变化全过程,大体上出现了 4 个偏旱时期和 3 个偏涝时期。这 7 个时期的阶段特征和具体年代列于表 7.11,由该表可见,在阶段中,旱、涝存在着较好的异类现象。即在偏旱阶段里出现旱灾的可能性大,而出现涝灾的机遇相对较小;同样地,在偏涝阶段里出现涝灾的可能性大,而出现旱灾的机遇相对较小。可见,福建的旱或涝灾在某一时期内以某一种灾害(旱或涝)占相对优势,而另一时期则以另一种灾害(涝或旱)处于相对优势地位。

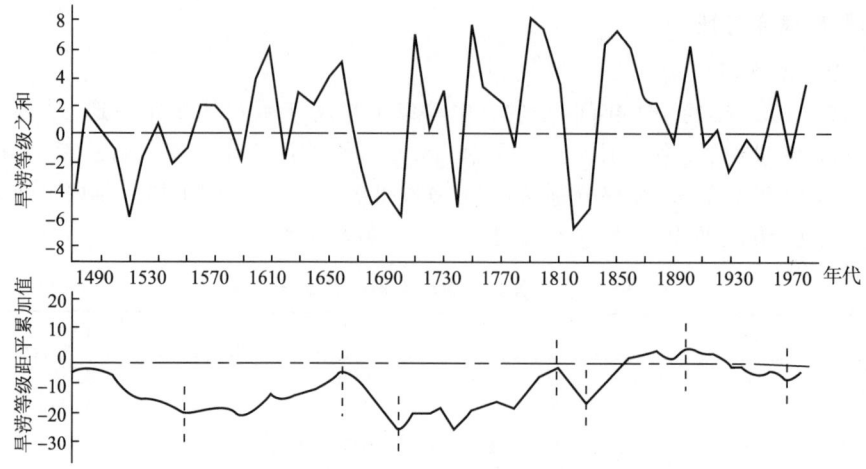

图 7.14 每 10 年旱涝强度等级之和值和等级距平累加变化曲线图

3. 周期振动

为了揭示历史时期旱涝的演变规律,本节将利用方差分析法和功率谱分析法来分析福建历史时期 461 年旱涝演变过程中所蕴含的各种时间尺度不一的周期振动特性,从而了解旱涝的演变规律。

表 7.12 和表 7.13 分别用方差分析法和功率谱分析所计算得出的周期振动长度。综合表 7.12 和表 7.13 可以得知,福建历史时期旱涝的演变存在着较显著的周期振动长度有:准 150 年、准 38~46 年、准 5~8 年和准 3 年。

表 7.12 周期显著性普查计算结果(方差分析法)

周期顺序	周期长度(年)	检验计算值	检验显著性水平值
1	5	4.05	0.05
2	8	1.85	0.10
3	3	1.65	0.20
4	149	1.60	0.05
5	38	1.76	0.05
6	46	1.82	0.05

表 7.13 周期显著性普查计算结果(功率谱分析法)

步长(年)	计算谱值	检验谱值	检验显著性水平值	周期长度(年)
80	0.012	0.011	0.05	5.76
84	0.011	0.011	0.05	5.48
96	0.013	0.011	0.05	4.79
119	0.011	0.010	0.05	3.87
173	0.014	0.008	0.05	2.66
174	0.008	0.008	0.05	2.64
175	0.009	0.008	0.05	2.63
176	0.008	0.008	0.05	2.61
184	0.015	0.008	0.05	2.50
185	0.014	0.008	0.05	2.49

4. 重现现象

研究旱涝气候变化的另一个问题是旱(或涝)的重现性。据此,本节采用自相关分析法来揭示福建历史时期旱涝的重现性问题。即把历史时期的461年旱涝强度等级变化过程分别取后延1年、2年、3年、…、153年(N/3)的间隔年距,然后计算它们之间的自相关系数。由于计算自相关系数的样本数较长,利用检验相关系数置信水平的常规表难于查出自相关系数的显著性;因此,本文按检验相关系数置信水平的基本原理,并以下式进行计算检验,求得自相关系数需达的临界标准值。

$$r_a = t_a \sqrt{N_1 + t_a^2}$$

式中,t_a 为 t 分布的双侧分位数,N_1 为样本数,r_a 为检验自相关系数显著性的临界值。

表 7.14 置信度 $\alpha=0.05$ 的正自相关系数统计表

τ	N_1	$R(\tau)$	临界值
1	460	0.135	0.091
45	416	0.104	0.096
50	411	0.107	0.096
77	384	0.102	0.100
110	351	0.105	0.104
136	325	0.141	0.108
149	312	0.162	0.110

表 7.14 列出显著性水平 $\alpha=0.05$ 的正自相关系数情况表。由表中看出,110年、136年和149年,但重现现象最为显著的时间尺度应为1年、136年和149年,而其中年距为1年的重现现象又可视为持续性;也就是说,若当年发生中等以上干旱(或洪涝),次年仍再度发生中等以上干旱(或洪涝)的可能性很大。例如,在461年的历史时期中,当年发生特旱有17年,而次年仍再度发生中等强度以上干旱的就有8年(其中中旱1年,大旱7年),占47.1%;而无旱、无涝(或小旱、小涝)有9年,无一年转为洪涝年。

同样地,当年发生特涝有15年,而次年仍再度发生中等强度以上洪涝的就有7年,占46.7%;而无涝、无旱(或小涝、小旱)有3年,占20.0%。可见,旱涝演变的重现性具有一定的实际意义。

5. 相关因素分析

气候变化最根本原因应该说是大气环流、海洋、下垫面、太阳活动和人类活动等等多种因素的相互作用、相互制约的结果。就旱涝而言,它有几个因素值得注意。即:

(1)区域的相似性。在华南区域,鹿世瑾等就福州、广州和南宁3地近500年旱涝等级变化进行分析得出,从16世纪以来,三地旱涝变化的大趋势相似,只是旱涝的程度有所不同而已。杨迈里对福建和广东历史气候记载作整理统计得出,16—19世纪期间福州旱涝总年次与广州相差很小,均约10年一遇。

若从周期振动看,福建历史时期旱涝变化存在着较显著的周期振动中,前三个周期长度为5年、8年和3年;而广东、广西两省(区)也类似于福建的周期振动长度,即5年、9年和2年。

由上可见,福建旱涝的出现不是一个孤立的小区域现象,而是一个具有一定气候背景和较大范围气候变化中的一个组成部分。

表 7.15　特旱、特涝年与厄尔尼诺现象年对照表

特旱		特涝	
年例	厄尔尼诺年	年例	厄尔尼诺年
1476	1473—1474	1483	1484
1486	1487—1488	1845	1484
1487	1487—1488	1564	1562
1499	1498—1499	1609	1609—1610
1526	1525—1526	1647	1646
1537	1532—1533	1661	1660—1661
1544	1545	1663	1660—1661
1545	1545	1668	1667
1589	1590—1591	1718	1720—1721
1648	1646	1737	1740
1665	1667	1750	1746—1747
1681	1680—1681	1752	1754—1755
1696	1695—1696	1794	1791—1792
1820	1820—1821	1800	1803—1804
1825	1824—1825	1853	1855
1836	1837—1836		
1883	1880—1881		

(2)厄尔尼诺现象的影响。据王绍武统计的近500年来的厄尔尼诺现象年例,对照福建历史时期中出现的17次特旱年和15次特涝年,结果是在特旱的年份中,有11年发生在厄尔尼诺现象当年及其后1～2年内,有5年发生在前1～2年中(表7.15);可见,特旱年发生在厄尔尼诺现象年附近的概率达65%(11/17)～94%(16/17)。

另外,从特涝年例看,厄尔尼诺现象与特涝年的对应关系不如特旱年,相关性要比特旱年份差一些。但是,从旱涝灾害频率来看,在厄尔尼诺现象年附近易于发生特旱、特涝的现象,尤其特旱现象是一个基本事实。

第三节　福建近50年气候要素的变化

福建气候变化评估是华东区域气候变化的评估的组成部分,是按照统一的技术要求进行的,选取了福建省数据相对完整、通过均一性检验、地理分布较为均匀的15个气象站资料进行分析,但年限从原来止于2007年,延伸到2010年,并增加部分要素的分析。得到的几点事实如下。

一、气温变化的事实

(一)年平均气温升高,冬季变暖显著

最近50年,福建省年平均气温呈上升趋势(图7.15),平均线性增温速率为0.19℃/10a,低于全国平均升温率0.22℃/10a(国家评估报告,2007)。从年代看,1990年代以来变暖明显,从1997年起已连续12年偏高。从区域看,升温速率较快的地区在福建中东部和南部沿

海,西北和西南内陆地区升温速率较慢。从季节看,冬季变暖更为显著。

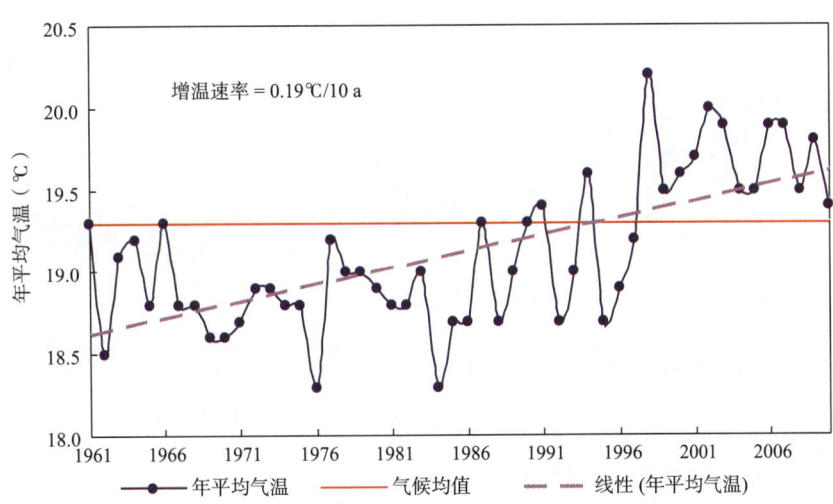

图 7.15　1961—2010 年福建省年平均气温变化

(二)高温日数增多,低温日数减少

福建省年高温日数(最高气温≥35℃的天数)呈增多趋势。近 50 年间共出现三次多高温阶段和两次少高温阶段,2000 年以来高温日数明显偏多(图 7.16)。连续高温日数同样呈增多趋势,尤其 2007 年福州市连续 36 天出现高温,创 1880 年本站有气象记录以来的历史记录。

福建省年低温日数(最低气温≤0℃的天数)呈减少趋势。1960—1980 年代,低温日数较多;1980 年代末以来,低温日数明显减少。

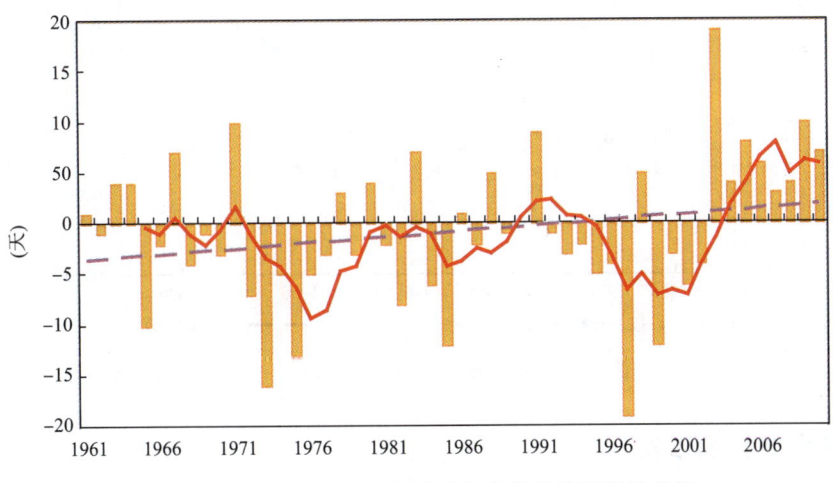

图 7.16　1961—2010 年福建省年高温日数距平及趋势

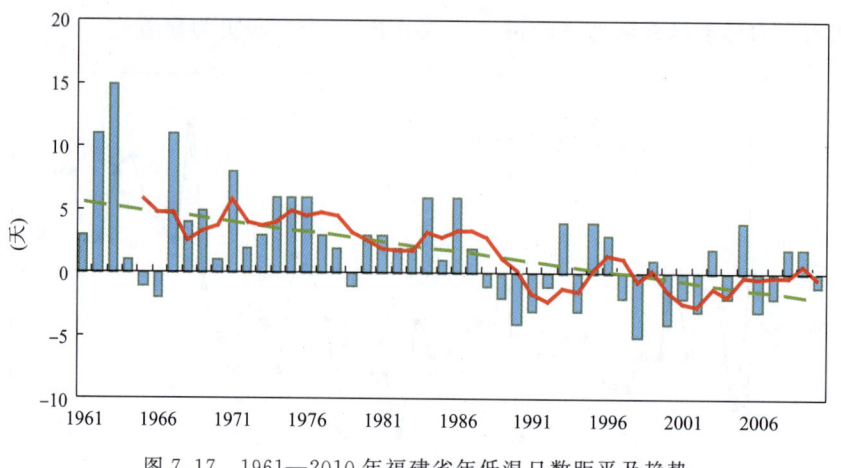

图 7.17　1961—2010 年福建省年低温日数距平及趋势

(三) ≥10℃持续日数增多,相应积温也增多

日平均气温稳定通过≥10℃的持续日数(简称≥10℃日数,下同)和积温(简称≥10℃积温,下同)是衡量作物生长期长短以及提供农业利用热量多寡的重要标志。1961—2010 年福建省≥10℃日数呈上升趋势,增长了约 20 天;≥10℃积温同样呈现上升趋势,增加了约 460℃·d(图 7.18)。这意味着冬天在减短,并意味着农业生产的热量状况对气候变暖的响应是积极的。

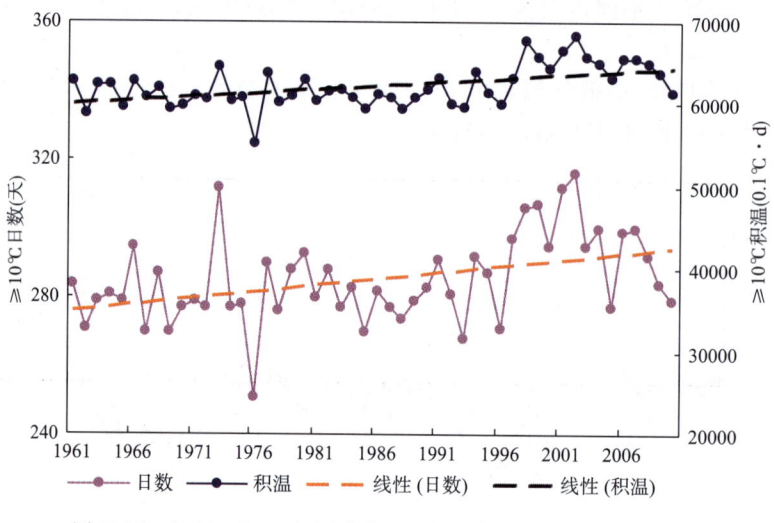

图 7.18　1961—2010 年福建省≥10℃日数、≥10℃积温及趋势

二、降水变化的事实

(一) 年降水量略增多

最近 50 年,福建省年降水量呈微弱的增加趋势(图 7.19),平均线性增加速率 23.1 mm/10a。从年代看,1960—1980 年代为少雨时期,且降水量年际间起伏不明显;1990 年代以来为多雨时期,降水量年际差异较大。从地区看,福建省大部分地区呈增加趋势,以东南部沿海相对明显,中部略有减少。这样的变化趋势,意味着降水量空间分布更加均匀化。

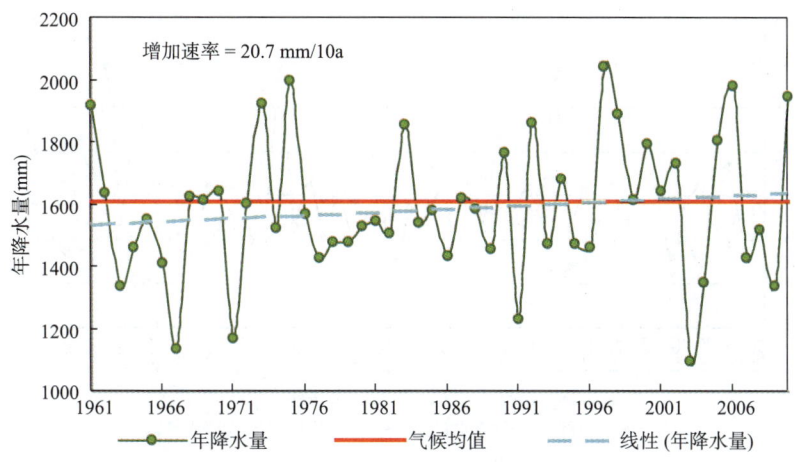

图 7.19　1961—2010 年福建省年降水量变化

(二) 小雨日数减少，暴雨日数增多

福建省降水日数呈减少趋势，以小雨日数减少最明显（图 7.20），暴雨日数反而有所增加（图 7.21），这一特征在雨季尤其明显，这是降水强度增强的信号之一。1998 年以来福建省雨季期间较频繁出现严重的洪涝和罕见的干旱也验证了这一点。

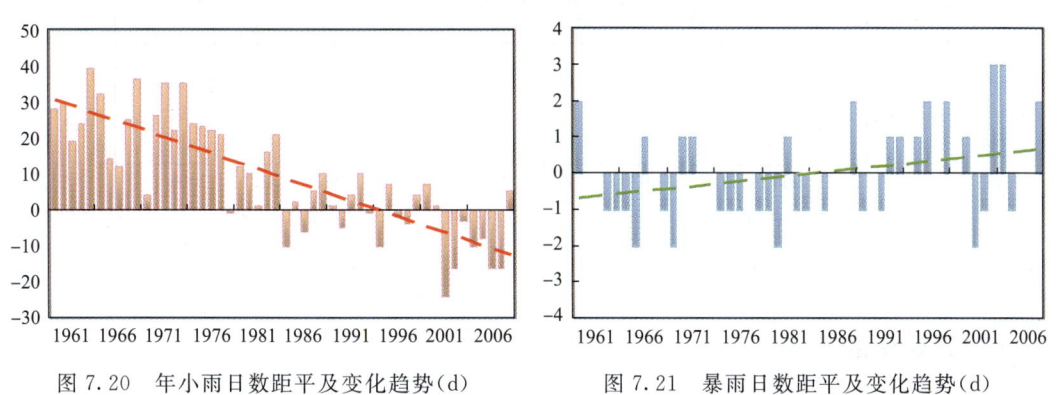

图 7.20　年小雨日数距平及变化趋势（d）　　图 7.21　暴雨日数距平及变化趋势（d）

(三) 连续无降水日增多，连续降水日减少

最长连续无降水日数和最长连续降水日数是气候旱涝的重要指标，与气候干旱和暴雨洪涝关系密切。从图 7.22 可以看出，近 50 年，连续降水日数呈减少趋势，其减少的程度大于无降水日数的增多程度，连续降水日数的减少，并不意味着降水强度的减弱，甚至是降水强度增强的表现。连续无降水日数的增多，容易导致气候干旱。

三、日照变化的事实

1961—2010 年，福建省日照时数呈明显的下降趋势。1990 年代至今，大多年份日照时数均较常年偏少（图 7.23）。2003 年和 2004 年由于多晴少雨，日照时数明显偏多，出现严重的气候干旱。

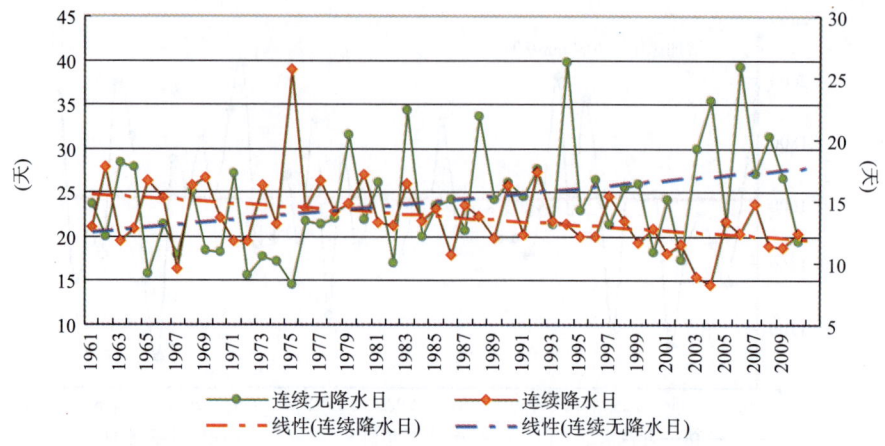

图7.22 1961—2010年福建省连续降水日数和无降水日数的变化趋势

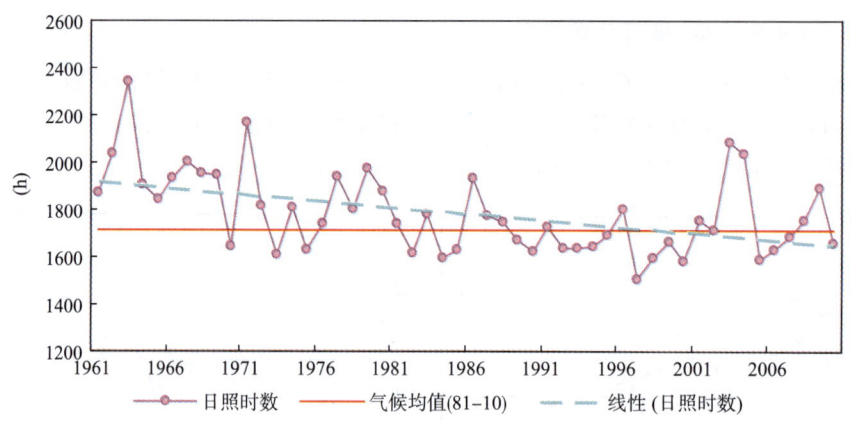

图7.23 1961—2010年福建省年日照时数变化

四、风变化的事实

(一)平均风速减小

从1970年代开始,福建沿海地区的风速逐渐减小,平均每10年减小1~2 m/s(图7.24)。从年代上看,1970—1990年代的减小最明显;从地域上看,平潭和东山两个海岛减小最明显,而崇武位于沿海突出部,减小不如海岛明显。为证明这点,对宁德(沿海地市)和永安的风速年代变化也进行参照分析,结果,宁德由1960年代的1.4 m/s减小到0.9 m/s,而永安风速年代变化不大,甚至反而增大。风速明显减小的原因,尽管不排除气候本身的自然变率,但气象探测环境几乎没有变化的九仙山气象站观测到的风速,就没有明显的减小趋势。因此,气象站周边城镇化进程中,下垫面的明显改变,很可能是风速减小的主要原因。

(二)秋冬季风速减小更明显

从图7.25还可以看出,平潭的平均风速,在风速最大的秋冬季逐年减小最显著;而在风速较小的春夏季逐年减小不如秋冬季明显,尤其在平均风速最小的夏季减小最不明显。这和近20年福建秋冬明显偏暖,冷空气活动趋弱也有关系。

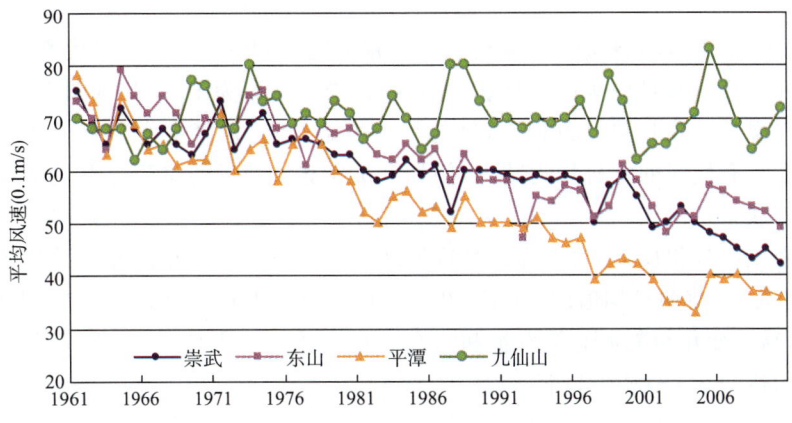

图 7.24 1961—2010 年福建省代表站点年平均风速变化图

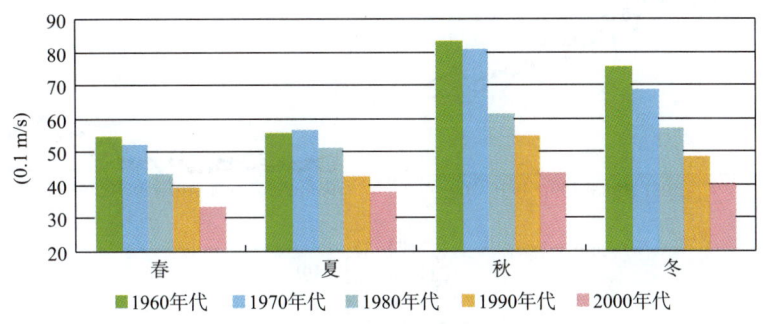

图 7.25 平潭各季平均风速的年代变化

(三)大风日数减少

大风日数总体上呈减少趋势,尤其平潭和崇武大风日数和风速一样,减少或减小最明显。但和风速的减小相比,九仙山大风日数减少更明显(图 7.26)。

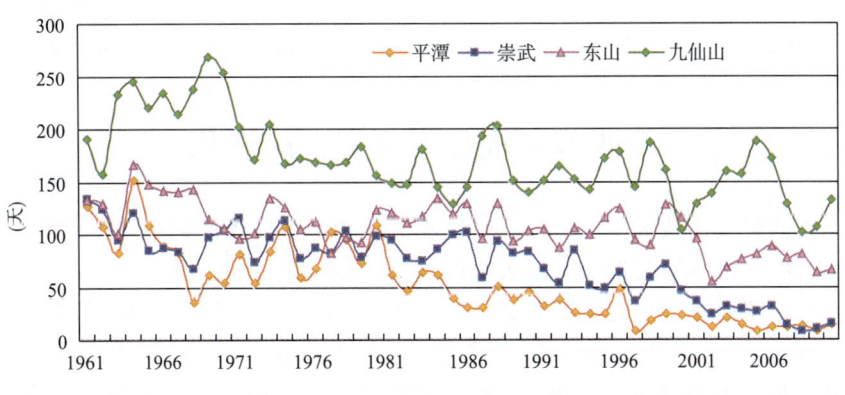

图 7.26 1961—2010 年福建省代表站点年大风日数变化图

五、雾霾日数变化的事实

最近50年,福建省雾日整体上呈现前增后减的趋势,1960—1980年代雾日有不显著的增多,但1980年代后雾日减少趋势显著,平均线性减少速率为12 d/10a(图7.27a)。福建省雾日与平均气温的变化趋势大致相反,这与平均气温升高,空气中水雾出现频率降低有关。但并非福建省所有地区的雾日均为减少,例如上杭年雾日数反而呈现上升趋势,这可能与森林覆盖有密切联系。

与雾日变化趋势相反,福建省霾日呈现增多趋势,尤其2000年后霾日数近乎直线上升,2007年为21天,是前期平均值的10倍(图7.27b)。这与城镇发展,空气中气溶胶颗粒增多有一定关系,霾日变化与能源总消费量和汽车数量变化趋势大体一致(图7.27c,d),两者线性相关系数均达到0.92,相关显著。

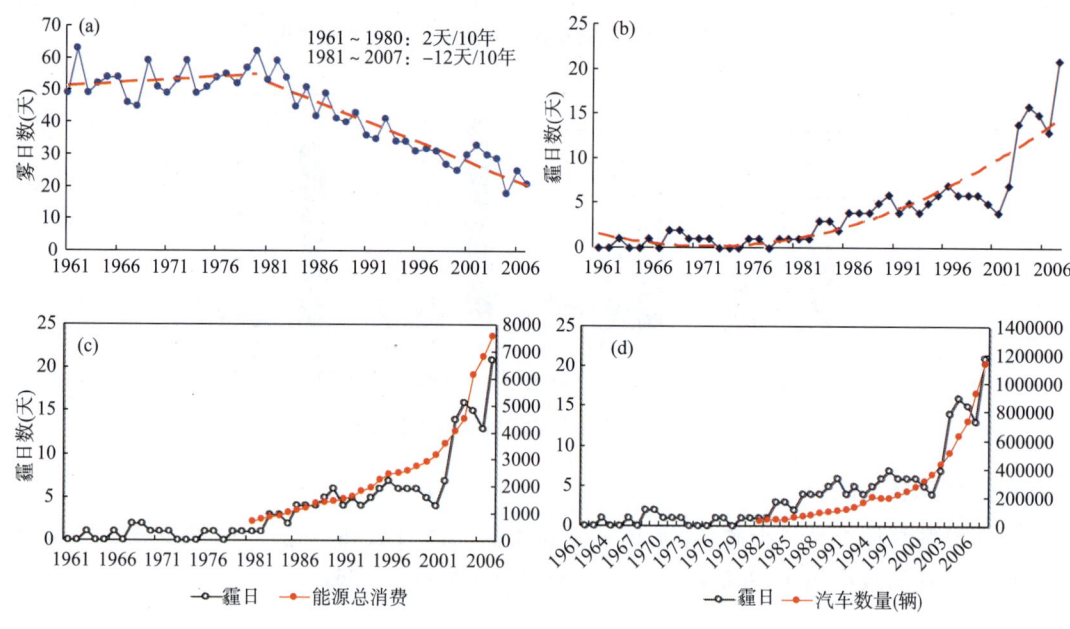

图7.27 福建省年雾日(a)、霾日(b)及能源消费(c)和汽车数量(d)变化趋势

第四节　福建气象灾害的变化

气象灾害的轻重是致灾因子、孕灾环境、承灾体和防灾措施共同影响的产物。致灾因子(不限于灾害性天气气候)是造成气象灾害的最重要和直接的原因。

近50年来,总的来说,气象灾害造成的直接经济损失呈上升趋势(图7.28),1981—2010年气象灾害累计直接经济损失1880亿元,其中,2001—2010年为1160亿元。这既和气候变化伴随的极端天气气候事件增多,灾害性天气气候的强度增强有关,但主要的还是与社会经济规模(承灾体)的扩大有关。但随着经济社会的发展,防灾减灾能力的提高,相对减轻了气象灾害的损失,气象灾害造成的直接经济损失占国民生产总值的比例总体上呈下降趋势。

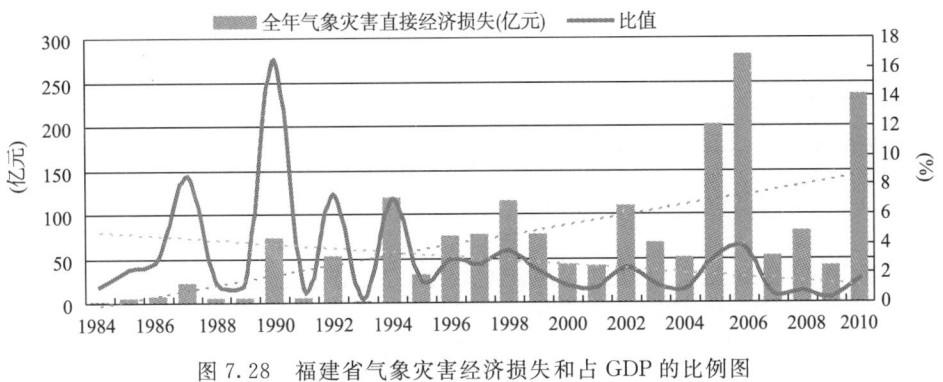

图 7.28　福建省气象灾害经济损失和占 GDP 的比例图

一、台风灾害的变化

(一)台风个数的变化

表 7.16 是百余年来福建登陆台风的变化情况:盛期在 1956—1965 和 1906—1915 两个年段,比常年偏多 30%～50%;1986—1995 和 1886—1895 是两段最少期,较常年偏少 25% 左右;就异常性来看,两个盛期年段各有 3～4 年台风特多,登陆台风每年≥4 个,而 1986—1995 年有半数的年份,福建无登陆台风。有迹象显示,2005 年起可能进入一个新的偏多期,三次偏多相间均为 50 年。

表 7.16　福建登陆台风年段统计

年段	1886—1895	1896—1905	1906—1915	1916—1925	1926—1935	1936—1945	1946—1955	1956—1965	1966—1975	1976—1985	1986—1995	1996—2005	2006—2010
平均次数	1.5	1.9	2.5	1.8	2.0	2.0	1.7	2.9	1.8	1.5	1.4	1.6	3.2
≥4 次年数	0	1	3	0	1	1	1	4	0	0	1	0	2
≥3 次年数	1	4	5	2	2	4	3	7	5	2	2	3	3
≥2 次年数	5	6	6	8	7	5	5	8	5	4	4	3	5
0 次年数	1	3	2	2	0	2	2	1	1	1	4	0	0

(二)福建综合台风指数的波动性

登陆和影响福建的台风其风、雨强度和成灾度大不相同,为此作加权处理,登陆台风权重定为 1,影响台风定为 1/3,而后相加,形成每年的"综合台风指数"(T_k)

$$T_k = T_n + \frac{1}{3} T_n'$$

式中,T_n 是登闽台风数;T_n' 影闽台风数。

图 7.29 是福建 1884—2006 年台风综合指数 5 年尺度的低通滤波分析,127 年间历经了 9 次不同高程、不同跨度的峰期,尤以 1960 年代初最为鼎盛,而逐次谷期中,最少台风活动期出现在 19 世纪末,1983—1987 年是第二个台风活动最少的 5 年,从图 7.29 中可以看出进入 1970 年代以后,福建台风综合指数有 30 余年处在平均偏少期,1990 年代末以来明显回升,2005 年起迈入偏多期。

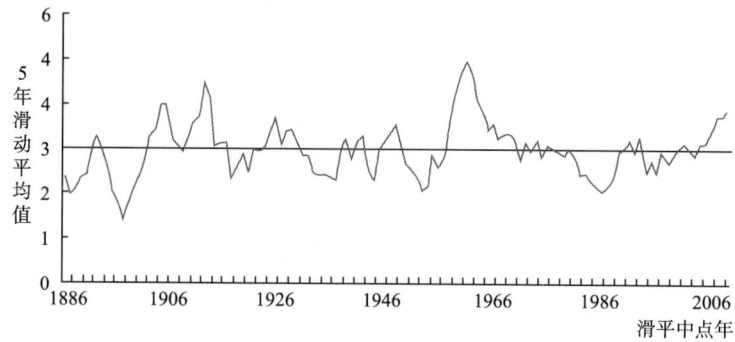

图 7.29 台风综合指数 5 年滑动平均图

(三)台风综合指数的统计周期

方差分析给出,福建台风综合指数(1884—1998 年)有 55 年、7 年、3 年、19 年周期,其叠加波与原序列相当接近,拟合误差≤±0.3 者,占 45%;≤±1.0 者,占 91%(图略)。

功率谱计算指出,综合台风指数有 2.7 年的周期,显著水平 $\alpha=0.05$,这与方差分析得出的 3 年周期接近。

表 7.17 福建台风综合指数的统计周期

周期(年)	55	7	3	19
F	2.16	2.19	1.98	2.04
α	0.05	0.10	0.15	0.05

二、暴雨洪涝的变化

(一)暴雨的变化

大范围高强度的密集降水是致洪的主要原因。洪峰水位、洪峰流量和超警戒水位的历时是判断洪涝等级的三个关键要素,也是部署抗洪减灾的重要依据。

近 50 年来,福建暴雨日数、大暴雨日数和连续性暴雨带来的降水强度呈增多、增强趋势(图 7.21 和[彩]图 7.30),这也是暴雨洪涝灾害损失增多的气象因素。近 50 年来,最强的暴雨过程多出现在最近 20 年的雨季期间,著名的有 1998 年、2002 年、2005 年、2010 年雨季高

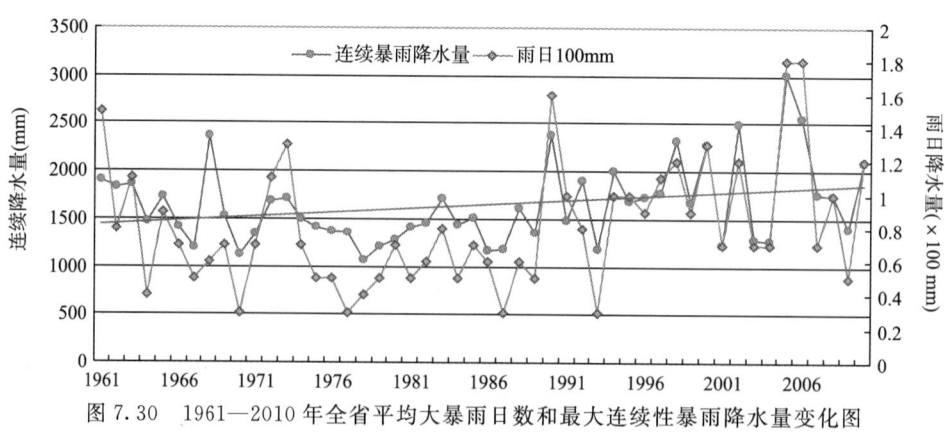

图 7.30 1961—2010 年全省平均大暴雨日数和最大连续性暴雨降水量变化图

峰期的暴雨过程,其暴雨持续时间之长、范围之广、强度之强均不断突破历史记录。

(二)福建洪涝的基本特点

福建所处地理位置、地形地势特点与风系、环流归属,决定福建的水涝灾害有这样五个基本特点。

1. 洪水季节比较稳定

福建的洪汛季节主要集中于春、夏两季的梅雨与台风时期。以闽江为例,年最大洪水最早出现于 4 月上旬,最迟出现于 10 月上旬,高度密集的时段是 5 月下旬—6 月下旬,占 75.0%。就 16 个大洪水年例来看,81.3% 出现于 5 月 20—6 月 29 日。九龙江年最大洪水出现期比较分散,相对高频段在 5 月下旬—6 月中旬(占 25%)和 7 月中旬—9 月中旬(占 49.9%),优势概率在夏季(表 7.18)。

表 7.18 闽江、九龙江年最大洪水旬、月频率分布

水系	4上	4中	4下	5上	5中	5下	6上	6中	6下	7上	7中	7下	8上	8中	8下	9上	9中	9下	10上	10中
闽江(竹歧)	4.7	0	3.1	1.6	3.1	15.6	15.6	18.8	25.0	4.7	1.6	3.1	0	0	1.6	0	0	0	1.6	0
九龙江(中山桥)	0	2.3	0	0	2.3	6.8	11.4	6.8	2.3	4.5	6.8	4.5	11.4	4.5	9.1	6.8	6.8	4.5	2.3	4.5

2. 致洪系统相对常定

闽江年最大洪水 93.0% 为西风带低值系统所致,尤以低空的切变、低涡、西南风急流与地面静止锋的组合为多,单纯台风所致仅占 7%。

九龙江年最大洪水为台风所致,占 71.1%,余者为梅雨时期的低涡切变与低槽冷锋等系统(占 28.9%)。九龙江的七次特大洪水,均为台风所致,尤以粤东台风更居主导地位。

3. 洪水过程来去匆匆

福建的主要水系均源自省境,又由省境入海,流程短,河道比降大,所以洪水过程往往陡升陡降,来去匆匆。因而抗御洪水的警备时间相当紧迫,这就对气象、水文预警系统提出了更高的时效要求。就组织抗洪而言,必须有快速的反应应变能力。

4. 常有潮水顶托作用

除汀江之外,福建各水系均流入台湾海峡,当泄洪时程与天文潮相遇时,受潮水顶托,洪峰水位会叠加抬高,因而会加重灾情,台汛时期这一现象相对多见,福建台风暴雨与天文潮风暴潮合成灾害不乏其例。

5. 洪水有统计周期性

研究发现,福建的水涝有良好的统计规律性,如闽江洪峰强度时序上的集疏性;功率谱给出的结论:7 年周期相当显著。

九龙江也存在 5~7 年一交替的高洪、低洪阶段性。

(三)闽江、汀江、九龙江和晋江洪水的组合特征

根据鹿世瑾对闽江、汀江、九龙江、晋江四水系的组合类型、福建最严重的洪涝的范围等

问题的研究,得到了一些统计事实。

1. 四江同步的概率

同一降水过程四江均创年最高洪峰的实例未发现,$P=0\%$。

2. 三江同步的概率

同一降水过程,有三条江同现年最高洪峰者共见4年,$P=9.3\%$。具体年例是:1948年6月18日(闽、汀、晋);1972年6月6日(闽、汀、晋);1960年6月10—11日(九、晋、闽);1985年6月26—28日(九、晋、闽)。前两例为梅雨暴雨,后两例为台风暴雨,而晋江均在其中,这与它的空间位置有关,南北"逢源"。

3. 两江同步的概率

两两组合概率,高者为$45\%\sim46\%$;低者为$9\%\sim10\%$(表7.19)。

表 7.19 闽、汀、九、晋年最高洪峰同现概率

水系	闽江	汀江	九龙江	晋江
闽江		24/53=45.3%	4/43=9.3%	7/48=14.6%
汀江	45.3%		4/43=9.3%	5/48=10.4%
九龙江	9.3%	9.3%		20/43=46.5%
晋江	14.6	10.4%	46.5%	

4. 闽—汀,九—晋特大洪水呼应关系

闽江特大洪水(竹岐≥15 m)10年,汀江特大洪水(上杭≥186 m)8年,两江重合年仅2年。九龙江与晋江特大洪水(中山桥、石龚站≥14 m)有7年与5年,日期重合者也仅2年。

以上事实说明特大洪涝区域一般不太宽广。原因易于理解,因为暴雨属中小尺度系统,特强降水的空间落区总是有限的,所以不易造成众江同期共现特大洪水。但一江特大、临江低一、二个量级即为"大"、为"中"的洪水组合,其概率还是较高的,所以防灾抗灾仍应从更大的空间着眼。

(四)闽江、九龙江洪涝的时序变化

■闽江

竹岐是闽江下游的控制站,其洪峰水位能反映闽江的洪水强度。这里以竹岐水文站各年的最高洪水位为统计样本,分析洪水强度的年际变化规律。该站标定警戒水位为11.0 m,危险水位为14.5 m。据1934—1997年的资料统计,年平均最高水位为13.60 m,最大16.91 m(1998年),最小10.90 m(1987年),极差6.01 m,标准差1.23 m。

图7.32是竹岐年最高洪水位距平标准差时间剖面和低通滤波处理的3年滑平曲线,盛衰起伏醒目可见。图7.31是功率谱分析给出的结论,这里最大后延M定为样本(64年)的1/4.5,取整数为14,从图7.31可看出,在$L=4$的频段上,谱值显著,相应的周期为

$$T=2M/L=2\times14\div4=7 \text{ 年}$$

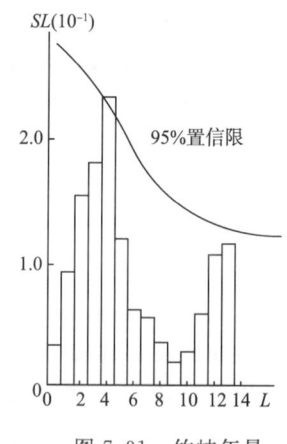

图 7.31 竹岐年最高洪水位功率谱

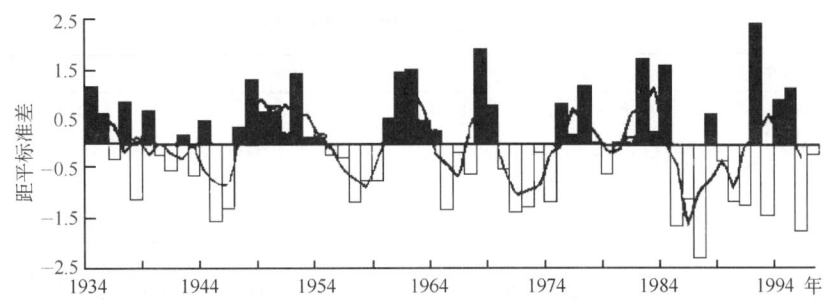

图 7.32　闽江(竹岐)年最高水位距平标准差(直方)与 3 年滑动平均(折线)

表 7.20　闽江(竹岐)各年代最高洪水位的变化特征

年代	1934—1939	1940—1959	1950—1959	1960—1969	1970—1979	1980—1989	1990—1998
平均水位(m)	13.99	13.46	13.57	14.19	13.29	13.49	13.73
极差	2.76	3.40	3.08	3.87	3.02	4.76	5.37
标准差	1.03	1.05	0.90	1.19	1.02	1.54	2.06
变异系数(%)	7.4	7.8	6.7	8.4	7.7	11.4	15.0
15 m 年数	1	1	1	3	1	2	2
12.5 m 年数	1	2	1	1	3	3	4

表 7.21　竹岐超危险水位(≥14.50 m)年的集疏性

出现年	1934	1937→1948、1950	1952→1961	1962→1968	1969→1975	1977→1982	1984→1992、1994、1995、1998
机遇	2/4	3/5	2/2	2/2	2/3	2/3	4/7
间隔	10	8	5	5	4	7	

表 7.20 与表 7.21 显示了闽江洪水活动的两个离散特征:从闽江竹岐有水文记录以来所历经的 7 个年代相比,近 20 年间洪水的高低振动明显加大,这不但在极差、标准差、变异系数上有反映,而且异常水位年的频数明显增多,这与"旱涝频繁"的说法是吻合的。关于闽江大洪水年有集疏性这一气象水文统计事实,早在 1970 年代我们就提出了,并用于洪涝灾害的长期预报,取得了良好的趋势展望效果。自此之后新的水文事实继续维持着大洪水一段密集,一段间歇的特点,这是一条很有价值的统计规律,对防灾减灾的战略部署与具体指挥均有参考意义。

■九龙江

九龙江的控制站是漳州中山桥,记录始于 1953 年。该站的警戒水位是 10 m,危险水位为 12 m。据 1953—1997 年的资料统计,该站年平均最高洪水位是 12.26 m,最大 14.70 m(1985 年),最小 9.34 m(1987 年),极差 5.36 m,标准差 1.21 m。

九龙江年最高洪水位也有时序上的强弱阶段性(表 7.22),高洪期与低洪期大致 4~7 年一交替。45 年间,中山桥超过 14 m 的特大洪水共有 7 年,出现期密集于两段:1960—1963 年占 3 年,1981—1986 年占 4 年,这 7 次特大洪水均为台风所致,且其中 6 次是登陆粤东的台风,尤以登陆汕头地区的台风比重为大,共占 5 次。

表 7.22　九龙江高洪、低洪阶段性

年代	1953—1958	1959—1965	1966—1971	1972—1976	1977—1980	1981—1986	1987—1994	1995—1997
h(m)	11.16	13.24	11.95	12.67	11.44	13.25	11.65	12.91
Δh(m)	−1.10	0.98	−0.31	0.41	−0.82	−0.99	−0.61	0.65
$\Delta h>0$	1	5	1	4	1	4	1	3
$\Delta h<0$	5	2	5	1	3	2	7	0

这里作一点相关交待,位于泉州地区的晋江水系(石砻站水位)年最高洪水位波动,也有强、弱 4~7 年一交替现象,1950—1990 年代,同样历经了八个阶段,不过起止期与九龙江并不同步。

表 7.23 是漳州市中山桥各年代洪水位的变化情况。从中看出,1960 年代和 1980 年代的平均水位最高,变异系数 1980 年代最大,1960 年代居次,相应水位大起大落也以这两个年代最明显;1950 年代与 1970 年代,九龙江盛行低水位状态,极差也较其他三个年代为小。

表 7.23　九龙江(中山桥)各年代最高洪水位的变化特征

年代	1953—1959	1960—1969	1970—1979	1980—1989	1990—1997
平均水位(m)	11.39	12.73	12.11	12.46	12.40
极差	2.47	2.88	2.32	5.36	2.87
标准差	0.96	1.10	0.85	1.77	0.90
变异系数(%)	8.4	8.6	7.0	14.2	7.30
14 m 年数	0	3	0	4	0
11.5 m 年数	3	1	2	3	1

三、气候干旱的变化

1. 气候干旱的年代分布

表 7.24 是各季干旱的频数分布,从中看出春旱以 1940 年代最为频繁,频率为 58.3%,1980 年代相反,未见春旱;夏旱以 1960 年代和 1950 年代最多,占 60%~70%,而 1940 年代最少,仅见 1 年;秋冬旱 1940 年代、1960 年代、1980 年代相近,频率为 40%~50%,1950 年代和 1970 年代相对为小,频率为 20%~30%。

表 7.24　福建 1939—1990 年干旱的年代分布

年代	1937—1950	1951—1960	1964—1970	1971—1980	1981—1990	Σ
春旱	7	3	3	4	0	17
夏旱	1	6	7	4	4	22
秋冬旱	5	3	5	2	4	19

表 7.25 是每个年代中,年内旱季发生数的情况:年内各季均未见干旱的气候概率为 13/52=25%,1940 年代和 1980 年代的无旱年相对多见;年内仅出现一种季节干旱的气候概率是 23/52=44.2%,且各年代的机遇大致相近;一年之内出现两种季节旱的概率是 13/52=25%,除 1960 年代频率偏高外(为 40%),其他各年代为 20%~25%;一年当中,三种季节旱都出现的气候概率为 3/52=5.8,属小概率事件,此 3 年是 1943 年、1954 年、1964 年。

表 7.25　福建 1939—1990 年旱季发生数的年代分布

年代旱季数	1937—1950	1951—1960	1961—1970	1971—1980	1981—1990	Σ
0	4	2	1	2	4	13
1	4	5	4	6	4	23
2	3	2	4	2	2	13
3	1	1	1	0	0	3
Σ	12	10	10	10	10	52

2. 夏旱强度的阶段性

夏旱发生的频率相对为高,强度为重,影响为大。下面看看夏旱时序上的阶段性。

福建常年的平均夏旱指数为 0.55。1939—1991 年间,夏旱指数的起伏变化是:1939—1952 年平均为 0.28,较常年偏小 49%,是夏旱为轻的阶段;1953—1967 年平均为 0.81,较常年偏大 47%,是重夏旱的阶段;1968—1985 年平均为 0.47,较常年偏小 15%,相对为轻,1986 年起又转入一个新的夏旱活跃期,至 1991 年,平均指数为 0.98,比常年偏大 78%,且还在延续(表 7.26)。如上事实所示,福建的夏旱有 15 年以上尺度的强弱交替现象,其背景与西太平洋副热带高压的强度变化有很大关系,在下一节另作介绍。

3. 福建年干旱指数和季干旱指数的时序波动

图 7.33 是年干旱指数的 5 年平滑曲线,升降起伏相当明显,50 余年历经 4 次波动,波峰(干旱明显期)分别出现在 1950 年代中期、1960 年代中期、1970 年代末、1980 年代末,4 个波峰的强度呈降势。

图 7.34 是步长 L 为 12 个季的季干旱指数平滑曲线,图 7.35 是福建年干旱指数周期拟合曲线。图 7.34 中的波形的起伏特征与图 7.35 相似;另一突出特点是由波谷向波峰的发展表现为连续地增长,而由波峰至波谷地下降为振动式的递减,即升、降速率不同。

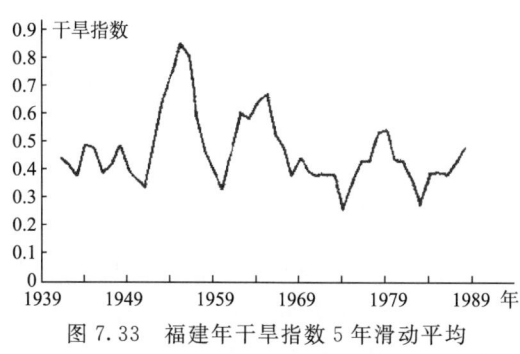

图 7.33　福建年干旱指数 5 年滑动平均

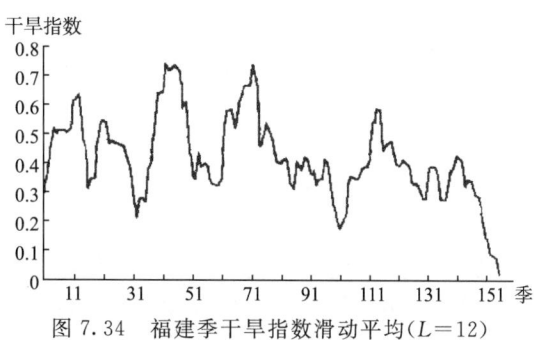

图 7.34　福建季干旱指数滑动平均($L=12$)

分别对年干旱指数序列与季干旱指数序列作周期普查(表 7.27,表 7.28),结论是:年干旱指数有 23 年、4 年、19 年、7 年的周期,按距平性评定,拟合效果为 94.2%;季干旱指数的统计周期为 3 季、51 季、10 季、29 季。

表 7.26　福建夏旱发展的阶段性

年段	1939—1952	1953—1967	1968—1985	1986—1991
平均指数	0.28	0.81	0.47	(0.98)
指数偏大年	1	12	6	(4)
指数偏小年	13	3	12	(2)

表 7.27　福建年干旱指数周期

周期(年)	23	4	19	7
F	2.71	2.01	2.04	2.38
α	0.05	0.05	0.05	0.05

表 7.28　福建季干旱指数周期

周期(季)	3	51	10	29
F	5.51	1.89	3.01	1.81
α	0.05	0.05	0.05	0.05

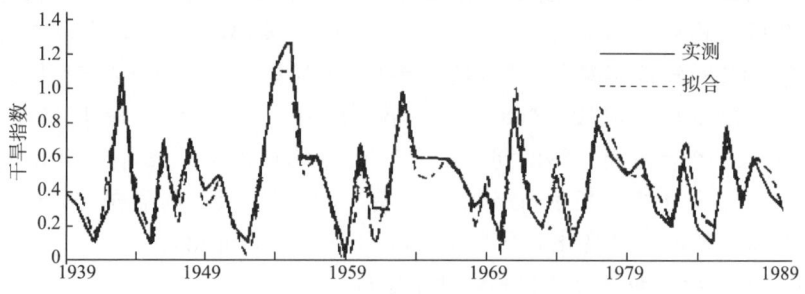

图 7.35　福建年干旱指数周期拟合曲线

四、低温冻害的变化

1. 寒潮

1970 年代末以来,随气候变暖,暖冬盛行,寒潮相对少且弱,无寒潮,甚至无强冷空气的年频率明显高于以往。

从福州来看,1902 年至今,寒潮年均 1.1 次,比较频繁的年代是 1910 年代和 1950 年代;1960 年代中期和 1970 年代中期,寒潮也相当活跃。近百年间,寒潮最多发的年份是 1932—1933 年和 1966—1967 年两个年度的冬天,福州各有 5 次寒潮。另有 7 个年份各有 3 次寒潮,它们是:1950—1951、1953—1954、1954—1955、1955—1956、1975—1976、1977—1978 和 1985—1986 年度的冬天。

2. 倒春寒

近 50 年来,尤其最近 20 年,随着气候变暖,倒春寒出现范围和强度呈减少趋势,这一特点从 1961—2010 年倒春寒出现市县数和累计天数的变化图(图 7.36)中明显地反映出来,线性统计表明,出现市县数和累计天数的变化是相当一致的(线性相关系数为 0.914)。加上农业种植技术的提高和品种结构的调整,倒春寒的影响也成减小趋势。

在福州 1903—1998 年的资料中,早稻育秧期(2 月下旬—4 月上旬)的平均气温较常年偏低 1℃ 以上者共 21 年,其时序分布:1903—1936 年有 13 年,占 61.9％;1937—1968 年仅 1 年,占 4.8％;1969—1998 年为 7 年,占 33.3％。显见,冷春的阶段性是很明显的,跨度 30 年左右。

再就福州稳定通过 12℃ 过程来看,多年平均期是 3 月 21 日,拖至 4 月的甚迟年,共见 16 年,其中 1903—1936 年为 4 年,占 25.0％;1937—1968 年共 2 年,占 12.5％;1969—1998 年是 10 年,占 62.5％(表 7.29)。此一统计数据与本节前面概括的近 20 多年间有冬暖春冷的特点是一致的,稳定通过12℃的回暖拖后是突出特点。

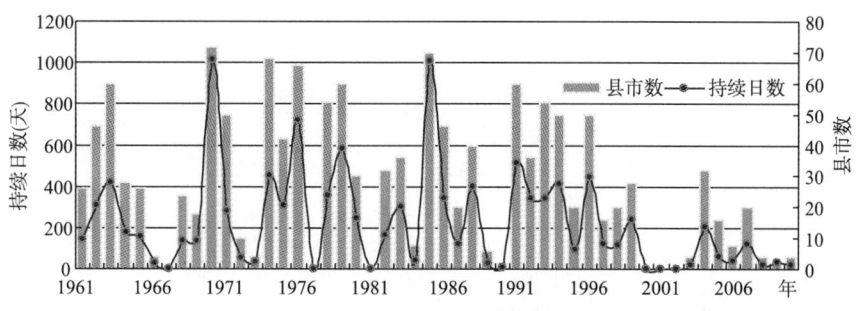

图 7.36　1961—2010 年倒春寒县市数和累计持续日数变化图

从严重倒春寒与中度倒春寒的年频数来看,1961—1998 年共出现 15 年,其中,1961—1978 年有 6 年,占 40%;而 1979—1998 年有 9 年,占 60%,频率高于前者。

以上事实说明福建早春的低温寒害,的确存在较长尺度(20~30 年)的阶段性。

表 7.29　福州春播期特冷年与气温稳定通过 12℃ 特晚年分布

年	1903—1936	1937—1968	1969—1998	合计
春播期特冷年例 $\Delta T \leqslant -1.0℃$	1905、1907、1909、1910、1913、1916、1917、1920、1924、1925、1927、1932、1936	1957	1969、1970、1972、1976、1985、1988、1996	21
稳定通过 12℃ 特晚年例(在 4 月)	1905、1910、1914、1925	1957、1960	1972、1976、1978、1979、1984、1985、1989、1991、1993、1996	16

3. 五月寒

五月寒的迟早与强度关系早稻能否安全孕穗扬花,是制约早稻产量的气候因素之一。

近 50 年来,1970—1980 年代是五月寒相对比较频繁和严重的时期,随着气候变暖,最近 20 年,五月寒出现的范围(表示强度)有明显的减少,出现的天数(表示维持时间)也呈减少的趋势。但 2006 年则是最近 20 年来,五月寒相当严重的一年(图 7.37)。

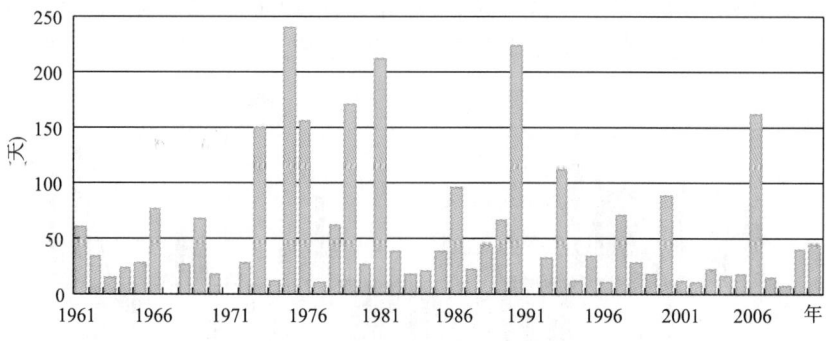

图 7.37　1961—2010 年五月寒累计持续日数变化图

表 7.30 福州 1902—1998 年稳定通过 20℃的 26 次波动过程

序号	1	2	3	4	5	6	7	8	9	10	11	12	13
年段	1903—1905	1906—1908	1909—1913	1914—1916	1917—1920	1921—1926	1927—1928	1929—1931	1932—1937	1938—1939	1940—1945	1946—1948	1949—1950
年数	3	3	5	3	4	6	2	3	6	2	6	3	2
平均期	28/5	7/5	23/5	11/5	1/6	16/5	8/5	10/5	28/5	3/5	25/5	15/5	3/6
早年	0	3	1	3	0	6	0	3	1	2	2	3	0
晚年	3	2	4	0	4	0	2	0	5	0	4	0	2
序号	14	15	16	17	18	19	20	21	22	23	24	25	26
年段	1951—1952	1953—1956	1957—1958	1959—1962	1963—1967	1968—1969	1970—1972	1973—1976	1977—1978	1979—1981	1982—1987	1988—1990	1991—1998
年数	2	4	2	4	5	2	3	4	2	3	6	3	8
平均期	9/5	6/5	19/5	3/6	9/5	1/6	10/5	3/6	19/5	3/6	14/5	29/5	2/5
早年	2	0	2	0	5	0	3	1	2	1	4	0	8
晚年	0	4	0	4	0	2	0	3	0	2	2	3	0

表 7.30 是福州 1903—1998 年五月寒终止期的演变情况,从中看出这样几点事实:

(1)迟、早交替出现,至今经历了 26 次过程。

(2)各过程的长度为 2~8 年:维持 2~4 年者占 73.1%;维持 5~6 年者占 23.1%;维持最长者为 8 年,仅 1 例占 3.8%。

(3)13 个偏早阶段与 13 个偏晚阶段,各自的平均维持期均为 3.69 年。

(4)1991—1998 年,福州稳定通过 20℃的时间,均较常年(22/5)提早,不论平均期或维持期均突破近百年的历史记录。这一局面的环流背景是同期西太平洋副热带高压连续偏强。

在福州近百年资料中,5 月下旬至 6 月上旬,维持 4 天以上的特强五月寒过程共见 14 年,1910 年代、1970 年代与 1980 年代各见 3 年,是多发的年份;1960 年代有 2 年,21 世纪之初和 1930 年代、1950 年代各 1 年;而 1940 年代与目前的 1990 年代没出现,这一现象与 1940 年代和 1990 年代为偏暖时期一致的。

4. 寒露风

图 7.38 是福州、浦城、南平、长汀、龙岩、漳州六站 1936—1998 年寒露风距平标准差与三年滑动平均图,盛行迟早的起伏相当明显,1950 年代中后期与 1960 年代中期至 1970 年代

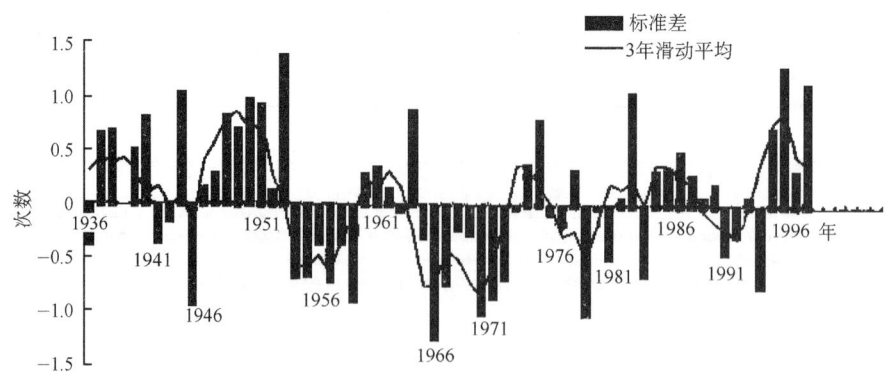

图 7.38 福州等六站寒露风距平标准差与 3 年滑动平均

初是近60余年福建寒露风活动明显偏早的阶段。功率谱分析给出的结论,福州等六站的寒露风活动期序列有12年与24年的统计周期。

五、高温热浪的变化

盛夏的高温热浪一会影响工业生产、交通运输、能源供应;二会使水稻生长和水产养殖遭受高温、气候干旱叠加之害;三易导致季节性病疫的蔓延发展而危及人们健康。随经济和社会的发展,高温、热浪也迈入了灾害之列,并愈来愈引起人们的关注,譬如商业活动就十分注重盛夏的高温信息。

据福州1902年以来的记录,夏季的气温发展历经了5个阶段,包括3个热期2个凉期。3个热期分别出现于20世纪的初叶;1940—1950年代;1980年代至今。尤以1940—1957年夏季最热,18年间福州的平均极端最高气温为38.9℃,超过35℃的日数达32天;1977年至今,平均极端最高气温为38.5℃,高温日数为30天(图7.39)。

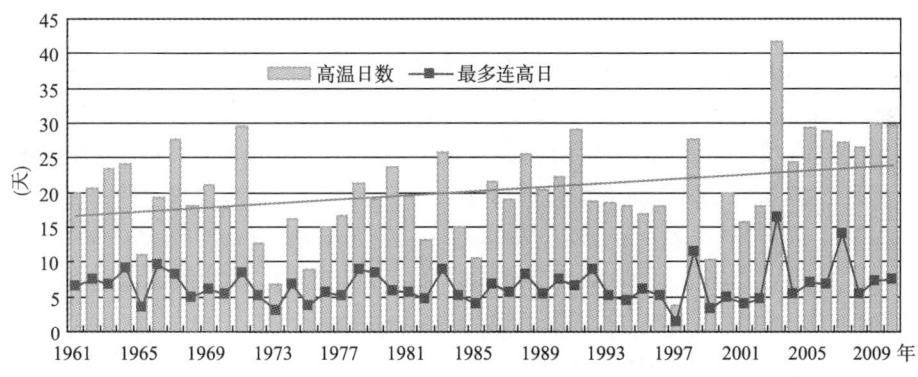

图7.39　1961—2010年平均高温日数和最长连续高温日数变化图

近20年来,虽然,夏季气温上升不明显,但1998年、2003年和2007年的高温热浪还是相当突出的,极端最高气温、高温日数、连续高温日数频频创记录。以福州为例,2003年福州高温日数63天,38℃的酷热天气多达21天,其中,最长连续7天,均创历史记录;2007年连续高温日数达36天,创新的历史记录。此外,还有高温来得早、结束迟的特点。

第五节　福建极端天气气候的变化

IPCC第四次评估报告将极端天气事件定义为对　特定时间和地点,发生概率极小的事件,通常发生概率只占该类天气现象的10%或者更低,从这样的定义来看,极端天气气候事件有气象统计上的标准,但还是没有影响后果的标准。目前,我们一般地把极端天气气候事件定义为在一定时期内,某一区域或地点发生的出现频率较低的或有相当强度的且对人类社会有重要影响的天气气候事件。

我们认为,极端天气气候事件,是以极端天气气候为出发点,以极端影响后果为着落点,包括天气气候的极端,也包括影响后果的极端。因此,气候影响极端事件定义应该包括3个重要属性:一是侧重天气气候本身发生的频率相对较低,本研究取5%的发生概率;二是天气气候事件有相对突出的强度值;三是天气气候事件导致了严重的社会影响(包括经济损失)。

对某一具体的极端事件,可能不会同时满足以上3个属性要求,但第三个属性——极端天气气候事件导致了严重的社会影响是必须的,不可缺的。显然,没有影响后果,即使是异常气象,也谈不上极端天气气候事件。

一、雨季极端暴雨洪涝的变化特征和极端化指标

(一)雨季极端暴雨指数的确定

极端天气气候既要考虑适当的空间代表性(兼顾局地性影响),又要考虑时间的适当持续性(兼顾偶然性影响)。雨季暴雨洪涝是影响福建最严重的气象灾害之一,闽江流域的南平和三明两市又是福建雨季暴雨中心。根据福建雨季降水集中区和集中期的分布情况(和大气环流和地理环境有关),选择闽江流域的南平和三明等地市23个县(市)气象站4月21日—7月10日雨季期间,平均降水量Z_1、最大连续降水量Z_2、一日最大降水量Z_3、累计暴雨日数Z_4、累计大暴雨日数Z_5、平均最多连续暴雨降水量Z_6和平均最多大暴雨降水量Z_7共7个特征指标。

分别计算各特征指标20年重现期的临界值(PⅢ法,相当于5％的出现概率),用实况数值与临界值的比值作为极端指标。并认为,当指标值大于1的时候,属于本指标的极端现象。由于极端暴雨是由多个指标决定的,并考虑极端天气气候的非线性效应,经过多次试验和调试,定义指数ZH为综合的极端暴雨指标

$$ZH=[(a_1Z_1^2+a_2Z_2^2+a_3Z_3^2+a_4Z_4^2+a_5Z_5^2+a_6Z_6^2+a_7Z_7^2)/(7 \cdot a_v)]/2$$

式中,$a_1 \sim a_7$分别为$Z_1 \sim Z_7$与暴雨洪涝造成的直接经济损失的相关系数,a_v为$a_1 \sim a_7$的平均值。根据统计,得出

$$a_1=0.5546, a_2=0.5717, a_3=0.6587, a_4=0.5671,$$
$$a_5=0.7319, a_6=0.6951, a_7=0.7562, a_v=0.6479$$

选择1987—2009年做线性相关分析,发现累积大暴雨日数Z_5和最大持续大暴雨降水量Z_7与直接经济损失的线性关系最好;利用逐步回归法分析,也发现最大持续大暴雨降水量Z_7,通过显著性检验,复相关系数为0.756,与直接经济损失的关系最密切,而其累计大暴雨日数Z_5是未通过显著性检验,但最接近通过检验的,这说明,连续性的大暴雨是造成极端暴雨洪涝的最重要因素。所以用平方和的方式计算ZH,目的是为了扩大强指标的影响,减少平均化的影响,以突出极端天气气候的极端性。

极端多雨和极端少雨都属于极端降水的情形,故定义ZH距平绝对值为极端降水指数J

$$J= | ZH-ZP |$$

式中,ZP为1961—2009年ZH的平均值,并进行10年的滑动平均,形成新的J_{10}指数,用于分析极端降水的年代变化特征,也用于各年代的比较。

(二)雨季极端暴雨指数的统计结果

统计结果如表7.31,J_{10}指数的变化如图7.40,各年代福建雨季极端指数J比增率见表7.32,闽江流域雨季1961—2010年各年代各级暴雨累计出现次数见表7.33。

表 7.31 福建雨季降水逐年极端指数一览表

年份	Z_1	Z_2	Z_3	Z_4	Z_5	Z_6	Z_7	ZH	J	J_{10}
1961	0.6588	0.5957	0.4944	0.656	0.56	0.6444	0.4966	0.5852	0.0181	
1962	1.1116	0.9674	0.5908	1.048	0.72	0.8739	0.6949	0.8593	0.2922	
1963	0.6397	0.7185	0.5599	0.52	0.4	0.4887	0.3646	0.5282	0.0389	
1964	0.6906	0.6598	0.4804	0.568	0.28	0.6086	0.2373	0.5156	0.0515	
1965	0.6241	0.5565	0.6109	0.376	0.08	0.3702	0.0828	0.4263	0.1408	
1966	0.7575	0.6472	0.4847	0.608	0.52	0.4956	0.4391	0.5628	0.0043	
1967	0.6301	0.804	0.9648	0.528	0.52	0.5309	0.5185	0.6571	0.0900	
1968	1.0201	0.9397	0.762	1.128	0.72	1.0569	0.6635	0.9001	0.3330	
1969	0.6682	0.7335	0.7443	0.488	0.56	0.456	0.5971	0.6120	0.0449	
1970	0.7743	0.7687	0.6749	0.552	0.4	0.4491	0.3885	0.5779	0.0108	0.1024
1971	0.5542	0.5185	0.5379	0.264	0.2	0.2822	0.1806	0.3825	0.1846	0.1191
1972	0.5203	0.4754	0.3711	0.44	0.08	0.3203	0.0636	0.3510	0.2161	0.1115
1973	0.9256	0.8644	0.5509	0.648	0.32	0.481	0.2969	0.6018	0.0347	0.1111
1974	0.6977	0.6524	0.4991	0.432	0.24	0.4456	0.2189	0.4695	0.0976	0.1157
1975	0.8581	0.9146	0.8443	0.528	0.52	0.6194	0.5479	0.6974	0.1303	0.1146
1976	0.7973	0.8023	0.4052	0.616	0.24	0.4837	0.1949	0.5307	0.0364	0.1178
1977	0.8674	0.8839	0.5642	0.712	0.32	0.5521	0.288	0.6142	0.0471	0.1136
1978	0.6176	0.599	0.5102	0.536	0.24	0.381	0.2018	0.4516	0.1155	0.0918
1979	0.5684	0.4746	0.4347	0.544	0.16	0.3887	0.132	0.4032	0.1639	0.1037
1980	0.5746	0.66	0.4847	0.216	0.16	0.2795	0.1368	0.3930	0.1741	0.1200
1981	0.4755	0.464	0.593	0.232	0.08	0.2218	0.0793	0.3496	0.2175	0.1233
1982	0.7788	0.7691	0.6508	0.656	0.76	0.8324	0.7175	0.7411	0.1740	0.1191
1983	0.6431	0.7121	0.548	0.44	0.4	0.4125	0.3557	0.5053	0.0618	0.1218
1984	0.6882	0.6651	0.7785	0.488	0.56	0.5625	0.6033	0.6255	0.0584	0.1179
1985	0.4152	0.48	0.4416	0.208	0.08	0.1769	0.067	0.3007	0.2664	0.1315
1986	0.6103	0.5812	0.4218	0.456	0.2	0.3552	0.1621	0.4125	0.1546	0.1433
1987	0.5365	0.4644	0.5081	0.216	0.08	0.2018	0.0752	0.3375	0.2296	0.1616
1988	0.5952	0.6479	0.8828	0.32	0.32	0.3495	0.3133	0.5233	0.0438	0.1544
1989	0.6878	0.6939	0.6548	0.456	0.32	0.308	0.2818	0.5011	0.0660	0.1446
1990	0.4709	0.4299	0.3391	0.288	0	0.2345	0	0.2931	0.2740	0.1546
1991	0.3766	0.3892	0.4103	0.192	0.04	0.2095	0.0342	0.2696	0.2975	0.1626
1992	0.9149	0.7768	0.6918	0.8	0.6	0.6613	0.5766	0.7131	0.1460	0.1598
1993	0.779	0.8814	0.6271	0.464	0.24	0.406	0.2237	0.5469	0.0202	0.1556
1994	0.8177	0.7578	1.2406	0.84	0.92	0.8654	1.0144	0.9428	0.3757	0.1874
1995	0.8665	0.8801	0.635	0.848	0.8	0.6294	0.7237	0.7676	0.2005	0.1808
1996	0.4655	0.4418	0.5056	0.352	0.2	0.3998	0.1813	0.3744	0.1927	0.1846
1997	0.7535	0.6873	0.6667	0.528	0.36	0.4756	0.3447	0.5512	0.0159	0.1632
1998	0.8723	1.0627	0.9184	0.896	1.44	1.1918	1.3933	1.1551	0.5880	0.2177
1999	0.6523	0.556	0.4966	0.512	0.56	0.5625	0.4877	0.5462	0.0209	0.2132
2000	0.6678	0.5939	0.4923	0.64	0.48	0.6824	0.4227	0.5690	0.0019	0.1859

续表

年份	Z_1	Z_2	Z_3	Z_4	Z_5	Z_6	Z_7	ZH	J	J_{10}
2001	0.6809	0.662	0.7044	0.52	0.28	0.3741	0.2818	0.5149	0.0522	0.1614
2002	0.7808	0.8519	0.9561	0.768	1.12	1.0584	1.2182	0.9971	0.4300	0.1898
2003	0.4438	0.4734	0.8206	0.264	0.44	0.4164	0.5075	0.5095	0.0576	0.1935
2004	0.5174	0.5087	0.4222	0.448	0.24	0.3206	0.1915	0.3841	0.1830	0.1743
2005	1.0387	1.0753	1.251	1.248	1.16	1.3253	1.1402	1.1844	0.6173	0.2160
2006	0.9187	0.8761	0.6832	0.96	0.92	0.8047	0.9104	0.8701	0.3030	0.2270
2007	0.5333	0.5236	0.3833	0.208	0.04	0.2111	0.0315	0.3215	0.2456	0.2499
2008	0.4854	0.5629	0.3078	0.176	0	0.1845	0	0.3027	0.2644	0.2176
2009	0.5354	0.4907	0.379	0.584	0.04	0.4045	0.0315	0.3930	0.1741	0.2329
2010	0.9986	1.0358	0.9586	1.064	1.36	1.2649	1.2962	1.1645	0.6008	
相关系数	0.5546	0.5717	0.6587	0.5671	0.7319	0.6951	0.7562	0.7310		

表 7.32 各年代福建雨季极端指数 J 比增率

年代	1961—1970	1971—1980	1981—1990	1991—2000	2001—2009
平均 J_{10}	0.1024	0.1200	0.1546	0.1859	0.2329
比增率(%)		17	29	20	25

表 7.33 闽江流域雨季 1961—2010 年各年代各级暴雨累计出现次数［单位：县市（天）数］

年代	1961—1970	1971—1980	1981—1990	1991—2000	2001—2010	累计
累积暴雨日数	809	617	470	759	784	3439
（大暴雨日数）	(119)	(62)	(70)	(141)	(140)	(532)
（占暴雨日比例）	(15%)	(10%)	(15%)	(19%)	(19%)	
连续 3 天 50 mm 暴雨次数	19	3	4	20	42	88
连续 4 天 50 mm 暴雨次数	5	2	2	6	13	28
连续 2 天 100 mm 暴雨次数	3	1	2	5	14	25
200 mm 暴雨次数	3	1	2	4	12	22
300 mm 暴雨次数	0	0	0	2	1	3

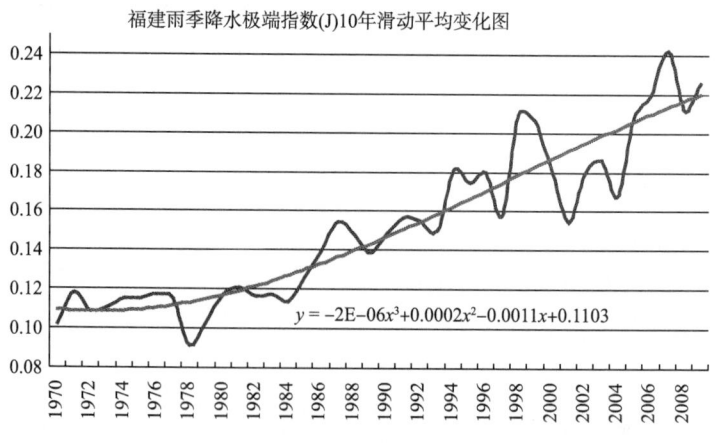

图 7.40 福建雨季降水极端指数 J_{10} 年滑动平均变化图

根据表7.31、表7.32、表7.33和图7.40可以得到以下事实:

(1)近49年以来降水极端 J 指数呈明显的上升趋势,表明极端降水(包括极端多雨、强降水和极端少雨)呈增多的趋势。

(2)最强雨季的前5名(1994年、1998年、2002年、2005年、2010年),均出现在近20年,这在水文部门统计的闽江前大大洪水(均出现在雨季)中也有很好的对应(表7.34);最弱雨季的前5名,除1985年以外,也均出现在近20年。这说明近20年福建雨季降水确实存在年际"强弱"两极分化的特征。

(3)表7.32还意味着,在气候变化的大背景下,近10年,福建雨季出现极端降水的概率比1980年代增长了52%,和1960年代和1970年代相比翻了一番。

(4)根据 ZH 指数,1998年、2005年和2010年属于极端雨季暴雨年。2002年为近极端暴雨年。其中,2010年福建雨季也属于极端年景。

表 7.34 闽江前五大洪水统计

站名	序号	洪号	洪峰			
			日	时	水位(m)	流量(m³/s)
闽江竹岐(二)	1	19980623	23	1400	14.71	33800
	2	20060607	7	1950	11.94	30600
	3	19920707	7	1300	14.27	30300
	4	20050623	23	0610	11.82	29400
	5	20100619	19	0800	11.02	29300

二、冬季极端低温冻害的变化特征和极端化指标

气候变暖是当今国际热点问题,并普遍认为冬季变暖更明显。《气候变化国家评估报告》也显示,中国1951—2001年春夏秋冬各季平均气温都呈上升趋势,其中冬季上升趋势最明显。由此暖冬随着气候变暖日益引起人们的关注。不过,暖冬的背景下也可能出现冬季异常寒冷的情况。福建近代史上曾出现"寒冬",如1892年11—12月初连降数场大雪,海岛平潭也平地积雪三尺。而近20年,在冬季气温增暖的背景下,福建也多次出现比较罕见的低温冰雪天气。同样是暖冬,其气温的时段分布还存在三种可能:一是一致偏暖型;二是隆冬偏暖,前后冬偏冷;三是隆冬偏冷,前后冬暖。显然,第三种气温分布呈冷暖两极分化,给人的"体感温度"会更低,影响也更大,更容易造成低温冻害事件。福建省2008年冬季就是这种典型例证。2008年冬季虽然平均气温偏高,但时段性持续低温和严重的冻害却是历史上最突出的一年。这说明单用冬季平均气温来反映冬季气温变化及其影响还存在不足。福建冬季低温影响在西北部地区,主要影响交通、供电、供水和林业,以及引发的次生灾害。南部地区虽然低温程度不及西北部地区,冰雪也少见,但相对低温对种植面积较大的亚热带经济作物影响很大。

(一)冬季极端低温指数的确定

为此,为了反映全省性冬季极端低温过程的影响,我们在全省范围统计经过极端化均一化处理的"极低气温(T_1)"、"日平均气温≤5℃日数(T_2)"、"最冷月平均气温(T_3)"、"最冷周平均气温(T_4)"、"最暖月和最冷月气温差(T_5)"、"累计降雪日数(T_6)"共6个指标。"冬季

最冷月是以逐日滚动的方式分别统计出最冷的 30 天(7 天)平均气温定义为冬季最冷月(最冷周)(同理统计,"最暖月"和"最暖周")。并合成综合的冬季极端低温指数 T_J

$$T_J = \frac{\sqrt{T_1^2 + T_2^2 + T_5^2 + T_6^2}}{2 T_3 T_4}$$

(二)冬季低温指数的统计结果

逐年各低温指数统计结果如表 7.35,年极端低温指数如图 7.41。

表 7.35　福建逐年冬季低温指数一览表

年份	极低气温指数	低温日数指数	最冷月指数	最冷周指数	冷暖差指数	累计降雪指数	极端低温指数 T_j	T_{j10}
1960	0.8857	0.7619	1.3175	1.6061	0.3857	0.0706	0.5991	
1961	0.8000	0.8571	1.1746	1.4545	0.7714	0.0882	0.7608	
1962	1.0429	1.2143	0.9841	1.2727	0.7143	0.2176	1.1159	
1963	0.3571	0.6667	1.3651	1.4242	0.5286	0.5588	0.5471	
1964	0.5000	0.6667	1.4762	2.1818	0.6714	0.0412	0.4220	
1965	0.5429	0.5238	1.6190	2.1818	0.3714	0.2000	0.3252	
1966	0.9714	0.7619	1.2222	1.5455	0.7571	0.7941	0.8498	
1967	0.7143	0.9524	0.8889	0.9697	0.4286	1.0765	1.2652	
1968	0.6857	0.5476	1.3333	1.3333	1.0000	0.6529	0.7860	
1969	0.7143	0.8095	1.2222	1.3939	0.6286	0.4294	0.7156	0.7387
1970	0.6857	0.7381	1.1587	1.3030	0.7857	0.6824	0.8335	0.7621
1971	0.4857	0.6429	1.4603	1.4545	0.3857	0.3471	0.4650	0.7325
1972	0.3714	0.3571	1.5556	2.1818	0.5857	0.0412	0.2998	0.6509
1973	0.9143	0.9762	1.1111	1.3636	0.4143	0.2059	0.8130	0.6775
1974	0.2571	0.3810	1.6349	2.4242	0.3714	0.0118	0.2099	0.6563
1975	0.7857	0.9048	1.0317	1.0303	0.7714	0.0882	0.9793	0.7217
1976	0.6714	0.9048	1.0794	1.0000	0.7000	1.1941	1.2147	0.7582
1977	0.6571	0.6667	1.5238	1.6970	0.6143	0.5294	0.5446	0.6861
1978	0.6000	0.4524	1.6508	2.1515	0.3857	0.2647	0.3321	0.6408
1979	0.4571	0.6667	1.2381	1.1212	0.8286	0.9176	0.8865	0.6578
1980	0.5714	0.6905	1.3651	2.1515	0.5143	0.0882	0.4279	0.6173
1981	0.6000	0.7143	1.4921	2.1515	0.2857	0.0471	0.3855	0.6093
1982	0.5429	0.7143	1.3810	1.8182	0.3429	0.1765	0.4358	0.6229
1983	0.7429	0.9762	1.0476	1.3939	0.4857	0.6059	0.8495	0.6266
1984	0.6571	0.5714	1.2063	1.5455	0.6429	0.1353	0.5649	0.6621
1985	0.7714	0.9048	1.2540	1.6970	0.4000	0.3647	0.6333	0.6275
1986	0.4857	0.5952	1.6508	2.6364	0.3571	0.0176	0.2872	0.5347
1987	0.4286	0.5714	1.5238	2.2121	0.4571	0.1118	0.3294	0.5132
1988	0.4000	0.6429	1.3651	2.1818	0.5000	0.3059	0.3923	0.5192
1989	0.3143	0.4762	1.6032	2.1515	0.4143	0.3824	0.3054	0.4611
1990	0.1857	0.4048	1.6349	2.5455	0.4143	0.0118	0.2109	0.4394
1991	0.9714	0.5952	1.3016	1.7273	0.6286	0.1176	0.6161	0.4625

续表

年份	极低气温指数	低温日数指数	最冷月指数	最冷周指数	冷暖差指数	累计降雪指数	极端低温指数 T_j	T_{j10}
1992	0.7000	0.5952	1.2381	1.2121	0.8429	0.8647	0.8758	0.5065
1993	0.5571	0.5952	1.5714	1.7879	0.3143	0.0647	0.3696	0.4585
1994	0.5429	0.4524	1.4286	1.9091	0.8000	0.0765	0.4582	0.4478
1995	0.5286	0.8095	1.4444	1.3333	0.2571	0.4000	0.5490	0.4394
1996	0.4286	0.6429	1.5079	2.1212	0.3857	0.0882	0.3432	0.4450
1997	0.2000	0.3571	1.4286	1.9394	0.7429	0.1529	0.3661	0.4487
1998	0.2571	0.4286	1.7302	2.3636	0.4429	0.1059	0.2364	0.4331
1999	1.0000	0.5952	1.5079	1.4242	0.4000	0.1941	0.6011	0.4626
2000	0.1286	0.3095	1.7937	2.8182	0.3429	0.0059	0.1508	0.4566
2001	0.4143	0.5476	1.5238	2.1212	0.5286	0.0176	0.3409	0.4291
2002	0.2857	0.5476	1.4286	2.1818	0.6857	0.1824	0.3768	0.3792
2003	0.6286	0.7619	1.2540	1.5758	0.6857	0.4353	0.6433	0.4066
2004	0.7857	0.5952	1.2857	1.6364	0.7000	0.2765	0.6046	0.4212
2005	0.6286	0.5000	1.5714	2.1515	0.4143	0.0765	0.3488	0.4012
2006	0.4143	0.4762	1.5873	2.4848	0.5571	0.0412	0.3001	0.3969
2007	0.4571	0.6190	1.1270	1.6364	0.9857	0.1706	0.6572	0.4260
2008	0.7000	0.6429	1.3810	1.7273	1.0571	0.2059	0.6576	0.4681
线性递减率	−0.0051	−0.0058	0.0118	0.0050	0.0004	−0.006	−0.0073	

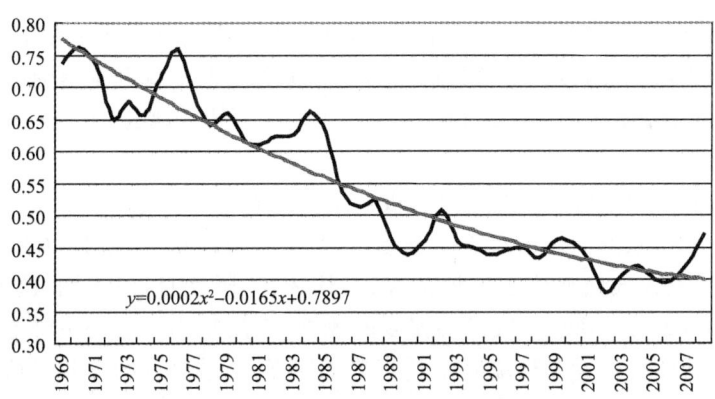

图 7.41　福建冬季极端低温指数滑动平均(T_{j10})变化图

(三)冬季低温指数的分析

根据表 7.35 和图 7.41 可以得到以下事实：

(1)合成的极端低温线性递减率最大，初步达到了要突出极端指数的集成目的。

(2)冬季极端低温指数总体上呈明显的减小趋势，这可能和冬季气温上升有关，也符合暖冬的变化趋势。1962 年、1967 年和 1976 年是典型的极端低温的冬季，极端气温低、低温时间长、降雪范围广。

(3)冬季降雪减少最显著，日平均气温≤5℃低温日数减少次之，和感性认识比较符合。最冷月和最冷周都呈上升趋势，但最冷周上升趋势更明显一些。

(4)冬季平均极端最低气温，前 4 名分别为 1962 年(1961—1962 年冬季，下同)、1999

年、1966年和1991年,近代20来,在气候变暖的背景下,竟然占了2年,说明,暖冬变化下有极端低温过程的存在。1991年12月29日建宁县极端最低气温-12.8℃为全省气象站观测到的最低气温。冬季冷暖月温度差最大的分别是2008年、1968年、2007年、1992年,再次说明暖冬背景下,冬季的冷暖会更加悬殊。2007—2008年冬季,中国江南出现历史罕见的低温雨雪冰冻灾害,福建西北部地区也出现严重的冰雪灾害,虽然没有达到全省性的极端低温标准,但还是造成严重的灾害,主要影响交通、供电。

(5)有趣的是冬季冷暖温差似乎存在扩大的趋势,这是需要关注的。随着气候变化,冬季气温变化似乎存在两极分化特点。21世纪以来,冬季最暖月平均气温继续保持上升趋势,但冬季最冷月平均气温却似有下降的趋势。暖冬有比较寒冷的阶段,对农业来说,更容易造成灾害。因此,结合近3年来冬季冷空气活跃的事实,应引起特别的关注,需要进一步监测和研究。

三、闽江流域雨季降水差异和"强弱"分化的特征分析

(一)关于福建雨季的一般认识

雨季(5—6月)是福建省暴雨洪涝相对集中的季节。在福建,暴雨洪涝是仅次于台风灾害的第二大气象灾害。据统计1984—2010年,雨季洪涝累计直接经济损失达686亿元,平均占年气象灾害总损失的39%。其中,年损失40亿元以上的有8年(占30%),灾害最重的是2010年,暴雨洪涝造成的直接经济损失达112亿元,其次是1998年,暴雨洪涝造成的直接经济损失达108亿元。

闽江是福建省最大河流。建溪、富屯溪、沙溪三大主要支流在南平市汇合后统称闽江。闽江雨季是西南季风暴发,极锋性气候雨带进驻华南的反映。闽江流域是福建雨季暴雨高频区,平均每县(市)暴雨3天(大暴雨0.44天),平均比福建其他县(市)多33%,是福建雨季暴雨洪涝的重灾地区。

近20年来,福建雨季似乎呈"强弱"两极分化的现象,极端强降水和"弱梅雨"出现较多。关于降水量和降水日数的变化已有不少的分析,其研究成果认为,雨日具有偏少,雨势具有偏强的趋势。第一次《气候变化国家评估报告》认为:年降水日数以及日降水量≥10 mm,≥50 mm,≥100 mm的年降水日数极端偏多的范围,却反映出显著的下降趋势。同时认为长江及其以南地区年降水量和极端降水量都趋于增强,极端降水值和极端降水事件强度都有所加强。长江中下游地区则由于大雨和暴雨降水量增多,年降水量趋于增加。《华东区域气候变化评估报告》认为:年降水日数的最大值明显减少,说明区域内的降水强度有所增强。翟盘茂等认为中国东部平均降水强度极端偏强的趋势较为显著,年降水日数极端偏多的范围趋于变小、平均降水强度极端偏强的范围趋于增加,这可能会导致中国越来越多的地区降水趋于集中,引起气候干旱与洪涝事件趋于增多。刘德地等在近50年来浙江省降雨特性变化分析中认为,浙江省东北部的汛期降雨量主要呈现增加趋势,而西南部主要为减少趋势,汛期降雨频率主要表现出不显著的减少趋势,而汛期降雨强度和汛期降雨量在变化趋势上相似。贺花花等认为1995年以来,上海地区暴雨逐渐向强、局部、特短时间方向变化。7月、8月暴雨较多,以短时局部性暴雨为主;6月、9月暴雨次之,6月长和特长暴雨要多于短和特短暴雨。在全国尤其是华东地区降水日数和降水量变化的背景下,以闽江流域为重点,针对福建暴雨洪涝的敏感区域和敏感时期,分析不同级别降水日和降水强度的变化,不仅对于研

究气候变化有科学意义,而且对雨季的防汛抗旱可能更具有针对性和实用性。

(二)关于福建雨季的定义和基本概况

在福建,一般通称 5—6 月为雨季。但降水集中期起止时间和大气环流季节变化又不局限于 5—6 月。为此,本书统一取 4 月 21 日至 7 月 10 日作为雨季降水量和降水日数统计的临界日期。最早 3 个县出现暴雨,作为雨季开始日,最后 3 个县出现暴雨作为雨季结束日。定义大暴雨(无大暴雨时定义暴雨)范围最广的一日为雨季高峰日。统计显示,从 1961—2010 年的平均情况看,闽江流域雨季开始于 5 月 6 日,结束于 6 月 25 日,雨季高峰日出现在 6 月 11 日,高峰期前延后续短则三四天,长则两周之久。

(三)雨季各级降水日数和各级降水量的变化

1. 各级降水日数的变化

从各级降水日数线性趋势率来看,量级越小的降水日数减少趋势越明显。尤其 2000 年以来的 10 年减少更明显,其平均日数最少、偏少的频率和最少的年份均出现在这个时期。虽然暴雨以下级别的雨日以减少为主,但是暴雨及其以上级别的雨日数呈略增多趋势(图 7.42a),尤其是闽江流域雨季期间出现 20 个县日次的大暴雨均出现在 1994 年以后(前 6 位),相反的是最多 0.1 mm 降水日数前 6 位除 1993 年(名列第 6 位)以外,均出现在 1975 年以前。事实还表明,如果 0.1 mm 降水日数减去 100 mm 的降水日数,其雨日减少趋势会更明显一些。

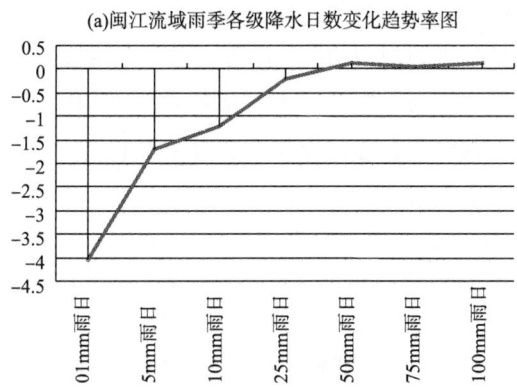

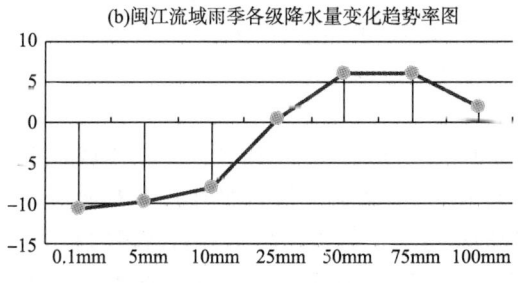

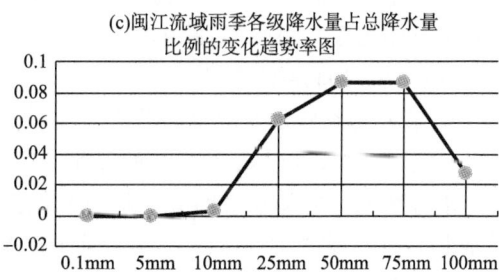

图 7.42 各级降水日数和降水量变化趋势

雨季洪涝主要是暴雨造成的,雨季暴雨日数并不减少的事实,可以说明,我们不能以降水量和雨日减少的事实简单地作为雨季强度减弱的依据,相反近20年来暴雨日数的增多,证明了雨季暴雨强度并没有减弱,部分年份的雨季暴雨过程更强。

2. 各级降水量的变化

闽江流域雨季降水量总体上呈减少趋势(图略),线性递减率为-10.664,尽管近20年有较强的降水量过程,但仍然呈减少趋势,不过减少趋势有所减缓,线性递减率为-1.0857。但从各级别降水量变化的线性趋势率来看,暴雨级别以下的降水呈减少趋势,级别越小,减少越明显。相反,暴雨以上级别的降水量呈增多趋势,这和对应的降水日数减增是一致的。尤其75 mm级别的降水增多最明显。大暴雨以上的降水基本不变(图7.42b),这虽然和相应的降水日数不完全一致,相对于小雨来说,这可能和暴雨更具有局地性有关。对比分析雨季降水量最多的前6名,0.1 mm、50 mm和100 mm的降水量分别有3、4、5名出现在1991年以后,也证明了降水向大级别降水方向增多的事实。这一高级别的降水日数和降水量的增多和陈晓光等认为宁夏降水量频率分布表现出明显的向高级别降水量增加的趋势是一致的。只是闽江流域的级别要高于宁夏,这可能是南北气候差异造成的。

3. 各级降水量占同期总降水量的比例的变化

从各级别降水量占同期总降水量比例的线性趋势率来看(图7.42c),随着降水级别的提高,其降水量占总降水量的比例呈增长趋势。中雨以下的降水占总降水量的比例呈减少趋势,大雨及暴雨所占的比例呈增长趋势,以75 mm的降水量所占比例增长最明显。

因此,总的来说,降水量级越小,相应的降水日数和降水量减少越明显。雨季总降水量的减少主要是小雨减少造成的。暴雨降水反而有所增加,但增长量不及小雨的减少量。

(四)雨季最长连续降水日数和最长连续无降水日数的变化

1. 最长持续无降水日数变化特点

总的来说,最长连续无降水日数呈增多趋势(图7.43a)。从2000年开始的最近10年,只有2006年偏少,最长连续6年偏多,是近50年连续偏多年份最多的时期。各年代平均连续无降水日数的比是7.1∶8.1∶7.5∶6.9∶8.8。从极值情况分析,最长连续无降水日数15天以上的,除2005年顺昌县以外,均出现在1980年代及以前。这说明最长连续无降水日数总体上呈增多趋势,但极端最长连续无降水日数反而没有出现。如果用最长连续无降水日数来反映雨季"空梅"(间歇中断程度)的程度的话,那么,雨季"间歇中断程度"的现象比较普遍,但间歇时间并不突出。

2. 最长持续降水日数变化特点

相反,连续降水日数和相应的降水量呈同步的减少趋势(图7.43b)。闽江流域雨季连续降水日数相应的降水量的减少趋势和翟盘茂等指出的"连阴雨降水量在一些东南沿海地区是上升的趋势"有所不同。连续降水日数减少的程度大于无连续降水日数增多的趋势,其相应的线性趋势率比为-0.117∶0.0203。1961—2009年,各年代平均连续降水日数的比是14∶15∶10∶11∶10。从历史排序来看,连续降水30天以上的均出现在1960年代和1970年代。而1990年代以来,最少的连续降水日数比较常见,在1127个县市年中取连续降水日数最少的95个县市年(连续降水只有5~6天),1984年以来占81%,其中,1990年以来占60%,2000年以来占35%,2002年、2003年、2004年也名列前茅。这说明,如果说闽江流域雨季"偏弱"的话,连续降水日数的减少表现得最为突出,即降水过程的持续性变短了。

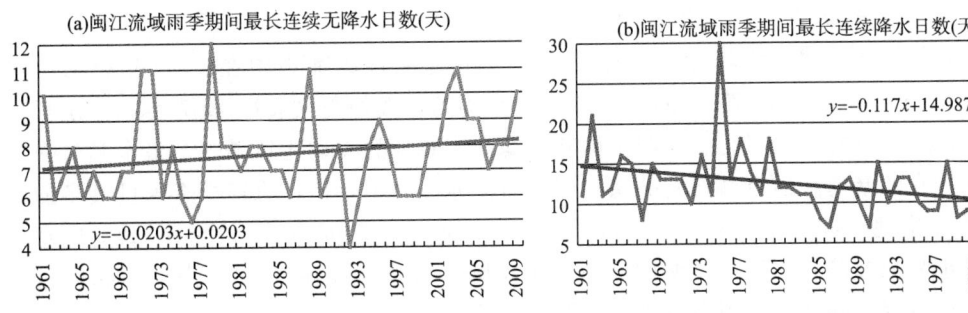

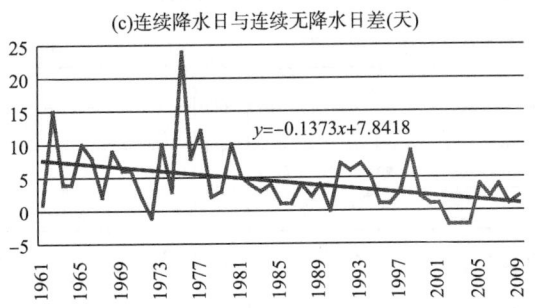

图 7.43 连续降水日数和连续无降水日数的差值的变化

3. 最长持续无降水日数和最长持续降水日数的比较

上述增减特点从最长持续降水日数与最长连续无降水日数的差值(图 7.43c)可以看得更明显,这是符合此消彼长的。尤其 1961—2009 年,最长连续无降水日数超过最长连续降水日数的只有 4 年,其中 3 年集中在 2002—2004 年的雨季。

但是要说明的是,最长连续降水日数和最长连续无降水日数并不是简单的此消彼长的关系。比如,1992 年虽然最长连续无降水日数是最少的,但最长连续降水日数也小于平均值。2002 年虽然最长连续无降水日数偏多(第 7 位),最长连续降水日数偏少,而最大连续降水量却是明显偏多的(也是第 7 位),这说明当年的降水相当集中,这是雨季降水复杂性的一种表现。

(五)雨季降水"强弱"分化的分析

1. 同一年雨季降水"强弱"分化的分析

同一年雨季期间,存在要么持续无雨,要么持续降水,且降水量偏多的极端化情形,这是雨季降水"强弱"分化的第一种表现。我们以最长连续无降水日数和最长连续降水日数配合降水量进行综合比较。总的来说,雨季降水量和降水日数一致性较好,共有 37 年(占 75% 的年份),包括最长连续无降水日数偏长,相应雨季降水量偏少,或最长无降水日数偏少而雨季降水量偏多。但仍然有 11 年(占 22% 的年份)属于雨季降水"强弱"分化的情形,在最长连续无降水日数偏长的情况下,最长连续降水日数偏多或雨季降水量偏多。不过,每个年代出现 2~3 年,分布较均匀。其中,1994 年和 2005 年是雨季暴雨洪涝严重的年份,最长连续降水日数和雨季降水量均偏多,同时,最长连续无降水日数也偏长,是雨季降水"强弱"分化比较突出的年份。

因此,我们认为:闽江流域同年雨季"强弱"悬殊的年份比较少,且尚未发现同年雨季降水"强弱"分化有明显的年代变化。

2. 不同年份雨季降水"强弱"的年际变化

从"强"的角度分析,最多大暴雨日数和最少大暴雨日数都集中在1990年以后。从 0.1 mm、50 mm 和 100 mm 降水量的 10 年滑动平均的均方差变化来看(图 7.44),降水量级越大,均方差扩大的趋势也越大,说明暴雨和大暴雨多和少的波动比较激烈。最多和最强的大暴雨和异常的暴雨洪涝有密切的关系。雨季日降水量≥100 mm 的累积降水量最多的前5名,有4年出现在最近的十几年,分别是1998年、2002年、2005年和2010年,其造成直接经济损失也名列前茅。这不仅说明闽江流域雨季降水变化确实存在趋"强"的一面,而且也表明强暴雨过程和闽江流域雨季洪涝有密切的关系。

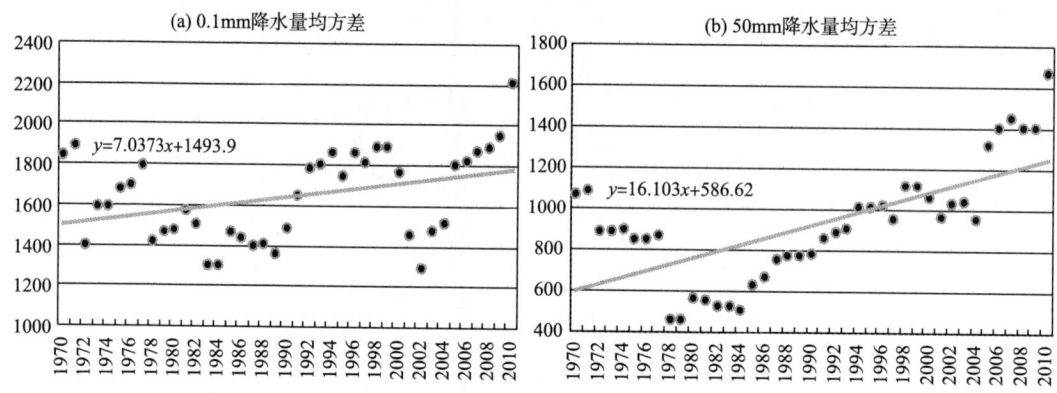

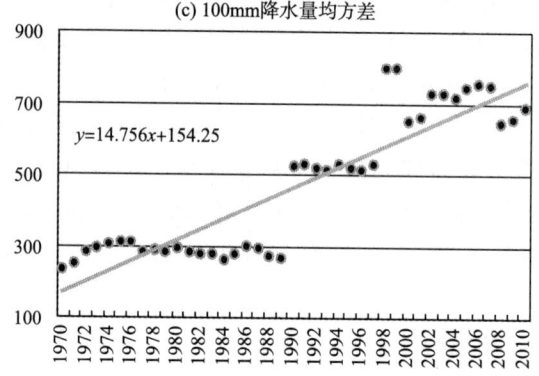

图 7.44　雨季各级降水量 10 年滑动平均均方差

从"弱"的角度考虑,雨日减少、降水量减少及连续无降水日数的增多是气候干旱的主要原因。图 7.42a 表明雨季雨日数呈减少趋势,图 7.43a 表明雨季连续无降水日数增多。同样,雨季平均降水量最少的 8 年均出现在 1981 年以后,其中 6 年出现在 1990 年以来。最长连续无降水日数前 11 年,有 5 年(2003 年、2002 年、2009 年、2005 年、2004 年)出现 21 世纪,对应的雨季"气候旱象"也是比较明显的,其中,2002 和 2005 年既是降水偏多的年份暴雨洪涝严重的年份,也是连续无降水日偏多的年份。

由此可见,近 20 年确实是闽江流域雨季降水波动最明显的时期,产生的后果是闽江流域雨季异常的暴雨洪涝和异常的"空梅"比较频繁,因此,可以认为闽江流域雨季降水确实存在年际"强弱"两极分化的特点。

(六)雨季降水强度的变化

1. 暴雨范围的变化

以年累积暴雨日数为指标,闽江流域暴雨呈增多趋势。雨季累积暴雨日数 100 日次以上的有 10 年,其中,1992 年以来就占了 8 年,包括 1994 年、1998 年、2005 年、2006 年、2010 年。以累计大暴雨日数为指标,时空范围最广的大暴雨县市日数前 7 名均出现在 1994 年以后,2010 年(39 县市日数大暴雨)1998 年(36 县市日数)、2005 年(29 县市日数)名列前三。以各年代累计暴雨和大暴雨及大暴雨占暴雨日数的比例来看(表 7.33),1960 年代虽然暴雨次数多,但大暴雨并不占优势,而 1990 年代以来,不仅暴雨次数多,更重要的是大暴雨的次数增多。而且,连续大暴雨 2 天以上(最多有 3 天)共有 25 县市年,其中有 17 县市年(占 74%)出现在 1992 年以后,如 1998 年、2002 年、2005 年和 2006 年、2010 年都是连续性大暴雨突出的年份。日降水量≥200 mm 的强降水共出现 22 次(县市年数),其中 16 次(占 73%)出现在 1994 年以来,2010 年出现 4 次,是出现最多的年份。

2. 降水强度的变化

从降水强度上看,呈增强趋势。一方面,连续性暴雨和大暴雨过程呈增多的趋势,反映了雨季强度总体上呈增强的趋势,尤其大暴雨过程的增多和连续降水量的增多最明显,这和雨季期间强烈天气过程和强对流活动增多不无关系,是雨季强度增强和极端化变化的重要信号。另一方面,最长连续无降水日数呈增多趋势,最长连续降水日数呈减少趋势。这和降水强度增强是一致的。同时,也意味着雨季出现较长时段降水短缺的可能性在增大。这和《华东区域气候变化评估报告》是一致的。依据主要有:

(1)雨季过程最多连续降水量及日平均降水量呈增大趋势。最多连续降水量前 3 名均出现在 1998 年的武夷山、光泽县和浦城县,过程降水量分别为 1087.6 mm、1043.2 mm 和 823.8 mm,下游的建瓯市和南平市被淹,造成严重的暴雨洪涝灾害。

(2)雨季平均一日最大降水量≥100 mm 的降水量也呈增多趋势。最大日平均降水量前 3 名分别出现在 2002 年、2005 年和 2006 年,这 3 年也是雨季暴雨洪涝损失最重的年份(前 5 名)。2005 年雨季,三明和南平两市出现历史罕见的持续性暴雨过程,建宁县连续 5 天暴雨,其中连续 3 天大暴雨,一日最大降水量 347.9 mm,6 天总降水量 804 mm,雨季总降水量 1500 mm 以上,均为历史罕见,造成严重的洪涝灾害。

(3)极端强降水增多。从表 7.33 可以看出,连续性暴雨(3 天以上的)、连续性大暴雨(2 天以上的)、200 mm 和 300 mm 特大暴雨 1990 年代以来,明显多于前 30 年,尤其 100 mm 以上的大暴雨,表现得更加突出,比如日最大降水量≥300 mm 的特大暴雨均出现在 1990 年及其以后,除 2005 年的建宁县外,1994 年 5 月 2 日清流县 345.0 mm 和宁化县 334.8 mm 的特大暴雨是造成沙溪严重洪涝的重要原因。

总之,1990 年代以来,福建雨季累计暴雨日数在增多,大暴雨出现的频率在加强,极端降水事件比过去突出,这是气候变化在福建闽江雨季期间降水方面的一个重要表现。

四、福建省冬季气温异常变化若干特征分析

目前,一般用整个冬季平均气温偏高与否决定是否暖冬,总体上应该是合理的,也便于统计分析。但其不一定能体现冬季最冷时段的冷暖程度,而冬季最冷时段的冷暖程度实际上是暖冬的重要标志。

为深入了解冬季气温变化特征,揭示冬季气温异常变化,本书作者采用"滚动月平均气温"的概念和冬季冷暖差异指数。以逐日滚动的方式统计出最冷的30天平均气温定义为冬季"最冷月"(同理,最暖的30天平均气温定义为"最暖月"),取"最暖月"和"最冷月"的差值作为冬季冷暖差异指数,并补充"最冷月"气温偏高作为暖冬的必要条件。

为了便于比较,我们还统计了冬季平均气温、极端最高气温、极端最低气温、日平均气温≤0℃的天数、最冷日、最冷候、最冷旬的平均气温(原理同最冷月,只是滑动平均长度分别取1天、5天和10天),并计算了它们之间相互的线性相关系数(表7.36)。为分析冬季昼夜气温变化差异,分别统计冬季的02时和14时的平均气温。

(一)福建省冬季气温变化特征

1. 各指数的异同性分析

最冷(暖)月平均气温和冬季平均气温的相关性是相对最好的,表7.36表明,最冷(暖)月平均气温和冬季平均气温的相关系数均大于与最冷旬(候、日)平均气温、冬季日平均气温≥22℃日数、冬季日平均气温≤0℃日数和整个冬季极端最高(低)气温和冬季平均气温的相关系数。其中,最暖月平均气温和冬季平均气温的关系又略好一些。所以,一个足够长的,既能反映天气过程,又具有气候的代表性的最冷(暖)月是能够反映整个冬季的冷暖变化程度。

根据最冷(暖)月开始日期统计表明,最冷月平均出现在1月4日—2月2日,其中最早为1975年12月10日—1976年1月9日,最晚为1968年1月30日—2月28日,84%的年份出现在12月21日—2月15日。有意义的是,最冷月近50年呈提早出现趋势,最暖月则呈推迟出现趋势,二者1990年以来的迟早走势更明显。但是,2008年冬季是最暖月出现最早,最冷月出现最迟的年份之一,以致2008年1月下旬至2月中旬出现持续的低温天气。2009年冬季最暖月出现最晚,以致2009年2月全省气温异常偏高,平均5.3℃,位居1961年以来历史同期的第一位,局地(2月25日尤溪县)出现高温天气。

表7.36 冬季平均气温和最冷月平均气温等项目的相关系数

项目	相关系数	项目	相关系数
最暖月平均气温	0.8397	最冷日平均气温	0.6170
最冷月平均气温	0.8084	平均极端最高气温	0.6847
最冷旬平均气温	0.7010	平均极端最低气温	0.5910
最冷候平均气温	0.6910	平均日平均气温≤0℃日数	0.7620

2. 冬季冷暖差异性分析

根据1961—2009年冬季最冷(暖)月平均气温差变化图(图7.45)分析,1961—2009年最冷月和最暖月的平均气温的差值基本在平均值左右波动,线性倾向系数为0.0324。但如果分成1961—1989年和1990—2009年两个时段,则1961—1989年冬季冷暖差异指数线性倾向系数为－0.4626,显示冬季冷暖温差变小;而1990—2009年冬季冷暖差异指数线性倾向系数为1.1083,显示冬季冷暖温差呈增大趋势。尽管1996年是冷暖月温差最小的年份,但2008年和2009年却是冷暖月温差最大的年份(分别列第一和第二位)。这说明,随着气候变暖,冬季气温的极端化变化更具有不稳定性。

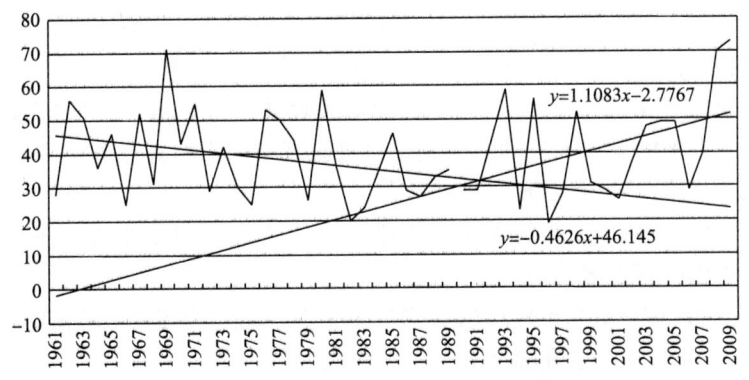

图 7.45 1961—2009 年冬季最冷(暖)月平均气温差变化图

随着气候变暖,冬季冷暖不一致性似乎变得更加频繁。表 7.37 表明,1961—2009 年的 49 年间,有 18 年(占 37%)不一致,其中,1990 年代以来出现的频率(53%)明显大于 1960—1980 年代的频率(27%)。而且,最冷月平均气温和冬季平均气温的差距普遍比最暖月的差距明显,以 2008 年的最冷月平均气温和冬季平均气温的差距是最显著的一年。据此,说 2008 年定义为冷冬可能更符合实际。这还说明,冬季最冷月平均气温的变化应该比最暖月平均气温的变化来得明显,这和最暖月平均气温和冬季平均气温相关性更好也是一致的。

表 7.37 冬季平均气温和最冷(暖)月平均气温不一致年份一览表

年份	冬季平均气温距平(0.1℃)	最冷月平均距平(0.1℃)	最暖月平均距平(0.1℃)
1962	-3.8	-14.9	4.6
1967	-5.8	-10.9	4.6
1969	10.2	-2.9	31.6
1971	-2.8	-14.9	3.6
1972	-1.8	4.1	-3.4
1980	1.2	-10.9	11.6
1982	-4.8	5.1	-11.4
1989	0.2	-1.9	-3.4
1992	-0.8	-6.9	0.6
1993	6.2	-9.9	12.6
1994	3.2	10.1	-3.4
1996	-7.8	2.1	-15.4
1997	1.2	6.1	2.4
2000	0.2	5.1	-2.4
2004	3.2	-9.9	2.6
2005	-0.8	-7.9	4.6
2008	0.2	-17.9	15.6
2009	13.2	-0.9	35.6

3. 福建省冬季气温昼夜变化特点

冬季 02 时和 14 时各自的平均气温均呈上升趋势。但有两个细节值得关注:一是夜间 02 时的平均气温线性上升倾向率为 0.3455,略高于昼间 14 时的平均气温线性上升倾向率,后者为 0.3057。二是最近的 11 年(1999—2009 年)的 02 时的平均气温线性上升倾向率为 -0.8546,而同期的 14 时的平均气温线性上升倾向率为 -0.0455。

昼夜气温变化不仅和天气系统有关,也和周边环境有关。福建省气象台站受城镇化影响较大。城镇化带来的温室效应和地表硬化对气温观测的影响有待进一步研究。

4. 福建省冬季气温变化特点

图 7.46 是福建省冬季平均气温和最冷月、最暖月平均气温变化图。从中可以看出冬季气温的年代际变化的基本事实:

(1)1980 年代后期(1987 年)以来,冬季气温上升明显。冬季平均气温上升和年平均气温上升基本一致,冬季气温上升幅度大于年平均气温的上升。这说明,冬季平均气温的上升对年平均气温的上升的贡献最大。

(2)冬季平均气温上升速度相对最明显(线性倾向率为 0.3383),最冷月平均气温上升速度相对最小(线性倾向率为 0.2907)。尤其最近的 11 年(1999—2009 年),最冷月平均气温呈降低的趋势(线性倾向率为 -2.1636),而最暖月平均气温则呈更明显的速度上升(线性倾向率为 1.4818),这和冬季最冷(暖)月平均气温差变化趋势应该是一致的。这说明,最暖月平均气温的上升,对冬季偏暖的贡献应该大于最冷温度的贡献,尤其在 21 世纪的暖冬过程中。

(3)1987 年以来,冬季平均气温偏低的只有 3 年(且偏低的幅度很小),而同期最冷月平均气温偏低的却有 7 年。表 7.38 所列的 1961—2009 年中有 7 年不应该算是暖冬年,其中 1989 年以来就占 5 年——尽管其冬季平均气温偏高,但最冷月气温偏低却是不争的事实。这表明,随着气候变化,冬季气温冷暖变化的悬殊似乎更容易引起是否是暖冬的争议。

(4)暖冬过程有冷阶段。近 50 年前 6 名最冷日,1991 年以来就占了一半,其中,1991 年 12 月 29 日是近 50 年来福建省最冷的一天(全省平均气温 0.8℃),建宁县极端最低气温 -12.8℃为有记录以来县(市)气象站观测到的最低气温。

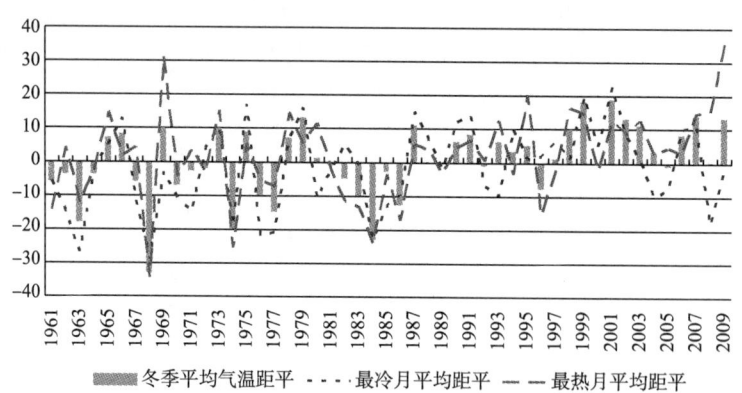

图 7.46　福建省冬季平均气温和最冷月、最暖月平均气温变化图(单位 0.1℃)

(二)近 20 年来冬季变暖背景下的低温冰雪冻害特点

近 20 年来冬季平均气温虽然呈上升趋势,但也出现极端的低温雨雪过程。低温冰雪冻害具有极端气温低(1991 年)、低温持续时间长(2008 年)、低温冰雪灾害严重三个特点。以下归纳了近 20 年来冬季平均气温偏高,但最冷月平均气温偏低的年份的低温冻害的实况,从影响的角度证明科学地判断暖冬的重要性。

1993年冬季平均气温偏高,但最冷月偏低,最冷月开始迟,冬季冻害。1月13日起和2月21日起,两次出现全省性寒潮天气,闽东、闽北、闽西降雪,清流县积雪最深达20 cm。积雪结冰使公路运输中断2～3天,时值春运大忙季节,影响很大。此外低温对蔬菜生产和经济作物越冬不利,漳州、龙岩2地市水果、蔬菜受冻面积达50多万亩。

2004年冬季平均气温偏高,但最冷月偏低。2004年2月7—8日,三明市西北部雪深25～30 cm,宁德市山区县普遍降雪,屏南县雪深12 cm。部分交通因道路结冰而中断。

2008年冬季平均气温偏高,但最冷月偏低。2008年1月以来,中国南方出现了历史罕见的低温雨雪冰冻天气,又恰逢春运,造成了严重的气象灾害和广泛社会影响。福建省极端最低气温虽然未创记录,但持续低温时间长,全省2月平均气温为1961年以来的第二低,滚动最冷月平均气温是1985年以来最低的。对于福建前冬干暖后冬湿冷的明显反差以及下旬以来长时间低温阴雨天气,让习惯于"暖冬"人们难以适应隆冬的"滋味"。此次的连续低温雨雪天气,对农业、交通、电力、通信等行业带来严重影响,三明、南平、龙岩三地市损失严重,经济损失45亿元。

2009年冬季平均气温偏高,但最冷月显著偏低。1月8—17日全省过程降温幅度全省大部分县(市)超过8℃,局部县(市)超过10℃,南平、三明、龙岩等地出现霜、霜冻或结冰过程,对冬种作物、交通运输造成不利影响。三明、龙岩、漳州等市受灾严重,香蕉、菠萝、木瓜等热带作物和畜牧业受冻害影响较重,直接经济损失9.7亿元。

随着气候变化,冬季气温变化存在两极分化特点。21世纪以来,冬季冷暖月平均气温差存在扩大的事实,冬季最暖月平均气温继续保持上升趋势,但冬季最冷月平均气温却似有下降的趋势。结合近3年来冬季冷空气活跃的事实,对此应引起关注,进一步加强冬季气温监测和研究。

第六节　福建未来气候变化趋势

在华东区域气候变化评估报告中,利用全球模式CCSM3预估资料驱动RegCM3进行未来三种情景下的福建省气温、降水预估,其中A1B情景(中等排放)进行了30年的预估,B1情景(低排放)和A2情景(高排放)进行了20年的预估。

三种情景下,福建省预估的年平均气温均呈增加趋势,B1情景升温趋势最大(0.516℃/10a),A1B情景次之(0.342℃/10a),A2情景升温趋势最弱(0.215℃/10a)(图7.47a)。其中A1B情景和B1情景通过了显著性检验,说明这两种情景下福建省增温是十分显著的(表7.39)。与整个华东区域相比,B1情景下福建省年平均气温增温趋势略高;A1B情景和A2情景下福建省年平均气温增温趋势略低。

三种情景下福建省预估的年降水量变化趋势略有差别。A1B情景和B1情景下,福建省年降水量为下降趋势,下降率分别为3.58 mm/a和6.47 mm/a;而A2情景下呈上升趋势,增加率为8.05 mm/a(图7.47b)。与整个华东区域相比,A1B情景下福建省年降水量下降趋势略小;B1情景和A2情景下年降水量变化趋势较大,并且A2情景下福建省年降水量变化显著(表7.38)。

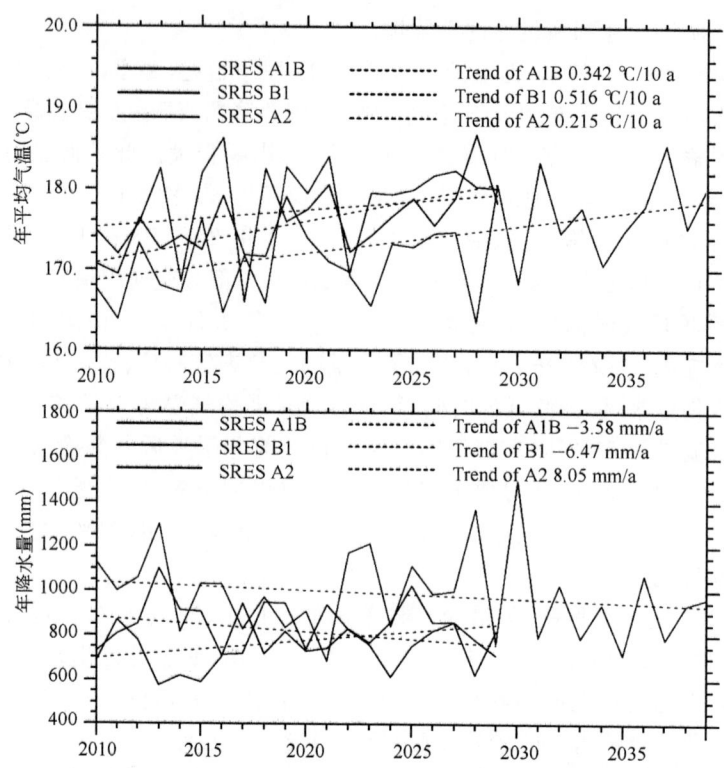

图 7.47 未来三种情景下福建省年平均气温(a)、年降水量(b)变化趋势

表 7.38 三种情景下预估的福建省年均增温率(℃/10a)、年降水量变化率(mm/a)及检验

	A1B情景下 升温率/降水变化率	B1情景下 升温率/降水变化率	A2情景下 升温率/降水变化率
福建	0.34**/−3.58	0.52**/−6.47	0.22/8.05*
华东区域	0.38**/−4.29	0.5**/−2.91	0.26/2.76

**通过99%信度检验,*通过95%信度检验(黄嘉佑,1995)。

第八章　应对气候变化与防灾减灾

气候变化是当今国际社会关注的热点问题,应对气候变化和防灾减灾不仅是气象科学问题,更是个涉及人类社会可持续发展的经济社会问题。防灾减灾涉及社会安危和民生福祉。

本章首先概述福建气候上的优劣势,进而对应对气候变化和防灾减灾的对策提出一些看法和建议。

第一节　科学认识福建气候的优劣势

一、福建气候的优势

福建属典型的亚热带季风气候,温高、雨多、无霜期长,光、温、水为主的气候资源和环境条件相当优越,这是主导方面。主要优势有6个方面。

(一)热量资源丰富

福建冬少严寒年温高,四季常青霜日稀。年平均气温大部为17~21℃,且80%的年份为18.1~23.3℃。与长江中、下游省份相比,偏高2~3℃,比华北平原高6~8℃。按候平均气温≤10℃谓冬的定义,闽南几乎没有冬天,这里"三冬无霜,四时常花";就是闽北,无霜期也可达300天。日平均气温≥10℃是大多数作物开始生长的起点温度,福建高于10℃的积温有92.4%的年份为5500~7700℃·d。而纬度相近的左邻江西省,其年平均气温是16~19℃,无霜期是230~310天,10℃以上的积温为5300~6300℃·d。显然,福建的热量资源是丰富的。

(二)降水资源充沛

气候学家研究中国气候特征时,曾定义年降水量>1000 mm的地区称季风气候湿润区,福建远远超过了这一标准。据统计,全球陆地平均年降水量是800 mm,亚洲为740 mm,中国为648 mm。福建1981—2010年,各市县的平均年降水量1132~2059 mm,66市县平均降水量1654 mm,分布特征是西北山区多,东南沿海少。其中有88%的市县年平均降水量为1400~2000 mm。年内(集中在2—9月)各地平均月降水量普遍有7个月超过100 mm。

表8.1　福建不同年雨量的县份比例

年降水量(mm)	1101~1200	1201~1400	1401~1600	1601~1800	1801~2000	2001~2100
市县数	1	5	15	32	11	2
比例(%)	1.5	7.6	22.7	48.5	16.7	3.0

福建水资源总量为1168.7亿 m³,1995年底全省人口是3164.63万,水资源人均占有量为3693 m³,比全国人均水资源占有量2233 m³ 高65.4%。闽江流域面积仅是黄河流域面积的1/12,但年平均流量却是黄河的1.33倍。据普查福建江河水能资源理论蕴藏量为1046万千瓦,可开发之水电装机容量为705万千瓦,居华东地区首位。显然福建又属水资源相对富足的省份。

福建水资源地理分布也有有利的一面。降水多的闽北、闽西正是森林覆盖率高和江河源头处,有利水资源的储蓄和季节调剂。

(三)光能资源尚足

福建的太阳总辐射包括直接辐射与散射辐射,大部地区为$(42\sim48)\times10^8 J/m^2$。时空分布特征是闽东南多于闽西北,低丘多于山区,夏半年多于冬半年。与全国相比,福建的光辐射资源接近中等水平,这主要是云、雨和空气浑浊度的影响。有利的因素在于总辐射的高值期与农作物(如水稻)的关键生长期相同步,因而光能利用效果很好。

福建不同的山区地形、地势还匹配着多样化的光资源类型;如深谷遮蔽、云雾掩荫处多散射光;向阳开阔的南坡与山顶多直射光;冬半年是山顶多光照,山麓少光照;夏半年相反是山顶少光照,山麓多光照。这些局部性小生态环境的差异,又可满足不同作物类型光合作用需要,利于发展生态农业,精细农业。

(四)雨热分布同季

温度是农作物能否正常生长、发育、成熟的先决条件,而水分是生长发育和产量形成的基础保证。福建的降水主要集中于暖热的"夏季风"时期,而干冷的"冬季风"时期,其总雨量仅占15%~20%。雨热基本同步的搭配组合,相得益彰,使热量和水分在农作物(如早、晚稻)的关键生长期能同时充分发挥作用,以获得丰富的生物量,这是福建农业气候资源的一大优势。

从地域上看,沿海地区的同步性强于山区,这是因为,夏季沿海受台风雨相济明显,而内陆受台风影响相对为轻,降水少于沿海,所以温、雨线性拟合的适度略低于沿海。从年代变化看,最近的30年,内陆相关性变小,而沿海相关性变大,但雨热同步的基本格局没有改变。

(五)地形气候多样

福建山岭耸峙,低丘起伏,丘陵与山地合计面积占90%。受海拔高度、山脉走向、坡向坡度和地形形态的影响,温度垂直递减率、降水分布、辐射效应以及局地风场各不相同,形成立体气候景观。闽北的群众比喻为"一山有四季","山高一丈,大不一样"。农业气候资源的多样性,构成多层次的农业气候生态类型,为山区优化农业结构,因地制宜、多种经营,发展山区农业商品经济提供了有利条件。

基于海陆方位、地形地势的不同,福建山区沿海气候条件互有差异,具有5个特点:

(1)山区气候多样,沿海气候单一。山区最突出的特点是气温、降水垂直变化大;"日晒胸前暖,风吹背后寒",坡向对光、热、水分布也有重要影响;山头、盆谷、岭隘也有特定的小气候景观,如"冷湖效应","风口射流"和谚语所说的"雪下高山霜打洼"现象。沿海的平原地带,地势没有大耸大陷,太阳辐射、气流运动在此没有过大的变化,所以气候要素的分布,没有山区那样大的差异,很少看到像山区那样"十里不同天"的多样性气候景观。

(2)山区沿海气候资源各有长短。热量资源沿海优于山区;水分资源山区富于沿海;风能资源高度集中于沿海。天气现象是山区阴湿多云雾,沿海较干多晴天。

(3)灾害天气类型、季节、频率、强度各有侧重。山区以寒害和洪涝灾害比较突出,其次是旱,台风对山区一般不易成大灾;沿海以台风灾害影响最大,气候干旱也重于山区,但寒害要轻于山区,少于山区。

(4)山区、沿海气候上的相对优劣势。山区的气候优势是,热资源适宜,水资源充沛,气候结构多样,具备适于农、林、牧多种经营,综合发展的有利条件。但寒害机遇较大,洪涝比较频繁,是山区气候的不利因素和劣势。沿海的气候优势是,热量资源富足,特别是中部、南部沿海地区就是隆冬时节,也郁郁葱葱,虽然降水少于山区,但有灌溉设施的弥补,不但利于粮食作物的高产,更有利于热带、亚热带经济作物的发展。同时沿海又具备渔业、水产养殖业发展的有利条件,还有大量的风能资源可开发利用,这是沿海的气候优势。多台风灾害、降水变化大,水旱比较常见,这是沿海的劣势。

(5)山区与沿海互相影响,互相制约。闽南之所以"三冬无霜,四时常花",除纬度因素外,也包含着武夷山屏障作用的贡献,它阻挡和减弱了寒流的强度;雨季期间,沿海地区按当地的降水,本不会有什么大的洪水,但山区的泄流为沿海带来了洪水;台风虽凶,山区喜得其雨,大益小损。如果没有首当其冲的沿海对台风强度的削减,内陆山区的台风灾害,定将严重得多;山区的森林可涵养水源,节制洪涝,不但能受益当地,也可为沿海缓和干旱,减轻水患。所以,山区、沿海的气候及其成因,是互相支持,互相制约的,本身就是一个综合的气候系统。

(六)风能资源优越

风能是非常规能源,它有取之不尽、用之不竭;无污染;不破坏生态环境和开发设备比较低廉等优点,已成新能源开发的方向之一。受台湾中央山脉和福建武夷山脉挟持的台湾海峡有很强的"狭管效应",是中国风能资源最富足的地区之一。

不论功率密度或有效时数,台湾海峡都是中国风能资源最丰富的地区。福建地处海峡西岸,有 3752 km 海岸线和 1546 个 500 m^2 以上的岛屿,沿海突出部有效风能功率密度普遍在 200 W/m^2 以上,有的高达 500 W/m^2 以上,全年可利用小时数为 7000～8000 h,这是福建得天独厚的一项气象能源,在全国风能区划中是富足之首。

二、福建气候的劣势

福建气候也有不利因素,水、旱、风、寒、雹时有发生,真正的风调雨顺年并不太多。对国民经济建设,特别是农业生产的平稳发展,会产生制约作用。所以全面地看,福建既是气候资源优越省,也是气象灾害频繁省,这是福建气候固有的两面性。

(一)气候资源的不稳定性

气候资源虽是永在资源,但总量与强度并不恒定,时空变率较大,这与季风强度和进退季节的非常定性,以及异常的大气环流有很大关系。这种气候资源时空分布上的不稳定性,常给大农业生产带来不利影响,尤以降水资源的大幅摆动影响为大。以 20 世纪 60 年代以来的实况为例:1975 年、1961 年、1973 年、1992 年、1990 年、1983 年、1997 年、2006 年、2010 年等多雨的年份,全省平均年雨量可达 1990～2025 mm;而 1967 年、1971 年、1963 年、1991

年、2003年等少雨的年份,全省平均雨量仅为1175～1315 mm,平均相差711 mm。若按农时季节相比,盈、亏差异更大,这必然给当年当季的农业生产以至不同产业、行业带来影响。来自水文部门的统计,福建异常的丰、枯年份,径流总量可相差2～4倍。上述事实反映在具体天气气候过程上,就是旱涝现象比较突出。

热量资源的稳定性高于降水,各地年平均气温的变幅多在平均值±0.5℃之间,超过1.0℃者甚少,但分解到各个季节,振幅明显加大。暖冬与冷冬的平均气温,以福州为例可相差4℃;凉夏与热夏的季平均气温可相差2℃;暖春与寒春的温差可达4～5℃。

(二)水、旱、风、寒、雹五大灾害频繁

1. 台风

据1884—2010年的资料统计,福建平均每年有2个登陆台风,3个影响台风。其频率仅次于广东、台湾、海南。福建台风的活动季节是6—10月,高频期在7月中旬—9月中旬。

台风作为福建的最大灾害,特别在登陆点附近地区其影响面是全方位的,涉及国民经济各部门和全社会,而威胁与危害最大的是农业。在认识台风灾害性一面的同时,当然还应看到它是福建夏季水资源的主要输送者。纵观台风史实,福建内陆山区多数年份还是利大于弊,山脉阻挡风不大却喜得降水。就是沿海,除遭灾害之外,台风也有消暑减旱的作用。

2. 洪涝

梅雨期间的暴雨和台风暴雨是引发福建洪涝的两种类型,如前所述台风所致洪涝主要在沿海。梅雨期的严重洪水,源于山区,危及的水系包括闽江、汀江等全流域,对福州构成最大威胁的就是来自闽江流域的洪水。由于每年雨季总会有不同强度的暴雨过程出现,所以,福建的洪水灾害几乎年年不断。闽江自1934年有水文记录至1998年的65年间,特大洪水共见17年,占26.2%,再加大洪水,其频率就在半数以上,余者为中小洪水。据省防汛指挥部的统计,1950—1990年全省因洪水而死亡的人数(包括台风型洪水)为9633人,平均每年235人。就农业而言,造成损失最大的是洪涝。进入21世纪的10年间,福建雨季的洪涝更加突出,如2002年、2005年、2006年、2010年闽江流域都出现异常的暴雨,造成严重的洪涝灾害。

福建每年的汛期还常有山洪地质灾害出现。1987—1998年局部的山洪、塌方、滑坡、泥石流的年频率高达83.3%。山洪灾害是造成人员伤亡和制约山区经济发展的重要因素,往往一场灾害就能毁灭多年的脱贫成果而重又复贫。

3. 气候干旱

福建有春旱、夏旱、秋冬旱三类气候干旱,活动频率很高:春旱2.5～3.3年一遇,夏旱1～2年一遇,秋冬旱2～3年一遇。年概率平均为75%,也就是说四年当中有三年会出现不同类型的干旱。福建气候干旱的范围很广,而高频区和严重区在东南沿海。气候干旱不但危及农业、影响粮食产量,还会给工业、交通、能源以至人民生活用水带来困难,造成损失。

4. 寒害

福建的低温寒害包括冬季的"寒潮",早春的"倒春寒",晚春的"五月寒"和初秋的"寒露风"。福建寒潮的年均次数近2次,频繁年可达4～5次。它虽无"三北"地区那种冰天雪地景象,但有气温相对降幅大的特点,对热带、亚热带经济作物、越冬农作物和怕寒畜禽业,海水、淡水养殖业都会造成很大影响,对山区的交通、通讯也会带来损失。倒春寒、五月寒、寒露风主要危及水稻,活动频率比寒潮要高。即使在气候变暖的背景下,随着经济作物种植面

积扩大北移,低温冻害的不利影响也存在增大的危险。特别以关系晚稻抽穗扬花和结实率的寒露风影响为大。"禾怕寒露风","寒露风,仓库空",活动早而降温重的年份,常造成晚稻严重减产。早稻扬花期的五月寒也有此类灾害,但受影响的范围与强度以及活动频率均比寒露风要小。倒春寒易引起烂种烂秧,而延误农事季节,不过随育秧技术与措施的改进,倒春寒对农业造成的影响与损失,已比20世纪60年代、70年代大为减轻。

5. 冰雹等强流天气

冰雹、雷暴、飑线、龙卷风等是强对流天气的产物,福建1—12月都可能出现,以雷电、冰雹最为常见,高发期在春夏,是中小尺度天气系统的产物,以局地性和短历时为基本特征,并有强风与之相伴,群众以"冰雹隔牛背"形容冰雹活动的局地性。福建冰雹雷暴的空间分布是山区多于平原,内陆多于沿海,但总的活动概率小于雷电,不过所经之地会给农作物和建筑物造成严重破坏。

第二节 科学认识气候变化的影响

一、气候变化影响的特点和利弊所在

气候变化的影响是国际社会普遍关注的热点问题。气候变化的影响具有广泛性、复杂性、敏感性、利弊并存性和不确定性等特点。

目前,人们往往更多纠结于气候变暖的不利影响。其实,是气候变暖还是气候变冷更有利于人类社会的发展并不是绝对的,这是气候变化影响的特殊性决定的。因为,人类已经适应的气候环境一旦改变并超出适应的范围,同时,相应的应对措施一时没有跟进的话,就可能对经济社会产生不利的影响。因此,气候变化影响的利与弊,关键问题不是气候变暖或气候变冷,而更重要的是取决于气候变化的速度和变幅或量值,以及人类适应的能力。有研究表明,近百年全球气候变化,使一些重要的系统产生不稳定,如冰川融化,西非长期干旱与亚洲季风减弱,海洋与大气环流模态改变等,已经使极端天气气候事件增多、增强。如果气候变化超过不可逆的,或人类社会难于承受的临界值(阈值),就可能产生灾难性后果。所以,气候变化影响的利弊具有相对性,不仅取决于气候要素的变化,更取决于人类适应能力和应对措施。今天,气候变化的影响不只是气象科学问题,而是经济社会系统和自然生态系统共同面临的问题。

二、福建气候资源与气象灾害变化的可能状态

气候变暖将对地球生态系统,包括气候带、生物带群落产生影响。农业、林业、水资源、环境、能源以及海洋、海岸带都会有所波及。

(一) 气候带将向北推进

观测事实和数值模拟显示,温室气体引起的气候变暖,高纬明显于低纬。就季节而言,以冬春的增温幅度较大,这样南北温度梯度将会缩小,经向环流有减弱的趋势,中纬地面的纬向环流会加强。

气温升高会使气候带北移:若增温 2℃,热带的北界会北移 200 km,种植海拔高度上升 200~250 m;亚热带的北界会北移 220 km,种植高度上升 100~280 m。目前,中国东部地区

亚热带的北界,在杭州、武汉一带,将来可能推进到徐州、郑州一线。这样,福建的闽北地区,就可能由中亚热带步入南亚热带之列,中高山区垂直气候带也将随之变化,现在800 m高度处的气候状况(如热量资源),未来将会移居到900 m甚至1000 m高度。

(二)光、热、水资源的变化

光、热资源的总量会有相当的增加,水资源也将比目前有所增长。但增幅的季节分配并不均匀,相对而言:热量资源以冬半年增加较多,降水的变化可能以夏季相对为大。预计21世纪福建降水的变率将会增大,波动起伏比目前要明显,而气温的变率相对为小。极端最高气温会高于目前,极端最低气温不易低于目前。而降水的极值会加大。

(三)灾害天气的变化

预计21世纪福建冷害事件(如寒潮与"三寒")的频率将趋减小,而旱涝的频率将趋增加。台风等热带天气系统更趋活跃,次数会增多,开始季节将趋提早,结束季节会延后。总的趋势表现为冬季风的影响力相对减弱,而夏季风的强度与影响力会加大。

据一种气候模式的计算,在21世纪CO_2倍增的背景下,8月的海表温度会升高2.3~4.8℃,夏季如此的热力条件对西太平洋台风的发生、发展会提供更大的活力。另外,气候变暖也必然会影响副热带高压的南北进退与驻留,以及对极锋雨带的活动产生影响。所以特异降水事件的频率将会增大,异常旱涝会比20世纪多见。台风引发的暴雨、强风、风暴潮很可能比目前更为频繁。就寒潮而言,总体上呈减少的趋势,但随着冬季的变暖,作物御寒、抗异性的逐渐蜕变,一旦小概率的特强寒潮出现,其成灾也会相当严重。

三、气候变暖对农业发展的利弊影响

(一)有利影响

(1)随着CO_2的倍增,气温变暖,热量资源更为丰富。据农业气象专家的估算适宜水稻生长的日数将延长6~11天,积温可增220~330℃·d。

(2)由于CO_2的增加,作物的生长和发育将加快,生育期缩短,物候期将提前。

(3)作物株高、叶面积指数、干物质重量都会有较大增长。由于净光合率的增加,估计小麦可增产36.1%,玉米增产18.2%,大豆增产32.8%,南方的水稻也可增产6.7%。

(4)气候变暖,有利福建提高复种指数,有利发展冬季粮食工程,有利再生稻工程和山区中、低产田改造工程。

(二)不利影响

(1)温度升高,土壤中速效氮的释放速度会加快,释放周期缩短,释放量加大,导致肥效下降。农业气象专家推算:温度每增1℃,氮的释放量平均增长4%。

(2)温度升高会加快作物病虫害的发生、发展。气温每升高2℃,主要害虫如稻螟、黏虫、玉米螟、棉铃虫的繁殖会增加一代,且界线向北推移100~700 km,农药用量将增加20%~100%。由于气温变暖以冬季明显,这对越冬卵蛹的潜伏有利,因而必然为来年留下隐患。

(3)气候变暖后,由于旱涝灾害有频繁而又加重的趋势,必然会使粮食产量有较大的波动。另外,土壤的侵蚀也会加剧。

四、海平面上升的可能影响

(一)中国海平面变化实况与未来趋势

据1990年中国气候蓝皮书发布的沿海40多个验潮站累计1100个站年的海平面观测资料计算,本世纪以来,长江以南的大多数测站海平面在上升,而渤海湾、辽东半岛一带海平面在下降,具体岸段分布:江苏吕泗至长江口近百年上升26.2 cm,浙江沿海上升13.3 cm,福建上升21.0 cm,两广和海南上升22.4 cm,山东半岛一带海平面近百年下降12.0 cm,渤海湾平均下降10.0 cm。

21世纪的预测意见:联合国IPCC的报告估计全球海平面上升18~59 cm;中国国家气候中心数值模拟的结果列于表8.2,与1990年相比,各沿海区海平面均会升高,而福建处在抬升最明显的海区之列。

表8.2 气候变化对中国海平面抬升的预测(cm)

年	2030	2050	2100
辽宁—天津沿海	10.8~12.0	18.5~20.6	56.6~63.2
山东半岛东南部	-1.2~0.0	1.7~3.8	27.8~34.4
江苏—广东沿海	12.9~14.1	21.4~23.5	61.6~68.1
珠江口附近	5.3~6.5	10.8~12.9	43.4~50.0
广东—广西沿海	13.0~14.2	21.5~23.7	61.7~68.3

(二)海平面抬升产生的影响

福建海岸线长,沿海人口密集、经济发达。海平面上升可能会给繁荣的福建沿海经济带造成众多影响。

不利影响包括以下几方面:

沿海工程设施与港口码头将受到威胁,挡潮堤防的效能将会降低,有的甚至需要重建。对毗邻沿海的城镇也将产生较大影响;

沿海滩涂养殖会有更多的风险,有的不得不内迁;

海水倒灌对沿海农田的影响比目前要大,土地盐渍现象将扩大与加重;

沿海几条江河的排洪将增加新的难度,潮水顶托会加重涝灾;

台风引发的风暴潮灾害将会加重;

本已不多的沿海红树林将遇环境变迁的威胁。

五、水资源相对短缺的影响

气候变化中,年降水量无明显的变化趋势,但暴雨日数增多,降水强度增强的趋势,容易导致旱涝频发,这对水资源的利用是不利的。

淡水资源危机是全球面临的问题。地球表面71%为水体覆盖,但97.5%的水是咸水。在2.5%的淡水中,又有70%为冻结于南、北极的冰帽,所以全世界所利用的淡水不到1%。联合国对世界的淡水资源评估时,曾发出这样的警告:"缺水问题将严重制约下世纪的经济和社会发展,并可能导致国家间的冲突。"在1997年3月21—22日,召开的第一届水资源论

坛会上,专家们预言:"人类到2050年前后将面临前所未有的水资源危机。"

中国淡水资源的总量约2.8万亿 m^3,居世界第六位,而人均占有量仅为世界平均水平的1/4,排名第88位。针对中国水资源的短缺,以及面临的污染问题,曾有水利部负责人预言:"如果不迅速采取行动,在30年内,中国的干净饮用水就会枯竭"。

福建省虽然是水资源丰富的省份,但随人口的膨胀和经济的发展,福建水资源供需矛盾将趋突出,因此,气候变化带来降水变化的影响可能更加敏感。

福建的用水比例:农业用水大致占75%,工业用水约15%,城乡生活用水为10%。1995年全省人口3237万,人均水资源占有量为3610 m^3。21世纪的30年代,福建的人口预计可达3800万左右,届时人均占有量将降至3100 m^3 左右,而工农业的用水远非今天的水平,再加上降水量的波动,水污染的影响,水资源的矛盾和影响会更加敏感。若遇上异常气候干旱年,福建供水将更为困难,其灾情与损失必更加严重。

第三节 科学应对以减缓气候变化的不利影响

人类活动会影响气候变化,但人类社会也可以借助科学技术和现代管理手段,减缓气候变化和减轻气象灾害。尽管异常的自然灾害,其破坏力往往是人类无法抗拒的。但是,通过防灾减灾和气候资源的合理开发、利用和顺应气候变化,正是知识经济时代赋予我们的任务。辩证地看,减少灾害损失,等于增加经济收入,等于创造财富。所以,提高应对气候变化能力,提高防灾减灾能力,就是提高生产力。

1998年中国的特大洪灾,全国累计受灾面积3.18亿亩,受灾人口2.23亿,死亡3004人,直接经济损失1666亿。尤以长江流域和松花江、嫩江水系为重。闽江短短三天的洪峰,也造成百亿元的损失和170人的死亡。

痛定思痛,灾后反思,有关专家、学者曾有天灾人祸"三七开"之说。这话是有道理的。1998年洪涝灾害如此严重,根本原因是大气环流异常,降水强度与暴雨过程空前罕见;而"三分人祸"主要表现在环境与植被因素的恶化和防洪设施滞后,包括水利工程设施的老化与脆弱。长江上游地区森林的滥伐与生态系统的破坏,导致全流域性的水土流失与江湖淤积,从而加重了洪水的肆虐。再加沿江堤防标准偏低,关键闸口、堤坝还有经不起冲击的"豆腐渣"工程的隐患,进一步诱发、加重了灾害。通过1998年的灾害,进一步唤起了人们对环境意识,国土保安意识的重视。

一、重视规划性防灾,提高应对气候变化的前瞻性

制定一地的国民经济发展规划,应了解当地的灾害性气候背景和灾害性气候区划。台风是福建严重的灾害天气,登陆、影响福建的台风,时空分布有其特点,包括登陆的高频季节和常见地段,以及台风暴雨中心活动区,特别是引发九龙江、晋江特大洪水的关键盛行路径。就台风长期变化趋势来看还有盛衰期与准周期性。就福建最大水系闽江的洪涝规律来看,它有活动季节和成因系统相对稳定,以及特大洪水具有集疏性分布的特点。关于福建的干旱活动,更是地域规律比较突出,特别是闽南金三角地区,遇旱频率更高。如上述重大灾害天气的详细分析,我们已在第三章与第七章作了介绍,其重要相关事实,显然对规划福建的

发展蓝图,制订长期国民经济计划有参考价值。

防灾减灾,从全局着眼,在"规划"制定的过程中应有体现。涉及局部与个体也应有防患的意识,仅举二例:1996年8月1日登陆福清的台风,在闽江口一带刮起了12级强风,福清、长乐一带民房倒塌甚多,尤以刚盖的新房和边盖边住的半茬子新房比例为大。其原因是建房的布局不合理,结构不合理,孤零零地竖个"火柴盒",搞的是断续工程,今年上一层,明后年再加一层,外墙不泥、不粉,经不起强风压,经不起暴雨溅打,结果多年的心血积蓄毁于一旦。近十余年间,福建山区地质灾害相当多见,倒房、毁村、死亡,比较突出。此类灾害一方面与生态植被破坏有关;另一原因是民居位置选得不好,忽略了局部山洪成灾的可能。还有一例,1994年7月11日6号台风登陆晋江,福州风速33.1 m/s(12级)、市区大量行道树倒断。特点是刮倒的树主要是那些根系不发达的树种。显然沿海城市的绿化,应考虑当地大风的强度与频率。甚至应考虑盛行风与街道走向的关系,而确定不同街区适宜的绿化树种。福建多台风,应选那些既美观宜人,又具较强抗风力的树木为宜。这两个事例说明,局部的规划,个体的建设项目与工程也应有防灾的预谋。

二、大力抓好工程性防灾,提高工程防灾减灾水平

(一)加大高标准堤防工程建设的投资力度

有无堤防工程,堤防工程的标准与层次如何,在洪涝成灾度上大不相同,在这方面福建有正反两面的经验。

以1998年闽江6.23特大洪水为例:福州经过努力建起了39.4 km的高标准防洪堤,6.23特大洪峰过境时,水位高达16.91 m,流量33800 m³/s(竹岐),江面水位高出市区主要街道2~3 m,防洪堤巍然屹立,市区基本未见水患,这就是水利工程效益的充分体现。而建瓯、南平、闽清就是另一幅景象:6月22日建瓯城关一片泽国,几近灭顶之灾;南平市的延平区,虽有堤防,但仅为20年一遇的标准,结果也损失惨重;闽清也是没有堤防的县城,灾情与建瓯、南平接近。据福建省水利厅的估算,福建沿江需建高标准防洪挡潮堤岸4800 km,"九五"期间的任务是1605 km。2011年,中央1号文件聚焦中国水利问题,据此,福建省人民政府以更高的规格,对山洪地质灾害和中小河流治理工作作了全局的规划与部署。

福建有57个市县的城关濒临江河,至1999年多数未建防洪工程,已建的也是标准过低,在建的23个市县工程进度也很缓慢,现在全省有30个县城的海拔高度处在当地洪水位之下,这是一个潜在的危机。

福建沿海的堤防工程同样面临抓紧兴建,提高标准的问题,而且老的堤防还待修复加固。强烈台风所致海水倒灌,历史上不乏其例,所以沿海堤防的建设也是一项紧迫任务。

(二)确保水利设施安全运行,重视水库蓄洪调洪功能

水库有供水、发电的功能,蓄洪、调洪也十分关键,汛期的科学调度,可起到错峰,削减洪水压力,减轻洪涝灾害的作用。特别是福建水系有流程短,河道比降大的特点,上游水库的合理调度,可为下游提供几个小时的错峰时差,并削减洪峰的强度。通过减灾效益转化为巨大的经济效益与社会效益。

(三)建设沿海地区蓄水引水工程

20世纪90年代中期,全省农田灌溉面积为94.5万 hm²,占耕地面积的78%。福建缺

水易旱的重点地区在东南沿海,建设海滩地面水库,完善蓄水引水工程体系,以缓解干旱的威胁和生活用水的困难。也是闽东南经济繁荣带亟待解决的问题。

(四)提高江河泄洪能力

防御和减轻洪涝灾害,必须加强江水河道的治理。对因小失大,只图眼前,不顾久远的盲目垦荒和放任自流的开山采石,挖山取土,应明令禁止,清障疏浚,整治河道,要加强水系立法管理。

三、保护森林资源,提高减缓旱涝灾害能力

森林有净化大气、减轻污染、优化气候、保育繁衍生物品种以及涵养水源、蓄水保土、调节径流、减轻山洪的功能,所以人们常把森林比喻为"环境的卫士"。

穷山必生恶水,秀水源于青山。森林一旦滥伐,带来的后果必然是环境恶化,灾害加剧。1954年起,前苏联曾在哈萨克、西伯利亚、乌拉尔、伏尔加河一带和高加索的部分地区盲目垦荒。20世纪60年代初,引发了罕见的黑风暴,沙化急剧发展;南美洲亚马逊河热带雨林的破坏,至今尚未休止,带来的后果是洪水泛滥愈加频繁;70年代,东非的连年干旱,沙漠急剧向外扩展,也是植被破坏后而难以控制的后果。1993年5月5日席卷新疆、甘肃、宁夏、内蒙古的严重黑风暴灾害,创1927年以来之最,给西北地区造成了严重损失;长江流域由于植被破坏而加重洪涝的突出年例,除1998年以外,还有1981年(四川地区)和1991年。关于森林过伐对福建水旱灾害的影响,以闽江的洪水位作线性相关拟合分析,得出的结论:是森林过量砍伐会"助长洪涝、强化干旱"。

森林植被变化是仅次于温室气体排放,而引起气候变化的第二人为因子。这一问题也是"联合国政府间气候变化专门委员会"关注和研究的重点之一。1998年11月初于阿根廷布宜诺斯艾利斯召开的联合国气候变化框架公约第四次会议的重要议题之一,也就是森林植被问题。

森林不仅有水土"卫士"的功能,而且有"森林碳汇"作用,在吸收CO_2,抑制气候变暖方面具有重要作用。

为缓解和抑制福建的水旱灾害,除加强水利工程建设外,还要有生物工程措施的保证。通过强化山林保育,确保森林生态良性循环,而实现长治久安。不论日本,还是欧洲、北美,他们根治水患的共同措施就是治山和营林。

(一)保护森林资源是改善生态环境的关键所在

福建土壤侵蚀相当严重,1997年水土流失面积为14870.80 km^2,占全省总面积的12.2%。每年因水土流失带走的表土约6000万吨,关键原因是森林与植被的变化。近20年洪涝成灾度日趋加重,虽有气候因素和经济发展、人口密度加大的作用,但下垫面的恶化,也是山洪与地质灾害日渐频繁的重要原因,正如俗话所说:"山上毁林开荒,山下农田遭殃","治山治水不植树,有水有土保不住"。致力防洪抗旱,控制水土流失,减少坡地灾害,从根本上、从长远上讲必须着眼于提高森林覆盖率,恢复和发展森林生态体系,以早日实现森林生态良性循环。但多年来,我们在治水问题上有个教训是"治水不思源,非堵即疏",结果是河道泥沙越来越多,河床不断抬高,水库日渐淤积,水旱普遍加重。为解决全省水土流失,为抑制水旱灾害,应治山、治江并举。采取流域综合治理,在流域范围内,大力开展植树种草,源

头与两岸实行封山育林。从某种意义上讲,福建"希望在林,兴旺在林",只有注重发展森林,才能确保可持续发展。"治水在于治山,治山之道在于林",这是福建长期实践经验的总结。

(二)优化森林资源结构,提高森林的国土保安功能

森林的国土保安作用是天然林大于人工林;阔叶林大于针叶林;混交林大于纯林。福建森林覆盖率高,但总体质量不高,表现为针叶林多、阔叶林少、纯林多、混交林少;中幼林多、成熟林少;人工林多、天然林少。以建瓯市为例,解放初期的1954年,天然阔叶面积有126.56万亩,到1996年天然阔叶林仅剩75.6万亩,无疑,其水文生态效能大不如前。

对福建目前林业面临的针叶化、幼龄化问题,应采取有效措施逐步解决。要禁伐天然林,增加阔叶树种,提高生态林的比重与质量。提倡营造混交林,在育林技术上以封山育林取代粗放的刀耕火种式的炼山造林。要把森林生态工程建设与国土整治、产业开发和地区经济发展结合起来,促进福建林业有序地发展,使林业面积与总蓄积量保持稳定的双增长。

加强沿海红树林的保护,明确保护区,统筹规划,在处理好沿海港区、沿海养殖区、滨海旅游区、沿海和近海风能开发区、沿海工业园区口和红树林保护的关系。保护红树林要和沿海防洪堤建设、沿海防风林建设统筹起来考虑,建设复合型的沿海防灾减灾第一道屏障。要加强福建江河水系和沿海的污染防治,减轻海水污染对红树林的危害。

(三)提高森林覆盖率和质量,减缓旱涝灾害

强降水落到地面对土壤冲刷、侵蚀的物理动力过程,表现为推离作用、悬浮作用和摩擦作用,从而造成水土流失。降水在林区,上述作用大为减弱。

首先是树冠能截留降水,而且缓冲雨滴的重力加速度,从而减弱雨滴的动能和溅击力;尤以阔叶林最为显著。林业专家指出,闽江上游天然阔叶林对降水的截留率是杉木、马尾松、毛竹等人工林的2.1~3.6倍,而且复层林明显高于单层林,成熟林明显高于幼林。

第二层次是枯枝落叶层,它有涵养水源、保持水土的作用,犹如一层海绵,既可二次削减雨滴击打土层的动能,又可过滤滞留泥土,减缓径流并保护和制造有机物质,维系土壤性质结构的稳定。据测定枯枝落叶层的最大持水量可高达自身重量的5~7倍。

第三层次是土壤层,它是森林涵蓄水分的主体,因为林木覆盖的土层有深厚的孔隙结构,具有很强的渗透、吸持降水的能力。据测定天然阔叶林,持水量2312 t/hm^2,杉木、马尾松、毛竹人工林1898~1954 t/hm^2,而荒芜的草坡与无林地是1609 t/hm^2。关于这一点同样是混交林高于单纯林,高龄林高于中幼林。

这样,林冠、落叶层、土壤层对降水的综合效应是削减洪水而保土;涵养水源而蓄水;防治流失而固沙;改变水质而净水。有人曾测算不同植被的水土流失进程:同是18 cm的表层土,在森林、草地、农耕、裸露四种状态下,土层被冲净的时间分别是57.5万年、8.21万年、46年、18年。这组数据凸显了植被状态的重要性。

一项比较公认的测算,一亩林地比一亩无林地,每年能多蓄水20 m^3,这样五万亩林地就相当于一座百万方的水库。闽北的群众讲:"山上栽了树,等于修水库,雨多它能吞,雨少它能吐",当地还有一句谚语叫:"春有水,夏有泉"。在森林资源处于良性状态时期,闽北的群众是不怕夏天缺雨的,因为涓涓的泉水可滋润农作;如遇少雨,则气温往往偏高,更有利水稻生长,所以山区是愈旱愈高产。

在认识森林抑制水旱、涵蓄水源功能的同时,还应看到它对大气环境质量的贡献,即净化

空气,减轻污染是森林的另一功能。1 hm² 的阔叶林在生长季节,每天可吸收 CO_2 1000 kg,放出 O_2 730 kg,林区的空气远比城区净洁、清新,而且,气温起伏日变化不大,湿度也比较适宜。近 20 多年来,森林疗养与森林旅游急剧发展的原因也就在这里。

(四)提高城市绿化率、减缓热岛效应

随经济和社会的发展,今天城市化问题愈来愈突出,主要表现是人口密度急增,建筑扩展,交通道路十分拥挤。随之而来的气候问题是市区气温明显升高,湿度显著降低,而风速大为减小,这就是城市发展随之而来的所谓"热岛"、"干岛"、"弱风"效应问题。其根本原因是地面环境性质和人为热量、人为水汽的改变。

1993 年 8 月,福建省气候中心曾在福州市南后街的"三坊七巷"一带进行对比观测:平均气温比市郊的后屿(省农业气象试验站)高 1.3℃,比闽侯气象站高 2℃,比长乐气象站高 2.1℃;湿度的情况,三坊七巷为 67.8%,郊区后屿为 71.2%、闽侯为 75.5%、长乐为 76.5%,前者偏低 3.4%~8.7%;风的比较,三坊七巷是 0.3 m/s,后屿为 2.4 m/s,闽侯是 1.6 m/s,长乐为 3.0 m/s,郊县比三坊七巷大 5~10 倍。

据有关实测数据,南方盛夏的中午,水泥路面与草地的温差可达 20℃ 以上,而日平均地面温度:草地比土地低 4~5℃,比水泥地低 7~8℃;夏季人行道树下的日平均气温比马路中心低 2℃。到了冬季则是一种相反的趋势,这是由于不同结构的陆面,其辐射性能与热量平衡性质不同而造成的结果。

解决城市化带来的环境逆变,优化城市小气候的有效措施是大力植树,扩大绿地,保护自然水体,增加人工喷淋。这些措施不但能消暑,缓解"热岛",还可减轻噪声。高标准的绿化城市,由于有较强的植物光合作用,能吸收大量的 CO_2,释放 O_2,同时又能吸收大气中的有毒气体与尘埃,起到净化空气的作用。绿地与树木在蒸腾作用下,还能为市区提供大量的水汽,使空气备感湿润清新。所以绿化水平高的城市,必是一个优美的城市,是一个大气品质优佳的城市。

(五)建立和完善机制,促进森林保护。

改进 GDP 增长的考核机制,建立工业反哺林业的机制,提高林区政府和民众发展林业的积极性,实现"既要金山银山,也要绿水青山"的和谐发展。加强森林、湿地的保护力度,促进森林品种多样化,提高森林的总体质量。同时,加强极端气候干旱对森林病虫害、森林火险的防治工作。

四、建立气象灾害防御体系,提高全民防灾意识

防灾、减灾有许多环节,包括对灾害的监测、预报、防灾、抗灾、救灾和援建。因此,需要全社会的协调行动和强有力的组织。福建正逐步形成"政府主导、部门联动、社会参与"的防灾减灾的机制,加快福建农业气象服务体系和"海西"气象灾害预警预报体系建设。

一是加强气候变化的监测和影响评估。面向需求,加强气候变化的监测,为气候变化研究和应对气候变化提供基础数据。开展气候变化专题或专项影响研究,为科学应对气候变化提供决策依据。鉴于气候变化影响的广泛性和复杂性等特点,全面系统科学地开展气候变化影响评估需要有关部门的合作。重视气候变化影响评估在规划决策中的应用。针对气候和气象灾害多样性,经济多样性,城乡多元化的特征,统筹开展气候变化对农村和农业、气

候变化对城市、气候变化对交通、气候变化对能源、气候变化对人体健康和海平面上升影响等的专项评估。

二是加强城乡规划和重点工程、重大项目的气候可行性论证。应对气候变化要提高前瞻性,做好城镇规划、交通设施建设、重大工程建设中的气候可行性论证,提高有关规划设计的科学性气候可行性和气象灾害风险性的评估,未雨绸缪,防患于未然,是提高应对气候变化能力和趋利避害的能力,科学减少灾害隐患,提高防灾减灾的科学性和前瞻性,提高经济、社会和生态效应的重要手段。气候可行性论证范围比较多,如,福建和台湾的气候比较相似,但也有不同。在气候变暖寒害发生频率减小的背景下,对引进台湾新品种,扩大亚热带经济作物是有利的。但要防范异常的强降温因种植面积扩大带来的影响,要加强农业气象的监测和预报服务。在城镇规划和对外开放综合通道网络建设中加强气候工程论证。福建省交通网络所处地形复杂,对局地强降水、大风、雾的影响更加敏感。城镇化进程中,防范城镇内涝更加重要。落实"海西"发展战略,应抓好生态农业建设、工业布局、综合通道网络建设、城镇总体规划的气候可行性专项论证,通过气候可行性论证,做好科学规划和工程设计。

三是适应气候变化,提高气候资源开发利用的能力。要因地制宜,科学利用水热条件较好等优势,通过农业产业结构调整,选育新品种,扩大种植面积,发展现代农业。同时,加强林业建设、生态环境保护和农田水利设施建设,提高抵御旱涝灾害的能力。福建省水能和风能资源丰富,发展绿色和可再生能源是能源发展的方向,是增能减排的措施之一。

四是加强福建防灾减灾体系建设。构建"海西"与台湾海峡防灾减灾体系,福建和台湾,大气运行、天气演变互为上下游,应继续加强两岸气象界的联系与合作,建立汛期联防、台风联防机制,共同服务两岸同胞。以科学发展观统领福建的防灾减灾体系建设,提升预测预报能力、防灾减灾能力、应对气候变化能力和气候资源开发利用能力,以适应福建经济发展的需要。

五是应对气候变化事关全局,应建立科学的应对气候变化观。气候变化既表现为光热水资源的变化,又表现为气象灾害与极端天气气候事件的变化。顺应与防御并举,趋利避害,以主观能动性应对气候变化,必须完善应对气候变化的体制和机制,增强全社会和全行业应对气候变化的意识,提高应对气候变化的能力。

第四节　科学开发利用气候资源

一、顺应气候变化发展高产优质高效农业

由传统低效农业向现代高效农业的转变,应坚持发挥资源优势的原则。注重发挥地区优势,合理利用国土资源和气候变暖的气候条件。因地、因气制宜,扬长避短,合理开发,逐步推动农业生产走向区域化、基地化、规模化、商品化,从而才能实现农业生产的高产、优质、高效。

(一)充分利用福建光、热、水有利条件,稳步推进粮食生产

福建人均耕地少,仅约半亩地,是个缺粮省,对策是"保口粮,争优质,上饲料",优化"粮食、经作、饲料"三元结构。

福建冬暖少霜,雨水尚适,扩大冬种面积,减少冬闲田,大力发展冬季粮食作物,如饲料大麦和油菜、越冬薯等是一条可行之路。

山区把握热量,抓紧农时,发展再生稻和间套制种植面积也颇有潜力。

全省通过粮食高产地区和商品粮基地县的带动,旱地粮食的开发以及中低产田的改造,滨海宜农地的围垦,不断提高复种指数与单位面积产量,使粮食生产保持稳定增长是完全可能的。

(二)利用山区多样性的农业气候生态类型,培育山区优势商品生产基地

山区的立体气候和多样性气候类型是发展多层次、多功能、多途径农业的有利条件。

闽北的建瓯市,土地面积632.4万亩,其中102.9万亩开发种植毛竹,其面积占全国1/40,全省1/10。1995年总产值4.95亿元,创税利2.32亿元,出口值0.52亿元,竹业成了该市经济发展的"半壁江山",其收入占全市财政的40%。笋竹有十多个系列300多个品种的深加工产品享誉国内外。

"一亩园,十亩田"。闽西龙岩市的大池乡、漳平市的大福镇,利用中、高海拔山区夏季湿凉气候和当地有利的土地资源,发展反季节蔬菜,1993年种植3000亩,总产值1665万元,平均每亩收入5550元,比原单季稻效益提高10倍。现已建成万亩以上,省内外著名的高山蔬菜基地,年经济效益已在亿元以上,城乡结合为解决城市"秋淡"蔬菜供应,发挥了重要的作用。另外,该县的花卉产业也创出了品牌,获得了丰厚的效益。

闽北、闽西在不与粮争地的前提下,大力发展温州蜜橘等多类水果。充分利用山区地形逆温形成的小暖区、小暖带气候条件,推广"柑橘要发展,从坪搬上山,坡向要偏南,地点选半山"的经验,成为农民脱贫致富的一棵摇钱树。

位于闽江口的琅岐岛一改往日的荒芜,利用特有的海岛气候资源、滩涂资源,建成福州的菜篮子基地,全市半数以上的鸭蛋由该岛供应,不但为当地创造了可观的经济效益,而且解决了省会吃蛋难的问题。

(三)利用闽东南亚热带气候优势,扩大名优水果的面积,提高名优果的产量与品质

福建素以"水果之乡"著称,尤以闽南的水果最负盛名。龙眼、荔枝、香蕉、菠萝、枇杷、橄榄、柚子是福建的名优水果,其中,龙眼的面积和产量均占全国半数以上,居第一位;香蕉居第二位;荔枝居全国第三位。福州—厦门公路两侧的龙眼带,面积与产量占全省80.0%和83.8%;漳州—诏安一带和莆田片的荔枝面积、产量分别占全省的69.0%和71.0%;九龙江下游沿岸的香蕉带其面积、产量均占全省80%以上。除此,漳州一带和永春县的芦柑,平和、华安的柚子,莆田的枇杷,闽清的橄榄,都属省内外的知名水果。特定的土质与气候是培育优良果品的基础,应运而生的产业化水果贸易市场,已在产地形成并成为国民经济的支柱产业之一。上述水果的发展,都还有很大的潜力,品质也有待不断的提高。

福建又是全国重点茶区之一,素有中国"茶树品种资源宝库"之称,1995年产量居全国第二位,茶树生性喜温暖湿润气候,耐阴性强,在多云雾,日照偏少,散射光资源丰富的环境下最为适宜。尤以溪涧山坞,坑谷浓阴的小气候条件下,品质最优。

安溪的名茶"铁观音"所以享誉国际,是因为有内安溪所处戴云山区的特定气候与当地土质条件相结合,而形成的适于茶树繁衍的生态环境,著名"武夷岩茶"和"坦洋功夫",也得益于类似的气候环境条件。福建的茶树采摘季节很长,一年一般可有5~6次萌发,但以早春"清明"前后的茶叶质量最优。福建茶区每年平均亩产可达 150 kg,高者可在 400 kg 以上,比较有名气的品种有 8 种,出口创汇很有市场,福建山区植茶还有很大潜力。

东山县原是经济乏力的穷县,20 世纪 80 年代起,根据当地多沙质土壤,加上海岛气候,引种、开发芦笋,一举成为全国最大的芦笋基地,产品远销海外,成为该县的财政支柱产业。优势资源的利用产生了优势特色农业,"一根芦笋,富了东山",改变了落后海岛的局面,而推动了全岛的经济。

(四)推进设施农业技术的应用,把光、温、湿调控在作物要求的适宜状态

塑膜和塑料大棚的应用,可改变作物的微气候环境,抗御低温影响,生产非常规季节蔬菜。以前北京冬天的大宗蔬菜是大白菜和大葱,现在已大不相同,四时菜类,冬季基本都可上市,这是工程农业技术带来的成就。现在早稻育秧已渐入工程化,"倒春寒"的危害已相当淡薄。冬季大棚技术的应用,还在花卉培育、山区蔬菜种植上得到推广,产量与品质都有提高。另外灌溉技术的改进也起到了节约资源,提高效益的作用。

(五)利用气候变暖的有利条件,在科学评估的基础上,优化农业产业结构

一是利用气候变暖和福建、台湾气候相似的地缘优势,借鉴台湾发展精致农业的经验,根据市场需求,科学扩大亚热带经济作物的种植范围。开发、改良、培育水果新品种,根据不同品种和种植地域,开展有针对的气候适应性论证和种植效益评估。同时,对极端天气气候的可能影响进行风险评估,为扩大种植提供科学依据。

二是加强低温冻害和气候干旱的监测和预警,引导农民采用工程措施防御和减轻灾害性天气气候的影响。气候变暖以及温室育秧技术的应用虽然减轻了倒春寒对早稻的影响,但对经济作物的影响不能低估。冬季、早春季冷暖悬殊,加上亚热带经济作物种植规模的扩大,有可能加大低温冻害的影响。加强低温冻害监测和预警,引导农民利用可靠的气象信息,采取喷药法、熏烟法和遮盖法减轻低温冻害对经济作物的影响。

三是针对气候变暖可能导致病虫害增多,以及东南亚、海南岛等南部褐稻虱虫源迁入对福建水稻生产的影响,应该强化稻田轮作制度,加强跨区域的农业、气象部门的信息沟通,加强虫源地病虫害的监测和迁入福建的大气环流变化的监测,开展病虫害发生(或迁入)规模、时间和地域的研究,共同防御和减轻病虫害的影响。

二、开源节流提高水资源利用率

"水是生命之源、生产之要、生态之基",是左右人类生存环境的主要因素之一,并越来越成为促进和制约工农业发展与城市建设的主导因素。水安全包括防洪安全、供水安全,水生态环境安全,水利工程安全,是国家安全的重要因素之一。

缺水有资源性缺水和工程性缺水之分。就福建而言,前者以东南沿海比较突出,后者全省均未根本解决,都存在水利工程薄弱的问题,比较而言,水资源短缺以沿海地区为重。

(一)闽东南地带水资源供需矛盾突出

福建水资源相对丰富。按全省平均降水量 1654 mm,折合总降水量约 2050 亿 m^3,地表水资源总量约 1150 亿 m^3,人均占有量高于全国平均水平,但与世界相比,仅为 1/4。特别是人口占全省 64%,国民经济总产值占全省 70% 的福州、莆田、泉州、厦门、漳州五地市,水资源总量只有 665 亿 m^3,占全省总量的 32%,人均占有量是 1780 m^3,仅为南平、三明、龙岩、宁德四地区人均占有量的1/4,供需矛盾十分突出。但应该看到,南平、三明位处福州上游,龙岩位处厦、漳地区上游,上游地区植被好,降水量多,对稳定水资源总量,改进水资源质量,调节水资源供需矛盾是有利的。

表8.3 福建省各地市平均水资源状况表

行政区	年降水量 （亿 m^3）	地表水资源 （亿 m^3）	地下水资源 （亿 m^3）	地表水和地下 水不重复量 （亿 m^3）	水资源总量 （亿 m^3）
福州市	184.93	101.45	24.73	0.30	101.76
厦门市	24.57	12.64	3.47	0	12.64
莆田市	64.07	43.76	10.7	0.30	35.06
泉州市	180.51	96.30	32.39	0.19	96.49
漳州市	210.03	120.81	36.05	0.45	121.26
龙岩市	323.72	183.64	54.64	0	183.64
三明市	393.22	213.39	67.36	0	213.39
南平市	467.49	269.86	80.02	0	269.86
宁德市	228.99	146.46	33.01	0	146.46
全　省	2077.53	1179.32	342.38	1.24	1180.56

（二）加大水利工程投资力度,提高水资源利用率

水利建设是兴国安邦的大事。目前,福建各类水利工程设施的可供水量约200亿 m^3,仅占全省水资源总量的17%,开发利用率太低,其局面是:一方面工农业生产和人民生活用水紧张;另一方面是大部分水资源没得到利用而流失。加大水利工程投资力度是当务之急,也是长期应予不断提高层次的问题,通过蓄水、调水、供水工程的建设,大力提高水资源利用率。另外,充分利用雨洪资源,探索洪水资源化,提高废水利用率,也是一个开发的方向。

由于福建降水分布有明显的季节差异,加强蓄水工程的建设,提高水资源的时、空调配能力,是一个需要根本解决的问题。就全国而言,有"南水北调"方案,福建"春存夏用,春存冬用"也属可行。

把梅雨季节的丰富降水留有储蓄,以缓解夏秋季干旱之需。这样,可在江系的上游、中游选择一些条件较好,对下游有制约作用的地段,建设大、中型水库,通过水电、水资源综合利用,实现对主要江河的滚动开发,高效利用。

水利建设也是一项系统工程,包括蓄水工程、引水工程、堤防工程、排灌工程和电站工程。应完善设施的配套,并对老化、失修、渗漏的工程,建立经常性的维护机制,使已建工程保持良好的运行状态,以减少和杜绝水利工程可能引发水害的后果。

（三）提高灌溉技术,推广节水农业

传统的流放灌溉,既浪费水资源,又造成养分,肥料的流失。应大力发展和推广节水技术,提高农业用水效率,以喷灌、滴灌、低压管道输入技术、渗透灌溉技术、渠道衬砌防渗技术,达到节水、节能、节肥、防渗、增产的效果。

(四)加强管理,控制江河水质污染

福建的水系,自成体系,源于武夷山脉,于台湾海峡入海,水质相对较好。但从发展变化来看,也有污染加重的趋势,对沿江特别是上游地区的工业废水污染、化学耗氧量 COD 的超标排放、固体废弃物污染、化肥、农药污染以及粪便污染,应加强控制管理。否则,本已紧缺的水资源,又面临严重的污染,问题更大。

三、开发滩涂海洋资源发展水产养殖业

(一)福建的浅海、滩涂资源

福建有 10 m 等深线以内的浅海面积 42 万 hm^2,潮间带滩涂面积 20 万 hm^2,大部分布于港湾、河口附近地带。这里气温和海温温和,雨量适宜,水质肥沃,可供浅海与滩涂养殖的水产,生长周期短且品质优,海洋资源开发,潜力很大。

福建沿海滩涂的底质有泥质、沙泥质和沙质三类,前两类多分布于湾内或湾口,受风面小,风力弱;后者多分布于海岛的向风侧,受风面大,风力强,这一差异会影响养殖的品种与产量。

(二)鱼、虾、贝、藻、蟹养殖潜力大

因为福建冬天不冷,滩涂质地肥沃,所以养殖的季节远长于北方沿海,如对虾一年可养早、晚两季,南部沿海还可用"越冬暂养"技术培育虾苗,产值与效益很高。至 1995 年全省已开发的浅海与滩涂养殖面积达 8.3 万 hm^2,养殖产量达 62.2 万吨。近期全省可开发的浅海面积有 15 万 hm^2,滩涂为 12 万 hm^2,潜力很大。

(三)围滩造田和晒盐也是一条开发途径

截至 1994 年,全省沿海围垦造田计 8 万 hm^2,其中 3.3 万 hm^2 已形成耕地。解决沿海地区人多地少和建设占用耕地的矛盾,这是一条可行的途径。开辟盐田,发展盐业化工,也是一条门路。

四、利用资源发展绿色能源产业

(一)积极开发风电资源

福建海岛与沿海突出部,还多有交通不便的问题,民用燃料不足,长期以来薪炭与沿海防护林建设矛盾。建起风力发电可解决农村、渔村生活用电,农业用电,小型乡镇企业用电,是提高农民生活品质,改进农业生产条件的有效措施。

福建由于台湾海峡的"狭管效应"的影响,沿海风大且稳定,可利用时数长,加上海岸线长,所以,福建沿海风能资源丰富。应建立和完善新能源开发利用的政策,促进风电等新能源产业的发展。福建沿海风电发展受可利用土地的影响比较大。但近海风电发展还有较大空间,应该鼓励发展海上风电场。《福建省"十二五"能源发展专项规划》提出,"十二五"期间,投产陆上风电 130 万千瓦,建成海上风电 50 万千瓦,总装机规模达到 250 万千瓦。

目前,霞浦、福清、平潭、莆田、漳浦、东山等地建成商业化运行风力发电场,成为我国发展风能较快的省份。截至 2007 年底,福建省已建成投产风电项目 7 个,累计安装风电机组 176 台,装机总量达 23 万千瓦。根据福建省发改委发布公告,截至 2011 年底,福建省陆上风

电装机规模达到 103 万千瓦,发电量超过 21.9 亿千瓦·时,其中,2011 全年净增装机规模 30 万千瓦;全省投产已满一年的风电场平均等效满负荷利用小时数超过 3000 小时,居全国第一。

福建沿海风能丰富,受天气气候影响大,应该做好开发前的气候论证,建成后的风功率预报,提高风电效率和并网稳定性。

(二)科学规划火电发展

福建省是化石资源匮乏的省份,大型火电厂用煤主要靠外运,其交通运输容易受极端天气气候的影响,同时,火电排放二氧化碳会造成温室气体增多。为此,在积极控制火电发展,加强火电厂污染治理的同时,要通过政策扶植、结构调整、制定规划等发展清洁能源。

(三)合理发展核电

核电具有装机容量大,成规模,电源稳定的优势。最近 10 年,福建省核电发展迅速。目前,宁德、福清两个百万千瓦级的核电站正在加紧建设。据报道,宁德核电站总装机 600 万千瓦,总投资 900 亿元,一号机组计划 2012 年发电。福清核电站计划 2013 年发电。

(四)科学开发水电

福建水电丰富,开发趋于饱和。应该科学规划和发展水电,加强水电建设的审批,开展小水电站和小火电机组的治理,进行必要的清查和关停。提高水电防御气候旱涝的能力。2005 年福建省暂停批建小水电站项目,并关停了一批规划不合理、破坏生态的小水电站。2007 年福建省关停并拆除了小火电机组 22 台,减少小火电机组发电 26 亿千瓦·时,节约标煤 31 万吨,减少二氧化硫排放 1.3 万吨。

(五)开发太阳能等资源

福建太阳能资源及开发还是有潜力的。冬半年风能资源更为丰富,夏半年风能有所减小相应,而太阳能(光电)在这一季节有优势,若建起匹配的风电与光电,效益将更理想,再把沼气发电利用起来,更为完整,可做这方面的探索与试验。太阳能商业化开发在福建尚待时日,但在农村实施"千村万户太阳能热水工程",在城镇推广太阳能热水器还是可行的。应该建立相关的产业激励机制,鼓励房地产商和居民使用太阳能热水器。太阳能光伏产业发展要加强科学论证,注重建设和环境保护相结合。

五、开发旅游资源推进旅游业发展

旅游资源是一种特殊的资源,它是自然、社会和特定人群的感情融汇的产物。它是投资少,收效快,利润大,创汇多的产业。它在第三产业中的地位随经济的发展、人们生活的改善将不断提升。

(一)福建发展旅游的优势

(1)福建是全国著名的侨区,与港、澳、台同胞,东南亚闽籍侨胞有更多的血缘关系,感情上的吸引,携眷回乡探亲、访友、旅游,有稳定可观的客源。

(2)地理位置的优势,福建毗邻港、澳、台,靠近东南亚,交通口岸已辐射至欧美,随海峡两岸"三通"和直航的开通,两岸同胞来往与日俱增。

(3)自然景观和人文景观丰富多彩。福建依山傍水,风景秀丽,既有山川之胜,又有园林之美,山海胜景兼备,气候舒适宜人,冬无严寒,夏无酷暑,一派南国滨海和亚热带山林风光,可观赏的文物古迹也别具特色。

(二)几类特色旅游

福建既有厦门、东山、长乐等滨海旅游胜地;又有武夷山、太姥山、鼓山、金湖等秀丽的山川可供观赏;还有名胜古迹众多的泉州城,湄洲马祖可供朝拜,以及闽西的客家圆楼风情可供考察;传统佳节的故乡情,更具吸引力。近20年福建的旅游事业迅速发展,随环境与设施的改善,更蓬勃的旅游前景,不久将会到来。

第五节 应对气候变化的对策与任务

福建省2008年颁发的《福建省应对气候变化实施方案》,提出了应对气候变化的目标和具体任务。

一、福建省应对气候变化的主要目标

加快转变经济增长方式。坚持走低消耗、低排放、高效益、高产出的新型工业化道路,大力发展循环经济,加快建设资源节约型、环境友好型社会,积极推行节能降耗减排,不断提高资源利用率。努力减缓温室气体排放,到2010年,全省万元国内生产总值能耗降至0.79吨标准煤,低于全国平均水平,比2005年降低16%。

继续实施植树造林、天然林保护等重点工程建设,至2010年,生态公益林面积占全省林地面积的比率保持在30%以上,全省森林覆盖率继续保持全国前列。全省实现城市建成区绿化覆盖率40%,城市人均公共绿地面积达10 m^2。

大力发展可再生能源和清洁能源。积极推进核电建设和风能开发,制订有关鼓励政策,多方筹集资金,加快发展可再生能源,不断优化能源消费结构,同时,提高风能、太阳能等新能源的开发利用率。

健全应对气候变化的科技推广应用机制和应对气候变化的防御体系。加强气候变化领域的基础性研究和应对气候变化领域的科技创新。健全适应气候变化的防灾减灾体系和应对极端天气气候事件的应急体系。

科学制订应对气候变化的工程防御标准。在城镇化、工业化的有关规划以及相关项目建设中,应科学地应对气候变化的潜在性影响,并根据最新的气候指标制订相应的防御标准。

二、福建省应对气候变化的主要任务

(一)优化经济结构,提高资源利用率

要加快转变经济发展方式,优化调整经济结构,全面推进清洁生产,大力发展循环经济。一要科学地推进清洁发展机制(简称CDM),落实好国家发展循环经济的有关政策、节能减排指标及行业准入标准,降低能源消耗,控制温室气体排放。二要认真落实《中华人民共和国清洁生产促进法》和《福建省节能减排综合性工作方案》,严格控制高耗能、高污染行业的过快增长,促进服务业和高新技术产业发展,从源头上控制二氧化碳的排放。三要严格执行《产业结构调整指导目录》,加强产业政策与信贷、土地、财税、价格、质检等政策的协调配合,

对重点地区、重点行业实行更加严格的市场准入条件,严控高耗能、高排放、低水平的行业项目进入。四要进一步推进工业企业清洁生产审核工作,加快淘汰能耗高、效率低、污染重的工艺、技术和设备,认真落实国家关于加快关停小火电机组若干意见和省政府批转的加快水泥工业结构调整实施意见,认真制订实施淘汰落后产能分地区、分年度的具体工作方案。五要加强电力、钢铁、有色金属、冶金、石化、建材等重点行业和重点耗能企业的节能减排工作,积极推进十大重点节能工程实施和信息技术的应用,提升节能降耗水平,在"十一五"期间形成1600万吨标准煤的节能能力。争取2010年全省90%的城市空气质量符合二级标准的天数占全年的比例达85%。六要健全节能标准体系、耗能企业计量检测体系,加强能源和减排计量管理,推动节能产品认证和能效标识管理制度的实施。

(二)加强林业建设,保障生态安全

一要进一步加大植树造林力度。继续推进全面义务植树、城市绿化和绿色通道建设,加快森林资源培育,扩大森林面积,增加森林数量。开展封山育林、中幼林抚育、优化林种和树种结构,提高林分质量,增强森林生态系统的固碳能力。二要加强江河流域生态林的保护和沿海防护林建设,防治水土流失和减缓沿海大风的影响,提高防御气象灾害、海洋灾害和地质灾害等自然灾害的能力。三要加大森林、湿地和林地保护力度。强化生态公益林与自然保护区管理。加快滨海红树林湿地恢复,遏制非法征占用林地和乱砍滥伐林木,提高森林和湿地的整体功能,加强濒危动植物物种保护,维持区域生物多样性。四要加强森林资源和森林生态环境监测,开展森林气象火险等级预测预报,建立和完善森林火灾监测和扑救体系,加快森林防火林带建设,提高森林火灾防控能力。提高森林病虫害监测和防治能力。五要鼓励使用速生材、合成材,开展废旧木制品分类回收和再生利用,促进木材综合利用,提高木材资源的再利用比率,保护现有森林碳储存,增加陆地碳存储和吸收。

(三)开发再生能源,保障能源安全

一要全面落实《中华人民共和国可再生能源法》,实施能源可持续发展战略,把可再生能源的开发利用列为能源发展的优先领域,按照政府引导、政策支持和市场推动相结合的原则,培育持续稳定增长的可再生能源市场,改善可再生能源发展的市场环境,加快新能源和可再生能源体系建设。二要根据福建沿海风能资源丰富的优势,以风能开发为重点,兼顾太阳能、地热能、生物质能、潮汐能的合理开发,提高可再生能源和新能源在能源结构中的比例。至2010年,全省风电装机容量达60万千瓦,太阳能热水器总面积达80万 m^2,地热利用总量6000万 m^3。三要结合新农村建设,鼓励和支持风能、太阳能、生物质能、水能等可再生能源在农村的推广应用。科学地发展农村生物质发电、种植能源作物和能源植物,开发新型农村能源产业;结合农村畜牧养殖业污染治理,大力发展沼气、生物质固体成型燃料和生物质气化。四要建立能源储备体系,加快建设大型石油储备基地及沿海输气、输油管道,提高福建省能源持续稳定的供应能力。

(四)强化水资源管理,保障水资源安全

一要加强气候变化背景下水资源的保护和开发利用,构筑水资源安全保障基本框架。加强降水量异常变化对水资源时空分配及水质影响的研究,为水资源的节约、保护和优化配置提供科学依据。二要合理开发利用和优化配置水资源,在流域中上游和水资源紧缺地区建设一批具有防洪、灌溉、供水等综合功能的大中型水库,加强水库除险保安,基本消除病险水库的安全隐患,全面完成各类病险库的加固工作。三要加强闽江"北水南调"工程和九龙江"西水东调"工程的前期工作,建设一批具有跨区域、跨流域、跨时空调节功能的大中型蓄、引、调水利枢纽工程。以大中型灌区续建配套与节水改造为重点,完善农田灌溉体系,推广喷、微灌等节水灌溉技术。力争2010年全省农业灌溉水利用系数达0.55。四要重视降水时空分布异常造成的气候干旱的影响,加强气候干旱和异常高温对河流、湖泊等重大水污染事件影响机制的研究,提高综合应对气候干旱的能力。要健全各级人工增雨(消雹)作业指挥系统,提高人工增雨抗旱能力和人工防雹能力。五要开展河流湖库化对生态环境和饮用水源地水质安全影响的研究。建立湖库型集中式生活饮用水源地水质安全应急体系和技术支持体系。

(五)应对气候变化,保障农业安全

一要关注天气气候变化对福建省农业生产的影响,主动研究全球气候变暖对粮食生产能力的影响,及时掌握国际粮油市场动态,提高应对能力。二要立足现代农业建设的需要,加强福建省在全球变暖背景下农业和生态气候区划的调整更新工作,研究适应气候变化的农业气候资源开发途径及农业生产力布局。三要提高粮食综合生产能力,稳定发展粮食生产,确保粮食安全。"十一五"期间,力争粮食自给率保持相对稳定。四要加快建设三大特色产业带,推动农业发展品牌化、产业化、规模化、生态化和标准化,加快农业"五新"推广工作,加强农业科技成果和适用技术推广应用。五要重视气候变化带来的异常高温和低温对畜牧业和养殖业的影响,提高重大动物疫情防控能力,以及防御干旱和冻害等灾害性天气气候能力,使天气预报和灾害性天气警报及时进村入户。

(六)强化规划引导,保障城市安全

一要在编制城镇总体规划时,综合考虑区域人口、经济、交通、能源等对气候变化的影响,加强规划引导和调控,促进城市健康、可持续发展。二要加强城镇化带来的热岛效应、"狭管效应"(强风)和"湖泊效应"(积水)的影响及其减缓措施研究,科学推进城市局部生态建设,改善城市小气候,开展短时强降水对城市低洼处的影响评估,并建立相应的应急预案。建立并推行室外大型广告牌(宣传牌)和高层建筑的防大风工程标准。三要进一步扩大城市绿化面积和水域面积,美化城市环境,减缓热岛效应,提高空气质量。四要加快实施节能标准,推进新建建筑的节能降耗,积极推广应用新型环保节能的墙体材料、绝热和隔音材料、防水材料和密封材料。至2010年,新型墙体材料在城区内应用率达75%,全省城镇新建建筑节能率达50%。五要大力发展节能型和环保型的交通工具,推动《乘用车燃料消耗量限值》国家标准的实施,减少二氧化碳的排放;优先发展城市公共交通,调整出行结构,提高交通效率。加快污水、垃圾处理产业化进程,推广应用先进的垃圾焚烧技术,减少垃圾填埋场及焚烧厂的甲烷排放量;至2010年,全省城市(含县城)污水处理率和垃圾无害处理率达到60%以上。

(七)发挥滨海优势,促进海洋开发

一要积极应对气候变化,加快现代化海洋产业体系建设。坚持防范在先,措施在前,加强事先的气候环境评估,事中的气候变化监测,高度重视气候变化和海平面上升带来的台风暴潮加剧、咸潮入侵等对港口开发、经济建设的影响,采取护坡与护滩相结合、工程措施与生物措施相结合,科学提高坡高设计标准。二要加强海洋资源的有效利用和保护,加快现有海洋自然保护区和海洋生态特别保护区建设、加强无居民海岛生态保护,建立无居民海岛生态特别保护区。加强闽江口、福清湾、泉州湾、九龙江口等湿地保护修复工程建设,建立滨海湿地保护区。通过采取各种生态修复手段,提高海洋生物物种多样性指标。要在保护生态环境的基础上合理确定滩涂围垦规模。三要加强海洋污染防治和陆地生态环境治理,按照海洋环境容量,严格控制污染物入海量,治理和改善海域生态环境。要重视气候变化和极端天气气候对近海赤潮影响,提高防范能力。四要加强海洋灾害监测与预警预报系统和海上渔业安全应急指挥系统建设,针对福建省防台风暴潮的特点,完善和优化渔船进港避台风暴潮方案,加强避风港的建设,提高避风能力,至2010年,全省渔船就近避风率提高到75%。

附录1:1949—2010年福建主要气象灾害大事记

1949年——秋冬旱严重,寒害明显
寒害:早春多雨,闽北有较重的"倒春寒",闽北有较重的"五月寒"。
暴雨:8月14日闽江有较大洪水。干旱严重。
台风:台风登陆3个,影响2个。
干旱:有严重的秋冬旱,也有春旱。

1950年——
寒害:五月寒严重。
暴雨:闽江出现大洪水。
台风:3个台风影响。

1951年——无明显旱涝,"倒春寒"严重
寒害:"倒春寒"严重。
台风:无明显旱涝,台风影响的有2个。

1952年——福州城区闹水灾
暴雨:6月15日晋江有较大洪水,7月21日闽江出现特大洪水。
台风:登陆3个,影响5个。受7号台风影响,7月20—21日福州市区一片汪洋。

1953年——
暴雨:6月11日汀江出现大洪水。
台风:登陆3个,影响3个。

1954年——
寒害:春寒明显。
暴雨:闽江水灾死亡43人。
干旱:夏秋旱405万亩,减产2.5亿kg。
风灾:5月14—15日闽东沿海大风死亡65人。
台风:影响4个,风雨灾害不明显。

1955年——干旱严重
寒害:1月寒潮,霜冻异常严重,冻死耕牛千头,上杭冻死3人。
干旱:冬春旱、夏旱和秋冬旱严重,春旱302万亩,减产1.5亿kg。
台风:登陆1个。9月初的22号台风影响大。

1956年——
台风:登陆4个,其中9月3个,死亡228人,泉州市街道水深2~3 m。
干旱:夏旱面积488万亩,减产0.7亿kg。

1957 年——

干旱:夏秋旱严重,面积 415 万亩,减产 0.7 亿 kg。

台风:登陆 1 个,影响 4 个。

1958 年——

台风:台风登陆 4 个,影响 4 个。灾情严重。

1959 年——台风灾害严重,极大风速大,人员伤亡惨重

台风:台风和暴雨洪涝灾害严重,人员伤亡惨重。8 月 23 日台风厦门极大风速 60 m/s,死亡 726 人,经济损失 3 亿元。9 月 11 日台风,死亡 42 人。厦门市因台风损失惨重。

1960 年——洪涝灾害严重

寒害:3 月初 1 日—4 月 7 日强降温,北部下雪结冰。

暴雨:洪涝 1281 万亩,减产粮食 5 亿 kg。

台风:"6·9"台风造成 638 人死亡。

干旱:春旱面积 553 亩。

1961 年——台风洪涝严重

干旱:6—7 月干旱面积 417 亩。受灾 1400 万亩,减产粮食 6.5 亿 kg。

台风:台风 4 次登陆,8 次影响。9 月 12 日台风福州风速高达 45 m/s,出现停电停工。

1962 年——台风洪涝

寒害:3 月下旬倒春寒,有雪。

暴雨:洪涝 1302 万亩,减产 3.6 亿 kg。雨季洪涝闽北较重。

台风:闽东地区台风灾害较重。

1963 年——春季大旱

干旱:春旱 1962 年 1 月上旬—1963 年 5 月,为百年罕见,干旱 608 万亩。

台风:登陆台风 3 个。

1964 年——

寒害:2 月北部积雪厚达 1 尺。

暴雨:雨季洪涝是本年主要灾害。

台风:无台风登陆,8 次台风影响。

干旱:有春旱。

1965 年——台风洪涝为主

暴雨:6 月中旬暴雨龙岩地区损失较大。

台风:台风洪涝严重。台风 2 次登陆。

干旱:有春旱。

1966 年——台风洪涝严重,有寒露风灾害

寒害:9 月 15—17 日寒露风 204 万亩晚稻受害,南平地区为主,减产 1.5 亿 kg。

台风:3 次登陆,8 次影响。8 月 17 日台风死亡 81 人;9 月 3 日台风宁德地区死亡 269 人。

1967 年——干旱

干旱:夏秋旱主要在沿海一带,面积 556 万亩,东山县是 60 年未见的大旱。夏秋旱突出。

1968 年——雨季洪涝为重
暴雨:6 月 17—19 日雨季高峰,19 日闽江洪峰破历史纪录,受灾 115 万亩,死亡 107 人。
1969 年——以台风危害为重
台风:台风 2 次登陆,8 月 8 日台风登陆连江;9 月 27 日登陆晋江,沿海出现特大海潮。
1970 年——倒春寒严重
寒害:2 月 26 日—3 月 27 日连阴雨,其倒春寒仅龙溪地区就烂种烂秧 475 万 kg。
台风:1 个登陆,5 个影响。
1971 年——干旱为重,台风次之
干旱:春旱 230 万亩;夏旱 492 亩,古田水库接近死水位,福州市停电;秋旱厦门市停水停电。
台风:台风 3 次登陆,9 月 19 日台风宁德地区损失较重。
1972 年——台风暴雨灾害较重。罕见的清明寒
寒害:3 月低 4 月初出现"倒春寒"。
暴雨:6 月 5 日雨季高峰,泉州市进水 1 m 深,全省死亡 41 人。7 月 29 日暴雨,平和县死亡 29 人。
台风:台风 1 次登陆,3 次影响。
1973 年——台风洪涝重
寒害:6 月上旬"五月寒"早稻受灾 150 万亩。
暴雨:6 月初暴雨使汀江出现特大洪水。
台风:3 次登陆,7 月 3 日台风登陆厦门,伴有龙卷风,木兰溪水位破历史纪录,造成死亡 630 人,受灾农田 229 万亩,减产 1.35 亿 kg。
1974 年——无重大灾害
台风:8 月 11 日台风在惠安县登陆。
干旱:有夏旱。
1975 年——五月寒异常
寒害:5 月下旬出现罕见的"五月寒",早稻损失 1.4 亿 kg。另,12 月 11 日强寒潮,雪线至永安—华安,闽北冰学封山,长途客运停 3 天。
暴雨:雨季洪涝为重。
1976 年——三寒突出冰雹次之
寒害:3 月中、下旬严重倒春寒,全省烂种烂秧 2770 万 kg;6 月上旬五月寒,三明地区早稻减产 20%;寒露风特早,晚稻减产数亿斤。
冰雹:4 月 17—18 日福州等 33 市县降雹,损失 5404 万元。
1977 年——春旱严重
干旱:春旱长达 63～106 天,全省受旱面积 473 亩,早稻减产 0.7 亿 kg。
1978 年——倒春寒严重,夏旱次之
寒害:3 月中到下旬倒春寒严重仅次于 1970 年和 1976 年,据 21 个县(市)统计,烂种烂秧 305 万 kg。
干旱:6 月下旬—8 月上旬和 9 月上旬—10 月上旬干旱。
1979 年——三寒突出干旱次之
寒害:3 月底—4 月上旬倒春寒严重,全省烂种烂秧 600 万 kg;5 月下旬—6 月中旬两度五月寒;寒露风早临,晚稻受灾 170 万亩。

干旱:夏旱 277 万亩,秋旱 175 万亩。

1980 年——干旱最重,台风次之

干旱:夏旱始于 6 月初,面积 491 万亩,早稻损失产量 3 亿 kg。

台风:4 个登陆,4 号台风 5 月 24 日登陆广东后进入福建,龙溪地区出现大洪水,死亡 55 人。

1981 年——五月寒严重闽南洪涝严重

寒害:5 月下旬—6 月上旬两次五月寒,仅宁德地区损失产量 0.5 亿 kg。

台风:16 号台风使九龙江出现特大洪水,死亡 42 人。

1982 年——"6.19"闽江洪水

5 月 6—11 日闽江出现特大洪水,全省农田受淹 165 万亩,减产 2.2 亿 kg,死亡 94 人。

7 月 30 日和 8 月 15 日台风登陆,死亡 40 人,受淹 212 万亩。

1983 年——倒春寒严重,年低有大雪,夏旱较重

寒害:倒春寒烂种烂秧 976 万 kg。

暴雨洪涝:4 月 9—12 日和 6 月 16—20 日的暴雨洪涝造成 109 人死亡。

干旱:夏旱 537 万亩,秋旱 197 万亩,因旱减产 6.5 亿 kg。

1984 年——雨季洪涝和台风灾害为重

暴雨洪涝:5 月 30 日—6 月 1 日暴雨造成 50 人死亡。8 月 31 日台风登陆,龙溪地区洪涝严重,死亡 46 人。

1985 年——台风灾害重,倒春寒影响大

寒害:3 月底—4 月初,倒春寒烂种烂秧 230 万 kg。

台风:1985 台风 2 次登陆,3 次影响。6 月 24 日台风损失 2.29 亿元;8 月 23 日台风损失 2.95 亿元。

1986 年——夏秋旱严重,寒露风影响大

寒害:。寒露风早临,晚稻 230 万亩受灾,减产 4.35 亿 kg。

干旱:7—10 月夏秋旱严重,面积 692 万亩,减产 6.5 亿 kg,损失 4.5 亿元旱灾严重。

1987 年——寒害明显

寒害:3 月下旬寒潮闽北有雪,连同 4 月上中旬低温使早稻烂种烂秧 998 万亩。

冰雹:3 月 14—15 日和 3 月 23—24 日冰雹灾害重。

台风:9 月 10 日台风死亡 78 人,损失粮食 1.3 亿 kg,损失 3.8 亿元。

1988 年——雨季暴雨洪涝

暴雨:5 月 20—22 日暴雨过程建溪流域出现大洪水,死亡 91 人,经济损失 2 亿多元。夏旱面积 422 万亩。9 月 21 日的影响台风损失 2.7 亿元。年月 15—17 日等冰雹过程,损失上亿元。

干旱:干旱明显。

高温:盛夏炎热。

1989 年——寒潮袭击闽北,夏旱明显

寒害:1 月强寒潮闽北 5 县市积雪 10 cm 以上。

台风:受 7 月 20 日 9 号台风影响,死亡 93 人(其中政和县占 47 人)。

干旱:夏旱面积 385 万亩。

1990年——台风"早多密强怪",危害严重

台风:5次登陆,3次影响,特点是早、多、密、强、怪,计造成死亡600人,经济损失40多亿元,洪涝面积1200万亩。

1991年——低温寒害和干旱是本年主要灾害

寒害:3月26日起北部地区达寒潮标准,福州等5地市连续6~12天≤12℃,除漳州市外,各地出现"倒春寒",早稻烂种烂秧损失种子120万kg。12月26—30日,出现异常的低温、大雪及雪后的霜冻(持续7天左右)天气,建宁县气象站极端最低气温－12.8℃是福建气象台站观测到的最低气温,建阳积雪十几厘米,本次低温过程使农作物受冻害175万亩,闽南的香蕉、龙眼等果树受灾严重。闽北闽东等地交通中断,公路干线中断1~2天,乡村公路中断2~4天,公路结冰路滑引起交通事故造成人员伤亡。一些市县因水管破裂和水表冻坏而停水。电讯和供电曾一度中断。全省直接经济损失达7亿多元,灾情以南平、三明、龙岩和宁德4个设区市最为严重。

暴雨:3月21日,3月27—30日,6月19—21日,6月24—27日出现4次暴雨过程,但无明显灾害。

台风:年内无台风登陆,影响台风有5个,风雨偏小,直接经济损失4.5亿元。

干旱:全省连续9月降水量偏少,出现春夏连旱。早春旱出现在4月下旬,晚春旱5月中旬至6月中旬,中南部连续15—40天基本无雨,范围广,时间长,是1970年来同期最严重的春旱。夏旱自7月上旬开始,8月上旬出现高峰,全省61个市县受旱面积达867万亩,宁德、福州、泉州和南平4个设区市均在百万亩以上。至8月上旬,全省61个县(市)农田受旱面积达867万亩。

冰雹:3月27日闽北、闽东地区降雹造成一定损失,雹灾本年总体偏轻。

龙卷风:5月27日17时,屏南县熙岭乡山墩村山顶上空出现龙卷风,从山墩经后涧、黄潭至上培,历时5~10分钟,逾40 cm口径的大树也被风吹断。大风吹倒、刮飞菇房20多座,吹断电线杆2根、广播水泥线杆2根。在经过黄潭村的几秒钟时间里,6座房屋顶瓦片被刮飞,村内一青年被刮到20 m以外摔成轻伤。后涧村4座房屋受损。据不完全统计,直接经济损失达8万元。7月16日,漳平县赤水乡遭受龙卷风和冰雹袭击,稻田受灾330亩。

1992年——雨季结束晚,灾情重

寒害:3月17—31日出现持续低温阴雨寡照天气,平均气温异常偏低1~5℃,降水量偏多2~4倍,日照时数大部分地区不足10h,早稻烂种252.3万kg。

暴雨:3月25—31日累计55个县(市)出现暴雨,闽江、九龙江、汀江超警戒水位,水口水电站超3月份百年一遇洪峰流量。7月4—8日出现了雨季高峰,暴雨范围广、时间长、强度强、降水量多,全省66个市县中的62个市县出现116县次的暴雨,其中19个市县出现21县次的大暴雨。暴雨中心在闽江流域上游的南平、三明2市,部分乡镇10多个小时的降水量达200~460 mm。过程降水量除连城外均大于100 mm,其中32个市县大于200 mm,3个市县大于300 mm,是历史上强度最强和范围最广的暴雨过程之一。闽江流域发生1934年以来最大的洪水,闽江流域14个水文站出现有水文记录以来的最高水位,其中7月6日南平市区水位76.46 m,超过危险水位2.01 m,洪峰流量30300 m³/s,创历年汛期和台风季洪峰最高记录。福州市出现罕见的洪涝,7月8日解放桥(上)水位9.52 m,超过危险水位1.52 m,洪水贴近桥面。全省6个地市54个县(市)受灾,铁路中断141条次,累计中断行车时间417小时。全省累计直接经济损失41亿元。

台风:年内有2次登陆台风,2次影响台风,造成直接经济损失11亿元。15号台风9月5日登陆福建,漳州、泉州2个设区市普降暴雨,全省直接经济损失1.1亿元。8月31日16号台风登陆长乐,福建省37个县(市)降暴雨,其中13个县(市)降大暴雨,柘荣县日降水量达240.7 mm,并适逢天文大潮,诱发风暴潮,沿海灾情加重,全省334万人受灾,倒房2.88万间,农作物受灾139万亩,直接经济损失9.15亿元。

干旱:夏旱、夏秋冬连旱范围小、程度轻。全省受旱面积达174万亩。漳州华安县达到夏秋冬连旱的特大旱标准。

冰雹:年内有14个雹日,41县(市)降雹,其中4月21日范围达25个县(市)。

龙卷风:4月19日零时前后,永泰县6个乡镇62个行政村遭受龙卷风和冰雹袭击,胸径0.33 m的大树被风刮断,有的被大风连根拔起,部分房屋被大风刮走。4月29日19:45—20:05,古田县黄田、水口、松吉、泮洋等4个乡镇,29个村出现龙卷风、暴雨和冰雹天气,3人被龙卷风刮走下落不明。4月30日16:30,长泰县出现龙卷风和降雹天气,龙卷风由石铭向上蔡机砖厂方向移动,降雹7~10分钟,造成上蔡机砖厂房屋倒塌,9人受重伤住院,1000 m²的窑棚被大风掀起,刮出20 m远。7月30日13:15,漳浦县物资局弹药仓库的屋顶被龙卷风掀掉。8月7日13:30—14:00,长乐县古怀镇感恩村机床厂和洋下机砖厂遭受龙卷风和冰雹袭击,龙卷风从江田、镇港2村和本镇华元村方向移来,乳白色、云体呈螺旋状,估计风力在12级以上,龙卷风宽度估计14 m左右,影响距离长1 km多,由东南向西北方向移动,前后持续15分钟左右。

1993年——本年气象灾害程度轻,夏旱造成一定损失,龙卷次数较多

寒害:1月13日寒潮袭击全省,48小时降温6~15℃,闽东、闽北大雪纷飞,最深积雪20 cm,2月下旬全省再次出现较大范围寒潮天气。

暴雨:早春强对流天气偏少,强度偏弱。除台风暴雨外,汛期暴雨过程较多,但强度偏弱,无明显灾情。雨季暴雨相对集中于5月下旬至6月上旬,龙岩、泉州、三明、宁德和南平等设区市出现洪涝灾害。经济损失3亿多元,死亡38人;武夷山风景区出现1950年来最大洪水,景区损失1000多万元。

台风:无台风登陆福建,有1个影响台风。

干旱:7月1—20日和8月中下旬—9月下旬出现两段夏旱期,其中第二阶段旱情对农业影响较大,以福州、泉州2个设区市旱情尤为严重,至9月5日全省48县(市)受旱面积达340万亩,成灾98万亩,绝收27万亩。

冰雹:年内冰雹次数少,强度弱,范围小,损失轻。

龙卷风:年内出现6次龙卷风,以8月23日清流县灾情为重,共造成直接经济损失130万元。4月24日下午14时许,福清县海口镇南厝村和苓斗村之间出现龙卷风和冰雹,下冰雹持续10分钟。4月25日,连城县文川、文亨等乡镇遭受龙卷风、冰雹袭击。5月7日,莆田市黄石镇一户群众一座三层楼房被龙卷风"搬家",但无人畜伤亡。6月18日13时龙卷风袭击同安县西柯镇阳翟村,风力估计有12级,持续约20分钟。龙卷风过处,大树被连根拔起,屋上瓦片被卷上天空。五显镇寨阳村受灾惨重,229棵龙眼树被大风摧毁,其中55棵龙眼树被大风连根拔起,300多棵桃树被大风刮倒。8月23日04时左右,清流县邓家乡遭受龙卷风、冰雹、强降水袭击,损失严重。8月27日,南靖县和溪镇的林中、林板、和溪、东土等

4个村遭受龙卷风和暴雨的袭击,大约持续30分钟。

1994年——雨季暴雨洪涝突出,三明市受灾严重

寒害:1月18日起,南平、三明、龙岩及福州、宁德大部达寒潮标准,影响作物越冬。早春有轻度倒春寒,强对流天气活跃。主要过程有3月18—19日、4月5—8日。春播烂种烂秧范围小,程度轻。

暴雨:年内有2场大暴雨,其中发生在5月1—3日的特大暴雨过程,致使30多个县(市)普降暴雨,沙溪、宁化均出现历史最大水位,沙溪出现1950年以来最大的洪水。全省38.6万 hm² 农作物受灾,122座水库损坏,直接经济损失55.52亿元。另一次发生在6月13—21日雨季高峰,18个县(市)大于300 mm,以泰宁县566 mm为最多,建宁县524 mm次之,闽江上游多个水文站超过危险水位。暴雨洪涝造成129人遇难,2071人受伤,直接经济损失44.23亿元。

台风:年内有3次登陆台风,4次影响台风,造成直接经济损失19.3亿元。7月11日6号台风在泉州至晋江一带沿海登陆,降水不多,但适逢六月初三天文大潮,沿海潮水位普遍超警戒水位。与此同时,7号台风减弱成低气压尾随6号台风北上影响福建,有22个县(市)过程降水量超100 mm,以柘荣县的373 mm为最多。17号台风8月21日登陆浙江瑞安,福建北部沿海风力10~11级,宁德灾情较重。

干旱:南部地区轻度秋旱,受灾面积27.7万 hm²。

冰雹:4月5—8日,11个县(市)降雹。4月20日,福州、长乐、柘荣、古田等县(市)降雹,福州降雹持续7分钟,最大冰雹直径43 mm,长乐县的潭头镇、文岭镇、金锋镇数村降雹3~4分钟。

龙卷风:4月20日17:12—17:35,长乐市阜山村出现龙卷风,持续1~2分钟,一名正在三层楼施工的工人被卷入空中,落地摔死,另有3人摔伤,沿海地区电杆被大风吹倒10多根。4月24日18:00—18:30,连城县境内出现龙卷风、大雷阵雨和冰雹天气,影响范围包括罗坊、北团、四堡、隔川、揭乐、塘前、文亨、姑田等地,受灾严重的有罗坊、隔川等地,龙卷风吹倒百年老树,30多棵树木被大风连根拔起。

1995年——旱灾突出,台风灾害居次

寒害:4月1—4日宁德和福州2个设区市大部和三明市局部出现倒春寒天气,但范围小,强度弱,影响轻,早稻烂种烂秧为1.3万 kg。

暴雨:汛期暴雨过程较多,共5次。6月14—18日出现汛期高峰,南平、三明、宁德、福州等地市普降暴雨,暴雨中心在三明市,该暴雨过程使闽江建溪、富屯溪、沙溪同时出现洪水为历史罕见,建溪七里街站、富屯溪洋口站、南平十里庵站均超危险水位,18日闽江竹岐站洪峰水位14.97 m,超危险水位0.47 m。三明、南平2个设区市灾情最严重,三明市农作物受灾1.1万 hm²,死亡6人。6月26—28日出现汛期第二大暴雨过程,南平等地市20多个县(市)再次遭受暴雨袭击,南平市稻田被淹1.8万 hm²。雨季的暴雨过程造成全省直接经济损失17.45亿元。

台风:无登陆台风,有4次影响台风,以4号、5号台风危害为大,造成直接经济损失20.2亿元。4号台风(7月31日在广东澄海登陆)使漳州、泉州、龙岩、福州4个设区市出现暴雨,诏安县过程降水量达382 mm。5号台风(8月12日在广东沿海登陆)对福建影响主要是暴雨,直接经济损失13.41亿元。

干旱：春夏秋冬都有旱。春旱始于4月中旬,终于6月上旬,汛期不明显,普遍出现旱象和春旱,时值春播之时,福州以南沿海地区旱情较重,全省6个设区市20个县(市)受旱面积达24.7万 hm^2。夏秋冬旱始于8月下旬,终于12月中旬,闽中沿海、泉州、厦门、漳州3个设区市出现夏秋冬连旱。夏旱,福州、宁德等沿海地区和三明、南平较重,夏旱全省受旱22.6万 hm^2,其中宁德市4.6万 hm^2。秋冬旱南部及中部沿海严重,全省干旱面积为18.1万 hm^2,其中漳州市5.9万 hm^2,对冬种和水力发电影响最大。大型水库库容仅44%,中型水库库容38%,水电厂发电量锐减,供电紧张。

冰雹：3月15—16日,南平、三明地区降雹,雹径0.8~6 cm。4月15—17日,南平、三明、宁德、福州4个设区市20个县(市)降雹,永安市最大风速达32 m/s,南平、三明二地市受灾,农作物成灾2万 hm^2,死亡6人,全省直接经济损失6.3亿元。

龙卷风：4月15日,沙县梨树乡、高桥镇、虬江乡、琅口镇、南阳乡、大洛乡、南霞乡、高砂镇等10个乡镇出现龙卷风和冰雹天气。4月30日08:20—08:50,连城县揭乐乡一带出现冰雹、龙卷风,并伴有大雷雨。4月17日,浦城县大部分乡镇遭受龙卷风、冰雹、暴雨袭击,最大冰雹直径达到7~8 cm,并伴有大风。8月13日21时,同安县新民镇西洪塘村遭受陆龙卷风袭击。

1996年——以台风和倒春寒危害最为严重,其次是秋冬旱

寒害：2月18—24日受全省性强寒潮袭击,柘荣、周宁、清流、建宁、宁化、屏南、泰宁、光泽、建阳等县市有10 cm左右的积雪,许多道路被大雪封锁而致使交通中断,武夷山机场因遭暴雪袭击而被迫关闭。闽南热带经济作物也受到不同程度的冻害。3月8—12日福建北部和中部部分县(市)出现区域性寒潮,3月21—30日、4月1—8日和4月12—15日共出现3次较为严重的"倒春寒"天气。

暴雨：年内有5次较为明显的暴雨过程,无严重损失。

台风：年内有3个登陆台风,1个影响台风,造成直接经济损失74.9亿元。8月1日在福清市登陆的8号台风致使全省7个站次降特大暴雨,柘荣县日降水量达345 mm为最多。台风登陆时恰遇天文大潮,泉州市遭遇1949年以来最严重的风暴潮,7个潮位站中3个潮位超历史最高潮位,4个接近历史最高潮位。10号台风造成以龙岩地区灾情严重,死亡231人,失踪284人,农作物受灾687万亩,直接经济损失46亿元。

干旱：9月26日起,闽西、闽南出现秋冬旱,龙岩局部旱情达大旱标准。

冰雹：3—6月,每月都有局地性降雹,具体灾情见龙卷风。

龙卷风：3月16日18时到18时30分,浦城县的盘亭、官路乡遭受特大冰雹、龙卷风袭击,灾情严重,据统计,2个乡共有281户村房屋受损,倒塌民房28间、厂房8间、菇棚1400 m^2,部分房屋屋顶遭受严重损坏,片瓦不留,农作物也遭到毁灭性打击。4月18日14:14,建瓯市房道镇上庠村受到龙卷风、冰雹和暴雨的袭击,冰雹直径最大为2 cm,53户村民的房屋不同程度受损,有的房屋墙体倒塌,200多亩西瓜苗受损。4月19日16时左右,龙卷风由广东沿海地区东移进入诏安县,沿海的宫口附近海面也出现了罕见的龙卷风,导致1条船只翻沉,3人死亡,2人失踪。

1997年——以台风、暴雨灾害为重

寒害：9月中下旬中北部地区出现寒露风天气,寒露风开始早,范围广,对晚稻影响较大。

暴雨:5月5—7日受低层暖式切变影响,中南部沿海出现暴雨至大暴雨,26个县(市)过程降水量超 100 mm,九龙江、晋江、东西溪、木兰溪等洪水泛滥。6月22—26日雨季高峰,明溪县日降水量 171 mm,过程降水量 353 mm,全省21人死亡,直接经济损失15.7亿元。7月9—13日暴雨,南平北部4个县(市)过程降水量超 200 mm,鹰厦铁路运输中断5天。

台风:年内1个登陆台风,3个影响台风,造成直接经济损失17.5亿元。

冰雹:年内出现3次小范围冰雹过程,集中在春季,未见大损失。

龙卷风:5月6日凌晨,同安县竹坝华侨农场遭受龙卷风的袭击,一棵直径 30 cm 的龙眼树被拦腰扭断,飞出 110 m 远,电管所的牌子飞过小山头落在 500 m 远的地方。5月14日,福安市西北的坂中、城阳、穆云、穆阳、社口、溪尾、潭头等7个乡镇50个村庄遭受罕见的特大龙卷风、冰雹、暴雨的袭击,许多大榕树被大风连根拔起,果树被风折断。6月24日00时,莆田市涵江区白塘镇的南埕、后宫和江口镇的洋中、芳山、扬芳等村遭受罕见的龙卷风袭击,一户村民屋顶整体被大风卷起。8月2日,厦门市灌口镇遭受龙卷风袭击。11月25日22:15,龙卷风夹着冰雹和雷雨袭击福州市新店镇,前后只有短暂的3分钟左右。一辆微型农用车被从公路上卷到 10 m 以外的菜地里,20多棵直径 40 cm 左右的大树被大风拦腰折断。11月26日00:30,福清市音西镇霞楼村、仇埔村遭受龙卷风袭击,仇埔村1/3的屋顶被风卷起,小学校舍60%以上的瓦片被刮飞,学校迫使停课。11月26日15时许,福清市江阴镇,龙卷风由西南向东北方向移过赤厝村,海边数十米长的防护林被大风刮断1/3,晒紫菜的竹片被风刮断,有的被风卷起在空中飞舞。该村80多岁的老人反映,平生第一次见到这样大的怪风。

1998年——雨季出现罕见的持续性暴雨过程,闽江流域洪涝灾害严重

寒害:3月20日起,光泽县、浦城县24小时降温12.5℃,闽北9县(市)达寒潮标准,对春播有不利影响。

暴雨:年内有3次暴雨过程。第一次2月16—20日,因暴雨福鼎市白琳镇发生严重山体滑坡,死17人,伤11人。第二次5月13—15日,暴雨中心位于闽北,建瓯市超警戒水位 6.35 m,为1982年来最高水位,顺昌县西北部遭受百年未遇大洪水。6月8—25日雨季高峰期,过程降水量超过 500 mm 11县(市),武夷山市 1034 mm,光泽县 1002 mm,闽江干流超历史最高水位。这次暴雨过程使闽北及闽江流域地区受灾严重,外福线铁路最长中断行车达12天之久,为历史最长的;全省因灾死亡126人;直接经济损失82.76亿元。

台风:年内登陆或影响的台风有6个,强度较弱,造成直接经济损失7.4亿元。

干旱:轻度夏旱。

冰雹:年内雹灾次数少,程度轻。

龙卷风:2月19日12—16时,上杭县的古田、蛟洋、旧县、兰溪等乡镇先后遭受冰雹、龙卷风和暴雨袭击,最大冰雹直径达 10 cm,部分地区受灾严重,全县直接经济损失5600万元以上。

1999年——台风成灾为重,秋冬旱、年末强寒潮次之

寒害:3月下旬,中、北部地区出现2次持续3天以上≤12℃的低温阴雨天气。建宁县和泰宁县出现"倒春寒"天气。12月17—23日出现全省性强寒潮天气过程,降温幅度大,极端最低气温低,大部分地区过程降温幅度达10~12℃,最大达14℃,中南部地区27个市县极端最低气温低于历史同期,18个县(市)极端最低气温破历史记录。漳州市农作物受灾面积

135万亩,直接经济损失超15亿元,泉州市直接经济损失达6.05亿元。

暴雨:春季及雨季暴雨以5月24—27日为大,暴雨集中在闽西、闽北地区,日降水量超过100 mm有17个县(市),闽江上游、干流及汀江超警戒水位或危险水位,闽北地区受灾严重。

台风:年内有1次登陆台风,6次影响台风,造成直接经济损失75亿元。其中10月9日登陆福建龙海的14号台风,是历史上第二个最晚登陆福建的台风,也是50年来造成灾害最严重的台风之一。福建中南部沿海地区出现持续5~6小时的12级以上大风,厦门市和同安县阵风超40 m/s,东山县、龙海市、长泰县阵风达40 m/s、35 m/s和34 m/s。过程降水量超过200 mm 6站,崇武镇24小时降水量达501 mm,全省死亡55人,失踪17人,农作物受灾23.874万hm^2,直接经济损失75亿元。

干旱:秋冬旱开始于10月11日,福州市以南县(市)降水量小于5 mm,漳州、厦门2个设区市大部分县(市)为无降水,旱情达中旱级。

2000年——洪涝是本年主要灾害

暴雨:4月23—26日,过程降水量大于100 mm有10站,6月9—13日,过程降水量超过100 mm有36站,6月17—20日,47个县(市)过程降水量超100 mm,厦门市日降水量321 mm,全省因灾死39人,直接经济损失18亿元。

台风:年内登陆及影响的台风有6个,造成直接经济损失约24亿元。10号台风8月23日登陆晋江,福州市最大风速达34.4 m/s,6县(市)过程降水量超300 mm,以福清市412 mm为最大,日降水量以柘荣县的239 mm为最大,全省25人死亡,13人失踪。

干旱:全年旱情较轻。5月份,由于全省各地降水量普遍偏少3~9成,福州市以南沿海地区出现旱情,5月底6月初干旱解除,危害较轻。干旱对能够灌溉的水田并无负面的影响,但对沿海地区的旱地作物如地瓜、花生等的生长有不利影响。

龙卷风:5月27日15时左右,龙卷风袭击了武平县武东乡东兴村,该村一棵数百年树龄的古树只剩一个树兜,碗口粗的树杈被龙卷风卷至百余米之外。但据当地老人回忆,如此强劲的龙卷风从未遇到过。6月18日17:30,龙卷风袭击了漳浦县赤湖镇的政府大院附近地区,一条黑压压的螺旋云带从天而降,顿时狂风大作,所到之处,广告牌被刮得七零八落,镇政府大院内一棵百年树龄的榕树被大风连根拔起,约3分钟后,龙卷风便消失得无影无踪。7月25日12:34,连江县的东湖、江南、管头等村发生龙卷风,目击者说见到空中有一条旋转的白带(漏斗云),气象站阵风风速31 m/s,气温骤降13℃,相对湿度在5分钟之内由54%上升到95%。龙卷风由西南向东扫过,石棉瓦被风吹起来在空中旋转,十几厘米粗的广告牌钢管被大风吹倒,民警的执勤岗亭被大风吹出7~8 m远,十几根直径30~40 cm的高压线杆被大风吹倒,砖墙厂房也被吹倒,县政府内一棵60~70 cm的玉兰树被大风吹倒,2根用于安放变压器的电线杆同时折断。

2001年——本年无突出或严重的自然灾害。强对流天气活跃

暴雨:年内除台风暴雨外,共出现8次暴雨过程。6月11—13日,过程降水量以浦城县237 mm最大,宁化县233 mm次之,沙溪、金溪流域水位猛涨,因灾死1人,失踪2人。

台风:年内有2次登陆台风,4次影响台风,造成直接经济损失40亿元。其中2号台风"飞燕"6月23日登陆福清市,福州、宁德、莆田3个设区市出现10~12级大风,全省22个市县246个乡镇342万人受灾,死103人,失踪113人,直接经济损失40多亿元。

干旱：全省共有51个县(市)出现夏秋连旱。

冰雹：3月23—25日，寿宁、政和、武平、上杭、漳浦等县(市)遭受冰雹袭击。5月7日，莆田、仙游、连城、福清等县(市)发生雹灾，其中福清市农作物受灾严重。

2002年——汛期闹洪涝，闽南闹春旱

寒害：12月出现两次大范围寒潮过程，分别出现在12月6—10日，全省大部分市县的过程降温幅度在10℃以上，内陆地区降温幅度达13～15℃，全省26个市县出现寒潮。12月24—27日，大部分市县过程降温幅度8～10℃，中北部部分市县出现寒潮。闽西北有雪，山区公路结冰，交通受影响。

暴雨：除台风暴雨外，雨季共出现4次暴雨过程，以6月13—18日的暴雨过程为大(又称"6.18"洪涝)。此次暴雨～大暴雨过程持续时间长、落区集中、雨势强且过程降水量多，日最大降水量建宁县(265.9 mm)、泰宁县(214.0 mm)等县创记录，过程降水量以建宁县的533 mm为最多。本省中北部地区发生大范围的洪涝灾害，局部县市还伴有泥石流发生，闽江上游的金溪、沙溪、富屯溪水位先后超警戒水位和危险水位，其中，金溪流域出现了有记录以来的最高水位和百年不遇的洪水，三明市严重受灾，直接经济损失29.1亿元。温家宝总理赴建宁县重灾区慰问。

台风：年内各有1个登陆台风和影响台风影响较重，造成直接经济损失46.29亿元。12号台风8月5日登陆汕尾，致使福建16个县(市)过程降水量超过300 mm，以云霄县620 mm为最多。16号台风9月7日登陆闽浙交界处，福鼎市出现35 m/s阵风，宁德、福州两市直接经济损失5.3亿元。

干旱：2—4月，全省49个县(市)出现冬春连旱，13个县(市)达到特旱标准，厦门、漳州2个设区市旱情严重，漳州市南部旱情始于前一年9月，为严重的秋冬春连旱，全省农作物受灾201万亩，19.46万人饮水困难。福建气象部门开始大范围人工增雨作业，增雨火箭作业系统首次在福建应用。

冰雹：4月6—8日，全省12个县(市)先后降雹，其中6日平和、南靖、华安、芗城、长泰等县区农作物损失严重。

2003年——出现1939年以来最严重的夏秋连旱，人工增雨作业在全省展开

寒害：1月6—7日，闽北15个县(市)出现积雪现象，其中浦城县雪深20 cm。

暴雨：雨季出现3次暴雨过程。5月12—18日，上杭过程降水量267.2 mm为最多，三明、龙岩2个设区市受灾较重。6月5—15日，福清市过程降水量362 mm为最多。

干旱：6月29日—10月10日，全省65个县(市)发生夏旱，其中38个县(市)达到特旱标准，全省受旱面积达1344.3万亩，超过夏旱最严重的1991年(受旱面积为867亩)，人饮用水困难达229.1万人，发展成为1939年以来最严重的旱灾。损失32亿。入秋后20个县(市)发生秋旱，平潭旱期长达169天。夏秋连旱致使电力紧缺，7月12日起执行限电措施。

台风：年内有1次登陆台风，4次影响台风。台风降水有助缓解旱情，利多弊少。

冰雹：年内冰雹出现次数不多，灾情较轻。

2004年——干旱继续异常突出，台风灾情严重

寒害：2月7—8日，三明市西北部雪深25～30 cm，宁德市山区县普遍降雪，屏南县雪深12 cm。3月1—2日，全省内陆22个县(市)出现寒潮过程。3月21日，31个县(市)连续3～7天日平均温度≤12℃，出现倒春寒过程。

暴雨：9月7—10日，受热带辐合带北抬和北方冷空气南下的共同影响，中南部沿海出现暴雨，过程降水量以平潭420.1 mm为最多。

台风：年内有6次影响和1次登陆台风，造成直接经济损失30.68亿元。其中，以8月12日登陆浙江的14号台风和8月25日登陆石狮的18号台风"艾利"的影响最大，过程降水量以柘荣县的535.1 mm为最多，全省48个县受灾，死亡2人，倒房1.01万间，直接经济损失24.85亿元。

干旱：年内出现局部性春旱、夏旱及秋旱，其中南部地区部分县（市）春旱达特旱标准大部分县（市）秋旱达大旱标准。

2005年——雨季暴雨强，"龙王"闹闽都

寒害：1月1—2日，闽东、闽南出现霜冻和结冰，经济作物受灾严重。3月11—13日，出现全省性寒潮过程，48小时降温幅度达8~18℃。

暴雨：6月17—23日，福建出现全省范围内的连续暴雨——大暴雨过程，全省39个县（市）过程降水量超过100 mm，建宁县连续5天暴雨至特大暴雨，最大日降水量347.3 mm、总降水量829.6 mm均再创历史新高。闽江干流上的水口水库最大洪水超过100年一遇，是自1934年有历史记录以来的最大值。南平、三明、宁德、福州、龙岩5个设区市、34个县（市、区）、166.3万人受灾，直接经济损失达32.34亿元。

干旱：中南部局部发生秋冬旱，最长连旱日数达89天（厦门市、东山县）。

台风：年内有7次台风影响或登陆，其中3个台风登陆（7月19日，9月1日，10月2日），直接经济损失160亿元。19号台风"龙王"（10月2日登陆厦门市）灾情最重，影响最大；福州市3县市1小时降水量超100 mm，以长乐市152 mm超历史极值，福州市区严重内涝，影响和损失严重；特大暴雨导致的山洪使驻闽侯县的85名武警学员遇难；罗长高速公路山洪冲断，交通严重受堵；全省因灾死42人，失踪6人，直接经济损失74.78亿元。

冰雹：5月1日，将乐、明溪、永安、浦城、福州降雹，将乐雹径6 cm。

2006年——台风"桑美"危害

寒害：1月5—8日、1月20—23日、2月3—4日、2月17—18日、3月11—13日福建省共出现5次降温天气过程，其中1月5—8日和3月11—13日的降温过程范围较广、过程降温幅度较大，部分县（市）达到寒潮标准。

暴雨：全省暴雨过程频发，洪涝灾害严重，据不完全统计：受灾人口479.9万元，死亡46人，造成直接经济损失44.8552亿元。其中5月30日—6月1日和6月4—8日出现的持续性暴雨过程，造成损失较严重。

干旱：全省干旱时段出现在上一年的秋冬连旱和9月中旬中期至11月中旬的秋冬连旱，旱情和旱灾均轻于常年。据11月13日统计：全省受旱面积达67.33 km^2，其中重旱面积8.97 km^2、干枯面积近1.19 km^2。

台风：全年有1个台风登陆7个台风影响福建省，个数较常年偏多。其中，危害最大的台风"桑美"8月10日17:25在闽浙交界处沿海登陆，直接袭击福鼎市沙埕港，造成317人死亡，造成直接经济损失152.3562亿元。

2007年——夏季高温天气突出

寒害：年内共出现三次强冷空气天气过程，其中11月27—30日过程局部达到了寒潮标准。

高温：一是夏季连续高温日数长，福州出现创纪录的连续36天的持续高温天气。二是极端最高气温高，夏季日极端最高气温全省最高值为40.1℃，8月2日出现在将乐县，7月10日罗源县。三是7月无台风影响，为历史少见。

暴雨：年内主要的暴雨过程有16次，暴雨出现早，结束迟。雨季从4月22日开始，于6月18日结束，开始和结束时间均较常年偏早，雨季有两大特点：一是总降水量偏少，二是降水时段集中，其中4月22—25日持续性强降水和6月5—11日在福建省中南部地区出现的持续性暴雨过程，给福建省造成局地性洪涝灾害和地质灾害。

干旱：年内出现了局部性春旱、夏旱和秋冬旱，以秋冬连旱最为突出。夏旱全省农田作物受旱面积达128.26 km²，旱情较重的地方分布在泉州沿海、福州大部、宁德东南部、三明东部。进入11月，福建省大部分县（市）雨日数及雨量仍持续偏少，干旱发展，全省共有16个县（市）出现旱兆，2个县（市）小旱，11个县（市）中旱，16个县（市）大旱。

台风：全年有7个台风登陆或影响，其中有2个台风登陆闽浙交界处的福鼎市沙埕镇。台风生成时间集中、初台时间偏晚、风雨影响偏轻。

2008年——冬季低温雨雪冰冻灾害严重

寒害：2008年共出现3次强冷空气过程，其中1月下旬至2月上旬，福建省西部、北部遭受罕见的低温雨雪冰冻灾害。2月4日福建省西部、北部地区再次出现较大范围的雨雪天气过程，共有17个县（市）出现雪或雨夹雪天气。这次低温雨雪冰冻过程的特点是：日平均气温偏低、气温日较差小、持续时间较长和造成灾害损失重。这次灾害给电力输送、交通运输、农业生产、林业、人民生活等各方面造成较严重的影响和经济损失，据不完全统计，全省受灾人口167.6万人，直接经济损失53.6亿元。

暴雨：全年共出现15次暴雨过程，雨季期间共出现7次暴雨过程，雨季特点是西北部偏弱、东南部偏强和高峰期不强，其中6月12—13日，中南部地区先后出现暴雨到大暴雨，闽南部分县（市）出现特大暴雨。

干旱：年内有春季、夏季和秋冬季气象干旱，夏旱偏轻。

台风：全年有10个台风登陆或影响，个数偏多，其中有2个台风登陆福建省，台风灾害特点是影响台风偏多、初台时间偏早和造成灾害偏轻。

2009年——冬季仍有低温冻害

寒害：年内有5次强冷空气过程影响福建省，其中，1月8—17日全省各地出现持续性低温冻害过程影响较重。10月31日—11月4日，受强冷空气影响，福建省自北向南出现强降温，西部北部地区出现寒潮天气过程。秋季寒潮的出现在福建省历史上比较少见。

暴雨：年内共出现17次暴雨过程，雨季从5月18日开始，于7月4日结束，起止时间均偏迟，历时47天偏短，强度偏弱，降水偏少约2成，雨季中先后出现7次暴雨过程，包括2次台风影响降水，其中7月1—3日的暴雨过程，既是福建省入汛以来强度最强的一次降水过程，也是雨季期间的最后一场暴雨，影响范围偏大，强度中等偏强。

干旱：年内有大范围的秋冬春连续气象干旱，干旱过程大～特旱范围广、持续时间长，农作物受旱面积30749 hm²。8月中旬开始持续少雨，厦门及泉州、福州的局部县（市）持续两个多月无有效降水，特别是中南部沿海地区出现夏秋连旱，全省农作物受旱面积达81.2 km²。

台风：年内有9个台风登陆或影响福建省，其中登陆的有3个，台风灾害特点是影响台风路径偏南，风雨影响偏轻和造成灾害较轻。

2010 年——雨季持续性暴雨成灾严重,冬春寒害明显,雹灾之重少见

寒害:年内受 8 次强冷空气过程影响,其中有两次强寒潮过程。1 月 5—8 日区域性寒潮过程,浦城等地出现雪或雨夹雪,海拔较高山区出现积雪,降雪对交通造成一定影响;3 月 6—10 日全省各地气温明显下降,西部、北部地区达到寒潮天气标准。此次寒潮天气对经济作物影响特别大。2010 年 12 月 15—17 日全省性寒潮过程,中北部地区共 30 个市县出现雪、雨夹雪、冰粒等天气,其中南平全部、三明大部、宁德西北部出现中~大雪,并有积雪;浦城、泰宁的积雪深度达 11 cm。西部、北部出现大范围的道路积雪结冰和农作物受冻等低温冻害。

强对流天气:年内强对流天气影响比较大。其中,南平、三明两市出现较大范围的冰雹、雷雨大风等强对流天气,给西北部地区造成了经济损失。南平、三明两市灾害程度为近年来最严重。据福建省民政厅不完全统计:南平、三明两地 12 个市县 28.81 万人受灾,紧急转移安置 9.27 万人,农作物受灾面积 13.48 km^2,损坏房屋 12.85 万间,直接经济损失 4.72 亿元。

暴雨:本年共出现 22 次暴雨过程,具有次数多、强度强、危害尤其大的特点,雨季 6 月 13—27 日持续性暴雨过程,是次历史罕见的持续性暴雨天气过程,具有持续时间长、过程雨量多、暴雨范围广、降水强度大、强降水区域集中五大特点,泰宁县具有 380 余年历史的明代古建筑尚书第遭洪水淹没,水位最深达 3 m,浸泡长达 9 个小时。一辆乡村中巴车和一辆小型面包车在福建省南平市延平区塔前至西芹路段,被暴雨造成的泥石流冲入旁边溪流。暴雨洪涝造成了雨季暴雨洪涝最严重的经济损失,直接经济损失 144.6 亿元。

干旱:年内,气象干旱以夏旱较为严重,秋冬旱中等偏轻,春旱较轻,影响一般。

台风:年内有 5 个台风登陆,1 个影响台风。登陆地点集中在惠安~漳浦。初台影响时间偏晚,最晚登陆福建的"鲇鱼"超强台风是 1949 年以来登陆福建最晚的台风,打破福建 10 月中旬后无登陆台风的历史,也是登陆福建强度最强的秋季台风。

附录2:福建省10市县主要气象要素统计表

附表2.1　1981—2010年累年平均气温(0.1℃)

县市	月												年
	1	2	3	4	5	6	7	8	9	10	11	12	
福州市	112	116	140	185	227	262	292	287	262	224	182	134	202
平潭	114	113	133	175	220	257	281	281	264	228	187	141	200
宁德市	103	107	130	175	220	258	292	286	260	219	174	123	196
南平市	100	117	147	195	232	262	290	285	260	215	163	111	198
三明市	100	117	148	195	231	259	283	278	253	211	160	110	195
龙岩市	120	135	162	202	234	257	274	270	253	221	174	129	203
莆田市	122	125	146	189	230	263	287	285	266	232	193	146	207
晋江市	126	128	149	191	231	262	285	283	267	233	193	147	208
厦门市	127	129	150	190	229	259	280	278	263	232	193	148	207
漳州市	137	142	164	205	242	270	291	287	270	239	199	154	217

附表2.2　1981—2010年累年平均降水量(0.1 mm)

县市	月												年
	1	2	3	4	5	6	7	8	9	10	11	12	
福州市	501	855	1428	1549	1889	1999	1244	1677	1548	477	410	340	13917
平潭	449	803	1301	1302	1769	2456	1391	1091	1327	387	416	306	12998
宁德市	774	1122	1765	1686	2276	2809	1951	2947	2422	829	762	625	19968
南平市	626	1097	2022	2128	2614	2900	1364	1321	869	645	496	402	16484
三明市	635	1155	2067	2221	2657	2549	1346	1625	937	564	481	415	16652
龙岩市	578	1133	1954	2196	2360	3114	1604	1981	1286	433	372	386	17387
莆田市	374	814	1324	1393	1978	2509	1667	2095	1522	491	341	260	14768
晋江市	368	855	1130	1348	1792	2141	1350	1876	1391	480	373	284	13388
厦门市	350	832	1131	1469	1714	1986	1334	2057	1446	426	294	287	13326
漳州市	382	892	1175	1595	1975	2715	1885	2369	1942	497	327	312	16066

附表2.3 1981—2010年累年平均日照时数(0.1 h)

县市	月												年
	1	2	3	4	5	6	7	8	9	10	11	12	
福州市	975	752	890	1069	1230	1346	2216	1912	1421	1408	1175	1209	15603
平潭	905	758	887	1029	1218	1470	2502	2302	1757	1422	992	1068	16310
宁德市	981	766	878	1107	1275	1338	2193	1937	1468	1485	1200	1241	15869
南平市	976	842	916	1157	1422	1545	2464	2242	1754	1616	1351	1301	17586
三明市	922	750	821	977	1225	1364	2194	1979	1524	1502	1251	1212	15721
龙岩市	1278	900	871	956	1176	1279	2054	1872	1641	1767	1626	1589	17009
莆田市	1261	899	1050	1170	1373	1520	2484	2209	1754	1776	1483	1548	18527
晋江市	1389	994	1104	1245	1496	1750	2637	2361	1948	1980	1628	1680	20212
厦门市	1343	948	991	1116	1353	1578	2408	2112	1778	1897	1641	1613	18778
漳州市	1362	942	980	1071	1305	1463	2242	2023	1767	1848	1661	1641	18305

附表2.4 1981—2010年累年平均降水日数(0.1 天)

县市	月												年
	1	2	3	4	5	6	7	8	9	10	11	12	
福州市	97	144	173	167	169	154	102	118	116	65	70	74	1449
平潭	83	121	155	145	140	127	57	81	97	65	63	63	1197
宁德市	131	165	197	176	186	175	130	158	155	101	101	100	1775
南平市	111	147	182	179	180	169	120	136	106	74	74	75	1553
三明市	114	147	184	180	181	175	127	150	117	78	73	78	1604
龙岩市	90	137	178	173	182	191	151	165	129	58	53	62	1569
莆田市	76	118	163	157	157	158	95	121	98	48	51	57	1299
晋江市	72	106	144	142	144	141	90	104	93	38	45	52	1171
厦门市	73	106	143	137	146	150	96	107	96	33	40	48	1175
漳州市	80	115	144	144	153	178	121	139	117	43	49	53	1336

附表2.5 1981—2010年累年平均暴雨日数(0.1 天)

县市	月												年
	1	2	3	4	5	6	7	8	9	10	11	12	
福州市	0	1	2	2	6	7	5	9	8	1	1	0	42
平潭	0	0	2	2	8	13	8	5	7	2	2	0	49
宁德市	0	1	2	3	8	15	11	15	13	3	1	1	73
南平市	0	1	4	4	11	14	5	3	1	3	1	0	47
三明市	0	1	5	5	11	11	4	7	2	2	0	0	48
龙岩市	0	1	5	7	9	14	6	7	5	2	1	0	57
莆田市	0	0	2	1	8	11	9	13	9	2	1	0	56
晋江市	0	2	2	2	3	7	9	7	12	8	2	1	1	54
厦门市	0	2	3	4	5	6	7	12	9	3	1	0	52
漳州市	0	1	3	4	6	11	9	12	9	3	1	1	60

附表 2.6　1981—2010 年累年平均高温日数(0.1 天)

县市	1	2	3	4	5	6	7	8	9	10	11	12	年
福州市	0	0	0	0	5	38	153	108	20	1	0	0	325
平潭	0	0	0	0	0	0	0	0	0	0	0	0	0
宁德市	0	0	0	0	2	27	79	33	4	0	0	0	145
南平市	0	0	0	1	8	47	180	136	41	1	0	0	414
三明市	0	0	0	1	8	41	164	119	30	4	0	0	367
龙岩市	0	0	0	0	1	12	70	61	12	1	0	0	157
莆田市	0	0	0	0	0	6	37	20	4	0	0	0	67
晋江市	0	0	0	0	0	1	23	15	4	0	0	0	43
厦门市	0	0	0	0	0	2	22	17	2	1	0	0	44
漳州市	0	0	0	1	7	32	120	98	27	0	0	0	285

附表 2.7　1981—2010 年累年平均相对湿度(%)

县市	1	2	3	4	5	6	7	8	9	10	11	12	年
福州市	73	77	78	77	78	80	75	75	74	69	69	69	75
平潭	76	80	81	83	85	86	83	83	79	75	76	74	80
宁德市	77	80	81	80	80	81	76	77	76	73	74	74	77
南平市	77	78	79	77	78	79	73	75	75	73	75	75	76
三明市	78	80	81	80	80	80	75	77	77	75	76	76	78
龙岩市	72	76	78	78	77	79	75	77	75	70	69	70	75
莆田市	71	75	78	78	79	82	78	78	73	67	65	66	74
晋江市	71	76	78	78	80	84	80	79	75	69	68	67	75
厦门市	74	79	81	80	82	85	81	81	77	69	69	70	77
漳州市	73	77	79	78	79	81	76	77	76	70	70	70	76

附表 2.8　1981—2010 年累年平均风速(0.1 m/s)

县市	1	2	3	4	5	6	7	8	9	10	11	12	年
福州市	24	23	23	24	24	26	31	29	28	27	27	25	26
平潭	48	48	42	39	37	43	44	40	44	53	54	50	45
宁德市	8	8	9	9	9	10	13	12	10	9	8	7	9
南平市	11	11	10	10	10	10	12	12	11	11	10	10	11
三明市	17	19	18	17	16	16	16	17	17	17	16	15	17
龙岩市	14	15	14	15	15	16	16	15	15	16	15	14	15
莆田市	22	21	18	18	17	19	22	22	25	30	29	25	22
泉州市	29	29	28	26	26	31	30	27	28	32	31	30	29
厦门市	30	30	29	27	26	30	29	28	30	35	34	32	30
漳州市	15	15	16	15	15	15	16	16	16	16	16	14	15

附表 2.9　1981—2010 年平均地面温度(0.1℃)

县市	1	2	3	4	5	6	7	8	9	10	11	12	年
福州市	127	135	162	212	260	297	348	335	294	254	200	148	231
平　潭	125	126	149	200	251	291	337	331	296	250	200	150	226
宁德市	113	121	147	197	247	284	333	322	286	243	187	132	218
南平市	111	128	159	211	255	288	335	324	293	244	182	125	221
三明市	112	129	161	211	254	286	328	316	285	241	179	125	219
龙岩市	140	155	177	222	261	287	318	309	289	259	202	148	231
莆田市	134	139	162	208	251	284	326	316	289	254	206	154	227
泉州市	144	150	172	219	265	298	339	330	305	269	216	164	239
厦门市	151	156	177	220	264	295	336	326	301	270	220	169	240
漳州市	152	161	182	224	265	291	324	319	297	269	221	170	240

附表 2.10　1951—2010 年极端最高气温(0.1℃)

县市	1	2	3	4	5	6	7	8	9	10	11	12	年
福州市	273 2年	299 199614	321 195517	346 200530	375 199126	387 200003	417 200326	398 197801	396 199508	357 198305	332 200506	298 195201	417
平　潭	264 199808	279 200925	286 200028	309 196421	332 196327	344 200130	356 200204	374 196616	345 200602	327 198304	293 197202	278 196804	374
宁德市	254 199808	292 197922	362 198814	344 198725	386 199125	382 199525	402 200511	385 196616	375 197772	336 196807	324 200506	266 196804	402
南平市	293 200811	334 200925	342 198814	355 198725	377 196321	383 195120	418 200330	413 200302	387 200309	367 195119	335 199601	299 1968	418
三明市	294 197224	344 200925	347 198814	365 197726	382 1963	390 196118	414 200330	410 200302	399 196302	363 197401	341 199601	310 196803	414
龙岩市	283 195927	315 200925	316 200028	343 196422	362 196331	380 196729	390 198818	384 201004	371 200912	357 200501	346 199601	286 2年	390
莆田市	277 196612	311 200925	304 196607	334 196422	345 2年	369 196022	380 199817	394 196209	366 199508	360 196202	322 196613	291 197506	394
晋江市	280 199808	289 200925	308 200028	323 196419	350 197031	358 196729	378 200204	387 196616	371 196310	347 199607	322 199306	289 199411	387
厦门市	284 200812	284 200925	309 196009	336 200130	354 199414	364 196130	392 200720	390 200505	362 196310	360 199410	314 200910	279 200204	392
漳州市	305 195929	316 200925	337 200028	355 200130	375 199126	393 196117	403 200315	388 200902	377 200822	349 200705	352 199601	299 200607	403

附表2.11 1951—2010年极端最低气温(0.1℃)

县市	1	2	3	4	5	6	7	8	9	10	11	12	年
福州市	-12	-8	11	52	111	154	190	204	150	96	31	-17	-17
	1955	195712	197201	195704	195301	198102	195117	2年	196628	197830	197524	199129	
平潭	9	16	19	54	112	161	205	217	168	132	85	30	9
	197731	195711	195406	197402	198104	198102	198202	197724	199728	195827	197524	201017	
宁德市	-24	-6	8	52	106	157	204	194	138	72	20	-18	-24
	196308	198408	198602	197403	198104	198205	2年	196831	196625	197830	197524	197326	
南平市	-58	-36	-12	35	90	151	205	185	105	47	-10	-51	-58
	2年	196102	198603	196906	196105	198709	2年	2年	196626	195827	2年	197326	
三明市	-55	-36	-18	30	95	139	200	167	105	42	-4	-58	-58
	196327	196102	198602	196906	196503	196405	199207	196523	196626	197830	197919	199923	
龙岩市	-56	-31	-9	45	97	142	194	176	108	59	5	-34	-56
	195512	196102	198603	196906	196503	200014	199208	196523	196626	195831	1956	199924	
莆田市	-23	-8	9	59	121	140	211	207	147	97	47	-2	-23
	196327	196102	197202	196906	198104	198205	199208	1974	196627	197931	197524	197331	
晋江市	1	19	23	65	123	156	211	207	160	108	50	4	1
	196327	196715	198601	196906	198104	200013	1972	196224	196626	197830	197919	199129	
厦门市	20	20	25	64	122	163	207	214	165	128	75	15	15
	199329	195712	198601	199603	2年	200013	199209	198522	196627	197830	2年	199129	
漳州市	-21	4	30	64	123	170	210	213	151	76	38	-1	-21
	195512	195712	2年	195704	199103	198205	199208	2年	196628	197830	195626	197326	

附表2.12 1951—2010年最多月降水量(0.1 mm)

县市	1	2	3	4	5	6	7	8	9	10	11	12	年
福州	2024	3016	3256	3262	3791	4202	4087	6131	5095	2632	1395	1089	20746
年份	1964	1959	1986	2010	1955	2000	2006	1990	1990	2005	1986	1994	1990
平潭	1963	2654	3190	2832	4634	7105	4932	5569	6912	2095	1527	1074	19147
年份	1964	1983	1983	1973	2005	1968	2002	1972	2004	2007	1986	1994	2002
宁德	2473	2953	3338	4034	5256	5184	5495	8331	5649	2255	1937	2599	28484
年份	1969	1998	1992	1973	1961	2006	2006	1990	2004	1973	1987	1994	1973
南平	1978	3056	5002	4495	5643	7214	4074	3141	3018	1986	1539	1589	24909
年份	1969	1998	1992	1980	1955	2010	1952	1955	1956	1976	2006	1953	2010
三明	2031	3436	4269	4392	7319	5929	2912	4161	2452	2842	1722	1520	22433

续表

县市	月												年
	1	2	3	4	5	6	7	8	9	10	11	12	
年份	1969	1998	1992	1981	2005	1962	1999	1997	1985	2002	1961	1970	1997
龙岩	2234	3876	5712	4902	5604	6603	4984	4697	4255	1810	1643	1615	24959
年份	1964	1959	1983	1973	1975	2005	1965	1996	1961	1964	2006	1994	1975
莆田	2139	2543	3310	4614	4203	4885	5403	6227	4939	2642	1685	1018	19976
年份	1964	1998	1983	1973	2005	2000	1973	2000	1988	1998	1961	1971	1990
晋江	1524	2654	4034	3444	3925	4912	5073	5213	4732	2698	1974	1059	20885
年份	1964	1985	1983	1973	1960	2000	1963	2003	2004	1999	1986	1994	1983
厦门	1580	3404	4403	4945	5122	5241	7028	5526	3629	3456	1668	980	19986
年份	1964	1959	1983	1973	2006	2000	1958	1990	1989	1998	1986	2006	1990
漳州	1735	3093	4311	3690	5652	5855	6504	5230	4920	3392	1602	1261	23856
年份	1964	1983	1983	1990	2006	2000	2006	1997	2010	1998	1961	1994	1997

附表 2.13　1951—2010 年最少月降水量(0.1 mm)

县市	月												年
	1	2	3	4	5	6	7	8	9	10	11	12	
福州	7	2	231	128	357	160	46	136	70	0	1	2	7758
年份	1963	1960	1972	1964	2000	1980	1978	1987	1978	2006	1971	1973	1967
平潭	5	6	126	279	50	45	0	45	44	0	0	0	7519
年份	1963	1960	1971	1995	1963	1980	2007	1971	2000	1979	1994	2003	2003
宁德	13	89	418	566	398	1052	247	598	205	0	26	7	10949
年份	1963	1960	1972	2005	2000	1980	2003	1987	1995	1979	1964	1973	2003
南平	11	46	324	749	704	678	30	335	27	0	1	10	9210
年份	1963	1960	1972	2005	2007	1967	2003	1977	2008	2004	1971	1973	1971
三明	24	65	423	602	718	432	2	226	165	0	0	12	9718
年份	1963	1960	1972	1971	1963	1980	2003	1993	1992	1979	1971	1973	1967
龙岩	2	5	114	600	559	908	310	272	163	0	0	0	11737
年份	1987	1960	1972	1968	1963	1988	1957	1986	1995	2004	1996	2003	1958
莆田	0	2	113	318	237	65	2	303	24	0	0	1	9419
年份	1963	1960	1971	1964	2000	1980	2003	1981	1978	2006	1971	1973	1977
晋江	10	0	59	304	252	104	0	125	41	0	0	0	8153
年份	2005	1960	1972	1971	1963	1980	1964	1987	1965	2006	1994	2003	1978
厦门	2	2	86	302	106	385	20	32	10	0	0	0	7472
年份	1996	1999	1972	1964	2000	1980	2007	1987	1955	2006	1999	2003	1954
漳州	2	0	126	264	443	476	43	230	128	0	0	0	9602
年份	1986	1960	1971	2002	2000	1961	2003	1965	1968	2006	1999	2003	2009

附表 2.14　1951—2010 年一日最大降水量（0.1 mm）

县市	1	2	3	4	5	6	7	8	9	10	11	12	年
福州市	499	681	734	1092	1325	1676	1875	1645	1709	1956	930	595	1956
	197527	200517	198614	197303	196429	197205	200616	199231	199106	200503	198616	199707	20051003
平　潭	574	790	599	783	1671	2970	2517	2403	2741	1596	1158	612	2970
	198329	198302	198118	197303	200509	197422	196317	197210	200410	200707	198616	199425	19740622
宁德市	734	741	911	918	1587	1933	1836	2529	2068	1288	956	600	2529
	200125	200517	198620	198106	196120	196010	200519	199021	197123	197310	199610	199425	19900821
南平市	708	797	810	1129	1391	1931	1592	874	837	986	630	590	1931
	200125	200517	199631	200313	198431	201018	199206	195420	195604	200004	195114	197011	20100618
三明市	581	947	1121	1040	1422	1745	1466	1292	984	839	490	656	1745
	200125	199817	198630	197303	200316	200215	199206	199710	199704	200218	196116	197011	20020615
龙岩市	547	784	1028	1505	1702	1668	3220	1283	1124	979	773	623	3220
	200125	195919	199631	197303	196724	200513	196528	200321	195911	200503	197410	199707	19650728
莆田市	563	471	676	1330	2432	2146	2350	1407	1848	1866	1253	606	2432
	196931	200517	198616	197303	199706	199125	196318	200206	198823	199909	198616	200614	19970506
晋江市	537	593	686	1259	1344	1908	2398	3388	2325	2677	1628	675	3388
	196931	199317	198315	197323	200515	198319	197303	200305	198922	199909	198616	199425	20030805
厦门市	460	820	1136	2397	2122	3157	2100	2076	1867	2080	1177	577	3157
	196931	200021	198312	197323	200618	200018	195817	199003	198922	199909	198616	199707	20000618
漳州市	501	686	1104	904	2099	2019	2561	1579	1561	1940	889	531	2561
	196931	200021	198528	198316	199707	196317	200616	199702	201002	199827	197410	200614	20060716

注：同一市中，上行是降水量，下行是出现年份和日期。比如，福州市，10 月 1 日最大降水量 195.6 mm，出现在 2005 年的 3 日，为 1951 年以来观测到的最大的一日最大降水量。

附表 2.15　1971—2000 年平均蒸发量(0.1 mm)

县市	1	2	3	4	5	6	7	8	9	10	11	12	年
福州市	680	591	777	1053	1208	1452	2129	1950	1566	1458	1099	846	14809
平潭	1074	877	953	1198	1324	1586	2218	2052	1935	1967	1574	1332	18090
宁德市	499	453	563	854	1072	1245	1971	1773	1346	1152	781	614	12323
南平市	587	574	763	1077	1314	1550	2241	2038	1606	1272	855	660	14537
三明市	652	620	867	1188	1497	1735	2332	2112	1654	1425	971	733	15786
龙岩市	868	779	962	1231	1411	1647	2229	2034	1791	1734	1299	1003	16988
莆田市	925	740	883	1147	1354	1537	2159	2045	1855	1942	1550	1216	17353
泉州市	1088	908	1060	1332	1541	1801	2382	2212	1974	2012	1589	1343	19242
厦门市	901	775	889	1159	1301	1480	1992	1861	1804	1935	1480	1148	16725
漳州市	860	735	884	1167	1345	1525	2069	1896	1698	1593	1239	999	16010

附表 2.16　1951—2010 年最大风速(0.1 m/s)

县市	要素	1	2	3	4	5	6	7	8	9	10	11	12	年
福州市	风速	233	294	230	224	235	248	270	334	277	183	210	187	334
	风向	NW	WNW	NE	WNW	WNW	NNW	NW	NE	ESE	WNW	WNW	WNW	NE
	年份	1954	1955	1958	1958	1994	1956	1955	1954	1956	1985	1955	1955	1954
	月日	1.4	2.19	3.26	4.2	5.14	6.18	7.4	8.28	9.23	10.4	11.20	12.16	8.28
平潭	风速	180	160	180	160	153	177	265	250	290	225	183	180	290
	风向	NNE	NNE	ENE	NNE	SSW	SSE	NE	S	N	NNE	NNE	NNE	N
	年份	2年	1978	1972	1972	1983	2001	1971	1985	1971	1973	1977	1973	1971
	月日		2.15	3.31	4.1	5.30	6.24	7.26	8.24	9.22	10.8	11.14	12.25	9.22
宁德市	风速	73	85	80	150	100	97	123	143	133	90	73	80	150
	风向	—	ESE	SSE	ESE	S	NW	SE	NW	—	ENE	NW	WNW	ESE
	年份	2年	1972	1972	1972	1986	1991	1973	1997	2002	1972	1992	1986	1972
	月日		2.17	3.30	4.9	5.20	6.6	7.4	8.18	9.7	10.21	11.9	12.19	4.9
南平市	风速	83	94	93	120	107	103	130	130	100	97	83	80	130
	风向	—	WSW	ENE	NE	SW	W	ENE	SSW	SSW	NNE	NNE	NE	
	年份	2年	2009	1975	1985	1991	1981	1990	1971	1971	1973	1984	1982	2次
	月日		2.13	3.6	4.23	5.27	6.22	7.25	8.16	9.4	10.8	11.19	12.6	
三明市	风速	100	123	127	130	139	173	180	162	140	111	100	90	180
	风向	SW	ENE	WSW	NNE	WNW	WSW	SSE	SSW	NNE	NE	WSW		SSE
	年份	1978	1975	1988/15	2年	2005	1976	1975	1976	1986	2005	2004	1988	1975
	月日	1.28	2.4	3.15		5.1	6.22	7.22	8.17	9.11	10.3	11.11		7.22

续表

县市	要素	月												年
		1	2	3	4	5	6	7	8	9	10	11	12	
龙岩市	风速	84	93	140	133	117	110	120	140	133	96	110	96	140
	风向	ESE	WNW	WNW	WNW	S		SSW	ENE	ENE	ENE	NE	WNW	
	年份	2008	1977	1981	2007	1982	2年	2年	1980	1980	2007	2009	2005	2次
	月日	1.12	2.27	3.14	4.2	5.31			8.22	9.7	10.6	11.2	12.4	
莆田市	风速	180	137	133	130	160	243	207	240	173	178	177	163	243
	风向	NNW	NW	NW	NW	SSE	NW	2G	NW	NNE	NW	NNW	ENE	NW
	年份	2003	2000	2002	2004	1980	2001	2年	1985	2001	2007	2000	1979	2001
	月日	1.23	2.25	3.6	4.24	5.24	6.24		8.24	9.26	10.7	11.20	12.13	6.24
晋江市	风速	110	127	120	133	180	160	163	230	183	180	130	127	230
	风向	NNE	NE	ENE	SSW	SSE	SE	2G	NNE	S	SE	NE	ENE	NNE
	年份	1984	1978	1985	1983	1980	1985	2年	2004	1987	1999	1980	2002	2004
	月日	1.16	2.28	3.31	4.11	5.24	6.24		8.24	9.11	10.9	11.13	12.26	8.26
厦门市	风速	137	160	160	190	210	227	287	380	183	272	170	133	380
	风向	ENE	ESE	2G	WNW	ESE	SE	WSW	ESE	ENE	NNW	ENE	N	ESE
	年份	1981	1981	2年	1984	1980	1990	1973	1959	1975	1973	1974	1987	1959
	月日	1.26	2.17		4.5	5.24	6.30	7.3	8.23	9.23	10.10	11.9	12.6	8.23
漳州市	风速	90	100	93	128	140	110	170	110	110	157	90	90	170
	风向	NW	ESE	ESE	NW	ESE	NW	ENE	WNW	N	NNW	NNW	NNW	ENE
	年份	2N	1971	2N	1973	1980	1977	1983	2000	1986	1999	1979	2N	1983
	月日		2.23		4.26	5.24	6.12	7.25	8.8	9.2	10.9	11.18		7.25

附表2.17 1951—2010年极大风速(0.1 m/s)

县市	要素	月												年
		1	2	3	4	5	6	7	8	9	10	11	12	
福州市	风速	209	257	346	332	356	376	387	344	407	266	221	205	407
	风向	WNW	NW	W	2G	SSW	NW	WSW	NE	ENE	ENE	W	NW	ENE
	年份	1959	1959	1982	2年	2005	1989	1970	2000	1969	1973	1993	1986	1969
	日期	1.29	2.14	3.5		5.5	6.28	7.4	8.23	9.27	10.10	11.21	12.18	9.27
平潭县	风速	179	176	169	178	187	194	327	265	267	298	211	191	327
	风向	2G	N	2G	SSW	NNE	NE	NNE	NNE	NNE	NNW	NNE	NE	NNE
	年份	2年	2006	2年	2005	2006	2003	2005	2年	2008	2007	2007	2004	2005
	日期		2.27		4.30	5.18	6.17	7.18		9.28	10.7	11.26	12.2	7.18

续表

县市		1	2	3	4	5	月 6	7	8	9	10	11	12	年
宁德市	风速	94	113	105	151	189	147	151	223	214	147	150	100	223
	风向	W	WNW	SE	N	NW	SW	SW	SSW	NW	SW	W	WNW	SSW
	年份	2007	2007	2004	2006	2005	2006	2006	2004	2007	2007	2009	2004	2004
	日期	1.6	2.17	3.17	4.22	5.5	6.28	7.20	8.13	9.19	10.7	11.10	12.4	8.13
南平市	风速	113	157	148	145	156	158	182	194	158	119	153	124	194
	风向	NNE	W	NNE	2G	WNW	NW	NNE	ESE	NNE	NNE	NW	W	ESE
	年份	2009	2005	2010	2年	2005	2007	2005	2006	2005	2005	2008	2005	2006
	日期	1.23	2.15	3.6		5.1	6.25	7.19	8.2	9.1	10.3	11.27	12.21	8.2
三明市	风速	93	129	221	178	310	211	236	183	164	186	143	110	310
	风向	E	WSW	W	W	WNW	SSW	SE	WSW	NNE	NNE	NNE	W	WNW
	年份	2008	2006	2010	2006	2005	2006	2010	2005	2005	2005	2009	2009	2005
	日期	1.1	2.16	3.5	4.10	5.1	6.27	7.22	8.29	9.1	10.3	11.2	12.15	5.1
龙岩市	风速	140	126	258	215	188	164	155	191	173	141	190	158	258
	风向	NW	NNW	W	NW	NW	2G	SSE	SSE	NNE	WNW	W	NW	W
	年份	2005	2006	2005	2006	2008	2年	2010	2010	2007	2009	2005	2005	2005
	日期	1.13	2.16	3.22	4.12	5.9		7.19	8.4	9.20	10.7	11.10	12.4	3.22
莆田市	风速	166	146	198	163	231	200	268	270	272	264	168	186	272
	风向	NW	NW	WSW	2G	NW	WSW	NW	NW	SSE	NW	NNW	NNW	SSE
	年份	2005	2005	2005	2年	2005	2007	2008	2006	2005	2007	2005	2005	2005
	日期	1.1	2.19	3.22		5.5	6.24	7.25	8.30	9.1	10.7	11.21	12.22	9.1
晋江市	风速	138	151	144	157	202	182	208	203	258	179	164	140	258
	风向	ENE	NE	ENE	SW	NE	SW	SSW	N	WNW	NNE	NE	ENE	WNW
	年份	2006	2006	2006	2006	2006	2009	2006	2005	2010	2005	2007	2008	20100
	日期	1.5	2.8	3.12	4.12	5.18	6.22	7.15	8.12	9.10	10.2	11.18	12.5	9.10
厦门市	风速	217	218	257	456	324	402	420	600	289	471	252	217	600
	风向	NNE	ENE	WNW	WNW	SE	SE	WSW	ESE	NNE	SSE	NE	2G	ESE
	年份	1977	1974	1983	1984	1980	1990	1973	1959	1990	1999	1974	2年	1959
	日期	1.26	2.23	3.20	4.5	5.24	6.29	7.3	8.23	9.8	10.9	11.9		8.23
漳州市	风速	138	124	134	132	186	160	165	199	190	127	119	131	199
	风向	NNW	SE	NNW	W	WSW	NW	N	ESE	E	WNW	N	NW	ESE
	年份	2003	2007	2009	2006	2005	2009	2007	2005	2010	2005	2008	2005	2005
	日期	1.27	2.14	3.14	4.10	5.5	6.21	7.14	8.13	9.20	10.2	11.27	12.21	8.13

注：表中同一市，第一行为风速，第二行为风向，2G 表示 2 个风向，第三行为出现年日，2N 表示 2 年。比如，福州市，8 月最大风速 33.4 m/s，出现在 1954 年的 28 日。附表 2.18 同理。

由于各站有极大风速的观测记录时间不一，所以，本表不宜做各站之间的简单化比较。

附表 2.18 1951—2010 年主要地市气候极值

项 目	福州市	平潭县	宁德市	南平市	三明市	龙岩市	莆田市	晋江市	厦门市	漳州市
最多连续降水量(mm)	372.4	675.5	740.1	687.4	459.3	680.4	423.3	412.4	509.5	454.3
年份	1968	1968	1960	2010	1973	1959	1960	1983	1990	1963
最长连续降水日数(天)	21	19	37	35	27	38	24	23	22	23
年份	1952	1959	1975	1975	1975	1975	1997	1983	1983	1975
最多暴雨日数(天)	10	11	17	10	11	12	12	10	11	12
年份	1990	2002	2006	2010	2005	2年	2000	1983	1990	2000
最长连续无降水日数(天)	66	50	38	48	39	68	67	65	70	70
年份	2007	2003—2004	1980	2005	2年	1997	2007	2007	2年	1995
最多高温日数(天)	63	1	39	74	71	26	17	10	17	55
年份	2003	4年	2003	2003	1983	2003	1998	2年	3年	2010
最长连续高温日数(天)	36	1	14	40	37	13	8	7	10	19
年份	2007	4年	2007	1953	2003	1998	2006	1996	1979	2007
最多低温日数(天)	3		5	25	29	13	3			5
年份	1955		1963	1962—1963	1962—1963	1973—1974	1962—1963			1963
最长连续低温日数(天)	2		3	16	16	6	2			3
年份	1955		1963	1973—1974	1973—1974	1973—1974	1963			1963
最早暴雨(月.日)	2.17	1.23	1.25	1.25	1.25	1.25	1.13	1.31	2.7	1.31
年份	2年	1964	2001	2001	2001	2001	1964	1969	1997	1969
最早高温(月.日)	5.17	7.4	3.14	4.20	4.10	5.6	6.3	5.31	5.14	4.29
年份	1994	2002	1988	2004	1969	1977	2000	1970	1994	1991
最早初雷(月.日)	1.3	1.2	1.7	1.7	1.7	1.11	1.2	1.2	1.13	1.13
年份	1987	1987	1989	1989	1989	1951	1987	1987	1964	1964
最早初霜(月.日)	12.12	1.11	11.19	11.10	11.10	11.2	12.10	12.22	12.24	11.24
年份	2年	1955	1979	1992	1992	1958	1969	1999	1999	1958

注:高温日数指:日极端最高气温≥35℃的天数。低温日数指:日极端最低气温≤0℃的天数。

附表 2.19　1959—2010 福建龙卷风一览表

序号	年	月	日	时间	地点	现象
1	1959	9	11	15:40—15:45	罗源	罗源城关西南 20 km 之凤板大队出现龙卷风,向东北移去,经陈厝、坑下、岸下等五村,长达 3 km,狂风拔树、卷石冲墙、翻厝,把直径 0.6 m 的大榕树折断,重逾 500 kg 的烟囱卷上天空
2	1962	5	4	14:01—14:05	安溪	
3	1963	5	16	13:24—13:29	晋江	
4	1963	7	1		晋江	
5	1966	4	22	18 时左右	安溪	
6	1967	5	8	7:00—9:00	南安	
7	1967	6	6		同安	
8	1970	5	10	15:30—16:00	长乐	
9	1970	7	3	14:40—14:45	德化	
10	1971	7	31	10:30	平潭	
11	1973	4	1	16:00—17:00	尤溪	
12	1973	4	11	16:35	同安	
13	1973	7	3	17:00	惠安	
14	1974	7	3	16:18—16:20	屏南	
15	1975	10	6	下午	莆田	
16	1976	2	18		安溪	
17	1976	3	19	15 时	宁化	
18	1976	7	7	16:30	同安	
19	1977	7	25	15:20—16:10	漳浦	
20	1978	5	1	14:24—14:25	连城	
21	1978	8	14	17:57—18:10	漳州	
22	1980	5	15	15 时许	永春	
23	1980	6	29	9:10—9:14	同安	
24	1980	9	30	11:35	宁德	
25	1981	2	14		莆田	
26	1981	3	14	16:50	南安	
27	1981	4	16	19 时左右	永春	
28	1981	7	24	14:30	南安	
29	1983	4	9	08—10	东山	
30	1983	4	10	下午	古田	

续表

序号	年	月	日	时间	地点	现象
31	1983	4	15	16:20	闽清	
32	1983	4	22	8:30	安溪	
33	1983	4	22	9:12—9:25	南安	
34	1983	4	22	6:25	永定	
35	1983	9	15	16:42	政和	
36	1984	3	19	8时许	南安	
37	1984	4	5	9时左右	晋江	
38	1984	7	29	15:40	安溪	
39	1984	7	30	15:40	长乐	
40	1985	3	17		政和	
41	1986	4	15	4:00—5:30	南安	
42	1986	4	10		政和	
43	1987	3	15	00:40	安溪	
44	1987	3	24		连城	
45	1988	4	10		政和	
46	1988	7	23	16时	柘荣	
47	1988	7	27	17时	宁德	
48	1989	4	2	18:30—19:00	柘荣	
49	1989	4	3	13时左右	长乐	
50	1989	4	3		仙游	
51	1989	4	3	13:10—16:30	南安	
52	1989	4	28	19时	政和	
53	1989	7	21	17:15—17:50	清流	
54	1990	4	22	17:00—20:00	南安	
55	1990	5	3	15时左右	同安	
56	1990	8	13	16时	政和	
57	1990	8	15		连城	
58	1990	8	23	中午	福清	
59	1991	5	27	17时	屏南	
60	1991	7	16		漳平	
61	1992	4	19	00:00左右	永泰	
62	1992	4	29	19:45—20:05	古田	
63	1992	4	30	16:30	长泰	

续表

序号	年	月	日	时间	地点	现象
64	1992	7	30	13:15	漳浦	
65	1992	8	7	13:30—14:00	长乐	
66	1993	4	24	14时许	福清	
67	1993	4	25		连城	
68	1993	5	7		莆田	
69	1993	6	18	13时	同安	
70	1993	8	23	4时左右	清流	
71	1993	8	27		南靖	
72	1994	4	20	17:12—17:35	长乐	
73	1994	4	20		古田	
74	1994	4	24	18:00—18:30	连城	
75	1995	4	15		沙县	
76	1995	4	30	8:20—50	连城	
77	1995	4	17		浦城	
78	1995	8	13	21:00	同安	
79	1996	3	16	18:00—18:30	浦城	
80	1996	4	18	14:14	建瓯	
81	1996	4	19	16时左右	诏安	
82	1997	5	14		福安	
83	1997	6	24	00:00	涵江	
84	1997	5	6	凌晨	同安	
85	1997	8	2		厦门	
86	1997	11	25	22:15	福州	
87	1997	11	26	00:30	福清	
88	1997	11	26	03时许	福清,江阴	
89	1998	2	19		上杭	
90	2000	5	27	15时左右	武平	
91	2000	6	18	17:30	漳浦	
92	2000	7	25	12:34	连江	
93	2000	7	1	下午	宁化	
94	2001	4	8		明溪	
95	2001	6	4	19:30	长乐	
96	2001	3	25	中午	漳浦	

续表

序号	年	月	日	时间	地点	现象
97	2001	4	8		宁化	
98	2001	3	25		武平	
99	2001	4	29		周宁	
100	2002	6	25		屏南	
101	2004	8	2	14:00	同安	
102	2004	5	30	下午	建阳	
103	2005	5	27		宁化	
104	2005	5	17	中午	光泽	

注：空的，出现时间不详。

附录3:历年登陆和影响福建台风资料(新标准)

登陆和影响福建台风标准

1. 登陆台风

中心风力达8级或其以上的台风,中心自海上登陆福建。

2. 影响台风

当台风进入48小时警报区(即15°N、115°E;20°N、125°E;25°N、130°E三点连线的15°N以北和130°E以西区域),凡出现下列情况之一者,定为影响台风。

(1)受台风影响,沿海有一站极大风力≥8级。

(2)受台风影响有一站日雨量≥50 mm。

附表3.1 登陆影响福建省台风数、西北太平洋台风数与登陆我国数(1949—2010)

年份	登陆福建	影响福建	总计	西太平洋（未计热带低压）	登陆我国（未计热带低压）
1949	0	4	4	28	6
1950	0	3	3	32	3
1951	0	3	3	20	3
1952	1	6	7	31	9
1953	2	3	5	26	7
1954	0	6	6	23	5
1955	1	2	3	28	4
1956	4	3	7	23	7
1957	1	6	7	22	5
1958	4	4	8	33	7
1959	3	7	10	24	6
1960	2	8	10	30	8
1961	2	9	11	33	11
1962	3	3	6	32	7
1963	2	3	5	25	7
1964	0	10	10	36	7
1965	2	4	6	32	8
1966	3	4	7	35	8

附录3：历年登陆和影响福建台风资料（新标准）

续表

年份	登陆福建	影响福建	总计	西太平洋（未计热带低压）	登陆我国（未计热带低压）
1967	2	7	9	40	10
1968	0	4	4	29	5
1969	2	2	4	22	5
1970	0	6	6	27	5
1971	2	3	5	36	12
1972	0	5	5	31	6
1973	2	7	9	24	9
1974	0	7	7	37	11
1975	2	5	7	23	6
1976	1	3	4	25	5
1977	1	6	7	22	5
1978	1	9	10	30	6
1979	0	6	6	24	5
1980	2	4	6	26	9
1981	1	5	6	28	9
1982	2	3	5	26	4
1983	1	3	4	23	5
1984	1	9	10	26	7
1985	1	8	9	29	9
1986	0	10	10	30	6
1987	1	4	5	24	5
1988	0	6	6	27	6
1989	1	11	12	32	11
1990	7	5	12	30	9
1991	0	8	8	29	6
1992	2	3	5	31	8
1993	0	4	4	28	7
1994	3	4	7	37	11
1995	0	6	6	23	9
1996	3	1	4	25	7
1997	1	3	4	26	4
1998	1	3	4	14	4

续表

年份	登陆福建	影响福建	总计	西太平洋（未计热带低压）	登陆我国（未计热带低压）
1999	1	6	7	21	5
2000	1	6	7	24	5
2001	2	5	7	25	9
2002	0	5	5	26	6
2003	0	5	5	21	7
2004	1	8	9	30	7
2005	3	4	7	23	8
2006	3	6	9	24	6
2007	3	4	7	25	6
2008	2	8	10	22	10
2009	2	6	8	22	9
2010	5	1	6	14	7
合计	93	322	415	1674	429

附表3.2　登陆福建台风的地段分布（日期、地段）

年	北部（福州以北）	中部（福州—厦门）	南部（厦门以南）	总数
1949				0
1950				0
1951				0
1952		9－1 福清		1
1953		7－4 莆田；8－21 莆田		2
1954				0
1955			8－24 漳浦	1
1956	7－27 连江	9－3 长乐；9－18 厦门；9－23 惠安		4
1957			9－15 诏安	1
1958	9－4 福鼎	7－16 同安；7－24 厦门；8－30 惠安		4
1959	9－4 连江	8－23 厦门；8－30 惠安		3
1960	8－1 连江		8－9 漳浦	2
1961		8－26 厦门；9－12 晋江		2
1962	7－23 福鼎；8－6 连江；9－6 连江			3
1963	7－17 连江；9－12 连江			2
1964				0

附录3:历年登陆和影响福建台风资料(新标准)

续表

年	北部(福州以北)	中部(福州—厦门)	南部(厦门以南)	总数
1965		7-26 泉州;8-20 福清		2
1966	8-17 连江;9-3 罗源;9-7 霞浦			3
1967	7-12 连江	7-31 福清		2
1968				0
1969	8-8 连江	9-27 晋江		2
1970				0
1971	9-23 连江	9-19 惠安		2
1972				0
1973		7-3 厦门;10-10 厦门		2
1974				0
1975		8-4 晋江	9-23 东山	2
1976		8-10 莆田		1
1977		8-1 崇武		1
1978		8-13 兴化湾		1
1979				0
1980		8-28 福清	9-19 漳浦	2
1981		7-20 长乐		1
1982		7-30 莆田	8-15 漳浦	2
1983			7-25 漳浦	1
1984	8-8 罗源			1
1985		8-23 长乐		1
1986				0
1987		9-10 晋江		1
1988				0
1989	9-13 霞浦			1
1990	6-24 福鼎;9-4 福鼎	8 20 福清;8-21 莆田;8-22 晋江;9-8 晋江	6-29 东山	7
1991				0
1992		8-31 长乐;9-5 晋江		2
1993				0
1994		7-11 晋江;9-1 福清	8-4 龙海	3
1995				0

续表

年	北部(福州以北)	中部(福州—厦门)	南部(厦门以南)	总数
1996		7-27 晋江;8-1 福清	8-7 漳浦	3
1997		8-29 福清		1
1998		8-5 福清		1
1999			10-9 龙海	1
2000		8-23 晋江		1
2001	7-31 连江	6-23 福清		2
2002				0
2003				0
2004		8-25 晋江		1
2005	7-19 连江	9-1 莆田;10-2 厦门		3
2006	7-14 霞浦 8-10 闽浙交界	7-25 晋江		3
2007	9-19 闽浙交界 10-7 闽浙交界	8-19 惠安		3
2008	7-18 霞浦	7-28 福清		2
2009	8-9 霞浦	6-21 晋江		2
2010		8-31 惠安;9-10 石狮	9-2 漳浦;9-20 漳浦;10-23 漳浦	5
合计	26	52	14	93

附表3.3 福建台风频数分布(统计时段:1949—2010年)

月	4			5			6			7			8		
旬	上	中	下	上	中	下	上	中	下	上	中	下	上	中	下
登陆	0	0	0	0	0	0	0	4	2	8	11	13	5	11	
				0				4			21			31	
影响	0	1	1	1	5	7	6	10	19	15	20	34	22	38	29
		2			13			35			69			89	

月	9			10			11			12			年	
旬	上	中	下	上	中	下	上	中	下	上	中	下	合计	平均
登陆	14	10	7	4	0	1	0	0	0	0	0	0	92	1.47
		31			5			0			0			
影响	20	27	22	11	14	7	6	4	3	1	0	0	324	5.23
		69			32			13			1			

附表 3.4　福建各地段登陆台风的旬频数分布（统计时段：1949—2010 年）

月	6			7			8			9			10			合计
旬	上	中	下	上	中	下	上	中	下	上	中	下	上	中	下	
北部			1		5	3	5	1		6	2	1	1			25 个
			4.0		20.0	12.0	20.0	4.0		24.0	8.0	4.0	4.0			100%
中部			2	2	3	7	5	3	12	7	5	4	2			52 个
			3.8	3.8	5.8	13.5	9.6	5.8	23.1	13.5	9.6	7.7	3.8			100%
南部			1		1	3	1	1	1	2	2	1			1	14 个
			7.1		7.1	21.4	7.1	7.1	7.1	14.3	14.3	7.1			7.1	100%

附录4：全省气象台站一览表（2010年）

地市	站名	站号	经度(E)	纬度(N)	测站海拔高度	气压表海拔高度(m)	站　址	建站年月
宁德 10	宁德	58846	119°32′	26°20′	32.4	32.9	宁德市西门外珠山岗	60.1
	福鼎	58754	120°12′	27°20′	36.2	37.6	福鼎市城关福全山	51.1
	台山	58853	120°42′	27°00′	106.6	108.5	福鼎市台山列岛西台村	63.11
	屏南	58933	118°59′	26°55′	869.5	870.8	屏南县城关	59.1
	福安	58748	119°39′	27°06′	(50.5)	(46.4)	福安市城关东郊橄榄山	51.9(37.4)
	霞浦	58843	120°00′	26°53′	12.2	12.9	霞浦县松城镇东山头(城楼)	60.1
	寿宁	58744	119°25′	27°32′	829.4	826.2	寿宁县郊区笔架山	56.10
	周宁	58747	119°21′	27°09′	899.3	900.1	周宁县城关东门外	59.4
	古田	58836	118°44′	26°35′	361.5	355.6	古田县松古乡松吉村	59.5
	柘荣	58749	119°54′	27°15′	670.4	670.0	柘荣县城关洞墩	59.3
福州 10	福州	58847	119°17′	26°05′	83.8	85.4	福州市乌石山顶	51.1(34.2)
	长乐	58941	119°30′	25°58′	4.1	80	长乐市航城乡下朱口	51.10
	平潭	58944	119°47′	25°31′	32.4	30.9	平潭县城关台高山	53.1(41.12)
	福清	58942	119°23′	25°43′	39.2	38.0	福清市音的乡龙东村	59.5
	闽清	58839	118°51′	26°14′	40.2	39.8	闽清县梅溪乡榕院村	56.11(39.12)
	连江	58848	119°32′	26°12′	6.2	7.1	连江县城关镇青塘村	59.1
	罗源	58845	119°32′	26°30′	60.5	57.2	罗源县凤山镇司前街洋坪顶	56.11(41.1)
	闽侯	58844	119°09′	26°09′	57.8	49.6	闽侯县甘遮镇山前山	54.1
	永泰	58932	118°56′	25°52′	85.6	86.3	永泰樟城镇后垅路37号	55.7
	福州	58940	119°20′	26°05′	25.6	25.7	福州市郊区鼓山乡后屿村	82.1
漳州 10	漳州	59126	117°39′	24°30′	28.9	29.4	漳州市大同路宝珠园顶	51.1(41.4)
	东山	59321	117°30′	23°47′	53.3	54.4	东山县城关建国楼	54.1(41.11)
	长泰	59122	117°45′	24°37′	43.0	42.2	长泰县城关登科山	60.1
	南靖	59124	117°22′	24°31′	280	282	南靖县山城镇溪仔边	55.11
	龙海	59127	117°49′	24°27′	3.1	7.6	龙海县石码镇西郊	59.4
	平和	59125	117°19′	24°22′	36.2	36.8	平和县小溪镇	60.1

附录4:全省气象台站一览表(2010年)

续表

地市	站名	站号	经度(E)	纬度(N)	测站海拔高度	气压表海拔高度(m)	站　址	建站年月
漳州 10	漳浦	59129	117°36′	24°08′	53.0	51.1	漳浦县城关炮台山	61.1(36.8)
	云霄	59322	117°22′	23°59′	22.8	20.2	云霄县城关镇献宝山	57.9
	诏安	59320	117°08′	23°46′	18.1	20.4	诏安县深桥乡花墩附近	57.9
	华安	58928	117°32′	25°01′	166.5	160.9	华安县华丰镇华丰村	56.11
厦门	厦门	59134	118°04′	24°29′	139.4	138.3	厦门市东渡狐尾山顶	52.9(47.1)
	同安	59130	118°08′	24°43′	13.1	14.8	厦门同安区祥桥乡外较场村	55.10
莆田	莆田	58946	119°00′	25°26′	29.8	29.4	莆田市城厢区筱塘杨梅山	59.11(42)
	仙游	58936	118°42′	25°22′	77.7	80.0	仙游县鲤城镇纸山顶	56.11
	北岸	58938	118°59′	25°14′	23.1	22.6	莆田市东庄乡莆头村	88.1
南平 11	建阳	58734	118°07′	27°20′	196.9	196.1	建阳市登高山	51.1(41)
	建瓯	58737	118°19′	27°03′	154.9	155.8	建瓯市城北红武山	54.1(50.6)
	南平	58834	118°10′	26°39′	125.6	126.6	南平市天麟山	51.1(35.7)
	浦城	58731	118°32′	27°55′	276.9	274.8	浦城县仙楼山	51.1(36.1)
	邵武	58725	117°28′	27°20′	191.5	192.4	邵武市城关南门外	56.11(39.1)
	七仙山	58726	117°50′	27°57′	1401.9	1402.3	江西省铅山县车盘七仙山	55.10
	武夷山	58730	118°02′	27°46′	220.6	221.3	武夷山市城关镇黄垱山	56.1(40.12)
	光泽	58724	117°18′	27°31′	265.4	264.0	光泽县中心台	59.1
	松溪	58735	118°48′	27°31′	205.4	201.4	松溪县城关烈士塔南边	56.11
	政和	58736	118°49′	27°22′	221.5	220.9	政和县城关西庙门基庙	59.5
	顺昌	58823	117°48′	26°48′	175.2	173.7	顺昌县城关后门山	56.11
三明 11	三明	58828	117°37′	26°16′	215.0	213.0	三明市列东乡石灰岭	58.7
	泰宁	58820	117°10′	26°54′	342.9	345.2	泰宁县城芦峰山	55.10
	永安	58921	117°21′	25°58′	206.0	205.9	永安市牺和路魁星阁	51.1(38.10)
	建宁	58822	116°51′	26°50′	342.3	341.8	建宁县城关镇河东东山顶	59.1
	将乐	58821	117°28′	26°44′	154.7	153.9	将乐县水南黄土墩	60.1
	明溪	58824	117°09′	26°24′	357.4	356.3	明溪县雪峰谢厝湾战江山	59.8
	沙县	58826	117°48′	26°24′	120.6	119.9	沙县虬江乡村洋坊村	56.11(39.3)
	宁化	58818	116°38′	26°14′	358.9	359.4	宁化县北山	57.9
	清流	58819	116°51′	26°12′	310.6	310.0	清流县龙津镇	61.9
	尤溪	58837	118°09′	26°10′	126.1	126.7	尤溪县团结乡潘山村	56.11
	大田	58923	117°50′	25°42′	400.1	400.9	大田县城关红卫山	59.7

续表

地市	站名	站号	经度(E)	纬度(N)	测站海拔高度	气压表海拔高度(m)	站 址	建站年月
龙岩 7	龙岩	58927	117°02′	25°06′	342.3	341.5	龙岩市城关岳顶山	51.1(39.10)
	长汀	58911	116°22′	25°51′	310.0	311.2	长汀县大同乡红卫村	55.10(35.10)
	上杭	58918	116°25′	25°03′	197.9	198.9	上杭县南岗	56.11
	连城	58912	116°45′	25°43′	380.0	381.8	连城县城关镇西台山	51.1(39.7)
	漳平	58926	117°25′	25°18′	205.3	203.0	漳平县城吴镇赤山路12号	57.10
	武平	58917	116°06′	25°06′	266.5	266.8	武平县平川镇南门坝	59.4
	永定	59113	116°43′	24°44′	226.9	221.7	永定县凤城镇南郊沙岗山	57.9
泉州 7	晋江	59137	118°34′	24°49′	53.5	55.0	晋江市青阳镇梅山村	60.1
	崇武	59133	118°55′	24°54′	21.8	22.6	惠安县崇武镇上马山	54.1
	九仙山	58931	118°06′	25°43′	1653.5	1651.1	德化县九仙山山顶	57.1
	德化	58935	118°14′	25°29′	521.4	516.8	德化县城关塔尖山脚	60.1
	永春	58934	118°16′	25°20′	170.3	170.3	永春县街尾金峰山	56.10
	安溪	58929	118°09′	25°04′	90.1	89.4	安溪县城北石村	60.1
	南安	59131	118°22′	24°58′	44.9	44.9	南安市溪美镇	59.5

附录5:福建主要气候要素分布图检索表

序号	分布图名称	编号	页码
1	福建年平均总辐射分布图	图2.1	48
2	福建年平均直接辐射分布图	图2.2	48
3	福建年平均日照时数分布图	图2.3	51
4	福建年平均气温分布图	图2.6	53
5	福建气温年较差分布图	图2.7	53
6	福建1月份平均气温分布图	图2.8	54
7	福建4月份平均气温分布图	图2.9	54
8	福建7月份平均气温分布图	图2.10	55
9	福建10月份平均气温分布图	图2.11	55
10	福建极端最高气温	图2.14	56
11	福建极端最低气温	图2.15	56
12	福建平均年高温日数分布图	图2.16	57
13	福建平均年低温日数分布图	图2.17	57
14	1961—2010年福建省年高温日数距平及趋势	图7.16	419
15	1961—2010年福建省年低温日数距平及趋势	图7.17	420
16	福建日平均气温≥10℃积温分布图	图2.18	59
17	福建日平均气温≥10℃初终间日数分布图	图2.19	59
18	闽侯地温剖面	图2.20	61
19	福建平均年降水量分布图	图2.22	62
20	福建春季降水量分布图	图2.24	64
21	福建夏季降水量分布图	图2.25	64
22	福建秋季降水量分布图	图2.26	64
23	福建冬季降水量分布图	图2.27	64
24	福建各季降水量占年降水量的比例图	图2.23	63
25	福建平均年降水日数分布图	图2.29	66
26	福建最长连续无降水日数分布图	图2.30	66
27	福建夏季暴雨日数分布图	图3.16	130
28	1961—1990年累计大暴雨日数剖面图	图3.17	130

续表

序号	分布图名称	编号	页码
29	一日最大降水量分布图	图3.26	144
30	1961—2010年福建省连续降水日数和无降水日数的变化趋势	图7.22	422
31	福建平均年蒸发量分布图	图2.32	68
32	福建年平均相对湿度分布图	图2.34	70
33	福建年平均风速分布图	图2.36	74
34	福建平均年大风日数分布图	图2.41	78
35	福建地形开阔度	图2.42	88
36	福建年平均地表反照率	图2.43	89
37	福建冰雹日数分布图	图3.69	192
38	福建平均年雷暴日数	图3.72	196
39	福建寒露风平均开始日期	图3.65	185
40	福建省中北部测风塔长年代70 m高度风能参数分布图	图2.48	104
41	福建省南部测风塔长年代70 m高度风能参数分布图	图2.49	105

附录6:蒲福风力等级表

风力级数	名称	海面状况 海浪 一般(m)	海面状况 海浪 最高(m)	海岸船只征象	陆地地面征象	相当于空旷平地上标准高度10 m处的风速 nmile/h	相当于空旷平地上标准高度10 m处的风速 m/s	相当于空旷平地上标准高度10 m处的风速 km/h
0	静风	—	—	静	静,烟直上	<1	0~0.2	<1
1	软风	0.1	0.1	平常渔船略觉摇动	烟能表示风向,但风向标不能动	1~3	0.3~1.5	1~5
2	轻风	0.2	0.3	渔船张帆时,每小时可随风移行2~3 km	人面感觉有风,树叶微响,风向标能转动	4~6	1.6~3.3	6~11
3	微风	0.6	1.0	渔船渐觉颠簸,每小时可随风移行5~6 km	树叶与微枝摇动不息,旌旗展开	7~10	3.4~5.4	12~19
4	和风	1.0	1.5	渔船满帆时,可使船身倾向一侧	能吹起地面灰尘和纸张,树的小枝摇动	11~16	5.5~7.9	20~28
5	清劲风	2.0	2.5	渔船缩帆(即收去帆之一部)	有叶的小树摇摆,内陆的水面有小波	17~21	8.0~10.7	29~38
6	强风	3.0	4.0	渔船加倍缩帆,捕鱼须注意风险	大树枝摇动,电线呼呼有声,举伞困难	22~27	10.8~13.8	39~49
7	疾风	4.0	5.5	渔船停泊港中,在海者下锚	全树摇动,迎风步行感觉不便	28~33	13.9~17.1	50~61
8	大风	5.5	7.5	进港的渔船皆停留不出	微枝折毁,人行向前感觉阻力甚大	34~40	17.2~20.7	62~74
9	烈风	7.0	10.0	汽船航行困难	建筑物有小损(烟囱顶部及平屋摇动)	41~47	20.8~24.4	75~88
10	狂风	9.0	12.5	汽船航行颇危险	陆上少见,时可使树木拔起或使建筑物损坏严重	48~55	24.5~28.4	89~102
11	暴风	11.5	16.0	汽船遇之极危险	陆上很少见,有则必有广泛损坏	56~63	28.5~32.6	103~117
12	飓风	14.0	—	海浪滔天	陆上绝少见,摧毁力极大	64~71	32.7~36.9	118~133
13	—	—	—	—	—	72~80	37.0~41.4	134~149

参考文献

《福建省情地图集》编纂委员会.2009.福建省情地图集.福州:福建省地图出版社.
《武夷山区农业气候资源论文集》编委会.1987.武夷山区农业气候资源论文集.北京:气象出版社.
《中国农业全书·福建卷》编委会.1997.中国农业全书·福建卷.北京:中国农业出版社.
白旭旭,等.2011.MJO对我国东部春季降水影响的分析.热带气象学报,27(6).
北京大学地球物理系.1980.天气分析和预报,北京:科学出版社.
北京市气象局气候资料室.1992.北京城市气候.北京:气象出版社.
蔡文华,李文.1997.福州市近百年平均气温变化特征.福建环境发,(4).
巢纪平.1993.厄尔尼诺和南方涛动动力学.北京:气象出版社.
陈逢流.1995."94.6"连续性暴雨过程分析中的几个问题.福建气象,(2).
陈海清,陈秀发.1993.试论仙游县龙眼生产与气象条件关系.福建气象(科技版),(1).
陈联寿,丁一汇.1979.西太平洋台风概论.北京:科学出版社.
陈瑞闪.2002.台风.福州:福建科学技术出版社.
陈尚谟,黄寿波,等.1988.果树气象学.北京:气象出版社.
陈振健.可持续发展与《21世纪议程》.福建日报,1997－11－6.
陈正改.1997.天气与气候学.明文书局.
程纯枢.1991.中国的气候与农业.北京:气象出版社.
邓家铨.1986.福州市雨季降水酸度及其气象特征.福建气象科技,(1).
邓世宗,韦炳贰.1993.广西森林气候资源分析与利用.北京:气象出版社.
第二次气候变化国家评估报告.2011.北京:科学出版社.
丁一汇.1991.高等天气学.北京:气象出版社.
丁一汇.1997.IPCC第二次气候变化科学评估报告的主要科学成果和问题//中国气候变化与气候影响研究.北京:气象出版社.
福建年鉴编纂委员会.1985—1999.福建年鉴(1984—1998),福州:福建人民出版社.
福建省地方志编委会.1998.福建省自然地图集.福州:福建科学技术出版社.
福建省地方志编纂委员会.2012.福建省志·气象志(1991—2005).北京:社会科学文献出版社.
福建省海岸带和海涂淘汰综合调查领导小组办公室.1990.福建省海岸带和海涂淘汰综合调查报告.北京:海洋出版社.
福建省海岛资源综合调查编委会.1995.福建省海岛资源综合调查研究报告.北京:海洋出版社.
福建省计划委员会.1991.福建省农业大全.福州:福建人民出版社.
福建省农业区划委员会办公室.1990.福建农业气候资源与区划.福州:福建科学技术出版社.
福建省气候中心.2010.福建省太阳能资源评估报告.
福建省气候中心.2011.福建省风能资源详查和评估报告.
福建省气象局.1978.福建省明清时期气候史料整编.
福建省气象局.1990.福建农业气候资源与区划.福州:福建科学技术出版社.
福建省气象局.2007.中国气象灾害大典(福建卷).北京:气象出版社.

福建省气象局农业区划委员会办公室.1990.福建农业气候资源与区划.福州:福建科学技术出版社.
福建省统计局.1994.跨世纪的中国人口·福建卷.北京:中国统计出版社.
福建省统计局.2010.福建省统计年鉴.
福建省统计局.2011.福建省统计年鉴.
福建省自然灾害防御研究委员会.1993.福建减灾300问.福州:福建科学技术出版社.
福建水文总站.1985.福建省地表水资源.福州:福建科学技术出版社.
傅抱璞.1983.山地气候.北京:科学出版社.
高国栋.1990.气候学.北京:气象出版社.
高忠诚,王立格.1987.林业气象知识.北京:中国林业出版社.
广东省气象局资料室.1987.广东气候.广州:广东科技出版社.
郭志军,等.1994.冠心病患者无症状性心肌缺血的昼夜规律.福建医学院学报,**28**(增刊).
国家科委全国重大自然灾害综合研究组.1994.中国重大自然灾害及减灾对策(总论).北京:科学出版社.
国家科学技术委员会.1990.中国科学技术蓝皮书(第5号)——气候.北京:气象出版社.
贺芳芳,赵兵科.2009.近30年上海地区暴雨变化特征.地球科学进展,**24**(11):1260－1267.
胡毅.1994.应用气象学.北京:气象出版社.
华东水利学院.1981.水文学的概率统计基础.北京:水利出版社.
华南农学院.1981.果树栽培学(南方本).北京:农业出版社:199.
华南农学院.1981.果树栽培学各论(上册).北京:农业出版社.
黄荣辉.1996.灾害性气候的过程及诊断.北京:气象出版社.
黄仕松.1986.华南前汛期暴雨.广州:广东科技出版社.
黄文,等,1993.福建旱涝灾害.福州:福建科学技术出版社.
黄友淦,池幼群.1997.几种最大风速关系的分析.福建气象,(3).
贾小龙,梁潇云.2011.热带MJO对2009年11月我国东部大范围雨雪天气的可能影响.热带气象学报,**27**(5).
建设部.2002.GB 50009—2001建筑结构荷载规范.北京:中国建筑工业出版社.
江万俊,淘永清.1990.龙眼大小年农业气象条件的调查分析.福建热作科技,(2).
姜美,等.1998.季节变换与临床用血量关系分析.福建医药杂志,**20**(3).
琚建华,等.2005.东亚夏季风的季节内振荡研究.大气科学,**29**(2).
琚建华,赵尔旭.2005.东亚夏季风区的低频振荡对长江中下游旱涝的影响.热带气象学报,**21**(2).
赖惠川,等.1998.闽西山区1990—1991年乙型脑炎暴发流行及疫点监测分析.中国人兽共患病杂志,**14**(2).
李崇银.1996.动力气候学引论.北京:气象出版社.
李克煌.1990.气候资源学.郑州:河南大学出版社.
李梦洁,郑建飞,曾燕,等.2008.浙江省高分辨率太阳直接辐射图的计算和绘制.地球科学进展,**23**(3).299-305.
李兆明,高兆蔚.1985.福建省森林火灾发生规律和火险区划的初步探讨.福建林业科技,(1).
李兆明,高兆蔚.1989.福建森林火险天气等级预报预测方法.福建林学院学报,**9**(2).
李宗恺,等.1985.空气污染气象学原理及应用.北京:气象出版社.
梁金树,王岩.1997.福建沿海近百年雨季总雨量的变化特征.台湾海峡,(4).
林日荣.1979.香蕉.广州:广东科技出版社.
林毅.1997.前汛期暴雨过程气候分析.福建气象,(1).
林忠民.1990.工程结构可靠性设计与估计.北京:人民交通出版社.
刘德地,等.2009.近50年来浙江省降雨特性变化分析.自然资源学报,**24**(11):1974-1983.

刘文彬.1989.莆田市酸雨气象因素的探讨.福建气象,(8).

刘正宇.1995.闽北汛期连续性暴雨的特征及其天气学概念模型.福建气象,(4).

鹿世瑾,1997.1995年7—8月惠安核电厂的海陆风过程分析.大气科学研究与应用,(10).

鹿世瑾,等.1987.武夷山的地形因子及其对气候的影响//武夷山区农业气候资源论文集.北京:气象出版社.

鹿世瑾,等.1990.福建寒露风的研究,福建气象,(3).

鹿世瑾,等.2010.福建雨季台风暴雨诱发地质灾害的研究.福建地质,**29**(增刊).

鹿世瑾,王岩.1991.八十年代福建气候变异的基本特点.气象,(9).

鹿世瑾.1977.二十世纪以来福建的气候变异及其背景//气候变迁和超长期预报文集.北京:科学出版社.

鹿世瑾.1982.福建的气候.福州:福建科学技术出版社.

鹿世瑾.1986.福建沿海、山区气候资源特点及其优劣势分析//福建山海两线发展战略研究.福州:福建科学技术出版社.

鹿世瑾.1987.九龙江的洪涝规律与治理建议.福建气象,(5).

鹿世瑾.1987.武夷山区的灾害天气及其环流形势//武夷山区农业气候资源论文集.北京:气象出版社.

鹿世瑾.1989.华南暴雨的一些统计特征.福建气象,(12).

鹿世瑾.1990.福建森林过量砍伐对闽江洪涝的影响.气象,(7).

鹿世瑾.1990.华南气候.北京:气象出版社.

鹿世瑾.1991.福建近五十年洪涝的自然波动与人为影响.大气科学研究与应用,(1).

鹿世瑾.1992.福建寒露风距平场的EOF分析及其外延预报.大气科学研究与应用,(2).

鹿世瑾.1992.福建近九十年五月寒的活动规律与未来趋势.福建农业科技,(5).

鹿世瑾.1993.福州市三坊七巷改造对该地环境小气候影响的评估与预测.福州城市科学,(4).

鹿世瑾.1994.福州市三坊七巷改造前后气候变化的评估与预测.福建环境,(1).

鹿世瑾.1994.台湾海峡西岸近四十年的气候变化.台湾海峡,(1).

鹿世瑾.1996.福建龙卷风的活动特点.气象,(7).

鹿世瑾.1997.1995年7—8月惠安核电厂区的海陆风过程分析.大气科学与应用,(2).

鹿世瑾.1998.福建洪涝整体观的研究.福建气象,(4).

鹿世瑾.1999.福建气候.北京:气象出版社.

鹿世瑾.2000.台湾中央山脉对穿台登闽台风强度、移向移速影响的研究//两岸灾变天气监测与预报学术研讨会论文汇编.

吕申华.1987.漳州荔枝盛花期气候分析.福建气象,(2).

吕申华.1989.漳州市1985—1988年荔枝生产与气象条件的分析.福建热作科技,(2).

罗汉民,等.1980.气候学.北京:气象出版社.

骆荣宗.1993.台风突发性暴雨气候规律的研究.福建气象,(3).

马宗晋.1994.中国重大自然灾害及减灾对策(总论),北京:科学出版社.

潘静,等.2010.热带大气季节内振荡对西北太平洋台风的调制作用.大气科学,**34**(6).

全国海岸带办公室《海岸带气候调查调查报告》编写组.1991.中国海岸带气候.北京:气象出版社.

沈兆敏.1989.柑橘与气候.重庆:重庆出版社.

宋德众.1987.福建沿海各地田间蒸散力的估算方法.福建气象,(1,2).

宋德众.1990.华南海岸带主要气象要素的递变特征.台湾海峡,(3).

宋德众.1992.福建海岸带风向日变化及其机制初探.气象,(10).

宋德众.1996.福建海岛气候.北京:气象出版社.

宋泉霖,陈玉珍.1988.荔枝增产与气象条件.福建气象,(3).

孙淑清.1978.低空急流及其与暴雨的关系//暴雨文集.长春:吉林人民出版社.

谭冠日,等.1985.应用气候.上海:上海科学技术出版社.
谭世熔.1955.盐业气象知识.北京:轻工业出版社.
陶诗言,卫捷.2007.夏季中国南方流域性致洪暴雨与季风涌的关系.气象,33(3).
陶诗言等.1980.中国之暴雨.北京:科学出版社.
汪奕宗,孙安健,等.1984.生活与气候.北京:农业出版社.
王继志.1991.近百年西北太平洋台风活动.北京:海洋出版社.
王凌,等.2007.1956—2005年中国暖冬和冬季温度变化.气候变化研究进展,3(1).
王沛霖.1989.枇杷栽培与加工.北京:农业出版社.
王绍武.1994.近百年气候变化与变率的诊断研究.气象学报,52(3):261-273.
王绍武.2001.现代气候学研究进展.北京:气象出版社.
王守荣.1997.气候变化对我国社会经济影响评价综述//中国气候变化与气候影响研究.北京:气象出版社.
王潇宇,邱新法,曾燕,等.2004.起伏地形下中国太阳直接辐射空间制图.现代测绘,27(5):15-20.
王岩,蔡和睦.1991.福建省气象灾害变化趋势及对策//论沿海地区减灾与发展.北京:地震出版社.
王岩,梁金树.1997.中国东南地区日照变化特征分析.大气科学研究与应用,(1).
王正非,朱廷曜,等.1982.森林气象学.北京:中国林业出版社.
王志烈,费亮.1987.台风预报手册.北京:气象出版社.
王祖炉.2009.福建宁德沿海海陆风观测结果及特征分析.安徽农业科学,(20).
温珍治.2003.近42年福建降水的时空变化特征.水利科技成果,(3).
翁笃鸣,陈万隆,等.1981.小气候和农田小气候.北京:农业出版社.
翁笃鸣,等.1990.山区地形气候.北京:气象出版社.
翁笃鸣.1997.中国辐射气候研究.北京:气象出版社.
肖金发.1987.龙眼生长与气象条件.福建气象,(5).
许以平.1987.趋利避害讲效益.北京:气象出版社.
亚热带东部丘陵山区农业气候资源及其合理利用研究课题协作组.1988.亚热带丘陵山区农业气候资源研究论文集.北京:气象出版社.
亚热带东部丘陵山区农业气候资源及其合理利用研究课题协作组.1989.中国亚热带东部丘陵山区农业气候资源研究.北京:科学出版社.
严济远,徐家良.1996.上海气候.北京:气象出版社.
杨汉武.1991.闽北柑橘生产对气象服务的要求.福建气象(管理版),(2).
杨迈里.1980.福建、广东省历史气候记载初步整理.中科院南京地理所.
杨贤为,等.1998.北京地区脑卒中发病率的气象条件研究.气象,(9).
叶笃正,陈泮勤.1992.中国的全球变化顶研究.北京:地震出版社.
叶笃正,等.1991.当代气候研究.北京:气象出版社.
易金春.1997.永安市森林火灾的火源分析.福建林业科技,(2).
余永江,等.2009.福建省福州城市热岛效应与气象条件的关系研究.安徽农业科学,37(3).
曾瑞涛,陈福梓.1988.福建省香蕉栽培的农业气象问题浅析.福建热作科技,(3).
曾燕,等.2005.起伏地形下天文辐射分布式估算模型.地球物理学报,48(5):1028-1033.
曾燕,等.2008.地形对黄河流域太阳辐射影响的分析研究.地球科学进展,23(11):1185-1193.
曾燕,等.2008.起伏地形下黄河流域太阳散射辐射分布式模拟研究.地球物理学报,51(4):991-998.
翟盘茂,任福民,张强.1999.中国降水极值变化趋势检测.气象学报,57(2):208-216.
翟盘茂.1998.厄尔尼诺/拉尼娜及其气候影响.气候通讯,(2).
张厚宣.1997.中国农业响应全球气候变化的策略问题//中国气候变化与气候影响研究.北京:气象出版社.

张家诚,等.1976.气候变迁及其原因.北京:科学出版社.

张家诚,等.1998.中国气象洪涝海洋灾害.长沙:湖南人民出版社.

张家诚,林之光.1985.中国气候.上海:上海科技出版社.

张家诚,林之光.1991.中国气候总论.北京:气象出版社.

张家诚.1988.气候与人类.郑州:河南科学技术出版社.

张家诚.1995.中国自然资源丛书·气候卷.北京:中国环境科学出版社.

张敬业.1994.闽南台风特大暴雨天气分析及预报.福建气象,(2).

张瑞尧,等.1989.福建海岛经济概貌.福州:福建省地图出版社.

张淑惠.1996.福建的倒春寒及其环流背景.气象,(3).

张奕提.1991.香蕉与气象.福建气象,(2).

张宇,王馥棠.1997.气候变化对我国水稻生产可能影响的研究//中国气候变化与气候影响研究.北京:气象出版社.

章浩白.1993.福建森林.中国林业出版社.

赵振国,等.1998.冬季青藏高原积雪对中国夏季降水的影响.气候通讯,(1).

郑达贤,方祖光,等.1994.滨海木麻黄林带生态系统.福建科学技术出版社.

郑胜祥.1998.漳平市近40年日照的突变分析.福建气象,(3).

郑斯中,黄朝迎,等.1989.气候影响评价.北京:气象出版社.

中国环境科学学会.1989.酸雨文集.北京:中国环境科学出版社.

中国气象局.2008.QX/T 89—2008 太阳能资源评估方法.北京:气象出版社.

中国亚热带东部丘陵山区农业气候资源及其合理利用研究课题协作组.1990.中国亚热带山区农业气候.北京:气象出版社.

周琳.1991.东北气候.北京:气象出版社.

朱瑞兆.1976.风压计算的研究.北京:科学出版社.

朱瑞兆.1991.应用气候手册.北京:气象出版社.

朱瑞兆.1995.疾病与气候//中国自然资源丛书(气候卷).北京:中国环境科学出版社.

朱瑞兆.2005.应用气候学概论.北京:气象出版社.

竺可桢.1972.中国近五千年气候变迁的初步研究.中国科学,(2).

IPCC.1993.气候变化——1990和1992的评估.中国气象局.

Valiente J A, Nunez M, Lopez-Baeza E, et al. 1995. Narrow-band to broad-band conversion for Meteosat-visible channel and broad-band albedo using both AVHRR-1 and-2 channels. *Int J Remote Sens*, **16**(6):1147-1166.

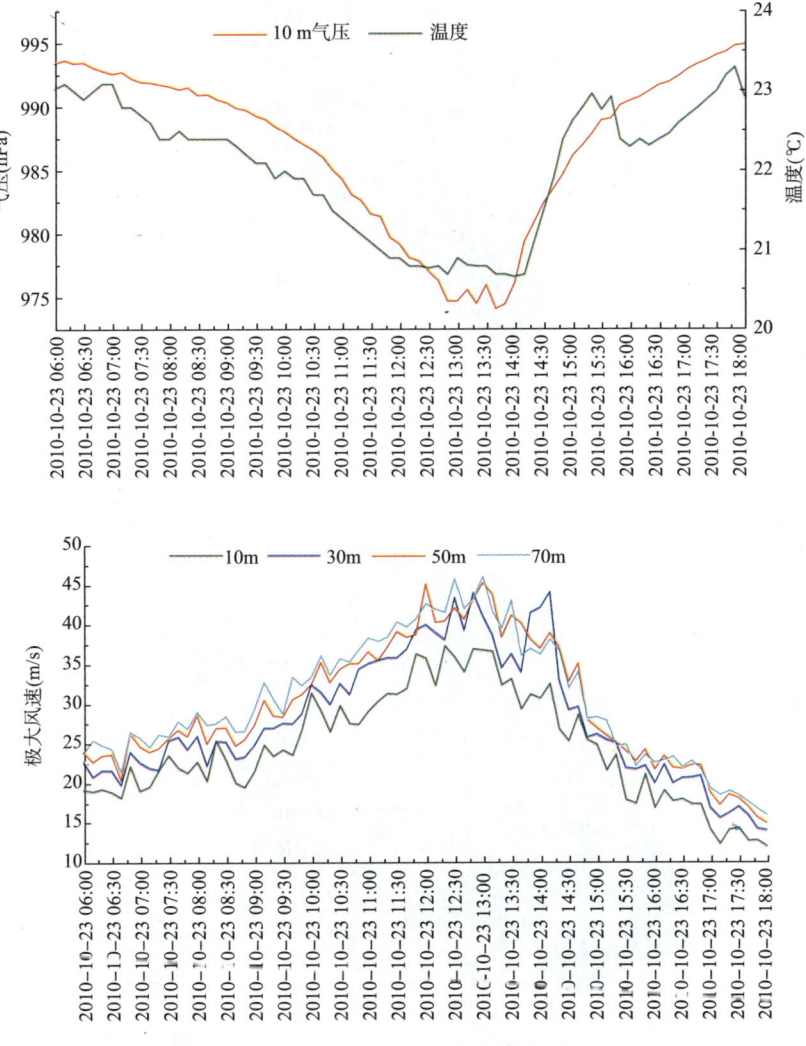

图 3.12 "鲇鱼"登陆前后漳浦县霞美气温、气压和风速的变化

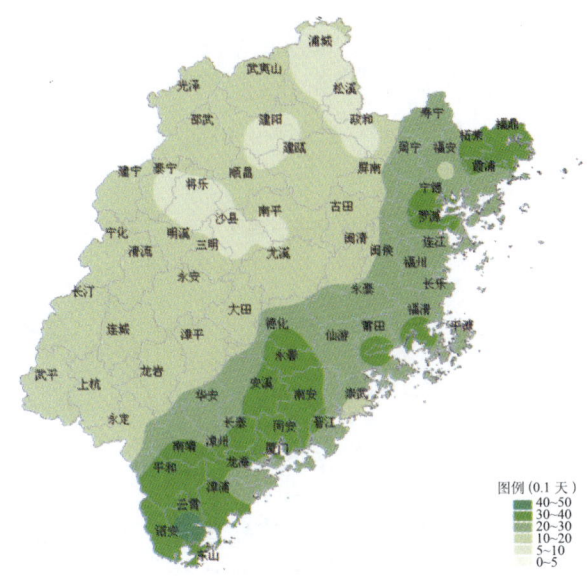

图 3.16　福建夏季暴雨日数分布图

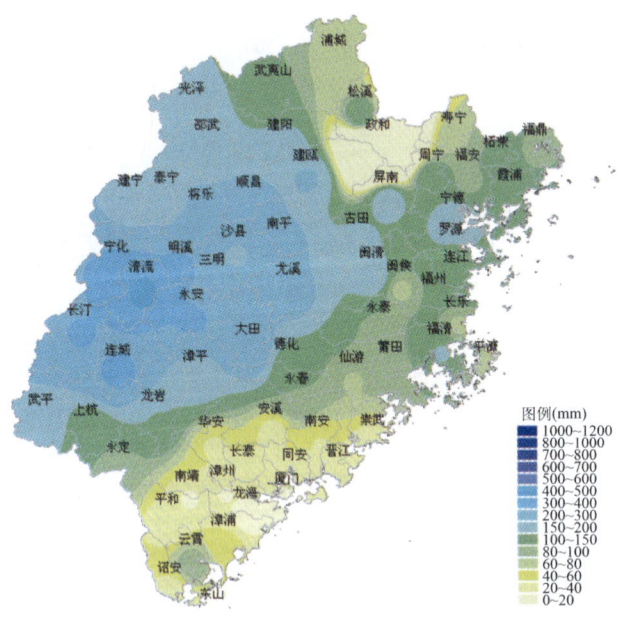

图 3.29　1962 年 6 月 25—30 日雨量

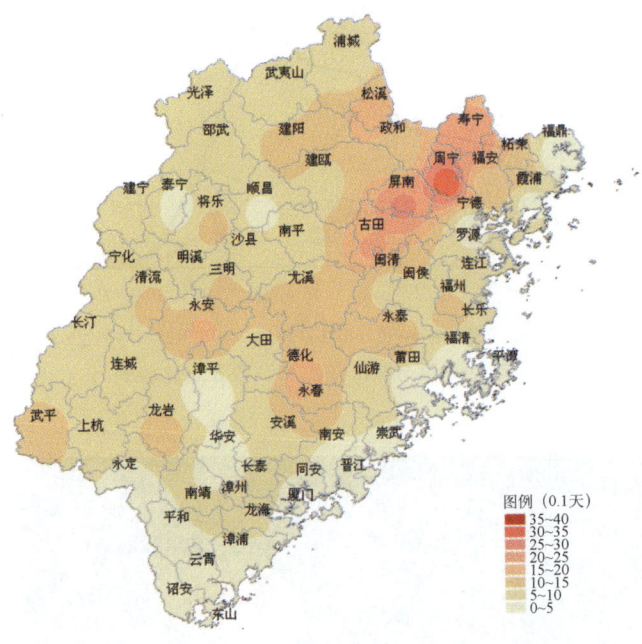

图 3.69 福建冰雹日数分布图

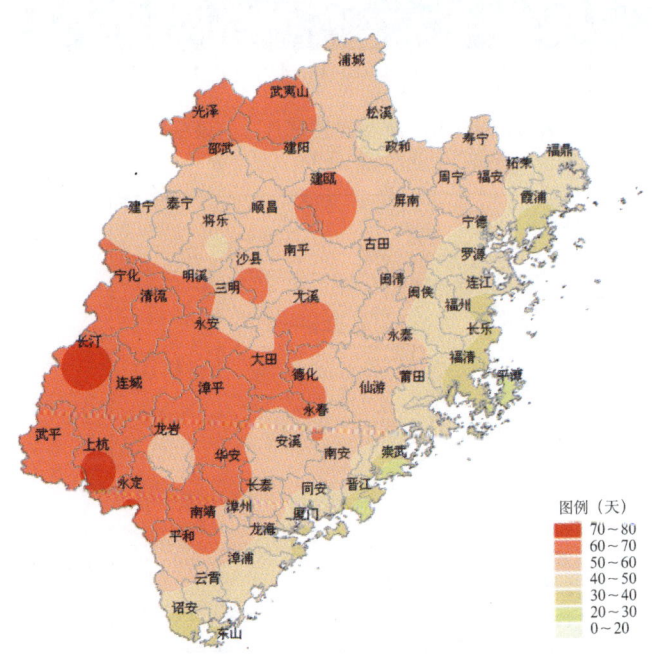

图 3.72 福建平均年雷暴日数(单位 0.1 天)

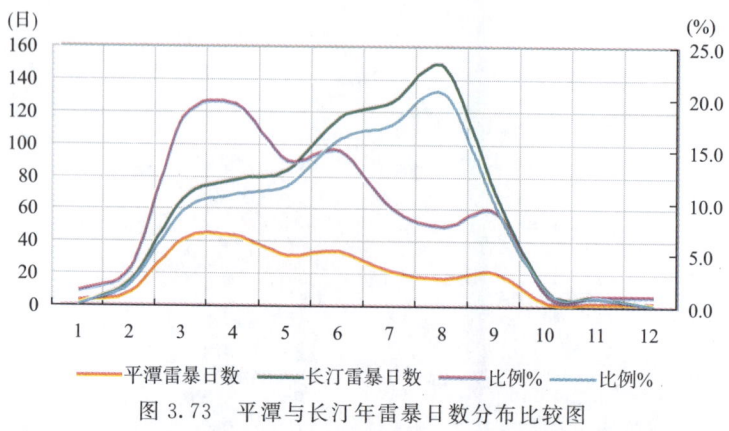

图 3.73 平潭与长汀年雷暴日数分布比较图

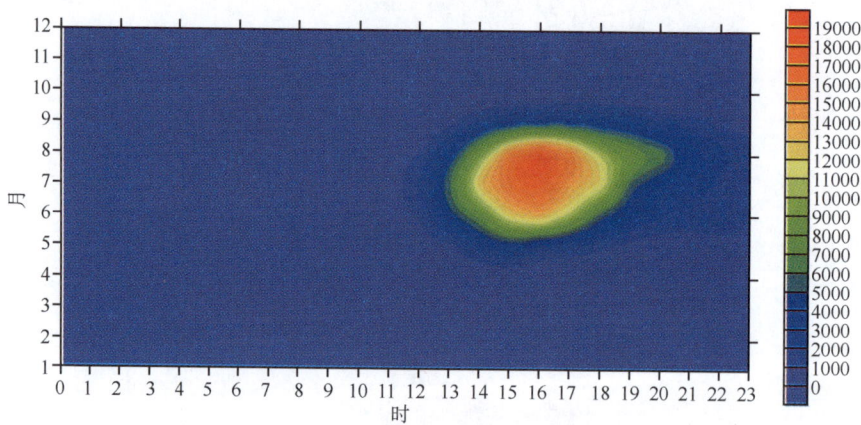

图 3.74 2011 年福建雷电月－时段分布图

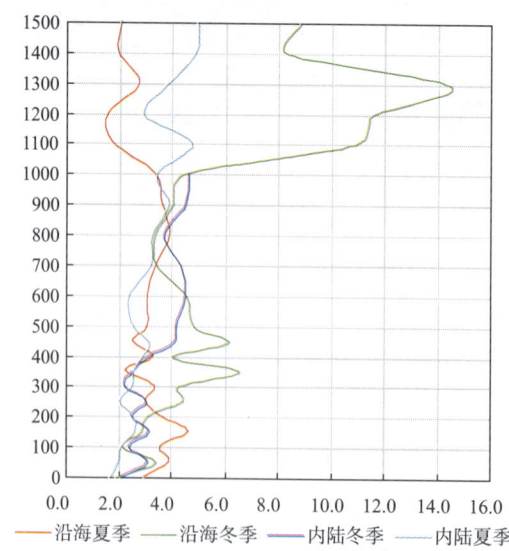

图 4.10 古雷半岛边界层风速(m/s)随高度(m)变化

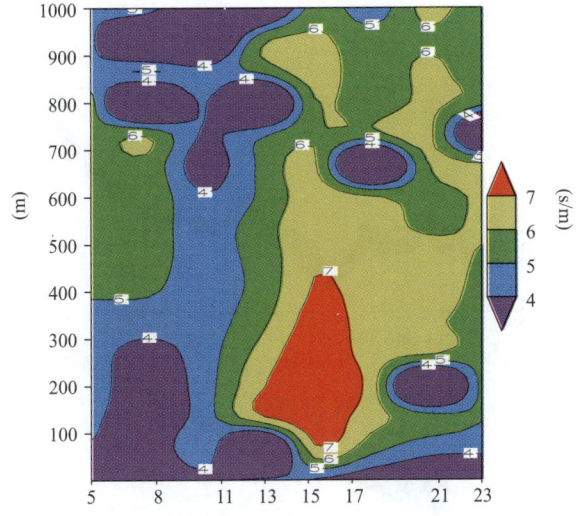

图 4.11 古雷半岛边界层风速垂直剖面图

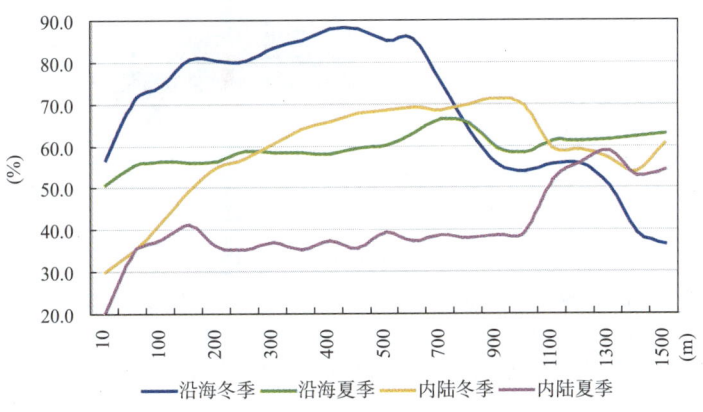

图 4.12 盛行风向频率随高度变化图

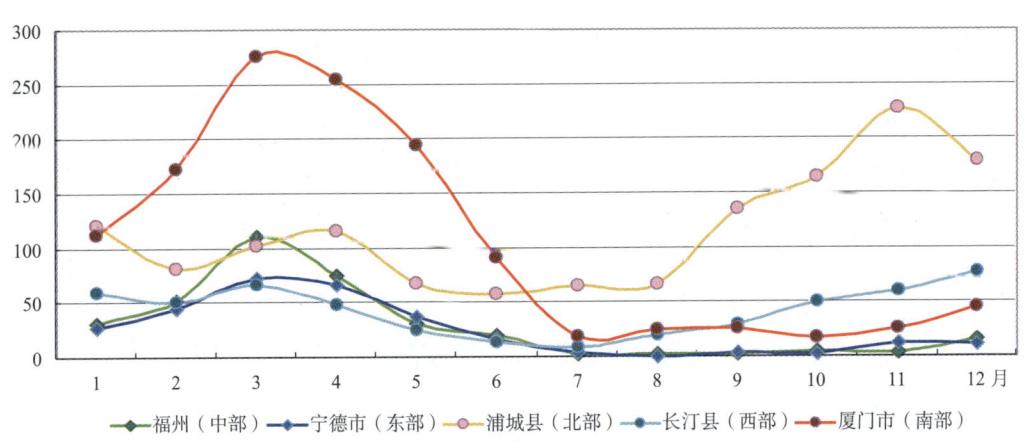

图 5.3 不同地区雾日数的年变化曲线(单位:天)

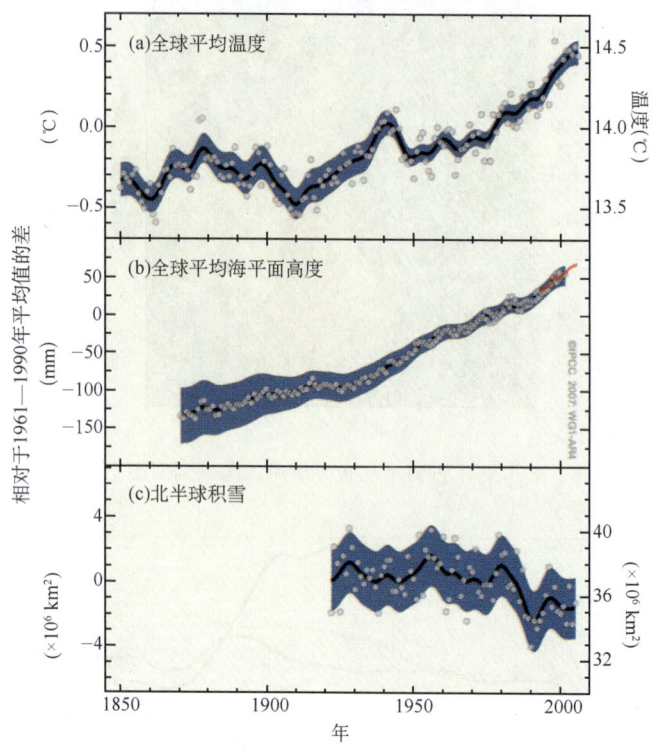

图 7.2 温度、海平面高度和北半球积雪的变化图

(a)全球平均地表温度、(b)从验潮站(蓝色)和卫星(红色)资料得到的全球平均海平面上升、(c)3—4月北半球积雪变化的观测结果。所有变化均相对于1961—1990年的相应均值。平滑曲线表示10年均值,圆圈表示年值。阴影区为不确定性区间。)

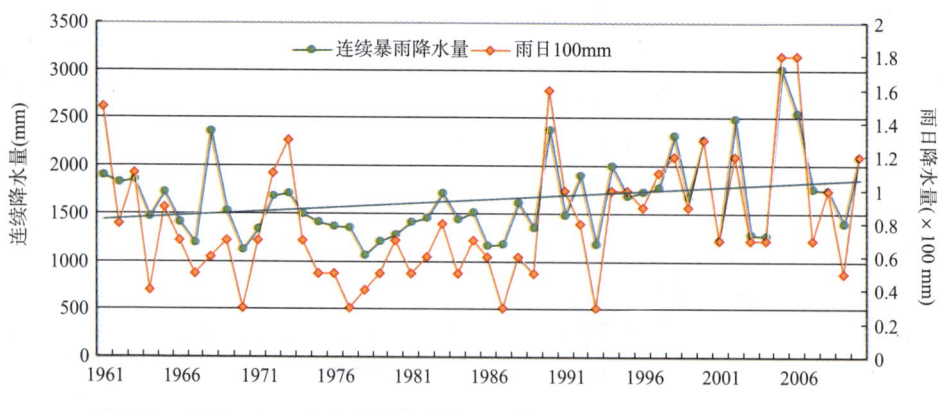

图 7.30 1961—2010年全省平均大暴雨日数和最大连续性暴雨降水量变化图

后 记

鹿世瑾先生简介：1937年出生于江苏省徐州市，1957年毕业于南京大学气象系。曾任福建省气象局副局长，气象学会理事长，高级工程师。长期从事天气预报和气候研究，发表各类学术文章100多篇，主编《福建省500年旱涝史料》、《华南气候》和《福建气候》专著。退休后，被省老科协评为教授级高工，被省水利厅聘为《福建水旱灾害》副主编。

老鹿4月24日完成了《福建气候》第二次修改，5月中旬因病做了手术。康复期间，老鹿还一直牵挂着出院后如何进行第三次修改后，尽快送到出版社出版。然而，天有不测风云，6月15日因病情急转，老鹿匆匆告别了他挚爱的亲人和朋友，留下了对福建气候事业毕生的守候和追求。就在前一天晚上，老鹿在他生命中最后一个电话里，还嘱咐我抓紧时间把《福建气候》（第2版）一书修订好。"鹿老学长驾鹤去，八闽气候可问谁"的伤感，岂是个音容笑貌犹在所能言表！

初识老鹿，那是在29年前。作为省局领导的他，深入刚参加工作的职工宿舍，为年轻人拉起二胡。人生如云，岁月如歌，就在送别老鹿的那天，我又回到当年住过的办公楼上班，恍惚之间，悠扬的琴声穿越了三十春秋的风风雨雨仿佛又回旋在耳畔。与老鹿知交，更多是在他退休后，他带领福建省气候中心的同志们一起编辑了1999年版的《福建气候》。尤其在最近的6年，老鹿岁至古稀，心系社稷，老骥伏枥，退而不休。作为福建省气候中心的顾问，热心指导气候业务，和中心的同志们一道开展核电与风电、输电线路和大型桥梁等重大工程的气候可行性论证。老鹿关注防灾减灾和气候变化，退休后仍积极撰写论文，赴台参加学术交流，参与政府机构组织的科普讲座。退而不休成了他退休后的主旋律，2011年福建电视台"金秋"栏目播出了这位"不退色"的老气象人。

光明磊落，温文尔雅的老鹿匆匆地走了，留下了何止是《福建气候》等学术财富，更有那眼观风云变幻，心系百姓安危的思想境界、无私奉献的敬业精神、科学严谨的治学作风；还有那长期从事天气气候研究熏陶出的辩证思维和创新意识。比如，在编辑本书的时候，老鹿经常提醒要关注海峡西岸经济区建设对防灾减灾和开放利用气候资源的需求，采纳最新的气候科研和业务成果。在一些细节上，也是精雕细琢。比如，年降水量是总量概念,与年平均气温的平均概念不同,针对以往习惯的"年平均降水量"称呼,在本书中,改为"平均年降水量"。

凝集老鹿心血的《福建气候》(第 2 版)的出版,是福建几代气候人辛勤奉献的结果。让福建气候事业后续有人,让《福建气候》不断与时俱进,更好地为防灾减灾和科学开发利用气候资源服务,这是对老鹿的最好慰藉。也谨以此记寄托对老鹿的深切缅怀和崇高敬意。

王岩
2012 年 8 月 17 日于福州